国家科学技术学术著作出版基金资助出版

Navier-Stokes 方程边界形状控制和维数分裂方法及其应用

李开泰　黄艾香　著

科学出版社
北　京

内 容 简 介

本书主要内容是作者十多年来关于Navier-Stokes方程边界形状控制和维数分裂方法的研究成果. 本书分为三部分. 第一部分是关于微分几何和张量的一些基本内容和由此而得出的一些公式和流形上的Korn不等式、曲面变形等一些问题. 它们在以后几章中有非常重要的应用. 第二部分是形状控制问题, 目标泛函是由耗散泛函和阻力泛函构成. 应用作者提出的一个边界层方程和微分几何方法, 使得目标泛函变得简单和容易计算, 并且可以求出目标泛函关于形状的梯度. 第三部分是关于维数分裂方法. 在一定假设下, N-S算子被分裂为两个算子: 沿流形的切空间的膜算子(二维)和沿法向的弯曲算子(一维), 而且也使得自变量分裂, 达到降维的目的.

本书可供高等院校计算数学、应用数学、力学和物理等专业的高年级本科生和研究生学习使用, 也可供相关理工科专业的教师和相关部门科研人员参考.

图书在版编目(CIP)数据

Navier-Stokes方程边界形状控制和维数分裂方法及其应用/李开泰, 黄艾香著. —北京: 科学出版社, 2013

ISBN 978-7-03-036449-4

Ⅰ. ①N… Ⅱ. ①李… ②黄… Ⅲ. ①纳维埃–斯托克斯方程–研究 Ⅳ. ①O175.26

中国版本图书馆CIP数据核字 (2013) 第008423号

责任编辑: 赵彦超 / 责任校对: 宋玲玲
责任印制: 徐晓晨 / 封面设计: 王 浩

科学出版社出版
北京东黄城根北街16号
邮政编码: 100717
http://www.sciencep.com

北京中石油彩色印刷有限责任公司 印刷

科学出版社发行 各地新华书店经销

*

2013年2月第 一 版 开本: B5(720×1000)
2018年3月第三次印刷 印张: 28 1/4
字数: 560 000

定价: 198.00 元

(如有印装质量问题, 我社负责调换)

前　言

本书的内容涉及数学学科中的偏微分方程、控制论、微分几何、计算数学及其他学科, 如流体力学、工程科学中的航空航天飞行器动力学和流体机械舰船等的交叉研究. 中共中央政治局委员、国务委员刘延东曾说:“要立足国家需求和科技前沿确定科研目标, 促进基础研究与应用研究紧密结合, 集中力量解决国家经济社会发展中的重大问题”, 并强调“要适应学科交叉融合趋势, 完善科技创新活动组织模式, 建立健全科学合理的资源配置和科技评价制度, 形成有利于跨学科研究的体制机制.”

在工程科学中, 国民经济重大装备中涉及的流动与边界几何的相互作用问题, 是一个最基本的也是关键的课题. 例如, 叶轮机械的叶片几何形状、飞机的外形, 以及各种航空航天飞行器的外形、高速火车头、水面和水下舰船、化学工程中的各种反应器的外形等. 这些都涉及固体边界的几何形状和流体流动全局状态的整体耦合问题.

本书最重要的内容是探索由 Navier-Stokes 方程而引起的边界形状控制问题, 如飞行器和叶轮叶片外形的最优控制问题. 给出了耗散能量泛函和流动阻力泛函, 作为形状最优控制问题的目标泛函. 阻力泛函涉及边界法向应力沿边界运动方向投影积分, 而法向应力与边界法向流体速度梯度和压力沿边界积分有关, 由于边界层效应, 给计算和分析带来极大的困难, 即使边界层附近设置非常稠密的网格, 计算精度和收敛性也不能得到保证. 本书在以外形曲面为基础的半测地坐标系下, 建立了一个边界层方程, 使得流体速度法向梯度和压力从边界层方程的解中直接得到, 无需通过边界层内速度的三维数值微分. 另外还给出了耗散泛函和阻力泛函关于形状的梯度的可计算形式以及相关的 Euler-Lagrange 方程等, 并且使得经典的最优控制算法能够方便地应用.

本书的第二个内容是给出了三维可压和不可压 Navier-Stokes 方程的维数分裂方法. 这些算法的研究, 集中了作者几十年的研究成果. 维数分裂方法的本质思想就是算子分裂和自变量分裂相结合方法, 以达到降维的目的. 如果一个流动区域能够用一系列的二维流形来分割, 那么在一个局部半测地坐标系下, N-S 算子可以被分裂为沿流形的切空间内的膜算子 (二维) 和沿法向的弯曲算子 (一维), 而且也使得自变量分离, 达到降维的目的.

第 1 章是基础知识以及关于微分几何常用公式和半测地坐标系下相关推论以及由这些而导出的许多有用的公式, 这些公式也是长期研究的结果. 第 2, 3 章是研究关于叶轮叶片和外部绕流物体边界的形状控制问题; 第 4, 5 章研究三维维数分裂方法、边界层方程问题和阻力计算问题.

本书的写作过程中, 得到我们的同事和学生的热情支持和帮助, 如刘德民、史峰、于佳平、贾宏恩和陈浩, 许多算例都由陈浩同学完成. 作者在此向他们表示深切的感谢!

作者在此还要感谢国家科学技术学术著作出版基金、国家自然科学基金委员会 (NSFC No.10791165)、中国航空集团公司成都飞机设计研究所、国家重点基础研究发展计划 (2011CB706505) 和西安交通大学赛尔机泵成套设备有限责任公司等方面的资助.

作者在此特别感谢本书编辑多次校对初稿, 付出了辛勤的劳动, 提出很多宝贵的意见.

作 者
2011 年 12 月于西安

目　　录

第 1 章　三维欧氏空间中二维流形上的张量分析

这一章主要研究三维真欧氏空间 E^3 中二维流形上的张量分析. 因为它应用广泛, 尤其在连续介质力学中和工程设计中.

1.1　曲线坐标系

在研究某些特别的物理、力学对象, 或是研究欧氏空间的某些集合属性时, 引入曲线坐标系是非常重要的.

设 (y^1, y^2, y^3) 为欧氏空间 $\boldsymbol{E}^3$ 中的 Descartes 坐标系, Ω 为 $\boldsymbol{E}^3$ 中某一连通区域. 在 Ω 上给出三个连续可微的且单值的函数

$$x^i = f^i(y^1, y^2, y^3), \quad i = 1, 2, 3. \tag{1.1.1}$$

设新变量 (x^i) 的数值变化范围为 D, 如果变换 (1.1.1) 是可逆的, 那么从 (1.1.1) 可求出其反函数 g^i, 使得

$$y^i = g^i(x^1, x^2, x^3), \quad i = 1, 2, 3 \tag{1.1.2}$$

都对应于 Ω 内的点. 换句话说, 在 Ω 上的变量 (x^i) 和 Descartes 坐标系 (y^i) 之间, 由可逆的、双方单值的、连续可微的变换相联系着, 这样的 (x^i) 称为 Ω 上的曲线坐标系.

必须指出, 正的和逆的两种变换, 其 Jacobi 行列式均不为 0, 即

$$\det\left(\frac{\partial x^i}{\partial y^j}\right) \neq 0, \quad \det\left(\frac{\partial y^i}{\partial x^j}\right) \neq 0, \tag{1.1.3}$$

且对应的矩阵是互逆的, 这一点从下式即可得出, 即

$$\frac{\partial x^i}{\partial y^k}\frac{\partial y^k}{\partial x^j} = \frac{\partial x^i}{\partial x^j} = \delta^i_j.$$

如果去掉可逆性 (1.1.2), 代之以变换矩阵的 Jacobi 行列式不为 0 的条件, 那么只能保证某一点的邻域内单值可逆, 而不能保证在整个区域 Ω 上单值可逆. 令

$$x^i = f^i(y^1, y^2, y^3) = \text{const}, \quad i = 1, 2, 3, \tag{1.1.4}$$

则在 Ω 上确定了一个曲面, 当 (1.1.4) 右端常数变化时, 它给出的是一单参数曲面族, 称它们为 x^i- 坐标面. 显然, 一旦在 Ω 上取定一个点 $P=(y^1,y^2,y^3)$, 通过 P 点的三个坐标面 $x^i(i=1,2,3)$ 也被确定了, 它们相交于 P, 而且只相交于 P.

作为例子, 考察球坐标系 (x^1,x^2,x^3), 如图 1.1.1,

$$\begin{aligned}
&y^1=x^1\sin x^2\cos x^3,\quad y^2=x^1\sin x^2\sin x^3,\quad y^3=x^1\cos x^2,\\
&x^1=\sqrt{(y^1)^2+(y^2)^2+(y^3)^2},\\
&x^2=\arctan\left(\sqrt{(y^1)^2+{y^2}^2}/y^3\right),\quad x^3=\arctan(y^2/y^1).
\end{aligned}\tag{1.1.5}$$

类似, 坐标变换

$$y^1=x^1\cos x^2,\quad y^2=x^1\sin x^2,\quad y^3=x^3 \tag{1.1.6}$$

构成一个圆柱坐标系 (x^1,x^2,x^3), 见图 1.1.2.

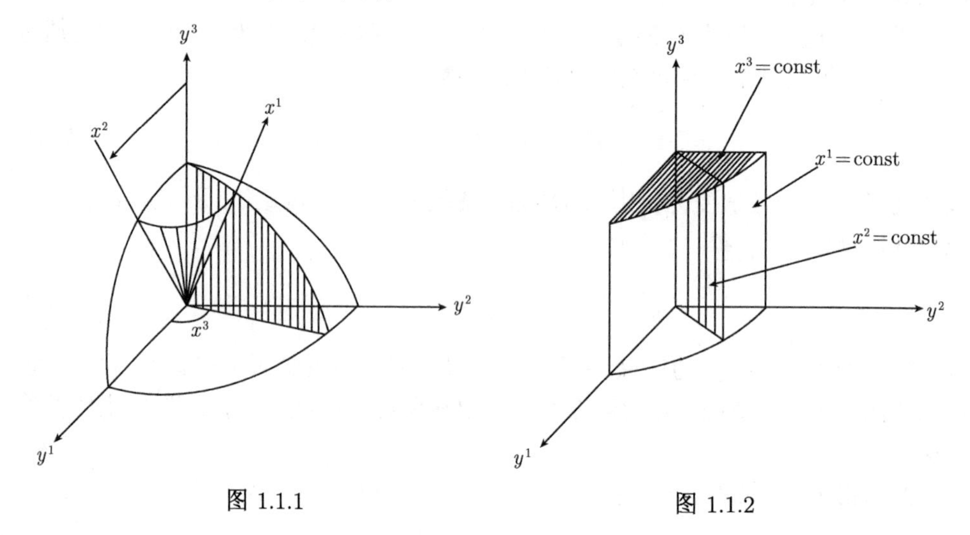

图 1.1.1　　图 1.1.2

设 $(x^i,i=1,2,3)$ 为区域 Ω 上的曲线坐标系, 仍然记 (y^i) 为 E^3 中的 Descartes 坐标系, 在 Ω 上任一点 P 到原点 O 引矢径 $\boldsymbol{OP}=\boldsymbol{R}$, 那么 $\boldsymbol{R}=\boldsymbol{R}(x^i)$. 以后, 设映射 $\boldsymbol{R}:\Omega\to\boldsymbol{E}^3$ 是一个在 $x\in\Omega$ 点的浸入, 即它在点 x 是可微的, 并且矩阵 $\nabla\boldsymbol{R}$ 是可逆的, 引入记号

$$\boldsymbol{e}_i=\frac{\partial\boldsymbol{R}}{\partial x^i},\quad i=1,2,3. \tag{1.1.7}$$

由 $\boldsymbol{R}=y^1\boldsymbol{i}_1+y^2\boldsymbol{i}_2+y^3\boldsymbol{i}_3$, 其中 $\boldsymbol{i}_1,\boldsymbol{i}_2,\boldsymbol{i}_3$ 是 Descartes 坐标轴上的单位向量, 得

$$\boldsymbol{e}_i=\frac{\partial y^1}{\partial x^i}\boldsymbol{i}_1+\frac{\partial y^2}{\partial x^i}\boldsymbol{i}_2+\frac{\partial y^3}{\partial x^i}\boldsymbol{i}_3,\quad i=1,2,3.$$

由于 $\left(\dfrac{\partial y^j}{\partial x^i}\right)$ 为非奇异矩阵, 所以 $\{\boldsymbol{e}_i\}$ 是线性独立的, 故可以作为仿射标架上的基向量. $\boldsymbol{e}_i$ 是点 P 的函数, 因此, 这样的标架 $\{\boldsymbol{e}_i\}$ 称为局部标架. 随着 P 运动, 也称它为运动标架.

局部标架 $\boldsymbol{e}_i$ 是由 $\dfrac{\partial \boldsymbol{R}}{\partial x^i}$ 形成, $\dfrac{\partial \boldsymbol{R}}{\partial x^i}$ 的方向是过 P 点 x^i- 坐标线的切线方向, 所以 $\dfrac{\partial \boldsymbol{R}}{\partial x^i}$ 是 x^i 坐标线在 P 点的切向量, 见图 1.1.3. 一般地说, $\boldsymbol{e}_i(i=1,2,3)$ 不是单位向量, 且它们不一定相互正交.

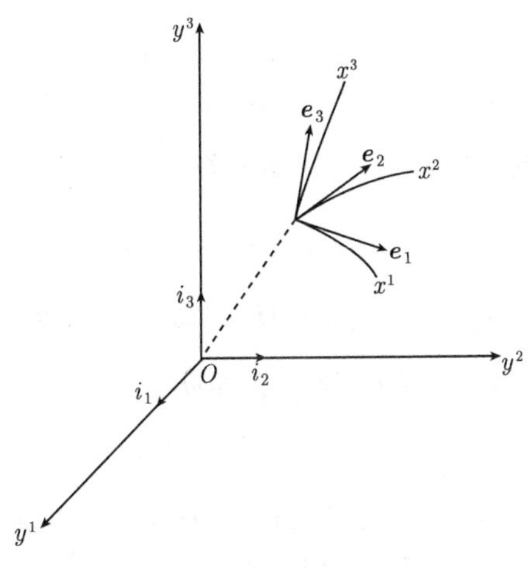

图 1.1.3

1.1.1　度量张量

在 P 点邻域上, 由基向量 $\{\boldsymbol{e}^i\}$ 形成一个局部标架. 故可引入度量张量的协变分量

$$g_{ij}=\boldsymbol{e}_i\cdot\boldsymbol{e}_j=\frac{\partial \boldsymbol{R}}{\partial x^i}\cdot\frac{\partial \boldsymbol{R}}{\partial x^j},\tag{1.1.8}$$

这时, $g_{ij}=g_{ij}(P), g=\det(g_{ij})>0$ 是点的函数, 由于

$$\frac{\partial \boldsymbol{R}}{\partial x^i}=\frac{\partial y^1}{\partial x^i}\boldsymbol{i}_1+\frac{\partial y^2}{\partial x^i}\boldsymbol{i}_2+\frac{\partial y^3}{\partial x^i}\boldsymbol{i}_3,$$

所以

$$g_{ij}=\sum_{k=1}^{3}\frac{\partial y^k}{\partial x^i}\frac{\partial y^k}{\partial x^j}.\tag{1.1.9}$$

g_{ij} 的逆矩阵 g^{ij} 由

$$g_{ik}g^{ki}=\delta_i^j\tag{1.1.10}$$

所定义. 以后将证明 g_{ij} 和 g^{ij} 为二阶张量的协变分量和逆变分量. 称它们为**度量张量**.

球面坐标系和柱面坐标系都是正交坐标系. 不难验证, 其度量张量分别为：球面坐标系 $(x^1=r, x^2=\varphi, x^3=\theta)$

$$\begin{aligned} &g_{11}=1, \quad g_{22}=(x^1)^2, \quad g_{33}=(x^1\sin x^2)^2, \quad g_{ij}=0(i\neq j),\\ &g^{11}=1, \quad g^{22}=(x^1)^{-2}, \quad g^{33}=(x^1\sin x^2)^{-2}, \quad g^{ij}=0(i\neq j). \end{aligned}$$

柱面坐标系 $(x^1=r, x^2=\varphi, x^3=z)$

$$\begin{aligned} &g_{11}=g_{33}=1, \quad g_{22}=(x^1)^2, \quad g_{ij}=0(i\neq j),\\ &g^{11}=g^{33}=1, \quad g^{22}=(x^1)^{-2}, \quad g^{ij}=0(i\neq j). \end{aligned}$$

仿射标架 $\boldsymbol{e}_i$ 与它的共轭标架 $\boldsymbol{e}^i$ 有如下关系:

$$\boldsymbol{e}^i=g^{ij}\boldsymbol{e}_j, \quad \boldsymbol{e}_i\cdot\boldsymbol{e}^j=\delta_i^j, \tag{1.1.11}$$

$$\boldsymbol{e}^i=(\boldsymbol{e}_j\times\boldsymbol{e}_k)/\sqrt{g}, \quad (i,j,k)\text{为}(1,2,3)\text{轮换}, \tag{1.1.12}$$

$$\boldsymbol{e}_i=(\boldsymbol{e}^j\times\boldsymbol{e}^k)/\sqrt{g}, \quad (i,j,k)\text{为}(1,2,3)\text{轮换}. \tag{1.1.13}$$

如果引入行列式张量

$$\varepsilon_{ijk}=\begin{cases}\sqrt{g},\\ -\sqrt{g},\\ 0,\end{cases} \quad \varepsilon^{ijk}=\begin{cases}1/\sqrt{g}, & (i,j,k)\text{是 (1,2,3) 的偶排列},\\ -1/\sqrt{g}, & (i,j,k)\text{是 (1,2,3) 的奇排列},\\ 0, & \text{其他情形},\end{cases}$$

则 (1.1.12) 与 (1.1.13) 可表示

$$\boldsymbol{e}^i=\frac{1}{2}\varepsilon^{ijk}(\boldsymbol{e}_j\times\boldsymbol{e}_k), \quad \boldsymbol{e}_i=\frac{1}{2}\varepsilon_{ijk}(\boldsymbol{e}^j\times\boldsymbol{e}^k), \tag{1.1.14}$$

这里标架向量都是 P 点的函数.

任意一个向量 $\boldsymbol{u}$ 的协变坐标 u_i 及逆变坐标 u^i 可分别表示为

$$u_i=\boldsymbol{u}\cdot\boldsymbol{e}_i, \quad u^i=\boldsymbol{u}\cdot\boldsymbol{e}^i. \tag{1.1.15}$$

1.1.2　向量的物理分量

向量在 Descartes 坐标轴上的投影为向量的物理分量. 在曲线坐标系中, 向量 $\boldsymbol{u}$ 在 x^i 坐标轴 (局部) 上的物理分量是 $\boldsymbol{u}$ 在 $\boldsymbol{e}_i$ 上的投影 $u_{(i)}$, 即

$$u_{(i)}=\boldsymbol{u}\times\boldsymbol{e}_i/|\boldsymbol{e}_i|=u_i/\sqrt{g_{ii}}=g_{i\,k}u^i/\sqrt{g_{ii}}, \quad i=1,2,3, \tag{1.1.16}$$

这里对 i 不求和.

对于 Descartes 坐标系, 由于 $g_{ij}=\delta_{ij}$, 故 $u_{(i)}=u_i=u^i$.

1.1.3 弧微分

因为

$$\mathrm{d}\boldsymbol{R}=\frac{\partial \boldsymbol{R}}{\partial x^i}\mathrm{d}x^i=\boldsymbol{e}_i\mathrm{d}x^i, \tag{1.1.17}$$

故弧微分

$$\mathrm{d}s^2=\mathrm{d}\boldsymbol{R}\cdot\mathrm{d}\boldsymbol{R}=\boldsymbol{e}_i\cdot\boldsymbol{e}_j\mathrm{d}x^i\mathrm{d}x^j=g_{ij}\mathrm{d}x^i\mathrm{d}x^j. \tag{1.1.18}$$

在坐标线上的弧微分

$$\mathrm{d}s_{(i)}=\sqrt{g_{ii}}\mathrm{d}x^i\quad (i\ 不求和). \tag{1.1.19}$$

1.1.4 体元和面元

$\boldsymbol{e}_1\mathrm{d}x^1$, $\boldsymbol{e}_2\mathrm{d}x^2$, $\boldsymbol{e}_3\mathrm{d}x^3$ 组成的平行六面体体积元

$$\mathrm{d}V=\boldsymbol{e}_1(\boldsymbol{e}_2\times\boldsymbol{e}_3)\mathrm{d}x^1\mathrm{d}x^2\mathrm{d}x^3=\sqrt{g}\mathrm{d}x^1\mathrm{d}x^2\mathrm{d}x^3. \tag{1.1.20}$$

若令

$$\hat{\varepsilon}_{ijk}=\varepsilon_{ijk}/\sqrt{g},\quad \hat{\varepsilon}^{ijk}=\varepsilon^{ijk}\sqrt{g}. \tag{1.1.21}$$

定义外微分形式

$$\mathrm{d}x^i\wedge\mathrm{d}x^j\wedge\mathrm{d}x^k=\hat{\varepsilon}^{ijk}\mathrm{d}x^1\mathrm{d}x^2\mathrm{d}x^3,\quad i,j,k\ 在\ 1,2,3\ 中取值.$$

则

$$\varepsilon_{ijk}\mathrm{d}x^i\mathrm{d}x^j\mathrm{d}x^k=\sqrt{g}\varepsilon_{ijk}\varepsilon^{ijk}\mathrm{d}x^1\mathrm{d}x^2\mathrm{d}x^3=6\sqrt{g}\mathrm{d}x^1\mathrm{d}x^2\mathrm{d}x^3 \tag{1.1.22}$$

是个不变量. 故 (1.1.20) 可表示为

$$\mathrm{d}V=\frac{1}{6}\varepsilon_{ijk}\mathrm{d}x^i\wedge\mathrm{d}x^j\wedge\mathrm{d}x^k. \tag{1.1.23}$$

设在点 P 的局部标架上取向量

$$\boldsymbol{PA}=\boldsymbol{e}_1\mathrm{d}x^1,\quad \boldsymbol{PB}=\boldsymbol{e}_2\mathrm{d}x^2,\quad \boldsymbol{PC}=\boldsymbol{e}_3\mathrm{d}x^3,$$

记 $\mathrm{d}\Sigma/2$ 为三角形 ABC 的面积, $\boldsymbol{l}$ 为 $\triangle ABC$ 外法线的单位向量, 见图 1.1.4, 那么

$$\begin{aligned}\boldsymbol{l}\,\mathrm{d}\Sigma&=\boldsymbol{CA}\times\boldsymbol{CB}=(\boldsymbol{e}_1\mathrm{d}x^1-\boldsymbol{e}_3\mathrm{d}x^3)\times(\boldsymbol{e}_2\mathrm{d}x^2-\boldsymbol{e}_3\mathrm{d}x^3)\\&=\sqrt{g}(\boldsymbol{e}^1\mathrm{d}x^2\mathrm{d}x^3+\boldsymbol{e}^2\mathrm{d}x^3\mathrm{d}x^1+\boldsymbol{e}^3\mathrm{d}x^1\mathrm{d}x^2).\end{aligned} \tag{1.1.24}$$

记

$$\left\{\begin{aligned}&\mathrm{d}x^1\wedge\mathrm{d}x^2=-\mathrm{d}x^2\wedge\mathrm{d}x^1=\mathrm{d}x^1\mathrm{d}x^2,\\&\mathrm{d}x^2\wedge\mathrm{d}x^3=-\mathrm{d}x^3\wedge\mathrm{d}x^2=\mathrm{d}x^2\mathrm{d}x^3,\\&\mathrm{d}x^3\wedge\mathrm{d}x^1=-\mathrm{d}x^1\wedge\mathrm{d}x^3=\mathrm{d}x^3\mathrm{d}x^1,\end{aligned}\right. \tag{1.1.25}$$

则 (1.1.24) 可表示为

$$\boldsymbol{l}\,\mathrm{d}\Sigma = \frac{1}{2}\varepsilon_{ijk}\boldsymbol{e}^i\mathrm{d}x^j \wedge \mathrm{d}x^k, \tag{1.1.26}$$

用 $\boldsymbol{l}$ 与 (1.1.26) 作内积

$$\mathrm{d}\Sigma = \frac{1}{2}\varepsilon_{ijk}l^i\mathrm{d}x^j \wedge \mathrm{d}x^k, \tag{1.1.27}$$

其中 $l^i = \boldsymbol{l}\cdot \boldsymbol{e}^i$ 是 $\boldsymbol{l}$ 的逆变分量.

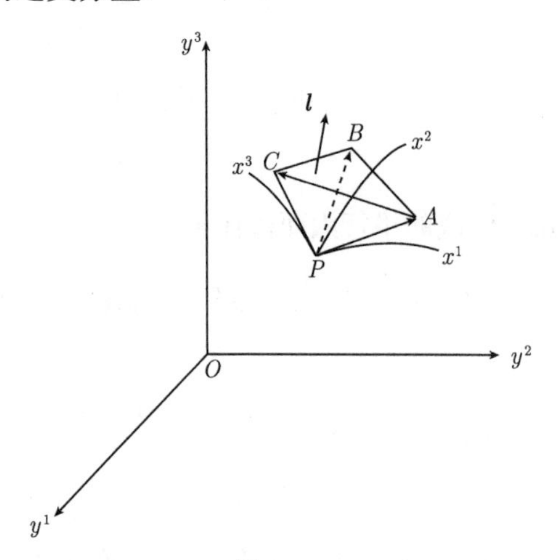

图 1.1.4

设 $\mathrm{d}\Sigma_1, \mathrm{d}\Sigma_2, \mathrm{d}\Sigma_3$ 分别是由向量 $\boldsymbol{PB}$ 和 $\boldsymbol{PC}$, $\boldsymbol{PC}$ 和 $\boldsymbol{PA}$, $\boldsymbol{PA}$ 和 $\boldsymbol{PB}$ 形成的平行四边形面积, 类同 (1.1.27) 推得

$$\begin{cases} \mathrm{d}\Sigma_1 = \sqrt{gg^{11}}\mathrm{d}x^2\mathrm{d}x^3, \quad \mathrm{d}\Sigma_2 = \sqrt{gg^{22}}\mathrm{d}x^3\mathrm{d}x^1, \\ \mathrm{d}\Sigma_3 = \sqrt{gg^{33}}\mathrm{d}x^1\mathrm{d}x^2, \end{cases} \tag{1.1.28}$$

如果用 $\boldsymbol{e}_i$ 与 (1.1.26) 作内积, 则得

$$l_i\mathrm{d}\Sigma = \frac{1}{2}\varepsilon_{ijk}\mathrm{d}x^j \wedge \mathrm{d}x^k,$$

那么 (1.1.28) 变成

$$\mathrm{d}\Sigma_1 = \sqrt{gg^{11}}l_1\mathrm{d}\Sigma, \quad \mathrm{d}\Sigma_2 = \sqrt{gg^{22}}l_2\mathrm{d}\Sigma, \quad \mathrm{d}\Sigma_3 = \sqrt{gg^{33}}l_3\mathrm{d}\Sigma, \tag{1.1.29}$$

其中 $l_i = \boldsymbol{l}\cdot \boldsymbol{e}_i$ 为 $\boldsymbol{l}$ 的协变分量. (1.1.29) 说明, 曲线坐标系中, 三个坐标面的面元可以通过该点的任意曲面面元来表示.

1.1.5 坐标变换

在 n 维欧氏空间中, 一个曲线坐标系 (x^i) 可作变换

$$(xi') = fi'(x^1, x^2, \cdots, x^n), \quad i' = 1, 2, \cdots, n, \tag{1.1.30}$$

要使 $(x^{i'})$ 能够构成新的曲线坐标系, (1.1.30) 必须是单值可逆的变换, 且正、逆变换的 Jacobi 行列式均不为 0, 即

$$\det\left(\frac{\partial x^i}{\partial x^{i'}}\right) \neq 0, \quad \det\left(\frac{\partial x^{i'}}{\partial x^i}\right) \neq 0.$$

这时, 仿射标架也有变换公式

$$\boldsymbol{e}_{i'} = \frac{\partial \boldsymbol{R}}{\partial x^{i'}} = \frac{\partial \boldsymbol{R}}{\partial x^i}\frac{\partial x^i}{\partial x^{i'}} = \frac{\partial x^i}{\partial x^{i'}}\boldsymbol{e}_i. \tag{1.1.31}$$

1.2 张量场和张量场微分学

在曲线坐标系中, 所研究的不是个别的张量, 而是张量场. 所谓张量场, 就是说对于空间中每一个点均给定了一个张量, 这种张量的阶数是不随点变化的定数, 一般来说, 它的坐标是随点的位置而改变的. 数量场是一个零阶张量场, 物体运动的速度向量场是一阶张量场. 张量计算的真正意义在于研究张量场.

张量坐标是相对于某一仿射标架而言的. 在空间中建立了曲线坐标之后, 场内的每一点上都建立了一个局部标架, 而张量的坐标是由该点的局部标架来确定的, 称为张量在已知曲线坐标系中的坐标.

例如, 给出一个张量场

$$V^i_{jk}(P) = V^i_{jk}(x^1, x^2, x^3, \cdots, x^n), \tag{1.2.1}$$

当坐标变换时, 新旧坐标系均在 P 点形成子集的局部标架, 而张量 V^i_{jk} 在新旧标架中均有自己的坐标, 它的变化规律如同个别张量变换规律一样, 即

$$V^{i'}_{j'\ k'}(P) = \frac{\partial x^{i'}}{\partial x^i}(P)\frac{\partial x^j}{\partial x^{j'}}(P)\frac{\partial x^k}{\partial x^{k'}}(P)V^i_{jk}(P). \tag{1.2.2}$$

因此, 曲线坐标系变换之后, 张量场的张量坐标 $V^i_{jk}(P)$ 也作 (1.2.2) 的变换. 这时偏导数 $\dfrac{\partial x^{i'}}{\partial x^i}$ 和 $\dfrac{\partial x^i}{\partial x^{i'}}$ 均取点 P 的值.

1.2.1 度量张量

由 (1.1.31) 可以得到度量张量的变换规律

$$g_{i'j'} = \boldsymbol{e}_{i'}\boldsymbol{e}_{j'} = \frac{\partial x^i}{\partial x^{i'}}\frac{\partial x^j}{\partial x^{j'}}\boldsymbol{e}_i \cdot \boldsymbol{e}_j = \frac{\partial x^i}{\partial x^{i'}}\frac{\partial x^j}{\partial x^{j'}}g_{ij}. \tag{1.2.3}$$

在曲线坐标系中, 当坐标变换时, 局部标架作 (1.1.31) 变换, 而 g_{ij} 的两个下标作与局部标架同样的变换, 称 g_{ij} 为度量张量的协变分量.

将 (1.2.3) 两边取行列式, 则有

$$g' = \Delta^2 g, \tag{1.2.4}$$

其中

$$g' = \det(g_{i'j'}), \quad g = \det(g_{ij}), \quad \Delta = \det\left(\frac{\partial x^i}{\partial x^{i'}}\right). \tag{1.2.5}$$

由于 $g > 0$, $g' > 0$, 故当 $\Delta > 0$ 时, 有

$$\sqrt{g'} = \Delta\sqrt{g}.$$

δ_i^j 是二阶混合张量, 因为它服从二阶混合张量的变换规律

$$\delta_{i'}^{j'} = \frac{\partial x^{j'}}{\partial x^{i'}} = \frac{\partial x^{j'}}{\partial x^j}\frac{\partial x^j}{\partial x^{i'}} = \frac{\partial x^{j'}}{\partial x^j}\frac{\partial x^i}{\partial x^{i'}}\delta_i^j.$$

以下证明, 由 $g_{ik}g^{kj} = \delta_i^j$ 所确定的 g^{kj} 为二阶逆变张量. 实际上, 在新坐标系下有

$$g^{k'j'}g_{i'k'} = \delta_{i'}^{j'},$$

从而有

$$g^{k'j'}\frac{\partial x^i}{\partial x^{i'}}\frac{\partial x^k}{\partial x^{k'}}g_{ik} = \frac{\partial x^{j'}}{\partial x^j}\frac{\partial x^i}{\partial x^{i'}}\delta_i^j,$$

两边乘 $\dfrac{\partial x^m}{\partial x^{j'}}\dfrac{\partial x^{i'}}{\partial x^l}$ 得

$$g^{k'j'}\frac{\partial x^m}{\partial x^{j'}}\frac{\partial x^k}{\partial x^{k'}}g_{lk} = \delta_l^m,$$

由 $g^{mk}g_{lk} = \delta_l^m$ 和 g_{lk} 的逆存在唯一性, 得

$$g^{mk} = g^{k'j'}\frac{\partial x^m}{\partial x^{j'}}\frac{\partial x^k}{\partial x^{k'}}.$$

这说明 g^{mk} 服从二阶逆变张量变换规律. 故称 g^{mk} 为逆变度量张量.

对于共轭标架, 由于有

$$\begin{aligned}\mathbf{e}^{i'} = g^{i'j'}\mathbf{e}_{j'} &= \left(g^{ij}\frac{\partial x^{i'}}{\partial x^i}\frac{\partial x^{j'}}{\partial x^j}\right)\left(\frac{\partial x^k}{\partial x^{j'}}\mathbf{e}_k\right)\\ &= g^{ij}\frac{\partial x^{i'}}{\partial x^i}\delta_j^k\mathbf{e}_k = \frac{\partial x^{i'}}{\partial x^i}g^{ij}\mathbf{e}_j = \frac{\partial x^{i'}}{\partial x^i}\mathbf{e}^i,\end{aligned}$$

说明共轭标架受到与局部标架相逆的变换.

例 1.2.1　圆柱坐标系 $(x^i) = (r, \varphi, z)$ 与 Descartes 坐标 (y^i) 的关系为

$$y^1 = r\cos\varphi, \quad y^2 = r\sin\varphi, \quad y^3 = z. \tag{1.2.6}$$

在圆柱坐标系中, 度量张量的协变分量和逆变分量分别为

$$
\begin{aligned}
&g_{11}=1, \quad g_{22}=r^2, \quad g_{33}=1, \quad g_{ij}=0 \quad (i\neq j),\\
&g^{11}=1, \quad g^{22}=\frac{1}{r^2}, \quad g^{33}=1, \quad g^{ij}=0 \quad (i\neq j).
\end{aligned} \tag{1.2.7}
$$

设 $\boldsymbol{w}$ 为气体相对圆柱坐标系流动速度, 那么 $\boldsymbol{w}=w^i\boldsymbol{e}_i=w_i\boldsymbol{e}^i$, 由于 $(\boldsymbol{e}_i,\boldsymbol{e}_i)=g_{ii}$, $(\boldsymbol{e}^i,\boldsymbol{e}^i)=g^{ii}$, 再设 w_r, w_φ, w_z 为 $\boldsymbol{w}$ 在圆柱坐标系中的物理分量, 那么, 根据 (1.1.16) 可知

$$
w_r=w_1/\sqrt{g_{11}}=w_1, \quad w_\varphi=w_2/\sqrt{g_{22}}=w_2/r, \quad w_z=w_3/\sqrt{g_{33}}=w_3.
$$

而它的逆变分量

$$
w^1=g^{11}w_1=w_1, \quad w^2=g^{22}w_2=w_2/r^2, \quad w^3=g^{33}w_3=w_3. \tag{1.2.8}
$$

物理分量和张量坐标之间有如下关系:

$$
w_r=w_1=w^1, \quad w_\varphi=w_2/r=w^2r, \quad w_z=w_3=w^3, \tag{1.2.9}
$$

而 $\boldsymbol{w}$ 的模为

$$
\begin{aligned}
|\boldsymbol{w}|^2&=g_{ij}w^iw^j=(w^1)^2+(w^2r)^2+(w^3)^2\\
&=w_r^2+w_\varphi^2+w_z^2.
\end{aligned} \tag{1.2.10}
$$

设在新的曲线坐标系 $(x^{i\prime})$ 中, $\boldsymbol{w}=w^{i\prime}\boldsymbol{e}_{i\prime}=w_{i\prime}\boldsymbol{e}^{i\prime}$, 由张量变换规律可知

$$
w^{i\prime}=\frac{\partial x^{i\prime}}{\partial x^i}w^i, \quad w_{i\prime}=\frac{\partial x^i}{\partial x^{i\prime}}w_i, \quad w^i=\frac{\partial x^i}{\partial x^{i\prime}}w^{i\prime}, \quad w_i=\frac{\partial x^{i\prime}}{\partial x^i}w_{i\prime}.
$$

故

$$
w^1=\frac{\partial r}{\partial x^{i\prime}}w^{i\prime}, \quad w^2=\frac{\partial \varphi}{\partial x^{i\prime}}w^{i\prime}, \quad w^3=\frac{\partial z}{\partial x^{i\prime}}w^{i\prime}. \tag{1.2.11}
$$

代入 (1.2.9) 得

$$
w_r=\frac{\partial r}{\partial x^{i\prime}}w^{i\prime}, \quad w_\varphi=\frac{\partial \varphi}{\partial x^{i\prime}}w^{i\prime}r, \quad w_z=\frac{\partial z}{\partial x^{i}}w^{i\prime}. \tag{1.2.12}
$$

这说明, 只要知道 $\boldsymbol{w}$ 在任一坐标系 $(x^{i\prime})$ 中的逆变分量, 就可以直接算出 $\boldsymbol{w}$ 在圆柱坐标系中的物理分量.

如果圆柱坐标系以角速度 ω 绕 z 轴旋转, 那么, 在 Descartes 坐标系中, 角速度向量 $\boldsymbol{\omega}=\omega\boldsymbol{k}$, 其中 $\boldsymbol{k}$ 为 z 轴上单位向量, 在圆柱坐标系中, ω 的分量由张量变换

规律可得

$$\omega_1 = \frac{\partial y^1}{\partial r} \cdot 0 + \frac{\partial y^2}{\partial r} \cdot 0 + \frac{\partial y^3}{\partial r} \cdot \omega = 0,$$

$$\omega_2 = \frac{\partial y^1}{\partial \varphi} \cdot 0 + \frac{\partial y^2}{\partial \varphi} \cdot 0 + \frac{\partial y^3}{\partial \varphi} \cdot \omega = 0,$$

$$\omega_3 = \frac{\partial y^1}{\partial z} \cdot 0 + \frac{\partial y^2}{\partial z} \cdot 0 + \frac{\partial y^3}{\partial z} \cdot \omega = \omega,$$

由 (1.2.8) 得

$$\omega^1 = \omega_1 = 0, \quad \omega^2 = \omega_2/r^2 = 0, \quad \omega^3 = \omega_3 = \omega. \tag{1.2.13}$$

这说明, 在圆柱坐标系中, 角速度 ω 的逆变分量与协变分量都只有第 3 个分量为 ω 不等于 0, 而其余分量均为 0.

设 $(\omega^{i'})$, $(\omega_{i'})$ 分别为 ω 在新的曲线坐标系 $(x^{i'})$ 中的分量, 由 $(x^{i'})$ 与圆柱坐标系 (x^i) 有如下关系:

$$x^1 \equiv r = r(x^{i'}), \quad x^2 \equiv \varphi = \varphi(x^{i'}), \quad x^3 \equiv z = z(x^{i'}), \tag{1.2.14}$$

那么 $\omega_{i'} = \dfrac{\partial x^i}{\partial x^{i'}} w_i$, 将 (1.2.13) 代入得

$$\omega_{i'} = \omega \frac{\partial z}{\partial x^{i'}}. \tag{1.2.15}$$

而逆变分量为

$$\omega^{i'} = g^{i'j'} \omega_{j'} = \omega g^{i'j'} \frac{\partial z}{\partial x^{j'}}, \tag{1.2.16}$$

这里 $(g^{i'j'})$ 为 $(g_{i'j'})$ 的逆矩阵.

$\omega^{i'}$ 可以有一个与 (1.2.15) 不同的表达式, 实际上

$$\omega^{i'} = \omega \cdot \boldsymbol{e}^{i'} = \omega(\boldsymbol{e}_{j'} \times \boldsymbol{e}_{k'})/\sqrt{g'},$$

而 $\boldsymbol{e}_{j'} = \dfrac{\partial \boldsymbol{R}}{\partial x^j}$, 所以

$$\omega^{i'} = \frac{1}{\sqrt{g'}} \begin{vmatrix} 0 & 0 & \omega \\ \dfrac{\partial y^1}{\partial x^{j'}} & \dfrac{\partial y^2}{\partial x^{j'}} & \dfrac{\partial y^3}{\partial x^{j'}} \\ \dfrac{\partial y^1}{\partial x^{k'}} & \dfrac{\partial y^2}{\partial x^{k'}} & \dfrac{\partial y^3}{\partial x^{k'}} \end{vmatrix} = \frac{\omega}{\sqrt{g'}} \begin{vmatrix} \dfrac{\partial y^1}{\partial x^i}\dfrac{\partial x^i}{\partial x^{j'}} & \dfrac{\partial y^2}{\partial x^i}\dfrac{\partial x^i}{\partial x^{j'}} \\ \dfrac{\partial y^1}{\partial x^i}\dfrac{\partial x^i}{\partial x^{k'}} & \dfrac{\partial y^2}{\partial x^i}\dfrac{\partial x^i}{\partial x^{k'}} \end{vmatrix}$$

$$= \frac{\omega}{\sqrt{g'}} \left| \begin{pmatrix} \dfrac{\partial y^1}{\partial x^1} & \dfrac{\partial y^1}{\partial x^2} & \dfrac{\partial y^1}{\partial x^3} \\ \dfrac{\partial y^2}{\partial x^1} & \dfrac{\partial y^2}{\partial x^2} & \dfrac{\partial y^2}{\partial x^3} \end{pmatrix} \begin{pmatrix} \dfrac{\partial x^1}{\partial x^{j'}} & \dfrac{\partial x^1}{\partial x^{k'}} \\ \dfrac{\partial x^2}{\partial x^{j'}} & \dfrac{\partial x^2}{\partial x^{k'}} \\ \dfrac{\partial x^3}{\partial x^{j'}} & \dfrac{\partial x^3}{\partial x^{k'}} \end{pmatrix} \right|.$$

由 (1.2.6) 可知

$$\frac{\partial y^1}{\partial x^1} = \frac{\partial y^1}{\partial r} = \cos\varphi, \quad \frac{\partial y^1}{\partial x^2} = \frac{\partial y^1}{\partial \varphi} = -\sin\varphi, \quad \frac{\partial y^1}{\partial x^3} = \frac{\partial y^1}{\partial z} = 0,$$
$$\frac{\partial y^2}{\partial x^1} = \sin\varphi, \quad \frac{\partial y^2}{\partial x^2} = r\cos\varphi, \quad \frac{\partial y^2}{\partial x^3} = 0.$$

故

$$\begin{aligned} \omega^{i'} &= \frac{\omega}{\sqrt{g'}}\left|\begin{pmatrix} \cos\varphi & -r\sin\varphi & 0 \\ \cos\varphi & r\cos\varphi & 0 \end{pmatrix}\begin{pmatrix} \dfrac{\partial r}{\partial x^{j'}} & \dfrac{\partial r}{\partial x^{k'}} \\ \dfrac{\partial \varphi}{\partial x^{j'}} & \dfrac{\partial \varphi}{\partial x^{k'}} \\ \dfrac{\partial z}{\partial x^{j'}} & \dfrac{\partial z}{\partial x^{k'}} \end{pmatrix}\right| \\ &= \frac{r\omega}{\sqrt{g'}}\begin{vmatrix} \dfrac{\partial r}{\partial x^{j'}} & \dfrac{\partial r}{\partial x^{k'}} \\ \dfrac{\partial \varphi}{\partial x^{j'}} & \dfrac{\partial \varphi}{\partial x^{k'}} \end{vmatrix}, \end{aligned} \tag{1.2.17}$$

其中 (i', j', k') 按 $(1, 2, 3)$ 轮换.

(1.2.15), (1.2.16) 说明, 只要知道新、旧坐标系坐标变换的关系, 就可算出在新坐标系中 ω 的协变分量和逆变分量.

1.2.2 Christoffel 记号

在曲线坐标系里, 空间任一点都有关于这个坐标系的仿射标架, 也称自然标架, 从而形成一个自然标架场 $(\boldsymbol{e}_i, i = 1, 2, 3)$. 由全微分公式

$$\mathrm{d}\boldsymbol{e}_i = \frac{\partial \boldsymbol{e}_i}{\partial x^j}\mathrm{d}x^j$$

可知, $\left(\dfrac{\partial \boldsymbol{e}_i}{\partial x^j}\right)$ 仍然形成一个向量场, 记

$$\boldsymbol{e}_{ij} = \frac{\partial \boldsymbol{e}_i}{\partial x^j}. \tag{1.2.18}$$

显然, 若 $\boldsymbol{R}$ 二阶连续可微, 由于 $\boldsymbol{e}_i = \dfrac{\partial \boldsymbol{R}}{\partial x^i}$, 则有

$$\boldsymbol{e}_{ij} = \boldsymbol{e}_{ji}. \tag{1.2.19}$$

将 $\boldsymbol{e}_{ij}$ 按自然标架展开

$$\boldsymbol{e}_{ij} = \Gamma_{ij}^k \boldsymbol{e}_k = \Gamma_{ij,k}\boldsymbol{e}^k. \tag{1.2.20}$$

分别称 Γ_{ij}^k, Γ_{ij}^k 为第一、第二类型 Christoffel 记号. 利用指标上升和下降, 有

$$\Gamma_{ij,k} = g_{km}\Gamma_{ij}^m, \quad \Gamma_{ij}^k = g^{km}\Gamma_{ij,m}. \tag{1.2.21}$$

Christoffel 记号有下列基本性质 [1]:

(1) 对称性. 由 (1.2.20) 可知

$$\Gamma_{ij,k} = \boldsymbol{e}_{ij} \cdot \boldsymbol{e}_k, \quad \Gamma_{ij}^k = \boldsymbol{e}_{ij} \cdot \boldsymbol{e}^k, \tag{1.2.22}$$

而 $\boldsymbol{e}_{ij} = \boldsymbol{e}_{ji}$, 故

$$\Gamma_{ij,k} = \Gamma_{ji,k}, \quad \Gamma_{ij}^k = \Gamma_{ji}^k. \tag{1.2.23}$$

(2) 投影性质. 由 (1.2.22) 第 2 式, 有

$$\Gamma_{ij}^k = \frac{\partial \boldsymbol{e}_i}{\partial x^j}\boldsymbol{e}^k = \frac{\partial}{\partial x^j}(\boldsymbol{e}_i\boldsymbol{e}^k) - \boldsymbol{e}_i\frac{\partial \boldsymbol{e}^k}{\partial x^j} = -\boldsymbol{e}_i\frac{\partial \boldsymbol{e}^k}{\partial x^j}, \tag{1.2.24}$$

从而得

$$\frac{\partial \boldsymbol{e}^k}{\partial x^j} = -\Gamma_{ij}^k \boldsymbol{e}^i. \tag{1.2.25}$$

(3) 与度量张量的关系为

$$\Gamma_{ij,k} = \frac{1}{2}\left(\frac{\partial g_{ik}}{\partial x^j} + \frac{\partial g_{jk}}{\partial x^i} - \frac{\partial g_{ij}}{\partial x^k}\right), \tag{1.2.26}$$

$$\Gamma_{ij}^k = \frac{1}{2}g^{km}\left(\frac{\partial g_{im}}{\partial x^j} + \frac{\partial g_{jm}}{\partial x^i} - \frac{\partial g_{ij}}{\partial x^m}\right), \tag{1.2.27}$$

实际上, 对 $\boldsymbol{e}_i \cdot \boldsymbol{e}_j = g_{ij}$ 两边关于 x^k 求导得

$$\boldsymbol{e}_{ik} \cdot \boldsymbol{e}_j + \boldsymbol{e}_i \cdot \boldsymbol{e}_{jk} = \frac{\partial g_{ij}}{\partial x^k},$$

由 (1.2.22) 得

$$\Gamma_{ik,j} + \Gamma_{jk,i} = \frac{\partial g_{ij}}{\partial x^k}, \tag{1.2.28}$$

将 i, j, k 指标轮换有

$$\Gamma_{kj,i} + \Gamma_{ij,k} = \frac{\partial g_{ik}}{\partial x^j}, \quad \Gamma_{ji,k} + \Gamma_{ki,j} = \frac{\partial g_{jk}}{\partial x^i}. \tag{1.2.29}$$

(1.2.29) 中两式相加后减去 (1.2.28) 得 (1.2.26). 类似推导也可得 (1.2.27).

(4) Christoffel 记号恒为 0 的充要条件是度量张量在整个区域上为常数. 特别是, 在 Descartes 坐标系下, Christoffel 记号恒为 0.

这个性质可从 (1.2.26), (1.2.27) 和 (1.2.28) 直接得到.

(5) 缩并的第二类型 Christoffel 记号为

$$\Gamma_{ki}^i = \frac{1}{\sqrt{g}}\frac{\partial \sqrt{g}}{\partial x^k} = \frac{\partial \ln \sqrt{g}}{\partial x^k}. \tag{1.2.30}$$

实际上, 由于 $\boldsymbol{e}_1 \cdot (\boldsymbol{e}_2 \times \boldsymbol{e}_3) = \sqrt{g}$, 两边对 x^k 求导得

$$\boldsymbol{e}_{1k} \cdot (\boldsymbol{e}_2 \times \boldsymbol{e}_3) + \boldsymbol{e}_1 \cdot (\boldsymbol{e}_{2k} \times \boldsymbol{e}_3) + \boldsymbol{e}_1 \cdot (\boldsymbol{e}_2 \times \boldsymbol{e}_{3k}) = \frac{\partial \sqrt{g}}{\partial x^k},$$

由 (1.2.20) 得

$$\Gamma^i_{1k} \boldsymbol{e}_i \cdot (\boldsymbol{e}_2 \times \boldsymbol{e}_3) + \boldsymbol{e}_1 \cdot (\Gamma^i_{2k} \boldsymbol{e}_i \times \boldsymbol{e}_3) + \boldsymbol{e}_1 \cdot (\boldsymbol{e}_2 \times \Gamma^i_{3k} \boldsymbol{e}_i) = \frac{\partial \sqrt{g}}{\partial x^k},$$

利用三重积性质, $\boldsymbol{e}_i \cdot (\boldsymbol{e}_j \times \boldsymbol{e}_k)$ 中有指标相同者为 0, 则得

$$\Gamma^1_{1k} \sqrt{g} + \Gamma^2_{2k} \sqrt{g} + \Gamma^3_{3k} \sqrt{g} = \frac{\partial \sqrt{g}}{\partial x^k},$$

即得 (1.2.30).

不难验证, (1.2.30) 对任何坐标系都成立.

(6) Christoffel 记号不构成张量.

设新旧坐标系分别为 $(x^{i'})$ 和 (x^i), 则有

$$\boldsymbol{e}_i = D^{i'}_i \boldsymbol{e}_{i'}, \quad \boldsymbol{e}^i = D^i_{i'} \boldsymbol{e}^{i'},$$

其中 $D^{i'}_i = \dfrac{\partial x^{i'}}{\partial x^i}, D^i_{i'} = \dfrac{\partial x^i}{\partial x^{i'}}$, 所以有

$$\boldsymbol{e}_{ik} = \frac{\partial \boldsymbol{e}_i}{\partial x^k} = \frac{\partial}{\partial x^k}(D^{i'}_i \boldsymbol{e}_{i'}) = D^{i'}_i \frac{\partial \boldsymbol{e}_{i'}}{\partial x^k} + \boldsymbol{e}_{i'} \frac{\partial^2 x^{i'}}{\partial x^i \partial x^k},$$

即

$$\boldsymbol{e}_{ik} = D^{i'}_i D^{k'}_k \boldsymbol{e}_{j'k'} + \boldsymbol{e}_{i'} \frac{\partial^2 x^{i'}}{\partial x^i \partial x^k}. \tag{1.2.31}$$

(1.2.31) 分别乘

$$\boldsymbol{e}_j = D^{j'}_j \boldsymbol{e}_{j'}, \quad \boldsymbol{e}^j = D^j_{j'} \boldsymbol{e}^{j'}, \tag{1.2.32}$$

并利用 (1.2.22) 得以下两式:

$$\Gamma_{ik,j} = D^{i'}_i D^{k'}_k D^{j'}_j \Gamma_{i'k',j'} + g_{i'j'} \frac{\partial^2 x^{i'}}{\partial x^i \partial x^k} D^{i'}_j, \tag{1.2.33}$$

$$\Gamma^j_{ik} = D^{i'}_i D^{k'}_k D^j_{j'} \Gamma^{j'}_{i',k'} + \frac{\partial^2 x^{j'}}{\partial x^i \partial x^k} D^j_{j'}. \tag{1.2.34}$$

由 (1.2.33) 和 (1.2.34) 知 Christoffel 记号不构成张量.

在 (1.2.34) 中, 指标 i, j 缩并, 并利用 (1.2.30) 和

$$D_i^{i'} D_{i'}^j = \delta_i^j, \quad D_i^{i'} D_{j'}^i = \delta_{j'}^{i'}, \tag{1.2.35}$$

得到度量张量行列式的变换规律:

$$\frac{\partial \ln \sqrt{g}}{\partial x^k} = \frac{\partial \ln \sqrt{g'}}{\partial x^{k'}} D_k^{k'} + \frac{\partial^2 x^{i'}}{\partial x^i \partial x^k} D_{i'}^i, \tag{1.2.36}$$

其中 g' 是新坐标系中的度量张量行列式.

1.2.3 张量场微分学

在张量场中, 和通常分析一样, 可以在某一点 M 邻域内研究张量的微分性质, 而在考察 v_{lm}^{ij} 的全微分 $\mathrm{d}v_{lm}^{ij}$ 时, 发现它并不服从张量变换规律. 如何揭示张量那些有关微分的不变性质, 从而引出协变微分概念及微分技术, 是这一小节的内容.

1.2.4 绝对微分和协变导数

考察一个向量场 $\boldsymbol{U} = U^k \boldsymbol{e}_k$, 求 $\boldsymbol{U}$ 的全微分

$$\mathrm{d}\boldsymbol{U} = \mathrm{d}U^k \cdot \boldsymbol{e}_k + U^k \mathrm{d}\boldsymbol{e}_k,$$

而

$$\mathrm{d}\boldsymbol{e}_k = \frac{\partial \boldsymbol{e}_k}{\partial x^m} \mathrm{d}x^m = \boldsymbol{e}_{km} \mathrm{d}x^m = \Gamma_{km}^n \boldsymbol{e}_n \mathrm{d}x^m, \tag{1.2.37}$$

故有

$$\mathrm{d}\boldsymbol{U} = \mathrm{d}U^k \cdot \boldsymbol{e}_k + U^k \Gamma_{km}^n \boldsymbol{e}_n \mathrm{d}x^m = (\mathrm{d}U^k + U^n \Gamma_{nm}^k \mathrm{d}x^m) \boldsymbol{e}_k. \tag{1.2.38}$$

由于 $\mathrm{d}\boldsymbol{U}$ 是一个向量, 故

$$DU^k \triangleq \mathrm{d}U^k + \Gamma_{nm}^k U^n \mathrm{d}x^m \tag{1.2.39}$$

是一阶张量逆变分量, 称它为一阶逆变张量 U^k 的绝对微分. (1.2.39) 又可写成

$$DU^k = \left(\frac{\partial U^k}{\partial x^m} + \Gamma_{nm}^k U^n \right) \mathrm{d}x^m. \tag{1.2.40}$$

因 $\mathrm{d}x^m$ 是一阶逆变张量, 根据张量商原则[1], 可知

$$\nabla_m U^k \triangleq \frac{\partial U^k}{\partial x^m} + \Gamma_{mn}^k U^n \tag{1.2.41}$$

是一个一阶逆变一阶协变的混合张量, 称它为 U^k 的一阶协变导数.

同样可以构造一个协变张量的协变导数. 实际上, 根据

$$U_k = \boldsymbol{U} \cdot \boldsymbol{e}_k,$$

两边取微分得

$$\mathrm{d}U_k = \mathrm{d}\boldsymbol{U}\cdot \boldsymbol{e}_k + \boldsymbol{U}\cdot \mathrm{d}\boldsymbol{e}_k.$$

将 (1.2.37) 代入, 有

$$\begin{aligned}\mathrm{d}\boldsymbol{U}\cdot \boldsymbol{e}_k &= \mathrm{d}U_k - \boldsymbol{U}\Gamma^n_{km}\boldsymbol{e}_n\mathrm{d}x^m = \mathrm{d}U_k - \Gamma^n_{km}U_n\mathrm{d}x^m \\ &= \left(\frac{\partial U_k}{\partial x^m} - \Gamma^n_{km}U_n\right)\mathrm{d}x^m,\end{aligned}$$

这里

$$\nabla_m U_k \triangleq \frac{\partial U_k}{\partial x^m} - \Gamma^n_{km}U_n \tag{1.2.42}$$

是二阶协变张量, 称它为 U_k 的一阶协变导数.

同理可推出, 任一张量例如 U^{ij}_{rs} 的绝对微分和协变导数公式分别为

$$DU^{ij}_{rs} = \mathrm{d}U^{ij}_{rs} + (\Gamma^i_{kp}U^{pj}_{rs} + \Gamma^j_{kp}U^{ip}_{rs} - \Gamma^p_{kr}U^{ij}_{ps} - \Gamma^p_{ks}U^{ij}_{rp})\mathrm{d}x^k, \tag{1.2.43}$$

$$\nabla_k U^{ij}_{rs} = \partial U^{ij}_{rs}\partial x^k + \Gamma^i_{kp}U^{pj}_{rs} + \Gamma^j_{kp}U^{ip}_{rs} - \Gamma^p_{kr}U^{ij}_{ps} - \Gamma^p_{k\ s}U^{ij}_{rp}, \tag{1.2.44}$$

$$DU^{ij}_{rs} = \nabla_k U^{ij}_{rs}\mathrm{d}x^k.$$

所以, 张量的绝对微分也是一个张量, 它是张量坐标的微分, 再加入对张量的每一个指标补充进第二类型 Christoffel 记号的项, 这种项组成的规律由公式 (1.2.43) 或 (1.2.44) 给出. 应用张量识别定理[1] 还可证明, $DU^{i'j'}_{rs}$ 在坐标变换时, 仍然服从张量变换的规律

$$DU^{i'j'}_{r'\,s'} = \frac{\partial x^{i'}}{\partial x^i}\frac{\partial x^{j'}}{\partial x^j}\frac{\partial x^r}{\partial x^{r'}}\frac{\partial x^s}{\partial x^{s'}}DU^{ij}_{rs},$$

同样 $\nabla_k U^{ij}_{rs}$ 仍是一个张量, 它在坐标变换下的变换规律为

$$\nabla_{k'}U^{i'\ j'}_{r'\ s'} = \frac{\partial x^{i'}}{\partial x^i}\frac{\partial x^{j'}}{\partial x^j}\frac{\partial x^r}{\partial x^{r'}}\frac{\partial x^s}{\partial x^{s'}}\frac{\partial x^k}{\partial x^{k'}}\nabla_k U^{ij}_{rs}.$$

1.2.5　绝对微分的基本性质

为了有效地使用张量绝对微分法, 必须加入绝对微分运算与张量的各种代数运算相结合的法则. 这些法则与通常分析中的微分法则类似. 例如, 若

$$W^{ij}_{rs} = U^{ij}_{rs} \pm V^{ij}_{rs},\quad W^{i_1i_2j_1j_2}_{r_1r_2s_1s_2} = U^{i_1i_2}_{r_1r_2}V^{j_1j_2}_{s_1s_2},$$

那么

$$DW^{ij}_{rs} = DU^{ij}_{rs} \pm DV^{ij}_{rs},$$

$$DW^{i_1i_2j_1j_2}_{r_1r_2s_1s_2} = DU^{i_1i_2}_{r_1r_2}\cdot V^{j_1j_2}_{s_1s_2} + U^{i_1i_2}_{r_1r_2}\cdot DV^{j_1j_2}_{s_1s_2}.$$

关于指标缩并的绝对微分 DU^{ij}_{rs}, 实质上是含糊的, 因为它没有指明是先缩并后绝对微分, 还是先绝对微分后缩并. 然而, 可以证明, 缩并和绝对微分的顺序是可以交换的, 即先指标缩并后绝对微分等于先绝对微分后进行指标缩并.

逆变导数可用协变导数指标上升来定义. 例如

$$\nabla^m U^{ij}_{rs} = g^{mn}\nabla_n U^{ij}_{rs},$$

称 $\nabla^m U^{ij}_{rs}$ 为 U^{ij}_{rs} 的一阶逆变导数. 综上所述, 有如下结论:

定理 1.2.1　一个张量的一阶协变导数仍然是一个张量, 它比原先张量多一个协变指标; 一个张量的一阶逆变导数也是一个张量, 它比原先张量多一个逆变指标.

1.2.6　度量张量的绝对微分

定理 1.2.2[1]　度量张量、单位张量和行列式张量的协变导数和逆变导数均为 0, 即

$$\nabla_k g_{ij} = \nabla_k g_{ij} = 0, \quad \nabla_k g^{ij} = \nabla^k g^{ij} = 0,$$

$$\nabla_k \delta^i_j = \nabla^k \delta^i_j = 0, \quad \nabla_k \varepsilon_{ijl} = \nabla^k \varepsilon_{ijl} = 0, \quad \nabla_k \varepsilon^{ijl} = \nabla^k \varepsilon^{ijl} = 0.$$

证明　实际上, 根据 (1.2.44), 度量张量协变分量的协变导数为

$$\nabla_k g_{ij} = \frac{\partial g_{ij}}{\partial x^k} - \Gamma^p_{ki} g_{pj} - \Gamma^p_{kj} g_{ip} = \frac{\partial g_{ij}}{\partial x^k} - \Gamma_{ki,j} - \Gamma_{kj,i},$$

由 (1.2.28) 得

$$\nabla_k g_{ij} = 0. \tag{1.2.45}$$

因而, 度量张量协变分量的协变导数恒为 0. 显然, 它的逆变导数和绝对微分也恒为 0, 即

$$\nabla^m g_{ij} = g^{mk}\nabla_k g_{ij} = 0, \quad D g_{ij} = \nabla_k g_{ij} \mathrm{d}x^k = 0. \tag{1.2.46}$$

对于单位张量 δ^j_i, 由于它在每一个点及在任一坐标系里, 均有

$$\delta^j_i = \begin{cases} 1, & i = j, \\ 0, & i \neq j. \end{cases} \tag{1.2.47}$$

它的协变导数为

$$\nabla_k \delta^j_i = \frac{\partial \delta^j_i}{\partial x^k} + \Gamma^j_k \delta^p_i - \Gamma^p_{ki}\delta^j_p = 0 + \Gamma^j_{ki} - \Gamma^j_{ik} = 0. \tag{1.2.48}$$

因而它的逆变导数和绝对微分也为 0, 即

$$\nabla_k \delta^j_i = 0, \quad D\delta^j_i = 0. \tag{1.2.49}$$

对于度量张量逆变分量的微分. 因为

$$g^{ik}g_{kj}=\delta^i_j,$$

根据张量积及张量缩并的绝对微分法[1], 有

$$\nabla_m g^{ik}\cdot g_{kj}+\nabla_m g_{kj}\cdot g^{ik}=\nabla_m\delta^i_j,$$

由 (1.2.45) 和 (1.2.49) 得 $\nabla_m g^{ik}\cdot g_{kj}=0$, 因矩阵 (g_{ij}) 是非奇异的, 故

$$\nabla_m g^{ik}=0. \tag{1.2.50}$$

以下证明行列式张量 $\varepsilon_{ijk}, \varepsilon^{ijk}$ 的协变导数为 0, 即

$$\nabla_m\varepsilon_{ijk}=0,\quad \nabla_m\varepsilon^{ijk}=0. \tag{1.2.51}$$

实际上, 由于 ε_{ijk} 是三阶协变张量, 根据 (1.2.44) 有

$$\nabla_m\varepsilon_{ijk}=\frac{\partial\varepsilon_{ijk}}{\partial x^m}-\Gamma^p_{mi}\varepsilon_{pjk}-\Gamma^p_{mj}\varepsilon_{ipk}-\Gamma^p_{mk}\varepsilon_{ijp},$$

又因 $\varepsilon_{ijk}=\sqrt{g}\hat{\varepsilon}_{ijk}$, 这里 $\hat{\varepsilon}_{ijk}$ 是常数, 当下标有相同的值时为 0. 故

$$\nabla_m\varepsilon_{ijk}=\hat{\varepsilon}_{ijk}\left(\frac{\partial\sqrt{g}}{\partial x^m}-\Gamma^i_{mi}\sqrt{g}-\Gamma^j_{mj}\sqrt{g}-\Gamma^k_{mk}\sqrt{g}\right),$$

此式中 Γ^i_{mi} 的上下指标相同者不是求和. 将此式写成

$$\nabla_m\varepsilon_{ijk}=\hat{\varepsilon}_{ijk}\left(\frac{\partial\ln\sqrt{g}}{\partial x^m}-\Gamma^n_{mn}\right)\sqrt{g},$$

利用 Christoffel 记号缩并性质, 得 $\nabla_m\varepsilon_{ijk}=0$.

由于 $\varepsilon^{ijk}=g^{ip}g^{jq}g^{kr}\varepsilon_{pqr}$, 故

$$\nabla_m\varepsilon^{ijk}=g^{ip}g^{jq}g^{kr}\nabla_m\varepsilon_{pqr}=0.$$

证毕.

度量张量的协变导数为 0, 因此对任一张量场, 在其指标上升和下降时, 它与求导的次序可以交换. 如

$$\nabla_l(g_{ik}v^{kj})=g_{ik}\nabla_l v^{kj},\quad \nabla_l(g^{ik}u_{kj})=g^{ik}\nabla_l u_{kj}. \tag{1.2.52}$$

这都给张量场绝对微分运算带来方便.

1.3　Riemann 张量和 Riemann 空间

1.3.1　Riemann 张量

Riemann 张量是很重要的几何概念之一. 任一协变张量 A_i, 其协变导数 $\nabla_j A_i$ 也是一个张量, 所以, 它仍然可以求协变导数 $\nabla_k\nabla_j A_i$, 可得 A_i 二阶协变导数. 也可以按另一顺序求 A_i 的二阶协变导数 $\nabla_j\nabla_k A_i$. 和经典导数不一样, 这里求导顺序是不能交换的. 利用 (1.2.45), 可以得到

$$\begin{aligned}\nabla_k\nabla_j A_i =&\frac{\partial^2 A_i}{\partial x^k\partial x^j}-\frac{\partial}{\partial x^k}\Gamma^p_{ij}\cdot A_p-\Gamma^p_{ij}\cdot\frac{\partial A_p}{\partial x^k}-\Gamma^p_{ik}\frac{\partial A_p}{\partial x^j}\\&+\Gamma^p_{ik}\Gamma^q_{pj}A_q-\Gamma^p_{jk}\frac{\partial A_i}{\partial x^p}+\Gamma^p_{jk}\Gamma^r_{ip}A_r,\end{aligned}\tag{1.3.1}$$

$$\begin{aligned}\nabla_j\nabla_k A_i =&\frac{\partial^2 A_i}{\partial x^j\partial x^k}-\frac{\partial}{\partial x^j}\Gamma^p_{ik}\cdot A_p-\Gamma^p_{ik}\cdot\frac{\partial A_p}{\partial x^j}-\Gamma^p_{ij}\frac{\partial A_p}{\partial x^k}\\&+\Gamma^p_{ij}\Gamma^q_{pk}A_q-\Gamma^p_{l\,j}\frac{\partial A_i}{\partial x^p}+\Gamma^p_{kj}\Gamma^r_{ip}A_r,\end{aligned}\tag{1.3.2}$$

(1.3.2) 和 (1.3.1) 两式相减后并适当改写求和指标, 得

$$\nabla_j\nabla_k A_i-\nabla_k\nabla_j A_i=\left(-\frac{\partial}{\partial x^j}\Gamma^p_{ik}+\frac{\partial}{\partial x^k}\Gamma^p_{ij}-\Gamma^q_{ik}\Gamma^p_{qj}+\Gamma^q_{ij}\Gamma^p_{qk}\right)A_p,$$

$$\begin{aligned}R^p_{ikj}\triangleq&\frac{\partial}{\partial x^k}\Gamma^p_{ij}-\frac{\partial}{\partial x^j}\Gamma^p_{ik}+\Gamma^q_{ij}\Gamma^p_{qk}-\Gamma^q_{ik}\Gamma^p_{qj}\\=&\begin{vmatrix}\dfrac{\partial}{\partial x^k} & \dfrac{\partial}{\partial x^j}\\ \Gamma^p_{ik} & \Gamma^p_{ij}\end{vmatrix}+\begin{vmatrix}\Gamma^q_{ij} & \Gamma^q_{ik}\\ \Gamma^p_{qi} & \Gamma^p_{qk}\end{vmatrix},\end{aligned}\tag{1.3.3}$$

从而

$$\nabla_j\nabla_k A_i-\nabla_k\nabla_j A_i=R^p_{ikj}A_p.\tag{1.3.4}$$

由于 (1.3.4) 左边是三阶协变张量, A_p 为任意一阶协变张量, 根据张量商原则[1] 可知, R^p_{ijk} 是三阶协变、一阶逆变的混合张量, 称它为第二类型 Riemann 张量. R^p_{ijk} 指标下降后, 得到 4 阶协变张量

$$R_{iljk}=g_{lp}R^p_{ijk},\tag{1.3.5}$$

称 R_{iljk} 为第一类型 Riemann 张量. Riemann 张量也称为 Riemann 曲率张量.

一般地说, $R^p_{ijk}\neq 0$, 这说明协变导数求导顺序不可交换. 若 $R^p_{ijk}=0$, 则协变导数求导顺序可交换.

与 (1.3.4) 类似, 有公式

$$\nabla_j\nabla_k U^r_{si}-\nabla_k\nabla_j U^r_{si}=-R^r_{pkj}U^p_{si}+R^p_{skj}U^r_{pi}+R^p_{ikj}U^r_{sp}.\tag{1.3.6}$$

1.3.2 Riemann 张量性质

定理 1.3.1[1] 由 (1.3.3) 所定义的第二类型 Riemann 曲率张量

$$R_{ijk}^{l} = \frac{\partial \Gamma_{ik}^{l}}{\partial x^{j}} - \frac{\partial \Gamma_{ij}^{l}}{\partial x^{k}} + \Gamma_{ik}^{m}\Gamma_{mj}^{l} - \Gamma_{ij}^{m}\Gamma_{mk}^{l}, \tag{1.3.7}$$

而相应的第一类型 Riemann 曲率张量 $R_{klij} = g_{lp}R_{kij}^{p}$. 计算形式为

$$\begin{aligned}R_{klij} =& \partial_i\Gamma_{lj,k} - \partial_j\Gamma_{li,k} + \Gamma_{li}^{p}\Gamma_{kj,p} - \Gamma_{lj}^{p}\Gamma_{ik,p}\\ =& \frac{1}{2}\left(\frac{\partial^2 g_{ik}}{\partial x^j\partial x^l} + \frac{\partial^2 g_{jl}}{\partial x^i\partial x^k} - \frac{\partial^2 g_{il}}{\partial x^j\partial x^k} - \frac{\partial^2 g_{jk}}{\partial x^i\partial x^l}\right)\\ &+ \Gamma_{jl}^{p}\Gamma_{ik,p} - \Gamma_{il}^{p}\Gamma_{jk,p}.\end{aligned} \tag{1.3.8}$$

证 实际上, 由 (1.2.29),

$$\partial_k g_{ij} = g_{jl}\Gamma_{ik}^{l} + g_{il}\Gamma_{jk}^{l},$$

代入 (1.3.7) 得

$$\begin{aligned}R_{klij} =& g_{pl}(\partial_i\Gamma_{kj}^{p} - \partial_j\Gamma_{ki}^{p} + \Gamma_{kj}^{q}\Gamma_{qi}^{p} - \Gamma_{ki}^{q}\Gamma_{qj}^{p})\\ =& \partial_i(g_{pl}\Gamma_{kj}^{p}) - \Gamma_{kj}^{p}\partial_i g_{pl} - \partial_j(g_{pl}\Gamma_{ki}^{p}) + \Gamma_{ki}^{p}\partial_j g_{pl}\\ &+ g_{pl}\Gamma_{kj}^{q}\Gamma_{qi}^{p} - g_{pl}\Gamma_{ki}^{q}\Gamma_{qj}^{p}\\ =& \partial_i(g_{pl}\Gamma_{kj}^{p}) - \partial_j(g_{pl}\Gamma_{ki}^{p}) - \Gamma_{kj}^{p}(g_{ql}\Gamma_{pi}^{q} + g_{qp}\Gamma_{li}^{q})\\ &+ \Gamma_{ki}^{p}(g_{ql}\Gamma_{pj}^{q} + g_{qp}\Gamma_{lj}^{q}) + g_{pl}(\Gamma_{kj}^{q}\Gamma_{qi}^{p} - \Gamma_{ki}^{q}\Gamma_{qj}^{p})\\ =& \frac{1}{2}\partial_i(\partial_j g_{kl} + \partial_k g_{jl} - \partial_l g_{kj}) - \frac{1}{2}\partial_j(\partial_i g_{kl} + \partial_k g_{il} - \partial_l g_{ki})\\ &+ g_{pq}(\Gamma_{ki}^{p}\Gamma_{lj}^{q} - \Gamma_{kj}^{p}\Gamma_{li}^{q})\\ =& \frac{1}{2}(\partial_{jl}^2 g_{ik} + \partial_{ik}^2 g_{jl} - \partial_{jk}^2 g_{il} - \partial_{il}^2 g_{jk})\\ &+ g_{pq}(\Gamma_{ki}^{q}\Gamma_{lj}^{p} - \Gamma_{il}^{p}\Gamma_{jk}^{q}).\end{aligned}$$

这就是 (1.3.8). 证毕.

定理 1.3.2 第一类型 Riemann 曲率张量满足如下性质:

$$\begin{cases} R_{iljk} = -R_{lijk} = -R_{ilkj}, & \text{反对称性},\\ R_{jkli} = R_{lijk}, & \text{对称性},\end{cases} \tag{1.3.9}$$

以及

$$\begin{cases} R_{ijk}^{p} + R_{jki}^{p} + R_{kij}^{p} = 0,\\ R_{lijk} + R_{ljki} + R_{lkij} = 0, & \text{第一 Bianchi 恒等式}.\end{cases} \tag{1.3.10}$$

证明见文献 [1].

由于 Riemann 曲率张量坐标具有上述线性关系, 故 Riemann 张量的独立坐标只有 N 个:

$$N = \frac{1}{12}n^2(n^2-1).$$

定理 1.3.3(Ricci 公式)　反映空间弯曲性质的协变导数顺序交换与 Riemann 曲率张量有关, 且成立如下 Ricci 公式:

$$\begin{cases} \nabla_j\nabla_k f - \nabla_k\nabla_j f = 0, \\ \nabla_j\nabla_k A_i - \nabla_k\nabla_j A_i = R^{p}_{\cdot ikj}A_p, \\ \nabla_j\nabla_k A^i - \nabla_k\nabla_j A^i = -R^{i}_{pkj}A^p, \\ \nabla_j\nabla_k U^r_{sl} - \nabla_k\nabla_j U^r_{sl} = R^{p}_{\cdot skj}U^r_{pl} + R^{p}_{\cdot lkj}U^r_{sp} - R^{r}_{\cdot pkj}U^p_{sl}. \end{cases} \tag{1.3.11}$$

定理 1.3.4[1]　Riemann 曲率张量满足如下第二 Bianchi 恒等式:

$$\nabla_k R^q_{\cdot pij} + \nabla_i R^q_{\cdot pjk} + \nabla_j R^q_{\cdot pki} = 0, \tag{1.3.12}$$

$$\nabla_k R_{p\ mij} + \nabla_i R_{p\ mjk} + \nabla_j R_{p\ mki} = 0. \tag{1.3.13}$$

证明　如果对二阶协变张量 $\nabla_j A_p$ 用 Ricci 公式, 并适当变换下标, 可得

$$\begin{cases} \nabla_j\nabla_k\nabla_i A_p - \nabla_k\nabla_j\nabla_i A_p = R^q_{\cdot ikj}\nabla_q A_p + R^q_{\cdot pkj}\nabla_i A_q, \\ \nabla_i\nabla_j\nabla_k A_p - \nabla_j\nabla_i\nabla_k A_p = R^q_{\cdot kji}\nabla_q A_p + R^q_{\cdot pji}\nabla_k A_q, \\ \nabla_k\nabla_i\nabla_j A_p - \nabla_i\nabla_k\nabla_j A_p = R^q_{\cdot jik}\nabla_q A_p + R^q_{\cdot pik}\nabla_j A_q. \end{cases}$$

另一方面对 $\nabla_i\nabla_j A_p - \nabla_j\nabla_i A_p = R^q_{\cdot pji}A_q$ 两边求协变导数 ∇_k, 并适当变换下标得

$$\begin{cases} \nabla_k\nabla_i\nabla_j A_p - \nabla_k\nabla_j\nabla_i A_p = \nabla_k R^q_{\cdot pij}\cdot A_q + R^q_{\cdot pij}\nabla_k A_q, \\ \nabla_j\nabla_k\nabla_i A_p - \nabla_j\nabla_i\nabla_k A_p = \nabla_j R^q_{\cdot pki}\cdot A_q + R^q_{\cdot pki}\nabla_j A_q, \\ \nabla_i\nabla_j\nabla_k A_p - \nabla_i\nabla_k\nabla_j A_p = \nabla_i R^q_{\cdot pjk}\cdot A_q + R^q_{\cdot pjk}\nabla_i A_q. \end{cases}$$

将前三式之和减去后三式之和, 得

$$(R^q_{\cdot ijk} + R^q_{\cdot kij} + R^q_{\cdot jki})\nabla_q A_p = (\nabla_k R^q_{\cdot pij} + \nabla_j R^q_{\cdot pki} + \nabla_i R^q_{\cdot pjk})A_q = 0.$$

由 (1.3.10) 知上式第一项为 0, 又由 A_p 的任意性得第二 Bianchi 恒等式:

$$\nabla_k R^q_{\cdot pij} + \nabla_i R^q_{\cdot pjk} + \nabla_j R^q_{\cdot pki} = 0.$$

由 $R^q_{\cdot pij} = g^{q\ m}R_{p\,mij}$ 以及度量张量协变导数为 0, 可得

$$\nabla_k R_{p\ mij} + \nabla_i R_{p\ mjk} + \nabla_j R_{p\ mki} = 0.$$

证毕.

Riemann 曲率张量 $R^q_{\cdot pij}$ 是一阶逆变三阶协变的 4 阶混合张量, 故它自身可进行指标缩并

$$R_{ij} = R^p_{ipj} = g^{pq} R_{ipqj}, \tag{1.3.14}$$

称 R_{ij} 为 Ricci 张量. R_{ij} 与 g^{ij} 缩并

$$R = g^{ij} R_{ij} = g^{ij} g^{pq} R_{ipqj}, \tag{1.3.15}$$

称 R 为数量曲率.

可证 Ricci 张量 R_{ij} 是对称的. 实际上, 由 (1.3.14) 和 (1.3.9) 知

$$R_{ij} = g^{pq} R_{ipqj} = g^{pq} R_{jqpi} = R_{ji}.$$

如果 R_{ij} 满足

$$R_{ij} = \frac{1}{n} R g_{ij}, \tag{1.3.16}$$

其中 R 为数量曲率, 则这样的 Riemann 空间称为 Einstein 空间.

注意到 (1.3.3), 并利用 Christoffel 记号性质, 不难验证

$$R_{ij} = \frac{\partial^2 \ln \sqrt{g}}{\partial x^i \partial x^j} - \frac{\partial \Gamma^p_{ij}}{\partial x^p} - \Gamma^p_{ij} \frac{\partial \ln \sqrt{g}}{\partial x^p} + \Gamma^q_{ip} \Gamma^p_{jq}. \tag{1.3.17}$$

如果在 Bianchi 恒等式 (1.3.12) 中令 $q = k$, 即

$$\nabla_k R^k_{\cdot pij} + \nabla_i R_{pj} + \nabla_j R^k_{\cdot pki} = 0,$$

利用 (1.3.5), (1.3.14) 得

$$\nabla_k R^k_{\cdot pij} - \nabla_i R_{pj} + \nabla_j R_{pi} = 0,$$

两边乘 g^{pi}, 并进行指标缩并, 利用 (1.3.15), 则有

$$\nabla_k (g^{pi} R^k_{\cdot pij}) - \nabla_i (g^{pi} R_{pj}) + \nabla_j R = -R^k_j,$$

并由

$$g^{pi} R^k_{\cdot pij} = g^{pi} g^{kl} R_{p\ lij} = -g^{kl} g^{pi} R_{p\ lji} = -g^{kl} R_{lj} = -R^k_j,$$

得

$$-\nabla_k R^k_j - \nabla_i R^i_j + \nabla_j R = 0,$$

或

$$-\nabla_i R^i_j + \nabla_j \frac{R}{2} = 0. \tag{1.3.18}$$

(1.3.18) 还可表为

$$\nabla_i\left(R^i_j - \frac{1}{2}R\delta^i_j\right) = 0, \tag{1.3.19}$$

或

$$g^{ik}\nabla_i\left(R_{jk} - \frac{1}{2}Rg_{jk}\right) = 0. \tag{1.3.20}$$

引进二阶协变张量

$$G_{ij} = R_{ij} - \frac{1}{2}Rg_{jk}, \tag{1.3.21}$$

称 G_{ij} 为 Einstein 张量. G_{ij} 是对称张量, (1.3.20) 可表为

$$\nabla_i(g^{ik}G_{jk}) = 0. \tag{1.3.22}$$

(1.3.22) 表明, Einstein 张量散度为 0. 这个关系式在相对论中很有用.

1.3.3 Riemann 空间

比欧氏空间更为一般的空间是 Riemann 空间.

把空间视为元素 (点) 的集合, 它包含有无限多个子集 $U, V, W, \cdots$, 这些子集构成的集合满足:

(1) 对于空间任一元素 p, 至少存在一个子集 U, 使得 $p \in U$.

(2) 对空间中任两个不同的元素 p, q, 必存在一个子集 U, 使得 $p \in U$, $q \notin U$.

(3) 如果两个子集 U, V 同时包含元素 p, 则必存在子集 W, 使得 $p \in W$, 而 $W \subset U$, $W \subset V$.

这样的空间称为拓扑空间. 在拓扑空间中, 那些包含元素 (点) 的子集称为点的邻域, 这些邻域覆盖着拓扑空间. 显然, 一个拓扑空间总为一些邻域的集合所覆盖.

假设每一个邻域和 n 维欧氏空间的球内部作成一对一的且双方连续的对应, 那么, 邻域内每一个点的坐标对应欧氏空间球内对应点的坐标 $x^i (i = 1, 2, \cdots, n)$, 这时称这个拓扑空间引进了坐标系, 建立了坐标的邻域称为坐标邻域.

如果拓扑空间内一个点总被两个坐标邻域所覆盖, 那么, 对于同一个点, 有欧氏空间按两个坐标系 x^i,$x^{i'}$ 与之对应. 在这种情况下, x^i,$x^{i'}$ 常被 C^r(r 连续可微) 类函数联系着

$$x^{i'} = f^{i'}(x^1, x^2, \cdots, x^n), \quad i' = 1, 2, \cdots, n,$$

且 Jacobi 行列式 $\det\left(\dfrac{\partial f^{i'}}{\partial x^i}\right) \neq 0$. 则称这个拓扑空间是 r 级 n 维流形.

在 r 级 n 维流形中, 给一个二阶协变张量场 $g_{ij}(M) = g_{ij}(x^1, x^2, \cdots, x^n)$, 如果 g_{ij} 是对称的和非退化的, 即

$$g_{ij} = g_{ji}, \quad \det(g_{ij}) \neq 0,$$

并且在坐标邻域内任意两个点都定义了距离 $\mathrm{d}s$,

$$\mathrm{d}s^2 = g_{ij}\mathrm{d}x^i\mathrm{d}x^j,$$

则称这一流形为 n 维 Riemann 空间. 而 g_{ij} 称为度量张量, $g_{ij}\mathrm{d}x^j\mathrm{d}x^j$ 称为基本度量二次型.

在 Riemann 空间中, 仍然可以用类似方法定义张量. 这里不再赘述.

欧氏空间有自己的度量张量, Reimann 空间也有自己的度量张量, 它们都可以在此基础上建立自己的全部几何.

欧氏空间是 Riemann 空间的特殊情形.

在欧氏空间中, 总可以找到这样的坐标系, 使得在这个坐标系, 度量张量为常数. 即 $g_{ij}(M) = \mathrm{const}$. 一般地说, 在任意的 Riemann 空间中, 是不可能做到这一点的. 即无论怎样选取坐标系 $x^{i'}$, 都不能做到在新的坐标系下, 度量张量

$$g_{i'j'} = \frac{\partial x^j}{\partial x^{i'}}\frac{\partial x^i}{\partial x^{j'}}g_{ij}$$

为常数. 所以, Riemann 空间中度量张量本身具有“曲”的特征.

由于欧氏空间中, 可以选取一个仿射坐标系, 使得度量张量 $g_{ij}(M)$ 为常数, 那么, 也一定可以选择一个变换使得 $g_{ij}(M)$ 在新坐标系下, 化为对角形式

$$(g_{i'j'}) = \begin{pmatrix} -1 & & & & & \\ & \ddots & & & 0 & \\ & & -1 & & & \\ & & & 1 & & \\ & 0 & & & \ddots & \\ & & & & & 1 \end{pmatrix},$$

于是

$$\begin{aligned} \mathrm{d}s^2 &= g_{ij}\mathrm{d}s^i\mathrm{d}x^j \\ &= -(\mathrm{d}x^1)^2 - (\mathrm{d}x^2)^2 - \cdots - ((\mathrm{d}x^m)^2 + (\mathrm{d}x^{m+1})^2 + \cdots + (\mathrm{d}x^n)^2), \end{aligned}$$

当 $m = 0$ 时, 二次型是正定的, 这空间是真欧氏空间, 否则, 是伪欧氏空间.

虽然在 Riemann 空间中不可能选择一个坐标系, 使得度量张量具有 $g_{ij} = \pm\delta_{ij}$ 形式, 但是可以选择那样的一个坐标系, 使得在某个点 x_0, 其度量张量为

$$g_{ij}(x_0) = \pm\delta_{ij},$$

而在其他点 x, 却不一定具有这个性质. 换句话说, 在所选择的这一个坐标系下, Riemann 空间在 x_0 邻域内具有和欧氏空间相似的集合结构, 这种情形称为 Riemann 空间局部欧化, 而点 x_0 指标的定义与欧氏空间指标定义相同. 可以证明, 对一个确定的 Riemann 空间, 所有的点在不同的坐标系下指标都是相同的, 这个指标也称为 Riemann 空间指标. 如果 Riemann 空间指标为 0, 则称此空间为真 Riemann 空间, 否则称为伪 Riemann 空间.

在什么情况下 Riemann 空间可以是欧氏空间? 这一点可由下列存在性定理给予回答.

定理 1.3.5 空间 V_n 的度量张量 g_{ij} 在坐标变换下能够变换为常数的充要条件是: 对应的 Riemann 张量为 0.

即 V_n 是欧氏空间的充要条件是 $R_{lijk} \equiv 0$.

三维欧氏空间中的曲面是典型的二维 Riemannn 空间, 由此可以设想: 任意 n 维 Riemann 空间可以作为更高维欧氏空间的超曲面. 回答是肯定的.

可以证明, 任意给定的 n 维 Riemann 空间 V_n, 必存在 m 维欧氏空间 V_m 包容它, 而且

$$m = \frac{1}{2}n(n+1).$$

例如 $n=2$ 时, $m=3$. 即二维 Riemann 空间被包容于三维欧氏空间中.

定理 1.3.6[1] 设 $\Omega \subset \Re^3$ 是一个开集, $\boldsymbol{R} \in C^3(\Omega, \Re^3)$ 是一个单射映照, 令

$$g_{ij} = \partial_i \boldsymbol{R} \partial_j \boldsymbol{R}, \quad \{g^{ij}\} = \{g_{ij}\}^{-1}$$

是 $\boldsymbol{R}(\Omega)$ 上的度量张量协变分量, 函数

$$\Gamma_{ij,k} \in C^1(\Omega), \quad \Gamma_{ij}^k \in C^1(\Omega)$$

是如下定义的 Christoffel 记号

$$\Gamma_{ij,k} = \frac{1}{2}(\partial_j g_{ki} + \partial_i g_{jk} - \partial_k g_{ij}), \quad \Gamma_{ij}^m = g^{mk}\Gamma_{ij,m}.$$

那么 g_{ij} 必须满足

$$\partial_j \Gamma_{ik,m} - \partial_k \Gamma_{ij,m} + \Gamma_{ij}^p \Gamma_{kmp} - \Gamma_{ik}^p \Gamma_{jm,p} = 0, \tag{1.3.23}$$

而 Riemann 曲率张量必须是零张量

$$R_{mijk} = 0. \tag{1.3.24}$$

证明 令 $\boldsymbol{e}_i = \partial_i \boldsymbol{R}$ 为 $\Re^3$ 基向量, 由 (1.2.22),

$$\begin{aligned} &\Gamma_{ij,k} = \partial_i \boldsymbol{e}_j \cdot \boldsymbol{e}_k, \quad \Gamma_{ij}^k = \boldsymbol{e}_{ij} \cdot \boldsymbol{e}^k, \\ &\boldsymbol{e}_{ij} = \Gamma_{ij}^k \boldsymbol{e}_k = \Gamma_{ij,m} \boldsymbol{e}^m. \end{aligned}$$

因此

$$\partial_k\Gamma_{ij,m} = \partial_{ik}\boldsymbol{e}_j \cdot \boldsymbol{e}_m + \partial_i\boldsymbol{e}_j\partial_k\boldsymbol{e}_m,$$
$$\partial_i\boldsymbol{e}_j\partial_k\boldsymbol{e}_m = \Gamma^l_{ij}\boldsymbol{e}_l \cdot \partial_k\boldsymbol{e}_m,$$

从而得

$$\partial_{ik}\boldsymbol{e}_j\boldsymbol{e}_m = \partial_k\Gamma_{ij,m} - \Gamma^l_{ij}\boldsymbol{e}_l\partial_k\boldsymbol{e}_m, \tag{1.3.25}$$

但是 $\partial_{ik}\boldsymbol{e}_j = \partial_{ij}\boldsymbol{e}_k$, 所以

$$\partial_{ik}\boldsymbol{e}_j\boldsymbol{e}_m = \partial_j\Gamma_{ik,m} - \Gamma^l_{ik}\Gamma_{im,l}, \tag{1.3.26}$$

从 (1.3.25) 和 (1.3.26) 可推出 (1.3.23). 证毕.

记 $\mathcal{M}^3, \mathcal{S}^3$ 和 $\mathcal{S}^3_>$ 为三阶方阵、对称三阶方阵和对称正定三阶方阵. 定理 1.3.5 表明: 由浸入 $\boldsymbol{R}$ 构造的 Riemann 流形 $(\Omega, (g_{ij}))$ 是平直的, 即 $R_{ijkm} = 0$, 那么对任意个开子集 Ω, 一个对称正定的度量场 (g_{ij}) 在什么条件下 Riemann 流形 $(\Omega, (g_{ij}))$ 是平直的? 它的充分必要条件是: 相应的 Riemann 曲率张量是零张量. 这就是平直 Riemann 流形的基本定理.

定理 1.3.7(Ciarlet) 设 $\Omega \subset \Re^3$ 是一个开集, $C = (g_{ij}) \in C^2(\Omega, \mathcal{S}^3_>)$ 是一个度量场, 它满足

$$R_{mijk} = \partial_j\Gamma_{ik,m} - \partial_k\Gamma_{ij,m} + \Gamma^l_{ij}\Gamma_{km,l} - \Gamma^l_{ik}\Gamma_{jm,l} = 0, \quad 在\ \Omega\ 内,$$

其中

$$\Gamma_{ij,k} = \frac{1}{2}(\partial_j g_{ki} + \partial_i g_{jk}\partial_k g_{ij}), \quad \Gamma^m_{ij} = g^{mk}\Gamma_{ij,m}, \quad \{g^{ij}\} = \{g_{ij}\}^{-1}.$$

那么存在一个浸入 $\boldsymbol{R} \in C^3(\Omega, \boldsymbol{E}^5)$ 使得

$$C = \nabla\boldsymbol{R}^{\mathrm{T}}\nabla\boldsymbol{R}, \quad g_{ij} = \partial_i\boldsymbol{R}\partial_j\boldsymbol{R}, \quad 在\ \Omega\ 内.$$

证明可参见文献 [19].

这样的浸入是不是唯一? 下面定理回答了这个问题.

定理 1.3.8 设 $\Omega \subset \Re^3$ 是一个开集, 设两个浸入 $\boldsymbol{R} \in C^1(\Omega, \boldsymbol{E}^3)$ 和 $\widetilde{\boldsymbol{R}} \in C^1(\Omega, \boldsymbol{E}^3)$ 满足

$$\nabla\boldsymbol{R}^{\mathrm{T}}\nabla\boldsymbol{R} = \nabla\widetilde{\boldsymbol{R}}^{\mathrm{T}}\nabla\widetilde{\boldsymbol{R}},$$

那么存在一个向量 $\boldsymbol{C}$ 和一个正交方阵 $\boldsymbol{Q} \in \mathcal{O}^3$ 使得

$$\boldsymbol{R}(x) = \boldsymbol{C} + \boldsymbol{Q}\widetilde{\boldsymbol{R}}(x), \quad \forall x \in \Omega.$$

证明可参见文献 [19].

定理 1.3.8 说明, 一切平移和旋转以后所得到的浸入都有相同的度量张量.

1.3.4　梯度、散度和旋度

三维欧氏空间曲线坐标系中, 向量场的散度、旋度和数量场的梯度等计算形式在实践上应用极其广泛.

在任意曲线坐标系下, 数量场 φ 的协变导数与普通导数相同, 即

$$\nabla_i \varphi = \frac{\partial \varphi}{\partial x^i},$$

它是一个一阶协变张量, 因而 $g^{ij}\nabla_j \varphi = \nabla^i \varphi$ 是一个一阶逆变张量. 梯度的含义为

$$\text{grad } \varphi = g^{ij}\nabla_j \varphi \boldsymbol{e}_i = \nabla^i \varphi \boldsymbol{e}_i, \tag{1.3.27}$$

其中 $\boldsymbol{e}_i$ 为曲线坐标系的局部标架.

例如, 在圆柱坐标系 $(x^i, i=1,2,3)$ 中, 由于度量张量

$$g^{11} = g^{33} = 1, \quad g^{22} = (x^1)^{-2}, \quad g^{ij} = 0 \ (i \neq j),$$

所以

$$\text{grad } \varphi = \frac{\partial \varphi}{\partial x^1}\boldsymbol{e}_1 + \left(\frac{1}{x^1}\right)^2 \frac{\partial \varphi}{\partial x^2}\boldsymbol{e}_2 + \frac{\partial \varphi}{\partial x^3}\boldsymbol{e}_3. \tag{1.3.28}$$

而对球面坐标, 则

$$\text{grad } \varphi = \frac{\partial \varphi}{\partial x^1}\boldsymbol{e}_1 + \left(\frac{1}{x^1}\right)^2 \frac{\partial \varphi}{\partial x^2}\boldsymbol{e}_2 + \left(\frac{1}{x^1 \sin(x^2)}\right)^2 \frac{\partial \varphi}{\partial x^3}\boldsymbol{e}_3. \tag{1.3.29}$$

在实用上, 通常是按协变局部标架单位向量展开, 相应的分量是逆变分量, 而对应的物理分量是

$$(\text{grad } \varphi)_i = \nabla_i \varphi / \sqrt{g_{ii}}. \tag{1.3.30}$$

一个向量的散度是它的逆变分量的协变导数指标缩并后所得的不变量, 即

$$\text{div} \boldsymbol{A} = \nabla_i a^i, \tag{1.3.31}$$

其中 $\boldsymbol{A} = a^i \boldsymbol{e}_i$, 由于

$$\nabla_i a^i = \frac{\partial a^i}{\partial x^i} + \Gamma^i_{ik} a^k, \quad \Gamma^i_{ik} = \frac{\partial \ln \sqrt{g}}{\partial x^k},$$

可得

$$\nabla_i a^i = \frac{\partial a^i}{\partial x^i} + \frac{\partial \ln(\sqrt{g})}{\partial x^i} a^i = \frac{1}{\sqrt{g}}\left(\sqrt{g}\frac{\partial a^i}{\partial x^i} + \frac{\partial \sqrt{g}}{\partial x^i} a^i\right) = \frac{1}{\sqrt{g}} \frac{\partial (\sqrt{g} a^i)}{\partial x^i},$$

所以, 向量的散度也可以表示为

$$\operatorname{div}\boldsymbol{A}=\frac{1}{\sqrt{g}}\frac{\partial}{\partial x^i}(\sqrt{g}a^i). \tag{1.3.32}$$

在圆柱坐标系中

$$\operatorname{div}\boldsymbol{A}=\frac{1}{x^1}\frac{\partial(x^1a^1)}{\partial x^1}+\frac{\partial a^2}{\partial x^2}+\frac{\partial a^3}{\partial x^3}. \tag{1.3.33}$$

而在球坐标系中

$$\begin{aligned}\operatorname{div}\boldsymbol{A}=&\frac{1}{(x^1)^2\sin(x^2)}\left[\sin(x^2)\frac{\partial}{\partial x^1}((x^1)^2a^1)\right.\\&\left.+(x^1)^2\frac{\partial}{\partial x^2}(\sin(x^2)a^2)+(x^1)^2\sin(x^2)\frac{\partial a^3}{\partial x^3}\right].\end{aligned} \tag{1.3.34}$$

对一个数量场 φ 的梯度 $\nabla^i\varphi=g^{ij}\nabla_j\varphi$, 其散度为

$$\nabla_i(\nabla^i\varphi)=\nabla_i(g^{ij}\nabla_j\varphi)=g^{ij}\nabla_i\nabla_j\varphi, \tag{1.3.35}$$

记 $\nabla=\nabla_i\nabla^i$, 则由 (1.3.32) 可知

$$\nabla\varphi=\frac{1}{\sqrt{g}}\frac{\partial}{\partial x^i}(\sqrt{g}\nabla^i\varphi)=\frac{1}{\sqrt{g}}\frac{\partial}{\partial x^i}\left(\sqrt{g}g^{ij}\frac{\partial\varphi}{\partial x^j}\right). \tag{1.3.36}$$

∇ 是欧氏空间的 Laplace 算子. 当取正交坐标系时, 有

$$\begin{aligned}\nabla\varphi=&\frac{1}{\sqrt{g}}\left(\sqrt{\frac{g_{22}g_{33}}{g_{11}}}\frac{\partial\varphi}{\partial x^1}\right)+\frac{\partial}{\partial x^2}\left(\sqrt{\frac{g_{33}g_{11}}{g_{22}}}\frac{\partial\varphi}{\partial x^2}\right)\\&+\frac{\partial}{\partial x^3}\left(\sqrt{\frac{g_{11}g_{22}}{g_{33}}}\frac{\partial\varphi}{\partial x^3}\right).\end{aligned} \tag{1.3.37}$$

一个向量 $\boldsymbol{A}=a_i\boldsymbol{e}^j=a^i\boldsymbol{e}_i$ 其协变导数 ∇_ia_j 组成一个二阶协变张量, 所以

$$\nabla_ia_j-\nabla_ja_i$$

是一个反对称二阶协变张量. 在三维空间中, 二阶反对称张量的独立分量只有 3 个, 可以用以下方法组成一个向量 $\vec{\xi}$, 它的逆变分量为

$$\xi^i=\frac{1}{2}\varepsilon^{ijk}(\nabla_ja_k-\nabla_ka_j)=\varepsilon^{ijk}\nabla_ja_k, \tag{1.3.38}$$

称 $\vec{\xi}=\xi^i\boldsymbol{e}_i$ 为向量 $\boldsymbol{A}$ 的旋度

$$\operatorname{rot}\boldsymbol{A}=\xi^i\boldsymbol{e}_i. \tag{1.3.39}$$

显然, 由 (1.3.38) 可知

$$\xi^i = \frac{1}{\sqrt{g}}\left(\frac{\partial a_k}{\partial x^j} - \frac{\partial a_j}{\partial x^k}\right), \quad (i,j,k) \text{ 按 } (1,2,3)\text{轮换}.$$

设 p^{ik} 是具有二阶连续导数的二阶逆变张量, 则向量

$$\boldsymbol{p}^i = p^{ik}\boldsymbol{e}_k = p^{i}_{\cdot k}\boldsymbol{e}^k \tag{1.3.40}$$

服从一阶逆变张量变换规律.

考察 $\boldsymbol{p}^i$ 的协变导数

$$\nabla_k \boldsymbol{p}^i = \frac{\partial \boldsymbol{p}^i}{\partial x^k} + \Gamma^i_{kl}\boldsymbol{p}^l, \tag{1.3.41}$$

由于

$$\begin{aligned}\nabla_k \boldsymbol{p}^i &= (\nabla_k p^{ij})\boldsymbol{e}_j + (\nabla_k \boldsymbol{e}_j)p^{ij} = (\nabla_k p^{ij})\boldsymbol{e}_j + (\boldsymbol{e}_{jk} - \Gamma^m_{jk}\boldsymbol{e})p^{ij}\\ &= (\nabla_k p^{ij})\boldsymbol{e}_j + (\Gamma^m_{jk}\boldsymbol{e}_m - \Gamma^m_{jk}\boldsymbol{e}_m)p^{ij} = \nabla_k p^{ij}\,\boldsymbol{e}_j,\end{aligned}$$

指标缩并后得到

$$\nabla_i \boldsymbol{p}^i = (\nabla_i p^{ij})\boldsymbol{e}_j, \tag{1.3.42}$$

它是一个不变量[1]. 类似 (1.3.32) 中向量 $\boldsymbol{A}$ 的情形, 有

$$\nabla_i \boldsymbol{p}^i = \frac{1}{\sqrt{g}}\frac{\partial}{\partial x^i}(\sqrt{g}\boldsymbol{p}^i). \tag{1.3.43}$$

以下证明 $\nabla_i \boldsymbol{p}^i$ 是一个不变量. 实际上, 在新坐标系 $(x^{i'})$ 下, 不难验证

$$\boldsymbol{p}^i = \boldsymbol{p}^{i'}D^i_{i'}, \tag{1.3.44}$$

由 (1.2.36) 可知

$$\frac{\partial \ln\sqrt{g}}{\partial x^i} = \frac{\partial \ln\sqrt{g'}}{\partial x^{i'}}D^{i'}_i + \frac{\partial^2 x^{k'}}{\partial x^i \partial x^k}D^k_{k'} = \frac{\partial \ln\sqrt{g'}}{\partial x^i} + D^k_{k'}\frac{\partial}{\partial x^k}D^{k'}_i, \tag{1.3.45}$$

故有

$$\begin{aligned}\frac{1}{\sqrt{g}}\frac{\partial\sqrt{g}\boldsymbol{p}^i}{\partial x^i} &= \frac{\partial \boldsymbol{p}^i}{\partial x^i} + \frac{\partial \ln\sqrt{g}}{\partial x^i}\boldsymbol{p}^i\\ &= \frac{\partial \boldsymbol{p}^{i'}D^i_{i'}}{\partial x^{k'}}D^{k'}_i + \left[\frac{\partial \ln\sqrt{g'}}{\partial x^{i'}}D^{i'}_i + \frac{\partial D^{m'}_i}{\partial x^{m'}}\right]\boldsymbol{p}^{j'}D^i_{j'}\\ &= \frac{\partial \boldsymbol{p}^{i'}}{\partial x^{i'}} + \frac{\partial \ln\sqrt{g'}}{\partial x^{i'}}\boldsymbol{p}^{i'} + \boldsymbol{p}^{j'}\left[\frac{\partial D^i_{j'}}{\partial x^i} + D^i_{j'}\frac{\partial D^{m'}_i}{\partial x^{m'}}\right],\end{aligned} \tag{1.3.46}$$

但由于

$$D^i_{j'}\frac{\partial D^{m'}_i}{\partial x^{m'}}=\frac{\partial}{\partial x^{m'}}(D^i_{j'}D^{m'}_i)-D^{m'}_i\frac{\partial D^i_{j'}}{\partial x^{m'}}$$
$$=\frac{\partial}{\partial x^{m'}}\delta^{m'}_{j'}-\frac{\partial}{\partial x^i}D^i_{j'}=-\frac{\partial}{\partial x^i}D^i_{j'},$$

代入 (1.3.46) 得

$$\frac{1}{\sqrt{g}}\frac{\partial}{x^i}(\sqrt{g}\boldsymbol{p}^i)=\frac{1}{\sqrt{g'}}\frac{\partial}{\partial x^{i'}}(\sqrt{g'}\boldsymbol{p}^{i'}).$$

1.3.5 球和圆柱坐标系下的 Laplace 和迹 Laplace 算子

作为张量计算实例, 以下分别讨论球坐标系和圆柱坐标系下的 Laplace 算子和迹 Laplace 算子.

1. 球坐标系

记球坐标系为 $(x^1,x^2,x^3)=(r,\theta,\varphi)$, 那么在 E^3 中任一点 P 的向径

$$\boldsymbol{R}=r\cos\varphi\sin\theta\boldsymbol{i}+r\sin\varphi\sin\theta\boldsymbol{j}+r\cos\varphi\boldsymbol{k},$$

基向量为

$$\begin{cases}\boldsymbol{e}_1=\dfrac{\partial\boldsymbol{R}}{\partial r}=\cos\varphi\sin\theta\boldsymbol{i}+\sin\varphi\sin\theta\boldsymbol{j}+\cos\theta\boldsymbol{k},\\ \boldsymbol{e}_2=\dfrac{\partial\boldsymbol{R}}{\partial\theta}=r\cos\varphi\cos\theta\boldsymbol{i}+r\sin\varphi\cos\theta\boldsymbol{j}-\sin\theta\boldsymbol{k},\\ \boldsymbol{e}_3=\dfrac{\partial\boldsymbol{R}}{\partial\varphi}=-r\sin\varphi\sin\theta\boldsymbol{i}+r\cos\varphi\sin\theta\boldsymbol{j}.\end{cases}\tag{1.3.47}$$

度量张量

$$\begin{aligned}&g_{11}=1,\quad g_{22}=r^2,\quad g_{33}=r^2\sin^2\varphi,\quad g_{ij}=0,\quad i\neq j,\\&g^{11}=1,\quad g^{22}=r^{-2},\quad g^{33}=r^{-2}\sin^{-2}\varphi,\quad g^{ij}=0,\quad i\neq j,\end{aligned}$$

第二类型 Christoffel 记号

$$\begin{cases}\Gamma^1_{22}=-r,\quad\Gamma^1_{33}=-r\sin^2\theta,\quad\Gamma^2_{12}=\Gamma^2_{21}=r^{-1},\\ \Gamma^2_{33}=-\sin\theta\cos\theta,\\ \Gamma^3_{13}=\Gamma^3_{31}=r^{-1},\quad\Gamma^3_{23}=\Gamma^3_{32}=\cot\theta,\ \text{其余}\ \Gamma^k_{ij}=0.\end{cases}\tag{1.3.48}$$

记速度的物理分量为 (u_r,u_θ,u_φ), 那么

$$u_r=u^1,\quad u_\theta=ru^2,\quad u_\varphi=r\sin\theta u^3.\tag{1.3.49}$$

经过简单计算, 其协变导数为

$$\nabla_1 u^1 = \frac{\partial u^1}{\partial r} = \frac{\partial u_r}{\partial r}, \quad \nabla_1 u^2 = \frac{1}{r}\frac{\partial u_\theta}{\partial r}, \quad \nabla_1 u^3 = \frac{1}{r\sin\theta}\frac{\partial u_\varphi}{\partial r}, \tag{1.3.50}$$

$$\nabla_2 u^1 = \frac{\partial u_1}{\partial \theta} - u_\theta, \quad \nabla_2 u^2 = \frac{1}{r}\frac{\partial u_\theta}{\partial \theta} + \frac{u_r}{r}, \quad \nabla_2 u^3 = \frac{1}{r\sin\theta}\frac{\partial u_\varphi}{\partial \theta}, \tag{1.3.51}$$

$$\left\{\begin{aligned}
\nabla_3 u^1 &= \frac{\partial u^1}{\partial \varphi} + \Gamma^1_{3j}u^j = \frac{\partial u^1}{\partial \varphi} - r\sin^2\theta u^3 = \frac{\partial u_r}{\partial \varphi} - \sin\theta u_\varphi,\\
\nabla_3 u^2 &= \frac{\partial u^2}{\partial \varphi} + \Gamma^2_{3j}u^j = \frac{\partial u^2}{\partial \varphi} - \sin\theta\cos\theta u^3 = \frac{1}{r}\frac{\partial u_\theta}{\partial \varphi} - \frac{\cos\theta}{r}u_\varphi,\\
\nabla_3 u^3 &= \frac{\partial u^3}{\partial \varphi} + \Gamma^3_{3j}u^j\\
&= \frac{\partial u^3}{\partial \varphi} + \frac{u^1}{r} + \cot\theta u^2 = \frac{1}{r\sin\theta}\frac{\partial u_\varphi}{\partial \varphi} + \frac{u_r}{r} + \frac{\cot\theta}{r}u_\theta.
\end{aligned}\right. \tag{1.3.52}$$

那么散度算子

$$\operatorname{div}\boldsymbol{u} = \nabla_i u^i = \frac{\partial u_r}{\partial r} + \frac{2}{r}u_r + \frac{1}{r}\frac{\partial u_\theta}{\partial \theta} + \frac{\cot\theta}{r}u_\theta + \frac{1}{r\sin\theta}\frac{\partial u_\varphi}{\partial \varphi}, \tag{1.3.53}$$

Laplace 算子作用到数性函数 f 上

$$\begin{aligned}
\Delta f &= g^{ij}\nabla_i\nabla_j f = \nabla_1\nabla_1 f + \frac{1}{r^2}\nabla_2\nabla_2 f \frac{1}{r^2\sin^2\theta}\nabla_3\nabla_3 f\\
&= \frac{\partial^2 f}{\partial r^2} + \frac{2}{r}\frac{\partial f}{\partial r} + \frac{2}{r^2}\frac{\partial^2 f}{\partial \theta^2} + \frac{\cot\theta}{r^2}\frac{\partial f}{\partial \theta} + \frac{2}{r^2\sin^2\theta}\frac{\partial^2 f}{\partial \theta^2}.
\end{aligned} \tag{1.3.54}$$

而迹 Laplace 算子作用到向量上则有

$$\begin{aligned}
\Delta u^i =& g^{jk}\nabla_j\nabla_k u^i = \nabla_1\nabla_1 u^i + \frac{1}{r^2}\nabla_2\nabla_2 u^i + \frac{1}{r^2\sin^2\theta}\nabla_3\nabla_3 u^i\\
=& \frac{\partial}{\partial r}(\nabla_1 u^i) + \Gamma^i_{1j}\nabla_1 u^j - \Gamma^j_{11}\nabla_j u^i\\
&+ \frac{1}{r^2}\left(\frac{\partial}{\partial \theta}(\nabla_2 u^i) + \Gamma^i_{2j}\nabla_2 u^j - \Gamma^j_{22}\nabla_j u^i\right)\\
&+ \frac{1}{r^2\sin^2\theta}\left[\frac{\partial}{\partial \varphi}(\nabla_3 u^i) + \Gamma^i_{3j}\nabla_3 u^j - \Gamma^j_{33}\nabla_j u^i\right],
\end{aligned} \tag{1.3.55}$$

将 (1.3.48) 和 (1.3.52) 代入后得物理分量形式

$$\left\{\begin{aligned}
\Delta u^1 &= \nabla^2 u_r - \frac{2}{r^2}\frac{\partial u_\theta}{\partial \theta} - \frac{2}{r^2\sin\theta}\frac{\partial u_\varphi}{\partial \varphi} + \frac{2}{r^2}(u_r - \cot\theta u_\theta),\\
\Delta u^2 &= \frac{1}{r}\left(\nabla^2 u_\theta + \frac{2}{r^2}\frac{\partial u_r}{\partial \theta} - \frac{2\cot\theta}{r^2\sin\theta}\frac{\partial u_\varphi}{\partial \varphi} - \frac{u_\theta}{r^2\sin^2\theta}\right),\\
\Delta u^3 &= \frac{1}{r\sin\theta}\left(\nabla^2 u_\varphi + \frac{2}{r^2\sin\theta}\frac{\partial u_r}{\partial \varphi} + \frac{2\cot\theta}{r^2\sin^2\theta}\frac{\partial u_\theta}{\partial \varphi} - \frac{u_\varphi}{r^2\sin^2\theta}\right),
\end{aligned}\right. \tag{1.3.56}$$

其中

$$\nabla^2=\frac{\partial^2}{\partial r^2}+\frac{2}{r}\frac{\partial}{\partial r}+\frac{1}{r^2}\frac{\partial^2}{\partial \theta^2}+\frac{\cot\theta}{r^2}\frac{\partial}{\partial\theta}+\frac{1}{r^2\sin^2\theta}\frac{\partial^2}{\partial\varphi^2}. \tag{1.3.57}$$

2. 圆柱坐标系

记圆柱坐标系 $(x^1,x^2,x^3)=(r,\varphi,z)$. 那么在 E^3 中任一点 P 的向径

$$\boldsymbol{R}=r\cos\varphi\boldsymbol{i}+r\sin\varphi\boldsymbol{j}+z\boldsymbol{k},$$

基向量为

$$\begin{cases}\boldsymbol{e}_1=\dfrac{\partial\boldsymbol{R}}{\partial r}=\cos\varphi\boldsymbol{i}+\sin\varphi\boldsymbol{j},\\ \boldsymbol{e}_2=\dfrac{\partial\boldsymbol{R}}{\partial\varphi}=-r\sin\varphi\boldsymbol{i}+r\cos\varphi\boldsymbol{j},\\ \boldsymbol{e}_3=\dfrac{\partial\boldsymbol{R}}{\partial z}=k.\end{cases} \tag{1.3.58}$$

度量张量

$$\begin{cases}g_{11}=1,\quad g_{22}=r^2,\quad g_{33}=1,\quad g_{ij}=0,\quad i\neq j,\\ g^{11}=1,\quad g^{22}=r^{-2},\quad g^{33}=1,\quad g^{ij}=0,\quad i\neq j,\end{cases}$$

第二类型 Christoffel 记号为

$$\Gamma^1_{22}=-r,\quad \Gamma^2_{12}=\Gamma^2_{21}=r^{-1},\quad 其余\ \Gamma^k_{ij}=0. \tag{1.3.59}$$

速度的物理分量 (u_r,u_θ,u_z) 为

$$u_r=u^1,\quad u_\varphi=ru^2,\quad u_z=u^3. \tag{1.3.60}$$

经过简单计算, 向量 $\boldsymbol{u}=(u^1,u^2,u^3)$ 的协变导数为

$$\begin{cases}\nabla_1u^1=\dfrac{\partial u^1}{\partial r},\quad \nabla_1u^2=\dfrac{\partial u^2}{\partial r}+\dfrac{u^2}{r},\quad \nabla_1u^3=\dfrac{\partial u^3}{\partial r},\\ \nabla_2u^1=\dfrac{\partial u^1}{\partial\varphi}-ru^2,\quad \nabla_2u^2=\dfrac{\partial u^2}{\partial\varphi}+\dfrac{u^1}{r},\quad \nabla_2u^3=\dfrac{\partial u^3}{\partial\varphi},\\ \nabla_3u^1=\dfrac{\partial u^1}{\partial z},\quad \nabla_3u^2=\dfrac{\partial u^2}{\partial z},\quad \nabla_3u^3=\dfrac{\partial u^3}{\partial z}.\end{cases} \tag{1.3.61}$$

那么散度算子

$$\mathrm{div}\boldsymbol{u}=\nabla_iu^i=\frac{\partial u_r}{\partial r}+\frac{1}{r}u_r+\frac{1}{r}\frac{\partial u_\varphi}{\partial\varphi}+\frac{\partial u_z}{\partial z}, \tag{1.3.62}$$

Laplace 算子作用到数性函数 f 上得

$$\Delta f = g^{ij}\nabla_i\nabla_j f = \nabla_1\nabla_1 f + \frac{1}{r^2}\nabla_2\nabla_2 f + \nabla_3\nabla_3 f,$$
$$\Delta f = \nabla^2 f = \frac{\partial^2 f}{\partial r^2} + \frac{1}{r}\frac{\partial f}{\partial r} + \frac{1}{r^2}\frac{\partial^2 f}{\partial \theta^2} + \frac{\partial^2 f}{\partial z}. \tag{1.3.63}$$

而迹 Laplace 算子作用到向量上, 有

$$\Delta u^1 = \nabla^2 u_r - \frac{2}{r^2}\frac{2}{r^2}\frac{\partial u_\varphi}{\partial u_\varphi} - \frac{u_r}{r}, \quad \Delta u^3 = \nabla^2 u_z,$$
$$\Delta u^2 = \frac{1}{r}\left[\nabla^2 u_\varphi + \frac{2}{r^2}\frac{\partial u_r}{\partial \varphi} - \frac{\partial u_\varphi}{\partial r}\right], \tag{1.3.64}$$

其中

$$\nabla^2 = \frac{\partial^2}{\partial r^2} + \frac{1}{2}\frac{\partial}{\partial r} + \frac{1}{r^2}\frac{\partial^2}{\partial \varphi^2} + \frac{\partial^2}{\partial z^2}. \tag{1.3.65}$$

1.4 三维欧氏空间中二维曲面上的张量分析

在本书中, 无特别声明, 均记 $\boldsymbol{E}^3$ 为三维欧氏空间, $\boldsymbol{a}, \boldsymbol{b}$ 表示 $\boldsymbol{E}^3$ 中向量, $\boldsymbol{a} \cdot \boldsymbol{b}$ 和 $\boldsymbol{a} \times \boldsymbol{b}$ 记为 $\boldsymbol{E}^3$ 中的内积和向量积. 上下指标中, 拉丁字母 $i, j, k, \cdots$ 取值 1, 2, 3. 而希腊字母 $\alpha, \beta, \gamma, \cdots$ 取值 1, 2. 并采用 Einstein 求和约定, 即上下指标相同者表示求和.

1.4.1 曲面上 Gauss 坐标系

设 $\omega \subset \Re^2$ 为一个区域, $\boldsymbol{r} \in C^3(\omega, \boldsymbol{E}^3)$ 是一个光滑的单射浸入. 记

$$\Im := \boldsymbol{r}(\overline{\omega}),$$

称为 $\boldsymbol{E}^3$ 中一个曲面. 令 $\boldsymbol{E}^3$ 中一个曲线坐标系 $(y^i, i = 1, 2, 3)$, $\Im$ 的参数方程为

$$y^i = y^i(x^1, x^2), \quad i = 1, 2, 3. \tag{1.4.1}$$

当 x^2 固定, 而 x^1 变化, 则得到曲面 $\Im$ 上一条曲线, 称为 x^1- 坐标线. 同样可以得到 x^2- 坐标线. 在曲面 $\Im$ 上任意点 P, 向量

$$\boldsymbol{r}_\alpha := \frac{\partial \boldsymbol{r}}{\partial x^\alpha} \tag{1.4.2}$$

线性独立, 即矩阵

$$(\partial_\alpha y^i) \tag{1.4.3}$$

的秩为 2. 因此向量 $\boldsymbol{r}_\alpha$ 可以作为基向量, 称为局部标架, x^α 可以作为 $\Im$ 上的坐标系, 称为 Gauss 坐标系.

例如, 半径为 R 的上半球, 采用直角坐标系, 那么映射

$$\boldsymbol{r}:(x,y)\in\omega\to\{x,y,(R^2-(x^2+y^2))^{1/2}\}\in\boldsymbol{E}^3.$$

而在除去南北级轴线之外的球部分, 取球坐标系 (φ,ψ), 则映射

$$\boldsymbol{r}:(\varphi,\psi)\in\omega\to(R\cos\psi\cos\varphi,R\cos\psi\sin\varphi,R\sin\psi)\in\boldsymbol{E}^3.$$

除去南北级轴线之外的球部分. 取球极坐标系, 并令 Gauss 坐标系为 (u,v), 则映射

$$\boldsymbol{r}:(u,v)\in\omega\to\left(\frac{2R^2u}{u^2+v^2+R^2},\frac{2R^2v}{u^2+v^2+R^2},R\frac{u^2+v^2-R^2}{u^2+v^2+R^2}\right)\in\boldsymbol{E}^3.$$

对半径为 R 的圆柱面, 取极坐标系中 (φ,z) 为 Gauss 坐标系, 则映射

$$\boldsymbol{r}:(\varphi,z)\in\omega\to(R\cos\varphi,R\sin\varphi,z)\in\boldsymbol{E}^3.$$

在二维环面上, 取 (φ,χ) 为 Gauss 坐标系, 则映射

$$\boldsymbol{r}:(\varphi,\chi)\in\omega\to((R+a\cos\chi)\cos\varphi,(R+a\sin\chi)\sin\varphi,a\sin\chi),\quad R>a.$$

1.4.2 坐标变换下曲面上张量变换规律

下面考虑坐标变换. 设 $\psi^{\alpha'}:\omega\to\omega$ 为两个线性独立的函数, 作变换

$$x^{\alpha'}=\psi^{\alpha'}(x^1,x^2),\quad \alpha'=1,2, \tag{1.4.4}$$

它的 Jacobi 行列式不为零, 即

$$J(\psi)=\frac{\partial(x^{1'},x^{2'})}{(x^1,x^2)}\neq 0.$$

$x^\alpha\to x^{\alpha'}$ 是双方单值的光滑映射. 记

$$D^\alpha_{\alpha'}=\frac{\partial x^\alpha}{\partial x^{\alpha'}},\quad \partial_{\alpha'}=\frac{\partial}{\partial x^{\alpha'}},\quad D^{\alpha'}_\alpha=\frac{\partial x^{\alpha'}}{\partial x^\alpha},\quad \partial_\alpha=\frac{\partial}{\partial x^\alpha}, \tag{1.4.5}$$

显然有

$$D^\alpha_{\alpha'}D^{\alpha'}_\beta=\delta^\alpha_\beta,\quad D^{\alpha'}_\alpha D^\alpha_{\beta'}=\delta^{\alpha'}_{\beta'},$$

坐标变换后, 新旧标架变换公式

$$\boldsymbol{r}_{\alpha'}=D^\alpha_{\alpha'}\boldsymbol{r}_\alpha,\quad \boldsymbol{r}_\alpha=D^{\alpha'}_\alpha\boldsymbol{r}_{\alpha'}, \tag{1.4.6}$$

和 1.2 节一样, 曲面上的向量变换规律

$$A^{\alpha'} = D_{\alpha}^{\alpha'} A^{\alpha}, \quad A_{\alpha'} = D_{\alpha'}^{\alpha} A_{\alpha}.$$

同样, 曲面上高阶张量变换规律为

$$A_{\alpha_1'\alpha_2'\cdots\alpha_q'}^{\beta_1'\beta_2'\cdots\beta_p'} = D_{\beta_1}^{\beta_1'} D_{\beta_2}^{\beta_2'} \cdots D_{\beta_p}^{\beta_p'} D_{\alpha_1'}^{\alpha_1} D_{\alpha_2'}^{\alpha_2} \cdots D_{\alpha_q'}^{\alpha_q} A_{\alpha_1\alpha_2\cdots\alpha_q}^{\beta_1\beta_1\cdots\beta_p}.$$

它是曲面上的 p 阶逆变 q 阶协变张量变换公式.

1.4.3 曲面度量张量

关于曲面的度量张量

$$a_{\alpha\beta} = \boldsymbol{r}_{\alpha}\boldsymbol{r}_{\beta}, \tag{1.4.7}$$

由于 $\boldsymbol{r}_{\alpha}, \boldsymbol{r}_{\beta}$ 在曲面上每一点都是线性独立

$$a = \det(a_{\alpha\beta}) > 0, \quad 在\ \omega\ 内. \tag{1.4.8}$$

因此存在逆矩阵 $(a^{\alpha\beta}) = (a_{\alpha\beta})^{-1}$,

$$a^{\alpha\beta} a_{\beta\gamma} = \delta_{\gamma}^{\alpha} = \begin{cases} 1, & \alpha = \gamma, \\ 0, & \alpha \neq \gamma \end{cases} \tag{1.4.9}$$

是存在的. $a_{\alpha\beta}, a^{\alpha\beta}$ 分别是曲面上度量张量的协变分量和逆变分量. 实际上, 它们服从如下变换规律 $x^{\alpha} \to x^{\alpha'}$,

$$a_{\alpha'\beta'} = \boldsymbol{r}_{\alpha'}\boldsymbol{r}_{\beta'} = D_{\alpha'}^{\alpha} D_{\beta'}^{\beta} \boldsymbol{r}_{\alpha}\boldsymbol{r}_{\beta} = D_{\alpha'}^{\alpha} D_{\beta'}^{\beta} a_{\alpha\beta}, \tag{1.4.10}$$

$a_{\alpha\beta}$ 服从二阶张量协变分量的变换规律. 类似, 有

$$a^{\alpha'\beta'} a_{\beta'\gamma'} = \delta_{\gamma'}^{\alpha'}, \quad a^{\alpha'\beta'} D_{\sigma'}^{\beta} D_{\gamma'}^{\gamma} = \delta_{\gamma'}^{\alpha'},$$

两边同乘 $D_{\sigma}^{\gamma'}$ 进行缩并得 $a^{\alpha'\beta'} a_{\beta\sigma} D_{\beta'}^{\beta} = D_{\sigma}^{\alpha'}$, 两边在乘 $a^{\sigma\lambda} D_{\lambda}^{\lambda'}$ 后进行缩并, 得

$$a^{\alpha'\lambda'} = D_{\sigma}^{\alpha'} D_{\lambda}^{\lambda'} a^{\sigma\lambda},$$

从而得出, $a^{\alpha\beta}$ 服从二阶逆变张量变换规律.

类似, 可定义共轭标架 $\boldsymbol{r}^{\alpha}$:

$$\boldsymbol{r}^{\alpha} = a^{\alpha\beta}\boldsymbol{r}_{\beta}. \tag{1.4.11}$$

显然, 容易验证

$$\boldsymbol{r}_{\alpha} = a_{\alpha\beta}\boldsymbol{r}^{\beta}, \quad a^{\alpha\beta} = \boldsymbol{r}^{\alpha}\boldsymbol{r}^{\beta}, \quad \boldsymbol{r}^{\alpha}\boldsymbol{r}_{\beta} = \delta_{\beta}^{\alpha}, \tag{1.4.12}$$

而 $\boldsymbol{r}^{\alpha}$ 在坐标变换时服从如下变换规律:

$$\boldsymbol{r}^{\alpha'} = D_{\alpha}^{\alpha'}\boldsymbol{r}^{\alpha}.$$

1.4.4 行列式张量

和欧氏空间一样, 可以引入行列式张量

$$\varepsilon_{\alpha\beta}=\begin{cases}\sqrt{a}, \\ -\sqrt{a}, \\ 0,\end{cases}\quad \varepsilon^{\alpha\beta}=\begin{cases}\dfrac{1}{\sqrt{a}}, (\alpha,\beta), & (1,2)\text{ 的偶排列}, \\ -\dfrac{1}{\sqrt{a}}, (\alpha,\beta), & (1,2)\text{ 的奇排列}, \\ 0, & \text{其他情形},\end{cases} \tag{1.4.13}$$

设 $\boldsymbol{n}$ 是 $\Im$ 上的单法向量

$$\boldsymbol{n}=\frac{\boldsymbol{r}_1\times\boldsymbol{r}_2}{\sqrt{a}},$$

$(\boldsymbol{r}_1,\boldsymbol{r}_2,\boldsymbol{n})$ 组成右旋系统, 那么

$$\varepsilon_{\alpha\beta}=\boldsymbol{n}\cdot(\boldsymbol{r}_\alpha\times\boldsymbol{r}_\beta), \tag{1.4.14}$$

不难验证, 成立下列定理:

定理 1.4.1 设 $\boldsymbol{n}$ 是 $\Im$ 上的单法向量, $(\boldsymbol{r}_1,\boldsymbol{r}_2.\boldsymbol{n})$ 组成右旋系统. 那么

$$\begin{cases}\boldsymbol{n}=\dfrac{1}{2}\varepsilon^{\alpha\beta}r_\alpha\times r_\beta, & \varepsilon_{\alpha\beta}\boldsymbol{n}=r_\alpha\times r_\beta, \\ \boldsymbol{n}=\dfrac{1}{2}\varepsilon_{\alpha\beta}r^\alpha\times r^\beta, & \varepsilon^{\alpha\beta}\boldsymbol{n}=r^\alpha\times r^\beta, \\ r^\alpha=\varepsilon^{\alpha\beta}r_\beta\times\boldsymbol{n}, & \varepsilon_{\alpha\beta}r^\beta=\boldsymbol{n}\times r_\alpha, \\ r_\alpha=\varepsilon_{\alpha\beta}r^\beta\times\boldsymbol{n}, & \varepsilon^{\alpha\beta}r_\beta=\boldsymbol{n}\times r^\alpha,\end{cases} \tag{1.4.15}$$

利用行列式张量性质, 可以提升或下降度量张量的指标

$$\begin{aligned}&\varepsilon^{\alpha\beta}\varepsilon_{\beta\gamma}=\delta^\alpha_\gamma, \\ &\varepsilon^{\alpha\beta}=a^{\alpha\lambda}a^{\beta\sigma}\varepsilon_{\lambda\sigma}, \quad \varepsilon_{\alpha\beta}=a_{\alpha\lambda}a_{\beta\sigma}\varepsilon^{\lambda\sigma}, \\ &a^{\alpha\beta}=\varepsilon^{\alpha\lambda}\varepsilon^{\beta\sigma}a_{\lambda\sigma}, \quad a_{\alpha\beta}=\varepsilon_{\alpha\lambda}\varepsilon_{\beta\sigma}a^{\lambda\sigma}.\end{aligned} \tag{1.4.16}$$

设在 $\Im$ 上有两条曲线 l,s,

$$\boldsymbol{l}=l^\alpha\boldsymbol{r}_\alpha=l_\beta\boldsymbol{r}^\beta, \quad \boldsymbol{s}=s^\alpha\boldsymbol{r}_\alpha=s_\beta\boldsymbol{r}^\beta,$$

$$l^\alpha=\boldsymbol{l}\cdot\boldsymbol{r}^\alpha=a^{\alpha\beta}l_\beta, \quad l_\beta=\boldsymbol{l}\cdot\boldsymbol{r}_\beta, \tag{1.4.17}$$

$$s^\alpha=\boldsymbol{s}\cdot\boldsymbol{r}^\alpha=a^{\alpha\beta}s_\beta, \quad s_\beta=\boldsymbol{s}\cdot\boldsymbol{r}_\beta, \tag{1.4.18}$$

如果 $(\boldsymbol{l},\boldsymbol{s},\boldsymbol{n})$ 组成右旋系统, 如果 $\boldsymbol{l},\boldsymbol{s}$ 的夹角为 θ,

$$\sin\theta=(\boldsymbol{l}\times\boldsymbol{s})\cdot\boldsymbol{n}=\varepsilon_{\alpha\beta}l^{\alpha}s^{\beta},\quad \cos\theta=\boldsymbol{l}\cdot\boldsymbol{s}=l_{\alpha}s^{\beta}=l^{\alpha}s_{\beta}. \tag{1.4.19}$$

尤其当 $\boldsymbol{l},\boldsymbol{s}$ 正交, 有

$$\boldsymbol{n}\times\boldsymbol{l}=\boldsymbol{s},\quad \boldsymbol{l}\times\boldsymbol{s}=\boldsymbol{n},\quad \boldsymbol{s}\times\boldsymbol{n}=\boldsymbol{l}.$$

于是有

$$\boldsymbol{s}=\varepsilon^{\alpha\beta}l_{\alpha}\boldsymbol{r}_{\beta},\quad \boldsymbol{l}=-\varepsilon^{\alpha\beta}s_{\alpha}\boldsymbol{r}_{\beta}, \tag{1.4.20}$$

$$s_{\beta}=\varepsilon_{\alpha\beta}l^{\alpha},\quad s^{\beta}=\varepsilon^{\alpha\beta}l_{\alpha},\quad l_{\beta}=\varepsilon_{\beta\alpha}s^{\alpha},\quad l^{\beta}=\varepsilon^{\beta\alpha}s_{\alpha}. \tag{1.4.21}$$

曲面上的曲线的弧微分

$$\mathrm{d}s=r_{\alpha}r_{\beta}\mathrm{d}x^{\alpha}\mathrm{d}x^{\beta}=a_{\alpha\beta}\mathrm{d}x^{\alpha}\mathrm{d}x^{\beta}. \tag{1.4.22}$$

由于 $\boldsymbol{r}_1,\boldsymbol{r}_2$ 的平行四边形的面积为 $\sqrt{a}$. 因此曲面上面元面积

$$\mathrm{d}\Sigma=\sqrt{a}\mathrm{d}x^1\mathrm{d}x^2=\frac{1}{2}\varepsilon_{\alpha\beta}\mathrm{d}r^{\alpha}\times\mathrm{d}r^{\beta}. \tag{1.4.23}$$

1.4.5　Christoffel 记号和第二基本型

由于 $\boldsymbol{r}\in l,C^3(\omega,\boldsymbol{E}^3)$, $\partial^2_{\alpha\beta}\boldsymbol{r}$ 是有意义, 它是一个在曲面 $\Im$ 上的 2D-3C 向量, 可以表示为 Gauss 公式

$$\boldsymbol{r}_{\alpha\beta}=\overset{*}{\Gamma}{}^{\lambda}{}_{\alpha\beta}\,\boldsymbol{r}_{\lambda}+b_{\alpha\beta}\boldsymbol{n}, \tag{1.4.24}$$

其中 $\overset{*}{\Gamma}{}^{\lambda}{}_{\alpha\beta}\,\boldsymbol{r}_{\lambda},b_{\alpha\beta}$ 为曲面上的第二类型 Christoffel 记号和第二基本型系数, 也称为曲面的曲率张量. 在本书中, 所有关于曲面上的几何量, 均冠以 $*$, 如 $\overset{*}{\Gamma}{}^{\lambda}{}_{\alpha\beta},\overset{*}{\nabla}$ 等. 第一 Christoffel 记号

$$\overset{*}{\Gamma}_{\alpha\beta,\lambda}=a_{\lambda\sigma}\,\overset{*}{\Gamma}{}^{\sigma}{}_{\alpha\beta}\,.$$

(1.4.24) 也可表示为

$$\boldsymbol{r}_{\alpha\beta}=\overset{*}{\Gamma}_{\alpha\beta,\lambda}\,\boldsymbol{r}^{\lambda}+b_{\alpha\beta}\boldsymbol{n}. \tag{1.4.25}$$

1.4.6　Christoffel 记号性质

(1) 对称性

$$\overset{*}{\Gamma}_{\alpha\beta,\lambda}=\overset{*}{\Gamma}_{\beta\alpha,\lambda},\quad \overset{*}{\Gamma}{}^{\lambda}{}_{\alpha\beta}=\overset{*}{\Gamma}{}^{\lambda}{}_{\beta\alpha}\,. \tag{1.4.26}$$

(2) 投影性质

$$\overset{*}{\Gamma}_{\alpha\beta,\lambda}=\boldsymbol{r}_{\alpha\beta}\cdot\boldsymbol{r}_{\lambda},\quad \overset{*}{\Gamma}{}^{\lambda}{}_{\alpha\beta}=\boldsymbol{r}^{\lambda}\boldsymbol{r}_{\alpha\beta}=-\boldsymbol{r}_{\alpha}\partial_{\beta}\boldsymbol{r}^{\lambda}. \tag{1.4.27}$$

实际上, 只要用 $\boldsymbol{r}_\lambda$ 和 $\boldsymbol{r}^\lambda$ 与 (1.4.24) 分别做内积, 且利用 (1.4.12) 和

$$\boldsymbol{r}_\alpha n = 0, \quad \boldsymbol{r}^\lambda n = 0, \quad \boldsymbol{r}^\lambda \boldsymbol{r}_{\alpha\beta} = -\boldsymbol{r}_\alpha \partial_\beta \boldsymbol{r}^\lambda$$

就可以得到 (1.4.27).

(3) 和度量张量的关系

$$\begin{cases} \partial_\lambda a_{\alpha\beta} = \overset{*}{\Gamma}_{\lambda\beta,\alpha} + \overset{*}{\Gamma}_{\lambda\alpha,\beta}, \\ \overset{*}{\Gamma}_{\beta\alpha,\lambda} = \dfrac{1}{2}(\partial_\alpha a_{\beta\lambda} + \partial_\beta a_{\alpha\lambda} - \partial_\lambda a_{\alpha\beta}). \end{cases} \tag{1.4.28}$$

实际上, 对 (1.4.7) 求导, 利用 (1.4.25) 就可得到 (1.4.28) 的第一式. 将 (1.4.28) 第一式的指标轮换后相加和相减, 就可得到 (1.4.28) 的第二式.

(4) Christoffel 记号等于零的充分而必要的条件是: 度量张量等于常数.

(5)

$$\overset{*}{\Gamma}{}^\alpha{}_{\lambda\alpha} = \partial_\lambda \sqrt{a}. \tag{1.4.29}$$

由 (1.4.28),

$$\begin{aligned} \overset{*}{\Gamma}{}^\alpha{}_{\lambda\alpha} &= a^{\alpha\beta} \overset{*}{\Gamma}_{\lambda\alpha,\beta} = \frac{1}{2} a^{\alpha\beta}(\partial_\lambda a_{\alpha\beta} + \partial_\alpha a_{\beta\lambda} - \partial_\beta a_{\alpha\lambda}) = \frac{1}{2} a^{\alpha\beta} \partial_\lambda a_{\alpha\beta} \\ &= \frac{1}{2}[a^{11}\partial_\lambda a_{11} + 2a^{12}\partial_\lambda a_{12} + a^{22}\partial_\lambda a_{22}] \\ &= \frac{1}{2}\frac{1}{a}[a_2 2\partial_\lambda a_{11} - 2a_{12}\partial_\lambda a_{12} + a_{11}\partial_\lambda a_{22}] \\ &= \frac{1}{2}\frac{1}{a}\partial_\lambda[a_{11}a_{22} - (a_{12})^2] = \partial_\lambda \ln \sqrt{a}. \end{aligned}$$

(6) Christoffel 记号不构成曲面上的张量.

实际上, 坐标变换后, 有

$$\overset{*}{\Gamma}{}^\lambda{}_{\alpha\beta} = D^{\alpha'}_\alpha D^{\beta'}_\beta D^\lambda_{\lambda'} \overset{*}{\Gamma}{}^{\lambda'}{}_{\alpha'\beta'} + D^\lambda_{\sigma'} \partial^2_{\alpha\beta} x^{\alpha'}, \tag{1.4.30}$$

$$\partial^2_{\alpha\beta} x^{\mu'} = D^{\mu'}_\lambda \overset{*}{\Gamma}{}^\lambda{}_{\alpha\beta} - D^{\alpha'}_\alpha D^{\beta'}_\beta \overset{*}{\Gamma}{}^{\mu'}{}_{\alpha'\beta''}. \tag{1.4.31}$$

1.4.7 曲面第二基本型

注意 $\boldsymbol{n}_\alpha = \partial_\alpha \boldsymbol{n}, \boldsymbol{r}_\alpha \boldsymbol{n} = 0$, 用 n 乘 (1.4.23) 两边, 有

$$\begin{aligned} b_{\alpha\beta} = b_{\beta\alpha} &= \boldsymbol{n}\boldsymbol{r}_{\alpha\beta} = -\boldsymbol{n}_\alpha \boldsymbol{r}_\beta \\ &= -\frac{1}{2}(\boldsymbol{n}_\alpha \boldsymbol{r}_\beta + \boldsymbol{n}_\beta \boldsymbol{r}_\alpha). \end{aligned} \tag{1.4.32}$$

曲面 $\Im$ 的第二基本型

$$II = -\mathrm{d}\boldsymbol{r}\mathrm{d}\boldsymbol{n} = b_{\alpha\beta}\mathrm{d}x^\alpha \mathrm{d}x^\beta.$$

容易证明

$$b_{\alpha\beta} \text{ 和 } b^{\alpha\beta} = a^{\alpha\lambda}a^{\beta\sigma}b_{\lambda\sigma}$$

是一个曲面上的二阶张量的协变分量和逆变分量. 这容易从

$$\boldsymbol{r}_{\alpha'} = D^{\alpha}_{\alpha'}\boldsymbol{n}_{\alpha}, \quad \boldsymbol{n}_{\alpha'} = D^{\alpha}_{\alpha'}\boldsymbol{n}_{\alpha}$$

得到

$$b_{\alpha'\beta'} = D^{\alpha}_{\alpha'}D^{\beta}_{\beta'}b_{\alpha\beta}.$$

定理 1.4.2[1]　下列共轭标架的 Gauss 公式和 Weingarten 公式成立:

$$\begin{cases} \boldsymbol{r}_{\alpha\beta} = \overset{*}{\Gamma}{}^{\lambda}{}_{\alpha\beta}\,\boldsymbol{r}_{\lambda} + b_{\alpha\beta}\boldsymbol{n}, \quad \partial_{\beta}\boldsymbol{r}^{\alpha} = -\,\overset{*}{\Gamma}{}^{\alpha}{}_{\beta\lambda}\,\boldsymbol{r}^{\lambda} + b^{\alpha}_{\beta}\boldsymbol{n}, \\ \boldsymbol{n}_{\beta} = -b^{\alpha}_{\beta}\boldsymbol{r}_{\alpha} = -b_{\alpha\beta}\boldsymbol{r}^{\alpha}. \end{cases} \tag{1.4.33}$$

这里

$$b^{\alpha}_{\beta} = a^{\alpha\lambda}b_{\lambda\beta} = \partial_{\beta}\boldsymbol{r}^{\alpha}\cdot\boldsymbol{n} = -\boldsymbol{r}^{\alpha}\cdot\boldsymbol{n}_{\beta}. \tag{1.4.34}$$

证明　先证 (1.4.34). Gauss 公式 (1.4.24) 就是 (1.4.33) 第一式. 为了证明 (1.4.33) 第二式, 注意 $\boldsymbol{r}^{\alpha}\cdot\boldsymbol{n}=0$, 则

$$b^{\alpha}_{\beta} = a^{\alpha\lambda}b_{\lambda\beta} = -a^{\alpha\lambda}(\boldsymbol{r}_{\lambda}\boldsymbol{n}_{\beta}) = -\boldsymbol{r}^{\alpha}\boldsymbol{n}_{\beta} = -\partial_{\beta}(\boldsymbol{r}^{\alpha}\cdot\boldsymbol{n}) + \partial_{\beta}\boldsymbol{r}^{\alpha}\boldsymbol{n} = \partial_{\beta}\boldsymbol{r}^{\alpha}\boldsymbol{n}.$$

由 (1.4.27), $-\overset{*}{\Gamma}{}^{\lambda}{}_{\alpha\beta} = \partial_{\beta}\boldsymbol{r}^{\lambda}\boldsymbol{r}_{\alpha}$. 与上式联合知 (1.4.33) 第二式成立. 为了证明 (1.4.33) 第三式, 利用 $\boldsymbol{n}\cdot\boldsymbol{n}=1, \boldsymbol{n}\boldsymbol{n}_{\beta}=0$. 所以 $\boldsymbol{n}_{\beta}$ 在 $\Im$ 的切平面内, 因此它可以表示 $\boldsymbol{n}_{\beta} = u^{\alpha}_{\beta}\boldsymbol{r}_{\alpha}$. 由此 $u^{\alpha}_{\beta} = \boldsymbol{n}_{\beta}\boldsymbol{r}^{\alpha}$, 另一方面, $b^{\alpha}_{\beta} = -\boldsymbol{r}^{\alpha}\boldsymbol{n}_{\beta}$ 由此得 $u^{\alpha}_{\beta} = -b^{\alpha}_{\beta}$. 这就推出 Weingarten 公式. 证毕.

1.4.8　曲面第三基本型

曲面第三基本型

$$III = c_{\alpha\beta}\mathrm{d}x^{\alpha}\mathrm{d}^{\beta} = \mathrm{d}\boldsymbol{n}\cdot\mathrm{d}\boldsymbol{n},$$

其中

$$c_{\alpha\gamma} = \boldsymbol{n}_{\alpha}\boldsymbol{n}_{\beta}. \tag{1.4.35}$$

利用 Weingarten 公式

$$c_{\alpha\beta} = (-b^{\lambda}_{\beta}\boldsymbol{r}_{\lambda})(-b^{\sigma}_{\beta}\boldsymbol{r}_{\sigma}) = b^{\lambda}_{\alpha}b^{\sigma}_{\beta}a_{\lambda\sigma} = a^{\lambda\sigma}b_{\alpha\lambda}b_{\beta\sigma} = b^{\lambda}_{\alpha}b_{\beta\lambda}. \tag{1.4.36}$$

1.4.9 曲面上曲线的曲率和曲率半径

设 L 是曲面上一条正则曲线, 选取弧长 s 作为参数, p 为曲线上任意点, 向径为 $\boldsymbol{r}$, 那么

$$\boldsymbol{s}=\frac{\mathrm{d}\boldsymbol{r}}{\mathrm{d}s}=\partial_\alpha\boldsymbol{r}\frac{\mathrm{d}x^\alpha}{\mathrm{d}s}=s^\alpha\boldsymbol{r}_\alpha. \tag{1.4.37}$$

它是单位切向量

$$\boldsymbol{s}\cdot\boldsymbol{s}=s^\alpha s^\beta\boldsymbol{r}_\alpha\boldsymbol{r}_\beta=a_{\alpha\beta}s^\alpha s^\beta=1. \tag{1.4.38}$$

对 (1.4.35) 再微分一次并应用 Gauss 公式 (1.4.32)

$$\begin{aligned}\frac{\mathrm{d}\boldsymbol{s}}{\mathrm{d}s}&=\frac{\mathrm{d}^2\boldsymbol{r}}{\mathrm{d}s^2}=\frac{\mathrm{d}^2x^\alpha}{\mathrm{d}s^2}\boldsymbol{r}_\alpha+\boldsymbol{r}_{\alpha\beta}s^\alpha s^\beta\\&=\left(\frac{\mathrm{d}^2x^\lambda}{\mathrm{d}s^2}+\overset{*}{\Gamma}{}^\lambda{}_{\alpha\beta}\,s^\alpha s^\beta\right)\boldsymbol{r}_\lambda+b_{\alpha\beta}s^\alpha s^\beta\boldsymbol{n},\end{aligned} \tag{1.4.39}$$

由 (1.4.37) 有 $\dfrac{\mathrm{d}\boldsymbol{s}}{\mathrm{d}s}\cdot\boldsymbol{s}=0$, 所以向量 $\dfrac{\mathrm{d}\boldsymbol{s}}{\mathrm{d}s}$ 沿曲线 L 的法线方向, 并指向 L 的内侧, 这个方向称为曲线 L 的主法向, 它的单位向量记为 $\boldsymbol{m}$, 有

$$\frac{\mathrm{d}\boldsymbol{s}}{\mathrm{d}s}=\frac{\mathrm{d}^2\boldsymbol{r}}{\mathrm{d}s^2}=k\boldsymbol{m}, \tag{1.4.40}$$

称 k 为曲线 L 的曲率, $\rho=\dfrac{1}{k}$ 为曲线 L 的曲率半径.

由 (1.4.38), (1.4.30) 可以得到

$$\begin{cases}k\boldsymbol{m}=g^\lambda\boldsymbol{r}_\lambda+b_{\alpha\beta}s^\alpha s^\beta\boldsymbol{n},\\ g^\lambda=\dfrac{\mathrm{d}^2x^\lambda}{\mathrm{d}s^2}+\overset{*}{\Gamma}{}^\lambda{}_{\alpha\beta}\,s^\alpha s^\beta=\dfrac{\mathrm{d}^2x^\lambda}{\mathrm{d}s^2}+\overset{*}{\Gamma}{}^\lambda{}_{\alpha\beta}\,\dfrac{\mathrm{d}x^\alpha}{\mathrm{d}s}\dfrac{\mathrm{d}x^\beta}{\mathrm{d}s},\end{cases} \tag{1.4.41}$$

与 $\boldsymbol{n}$ 做内积, 并记曲线 L 主法线和曲面 $\Im$ 法线之间夹角为 θ, 那么

$$k_s:=k\cos\theta=k\boldsymbol{m}\cdot\boldsymbol{n}=b_{\alpha\beta}s^\alpha s^\beta, \tag{1.4.42}$$

称 k_s 为曲线 L 的法向曲率, $k_s\boldsymbol{n}$ 称为曲线 L 的法曲率向量.

下面将会看到, 测地线方程是

$$g^\lambda:=\frac{\mathrm{d}^2x^\lambda}{\mathrm{d}s^2}+\overset{*}{\Gamma}{}^\lambda{}_{\alpha\beta}\,\frac{\mathrm{d}x^\alpha}{\mathrm{d}s}\frac{\mathrm{d}x^\beta}{\mathrm{d}s}=0,\quad \lambda=1,2.$$

因此, 如果曲线 L 是曲面 $\Im$ 上的一条测地线, 那么

$$k\boldsymbol{m}=k_s\boldsymbol{n},\quad \theta=0,\quad k=k_s. \tag{1.4.43}$$

这就是说, 测地线的主法向和曲面的法向相一致; 反之, 如果一条曲线上每一点的主法向和曲面的法向相一致, 那么这一曲线必是测地线.

1. 测地挠率

L 的单位切向量 $\boldsymbol{s}$ 与 $\boldsymbol{n}$ 是正交, 我们选一切平面内与 s 正交的单位向量, 使得 $(\boldsymbol{s},\boldsymbol{l},\boldsymbol{n})$ 组成一由旋系统 $\boldsymbol{n}=\boldsymbol{l}\times\boldsymbol{s}$. $\boldsymbol{nn}=1\rightarrow n\cdot\dfrac{\mathrm{d}\boldsymbol{n}}{\mathrm{d}s}=0$, $\dfrac{\mathrm{d}\boldsymbol{n}}{\mathrm{d}s}$ 在曲面的切平面内, 故

$$\frac{\mathrm{d}\boldsymbol{n}}{\mathrm{d}s}=\alpha_1\boldsymbol{s}+\beta_1\boldsymbol{l},\tag{1.4.44}$$

(1.4.42) 分别与 s 和 l 做内积, 并利用 Weingarten 公式, 有

$$\alpha_1=\boldsymbol{s}\frac{\mathrm{d}\boldsymbol{n}}{\mathrm{d}s}=\boldsymbol{s}\boldsymbol{n}_\alpha s^\alpha=-\boldsymbol{s}b_{\beta\alpha}\boldsymbol{r}^\delta s^\alpha=-b_{\alpha\beta}s^\alpha s^\gamma=-k_s,$$

$$\beta_1=\boldsymbol{l}\frac{\mathrm{d}\boldsymbol{n}}{\mathrm{d}s}=-\boldsymbol{l}\boldsymbol{r}^\alpha b_{\alpha\beta}s_\beta=-b_{\alpha\beta}l^\alpha s^\beta=\tau_s.$$

于是 (1.4.42) 变为

$$\begin{cases}\dfrac{\mathrm{d}\boldsymbol{n}}{\mathrm{d}s}=-k_s\boldsymbol{s}+\tau_s\boldsymbol{l},\\ k_s=b_{\alpha\beta}s^\alpha s^\beta,\\ \tau_s=-b_{\alpha\beta}l^\alpha s^\beta=-\varepsilon^{\alpha\lambda}b_{\alpha\beta}a_{\lambda\sigma}s^\sigma s^\beta.\end{cases}\tag{1.4.45}$$

称为曲线 L 在 $\boldsymbol{s}$ 方向的测地挠率.

2. 测地曲率

引理 1.4.1[1]

$$\begin{cases}\dfrac{\mathrm{d}\boldsymbol{s}}{\mathrm{d}s}=-k_g\boldsymbol{l}+k_s\boldsymbol{n}=k\boldsymbol{m},\\ \dfrac{\mathrm{d}\boldsymbol{l}}{\mathrm{d}s}=-k_g\boldsymbol{s}+\tau_s\boldsymbol{n},\\ \dfrac{\mathrm{d}\boldsymbol{n}}{\mathrm{d}s}=-k_s\boldsymbol{s}+\tau_s\boldsymbol{l},\end{cases}\tag{1.4.46}$$

这里 k_g 是曲线的测地曲率.

对 (1.4.44) 两边与 $\boldsymbol{l}$ 做内积得 $-k_g=\dfrac{\mathrm{d}\boldsymbol{s}}{\mathrm{d}s}\boldsymbol{l}$, 由 (1.4.39) 和 (1.4.40), 有

$$-k_g=k\boldsymbol{m}\cdot\boldsymbol{l}=g^\lambda\boldsymbol{r}_\lambda\cdot\boldsymbol{l}=g^\lambda l_\lambda=k\sin\theta.\tag{1.4.47}$$

联合 (1.4.41) 和 (1.4.45) 得

$$k^2=k_s^2+k_g^2.\tag{1.4.48}$$

定义　在曲面 $\Im$ 上测地曲率恒等于零的曲线称为曲面 $\Im$ 上的测地线.

引理 1.4.2　在曲面 $\Im$ 上一条曲线是测地线, 单的当且仅当或者是一条直线, 或者它的主法向量处处是曲面 $\Im$ 的法向量.

曲面上测地挠率为零的方向, 即 $\tau_s = 0$, 称为曲面的主方向. 由 (1.4.44),

$$\frac{\mathrm{d}\boldsymbol{n}}{\mathrm{d}s} = -k_s \boldsymbol{s},$$

它与 (1.4.32) 联合得

$$\frac{\mathrm{dn}}{\mathrm{d}s} = \boldsymbol{n}_\beta \frac{\mathrm{d}x^\beta}{\mathrm{d}s} = -b_{\beta\alpha}\boldsymbol{r}^\alpha s^\beta = -k_s \boldsymbol{s} = -k_s s_\alpha \boldsymbol{r}^\alpha.$$

从而有

$$b_{\alpha\beta} s^\beta \boldsymbol{r}^\alpha = k_s s_\alpha \boldsymbol{r}^\alpha = k_s a_{\alpha\beta} s^\beta \boldsymbol{r}^\alpha.$$

由此推出

$$|b_{\alpha\beta} - k_s a_{\alpha\beta}| = 0, \quad 或 \quad |b^\alpha_\beta - k_s \delta^\alpha_\beta| = 0.$$

展开后得到一个二次多项式

$$\begin{cases} (k_s)^2 - 2Hk_s + K = 0, \\ 2H = b^\alpha_\alpha = a^{\alpha\beta} b_{\alpha\beta} = k^1_s + k^2_s, \\ K = k^1_s k^2_s = b^1_1 b^2_2 - b^1_2 b^2_1 = \dfrac{1}{2}\varepsilon_{\alpha\beta}\varepsilon^{\lambda\sigma} b^\alpha_\lambda b^\beta_\sigma = \dfrac{b}{a}, \end{cases} \tag{1.4.49}$$

显然 H, K 都是不变量, 称 H 为曲面 $\Im$ 的平均曲率, K 为 Gauss 曲率, 或为曲面 $\Im$ 的全曲率.

在主方向, 法曲率 k_s 满足

$$k^1_s = H + \sqrt{H^2 - K}, \quad k^2_s = H - \sqrt{H^2 - K}, \tag{1.4.50}$$

注意

$$H^2 - K = ((k^1_s)^2 + (k^2_s)^2)/2 = \frac{1}{4}((b^1_1 - b^2_2)^2 + (b_{12})^2). \tag{1.4.51}$$

1.4.10 曲面的三类基本型之间的关系

引进 $b_{\alpha\beta}$ 和 $c_{\alpha\beta}$ 的逆矩阵 $\widehat{b}^{\alpha\beta}$ 和 $\widehat{c}^{\alpha\beta}$. 利用逆矩阵的循环张量表示法, 有

$$\begin{cases} a^{\alpha\beta} a_{\beta\lambda} = \delta^\alpha_\lambda, \quad \widehat{b}^{\alpha\beta} b_{\beta\lambda} = \delta^\alpha_\lambda, \quad \widehat{c}^{\alpha\beta} c_{\beta\lambda} = \delta^\alpha_\lambda, \\ a^{\alpha\beta} = \varepsilon^{\alpha\lambda}\varepsilon^{\beta\sigma} a_{\lambda\sigma}, \quad a = \det(a_{\alpha\beta}), \\ \widehat{b}^{\alpha\beta} = \dfrac{a}{b}\varepsilon^{\alpha\lambda}\varepsilon^{\beta\sigma} b_{\lambda\sigma}, \quad K\widehat{b}^{\alpha\beta} = \varepsilon^{\alpha\lambda}\varepsilon^{\beta\sigma} b_{\lambda\sigma}, \quad b = \det(b_{\alpha\beta}), \\ \widehat{c}^{\alpha\beta} = \dfrac{a}{c}\varepsilon^{\alpha\lambda}\varepsilon^{\beta\sigma} c_{\lambda\sigma}, \quad K^2\widehat{c}^{\alpha\beta} = \varepsilon^{\alpha\lambda}\varepsilon^{\beta\sigma} c_{\lambda\sigma}, \quad c = \det(c_{\alpha\beta}), \end{cases} \tag{1.4.52}$$

且

$$\begin{cases} \dfrac{b}{a} = K, \quad \dfrac{c}{a} = K^2, \\ c = \det(c_{\alpha\beta}) = \det(a^{\lambda\sigma} b_{\alpha\lambda} b_{\beta\sigma}) = a^{-1} b^2 = bK = aK^2. \end{cases} \tag{1.4.53}$$

定理 1.4.3[1] 曲面的三个基本型系数 $a_{\alpha\beta}, b_{\alpha\beta}, c_{\alpha\beta}$ 和它们的逆矩阵 $a^{\alpha\beta}, \widehat{b}^{\alpha\beta}, \widehat{c}^{\alpha\beta}$ 以及平均曲率 H 和 Gauss 曲率成立如下关系:

$$\begin{cases} Ka_{\alpha\beta} - 2Hb_{\alpha\beta} + c_{\alpha\beta} = 0, \quad Ka^{\alpha\beta} - 2Hb^{\alpha\beta} + c^{\alpha\beta} = 0, \\ a^{\alpha\beta} - 2H\widehat{b}^{\alpha\beta} + K\widehat{c}^{\alpha\beta} = 0, \\ K\widehat{b}_{\alpha\beta} = 2Ha^{\alpha\beta} - b^{\alpha\beta}, \quad K^2\widehat{c}^{\alpha\beta} = (4H^2 - K)a^{\alpha\beta} - 2Hb^{\alpha\beta}, \end{cases} \tag{1.4.54}$$

$$\widehat{b}^{\alpha\beta} = \widehat{c}^{\alpha\lambda}b^{\beta}_{\lambda}, \quad \widehat{c}^{\alpha\beta} = \widehat{b}^{\alpha\lambda}\widehat{b}^{\beta}_{\lambda}, \quad b^{\alpha}_{\beta} = \widehat{b}^{\alpha\lambda}c_{\beta\lambda}, \tag{1.4.55}$$

$$\begin{cases} c_{\alpha\lambda}b^{\lambda}_{\beta} = -2HKa_{\alpha\beta} + (4H^2 - K)b_{\alpha\beta}, \\ c_{\alpha\lambda}c^{\lambda}_{\beta} = -K(4H^2 - K)a_{\alpha\beta} + 2H(4H^2 - 2K)b_{\alpha\beta}, \\ c^{\alpha}_{\alpha} = a^{\alpha\beta}c_{\alpha\beta} = b^{\alpha\beta}b_{\alpha\beta} = 4H^2 - 2K, \\ b^{\alpha\beta}c_{\alpha\beta} = 8H^3 - 6HK, \\ c^{\alpha\beta}c_{\alpha\beta} = 16H^4 - 16H^2K + 2K^2, \end{cases} \tag{1.4.56}$$

$$\begin{cases} \varepsilon^{\alpha\lambda}\varepsilon^{\beta\sigma}b_{\alpha\beta}b_{\lambda\sigma} = 2K, \\ \varepsilon_{\nu\mu}\varepsilon^{\beta\sigma}b^{\nu}_{\beta}b^{\mu}_{\sigma} = 2K, \\ \varepsilon_{\alpha\beta}b^{\alpha}_{\lambda}b^{\beta}_{\sigma} = K\varepsilon_{\lambda\sigma}, \\ b_{\alpha\beta}b_{\lambda\sigma} - b_{\alpha\lambda}b_{\beta\sigma} = K\varepsilon_{\alpha\sigma}\varepsilon_{\beta\lambda}, \\ b_{\alpha\beta}b_{\lambda\sigma} - b_{\alpha\lambda}b_{\beta\sigma} = \varepsilon_{\mu\nu}\varepsilon_{\lambda\beta}b^{\nu}_{\alpha}b^{\mu}_{\sigma}. \end{cases} \tag{1.4.57}$$

证明 先证明 (1.4.57). 实际上, 由行列式定义可以推出

$$b = \frac{1}{2}\widehat{\varepsilon}^{\alpha\lambda}\widehat{\varepsilon}\beta\sigma b_{\alpha\beta}b_{\lambda\sigma} = a\frac{1}{2}\varepsilon^{\alpha\lambda}\varepsilon^{\beta\sigma}b_{\alpha\beta}b_{\lambda\sigma},$$

从而推出

$$\varepsilon^{\alpha\lambda}\varepsilon^{\beta\sigma}b_{\alpha\beta}b_{\lambda\sigma} = 2\frac{b}{a} = 2K.$$

利用 $\varepsilon^{\alpha\lambda}a_{\alpha\nu}a_{\lambda\mu} = \varepsilon_{\nu\mu}$, 则有

$$\varepsilon^{\alpha\lambda}\varepsilon^{\beta\sigma}b_{\alpha\beta}b_{\lambda\sigma} = \varepsilon^{\alpha\lambda}\varepsilon^{\beta\sigma}a_{\alpha\nu}b^{\nu}_{\beta}a_{\lambda\mu}b^{\mu}_{\sigma} = \varepsilon_{\nu\mu}\varepsilon^{\beta\sigma}b^{\nu}_{\beta}b^{\mu}_{\sigma} = 2K.$$

这就证明 (1.4.57) 第一和第二式. 下面证明第三式. 容易验证, 用 $\varepsilon^{\gamma\sigma}$ 和两边缩并, 应用

$$\varepsilon^{\alpha\lambda}\varepsilon_{\beta\lambda} = \delta^{\alpha}_{\beta},$$

有

$$\varepsilon^{\gamma\sigma}\varepsilon_{\alpha\beta}b^{\alpha}_{\lambda}b^{\beta}_{\sigma} = K\varepsilon_{\lambda\sigma}\varepsilon^{\gamma\sigma} \Rightarrow \varepsilon^{\gamma\sigma}\varepsilon_{\alpha\beta}b^{\alpha}_{\lambda}b^{\beta}_{\sigma} = K\delta^{\gamma}_{\lambda}.$$

再用 $\delta^{\lambda}_{\gamma}$ 和上式两边缩并, 得

$$\delta^{\lambda}_{\gamma}\varepsilon^{\gamma\sigma}\varepsilon_{\alpha\beta}b^{\alpha}_{\lambda}b^{\beta}_{\sigma} = 2K \Rightarrow \varepsilon^{\lambda\sigma}\varepsilon_{\alpha\beta}a^{\alpha\nu}a^{\beta\mu}b_{\lambda\nu}b_{\sigma\mu} = \varepsilon^{\lambda\sigma}\varepsilon_{\alpha\beta}b^{\alpha}_{\lambda}b^{\beta}_{\mu} = 2K.$$

(1.4.57) 的第三式得证. 另一方面, 利用 (1.4.57) 的第五和第三式, 就可以推出第四式. 因此, 只要证明第五式就够了. 为此, 由向量分析有如下公式:

$$\boldsymbol{A} \times (\boldsymbol{B} \times \boldsymbol{C}) = (\boldsymbol{A} \cdot \boldsymbol{C})\boldsymbol{B} - (\boldsymbol{A} \cdot \boldsymbol{B})\boldsymbol{C},$$

由 (1.4.32), $b_{\alpha\beta} = -\boldsymbol{n}_\alpha \boldsymbol{r}_\beta$, 于是有

$$\begin{aligned} b_{\alpha\beta} b_{\lambda\sigma} - b_{\alpha\lambda} b_{\beta\sigma} &= (-(\mathrm{n}_\alpha \cdot \boldsymbol{r}_\beta)\boldsymbol{r}_\lambda + (\boldsymbol{n}_\alpha \cdot \boldsymbol{r}_\lambda)\boldsymbol{r}_\beta)\boldsymbol{n}_\sigma \\ &= (\boldsymbol{n}_\alpha \times (\boldsymbol{r}_\lambda \times \boldsymbol{r}_\beta))\boldsymbol{n}_\sigma, \end{aligned}$$

另一方面, 应用 Weingarten 公式和循环张量的 (1.4.15),

$$\varepsilon_{\alpha\beta} \boldsymbol{n} = \boldsymbol{r}_\alpha \times \boldsymbol{r}_\beta, \quad \varepsilon_{\alpha\beta} = \boldsymbol{n}(\boldsymbol{r}_\alpha \times \boldsymbol{r}_\beta), \quad \boldsymbol{n}_\beta = -b_\beta^\lambda \boldsymbol{r}_\lambda, \tag{1.4.58}$$

因而

$$\begin{aligned} b_{\alpha\beta} b_{\lambda\sigma} - b_{\alpha\lambda} b_{\beta\sigma} &= \varepsilon_{\lambda\beta}(\boldsymbol{n}_\alpha \times \boldsymbol{n})\boldsymbol{n}_\sigma = \varepsilon_{\lambda\beta} b_\alpha^\nu b_\sigma^\mu (\theta_\nu \times \boldsymbol{n})\boldsymbol{r}_\mu \\ &= \varepsilon_{\lambda\beta} b_\alpha^\nu b_\sigma^\mu (\boldsymbol{r}_\mu \times \boldsymbol{r}_\nu)\boldsymbol{n}. \end{aligned}$$

再一次应用 (1.4.15),

$$\varepsilon_{\alpha\beta} \boldsymbol{n} = \boldsymbol{r}_\alpha \times \boldsymbol{r}_\beta,$$

就可以得到 (1.4.57) 的第五式

$$b_{\alpha\beta} b_{\lambda\sigma} - b_{\alpha\lambda} b_{\beta\sigma} = \varepsilon_{\mu\nu} \varepsilon_{\lambda\beta} b_\alpha^\nu b_\sigma^\mu.$$

在从 (1.4.57) 的第三式

$$b_{\alpha\beta} b_{\lambda\sigma} - b_{\alpha\lambda} b_{\beta\sigma} = \varepsilon_{\mu\nu} \varepsilon_{\lambda\beta} b_\alpha^\nu b_\sigma^\mu = \varepsilon_{\lambda\beta} \varepsilon_{\sigma\alpha} K = \varepsilon_{\alpha\sigma} \varepsilon_{\beta\lambda} K.$$

这就得到 (1.4.57) 第四式.

下面证明 (1.4.54), 为此, 用 $a^{\lambda\sigma}$ 与 (1.4.57) 的第四式两边缩并,

$$a^{\lambda\sigma} b_{\alpha\beta} b_{\lambda\sigma} - a^{\lambda\sigma} b_{\alpha\lambda} b_{\beta\sigma} = K a^{\lambda\sigma} \varepsilon_{\alpha\sigma} \varepsilon_{\beta\lambda}.$$

因为

$$a^{\lambda\sigma} \varepsilon_{\alpha\sigma} \varepsilon_{\beta\lambda} = a_{\alpha\beta}, \quad a^{\lambda\sigma} b_{\alpha\beta} b_{\lambda\sigma} = 2H b_{\alpha\beta}, \quad a^{\lambda\sigma} b_{\alpha\lambda} b_{\beta\sigma} = c_{\alpha\beta},$$

这就推出 (1.4.54) 的第一式. 应用指标提升技巧就可以得到 (1.4.54) 第二式. 为了证明 (1.4.54) 第三式. 用 $\varepsilon^{\alpha\lambda} \varepsilon^{\beta\sigma}$ 与 (1.4.54) 的第一式作缩并, 由逆矩阵定义和 (1.4.52), 可以推出

$$K a^{\lambda\sigma} - 2HK \widehat{b}^{\lambda\sigma} + K^2 \widehat{c}^{\lambda\sigma} = 0,$$

这就证明了 (1.4.54) 的第三式.

应用指标提升技巧, (1.4.57) 第四式可以改写为

$$b^{\alpha\beta}b^{\lambda\sigma} - b^{\alpha\lambda}b^{\beta\sigma} = K\varepsilon^{\alpha\sigma}\varepsilon^{\beta\lambda}.$$

两边与 $b_{\lambda\sigma}$ 缩并后, 注意 $\widehat{b}^{\alpha\beta} = K\varepsilon^{\alpha\sigma}\varepsilon^{\beta\lambda}b_{\lambda\sigma}$ 和应用 (1.4.52) 得

$$b^{\alpha\beta}b^{\lambda\sigma}b_{\lambda\sigma} - b^{\alpha\lambda}b^{\beta\sigma}b_{\lambda\sigma} = K\varepsilon^{\alpha\sigma}\varepsilon^{\beta\lambda}b_{\lambda\sigma} = K^2\widehat{b}^{\alpha\beta}, \tag{1.4.59}$$

应用混合张量形式的 (1.4.54) 第一式

$$K\delta^\alpha_\beta - 2Hb^\alpha_\beta + c^\beta_\beta = 0$$

和 $2H = b^\alpha_\alpha$ 得

$$\begin{aligned}
b^{\lambda\sigma}b_{\lambda\sigma} &= c^\lambda_\lambda = 2Hb^\lambda_\lambda - K\delta^\lambda_\lambda = 4H^2 - 2K,\\
b^{\alpha\lambda}b^{\beta\sigma}b_{\lambda\sigma} &= b^{\alpha\lambda}c^\beta_\lambda = b^{\alpha\lambda}(2Hb^\beta_\lambda - K\delta^\beta_\lambda) = 2Hc^{\alpha\beta} - Kb^{\alpha\beta}\\
&= 2H(2Hb^{\alpha\beta} - Ka^{\alpha\beta}) - Kb^{\alpha\beta}\\
&= (4H^2 - K)b^{\alpha\beta} - 2HKa^{\alpha\beta},
\end{aligned}$$

所以有

$$\begin{aligned}
b^{\alpha\beta}b^{\lambda\sigma}b_{\lambda\sigma} - b^{\alpha\lambda}b^{\beta\sigma}b_{\lambda\sigma} &= (4H^2 - 2K)b^{\alpha\beta} - [(4H^2 - K)b^{\alpha\beta} - 2HKa^{\alpha\beta}]\\
&= K(-b^{\alpha\beta} + 2Ha^{\alpha\beta}),
\end{aligned} \tag{1.4.60}$$

将 (1.4.60) 代入 (1.4.59), 得到 (1.4.54) 的第四式.

应用 (1.4.54) 第三式和第四式

$$\begin{aligned}
K^2\widehat{c}^{\alpha\beta} &= K(2H\widehat{b}^{\alpha\beta} - a^{\alpha\beta})\\
&= 2H(2Ha^{\alpha\beta} - b^{\alpha\beta}) - Ka^{\alpha\beta} = (4H^2 - K)a^{\alpha\beta} - 2Hb^{\alpha\beta},
\end{aligned}$$

这就是得到 (1.4.54) 的第五式.

下面证明 (1.4.55) 应用

$$\widehat{b}^{\alpha\beta}b_{\beta\lambda} = b^{\alpha\beta}\widehat{b}_{\beta\lambda} = \delta^\alpha_\lambda, \quad \widehat{b}^{\alpha\lambda}b^\beta_\lambda = a^{\beta\sigma}\widehat{b}^{\alpha\lambda}b_{\sigma\lambda} = a^{\beta\sigma}\delta^\alpha_\sigma = a^{\alpha\beta},$$

$$K\widehat{c}^{\alpha\lambda}b^\beta_\lambda = (2H\widehat{b}^{\alpha\lambda} - a^{\alpha\lambda})b^\beta_\lambda = 2Ha^{\alpha\beta} - b^{\alpha\beta} = K\widehat{b}^{\alpha\beta},$$

推出 (1.4.55) 第一式

$$\widehat{b}^{\alpha\beta} = \widehat{c}^{\alpha\lambda}b^\beta_\lambda.$$

类似

$$K\widehat{b}^{\alpha\lambda}\widehat{b}_{\lambda}^{\beta}=(2Ha^{\alpha\lambda}-b^{\alpha\lambda})\widehat{b}_{\lambda}^{\beta}=(2H\widehat{b}^{\alpha\beta}-a^{\alpha\beta})=K\widehat{c}^{\alpha\beta},$$

这就是 (1.4.55) 的第二式. 另外, 应用 (1.4.54), 有

$$\begin{aligned}K\widehat{b}^{\alpha\lambda}c_{\beta\lambda}&=(2Ha^{\alpha\lambda}-b^{\alpha\lambda})(2Hb_{\beta\lambda}-Ka_{\beta\lambda})\\&=4H^2b_{\beta}^{\alpha}-2HK\delta_{\beta}^{\alpha}-2Hc_{\beta}^{\alpha}+Kb_{\beta}^{\alpha}\\&=(4H^2+K)b_{\beta}^{\alpha}-2HK\delta_{\beta}^{\alpha}-2H(2Hb_{\beta}^{\alpha}-K\delta_{\beta}^{\alpha})=Kb_{\beta}^{\alpha}.\end{aligned}$$

这就证明了 (1.4.55) 第三式. 以下证明 (1.4.56). 反复应用 (1.4.54), 有

$$\begin{aligned}b^{\alpha\lambda}c_{\lambda}^{\beta}&=b^{\alpha\lambda}(-K\delta_{\lambda}^{\beta}+2Hb_{\lambda}^{\beta})\\&=-Kb^{\alpha\beta}+2Hc^{\alpha\beta}=-Kb^{\alpha\beta}+2H(-Ka^{\alpha\beta}+2Hb^{\alpha\beta})\\&=-2HKa^{\alpha\beta}+(4H^2-K)b^{\alpha\beta}\end{aligned}$$

和

$$\begin{aligned}c_{\alpha\lambda}c_{\beta}^{\lambda}&=c_{\alpha\lambda}(-K\delta_{\beta}^{\lambda}+2Hb_{\beta}^{\lambda})=-Kc_{\alpha\beta}+2Hb_{\beta}^{\lambda}c_{\alpha\lambda}\\&=-Kc_{\alpha\beta}+2H(-2HKa_{\alpha\beta}+(4H^2-K)b_{\alpha\beta})\\&=-Kc_{\alpha\beta}-4H^2Ka_{\alpha\beta}+2H(4H^2-K)b_{\alpha\beta}\\&=K(-2Hb_{\alpha\beta}+Ka_{\alpha\beta})-4H^2Ka_{\alpha\beta}+2H(4H^2-K)b_{\alpha\beta}\\&=(K^2-4H^2K)a_{\alpha\beta}+2H(4H^2-2K)b_{\alpha\beta},\\b^{\alpha\beta}c_{\alpha\beta}&=b^{\alpha\beta}(2Hb_{\alpha\beta}-Ka_{\alpha\beta})=2H(4H^2-2K)-K2H=8H^3-6HK,\\c^{\alpha\beta}c_{\alpha\beta}&=c^{\alpha\beta}(2Hb_{\alpha\beta}-Ka_{\alpha\beta})=2H(8H^3-6HK)-K(4H^2-2K)\\&=16H^4-16H^2K+2K^2,\end{aligned}$$

从而完成了定理 1.4.3 的证明.

1.4.11 曲面上的短程线

设曲面 $\Im$ 上的曲线 L 参数方程是

$$x^{\alpha}=x^{\alpha}(s),\quad x^{\alpha}(0)=x_0^{\alpha},$$

其中参数 s 为弧长. x_0^{α} 是曲线起点 A 的坐标. 曲线 L 的弧微分 $\mathrm{d}s$, L 从 A 点到 B 点的长度

$$\widehat{AB}=J(L)=\int_A^B\sqrt{a_{\alpha\beta}\frac{\mathrm{d}x^{\alpha}}{\mathrm{d}s}\frac{\mathrm{d}x^{\beta}}{\mathrm{d}s}}\mathrm{d}s,\tag{1.4.61}$$

曲面上求过 A, B 的最短的曲线是

$$\begin{cases} \text{求过两端点的一切正则曲线类 } \{L_t\} \text{ 中的一条曲线 } L, \text{ 使得} \\ J(L) = \inf\limits_{\{L_t\}} J(L_t). \end{cases} \tag{1.4.62}$$

如果过 A, B 的 $\{L_t\}$ 中的曲线表示为参数形式

$$x^\alpha = x^\alpha(s,t), \quad x^\alpha(s,0) = x^\alpha(s), \quad , x^\alpha(A,t) = x^\alpha(A), \quad x^\alpha(B,t) = x^\alpha(B),$$

$$\begin{aligned} J(L_t) &= \int_A^B F \mathrm{d}s, \\ F &= \sqrt{a_{\alpha\beta}(x^\alpha(s,t))\frac{\mathrm{d}x^\alpha(s,t)}{\mathrm{d}s}\frac{\mathrm{d}x^\beta(s,t)}{\mathrm{d}s}}. \end{aligned} \tag{1.4.63}$$

容易验证, 如果记

$$(\dot{x})^\alpha = \frac{\mathrm{d}x^\alpha}{\mathrm{d}s},$$

那么变分问题 (1.4.60) 的 Euler-Lagrange 方程是

$$\frac{\mathrm{d}}{\mathrm{d}s}\left(\frac{\partial F}{\partial(\dot{x})^\alpha}\right) - \frac{\partial F}{\partial x^\alpha(s,t)} = 0, \quad t = 0.$$

但是

$$\begin{aligned} \frac{\partial F}{\partial(\dot{x})^\alpha} &= \frac{1}{F}a_{\alpha\beta}(x^\alpha(s,t))\frac{\mathrm{d}x^\beta(s,t)}{\mathrm{d}s}, \\ \frac{\partial F}{\partial x^\alpha(s,t)} &= \frac{1}{2F}\frac{\partial a_{\lambda\sigma}}{\partial x^\alpha}\frac{\mathrm{d}x^\lambda(s,t)}{\mathrm{d}s}\frac{\mathrm{d}x^\sigma(s,t)}{\mathrm{d}s}, \end{aligned}$$

同时

$$\begin{aligned} \frac{\mathrm{d}}{\mathrm{d}s}\left(\frac{\partial F}{\partial(\dot{x})^\alpha}\right) =& \frac{1}{F}a_{\alpha\beta}\frac{\mathrm{d}^2x^\alpha(s,t)}{\mathrm{d}s^2} + \frac{1}{F}\frac{\partial a_{\alpha\gamma}}{\partial x^\gamma}\frac{\mathrm{d}x^\gamma(s,t)}{\mathrm{d}s}\frac{\mathrm{d}x^\beta(s,t)}{\mathrm{d}s} \\ & - \frac{1}{F^2}\frac{\mathrm{d}F}{\mathrm{d}s}a_{\alpha\beta}\frac{\mathrm{d}x^\beta(s,t)}{\mathrm{d}s}, \end{aligned} \tag{1.4.64}$$

那么 Euler-Lagrange 方程是

$$a_{\alpha\beta}\frac{\mathrm{d}^2x^\beta(s,0)}{\mathrm{d}s^2} + \frac{1}{2}\left(\frac{\partial a_{\alpha\beta}}{\partial x^\gamma} + \frac{\partial a_{\alpha\gamma}}{\partial x^\beta} - \frac{\partial a_{\beta\gamma}}{\partial x^\alpha}\right)\frac{\mathrm{d}x^\beta}{\mathrm{d}s}\frac{\mathrm{d}x^\gamma}{\mathrm{d}s} - \frac{1}{F}\frac{\mathrm{d}F}{\mathrm{d}s}a_{\alpha\beta}\frac{\mathrm{d}x^\beta(s,0)}{\mathrm{d}s} = 0,$$

即

$$a_{\alpha\beta}\frac{\mathrm{d}^2x^\beta(s,0)}{\mathrm{d}s^2} + \overset{*}{\Gamma}_{\beta\gamma,\alpha}\frac{\mathrm{d}x^\beta}{\mathrm{d}s}\frac{\mathrm{d}x^\gamma}{\mathrm{d}s} - \frac{1}{F}\frac{\mathrm{d}F}{\mathrm{d}s}a_{\alpha\beta}\frac{\mathrm{d}x^\beta(s,0)}{\mathrm{d}s} = 0, \tag{1.4.65}$$

两边用 $a^{\alpha\lambda}$ 对上式缩并, 并注意在 $L, t=0$ 上, $F=1$, 所以 $\dfrac{\mathrm{d}F}{\mathrm{d}s}=0$. 最后得

$$g^{\lambda} \equiv \frac{\mathrm{d}^2 x^{\lambda}}{\mathrm{d}s^2} + \overset{*}{\Gamma}{}^{\lambda}{}_{\beta\gamma} \frac{\mathrm{d}x^{\beta}}{\mathrm{d}s}\frac{\mathrm{d}x^{\gamma}}{\mathrm{d}s} = 0, \tag{1.4.66}$$

方程 (1.4.66) 就是变分问题 (1.4.62) 的临界点方程. 它是变分问题解所应满足的必要条件. 要给出充分条件要考虑第二变分问题.

引理 1.4.3[1] 一条正则曲线 L 是变分问题 (1.4.62) 的 "临界点" 当且仅当曲线 L 是一条测地线.

证明 设 L 是变分问题 (1.4.62) 的 "临界点", 由 (1.4.68) 和 (1.4.41) 得 $g^{\lambda}=0$, 代入 (1.4.47) 得 $k_g=0$, 即 L 是一条测地线; 反之, 若 L 是一条测地线, 由 (1.4.47) 有

$$k_g = -g^{\lambda} l_{\lambda} = 0,$$

因为 L 是正则的, 所以 $g^{\lambda}=0$. 证毕.

1.5 曲面上 Riemann 曲率张量

1.5.1 协变导数

曲面作为二维 Riemann 空间时, 和仿射空间类似, 可以定义曲面上的张量. 其协变导数同样可以利用曲面上的 Christoffel 记号来表示

$$\overset{*}{\nabla}_{\beta} A^{\alpha} = \partial_{\beta} A^{\alpha} + \overset{*}{\Gamma}{}^{\alpha}{}_{\beta\lambda} A^{\lambda}, \quad \overset{*}{\nabla}_{\beta} A_{\alpha} = \partial_{\beta} A_{\alpha} - \overset{*}{\Gamma}{}^{\lambda}{}_{\alpha\beta} A_{\lambda}. \tag{1.5.1}$$

这里仍用记号 $\partial_{\beta} = \dfrac{\partial}{\partial \xi^{\beta}}$. 高阶张量的协变导数同样可以定义

$$\overset{*}{\nabla}_{\lambda} f^{\alpha\cdot}_{\cdot\beta} = \partial_{\lambda} f^{\alpha\cdot}_{\cdot\beta} + \overset{*}{\Gamma}{}^{\alpha}{}_{\lambda\sigma} f^{\sigma\cdot}_{\cdot\beta} - \overset{*}{\Gamma}{}^{\sigma}{}_{\alpha\beta} f^{\alpha\cdot}_{\cdot\sigma}. \tag{1.5.2}$$

尤其是, 度量张量和行列式张量的协变导数均为 0, 即

$$\begin{cases} \overset{*}{\nabla}_{\lambda} a^{\alpha\beta} = 0, \overset{*}{\nabla}_{\lambda} a_{\alpha\beta} = 0, \overset{*}{\nabla}_{\lambda} \delta^{\alpha}_{\beta} = 0, \\ \overset{*}{\nabla}_{\lambda} \varepsilon_{\alpha\beta} = 0, \ \overset{*}{\nabla}_{\lambda} \varepsilon^{\alpha\cdot}_{\cdot\beta} = 0, \ \overset{*}{\nabla}_{\lambda} \varepsilon^{\cdot\alpha}_{\beta\cdot} = 0. \end{cases} \tag{1.5.3}$$

逆变导数可用指标上升来定义

$$\overset{*}{\nabla}{}^{\alpha} f^{\alpha_1\alpha_2}_{\beta_1\beta_2} = a^{\lambda\sigma} \overset{*}{\nabla}_{\sigma} f^{\alpha_1\alpha_2}_{\beta_1\beta_2}. \tag{1.5.4}$$

1.5.2 Gauss 公式

一阶张量 $\boldsymbol{A}$ 的散度为

$$\overset{*}{\mathrm{div}}\ \boldsymbol{A} \triangleq \overset{*}{\nabla}_\alpha\ A^\alpha = \partial_\alpha A^\alpha + \overset{*}{\Gamma^\alpha}_{\alpha\beta}\ A^\beta = \frac{1}{\sqrt{a}}\partial_\alpha(\sqrt{a}A^\alpha). \tag{1.5.5}$$

类似于欧氏空间, 下列 Gauss 公式成立

$$\int_\Omega \overset{*}{\mathrm{div}}\ \boldsymbol{A}\mathrm{d}\Omega = \oint_L A^\alpha \boldsymbol{l}_\alpha \mathrm{d}s, \tag{1.5.6}$$

其中 $\boldsymbol{l}_\alpha$ 是曲线 L 切平面内的单位法向量.

以下定义二阶张量的散度. 记 $\boldsymbol{A}^\alpha$ 为一阶逆变张量, 那么

$$\frac{1}{\sqrt{a}}\partial_\alpha(\sqrt{a}\boldsymbol{A}^\alpha) = \frac{1}{\sqrt{a'}}\partial_{\alpha'}(\sqrt{a'}\boldsymbol{A}^\alpha),$$

即二阶张量的散度仍然是不变量. 广义 Gauss 公式为

$$\iint_\Omega \frac{1}{\sqrt{a}}\partial_\alpha(\sqrt{a}\boldsymbol{A}^\alpha)\mathrm{d}\Omega = \oint_L \boldsymbol{A}^\alpha \boldsymbol{l}_\alpha \mathrm{d}s. \tag{1.5.7}$$

数量场的梯度的散度称为 Laplace 算子, 即

$$\Delta\varphi = \overset{*}{\nabla}_\alpha\ (a^{\alpha\beta}\ \overset{*}{\nabla}_\beta\ \varphi). \tag{1.5.8}$$

1.5.3 曲率张量

设浸入 $\boldsymbol{r} \in C^3(\omega, \boldsymbol{E}^3)$, 作为空间向量, 它的二阶导数可以用基向量来表示

$$\boldsymbol{r}_{\alpha\beta} = \overset{*}{\Gamma^\lambda}_{\alpha\beta}\ \boldsymbol{r}_\lambda + b_{\alpha\beta}\boldsymbol{n}, \tag{1.5.9}$$

这两个坐标 $(\overset{*}{\Gamma^\lambda}_{\alpha\beta}, b_{\alpha\beta})$ 有非常重要的物理意义, 这就是 Gauss 公式 (1.4.33), 对 (1.5.9) 求导, 并利用 Weingarten 公式 $\boldsymbol{n}_\lambda = -b_\lambda^\sigma \boldsymbol{r}_\sigma$, 则有

$$\begin{aligned}\boldsymbol{r}_{\alpha\beta\gamma} &= \partial_\gamma\partial_\beta\partial_\alpha\boldsymbol{r} = (\partial_\gamma\ \overset{*}{\Gamma^\lambda}_{\alpha\beta})\boldsymbol{r}_\lambda + \overset{*}{\Gamma^\lambda}_{\alpha\beta}\ \boldsymbol{r}_{\lambda\gamma} + (\partial_\gamma b_{\alpha\beta})\boldsymbol{n} + b_{\alpha\beta}\boldsymbol{n}_\gamma \\ &= (\partial_\gamma\ \overset{*}{\Gamma^\sigma}_{\alpha\beta} + \overset{*}{\Gamma^\lambda}_{\alpha\beta}\overset{*}{\Gamma^\sigma}_{\lambda\gamma} - b_{\alpha\beta}b_\gamma^\sigma)\boldsymbol{r}_\sigma + (\partial_\gamma b_{\alpha\beta} + \overset{*}{\Gamma^\lambda}_{\alpha\beta}\ b_{\lambda\gamma})\boldsymbol{n}.\end{aligned} \tag{1.5.10}$$

同理

$$\boldsymbol{r}_{\alpha\gamma\beta} = (\partial_\gamma\ \overset{*}{\Gamma^\sigma}_{\alpha\gamma}) + \overset{*}{\Gamma^\lambda}_{\alpha\gamma}\overset{*}{\Gamma^\sigma}_{\lambda\beta} - b_{\alpha\gamma}b_\beta^\sigma)\boldsymbol{r}_\sigma + (\partial_\beta b_{\alpha\gamma} + \overset{*}{\Gamma^\lambda}_{\alpha\gamma}\ b_{\lambda\gamma})\boldsymbol{n}. \tag{1.5.11}$$

将 (1.5.10), (1.5.11) 两式相减, 并注意 $\boldsymbol{r}_{\alpha\beta\gamma} = \boldsymbol{r}_{\alpha\gamma\beta}$, 故

$$(\partial_\gamma\ \overset{*}{\Gamma^\sigma}_{\alpha\gamma} - \partial_\beta\ \overset{*}{\Gamma^\sigma}_{\alpha\gamma} + \overset{*}{\Gamma^\lambda}_{\alpha\beta}\overset{*}{\Gamma^\sigma}_{\lambda\gamma} - \overset{*}{\Gamma^\lambda}_{\alpha\gamma}\overset{*}{\Gamma^\sigma}_{\lambda\beta} + b_{\alpha\gamma}b_\beta^\sigma - b_{\alpha\beta}b_\gamma^\sigma)\boldsymbol{r}_\sigma$$

$$+(\partial_\gamma b_{\alpha\beta}-\partial_\beta b_{\alpha\gamma}+\overset{*}{\Gamma}{}^{\lambda}{}_{\alpha\beta}\, b_{\lambda\gamma}-\overset{*}{\Gamma}{}^{\lambda}{}_{\alpha\gamma}\, b_{\lambda\beta})\boldsymbol{n}=0, \tag{1.5.12}$$

由 $\boldsymbol{r}_1, \boldsymbol{r}_2, \boldsymbol{n}$ 是线性独立的, 可得 Gauss 方程和 Godazzi 方程

定理 1.5.1[19] 设浸入 $\boldsymbol{r}\in C^3(\omega,\boldsymbol{E}^3)$, 那么下列 Gauss 方程和 Godazzi 方程成立:

$$\partial_\gamma \overset{*}{\Gamma}{}^{\sigma}{}_{\alpha\beta}-\partial_\beta \overset{*}{\Gamma}{}^{\sigma}{}_{\alpha\gamma}+\overset{*}{\Gamma}{}^{\lambda}{}_{\alpha\beta}\overset{*}{\Gamma}{}^{\sigma}{}_{\lambda\gamma}-\overset{*}{\Gamma}{}^{\lambda}{}_{\alpha\gamma}\overset{*}{\Gamma}{}^{\sigma}{}_{\lambda\beta}=b_{\alpha\beta}b^{\sigma}_{\gamma}-b_{\alpha\gamma}b^{\sigma}_{\beta}, \tag{1.5.13}$$

$$\overset{*}{\nabla}_\gamma b_{\alpha\beta}=\overset{*}{\nabla}_\alpha b_{\beta\,\gamma}. \tag{1.5.14}$$

(1.5.13) 左端是一个 4 阶张量. 记

$$\overset{*}{R}{}^{\sigma}{}_{\cdot\alpha\beta\,\gamma}\triangleq\partial_\gamma \overset{*}{\Gamma}{}^{\sigma}{}_{\alpha\beta}-\partial_\beta \overset{*}{\Gamma}{}^{\lambda}{}_{\alpha\gamma}+\overset{*}{\Gamma}{}^{\lambda}{}_{\alpha\beta}\overset{*}{\Gamma}{}^{\sigma}{}_{\lambda\gamma}-\overset{*}{\Gamma}{}^{\lambda}{}_{\alpha\gamma}\overset{*}{\Gamma}{}^{\sigma}{}_{\lambda\beta}, \tag{1.5.15}$$

称 $\overset{*}{R}{}^{\sigma}{}_{\cdot\alpha\beta\gamma}$ 为曲面的曲率张量, 或称为 Riemann-Christoffel 张量, 指标下降后, 得曲率张量的协变分量

$$\overset{*}{R}_{\alpha\beta\lambda\sigma}=a_{\gamma\beta}\,\overset{*}{R}{}^{\gamma}{}_{\alpha\lambda\sigma}\,.$$

定理 1.5.2[1] 设浸入 $\boldsymbol{r}\in C^3(\omega,\boldsymbol{E}^3)$. 那么曲面 $\Im$ 上的 Riemann 曲率张量 $\overset{*}{R}_{\alpha\lambda\sigma\beta}$ 有以下计算形式:

$$\begin{cases}\overset{*}{R}_{\alpha\lambda\sigma\beta}=\dfrac{1}{2}\left(\dfrac{\partial^2 a_{\alpha\sigma}}{\partial x^\beta\partial x^\lambda}+\dfrac{\partial^2 a_{\lambda\beta}}{\partial x^\alpha\partial x^\sigma}-\dfrac{\partial^2 a_{\lambda\sigma}}{\partial x^\alpha\partial x^\beta}-\dfrac{\partial^2 a_{\alpha\beta}}{\partial x^\lambda\partial x^\sigma}\right)\\ \qquad\qquad+(\overset{*}{\Gamma}{}^{\nu}{}_{\alpha\sigma}\overset{*}{\Gamma}{}^{\mu}{}_{\lambda\beta}-\overset{*}{\Gamma}{}^{\nu}{}_{\lambda\sigma}\overset{*}{\Gamma}{}^{\mu}{}_{\alpha\beta})a_{\nu\mu},\\ \overset{*}{R}_{\alpha\lambda\sigma\beta}=b_{\alpha\beta}b_{\lambda\ \alpha}-b_{\alpha\sigma}b_{\beta\lambda},\quad \overset{*}{R}{}^{\sigma}{}_{\cdot\alpha\gamma\beta}=b_{\alpha\beta}b^{\sigma}_{\gamma}-b_{\alpha\gamma}b^{\sigma}_{\beta},\\ b_{\alpha\beta}b_{\gamma\ \sigma}-b_{\alpha\gamma}b_{\beta\sigma}=K\varepsilon_{\alpha\sigma}\varepsilon_{\beta\gamma},\\ \overset{*}{R}_{\alpha\lambda\sigma\beta}=K\varepsilon_{\alpha\lambda}\varepsilon_{\beta\sigma}.\end{cases} \tag{1.5.16}$$

证明 将 (1.4.28) 代入 (1.5.15), 并利用 (1.5.3) 经过运算得

$$\overset{*}{R}_{\alpha\beta\lambda\sigma}=\frac{1}{2}\left(\frac{\partial^2 a_{\alpha\lambda}}{\partial x^\beta\partial x^\sigma}+\frac{\partial^2 a_{\beta\sigma}}{\partial x^\alpha\partial x^\lambda}-\frac{\partial^2 a_{\beta\lambda}}{\partial x^\alpha\partial x^\sigma}-\frac{\partial^2 a_{\alpha\sigma}}{\partial x^\beta\partial x^\lambda}\right)$$
$$+\overset{*}{\Gamma}{}^{\nu}{}_{\alpha\lambda}\overset{*}{\Gamma}{}^{\mu}{}_{\beta\sigma}\,a_{\nu\mu}-\overset{*}{\Gamma}{}^{\nu}{}_{\beta\lambda}\overset{*}{\Gamma}{}^{\mu}{}_{\alpha\sigma}\,a_{\nu\mu},$$

这就是 $(1.5.16_1)$. 联合 (1.5.13) 和 (1.5.15) 得 $(1.5.16_2)$ 和 $(1.5.16_3)$. 等式 $(1.5.16_4)$ 就是 $(1.4.57_4)$ 和 $(1.5.16_2)$ 的结果. 而 $(1.5.16_5)$ 是 $(1.5.16_2)$ 和 $(1.5.16_4)$ 的结果. 证毕.

定理 1.5.3 Riemann 曲率张量具有如下性质:

(1) 反对称性

$$\begin{cases}\overset{*}{R}{}^{\sigma}{}_{\alpha\beta\lambda}+\overset{*}{R}{}^{\sigma}{}_{\alpha\lambda\beta}=0,\\ \overset{*}{R}_{\alpha\beta\lambda\sigma}=-\overset{*}{R}_{\beta\alpha\lambda\sigma}=-\overset{*}{R}_{\alpha\beta\sigma\lambda}\,.\end{cases} \tag{1.5.17}$$

(2) 对称性

$$\overset{*}{R}_{\alpha\beta\lambda\sigma}=\overset{*}{R}_{\lambda\sigma\ \alpha\beta}\ . \tag{1.5.18}$$

(3) 第一 Bianchi 恒等式

$$\begin{cases} \overset{*}{R}{}^{\sigma}{}_{\alpha\beta\lambda}+\overset{*}{R}{}^{\sigma}{}_{\beta\lambda\alpha}+\overset{*}{R}{}^{\sigma}{}_{\lambda\alpha\beta}=0, \\ \overset{*}{R}_{\alpha\beta\lambda\sigma}+\overset{*}{R}_{\alpha\lambda\sigma\beta}+\overset{*}{R}_{\alpha\sigma\beta\lambda}=0. \end{cases} \tag{1.5.19}$$

(4) 第二 Bianchi 恒等式

$$\begin{cases} \overset{*}{\nabla}_{\gamma}\overset{*}{R}{}^{\sigma}{}_{\alpha\beta\lambda}+\overset{*}{\nabla}_{\beta}\overset{*}{R}{}^{\sigma}{}_{\alpha\lambda\gamma}+\overset{*}{\nabla}_{\lambda}\overset{*}{R}{}^{\sigma}{}_{\alpha\gamma\beta}=0, \\ \overset{*}{\nabla}_{\gamma}\overset{*}{R}_{\alpha\beta\lambda\sigma}+\overset{*}{\nabla}_{\lambda}\overset{*}{R}_{\alpha\beta\sigma\gamma}+\overset{*}{\nabla}_{\sigma}\overset{*}{R}_{\alpha\beta\gamma\lambda}=0. \end{cases} \tag{1.5.20}$$

证明 (1), (2), (3) 可以直接从定义出发, 经过运算得到. 以下证明第二 Bianchi 恒等式. 实际上, 对 ($1.5.16_5$) 两边求导, 并注意 (1.5.3), 那么有

$$\overset{*}{\nabla}_{\gamma}\overset{*}{R}_{\alpha\beta\lambda\sigma}=\overset{*}{\nabla}_{\gamma}\ K\varepsilon_{\alpha\beta}\varepsilon_{\sigma\lambda},$$

进行指标轮换, 并利用 $\varepsilon_{\alpha\beta}$ 关于指标反对称性, 有

$$\begin{aligned} &\overset{*}{\nabla}_{\gamma}\overset{*}{R}_{\alpha\beta\lambda\sigma}+\overset{*}{\nabla}_{\lambda}\overset{*}{R}_{\alpha\beta\sigma\gamma}+\overset{*}{\nabla}_{\sigma}\overset{*}{R}_{\alpha\beta\gamma\lambda} \\ &=\overset{*}{\nabla}_{\gamma}\ K\varepsilon_{\alpha\beta}\varepsilon_{\sigma\lambda}+\overset{*}{\nabla}_{\lambda}\ K\varepsilon_{\alpha\beta}\varepsilon_{\gamma\sigma}+\overset{*}{\nabla}_{\sigma}\ K\varepsilon_{\alpha\beta}\varepsilon_{\lambda\gamma} \\ &=\varepsilon_{\alpha\beta}\ \overset{*}{\nabla}_{\nu}\ ((\delta^{\mu}_{\gamma}\varepsilon_{\alpha\lambda}+\delta^{\mu}_{\sigma}\varepsilon_{\lambda\gamma}+\varepsilon^{\nu}_{\lambda}\varepsilon_{\gamma\sigma}K)=0. \end{aligned}$$

这是由于 (γ,σ,λ) 的每个字母只能取值 1, 2, 再利用 $\varepsilon_{\lambda\sigma}$ 的性质, 从而得到 (1.5.20) 的第二式, (1.5.20) 的第一式由第二式指标上升而得. 证毕.

定理 1.5.4[1] 设 (A_{λ}), (A^{λ}), $(A^{\gamma}_{\lambda\sigma})$ 分别为一阶协变、一阶逆变张量及三阶混合张量, 那么成立下列 Ricci 公式:

$$\begin{aligned} &\overset{*}{\nabla}_{\alpha}\overset{*}{\nabla}_{\beta}\ A_{\lambda}-\overset{*}{\nabla}_{\beta}\overset{*}{\nabla}_{\alpha}\ A_{\lambda}=\overset{*}{R}{}^{\sigma}{}_{\lambda\beta\alpha}\ A_{\sigma}, \\ &\overset{*}{\nabla}_{\alpha}\overset{*}{\nabla}_{\beta}\ A^{\lambda}-\overset{*}{\nabla}_{\beta}\overset{*}{\nabla}_{\alpha}\ A^{\lambda}=-\ \overset{*}{R}{}^{\lambda}{}_{\sigma\beta\alpha}\ A^{\sigma}, \\ &\overset{*}{\nabla}_{\alpha}\overset{*}{\nabla}_{\beta}\ A^{\sigma_1\cdots\sigma_r}_{\lambda_1\cdots\lambda_s}-\overset{*}{\nabla}_{\beta}\overset{*}{\nabla}_{\alpha}\ A^{\sigma_1\cdots\sigma_r}_{\lambda_1\cdots\lambda_s}=\sum_{k=1}^{r}A^{\sigma_1\cdots\sigma_{k-1}\sigma\sigma_{k+1}\cdots\sigma_r}_{\lambda_1\cdots\lambda_s}\ \overset{*}{R}{}^{\sigma_k}{}_{\sigma\ \alpha\beta} \\ &\qquad\qquad-\sum_{k=1}^{r}A^{\sigma_1\cdots\sigma_r}_{\lambda_1\cdots\lambda_{k-1}\lambda\lambda_{k+1}\cdots\lambda_s}\ \overset{*}{R}{}^{\lambda}{}_{\lambda_k\alpha\beta}\ . \end{aligned} \tag{1.5.21}$$

证明 由协变导数的定义, 有

$$\overset{*}{\nabla}_{\alpha}\overset{*}{\nabla}_{\beta}\ A_{\lambda}=\frac{\partial}{\partial x^{\alpha}}(\overset{*}{\nabla}_{\beta}\ A_{\lambda})-\overset{*}{\Gamma}{}^{\sigma}{}_{\alpha\beta}\overset{*}{\nabla}_{\sigma}\ A_{\lambda}-\overset{*}{\Gamma}{}^{\sigma}{}_{\alpha\lambda}\overset{*}{\nabla}_{\beta}\ A_{\sigma}$$

$$
\begin{aligned}
&=\frac{\partial}{\partial x^\alpha}\left(\frac{\partial A_\lambda}{\partial x^\beta}-\overset{*}{\Gamma}{}^\nu{}_{\beta\lambda}\,A_\nu\right)-\overset{*}{\Gamma}{}^\sigma{}_{\alpha\beta}\left(\frac{\partial A_\lambda}{\partial x^\sigma}-\overset{*}{\Gamma}{}^\nu{}_{\sigma\lambda}\,A_\nu\right)\\
&\quad-\overset{*}{\Gamma}{}^\sigma{}_{\alpha\lambda}\left(\frac{\partial A_\sigma}{\partial x^\beta}-\overset{*}{\Gamma}{}^\nu{}_{\beta\sigma}\,A_\nu\right)\\
&=\frac{\partial^2 A_\lambda}{\partial x^\alpha\partial x^\beta}-\frac{\partial}{\partial x^\alpha}\,\overset{*}{\Gamma}{}^\nu{}_{\beta\lambda}\,A_\nu+(\overset{*}{\Gamma}{}^\sigma{}_{\alpha\beta}\overset{*}{\Gamma}{}^\nu{}_{\sigma\lambda}+\overset{*}{\Gamma}{}^\sigma{}_{\alpha\lambda}\overset{*}{\Gamma}{}^\nu{}_{\beta\sigma})A_\nu\\
&\quad-\left(\overset{*}{\Gamma}{}^\nu{}_{\beta\lambda}\,\frac{\partial A_\nu}{\partial x^\alpha}+\overset{*}{\Gamma}{}^\sigma{}_{\alpha\lambda}\,\frac{\partial A_\sigma}{\partial x^\beta}+\overset{*}{\Gamma}{}^\sigma{}_{\alpha\beta}\,\frac{\partial A_\lambda}{\partial x^\beta}\right).
\end{aligned}
$$

同理

$$
\begin{aligned}
\overset{*}{\nabla}_\beta\overset{*}{\nabla}_\alpha\,A_\lambda=&\frac{\partial A_\lambda}{\partial x^\alpha\partial x^\beta}-\frac{\partial}{\partial x^\beta}\,\overset{*}{\Gamma}{}^\nu{}_{\alpha\lambda}\,A_\gamma+(\overset{*}{\Gamma}{}^\sigma{}_{\alpha\beta}\overset{*}{\Gamma}{}^\nu{}_{\sigma\lambda}+\overset{*}{\Gamma}{}^\sigma{}_{\beta\lambda}\overset{*}{\Gamma}{}^\nu{}_{\alpha\sigma})A_\nu\\
&-\left(\overset{*}{\Gamma}{}^\nu{}_{\alpha\lambda}\,\frac{\partial A_\nu}{\partial x^\beta}+\overset{*}{\Gamma}{}^\sigma{}_{\beta\lambda}\,\frac{\partial A_\sigma}{\partial x^\alpha}+\overset{*}{\Gamma}{}^\sigma{}_{\alpha\beta}\,\frac{\partial A_\lambda}{\partial x^\sigma}\right),
\end{aligned}
$$

以上两式相减之后, 可以证明 (1.5.21) 第一式

$$
\begin{aligned}
\overset{*}{\nabla}_\alpha\overset{*}{\nabla}_\beta\,A_\lambda-\overset{*}{\nabla}_\beta\overset{*}{\nabla}_\alpha\,A_\lambda=&\frac{\partial}{\partial x^\beta}\,\overset{*}{\Gamma}{}^\nu{}_{\alpha\lambda}-\frac{\partial}{\partial x^\alpha}\,\overset{*}{\Gamma}{}^\nu{}_{\beta\lambda}+\overset{*}{\Gamma}{}^\sigma{}_{\alpha\lambda}\overset{*}{\Gamma}{}^\nu{}_{\beta\sigma}-\overset{*}{\Gamma}{}^\sigma{}_{\beta\lambda}\overset{*}{\Gamma}{}^\nu{}_{\alpha\sigma}\,A_\nu\\
=&\overset{*}{R}{}^\nu{}_{\lambda\beta\alpha}\,A_\nu.
\end{aligned}
$$

同理可以得到第二式和第三式.

以下讨论曲面上的 Ricci 张量. Ricci 张量是由 Riemann 张量缩并而得

$$
\overset{*}{R}_{\alpha\beta}=\overset{*}{R}{}^\lambda{}_{\alpha\lambda\beta}\,. \tag{1.5.22}
$$

由 (1.5.16) 第三式,

$$
\overset{*}{R}_{\alpha\beta}=b_{\alpha\beta}b^\lambda_\lambda-b_{\alpha\lambda}b^\lambda_\beta,
$$

由于 $b^\lambda_\lambda=2H,\quad b_{\alpha\lambda}b^\lambda_\beta=a^{\lambda\sigma}b_{\alpha\lambda}b_{\beta\sigma}=c_{\alpha\beta}$, 故有 $\overset{*}{R}_{\alpha\beta}=2Hb_{\alpha\beta}-c_{\alpha\beta}$. 利用定理 1.4.3 第一式, 曲面上 Ricci 张量可以表示为

$$
\overset{*}{R}_{\alpha\beta}=Ka_{\alpha\beta}. \tag{1.5.23}
$$

同理, Ricci 张量的混合分量为

$$
\overset{*}{R}{}^\beta{}_\alpha=K\delta^\beta_\alpha,
$$

指标缩并后得数量曲率

$$
R=\overset{*}{R}{}^\alpha{}_\alpha=2K, \tag{1.5.24}
$$

因此 Einstein 张量在二维情形下恒为 0, 即

$$
\overset{*}{G}_{\alpha\beta}=\overset{*}{R}_{\alpha\beta}-\frac{1}{2}R_{a_{\alpha\beta}}=0. \tag{1.5.25}
$$

对于曲面情形, 由定理 1.5.2 关于 Riemann 张量指标的对称性, Riemann 张量只有一个独立分量, 由定理 1.5.2, 有

$$\overset{*}{R}_{1212}= K\varepsilon_{12}\varepsilon_{21} = -Ka, \tag{1.5.26}$$

其中 a 为度量张量行列式.

1.5.4 高维欧氏空间低维子流形上混合微分学

这一节主要考察 n 维 Riemann 空间 V 中的 m 维曲面 V_m 上的张量微分学.

1. m 维曲面 V_m

设 n 维 Riemann 空间 V 在坐标系 (x^i) 下度量张量为 g_{ij}, 其二次微分形式为

$$\mathrm{d}s^2 = g_{ij}\mathrm{d}x^i\mathrm{d}x^j.$$

设 V_m 为 V 中 m 维曲面, 选取 Gauss 坐标系 (ξ^α), 则 V_m 的参数方程为

$$x^i = x^i(\xi^\alpha), \quad i = 1, 2, \cdots, n; \quad \alpha = 1, 2, \cdots, m. \tag{1.5.27}$$

由 $\mathrm{d}x^i = \dfrac{\partial x^i}{\partial \xi^\alpha}\mathrm{d}\xi^\alpha$, 故 V_m 上的二次微分为

$$\mathrm{d}s^2 = g_{ij}\frac{\partial x^i}{\partial \xi^\alpha}\frac{\partial x^j}{\partial \xi^\beta}\mathrm{d}\xi^\alpha\mathrm{d}\xi^\beta = a_{\alpha\beta}\mathrm{d}\xi^\alpha\mathrm{d}\xi^\beta, \tag{1.5.28}$$

其中 $a_{\alpha\beta}$ 为 V_m 的度量张量

$$a_{\alpha\beta} = g_{ij}\frac{\partial x^i}{\partial \xi^\alpha}\frac{\partial x^j}{\partial \xi^\beta}. \tag{1.5.29}$$

(1.5.29) 给出了 V 中 m 维曲面 V_m 的度量张量和 V 的度量张量之间的关系.

如果 $a_{\alpha\beta}$ 满足

$$\det(a_{\alpha\beta}) \neq 0, \tag{1.5.30}$$

则称 V_m 为非迷向曲面, 否则称为迷向曲面, 当 $m = n - 1$ 时, V_m 是 V 的 m 维超曲面, 它在应用上是最为广泛的.

2. 混合张量 Z^i_α

考察 V_m 中混合张量 $Z^i_\alpha = \dfrac{\partial x^i}{\partial \xi^\alpha}\dfrac{\partial x^j}{\partial \xi^\beta}$, 其中拉丁字母跑过 $1, 2, \cdots, n$, 希腊字母跑过 $1, 2, \cdots, m$. 显然, Z^i_α 是向量 $\boldsymbol{r}_\alpha = \dfrac{\partial \boldsymbol{r}}{\partial \xi^\alpha}$ 在 V 中坐标: $\boldsymbol{r}_\alpha = Z^i_\alpha \boldsymbol{e}_i$, 而 $\boldsymbol{e}_i$ 为 V 中的标架基向量.

当 V 和 V_m 中坐标进行 $(x^i) \to (x^{i'})$, $(\xi^\alpha) \to (\xi^{\alpha'})$ 变换时, 混合张量的变换规律为

$$Z^{i'}_{\alpha'} = \frac{\partial x^{i'}}{\partial \xi^{\alpha'}} = \frac{\partial x^{i'}}{\partial x^i}\frac{\partial x^i}{\partial \xi^\alpha}\frac{\partial \xi^\alpha}{\partial \xi^{\alpha'}} = Z^i_\alpha \frac{\partial x^{i'}}{\partial \xi^i}\frac{\partial \xi^\alpha}{\partial \xi^{\alpha'}}. \tag{1.5.31}$$

故称 Z^i_α 为 V 中一阶逆变、V_m 中一阶协变混合张量.

3. 混合张量微分学

记空间 V_m 中的 Christoffel 记号为 $\overset{*}{\Gamma}{}^\gamma{}_{\alpha\beta}$ 和 $\overset{*}{\Gamma}_{\alpha\beta,\gamma}$, Riemann 张量记为 $\overset{*}{R}_{\alpha\beta\gamma\lambda}$ 和 $\overset{*}{R}{}^\alpha{}_{\cdot\beta\gamma\lambda}$, 协变导数为 $\overset{*}{\nabla}_\alpha A^{\lambda\sigma}_{\beta\gamma}$ 等. 那么 V_m 中任一混合张量 $A^{i\alpha}_\beta$ 的协变导数 $\hat{\nabla}_\sigma$ 定义为

$$\hat{\nabla}_\sigma A^{i\alpha}_\beta = \partial_\sigma A^{i\alpha}_\beta + \Gamma^i_{kp} Z^k_\sigma A^{p\ \alpha}_\beta + \overset{*}{\Gamma}{}^\alpha{}_{\sigma\lambda} A^{i\ \lambda}_\beta - \overset{*}{\Gamma}{}^\lambda{}_{\sigma\beta} A^{i\alpha}_\lambda. \tag{1.5.32}$$

(1.5.32) 和二维曲面情形的区别是关于拉丁字母指标变化的项增加一个因子 Z^k_σ.

因此, 关于混合张量导数有

$$\begin{cases} \hat{\nabla}_\alpha \hat{\nabla}_\beta A_i - \hat{\nabla}_\beta \hat{\nabla}_\alpha A_i = R^j_{ikl} A_j Z^l_\alpha Z^k_\beta, \\ \hat{\nabla}_\alpha \hat{\nabla}_\beta A^i - \hat{\nabla}_\beta \hat{\nabla}_\alpha A^i = -R^i_{jkl} A^j Z^l_\alpha Z^k_\beta, \end{cases} \tag{1.5.33}$$

$$\begin{cases} \hat{\nabla}_\alpha \hat{\nabla}_\beta A_\sigma - \hat{\nabla}_\beta \hat{\nabla}_\alpha A_\sigma = R^\lambda_{\sigma\beta\alpha} A_\lambda, \\ \hat{\nabla}_\alpha \hat{\nabla}_\beta A^\sigma - \hat{\nabla}_\beta \hat{\nabla}_\alpha A^\sigma = -R^\sigma_{\lambda\beta\alpha} A^\lambda. \end{cases} \tag{1.5.34}$$

4. 关于 Z^i_α 的微分

首先证明

$$\hat{\nabla}_\alpha Z^i_\beta = \hat{\nabla}_\beta Z^i_\alpha. \tag{1.5.35}$$

实际上, 由 (1.5.32) 有

$$\hat{\nabla}_\alpha Z^i_\beta = \partial_\alpha Z^i_\beta + \Gamma^i_{kp} Z^k_\alpha Z^p_\beta - \overset{*}{\Gamma}{}^\lambda_{\alpha\beta} Z^i_\lambda, \quad \partial_\alpha Z^i_\beta = \frac{\partial^2 x^i}{\partial \xi^\alpha \partial \xi^\beta} = \partial_\beta Z^i_\alpha, \tag{1.5.36}$$

而 Γ^i_{kp}, $\overset{*}{\Gamma}{}^\lambda{}_{\alpha\beta}$ 关于下指标都是对称的, 故 (1.5.35) 成立.

以下证明 $\hat{\nabla}_\alpha Z^i_\beta$ 与 Z^j_λ 是正交的, 即

$$g_{ij} \hat{\nabla}_\alpha Z^i_\beta \cdot Z^j_\lambda = 0. \tag{1.5.37}$$

实际上, 由 (1.5.29) 两边取绝对微分 D, 并注意 $Dg_{ij} = 0$, $Da_{\alpha\beta} = 0$, 得

$$g_{ij} DZ^i_\alpha \cdot Z^j_\beta + g_{ij} DZ^j_\beta \cdot Z^i_\alpha = 0,$$

即

$$g_{ij}(\hat{\nabla}_\lambda Z^i_\alpha \cdot Z^j_\beta + \hat{\nabla}_\lambda Z^j_\beta \cdot Z^i_\alpha) = 0.$$

同理有

$$g_{ij}(\hat{\nabla}_\alpha Z^i_\beta \cdot Z^j_\lambda + \hat{\nabla}_\alpha Z^j_\lambda \cdot Z^i_\beta) = 0,$$
$$g_{ij}(\hat{\nabla}_\beta Z^i_\lambda \cdot Z^j_\alpha + \hat{\nabla}_\beta Z^j_\alpha \cdot Z^i_\lambda) = 0.$$

将此第一式乘 (−1) 后三式相加, 并利用 (1.5.35) 可得 (1.5.37).

5. n 维欧氏空间中 $n-1$ 维曲面的第二基本型

当 $m = n-1$ 时, 由 (1.5.37) 可知, $\hat{\nabla}_\alpha Z^i_\beta$ 是在 V_m 的法线方向上, 故

$$\hat{\nabla}_\alpha Z^i_\beta = b_{\alpha\beta} n^i, \tag{1.5.38}$$

其中 n^i 为 V_m 的单位法向量的逆变分量.

根据 (1.5.35), 可得

$$b_{\alpha\beta} = b_{\beta\alpha},$$

即 $b_{\alpha\beta}$ 关于指标是对称的. 它是 V_{n-1} 上二阶对称张量, 称 $b_{\alpha\beta}$ 为 V_{n-1} 的第二基本型系数.

当 V 是 n 维欧氏空间时, 若 (x^i) 为直角坐标系, 那么 $\Gamma^k_{ij} = 0$. 由 (1.5.36) 得

$$\hat{\nabla}_\alpha Z^i_\beta = \partial_\alpha Z^i_\beta - \overset{*}{\Gamma}{}^\lambda{}_{\alpha\beta}\, Z^i_\lambda = \partial_{\alpha\beta} x^i - \overset{*}{\Gamma}{}^\lambda{}_{\alpha\beta}\, Z^i_\lambda,$$

写成向量形式得

$$\hat{\nabla}_\alpha \boldsymbol{r}_\beta = \boldsymbol{r}_{\alpha\beta} - \overset{*}{\Gamma}{}^\lambda{}_{\alpha\beta}\, \boldsymbol{r}_\lambda, \tag{1.5.39}$$

由此得

$$\hat{\nabla}_\alpha \boldsymbol{r}_\beta = b_{\alpha\beta} \boldsymbol{n}, \tag{1.5.40}$$

由于 (1.5.40) 两边都是张量. 因此它在任何坐标下均成立.

6. 法向量的协变导数

以下证明

$$\hat{\nabla}_\alpha n^i = -b^\lambda_\alpha Z^i_\lambda = -a^{\lambda\sigma} b_{\alpha\sigma} Z^i_\lambda, \tag{1.5.41}$$

或

$$\hat{\nabla}_\alpha \boldsymbol{n} = -a^{\lambda\sigma} b_{\alpha\sigma} \boldsymbol{r}_\lambda. \tag{1.5.42}$$

实际上, 法向量的协变导数与法向量正交, 即

$$g_{ij} n^i \cdot \hat{\nabla}_\alpha n^j = 0. \tag{1.5.43}$$

当 $m=n-1$ 时, (1.5.43) 说明 $\hat{\nabla}_\alpha n^j$ 在切平面内, 故

$$\hat{\nabla}_\alpha n^i = C_\alpha^\lambda Z_\lambda^i. \tag{1.5.44}$$

以下要确定系数 C_α^λ. 为此, 利用正交性

$$g_{ij} n^i Z_\beta^j = 0, \tag{1.5.45}$$

求导后得

$$g_{ij}(\hat{\nabla}_\alpha n^i \cdot Z_\beta^j + n^i \hat{\nabla}_\alpha Z_\beta^j) = 0,$$

利用 (1.5.38) 及 $g_{ij} n^i n^j = 1$, 得

$$g_{ij}(\hat{\nabla}_\alpha n^i \cdot Z_\beta^j + b_{\alpha\beta} n^i n^j) = 0,$$

即

$$g_{ij} \hat{\nabla}_\alpha n^i \cdot Z_\beta^j + b_{\alpha\beta} = 0.$$

由 (1.5.44), 有

$$g_{ij} C_\alpha^\lambda Z_\lambda^i Z_\beta^j + b_{\alpha\beta} = 0,$$

故可得

$$b_{\alpha\beta} + a_{\lambda\beta} C_\alpha^\lambda = 0 \quad 或 \quad C_\alpha^\lambda = -b_{\alpha\beta} a^{\beta\lambda} = -b_\alpha^\lambda.$$

将此式代入 (1.5.44) 即得 (1.5.41).

(1.5.38), (1.5.41) 是超曲面上的基本公式:

$$\hat{\nabla}_\alpha Z_\beta^i = b_{\alpha\beta} n^i, \quad \hat{\nabla}_\alpha n^i = -b_\alpha^\lambda Z_\lambda^i. \tag{1.5.46}$$

1.5.5 Riemann 空间 V_{n-1} 中的 Gauss 方程和 Godazzi 方程

对 (1.5.46) 第一式求导, 并利用第二式, 得

$$\hat{\nabla}_\lambda \hat{\nabla}_\beta Z_\alpha^i = \hat{\nabla}_\lambda b_{\alpha\beta} n^i - b_\lambda^\sigma b_{\alpha\beta} Z_\sigma^i,$$

同理

$$\hat{\nabla}_\beta \hat{\nabla}_\lambda Z_\alpha^i = \hat{\nabla}_\beta b_{\lambda\alpha} n^i - b_\beta^\sigma b_{\lambda\alpha} Z_\sigma^i.$$

两式相减后得

$$\hat{\nabla}_\lambda \hat{\nabla}_\beta Z_\alpha^i - \hat{\nabla}_\beta \hat{\nabla}_\lambda Z_\alpha^i = (\hat{\nabla}_\lambda b_{\alpha\beta} - \hat{\nabla}_\beta b_{\lambda\alpha}) n^i + (b_\beta^\sigma b_{\lambda\alpha} - b_\lambda^\sigma b_{\alpha\beta}) Z_\sigma^i, \tag{1.5.47}$$

将 (1.5.33), (1.5.34) 代入 (1.5.47) 后有

$$-R^i_{\cdot lkp} Z_\alpha^l Z_\beta^k Z_\lambda^p + \overset{*}{R}{}^\sigma{}_{\cdot\lambda\beta\lambda} Z_\sigma^i$$

$$=(\hat{\nabla}_\lambda b_{\alpha\beta}-\hat{\nabla}_\beta b_{\lambda\alpha})n^i+(b^\sigma_\beta b_{\lambda\alpha}-b^\sigma_\lambda b_{\alpha\beta})Z^i_\sigma, \tag{1.5.48}$$

上式两端乘 $g_{ij}Z^i_\mu$ 并对 i 进行缩并, 利用 $a_{\alpha\beta}=g_{ij}Z^i_\alpha Z^j_\beta$, 注意到 (1.5.29) 和 (1.5.45) 得

$$\overset{*}{R}_{\alpha\mu\beta\lambda}=R_{ljkp}Z^j_\mu Z^l_\alpha Z^k_\beta Z^p_\lambda+b_{\beta\mu}b_{\lambda\alpha}-b_{\lambda\mu}b_{\alpha\beta}. \tag{1.5.49}$$

(1.5.49) 是 Riemann 空间中的 Gauss 方程.

与此类似, 只需 (1.5.48) 两端乘 $g_{ij}n^j$ 后缩并, 并注意 (1.5.49), 可得

$$R_{ljkp}n^jZ^l_\alpha Z^k_\beta Z^p_\lambda=\nabla_\beta b_{\lambda\alpha}-\nabla_\lambda b_{\alpha\beta}. \tag{1.5.50}$$

这里用到了 (1.5.45) 和 $g_{ij}n^in^j=1$. (1.5.50) 是 Riemann 空间中的 Godazzi 方程.

当 V 为 n 维欧氏空间时, $R_{jlkp}\equiv 0$. Gauss 方程和 Godazzi 方程为

$$\overset{*}{R}_{\alpha\mu\beta\lambda}=b_{\beta\mu}b_{\lambda\alpha}-b_{\lambda\mu}b_{\alpha\beta},\quad \overset{*}{\nabla}_\alpha b_{\lambda\beta}=\overset{*}{\nabla}_\lambda b_{\alpha\beta}. \tag{1.5.51}$$

1.5.6 欧氏空间的体积度量

设 $\boldsymbol{R}_i=\dfrac{\partial\boldsymbol{R}}{\partial x^i}$ 为三维欧氏空间 E^3 中的局部标架, 由 $\boldsymbol{R}_1\mathrm{d}x^1$, $\boldsymbol{R}_2\mathrm{d}x^2$, $\boldsymbol{R}_3\mathrm{d}x^3$ 组成的平行六面体体积

$$\mathrm{d}v=\frac{1}{3!}\varepsilon_{ijk}\mathrm{d}x^i\wedge\mathrm{d}x^j\wedge\mathrm{d}x^k, \tag{1.5.52}$$

这是一个不变量. 对 n 维欧氏空间, 类似可得体积元为

$$\mathrm{d}v=\frac{1}{n!}\varepsilon_{i_1i_2\cdots i_n}\mathrm{d}x^{i_1}\wedge\mathrm{d}x^{i_2}\wedge\cdots\wedge\mathrm{d}x^{i_n}. \tag{1.5.53}$$

1.5.7 Riemann 空间的体积度量

设 g_{ij} 为 n 维 Riemann 空间的度量张量, $g=\det(g_{ij})$, 那么它的体积元为

$$\mathrm{d}v=\sqrt{|g|}\mathrm{d}x^1\mathrm{d}x^2\cdots\mathrm{d}x^n, \tag{1.5.54}$$

区域 D 的体积为

$$V_D=\int_D\mathrm{d}v=\int_D\sqrt{|g|}\mathrm{d}x^1\mathrm{d}x^2\cdots\mathrm{d}x^n, \tag{1.5.55}$$

它在坐标变换下是不变的. 实际上, 设 $(x^{i'})$ 为新的坐标系, 那么

$$V_{D'}=\int_D\mathrm{d}v=\int_D\sqrt{|g'|}\mathrm{d}x^{1'}\mathrm{d}x^{2'}\cdots\mathrm{d}x^{n'},$$

由 $g_{i'j'}$ 与 g_{ij} 的关系 $g_{i'j'}=\dfrac{\partial x^i}{\partial x^{i'}}\dfrac{\partial x^j}{\partial x^{j'}}g_{ij}$ 得

$$g'=\det(g_{i'j'})=\left(\det\left(\frac{\partial x^i}{\partial x^{i'}}\right)\right)^2\det(g_{ij}), \tag{1.5.56}$$

即

$$\sqrt{|g'|} = \left| \frac{D(x^1, x^2, \cdots, x^n)}{D(x^{1'}, x^{2'}, \cdots, x^{n'})} \right| \sqrt{|g|},$$

故

$$\begin{aligned} V_{D'} &= \int_D \sqrt{|g|} \left| \frac{D(x^1, x^2, \cdots, x^n)}{D(x^{1'}, x^{2'}, \cdots, x^{n'})} \right| \mathrm{d}x^{1'} \mathrm{d}x^{2'} \cdot \mathrm{d}x^{n'} \\ &= \int_D \sqrt{|g|} \mathrm{d}x^1 \mathrm{d}x^2 \cdots \mathrm{d}x^n = V_D. \end{aligned}$$

这说明 V_D 在坐标变换下是不变的.

1.5.8 曲面面积度量

设 V_m 是 Riemann 空间 V_n 中的 m 维曲面, 其度量张量为

$$a_{\alpha\beta} = g_{ij} \frac{\partial x^i}{\partial \xi^\alpha} \frac{\partial x^j}{\partial \xi^\beta}, \tag{1.5.57}$$

其中 ξ^α 是曲面 V_m 上的 Gauss 坐标系. 故曲面的面积为

$$A_D = \int_D \sqrt{|a|} \mathrm{d}\xi^1 \mathrm{d}\xi^2 \cdots \mathrm{d}\xi^m,$$

这里 $a = \det(a_{\alpha\beta})$. A_D 也具有不变性.

由于 (1.5.57) 写成矩阵的乘积形式为

$$\begin{pmatrix} a_{11} & a_{12} & \cdots & a_{1m} \\ a_{21} & a_{22} & \cdots & a_{2m} \\ \vdots & \vdots & & \vdots \\ a_{m1} & a_{m2} & \cdots & a_{mm} \end{pmatrix} = \begin{pmatrix} \dfrac{\partial x^1}{\partial \xi^1} & \dfrac{\partial x^2}{\partial \xi^1} & \cdots & \dfrac{\partial x^n}{\partial \xi^1} \\ \dfrac{\partial x^1}{\partial \xi^2} & \dfrac{\partial x^2}{\partial \xi^2} & \cdots & \dfrac{\partial x^n}{\partial \xi^2} \\ \vdots & \vdots & & \vdots \\ \dfrac{\partial x^1}{\partial \xi^m} & \dfrac{\partial x^2}{\partial \xi^m} & \cdots & \dfrac{\partial x^n}{\partial \xi^m} \end{pmatrix}$$

$$\times \begin{pmatrix} g_{11} & a_{22} & \cdots & a_{1n} \\ g_{21} & a_{22} & \cdots & a_{2n} \\ \vdots & \vdots & & \vdots \\ g_{n1} & a_{n2} & \cdots & a_{nn} \end{pmatrix} \times \begin{pmatrix} \dfrac{\partial x^1}{\partial \xi^1} & \dfrac{\partial x^1}{\partial \xi^2} & \cdots & \dfrac{\partial x^1}{\partial \xi^m} \\ \dfrac{\partial x^2}{\partial \xi^1} & \dfrac{\partial x^2}{\partial \xi^2} & \cdots & \dfrac{\partial x^2}{\partial \xi^m} \\ \vdots & \vdots & & \vdots \\ \dfrac{\partial x^n}{\partial \xi^1} & \dfrac{\partial x^n}{\partial \xi^2} & \cdots & \dfrac{\partial x^n}{\partial \xi^m} \end{pmatrix}.$$

由行列式的值与矩阵乘积的关系, 得

$$a = g_{i_1\cdots i_m, j_1\cdots j_m} \mathrm{d}^{i_1\cdots i_m} \mathrm{d}^{j_1\cdots j_m}, \tag{1.5.58}$$

其中

$$\mathrm{d}^{i_1 i_2\cdots i_m} = \frac{1}{m!}\begin{vmatrix} \dfrac{\partial x^{i_1}}{\partial \xi^1} & \dfrac{\partial x^{i_2}}{\partial \xi^2} & \cdots & \dfrac{\partial x^{i_m}}{\partial \xi^m} \\ \dfrac{\partial x^{i_1}}{\partial \xi^2} & \dfrac{\partial x^{i_2}}{\partial \xi^2} & \cdots & \dfrac{\partial x^{i_m}}{\partial \xi^2} \\ \vdots & \vdots & & \vdots \\ \dfrac{\partial x^{i_1}}{\partial \xi^m} & \dfrac{\partial x^{i_2}}{\partial \xi^m} & \cdots & \dfrac{\partial x^{i_m}}{\partial \xi^m} \end{vmatrix} \tag{1.5.59}$$

$$= \frac{1}{m!}\frac{D(x^{i_1}, x^{i_2}, \cdots, x^{i_m})}{D(\xi^{i_1}, \xi^{i_2}, \cdots, \xi^{i_m})},$$

$$g_{i_1 i_2\cdots i_m, j_1 j_2\cdots j_m} = \begin{vmatrix} g_{i_1 j_1} & g_{i_1 j_2} & \cdots & g_{i_1 j_m} \\ g_{i_2 j_1} & g_{i_2 j_2} & \cdots & g_{i_2 j_m} \\ \vdots & \vdots & & \vdots \\ g_{i_m j_1} & g_{i_m j_2} & \cdots & g_{i_m j_m} \end{vmatrix}. \tag{1.5.60}$$

当 $m = n-1$, 且 $i_1, i_2, \cdots, i_{n-1}$ 各不相同, $j_1, j_2, \cdots, j_{n-1}$ 各不相同而同时按大小顺序排列时, $g_{i_1, i_2, \cdots, i_{n-1}; j_1, j_2, \cdots, j_{n-1}}$ 是 g_{ij} 的代数余因式, 其中 i 与 $i_1, i_2, \cdots, i_{n-1}$ 中任意数都不同, j 也与 $j_1, j_2, \cdots, j_{n-1}$ 中任一数都不相同. 记

$$D_i = (-1)\frac{D(x^1, x^2, \cdots, x^{k-1}, x^{k+1}, \cdots, x^n)}{D(\xi^1, \xi^2, \cdots, \xi^{n-1})},$$

那么

$$\mathrm{d}^{i_1 i_2\cdots i_{n-1}} = \varepsilon^{i_1 i_2\cdots i_{n-1} i} D_i,$$

$$g^{ij} = \varepsilon^{i i_1\cdots i_{n-1}} \varepsilon^{j\ j_1\cdots j_{n-1}} g_{i_1 i_2\cdots i_{n-1} j_1 j_2\cdots j_{n-1}},$$

$$g_{i_1 i_2\cdots i_{n-1} j_1 j_2\cdots j_{n-1}} = \varepsilon_{i_1 i_2\cdots i_{n-1} i} \varepsilon^{j_1 j_2\cdots j_{n-1} j} g^{ij}. \tag{1.5.61}$$

这里 n 维空间的行列式张量 $\varepsilon_{i_1 i_2\cdots i_n}$ 与三维空间 ε_{ijk} 的定义类同. 因而

$$\begin{aligned} a &= \varepsilon_{i_1 i_2\cdots i_{n-1} i} \varepsilon^{j_1 j_2\cdots j_{n-1} j} g^{ij} \varepsilon^{i_1 i_2\cdots i_{n-1} k} D_k \varepsilon^{j_1 j_2\cdots j_{n-1} l} D_l \\ &= \varepsilon_{i_1 i_2\cdots i_{n-1} i} \varepsilon^{i_1 i_2\cdots i_{n-1} k} \varepsilon_{j_1 j_2\cdots j_{n-1} j} \varepsilon^{j_1 j_2\cdots j_{n-1} l} g^{ij} D_k D_l \\ &= \delta_i^k \delta_j^l g g^{ij} D_k D_l = g g^{ij} D_i D_j. \end{aligned}$$

即 $n-1$ 维曲面度量张量行列式可表为

$$a = g g^{ij} D_i D_j. \tag{1.5.62}$$

1.5.9 Gauss 定理

设 Ω 为有界区域, S 为包围它的光滑的曲面, 那么

$$\begin{aligned}\iiint_\Omega \mathrm{div}\boldsymbol{u}\mathrm{d}v = \oiint_s \boldsymbol{u}\cdot\boldsymbol{n}\mathrm{d}s \iiint_\Omega \frac{1}{\sqrt{g}}\frac{\partial}{\partial x^i}(\sqrt{g}u^i)\sqrt{g}\mathrm{d}x^1\mathrm{d}x^2\cdots\mathrm{d}x^n\\ = \iiint_\Omega \frac{\partial}{\partial x^i}(\sqrt{g}u^i)\mathrm{d}x^1\mathrm{d}x^2\cdots\mathrm{d}x^n\\ = \sum_i \iint_s \sqrt{g}u^i\mathrm{d}x^1\mathrm{d}x^2\cdots\mathrm{d}x^{i-1}\mathrm{d}x^{i+1}\cdots\mathrm{d}x^n\\ = \iint_s \sqrt{g}u^iD_i\mathrm{d}\xi^1\mathrm{d}\xi^2\cdots\mathrm{d}\xi^{n-1}.\end{aligned}$$

设 S 的方程为 $\varphi(x^i)=0$, 或表示为参数方程形式

$$x^i = x^i(\xi^1,\xi^2,\cdots,\xi^{n-1}),\quad i=1,2,\cdots,n,$$

因此有

$$\frac{\partial\varphi}{\partial x^i}\frac{\partial x^i}{\partial\xi^\alpha}=0,\quad \alpha=1,2,\cdots,n-1,$$

另一方面 $D_i\dfrac{\partial x^i}{\partial\xi^\alpha}=0$, 从而存在常数 $\dfrac{\partial\varphi}{\partial x^i}=\tau D_i$, 而 S 的外法线单位向量 $\boldsymbol{n}$ 的分量为

$$n_k = \frac{\partial\varphi}{\partial x^k}\frac{1}{\sqrt{|\nabla\varphi|^2}} = \frac{\tau D_k}{\sqrt{\tau^2 g^{ij}D_iD_j}} = \frac{D_k}{\sqrt{g^{ij}D_iD_j}},$$

$$D_k = n_k\sqrt{g^{ij}D_iD_j}, \tag{1.5.63}$$

故

$$\begin{aligned}\iiint_\Omega \mathrm{div}\boldsymbol{u}\mathrm{d}v = \iint_s u^kn_k\sqrt{g^{ij}D_iD_j}\sqrt{g}\mathrm{d}\xi^1\mathrm{d}\xi^2\cdots\mathrm{d}\xi^{n-1}\\ = \iint_s \boldsymbol{u}\cdot\boldsymbol{n}\sqrt{a}\mathrm{d}\xi^1\mathrm{d}\xi^2\cdots\mathrm{d}\xi^{n-1},\end{aligned}$$

即

$$\iiint_\Omega \mathrm{div}\boldsymbol{u}\mathrm{d}v = \oiint_s \boldsymbol{u}\cdot\boldsymbol{n}\mathrm{d}s. \tag{1.5.64}$$

(1.5.64) 是 Gauss 定理.

Gauss 定理也可以用另一方法证明. 实际上, 由于 $\mathrm{div}\boldsymbol{u}$, $\boldsymbol{u}\cdot\boldsymbol{n}$, $\mathrm{d}v$, $\mathrm{d}s$ 均为不变量, 所以 $\iiint_\Omega \mathrm{div}\boldsymbol{u}\mathrm{d}v$, $\oiint_s \boldsymbol{u}\cdot\boldsymbol{n}\mathrm{d}s$ 也都是不变量. 由于 (1.5.64) 在直角坐标下成立, 故它在任何坐标系下也都成立.

1.5.10 Green 公式

由于

$$u\Delta v+\nabla u\cdot\nabla v=\nabla\cdot(u\nabla v),\quad u\Delta v-v\Delta u=\nabla\cdot(u\nabla v-v\nabla u).$$

利用 Gauss 定理, 便有

$$\iiint_\Omega u\Delta v\mathrm{d}v+\iiint_\Omega\nabla u\cdot\nabla v\mathrm{d}v=\oiint_S\frac{\partial v}{\partial n}\mathrm{d}s,\tag{1.5.65}$$

从而得到 Green 公式

$$\iiint_\Omega(u\bigtriangleup v-v\bigtriangleup u)\mathrm{d}v=\oiint_s\left(u\frac{\partial u}{\partial n}-v\frac{\partial u}{\partial n}\right)\mathrm{d}s.\tag{1.5.66}$$

1.6 曲面存在唯一和曲面变形

曲面的存在性是微分几何的基本定理. 而曲面变形就是曲面的变分, 它是外形优化设计的基础理论工具.

定理 1.6.1 设 ω 是 $\Re^2$ 中的一个开子集, $\boldsymbol{r}\in C^3(\omega,\boldsymbol{E}^3)$ 是一个浸入, 且令

$$\begin{aligned}&a_{\alpha\beta}=\boldsymbol{r}_\alpha\boldsymbol{r}_\beta,\quad \boldsymbol{r}_\alpha:=\partial_\alpha\boldsymbol{r},\\&b_{\alpha\beta}=\boldsymbol{r}_{\alpha\beta}\boldsymbol{n},\quad \boldsymbol{n}=\frac{1}{2}\varepsilon^{\alpha\beta}\boldsymbol{r}_\alpha\boldsymbol{r}_\beta=\frac{\boldsymbol{r}_\alpha\times\boldsymbol{r}_\beta}{\sqrt{a}},\quad a=\det a_{\alpha\beta}.\end{aligned}$$

为曲面 $\Im=\boldsymbol{r}(\omega)$ 的第一和第二基本型系数的协变分量. 函数 $\overset{*}{\Gamma}_{\alpha\beta,\lambda}\in C^1(\omega),\overset{*}{\Gamma}{}^\lambda{}_{\alpha\beta}\in C^1(\omega)$ 定义为

$$\begin{aligned}&\overset{*}{\Gamma}_{\alpha\beta,\lambda}=\frac{1}{2}(\partial_\alpha a_{\beta\lambda}+\partial_\beta a_{\alpha\lambda}-\partial_\lambda a_{\alpha\beta}),\\&\overset{*}{\Gamma}{}^\lambda{}_{\alpha\beta}=a^{\lambda\sigma}\overset{*}{\Gamma}_{\alpha\beta,\sigma},\quad (a^{\lambda\sigma})=(a_{\alpha\beta})^{-1},\quad a^{\alpha\beta}=\varepsilon^{\alpha\lambda}\varepsilon^{\beta\sigma}a_{\lambda\sigma}.\end{aligned}$$

那么函数 $\overset{*}{\Gamma}_{\alpha\beta,\lambda},\overset{*}{\Gamma}{}^\lambda{}_{\alpha\beta}$ 必须在 ω 内满足

$$\left\{\begin{aligned}&\partial_\beta\overset{*}{\Gamma}_{\alpha\sigma,\tau}-\partial_\sigma\overset{*}{\Gamma}_{\alpha\beta,\tau}+\overset{*}{\Gamma}{}^\mu{}_{\alpha\beta}\overset{*}{\Gamma}_{\sigma\tau,\mu}-\overset{*}{\Gamma}{}^\mu{}_{\alpha\sigma}\overset{*}{\Gamma}_{\beta\tau,\mu}=b_{\alpha\sigma}b_{\beta\tau}-b_{\alpha\beta}b_{\sigma\tau},\\&\partial_\beta b_{\alpha\sigma}-\partial_\sigma b_{\alpha\beta}+\overset{*}{\Gamma}{}^\mu{}_{\alpha\sigma}b_{\beta\mu}-\overset{*}{\Gamma}{}^\mu{}_{\alpha\beta}b_{\sigma\mu}=0.\end{aligned}\right.\tag{1.6.1}$$

证明见文献 [19].

这个定理说明第一、第二基本型不可能任意给定.

记 $\mathcal{M}^\in,\mathcal{S}^\in$ 和 $\mathcal{S}^\in_>$ 为所有二阶方阵、所有二阶对称方阵和所有二阶对称正定方阵全体. 下面两个定理是曲面论基本定理和曲面存在唯一性定理.

定理 1.6.2 设 ω 是 $\subset \Re^2$ 中单连通开子集. $(a_{\alpha\beta}) \in C^2(\omega, \mathcal{S}^2_>)$ 和 $(b_{\alpha\beta}) \in C^2(\omega, \mathcal{S}^2)$ 为两个二阶张量场, 满足 Gauss 和 Godazzi-Mainard 方程

$$\begin{cases} \partial_\beta \overset{*}{\Gamma}_{\alpha\sigma,\tau} - \partial_\sigma \overset{*}{\Gamma}_{\alpha\beta,\tau} + \overset{*}{\Gamma}{}^{\mu}{}_{\alpha\beta} \overset{*}{\Gamma}_{\sigma\tau,\mu} - \overset{*}{\Gamma}{}^{\mu}{}_{\alpha\sigma} \overset{*}{\Gamma}_{\beta\tau,\mu} = b_{\alpha\sigma} b_{\beta\tau} - b_{\alpha\beta} b_{\sigma\tau}, \\ \partial_\beta b_{\alpha\sigma} - \partial_\sigma b_{\alpha\beta} + \overset{*}{\Gamma}{}^{\mu}{}_{\alpha\sigma}\, b_{\beta\mu} - \overset{*}{\Gamma}{}^{\mu}{}_{\alpha\beta}\, b_{\sigma\mu} = 0, \end{cases}$$

这里

$$\overset{*}{\Gamma}_{\alpha\beta,\lambda} = \frac{1}{2}(\partial_\alpha a_{\beta\lambda} + \partial_\beta a_{\alpha\lambda} - \partial_\lambda a_{\alpha\beta}),$$
$$\overset{*}{\Gamma}{}^{\lambda}{}_{\alpha\beta} = a^{\lambda\sigma} \overset{*}{\Gamma}_{\alpha\beta,\sigma}, \quad (a^{\lambda\sigma}) = (a_{\alpha\beta})^{-1}, \quad a^{\alpha\beta} = \varepsilon^{\alpha\lambda}\varepsilon^{\beta\sigma} a_{\lambda\sigma}.$$

那么存在一个浸入 $\boldsymbol{r} \in C^3(\omega, \boldsymbol{E}^3)$ 使得

$$a_{\alpha\beta} = \partial_\alpha \boldsymbol{r} \cdot \partial_\beta \boldsymbol{r}, \quad b_{\alpha\beta} = \partial_{\alpha\beta} \boldsymbol{r} \boldsymbol{n}, \quad \boldsymbol{n} = \frac{\boldsymbol{r}_1 \times \boldsymbol{r}_2}{\sqrt{a}}.$$

证明见文献 [19].

定理 1.6.3 设 ω 是 $\subset \Re^2$ 中单连通开子集. $\boldsymbol{r} \in C^2(\omega, E^3)$ 和 $\widetilde{\boldsymbol{r}} \in C^2(\omega, \boldsymbol{E}^3)$ 为两个浸入, 使得相应的第一、第二基本型系数在 ω 内满足

$$a_{\alpha\beta} = \widetilde{a}_{\alpha\beta}, \quad b_{\alpha\beta} = \widetilde{b}_{\alpha\beta}, \tag{1.6.2}$$

那么存在一个向量场 $\boldsymbol{c} \in \boldsymbol{E}^3$ 和一个矩阵 $\boldsymbol{Q} \in \mathcal{O}^3_+$ 使得

$$\boldsymbol{r}(\xi) = \boldsymbol{c} + \boldsymbol{Q}\widetilde{\boldsymbol{r}}(\xi), \quad \forall \xi \in \omega. \tag{1.6.3}$$

这个定理称为曲面刚性定理. 它断定: 如果两个浸入共享第一、第二基本型, 那么其中一个曲面是由另一个曲面刚性平移和旋转而得.

下面研究曲面变形问题. 设曲面 $\Im$ 受到一个由一个向量场 η 引起的变形

$$\eta = \eta^\alpha \boldsymbol{r}_\alpha + \eta^3 \boldsymbol{n} \in V(\omega) := H^1(\omega) \times H^1(\omega) \times H^2(\omega). \tag{1.6.4}$$

那么有

定理 1.6.4 设由浸入 $\boldsymbol{r} \in C^3(\omega, \boldsymbol{E}^3)$ 生成的曲面 $\Im$ 的第一、第二基本型系数记 $(a_{\alpha\beta}, b_{\alpha\beta})$, 而由向量场 η 引起的变形后的曲面记为 $\Im(\eta)$, 相应的度量张量和曲率张量分别记为 $a_{\alpha\beta}(\eta), b_{\alpha\beta}(\eta)$. 那么它们是 $(a_{\alpha\beta})$ 和 $(b_{\alpha\beta})$ 的函数:

$$\begin{cases} a_{\alpha\beta}(\eta) = a_{\alpha\beta} + 2\gamma_{\alpha\beta}(\eta) + a_{ij} \overset{0}{\nabla}_\alpha \eta^i \overset{0}{\nabla}_\beta \eta^j, \\ b_{\alpha\beta}(\eta) = \sqrt{\dfrac{a}{a(\eta)}}[(1 + \gamma_0(\eta) + \det(\overset{0}{\nabla}_\alpha \eta^\beta))(b_{\alpha\beta} + \rho_{\alpha\beta}(\eta) + \overset{*}{\Gamma}{}^{\lambda}{}_{\alpha\beta} \overset{0}{\nabla}_\lambda \eta^3) \\ \qquad + (\varepsilon^{\alpha\beta}\varepsilon_{\lambda\sigma} \overset{0}{\nabla}_\alpha \eta^\sigma \overset{0}{\nabla}_\beta \eta^3 - \overset{0}{\nabla}_\lambda \eta^3)(\overset{*}{\Gamma}{}^{\lambda}{}_{\alpha\beta} + \rho^{\lambda}_{\alpha\beta}(\eta) + \overset{*}{\Gamma}{}^{\sigma}{}_{\alpha\beta} \overset{0}{\nabla}_\sigma \eta^\lambda)], \end{cases} \tag{1.6.5}$$

而曲面 $\Im(\eta)$ 的度量张量行列式和单位法向量有下列表达式:

$$\begin{cases} a(\eta) = a + a\gamma_0(\eta) + a\|\overset{0}{\nabla}\eta\|^2 + \det(\gamma_{\alpha\beta}(\eta)) + \det(a_{ij}\overset{0}{\nabla}_\alpha \eta^i \overset{0}{\nabla}_\beta \eta^j) \\ \quad + a\varepsilon^{\alpha\lambda}\varepsilon^{\beta\sigma}\gamma_{\alpha\beta}(\eta)(a_{ij}\overset{0}{\nabla}_\lambda \eta^i \overset{0}{\nabla}_\sigma \eta^j), \\ \boldsymbol{n}(\eta) = \sqrt{\dfrac{a}{a(\eta)}}((1+\gamma_0(\eta) + \det(\overset{0}{\nabla}_\alpha \eta^\beta))\boldsymbol{n} \\ \quad + a^{\sigma\nu}(\varepsilon^{\alpha\beta}\varepsilon_{\sigma\lambda}\overset{0}{\nabla}_\alpha \eta^\lambda \overset{0}{\nabla}_\beta \eta^3 - \overset{0}{\nabla}_\sigma \eta^3)\boldsymbol{r}_\nu), \end{cases} \tag{1.6.6}$$

其中

$$\begin{cases} \rho_{\alpha\beta}(\eta) = \rho_{\beta\alpha}(\eta) = \overset{*}{\nabla}_\alpha \overset{0}{\nabla}_\beta \eta^3 + b_{\alpha\sigma}\overset{0}{\nabla}_\beta \eta^\sigma, \\ \rho^\sigma_{\alpha\beta}(\eta) := \rho^\sigma_{\beta\alpha}(\eta) = \overset{*}{\nabla}_\alpha \overset{0}{\nabla}_\beta \eta^\sigma - b^\sigma_\alpha \overset{0}{\nabla}_\beta \eta^3 \end{cases} \tag{1.6.7}$$

和 (2D-3C)(二维, 3 个分量) 向量场的混合协变导数

$$\overset{0}{\nabla}_\alpha \eta^\beta = \overset{*}{\nabla}_\alpha \eta^\beta - b^\beta_\alpha \eta^3, \quad \overset{0}{\nabla}_\alpha \eta^3 = \partial_\alpha \eta^3 + b_{\alpha\lambda}\eta^\lambda, \tag{1.6.8}$$

以及 (2D-3C) 混合变形张量

$$\begin{aligned} \gamma_{\alpha\beta}(\eta) &= \frac{1}{2}(a_{\alpha\lambda}\overset{0}{\nabla}_\beta \eta^\lambda + a_{\beta\lambda}\overset{0}{\nabla}_\alpha \eta^\lambda) \\ &= \frac{1}{2}(a_{\alpha\lambda}\overset{*}{\nabla}_\beta \eta^\lambda + a_{\beta\lambda}\overset{*}{\nabla}_\alpha \eta^\lambda) - b_{\alpha\beta}\eta^3, \\ \gamma_0(\eta) &= a^{\alpha\beta}\gamma_{\alpha\beta}(\eta) = \overset{*}{\operatorname{div}}\,\eta - 2H\eta^3, \\ \|\overset{0}{\nabla}\eta\|^2 &= a_{ij}a^{\alpha\beta}\overset{0}{\nabla}_\alpha \eta^i \overset{0}{\nabla}_\beta \eta^j, \\ (a_{ij}) &= (a_{\alpha\beta}, a_{3\alpha} = a_{3\alpha} = 0, a_{33} = 1). \end{aligned} \tag{1.6.9}$$

特别当曲面上的位移场是法向量 $\vec{\eta} = \xi\boldsymbol{n}$ 时, 则有

$$\begin{cases} a_{\alpha\beta}(\xi\boldsymbol{n}) = a_{\alpha\beta} - 2\xi b_{\alpha\beta} + \xi^2 c_{\alpha\beta}, \\ b_{\alpha\beta}(\xi\boldsymbol{n}) = b_{\alpha\beta} - \xi c_{\alpha\beta}, \\ a(\xi\boldsymbol{n}) = (1 - 2H\xi + K\xi^2)^2 a. \end{cases} \tag{1.6.10}$$

证明　(1) 两曲面的度量张量和曲率张量分别如下确定:

$$\begin{cases} a_{\alpha\beta} = \boldsymbol{r}_\alpha \cdot \boldsymbol{r}_\beta, \quad b_{\alpha\beta} = \boldsymbol{n}\cdot\boldsymbol{r}_{\alpha\beta}, \\ a_{\alpha\beta}(\eta) = (\boldsymbol{r}_\alpha + \eta_\alpha)\cdot(\boldsymbol{r}_\beta + \eta_\beta) \\ \quad = a_{\alpha\beta} + (\boldsymbol{r}_\alpha \cdot \eta_\beta + \eta_\alpha \cdot \boldsymbol{r}_\beta) + \vec{\eta}_\alpha \cdot \vec{\eta}_\beta, \\ b_{\alpha\beta}(\eta) = \boldsymbol{n}(\eta)\cdot(\boldsymbol{r}_{\alpha\beta} + \eta_{\alpha\beta}) \\ \quad = \dfrac{1}{2}\varepsilon^{\lambda\sigma}(\eta)(\boldsymbol{r}_\lambda + \eta_\lambda)\times(\boldsymbol{r}_\sigma + \eta_\sigma)(\boldsymbol{r}_{\alpha\beta} + \eta_{\alpha\beta}) \\ \quad = \sqrt{\dfrac{a}{a(\eta)}}\dfrac{1}{2}\varepsilon^{\lambda\sigma}(\boldsymbol{r}_\lambda \times \boldsymbol{r}_\sigma + (\boldsymbol{r}_\lambda \times \eta_\sigma + \eta_\lambda \times \boldsymbol{r}_\sigma) \\ \quad + (\eta_\lambda \times \eta_\sigma))(\boldsymbol{r}_{\alpha\beta} + \eta_{\alpha\beta}). \end{cases} \tag{1.6.11}$$

由于在 $\Im$ 上的 2D-3C 向量

$$\vec{\eta}=\eta^\lambda \boldsymbol{r}_\lambda+\eta^3\boldsymbol{n},\quad \vec{\eta}_\alpha=\partial_\alpha\vec{\eta}=\partial_\alpha\eta^\lambda\boldsymbol{r}_\lambda+\eta^\lambda\boldsymbol{r}_{\alpha\lambda}+\partial_\alpha\eta^3\boldsymbol{n}+\eta^3\boldsymbol{n}_\alpha,$$

应用 Weingarten 公式 (1.4.32)

$$\begin{cases}\boldsymbol{r}_{\alpha\beta}=\overset{*}{\Gamma}{}^\lambda_{\alpha\beta}\,\boldsymbol{r}_\lambda+b_{\alpha\beta}\boldsymbol{n},\\ \boldsymbol{n}_\alpha=-b^\beta_\alpha r_\beta\end{cases}\tag{1.6.12}$$

和 (1.4.15)

$$\frac{1}{2}\varepsilon^{\lambda\sigma}\boldsymbol{r}_\lambda\times\boldsymbol{r}_\sigma=\boldsymbol{n},$$
$$\frac{1}{2}\varepsilon^{\lambda\sigma}(\boldsymbol{r}_\lambda\times\eta_\sigma+\eta_\lambda\times\boldsymbol{r}_\sigma)=\varepsilon^{\lambda\sigma}(\boldsymbol{r}_\lambda\times\eta_\sigma)\quad(\text{因 }\varepsilon^{\lambda\sigma}=-\varepsilon^{\sigma\lambda}),$$

从而推出

$$\begin{cases}\partial_\alpha\vec{\eta}=\overset{0}{\nabla}_\alpha\,\eta^\beta\boldsymbol{r}_\beta+\overset{0}{\nabla}_\alpha\,\eta^3\boldsymbol{n},\\ \gamma_{\alpha\beta}(\eta)=\dfrac{1}{2}(\partial_\alpha\vec{\eta}\boldsymbol{r}_\beta+\partial_\beta\vec{\eta}\boldsymbol{r}_\alpha)=\dfrac{1}{2}(a_{\beta\lambda}\overset{0}{\nabla}_\alpha\,\eta^\lambda+a_{\alpha\lambda}\overset{0}{\nabla}_\beta\,\eta^\lambda),\\ \partial_\alpha\vec{\eta}\partial_\beta\vec{\eta}=a_{ij}\overset{0}{\nabla}_\alpha\,\eta^i\overset{0}{\nabla}_\beta\,\eta^j,\end{cases}\tag{1.6.13}$$

将 (1.6.13) 代入 (1.6.11) 得

$$\begin{cases}a_{\alpha\beta}(\eta)=a_{\alpha\beta}+2\gamma_{\alpha\beta}(\eta)+a_{ij}\overset{0}{\nabla}_\alpha\,\eta^i\overset{0}{\nabla}_\beta\,\eta^j,\\ b_{\alpha\beta}(\eta)=q(\eta)(\boldsymbol{n}+\varepsilon^{\lambda\sigma}\boldsymbol{r}_\lambda\times\boldsymbol{\eta}_\sigma+\dfrac{1}{2}\varepsilon^{\lambda\sigma}(\boldsymbol{\eta}_\lambda\times\boldsymbol{\eta}_\sigma))(\overset{*}{\Gamma}{}^\lambda_{\alpha\beta}\,\boldsymbol{r}_\lambda+b_{\alpha\beta}\boldsymbol{n}+\boldsymbol{\eta}_{\alpha\beta}),\\ q(\eta)=\sqrt{\dfrac{a}{a(\eta)}},\end{cases}\tag{1.6.14}$$

这就得到 $(1.6.5_1)$. 利用向量积公式

$$\begin{cases}\boldsymbol{a}\times\boldsymbol{b}=\varepsilon_{ijk}a^ib^j\boldsymbol{e}^k,\quad \boldsymbol{r}_\alpha\times\boldsymbol{r}_\beta=\varepsilon_{\alpha\beta}\boldsymbol{n},\\ \boldsymbol{n}\times\boldsymbol{r}_\alpha=\varepsilon_{\alpha\beta}\boldsymbol{r}^\beta,\quad \boldsymbol{r}^\alpha\boldsymbol{r}_\beta=\delta^\alpha_\beta,\quad \boldsymbol{n}\times\boldsymbol{n}=0,\\ \varepsilon^{\alpha\beta}\varepsilon_{\beta\sigma}=\delta^\alpha_\sigma,\end{cases}\tag{1.6.15}$$

可以推出

$$\begin{aligned}\partial_\alpha\vec{\eta}\times\partial_\beta\vec{\eta}&=(\overset{0}{\nabla}_\alpha\,\eta^\lambda\boldsymbol{r}_\lambda+\overset{0}{\nabla}_\alpha\,\eta^3\boldsymbol{n})\times(\overset{0}{\nabla}_\beta\,\eta^\sigma\boldsymbol{r}_\sigma+\overset{0}{\nabla}_\beta\,\eta^3\boldsymbol{n})\\ &=\overset{0}{\nabla}_\alpha\,\eta^\lambda\overset{0}{\nabla}_\beta\,\eta^\sigma\boldsymbol{r}_\lambda\times\boldsymbol{r}_\sigma+\overset{0}{\nabla}_\alpha\,\eta^\lambda\overset{0}{\nabla}_\beta\,\eta^3\boldsymbol{r}_\lambda\times\boldsymbol{n}\\ &\quad+\overset{0}{\nabla}_\alpha\,\eta^3\overset{0}{\nabla}_\beta\,\eta^\sigma\boldsymbol{n}\times\boldsymbol{r}_\sigma+\overset{0}{\nabla}_\alpha\,\eta^3\overset{0}{\nabla}_\beta\,\eta^3\boldsymbol{n}\times\boldsymbol{n}\end{aligned}$$

$$
\begin{aligned}
&=\varepsilon_{\lambda\sigma} \overset{0}{\nabla}_\alpha \eta^\lambda \overset{0}{\nabla}_\beta \eta^\sigma \boldsymbol{n} \\
&\quad + \varepsilon_{\lambda\mu}(\overset{0}{\nabla}_\alpha \eta^3 \overset{0}{\nabla}_\beta \eta^\lambda - \overset{0}{\nabla}_\alpha \eta^\lambda \overset{0}{\nabla}_\beta \eta^3)\boldsymbol{r}^\mu, \qquad (1.6.16)
\end{aligned}
$$

$$
\begin{aligned}
\varepsilon^{\lambda\sigma}\boldsymbol{r}_\lambda \times \boldsymbol{\eta}_\sigma &=\varepsilon^{\lambda\sigma}(\overset{0}{\nabla}_\sigma \eta^\nu \boldsymbol{r}_\lambda \times \boldsymbol{r}_\nu + \overset{0}{\nabla}_\sigma \eta^3 \boldsymbol{r}_\lambda \times \boldsymbol{n}) \\
&= \overset{0}{\nabla}_\sigma \eta^\nu \varepsilon^{\lambda\sigma}\varepsilon_{\lambda\nu}\boldsymbol{n} + \overset{0}{\nabla}_\sigma \eta^3 \varepsilon^{\lambda\sigma}\varepsilon_{\mu\lambda}\boldsymbol{r}^\mu \\
&= \overset{0}{\nabla}_\sigma \eta^\sigma \boldsymbol{n} - \overset{0}{\nabla}_\sigma \eta^3 \boldsymbol{r}^\sigma = \gamma_0(\eta)\boldsymbol{n} - \overset{0}{\nabla}_\sigma \eta^3 \boldsymbol{r}^\sigma, \\
\frac{1}{2}\varepsilon^{\lambda\sigma}\boldsymbol{\eta}_\lambda \times \boldsymbol{\eta}_\sigma &= \frac{1}{2}\varepsilon^{\lambda\sigma}\varepsilon_{\mu\nu} \overset{0}{\nabla}_\lambda \eta^\mu \overset{0}{\nabla}_\sigma \eta^\nu \boldsymbol{n} \\
&\quad + \frac{1}{2}\varepsilon^{\lambda\sigma}\varepsilon_{\nu\mu}(\overset{0}{\nabla}_\lambda \eta^3 \overset{0}{\nabla}_\sigma \eta^\nu - \overset{0}{\nabla}_\lambda \eta^\nu \overset{0}{\nabla}_\sigma \eta^3)\boldsymbol{r}^\mu] \\
&= \det(\overset{0}{\nabla}_\lambda \eta^\sigma)\boldsymbol{n} + \varepsilon^{\lambda\sigma}\varepsilon_{\nu\mu} \overset{0}{\nabla}_\lambda \eta^3 \overset{0}{\nabla}_\sigma \eta^\nu \boldsymbol{r}^\mu, \qquad (1.6.17)
\end{aligned}
$$

这就导致

$$
\begin{aligned}
\boldsymbol{n} + \varepsilon^{\lambda\sigma}\boldsymbol{r}_\lambda \times \boldsymbol{\eta}_\sigma + \frac{1}{2}\varepsilon^{\lambda\sigma}(\boldsymbol{\eta}_\lambda \times \boldsymbol{\eta}_\sigma) &=(1+\gamma_0(\eta)+\det(\overset{0}{\nabla}_\lambda \eta^\sigma))\boldsymbol{n} \\
&\quad + (\varepsilon^{\lambda\sigma}\varepsilon_{\nu\mu} \overset{0}{\nabla}_\lambda \eta^3 \overset{0}{\nabla}_\sigma \eta^\nu - \overset{0}{\nabla}_\mu \eta^3)\boldsymbol{r}^\mu. \qquad (1.6.18)
\end{aligned}
$$

(2) 以下证明

$$
\partial_\alpha\partial_\beta\vec{\boldsymbol{\eta}} = (\rho^\sigma_{\alpha\beta}(\boldsymbol{\eta}) + \overset{*}{\Gamma}{}^\lambda_{\alpha\beta}\overset{0}{\nabla}_\lambda \eta^\sigma)\boldsymbol{r}_\sigma + (\rho_{\alpha\beta}(\boldsymbol{\eta}) + \overset{*}{\Gamma}{}^\lambda_{\alpha\beta}\overset{0}{\nabla}_\lambda \eta^3)\boldsymbol{n}, \qquad (1.6.19)
$$

其中 $\rho_{\alpha\beta}(\boldsymbol{\eta})$ 和 $\rho^\sigma_{\alpha\beta}(\boldsymbol{\eta})$ 由 (1.6.7) 所定义. 实际上, 由于 $(1.6.13_1)$,

$$
\begin{aligned}
\partial_\alpha\partial_\beta\vec{\boldsymbol{\eta}} &=\partial_\alpha(\overset{0}{\nabla}_\beta \eta^\sigma \boldsymbol{r}_\sigma + \overset{0}{\nabla}_\beta \eta^3 \boldsymbol{n}) \\
&=\partial_\alpha \overset{0}{\nabla}_\beta \eta^\sigma \boldsymbol{r}_\sigma + \overset{0}{\nabla}_\beta \eta^\sigma (\overset{*}{\Gamma}{}^\lambda_{\alpha\sigma} \boldsymbol{r}_\lambda + b_{\alpha\sigma}\boldsymbol{n}) \\
&\quad + \partial_\alpha \overset{0}{\nabla}_\beta \eta^3 \boldsymbol{n} + \overset{0}{\nabla}_\beta \eta^3(-b^\lambda_\alpha \boldsymbol{r}_\lambda) \\
&=(\partial_\alpha \overset{0}{\nabla}_\beta \eta^\sigma + \overset{*}{\Gamma}{}^\sigma_{\alpha\lambda}\overset{0}{\nabla}_\beta \eta^\lambda - b^\sigma_\alpha \overset{0}{\nabla}_\beta \eta^3)\boldsymbol{r}_\sigma \\
&\quad + (\partial_\alpha \overset{0}{\nabla}_\beta \eta^3 + b_{\alpha\sigma} \overset{0}{\nabla}_\beta \eta^\sigma)\boldsymbol{n} \\
&=(\overset{*}{\nabla}_\alpha\overset{0}{\nabla}_\beta \eta^\sigma + \overset{*}{\Gamma}{}^\lambda_{\alpha\beta}\overset{0}{\nabla}_\lambda \eta^\sigma - b^\sigma_\alpha \overset{0}{\nabla}_\beta \eta^3)\boldsymbol{r}_\sigma \\
&\quad + (\overset{*}{\nabla}_\alpha\overset{0}{\nabla}_\beta \eta^3 + \overset{*}{\Gamma}{}^\sigma_{\alpha\beta}\overset{0}{\nabla}_\sigma \eta^3 + b_{\alpha\sigma} \overset{0}{\nabla}_\beta \eta^\sigma)\boldsymbol{n} \\
&=(\rho^\sigma_{\alpha\beta}(\boldsymbol{\eta}) + \overset{*}{\Gamma}{}^\lambda_{\alpha\beta}\overset{0}{\nabla}_\lambda \eta^\sigma)\boldsymbol{r}_\sigma + (\rho_{\alpha\beta}(\eta) + \overset{*}{\Gamma}{}^\lambda_{\alpha\beta}\overset{0}{\nabla}_\lambda \eta^3)\boldsymbol{n},
\end{aligned}
$$

从而有

$$\begin{aligned}\overset{*}{\Gamma}{}^{\lambda}{}_{\alpha\beta}\,\boldsymbol{r}_\lambda + b_{\alpha\beta}\boldsymbol{n} + \boldsymbol{\eta}_{\alpha\beta} =&(\rho^\sigma_{\alpha\beta}(\boldsymbol{\eta}) + \overset{*}{\Gamma}{}^{\lambda}_{\alpha\beta}\overset{0}{\nabla}_\lambda\, \eta^\sigma + \overset{*}{\Gamma}{}^{\sigma}{}_{\alpha\beta})\boldsymbol{r}_\sigma \\ &+ (b_{\alpha\beta} + \rho_{\alpha\beta}(\boldsymbol{\eta}) + \overset{*}{\Gamma}{}^{\lambda}_{\alpha\beta}\overset{0}{\nabla}_\lambda\, \eta^3)\boldsymbol{n}.\end{aligned} \tag{1.6.20}$$

(3) 计算 $b_{\alpha\beta}(\boldsymbol{\eta})$. 回到 (1.6.14), (1.6.20) 与 (1.6.18) 相乘后, 有

$$\begin{aligned}b_{\alpha\beta}(\boldsymbol{\eta}) =&q(\boldsymbol{\eta})[(\rho^\sigma_{\alpha\beta}(\boldsymbol{\eta}) + \overset{*}{\Gamma}{}^{\lambda}_{\alpha\beta}\overset{0}{\nabla}_\lambda\, \eta^\sigma + \overset{*}{\Gamma}{}^{\sigma}{}_{\alpha\beta})\boldsymbol{r}_\sigma \\ &\cdot(\varepsilon^{\tau\gamma}\varepsilon_{\nu\mu}\overset{0}{\nabla}_\tau\, \eta^3\overset{0}{\nabla}_\gamma\, \eta^\nu - \overset{0}{\nabla}_\mu\, \eta^3)\boldsymbol{r}^\mu \\ &+ (b_{\alpha\beta} + \rho_{\alpha\beta}(\boldsymbol{\eta}) + \overset{*}{\Gamma}{}^{\lambda}_{\alpha\beta}\overset{0}{\nabla}_\lambda\, \eta^3)(1 + \gamma_0(\eta) + \det(\overset{0}{\nabla}_\lambda\, \eta^\sigma)] \\ =&q(\boldsymbol{\eta})[(b_{\alpha\beta} + \rho_{\alpha\beta}(\boldsymbol{\eta}) + \overset{*}{\Gamma}{}^{\lambda}_{\alpha\beta}\overset{0}{\nabla}_\lambda\, \eta^3)(1 + \gamma_0(\boldsymbol{\eta}) + \det(\overset{0}{\nabla}_\lambda\, \eta^\sigma)) \\ &+ ((\varepsilon^{\lambda\sigma}\varepsilon_{\nu\mu}\overset{0}{\nabla}_\lambda\, \eta^3\overset{0}{\nabla}_\sigma\, \eta^\nu - \overset{0}{\nabla}_\mu\, \eta^3))(\rho^\mu_{\alpha\beta}(\boldsymbol{\eta}) + \overset{*}{\Gamma}{}^{\mu}_{\alpha\beta}\overset{0}{\nabla}_\lambda\, \eta^\sigma + \overset{*}{\Gamma}{}^{\mu}{}_{\alpha\beta}).\end{aligned}$$

这就是 (1.6.5) 的第二式.

(4) 计算 $\Im(\eta)$ 的度量张量行列式 $a(\eta) = \det(a_{\alpha\beta}(\eta))$. 先证明

$$\begin{cases} a(\boldsymbol{\eta}) = a + 2a\gamma_0(\boldsymbol{\eta}) + a\|\overset{0}{\nabla}\boldsymbol{\eta}\|^2 + 2a\varepsilon^{\alpha\lambda}\varepsilon^{\beta\sigma}\gamma_{\alpha\beta}(\boldsymbol{\eta})\varphi_{\lambda\sigma}(\boldsymbol{\eta}) \\ \qquad +2\det(\gamma_{\alpha\beta}(\boldsymbol{\eta})) + \det(\varphi_{\alpha\beta}(\boldsymbol{\eta})), \\ q^2(\boldsymbol{\eta}) = \dfrac{a}{a(\boldsymbol{\eta})}, \quad \varphi_{\lambda\sigma}(\boldsymbol{\eta}) := a_{ij}\overset{0}{\nabla}_\lambda\, \eta^i\overset{0}{\nabla}_\sigma\, \eta^j, \\ q = 1 - \gamma_0(\boldsymbol{\eta}) + o(|\boldsymbol{\eta}|^2). \end{cases} \tag{1.6.21}$$

实际上, 令 $\varphi_{\alpha\beta}(\boldsymbol{\eta}) := a_{ij}\overset{0}{\nabla}_\alpha\, \eta^i\overset{0}{\nabla}_\beta\, \eta^j$, 并应用 (1.6.4),

$$\begin{aligned}a(\boldsymbol{\eta}) =&\det(a_{\alpha\beta}(\boldsymbol{\eta})) = \frac{1}{2}\widehat{\varepsilon}^{\alpha\beta}\widehat{\varepsilon}^{\lambda\sigma}a_{\alpha\lambda}(\boldsymbol{\eta})a_{\beta\sigma}(\boldsymbol{\eta}) \\ =&\frac{a}{2}\varepsilon^{\alpha\beta}\varepsilon^{\lambda\sigma}a_{\alpha\lambda}(\boldsymbol{\eta})a_{\beta\sigma}(\boldsymbol{\eta}) \\ =&\frac{1}{2}\varepsilon^{\alpha\beta}\varepsilon^{\lambda\sigma}(a_{\alpha\lambda} + 2\gamma_{\alpha\lambda}(\boldsymbol{\eta}) + \varphi_{\alpha\lambda}(\boldsymbol{\eta})))(a_{\beta\sigma} + 2\gamma_{\beta\sigma}(\boldsymbol{\eta}) + \varphi_{\beta\sigma}(\boldsymbol{\eta})) \\ =&\frac{1}{2}\varepsilon^{\alpha\beta}\varepsilon^{\lambda\sigma}[a_{\alpha\lambda}a_{\beta\sigma} + 2(a_{\alpha\lambda}\gamma_{\beta\sigma}(\boldsymbol{\eta}) + a_{\beta\sigma}\gamma_{\alpha\lambda}(\boldsymbol{\eta})) \\ &+ 4\gamma_{\alpha\lambda}(\boldsymbol{\eta})\gamma_{\beta\sigma}(\boldsymbol{\eta}) + (a_{\alpha\lambda}\varphi_{\beta\sigma}(\boldsymbol{\eta}) + a_{\beta\sigma}\varphi_{\alpha\lambda}(\boldsymbol{\eta})) \\ &+ 2(\gamma_{\alpha\lambda}(\boldsymbol{\eta})\varphi_{\beta\sigma}(\boldsymbol{\eta}) + \gamma_{\beta\sigma}(\boldsymbol{\eta})\varphi_{\alpha\lambda}(\boldsymbol{\eta})) + \varphi_{\alpha\lambda}(\boldsymbol{\eta})\varphi_{\beta\sigma}(\boldsymbol{\eta})],\end{aligned}$$

因为

$$\frac{1}{2}\varepsilon^{\alpha\beta}\varepsilon^{\lambda\sigma}a_{\alpha\lambda}a_{\beta\sigma}=1,\quad \varepsilon^{\alpha\beta}\varepsilon^{\lambda\sigma}a_{\alpha\lambda}=a^{\beta\sigma},$$

$$\frac{1}{2}\varepsilon^{\alpha\beta}\varepsilon^{\lambda\sigma}2(a_{\alpha\lambda}\gamma_{\beta\sigma}(\boldsymbol{\eta})+a_{\beta\sigma}\gamma_{\alpha\lambda}(\boldsymbol{\eta}))=(a^{\beta\sigma}\gamma_{\beta\sigma}(\boldsymbol{\eta})+a^{\alpha\lambda}\gamma_{\alpha\lambda}(\boldsymbol{\eta}))=2\gamma_0(\boldsymbol{\eta}),$$

$$\frac{a}{2}\varepsilon^{\alpha\beta}\varepsilon^{\lambda\sigma}4\gamma_{\alpha\lambda}(\boldsymbol{\eta})\gamma_{\beta\sigma}(\boldsymbol{\eta})=2\det(\gamma_{\alpha\beta}(\boldsymbol{\eta})),$$

$$\begin{aligned}\frac{1}{2}\varepsilon^{\alpha\beta}\varepsilon^{\lambda\sigma}(a_{\alpha\lambda}\varphi_{\beta\sigma}(\boldsymbol{\eta})+a_{\beta\sigma}\varphi_{\alpha\lambda}(\boldsymbol{\eta}))&=\frac{1}{2}(a^{\beta\sigma}\varphi_{\beta\sigma}(\boldsymbol{\eta})+a^{\alpha\lambda}\varphi_{\alpha\lambda}(\boldsymbol{\eta}))\\&=a^{\alpha\beta}\varphi_{\alpha\beta}(\boldsymbol{\eta})=a^{\alpha\beta}a_{ij}\overset{0}{\nabla}_\alpha\eta^i\overset{0}{\nabla}_\beta\eta^j=\|\overset{0}{\nabla}\boldsymbol{\eta}\|^2,\end{aligned}$$

$$\frac{1}{2}\varepsilon^{\alpha\beta}\varepsilon^{\lambda\sigma}2(\gamma_{\alpha\lambda}(\boldsymbol{\eta})\varphi_{\beta\sigma}(\boldsymbol{\eta})+\gamma_{\beta\sigma}(\boldsymbol{\eta})\varphi_{\alpha\lambda}(\boldsymbol{\eta}))=2\varepsilon^{\beta\sigma}\varepsilon^{\alpha\lambda}\gamma_{\alpha\beta}(\boldsymbol{\eta})\varphi_{\lambda\sigma}(\boldsymbol{\eta}),$$

$$\frac{a}{2}\varepsilon^{\alpha\beta}\varepsilon^{\lambda\sigma}\varphi_{\alpha\lambda}(\boldsymbol{\eta})\varphi_{\beta\sigma}(\boldsymbol{\eta})=\det(\varphi_{\alpha\beta}(\boldsymbol{\eta})),$$

综合上面计算, 得

$$\begin{aligned}a(\boldsymbol{\eta})=&a(1+2\gamma_0(\boldsymbol{\eta})+\|\overset{0}{\nabla}\boldsymbol{\eta}\|^2+2\varepsilon^{\beta\sigma}\varepsilon^{\alpha\lambda}\gamma_{\alpha\beta}\varphi_{\lambda\sigma}(\boldsymbol{\eta})\\&+\det(\gamma_{\alpha\beta}(\boldsymbol{\eta}))/a+\det(\varphi_{\alpha\beta}(\boldsymbol{\eta}))/a).\end{aligned}$$

当 η 很小时, 容易看出, 有如下渐近展式:

$$q(\boldsymbol{\eta})=\sqrt{\frac{a}{a(\boldsymbol{\eta})}}=1-\gamma_0(\boldsymbol{\eta})+o(|\boldsymbol{\eta}|^2). \tag{1.6.22}$$

(5) 在 $\Im(\boldsymbol{\eta})$ 上单位法向量 $\boldsymbol{n}(\eta)$

$$\begin{aligned}\boldsymbol{n}(\boldsymbol{\eta})=&q[(1+\gamma_0(\boldsymbol{\eta})+\det\overset{0}{\nabla}_\alpha\eta^\beta)\boldsymbol{n}\\&+a^{\lambda\gamma}(\varepsilon^{\alpha\beta}\varepsilon_{\lambda\sigma}\overset{0}{\nabla}_\alpha\eta^\sigma\overset{0}{\nabla}_\beta\eta^3-\overset{0}{\nabla}_\lambda\eta^3)\boldsymbol{r}_\gamma].\end{aligned} \tag{1.6.23}$$

实际上,

$$\begin{aligned}\boldsymbol{n}(\boldsymbol{\eta})&=\frac{1}{2}\varepsilon^{\alpha\beta}(\eta)\boldsymbol{r}_\alpha(\boldsymbol{\eta})\times\boldsymbol{r}_\beta(\boldsymbol{\eta})\\&=\frac{1}{2}\sqrt{\frac{a}{a(\eta)}}\varepsilon^{\alpha\beta}(\boldsymbol{r}_\alpha+\partial_\alpha\boldsymbol{\eta})\times(\boldsymbol{r}_\beta+\partial_\beta\boldsymbol{\eta})\\&=\frac{1}{2}q(\varepsilon^{\alpha\beta}\boldsymbol{r}_\alpha\times\boldsymbol{r}_\beta+\varepsilon^{\alpha\beta}(\boldsymbol{r}_\alpha\times\partial_\beta\boldsymbol{\eta}+\partial_\alpha\boldsymbol{\eta}\times\boldsymbol{r}_\beta)+\varepsilon^{\alpha\beta}\partial_\alpha\boldsymbol{\eta}\times\partial_\beta\boldsymbol{\eta})\\&=q\left(\boldsymbol{n}+\varepsilon^{\alpha\beta}\boldsymbol{r}_\alpha\times\partial_\beta\boldsymbol{\eta}+\frac{1}{2}\varepsilon^{\alpha\beta}\partial_\alpha\boldsymbol{\eta}\times\partial_\beta\boldsymbol{\eta}\right),\end{aligned}$$

由 (1.6.18) 可得 (1.6.23).

利用 (1.6.22), (1.6.23) 也可以得到如下渐近展式:

$$\boldsymbol{n}(\boldsymbol{\eta}) = \boldsymbol{n} + o(|\boldsymbol{\eta}|^2), \tag{1.6.24}$$

由此从数学上证明了 Birkhoff 假设, 即在微小变形下, 曲面的法向量基本不变.

(6) $\rho_{\alpha\beta}(\boldsymbol{\eta})$ 和 $\rho^\lambda_{\alpha\beta}(\boldsymbol{\eta})$ 关于下标的对称性

$$\rho_{\alpha\beta}(\boldsymbol{\eta}) = \rho_{\beta\alpha}(\boldsymbol{\eta}), \quad \rho^\sigma_{\alpha\beta}(\boldsymbol{\eta}) = \rho^\sigma_{\beta\alpha}(\boldsymbol{\eta}). \tag{1.6.25}$$

因为

$$\begin{cases} \rho_{\alpha\beta}(\boldsymbol{\eta}) := \overset{*}{\nabla}_\alpha \overset{0}{\nabla}_\beta \eta^3 + b_{\alpha\sigma} \overset{0}{\nabla}_\beta \eta^\sigma, \\ \rho^\sigma_{\alpha\beta}(\boldsymbol{\eta}) := \overset{*}{\nabla}_\alpha \overset{0}{\nabla}_\beta \eta^\sigma - b^\sigma_\alpha \overset{0}{\nabla}_\beta \eta^3, \end{cases}$$

它们可以表示为如下对称形式:

$$\begin{aligned} \rho_{\alpha\beta}(\boldsymbol{\eta}) := & \frac{1}{2}(\overset{*}{\nabla}_\alpha \overset{*}{\nabla}_\beta \eta^3 + \overset{*}{\nabla}_\beta \overset{*}{\nabla}_\alpha \eta^3) + b_{\alpha\sigma} \overset{*}{\nabla}_\beta \eta^\sigma \\ & + b_{\beta\sigma} \overset{*}{\nabla}_\alpha \eta^\sigma - c_{\alpha\beta}\eta^3 + \overset{*}{\nabla}_\sigma b_{\alpha\beta}\eta^\sigma, \end{aligned} \tag{1.6.26}$$

$$\begin{aligned} \rho^\sigma_{\alpha\beta}(\boldsymbol{\eta}) := & \frac{1}{2}(\overset{*}{\nabla}_\alpha \overset{*}{\nabla}_\beta \eta^\sigma + \overset{*}{\nabla}_\beta \overset{*}{\nabla}_\alpha \eta^\sigma) - \frac{1}{2}(b_{\lambda\beta} b^\sigma_\alpha + b_{\lambda\alpha} b^\sigma_\beta)\eta^\lambda \\ & - (b^\sigma_\beta \overset{*}{\nabla}_\alpha \eta^3 + b^\sigma_\alpha \overset{*}{\nabla}_\beta \eta^3 + a^{\sigma\lambda} \overset{*}{\nabla}_\lambda b_{\alpha\beta}\eta^3). \end{aligned} \tag{1.6.27}$$

这是由于

$$\begin{aligned} \rho_{\alpha\beta}(\boldsymbol{\eta}) = & \overset{*}{\nabla}_\alpha \overset{0}{\nabla}_\beta \eta^3 + b_{\alpha\sigma} \overset{0}{\nabla}_\beta \eta^\sigma \\ = & \overset{*}{\nabla}_\alpha (\overset{*}{\nabla}_\beta \eta^3 + b_{\beta\sigma}\eta^\sigma) + b_{\alpha\sigma}(\overset{*}{\nabla}_\beta \eta^\sigma - b^\sigma_\beta u^3) \\ = & \overset{*}{\nabla}_\alpha \overset{*}{\nabla}_\beta \eta^3 + \overset{*}{\nabla}_\alpha (b_{\beta\sigma}\eta^\sigma) + b_{\alpha\sigma} \overset{*}{\nabla}_\beta \eta^\sigma - b_{\alpha\sigma} b^\sigma_\beta \eta^3 \\ = & \overset{*}{\nabla}_\alpha \overset{*}{\nabla}_\beta \eta^3 + b_{\alpha\sigma} \overset{*}{\nabla}_\beta \eta^\sigma + b_{\beta\sigma} \overset{*}{\nabla}_\alpha \eta^\sigma + \overset{*}{\nabla}_\alpha b_{\beta\sigma}\eta^\sigma - c_{\alpha\beta}\eta^3, \end{aligned}$$

因为 η^3 在 $\Im$ 上视为数性函数, 和 Godazzi 公式一起,

$$\begin{aligned} & \overset{*}{\nabla}_\alpha \overset{*}{\nabla}_\beta \eta^3 = \overset{*}{\nabla}_\beta \overset{*}{\nabla}_\alpha \eta^3, \quad \overset{*}{\nabla}_\alpha \overset{*}{\nabla}_\beta \eta^3 = \frac{1}{2}(\overset{*}{\nabla}_\alpha \overset{*}{\nabla}_\beta \eta^3 + \overset{*}{\nabla}_\beta \overset{*}{\nabla}_\alpha \eta^3), \\ & \overset{*}{\nabla}_\alpha b_{\beta\sigma} = \overset{*}{\nabla}_\sigma b_{\alpha\beta}, \quad b_{\beta\sigma} b^\sigma_\alpha = c_{\alpha\beta}, \end{aligned}$$

由此可得 (1.6.26). 下面证明 (1.6.27).

$$\begin{aligned} \rho^\sigma_{\alpha\beta}(\boldsymbol{\eta}) = & \overset{*}{\nabla}_\alpha \overset{0}{\nabla}_\beta \eta^\sigma - b^\sigma_\alpha \overset{0}{\nabla}_\beta \eta^3 = \overset{*}{\nabla}_\alpha \overset{*}{\nabla}_\beta \eta^\sigma \\ & - b^\sigma_\alpha b_{\beta\lambda}\eta^\lambda - (b^\sigma_\beta \overset{*}{\nabla}_\alpha \eta^3 + b^\sigma_\alpha \overset{*}{\nabla}_\beta \eta^3 + \overset{*}{\nabla}_\alpha b^\sigma_\beta \eta^3), \end{aligned} \tag{1.6.28}$$

因 Godazzi 公式和度量张量协变导数为零,

$$\overset{*}{\nabla}_\alpha b_{\beta\lambda} = \overset{*}{\nabla}_\beta b_{\alpha\lambda}, \quad \overset{*}{\nabla}_\alpha a_{\lambda\sigma} = 0 \Rightarrow \overset{*}{\nabla}_\alpha b^\sigma_\beta \eta^3 = a^{\lambda\sigma} \overset{*}{\nabla}_\lambda b_{\alpha\beta}\eta^3.$$

进而, 由 Ricci 公式和 (1.5.16)

$$\begin{aligned}
&\overset{*}{\nabla}_\alpha \overset{*}{\nabla}_\beta \eta^\sigma - \overset{*}{\nabla}_\beta \overset{*}{\nabla}_\alpha \eta^\sigma = \overset{*}{R}{}^\sigma{}_{\lambda\alpha\beta}\, \eta^\lambda, \\
&\overset{*}{R}{}^\sigma{}_{\lambda\alpha\beta} = b_{\lambda\beta} b^\sigma_\alpha - b_{\lambda\alpha} b^\sigma_\beta,
\end{aligned} \tag{1.6.29}$$

这里 $\overset{*}{R}{}^\sigma{}_{\lambda\alpha\beta}$ 是流形 $\Im$ 上的 Riemann 曲率张量. 因此

$$\begin{aligned}
&\overset{*}{\nabla}_\alpha \overset{*}{\nabla}_\beta \eta^\sigma - b^\sigma_\alpha b_{\beta\lambda}\eta^\lambda \\
=&\frac{1}{2}(\overset{*}{\nabla}_\alpha \overset{*}{\nabla}_\beta \eta^\sigma + \overset{*}{\nabla}_\beta \overset{*}{\nabla}_\alpha \eta^\sigma) + \frac{1}{2}(\overset{*}{\nabla}_\alpha \overset{*}{\nabla}_\beta \eta^\sigma - \overset{*}{\nabla}_\beta \overset{*}{\nabla}_\alpha \eta^\sigma) - b^\sigma_\alpha b_{\beta\lambda}\eta^\lambda \\
=&\frac{1}{2}(\overset{*}{\nabla}_\alpha \overset{*}{\nabla}_\beta \eta^\sigma + \overset{*}{\nabla}_\beta \overset{*}{\nabla}_\alpha \eta^\sigma) + \frac{1}{2}(b_{\lambda\beta} b^\sigma_\alpha - b_{\lambda\alpha} b^\sigma_\beta)\eta^\lambda - b^\sigma_\alpha b_{\beta\lambda}\eta^\lambda \\
=&\frac{1}{2}(\overset{*}{\nabla}_\alpha \overset{*}{\nabla}_\beta \eta^\sigma + \overset{*}{\nabla}_\beta \overset{*}{\nabla}_\alpha \eta^\sigma) - \frac{1}{2}(b_{\lambda\beta} b^\sigma_\alpha + b_{\lambda\alpha} b^\sigma_\beta)\eta^\lambda,
\end{aligned}$$

将上式代入 (1.6.28) 后, 推出 (1.6.27).

以下证明当

$$\boldsymbol{\eta} = \xi \boldsymbol{n}, \quad \eta^\alpha = 0, \quad \eta^3 = \xi$$

时, 曲面度量张量和曲率张量的改变. 实际上, 注意 (1.6.8) 有

$$\begin{aligned}
&\overset{0}{\nabla}_\beta \boldsymbol{\eta}^\alpha = -b^\alpha_\beta \xi, \quad \overset{*}{\nabla}_\beta \boldsymbol{\eta}^\alpha = 0, \\
&a_{\lambda\sigma} \overset{0}{\nabla}_\beta \boldsymbol{\eta}^\lambda \overset{0}{\nabla}_\alpha \boldsymbol{\eta}^\sigma = c_{\alpha\beta}\xi^2, \\
&a(\boldsymbol{\eta}) = (1 - 2H\xi + K\xi^2)^2 a, \quad \gamma_0(\boldsymbol{\eta}) = -2H\xi, \\
&\det(\overset{0}{\nabla}_\beta \boldsymbol{\eta}^\beta) = K\xi^2, \\
&\rho_{\alpha\beta}(\boldsymbol{\eta}) = -c_{\alpha\beta}\xi, \quad \rho^\lambda(\boldsymbol{\eta}) = 0, \quad b_{\alpha\beta} = b_{\alpha\beta} - \xi c_{\alpha\beta},
\end{aligned}$$

从而可以得到 (1.6.10). 这就结束定理的证明.

推论 设位移向量 η 很小, 那么曲面度量张量改变量和曲率张量以及单位法线和度量张量的改变量的线性部分分别是

$$\begin{cases}
a_{\alpha\beta}(\boldsymbol{\eta}) - a_{\alpha\beta} = 2\gamma_{\alpha\beta}(\boldsymbol{\eta}) + o(|\boldsymbol{\eta}|^2), \\
b_{\alpha\beta}(\boldsymbol{\eta}) - b_{\alpha\beta} = \rho_{\alpha\beta}(\boldsymbol{\eta}) + o(|\boldsymbol{\eta}|^2), \\
\boldsymbol{n}(\boldsymbol{\eta}) - \boldsymbol{n} = \dfrac{1}{2}\gamma_0(\boldsymbol{\eta})\boldsymbol{n} + o(|\boldsymbol{\eta}|^2), \\
a(\boldsymbol{\eta}) - a = \gamma_0(\boldsymbol{\eta}) a + o(|\boldsymbol{\eta}|^2).
\end{cases} \tag{1.6.30}$$

证明 由 (1.6.4) 直接可以得到 (1.6.30) 第一式. 联合 (1.6.22) 和 (1.6.5),

$$
\begin{aligned}
b_{\alpha\beta}(\boldsymbol{\eta}) &= q(b_{\alpha\beta} + \rho_{\alpha\beta}(\boldsymbol{\eta}) + \overset{*}{\Gamma}{}^{\lambda}{}_{\alpha\beta}\overset{0}{\nabla}_{\lambda}\,\eta^3 + \gamma_0(\boldsymbol{\eta})b_{\alpha\beta} - \overset{*}{\Gamma}{}^{\lambda}{}_{\alpha\beta}\overset{0}{\nabla}_{\lambda}\,\eta^3) + o(|\boldsymbol{\eta}|^2) \\
&= (1 - \gamma_0(\boldsymbol{\eta}) + o(|\boldsymbol{\eta}|^2))(b_{\alpha\beta} + \rho_{\alpha\beta}(\boldsymbol{\eta}) + \gamma_0(\boldsymbol{\eta})b_{\alpha\beta}) + o(|\boldsymbol{\eta}|^2) \\
&= b_{\alpha\beta} + \rho_{\alpha\beta}(\boldsymbol{\eta}) + o(|\boldsymbol{\eta}|^2).
\end{aligned}
$$

关于法向量的改变量,

$$
\begin{aligned}
& a(\boldsymbol{\eta}) = a[1 + \gamma_0(\boldsymbol{\eta})] + o(|\boldsymbol{\eta}|^2), \\
& \sqrt{\frac{a}{a(\boldsymbol{\eta})}} = (1 + \gamma_0(\boldsymbol{\eta}))^{-1/2}) + o(|\boldsymbol{\eta}|^2) = 1 - \frac{1}{2}\gamma_0(\boldsymbol{\eta}) + o(|\boldsymbol{\eta}|^2), \\
& \boldsymbol{n}(\boldsymbol{\eta}) = \left(1 - \frac{1}{2}\gamma_0(\boldsymbol{\eta})\right)(1 + \gamma_0(\boldsymbol{\eta}))\boldsymbol{n} + o(|\boldsymbol{\eta}|^2)\boldsymbol{n} = \left(1 + \frac{1}{2}\gamma_0(\boldsymbol{\eta})\right)\boldsymbol{n} + o(|\boldsymbol{\eta}|^2),
\end{aligned}
$$

这就容易推出 (1.6.30) 的后两个式子. 证毕.

1.7 Riemann 流形上的 Korn 不等式

在弹性力学和流体力学中, 证明变分问题解的存在唯一性, Korn 不等式起到关键的作用.

进入主题之前, 先引入 Sobolev 空间及其范数的一些记号. 今后无特别声明, $C(\Theta, D)$ 总是表示常数, 它在不同的地方代表不同的意义. Ω 和 ω 分别记 $\Re^3$ 和 $\Re$ 中有界单连通 Lipschitz 连续区域.

$$
\begin{aligned}
& \boldsymbol{H}^1(\Omega) := \{\boldsymbol{v} \in \boldsymbol{L}^2(\Omega), \partial_i \boldsymbol{v} \in \boldsymbol{L}^2(\Omega), 1 \leqslant i \leqslant d\}, \\
& \boldsymbol{H}^2(\Omega) := \{\boldsymbol{v} \in \boldsymbol{L}^2(\Omega), \partial_{ij} \boldsymbol{v} \in \boldsymbol{L}^2(\Omega), 1 \leqslant i, j \leqslant d\}, \\
& \boldsymbol{H}_0^1(\Omega) := \{\boldsymbol{v} \in \boldsymbol{H}^1(\Omega), \boldsymbol{v} = 0, \Gamma = \partial\Omega\}, \\
& \boldsymbol{H}^{-1}(\Omega) := \boldsymbol{H}_0^1(\Omega)\text{的对偶空间},
\end{aligned}
$$

$$
\begin{aligned}
& \|\boldsymbol{v}\|_{0,\Omega} := \left\{\int_\Omega |\boldsymbol{v}|^2 \mathrm{d}x\right\}^{1/2}, \quad \forall \boldsymbol{v} \in \boldsymbol{L}^2(\Omega), \\
& \|\boldsymbol{v}\|_{1,\Omega} := \{\|\boldsymbol{v}\|_{0,\Omega}^2 + \|\nabla \boldsymbol{v}\|_{0,\Omega}^2\}^{1/2}, \quad \forall \boldsymbol{v} \in \boldsymbol{H}^1(\Omega), \\
& \|\boldsymbol{v}\|_{2,\Omega} := \{\|\boldsymbol{v}\|_{0,\Omega}^2 + \|\nabla \boldsymbol{v}\|_{0,\Omega}^2 + \|\nabla\nabla \boldsymbol{v}\|_{0,\Omega}^2\}^{1/2}, \quad \forall \boldsymbol{v} \in \boldsymbol{H}^2(\Omega),
\end{aligned}
$$

在切空间 $T\Im$ 上的内积所诱导出来的点模和 Sobolev 模：

$$
\left\{
\begin{array}{l}
|\boldsymbol{v}|^2 = a_{\alpha\beta}v^\alpha v^\beta = a^{\alpha\beta}v_\alpha v_\beta, \quad v^\alpha = a^{\alpha\beta}v_\beta, \quad v_\alpha = a_{\alpha\beta}v^\beta, \\
\|\boldsymbol{v}\|^2_{0,\omega} = \displaystyle\int_\omega |\boldsymbol{v}|^2\sqrt{a}\mathrm{d}x, \\
|e(\boldsymbol{v})|^2 = a^{\alpha\lambda}a^{\beta\sigma}\overset{*}{e}_{\alpha\beta}(\boldsymbol{v})\overset{*}{e}_{\lambda\sigma}(\boldsymbol{v}), \\
\|e(w)\|^2_{0,\omega} = \displaystyle\int_\omega |e(\boldsymbol{v})|^2\sqrt{a}\mathrm{d}x, \\
|\overset{*}{\nabla}\boldsymbol{v}|^2 = a^{\alpha\lambda}a^{\beta\sigma}\overset{*}{\nabla}_\alpha v_\beta\overset{*}{\nabla}_\lambda v_\sigma = a^{\alpha\beta}a_{\lambda\sigma}\overset{*}{\nabla}_\alpha v^\lambda\overset{*}{\nabla}_\beta v^\sigma, \\
\|\overset{*}{\nabla}\boldsymbol{v}\|^2_{0,\omega} = \displaystyle\int_\omega |\overset{*}{\nabla}\boldsymbol{v}|^2\sqrt{a}\mathrm{d}x, \\
|r(\boldsymbol{v})|^2 = a^{\alpha\lambda}a^{\beta\sigma}r_{\alpha\beta}(\boldsymbol{v})r_{\lambda\sigma}(\boldsymbol{v}), \\
\|r(\boldsymbol{v})\|^2 = \displaystyle\int_\omega |r(\boldsymbol{v})|^2\sqrt{a}\mathrm{d}x, \\
\|\overset{*}{\nabla}_\alpha w^\beta\|^2_{0,\omega} = \displaystyle\int_\omega |\overset{*}{\nabla}_\alpha v^\beta|^2\sqrt{a}\mathrm{d}x, \\
\|\overset{*}{e}_{\alpha\beta}(\boldsymbol{v})\|^2_{0,\omega} = \displaystyle\int_\omega |\overset{*}{e}_{\alpha\beta}(\boldsymbol{v})|^2\sqrt{a}\mathrm{d}x, \\
|\gamma(\boldsymbol{v})|^2 = a^{\alpha\lambda}a^{\beta\sigma}\gamma_{\alpha\beta}(\boldsymbol{v})\gamma_{\lambda\sigma}(\boldsymbol{v}), \quad \|\gamma(\boldsymbol{v})\|^2_{0,\omega} = \displaystyle\int_\omega |\gamma(\boldsymbol{v})|^2\sqrt{a}\mathrm{d}x.
\end{array}
\right.
\tag{1.7.1}
$$

流形切空间里的变形张量和 2D-3C 变形张量

$$
\begin{aligned}
&\overset{*}{e}_{\alpha\beta}(\boldsymbol{v}) = \frac{1}{2}(\overset{*}{\nabla}_\alpha v_\beta + \overset{*}{\nabla}_\beta v_\alpha) = \frac{1}{2}(a_{\beta\lambda}\overset{*}{\nabla}_\alpha v^\lambda + a_{\alpha\lambda}\overset{*}{\nabla}_\beta v^\lambda), \\
&r_{\alpha\beta}(\boldsymbol{v}) = \frac{1}{2}(\overset{*}{\nabla}_\alpha v_\beta - \overset{*}{\nabla}_\beta v_\alpha) = \frac{1}{2}(a_{\beta\lambda}\overset{*}{\nabla}_\alpha v^\lambda - a_{\alpha\lambda}\overset{*}{\nabla}_\beta v^\lambda), \\
&\gamma_{\alpha\beta}(\boldsymbol{v}) = \overset{*}{e}_{\alpha\beta}(v) - b_{\alpha\beta}v^3 = \frac{1}{2}(a_{\alpha\lambda}\overset{0}{\nabla}_\beta v^\lambda + a_{\beta\lambda}\overset{*}{\nabla}_\alpha v^\lambda), \\
&\beta_0(\boldsymbol{v}) = b^{\alpha\beta}\gamma_{\alpha\beta}(\boldsymbol{v}), \quad \gamma_0(\boldsymbol{v}) = a^{\alpha\beta}\gamma_{\alpha\beta}(\boldsymbol{v}).
\end{aligned}
$$

注意

$$
\overset{*}{\nabla}_\sigma a^{\alpha\beta} = 0, \quad \overset{*}{\nabla}_\sigma a_{\alpha\beta} = 0
$$

和嵌入关系

$$
\boldsymbol{v} \in \boldsymbol{L}^2(\Omega) \Rightarrow \boldsymbol{v} \in \boldsymbol{H}^{-1}(\Omega), \quad \partial_i\boldsymbol{v} \in \boldsymbol{H}^{-1}(\Omega), \quad 1 \leqslant i \leqslant 3.
$$

反之, 并非显然. 下面 Lions 引理做了肯定的回答.

引理 1.7.1　设 $\Omega \in \Re^3$ 中的一个区域, $\boldsymbol{v}$ 是上的一个广义函数, 那么

$$
\{\boldsymbol{v} \in \boldsymbol{H}^{-1}, \partial_i\boldsymbol{v} \in \boldsymbol{H}^{-1}, 1 \leqslant i \leqslant 3\} \Rightarrow \boldsymbol{v} \in \boldsymbol{L}^2(\Omega).
$$

证明见文献 [18, 19].

1.7.1 三维欧氏空间 $\boldsymbol{E}^3$ 中曲线坐标系下的 Korn 不等式

首先考虑无边界条件下的 Korn 不等式.

定理 1.7.1[18][19] $\Omega \in \Re^3$ 中的一个区域 $\Theta \in C^2(\Omega, \boldsymbol{E}^3)$ 是一个 $\overline{\Omega}$ 到 $\Theta(\overline{\Omega}) \subset \boldsymbol{E}^3$ 的微分同胚, $\boldsymbol{v}$ 是一个向量场, 对应的变形张量

$$e_{ij}(\boldsymbol{v}) = \frac{1}{2}(g_{ik}\nabla_j v^k + g_{jk}\nabla_i v^k) \in L^2(\Omega),$$

这里 $\boldsymbol{v}$ 的协变导数

$$\nabla_i v^k = \partial_i v^k + \Gamma^k_{ij} v^j.$$

那么存在一个常数 $C(\Omega, \Theta)$ 使得

$$\|\boldsymbol{v}\|_{1,\Omega} \leqslant C \left\{ \|\boldsymbol{v}\|^2_{0,\Omega} + \sum_{i,j} \|e_{ij}(\boldsymbol{v})\|^2_{0,\Omega} \right\}^{1/2}, \quad \forall \boldsymbol{v} \in \boldsymbol{H}^1(\Omega). \tag{1.7.2}$$

证明 (1)

$$\boldsymbol{W}(\Omega) := \{\boldsymbol{v} \in L^2(\Omega), e_{ij}(\boldsymbol{v}) \in L^2(\Omega)\}$$

赋予范数

$$\|\boldsymbol{v}\|_{\boldsymbol{W}(\Omega)} = \left\{ \|\boldsymbol{v}\|^2_{0,\Omega} + \sum_{i,j} \|e_{ij}(\boldsymbol{v})\|^2_{0,\Omega} \right\}^{1/2},$$

那么 $\boldsymbol{W}(\Omega)$ 是一个 Hilbert 空间. 定义中 “$e_{ij}(\boldsymbol{v}) \in \boldsymbol{L}^2(\Omega)$” 理解为广义意义下, 即在 $\boldsymbol{L}^2(\Omega)$ 中存在一个函数, 乃记为 $e_{ij}(\boldsymbol{v})$, 使得

$$\int_\Omega e_{ij}(\boldsymbol{v})\varphi \mathrm{d}x = -\int_\Omega \left\{ \frac{1}{2}(v_i\partial_j\varphi + v_j\partial_i\varphi) + \Gamma^p_{ij} v_p \varphi \right\} \mathrm{d}x, \quad \forall \varphi \in C_0^\infty(\Omega),$$

这里 $v_i = g_{ij}v^j$. 给出一个 Cauchy 点列 $\boldsymbol{v}^k \in \boldsymbol{W}(\Omega)$, 由范数 $\|\cdot\|_{\boldsymbol{W}(\Omega)}$ 定义和 $L^2(\Omega)$ 完备性, 存在函数 $v_i \in L^2(\Omega)$ 和 $e_{ij} \in L^2(\Omega)$ 使得

$$v_i^k \to v_i, \text{ 在 } L^2(\Omega) \text{ 内和 } e_{ij}(\boldsymbol{v}^k) \to e_{ij} \text{ 在 } L^2(\Omega) \text{ 内, 当 } \to \infty,$$

对任一个函数 $\varphi \in C^\infty(\Omega)$, 令 $k \to \infty$,

$$\int_\Omega e_{ij}(\boldsymbol{v}^k)\varphi \mathrm{d}x = -\int_\Omega \left\{ \frac{1}{2}(v_i^k\partial_j\varphi + v_j^k\partial_i\varphi) + \Gamma^p_{ij} v_p^k \varphi \right\} \mathrm{d}x, \quad \forall k \geqslant 1,$$

这就证明了 $e_{ij} = e_{ij}(\boldsymbol{v})$.

(2) $\boldsymbol{W}(\Omega) = \boldsymbol{H}^1(\Omega)$. 显然, $\boldsymbol{H}^1(\Omega) \subset \boldsymbol{W}(\Omega)$. 为了证明另一包含, 令 $v \in \boldsymbol{W}(\Omega)$. 那么

$$s_{ij}(\boldsymbol{v}) := \frac{1}{2}(\partial_j v_i - \partial_i v_j) = \{e_{ij}(\boldsymbol{v}) + \Gamma^k_{ij} v_k\} \in L^2(\Omega),$$

这里用到了 $e_{ij}(v) \in L^2(\Omega), \Gamma_{ij}^k \in C^0(\overline{\Omega})$ 和 $v_k \in L^2(\Omega)$. 如此, 由于 $w \in L^2(\Omega)$ 推出 $\partial_k w \in H^{-1}(\Omega)$, 有

$$\begin{aligned}&\partial_k v_i \in H^{-1}(\Omega),\\&\partial_j\partial_k v_i = \{\partial_j(s_{ik}(\boldsymbol{v})) + \partial_k(s_{ij}(\boldsymbol{v}) - \partial_i(s_{jk}(\boldsymbol{v}))\} \in H^{-1}(\Omega),\end{aligned}$$

因此, 由 Lions 引理, $\partial_k v_i \in L^2(\Omega)$, 所以 $\boldsymbol{v} \in \boldsymbol{H}^1(\Omega)$.

(3) 不等式 (1.7.2) 的证明.

从 $\boldsymbol{H}^1(\Omega)$ 到 $\boldsymbol{W}(\Omega)$ 的恒等算子 I 是单射、连续的和双射. 因为两个空间都是完备的, 由闭图像定理可知, 逆映射 I^{-1} 也是连续的, 而无边界条件的 Korn 不等式 (1.7.2) 就是这种连续性的表达式. 证毕.

一个具有零变形张量场的向量场是不是一个零向量场, 这关系到 $\|e_{ij}(\boldsymbol{v})\|_{0,\Omega}$ 是不是空间 $\boldsymbol{H}^1(\Omega)$ 的一个半范的问题.

定理 1.7.2 $\Omega \in \Re^3$ 中的一个区域 $\Theta \in C^2(\Omega, E^3)$ 是一个 $\overline{\Omega}$ 到 $\Theta(\overline{\Omega}) \subset \boldsymbol{E}^3$ 的微分同胚, $\boldsymbol{v}$ 是一个向量场, 对应的变形张量

$$e_{ij}(\boldsymbol{v}) = \frac{1}{2}(g_{ik}\nabla_j v^k + g_{jk}\nabla_i v^k) = \frac{1}{2}(\nabla_i v_j + \nabla_j v_i) \in L^2(\Omega),$$

这里 $\boldsymbol{v}$ 的协变导数

$$\nabla_i v_j = \partial_i v_j - \Gamma_{ij}^k v_k.$$

那么

(a) 如果向量场 $\boldsymbol{v} \in \boldsymbol{H}^1(\Omega)$ 是一个零变形张量场 $e_{ij}(\boldsymbol{v}) = 0$(在 Ω 内), 那么存在两个向量 $\boldsymbol{a}, \boldsymbol{b} \in \Re^3$, 使得 v 可以表示为

$$\boldsymbol{v}(x) = a + b \times \Theta(x), \quad \forall x \in \overline{\Omega},$$

即向量场是一个刚性平动加旋转的向量场.

(b) 如果向量场是一个带零边界条件的向量场, 那么零变形张量场也是零向量场: $\Gamma_0 \subset \Gamma = \partial\Omega$, $\mathrm{area}(\Gamma_0) > 0$, 向量场 $\boldsymbol{v} \in \boldsymbol{H}^1(\Omega)$ 使得

$$e_{ij}(\boldsymbol{v}) = 0, \text{ 在 } \Omega \text{ 内}, \quad \boldsymbol{v} = 0 \text{ 在 } \Gamma_0\text{上}.$$

那么在 Ω 上 $\boldsymbol{v} = 0$.

下面给出在曲线坐标系下带有边界条件的 Korn 不等式.

定理 1.7.3 $\Omega \in \Re^3$ 中的一个区域 $\Theta \in C^2(\Omega, E^3)$ 是一个 $\overline{\Omega}$ 到 $\Theta(\overline{\Omega}) \subset \boldsymbol{E}^3$ 的微分同胚. 设 $\Gamma_0 \subset \Gamma = \partial\Omega$, $\mathrm{area}(\Gamma_0) > 0, \boldsymbol{v}$ 是一个向量场,

$$\boldsymbol{v} \in \boldsymbol{V}(\Omega) := \{\boldsymbol{v} \in \boldsymbol{H}^1(\Omega); \boldsymbol{v}|_{\Gamma_0} = 0\}.$$

那么存在一个常数 $C(\Omega,\Theta,\Gamma_0)$, 使得

$$\|\boldsymbol{v}\|_{1,\Omega}\leqslant C\left\{\sum_{i,j}\|e_{ij}(v)\|_{0,\Omega}^2\}^{1/2},\forall\boldsymbol{v}\in\boldsymbol{H}^1(\Omega)\right\}. \tag{1.7.3}$$

证明 用反证法. 如果 (1.7.4) 不成立. 存在一个序列 $(v^k\in V(\Omega))$,

$$\|v^k\|_{1,\Omega}=1,\quad\forall k,\quad\lim_{k\to\infty}\|e_{ij}(v^k)\|_{0,\Omega}=0,$$

这就意味着, 序列 $(v^k\in V(\Omega))$ 在 $\boldsymbol{H}^1(\Omega)$ 中有界, 由 Rellich-Kondrasov 定理可知, 在 $\boldsymbol{L}^2(\Omega)$ 中存在一个收敛子序列, 乃记为 $\boldsymbol{v}^k$. 由于

$$\lim_{k\to\infty}\|e_{ij}(v^k)\|_{0,\Omega}=0,$$

每个子序列同样在 $\boldsymbol{L}^2(\Omega)$ 中收敛. 所以 $\boldsymbol{v}^k$ 关于范数

$$\boldsymbol{v}^k\to\left\{\|\boldsymbol{v}^k\|_{0,\Omega}^2+\sum_{i,j}\|e_{ij}(\boldsymbol{v}^k)\|_{0,\Omega}^2\right\}^{1/2},$$

是一个 Cauchy 点列, 由 (1.7.2), 它同样也是关于 $\|\cdot\|_{1,\Omega}$ 的 Cauchy 点列. 因为 $\boldsymbol{V}(\Omega)$ 是完备和是 $\boldsymbol{H}^1(\Omega)$ 的闭子空间. 所以存在一个函数 $\boldsymbol{v}\in\boldsymbol{V}(\Omega)$ 使得

$$\lim_{l\to\infty}\boldsymbol{v}^l=\boldsymbol{v},\quad\text{在 }\boldsymbol{H}^1(\Omega)\text{ 内}.$$

同样也有

$$\|e_{ij}(\boldsymbol{v})\|_{0,\Omega}=\lim_{l\to\infty}\|e_{ij}(\boldsymbol{v}^l)\|_{0,\Omega}=0.$$

因此由定理 1.7.2, 我们断定 $\boldsymbol{v}=0$. 然而由假设, $\|\boldsymbol{v}^l\|_{1,\Omega}=1$, 矛盾. 证毕.

1.7.2 曲面上的 Korn 不等式

设 ω 是 $\Re^2$ 中的一个区域, 它是单连通和带有 Lipschitz 连续边界. $\boldsymbol{r}\in C^3(\omega,\boldsymbol{E}^3)$ 是一个单射浸入, $\Im=\boldsymbol{r}(\overline{\omega})$ 是三维欧氏空间一个曲面, $\boldsymbol{r}_\alpha=\partial_{x^\alpha}\boldsymbol{r}$ 是线性独立, 曲面上的单位法向量 $\boldsymbol{n}=\dfrac{\boldsymbol{r}_1\times\boldsymbol{r}_2}{\sqrt{a}}$, 其中 $a=\det(a_{\alpha\beta})$. $(x^\alpha,\alpha=1,2)$ 是曲面上的 Gauss 坐标系. 在 $\Im$ 上定义一个具有三个分量的充分光滑的向量场

$$\{\boldsymbol{v}=(v_1,v_2,v_3)=v^\alpha\boldsymbol{r}_\alpha+v^3\boldsymbol{n}=v_\alpha\boldsymbol{r}^\alpha+v_3\boldsymbol{n}\},\quad\boldsymbol{r}^\alpha\boldsymbol{r}_\beta=\delta_\beta^\alpha,\quad\boldsymbol{r}^\alpha=a^{\alpha\beta}\boldsymbol{r}_\beta,$$

这个向量场称为 “2D-3C”(two dimensional and three components) 向量场. 这个向量场 η 的混合协变导数

$$\overset{0}{\nabla}_\alpha\eta^\beta=\overset{*}{\nabla}_\alpha\eta^\beta-b_\alpha^\beta\eta^3,\quad\overset{0}{\nabla}_\alpha\eta^3=\partial_\alpha\eta^3+b_{\alpha\beta}\eta^\beta, \tag{1.7.4}$$

其中

$$\overset{*}{\nabla}_\alpha \eta^\beta = \partial_\alpha \eta^\beta + \overset{*}{\Gamma}{}^\beta_{\alpha\lambda} \eta^\lambda, \quad b^\beta_\alpha = a^{\beta\mu} b_{\alpha\mu} \tag{1.7.5}$$

分别是曲面切空间中的协变导数和曲率张量的一阶协变一阶逆变分量.

曲面上的 2D-3C 向量的混合变形张量和曲率张量改变量的线性部分

$$\begin{cases} \gamma_{\alpha\beta}(\eta) = \dfrac{1}{2}(a_{\beta\lambda} \overset{0}{\nabla}_\alpha \eta^\lambda + a_{\alpha\lambda} \overset{0}{\nabla}_\beta \eta^\lambda) = \dfrac{1}{2}(\overset{0}{\nabla}_\alpha \eta_\beta + \overset{0}{\nabla}_\beta \eta_\beta) \\ \qquad = \overset{*}{e}_{\alpha\beta}(\eta) - b_{\alpha\beta}\eta^3, \\ \rho_{\alpha\beta}(\eta) := \overset{*}{\nabla}_\alpha \overset{0}{\nabla}_\beta \eta^3 + b_{\alpha\sigma} \overset{0}{\nabla}_\beta \eta^\sigma \\ \qquad = \dfrac{1}{2}(\overset{*}{\nabla}_\alpha \overset{*}{\nabla}_\beta \eta^3 + \overset{*}{\nabla}_\beta \overset{*}{\nabla}_\alpha \eta^3) + b_{\alpha\sigma} \overset{*}{\nabla}_\beta \eta^\sigma + b_{\beta\sigma} \overset{*}{\nabla}_\alpha \eta^\sigma \\ \qquad -c_{\alpha\beta}\eta^3 + \overset{*}{\nabla}_\sigma b_{\alpha\beta}\eta^\sigma, \end{cases} \tag{1.7.6}$$

而

$$\overset{*}{e}_{\alpha\beta}(\eta) = \frac{1}{2}(a_{\beta\lambda} \overset{*}{\nabla}_\alpha \eta^\lambda + a_{\alpha\lambda} \overset{*}{\nabla}_\beta \eta^\lambda) \tag{1.7.7}$$

则是曲面切空间里的变形张量.

在三维欧氏空间中, 联系零变形张量场与零向量场之间是“无穷刚性位移”定理. 在曲面情形, 由于是考虑曲面上的 2D-3C 向量场, 显然零混合变形张量与零向量场之间不会有“等价性”关系. 曲面刚性位移应有第一和第二基本型, 即由度量张量和曲率张量的改变量线性部分 $\gamma_{\alpha\beta}(\eta), \rho_{\alpha\beta}(\eta)$ 来确定. 下面给出曲面上“无穷刚性位移”定理:

定理 1.7.4[18] 设 ω 是 $\Re$ 里区域, 单射浸入 $\boldsymbol{r} \in C^3(\overline{\omega}, \boldsymbol{E}^3)$.

(a) 如果向量场 $\eta \in H^1(\omega) \times H^1(\omega) \times H^2(\omega)$ 使得在 ω 上

$$\gamma_{\alpha\beta}(\eta) = \rho_{\alpha\beta}(\eta) = 0,$$

那么存在向量 $\boldsymbol{a}, \boldsymbol{b}$ 使得

$$\vec{\eta} = \boldsymbol{a} + \boldsymbol{b} \times \boldsymbol{r}(x), \quad \forall x \in \overline{\omega}.$$

(b) 设 $\gamma_0 \subset \gamma = \partial\omega, \mathrm{length}\gamma_0 > 0$, 向量场 $\eta \in H^1(\omega) \times H^1(\omega) \times H^2(\omega)$ 使得在 ω 上

$$\gamma_{\alpha\beta}(\eta) = \rho_{\alpha\beta}(\eta) = 0, \quad \text{在 } \omega \text{内}, \quad \eta_i|_{\gamma_0} = \partial_\nu|_{\gamma_0} = 0.$$

那么在 ω 上 $\eta = 0$.

证明见文献 [18, 19].

下面给出曲面上无边界条件的 Korn 不等式.

定理 1.7.5 设 ω 是 $\Re$ 中的区域, 单射浸入 $\boldsymbol{r} \in C^3(\overline{\omega}, \boldsymbol{E}^3)$. 在曲面 $\Im = \boldsymbol{r}(\overline{\omega})$ 上, 定义一个 2D-3C 向量场 $\boldsymbol{\eta} \in H^1(\omega) \times H^1(\omega) \times H^2(\omega)$, 而曲面 $\Im = \boldsymbol{r}(\omega)$ 的度量张量和曲率张量的改变量线性部分的协变分量 $\gamma_{\alpha\beta}(\boldsymbol{\eta}) \in L^2(\omega), \rho_{\alpha\beta}(\eta) \in L^2(\omega)$ 由 (1.7.6) 所定义. 那么存在一个常数 $C_0(\omega, \boldsymbol{r})$ 使得 $\forall \vec{\eta} = (\eta_i) \in H^1(\omega) \times H^1(\omega) \times H^2(\omega)$ 有

$$
\begin{aligned}
&\left\{\sum_\alpha \|\eta_\alpha\|_{1,\omega}^2 + \|\eta_3\|_{2,\omega}^2\right\}^{1/2} \\
\leqslant & C_0\left\{\sum_\alpha \|\eta_\alpha\|_{0,\omega}^2 + \|\eta_3\|_{1,\omega}^2 + \sum_{\alpha\beta}(\|\gamma_{\alpha\beta}(\boldsymbol{\eta})\|_{0,\omega}^2 + \|\rho_{\alpha\beta}(\boldsymbol{\eta})\|_{0,\omega}^2)\right\}^{1/2}.
\end{aligned}
\tag{1.7.8}
$$

证明 (1) 定义空间

$$
\boldsymbol{W}(\omega) := \{\boldsymbol{\eta} \in L^2(\omega) \times L^2(\omega) \times H^1(\omega); \gamma_{\alpha\beta}(\boldsymbol{\eta}) \in L^2(\omega), \rho_{\alpha\beta}(\boldsymbol{\eta}) \in L^2(\omega)\}, \tag{1.7.9}
$$

并赋予范数

$$
\|\boldsymbol{\eta}\|_{\boldsymbol{W}(\omega)} := \left\{\sum_\alpha \|\boldsymbol{\eta}\|_{0,\omega}^2 + \|\eta^3\|\|_{1,\omega}^2 + \sum_{\alpha\beta}(\|\gamma_{\alpha\beta}(\boldsymbol{\eta})\|_{0,\omega}^2 + \|\rho_{\alpha\beta}(\boldsymbol{\eta})\|_{0,\omega}^2)\right\}^{1/2}, \tag{1.7.10}
$$

那么 $\boldsymbol{W}(\omega)$ 是一个 Hilbert 空间.

这里 "$\gamma_{\alpha\beta} \in L^2(\omega), \rho_{\alpha\beta} \in L^2(\omega)$" 是广义意义下的关系. 利用 (1.6.24) 和 $\eta^\lambda = a^{\lambda\sigma}\eta_\sigma \forall\varphi C_0^\infty(\omega)$,

$$
\left\{
\begin{aligned}
&\int_\omega \gamma_{\alpha\beta}(\boldsymbol{\eta})\mathrm{d}x = -\int_\omega \left\{\frac{1}{2}(\eta_\alpha\partial_\beta\varphi + \eta_\beta\partial_\alpha\varphi + \overset{*}{\Gamma}{}^\sigma{}_{\alpha\beta}\,\eta_\sigma\varphi + b_{\alpha\beta}\eta_3\varphi\right\}\mathrm{d}x, \\
&\int_\omega \rho_{\alpha\beta}(\boldsymbol{\eta})\mathrm{d}x = -\int_\omega \left\{\frac{1}{2}(\partial_\alpha\eta_3\partial_\beta\varphi + \overset{*}{\Gamma}{}^\lambda\,\partial_\lambda\eta_3\varphi + \eta_\lambda(\partial_\alpha(b_\beta^\lambda\varphi) + \partial_\beta(b_\alpha^\lambda\varphi))\right. \\
&\qquad\left. +(\overset{*}{\Gamma}{}^\sigma{}_{\beta\lambda}\,b_\alpha^\lambda + \overset{*}{\Gamma}{}^\sigma{}_{\alpha\lambda}\,b_\beta^\lambda)\eta_\sigma\varphi - \overset{*}{\nabla}_\alpha\,b_\beta^\sigma\varphi + c_{\alpha\beta}\eta_3\varphi\right\}\mathrm{d}x,
\end{aligned}
\right.
\tag{1.7.11}
$$

给出一个 Cauchy 点列 $\{\vec{\eta}^k \in \boldsymbol{W}(\omega)\}_{k=1}^\infty$, 由 $\|\cdot\|_{\boldsymbol{W}(\omega)}$ 定义可知, 存在向量和函数 $\eta \in L^2(\omega) \times L^2(\omega) \times H^1(\omega), \gamma_{\alpha\beta} \in L^2(\omega), \rho_{\alpha\beta} \in L^2(\omega)$ 使得 $\forall k \to \infty$,

$$
\begin{aligned}
&\boldsymbol{\eta}^k \to \boldsymbol{\eta}, \text{在 } L^2(\omega) \times L^2(\omega) \times H^1(\omega)\text{内}, \\
&\gamma_{\alpha\beta}(\boldsymbol{\eta}^k) \to \gamma_{\alpha\beta}, \text{在 } L^2(\omega)\text{内}, \\
&\rho_{\alpha\beta}(\boldsymbol{\eta}^k) \to \rho_{\alpha\beta}, \text{在 } L^2(\omega)\text{内},
\end{aligned}
$$

在 (1.7.12) 中, 令 $\boldsymbol{\eta} = \boldsymbol{\eta}^k$ 并令 $k \to \infty$, 可以断定 $\gamma_{\alpha\beta} = \gamma_{\alpha\beta}(\boldsymbol{\eta}), \rho_{\alpha\beta} = \rho_{\alpha\beta}(\boldsymbol{\eta})$.

(2) $\boldsymbol{W}(\omega) = H^1(\omega) \times H^1(\omega) \times H^2(\omega)$.

$H^1(\omega) \times H^1(\omega) \times H^2(\omega) \subset\subset \boldsymbol{W}(\omega)$ 是显然的. 我们要证明 $\boldsymbol{W}(\omega) \subset H^1(\omega) \times H^1(\omega) \times H^2(\omega) \subset$. 令 $\eta \in \boldsymbol{W}(\omega)$, 那么

$$s_{\alpha\beta} := \frac{1}{2}(\partial_\alpha \eta_\beta + \partial_\beta \eta_\alpha) = \gamma_{\alpha\beta}(\eta) + \overset{*}{\Gamma}{}^{\sigma}{}_{\alpha\beta}\, \eta_\sigma + b_{\alpha\beta}\eta_3.$$

由于 $\overset{*}{\Gamma}{}^{\sigma}{}_{\alpha\beta}$ 和 $b_{\alpha\beta}$ 是连续的, 因此 $s_{\alpha\beta}(\eta) \in L^2(\omega)$. 从而有

$$\begin{aligned}
&\partial_\sigma \eta_\alpha \in H^{-1}(\omega),\\
&\partial_\beta \partial_\sigma \eta_\alpha = \{\partial_\beta(s_{\alpha\sigma}(\eta)) + \partial_\sigma(s_{\alpha\beta}(\eta)) - \partial_\alpha(s_{\beta\sigma}(\eta))\} \in H^{-1}(\Omega),
\end{aligned}$$

因此, 由 Lions 引理, $\partial_\sigma \eta_\alpha \in L^2(\Omega)$, 所以 $\eta_\alpha \in H^1(\Omega)$.

由 $\rho_{\alpha\beta}(\boldsymbol{\eta})$ 定义, $\overset{*}{\Gamma}{}^{\sigma}{}_{\alpha\beta}, b_{\alpha\beta}, b_\alpha^\beta, \partial_\alpha b_\beta^\sigma$ 是连续和 $\rho_{\alpha\beta}(\boldsymbol{\eta}) \in L^2(\omega)$ 推出 $\partial_{\alpha\beta}\eta_3 \in L^2(\omega)$, 因此 $\eta_3 \in H^2(\omega)$.

(3) Korn 不等式 (1.7.8).

定义空间 $\boldsymbol{V}(\omega) := H^1(\omega) \times H^1(\omega) \times H^2(\omega)$ 并赋予范数 $\|\eta\|_{V(\omega)} := \left\{\sum\limits_\alpha \|\eta_\alpha\|_{1,\omega}^2 + \|\eta_3\|_{2,\omega}^2\right\}^{1/2}$ 从 $\boldsymbol{V}(\omega)$ 到 $\boldsymbol{W}(\Omega)$ 的恒等算子 I 是单射、连续的和双射 (因 (2)). 因为两个空间都是完备的, 由闭图像定理可知, 逆映射 I^{-1} 也是连续的, 而无边界条件的 Korn 不等式 (1.7.8) 就是这种连续性的表达式. 证毕.

定理 1.7.6　设 ω 是 $\Re^2$ 里的区域, 单射浸入 $\boldsymbol{r} \in C^3(\overline{\omega}, \boldsymbol{E}^3)$. 在曲面 $\Im$ 上定义 2D-3C 向量场

$$\boldsymbol{\eta} \in \boldsymbol{V}(\omega) := \{\boldsymbol{v} \in H^1(\omega) \times H^1(\omega) \times H^2(\omega), \boldsymbol{\eta}|_{\gamma_0} = 0, (\partial_\nu \eta_3)|_{\gamma_0} = 0\}, \tag{1.7.12}$$

这里 $\gamma_0 \subset \gamma = \partial\omega, \mathrm{meas}(\gamma_0) > 0$, ν 是 Γ 单位外法向量. 而曲面 $\Im(\eta) = \boldsymbol{r}(\eta)(\overline{\omega})$ 的度量张量和曲率张量的改变量线性部分的协变分量

$$\gamma_{\alpha\beta}(\boldsymbol{\eta}) \in L^2(\omega), \quad \rho_{\alpha\beta}(\boldsymbol{\eta}) \in L^2(\omega)$$

由 (1.7.7) 所定义. 那么存在一个常数 $C_0(\omega, \gamma_0, \boldsymbol{r})$ 使得 $\forall \vec{\eta} = (\eta_i) \in \boldsymbol{V}(\omega)$ 有

$$\left\{\sum_\alpha \|\eta_\alpha\|_{1,\omega}^2 + \|\eta_3\|_{2,\omega}^2\right\}^{1/2} \leqslant C_0 \left\{\sum_{\alpha\beta}(\|\gamma_{\alpha\beta}(\boldsymbol{\eta})\|_{0,\omega}^2 + \|\rho_{\alpha\beta}(\boldsymbol{\eta})\|_{0,\omega}^2)\right\}^{1/2}. \tag{1.7.13}$$

证明　赋予 $\boldsymbol{V}(\omega)$ 范数

$$\|\boldsymbol{\eta}\|_{\boldsymbol{V}(\omega)} = \left\{\sum_\alpha \|\eta_\alpha\|_{1,\omega}^2 + \|\eta_3\|_{2,\omega}^2\right\}^{1/2}, \tag{1.7.14}$$

显然 $\boldsymbol{V}(\omega)$ 是一个 Hilbert 空间. 用反证法. 设 (1.7.13) 不成立. 那么存在一个序列 $\boldsymbol{\eta}^k \in \boldsymbol{V}(\omega)$ 使得

$$\begin{cases} \|\boldsymbol{\eta}^k\|_{\boldsymbol{V}(\omega)} = 1, \quad \forall k, \\ \lim\limits_{k\to\infty} \left\{ \sum\limits_{\alpha\beta} (\|\gamma_{\alpha\beta}(\boldsymbol{\eta}^k)\|_{0,\omega}^2 + \|\rho_{\alpha\beta}(\boldsymbol{\eta}^k)\|_{0,\omega}^2) \right\}^{1/2} = 0. \end{cases} \tag{1.7.15}$$

由于 $\boldsymbol{\eta}^k$ 在 $H^1(\omega)\times H^1(\omega)\times H^2(\omega)$ 中有界, 由 Rcllic Kondrasov 定理, 存在一个子序列 $\boldsymbol{\eta}^l$ 在 $L^2(\omega)\times L^2(\omega)\times H^1(\omega), \boldsymbol{\eta}|_{\gamma_0}$ 中收敛. 由 (1.7.15), 序列 $\gamma_{\alpha\beta}(\boldsymbol{\eta}^l), \rho_{\alpha\beta}(\boldsymbol{\eta}^l)$ 同样在 $L^2(\omega)$ 中收敛. 子序列 $\boldsymbol{\eta}^l|_{l=1}^{\infty}$ 关于范数

$$\boldsymbol{\eta} \to \left\{ \sum_{\alpha} \|\eta_\alpha\|_{0,\omega}^2 + \|\eta_3\|_{1,\omega}^2 + \sum_{\alpha\beta} (\|\gamma_{\alpha\beta}(\boldsymbol{\eta}^k)\|_{0,\omega}^2 + \|\rho_{\alpha\beta}(\boldsymbol{\eta}^k)\|_{0,\omega}^2) \right\}^{1/2}$$

是一个 Cauchy 点列, 由于定理 1.7.5 的无边界条件的 Korn 不等式 (1.7.8), 它同样也是关于范数 $\|\cdots\|_{\boldsymbol{V}(\omega)}$ 的 Cauchy 点列. 因为 $\boldsymbol{V}(\omega)$ 是 $H^1(\omega)\times H^1(\omega)\times H^2(\omega)$ 闭的完备的子空间, 存在一个向量 $\eta \in \boldsymbol{V}(\omega)$ 使得

$$\boldsymbol{\eta}^l \to \boldsymbol{\eta} \quad 在\ H^1(\omega)\times H^1(\omega)\times H^2(\omega) 内.$$

同时极限也满足

$$\begin{cases} \|\gamma_{\alpha\beta}(\boldsymbol{\eta})\|_{0,\omega} = \lim l \to \infty \|\gamma_{\alpha\beta}(\boldsymbol{\eta}^l)\|_{0,\omega} = 0, \\ \|\rho_{\alpha\beta}(\boldsymbol{\eta})\|_{0,\omega} = \lim\limits_{l\to\infty} \|\rho_{\alpha\beta}(\boldsymbol{\eta}^l)\|_{0,\omega} = 0. \end{cases}$$

因此由无限小刚性位移定理 1.7.2, $\eta = 0$. 这与 (1.7.15) 矛盾. 定理得证.

下面考虑第二无边界条件 Korn 不等式, 它对 2D-3C 向量场的第三变量光滑性要求降低.

定理 1.7.7(曲面上的第二无边界条件 Korn 不等式) 设 $\omega \subset \Re^2$ 一个区域, $\boldsymbol{r} \in C^2(D)$ 是单射浸入使得向量 $\boldsymbol{r}_\alpha$ 在 $\overline{\omega}$ 上线性无关. 在曲面 $\Im = \boldsymbol{r}(\overline{\omega})$ 上给出一个 2D-3C 向量场 η,

$$\eta \in H^1(\omega)\times H^1(\omega)\times L^2(\omega),$$
$$\gamma_{\alpha\beta}(\eta) := \frac{1}{2}(\overset{0}{\nabla}_\alpha \eta_\beta + \overset{0}{\nabla}_\beta \eta_\alpha) \in L^2(\omega),$$

那么存在一个常数 $c_0 = c_0(\omega, \boldsymbol{r})$ 使得

$$\left\{ \sum_{\alpha} \|\eta_\alpha\|_{1,\omega}^2 + \|\eta_3\|_{0,\omega}^2 \right\}^{1/2} \leqslant c_0 \left\{ \sum_{i} \|\eta_i\|_{0,\omega}^2 + \sum_{\alpha,\beta} \|\gamma_{\alpha\beta}(\eta)\|_{0,D}^2 \right\}^{1/2},$$
$$\forall \eta \in H^1(\omega)\times H^1(\omega)\times L^2(\omega), \tag{1.7.16}$$

证明 证明方法与定理 1.7.3 类似. 先定义一个空间

$$\boldsymbol{W}_M(\omega) := \{\eta \in \boldsymbol{L}^2(\omega);\ \gamma_{\alpha\beta}(\eta) \in L^2(\omega)\},$$

赋予范数

$$\|\boldsymbol{\eta}\|_{\boldsymbol{W}_M(\omega)} := \left\{\sum_i \|\eta_i\|_{0,\omega}^2 + \sum_{\alpha,\beta} \|\gamma_{\alpha\beta}(\boldsymbol{\eta})\|_{0,\omega}^2\right\}^{1/2}$$

后, 是一个 Hilbert 空间, 并且

$$\boldsymbol{W}_M(\omega) = H^1(\omega) \times H^1(\omega) \times L^2(\omega).$$

最后, 从赋予范数 $\|\boldsymbol{\eta}\|_{H^1(\omega)\times H^1(\omega)\times L^2(\omega)} = \left\{\sum_\alpha \|\eta_\alpha\|_{1,\omega}^2 + \|\eta_3\|_{0,\omega}^2\right\}^{1/2}$ 的 Hilbert 空间 $H^1(\omega) \times H^1(\omega) \times L^2(\omega)$ 到 $\boldsymbol{W}_M(\omega)$ 上恒等映射 I 是连续和双射的, 由闭图像定理, I^{-1} 也是连续. 从而推出 (1.7.16). 证毕.

定理 1.7.8 设 $\omega \subset \Re^2$ 是一个区域, $\boldsymbol{r} \in C^2(D)$ 是单射浸入使得向量 $\boldsymbol{r}_\alpha$ 在 $\overline{\omega}$ 上线性无关. 在曲面 $\Im = \boldsymbol{r}(\overline{\omega})$ 是椭圆的, 即其上的 Gauss 曲率是正的: $K > 0$, 也就是

$$\sum_\alpha |\xi^\alpha|^2 \leqslant c|b_{\alpha\beta}(x)\xi^\alpha\xi^\beta|, \quad \forall x \in \overline{\omega}, (\xi^\alpha) \in \Re^2.$$

设在曲面上给出一个 2D-3C 向量场 η,

$$\eta \in \boldsymbol{V}_M(\omega) := \{\eta \in\ H^1(\omega) \times H^1(\omega) \times L^2(\omega)\},$$

$$\gamma_{\alpha\beta}(\eta) := \frac{1}{2}(\overset{0}{\nabla}_\alpha \eta_\beta + \overset{0}{\nabla}_\beta \eta_\alpha) \in L^2(\omega).$$

那么存在一个常数 $c_M = c_0(\omega, \boldsymbol{r})$ 使得

$$\left\{\sum_\alpha \|\eta_\alpha\|_{1,\omega}^2 + \|\eta_3\|_{0,\omega}^2\right\}^{1/2} \leqslant c_M \left\{\sum_{\alpha,\beta} \|\gamma_{\alpha\beta}(\eta)\|_{0,\omega}^2\right\}^{1/2},$$

$$\forall \eta \in \boldsymbol{V}_M(\omega) := H_0^1(\omega) \times H_0^1(\omega) \times L^2(\omega). \tag{1.7.17}$$

证明参见文献 [18].

下面是关于一般 n 维 Riemann 流形上的 Korn 不等式[22].

定理 1.7.9 设 $(\mathcal{M}, a)$ 是一个二维有向 Riemann 流形, $T\mathcal{M}$ 是切丛. 设 $\Omega \subset \mathcal{M}$ 是一个有边界的开集, $\partial\Omega \in C^{1,1}$, $\boldsymbol{v}$ 是一个 Riemann 流形 $\mathcal{M}$ 切丛上的向量场. 那么存在一个正常数 c 使得

$$\|\overset{*}{\nabla} \boldsymbol{v}\|_{0,\Omega}^2 \leqslant C\{\|\boldsymbol{v}\|_{0,\Omega}^2 + \|e(\boldsymbol{v})\|_{0,\Omega}^2\}, \tag{1.7.18}$$

另外, $\gamma \subset \partial\Omega$ 是一个 Hausdorff 维数 $\dim_H(\gamma) > n-2$ 的边界, 并且 Ω 是凸集, 那么存在一个正常数 c 使得

$$\| \overset{*}{\nabla} \boldsymbol{v}\|_{0,\Omega}^2 \leqslant C\|e(\boldsymbol{v})\|_{0,\Omega}^2, \quad \forall \boldsymbol{v} \in \mathcal{V} := H^2(\Omega, T\Omega) \cap \{\boldsymbol{v}|_\gamma = 0\}, \tag{1.7.19}$$

其中范数的定义见 (1.7.1).

引理 1.7.2 关于 Riemann 流形上的 Sobolev 范数 (1.7.1), 存在下列关系: $\forall \boldsymbol{\eta} \in H^1(\omega)$,

$$\begin{cases} | \overset{*}{\nabla} \boldsymbol{\eta}|^2 = |e(\boldsymbol{\eta})|^2 + |r(\boldsymbol{\eta})|^2, \\ \| \overset{*}{\nabla} \boldsymbol{\eta}\|_{0,\omega}^2 = \|e(\boldsymbol{\eta})\|_{0,\omega}^2 + \|r(\boldsymbol{\eta})\|_{0,\eta}^2, \\ | \overset{*}{\nabla} \boldsymbol{\eta}|^2 + | \overset{*}{\operatorname{div}} \boldsymbol{\eta}|^2 + \overset{*}{\operatorname{div}} ((\boldsymbol{\eta} \overset{*}{\nabla})\boldsymbol{\eta} - \boldsymbol{\eta} \overset{*}{\operatorname{div}} \boldsymbol{\eta}) = 2|e(\boldsymbol{\eta})|^2, \\ \| \overset{*}{\nabla} \boldsymbol{\eta}\|_{0,\omega}^2 + \| \overset{*}{\operatorname{div}} \boldsymbol{\eta}\|_{0,\omega}^2 + \int_{\partial\omega} ((\boldsymbol{\eta} \overset{*}{\nabla})\boldsymbol{\eta} - \boldsymbol{\eta} \overset{*}{\operatorname{div}} \boldsymbol{\eta}) \cdot n dl = 2\|e(\boldsymbol{\eta})\|_{0,\omega}^2, \\ | \overset{*}{\nabla} \boldsymbol{\eta}|^2 - \overset{*}{\operatorname{div}} ((\boldsymbol{\eta} \overset{*}{\nabla})\boldsymbol{\eta} - \boldsymbol{\eta} \overset{*}{\operatorname{div}} \boldsymbol{\eta}) = | \overset{*}{\operatorname{div}} \boldsymbol{\eta}|^2 + 2|r(\boldsymbol{\eta})|^2, \\ \| \overset{*}{\nabla} \boldsymbol{\eta}\|_{0,\omega}^2 - \int_{\partial\omega} ((\omega \overset{*}{\nabla})\omega - \omega \overset{*}{\operatorname{div}} \boldsymbol{\eta}) n dl = \| \overset{*}{\operatorname{div}} \boldsymbol{\eta}\|_{0,\omega}^2 + 2\|r(\boldsymbol{\eta})\|_{0,\omega}^2, \end{cases} \tag{1.7.20}$$

$$\begin{cases} | \overset{*}{\nabla} \boldsymbol{\eta}|^2 + | \overset{*}{\operatorname{div}} \boldsymbol{\eta}|^2 + \overset{*}{\operatorname{div}} ((\boldsymbol{\eta} \overset{*}{\nabla})\boldsymbol{\eta} - \boldsymbol{\eta} \overset{*}{\operatorname{div}} \boldsymbol{\eta}) \\ \leqslant 4(|\gamma(\boldsymbol{\eta})|^2 + (4H^2 - 2K)\eta^3\eta^3), \end{cases} \tag{1.7.21}$$

这里 k_1, k_2 是曲面 $\Im$ 的主曲率,

$$H = \frac{1}{2}(k_1 + k_2), \quad K = k_1 k_2, \quad 4H^2 - 2K = k_1^2 + k_2^2.$$

证明

$$\begin{aligned} 4|e(\boldsymbol{\eta})|^2 &= a^{\alpha\lambda}a^{\beta\sigma}(\overset{*}{\nabla}_\alpha \eta_\beta + \overset{*}{\nabla}_\beta \eta_\alpha)(\overset{*}{\nabla}_\lambda \eta_\sigma + \overset{*}{\nabla}_\sigma \eta_\lambda) = 4 \overset{*}{\nabla}{}^\alpha \eta^\beta \overset{*}{\nabla}_\alpha \eta_\beta, \\ | \overset{*}{\nabla} \boldsymbol{\eta}|^2 &= a^{\alpha\lambda}a^{\beta\sigma} \overset{*}{\nabla}_\alpha \eta_\beta \overset{*}{\nabla}_\lambda \eta_\sigma = \overset{*}{\nabla}{}^\alpha \eta^\lambda \overset{*}{\nabla}_\alpha \eta_\lambda, \\ | \overset{*}{\operatorname{div}} \boldsymbol{\eta}|^2 &= \overset{*}{\nabla}_\alpha \eta^\alpha \overset{*}{\nabla}_\lambda \eta^\lambda, \\ | \overset{*}{\nabla} \boldsymbol{\eta}|^2 + | \overset{*}{\operatorname{div}} \boldsymbol{\eta}|^2 &= 2|e(\boldsymbol{\eta})|^2 - \overset{*}{\nabla}_\alpha \eta^\lambda \overset{*}{\nabla}_\lambda \eta^\alpha + \overset{*}{\nabla}_\alpha \eta^\alpha \overset{*}{\nabla}_\lambda \eta^\lambda \\ &= 2|e(\boldsymbol{\eta})|^2 - \overset{*}{\nabla}_\alpha (\eta^\lambda \overset{*}{\nabla}_\lambda \eta^\alpha - \eta^\alpha \overset{*}{\nabla}_\lambda \eta^\lambda) \\ &= 2|e(\boldsymbol{\eta})|^2 - \overset{*}{\operatorname{div}} ((\eta \overset{*}{\nabla} \eta - \eta \overset{*}{\operatorname{div}} \eta). \end{aligned}$$

由于

$$\overset{*}{\nabla}_\alpha \eta_\beta = \overset{*}{e}_{\alpha\beta} (\boldsymbol{\eta}) + r_{\alpha\beta}(\boldsymbol{\eta}),$$

因此

$$
\begin{aligned}
|\overset{*}{\nabla}\boldsymbol{\eta}|^2 =& a^{\alpha\lambda}a^{\beta\sigma}\overset{*}{\nabla}_\alpha \eta_\beta \overset{*}{\nabla}_\lambda \eta_\sigma \\
=& a^{\alpha\lambda}a^{\beta\sigma}[\overset{*}{e}_{\alpha\beta}(\boldsymbol{\eta}) + r_{\alpha\beta}(\boldsymbol{\eta})][\overset{*}{e}_{\lambda\sigma}(\boldsymbol{\eta}) + r_{\lambda\sigma}(\boldsymbol{\eta})] = |e(\boldsymbol{\eta})|^2 \\
&+ |r(\boldsymbol{\eta})|^2 + a^{\alpha\lambda}a^{\beta\sigma}(\overset{*}{e}_{\alpha\beta}(\boldsymbol{\eta})r_{\lambda\sigma}(\boldsymbol{\eta}) + \overset{*}{e}_{\lambda\sigma}(\boldsymbol{\eta})r_{\alpha\beta}(\boldsymbol{\eta})).
\end{aligned}
\tag{1.7.22}
$$

由于旋转张量 $r_{\alpha\beta}(\boldsymbol{\eta})$ 关于指标反对称性和变形张量 $\overset{*}{e}_{\alpha\beta}(\eta)$ 关于指标的对称性,

$$
r_{\alpha\beta}(\boldsymbol{\eta}) = -r_{\beta\alpha}(\boldsymbol{\eta}), \quad \overset{*}{e}_{\alpha\beta}(\boldsymbol{\eta}) = \overset{*}{e}_{\beta\alpha}(\boldsymbol{\eta}).
$$

我们断定

$$
\begin{aligned}
a^{\alpha\lambda}a^{\beta\sigma}\overset{*}{e}_{\lambda\sigma}(\boldsymbol{\eta})r_{\alpha\beta}(\boldsymbol{\eta}) &= -a^{\sigma\beta}a^{\lambda\alpha}\overset{*}{e}_{\sigma\lambda}(\boldsymbol{\eta})r_{\beta\alpha}(\boldsymbol{\eta}) \\
&= a^{\alpha\lambda}a^{\beta\sigma}\overset{*}{e}_{\alpha\beta}(\boldsymbol{\eta})r_{\lambda\sigma}(\boldsymbol{\eta}),
\end{aligned}
$$

回到 (1.7.22) 推出 (1.7.20).

类似, 如果向量场上是 2D-3C 向量, 由于

$$
\begin{cases}
\gamma_{\alpha\beta}(\boldsymbol{\eta}) = \overset{*}{e}_{\alpha\beta}(\boldsymbol{\eta}) - b_{\alpha\beta}\eta^3, \quad b^{\alpha\beta} = a^{\alpha\lambda}a^{\beta\sigma}b_{\lambda\sigma}, \\
b^{\alpha\beta}b_{\alpha\beta} = c_\alpha^\alpha = 4H^2 - 2K = k_1^2 + k_2^2
\end{cases}
\tag{1.7.23}
$$

和 (1.7.22), 那么有

$$
\begin{aligned}
|\gamma(\boldsymbol{\eta})|^2 =& |e(\boldsymbol{\eta})|^2 - 2a^{\alpha\lambda}a^{\beta\sigma}\overset{*}{e}_{\lambda\sigma}(\boldsymbol{\eta})b_{\alpha\beta}\eta^3 + a^{\alpha\lambda}a^{\beta\sigma}b_{\lambda\sigma}b_{\alpha\beta}\eta^3\eta^3 \\
=& \frac{1}{2}(|\overset{*}{\nabla}\boldsymbol{\eta}|^2 + |\overset{*}{\operatorname{div}}\boldsymbol{\eta}|^2 + \overset{*}{\operatorname{div}}((\boldsymbol{\eta}\overset{*}{\nabla})\boldsymbol{\eta} - \boldsymbol{\eta}\overset{*}{\operatorname{div}}\boldsymbol{\eta})) \\
&- 2b^{\alpha\beta}\gamma_{\alpha\beta}(\eta)\eta^3 - (4H^2 - 2K)\eta^3\eta^3, \\
&|\gamma(\boldsymbol{\eta})|^2 + 2\gamma_{\alpha\beta}(\eta)b^{\alpha\beta}\eta^3 + (4H^2 - 2K)\eta^3\eta^3 \\
=& \frac{1}{2}(|\overset{*}{\nabla}\boldsymbol{\eta}|^2 + |\overset{*}{\operatorname{div}}\boldsymbol{\eta}|^2 + \overset{*}{\operatorname{div}}((\boldsymbol{\eta}\overset{*}{\nabla})\boldsymbol{\eta} - \boldsymbol{\eta}\overset{*}{\operatorname{div}}\boldsymbol{\eta})).
\end{aligned}
$$

由于

$$
|2a^{\alpha\lambda}a^{\beta\sigma}\gamma_{\lambda\sigma}(\boldsymbol{\eta})b_{\alpha\beta}\eta\hat{}\ 3\,| \leqslant a^{\alpha\lambda}a^{\beta\sigma}\gamma_{\alpha\beta}(\boldsymbol{\eta})\gamma_{\lambda\sigma}(\boldsymbol{\eta}) + b^{\alpha\beta}b_{\alpha\beta}\eta^3\eta^3,
$$

可以推出

$$
|\overset{*}{\nabla}\boldsymbol{\eta}|^2 + |\overset{*}{\operatorname{div}}\boldsymbol{\eta}|^2 + \overset{*}{\operatorname{div}}((\boldsymbol{\eta}\overset{*}{\nabla})\boldsymbol{\eta} - \boldsymbol{\eta}\overset{*}{\operatorname{div}}\boldsymbol{\eta}) \leqslant 4(|\gamma(\boldsymbol{\eta})|^2 + b^{\alpha\beta}b_{\alpha\beta}\eta^3\eta^3).
$$

从这里和 (1.7.23) 推出 (1.7.21). 定理得证.

引理 1.7.3 存在正常数 λ, Λ 使得

$$
\lambda|\xi|^2 \leqslant a_{\alpha\beta}\xi^\alpha\xi^\beta \leqslant \Lambda|\xi|^2, \quad \forall\xi \in E^2,
\tag{1.7.24}
$$

$$
\begin{cases}
\lambda \sum_{\alpha} |\eta^\alpha|^2 \leqslant |\eta|^2 \leqslant \Lambda \sum_{\alpha} |\eta^\alpha|^2, \\
\lambda \sum_{\alpha,\beta} |\overset{*}{\nabla}_\beta \eta^\alpha|^2 \leqslant |\overset{*}{\nabla} \eta|^2 \leqslant \Lambda \sum_{\alpha,\beta} |\overset{*}{\nabla}_\beta \eta^\alpha|^2, \\
\lambda \sum_{\alpha} \int_\omega |\eta^\alpha|^2 \sqrt{a} \mathrm{d}x \leqslant \|\eta\|_{0,\omega}^2 \leqslant \Lambda \sum_{\alpha} \int_\omega |\eta^\alpha|^2 \sqrt{a} \mathrm{d}x, \\
\lambda |\boldsymbol{\eta}|_{1,\omega}^2 \leqslant \| \overset{*}{\nabla} \boldsymbol{\eta}\|_{0,\omega}^2 \leqslant \Lambda |\boldsymbol{\eta}|_{1,\omega}^2
\end{cases} \tag{1.7.25}
$$

和

$$
\begin{cases}
\lambda \sum_{\alpha,\beta} |\overset{*}{e}_{\alpha\beta}(\boldsymbol{\eta})|^2 \leqslant |\overset{*}{e}(\boldsymbol{\eta})|^2 \leqslant \Lambda \sum_{\alpha,\beta} |\overset{*}{e}_{\alpha\beta}(\boldsymbol{\eta})|^2, \\
\lambda \sum_{\alpha,\beta} |\gamma_{\alpha\beta}(\boldsymbol{\eta})|^2 \leqslant |\gamma(\boldsymbol{\eta})|^2 \leqslant \Lambda \sum_{\alpha,\beta} |\gamma_{\alpha\beta}(\boldsymbol{\eta})|^2,
\end{cases} \tag{1.7.26}
$$

其中

$$
|\boldsymbol{\eta}|_{1,\omega}^2 = \sum_{\alpha,\beta} \int_\omega |\overset{*}{\nabla}_\beta \eta^\alpha|^2 \sqrt{a} \mathrm{d}x = \sum_{\alpha,\beta} \|\overset{*}{\nabla}_\beta \eta^\alpha\|_{0,\omega}^2
$$

为 $H^1(\omega) \times H^1(\omega)$ 中的半范.

证明 因为度量张量 $a_{\alpha\beta}$ 是正定的, 显然引理成立.

注 显然, $|\overset{*}{\nabla} \cdot|_{0,\omega}$ 是 $H^1(\omega) \times H^1(\omega)$ 中等价范数. 由 (1.7.24) 我们断定

$$
\sum_{\alpha,\beta} \|\overset{*}{e}_{\alpha\beta}(\eta)\|_{0,\omega} \leqslant \sqrt{\frac{\Lambda}{\lambda}} |\eta|_{1,\omega}, \quad \forall \eta \in H^1(\omega) \times H^1(\omega). \tag{1.7.27}
$$

引理 1.7.4

$$
\begin{cases}
|r(\boldsymbol{\eta})|^2 + (\overset{*}{\mathrm{div}}\, \boldsymbol{\eta})^2 = |e(\boldsymbol{\eta})|^2 - \overset{*}{\nabla}_\alpha (\eta^\beta \overset{*}{\nabla}_\beta \eta^\alpha - \eta^\alpha \overset{*}{\mathrm{div}}\, \boldsymbol{\eta}) + K|\boldsymbol{\eta}|^2, \\
\|r(\boldsymbol{\eta})\|_{0,\omega}^2 + \|\overset{*}{\mathrm{div}}\, (\boldsymbol{\eta})\|_{0,\omega}^2 = \|e(\boldsymbol{\eta})\|_{0,\omega}^2 + \int_\omega K|\boldsymbol{\eta}|^2 \sqrt{a} \mathrm{d}x \\
\qquad - \int_{\partial\omega} (\eta^\beta \overset{*}{\nabla}_\beta \boldsymbol{\eta} - \boldsymbol{\eta} \overset{*}{\mathrm{div}}\, \boldsymbol{\eta}) \cdot n \cdot \mathrm{d}l.
\end{cases} \tag{1.7.28}
$$

证明 显然,

$$
\begin{aligned}
|r(\boldsymbol{\eta})|^2 =& \frac{1}{4} a^{\alpha\lambda} a^{\beta\sigma} (\overset{*}{\nabla}_\alpha \eta_\beta - \overset{*}{\nabla}_\beta \eta_\alpha)(\overset{*}{\nabla}_\lambda \eta_\sigma - \overset{*}{\nabla}_\sigma \eta_\lambda) \\
=& \frac{1}{4} a^{\alpha\lambda} a^{\beta\sigma} (2 \overset{*}{e}_{\alpha\beta}(\boldsymbol{\eta}) - 2 \overset{*}{\nabla}_\beta \eta_\alpha)(2 \overset{*}{e}_{\lambda\sigma}(\boldsymbol{\eta}) - 2 \overset{*}{\nabla}_\sigma \eta_\lambda) \\
=& |e(\boldsymbol{\eta})|^2 - \frac{1}{2} a^{\alpha\lambda} a^{\beta\sigma} [\overset{*}{e}_{\alpha\beta}(\boldsymbol{\eta}) \overset{*}{\nabla}_\sigma \eta_\lambda + \overset{*}{e}_{\lambda\sigma}(\boldsymbol{\eta}) \overset{*}{\nabla}_\beta \eta_\alpha \\
& - 2 \overset{*}{\nabla}_\beta \eta_\alpha \overset{*}{\nabla}_\sigma \eta_\lambda] \\
=& |e(\boldsymbol{\eta})|^2 - \frac{1}{2} a^{\alpha\lambda} a^{\beta\sigma} [(\overset{*}{e}_{\alpha\beta}(\boldsymbol{\eta}) - \overset{*}{\nabla}_\beta \eta_\alpha) \overset{*}{\nabla}_\sigma \eta_\lambda \\
& + (\overset{*}{e}_{\lambda\sigma}(\boldsymbol{\eta}) - \overset{*}{\nabla}_\sigma \eta_\lambda) \overset{*}{\nabla}_\beta \eta_\alpha]
\end{aligned}
$$

$$
\begin{aligned}
&=|e(\boldsymbol{\eta})|^2-\frac{1}{2}a^{\alpha\lambda}a^{\beta\sigma}[\overset{*}{\nabla}_\alpha\,\eta_\beta\,\overset{*}{\nabla}_\sigma\,\eta_\lambda+\overset{*}{\nabla}_\beta\,\eta_\alpha\,\overset{*}{\nabla}_\lambda\,\eta_\sigma]\\
&=|e(\boldsymbol{\eta})|^2-\overset{*}{\nabla}_\alpha\,\eta_\beta\,\overset{*}{\nabla}{}^\beta\,\eta^\alpha,\\
|r(\boldsymbol{\eta})|^2&=|e(\boldsymbol{\eta})|^2-\overset{*}{\nabla}_\alpha\,\eta^\lambda\,\overset{*}{\nabla}_\lambda\,\eta^\alpha,
\end{aligned}
\tag{1.7.29}
$$

但是

$$
\begin{aligned}
\overset{*}{\nabla}_\alpha\,\eta^\beta\,\overset{*}{\nabla}_\beta\,\eta^\alpha&=\overset{*}{\nabla}_\alpha\,(\eta^\beta\,\overset{*}{\nabla}_\beta\,\eta^\alpha)-\eta^\beta\,\overset{*}{\nabla}_\alpha\overset{*}{\nabla}_\beta\,\eta^\alpha\\
&=\overset{*}{\nabla}_\alpha\,(\eta^\beta\,\overset{*}{\nabla}_\beta\,\eta^\alpha)-\eta^\beta\,\overset{*}{\nabla}_\alpha\overset{*}{\nabla}_\beta\,\eta^\alpha,
\end{aligned}
\tag{1.7.30}
$$

利用二维 Riemann 流形上的 Ricci 公式 (1.5.21) 和 Ricci 曲率张量公式 (1.5.23),

$$
\overset{*}{\nabla}_\alpha\overset{*}{\nabla}_\beta\,\eta^\lambda=\overset{*}{\nabla}_\beta\overset{*}{\nabla}_\alpha\,\eta^\lambda+\overset{*}{R}{}^\lambda{}_{\sigma\alpha\beta}\,\eta^\sigma,\quad \overset{*}{R}_{\alpha\beta}=Ka_{\alpha\beta},
$$

得到

$$
\begin{aligned}
\eta^\beta\,\overset{*}{\nabla}_\alpha\overset{*}{\nabla}_\beta\,\eta^\alpha&=\eta^\beta\,\overset{*}{\nabla}_\beta\overset{*}{\nabla}_\alpha\,\eta^\alpha+\eta^\beta\,\overset{*}{R}{}^\alpha{}_{\lambda\alpha\beta}\,\eta^\lambda\\
&=\eta^\beta\,\overset{*}{\nabla}_\beta\overset{*}{\mathrm{div}}\,\eta+\eta^\beta\,\overset{*}{R}_{\lambda\beta}\,\eta^\lambda\\
&=\overset{*}{\nabla}_\beta\,(\eta^\beta\,\overset{*}{\mathrm{div}}\,\eta)-(\overset{*}{\mathrm{div}}\,\eta)^2+Ka_{\lambda\beta}\eta^\beta\eta^\lambda\\
&=\overset{*}{\nabla}_\beta\,(\eta^\beta\,\overset{*}{\mathrm{div}}\,\eta)-(\overset{*}{\mathrm{div}}\,\eta)^2+K|\eta|^2.
\end{aligned}
\tag{1.7.31}
$$

总之, (1.7.30), (1.7.31) 代入 (1.7.29) 可以推出 (1.7.28). 证毕.

定理 1.7.10　设 $\Im$ 是一个二维有边界 $\partial\Im\in C^{1,1}$ 曲面. $\omega\subset\Re^2$ 是一个区域, $\boldsymbol{r}$ 是一个单射浸入, $\eta\in\boldsymbol{V}(\omega):=\{\eta\in H^1(D)\times H^1(D)\times L^2(D)\}$ 是一个定义在 $\Im$ 的 2D-3C 满足下列边界条件的向量场:

$$
\begin{cases}
\eta|_{\partial D}=0,\quad \text{或}\\
\eta|_{\gamma_s}=0,\quad (\eta^\beta\,\overset{*}{\nabla}_\beta\,\eta^\alpha-\eta^\alpha\,\overset{*}{\mathrm{div}}\,\eta)\nu_\alpha|_{\gamma_0}=0,\quad \partial\omega=\gamma_s\cup\gamma_0,
\end{cases}
\tag{1.7.32}
$$

其中 ν 是 ω 的单位外法线向量. η 的变形张量场和混合变形张量场

$$
\begin{aligned}
&\overset{*}{e}_{\alpha\beta}\,(\eta):=\frac{1}{2}(\overset{*}{\nabla}_\alpha\,\eta_\beta+\overset{*}{\nabla}_\beta\,\eta_\alpha)=\frac{1}{2}(a_{\beta\lambda}\,\overset{*}{\nabla}_\alpha\,\eta^\lambda+a_{\alpha\lambda}\,\overset{*}{\nabla}_\beta\,\eta^\lambda)\in L^2(\omega),\\
&\gamma_{\alpha\beta}(\eta):=\frac{1}{2}(\overset{0}{\nabla}_\alpha\,\eta_\beta+\overset{0}{\nabla}_\beta\,\eta_\alpha)\in L^2(\omega).
\end{aligned}
$$

那么 $\forall\eta\in\boldsymbol{V}(\omega)$, 成立下列 Riemann 流形上 Korn 不等式

$$
\lambda\sum_{\alpha,\beta}\|\,\overset{*}{\nabla}_\alpha\,\eta^\beta\|_{0,\omega}^2\leqslant\|\,\overset{*}{\nabla}\,\eta\|_{0,\omega}^2\leqslant\|e(\eta)\|_{0,\omega}^2\leqslant\Lambda\sum_{\alpha,\beta}\|\,\overset{*}{e}_{\alpha\beta}\,(\eta)\|_{0,\omega}^2,
\tag{1.7.33}
$$

$$\begin{cases} \{\| \overset{*}{\nabla} \eta\|_{0,\omega}^2 + \| \overset{*}{\operatorname{div}} \eta\|_{0,\omega}^2 \leqslant 4\|\gamma(\eta)\|_{0,\omega}^2 + K_0\|\eta\|_{0,\omega}^2, \\ \lambda \sum_{\alpha,\beta} \| \overset{*}{\nabla}_\alpha \eta^\beta\|_{0,\omega}^2 + \| \overset{*}{\operatorname{div}} \eta\|_{0,\eta}^2 \leqslant 4\Lambda \sum_{\alpha,\beta} \|\gamma_{\alpha\beta}(\eta)\|_{0,\omega}^2 + K_0\|\eta\|_{0,\omega}^2, \end{cases} \tag{1.7.34}$$

$$\begin{cases} \left\{ \sum_{\alpha,\beta} \|\partial_\alpha \eta^\beta\|_{0,\omega}^2 + \sum_\alpha \|\eta^\alpha\|_{0,\omega}^2 \right\} \leqslant C\left(\sum_{\alpha,\beta} \| \overset{*}{e}_{\alpha\beta}(\eta)\|_{0,\omega}^2 + \sum_\alpha \|\eta^\alpha\|_{0,\omega}^2 \right), \\ \left\{ \sum_{\alpha,\beta} \|\partial_\alpha \eta^\beta\|_{0,\omega}^2 + \sum_\alpha \|\eta^\alpha\|_{0,\omega}^2 + \| \overset{*}{\operatorname{div}} \eta\|_{0,\omega}^2 \right\} \leqslant C \left(\sum_{\alpha,\beta} \|\gamma_{\alpha\beta}(\eta)\|_{0,\omega}^2 + \|\eta\|_{0,\eta}^2 \right), \end{cases} \tag{1.7.35}$$

其中

$$K_0 = 4\min_\omega (k_1^2 + k_2^2), \quad \|\eta\|_{0,\omega}^2 = \sum_i \|\eta^i\|_{0,\omega}^2. \tag{1.7.36}$$

证明 应用 Gauss 定理和边界条件

$$\int_\omega \overset{*}{\nabla}_\alpha (\eta^\beta \overset{*}{\nabla}_\beta \eta^\alpha - \eta^\alpha \overset{*}{\operatorname{div}} \eta)\sqrt{a}\mathrm{d}x = \int_{\partial D} (\eta^\beta \overset{*}{\nabla}_\beta \eta^\alpha - \eta^\alpha \overset{*}{\operatorname{div}} \eta) n_\alpha \mathrm{d}s = 0,$$

由 (1.7.28) 推出 (1.7.34). 应用类似方法, 从 (1.7.25), (1.7.26) 代入 (1.7.34) 第一式推出 (1.7.34) 的第二式.

下面考虑 Sobolev 范数. 因为

$$\overset{*}{\nabla}_\alpha \eta^\beta = \frac{\partial \eta^\beta}{\partial x^\alpha} + \overset{*}{\Gamma}{}^\beta_{\alpha\lambda} \eta^\lambda, \quad \frac{\partial \eta^\beta}{\partial x^\alpha} = \overset{*}{\nabla}_\alpha \eta^\beta - \overset{*}{\Gamma}{}^\beta_{\alpha\lambda} \eta^\lambda,$$

故

$$\sum_{\alpha,\beta} \left\| \frac{\partial \eta^\beta}{\partial x^\alpha} \right\|_{0,\omega}^2 \leqslant C \left\{ \sum_{\alpha,\beta} \| \overset{*}{\nabla}_\alpha \eta_0^\beta\|_{0,\omega}^2 + \sum_\alpha \|\eta^\alpha\|_{0,\omega}^2 \right\}, \tag{1.7.37}$$

综合 (1.7.34), (1.7.33) 和 (1.7.37) 推出 (1.7.35). 证毕.

1.8 S- 族坐标系

为简单起见, 仅考察三维空间情形. 在三维欧氏空间 $\boldsymbol{E}^3$ 或 Riemann 空间 $\boldsymbol{V}_3$ 中, 建立曲线坐标系 (x^i), 因此, 对任意一个二维光滑曲面 $\boldsymbol{V}_2$, 其参数方程为

$$x^i = x^i(\xi^1, \xi^2), \quad i = 1, 2, 3,$$

其中 (ξ^1, ξ^2) 是 $\boldsymbol{V}_2$ 上的 Gauss 坐标系. 对于任一点 $(\xi^1, \xi^2) \in D \subset \Re^2$, 对应 $\boldsymbol{V}_2$ 上一固定点 M, 当 (ξ^1, ξ^2) 历遍某一连通区域 D 时, M 点历遍 V_2.

由于在 V_2 上每一点 M, 都有一确定的单位法向量 $\boldsymbol{n}$, 因而可以通过 M 及 $\boldsymbol{n}$, 作一测地线, 称此为 V_2 的法向测地线, 记 s 为法向测地线的弧长.

对 $\boldsymbol{E}_3$ 或 $\boldsymbol{V}^3$ 邻域内任一点 P, 有 $\boldsymbol{V}_2$ 上一点 M 与之对应, 使过 M 点 V_2 的法向测地线 (对欧氏空间即是法线) 通过 P, 于是点 P 可用点 M 的 Gauss 坐标 (ξ^1,ξ^2) 及过 M 点 V_2 的法向测地线弧长 s 三个数来描述. 反之, 给定一组数 (ξ^1,ξ^2,s), 其中 $(\xi^1,\xi^2)\in D$, 那么, 由 (ξ^1,ξ^2) 确定 $\boldsymbol{V}_2$ 上一点 M, 过 M 点 $\boldsymbol{V}_2$ 的法向测地线上取一点 P, 使 $|MP|=s$. 这样的点 P 与 (ξ^1,ξ^2,s) 对应. 当 s 固定, M 历遍 $\boldsymbol{V}_2$ 上一切点时, P 描绘了一个曲面, 称它为 $\boldsymbol{V}_2$ 的测地平行曲面. 当 $s=0$ 时, P 落在 $\boldsymbol{V}_2$ 的点 M 上, $\boldsymbol{V}_2$ 的测地平行曲面与 $\boldsymbol{V}_2$ 重合. 因此只要 s 充分小, $\boldsymbol{V}_2$ 及其测地平行曲面就具有公共的法向测地线.

可以取 (ξ^1,ξ^2,s) 作为新的坐标系. 它与坐标系 (x^i) 有如下关系:

$$x^i=x^i(\xi^1,\xi^2,s),\quad i=1,2,3. \tag{1.8.1}$$

而且 s 适当小, 坐标变换的 Jacobi 行列式不为 0, 即

$$\begin{vmatrix} \dfrac{\partial x^1}{\partial \xi^1} & \dfrac{\partial x^2}{\partial \xi^1} & \dfrac{\partial x^3}{\partial \xi^1} \\ \dfrac{\partial x^1}{\partial \xi^2} & \dfrac{\partial x^2}{\partial \xi^2} & \dfrac{\partial x^3}{\partial \xi^2} \\ \dfrac{\partial x^1}{\partial s} & \dfrac{\partial x^2}{\partial s} & \dfrac{\partial x^3}{\partial s} \end{vmatrix} = \frac{D(x^1,x^2,x^3)}{D(\xi^1,\xi^2,s)}\neq 0. \tag{1.8.2}$$

称 (ξ^1,ξ^2,s) 为半测地坐标系.

可以证明[1], 一个坐标系是半测地坐标系的充要条件为: 在该坐标系下, 其度量张量满足条件

$$g_{13}=g_{23}=g_{31}=g_{32}=0,\quad g_{33}=1. \tag{1.8.3}$$

因此在任一曲线坐标系 (x^i) 下, 曲线的弧长微分由 $\mathrm{d}s^2=g_{ij}\mathrm{d}x^i\mathrm{d}x^j$ 所确定, 故若取 (x^i) 为半测地坐标系

$$x^1=\xi^1,\quad x^2=\xi^2,\quad x^3=s, \tag{1.8.4}$$

那么, 曲线的弧长微分为

$$\mathrm{d}s^2=g_{\alpha\beta}\mathrm{d}x^\alpha\mathrm{d}x^\beta+(\mathrm{d}x^3)^2. \tag{1.8.5}$$

令 $\boldsymbol{R}$ 为曲面上任一点 M 到 Descartes 坐标系 (y^i) 原点的矢径. 这时, 由 $\boldsymbol{e}_\alpha=\dfrac{\partial \boldsymbol{R}}{\partial \xi^\alpha}$ 所确定的向量构成曲面 $\boldsymbol{V}_2$ 上的局部标架, 它的度量张量为

$$a_{\alpha\beta}=\boldsymbol{e}_\alpha\cdot\boldsymbol{e}_\beta. \tag{1.8.6}$$

将 $\boldsymbol{V}_2$ 嵌入 $\boldsymbol{E}^3$ 中, 两者的度量张量有如下关系:

$$a_{\alpha\beta} = g_{ij}\frac{\partial x^i}{\partial \xi^\alpha}\frac{\partial x^j}{\partial \xi^\beta}, \tag{1.8.7}$$

其中 (x^i) 是 $\boldsymbol{E}^3$ 中任意曲线坐标系. 特别地, 当 (x^i) 为半测地坐标系时, 由 (1.8.2) 和 (1.8.7) 可得 $\boldsymbol{E}^3$ 中的度量张量在 $\boldsymbol{V}_2$ 上满足

$$g_{\alpha\beta} = a_{\alpha\beta}, \quad g_{13} = g_{23} = g_{31} = g_{32} = 0, \quad g_{33} = 1. \tag{1.8.8}$$

而度量张量 g_{ij} 的行列式

$$g = a = \det(a_{\alpha\beta}) = a_{11}a_{22} - a_{12}^2, \tag{1.8.9}$$

度量张量的逆变分量 g^{ij} 满足

$$g^{ij}g_{jk} = \delta^i_k,$$

这里

$$(g^{ij}) = \begin{pmatrix} a_{11} & a_{12} & 0 \\ a_{21} & a_{22} & 0 \\ 0 & 0 & 1 \end{pmatrix}^{-1}.$$

显然

$$g^{\alpha\beta} = a^{\alpha\beta}, \quad g^{13} = g^{23} = g^{31} = g^{32} = 0, \quad g^{33} = \frac{1}{g_{33}} = 1. \tag{1.8.10}$$

在 $\boldsymbol{V}_2$ 上, 单位法向量 $\boldsymbol{n}$ 可由下式确定

$$\boldsymbol{n} = \frac{1}{2}\varepsilon^{\alpha\beta}(\boldsymbol{e}_\alpha \times \boldsymbol{e}_\beta), \tag{1.8.11}$$

并且 $(\boldsymbol{e}_1, \boldsymbol{e}_2, \boldsymbol{n})$ 组成右旋系统, 称它为 $\boldsymbol{V}_2$ 的相伴标架. 它也是 $\boldsymbol{V}_3$ 或 $\boldsymbol{E}^3$ 中半测地坐标系的局部标架.

$\boldsymbol{V}_2$ 上的 $(\boldsymbol{e}_1, \boldsymbol{e}_2)$ 的共轭标架 $(\boldsymbol{e}^1, \boldsymbol{e}^2)$ 为

$$\boldsymbol{e}^\alpha = a^{\alpha\beta}\boldsymbol{e}_\beta = g^{\alpha\beta}\boldsymbol{e}_\beta, \tag{1.8.12}$$

由 (1.8.10) 看出, 在 $\boldsymbol{V}_3$ 中的半测地坐标系下, 其共轭标架 $(\boldsymbol{e}^1, \boldsymbol{e}^2)$ 与 (1.8.12) 一致, 且

$$\boldsymbol{e}^3 = g^{3i}\boldsymbol{e}_i = \boldsymbol{e}_3 = \boldsymbol{n}. \tag{1.8.13}$$

因此, $(\boldsymbol{e}_1, \boldsymbol{e}_2)$ 与 $(\boldsymbol{e}^1, \boldsymbol{e}^2)$ 分别为 $\boldsymbol{V}_2$ 中的局部标架和局部共轭标架, 而 $(\boldsymbol{e}_1, \boldsymbol{e}_2, \boldsymbol{n})$ 与 $(\boldsymbol{e}^1, \boldsymbol{e}^2, \boldsymbol{n})$ 分别为 $\boldsymbol{V}_3$ 中半测地坐标系的局部标架和共轭局部标架.

在空间 $\boldsymbol{V}_3$ 中, 共轭局部标架与局部标架有如下关系:

$$\boldsymbol{e}^\alpha = \varepsilon^{\alpha\beta}(\boldsymbol{e}_\beta \times \boldsymbol{n}), \quad \boldsymbol{e}^3 = \frac{1}{2}\boldsymbol{e}^{\alpha\beta}(\boldsymbol{e}_\alpha \times \boldsymbol{e}_\beta) = \boldsymbol{n}, \tag{1.8.14}$$

曲面上任一向量 $\boldsymbol{v}$, 可以展开为

$$\boldsymbol{v} = v^\alpha \boldsymbol{e}_\alpha + v^3 \boldsymbol{n} = v_\alpha \boldsymbol{e}^\alpha + v_3 \boldsymbol{n}, \tag{1.8.15}$$

其中 (v^α), (v_α) 分别为 $\boldsymbol{v}$ 在 $\boldsymbol{V}_2$ 中 Gauss 坐标系下的逆变分量和协变分量, (v^α, v^3), (v_α, v_3) 分别为 $\boldsymbol{v}$ 在半测地坐标系中的逆变分量和协变分量, 且有

$$v^\alpha = a^{\alpha\beta} v_\beta, \quad v_\alpha = a_{\alpha\beta} v^\beta, \quad v^3 = v_3. \tag{1.8.16}$$

特别在三维欧氏空间 $\boldsymbol{E}^3$ 中给出了一个二维曲面 $\Im$, 若 $\boldsymbol{E}^3$ 中取 Descartes 坐标系 (y^1, y^2, y^3), 且曲面的参数方程为

$$y^i = y^i(x^1, x^2), \quad i = 1, 2, 3.$$

取 (x^1, x^2) 为曲面 $\Im$ 上 Gauss 坐标系, $\Im$ 上任一点的向径记为 $\boldsymbol{r}$, 设 $y^i(x^1, x^2)$ 充分光滑, 并且使得 $\dfrac{\partial \boldsymbol{r}}{\partial \xi^\alpha} = \boldsymbol{r}_\alpha$ 在曲面 $\Im$ 上处处是线性无关, 因此它可以作为基向量, 其度量张量的协变分量 $a_{\alpha\beta}$ 和逆变分量 $a^{\alpha\beta}$ 分别为

$$a_{\alpha\beta} = \boldsymbol{r}_\alpha \boldsymbol{r}_\beta, \quad a^{\alpha\beta} a_{\beta\lambda} = \delta^\alpha_\lambda.$$

那么共轭标架为

$$\boldsymbol{r}^\alpha = a^{\alpha\beta} \boldsymbol{r}_\beta.$$

在 $\boldsymbol{E}^3$ 中任取一点 P, 过 P 向 S 作法线交 $\Im$ 于点 M. 令

$$\boldsymbol{MP} = \xi \boldsymbol{n}.$$

则 $(x^1, x^2, x^3 = \xi)$ 组成 $\boldsymbol{E}^3$ 中的曲线坐标系, 称此坐标系为 S- 族坐标系 (见图 1.8.1).

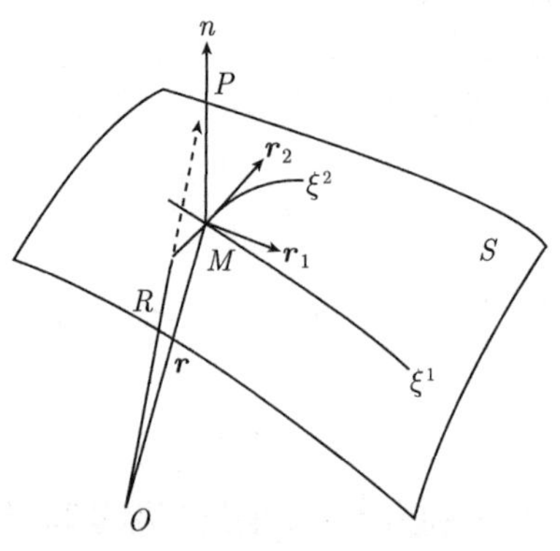

图 1.8.1

设向量 $\boldsymbol{OP}=\boldsymbol{R}$, 则

$$\boldsymbol{R}=\boldsymbol{r}+\xi\boldsymbol{n}, \tag{1.8.17}$$

在 S- 族坐标系中, 欧氏空间 $\boldsymbol{E}^3$ 的基本向量 $\boldsymbol{R}_i$ 为

$$\boldsymbol{R}_\alpha=\frac{\partial\boldsymbol{R}}{\partial x^\alpha}=\boldsymbol{r}+\xi\boldsymbol{n}_\alpha,\quad \boldsymbol{R}_3=\boldsymbol{n}. \tag{1.8.18}$$

S- 族坐标系用途很广. 由于 $\Im$ 可以是固定曲面, 所以它在壳体或薄流层的流体流动问题中, 均有很好的应用, 如轴承间隙中的流动、大气流动等, 由于大气层高度与地球半径之比很小, 所以大气层流动也可以视为薄流层.

为了发挥使用上的优越性, 必须给出:

(1) 在 S- 族坐标系中, $\boldsymbol{E}^3$ 的度量张量 g_{ij} 和曲面 S 的度量张量 $a_{\alpha\beta}$ 之间的关系.

(2) $\boldsymbol{E}^3$ 中 Christoffel 记号 Γ^i_{jk} 和曲面 $\Im$ 上 Christoffel 记号 $\overset{*}{\Gamma}{}^\lambda{}_{\alpha\beta}$ 之间的关系.

(3) $\boldsymbol{E}^3$ 中张量场的协变导数和 $\Im$ 上的协变导数之间的关系.

为了讨论上述三个问题, 要利用下列一些几何量:

(1) 曲面 $\Im$ 的第 I、II、III 基本型.

(2) 曲面 $\Im$ 的平均曲率 H 和 Gauss 曲率 K.

(3) 行列式张量.

1.8.1 度量张量

定理 1.8.1[1] 设浸入 $\boldsymbol{r}\in C^3(\omega,\boldsymbol{E}^3)$. 在 S- 族坐标系中, $\boldsymbol{E}^3$ 的度量张量的协变分量 g_{ij} 在 $\Im$ 邻域任一点 (x^1,x^2,ξ) 上, 是贯截变量 ξ 的二次多项式

$$\begin{cases} g_{\alpha\beta}(x,\xi)=a_{\alpha\beta}(x)-2\xi b_{\alpha\beta}(x)+\xi^2c_{\alpha\beta}(x)\\ \qquad\qquad\;\, =p_0(\xi)a_{\alpha\beta}(x)+q_0(\xi)b_{\alpha\beta}(x),\\ g_{\alpha3}(x,\xi)=g_{3\alpha}(x,\xi)=0,\quad g_{33}(x,\xi)=1,\\ g(x,\xi)=\det(g_{ij})=\theta(\xi)^2a(x), \end{cases} \tag{1.8.19}$$

其中

$$\begin{aligned} &\theta(\xi)=1-2H\xi+K\xi^2=(1-\kappa_1\xi)(1-\kappa_2\xi),\\ &p_0(\xi):=1-K\xi^2,\quad q_0(\xi):=2\xi(H\xi-1), \end{aligned} \tag{1.8.20}$$

$\kappa_\lambda,\lambda=1,2$ 曲面 $\Im$ 的主曲率.

度量张量的逆变分量 g^{ij} 是贯截变量 ξ 的二次有理分式:

$$\begin{cases} g^{\alpha\beta}(x,\xi)=\theta^{-2}(a^{\alpha\beta}(x)-2Kb^{\hat{\alpha}\beta}(x)\xi+K^2\xi^2c^{\hat{\alpha}\beta}(x))\\ \qquad\qquad\;\, =\theta^{-2}(p(\xi)a^{\alpha\beta}(x)+q(\xi)b^{\alpha\beta}(x)),\\ g^{3\alpha}(x,\xi)=g^{\alpha3}(x,\xi)=0,\quad g^{33}(x,\xi)=1, \end{cases} \tag{1.8.21}$$

其中

$$p(\xi) = 1 - 4H\xi + (4H^2 - K)\xi^2, \quad q(\xi) = 2\xi(1 - H\xi). \tag{1.8.22}$$

特别地, $g^{\alpha\beta}$ 允许有 Taylor 展式

$$g^{\alpha\beta} = a^{\alpha\beta} + 2b^{\alpha\beta}\xi + 3c^{\alpha\beta}\xi^2 + \cdots . \tag{1.8.23}$$

证明 对 $(x,\xi) \in E^3$,

$$\boldsymbol{R}(x,\xi) = \boldsymbol{r}(x) + \xi\boldsymbol{n}$$

给出一个光滑的单射

$$\boldsymbol{R}_\alpha(x,\xi) := \frac{\partial \boldsymbol{R}}{\partial x^\alpha} = \boldsymbol{r}_\alpha(x) + \xi\boldsymbol{n}_\alpha, \quad \boldsymbol{R}_3 = \boldsymbol{n},$$

它们在 Ω 中所有的点都是线性独立. 因此

$$\begin{aligned} g_{\alpha\beta} :=& \boldsymbol{R}_\alpha(x,\xi)\boldsymbol{R}_\beta(x,\xi) \\ =& \boldsymbol{r}_\alpha(x)\boldsymbol{r}_\alpha(x) + \xi(\boldsymbol{r}_\alpha(x)\boldsymbol{n}_\beta(x) + \boldsymbol{r}_\beta(x)\boldsymbol{n}_\alpha(x)) + \xi^2\boldsymbol{n}_\alpha(x)\boldsymbol{n}_\beta(x) \\ =& a_{\alpha\beta} - 2\xi b_{\alpha\beta} + \xi^2 c_{\alpha\beta}, \end{aligned}$$

另外, $|\boldsymbol{n}|^2 = 1, \boldsymbol{n}_\alpha\boldsymbol{n} = 0$, 我们断定

$$g_{3\alpha} = (\vec{\theta}_\alpha + \xi\vec{n}_\alpha)\vec{n} = 0, \quad g_{33} = \vec{n}\vec{n} = 1.$$

其对应的行列式为

$$\begin{aligned} \det(g_{ij}) =& \det(g_{\alpha\beta}) = \frac{a}{2}\varepsilon^{\alpha\lambda}\varepsilon^{\beta\sigma}g_{\alpha\beta}g_{\lambda\sigma} \\ =& \frac{a}{2}\varepsilon^{\alpha\lambda}\varepsilon^{\beta\sigma}[a_{\alpha\beta}a_{\lambda\sigma} - 2\xi(a_{\alpha\beta}b_{\lambda\sigma} + a_{\lambda\sigma}b_{\alpha\beta}) + \xi^2(a_{\alpha\beta}c_{\lambda\sigma} + a_{\lambda\sigma}c_{\alpha\beta} + 4b_{\alpha\beta}b_{\lambda\sigma}) \\ & - 2\xi^3(b_{\alpha\beta}c_{\lambda\sigma} + b_{\lambda\sigma}c_{\alpha\beta}) + \xi^4 c_{\alpha\beta}c_{\lambda\sigma}]. \end{aligned}$$

应用 (1.4.50), (1.4.51) 和定理 1.4.3,

$$\left\{ \begin{array}{ll} \varepsilon^{\alpha\lambda}\varepsilon^{\beta\sigma}a_{\lambda\sigma} = a^{\alpha\beta}, & \varepsilon^{\alpha\lambda}\varepsilon^{\beta\sigma}a_{\alpha\beta}a_{\lambda\sigma}a^{\alpha\beta}a_{\alpha\beta} = 2, \\ K\widehat{b}^{\alpha\beta} = \varepsilon^{\alpha\lambda}\varepsilon^{\beta\sigma}b_{\lambda\sigma}, & K^2\widehat{c}^{\alpha\beta} = \varepsilon^{\alpha\lambda}\varepsilon^{\beta\sigma}c_{\lambda\sigma}, \end{array} \right. \tag{1.8.24}$$

从而推出

$$\begin{aligned} g := \det(g_{ij}) =& \frac{a}{2}[a_{\alpha\beta}a^{\alpha\beta} - 4\xi(a^{\lambda\sigma}b_{\lambda\sigma}) + 2\xi^2(a^{\lambda\sigma}c_{\lambda\sigma} + 2K\widehat{b}^{\lambda\sigma}b_{\lambda\sigma}) \\ & - 4\xi^3(K\widehat{b}^{\lambda\sigma}c_{\lambda\sigma}) + \xi^4K^2\widehat{c}^{\lambda\sigma}c_{\lambda\sigma}] \\ =& \frac{a}{2}[2 - 8H\xi + 2\xi^2(c_\lambda^\lambda + 4K) - 4\xi^3K\widehat{b}^{\lambda\sigma}c_{\lambda\sigma} + 2K^2\xi^4]. \end{aligned}$$

应用定理 1.4.3,

$$c_\alpha^\alpha = 4H^2 - 2K, \quad \widehat{b}^{\lambda\sigma} c_{\lambda\sigma} = 2H,$$

最后有

$$g := \det(g_{ij}) = \frac{a}{2}[2 - 8H\xi + 2\xi^2(4H^2 + 2K) - 8\xi^3 KH + 2K^2\xi^4] = a\theta^2.$$

这就完成了 (1.8.19) 的证明.

下面证明 (1.8.21). 为此, 由于 $[g^{ij}] = [g_{ij}]^{-1}$,

$$\begin{cases} g^{ij} = \dfrac{1}{2}\varepsilon^{ikl}\varepsilon^{jmn} g_{km} g_{ln}, \\ g^{\alpha\beta} = \dfrac{1}{2}\varepsilon^{\alpha kl}\varepsilon^{\beta mn} g_{km} g_{ln} \\ \quad = \dfrac{1}{2}[\varepsilon^{\alpha 3\lambda}\varepsilon^{\beta mn} g_{3m} g_{\lambda n} + \varepsilon^{\alpha\lambda 3}\varepsilon^{\beta mn} g_{\lambda m} g_{3n}] \\ \quad = \dfrac{1}{2}[\varepsilon^{\alpha 3\lambda}\varepsilon^{\beta 3\sigma} g_{33} g_{\lambda\sigma} + \varepsilon^{\alpha 3\lambda}\varepsilon^{\beta\sigma 3} g_{3\sigma} g_{\lambda 3} \\ \qquad + \varepsilon^{\alpha\lambda 3} g^{\beta 3\sigma} g_{\lambda 3} g_{3\sigma} + \varepsilon^{\alpha\lambda 3}\varepsilon^{\beta\sigma 3} g_{33} g_{\lambda\sigma}] \\ \quad = \dfrac{1}{2}[\varepsilon^{\alpha 3\lambda}\varepsilon^{\beta 3\sigma} g_{33} g_{\lambda\sigma} + \varepsilon^{\alpha\lambda 3}\varepsilon^{\beta\sigma 3} g_{33} g_{\lambda\sigma}] \quad (\text{由}(1.8.19)), \end{cases}$$

但是

$$\varepsilon^{3\alpha\beta} = \frac{\sqrt{a}}{\sqrt{g}}\varepsilon^{\alpha\beta} = \theta^{-1}\varepsilon^{\alpha\beta}, \tag{1.8.25}$$

那么

$$\begin{aligned} g^{\alpha\beta} &= \frac{1}{2}\theta^{-2}[2\varepsilon^{\alpha\lambda}\varepsilon^{\beta\sigma} g_{\lambda\sigma}] = \theta^{-2}\varepsilon^{\alpha\lambda}\varepsilon^{\beta\sigma}(a_{\lambda\sigma} - 2\xi b_{\lambda\sigma} + \xi^2 c_{\lambda\sigma}) \\ &= [a^{\alpha\beta} - 2\xi K\widehat{b}^{\alpha\beta} + K^2\widehat{c}^{\alpha\beta}] \quad (\text{由}(1.8.24)), \end{aligned}$$

类似

$$\begin{aligned} g^{3\alpha} &= \frac{1}{2}\varepsilon^{3kl} g^{\alpha mn} g_{km} g_{ln} = \frac{1}{2}\varepsilon^{3\lambda\sigma}\varepsilon^{\alpha mn} g_{\lambda m} g_{\sigma n} \\ &= \frac{1}{2}\varepsilon^{3\lambda\sigma}\varepsilon^{\alpha 3\beta} g_{\lambda 3} g_{\sigma\beta} + \frac{1}{2}\varepsilon^{3\lambda\sigma}\varepsilon^{\alpha\beta 3} g_{\lambda\beta} g_{\sigma 3} = 0, \\ g^{33} &= \frac{1}{2}\varepsilon^{3kl}\varepsilon^{3mn} g_{km} g_{ln} = \frac{1}{2}\varepsilon^{3\lambda\sigma}\varepsilon^{3\alpha\beta} g_{\lambda\alpha} g_{\sigma\beta} = \frac{1}{2}\theta^{-2}\varepsilon^{\lambda\sigma}\varepsilon^{\alpha\beta} g_{\lambda\alpha} g_{\sigma\beta} \\ &= \frac{1}{2}\theta^{-2}(a^{\beta\sigma} - 2\xi K\widehat{b}^{\beta\sigma} + K^2\widehat{c}^{\beta\sigma})(a_{\beta\sigma} - 2\xi b_{\beta\sigma} + \xi^2 c_{\beta\sigma}) \\ &= \frac{1}{2}\theta^{-2}(p(\xi)a^{\beta\sigma} + q(\xi)b^{\beta\sigma})(p_0(\xi)a_{\alpha\beta}(x) + q_0(\xi)b_{\alpha\beta}(x)), \end{aligned}$$

反复应用定理 1.4.3,

$$a^{\beta\sigma}a_{\beta\sigma}=2,\quad b^{\beta\sigma}b_{\beta\sigma}=4H^2-2K,$$

则有

$$\begin{aligned}g^{33}=&\frac{1}{2}\theta^{-2}[2(1-K\xi^2)p(\xi)+2H(1-K\xi^2)q(\xi)\\&+4H\xi(H\xi-1)p(\xi)+2\xi(H\xi-1)(4H^2-2K)q(\xi)]\\=&\theta^{-2}[(1-2H\xi+(2H^2-K)\xi^2p(\xi)\\&+(H-(4H^2-2K)\xi+(4H^3-3HK)\xi^2)q(\xi)]\\=&\theta^{-2}[(1-4H\xi+(4H^2+2K)\xi^2-4HK\xi^3+K^2\xi^4)]=1.\end{aligned}$$

最后

$$\begin{aligned}\theta^{-2}&=1+4H\xi+(12H^2-2K)\xi^2\cdots,\\g^{\alpha\beta}&=(1+4H\xi+(12H^2-2K)\xi^2+\cdots)(p(\xi)a^{\alpha\beta}+q(\xi)b^{\alpha\beta})\\&=a^{\alpha\beta}+2b^{\alpha\beta}\xi+3c^{\alpha\beta}\xi^2+\cdots.\end{aligned}\tag{1.8.26}$$

证毕.

由于 $\Im$ 是 $\boldsymbol{E}^3$ 中的一个曲面, 需要讨论混合张量的混合协变导数. 下面给出在欧氏空间中的 Γ^i_{jk},∇_i 和曲面上的 $\overset{*}{\Gamma}{}^{\alpha}{}_{\beta\gamma},\overset{*}{\nabla}_\alpha$ 之间关系:

$$\begin{cases}\Gamma_{ij,k}=\dfrac{1}{2}\left(\dfrac{\partial g_{ik}}{\partial x^j}+\dfrac{\partial g_{jk}}{\partial x^i}-\dfrac{\partial g_{ij}}{\partial x^k}\right),\quad \Gamma^m_{ij}=g^{mk}\Gamma_{ij,k},\\ \overset{*}{\Gamma}_{\alpha\beta,\lambda}=\dfrac{1}{2}\left(\dfrac{\partial a_{\alpha\lambda}}{\partial x^\beta}+\dfrac{\partial a_{\beta\lambda}}{\partial x^\alpha}-\dfrac{\partial a_{\alpha\beta}}{\partial x^\lambda}\right),\quad \overset{*}{\Gamma}{}^{\lambda}{}_{\alpha\beta}=a^{\lambda\sigma}\overset{*}{\Gamma}_{\alpha\beta,\sigma},\\ \nabla_i u^j=\dfrac{\partial u^j}{\partial x^i}+\Gamma^j_{ik}u^k,\quad \overset{*}{\nabla}_\alpha u^\beta=\dfrac{\partial u^\beta}{\partial x^\alpha}+\overset{*}{\Gamma}{}^{\beta}{}_{\alpha\lambda}u^\lambda,\\ \mathrm{div}u=\nabla_i u^i,\quad \overset{*}{\mathrm{div}}\,u=\overset{*}{\nabla}_\alpha u^\alpha.\end{cases}\tag{1.8.27}$$

定理 1.8.2　在 S- 坐标系下, $\boldsymbol{E}^3$ 和 $\Im$ 上的 Christoffel 记号有如下关系:

$$\begin{cases}\Gamma_{\alpha\beta,\lambda}=g_{\lambda\mu}\overset{*}{\Gamma}{}^{\mu}{}_{\alpha\beta}+R_{\alpha\beta,\lambda}(\xi),\quad \Gamma_{\alpha\beta,\lambda}=\overset{*}{\Gamma}_{\alpha\beta,\lambda}+Q_{\alpha\beta,\lambda}(\xi),\\ \Gamma_{\alpha\beta,3}=J_{\alpha\beta}(\xi),\quad \Gamma_{\alpha3,\beta}=\Gamma_{3\alpha,\beta}=-J_{\alpha\beta}(\xi),\\ \Gamma_{33,\alpha}=\Gamma_{3\beta,3}=\Gamma_{33,3}=0,\end{cases}\tag{1.8.28}$$

$$\begin{cases}\Gamma^\lambda_{\alpha\beta}=\overset{*}{\Gamma}{}^{\lambda}{}_{\alpha\beta}+g^{\lambda\sigma}R_{\alpha\beta,\sigma}=\overset{*}{\Gamma}{}^{\lambda}{}_{\alpha\beta}+\Phi^\lambda_{\alpha\beta}(\xi);\\ \Gamma^\alpha_{\beta3}=\Gamma^\alpha_{3\beta}=\theta^{-1}I^\alpha_\beta;\quad \Gamma^3_{\alpha\beta}=J_{\alpha\beta},\\ \Gamma^3_{33}=\Gamma^3_{3\beta}=\Gamma^3_{\beta3}=\Gamma^\alpha_{33}=0,\end{cases}\tag{1.8.29}$$

其中

$$\begin{cases} R_{\alpha\beta,\lambda}(\xi) := -\xi \overset{*}{\nabla}_\beta b_{\alpha\lambda} + \xi^2 b_{\lambda\mu} \overset{*}{\nabla}_\beta b^\mu_\alpha, \\ Q_{\alpha\beta,\lambda}(\xi) := -\xi(\overset{*}{\nabla}_\beta b_{\alpha\lambda} + 2b_{\lambda\mu} \overset{*}{\Gamma}{}^\mu{}_{\alpha\beta}) \\ \qquad\qquad +\xi^2(b_{\lambda\mu} \overset{*}{\nabla}_\beta b^\mu_\alpha + c_{\lambda\mu} \overset{*}{\Gamma}{}^\mu{}_{\alpha\beta}), \end{cases} \tag{1.8.30}$$

以及

$$\begin{cases} \Phi^\lambda_{\alpha\beta}(\xi) := \theta^{-1}[\xi(2H\xi - 1) \overset{*}{\nabla}_\beta b^\lambda_\alpha - \xi^2 b^{\lambda\sigma} \overset{*}{\nabla}_\beta b_{\alpha\sigma}], \\ \theta(\xi) = 1 - 2H\xi + K\xi^2, \\ I^\alpha_\beta = -b^\alpha_\beta + K\xi\delta^\alpha_\beta, \quad J_{\alpha\beta} = b_{\alpha\beta} - \xi c_{\alpha\beta}, \\ g^{\alpha\beta} J_{\beta\sigma} = -\theta^{-1} I^\alpha_\sigma (\text{参看引理 1.8.1}). \end{cases} \tag{1.8.31}$$

证明 应用 Weingarten 公式和 Gauss 公式 (1.4.32),

$$\begin{cases} \boldsymbol{R}_\alpha = \boldsymbol{r}_\alpha + \xi \boldsymbol{n}_\alpha = (\delta^\lambda_\alpha - \xi b^\lambda_\alpha)\boldsymbol{r}_\lambda, \\ \boldsymbol{R}_3 = \boldsymbol{n}, \end{cases} \tag{1.8.32}$$

$$\begin{aligned} \boldsymbol{R}_{\alpha\beta} &= (\delta^\lambda_\alpha - \xi b^\lambda_\alpha)\boldsymbol{r}_{\lambda\beta} - \xi\partial_\beta b^\lambda_\alpha r_\lambda \\ &= \overset{*}{\Gamma}{}^\nu{}_{\lambda\beta}\, (\delta^\lambda_\alpha - \xi b^\lambda_\alpha)\boldsymbol{r}_\nu + b_{\lambda\beta}(\delta^\lambda_\alpha - \xi b^\lambda_\alpha)\boldsymbol{n} - \xi\partial_\beta b^\lambda_\alpha r_\lambda \\ &= [\overset{*}{\Gamma}{}^\nu{}_{\alpha\beta} - \xi(\overset{*}{\Gamma}{}^\nu{}_{\lambda\beta}\, b^\lambda_\alpha + \partial_\beta b^\nu_\alpha)]\boldsymbol{r}_\nu + J_{\alpha\beta}\boldsymbol{n} \\ &= [\overset{*}{\Gamma}{}^\nu{}_{\alpha\beta} - \xi(\overset{*}{\nabla}_\beta b^\nu_\alpha + \overset{*}{\Gamma}{}^\mu{}_{\alpha\beta}\, b^\nu_\mu)]\boldsymbol{r}_\nu + J_{\alpha\beta}\boldsymbol{n}, \end{aligned}$$

所以

$$\begin{cases} \boldsymbol{R}_{\alpha\beta} = [\overset{*}{\Gamma}{}^\nu{}_{\alpha\beta} - \xi(\overset{*}{\nabla}_\beta b^\nu_\alpha + \overset{*}{\Gamma}{}^\mu{}_{\alpha\beta}\, b^\nu_\mu)]\boldsymbol{r}_\nu + J_{\alpha\beta}\boldsymbol{n}, \\ \boldsymbol{R}_{\alpha 3} = \boldsymbol{R}_{3\alpha} = -b^\lambda_\alpha \boldsymbol{r}_\lambda, \\ \boldsymbol{R}_{33} = 0, \end{cases} \tag{1.8.33}$$

这里用到 Godazzi 公式 (1.5.14) 和 $b_{\alpha\beta}$ 的一阶协变导数

$$\frac{\partial b_{\alpha\lambda}}{\partial x^\beta} = \overset{*}{\nabla}_\beta b_{\alpha\lambda} + \overset{*}{\Gamma}{}^\sigma{}_{\alpha\beta}\, b_{\sigma\lambda} + \overset{*}{\Gamma}{}^\sigma{}_{\beta\lambda}\, b_{\alpha\sigma}, \quad \overset{*}{\nabla}_\alpha b_{\beta\lambda} = \overset{*}{\nabla}_\beta b_{\alpha\lambda}, \tag{1.8.34}$$

以及 (1.8.31). 由 (2.22), 注意 $\boldsymbol{n}\boldsymbol{r}_\lambda = 0, c_{\lambda\mu} = b^\nu_\mu b_{\lambda\nu}, g_{\lambda\mu} = a_{\lambda\mu} - 2\xi b_{\lambda\mu}$,

$$\begin{aligned} \Gamma_{\alpha\beta,\lambda} = \boldsymbol{R}_{\alpha\beta}\boldsymbol{R}_\lambda &= [\overset{*}{\Gamma}{}^\nu{}_{\alpha\beta} - \xi(\overset{*}{\nabla}_\beta b^\nu_\alpha + \overset{*}{\Gamma}{}^\mu{}_{\alpha\beta}\, b^\nu_\mu)]\boldsymbol{r}_\nu \cdot (\delta^\sigma_\lambda - \xi\delta^\sigma_\lambda)\boldsymbol{r}_\sigma \\ &= (a_{\lambda\nu} - \xi b_{\lambda\nu})[\overset{*}{\Gamma}{}^\nu{}_{\alpha\beta} - \xi(\overset{*}{\nabla}_\beta b^\nu_\alpha + \overset{*}{\Gamma}{}^\mu{}_{\alpha\beta}\, b^\nu_\mu)] \\ &= a_{\lambda\nu}\, \overset{*}{\Gamma}{}^\nu{}_{\alpha\beta} - \xi(\overset{*}{\nabla}_\beta b_{\alpha\lambda} + 2\, \overset{*}{\Gamma}{}^\mu{}_{\alpha\beta}\, b^\nu_\mu) + \xi^2(b_{\lambda\nu} \overset{*}{\nabla}_\beta b^\nu_\alpha + c_{\lambda\mu} \overset{*}{\Gamma}{}^\mu{}_{\alpha\beta}) \\ &= \overset{*}{\Gamma}_{\alpha\beta,\lambda} + Q_{\alpha\beta,\lambda}(\xi) = g_{\lambda\mu}\, \overset{*}{\Gamma}{}^\nu{}_{\alpha\beta} + R_{\alpha\beta,\lambda}(\xi), \end{aligned}$$

其中

$$\begin{cases} R_{\alpha\beta,\lambda}(\xi) := -\xi \overset{*}{\nabla}_\beta b_{\alpha\lambda} + \xi^2 b_{\lambda\mu} \overset{*}{\nabla}_\beta b^\mu_\alpha, \\ Q_{\alpha\beta,\lambda} := -\xi(\overset{*}{\nabla}_\beta b_{\alpha\lambda} + 2b_{\lambda\mu} \overset{*}{\Gamma}{}^\mu{}_{\alpha\beta}) + \xi^2(b_{\lambda\mu} \overset{*}{\nabla}_\beta b^\mu_\alpha + c_{\lambda\mu} \overset{*}{\Gamma}{}^\mu{}_{\alpha\beta}), \end{cases}$$

这就证明了 (1.8.28) 第一式. 同理

$$\begin{aligned} &\Gamma_{\alpha\beta,3} = \boldsymbol{R}_{\alpha\beta}\boldsymbol{n} = J_{\alpha\beta}(\xi), \\ &\Gamma_{\alpha 3,\beta} = \Gamma_{3\alpha,\beta} = \boldsymbol{R}_{3\alpha}\boldsymbol{R}_\beta = -b^\lambda_\alpha \boldsymbol{r} - \lambda \boldsymbol{R}_\beta = -J_{\alpha\beta}(\xi), \\ &\Gamma_{33,\alpha} = \Gamma_{3\beta,3} = 0. \end{aligned}$$

下面证明 (1.8.29). 实际上. 从 (1.8.28) 第一式, 有

$$\begin{aligned} \Gamma^\lambda_{\alpha\beta} = g^{\lambda\sigma}\Gamma_{\alpha\beta,\sigma} &= g^{\lambda\sigma} g_{\sigma\nu} \overset{*}{\Gamma}{}^\nu{}_{\alpha\beta} + g^{\lambda\sigma} R_{\alpha\beta,\sigma} \\ &= \overset{*}{\Gamma}{}^\lambda{}_{\alpha\beta} + \Phi^\lambda_{\alpha\beta}(\xi), \end{aligned}$$

这里用到了 $g^{\lambda\sigma} g_{\sigma\nu} = \delta^\lambda_\nu$ 以及

$$\begin{aligned} \Phi^\lambda_{\alpha\beta}(\xi) :=& g^{\lambda\sigma} R_{\alpha\beta,\sigma} \\ =& \theta^{-2}(p(\xi) a^{\lambda\sigma} + q(\xi) b^{\lambda\sigma})(-\xi \overset{*}{\nabla}_\beta b_{\alpha\sigma} + \xi^2 b_{\sigma\mu} \overset{*}{\nabla}_\beta b^\mu_\alpha) \\ =& \theta^{-2}[p(\xi)(-\xi \overset{*}{\nabla}_\beta b^\lambda_\alpha + \xi^2 b^\lambda_\mu \overset{*}{\nabla}_\beta b^\mu_\alpha) \\ &+ q(\xi)(-\xi b^{\lambda\sigma} \overset{*}{\nabla}_\beta b_{\alpha\sigma} + \xi^2 c^\lambda_\mu \overset{*}{\nabla}_\beta b^\mu_\alpha)], \end{aligned}$$

利用 (1.4.42) 和度量张量协变导数为零以及 Godazzi 公式, 有

$$\begin{aligned} &c^\lambda_\mu = -K\delta^\lambda_\mu + 2Hb^\lambda_\mu, \\ &b^\lambda_\mu \overset{*}{\nabla}_\beta b^\mu_\alpha = b^{\lambda\sigma} \overset{*}{\nabla}_\beta b_{\alpha\sigma} = b^{\lambda\sigma} \overset{*}{\nabla}_\sigma b_{\alpha\beta}, \end{aligned}$$

那么上式可以表示为

$$\Phi^\lambda_{\alpha\beta} = \theta^{-2}[\varphi_1(\xi) \overset{*}{\nabla}_\beta b^\lambda_\alpha + \varphi_2(\xi) b^{\lambda\sigma} \overset{*}{\nabla}_\beta b_{\alpha\sigma}],$$

$$\varphi_1(\xi) := -\xi(p(\xi) + K\xi), \quad \varphi_2(\xi) := \xi(p\xi - q + 2H\xi q).$$

将 (1.8.22) 代入上式, 经过计算, 得

$$\varphi_1(\xi) = \xi(2H\xi - 1)\theta, \quad \varphi_2(\xi) = -\xi^2\theta. \tag{1.8.35}$$

从而

$$\Phi^\lambda_{\alpha\beta} = \theta^{-1}(\xi)(\xi(2H\xi - 1) \overset{*}{\nabla}_\beta b^\lambda_\alpha - \xi^2 b^{\lambda\sigma} \overset{*}{\nabla}_\sigma b_{\alpha\beta}).$$

(1.8.29) 的第一式得证. 另外

$$\Gamma^{\alpha}_{3\beta} = g^{\alpha\lambda}\Gamma_{3\beta,\lambda} = -g^{\alpha\lambda}J_{\beta\lambda} = \theta^{-1}I^{\alpha}_{\beta}(\text{用引理 1.8.1}).$$

其他结论读者容易自行验证. 证毕.

E^3 中向量的协变导数与流形 $\Im$ 上协变导数分别是

$$\begin{cases} \nabla_j u^i = \dfrac{\partial u^i}{\partial x^j} + \Gamma^i_{jk}u^k, \\ \overset{*}{\nabla}_\beta\, u^\alpha = \dfrac{\partial u^\alpha}{\partial x^\beta} + \overset{*}{\Gamma}{}^{\alpha}{}_{\beta\gamma}\, u^\gamma, \quad \overset{*}{\nabla}_\beta\, u^3 = \dfrac{\partial u^\alpha}{\partial \xi}. \end{cases} \tag{1.8.36}$$

$\Im$ 作为嵌入到 E^3 中的子流形, 向量的不同层次协变导数之间存在如下关系:

定理 1.8.3 在 S- 坐标系下, 在 E^3 中向量场 $\boldsymbol{u}$ 协变导数可以用流形 $\Im$ 上的协变导数来表示, 它是贯截变量 ξ 的二次有理多项式:

$$\begin{cases} \nabla_\alpha u^\beta = \overset{*}{\nabla}_\alpha\, u^\beta + (\theta^{-1}I^\beta_\alpha u^3 + \Phi^\beta_{\alpha\lambda}u^\lambda), \quad \nabla_3 u^3 = \dfrac{\partial u^3}{\partial \xi}; \\ \nabla_3 u^\beta = \dfrac{\partial u^\beta}{\partial \xi} + \theta^{-1}I^\beta_\lambda u^\lambda; \quad \nabla_\alpha u^3 = \overset{*}{\nabla}_\alpha\, u^3 + J_{\alpha\lambda}u^\lambda; \\ \operatorname{div} u = \overset{*}{\operatorname{div}}\, u + \dfrac{\partial u^3}{\partial \xi} + \theta^{-1}[-2Hu^3 + 2(Ku^3 - u^\alpha\, \overset{*}{\nabla}_\alpha\, H)\xi + u^\alpha\, \overset{*}{\nabla}_\alpha\, K\xi^2], \\ \theta = 1 - 2H\xi + K\xi^2, \end{cases} \tag{1.8.37}$$

它们可以展成关于贯截变量 ξ 的 Taylor 级数

$$\begin{cases} \nabla_i u^j = \overset{0}{\nabla}_i\, u^j + \overset{1}{\nabla}_i\, u^j\xi + \overset{2}{\nabla}_i\, u^j\xi^2 + \cdots, \\ \operatorname{div} u = \overset{0}{\operatorname{div}}\, u + \overset{1}{\operatorname{div}}\, u\xi + \overset{2}{\operatorname{div}}\, u\xi^2 + \cdots, \end{cases} \tag{1.8.38}$$

其中

$$\begin{cases} \overset{0}{\nabla}_\alpha\, u^\beta := \overset{*}{\nabla}_\alpha\, u^\beta - b^\beta_\alpha u^3, \quad \overset{1}{\nabla}_\alpha\, u^\beta := -(c^\beta_\alpha u^3 + \overset{*}{\nabla}_\lambda\, b^\beta_\alpha u^\lambda), \\ \overset{2}{\nabla}_\alpha\, u^\beta := (Kb^\beta_\alpha - 2Hc^\beta_\alpha)u^3 - b^{\beta\lambda}\, \overset{*}{\nabla}_\sigma\, b_{\lambda_\alpha}u^\sigma, \\ \overset{0}{\nabla}_\alpha\, u^3 := \overset{*}{\nabla}_\alpha\, u^3 + b_{\beta\alpha}u^\beta, \quad \overset{1}{\nabla}_\alpha\, u^3 := -c_{\beta\alpha}u^\beta, \quad \overset{2}{\nabla}_\alpha\, u^3 := 0, \\ \overset{0}{\nabla}_3\, u^\beta := \dfrac{\partial u^\beta}{\partial \xi} - b^\beta_\lambda u^\lambda, \quad \overset{1}{\nabla}_3\, u^\beta := -c^\beta_\lambda u^\lambda, \\ \overset{2}{\nabla}_3\, u^\beta := (Kb^\beta_\lambda - 2Hc^\beta_\lambda)u^\lambda, \\ \overset{0}{\nabla}_3\, u^3 := \dfrac{\partial u^3}{\partial \xi}, \quad \overset{1}{\nabla}_3\, u^3 := 0, \quad \overset{2}{\nabla}_3\, u^3 := 0, \end{cases} \tag{1.8.39}$$

$$\begin{cases} \overset{0}{\operatorname{div}}\, u := \overset{*}{\operatorname{div}}\, u - 2Hu^3 + \dfrac{\partial u^3}{\partial \xi}, \\ \overset{1}{\operatorname{div}}\, u := -[(4H^2 - 2K)u^3 + 2u^\alpha\, \overset{*}{\nabla}_\alpha\, H], \\ \overset{2}{\operatorname{div}}\, u := -[(8H^3 - 6HK)u^3 + u^\alpha\, \overset{*}{\nabla}_\alpha\, (2H^2 - K)], \end{cases} \tag{1.8.40}$$

其中 $\Phi^{\alpha}_{\beta\gamma}, I^{\alpha}_{\beta}$ 和 $J_{\alpha\beta}$ 由 (1.8.31) 所定义.

证明 (1.8.37) 很容易从 (1.8.36) 和 (1.8.20) 推出. 至于 (1.8.38) 和 (1.8.39), 由于当 ξ 充分小, 函数 θ^{-1} 可以展成 Taylor 级数

$$\theta^{-1} = 1 + 2H\xi + (4H^2 - K)\xi^2 + \cdots, \tag{1.8.41}$$

注意

$$\begin{aligned}
\theta^{-1} I^{\beta}_{\alpha} u^3 + \Phi^{\beta}_{\alpha\lambda} u^{\lambda} =& \theta^{-1}[-b^{\beta}_{\alpha} u^3 - (\overset{*}{\nabla}_{\alpha}\, b^{\beta}_{\lambda} u^{\lambda} - K\delta^{\beta}_{\lambda} u^3)\xi \\
&+ (2H\, \overset{*}{\nabla}_{\alpha}\, b^{\beta}_{\lambda} - b^{\beta\sigma}\, \overset{*}{\nabla}_{\alpha}\, b_{\lambda\sigma}) u^{\lambda}\xi^2] \\
=& - b^{\beta}_{\alpha} u^3 - (c^{\beta}_{\alpha} u^3 + \overset{*}{\nabla}_{\alpha}\, b^{\beta}_{\lambda} u^{\lambda})\xi \\
&+ ((-2Hc^{\beta}_{\alpha} + Kb^{\beta}_{\alpha})u^3 - b^{\beta\sigma}\, \overset{*}{\nabla}_{\alpha}\, b_{\lambda\sigma} u^{\lambda})\xi^2 + o(|\xi|^3), \\
\theta^{-1} I^{\beta}_{\alpha} =& - b^{\beta}_{\alpha} - c^{\beta}_{\alpha}\xi + (-2Hc^{\beta}_{\alpha} + Kb^{\beta}_{\alpha})\xi^2 + o(|\xi|^3),
\end{aligned}$$

从而立即推出 (1.8.39). 余下我们需要计算散度. 实际上,

$$\mathrm{div} u = \overset{*}{\mathrm{div}}\, u + \frac{\partial u^3}{\partial \xi} + (\Phi^{\alpha}_{\alpha\lambda}(\xi) u^{\lambda} + \theta^{-1} I^{\alpha}_{\alpha}(\xi) + + o(|\xi|^3).$$

当是, 如果我们利用 Godazzi 公式和定理 1.4.3,

$$\begin{aligned}
&\overset{*}{\nabla}_{\alpha}\, b_{\lambda\sigma} = \overset{*}{\nabla}_{\lambda}\, b_{\alpha\sigma}, \quad b^{\alpha\beta} b_{\alpha\beta} = 4H^2 - 2K, \\
&2b^{\lambda\sigma}\, \overset{*}{\nabla}_{\alpha}\, b_{\lambda\sigma} = \overset{*}{\nabla}_{\alpha}\, (b^{\lambda\sigma} b_{\lambda\sigma}) = \overset{*}{\nabla}_{\alpha}\, (4H^2 - 2K),
\end{aligned} \tag{1.8.42}$$

那么有

$$\begin{aligned}
&I^{\alpha}_{\alpha} = -b^{\alpha}_{\alpha} + K\xi\delta^{\alpha}_{\alpha} = -2H + 2K\xi, \\
&\Phi^{\alpha}_{\alpha\lambda}(\xi) = \theta^{-1}[\xi(2H\xi - 1)\, \overset{*}{\nabla}_{\lambda}\, b^{\alpha}_{\alpha} - \xi^2 b^{\alpha\sigma}\, \overset{*}{\nabla}_{\lambda}\, b_{\alpha\sigma}]\theta^{-1}[-2\, \overset{*}{\nabla}_{\lambda}\, H + \xi^2\, \overset{*}{\nabla}_{\lambda}\, K],
\end{aligned} \tag{1.8.43}$$

由此立即可以得到 (1.8.37) 的第五式. 再一次用 (1.8.41), 就可得到 (1.8.40). 证毕.

下面引理给出 $J_{\alpha\beta}, I^{\alpha}_{\beta}, \Phi^{\alpha}_{\beta\lambda}$ 之间的关系, 它们在今后很有用.

引理 1.8.1

$$\left\{\begin{aligned}
&g_{\alpha\beta} I^{\beta}_{\sigma} = -\theta J_{\alpha\sigma}; \quad J_{\alpha\beta} I^{\beta}_{\sigma} = -\theta c_{\alpha\sigma}; \quad g^{\alpha\beta} J_{\alpha\lambda} = -\theta^{-1} I^{\beta}_{\lambda}, \\
&g_{\lambda\sigma}\Phi^{\sigma}_{\alpha\beta} = -\xi\, \overset{*}{\nabla}_{\beta}\, b_{\alpha\lambda} + \xi^2 b^{\sigma}_{\lambda}\, \overset{*}{\nabla}_{\beta}\, b_{\alpha\sigma}, \\
&J_{\lambda\sigma}\Phi^{\sigma}_{\alpha\beta} = -\xi b_{\lambda\sigma}\, \overset{*}{\nabla}_{\beta}\, b^{\sigma}_{\alpha}, \\
&g_{\lambda\sigma} I^{\lambda}_{\alpha} I^{\sigma}_{\beta} = c_{\alpha\beta}\theta^2; \quad g_{\lambda\sigma} I^{\lambda}_{\nu}\Phi^{\sigma}_{\alpha\beta} = \xi\theta b_{\nu\mu}\, \overset{*}{\nabla}_{\alpha}\, b^{\mu}_{\beta}.
\end{aligned}\right. \tag{1.8.44}$$

证明 反复应用定理 1.4.3,

$$
\begin{aligned}
g_{\alpha\beta}I^{\beta}_{\sigma} =&(a_{\alpha\beta}-2\xi b_{\alpha\beta}+\xi^2 c_{\alpha\beta})(-b^{\beta}_{\sigma}+K\xi\delta^{\beta}_{\sigma})\\
=&-b_{\alpha\sigma}+2\xi c_{\alpha\sigma}-\xi^2 b^{\beta}_{\sigma}c_{\alpha\beta}+K\xi a_{\alpha\sigma}-2\xi^2 Kb_{\alpha\sigma}+\xi^3 Kc_{\alpha\sigma}\\
=&-b_{\alpha\sigma}+\xi(c_{\alpha\sigma}+Ka_{\alpha\beta})+\xi c_{\alpha\sigma}\\
&-\xi^2(-2HKa_{\alpha\sigma}+(4H^2-K)b_{\alpha\sigma})-2\xi^2 Kb_{\alpha\sigma}+\xi^3 Kc_{\alpha\sigma}\\
=&-b_{\alpha\sigma}+2H\xi b_{\alpha\sigma}-K\xi^2 b_{\alpha\sigma}+\xi c_{\alpha\sigma}\\
&-\xi^2(-2HKa_{\alpha\sigma}+(4H^2)b_{\alpha\sigma})+\xi^3 Kc_{\alpha\sigma}\\
=&-\theta b_{\alpha\sigma}+\xi c_{\alpha\sigma}-\xi^2 2Hc_{\alpha\sigma}+\xi^3 Kc_{\alpha\sigma}\\
=&-\theta b_{\alpha\sigma}+\xi\theta c_{\alpha\sigma}=-\theta J_{\alpha\sigma},\\
J_{\alpha\beta}I^{\beta}_{\sigma} =&(b_{\alpha\beta}-\xi c_{\alpha\beta})(-b^{\alpha}_{\sigma}+K\xi\delta^{\alpha}_{\sigma})\\
=&-c_{\alpha\beta}+\xi(c_{\alpha\beta}b^{\beta}_{\sigma}+Kb_{\alpha\sigma})-Kc_{\alpha\sigma}\xi^2\\
=&-c_{\alpha\sigma}+\xi(-2HKa_{\alpha\sigma}+(4H^2-K)b_{\alpha\sigma}+Kb_{\alpha\sigma})-Kc_{\alpha\sigma}\xi^2\\
=&-c_{\alpha\sigma}+2H\xi(2Hb_{\alpha\sigma}-Ka_{\alpha\sigma})-Kc_{\alpha\sigma}\xi^2\\
=&-\theta c_{\alpha\sigma},
\end{aligned}
$$

$$
\begin{aligned}
g^{\alpha\beta}J_{\alpha\lambda} &= \theta^{-2}(a^{\alpha\beta}-2K\widehat{b}^{\alpha\beta}\xi+K^2\widehat{c}^{\alpha\beta}\xi^2)(b_{\alpha\lambda}-\xi c_{\alpha\lambda})\\
&=\theta^{-2}(b^{\beta}_{\lambda}-\xi(c^{\beta}_{\lambda}+2K\delta^{\beta}_{\lambda})+\xi^2(2K\widehat{b}^{\alpha\beta}c_{\alpha\lambda}+K^2\widehat{c}^{\alpha\beta}b_{\alpha\lambda})-K^2\delta^{\beta}_{\lambda}\xi^3),
\end{aligned}
$$

然而

$$
\begin{aligned}
&(2K\widehat{b}^{\alpha\beta}c_{\alpha\lambda}+K^2\widehat{c}^{\alpha\beta}b_{\alpha\lambda})=K^2\widehat{b}^{\beta}_{\lambda}+2Kb^{\beta}_{\lambda}=2HK\delta^{\beta}_{\lambda}+Kb^{\beta}_{\lambda},\\
&c^{\beta}_{\lambda}+2K\delta^{\beta}_{\lambda}=2Hb^{\beta}_{\lambda}+K\delta^{\beta}_{\lambda},
\end{aligned}
$$

所以

$$
\begin{aligned}
g^{\alpha\beta}J_{\alpha\lambda} &= \theta^{-2}(b^{\beta}_{\lambda}-\xi(2Hb^{\beta}_{\lambda}+K\delta^{\beta}_{\lambda})+\xi^2(2Hk\delta^{\beta}_{\lambda}+Kb^{\beta}_{\lambda})-K^2\delta^{\beta}_{\lambda}\xi^3)\\
&=\theta^{-1}(Hb^{\beta}_{\lambda}-K\xi\delta^{\beta}_{\lambda})=-\theta^{-1}I^{\beta}_{\lambda}.
\end{aligned}
$$

下面计算

$$
g_{\lambda\sigma}\Phi^{\sigma}_{\alpha\beta}=(p_0(\xi)a_{\lambda\sigma}+q_0(\xi)b_{\lambda\sigma})\theta^{-1}[(2H\xi^2-\xi)\overset{*}{\nabla}_{\beta}\, b^{\sigma}_{\alpha}-\xi^2 b^{\sigma}_{\nu}\overset{*}{\nabla}_{\beta}\, b^{\nu}_{\alpha}].
$$

由于

$$
\begin{aligned}
&a_{\lambda\sigma}\overset{*}{\nabla}_{\beta}\, b^{\sigma}_{\alpha}=\overset{*}{\nabla}_{\beta}\, b_{\lambda\alpha},\quad b_{\lambda\sigma}\overset{*}{\nabla}_{\beta}\, b^{\sigma}_{\alpha}=b^{\sigma}_{\lambda}\overset{*}{\nabla}_{\beta}\, b^{\sigma}_{\alpha},\\
&a_{\lambda\sigma}b^{\sigma\mu}=b^{\mu}_{\lambda},\quad b_{\lambda\sigma}b^{\sigma\mu}=c^{\mu}_{\lambda}=-K\delta^{\mu}_{\lambda}+2Hb^{\mu}_{\lambda},
\end{aligned}
$$

$$\begin{aligned}g_{\lambda\sigma}\Phi^{\sigma}_{\alpha\beta}=&\theta^{-1}[\xi(2H\xi-1)(p_0\overset{*}{\nabla}_\beta b_{\alpha\lambda}+q_0b^{\sigma}_{\lambda}\overset{*}{\nabla}_\beta b_{\alpha\sigma})\\&-\xi^2(p_0b^{\sigma}_{\lambda}\overset{*}{\nabla}_\beta b_{\alpha\sigma}+q_0c^{\sigma}_{\lambda}\overset{*}{\nabla}_\beta b_{\alpha\sigma})]\\=&\theta^{-1}[(\xi(2H\xi-1)p_0+K\xi^2q_0)\overset{*}{\nabla}_\beta b_{\alpha\lambda}\\&+(\xi(2H\xi-1)q_0-\xi^2(p_0+2Hq_0))b^{\sigma}_{\lambda}\overset{*}{\nabla}_\beta b_{\alpha\sigma}]\\=&-\xi\overset{*}{\nabla}_\beta b_{\alpha\lambda}+\xi^2b^{\sigma}_{\lambda}\overset{*}{\nabla}_\beta b_{\alpha\sigma}.\end{aligned}$$

注意 ($1.8.14_1$) 和 ($1.8.14_2$),

$$g_{\lambda\sigma}I^{\lambda}_{\alpha}I^{\sigma}_{\beta}=(-\theta J_{\alpha\sigma})I^{\sigma}_{\beta}=-(\theta)(-\theta)c_{\alpha\beta}=\theta^2c_{\alpha\beta}.$$

因此

$$g_{\lambda\sigma}I^{\lambda}_{\alpha}I^{\sigma}_{\beta}=\theta^2c_{\alpha\beta}.$$

用相同的方法可以推出定理的其他结论. 从而完成了引理的证明.

1.8.2　变形张量

E^3 中向量场 $\boldsymbol{u}$ 变形张量场 $e_{ij}(\boldsymbol{u})$,

$$e_{ij}(u)=\frac{1}{2}(\nabla_iu_j+\nabla_ju_i)=\frac{1}{2}(g_{jk}\nabla_iu^k+g_{ik}\nabla_ju^k)\tag{1.8.45}$$

可以通过流形 $\Im$ 上的变形张量

$$\overset{*}{e}_{\alpha\beta}(u)=\frac{1}{2}(\overset{*}{\nabla}_\alpha u_\beta+\overset{*}{\nabla}_\beta u_\alpha)=\frac{1}{2}(a_{\beta\lambda}\overset{*}{\nabla}_\alpha u^\lambda+a_{\alpha\lambda}\overset{*}{\nabla}_\beta u^\lambda)\tag{1.8.46}$$

来表示. 它们的逆变分量可以通过提高指标来计算

$$e^{ij}(u)=g^{ik}g^{jm}e_{km}(u),\quad \overset{*}{e}{}^{\alpha\beta}(u)=a^{\alpha\lambda}a^{\beta\sigma}\overset{*}{e}_{\lambda\sigma}(u).$$

在大变形时, 向量场 $\boldsymbol{u}$ 的 Green St. Vennant 变形张量场 $E_{ij}(u)$:

$$\begin{aligned}&E_{ij}(u)=e_{ij}(u)+D_{ij}(u),\\&D_{ij}(u)=\frac{1}{2}g_{kl}\nabla_iu^k\nabla_ju^l,\quad E^{ij}(u)=g^{ik}g^{jl}E_{kl}(u)\end{aligned}\tag{1.8.47}$$

也可以流形 $\Im$ 上的变形张量表示.

定理 1.8.4　在 S- 坐标系下, 变形张量和 Green St-Vennant 变形张量是贯截变量 ξ 的二次多项式

$$\begin{cases}e_{ij}(u)=\gamma_{ij}(u)+\overset{1}{\gamma}_{ij}(u)\xi+\overset{2}{\gamma}_{ij}(u)\xi^2,\\E_{ij}(u)=e_{ij}(u)+D_{ij}(u)=\displaystyle\sum_{k=0}^{2}\overset{k}{E}_{ij}(u)\xi^k,\end{cases}\tag{1.8.48}$$

其中

$$
\begin{aligned}
\gamma_{\alpha\beta}(u) &= \overset{*}{e}_{\alpha\beta}(u) - b_{\alpha\beta}u^3 = \frac{1}{2}[a_{\beta\lambda}\overset{0}{\nabla}_\alpha u^\lambda + a_{\alpha\lambda}\overset{0}{\nabla}_\beta u^\lambda],\\
\overset{1}{\gamma}_{\alpha\beta}(u) &= -(b_{\alpha\lambda}\overset{*}{\nabla}_\beta u^\lambda + b_{\beta\lambda}\overset{*}{\nabla}_\alpha u^\lambda) + c_{\alpha\beta}u^3 - \overset{*}{\nabla}_\lambda b_{\alpha\beta}u^\lambda\\
&= -[b_{\beta\lambda}\overset{0}{\nabla}_\alpha u^\lambda + b_{\alpha\lambda}\overset{0}{\nabla}_\beta u^\lambda] - c_{\alpha\beta}u^3 - \overset{*}{\nabla}_\lambda b_{\alpha\beta}u^\lambda,\\
\overset{2}{\gamma}_{\alpha\beta}(u) &= \frac{1}{2}(c_{\alpha\lambda}\overset{*}{\nabla}_\beta u^\lambda + c_{\beta\lambda}\overset{*}{\nabla}_\alpha u_\lambda + \overset{*}{\nabla}_\lambda c_{\alpha\beta}u^\lambda)\\
&= \frac{1}{2}[b_{\beta\lambda}\overset{*}{\nabla}_\alpha (b^\lambda_\sigma u^\sigma) + b_{\alpha\lambda}\overset{*}{\nabla}_\beta (b^\lambda_\sigma u^\sigma)],\\
\gamma_{\alpha 3}(u) &= \frac{1}{2}\left(a_{\alpha\beta}\frac{\partial u^\beta}{\partial\xi} + \overset{*}{\nabla}_\alpha u^3\right), \quad \overset{1}{\gamma}_{\alpha 3}(u) = -b_{\alpha\beta}\frac{\partial u^\beta}{\partial \xi},\\
\overset{2}{\gamma}_{\alpha 3}(u) &= \frac{1}{2}c_{\alpha\beta}\frac{\partial u^\beta}{\partial\xi},\\
\gamma_{33}(u) &= \frac{\partial u^3}{\partial \xi}, \quad \overset{1}{\gamma}_{33}(u) = \overset{2}{\gamma}_{33}(u) = 0,
\end{aligned}
\tag{1.8.49}
$$

$$
\begin{cases}
\overset{*}{E}_{ij}(u,u) := \overset{0}{E}_{ij}(u,u) = \gamma_{ij}(u) + \varphi_{ij}(u,u),\\
\overset{1}{E}_{ij}(u,u) = \overset{1}{\gamma}_{ij}(u) + \varphi^1_{ij}(u,u),\\
\overset{2}{E}_{ij}(u,u) = \overset{2}{\gamma}_{ij}(u) + \varphi^2_{ij}(u,u),\\
D_{ij}(u,v) := \varphi_{ij}(u,v) + \varphi^1_{ij}(u,v)\xi + \varphi^2_{ij}(u,v)\xi^2,
\end{cases}
\tag{1.8.50}
$$

这里流形上的变形张量:

$$
\begin{cases}
\overset{*}{e}_{\alpha\beta}(u) = \dfrac{1}{2}(a_{\alpha\lambda}\delta^\sigma_\beta + a_{\beta\lambda}\delta^\sigma_\alpha)\overset{*}{\nabla}_\sigma u^\lambda,\\
\overset{1}{e}_{\alpha\beta}(u) = -(b_{\alpha\lambda}\delta^\sigma_\beta + b_{\beta\lambda}\delta^\sigma_\alpha)\overset{*}{\nabla}_\sigma u^\lambda,\\
\overset{2}{e}_{\alpha\beta}(u) = \dfrac{1}{2}(c_{\alpha\sigma}\delta^\lambda_\beta + c_{\beta\sigma}\delta^\lambda_\sigma)\overset{*}{\nabla}_\lambda u^\sigma,
\end{cases}
\tag{1.8.51}
$$

$$
\begin{cases}
\varphi_{\alpha\beta}(u,v) = \dfrac{1}{2}a_{ij}\overset{0}{\nabla}_\alpha u^i \overset{0}{\nabla}_\beta v^j,\\
\varphi^1_{\alpha\beta}(u) = -b_{\lambda\sigma}\overset{*}{\nabla}_\alpha u^\lambda \overset{*}{\nabla}_\beta u^\sigma\\
\qquad -\dfrac{1}{2}(c_{\alpha\lambda}\overset{0}{\nabla}_\beta u^3 + c_{\beta\lambda}\overset{*}{\nabla}_\alpha u^3)u^\lambda\\
\qquad + \overset{2}{e}_{\alpha\beta}(\mathbf{u})u^3 + \overset{*}{\nabla}_\nu c_{\alpha\beta}u^3u^\nu\\
\qquad -\dfrac{1}{2}(\overset{*}{\nabla}_\alpha u^\lambda \overset{*}{\nabla}_\beta b_{\lambda\mu} + \overset{*}{\nabla}_\beta u^\lambda \overset{*}{\nabla}_\alpha b_{\lambda\mu})u^\mu,\\
\varphi^2_{\alpha\beta}(u) = \dfrac{1}{2}[c_{\lambda\sigma}\overset{*}{\nabla}_\alpha u^\lambda \overset{*}{\nabla}_\beta u^\sigma + c_{\alpha\lambda}c_{\beta\sigma}u^\lambda u^\sigma\\
\qquad +(\overset{*}{\nabla}_\alpha u^\lambda \overset{*}{\nabla}_\beta b^\gamma_\mu + \overset{*}{\nabla}_\beta u^\lambda \overset{*}{\nabla}_\alpha b^\gamma_\mu)b_{\lambda\gamma}u^\mu],
\end{cases}
\tag{1.8.52}
$$

$$\left\{\begin{aligned}
\varphi^0_{3\alpha}(u) &= \frac{1}{2}[(a_{\lambda\sigma}\overset{*}{\nabla}_\alpha u^\lambda - b_{\alpha\sigma}u^3)\frac{\partial u^\sigma}{\partial\xi} + (\overset{*}{\nabla}_\alpha u^3 + b_{\alpha\sigma}u^\sigma)\frac{\partial u^3}{\partial\xi} \\
&\quad + (c_{\alpha\sigma}u^3 - b_{\lambda\sigma}\overset{*}{\nabla}_\alpha u^\lambda)u^\sigma], \\
\varphi^1_{3\alpha}(u) &= \frac{1}{2}[-b_{\lambda\sigma}\overset{*}{\nabla}_\alpha u^\lambda - \overset{*}{\nabla}_\alpha b_{\sigma\lambda}u^\lambda + c_{\alpha\sigma}u^3]\frac{\partial u^\sigma}{\partial\xi} \\
&\quad - \frac{1}{2}c_{\alpha\sigma}u^\sigma\frac{\partial u^3}{\partial\xi} + \frac{1}{2}c_{\lambda\sigma}\overset{*}{\nabla}_\alpha u^\lambda u^\sigma, \\
\varphi^2_{3\alpha}(u) &= \frac{1}{2}(c_{\lambda\sigma}\overset{*}{\nabla}_\alpha u^\lambda + b_{\gamma\lambda}\overset{*}{\nabla}_\alpha b^\gamma_\sigma u^\lambda)\frac{\partial u^\sigma}{\partial\xi},
\end{aligned}\right. \tag{1.8.53}$$

$$\left\{\begin{aligned}
&\varphi_{33}(u) = \frac{1}{2}\left[a_{\alpha\beta}\frac{\partial u^\alpha}{\partial\xi}\frac{\partial u^\beta}{\partial\xi} - 2b_{\alpha\beta}u^\alpha\frac{\partial u^\beta}{\partial\xi} + c_{\alpha\beta}u^\alpha u^\beta + \frac{\partial u^3}{\partial\xi}\frac{\partial u^3}{\partial\xi}\right], \\
&\varphi^1_{33}(u) = \left[b_{\alpha\beta}\frac{\partial u^\alpha}{\partial\xi}\frac{\partial u^\beta}{\partial\xi} + c_{\alpha\beta}u^\alpha\frac{\partial u^\beta}{\partial\xi}\right], \quad \varphi^2_{33}(u) = \left[b_{\alpha\beta}\frac{\partial u^\alpha}{\partial\xi}\frac{\partial u^\beta}{\partial\xi}\right],
\end{aligned}\right. \tag{1.8.54}$$

其中

$$a_{ij} = g_{ij}|_{\xi=0} = (a_{\alpha\beta}, a_{3\alpha} = a_{\alpha 3} = 0, a_{33} = 1). \tag{1.8.55}$$

证明

$$\begin{aligned}
e_{\alpha\beta}(u) =& \frac{1}{2}(g_{\alpha\lambda}\nabla_\beta u^\lambda + g_{\beta\lambda}\nabla_\alpha u^\lambda) \\
=& \frac{1}{2}[g_{\alpha\lambda}\overset{*}{\nabla}_\beta u^\lambda + g_{\beta\lambda}\overset{*}{\nabla}_\alpha u^\lambda + \theta^{-1}(g_{\alpha\lambda}I^\lambda_\beta + g_{\beta\lambda}I^\lambda_\alpha)u^3 \\
&+ (g_{\alpha\lambda}\Phi^\lambda_{\beta\nu} + g_{\beta\lambda}\Phi^\lambda_{\alpha\nu})u^\nu] \\
=& \frac{1}{2}(g_{\alpha\lambda}\overset{*}{\nabla}_\beta u^\lambda + g_{\beta\lambda}\overset{*}{\nabla}_\alpha u^\lambda) + \frac{1}{2}(-2J_{\alpha\beta}u^3) \\
&+ \frac{1}{2}(-\xi(\overset{*}{\nabla}_\alpha b_{\beta\nu} + \overset{*}{\nabla}_\beta b_{\alpha\nu}) + \xi^2(b_{\alpha\mu}\overset{*}{\nabla}_\beta b^\mu_\nu + b_{\beta\mu}\overset{*}{\nabla}_\alpha b^\mu_\nu)u^\nu).
\end{aligned}$$

应用 Godazzi 公式和度量张量协变导数为零,

$$b_{\alpha\mu}\overset{*}{\nabla}_\beta b^\mu_\nu + b_{\beta\mu}\overset{*}{\nabla}_\alpha b^\mu_\nu = b_{\alpha\mu}\overset{*}{\nabla}_\nu b^\mu_\beta + b_{\beta\mu}\overset{*}{\nabla}_\nu b^\mu_\alpha = \overset{*}{\nabla}_\nu (b^\mu_\beta b_{\alpha\mu}) = \overset{*}{\nabla}_\nu c_{\alpha\beta},$$

$$\begin{aligned}
e_{\alpha\beta}(u) =& \frac{1}{2}(g_{\alpha\lambda}\overset{*}{\nabla}_\beta u^\lambda + g_{\beta\lambda}\overset{*}{\nabla}_\alpha u^\lambda) - J_{\alpha\beta}u^3 + (-\overset{*}{\nabla}_\nu b_{\alpha\beta}\xi + \xi^2\overset{*}{\nabla}_\nu (c_{\alpha\beta}))u^\nu \\
=& \frac{1}{2}(a_{\alpha\lambda}\overset{*}{\nabla}_\beta u^\lambda + a_{\beta\lambda}\overset{*}{\nabla}_\alpha u^\lambda) - b_{\alpha\beta}u^3 \\
&+ \xi[-(b_{\alpha\lambda}\overset{*}{\nabla}_\beta u^\lambda + b_{\beta\lambda}\overset{*}{\nabla}_\alpha u^\lambda) + c_{\alpha\beta}u^3 - \overset{*}{\nabla}_\nu b_{\alpha\beta}u^\nu] \\
&+ \xi^2\frac{1}{2}[(c_{\alpha\lambda}\overset{*}{\nabla}_\beta u^\lambda + c_{\beta\lambda}\overset{*}{\nabla}_\alpha u^\lambda) + \overset{*}{\nabla}_\nu c_{\alpha\beta}u^\nu] \\
=& \gamma_{\alpha\beta}(u) + \overset{1}{\gamma}_{\alpha\beta}(u)\xi + \overset{2}{\gamma}_{\alpha\beta}(u)\xi^2.
\end{aligned}$$

类似, 利用 $J_{\alpha\lambda}+\theta^{-1}g_{\alpha\beta}I_{\lambda}^{\beta}=0$, 则有

$$\begin{aligned} e_{3\alpha}(u)=&\frac{1}{2}(g_{\alpha\beta}\nabla_3 u^{\beta}+\nabla_{\alpha}u^3)=\frac{1}{2}\left(g_{\alpha\beta}\frac{\partial u^{\beta}}{\partial\xi}+\theta^{-1}g_{\alpha\beta}I_{\lambda}^{\beta}u^{\lambda}+\overset{*}{\nabla}_{\alpha}u^3+J_{\alpha\lambda}u^{\lambda}\right)\\ =&\frac{1}{2}\left(g_{\alpha\beta}\frac{\partial u^{\beta}}{\partial\xi}+\overset{*}{\nabla}_{\alpha}u^3\right),\\ e_{33}(u)-&\nabla_3 u^3-\frac{\partial u^3}{\partial\xi} \end{aligned}$$

下面证明 (1.8.48) 第二式. 应用引理 1.8.1 和 Godazzi 公式, 并令

$$\Psi_{\alpha\beta\lambda}(\xi)=-\xi\overset{*}{\nabla}_{\alpha}b_{\beta\lambda}+\xi^2 b_{\beta}^{\sigma}\overset{*}{\nabla}_{\alpha}b_{\sigma\lambda},\tag{1.8.56}$$

那么有

$$\begin{aligned} D_{\alpha\beta}(u)=&\frac{1}{2}[g_{\lambda\sigma}\nabla_{\alpha}u^{\lambda}\nabla_{\beta}u^{\sigma}+\nabla_{\alpha}u^3\nabla_{\beta}u^3]\\ =&\frac{1}{2}[g_{\lambda\sigma}(\overset{*}{\nabla}_{\alpha}u^{\lambda}+\theta^{-1}I_{\alpha}^{\lambda}u^3+\Phi_{\alpha\nu}^{\lambda}u^{\nu})(\overset{*}{\nabla}_{\beta}u^{\sigma}+\theta^{-1}I_{\beta}^{\sigma}u^3+\Phi_{\beta\nu}^{\sigma}u^{\nu})\\ &+(\overset{*}{\nabla}_{\alpha}u^3+J_{\alpha\nu}u^{\nu})(\overset{*}{\nabla}_{\beta}u^3+J_{\beta\nu}u^{\nu})]\\ =&\varphi_{\alpha\beta}(u)+\xi\varphi_{\alpha\beta}^1(u)+\xi^2\varphi_{\alpha\beta}^2(u)+\Psi_{\alpha\sigma\nu}\Phi_{\beta\mu}^{\sigma}u^{\nu}u^{\mu}, \end{aligned}$$

其中

$$\begin{aligned} \varphi_{\alpha\beta}(u)=&\frac{1}{2}a_{ij}\overset{0}{\nabla}_{\alpha}u^i\overset{0}{\nabla}_{\beta}u^j,\\ \varphi_{\alpha\beta}^1(u)=&-b_{\lambda\sigma}\overset{*}{\nabla}_{\alpha}u^{\lambda}\overset{*}{\nabla}_{\beta}u^{\sigma}-\frac{1}{2}(c_{\alpha\lambda}\overset{0}{\nabla}_{\beta}u^3+c_{\beta\lambda}\overset{*}{\nabla}_{\alpha}u^3)u^{\lambda}\\ &+\overset{2}{e}_{\alpha\beta}(\boldsymbol{u})u^3+\overset{*}{\nabla}_{\nu}c_{\alpha\beta}u^3u^{\nu}-\frac{1}{2}(\overset{*}{\nabla}_{\alpha}u^{\lambda}\overset{*}{\nabla}_{\beta}b_{\lambda\mu}+\overset{*}{\nabla}_{\beta}u^{\lambda}\overset{*}{\nabla}_{\alpha}b_{\lambda\mu})u^{\mu},\\ \varphi_{\alpha\beta}^2(u)=&\frac{1}{2}[c_{\lambda\sigma}\overset{*}{\nabla}_{\alpha}u^{\lambda}\overset{*}{\nabla}_{\beta}u^{\sigma}+c_{\alpha\lambda}c_{\beta\sigma}u^{\lambda}u^{\sigma}\\ &+(\overset{*}{\nabla}_{\alpha}u^{\lambda}\overset{*}{\nabla}_{\beta}b_{\mu}^{\gamma}+\overset{*}{\nabla}_{\beta}u^{\lambda}\overset{*}{\nabla}_{\alpha}b_{\mu}^{\gamma})b_{\lambda\gamma}u^{\mu}]. \end{aligned}$$

下面计算

$$\begin{aligned} D_{3\alpha}(u)=&D_{\alpha3}(u)=\frac{1}{2}g_{km}\nabla_{\alpha}u^k\nabla_3 u^m=\frac{1}{2}g_{\lambda\sigma}\nabla_{\alpha}u^{\lambda}\nabla_3 u^{\sigma}+\frac{1}{2}\nabla_{\alpha}u^3\nabla_3 u^3\\ =&\frac{1}{2}g_{\lambda\sigma}(\overset{*}{\nabla}_{\alpha}u^{\lambda}+(\theta^{-1}I_{\alpha}^{\lambda}u^3+\Phi_{\alpha\nu}^{\lambda}u^{\nu}))\left(\frac{\partial u^{\sigma}}{\partial\xi}+\theta^{-1}I_{\mu}^{\sigma}u^{\mu}\right)\\ &+\frac{1}{2}\frac{\partial u^3}{\partial\xi}(\overset{*}{\nabla}_{\alpha}u^3+J_{\alpha\sigma}u^{\sigma})=\frac{1}{2}[g_{\lambda\sigma}\overset{*}{\nabla}_{\alpha}u^{\lambda}-J_{\alpha\sigma}u^3+\Psi_{\sigma\alpha\mu}u^{\mu}]\frac{\partial u^{\sigma}}{\partial\xi}\\ &-\frac{1}{2}J_{\lambda\sigma}\overset{*}{\nabla}_{\alpha}u^{\lambda}u^{\sigma}+\frac{1}{2}c_{\alpha\sigma}u^3u^{\sigma}+\frac{1}{2}\xi b_{\mu\gamma}\overset{*}{\nabla}_{\alpha}b_{\nu}^{\gamma}u^{\nu}u^{\mu} \end{aligned}$$

$$+\frac{1}{2}\frac{\partial u^3}{\partial \xi}(\overset{*}{\nabla}_\alpha u^3 + J_{\alpha\sigma}u^\sigma) = \varphi^0_{3\beta}(\boldsymbol{u}) + \varphi^1_{3\alpha}(\boldsymbol{u})\xi + \varphi^2_{3\alpha}(\boldsymbol{u})\xi^2,$$

其中

$$\begin{aligned}
\varphi^0_{3\alpha}(u) =& \frac{1}{2}[(a_{\lambda\sigma}\overset{*}{\nabla}_\alpha u^\lambda - b_{\alpha\sigma}u^3)\frac{\partial u^\sigma}{\partial \xi} + (\overset{*}{\nabla}_\alpha u^3 + b_{\alpha\sigma}u^\sigma)\frac{\partial u^3}{\partial \xi}\\
&+ (c_{\alpha\sigma}u^3 - b_{\lambda\sigma}\overset{*}{\nabla}_\alpha u^\lambda)u^\sigma],\\
\varphi^1_{3\alpha}(u) =& \frac{1}{2}[-b_{\lambda\sigma}\overset{*}{\nabla}_\alpha u^\lambda - \overset{*}{\nabla}_\alpha b_{\sigma\lambda}u^\lambda + c_{\alpha\sigma}u^3]\frac{\partial u^\sigma}{\partial \xi} - \frac{1}{2}c_{\alpha\sigma}u^\sigma\frac{\partial u^3}{\partial \xi} + \frac{1}{2}c_{\lambda\sigma}\overset{*}{\nabla}_\alpha u^\lambda u^\sigma,\\
\varphi^2_{3\alpha}(u) =& \frac{1}{2}(c_{\lambda\sigma}\overset{*}{\nabla}_\alpha u^\lambda + b_{\gamma\lambda}\overset{*}{\nabla}_\alpha b^\gamma_\sigma u^\lambda)\frac{\partial u^\sigma}{\partial \xi},\\
D_{33}(u) =& \frac{1}{2}g_{km}\nabla_3 u^k\nabla_3 u^m = \frac{1}{2}\left[g_{\alpha\beta}\left(\frac{\partial u^\alpha}{\partial \xi} + \theta^{-1}I^\alpha_\lambda u^\lambda\right)\left(\frac{\partial u^\beta}{\partial \xi} + \theta^{-1}I^\beta_\sigma u^\sigma\right) + \frac{\partial u^3}{\partial \xi}\frac{\partial u^3}{\partial \xi}\right].
\end{aligned}$$

利用引理 1.8.1

$$\begin{aligned}
D_{33}(u) &= \frac{1}{2}\left[g_{\alpha\beta}\frac{\partial u^\alpha}{\partial \xi}\frac{\partial u^\beta}{\partial \xi} - 2J_{\alpha\beta}u^\alpha\frac{\partial u^\beta}{\partial \xi} + c_{\alpha\beta}u^\alpha u^\beta + \frac{\partial u^3}{\partial \xi}\frac{\partial u^3}{\partial \xi}\right]\\
&= \varphi_{33}(u) + \xi\varphi^1_{33}(u) + \xi^2\varphi^2_{33}(u),
\end{aligned}$$

其中

$$\begin{aligned}
\varphi_{33}(u) &= \frac{1}{2}\left[a_{\alpha\beta}\frac{\partial u^\alpha}{\partial \xi}\frac{\partial u^\beta}{\partial \xi} - 2b_{\alpha\beta}u^\alpha\frac{\partial u^\beta}{\partial \xi} + c_{\alpha\beta}u^\alpha u^\beta + \frac{\partial u^3}{\partial \xi}\frac{\partial u^3}{\partial \xi}\right],\\
\varphi^1_{33}(u) &= \left[b_{\alpha\beta}\frac{\partial u^\alpha}{\partial \xi}\frac{\partial u^\beta}{\partial \xi} + c_{\alpha\beta}u^\alpha\frac{\partial u^\beta}{\partial \xi}\right], \quad \varphi^2_{33}(u) = \left[b_{\alpha\beta}\frac{\partial u^\alpha}{\partial \xi}\frac{\partial u^\beta}{\partial \xi}\right].
\end{aligned}$$

证毕.

1.8.3 弹性系数张量

设弹性材料是各均匀和向同性的, 在 S- 坐标系下, 四阶协变弹性系数张量是

$$A^{ijkl} = \lambda g^{ij}g^{kl} + \mu(g^{ik}g^{jl} + g^{il}g^{jk}), \tag{1.8.57}$$

其中 $(\lambda \geqslant 0, \mu > 0)$ Lamé 系数. 令

$$\begin{aligned}
a^{\alpha\beta\sigma\tau} &= \lambda a^{\alpha\beta}a^{\sigma\tau} + \mu(a^{\alpha\sigma}a^{\beta\tau} + a^{\alpha\tau}a^{\beta\sigma});\\
b^{\alpha\beta\sigma\tau} &= \lambda b^{\alpha\beta}b^{\sigma\tau} + \mu(b^{\alpha\sigma}b^{\beta\tau} + b^{\alpha\tau}b^{\beta\sigma});\\
c^{\alpha\beta\sigma\tau} &= \lambda(a^{\alpha\beta}b^{\sigma\tau} + a^{\sigma\tau}b^{\alpha\beta}) + \mu(a^{\alpha\sigma}b^{\beta\tau} + a^{\beta\tau}b^{\alpha\sigma} + a^{\alpha\tau}b^{\beta\sigma} + a^{\beta\sigma}b^{\alpha\tau}).
\end{aligned} \tag{1.8.58}$$

定理 1.8.5 在 S- 坐标系下, 弹性系数张量是贯截变量 ξ 的有理函数

$$\left\{\begin{array}{l} A^{\alpha\beta\sigma\tau}=\theta^{-4}\left[a^{\alpha\beta\sigma\tau}+\sum\limits_{k=1}^{4}\widetilde{A}_k^{\alpha\beta\sigma\tau}\xi^k\right]=\sum\limits_{k=0}^{\infty}A_k^{\alpha\beta\sigma\tau}\xi^k,\\ A^{\alpha\beta33}=A^{33\alpha\beta}=\lambda g^{\alpha\beta},\quad A^{3333}=\lambda+2\mu,\\ A^{\alpha3\beta3}=A^{3\alpha3\beta}=A^{\alpha33\beta}=A^{3\alpha\beta3}=\mu g^{\alpha\beta},\\ A^{\alpha\beta\sigma3}=A^{\alpha\beta3\sigma}=A^{\alpha3\beta\sigma}=A^{3\alpha\beta\sigma}=0,\\ A^{\alpha333}=A^{3\alpha33}=A^{33\alpha3}=A^{333\alpha}=0, \end{array}\right. \tag{1.8.59}$$

其中

$$\left\{\begin{array}{l} \widetilde{A}_1^{\alpha\beta\sigma\tau}=2c^{\alpha\beta\sigma\tau}-8Ha^{\alpha\beta\sigma\tau},\\ \widetilde{A}_2^{\alpha\beta\sigma\tau}=2(12H^2-K)a^{\alpha\beta\sigma\tau}-10Hc^{\alpha\beta\sigma\tau}+4b^{\alpha\beta\sigma\tau},\\ \widetilde{A}_3^{\alpha\beta\sigma\tau}=8H(K-4H^2)a^{\alpha\beta\sigma\tau}+(8H^2-2K)c^{\alpha\beta\sigma\tau}-8Hb^{\alpha\beta\sigma\tau},\\ \widetilde{A}_4^{\alpha\beta\sigma\tau}=(4H^2-K)^2a^{\alpha\beta\sigma\tau}+2H(K-4H^2)c^{\alpha\beta\sigma\tau}+4H^2b^{\alpha\beta\sigma\tau}, \end{array}\right. \tag{1.8.60}$$

$$\left\{\begin{array}{l} A_0^{\alpha\beta\lambda\sigma}=a^{\alpha\beta\lambda\sigma},\quad A_1^{\alpha\beta\lambda\sigma}=2c^{\alpha\beta\sigma\tau},\\ A_2^{\alpha\beta\lambda\sigma}=-6Ka^{\alpha\beta\sigma\tau}+6Hc^{\alpha\beta\sigma\tau}-4b^{\alpha\beta\sigma\tau}. \end{array}\right. \tag{1.8.61}$$

1.8.4 向量的旋度

$$\begin{aligned} \mathrm{rot}\boldsymbol{u}&=\varepsilon^{ijk}\nabla_j u_k\boldsymbol{e}_i=\varepsilon^{\alpha jk}\nabla_j u_k\boldsymbol{r}_\alpha+\varepsilon^{3\lambda\sigma}\nabla_\lambda u_\sigma\boldsymbol{n}\\ &=\varepsilon^{\alpha jk}g_{km}\nabla_j u^m\boldsymbol{r}_\alpha+\varepsilon^{3\lambda\sigma}g_{\sigma\gamma}\nabla_\lambda u^\gamma\boldsymbol{n}\\ &=(\mathrm{rot}u)^\alpha\boldsymbol{r}_\alpha+(\mathrm{rot}u)^3\boldsymbol{n}, \end{aligned}$$

在 S- 族坐标下, 利用循环张量关于指标的反对称性, 以及定理 1.8.3、引理 1.8.1 等, 得

$$\begin{aligned} (\mathrm{rot}u)^\alpha&=\varepsilon^{\alpha jk}g_{km}\nabla_j u^m=\varepsilon^{\alpha\beta3}(g_{33}\nabla_\beta u^3-g_{\beta\sigma}\nabla_3 u^\sigma)\\ &=\sqrt{\frac{a}{g}}\varepsilon^{\alpha\beta}\left(\overset{*}{\nabla}_\beta u^3+J_{\beta\varsigma}u^\sigma-g_{\beta\sigma}\left(\frac{\partial u^\sigma}{\partial\xi}+\theta^{-1}I_\mu^\sigma u^\mu\right)\right)\\ &=\theta^{-1}\varepsilon^{\alpha\beta}\left[\overset{*}{\nabla}_\beta u^3-g_{\beta\sigma}\frac{\partial u^\sigma}{\partial\xi}+2J_{\beta\sigma}u^\sigma\right],\\ (\mathrm{rot}u)^3&=\varepsilon^{3\lambda\sigma}g_{\sigma\gamma}\nabla_\lambda u^\gamma=\theta^{-1}\varepsilon^{\lambda\sigma}g_{\sigma\gamma}(\overset{*}{\nabla}_\lambda u^\gamma+\theta^{-1}I_\lambda^\gamma u^3+\Phi_{\lambda\mu}^\gamma u\mu)\\ &=\theta^{-1}\varepsilon^{\lambda\sigma}(g_{\sigma\gamma}\overset{*}{\nabla}_\lambda u^\gamma-J_{\lambda\sigma}u^3+\Psi_{\sigma\lambda\mu}u^\mu)\\ &=\theta^{-1}\varepsilon^{\lambda\sigma}(g_{\sigma\gamma}\overset{*}{\nabla}_\lambda u^\gamma+\Psi_{\sigma\lambda\mu}u^\mu)\ (\text{因为}\varepsilon^{\lambda\sigma}J_{\lambda\sigma}=0). \end{aligned}$$

最后有

$$\left\{\begin{aligned}&\operatorname{rot}(\boldsymbol{u})=(\operatorname{rot}u)^{\alpha}\boldsymbol{r}_{\alpha}+(\operatorname{rot}u)^{3}\boldsymbol{n},\\&(\operatorname{rot}u)^{\alpha}=\theta^{-1}\varepsilon^{\alpha\beta}\left[\overset{*}{\nabla}_{\beta}u^{3}-g_{\beta\sigma}\frac{\partial u^{\sigma}}{\partial\xi}+2J_{\beta\sigma}u^{\sigma}\right],\\&(\operatorname{rot}u)^{3}=\theta^{-1}\varepsilon^{\lambda\sigma}(g_{\sigma\gamma}\overset{*}{\nabla}_{\lambda}u^{\gamma}+\Psi_{\sigma\lambda\mu}u^{\mu}),\end{aligned}\right. \tag{1.8.62}$$

尤其是曲面上的旋度

$$\left\{\begin{aligned}&\overset{*}{\operatorname{rot}}{}^{3}(\boldsymbol{u})=(\operatorname{rot}u)^{3}|_{\xi=0}=\varepsilon^{\lambda\sigma}a_{\sigma\gamma}\overset{*}{\nabla}_{\lambda}u^{\gamma},\\&\overset{*}{\operatorname{rot}}{}^{\alpha}(\boldsymbol{u})=(\operatorname{rot}u)^{\alpha}|_{\xi=0}=\varepsilon^{\alpha\beta}\left[\overset{*}{\nabla}_{\beta}u^{3}-a_{\beta\sigma}\frac{\partial u^{\sigma}}{\partial\xi}+2b_{\beta\sigma}u^{\sigma}\right].\end{aligned}\right. \tag{1.8.63}$$

定理 1.8.6 在 S- 坐标系下, 流形 $\Im$ 上向量的变形张量的散度算子是曲面上的迹 Laplace 算子与 Gauss 曲率之和:

$$\begin{aligned}\overset{*}{\operatorname{div}}\overset{*}{\boldsymbol{e}}(\boldsymbol{u})&=\{\overset{*}{\nabla}_{\beta}\overset{*}{e}{}^{\alpha\beta}(\boldsymbol{u}),\alpha=1,2\}\\&=\frac{1}{2}(\overset{*}{\Delta}u^{\alpha}+a^{\alpha\lambda}\overset{*}{\nabla}_{\lambda}(\overset{*}{\operatorname{div}}\boldsymbol{u})+Ku^{\alpha}),\end{aligned} \tag{1.8.64}$$

其中 K 是曲面的 Gauss 曲率.

证明 由流形上变形张量的定义,

$$\overset{*}{\nabla}_{\beta}\overset{*}{e}{}^{\alpha\beta}(\boldsymbol{u})=\frac{1}{2}\overset{*}{\nabla}_{\beta}(\overset{*}{\nabla}{}^{\alpha}u^{\beta}+\overset{*}{\nabla}{}^{\beta}u^{\alpha})=\frac{1}{2}a^{\alpha\lambda}\overset{*}{\nabla}_{\beta}\overset{*}{\nabla}_{\lambda}u^{\beta}+\frac{1}{2}\overset{*}{\nabla}_{\beta}\overset{*}{\nabla}{}^{\beta}u^{\alpha},$$

然而

$$\overset{*}{\nabla}_{\beta}\overset{*}{\nabla}{}^{\beta}u^{\alpha}=\overset{*}{\Delta}u^{\alpha},$$

利用定理 1.5.4 的 Ricci 公式 (1.5.21)、Ricci 张量和 Riemann 张量的关系 (1.5.22) 以及公式 (1.5.23),

$$\begin{aligned}a^{\alpha\lambda}\overset{*}{\nabla}_{\beta}\overset{*}{\nabla}_{\lambda}u^{\beta}&=a^{\alpha\lambda}(\overset{*}{\nabla}_{\lambda}\overset{*}{\nabla}_{\beta}u^{\beta}+R^{\beta}_{\sigma\beta\lambda}u^{\sigma})=a^{\alpha\lambda}\overset{*}{\nabla}_{\lambda}(\overset{*}{\operatorname{div}}\boldsymbol{u})+a^{\alpha\lambda}R_{\sigma\lambda}u^{\sigma}\\&=a^{\alpha\lambda}\overset{*}{\nabla}_{\lambda}(\overset{*}{\operatorname{div}}\boldsymbol{u})+a^{\alpha\lambda}Ka_{\sigma\lambda}u^{\sigma}=a^{\alpha\lambda}\overset{*}{\nabla}_{\lambda}(\overset{*}{\operatorname{div}}\boldsymbol{u})+Ku^{\alpha}.\end{aligned}$$

综上即可得到 (1.8.63). 证毕.

1.8.5 *S*- 族坐标系下的迹 Laplace 算子

定理 1.8.7 在 S- 坐标系下, 空间向量的变形张量的散度算子可以表示为

$$\begin{aligned}&(\operatorname{div}\boldsymbol{e}(\boldsymbol{u}))^{\alpha}:=\nabla_{j}e^{\alpha j}(\boldsymbol{u})\\=&g^{\alpha\beta}g^{\lambda\sigma}\sum_{k=0}^{2}(\overset{*}{\nabla}_{\lambda}\overset{k}{\gamma}_{\beta\sigma}(\boldsymbol{u})-2\Phi^{\nu}_{\lambda\beta}\overset{k}{\gamma}_{\nu\sigma}(\boldsymbol{u}))\xi^{k}\end{aligned}$$

$$+\frac{1}{2}\frac{\partial^2 u^\alpha}{\partial \xi^2}+2\theta^{-1}I^\alpha_\gamma\frac{\partial u^\gamma}{\partial \xi}+\frac{1}{2}g^{\alpha\beta}\overset{*}{\nabla}_\beta\frac{\partial u^3}{\partial \xi}+\theta^{-1}g^{\alpha\beta}I^\sigma_\beta\overset{*}{\nabla}_\sigma u^3, \tag{1.8.65}$$

$$\begin{aligned}(\mathrm{div}\boldsymbol{e}(\boldsymbol{u}))^3:=&\nabla_j e^{3j}(w)\\=&\frac{1}{2}g^{\lambda\sigma}\overset{*}{\nabla}_\lambda\overset{*}{\nabla}_\sigma u^3\\&-\theta^{-1}g^{\lambda\sigma}I^\beta_\lambda(\gamma_{\beta\sigma}(\boldsymbol{u})+\overset{1}{\gamma}_{\beta\sigma}(\boldsymbol{u})\xi+\overset{2}{\gamma}_{\beta\sigma}(\boldsymbol{u})\xi^2)\\&-\frac{1}{2}g^{\lambda\sigma}\Phi^\beta_{\lambda\sigma}\overset{*}{\nabla}_\beta u^3+\frac{\partial^2 u^3}{\partial\xi^2}-2\theta^{-1}(H-K\xi)\frac{\partial u^3}{\partial\xi}\\&+\frac{1}{2}\overset{*}{\mathrm{div}}\frac{\partial \boldsymbol{u}}{\partial\xi}+\frac{1}{2}g^{\lambda\sigma}(\overset{*}{\nabla}_\lambda g_{\beta\sigma}-g_{\beta\mu}\Phi^\mu_{\lambda\sigma})\frac{\partial u^\beta}{\partial\xi}.\end{aligned}\tag{1.8.66}$$

它们可以展成关于贯截变量 ξ 的 Taylor 级数:

$$\begin{aligned}\mathrm{div}\boldsymbol{e}(\boldsymbol{u})=&\{\nabla_j e^{ij}(\boldsymbol{u}),i=1,2,3\}\\=&\overset{*}{\mathrm{div}}(\boldsymbol{e}(\boldsymbol{u}))+\overset{1}{\mathrm{div}}(\boldsymbol{e}(\boldsymbol{u}))\xi+\overset{2}{\mathrm{div}}(\boldsymbol{e}(\boldsymbol{u}))\xi^2+\cdots,\end{aligned}\tag{1.8.67}$$

其中

$$\begin{aligned}(\overset{*}{\mathrm{div}}\,\boldsymbol{e}(\boldsymbol{u}))^\alpha=&a_0^{\alpha\beta\lambda\sigma}\overset{*}{\nabla}_\lambda\gamma_{\beta\sigma}(\boldsymbol{u})\\&+\frac{1}{2}\left(\frac{\partial^2 u^\alpha}{\partial\xi^2}-4b^\alpha_\sigma\frac{\partial u^\sigma}{\partial\xi}+a^{\alpha\sigma}\overset{*}{\nabla}_\sigma\frac{\partial u^3}{\partial\xi}\right)-b^{\alpha\beta}\overset{*}{\nabla}_\beta u^3\\=&\overset{*}{\nabla}_\lambda\gamma^{\alpha\lambda}(\boldsymbol{u})+\frac{1}{2}\left(\frac{\partial^2 u^\alpha}{\partial\xi^2}-4b^\alpha_\sigma\frac{\partial u^\sigma}{\partial\xi}+a^{\alpha\sigma}\overset{*}{\nabla}_\sigma\frac{\partial u^3}{\partial\xi}\right)-b^{\alpha\beta}\overset{*}{\nabla}_\beta u^3\\=&\frac{1}{2}(\overset{*}{\Delta}u^\alpha+Ku^\alpha+a^{\alpha\sigma}\overset{*}{\nabla}_\sigma\overset{*}{\mathrm{div}}\,\boldsymbol{u}-a^{\alpha\sigma}\overset{*}{\nabla}_\sigma Hu^3)\\&+\frac{1}{2}\left(\frac{\partial^2 u^\alpha}{\partial\xi^2}-4b^\alpha_\sigma\frac{\partial u^\sigma}{\partial\xi}+a^{\alpha\sigma}\overset{*}{\nabla}_\sigma\frac{\partial u^3}{\partial\xi}\right),\end{aligned}\tag{1.8.68}$$

$$\begin{aligned}(\overset{1}{\mathrm{div}}\,\boldsymbol{e}(\boldsymbol{u}))^\alpha=&a_1^{\alpha\beta\lambda\sigma}\overset{*}{\nabla}_\lambda\gamma_{\beta\sigma}(\boldsymbol{u})+a_0^{\alpha\beta\lambda\sigma}\overset{*}{\nabla}_\lambda\overset{1}{\gamma}_{\beta\sigma}(\boldsymbol{u})\\&-3c^{\alpha\beta}\overset{*}{\nabla}_\beta u^3+2a^{\nu\mu}\overset{*}{\nabla}_\mu b^{\alpha\sigma}\gamma_{\nu\sigma}(\boldsymbol{u})-2c^\alpha_\beta\frac{\partial u^\beta}{\partial\xi}+b^{\alpha\beta}\overset{*}{\nabla}_\beta\frac{\partial u^3}{\partial\xi},\end{aligned}\tag{1.8.69}$$

$$\begin{aligned}(\overset{2}{\mathrm{div}}\,\boldsymbol{e}(\boldsymbol{u}))^\alpha=&a_2^{\alpha\beta\lambda\sigma}\overset{*}{\nabla}_\lambda\gamma_{\beta\sigma}(\boldsymbol{u})+a_1^{\alpha\beta\lambda\sigma}\overset{*}{\nabla}_\lambda\overset{1}{\gamma}_{\beta\sigma}(\boldsymbol{u})\\&+a_0^{\alpha\beta\lambda\sigma}\overset{*}{\nabla}_\lambda\overset{2}{\gamma}_{\beta\sigma}(\boldsymbol{u})+a^{\nu\mu}\overset{*}{\nabla}_\mu b^{\alpha\sigma}\overset{1}{\gamma}_{\nu\sigma}(\boldsymbol{u})\\&+(2b^{\nu\mu}\overset{*}{\nabla}_\mu b^{\alpha\sigma}+4a^{\nu\mu}\overset{*}{\nabla}_\mu c^{\alpha\sigma})\gamma_{\nu\sigma}(\boldsymbol{u})\\&+(2HKa^{\alpha\beta}+(3K+4H^2)b^{\alpha\beta})\overset{*}{\nabla}_\beta u^3\end{aligned}$$

$$+ 2(Kb^{\alpha}_{\beta} - 2Hc^{\alpha}_{\beta})\frac{\partial u^{\beta}}{\partial \xi} + \frac{3}{2}c^{\alpha\beta} \overset{*}{\nabla}_{\beta} \frac{\partial u^3}{\partial \xi}, \tag{1.8.70}$$

$$(\overset{*}{\mathrm{div}}\, \boldsymbol{e}(\boldsymbol{u}))^3 = \frac{1}{2} \overset{*}{\Delta} u^3 + b^{\alpha\beta}\gamma_{\alpha\beta}(\boldsymbol{u}) + \frac{\partial^2 u^3}{\partial \xi^2} - 2H\frac{\partial u^3}{\partial \xi} + \frac{1}{2} \overset{*}{\mathrm{div}} \frac{\partial \boldsymbol{u}}{\partial \xi}, \tag{1.8.71}$$

$$\begin{aligned}(\overset{1}{\mathrm{div}}\, \boldsymbol{e}(\boldsymbol{u}))^3 =& 2b^{\alpha\beta} \overset{*}{\nabla}_{\alpha}\overset{*}{\nabla}_{\beta} u^3 + b^{\alpha\beta} \overset{1}{\gamma}_{\alpha\beta} (\boldsymbol{u}) - 3c^{\alpha\beta}\gamma_{\alpha\beta}(\boldsymbol{u})\\ &+ 2a^{\beta\sigma} \overset{*}{\nabla}_{\sigma} H\gamma_{3\beta}(\boldsymbol{u}) - 2(2H^2 - K)\frac{\partial u^3}{\partial \xi} - 2 \overset{*}{\nabla}_{\beta} H\frac{\partial u^{\beta}}{\partial \xi},\end{aligned} \tag{1.8.72}$$

$$\begin{aligned}(\overset{2}{\mathrm{div}}\, \boldsymbol{e}(\boldsymbol{u}))^3 =& 3c^{\alpha\beta} \overset{*}{\nabla}_{\alpha}\overset{*}{\nabla}_{\beta} u^3 + b^{\alpha\beta} \overset{2}{\gamma}_{\alpha\beta} (\boldsymbol{u}) - 3c^{\alpha\beta} \overset{1}{\gamma}_{\alpha\beta} (\boldsymbol{u})\\ &+ (-6Kb^{\alpha\beta} + 12Hc^{\alpha\beta})\gamma_{\alpha\beta}(\boldsymbol{u}) + 2a^{\beta\sigma} \overset{*}{\nabla}_{\sigma} H \overset{1}{\gamma}_{3\beta} (\boldsymbol{u})\\ &+ (2b^{\beta\sigma} \overset{*}{\nabla}_{\sigma} H + 2a^{\beta\sigma} \overset{*}{\nabla}_{\sigma} (4H^2 - 2K))\gamma_{3\beta}(\boldsymbol{u})\\ &- 8H(H^2 - K)\frac{\partial u^3}{\partial \xi} + \left(\overset{*}{\nabla}_{\beta} (K - 2H^2) + \frac{1}{2} \overset{*}{\nabla}_{\lambda} c^{\lambda}_{\beta}\right) \frac{\partial u^{\beta}}{\partial \xi},\end{aligned} \tag{1.8.73}$$

其中

$$\left\{\begin{aligned} &a_0^{\alpha\beta\lambda\sigma} = a^{\alpha\beta}a^{\lambda\sigma}, \quad a_1^{\alpha\beta\lambda\sigma} = 2(a^{\alpha\beta}b^{\lambda\sigma} + a^{\lambda\sigma}b^{\alpha\beta}),\\ &a_2^{\alpha\beta\lambda\sigma} = 3(a^{\alpha\beta}c^{\lambda\sigma} + a^{\lambda\sigma}c^{\alpha\beta}) + 4b^{\alpha\beta}b^{\lambda\sigma}.\end{aligned}\right. \tag{1.8.74}$$

注　定理表明, 变形张量的散度和边界的内蕴几何 (平均曲率 H、Gauss 曲率 K) 息息相关.

证明　应用定理 1.8.4 和张量的协变导数的定义, 并且令 $\gamma_{ij}(\boldsymbol{u}) :=\overset{0}{\gamma}_{ij} (\boldsymbol{u})$, 那么

$$\begin{aligned}\nabla_j e^{\alpha j}(\boldsymbol{u}) =& \nabla_{\lambda} e^{\alpha\lambda}(\boldsymbol{u}) + \nabla_3 e^{\alpha 3}(\boldsymbol{u}) = g^{\alpha\beta}g^{\lambda\sigma}\nabla_{\lambda} e_{\beta\sigma}(\boldsymbol{u}) + g^{\alpha\beta}\nabla_3 e_{3\beta}(\boldsymbol{u}),\\ \nabla_{\lambda} e_{\beta\sigma}(\boldsymbol{u}) =& \partial_{\lambda} e_{\beta\sigma}(\boldsymbol{u}) - \Gamma^k_{\lambda\beta} e_{k\sigma}(\boldsymbol{u}) - \Gamma^k_{\lambda\sigma} e_{\beta k}(\boldsymbol{u})\\ =& \partial_{\lambda} e_{\beta\sigma}(\boldsymbol{u}) - \Gamma^{\nu}_{\lambda\beta} e_{\nu\sigma}(\boldsymbol{u}) - \Gamma^{\nu}_{\lambda\sigma} e_{\beta\nu}(\boldsymbol{u}) - \Gamma^3_{\lambda\beta} e_{3\sigma}(\boldsymbol{u}) - \Gamma^3_{\lambda\sigma} e_{\beta 3}(\boldsymbol{u})\\ =& \partial_{\lambda} e_{\beta\sigma}(\boldsymbol{u}) - \overset{*}{\Gamma}{}^{\nu}_{\lambda\beta}\, e_{\nu\sigma}(\boldsymbol{u}) - \overset{*}{\Gamma}{}^{\nu}_{\lambda\sigma}\, e_{\beta\nu}(\boldsymbol{u}) \ (\text{定理}1.8.2)\\ &- (\Phi^{\nu}_{\lambda\beta}\delta^{\mu}_{\sigma} + \Phi^{\nu}_{\lambda\sigma}\delta^{\mu}_{\beta}) e_{\nu\mu}(\boldsymbol{u}) - (J_{\lambda\beta}\delta^{\nu}_{\sigma} + J_{\lambda\sigma}\delta^{\nu}_{\beta}) e_{3\nu}(\boldsymbol{u})\\ =& \overset{*}{\nabla}_{\lambda} e_{\beta\sigma}(\boldsymbol{u}) - (\Phi^{\nu}_{\lambda\beta}\delta^{\mu}_{\sigma} + \Phi^{\nu}_{\lambda\sigma}\delta^{\mu}_{\beta}) e_{\nu\mu}(\boldsymbol{u}) - (J_{\lambda\beta}\delta^{\nu}_{\sigma} + J_{\lambda\sigma}\delta^{\nu}_{\beta}) e_{3\nu}(\boldsymbol{u}),\end{aligned}$$

注意指标的对称性, 以及定理 1.8.1 和引理 1.8.1,

$$\frac{\partial g_{\beta\gamma}}{\partial \xi} - \theta^{-1} I^{\lambda}_{\beta} g_{\lambda\gamma} = -2J_{\beta\gamma} - \theta^{-1}(-\theta J_{\beta\gamma}) = -J_{\beta\gamma}, \quad g^{\beta\lambda} J_{\sigma\lambda} = -\theta^{-1} I^{\beta}_{\sigma},$$

从而有

$$\begin{aligned}g^{\alpha\beta}g^{\lambda\sigma}\nabla_\lambda e_{\beta\sigma}(\boldsymbol{u}) =&g^{\alpha\beta}g^{\lambda\sigma}[\overset{*}{\nabla}_\lambda\, e_{\beta\sigma}(\boldsymbol{u}) - (\Phi^\nu_{\lambda\beta}\delta^\mu_\sigma + \Phi^\nu_{\lambda\sigma}\delta^\mu_\beta)e_{\nu\mu}(\boldsymbol{u})\\&- (J_{\lambda\beta}\delta^\nu_\sigma + J_{\lambda\sigma}\delta^\nu_\beta)e_{3\nu}(\boldsymbol{u})]\\=&g^{\alpha\beta}g^{\lambda\sigma}\overset{*}{\nabla}_\lambda\, e_{\beta\sigma}(\boldsymbol{u}) - 2g^{\alpha\beta}g^{\lambda\sigma}\Phi^\nu_{\lambda\beta}e_{\nu\sigma}(\boldsymbol{u}) - 2g^{\alpha\beta}g^{\lambda\sigma}J_{\lambda\beta}e_{3\sigma}(\boldsymbol{u})\\=&g^{\alpha\beta}g^{\lambda\sigma}\overset{*}{\nabla}_\lambda\, e_{\beta\sigma}(\boldsymbol{u}) - 2g^{\alpha\beta}g^{\lambda\sigma}\Phi^\nu_{\lambda\beta}e_{\nu\sigma}(\boldsymbol{u}) + 2\theta^{-1}g^{\alpha\beta}I^\sigma_\beta e_{3\sigma}(\boldsymbol{u})\end{aligned}$$

和

$$\begin{aligned}\nabla_3 e_{3\beta}(\boldsymbol{u}) =&\partial_\xi e_{3\beta}(\boldsymbol{u}) - \Gamma^k_{3\beta}e_{k3}(\boldsymbol{u}) - \Gamma^k_{33}e_{\beta k}(\boldsymbol{u})\\=&\partial_\xi(e_{3\beta}(\boldsymbol{u})) - \theta^{-1}I^\lambda_\beta e_{3\lambda}(\boldsymbol{u}),\\g^{\alpha\beta}\nabla_3 e_{3\beta}(\boldsymbol{u}) =&g^{\alpha\beta}\partial_\xi e_{3\beta}(\boldsymbol{u}) - \theta^{-1}g^{\alpha\beta}I^\lambda_\beta e_{3\lambda}(\boldsymbol{u}),\end{aligned}$$

因此

$$\begin{aligned}\nabla_j e^{\alpha j}(\boldsymbol{u}) =&g^{\alpha\beta}g^{\lambda\sigma}(\overset{*}{\nabla}_\lambda\, e_{\beta\sigma}(\boldsymbol{u}) - 2\Phi^\nu_{\lambda\beta}e_{\nu\sigma}(\boldsymbol{u})) + 2\theta^{-1}g^{\alpha\beta}I^\sigma_\beta e_{3\sigma}(\boldsymbol{u})\\&+ g^{\alpha\beta}\partial_\xi e_{3\beta}(\boldsymbol{u}).\end{aligned}$$

但是

$$\begin{aligned}g^{\alpha\beta}\partial_\xi e_{3\beta}(\boldsymbol{u}) =&g^{\alpha\beta}\frac{1}{2}\frac{\partial}{\partial\xi}\left(g_{\beta\nu}\frac{\partial u^\nu}{\partial\xi} + \overset{*}{\nabla}_\beta\, u^3\right) = \frac{1}{2}\frac{\partial^2 u^\alpha}{\partial\xi^2} + \frac{1}{2}g^{\alpha\beta}\frac{\partial g_{\beta\gamma}}{\partial\xi}\frac{\partial u^\gamma}{\partial\xi}\\&+ \frac{1}{2}g^{\alpha\beta}\overset{*}{\nabla}_\beta\,\frac{\partial u^3}{\partial\xi} = \frac{1}{2}\frac{\partial^2 u^\alpha}{\partial\xi^2} - g^{\alpha\beta}J_{\beta\gamma}\frac{\partial u^\gamma}{\partial\xi} + \frac{1}{2}g^{\alpha\beta}\overset{*}{\nabla}_\beta\,\frac{\partial u^3}{\partial\xi}\\=&\frac{1}{2}\frac{\partial^2 u^\alpha}{\partial\xi^2} + \theta^{-1}I^\alpha_\gamma\frac{\partial u^\gamma}{\partial\xi} + \frac{1}{2}g^{\alpha\beta}\overset{*}{\nabla}_\beta\,\frac{\partial u^3}{\partial\xi},\\2\theta^{-1}g^{\alpha\beta}I^\sigma_\beta e_{3\sigma}(\boldsymbol{u}) =&\theta^{-1}g^{\alpha\beta}I^\sigma_\beta\left(g_{\sigma\gamma}\frac{\partial u^\gamma}{\partial\xi} + \overset{*}{\nabla}_\sigma\, u^3\right)\\=&\theta^{-1}I^\alpha_\gamma\frac{\partial u^\gamma}{\partial\xi} + \theta^{-1}g^{\alpha\beta}I^\sigma_\beta\overset{*}{\nabla}_\sigma\, u^3,\end{aligned}$$

最后得

$$\begin{aligned}\nabla_j e^{\alpha j}(\boldsymbol{u}) =&g^{\alpha\beta}g^{\lambda\sigma}\sum_{k=0}^{2}(\overset{*}{\nabla}_\lambda\overset{k}{\gamma}_{\beta\sigma}(\boldsymbol{u}) - 2\Phi^\nu_{\lambda\beta}\overset{k}{\gamma}_{\nu\sigma}(\boldsymbol{u}))\xi^k\\&+ \frac{1}{2}\frac{\partial^2 u^\alpha}{\partial\xi^2} + 2\theta^{-1}I^\alpha_\gamma\frac{\partial u^\gamma}{\partial\xi} + \frac{1}{2}g^{\alpha\beta}\overset{*}{\nabla}_\beta\,\frac{\partial u^3}{\partial\xi} + \theta^{-1}g^{\alpha\beta}I^\sigma_\beta\overset{*}{\nabla}_\sigma\, u^3.\end{aligned}\tag{1.8.75}$$

下面计算 (1.8.74) 关于 ξ 的 Taylor 级数. 注意

$$\begin{cases}g^{\alpha\beta}g^{\lambda\sigma} = a_0^{\alpha\beta\lambda\sigma} + a_1^{\alpha\beta\lambda\sigma}\xi + a_2^{\alpha\beta\lambda\sigma}\xi^2 + \cdots,\\a_0^{\alpha\beta\lambda\sigma} = a^{\alpha\beta}a^{\lambda\sigma},\quad a_1^{\alpha\beta\lambda\sigma} = 2(b^{\alpha\beta}a^{\lambda\sigma} + b^{\lambda\sigma}a^{\alpha\beta}),\\a_2^{\alpha\beta\lambda\sigma} = 3(c^{\alpha\beta}a^{\lambda\sigma} + c^{\lambda\sigma}a^{\alpha\beta}) + 4b^{\alpha\beta}b^{\lambda\sigma},\end{cases}\tag{1.8.76}$$

$$\theta^{-1} = 1 + 2H\xi + (4H^2 - K)\xi^2 + \cdots, \tag{1.8.77}$$

$$\begin{aligned}
\theta^{-1}I_\gamma^\alpha &= -b_\gamma^\alpha + (-2Hb_\gamma^\alpha + K\delta_\gamma^\alpha)\xi + (-(4H^2-K)b_\gamma^\alpha + 2HK\delta_\gamma^\alpha)\xi^2 + \cdots \\
&= -b_\gamma^\alpha - c_\gamma^\alpha\xi + (Kb_\gamma^\alpha - 2Hc_\gamma^\alpha)\xi^2 (\text{由}(1.4.52)), \\
g^{\alpha\beta}I_\beta^\sigma &= -b^{\alpha\sigma} + (Ka^{\alpha\sigma} - 2c^{\alpha\sigma})\xi + (2Kb^{\alpha\sigma} - c^{\alpha\beta}b_\beta^\sigma)\xi^2 + \cdots \\
&= -b^{\alpha\sigma} + (Ka^{\alpha\sigma} - 2c^{\alpha\sigma})\xi + (5Kb^{\alpha\sigma} - 6Hc^{\alpha\sigma})\xi^2 + \cdots (\text{由}(1.4.52), (1.4.54)), \\
\theta^{-1}g^{\alpha\beta}I_\beta^\sigma &= -b^{\alpha\sigma} - 3c^{\alpha\sigma}\xi + (12HKa^{\alpha\sigma} + 5(K-4H^2)b^{\alpha\sigma})\xi^2 + \cdots,
\end{aligned}$$

代入 (1.8.74) 得

$$\begin{aligned}
&\frac{1}{2}\frac{\partial^2 u^\alpha}{\partial\xi^2} + 2\theta^{-1}I_\gamma^\alpha\frac{\partial u^\gamma}{\partial\xi} + \frac{1}{2}g^{\alpha\beta}\overset{*}{\nabla}_\beta\frac{\partial u^3}{\partial\xi} + \theta^{-1}g^{\alpha\beta}I_\beta^\sigma\overset{*}{\nabla}_\sigma u^3 \\
=&\frac{1}{2}\frac{\partial^2 u^\alpha}{\partial\xi^2} - 2b_\beta^\alpha\frac{\partial u^\beta}{\partial\xi} + \frac{1}{2}a^{\alpha\beta}\overset{*}{\nabla}_\beta\frac{\partial u^3}{\partial\xi} - b^{\alpha\beta}\overset{*}{\nabla}_\beta u^3 \\
&+ \left[-2c_\beta^\alpha\frac{\partial u^\beta}{\partial\xi} + b^{\alpha\beta}\overset{*}{\nabla}_\beta\frac{\partial u^3}{\partial\xi} - 3c^{\alpha\beta}\overset{*}{\nabla}_\beta u^3\right]\xi \\
&+ \left[(2Kb_\beta^\alpha - 4Hc_\beta^\alpha)\frac{\partial u^\beta}{\partial\xi} + \frac{3}{2}c^{\alpha\beta}\overset{*}{\nabla}_\beta\frac{\partial u^3}{\partial\xi}\right. \\
&\left.+ (2HKa^{\alpha\beta} + (4H^2+3K)b^{\alpha\beta})\overset{*}{\nabla}_\beta u^3\right]\xi^2 + \cdots.
\end{aligned}$$

另一方面, 由 (1.8.31),

$$\begin{aligned}
\Phi_{\lambda\beta}^\nu &= -\overset{*}{\nabla}_\lambda b_\beta^\nu\xi - b^{\nu\mu}\overset{*}{\nabla}_\mu b_{\beta\lambda}\xi^2 + \cdots, \\
\Phi_{\lambda\beta}^\nu\sum_{k=0}^2\overset{k}{\gamma}_{\nu\sigma}(\boldsymbol{u}) &= -\overset{*}{\nabla}_\lambda b_\beta^\nu\gamma_{\nu\sigma}(\boldsymbol{u})\xi \\
&\quad - (b^{\nu\mu}\overset{*}{\nabla}_\mu b_{\beta\lambda}\gamma_{\nu\sigma}(\boldsymbol{u}) + \overset{*}{\nabla}_\lambda b_\beta^\nu\overset{1}{\gamma}_{\nu\sigma}(\boldsymbol{u}))\xi^2 + \cdots,
\end{aligned}$$

$$\begin{aligned}
&g^{\alpha\beta}g^{\lambda\sigma}\left[\sum_{k=0}^2\overset{*}{\nabla}_\lambda\overset{k}{\gamma}_{\beta\sigma}(\boldsymbol{u})\xi^k - 2\Phi_{\lambda\beta}^\nu\sum_{k=0}^2\overset{k}{\gamma}_{\nu\sigma}(\boldsymbol{u})\xi^k\right] \\
=&a_0^{\alpha\beta\lambda\sigma}\overset{*}{\nabla}_\lambda\gamma_{\beta\sigma}(\boldsymbol{u}) + [a_1^{\alpha\beta\lambda\sigma}\overset{*}{\nabla}_\lambda\gamma_{\beta\sigma}(\boldsymbol{u}) \\
&+ a_0^{\alpha\beta\lambda\sigma}(\overset{*}{\nabla}_\lambda\overset{1}{\gamma}_{\beta\sigma}(\boldsymbol{u}) + 2\overset{*}{\nabla}_\lambda b_\beta^\nu\gamma_{\nu\sigma}(\boldsymbol{u}))]\xi \\
&+ [a_2^{\alpha\beta\lambda\sigma}\overset{*}{\nabla}_\lambda\gamma_{\beta\sigma}(\boldsymbol{u}) + a_1^{\alpha\beta\lambda\sigma}(\overset{*}{\nabla}_\lambda\overset{1}{\gamma}_{\beta\sigma}(\boldsymbol{u}) + 2\overset{*}{\nabla}_\lambda b_\beta^\nu\gamma_{\nu\sigma}(\boldsymbol{u})) \\
&+ a_0^{\alpha\beta\lambda\sigma}(\overset{*}{\nabla}_\lambda\overset{2}{\gamma}_{\beta\sigma}(\boldsymbol{u}) + 2\overset{*}{\nabla}_\lambda b_\beta^\nu\overset{1}{\gamma}_{\nu\sigma}(\boldsymbol{u}) + 2b^{\nu\mu}\overset{*}{\nabla}_\mu b_{\beta\lambda}\gamma_{\nu\sigma}(\boldsymbol{u}))]\xi^2 + \cdots.
\end{aligned}$$

利用 Godazzi 公式和度量张量协变导数是零, 有

$$a_0^{\alpha\beta\lambda\sigma} \overset{*}{\nabla}_\lambda b_\beta^\nu = a^{\nu\mu} a^{\alpha\beta} a^{\lambda\sigma} \overset{*}{\nabla}_\mu b_{\beta\lambda} = a^{\nu\mu} \overset{*}{\nabla}_\mu (a^{\alpha\beta} a^{\lambda\sigma} b_{\beta\lambda}) = a^{\nu\mu} \overset{*}{\nabla}_\mu b^{\alpha\sigma}, \quad (1.8.78)$$

$$\begin{aligned} a_1^{\alpha\beta\lambda\sigma} \overset{*}{\nabla}_\lambda b_\beta^\nu &= 2a^{\nu\mu}(a^{\alpha\beta} b^{\lambda\sigma} + a^{\lambda\sigma} b^{\alpha\beta}) \overset{*}{\nabla}_\mu b_{\beta\lambda} \\ &= 2a^{\nu\mu}(b^{\lambda\sigma} \overset{*}{\nabla}_\mu (a^{\alpha\beta} b_{\beta\lambda}) + b^{\alpha\beta} \overset{*}{\nabla}_\mu (a^{\lambda\sigma} b_{\beta\lambda})) \\ &= 2a^{\nu\mu}(b^{\lambda\sigma} \overset{*}{\nabla}_\mu b_\lambda^\alpha + b^{\alpha\beta} \overset{*}{\nabla}_\mu b_\beta^\sigma) \\ &= 2a^{\nu\mu}(b_\beta^\sigma \overset{*}{\nabla}_\mu b^{\alpha\beta} + b^{\alpha\beta} \overset{*}{\nabla}_\mu b_\beta^\sigma) \\ &= 2a^{\mu\nu} \overset{*}{\nabla}_\mu (b^{\alpha\beta} b_\beta^\sigma) = 2a^{\mu\nu} \overset{*}{\nabla}_\mu c^{\alpha\sigma}. \end{aligned} \quad (1.8.79)$$

所以

$$\begin{aligned} & g^{\alpha\beta} g^{\lambda\sigma} \left[\sum_{k=0}^{2} \overset{*}{\nabla}_\lambda \overset{k}{\gamma}_{\beta\sigma} (\boldsymbol{u}) \xi^k - 2\Phi_{\lambda\beta}^\nu \sum_{k=0}^{2} \overset{k}{\gamma}_{\nu\sigma} (\boldsymbol{u}) \xi^k \right] \\ =& a_0^{\alpha\beta\lambda\sigma} \overset{*}{\nabla}_\lambda \gamma_{\beta\sigma}(\boldsymbol{u}) + [a_1^{\alpha\beta\lambda\sigma} \overset{*}{\nabla}_\lambda \gamma_{\beta\sigma}(\boldsymbol{u}) + a_0^{\alpha\beta\lambda\sigma} \overset{*}{\nabla}_\lambda \overset{1}{\gamma}_{\beta\sigma} (\boldsymbol{u}) \\ & + 2a^{\nu\mu} \overset{*}{\nabla}_\mu b^{\alpha\sigma} \gamma_{\nu\sigma}(\boldsymbol{u})]\xi \\ & + [a_2^{\alpha\beta\lambda\sigma} \overset{*}{\nabla}_\lambda \gamma_{\beta\sigma}(\boldsymbol{u}) + a_1^{\alpha\beta\lambda\sigma} \overset{*}{\nabla}_\lambda \overset{1}{\gamma}_{\beta\sigma} (\boldsymbol{u}) + 4a^{\mu\nu} \overset{*}{\nabla}_\mu c^{\alpha\sigma} \gamma_{\nu\sigma}(\boldsymbol{u}) \\ & + a_0^{\alpha\beta\lambda\sigma} \overset{*}{\nabla}_\lambda \overset{2}{\gamma}_{\beta\sigma} (\boldsymbol{u}) + 2a^{\nu\mu} \overset{*}{\nabla}_\mu b^{\alpha\sigma} \overset{1}{\gamma}_{\nu\sigma} (\boldsymbol{u}) \\ & + 2b^{\nu\mu} \overset{*}{\nabla}_\mu b^{\alpha\sigma} \gamma_{\nu\sigma}(\boldsymbol{u})]\xi^2 + \cdots. \end{aligned}$$

将以上各式代入 (1.8.74) 就可以得 (1.8.67), (1.8.68) 和 (1.8.69). 但是这里用到下列公式:

$$\begin{cases} a_0^{\alpha\beta\lambda\sigma} \overset{*}{\nabla}_\lambda \gamma_{\beta\sigma}(\boldsymbol{u}) = \overset{*}{\nabla}_\lambda \gamma^{\alpha\lambda}(\boldsymbol{u}), \\ \overset{*}{\nabla}_\lambda \gamma^{\alpha\lambda}(\boldsymbol{u}) = \dfrac{1}{2}(\overset{*}{\Delta} u^\alpha + a^{\alpha\beta} \overset{*}{\nabla}_\beta \overset{*}{\operatorname{div}} \boldsymbol{u} + K u^\alpha) \\ \qquad + 2a^{\alpha\beta} \overset{*}{\nabla}_\beta H u^3 + b^{\alpha\lambda} \overset{*}{\nabla}_\lambda u^3, \end{cases} \quad (1.8.80)$$

实际上,

$$a_0^{\alpha\beta\lambda\sigma} \overset{*}{\nabla}_\lambda \gamma_{\beta\sigma}(\boldsymbol{u}) = \overset{*}{\nabla}_\lambda (a^{\alpha\beta} a^{\lambda\sigma} \gamma_{\beta\sigma}(\boldsymbol{u})) = \overset{*}{\nabla}_\lambda \gamma^{\alpha\lambda}(\boldsymbol{u}).$$

应用定理 1.8.6,

$$\begin{aligned} \overset{*}{\nabla}_\lambda \gamma^{\alpha\lambda}(\boldsymbol{u}) &= \overset{*}{\nabla}_\lambda \overset{*}{e^{\alpha\lambda}} (\boldsymbol{u}) + \overset{*}{\nabla}_\lambda (b^{\alpha\lambda} u^3) \\ &= \frac{1}{2}(\overset{*}{\Delta} u^\alpha + a^{\alpha\beta} \overset{*}{\nabla}_\beta \overset{*}{\operatorname{div}} \boldsymbol{u} + K u^\alpha) + \overset{*}{\nabla}_\lambda b^{\alpha\lambda} u^3 + b^{\alpha\lambda} \overset{*}{\nabla}_\lambda u^3, \end{aligned}$$

再应用 Godazzi 公式 (1.5.16),

$$\overset{*}{\nabla}_\lambda b^{\alpha\lambda} = a^{\alpha\beta} a^{\lambda\sigma} \overset{*}{\nabla}_\lambda b_{\beta\sigma} = a^{\alpha\beta} a^{\lambda\sigma} \overset{*}{\nabla}_\beta b_{\lambda\sigma} = a^{\alpha\beta} \overset{*}{\nabla}_\beta (a^{\lambda\sigma} b_{\lambda\sigma}) = 2a^{\alpha\beta} \overset{*}{\nabla}_\beta H.$$

因此有

$$\begin{aligned}\overset{*}{\nabla}_\lambda \gamma^{\alpha\lambda}(\boldsymbol{u}) =& \frac{1}{2}(\overset{*}{\Delta} u^\alpha + a^{\alpha\beta} \overset{*}{\nabla}_\beta \mathrm{div}\, \boldsymbol{u} + K u^\alpha) \\ &+ 2a^{\alpha\beta} \overset{*}{\nabla}_\beta H u^3 + b^{\alpha\lambda} \overset{*}{\nabla}_\lambda u^3,\end{aligned}$$

这就证明了 (1.8.79). 用类似方法可以证明定理的其他结论. 证毕.

迹 Laplace 算子和变形张量的散度紧密相连

$$\nabla_j e^{ij}(\boldsymbol{u}) = \frac{1}{2}[\nabla_j \nabla^j u^i + \nabla^i u^j] = \frac{1}{2}\Delta u^i + \nabla_j \nabla^i u^j.$$

由于在欧氏空间, Riemann 张量是零张量, 所以

$$\nabla_j \nabla^i u^j = \nabla^i \mathrm{div} \boldsymbol{u},$$

$$\Delta u^i = 2\nabla_j e^{ij}(\boldsymbol{u}) - \nabla^i \mathrm{div} \boldsymbol{u}.$$

推论　在三维欧氏空间 E^3 中, 在 S- 族坐标系下的迹 Laplace 算子 Δ 可以表示为

$$\Delta u^i = 2\nabla_j e^{ij}(\boldsymbol{u}) - \nabla^i (\mathrm{div} \boldsymbol{u}). \tag{1.8.81}$$

向量的散度 $\mathrm{div}\boldsymbol{u}$ 在坐标系由 (1.8.37) 表示, 而逆变导数 $g^{ik}\nabla_k$ 作用在数性函数上与普通求导一样.

定理 1.8.8　在 S- 族坐标系下, Laplace-Betrami 算子 $\Delta = g^{ij}\nabla_i\nabla_j$ 可以展开为关于贯截变量 ξ 的 Taylor 级数, 即对任何二次可微函数 φ,

$$\left\{\begin{aligned}&\Delta\varphi = \frac{\partial^2\varphi}{\partial\xi^2} - (2H + (4H^2 - 2K)\xi + (8H^3 - 6HK)\xi^2)\frac{\partial\varphi}{\partial\xi} \\ &\qquad + \overset{0}{\Delta} \varphi + \overset{1}{\Delta} \varphi\xi + \overset{2}{\Delta} \varphi\xi^2 + \cdots, \\ &\overset{0}{\Delta} \varphi = \overset{*}{\Delta} \varphi, \\ &\overset{1}{\Delta} \varphi = 2b^{\alpha\beta} \overset{*}{\nabla}_\alpha \overset{*}{\nabla}_\beta \varphi - 2[a^{\lambda\sigma} \overset{*}{\nabla}_\sigma H] \overset{*}{\nabla}_\lambda \varphi, \\ &\overset{2}{\Delta} \varphi = 3c^{\alpha\beta} \overset{*}{\nabla}_\alpha \overset{*}{\nabla}_\beta \varphi - 2[(b^{\lambda\sigma} \overset{*}{\nabla}_\sigma H + a^{\lambda\sigma} \overset{*}{\nabla}_\sigma (2H^2 - K))] \overset{*}{\nabla}_\lambda \varphi,\end{aligned}\right. \tag{1.8.82}$$

其中

$$\overset{*}{\Delta} \varphi = a^{\alpha\beta} \overset{*}{\nabla}_\alpha \overset{*}{\nabla}_\beta \varphi.$$

证明　实际上, 由定理 1.8.2,

$$\begin{aligned}\Delta\varphi &= g^{ij}\nabla_i\nabla_j\varphi = g^{ij}(\partial_i\partial_j\varphi - \Gamma^k_{ij}\partial_k\varphi) = g^{ij}(\partial^2_{ij}\varphi - \Gamma^\lambda_{ij}\partial_\lambda\varphi - \Gamma^3_{ij}\partial_\xi\varphi) \\ &= g^{\alpha\beta}(\partial^2_{\alpha\beta}\varphi - \Gamma^\lambda_{\alpha\beta}\partial_\lambda\varphi - \Gamma^3_{\alpha\beta}\partial\xi\varphi) + g^{33}(\partial^2_{33}\varphi - \Gamma^\lambda_{33}\partial_\lambda\varphi - \Gamma^3_{33}\partial_\xi\varphi)\end{aligned}$$

$$
\begin{aligned}
&= g^{\alpha\beta}(\partial_{\alpha\beta}^2\varphi - (\overset{*}{\Gamma}{}^{\lambda}{}_{\alpha\beta} + \Phi_{\alpha\beta}^{\lambda})\partial_\lambda\varphi - \Gamma_{\alpha\beta}^3\partial_\xi\varphi) + \frac{\partial^2\varphi}{\partial\xi^2} \\
&= g^{\alpha\beta}\left(\overset{*}{\nabla}_\alpha\overset{*}{\nabla}_\beta\,\varphi + \Phi_{\alpha\beta}^{\lambda}\,\overset{*}{\nabla}_\lambda\,\varphi - J_{\alpha\beta}\frac{\partial\varphi}{\partial\xi}\right) + \frac{\partial^2\varphi}{\partial\xi^2} \\
&= g^{\alpha\beta}\,\overset{*}{\nabla}_\alpha\overset{*}{\nabla}_\beta\,\varphi + g^{\alpha\beta}\Phi_{\alpha\beta}^{\lambda}\,\overset{*}{\nabla}_\lambda\,\varphi - g^{\alpha\beta}J_{\alpha\beta}\frac{\partial\varphi}{\partial\xi} + \frac{\partial^2\varphi}{\partial\xi^2} + \cdots.
\end{aligned}
$$

利用如下公式:

$$
\begin{aligned}
&a^{\alpha\beta}b_{\alpha\beta} = 2H, \quad a^{\alpha\beta}c_{\alpha\beta} = 4H^2 - 2K, \quad b^{\alpha\beta}b_{\alpha\beta} = 4H^2 - 2K, \\
&b^{\alpha\beta}c_{\alpha\beta} = 8H^3 - 6HK,
\end{aligned}
$$

$$
\begin{aligned}
&a^{\alpha\beta}\,\overset{*}{\nabla}_\alpha\,b_\beta^\lambda = a^{\lambda\sigma}\,\overset{*}{\nabla}_\sigma\,(2H), \quad b^{\alpha\beta}\,\overset{*}{\nabla}_\sigma\,b_{\alpha\beta} = \frac{1}{2}\,\overset{*}{\nabla}_\sigma\,(b^{\alpha\beta}b_{\alpha\beta}) = \overset{*}{\nabla}_\sigma\,(2H^2 - K), \\
&b^{\alpha\beta}\,\overset{*}{\nabla}_\alpha\,b_\beta^\lambda = a^{\lambda\sigma}b^{\alpha\beta}\,\overset{*}{\nabla}_\sigma\,b_{\alpha\beta} = a^{\lambda\sigma}\frac{1}{2}\,\overset{*}{\nabla}_\sigma\,(b^{\alpha\beta}b_{\alpha\beta}) = a^{\lambda\sigma}\,\overset{*}{\nabla}_\sigma\,(2H^2 - K),
\end{aligned}
$$

可以证明

$$
\begin{aligned}
&g^{\alpha\beta} = a^{\alpha\beta} + 2b^{\alpha\beta}\xi + 3c^{\alpha\beta}\xi^2 + \cdots, \\
&g^{\alpha\beta}J_{\alpha\beta} = \theta^{-1}(2H - 2K\xi) = 2H + (4H^2 - 2K)\xi + (8H^3 - 6HK)\xi^2 + \cdots, \\
&g^{\alpha\beta}\Phi_{\alpha\beta}^{\lambda} = -2[a^{\lambda\sigma}\,\overset{*}{\nabla}_\sigma\,H\xi + (b^{\lambda\sigma}\,\overset{*}{\nabla}_\sigma\,H + a^{\lambda\sigma}\,\overset{*}{\nabla}_\sigma\,(2H^2 - K))\xi^2] + \cdots,
\end{aligned}
$$

所以有

$$
\begin{aligned}
\Delta\varphi =& \frac{\partial^2\varphi}{\partial\xi^2} - (2H + (4H^2 - 2K)\xi + (8H^3 - 6HK)\xi^2)\frac{\partial\varphi}{\partial\xi} \\
&+ \overset{*}{\Delta}\,\varphi + 2b^{\alpha\beta}\,\overset{*}{\nabla}_\alpha\overset{*}{\nabla}_\beta\,\varphi\xi + 3c^{\alpha\beta}\,\overset{*}{\nabla}_\alpha\overset{*}{\nabla}_\beta\,\varphi\xi^2 \\
&- 2[a^{\lambda\sigma}\,\overset{*}{\nabla}_\sigma\,H\xi + (b^{\lambda\sigma}\,\overset{*}{\nabla}_\sigma\,H + a^{\lambda\sigma}\,\overset{*}{\nabla}_\sigma\,(2H^2 - K))\xi^2]\,\overset{*}{\nabla}_\lambda\,\varphi + \cdots,
\end{aligned}
$$

这就得到 (1.8.81). 证毕.

下面给出 S- 坐标系下 Navier-Stokes 方程的表达形式.

定理 1.8.9 在 S- 坐标系下 Navier-Stokes 方程的表达形式

$$
\left\{
\begin{aligned}
&\frac{\partial u^k}{\partial t} + \mathcal{L}^k(\boldsymbol{u}, p, \xi) + g^{kj}\nabla_j p + \mathcal{N}^k(u, u, \xi) = f^k, \\
&\mathrm{div} u = \overset{*}{\mathrm{div}}\,u + \frac{\partial u^3}{\partial\xi} \\
&\qquad + \theta^{-1}[-2Hu^3 + 2(Ku^3 - u^\alpha\,\overset{*}{\nabla}_\alpha\,H)\xi + u^\alpha\,\overset{*}{\nabla}_\alpha\,K\xi^2] = 0,
\end{aligned}
\right.
\tag{1.8.83}
$$

其中

$$\left\{\begin{aligned}
\mathcal{L}^\alpha(\boldsymbol{u},\xi) :=& -2\mu\Big[g^{\alpha\beta}g^{\lambda\sigma}\sum_{k=0}^{2}(\overset{*}{\nabla}_\lambda \overset{k}{\gamma}_{\beta\sigma}(\boldsymbol{u}) - 2\Phi^\nu_{\lambda\beta}\overset{k}{\gamma}_{\nu\sigma}(\boldsymbol{u}))\xi^k + \frac{1}{2}\frac{\partial^2 u^\alpha}{\partial\xi^2} \\
&+2\theta^{-1}I^\alpha_\gamma\frac{\partial u^\gamma}{\partial\xi} + \frac{1}{2}g^{\alpha\beta}\overset{*}{\nabla}_\beta\frac{\partial u^3}{\partial\xi} + \theta^{-1}g^{\alpha\beta}I^\sigma_\beta\overset{*}{\nabla}_\sigma u^3\Big] + g^{\alpha\beta}\overset{*}{\nabla}_\beta p, \\
\mathcal{L}^3(\boldsymbol{u},p,\xi) :=& -2\mu\Big[\frac{1}{2}g^{\lambda\sigma}\overset{*}{\nabla}_\lambda\overset{*}{\nabla}_\sigma u^3 \\
&-\theta^{-1}g^{\lambda\sigma}I^\beta_\lambda(\gamma_{\beta\sigma}(\boldsymbol{u}) + \overset{1}{\gamma}_{\beta\sigma}(\boldsymbol{u})\xi + \overset{2}{\gamma}_{\beta\sigma}(\boldsymbol{u})\xi^2) \\
&-\frac{1}{2}g^{\lambda\sigma}\Phi^\beta_{\lambda\sigma}\overset{*}{\nabla}_\beta u^3 + \frac{\partial^2 u^3}{\partial\xi^2} - 2\theta^{-1}(H-K\xi)\frac{\partial u^3}{\partial\xi} \\
&+\frac{1}{2}\overset{*}{\operatorname{div}}\frac{\partial\boldsymbol{u}}{\partial\xi} + \frac{1}{2}g^{\lambda\sigma}(\overset{*}{\nabla}_\lambda g_{\beta\sigma} - g_{\beta\mu}\Phi^\mu_{\lambda\sigma})\frac{\partial u^\beta}{\partial\xi}\Big] + \frac{\partial p}{\partial\xi},
\end{aligned}\right. \tag{1.8.84}$$

$$\left\{\begin{aligned}
&\mathcal{N}^k(u,u,\xi) = u^j\nabla_j u^k = u^\beta\nabla_\beta u^k + u^3\nabla_3 u^k, \\
&\mathcal{N}^\alpha(u,u,\xi) = u^\beta\overset{*}{\nabla}_\beta u^\alpha + u^3\frac{\partial u^\alpha}{\partial\xi} + 2\theta^{-1}I^\alpha_\beta u^3u^\beta + \Phi^\alpha_{\beta\lambda}u^\beta u^\lambda, \\
&\mathcal{N}^3(u,u,\xi) = u^\beta\overset{*}{\nabla}_\beta u^3 + u^3\frac{\partial u^3}{\partial\xi} + J_{\beta\lambda}u^\lambda u^\beta,
\end{aligned}\right. \tag{1.8.85}$$

尤其是线性算子在流形上的限制

$$\left\{\begin{aligned}
\mathcal{L}^\alpha(\boldsymbol{u},,\xi)|_{\xi=0} :=& -2\mu\Big[\overset{*}{\nabla}_\beta\gamma^{\alpha\beta}(\boldsymbol{u}) - b^{\alpha\sigma}\overset{*}{\nabla}_\sigma u^3 \\
&+\frac{1}{2}\frac{\partial^2 u^\alpha}{\partial\xi^2} - 2b^\alpha_\gamma\frac{\partial u^\gamma}{\partial\xi} + \frac{1}{2}a^{\alpha\beta}\overset{*}{\nabla}_\beta\frac{\partial u^3}{\partial\xi}\Big] + a^{\alpha\beta}\overset{*}{\nabla}_\beta p, \\
\mathcal{L}^3(\boldsymbol{u},p,\xi) :=& -2\mu\Big[\frac{1}{2}\overset{*}{\Delta} u^3 + b^{\alpha\beta}\gamma_{\alpha\beta}(\boldsymbol{u}) + \frac{\partial^2 u^3}{\partial\xi^2} - 2H\frac{\partial u^3}{\partial\xi} \\
&+\frac{1}{2}\overset{*}{\operatorname{div}}\frac{\partial\boldsymbol{u}}{\partial\xi}\Big] + \frac{\partial p}{\partial\xi},
\end{aligned}\right. \tag{1.8.86}$$

由 (1.8.49),

$$\begin{aligned}
\overset{*}{\nabla}_\lambda\gamma^{\alpha\lambda}(\boldsymbol{u}) =& \frac{1}{2}(\overset{*}{\Delta} u^\alpha + a^{\alpha\beta}\overset{*}{\nabla}_\beta\overset{*}{\operatorname{div}}\,\boldsymbol{u} + Ku^\alpha) \\
&+ 2a^{\alpha\beta}\overset{*}{\nabla}_\beta Hu^3 + b^{\alpha\lambda}\overset{*}{\nabla}_\lambda u^3,
\end{aligned}$$

有

$$\begin{aligned}
\mathcal{L}^\alpha(\boldsymbol{u},,\xi)|_{\xi=0} :=& -\mu\Big[\overset{*}{\Delta} u^\alpha + a^{\alpha\beta}\overset{*}{\nabla}_\beta\overset{*}{\operatorname{div}}\,\boldsymbol{u} + Ku^\alpha + 4\overset{*}{\nabla}{}^\alpha Hu^3 \\
&+\frac{\partial^2 u^\alpha}{\partial\xi^2} - 4b^\alpha_\gamma\frac{\partial u^\gamma}{\partial\xi} + a^{\alpha\beta}\overset{*}{\nabla}_\beta\frac{\partial u^3}{\partial\xi}\Big] + 2a^{\alpha\beta}\overset{*}{\nabla}_\beta p.
\end{aligned} \tag{1.8.87}$$

证明 由定理 1.8.3 和定理 1.8.7 即可推出 (1.8.83).

1.9 一个旋转坐标系

在这一节研究一个绕一个固定轴以均匀角速度 ω 旋转的非惯性曲线坐标系, 选旋转轴为 z 轴. 它在旋转流体机械的研究中有非常重要的应用, 尤其在发动机叶片的设计研究方面. 给出一个单射光滑的浸入 $\boldsymbol{R} \in C^3(D, \boldsymbol{E}^3) : D \subset \Re^2 \to \boldsymbol{E}^3$. 在圆柱坐标系 (r, θ, z) 或直角下坐标系 (x, y, z) 下,

$$
\begin{cases}
\boldsymbol{R} := r\boldsymbol{e}_r + r\Theta(z,r)\boldsymbol{e}_\theta + z\boldsymbol{k}, \forall (z,r) \in D, \text{或} \\
\boldsymbol{R} := x_0(z,r)\boldsymbol{i} + y_0(z,r)\boldsymbol{j} + z_0\boldsymbol{k}, \forall\, (z,r) \in D, \\
x_0 = r\cos((\Theta(r,z)), \quad y_0 = r\sin(\Theta(r,z)),
\end{cases}
\tag{1.9.1}
$$

$(\boldsymbol{e}_r, \boldsymbol{e}_\theta, \boldsymbol{k})$ 和 $(\boldsymbol{i}, \boldsymbol{j}, \boldsymbol{k})$ 分别为圆柱坐标系 (r, θ, z) 和直角坐标系 (x, y, z) 的单位基向量, $\Theta(x^1 = z, x^2 = r)$ 是定义在区域 D 上的一个充分光滑的函数. 由 $\boldsymbol{R}$ 生成的曲面

$$
\Im = \Im(\boldsymbol{R}(D)) = \{\boldsymbol{R} \in \boldsymbol{E}^3, \forall\, (z,r) \in D\},
$$

令一个依赖于一个参数 ξ 的单参数曲面族 $\Im(\xi)$:

$$
\begin{cases}
\boldsymbol{R}(\xi) = r\boldsymbol{e}_r + r(\varepsilon\xi + \Theta(r,z))\boldsymbol{e}_\theta + z\boldsymbol{k} \\
\qquad\;\; = x(r,\theta)\boldsymbol{i} + y(r,\theta)\boldsymbol{j} + z\boldsymbol{k}, \\
x(r,\theta) = r\cos((\varepsilon\xi + \Theta(r,z)), \quad y(r,\theta) = r\sin(\varepsilon\xi + \Theta(r,z)),
\end{cases}
\tag{1.9.2}
$$

这里 $\varepsilon > 0$ 是一个固定参数. 显然, $\Im(\xi)$ 是由 $\Im = \Im(0)$ 旋转而成. 由定理 1.6.3 知, 曲面族具有同样的几何结构, 即有同样的第一、第二基本型.

令

$$
x^1 = z, \quad x^2 = r, \quad x^3 := \xi = \varepsilon^{-1}(\theta - \Theta(x^1, x^2))
$$

或

$$
r = x^2, \quad \theta = \varepsilon\xi + \Theta, \quad z = x^1 \tag{1.9.3}
$$

为一个曲线坐标系, 它将 E^3 中一个柱形区域

$$
\Omega = \{(x^1, x^2) \in D, -1 \leqslant \xi \leqslant +1\}
$$

映射到一个带有曲边界的曲的区域

$$
\Omega_\varepsilon = \{-\varepsilon + \Theta(x^1, x^2) \leqslant \theta \leqslant +\varepsilon + \Theta(x^1, x^2), (x^1, x^2) \in D \subset \Re^2\},
$$

它的变换矩阵的 Jacobi 行列式大于零

$$J=\frac{\partial(r,\theta,z)}{\partial(x^1,x^2,\xi)}=\varepsilon>0.$$

变换是正则的, 是双方单值的.

我们知道, 曲面 $\Im$ 的度量张量

$$\begin{cases} a_{\alpha\beta}=\partial_\alpha\boldsymbol{R}\partial_\beta\boldsymbol{R}=\partial_\alpha x\partial_\beta+\partial_\alpha y\partial_\beta y+\partial_\alpha z\partial_\beta z,\\ a_{\alpha\beta}=\delta_{\alpha\beta}+(x^2)^2\Theta_\alpha\Theta_\beta,\\ a=\det(a_{\alpha\beta})=1+r^2|\nabla\Theta|^2=1+r^2(\Theta_1^2+\Theta_2^2), \end{cases}\tag{1.9.4}$$

这里 $\Theta_\alpha=\partial_\alpha\Theta$. 在新坐标系 (x^α,ξ) 下, 空间 $\boldsymbol{E}^3$ 度量张量 g_{ij} 可以根据张量在坐标变换的变换规律来计算. 设圆柱坐标系记为 $(x^{1'},x^{2'},x^{3'})=(r,\theta,z)$, 相应的度量张量

$$g_{1'1'}=1,\quad g_{2'2'}=r^2,\quad g_{3'3'}=1,\quad g_{i'j'}=0,\quad \forall i'\neq j',$$

那么, 在新坐标系下的空间度量张量

$$\begin{cases} g_{ij}=g_{i'j'}\dfrac{\partial x^{i'}}{\partial x^i}\dfrac{\partial x^{j'}}{\partial x^j},\\ g_{\alpha\beta}=a_{\alpha\beta},\quad g_{3\alpha}=g_{\alpha 3}=\varepsilon r^2\Theta_\alpha,\quad g_{33}=\varepsilon^2r^2,\\ g=\det(g_{ij})=\varepsilon^2r^2,\\ g^{\alpha\beta}=\delta^{\alpha\beta},\quad g^{3\alpha}=g^{\alpha 3}=-\varepsilon^{-1}\Theta_\alpha,\quad g^{33}=(r\varepsilon)^{-2}a. \end{cases}\tag{1.9.5}$$

命题 1.9.1 在新坐标系下, 令 $(\boldsymbol{e}_\alpha=\partial_\alpha\boldsymbol{R},\boldsymbol{e}_3=\partial_\xi\boldsymbol{R})$ 为基向量, 下列计算公式成立:

(1) 旋转角速度向量 $\vec{\omega}$:

$$\begin{cases} \vec{\omega}=\omega\boldsymbol{e}_1-\omega\varepsilon^{-1}\Theta_1\boldsymbol{e}_3,\\ \omega^1=\omega,\quad \omega^2=0,\quad \omega^3=-\omega\varepsilon^{-1}\Theta_1. \end{cases}\tag{1.9.6}$$

(2) Corioli 力

$$\begin{cases} 2\vec{\omega}\times\boldsymbol{u}=C^1\boldsymbol{e}_1+C^2\boldsymbol{e}_2+C^3\boldsymbol{e}_3,\\ C^1=0,\quad C^2=-2r\omega\Pi(u,\Theta),\\ C^3=2\omega\varepsilon^{-1}\left(r\Theta_2\Pi(u,\Theta)+\dfrac{u^2}{r}\right), \end{cases}\tag{1.9.7}$$

这里

$$\Pi(u,\Theta)=\varepsilon u^3+\Theta_\alpha u^\alpha.\tag{1.9.8}$$

(3) 曲面 $\Im_\xi$ 的单位法向量

$$\begin{cases} \boldsymbol{n} = -x^2\Theta_\alpha/\sqrt{a}\boldsymbol{e}_\alpha + \dfrac{\sqrt{a}}{\varepsilon x^2}\boldsymbol{e}_3, \\ n^\alpha = -\dfrac{x^2\Theta_\alpha}{\sqrt{a}}, \quad n^3 = \dfrac{\sqrt{a}}{r\varepsilon}. \end{cases} \tag{1.9.9}$$

(4) 曲面 $\Im_\xi$ 的曲率张量 (第二基本型)

$$\begin{cases} b_{11} = \dfrac{1}{\sqrt{a}}(r^2\Theta_2\Theta_1^2 + r\Theta_{11}), \\ b_{12} = b_{21} = \dfrac{1}{\sqrt{a}}(\Theta_1(1 + r^2\Theta_2^2) + r\Theta_{12}), \\ b_{22} = \dfrac{1}{\sqrt{a}}(\Theta_2(r^2\Theta_2^2 + 2) + r\Theta_{22}), \\ b = \det(b_{\alpha\beta}) = b_{11}b_{22} - b_{12}^2 \\ \quad = \dfrac{1}{a}[-\Theta_1^2 + (r\Theta_1 + r^2\Theta_{12})(\Theta_{11} - \Theta_{12} + r\Theta_1\Theta_2(\Theta_1 - 2\Theta_2)) \\ \qquad +r^3\Theta_1\Theta_2^2\Theta_{11} + r^4\Theta_1^2\Theta_2^3(\Theta_1 - \Theta_2)], \end{cases} \tag{1.9.10}$$

其中

$$\begin{cases} |\widetilde{\nabla}\Theta|^2 = \Theta_1^2 + \Theta_2^2, \quad a_{\alpha\beta} = \delta_{\alpha\beta} + (x^2)^2\Theta_\alpha\Theta_\beta, \\ \Delta\Theta = a^{\alpha\beta}\Theta_{\alpha\beta}, \quad \widetilde{\Delta}\Theta = \Theta_{11} + \Theta_{22}, \\ \Theta_\alpha = \partial_\alpha\Theta, \quad \Theta_{\alpha\beta} = \partial_\alpha\partial_\beta\Theta, \quad a = \det(a_{\alpha\beta}). \end{cases} \tag{1.9.11}$$

(5) 曲面 $\Im_\xi$ 的平均曲率和全曲率

$$\begin{cases} K = \dfrac{b}{a}, \\ 2H = \dfrac{1}{a\sqrt{a}}[(\Theta_2 + r\Theta_{22})(1 + r^2\Theta_1^2) + (\Theta_2 + r\Theta_{11})(1 + r^2\Theta_2^2) \\ \qquad -2r^3\Theta_1\Theta_2\Theta_{12}]. \end{cases} \tag{1.9.12}$$

证明 由 (1.9.2),

$$\begin{cases} x := x(x^1, x^2, \xi) = r\cos\theta = x^2\cos(\varepsilon\xi + \Theta(x^1, x^2)), \\ y := y(x^1, x^2, \xi) = r\sin\theta = x^2\sin(\varepsilon\xi + \Theta(x^1, x^2)), \\ z := z(x^1, z^2, \xi) = x^1, \end{cases} \tag{1.9.13}$$

$$\begin{cases}\dfrac{\partial x}{\partial x^1}=-x^2\sin\theta\Theta_1, \quad \dfrac{\partial x}{\partial x^2}=\cos\theta-x^2\sin\theta\Theta_2,\\ \dfrac{\partial x}{\partial\xi}=-x^2\sin\theta\varepsilon,\\ \dfrac{\partial y}{\partial x^1}=x^2\cos\theta\Theta_1, \quad \dfrac{\partial y}{\partial x^2}=\sin\theta+x^2\cos\theta\Theta_2,\\ \dfrac{\partial y}{\partial\xi}=x^2\cos\theta\varepsilon,\\ \dfrac{\partial z}{\partial x^1}=1, \quad \dfrac{\partial z}{\partial x^2}=\dfrac{\partial z}{\partial\xi}=0,\end{cases} \tag{1.9.14}$$

其中 $\theta=\varepsilon\xi+\Theta(x^1,x^2)$,

$$\frac{\partial(x,y,z)}{\partial(x^1,x^2,x^3)}=\varepsilon x^2. \tag{1.9.15}$$

众所周知

$$\begin{cases}\boldsymbol{e}_r=\cos\theta\boldsymbol{i}+\sin\theta\boldsymbol{j}, \quad \boldsymbol{e}_\theta=-\sin\theta\boldsymbol{i}+\cos\theta\boldsymbol{j},\\ \boldsymbol{i}=\cos\theta\boldsymbol{e}_r-\sin\theta\boldsymbol{e}_\theta, \quad \boldsymbol{j}=\sin\theta\boldsymbol{e}_r+\cos\theta\boldsymbol{e}_\theta,\end{cases} \tag{1.9.16}$$

新坐标系的基向量

$$\begin{cases}\boldsymbol{e}_\alpha=\partial_\alpha\boldsymbol{R}=\partial_\alpha x\boldsymbol{i}+\partial_\alpha y\boldsymbol{j}+\partial_\alpha z\boldsymbol{k},\\ \boldsymbol{e}_3=\dfrac{\partial}{\partial\xi}(\boldsymbol{R})=\dfrac{\partial x}{\partial\xi}\boldsymbol{i}+\dfrac{\partial y}{\partial\xi}\boldsymbol{j}+\dfrac{\partial z}{\partial\xi}\boldsymbol{k},\\ \boldsymbol{e}_1=x^2\Theta_1\boldsymbol{e}_\theta+\boldsymbol{k}=-x^2\sin\theta\Theta_1\boldsymbol{i}+x^2\cos\theta\Theta_1\boldsymbol{j}+\boldsymbol{k},\\ \boldsymbol{e}_2=\Theta_2x^2\boldsymbol{e}_\theta+\boldsymbol{e}_r\\ \quad=(\cos\theta-x^2\sin\theta\Theta_2)\boldsymbol{i}+(\sin\theta+x^2\cos\theta\Theta_2)\boldsymbol{j},\\ \boldsymbol{e}_3=x^2\varepsilon\boldsymbol{e}_\theta=-\varepsilon x^2\sin\theta\boldsymbol{i}+\varepsilon x^2\cos\theta\boldsymbol{j},\end{cases} \tag{1.9.17}$$

$$\begin{cases}\boldsymbol{e}^i=g^{ij}\boldsymbol{e}_j, \quad \boldsymbol{e}^\alpha=\boldsymbol{e}_\alpha-\varepsilon^{-1}\Theta_\alpha\boldsymbol{e}_3,\\ \boldsymbol{e}^3=-\varepsilon^{-1}\Theta_\alpha\boldsymbol{e}_\alpha+(r\varepsilon)^{-2}a\boldsymbol{e}_3,\\ \boldsymbol{e}^1=\boldsymbol{k}, \quad \boldsymbol{e}^2=\cos\theta\boldsymbol{i}+\sin\theta\boldsymbol{j},\\ \boldsymbol{e}^3=-(r\varepsilon)^{-1}(\sin\theta+r\Theta_2\cos\theta)\boldsymbol{i}\\ \qquad+(r\varepsilon)^{-1}(\cos\theta-r\Theta_2\sin\theta)\boldsymbol{j}-\varepsilon^{-1}\Theta_1\boldsymbol{k},\end{cases} \tag{1.9.18}$$

相反,

$$\begin{cases}\boldsymbol{e}_r=\boldsymbol{e}_2-\varepsilon^{-1}\Theta_2\boldsymbol{e}_3, \quad \boldsymbol{e}_\theta=(\varepsilon x^2)^{-1}\boldsymbol{e}_3, \quad \boldsymbol{k}=\boldsymbol{e}_1-\varepsilon^{-1}\Theta_1\boldsymbol{e}_3,\\ \boldsymbol{i}=\cos\theta\boldsymbol{e}_2-(\varepsilon^{-1}\cos\theta\Theta_2+(\varepsilon x^2)^{-1}\sin\theta)\boldsymbol{e}_3,\\ \boldsymbol{j}=\sin\theta\boldsymbol{e}_2+((\varepsilon x^2)^{-1}\cos\theta-\varepsilon^{-1}\Theta_2\sin\theta)\boldsymbol{e}_3,\end{cases} \tag{1.9.19}$$

从 (1.9.18) 和 (1.9.19), 容易由 $a_{\alpha\beta}=\boldsymbol{e}_\alpha\cdot\boldsymbol{e}_\beta,\quad g_{ij}=\boldsymbol{e}_i\cdot\boldsymbol{e}_j$ 验证 (1.9.5), (1.9.6), 并且

$$\begin{cases}\vec{\omega}=\omega\boldsymbol{k}=\omega\boldsymbol{e}_1-\omega\varepsilon^{-1}\Theta_1\boldsymbol{e}_3,\\ \omega^1=\omega,\quad \omega^2=0,\quad \omega^3=-\varepsilon^{-1}\omega\Theta_1,\end{cases}\tag{1.9.20}$$

角速度向量的模

$$\begin{aligned}|\vec{\omega}|^2=\vec{\omega}\cdot\vec{\omega}=g_{ij}\omega^i\omega^j&=g_{11}\omega^1\omega^1+g_{33}\omega^3\omega^3+2g_{13}\omega^1\omega^3\\&=a_{11}(\omega)^2+r^2\varepsilon^2(\omega)^2\varepsilon^{-2}\Theta_1^2+2\varepsilon r^2\Theta_1(\omega)^2(-\varepsilon^{-1}\Theta_1)\\&=(\omega)^2(a_{11}+r^2\Theta_1^2-2r^2\Theta_1^2)=(\omega)^2.\end{aligned}$$

而 Colliali 力可以表示为

$$\begin{aligned}\mathbf{C}:=&2\vec{\omega}\times\boldsymbol{u}=2\varepsilon_{ijk}\omega^j u^k\boldsymbol{e}^i=(2\varepsilon_{ijk}\omega^j u^k)g^{im}\boldsymbol{e}_m\\=&2\varepsilon_{ijk}\omega^j u^k(g^{i1}\boldsymbol{e}_1+g^{i2}\boldsymbol{e}_2+g^{i3}\boldsymbol{e}_3)=C^i\boldsymbol{e}_i,\end{aligned}$$

它的逆变分量

$$\begin{aligned}C^1=&2(g^{i1}\varepsilon_{i1k}\omega u^k+g^{i1}\varepsilon_{i3k}(-\omega\varepsilon^{-1}\Theta_1)u^k)\\=&2\omega(g^{\alpha1}\varepsilon_{\alpha13}u^3+g^{31}\varepsilon_{312}u^2-g^{\alpha1}\varepsilon_{\alpha3\beta}\varepsilon^{-1}\Theta_1u^\beta)\\=&2\omega(0-\varepsilon^{-1}\Theta_1u^2\sqrt{g}-\varepsilon_{132}\varepsilon^{-1}\Theta_1u^2)=0,\\C^2=&2(g^{i2}\varepsilon_{i1k}\omega u^k+g^{i2}\varepsilon_{i3k}(-\omega\varepsilon^{-1}\Theta_1)u^k)\\=&2\omega(g^{\alpha2}\varepsilon_{\alpha13}u^3+g^{32}\varepsilon_{312}u^2-\varepsilon^{-1}\Theta_1g^{\alpha2}\varepsilon_{\alpha3\beta}u^\beta)\\=&2\omega(\varepsilon_{213}u^3-\varepsilon^{-1}\Theta_2u^2\varepsilon_{312}-\varepsilon^{-1}\Theta_1\varepsilon_{231}u^1)\\=&2\omega\sqrt{g}(-u^3-\varepsilon^{-1}\Theta_2u^2-\varepsilon^{-1}\Theta_1u^1)=-2r\omega\Pi(u,\Theta),\\C^3=&2(g^{i3}\varepsilon_{i1k}\omega u^k+g^{i3}\varepsilon_{i3k}(-\omega\varepsilon^{-1}\Theta_1)u^k)\\=&2(g^{\alpha3}\varepsilon_{\alpha13}\omega u^3+g^{33}\varepsilon_{312}\omega u^2+g^{\alpha3}\varepsilon_{\alpha3\beta}(-\omega\varepsilon^{-1}\Theta_1)u^\beta)\\=&2\omega(-\varepsilon^{-1}\Theta_2\varepsilon_{213}u^3+g^{33}\varepsilon_{312}u^2-\varepsilon^{-1}\Theta_1(-\varepsilon^{-1}\Theta_2\varepsilon_{231}u^1\\&-\varepsilon^{-1}\Theta_1\varepsilon_{132}u^2))\\=&2\omega\sqrt{g}(\varepsilon^{-1}\Theta_2u^3+g^{33}u^2+\varepsilon^{-2}\Theta_1(\Theta_2u^1-\Theta_1u^2)),\end{aligned}$$

由

$$g^{33}u^2=(r\varepsilon)^{-2}u^2+\varepsilon^{-2}(\Theta_1^2+\Theta_2^2)u^2,$$

有

$$C^3=2r\omega\varepsilon^{-1}\Theta_2\Pi(w,\Theta)+2\omega(r\varepsilon)^{-1}w^2,$$

其中

$$\Pi(w,\Theta)=\varepsilon w^3+\Theta_\alpha w^\alpha,$$

$$2\vec{\omega}\times\vec{w}=-2r\omega\Pi(w,\Theta)\boldsymbol{e}_2+(2r\omega\varepsilon^{-1}\Theta_2\Pi(w,\Theta)+2\omega(r\varepsilon)^{-1}w^2)\boldsymbol{e}_3.$$

这就推出, 在新坐标系下, Colliali 力的逆变分量

$$\begin{cases}C^1=(2\vec{\omega}\times\boldsymbol{u})^1=0,\quad C^2=(2\vec{\omega}\times\boldsymbol{u})^2=-2\omega r\Pi(u,\Theta),\\(2\vec{\omega}\times\boldsymbol{u})^3=2\omega(\varepsilon)^{-1}\left(r\Theta_2\Pi(u,\Theta)+\dfrac{u^2}{r}\right).\end{cases}\tag{1.9.21}$$

下面考虑 $\Im_\xi$ 的法向量.

$$\boldsymbol{n}=\frac{\boldsymbol{e}_1\times\boldsymbol{e}_2}{|\boldsymbol{e}_1\times\boldsymbol{e}_2|}=\frac{1}{\sqrt{a}}(\boldsymbol{e}_1\times\boldsymbol{e}_2)=n_x\boldsymbol{i}+n_y\boldsymbol{j}+n_z\boldsymbol{k}=n^i\boldsymbol{e}_i,$$

$$\begin{aligned}\boldsymbol{e}_1\times\boldsymbol{e}_2&=\begin{vmatrix}\boldsymbol{i}&\boldsymbol{j}&\boldsymbol{k}\\(\boldsymbol{e}_1)_x&(\boldsymbol{e}_1)_y&(\boldsymbol{e}_1)_z\\(\boldsymbol{e}_2)_x&(\boldsymbol{e}_2)_y&(\boldsymbol{e}_2)_z\end{vmatrix}\\&=\begin{vmatrix}\boldsymbol{i}&\boldsymbol{j}&\boldsymbol{k}\\-r\Theta_1\sin\theta&r\Theta_1\cos\theta&1\\\cos\theta-r\Theta_2\sin\theta&\sin\theta+r\Theta_2\cos\theta&0\end{vmatrix}\\&=-(\sin\theta+r\Theta_2\cos\theta)\boldsymbol{i}+(\cos\theta-r\Theta_2\sin\theta)\boldsymbol{j}-r\Theta_1\boldsymbol{k}.\end{aligned}$$

将 (1.9.19) 代入得

$$\begin{aligned}\boldsymbol{e}_1\times\boldsymbol{e}_2=&-(\sin\theta+r\Theta_2\cos\theta)[\cos\theta\boldsymbol{e}_2-(\varepsilon^{-1}\cos\theta\Theta_2+(\varepsilon x^2)^{-1}\sin\theta)\boldsymbol{e}_3]\\&+(\cos\theta-r\Theta_2\sin\theta)[\sin\theta\boldsymbol{e}_2+((\varepsilon x^2)^{-1}\cos\theta-\varepsilon^{-1}\Theta_2\sin\theta)\boldsymbol{e}_3]\\&-r\Theta_1[\boldsymbol{e}_1-\varepsilon^{-1}\Theta_1\boldsymbol{e}_3],\end{aligned}$$

整理后

$$\begin{aligned}\boldsymbol{n}=&\frac{1}{\sqrt{a}}[-r\Theta_1\boldsymbol{e}_1+(-(\sin\theta+r\Theta_2\cos\theta)\cos\theta+(\cos\theta-r\Theta_2\sin\theta)\sin\theta)\boldsymbol{e}_2\\&+r\varepsilon^{-1}(\Theta_1)^2+(\sin\theta+r\Theta_2\cos\theta)(\varepsilon^{-1}\cos\theta\Theta_2+(\varepsilon x^2)^{-1}\sin\theta)\\&+((\cos\theta-r\Theta_2\sin\theta)((\varepsilon x^2)^{-1}\cos\theta-\varepsilon^{-1}\Theta_2\sin\theta))\boldsymbol{e}_3]\\=&n^i\boldsymbol{e}_i,\end{aligned}$$

单位法向量在直角坐标系和新坐标系中的逆变分量分别是

$$\begin{cases} n_x = -\dfrac{1}{\sqrt{a}}(\sin\theta + x^2\Theta_2\cos\theta), \\ n_y = \dfrac{1}{\sqrt{a}}(\cos\theta - x^2\Theta_2\sin\theta), \\ n_z = -x^2\Theta_1/\sqrt{a}, \\ n^\alpha = -x^2\Theta_\alpha/\sqrt{a}, \quad n^3 = (r\varepsilon)^{-1}\sqrt{a}. \end{cases} \tag{1.9.22}$$

下面计算曲面 $\Im_\xi$ 的曲率张量

$$b_{\alpha\beta} = -\frac{1}{2}(\boldsymbol{n}_\alpha\boldsymbol{e}_\beta + \boldsymbol{n}_\beta\boldsymbol{e}_\alpha) = \boldsymbol{n}\boldsymbol{e}_{\alpha\beta} = \frac{1}{\sqrt{a}}\boldsymbol{e}_1 \times \boldsymbol{e}_2 \cdot \boldsymbol{e}_{\alpha\beta}, \tag{1.9.23}$$

然而

$$\boldsymbol{e}_{\alpha\beta} = \frac{\partial^2\boldsymbol{R}}{\partial x^\alpha\partial x^\beta} = x_{\alpha\beta}\boldsymbol{i} + y_{\alpha\beta}\boldsymbol{j} + z_{\alpha\beta}\boldsymbol{k},$$

这里记 $x_{\alpha\beta} = \partial_\alpha\partial_\beta x$. 所以

$$\begin{aligned} \sqrt{a}b_{\alpha\beta} &= \begin{vmatrix} x_{\alpha\beta} & y_{\alpha\beta} & z_{\alpha\beta} \\ (\boldsymbol{e}_1)_x & (\boldsymbol{e}_1)_y & (\boldsymbol{e}_1)_z \\ (\boldsymbol{e}_2)_x & (\boldsymbol{e}_2)_y & (\boldsymbol{e}_2)_z \end{vmatrix} = \begin{vmatrix} x_{\alpha\beta} & y_{\alpha\beta} & 0 \\ -r\Theta_1\sin\theta & r\Theta_1\cos\theta & 1 \\ \cos\theta - r\Theta_2\sin\theta & \sin\theta + r\Theta_2\cos\theta & 0 \end{vmatrix} \\ &= -[(x_{\alpha\beta}\sin\theta - y_{\alpha\beta}\cos\theta) + r\Theta_2(x_{\alpha\beta}\cos\theta + y_{\alpha\beta}\sin\theta)] \\ &= -[(x_{\alpha\beta} + r\Theta_2 y_{\alpha\beta})\sin\theta + (r\Theta_2 x_{\alpha\beta} - y_{\alpha\beta})\cos\theta] \\ &= -(\sin\theta + r\Theta_2\cos\theta)x_{\alpha\beta} - (r\Theta_2\sin\theta - \cos\theta)y_{\alpha\beta}, \end{aligned} \tag{1.9.24}$$

经过初等计算

$$\begin{aligned} & x_{11} := \frac{\partial^2 x}{\partial(x^1)^2} = -x^2(\Theta_{11}\sin\theta + \Theta_1^2\cos\theta), \\ & x_{12} = -\Theta_1\sin\theta - x^2(\Theta_{12}\sin\theta + \Theta_1\Theta_2\cos\theta), \\ & x_{22} = -2\Theta_2\sin\theta - x^2(\Theta_{22}\sin\theta + \Theta_2^2\cos\theta), \\ & y_{11} = x^2(\Theta_{11}\cos\theta - \Theta_1^2\sin\theta), \\ & y_{12} = \Theta_1\cos\theta + x^2(\Theta_{12}\cos\theta - \Theta_1\Theta_2\sin\theta), \\ & y_{22} = 2\Theta_2\cos\theta + x^2(\Theta_{22}\cos\theta - \Theta_2^2\sin\theta), \\ & z_{\alpha\beta} = 0, \end{aligned} \tag{1.9.25}$$

综合上述等式得 $\xi = 0$ 上的曲率张量

$$b_{11} = \frac{1}{\sqrt{a}}(r^2\Theta_2\Theta_1^2 + r\Theta_{11}),$$

$$b_{12}=b_{21}=\frac{1}{\sqrt{a}}(\Theta_1(1+r^2\Theta_2^2)+r\Theta_{12}),$$

$$b_{22}=\frac{1}{\sqrt{a}}(\Theta_2(r^2\Theta_2^2+2)+r\Theta_{22}),$$

$$\begin{aligned}b=\det(b_{\alpha\beta})=b_{11}b_{22}-b_{12}^2=&\frac{1}{a}[-\Theta_1^2+r\Theta_1(\Theta_{11}-\Theta_{12})\\&+r^2(\Theta_{12}(\Theta_{11}-\Theta_{12})+\Theta_1^2\Theta_2(\Theta_1-2\Theta_2))\\&+r^3\Theta_1\Theta_2((\Theta_1-2\Theta_2)\Theta_{12}+\Theta_2\Theta_{11})+r^4\Theta_1^2\Theta_2^3(\Theta_1-\Theta_2)],\end{aligned}\tag{1.9.26}$$

$$\begin{cases}K=\dfrac{b}{a},\\2H=\dfrac{1}{a}[a_{22}b_{11}-2a_{12}b_{12}+a_{11}b_{22}].\end{cases}\tag{1.9.27}$$

利用 (1.9.4), (1.9.10), 经过初等运算, 即可推出 (1.9.12).

命题 1.9.2 在新坐标系 (x^α,ξ) 下, Christoffel 记号和向量场的协变导数

$$\begin{cases}\Gamma^\alpha_{\beta\gamma}=\overset{*}{\Gamma}{}^\alpha{}_{\beta\gamma}=-r\delta_{2\alpha}\Theta_\beta\Theta_\gamma,\quad \Gamma^\alpha_{3\beta}=-\varepsilon r\delta_{2\alpha}\Theta_\beta,\\\Gamma^3_{\alpha\beta}=\varepsilon^{-1}r^{-1}(a_{2\alpha}\Theta_\beta+\delta_{2\beta}\Theta_\alpha)+\varepsilon^{-1}\Theta_{\alpha\beta},\\\Gamma^3_{3\alpha}=\Gamma^3_{\alpha3}=r^{-1}a_{2\alpha},\quad \Gamma^\alpha_{33}=-\varepsilon^2r\delta_{2\alpha},\quad \Gamma^3_{33}=\varepsilon r\Theta_2,\end{cases}\tag{1.9.28}$$

$$\begin{cases}\nabla_ju^i=\dfrac{\partial u^i}{\partial x^j}+\Gamma^i_{jm}u^m,\\\nabla_\alpha u^\beta=\partial_\alpha u^\beta-r\delta_{2\beta}\Theta_\alpha\Pi(u,\Theta),\\\nabla_\alpha u^3=\partial_\alpha u^3+\varepsilon^{-1}r^{-1}(a_{2\alpha}\Pi(u,\Theta)+\Theta_\alpha u^2)+\varepsilon^{-1}\Theta_{\alpha\beta}u^\beta,\\\nabla_3u^\beta=\partial_\xi u^\beta-r\varepsilon\delta_{2\beta}\Pi(u,\Theta),\\\nabla_\xi u^3=\partial_\xi u^3+r\Theta_2\Pi(u,\Theta),\\\operatorname{div}w=\dfrac{\partial w^\alpha}{\partial x^\alpha}+\dfrac{w^2}{x^2}+\dfrac{\partial w^3}{\partial\xi},\quad \Pi(w,\Theta)=\varepsilon w^3+w^\beta\Theta_\beta.\end{cases}\tag{1.9.29}$$

证明

$$\begin{aligned}\boldsymbol{e}_{ij}=&\partial_i\boldsymbol{e}_j,\\\boldsymbol{e}_{11}=&-x^2(\cos\theta\Theta_1^2+\sin\theta\Theta_{11})\boldsymbol{i}+x^2(-\sin\theta\Theta_1^2+\cos\theta\Theta_{11})\boldsymbol{j},\\\boldsymbol{e}_{12}=&\boldsymbol{e}_{21}=(-\sin\theta\Theta_1-x^2(\cos\theta\Theta_1\Theta_2+\sin\theta\Theta_{12}))\boldsymbol{i}\\&+(\cos\theta\Theta_1+x^2(-\sin\theta\Theta_1\Theta_2++\cos\theta\Theta_{12}))\boldsymbol{j},\\\boldsymbol{e}_{22}=&(-2\sin\theta\Theta_2-x^2(\cos\theta\Theta_2\Theta_2+\sin\theta\Theta_{22}))\boldsymbol{i}\\&+(2\cos\theta\Theta_1+x^2(-\sin\theta\Theta_2\Theta_2++\cos\theta\Theta_{22}))\boldsymbol{j},\\\boldsymbol{e}_{13}=&\boldsymbol{e}_{31}=-(r\varepsilon)\Theta_1(\cos\theta\boldsymbol{i}+\sin\theta\boldsymbol{j}),\quad \boldsymbol{e}_{33}=-r\varepsilon^2(\cos\theta\boldsymbol{i}+\sin\theta\boldsymbol{j}),\\\boldsymbol{e}_{23}=&\boldsymbol{e}_{32}=-\varepsilon(\sin\theta+r\Theta_2\cos\theta)\boldsymbol{i}+\varepsilon(\cos\theta-r\Theta_2\sin\theta)\boldsymbol{i},\end{aligned}$$

因为 $\Gamma^i_{jk} = \boldsymbol{e}^i \cdot \boldsymbol{e}_{jk}$, 利用 (1.9.18) 和上式, 有

$$\Gamma^1_{11} = \boldsymbol{e}^1 \boldsymbol{e}_{11} = \boldsymbol{k}\boldsymbol{e}_{11} = 0, \quad \Gamma^1_{12} = \Gamma^1_{21} = 0, \quad \Gamma^1_{22} = 0,$$

$$\Gamma^2_{11} = -x^2\Theta_1^2, \quad \Gamma^2_{12} = \Gamma^2_{21} = -r\Theta_1\Theta_2, \quad \Gamma^2_{22} = -r\Theta_2^2,$$

$$\Gamma^\alpha_{\beta\gamma} = \overset{*}{\Gamma}{}^\alpha{}_{\beta\gamma} = -r\delta_{2\alpha}\Theta_\beta\Theta_\gamma,$$

这就是 (1.9.28) 的第一式.

$$\Gamma^3_{12} = \Gamma^3_{21} = (r\varepsilon)^{-1}(\Theta_1 a_{22} + r\Theta_{12}),$$

$$\Gamma^3_{22} = (r\varepsilon)^{-1}[2\Theta_2 + r(\Theta_{22} + r\Theta_2^3)] = (r\varepsilon)^{-1}[\Theta_2(1 + a_{22}) + r\Theta_{22}],$$

$$\Gamma^1_{13} = \Gamma^1_{31} = 0, \quad \Gamma^2_{13} = \Gamma^2_{31} = -(r\varepsilon)^{-1}\Theta_1, \quad \Gamma^3_{13} = \Gamma^3_{31} = r\Theta_1\Theta_2,$$

$$\Gamma^3_{11} = (\varepsilon)^{-1}(r\Theta_2\Theta_1^2 + \Theta_{11}),$$

$$\Gamma^1_{23} = \Gamma^1_{32} = 0, \quad \Gamma^2_{23} = \Gamma^2_{32} = -r\varepsilon\Theta_2, \quad \Gamma^3_{23} = \Gamma^2_{32} = r^{-1}a_{22},$$

$$\Gamma^1_{33} = 0, \quad \Gamma^2_{33} = -r\varepsilon^2, \quad \Gamma^3_{33} = -r\varepsilon\Theta_2,$$

这就推出 (1.9.28). (1.9.29) 可以从 (1.9.28) 和

$$\nabla_i w^j = \partial_i w^j + \Gamma^j_{ik} w^k$$

推导出来. 证毕.

命题 1.9.3 在 R- 坐标系 $\{x^\alpha, \xi\}$ 下, Laplace 算子可表示为

$$\begin{aligned}\Delta w^\alpha =& \mathcal{L}^\alpha(w, \Theta)\\ :=& \widetilde{\Delta} w^\alpha + (r\varepsilon)^{-2} a \frac{\partial^2 w^\alpha}{\partial \xi^2} - 2(\varepsilon)^{-1}\Theta_\beta \frac{\partial^2 w^\alpha}{\partial x^\beta \partial \xi}\\ &+ r^{-1}\frac{\partial w^\alpha}{\partial r} + L^{\alpha 3}_\lambda \frac{\partial w^\lambda}{\partial \xi} + q^\alpha_\lambda w^\lambda,\end{aligned} \tag{1.9.30}$$

$$\begin{aligned}\Delta w^3 =& \widetilde{\Delta} w^3 + (r\varepsilon)^{-2} a \frac{\partial^2 w^3}{\partial \xi^2} - 2\varepsilon^{-1}\Theta_\beta \frac{\partial^2 w^3}{\partial \xi \partial x^\beta} + L^{3\beta}_\lambda(\Theta)\frac{\partial w^\lambda}{\partial x^\beta}\\ &+ L^{3\beta}_3 \frac{\partial w^3}{\partial x^\beta} + L^{33}_\lambda(\Theta)\frac{\partial w^\lambda}{\partial \zeta} + L^{33}_3(\Theta)\frac{\partial w^3}{\partial \xi}\\ &+ q^3_\lambda(\Theta) w^\lambda + q^3_3(\Theta) w^3,\end{aligned} \tag{1.9.31}$$

$$\begin{cases} L^{\alpha\beta}_\lambda = r^{-1}\delta_{2\beta}\delta_{\alpha\lambda}, \quad L^{\alpha\beta}_3 = 0, \quad L^{\alpha 3}_3 = -2r^{-1}\delta_{2\alpha},\\ L^{\alpha 3}_\lambda = -(r\varepsilon)^{-1}[2\delta_{2\alpha}\Theta_\lambda + \delta_{\alpha\lambda}\Theta_2] - \varepsilon^{-1}\delta_{\alpha\lambda}\widetilde{\Delta}\Theta,\\ q^\alpha_3 = 0, \quad q^\alpha_\lambda = -r^{-2}\delta_{2\alpha}\delta_{2\lambda},\end{cases} \tag{1.9.32}$$

$$\begin{cases} L^{3\beta}_{\lambda}(\Theta) = 2(r\varepsilon)^{-1}(r\Theta_{\beta\lambda} + \delta_{2\beta}\Theta_{\lambda}), \\ L^{3\beta}_{3}(\Theta) = r^{-1}\delta_{2\beta} + J^{\beta}_{3}(\Theta) = 3r^{-1}\delta_{2\beta}, \\ L^{33}_{\lambda}(\Theta) = 2\varepsilon^{-2}r^{-3}(\delta_{2\lambda} - r^{3}\Theta_{\beta}\Theta_{\beta\lambda}), \\ L^{33}_{3}(\Theta) = -(r\varepsilon)^{-1}(\Theta_2 + r\widetilde{\Delta}\Theta), \\ q^{3}_{\lambda}(\Theta) = \varepsilon^{-1}\partial_{\lambda}\widetilde{\Delta}\Theta + \varepsilon^{-1}r^{-2}\delta_{2\lambda}\Theta_2 + 3(r\varepsilon)^{-1}\Theta_{2\lambda}, \\ q^{3}_{3}(\Theta) = 0, \end{cases} \tag{1.9.33}$$

$$\begin{cases} \Theta_{\alpha} := \dfrac{\partial\Theta}{\partial x^{\alpha}}, \quad \Theta_{\alpha\beta} := \dfrac{\partial^2\Theta}{\partial x^{\alpha}\partial x^{\beta}}, \quad \Pi(w,\Theta) := \varepsilon w^3 + w^{\lambda}\Theta_{\lambda}, \\ \widetilde{\Delta}\Theta := \Theta_{\alpha\alpha} = \Theta_{11} + \Theta_{22}, \quad |\widetilde{\nabla}\Theta|^2 = \Theta_1^2 + \Theta_2^2. \end{cases} \tag{1.9.34}$$

证明 实际上,

$$\begin{cases} \Delta u^{\alpha} := g^{ij}\nabla_i\nabla_j u^{\alpha} = \nabla_{\beta}\nabla_{\beta}u^{\alpha} - \varepsilon^{-1}\Theta_{\beta}(\nabla_3\nabla_{\beta}u^{\alpha} + \nabla_{\beta}\nabla_3 u^{\alpha}) + (r\varepsilon)^{-2}a\nabla_3\nabla_3 u^{\alpha}, \\ \Delta u^{3} := g^{ij}\nabla_i\nabla_j u^{3} = \nabla_{\beta}\nabla_{\beta}u^{3} \\ \qquad -\varepsilon^{-1}\Theta_{\beta}(\nabla_{\beta}\nabla_3 u^{3} + \nabla_3\nabla_{\beta}u^{3}) + (r\varepsilon)^{-2}a\nabla_3\nabla_3 u^{3}, \end{cases} \tag{1.9.35}$$

应用 (1.9.28) 和 (1.9.29),

$$\begin{aligned} \nabla_{\beta}\nabla_{\beta}u^{\alpha} =& \partial_{\beta}(\nabla_{\beta}u^{\alpha}) - \Gamma^{m}_{\beta\beta}\nabla_m u^{\alpha} + \Gamma^{\alpha}_{\beta m}\nabla_{\beta}u^{m} \\ =& \partial_{\beta}(\partial_{\beta}u^{\alpha} + \Gamma^{\alpha}_{\beta\gamma}u^{\gamma} + \Gamma^{\alpha}_{3\beta}u^3) \\ &+ \Gamma^{\gamma}_{\beta\beta}(\partial_{\gamma}u^{\alpha} + \Gamma^{\alpha}_{\gamma\lambda}u^{\lambda} + \Gamma^{\alpha}_{3\gamma}u^3) + \Gamma^{\alpha}_{\beta\gamma}(\partial_{\beta}u^{\gamma} + \Gamma^{\gamma}_{\beta\lambda}u^{\lambda} + \Gamma^{\gamma}_{3\beta}u^3) \\ =& \widetilde{\Delta}u^3 + l^{\alpha\beta}_{\lambda}(\Theta)\partial_{\beta}u^{\lambda} + l^{\alpha 3}_{\beta}\partial_{\beta}u^3 + l^{\alpha\beta}_{3}\partial_{\beta}u^3 + d^{\alpha}_{\beta\beta\lambda}(\Theta)u^{\lambda} \\ &+ d^{\alpha}_{\beta\beta 3}(\Theta)u^3, \end{aligned}$$

其中

$$\begin{cases} l^{\alpha\beta}_{\lambda}(\Theta) = 2\Gamma^{\alpha}_{\beta\lambda} - \Gamma^{\beta}_{\nu\nu}\delta_{\alpha\lambda} = -2r\delta_{2\alpha}\Theta_{\beta}\Theta_{\lambda} + r\delta_{2\beta}|\nabla\Theta|^2\delta_{\alpha\lambda}, \\ l^{\alpha\beta}_{3}(\Theta) = 2\Gamma^{\alpha}_{\beta 3} = -2r\varepsilon\delta_{2\alpha}\Theta_{\beta}, \quad l^{\alpha 3}_{3}(\Theta) = 0, \\ l^{\alpha 3}_{\lambda}(\Theta) = -\Gamma^{3}_{\nu\nu}\delta_{\alpha\lambda} = -\delta_{\alpha\lambda}[\varepsilon^{-1} + (r\varepsilon)^{-1}(1+a)\Theta_2], \\ d^{\alpha}_{\beta\beta\lambda}(\Theta) = \partial_{\beta}\Gamma^{\alpha}_{\beta\lambda} + \Gamma^{\sigma}_{\beta\lambda}(\Gamma^{\alpha}_{\beta\sigma} - \Gamma^{\beta}_{\nu\nu}\delta_{\alpha\sigma}) + \Gamma^{\alpha}_{\beta 3}\Gamma^{3}_{\beta\lambda} - \Gamma^{3}_{\mu\mu}\Gamma^{\alpha}_{3\lambda} \\ \qquad\qquad = -\delta_{2\alpha}\delta_{2\lambda}|\nabla\Theta|^2 - 2r\delta_{2\alpha}\Theta_{\beta}\Theta_{\beta\lambda}, \\ d^{\alpha}_{\beta\beta 3}(\Theta) = \partial_{\beta}\Gamma^{\alpha}_{\beta 3} + \Gamma^{\sigma}_{3\lambda}(\Gamma^{\alpha}_{\lambda\sigma} - \Gamma^{\lambda}_{\nu\nu}\delta_{\alpha\sigma}) + \Gamma^{\alpha}_{\beta 3}\Gamma^{3}_{\beta 3} - \Gamma^{3}_{\mu\mu}\Gamma^{\alpha}_{33} = 0, \end{cases}$$

类似可以得到

$$\begin{aligned} \nabla_{\beta}\nabla_3 w^{\alpha} &= \partial_{\beta}\nabla_3 w^{\alpha} - \Gamma^{\lambda}_{3\beta}\nabla_{\lambda}w^{\alpha} + (\Gamma^{\alpha}_{\lambda\beta} - \Gamma^{3}_{3\beta}\delta_{\alpha\lambda})\nabla_3 w^{\lambda} + \Gamma^{\alpha}_{3\beta}\nabla_3 w^3, \\ \nabla_3\nabla_{\beta}w^{\alpha} &= \partial_{\xi}\nabla_{\beta}w^{\alpha} + (\Gamma^{\alpha}_{3\sigma}\delta_{\beta\lambda} - \Gamma^{\lambda}_{3\beta}\delta_{\alpha\sigma})\nabla_{\lambda}w^{\sigma} - \Gamma^{3}_{3\beta}\nabla_3 w^{\alpha} + \Gamma^{\alpha}_{33}\nabla_{\beta}w^3, \\ \nabla_3\nabla_3 w^{\alpha} &= \partial_{\xi}\nabla_3 w^{\alpha} + (\Gamma^{\alpha}_{3\lambda} - \Gamma^{3}_{33}\delta_{\alpha\lambda})\nabla_3 w^{\lambda} + \Gamma^{\alpha}_{33}\nabla_3 w^3 - \Gamma^{\beta}_{33}\nabla_{\beta}w^{\alpha}. \end{aligned}$$

相加以后, 得

$$\begin{aligned}&-\varepsilon^{-1}\Theta_\beta(\nabla_3\nabla_\beta w^\alpha+\nabla_\beta\nabla_3 w^\alpha)+(r\varepsilon)^{-2}a\nabla_3\nabla_3 w^\alpha\\=&(r\varepsilon)^{-2}a\partial_\xi\nabla_3 w^\alpha-\varepsilon^{-1}\Theta_\beta(\partial_\beta\nabla_3 w^\alpha+\partial_\xi\nabla_\beta w^\alpha)\\&+m_\sigma^{\alpha\lambda}(\Theta)\nabla_\lambda w^\sigma+m_\lambda^{\alpha3}(\Theta)\nabla_3 w^\lambda+m_3^{\alpha\beta}(\Theta)\nabla_\beta w^3+m_3^{\alpha3}(\Theta)\nabla_3 w^3,\end{aligned}$$

其中

$$\begin{aligned}m_\sigma^{\alpha\lambda}(\Theta)&=[-(r\varepsilon)^{-2}a\Gamma_{33}^\lambda\delta_{\alpha\sigma}+\varepsilon^{-1}\Theta_\beta(2\Gamma_{3\beta}^\lambda\delta_{\alpha\sigma}-\Gamma_{3\sigma}^\alpha\delta_{\beta\lambda})]\\&=r^{-1}\delta_{2\lambda}\delta_{\alpha\sigma}-r\delta_{2\lambda}\delta_{\alpha\sigma}|\nabla\Theta|^2+r\delta_{2\alpha}\Theta_\lambda\Theta_\sigma,\\m_\lambda^{\alpha3}(\Theta)&=(r\varepsilon)^{-2}a(\Gamma_{3\lambda}^\alpha-\Gamma_{33}^3\delta_{\alpha\lambda})+\varepsilon^{-1}\Theta_\beta(2\Gamma_{3\beta}^3\delta_{\alpha\lambda}-\Gamma_{\lambda\beta}^\alpha)\\&=(r\varepsilon)^{-1}(\delta_{\alpha\lambda}\Theta_2-\delta_{2\alpha}\Theta_\lambda)+r\varepsilon^{-1}\delta_{\alpha\lambda}\Theta_2|\nabla\Theta|^2,\\m_3^{\alpha\beta}(\Theta)&=-\varepsilon^{-1}\Theta_\beta\Gamma_{33}^\alpha=r\varepsilon\delta_{2\alpha}\Theta_\beta,\\m_3^{\alpha3}(\Theta)&=(r\varepsilon)^{-2}a\Gamma_{33}^\alpha-\varepsilon^{-1}\Theta_\beta\Gamma_{3\beta}^\alpha=-r^{-1}\delta_{2\alpha}.\end{aligned}$$

同样,

$$\begin{aligned}&(r\varepsilon)^{-2}a\partial_\xi\nabla_3 w^\alpha-\varepsilon^{-1}\Theta_\beta(\partial_\beta\nabla_3 w^\alpha+\partial_\xi\nabla_\beta w^\alpha)\\=&(r\varepsilon)^{-2}a\frac{\partial^2 w^\alpha}{\partial\xi^2}-2\varepsilon^{-1}\Theta_\beta\frac{\partial^2 w^\alpha}{\partial x^\beta\partial\xi}-\varepsilon^{-1}\Theta_\beta\Gamma_{3\lambda}^\alpha\frac{\partial w^\lambda}{\partial x^\beta}-\varepsilon^{-1}\Theta_\beta\Gamma_{33}^\alpha\frac{\partial w^3}{\partial x^\beta}\\&+((r\varepsilon)^{-2}a\Gamma_{3\lambda}^\alpha-\varepsilon^{-1}\Theta_\beta\Gamma_{\beta\lambda}^\alpha)\frac{\partial w^\lambda}{\partial\xi}+((r\varepsilon)^{-2}a\Gamma_{33}^\alpha-\varepsilon^{-1}\Theta_\beta\Gamma_{\beta3}^\alpha)\frac{\partial w^3}{\partial\xi}\\&-\varepsilon^{-1}\Theta_\beta\partial_\beta\Gamma_{33}^\alpha w^3-\varepsilon^{-1}\Theta_\beta\partial_\beta\Gamma_{3\lambda}^\alpha w^\lambda,\end{aligned}$$

$$\begin{aligned}&m_\sigma^{\alpha\lambda}\nabla_\lambda w^\sigma+m_\lambda^{\alpha3}\nabla_3 w^\lambda+m_3^{\alpha\beta}\nabla_\beta w^3+m_3^{\alpha3}\nabla_3 w^3\\=&m_\sigma^{\alpha\lambda}\frac{\partial w^\sigma}{\partial x^\lambda}+m_\lambda^{\alpha3}\frac{\partial w^\lambda}{\partial\xi}+m_3^{\alpha\beta}\frac{\partial w^3}{\partial x^\beta}+m_3^{\alpha3}\frac{\partial w^3}{\partial\xi}+m_{03}^\alpha w^3+m_{0\lambda}^\alpha w^\lambda,\end{aligned}$$

$$\begin{aligned}m_{03}^\alpha(\Theta)&=m_\sigma^{\alpha\lambda}\Gamma_{\lambda3}^\sigma+m_\lambda^{\alpha3}\Gamma_{33}^\lambda+m_3^{\alpha\beta}\Gamma_{\beta3}^3+m_3^{\alpha3}\Gamma_{33}^3=-\varepsilon\delta_{2\alpha}\Theta_2,\\m_{0\lambda}^\alpha(\Theta)&=m_\sigma^{\alpha\beta}\Gamma_{\beta\lambda}^\sigma+m_\beta^{\alpha3}\Gamma_{3\lambda}^\beta+m_3^{\alpha\beta}\Gamma_{\beta\lambda}^3+m_3^{\alpha3}\Gamma_{3\lambda}^3\\&=-r^{-2}\delta_{2\alpha}\delta_{2\lambda}-\delta_{2\alpha}\Theta_2\Theta_\lambda+\delta_{2\alpha}\delta_{2\lambda}|\nabla\Theta|^2+r\delta_{2\alpha}\Theta_\beta\Theta_{\beta\lambda}.\end{aligned}$$

综合上述各个等式有

$$\begin{aligned}\Delta w^\alpha=&\mathcal{L}^\alpha(w,\Theta):=\widetilde{\Delta}w^\alpha+(r\varepsilon)^{-2}a\frac{\partial^2 w^\alpha}{\partial\xi^2}-2(\varepsilon)^{-1}\Theta_\beta\frac{\partial^2 w^\alpha}{\partial x^\beta\partial\xi}\\&+L_\lambda^{\alpha\beta}(\Theta)\frac{\partial w^\lambda}{\partial x^\beta}+L_3^{\alpha\beta}(\Theta)\frac{\partial w^3}{\partial x^\beta}+L_\lambda^{\alpha3}(\Theta)\frac{\partial w^\lambda}{\partial\xi}+L_3^{\alpha3}(\Theta)\frac{\partial w^3}{\partial\xi}\end{aligned}$$

$$+ q_3^{\alpha} w^3 + q_{\lambda}^{\alpha} w^{\lambda}, \tag{1.9.36}$$

其中

$$\begin{aligned}
&L_{\lambda}^{\alpha\beta}(\Theta) = l_{\lambda}^{\alpha\beta}(\Theta) - \varepsilon^{-1}\Theta_{\beta}\Gamma_{3\lambda}^{\alpha}(\Theta) + m_{\lambda}^{\alpha\beta}(\Theta),\\
&L_{3}^{\alpha\beta}(\Theta) = l_{3}^{\alpha\beta}(\Theta) - \varepsilon^{-1}\Theta_{\beta}\Gamma_{33}^{\alpha}(\Theta) + m_{3}^{\alpha\beta}(\Theta),\\
&L_{\lambda}^{\alpha 3}(\Theta) = l_{\lambda}^{\alpha 3} + (r\varepsilon)^{-2}a\Gamma_{3\lambda}^{\alpha} - \varepsilon^{-1}\Theta_{\beta}\Gamma_{\beta\lambda}^{\alpha} + m_{\lambda}^{\alpha 3},\\
&L_{3}^{\alpha 3}(\Theta) = (r\varepsilon)^{-2}aC_{33}^{\alpha} - \varepsilon^{-1}\Theta_{\beta}\Gamma_{\beta 3}^{\alpha} + m_{3}^{\alpha 3},\\
&q_{3}^{\alpha}(\Theta) = d_{\beta\beta 3}^{\alpha} - \varepsilon^{-1}\Theta_{\beta}\partial_{\beta}\Gamma_{33}^{\alpha} + m_{03}^{\alpha},\\
&q_{\lambda}^{\alpha}(\Theta) = d_{\beta\beta\lambda}^{\alpha}(\Theta) - \varepsilon^{-1}\Theta_{\beta}\partial_{\beta}\Gamma_{3\lambda}^{\alpha}(\Theta) + m_{0\lambda}^{\alpha}(\Theta),
\end{aligned}$$

简单计算表明

$$\begin{aligned}
&L_{\lambda}^{\alpha\beta} = r^{-1}\delta_{2\beta}\delta_{\alpha\lambda}, \quad L_{3}^{\alpha\beta} = 0,\\
&L_{\lambda}^{\alpha 3} = -(r\varepsilon)^{-1}[2\delta_{2\alpha}\Theta_{\lambda} + \delta_{\alpha\lambda}\Theta_2] - \varepsilon^{-1}\delta_{\alpha\lambda}\widetilde{\Delta}\Theta,\\
&L_{3}^{\alpha 3} = (r\varepsilon)^{-2}a\Gamma_{33}^{\alpha} - \varepsilon^{-1}\Theta_{\beta}\Gamma_{\beta 3}^{\alpha} + m_{3}^{\alpha 3} = -2r^{-1}\delta_{2\alpha},\\
&q_{3}^{\alpha} = d_{\beta\beta 3}^{\alpha} - \varepsilon^{-1}\Theta_{\beta}\partial_{\beta}\Gamma_{33}^{\alpha} + m_{03}^{\alpha} = 0,\\
&q_{\lambda}^{\alpha} = d_{\beta\beta\lambda}^{\alpha} - \varepsilon^{-1}\Theta_{\beta}\partial_{\beta}\Gamma_{3\lambda}^{\alpha} + m_{0\lambda}^{\alpha} = -r^{-2}\delta_{2\alpha}\delta_{2\lambda},
\end{aligned}$$

那么 (1.9.36) 变为

$$\begin{aligned}
\Delta w^{\alpha} =&\mathcal{L}^{\alpha}(w,\Theta)\\
:=&\widetilde{\Delta} w^{\alpha} + (r\varepsilon)^{-2}a\frac{\partial^2 w^{\alpha}}{\partial\xi^2} - 2(\varepsilon)^{-1}\Theta_{\beta}\frac{\partial^2 w^{\alpha}}{\partial x^{\beta}\partial\xi}\\
&+ r^{-1}\frac{\partial w^{\alpha}}{\partial r} + L_{\lambda}^{\alpha 3}\frac{\partial w^{\lambda}}{\partial\xi} + q_{\lambda}^{\alpha} w^{\lambda}.
\end{aligned} \tag{1.9.37}$$

用类似方法, 可以计算

$$\begin{aligned}
\Delta w^3 =&\partial_{\beta}(\nabla_{\beta} w^3) + \Gamma_{\beta\lambda}^{3}\nabla_{\beta} w^{\lambda} + (\Gamma_{3\beta}^{3} - \Gamma_{\lambda\lambda}^{\beta})\nabla_{\beta} w^3 - \Gamma_{\beta\beta}^{3}\nabla_3 w^3\\
&- \varepsilon^{-1}\Theta_{\beta}[\partial_{\beta}\nabla_3 w^3 + \Gamma_{\beta\lambda}^{3}\nabla_3 w^{\lambda} + \Gamma_{3\beta}^{3}\nabla_3 w^3 - \Gamma_{3\beta}^{\lambda}\nabla_{\lambda} w^3 - \Gamma_{3\beta}^{3}\nabla_3 w^3\\
&+ \partial_{\xi}\nabla_{\beta} w^3 + \Gamma_{3\lambda}^{3}\nabla_{\beta} w^{\lambda} + (\Gamma_{33}^{3}\delta_{\beta\lambda} - \Gamma_{3\beta}^{\lambda})\nabla_{\lambda} w^3 - \Gamma_{3\beta}^{3}\nabla_3 w^3]\\
&+ (r\varepsilon)^{-2}a[\partial_{\xi}\nabla_3 w^3 + \Gamma_{3\lambda}^{3}\nabla_3 w^{\lambda} + \Gamma_{33}^{3}\nabla_3 w^3 - \Gamma_{33}^{\lambda}\nabla_{\lambda} w^3 - \Gamma_{33}^{3}\nabla_3 w^3],\\
\Delta w^3 =&\partial_{\beta}(\nabla_{\beta} w^3) - \varepsilon^{-1}\Theta_{\beta}\partial_{\beta}\nabla_3 w^3 + \frac{\partial}{\partial\xi}[(r\varepsilon)^{-2}a\nabla_3 w^3 - \varepsilon^{-1}\Theta_{\beta}\nabla_{\beta} w^3]\\
&+ J_{\lambda}^{\beta}(\Theta)\nabla_{\beta} w^{\lambda} + J_{3}^{\beta}(\Theta)\nabla_{\beta} w^3 + J_{\lambda}^{3}(\Theta)\nabla_3 w^{\lambda} + J_{3}^{3}(\Theta)\nabla_3 w^3,
\end{aligned} \tag{1.9.38}$$

其中

$$\begin{cases} J^{\beta}_{\lambda}(\Theta):=(\Gamma^3_{\beta\lambda}-\varepsilon^{-1}\Theta_\beta\Gamma^3_{3\lambda})=(r\varepsilon)^{-1}(\delta_{2\beta}\Theta_\lambda+r\Theta_{\beta\lambda}),\\ J^{\beta}_{3}(\Theta):=\Gamma^3_{3\beta}-\Gamma^{\beta}_{\lambda\lambda}-(r\varepsilon)^{-2}a\Gamma^{\beta}_{33}+\varepsilon^{-1}\Theta_\lambda(-\Gamma^3_{33}\delta_{\beta\lambda}+2\Gamma^{\beta}_{3\lambda})\\ \qquad\quad =2r^{-1}\delta_{2\beta},\\ J^3_\lambda(\Theta):=(r\varepsilon)^{-2}a\Gamma^3_{3\lambda}-\varepsilon^{-1}\Theta_\beta\Gamma^3_{\beta\lambda}=\varepsilon^{-2}r^{-3}(\delta_{2\lambda}-r^3\Theta_\beta\Theta_{\beta\lambda}),\\ J^3_3(\Theta):=-\Gamma^3_{\beta\beta}+2\varepsilon^{-1}\Theta_\beta\Gamma^3_{3\beta}=-\varepsilon^{-1}\widetilde{\Delta}\Theta-(r\varepsilon)^{-1}\Theta_2. \end{cases} \tag{1.9.39}$$

经过计算

$$\begin{aligned} I^3(w,\Theta):=&\partial_\beta(\nabla_\beta w^3)-\varepsilon^{-1}\Theta_\beta\partial_\beta\nabla_3 w^3+\frac{\partial}{\partial\xi}[(r\varepsilon)^{-2}a\nabla_3 w^3-\varepsilon^{-1}\Theta_\beta\nabla_\beta w^3]\\ =&\partial_\beta\left(\frac{\partial w^3}{\partial x^\beta}+\Gamma^3_{\beta\lambda}w^\lambda+\Gamma^3_{\beta3}w^3\right)\\ &-\varepsilon^{-1}\Theta_\beta\partial_\beta\left(\frac{\partial w^3}{\partial\xi}+\Gamma^3_{3\lambda}w^\lambda+\Gamma^3_{33}w^3\right)+\frac{\partial}{\partial\xi}[(r\varepsilon)^{-2}a(\partial_\xi w^3+\Gamma^3_{3\lambda}w^\lambda\\ &+\Gamma^3_{33}w^3)-\varepsilon^{-1}\Theta_\beta(\partial_\beta w^3+\Gamma^3_{\beta\lambda}w^\lambda+\Gamma^3_{\beta3}w^3)]\\ =&\widetilde{\Delta}w^3+(r\varepsilon)^{-2}a\frac{\partial^2 w^3}{\partial\xi^2}-2\varepsilon^{-1}\Theta_\beta\frac{\partial^2 w^3}{\partial\xi\partial x^\beta}\\ &+(\Gamma^3_{\beta\lambda}-\varepsilon^{-1}\Theta_\beta\Gamma^3_{3\lambda})\frac{\partial w^\lambda}{\partial x^\beta}+(\Gamma^3_{\beta3}-\varepsilon^{-1}\Theta_\beta\Gamma^3_{33})\frac{\partial w^3}{\partial x^\beta}\\ &+((r\varepsilon)^{-2}a\Gamma^3_{3\lambda}-\varepsilon^{-1}\Theta_\beta\Gamma^3_{\beta\lambda})\frac{\partial w^\lambda}{\partial\xi}+((r\varepsilon)^{-2}aC^3_{33}-\varepsilon^{-1}\Theta_\beta\Gamma^3_{\beta3})\frac{\partial w^3}{\partial\xi}\\ &+(\partial_\beta\Gamma^3_{\beta\lambda}-\varepsilon^{-1}\Theta_\beta\partial_\beta\Gamma^3_{3\lambda})w^\lambda+(\partial_\beta\Gamma^3_{\beta3}-\varepsilon^{-1}\Theta_\beta\partial_\beta\Gamma^3_{33})w^3, \end{aligned}$$

i.e.,

$$\begin{aligned} I^3(w,\Theta)=&\widetilde{\Delta}w^3+(r\varepsilon)^{-2}a\frac{\partial^2 w^3}{\partial\xi^2}-2\varepsilon^{-1}\Theta_\beta\frac{\partial^2 w^3}{\partial\xi\partial x^\beta}\\ &+(\varepsilon^{-1}\Theta_{\beta\lambda}+(r\varepsilon)^{-1}\delta_{2\beta}\Theta_\lambda)\frac{\partial w^\lambda}{\partial x^\beta}+r^{-1}\frac{\partial w^3}{\partial r}+\varepsilon^{-2}r^{-3}(\delta_{2\lambda}-r^3\Theta_\beta\Theta_{\beta\lambda})\frac{\partial w^\lambda}{\partial\xi}\\ &+(\varepsilon^{-1}\partial_\lambda\widetilde{\Delta}\Theta-\varepsilon^{-1}r^{-2}\Theta_\lambda+(r\varepsilon)^{-1}(a_{2\lambda}\widetilde{\Delta}\Theta+\Theta_{2\lambda})+\varepsilon^{-1}r\Theta_2\Theta_\lambda\widetilde{\Delta}\Theta)w^\lambda\\ &+(-r^{-2}+r\Theta_2\widetilde{\Delta}\Theta)w^3. \end{aligned}$$

另外

$$\begin{aligned} &J^\beta_\lambda(\Theta)\nabla_\beta w^\lambda+J^\beta_3(\Theta)\nabla_\beta w^3+J^3_\lambda\nabla_3(\Theta)w^\lambda+J^3_3(\Theta)\nabla_3 w^3\\ =&J^\beta_\lambda(\Theta)\partial_\beta w^\lambda+J^\beta_3(\Theta)\partial_\beta w^3+J^3_\lambda(\Theta)\partial_\xi w^\lambda+J^3_3(\Theta)\partial_\xi w^3\\ &+(J^\beta_\lambda(\Theta)\Gamma^\lambda_{\beta\sigma}+J^\beta_3(\Theta)\Gamma^3_{\beta\sigma}+J^3_\lambda(\Theta)\Gamma^\lambda_{3\sigma}+J^3_3(\Theta)\Gamma^3_{3\sigma})w^\sigma\\ &+(J^\beta_\lambda(\Theta)\Gamma^\lambda_{\beta3}+J^\beta_3(\Theta)\Gamma^3_{\beta3}+J^3_\lambda(\Theta)\Gamma^\lambda_{33}+J^3_3(\Theta)\Gamma^3_{33})w^3. \end{aligned}$$

综合以上各个等式, 有

$$\begin{aligned}\Delta w^3 =& \widetilde{\Delta} w^3 + (r\varepsilon)^{-2} a \frac{\partial^2 w^3}{\partial \xi^2} - 2\varepsilon^{-1}\Theta_\beta \frac{\partial^2 w^3}{\partial \xi \partial x^\beta} + L_\lambda^{3\beta}(\Theta)\frac{\partial w^\lambda}{\partial x^\beta} \\ &+ L_3^{3\beta}\frac{\partial w^3}{\partial x^\beta} + L_\lambda^{33}(\Theta)\frac{\partial w^\lambda}{\partial \xi} + L_3^{33}(\Theta)\frac{\partial w^3}{\partial \xi} \\ &+ q_\lambda^3(\Theta) w^\lambda + q_3^3(\Theta) w^3, \end{aligned} \tag{1.9.40}$$

其中

$$\begin{aligned} L_\lambda^{3\beta}(\Theta) =& 2(r\varepsilon)^{-1}(r\Theta_{\beta\lambda} + \delta_{2\beta}\Theta_\lambda), \\ L_3^{3\beta}(\Theta) =& r^{-1}\delta_{2\beta} + J_3^\beta(\Theta) = 3r^{-1}\delta_{2\beta}, \\ L_\lambda^{33}(\Theta) =& \varepsilon^{-2}r^{-3}(\delta_{2\lambda} - r^3\Theta_\beta\Theta_{\beta\lambda}) + J_\lambda^3(\Theta) \\ =& 2\varepsilon^{-2}r^{-3}(\delta_{2\lambda} - r^3\Theta_\beta\Theta_{\beta\lambda}), \\ L_3^{33}(\Theta) =& J_3^3(\Theta) = -(r\varepsilon)^{-1}(\Theta_2 + r\widetilde{\Delta}\Theta), \\ q_\lambda^3(\Theta) =& (\varepsilon^{-1}\partial_\lambda\widetilde{\Delta}\Theta - \varepsilon^{-1}r^{-2}\Theta_\lambda + (r\varepsilon)^{-1}(a_{2\lambda}\widetilde{\Delta}\Theta + \Theta_{2\lambda}) \\ &+ \varepsilon^{-1} r\Theta_2\Theta_\lambda\widetilde{\Delta}\Theta) + (J_\sigma^\beta(\Theta)\Gamma_{\beta\lambda}^\sigma(\Theta) + J_3^\beta(\Theta)\Gamma_{\beta\lambda}^3(\Theta) \\ &+ J_\sigma^3(\Theta)\Gamma_{3\lambda}^\sigma(\Theta) + J_3^3(\Theta)\Gamma_{3\lambda}^3(\Theta)) \\ =& \varepsilon^{-1}\partial_\lambda\widetilde{\Delta}\Theta + \varepsilon^{-1}r^{-2}\delta_{2\lambda}\Theta_2 + 3(r\varepsilon)^{-1}\Theta_{2\lambda}, \\ q_3^3(\Theta) =& -r^{-2} + r\Theta_2\widetilde{\Delta}\Theta \\ &+ (J_\lambda^\beta(\Theta)C_{\beta 3}^\lambda + J_3^\beta(\Theta)\Gamma_{\beta 3}^3 + J_\lambda^3(\Theta)C_{33}^\lambda + J_3^3(\Theta)\Gamma_{33}^3) = 0. \end{aligned} \tag{1.9.41}$$

证毕.

第2章 Navier-Stokes 方程边界形状控制问题: 叶片几何最佳形状

2.1 概　　述

几何形状控制是重大装备制造业中的核心问题之一. 例如, 燃气轮机、蒸汽轮机、航空发动机等叶轮机械的叶片面形状, 汽车、船舶、火车、航空航天飞行器等交通运输工具的外形, 化学反应塔、化工容器以及医学上心脏辅助装置的外形设计等. 形状控制的最佳目标, 有的与流动性能有关, 有的与结构强度有关, 也可以选取多种目标.

边界形状控制有两种类型: 一是用固壁边界来约束流体在内部流动, 流体可以有进出口, 如叶轮机械叶片间的流动、喷嘴射流见图 2.2.1 等; 另一种用固壁边界来约束流体在外部流动. 众所周知, 外部流动问题服从无界区域可压或不可压 Navier-Stokes 初边值问题, 或者有进出口无界区域的可压或不可压 Navier-Stokes 初边值问题. 这个解取决于边界的几何形状和初始状态. 系统解的性态或流场性态由边界几何形状决定, 从而也决定了流场的整体性质. 反之, 由流场决定的某些整体目标能否决定边界的几何形状? 这就是所谓偏微分方程边值问题的反命题. 它即使有解, 也未必唯一. 在这一章, 我们提出用目标泛函来控制边界的最优几何形状, 讨论相关的可控性、Euler-Lagrange 方程、可计算性问题等.

形状优化是由工业中动力机械 (发动机、流体机械等) 的叶片和航空航天飞行器外形的形状设计 (见图 2.2.1) 所驱动而提出的. 从数学观点, 几何形状控制问题的核心是研究 Navier-Stokes 方程解的全局性质与边界几何形状相互关系. 边界形状控制问题的原理是通过边界的旋转加扭曲来达到能量转换的目的, 揭示能量转换效率与形状扭曲之间的深刻关系.

为了达到最优的“边界几何形状控制”, 目标泛函的设计是关键之一, 应该遵守如下的准则:

(1) 目标泛函的选择应符合物理规律;

(2) 目标泛函在数学上应该是可控的;

(3) 目标泛函的设置并非唯一, 可以考虑几何形状与结构强度相耦合, 也可以考虑几何形状与流体流动相耦合, 或者考虑多种目标;

(4) 目标泛函的选择应该便于数学分析, 且易于在计算机上实现.

图 2.1.1

关于流体速度 $\boldsymbol{u}$, 温度 T, 密度 ρ 和能量 E 的 Navier-Stokes 方程 (守恒形) 式

$$\begin{cases} \partial_t\rho+\nabla\cdot(\rho\boldsymbol{u})=0, \\ \partial_t(\rho\boldsymbol{u})+\nabla\cdot(\rho\boldsymbol{u}\otimes\boldsymbol{u})+\nabla p-\mu\Delta\boldsymbol{u}-\dfrac{1}{3}\nabla(\nabla\cdot\boldsymbol{u})=0, \\ \partial_t(\rho E)+\nabla\cdot(\boldsymbol{u}\rho E)+\nabla\cdot(\rho\boldsymbol{u})=\nabla\cdot\{\kappa\nabla T+\tau(\boldsymbol{u})\boldsymbol{u}\}=0, \\ \tau(u):=2\mu(\nabla\boldsymbol{u}+\nabla\boldsymbol{u}^{\mathrm{T}})-\dfrac{2}{3}\mu I\nabla\cdot u, \quad \text{黏性应力张量}, \end{cases}$$

其中 $E=\dfrac{1}{2}\rho u^2+C_vT,\rho=\rho(\rho,T)$.

例如, 关于叶片的几何形状控制, 目标泛函可以如下选择:

(1) 全局耗散能量

$$J(\Im)=\int_\Omega\left\{2\nu e^{ij}(\boldsymbol{u})e_{ij}(\boldsymbol{u})+\lambda(\operatorname{div}\ \boldsymbol{u})^2\right\}\mathrm{d}\Omega,$$

这里 $e_{ij}(\boldsymbol{u})=\dfrac{1}{2}(\nabla_iu_j+\nabla_ju_i)$ 是变形张量, $\Im$ 为叶片中心面, Ω 为叶轮通道, $\boldsymbol{u}$ 为流体相对速度.

(2) 外力对叶片所做的功

$$W(\Im) = \int_{\Im} \sigma^{ij}(\boldsymbol{u}, p) n_i (\boldsymbol{e}_\theta)_j r\omega \mathrm{d}s,$$

其中 $\boldsymbol{n}$ 为叶片面 $\Im$ 的单位外法向向量, $\boldsymbol{e}_\theta$ 为旋转圆柱坐标系的圆周方向的单位向量, ω 为转速, $\sigma^{ij}(\boldsymbol{u}, p)$ 是流体的应力张量.

叶片面几何形状最优控制的原理: 求展开在预先给定的一个空间 Jordan 闭曲线上的一个闭曲面 $\Im = \Im_b \cup \Im_c$, 使得达到

$$I(\Im) = \inf_{S \in \mathcal{F}} (\alpha J(S) + \beta W(S)).$$

(1) 它是一个广义极小曲面问题;

(2) 也是一个最优分布参数的控制问题;

(3) 控制变量为几何外形的几何量, 状态方程为 Navier-Stokes 方程.

对飞机外形, 边界形状控制设想为: 求展开在预先给定一个空间 Jordan 闭曲线上的一个闭曲面 $\Im = \Im_b \cap \Im_c$, 使得达到

$$\inf_{\Im} \{\alpha J(\Im) + \beta I(\Im)\},$$

这里

$$J(\Im) = \int_\Omega \left\{2\nu e^{ij}(\boldsymbol{u}) e_{ij}(\boldsymbol{u}) + \lambda(\mathrm{div}\ \boldsymbol{u})^2\right\} \mathrm{d}x,$$

$$I(\Im) = \frac{\displaystyle\int_{\Im} \sigma^{ij}(\boldsymbol{u}, p) \cdot n_j w_i \mathrm{d}s}{\displaystyle\int_{\Im} \sigma^{ij}(\boldsymbol{u}, p) \cdot n_j k_i \mathrm{d}s}$$

分别表示 “全局耗散能量” 和 “阻力与升力之比”.

$$e_{ij}(\boldsymbol{u}) = \frac{1}{2}(\nabla_i \boldsymbol{u}_j + \nabla_j \boldsymbol{u}_i)$$

是 u 流体速度变形张量, $\Im$ 为飞机外形, Ω 为外部流动区域, $\boldsymbol{w} = (w_1, w_2, w_3)$ 是飞行速度, $\{k_i\}_{i=1}^3$ 是铅直单位向量, σ^{ij} 为全应力张量.

2.2 叶 片 几 何

设 $(x^1, x^2) \in D \subset \boldsymbol{E}^2$ (2D-Euclidian space), (r, θ, z) 记以叶轮旋转轴作为 z 轴, 以角速度为 ω 与叶轮一起旋转的非惯性的圆柱坐标系.

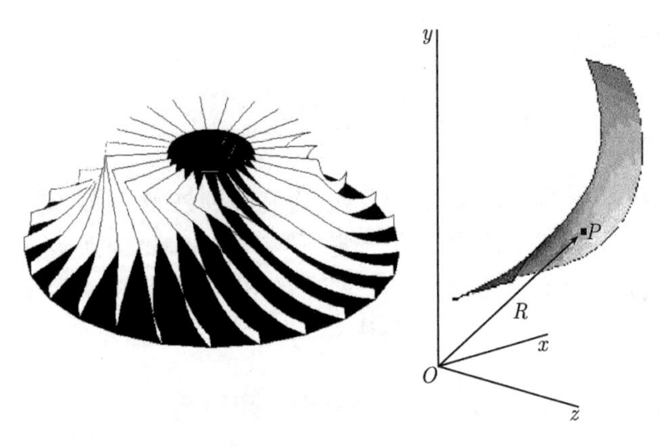

图 2.2.1 叶轮和叶片

$(\vec{e}_r, \vec{e}_\theta, \vec{k})$ 为单位基向量, N 是叶轮一个级的叶片数 $\varepsilon = \pi/N$. 两个相继之间的展开角度为 $\dfrac{2\pi}{N}$. 叶轮流动通道的边界是由 $\partial\Omega_\varepsilon = \Gamma_{\rm in} \cup \Gamma_{\rm out} \cup \Gamma_t \cup \Gamma_b \cup \Im_+ \cup \Im_-$ 组成.

叶片中性面是三维欧氏空间 $\boldsymbol{E}^3$ 中的一个光滑曲面 $\Im$, 它是由一个单射光滑的浸入 $R_{x,\xi}$, $\boldsymbol{R}: D \to \boldsymbol{E}^3$ 所确定 $\Im = \boldsymbol{R}(D)$,

$$\boldsymbol{R}(x) = x^2\boldsymbol{e}_r + x^2\Theta(x^1, x^2)\boldsymbol{e}_\theta + x^1\boldsymbol{k}, \quad \forall x = (x^1, x^2) \in \bar{D}, \tag{2.2.1}$$

其中 $\Theta \in C^3(D, R)$ 是一个光滑函数; $x = (x^1, x^2)$ 称为曲面 $\Im$ 上 Gauss 坐标系, 这里取 $x^1 = z, x^2 = r$. 同时定义一个单参数曲面族 $\Im_\xi$, 它相应的浸入 $\boldsymbol{R}_\varepsilon(x, \xi) \in C^3(D; \boldsymbol{E}^3)$, $\Im_\xi = \boldsymbol{R}_\varepsilon(D)$, $\forall \xi \in [-1, 1]$,

$$\boldsymbol{R}_\varepsilon(x^1, x^2; \xi) = x^2\boldsymbol{e}_r + x^2(\varepsilon\xi + \Theta(x^1, x^2))\boldsymbol{e}_\theta + x^1\boldsymbol{k}, \quad \forall (x^1, x^2) \in D. \tag{2.2.2}$$

由 1.9 节知, 曲面族 $\Im_\xi$ 有相同的第一和第二基本型 ((1.9.5) 和 (1.9.11)),

$$\begin{cases} a_{\alpha\beta} = \delta_{\alpha\beta} + r^2\Theta_\alpha\Theta_\beta, \quad a = \det(a_{\alpha\beta}) = 1 + r^2|\nabla\Theta|^2, \\ b_{11} = \dfrac{1}{\sqrt{a}}(\Theta_2(a_{11} - 1) + r\Theta_{11}), \\ b_{12} = b_{21} = \dfrac{1}{\sqrt{a}}(\Theta_1 a_{22} + r\Theta_{11}), \\ b_{22} = \dfrac{1}{\sqrt{a}}(\Theta_2(a_{22} + 1) + r\Theta_{22}). \end{cases} \tag{2.2.3}$$

同时, 也在 $\Re^3$ 中建立了一个曲线坐标系, 称为 R-坐标系 (x^1, x^2, ξ) ,

$$(r, \theta, z) \to (x^1, x^2, \xi) : x^1 = z, \quad x^2 = r, \quad \xi = \varepsilon^{-1}(\theta - \Theta(x^1, x^2)). \tag{2.2.4}$$

在这个坐标系下, 叶轮通道

$$\Omega_\varepsilon = \{\vec{R}(x^1, x^2, \xi) = x^2\vec{e}_r + x^2(\varepsilon\xi + \Theta(x^1, x^2))\vec{e}_\theta + x^1\vec{k}, \forall(x^1, x^2, \xi) \in \Omega\}$$

被映入 E^3 中一个固定的区域

$$\Omega = \{(x^1, x^2) \in D, -1 \leqslant \xi \leqslant 1\}, \quad 在\ \Re^3\ 内,$$

它与 $\Im$ 无关. 坐标变换的 Jacobi 行列式

$$J\left(\frac{\partial(r, \theta, z)}{\partial(x^1, x^2, \xi)}\right) = \varepsilon,$$

即变换 $\{r, \theta, z\} \to \{x^1, x^2, \xi\}$ 是非奇异的. 在 R-坐标系下, 空间坐标系的度量张量是

$$\begin{cases} g_{\alpha\beta} = a_{\alpha\beta}, \quad g_{3\beta} = g_{\beta 3} = \varepsilon r^2\Theta_\beta, \quad g_{33} = \varepsilon^2 r^2, \\ g^{\alpha\beta} = \delta^{\alpha\beta},\ g^{3\beta} = g^{\beta 3} = -\varepsilon^{-1}\Theta_\beta, \\ g^{33} = \varepsilon^{-2}r^{-2}(1 + r^2|\nabla\Theta|^2) = (r\varepsilon)^{-2}a, \\ g = \det(g_{ij}) = \varepsilon^2 r^2, \end{cases} \tag{2.2.5}$$

其中 $|\nabla\Theta|^2 = \Theta_1^2 + \Theta_2^2,\ \Theta_\alpha = \dfrac{\partial\Theta}{\partial x^\alpha}$.

2.3 透平内混合边界条件旋转 Navier-Stokes 方程

三维旋转 Navier-Stokes 方程:

$$\begin{cases} \dfrac{\partial\rho}{\partial t} + \operatorname{div}(\rho w) = 0, \\ \rho a = \nabla\sigma + f, \\ \rho c_v\left(\dfrac{\partial T}{\partial t} + w^j\nabla_j T\right) - \operatorname{div}(\kappa \operatorname{grad} T) + p\operatorname{div} w - \Phi = h, \\ p = p(\rho, T), \end{cases} \tag{2.3.1}$$

其中 ρ 是流体密度, w 是流体速度, h 是热源, T 是流体温度, k 是热传导系数, C_v 是定容比热, 以及 μ 是黏性系数, 变形速度张量、全应力张量、耗散函数以及黏性系数张量为

$$\begin{aligned} & e_{ij}(w) = \frac{1}{2}(\nabla_i w_j + \nabla_j w_i); \quad i, j = 1, 2, 3, \\ & \sigma^{ij}(w, p) = A^{ijkm}e_{km}(w) - g^{ij}p, \quad \Phi = A^{ijkm}e_{ij}(w)e_{km}(w), \\ & A^{ijkm} = \lambda g^{ij}g^{km} + \mu(g^{ik}g^{jm} + g^{im}g^{jk}), \quad \lambda = -\frac{2}{3}\mu, \end{aligned} \tag{2.3.2}$$

流体绝对加速度

$$
\begin{aligned}
a^i &= \frac{\partial w^i}{\partial t} + w^j \nabla_j w^i + 2\varepsilon^{ijk}\omega_j w_k - \omega^2 r^i; \\
a &= \frac{\partial w}{\partial t} + (w\nabla)w + 2\vec{\omega} \times \vec{w} + \vec{\omega} \times (\vec{\omega} \times \vec{R}),
\end{aligned} \tag{2.3.3}
$$

其中 $\vec{\omega} = \omega \boldsymbol{k}$ 角速度向量, $\boldsymbol{k}$ 是 z 轴的单位向量, $\boldsymbol{R}$ 是流体粒子的向径, 叶轮流动通道为 Ω_ε, 它的边界 $\partial\Omega_\varepsilon$ 是由流道进口和出口 Γ_{in}, Γ_{out}, 叶片的正压面 $\Im_+$, 负压面 $\Im_-$, 还有轮盖和轮盘 Γ_t, Γ_b, 见图 2.3.1,

$$
\partial\Omega_\varepsilon = \Gamma = \Gamma_{\text{in}} \cup \Gamma_{\text{out}} \cup \Im_- \cup \Im_+ \cup \Gamma_t \cup \Gamma_b. \tag{2.3.4}
$$

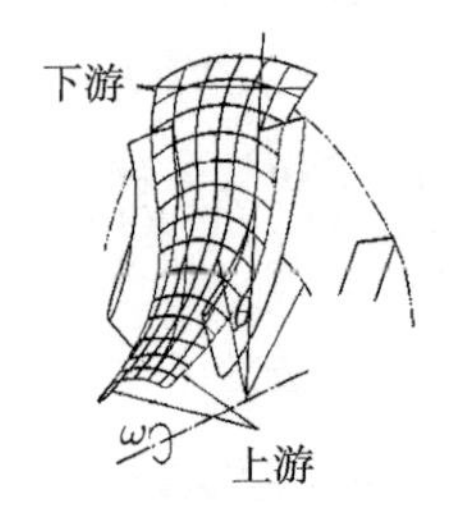

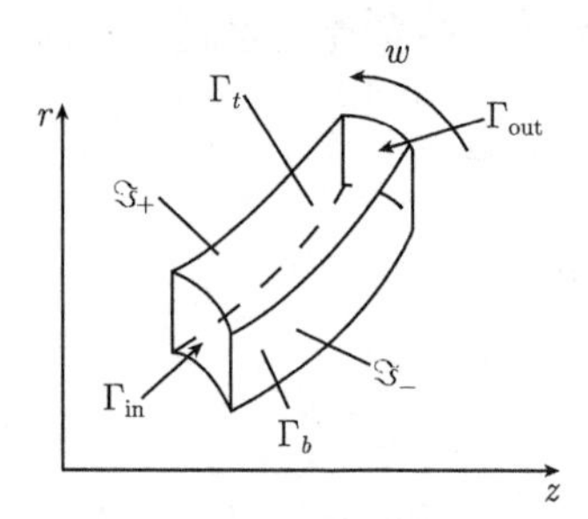

图 2.3.1　流道

边界条件

$$
\begin{cases}
w|_{\Im_- \cup \Im_+} = 0, w|_{\Gamma_b} = 0, w|_{\Gamma_t} = 0, \\
\sigma^{ij}(w,p)n_j|_{\Gamma_{\text{in}}} = g^i_{\text{in}}, \quad \sigma^{ij}(w,p)n_j|_{\Gamma_{\text{out}}} = g^i_{\text{out}}, \\
\text{自然边界条件} \\
\dfrac{\partial T}{\partial n} + \kappa(T - T_0) = 0, \quad \kappa \geqslant 0 \text{ 常数}.
\end{cases} \tag{2.3.5}
$$

如果流动是不可压缩和定常的,

$$\begin{cases} \mathrm{div} w = 0, \\ (w\nabla)w + 2\vec{\omega} \times \vec{w} + \nabla p - \nu \mathrm{div}(e(w)) = -\vec{\omega} \times (\vec{\omega} \times \vec{R}) + f, \\ w|_{\Gamma_0} = 0, \quad \Gamma_0 = \Im_+ \cup \Im_- \cup \Gamma_t \cup \Gamma_b, \\ (-pn + 2\nu e(w))|_{\Gamma_{\mathrm{in}}} = g_{\mathrm{in}}, \quad \Gamma_1 = \Gamma_{\mathrm{in}} \cup \Gamma_{\mathrm{out}}, \\ (-pn + 2\nu e(w))|_{\Gamma_{\mathrm{out}}} = g_{\mathrm{out}}, \\ w|_{t=0} = w_0(x), \quad \Omega_\varepsilon. \end{cases} \tag{2.3.6}$$

如果流体理想多方气体, 并且流动是定常的, (2.3.1) 的守恒系统

$$\begin{cases} \mathrm{div}(\rho w) = 0, \\ \mathrm{div}(\rho w \otimes w) + 2\rho\omega \times w + R\nabla(\rho T) \\ \qquad = \mu\Delta w + (\lambda + \mu)\nabla \mathrm{div} w - \rho\omega \times (\omega \times \vec{R}), \\ \mathrm{div}\left[\rho\left(\dfrac{|w|^2}{2} + c_v T + RT\right) w\right] \\ \qquad = \kappa\Delta T + \lambda \mathrm{div}(w \mathrm{div} w) + \mu \mathrm{div}[w\nabla w] + \dfrac{\mu}{2}\Delta|w|^2. \end{cases} \tag{2.3.7}$$

如果流动是等熵, 那么

$$\begin{cases} \mathrm{div}(\rho w) = 0, \\ \mathrm{div}(\rho w \otimes w) + 2\rho\omega \times w + \alpha\nabla(\rho^\gamma) \\ \qquad = 2\mu \mathrm{div}(e) + \lambda\nabla \mathrm{div} w - \rho\omega \times (\omega \times \vec{R}), \end{cases} \tag{2.3.8}$$

其中 $\gamma > 1$ 流体的比热比, α 是正常数.

叶轮做功率和流动的耗散能量

$$I(\Im, w(\Im)) = \iint_{\Im_- \cup \Im_+} \sigma \cdot n \cdot e_\theta \omega r \mathrm{d}\Im, \tag{2.3.9}$$

$$J(\Im, w(\Im)) = \iiint_{\Omega_\varepsilon} \Phi(w) \mathrm{d}V, \tag{2.3.10}$$

其中 e_θ 旋转方向的单位基向量.

坐标变换 (2.2.4) 把流道 Ω_ε 到固定区域 $\Omega = D \times [-1, 1]$, 其中 D 空间 Jordan 曲线在子午面 $\theta =$ 常数上的投影见 (2.3.2), ∂D 是由四段曲线 $\widehat{AB}, \widehat{CD}, \widehat{CB}, \widehat{DA}$ 组成:

$$\partial D = \gamma_0 \cup \gamma_1, \quad \gamma_0 = \widehat{AB} \cup \widehat{CD}, \quad \gamma_1 = \widehat{CB} \cup \widehat{DA},$$

并且存在四个正函数 $\gamma_0(z), \widetilde{\gamma}_0(z), \gamma_1(z), \widetilde{\gamma}_1(z)$ 使得

$$r := x^2 = \gamma_0(x^1) = \gamma_0(z), \quad 在\,\widehat{AB}\,上, \quad x^2 = \widetilde{\gamma}_0(x^1) \quad 在\,\widehat{CD}\,上,$$

$$
\begin{aligned}
& r := x^2 = \gamma_1(x^1) = \gamma_1(z), \quad 在\widehat{DA}上, \quad x^2 = \widetilde{\gamma}_1(x^1) \quad 在\widehat{BC}上, \\
& r_0 \leqslant \gamma_0(z) \leqslant r_1, \quad 在\widehat{AB}上, \quad r_0 \leqslant \widetilde{\gamma}_0(z) \leqslant r_1 \quad 在\widehat{CD}上, \\
& r_0 \leqslant \gamma_1(z) \leqslant r_1, \quad 在\widehat{DA}上, \quad r_0 \leqslant \widetilde{\gamma}_1(z) \leqslant r_1 \quad 在\widehat{BC}上; \qquad (2.3.11) \\
& \partial\Omega = \widetilde{\Gamma}_0 \cup \widetilde{\Gamma}_1, \\
& \widetilde{\Gamma}_1 = \widetilde{\Gamma}_{\text{out}} \cup \widetilde{\Gamma}_{\text{in}}, \quad \widetilde{\Gamma}_0 = \widetilde{\Gamma}_b \cup \widetilde{\Gamma}_t \cup \{\xi = 1\} \cup \{\xi = -1\}, \\
& \widetilde{\Gamma}_{\text{in}} = \vec{\Re}(\Gamma_{\text{in}}), \quad \widetilde{\Gamma}_{\text{out}} = \vec{\Re}(\Gamma_{\text{out}}), \quad \widetilde{\Gamma}_b = \vec{\Re}(\Gamma_b), \quad \widetilde{\Gamma}_t = \vec{\Re}(\Gamma_t), \\
& \partial D = \gamma_0 \cup \gamma_1, \\
& \gamma_0 = (D \cap \widetilde{\Gamma}_b) \cup (D \cap \widetilde{\Gamma}_t), \quad \gamma_1 = (D \cup \widetilde{\Gamma}_{\text{out}}) \cup (D \cup \widetilde{\Gamma}_{\text{in}}), \qquad (2.3.12)
\end{aligned}
$$

其中 $\vec{\Re}$ 由 (2.2.1) 所定义.

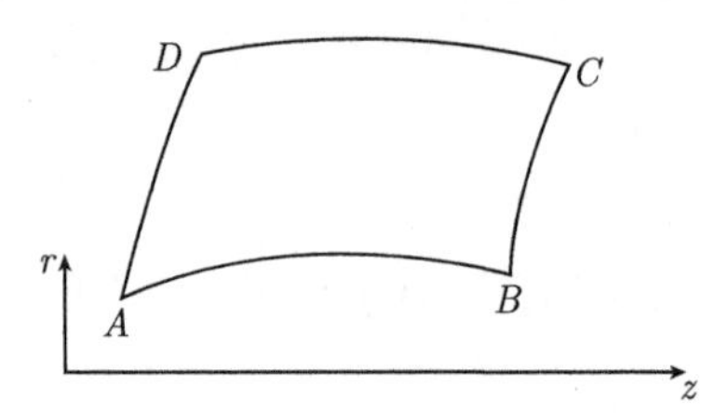

图 2.3.2 D 在子午面上的投影

定义 Sobolev 空间

$$
\begin{aligned}
& V(\Omega) := \{v|, v \in H^1(\Omega)^3, v|_{\widetilde{\Gamma}_0} = 0\}, \\
& H^1_\Gamma(\Omega) = \{q|, q \in H^1(\Omega), q|_{\widetilde{\Gamma}_0} = 0\}, \qquad (2.3.13)
\end{aligned}
$$

赋予通常 Sobolev 范数 $\|\cdot\|_{1,\Omega}$. 这里在边界上 $v = 0$ 是在迹意义下. Navier-Stokes 问题 (2.3.6) 和 (2.3.8) 的变分形式

$$
\left\{
\begin{aligned}
& \text{Find}\,(w,p), w \in V(\Omega), p \in L^2(\Omega), \\
& a(w,v) + 2(\omega \times w, v) + b(w,w,v) - (p, \text{div} v) =< F, v >, \quad \forall v \in V(\Omega), \\
& (q, \text{div} w) = 0, \quad \forall q \in L^2(\Omega)
\end{aligned}
\right. \qquad (2.3.14)
$$

和

$$
\left\{
\begin{aligned}
& 求\,(w,\rho), w \in V(\Omega), \rho \in L^\gamma(\Omega),\ 使得 \\
& a(w,v) + 2(\omega \times w, v) + b(\rho w, w, v) + (-p + \lambda \text{div} w, \text{div} v) \\
& \qquad =< F, v >, \quad \forall v \in V(\Omega), \\
& (\nabla q, \rho w) =< \rho w n, q > |_{\Gamma_1}, \quad \forall q \in H^1_\Gamma(\Omega),
\end{aligned}
\right. \qquad (2.3.15)
$$

其中线性形式、双线性和三线性形式是

$$
< F, v > := < f, v > + < \widetilde{g}, v >_{\widetilde{\Gamma}_1},
$$

$$
\begin{aligned}
&<\widetilde{g},v>=<g_{\rm in},v>|_{\widetilde{\Gamma}_{\rm in}}+<g_{\rm out},v>|_{\widetilde{\Gamma}_{\rm out}},\\
&a(w,v)=\int_\Omega A^{ijkm}e_{ij}(w)e_{km}(v)\sqrt{g}{\rm d}x{\rm d}\xi,\\
&b(w,w,v)=\int_\Omega g_{km}w^j\nabla_j w^k v^m\sqrt{g}{\rm d}x{\rm d}\xi.
\end{aligned}
\tag{2.3.16}
$$

显然, 我们需要在 R-计算坐标系下变形张量.

引理 2.3.1 在坐标系 (x^1,x^2,ξ) 下变形速度张量可以表示为

$$
\begin{cases}
e_{ij}(w)=\varphi_{ij}(w)+\psi_{ij}(w,\Theta);\\
\psi_{ij}(w,\Theta)=\psi_{ij}^\lambda(w)\Theta_\lambda+\psi_{ij}^{\lambda\sigma}(w)\Theta_\lambda\Theta_\sigma+e_{ij}^*(w,\Theta),
\end{cases}
\tag{2.3.17}
$$

这里第一项不包含 Θ,

$$
\begin{cases}
\varphi_{\alpha\beta}(w)=\dfrac{1}{2}\left(\dfrac{\partial w^\alpha}{\partial x^\beta}+\dfrac{\partial w^\beta}{\partial x^\alpha}\right),\\
\varphi_{3\alpha}(w)=\dfrac{1}{2}\left(\dfrac{\partial w^\alpha}{\partial\xi}+\varepsilon^2r^2\dfrac{\partial w^3}{\partial x^\alpha}\right),\quad \varphi_{33}(w)=\varepsilon^2r^2\left(\dfrac{\partial w^3}{\partial\xi}+\dfrac{w^2}{r}\right),
\end{cases}
\tag{2.3.18}
$$

第二项包含 Θ,

$$
\begin{cases}
\psi_{\alpha\beta}^\lambda(w)=\dfrac{1}{2}\varepsilon r^2\left(\dfrac{\partial w^3}{\partial x^\alpha}\delta_\beta^\lambda+\dfrac{\partial w^3}{\partial x^\beta}\delta_\alpha^\lambda\right),\\
\psi_{3\alpha}^\lambda(w)=\dfrac{1}{2}\varepsilon r^2\left(\dfrac{\partial w^\lambda}{\partial x^\alpha}+\delta_\alpha^\lambda\left(\dfrac{\partial w^3}{\partial\xi}+\dfrac{2}{r}w^2\right)\right),\quad \psi_{33}^\lambda(w)=\varepsilon r^2\dfrac{\partial w^\lambda}{\partial\xi},\\
\psi_{\alpha\beta}^{\lambda\sigma}(w)=\dfrac{1}{2}r^2\left(\dfrac{\partial w^\lambda}{\partial x^\alpha}\delta_{\beta\sigma}+\dfrac{\partial w^\lambda}{\partial x^\beta}\delta_{\sigma\alpha}+\dfrac{2}{r}w^2\delta_{\alpha\lambda}\delta_{\sigma\beta}\right),\\
\psi_{3\alpha}^{\lambda\sigma}(w)=\dfrac{1}{2}r^2\dfrac{\partial w^\lambda}{\partial\xi}\delta_{\alpha\sigma},\quad \psi_{33}^{\lambda\sigma}(w)=0,
\end{cases}
\tag{2.3.19}
$$

$$
e_{\alpha\beta}^*(w,\Theta)=\frac{1}{2}r^2w^\sigma\partial_\sigma(\Theta_\alpha\Theta_\beta),\quad e_{3\alpha}^*(w)=\frac{1}{2}\varepsilon r^2w^\sigma\Theta_{\sigma\alpha},\quad e_{33}^*(w)=0.
\tag{2.3.20}
$$

证明 利用 (1.9.29), 经过简单计算, 就可以得到 (2.3.17)~(2.3.20). 证毕.

在 R-坐标系下耗散函数和双线性形式的计算形式

考虑不可压缩流体. 利用引理 2.3.1 和 (2.2.5) 有

$$
\begin{aligned}
\Phi(w,v)=&A^{ijkl}e_{kl}(w)e_{ij}(v)=2\mu g^{ik}g^{jl}e_{kl}(w)e_{ij}(v)+\lambda g^{ij}e_{ij}(w)g^{kl}e_{kl}(v)\\
=&2\mu[e_{\alpha\beta}(w)e_{\alpha\beta}(v)+g^{33}g^{33}e_{33}(w)e_{33}(v)\\
&+g^{3\alpha}g^{3\beta}(e_{33}(w)e_{\alpha\beta}(v)+e_{\alpha\beta}(w)e_{33}(v))\\
&+2(g^{3\alpha}g^{3\beta}+g^{\alpha\beta}g^{33})e_{3\alpha}(w)e_{3\beta}(v)
\end{aligned}
$$

$$
\begin{aligned}
&+2g^{\alpha\beta}g^{3\lambda}(e_{\beta\lambda}(w)e_{3\alpha}(v)+e_{3\alpha}(w)e_{\beta\lambda}(v))\\
&+2g^{3\alpha}g^{33}(e_{33}(w)e_{3\alpha}(v)+e_{3\alpha}(w)e_{33}(v))+\lambda\mathrm{div}(w)\mathrm{div}(v)\\
=&2\mu[e_{\alpha\beta}(w)e_{\alpha\beta}(v)+g^{33}g^{33}e_{33}(w)e_{33}(v)\\
&+2(\varepsilon^{-2}\Theta_\alpha\Theta_\beta+\delta^{\alpha\beta}g^{33})e_{3\alpha}(w)e_{3\beta}(v)\\
&+\varepsilon^{-2}\Theta_\alpha\Theta_\beta(e_{33}(w)e_{\alpha\beta}(v)+e_{\alpha\beta}(w)e_{33}(v))\\
&-2\varepsilon^{-1}\Theta_\beta(e_{\alpha\beta}(w)e_{3\alpha}(v)+e_{3\alpha}(w)e_{\alpha\beta}(v))\\
&-2\varepsilon^{-1}\Theta_\alpha g^{33}(e_{33}(w)e_{3\alpha}(v)+e_{3\alpha}(w)e_{33}(v))+\lambda\mathrm{div}(w)\mathrm{div}(v)],
\end{aligned}
$$

$$
\begin{aligned}
\Phi(w,v)=&2\mu[(e_{\alpha\beta}(w)+\varepsilon^{-2}\Theta_\alpha\Theta_\beta e_{33}(w)-2\varepsilon^{-1}\Theta_\alpha e_{3\beta}(w))\\
&\cdot(e_{\alpha\beta}(v)+\varepsilon^{-2}\Theta_\alpha\Theta_\beta e_{33}(v)-2\varepsilon^{-1}\Theta_\beta e_{3\alpha}(v))\\
&+(\varepsilon^{-2}r^{-2}e_{33}(w)-2\varepsilon^{-1}\Theta_\alpha e_{3\alpha}(w))(\varepsilon^{-2}r^{-2}e_{33}(v)\\
&-2\varepsilon^{-1}\Theta_\beta e_{3\beta}(v))+2\varepsilon^{-4}r^{-2}|\nabla\Theta|^2e_{33}(w)e_{33}(v)\\
&+2g^{33}e_{3\alpha}(w)e_{3\alpha}(v)-6\varepsilon^{-2}\Theta_\alpha\Theta_\beta e_{3\alpha}(w)e_{3\beta}(v)].
\end{aligned}\tag{2.3.21}
$$

引理 2.3.2 设函数 Θ 满足

$$
\Theta\in\mathcal{F}_1=\left\{\phi\in C^2(\Omega),\inf_D\{|\nabla\phi|\}\leqslant\frac{1}{2}r_0^{-1}\right\},
$$

那么三维黏性系数张量 $A^{ijkl}=\mu(g^{ik}g^{jl}+g^{il}g^{jk})$ 在 D 上对称和一致正定, 即对任何对称三阶矩阵 t_{ij}, 成立如下等式:

$$
A^{ijkl}t_{kl}t_{ij}\geqslant\mu|t|^2,\quad |t|^2:=t_{\alpha\beta}t_{\alpha\beta}+(r\varepsilon)^{-2}t_{3\alpha}t_{3\alpha}+\frac{1}{2}(r\varepsilon)^{-4}t_{33}t_{33}.\tag{2.3.22}
$$

证明 实际上, (2.3.21) 表明

$$
\begin{aligned}
A^{ijkl}g^{ik}g^{jl}t_{kl}t_{ij}=&2\mu[t_{\alpha\beta}t_{\alpha\beta}+g^{33}g^{33}t_{33}t_{33}+2(g^{3\alpha}g^{3\beta}+g^{\alpha\beta}g^{33})t_{3\alpha}(w)t_{3\beta}(v)\\
&+2g^{3\alpha}g^{3\beta}t_{33}t_{\alpha\beta}+4g^{\alpha\beta}g^{3\lambda}t_{\beta\lambda}t_{3\alpha}+4g^{3\alpha}g^{33}t_{33}t_{3\alpha}]\\
=&2\mu[(t_{\alpha\beta}+\varepsilon^{-2}\Theta_\alpha\Theta_\beta t_{33}-2\varepsilon^{-1}\Theta_\alpha t_{3\beta})\\
&\cdot(t_{\alpha\beta}+\varepsilon^{-2}\Theta_\alpha\Theta_\beta t_{33}-2\varepsilon^{-1}\Theta_\beta t_{3\alpha})\\
&+(\varepsilon^{-2}r^{-2}t_{33}-2\varepsilon^{-1}\Theta_\alpha t_{3\alpha})(\varepsilon^{-2}r^{-2}t_{33}-2\varepsilon^{-1}\Theta_\beta t_{3\beta})\\
&+2\varepsilon^{-4}r^{-2}|\nabla\Theta|^2t_{33}t_{33}+2g^{33}t_{3\alpha}t_{3\alpha}-6\varepsilon^{-2}(\Theta_\alpha t_{3\alpha})^2].
\end{aligned}
$$

对 $p_0>0$, 利用 Young 不等式, 有

$$
2ab\leqslant p_0a^2+\frac{1}{p_0}b^2,\quad (a+b)^2\geqslant(1-p_0)a^2+\left(1-\frac{1}{p_0}\right)b^2,
$$

我们断定

$$\begin{aligned}A^{ijkl}t_{kl}t_{ij} \geqslant & 2\mu[(1-p_0)t_{\alpha\beta}t_{\alpha\beta}+(1-p_0)\varepsilon^{-4}r^{-4}t_{33}t_{33}+2g^{33}t_{3\alpha}t_{3\alpha}\\ &+\left(1-\frac{1}{p_0}\right)(\varepsilon^{-2}\Theta_\alpha\Theta_\beta t_{33}-2\varepsilon^{-1}\Theta_\alpha t_{3\beta})(\varepsilon^{-2}\Theta_\alpha\Theta_\beta t_{33}-2\varepsilon^{-1}\Theta_\beta t_{3\alpha})\\ &+\left(4\left(1-\frac{1}{p_0}\right)-6\right)(\varepsilon^{-1}\Theta_\alpha t_{3\alpha})^2+2\varepsilon^{-4}r^{-2}|\nabla\Theta|^2 t_{33}t_{33}],\end{aligned}$$

由

$$\begin{aligned}&\left(1-\frac{1}{p_0}\right)(\varepsilon^{-2}\Theta_\alpha\Theta_\beta t_{33}-2\varepsilon^{-1}\Theta_\alpha t_{3\beta})(\varepsilon^{-2}\Theta_\alpha\Theta_\beta t_{33}-2\varepsilon^{-1}\Theta_\beta t_{3\alpha})\\ =&\left(1-\frac{1}{p_0}\right)(\varepsilon^{-2}|\nabla\Theta|^2 t_{33}-2\varepsilon^{-1}\Theta_\alpha t_{3\alpha})^2\end{aligned}$$

和 $g^{33}=\varepsilon^{-2}r^{-2}(1+r^2|\nabla\Theta|^2)$, 推出

$$\begin{aligned}A^{ijkl}t_{kl}t_{ij} \geqslant & 2\mu[(1-p_0)t_{\alpha\beta}t_{\alpha\beta}+(1-p_0)\varepsilon^{-4}r^{-4}t_{33}t_{33}+2\varepsilon^{-2}r^{-2}t_{3\alpha}t_{3\alpha}\\ &+\left(1-\frac{1}{p_0}\right)(\varepsilon^{-2}|\nabla\Theta|^2 t_{33}-2\varepsilon^{-1}\Theta_\alpha t_{3\alpha})^2\\ &+\left(4\left(1-\frac{1}{p_0}\right)-6\right)(\varepsilon^{-1}\Theta_\alpha t_{3\alpha})^2\\ &+2\varepsilon^{-2}|\nabla\Theta|^2 t_{3\alpha}t_{3\alpha}+2\varepsilon^{-4}|\nabla\Theta|^4 t_{33}t_{33}],\end{aligned}$$

令 $p_0=\frac{1}{2},\quad 1-p_0=\frac{1}{2}$, 那么 $1-\frac{1}{p_0}=-1$. 另外有

$$\begin{aligned}&\left|\left(1-\frac{1}{p_0}\right)(\varepsilon^{-2}|\nabla\Theta|^2 t_{33}-2\varepsilon^{-1}\Theta_\alpha t_{3\alpha})^2\right|\leqslant 2\varepsilon^{-4}|\nabla\Theta|^4(t_{33})^2+2\times 4\varepsilon^{-2}|\nabla\Theta|^2 t_{3\alpha}t_{3\alpha},\\ &\left|\left(4\left(1-\frac{1}{p_0}\right)-6\right)(\varepsilon^{-1}\Theta_\alpha t_{3\alpha})^2\right|\leqslant 10\varepsilon^{-2}|\nabla\Theta|^2 t_{3\alpha}t_{3\alpha}.\end{aligned}$$

综合以上讨论, 有

$$\begin{aligned}A^{ijkl}t_{kl}t_{ij} \geqslant & 2\mu[(1-p_0)t_{\alpha\beta}t_{\alpha\beta}+(1-p_0)\varepsilon^{-4}r^{-4}t_{33}t_{33}+2\varepsilon^{-2}r^{-2}t_{3\alpha}t_{3\alpha}\\ &+\left(1-\frac{1}{p_0}\right)(\varepsilon^{-2}|\nabla\Theta|^2 t_{33}-2\varepsilon^{-1}\Theta_\alpha t_{3\alpha})^2\\ &+\left(4\left(1-\frac{1}{p_0}\right)-6\right)(\varepsilon^{-1}\Theta_\alpha t_{3\alpha})^2\\ &+2\varepsilon^{-2}|\nabla\Theta|^2 t_{3\alpha}t_{3\alpha}+2\varepsilon^{-4}|\nabla\Theta|^4 t_{33}t_{33}]\\ \geqslant & 2\mu\left[\frac{1}{2}t_{\alpha\beta}t_{\alpha\beta}+\frac{1}{2}\varepsilon^{-4}r^{-4}t_{33}t_{33}+2\varepsilon^{-2}r^{-2}t_{3\alpha}t_{3\alpha}\right.\end{aligned}$$

$$
\begin{aligned}
&- 4\varepsilon^{-4}|\nabla\Theta|^4(t_{33})^2 - 20\varepsilon^{-2}|\nabla\Theta|^2 t_{3\alpha}t_{3\alpha}\Big] \\
=&2\mu\left[\frac{1}{2}t_{\alpha\beta}t_{\alpha\beta} + \frac{1}{2}\varepsilon^{-4}r^{-4}(1 - 8r^4|\nabla\Theta|^4)t_{33}t_{33}\right. \\
&\left. + 2\varepsilon^{-2}r^{-2}(1 - 10r^2|\nabla\Theta|^2)t_{3\alpha}t_{3\alpha}\right].
\end{aligned}
$$

由假设

$$
\begin{aligned}
&1 - 8r^4|\nabla\Theta|^4 \geqslant \frac{1}{2} \Rightarrow |\nabla\Theta| \leqslant \frac{1}{2}r^{-1} \leqslant \frac{1}{2}r_0^{-1}, \\
&1 - 10r^2|\nabla\Theta|^2 \geqslant \frac{1}{2} \Rightarrow |\nabla\Theta| \leqslant \frac{1}{\sqrt{20}}r^{-1} \leqslant \frac{1}{\sqrt{20}}r_0^{-1},
\end{aligned}
$$

得到

$$
A^{ijkl}t_{kl}t_{ij} \geqslant \mu[t_{\alpha\beta}t_{\alpha\beta} + \frac{1}{2}\varepsilon^{-4}r^{-4}t_{33}t_{33} + \varepsilon^{-2}r^{-2}t_{3\alpha}t_{3\alpha}],
$$

这就证明了引理.

下面记 Hilbert 空间 $V(\Omega) = \{v \in H^1(\Omega)^3, v|_{\tilde{\Gamma}_1} = 0\}$ 和内积 $((u,v))_\Omega$, 那么耗散函数和双线性形式 $a(\cdot,\cdot)$,

$$
\begin{cases}
((w,v)) := \|\varphi(w,v)\|^2 = \mu(\varphi_{\alpha\beta}(w)\varphi_{\alpha\beta}(v) \\
\qquad + (r\varepsilon)^{-2}\varphi_{3\alpha}(w)\varphi_{3\alpha}(v) + \frac{1}{2}(r\varepsilon)^{-4}\varphi_{33}(w)\varphi_{33}(v)), \\
\|w\|^2 = \|\varphi(w)\|^2 = ((w,w)), \\
((w,v))_\Omega := \int_\Omega ((w,v))r\varepsilon \mathrm{d}\xi\mathrm{d}x, \quad \|w\|_\Omega^2 := ((w,w))_\Omega, \\
\Phi(w,v) := A^{ijkl}e_{kl}(w)e_{ij}(v), \\
a(u,v) := \int_\Omega \Phi(u,v)r\varepsilon\mathrm{d}x\mathrm{d}\xi, \quad J(u) := \frac{1}{2}a(u,u).
\end{cases}
\tag{2.3.23}
$$

特别, 运用记号

$$
\begin{aligned}
(e(w),e(v)) :=&\mu\left(e_{\alpha\beta}(w)e_{\alpha\beta}(v) + (r\varepsilon)^{-2}e_{3\alpha}(w)e_{3\alpha}(v)\right. \\
&\left. + \frac{1}{2}(r\varepsilon)^{-4}e_{33}(w)e_{33}(v)\right), \\
(\varphi(w),\varphi(v)) :=&\mu\left(\varphi_{\alpha\beta}(w)\varphi_{\alpha\beta}(v) + (r\varepsilon)^{-2}\varphi_{3\alpha}(w)\varphi_{3\alpha}(v)\right. \\
&\left. + \frac{1}{2}(r\varepsilon)^{-4}\varphi_{33}(w)\varphi_{33}(v)\right), \\
(\psi(w,\Theta),\psi(v,\Theta)) :=&\mu\Big(\psi_{\alpha\beta}(w,\Theta)\psi_{\alpha\beta}(v,\Theta)
\end{aligned}
$$

$$+ (r\varepsilon)^{-2}\psi_{3\alpha}(w,\Theta)\psi_{3\alpha}(v,\Theta) + \frac{1}{2}(r\varepsilon)^{-4}\psi_{33}(w,\Theta)\psi_{33}(v,\Theta)\Bigg),$$

$$\begin{aligned}
(\varphi(w),\psi(v,\Theta)) :=& \mu\Bigg(\varphi_{\alpha\beta}(w)\psi_{\alpha\beta}(v,\Theta) + (r\varepsilon)^{-2}\varphi_{3\alpha}(w)\psi_{3\alpha}(v,\Theta) \\
&+ \frac{1}{2}(r\varepsilon)^{-4}\varphi_{33}(w)\psi_{33}(v,\Theta)\Bigg), \\
\|e(w)\|^2 =& (e(w),e(w)), \quad \|\varphi(w)\|^2 = (\varphi(w),\varphi(w)), \\
\|\psi(w,\Theta)\|^2 =& (\psi(w,\Theta),\psi(w,\Theta)).
\end{aligned} \tag{2.3.24}$$

引理 2.3.3 设曲面满足 $\Im \in \mathcal{F}_1$, 其中 $\mathcal{F}_1$ 是由 (2.3.22) 定义的 $C^2(D)$ 中的一个 Banach 流形. 那么耗散函数 $\Phi(w,v), \forall\, w,v \in V(\Omega)$ 满足下列估计:

$$\left\{\begin{array}{l}
\Phi(w,w) :\geqslant \kappa_0\|\varphi(w)\|^2 = \kappa_0\|w\|^2, \\
|\Phi(w,v)| \leqslant \kappa_3\|\varphi(w)\|\|\varphi(v)\|,
\end{array}\right. \tag{2.3.25}$$

其中 $C(\Omega)$ 是与 Θ 无关的常数,

$$\left\{\begin{array}{l}
\kappa_0 := \dfrac{1}{2} - \kappa_1 C_2(\Omega) > 0, \quad \text{若}\,\kappa_1\,\text{充分小}, \\
\kappa_1 := \sup\limits_D\{3(1+r_1^2)|\nabla\Theta|^2, 3(1+r_1^4)|\nabla\Theta|^4\}, \\
\kappa_2 = \sup\limits_D\{3|\nabla\Theta|^2, 3|\nabla\Theta|^4, 3r_1^2(1+r_1^2|\nabla\Theta|^2)|\nabla^2\Theta|^2.\}, \\
\kappa_3 = 12\mu\kappa_2(1+\kappa_1 C_2(\Omega)),
\end{array}\right. \tag{2.3.26}$$

这里 $C_1(\Omega)$, $C_2(\Omega)$ 是由下式确定的常数:

$$\left\{\begin{array}{l}
C_1(\Omega)\|\varphi(w)\|^2 \leqslant |||\psi(w)|||^2 \leqslant C_2(\Omega)\|\varphi(w)\|^2, \\
|||\psi(w)|||^2 = \sum\limits_\lambda \|\psi^\lambda(w)\|^2 + \sum\limits_{\lambda,\sigma}\|\psi^{\lambda,\sigma}(w)\|^2 + w^\lambda w^\lambda,
\end{array}\right. \tag{2.3.27}$$

r_1 由 (2.3.11) 确定.

证明 由 (2.3.22), (2.3.24), 有

$$\begin{aligned}
\Phi(w,w) \geqslant& (e(w),e(w)) = (\varphi(w)+\psi(w,\Theta), \varphi(w)+\psi(w,\Theta)) \\
=& (\varphi(w),\varphi(w)) + (\psi(w,\Theta),\psi(w,\Theta)) + 2(\varphi(w),\psi(w,\Theta)).
\end{aligned} \tag{2.3.28}$$

由指标对称性、Cauchy 和 Young 不等式, 有

$$\begin{aligned}
2((\varphi(w),\psi(w))) =& 2\mu\Bigg[\varphi_{\alpha\beta}(w)\psi_{\alpha\beta}(w,\Theta) + (r\varepsilon)^{-2}\varphi_{3\alpha}(w)\psi_{3\alpha}(w,\Theta) \\
&+ \frac{1}{2}(r\varepsilon)^{-4}\varphi_{33}(w)\psi_{33}(w,\Theta)\Bigg]
\end{aligned}$$

$$
\begin{aligned}
&\leqslant 2\mu\Bigg[\sqrt{\varphi_{\alpha\beta}(w)\varphi_{\alpha\beta}(w)}\sqrt{\psi_{\alpha\beta}(w,\Theta)\psi_{\alpha\beta}(w,\Theta)}\\
&\quad+(r\varepsilon)^{-2}\sqrt{\varphi_{3\alpha}(w)\varphi_{3\alpha}(w)}\sqrt{\psi_{3\alpha}(w,\Theta)\psi_{3\alpha}(w,\Theta)}\\
&\quad+\frac{1}{2}(r\varepsilon)^{-4}|\varphi_{33}(w)||\psi_{33}(w,\Theta)|\Bigg]\\
&\leqslant 2\mu\left[\frac{1}{2}\|\varphi(w)\|^2+2\|\psi(w,\Theta)\|^2\right].
\end{aligned}\tag{2.3.29}
$$

因而

$$
\Phi(w,w)\geqslant\frac{1}{2}\|\varphi(w)\|^2-\|\psi(w,\Theta)\|^2.\tag{2.3.30}
$$

应用 (2.3.17) 和 (2.3.18), 有

$$
\begin{aligned}
\|\psi(w,\Theta)\|^2=&\|\psi^\lambda(w)\Theta_\lambda+\psi^{\lambda\sigma}(w)\Theta_\lambda\Theta_\sigma+e^*(w,\Theta)\|^2\\
=&((\psi^\lambda,\psi^\sigma))\Theta_\lambda\Theta_\sigma+((\psi^{\lambda\sigma},\psi^{\nu\mu}))\Theta_\lambda\Theta_\sigma\Theta_\nu\Theta_\mu+((e^*(w,\Theta),e^*(w,\Theta)))\\
&+2((\psi^\lambda(w),\psi^{\nu\mu}(w)))\Theta_\lambda\Theta_\nu\Theta_\mu+2((e^*(w,\Theta),\psi^\lambda(w)))\Theta_\lambda\\
&+2((c^*(w,\Theta),\psi^{\lambda\sigma}(w)))\Theta_\nu\Theta_\mu.
\end{aligned}
$$

记

$$
\left\{
\begin{aligned}
&|\nabla\Theta|^2=\sum_\lambda|\Theta_\lambda|^2,\quad |\nabla\nabla\Theta|^2=\sum_{\alpha,\beta}(\Theta_{\alpha\beta})^2=|\nabla^2\Theta|^2,\\
&\sum_\sigma\nabla_\sigma\left(\sum_{\alpha,\beta}(\Theta_\alpha\Theta_\beta)\right)=|\nabla((\nabla\Theta)(\nabla\Theta))|=2|\nabla^2\Theta||\nabla\Theta|.
\end{aligned}
\right.\tag{2.3.31}
$$

注意 (2.3.15), (2.3.17), (2.3.18) 和 Cauchy 不等式, 可以推出

$$
\begin{aligned}
&|((\psi^\lambda(w,\Theta),\psi^\sigma(w,\Theta)))\Theta_\lambda\Theta_\sigma|\leqslant\sum_\lambda\|\psi^\lambda\|^2|\nabla\Theta|^2,\\
&((\psi^{\lambda\sigma}(w,\Theta),\psi^{\nu\mu}(w,\Theta)))\Theta_\lambda\Theta_\sigma\Theta_\nu\Theta_\mu\leqslant\sum_{\lambda,\sigma}\|\psi^{\lambda\sigma}\|^2|\nabla\Theta|^4,\\
&2((\psi^{\lambda\sigma}(w,\Theta),\psi^\nu(w,\Theta)))\Theta_\lambda\Theta_\sigma\Theta_\nu\leqslant 2\sqrt{\sum_{\lambda,\sigma}\|\psi^{\lambda\sigma}\|^2}\sqrt{\sum_\nu\|\psi^\nu\|^2}|\nabla\Theta|^3\\
&\qquad\qquad\leqslant\sum_\lambda\|\psi^\lambda\|^2|\nabla\Theta|^2+\sum_{\lambda,\sigma}\|\psi^{\lambda\sigma}\|^2|\nabla\Theta|^4,\\
&((e^*(w,\Theta),e^*(w,\Theta)))=\|e^*(w,\Theta)\|^2\leqslant r^2|w|_*^2|\nabla^2\Theta|^2(1+r^2|\nabla\Theta|^2)=r^2a|w|_*^2|\nabla^2\Theta|^2,\\
&2((e^*(w,\Theta),\psi^\lambda(w)))\Theta_\lambda\leqslant 2\|e^*(w,\Theta)\|\|\psi^\lambda(w)\||\Theta_\lambda|\leqslant\|e^*(w,\Theta)\|^2+\sum_\lambda\|\psi^\lambda(w)\|^2|\nabla\Theta|^2,\\
&2((e^*(w,\Theta),\psi^{\lambda\sigma}(w)))\Theta_\lambda\Theta_\sigma\leqslant\|e^*(w,\Theta)\|^2+\sum_{\lambda,\sigma}\|\psi^{\lambda\sigma}(w)\|^2|\nabla\Theta|^4,
\end{aligned}
$$

其中

$$\begin{aligned}&\|\psi^\lambda(w)\|^2=((\psi^\lambda_{\alpha\beta}(w),\psi^\lambda_{\alpha\beta}))+(r\varepsilon)^{-2}((\psi^\lambda_{3\alpha},\psi^\lambda_{3\alpha}))+\frac{1}{2}(r\varepsilon)^{-4}((\psi^\lambda_{33}(w),\psi^\lambda_{33})),\\&|w|^2_*=w^1w^1+w^2w^2=w^\lambda w^\lambda.\end{aligned}\tag{2.3.32}$$

所以有

$$\|\psi(w,\Theta)\|^2\leqslant 3(|\nabla\Theta|^2\sum_\lambda\|\psi^\lambda(w)\|^2+|\nabla\Theta|^4\sum_{\lambda,\sigma}\|\psi^{\lambda,\sigma}(w)\|^2+r^2a|\nabla^2\Theta|^2|w|^2_*).\tag{2.3.33}$$

令

$$\begin{cases}k_1=\sup\limits_D\{3|\nabla\Theta|^2,3|\nabla\Theta|^4,3r_1^2(1+r_1^2|\nabla\Theta|^2)|\nabla^2\Theta|^2\},\\|||\psi(w)|||^2:=\sum\limits_\lambda\|\psi^\lambda(w)\|^2+\sum\limits_{\lambda,\sigma}\|\psi^{\lambda,\sigma}(w)\|^2+|w|^2_*.\end{cases}\tag{2.3.34}$$

可得

$$\|\psi(w,\Theta)\|^2\leqslant k_1|||\psi(w)|||^2.\tag{2.3.35}$$

另一方面, (2.3.16) 和 (2.3.17) 表明, 存在与 w 无关的常数 $C_1(\Omega)$ 和 $C_2(\Omega)$ 使得

$$C_1(\Omega)\|\varphi(w)\|^2\leqslant|||\psi(w)|||^2\leqslant C_2(\Omega)\|\varphi(w)\|^2.\tag{2.3.36}$$

因此有

$$\|\psi(w,\Theta)\|^2\leqslant k_1C_2(\Omega)\|\varphi(w)\|^2.\tag{2.3.37}$$

由 (2.3.35) 和 (2.3.42) 得

$$\Phi(w,\Theta)\geqslant\frac{1}{2}\|\varphi(w)\|^2-m_1C_2(\Omega)\|\varphi(w)\|^2\geqslant\kappa_0\|\varphi(w)\|^2.\tag{2.3.38}$$

其中

$$\kappa_0:=\frac{1}{2}-k_1C_2(\Omega)>0,\quad 若\, m_1\ 充分小.\tag{2.3.39}$$

所以 (2.3.35) 第一式成立.

应用

$$A_{\alpha\beta}B_{\alpha\beta}\leqslant\sqrt{A_{\alpha\beta}A_{\alpha\beta}}\sqrt{B_{\alpha\beta}B_{\alpha\beta}}$$

和

$$\begin{aligned}&l_{\alpha\beta}(w,\Theta):=(e_{\alpha\beta}(w)+\varepsilon^{-2}\Theta_\alpha\Theta_\beta e_{33}(w)-2\varepsilon^{-1}\Theta_\beta e_{3\alpha}(w)),\\&l_{\alpha\beta}(w,\Theta)l_{\alpha\beta}(v,\Theta)\leqslant\sqrt{l_{\alpha\beta}(w,\Theta)l_{\alpha\beta}(w,\Theta)}\sqrt{l_{\alpha\beta}(v,\Theta)l_{\alpha\beta}(v,\Theta)},\\&l_{\alpha\beta}(w,\Theta)l_{\alpha\beta}(w,\Theta)\leqslant 3[e_{\alpha\beta}(w)e_{\alpha\beta}(w)+\varepsilon^{-4}|\nabla\Theta|^4e_{33}(w)e_{33}(w)\\&\qquad+4\varepsilon^{-2}|\nabla\Theta|^2e_{3\alpha}(w)e_{3\alpha}(w)]\leqslant k_2(e(w),e(w)),\\&l_{\alpha\beta}(w,\Theta)l_{\alpha\beta}(v,\Theta)\leqslant k_2\sqrt{(e(w),e(w))}\sqrt{(e(v),e(v))},\\&k_2:=3\max_D\{1,r_1^4|\nabla\Theta|^4,8r_1^2|\nabla\Theta|^2\}.\end{aligned}$$

由 (2.3.20) 有

$$\Phi(w,v) \leqslant 2\mu 3k_2\sqrt{(e(w),e(w))}\sqrt{(e(v),e(v))}.$$

由三角不等式和 $e(w)=\varphi(w)+\psi(w)$ 推出

$$\begin{aligned}(e(w),e(w)) \leqslant& 2[(\varphi(w),\varphi(w))+(\psi(w),\psi(w))]\\ \leqslant& 2(1+k_1C_2(\Omega))(\varphi(w),\varphi(w)).\end{aligned}$$

由 (2.3.20) 得

$$\Phi(w,v) \leqslant 12\mu k_2(1+k_1C_2(\Omega))\|\varphi(w)\|\|\varphi(v)\|,$$

这就得到 (2.3.30) 第二式. 证毕.

引理 2.3.4 由 (2.3.25) 定义的函数 $\|\cdot\|_\Omega$ 是 Hilbert 空间 $V(\Omega)$ 的一种范数

$$V(\Omega) := \{v\in H^1(D)^3, v|_{\widetilde{\Gamma}_1}=0\}. \tag{2.3.40}$$

证明 实际上, 只要证明

$$\|w\|_\Omega = 0,\ w\in V(\Omega)\Rightarrow w=0$$

就可以. 这意味

$$\|w\|_\Omega=0,\quad \text{i.e.,}\varphi_{ij}(w)=0.$$

我们必须证明 $w=0$. 首先,

$$\partial_\gamma(\partial_\alpha w^\beta)=\partial_\gamma\varphi_{\alpha\beta}(w)+\partial_\alpha\varphi_{\gamma\beta}(w)-\partial_\beta\varphi_{\alpha\gamma}(w).$$

这表明

$$\varphi_{\alpha\beta}(w)=0, \text{在}\, D\, \text{内} \ \Rightarrow \partial_\gamma\partial_\alpha w^\beta=0, \text{在}\, \mathcal{D}'(D)\, \text{内}.$$

由经典广义函数论知, w 至多是一个一次多项式. 换句话说, 存在常数 c_α 和 $d_{\alpha\beta}$ 使得

$$w^\alpha(x)=c_\alpha+d_{\alpha\beta}x^\beta,\quad \forall x=(x^1,x^2)\in D.$$

但是 $\varphi_{\alpha\beta}(w)=0$ 几乎能推出 $d_{\alpha\beta}=-d_{\beta\alpha}$. 因此存在两个向量 $\boldsymbol{c},\boldsymbol{d}\in\Re^2$ 使得

$$w=\boldsymbol{c}+\boldsymbol{d}\times\boldsymbol{x},\quad \forall x\in D,$$

由于 $w|_{\widetilde{\Gamma}_0}=0$, 向量场 $\boldsymbol{w}=(w^\alpha)$ 是零的区域面积是零, 除非 $\boldsymbol{c}=\boldsymbol{d}=0$, 这就推出 $w^\alpha=0$, 如果面积 $\widetilde{\Gamma}_0>0$. 再由边界条件 (2.3.13) 得

$$\varphi_{33}(w)=\varepsilon^2r^2\left(\frac{\partial w^3}{\partial\xi}+\frac{w^2}{r}\right)=0\Rightarrow\frac{\partial w^3}{\partial\xi}=0\Rightarrow w^3=0.$$

引理得证.

引理 2.3.5 范数 $\|\cdot\|_\Omega$ 半范

$$|w|_{1,\Omega}^2 = \int_\Omega \left[\sum_{i=1}^3 \left(\sum_{\alpha=1}^2 \left(\frac{\partial w^i}{\partial x^\alpha}\right)^2 + \left(\frac{\partial w^i}{\partial \xi}\right)^2\right)\right] r\varepsilon \mathrm{d}\xi \mathrm{d}x, \quad \forall w \in V(\Omega)$$

在 $V(\Omega)$ 上等价, 即存在只依赖于 Ω 的常数 $C_i(\Omega) > 0, i = 3, 4$ 使得

$$C_3(\Omega)|w|_{1,\Omega} \leqslant \|w\|_\Omega \leqslant C_4(\Omega)|w|_{1,\Omega}, \quad \forall w \in V(\Omega). \tag{2.3.41}$$

证明 首先指出, (2.3.6), (2.3.7) 表明存在只依赖于 Ω 的常数 $C_i(\Omega) > 0, i = 3, 4$ 使得

$$C_3(\Omega)\left(\sum_{i,j=1}^3 \|\varphi_{ij}(w)\|_{0,\Omega}^2\right)^{1/2} \leqslant \|w\|_\Omega \leqslant C_4(\Omega)\left(\sum_{i,j=1}^3 \|\varphi_{ij}(w)\|_{0,\Omega}^2\right)^{1/2}, \quad \forall w \in V(\Omega), \tag{2.3.42}$$

和 $\varphi_{ij}(w)$ 可以视为 $\Re^3$ 中 Cartesian 坐标系下的变形张量根据 Korn 不等式[14,15], $\left(\sum_{i,j=1}^3 \|\varphi_{ij}(w)\|_{0,\Omega}^2\right)^{1/2}$ 是一个与 $\|w\|_{1,\Omega}$ 等价的模, 因此 (2.3.41) 成立. 证毕.

引理 2.3.6 由 (2.3.21) 定义的双线性形式 $a(\cdot,\cdot) = \int_\Omega \Phi(\cdot,\cdot)\sqrt{g}\mathrm{d}\xi\mathrm{d}x$ 是从 $V(\Omega) \times V(\Omega)$ 到 $\Re$ 对称的、连续的和一致强制的映照:

(i) 对称: $a(w, v) = a(v, w), \forall w, v, \in V(\Omega)$;

(ii) 连续: $|a(w, v)| \leqslant \kappa_1(\Omega)\|w\|_\Omega \|v\|_\Omega, \quad \forall w, v \in V(\Omega)$;

(iii) 如果函数 $\Theta \in \mathcal{S}$, 那么 $a(w, v)$ 关于 Θ 是一致强制的:

$$a(w, w) \geqslant \kappa_0 \|w\|_\Omega^2, \tag{2.3.43}$$

其中 κ_0, κ_1 由 (3.26) 所定义.

证明 所有的结论都可以从引理 2.3.3 推出.

下面考虑三线性和 Cauchy 力的问题

$$b(w, u, v) = \int_D \int_{-1}^1 g_{km} w^j \nabla_j u^k v^m \sqrt{g}\mathrm{d}\xi\mathrm{d}x, \tag{2.3.44}$$

$$C(w, v) := \int_D \int_{-1}^1 2g_{ij}(\vec{\omega} \times w)^i v^j \sqrt{g}\mathrm{d}\xi\mathrm{d}x. \tag{2.3.45}$$

应用命题 1.9.2 和 (1.9.8),

$$g_{ij}(\vec{\omega} \times w)^i v^j = a_{\alpha\beta}(-2\delta_{\alpha 2} r\omega \Pi(w, \Theta))v^\beta$$

$$
\begin{aligned}
&+\varepsilon r^2\Theta_\alpha\left(-2\delta_{\alpha 2}r\omega\Pi(w,\Theta)v^3+\left(2\omega\varepsilon^{-1}(r\Theta_2\Pi(w,\Theta)+\frac{w^2}{r})v^\alpha\right)\right)\\
&+(r\varepsilon)^2\left(2\omega\varepsilon^{-1}\left(r\Theta_2\Pi(w,\Theta)+\frac{w^2}{r}\right)\right)v^3\\
=&-2r\omega a_{2\beta}\Pi(w,\Theta)v^\beta+2\omega r^2\left(r\Theta_2\Pi(w,\Theta)+\frac{w^2}{r}\right)\Theta_\alpha v^\alpha\\
&+\left[-2\omega\varepsilon r^3\Theta_2\Pi(w.\Theta)+2\omega\varepsilon r^2\left(r\Theta_2\Pi(w,\Theta)+\frac{w^2}{r}\right)\right]v^3,
\end{aligned}
$$

这里, $\Pi(w,\Theta)=\varepsilon w^3+\Theta_\alpha w^\alpha,\quad a_{2\beta}=\delta_{2\beta}+r^2\Theta_2\Theta_\beta$, 代入后记过简单计算, 得

$$
g_{ij}(\vec{\omega}\times w)^i v^j=2r\omega(w^2\Pi(v,\Theta)-\Pi(w,\Theta)v^2), \tag{2.3.46}
$$

同理, 运用 (2.2.5) 和命题 1.9.2,

$$
\begin{aligned}
B(w,u,v):=&g_{km}w^j\nabla_j u^k v^m\\
=&\left(w^\lambda\frac{\partial u^\alpha}{\partial x^\lambda}+w^3\frac{\partial u^\alpha}{\partial\xi}\right)(a_{\alpha\beta}v^\beta+r^2\varepsilon\Theta_\alpha v^3)\\
&+\left(w^\lambda\frac{\partial u^3}{\partial x^\lambda}+w^3\frac{\partial u^3}{\partial\xi}\right)(\varepsilon r^2\Theta_\beta v^\beta+r^2\varepsilon^2v^3)\\
&-r\delta_{2\alpha}\Pi(w,\Theta)\Pi(u,\Theta)(a_{\alpha\beta}v^\beta+r^2\varepsilon\Theta_\alpha v^3)\\
&+[\varepsilon^{-1}w^\lambda u^\beta\Theta_{\lambda\beta}+(r\varepsilon)^{-1}(u^2\Pi(w,\Theta)+w^2\Pi(u,\Theta))\\
&+\varepsilon^{-1}r\Theta_2\Pi(w,\Theta)\Pi(u,\Theta)](\varepsilon r^2\Theta_\beta v^\beta+r^2\varepsilon^2v^3),
\end{aligned}
$$

$$
\begin{aligned}
B(w,u,v):=&\left(w^\lambda\frac{\partial u^\alpha}{\partial x^\lambda}+w^3\frac{\partial u^\alpha}{\partial\xi}\right)(a_{\alpha\beta}v^\beta+r^2\varepsilon\Theta_\alpha v^3)\\
&+\left(w^\lambda\frac{\partial u^3}{\partial x^\lambda}+w^3\frac{\partial u^3}{\partial\xi}\right)(\varepsilon r^2\Theta_\beta v^\beta+r^2\varepsilon^2v^3)+\pi_{ijk}w^iu^jv^k,
\end{aligned}\tag{2.3.47}
$$

其中

$$
\begin{aligned}
&\pi_{\alpha\beta,\lambda}=r^2\Theta_\lambda\Theta_{\alpha\beta}+r\Theta_\lambda(\delta_{2\alpha}\Theta_\beta+\delta_{2\beta}\Theta_\alpha)-r\delta_{2\lambda}\Theta_\alpha\Theta_\beta,\\
&\pi_{\alpha3,\lambda}=r\varepsilon(\delta_{2\alpha}\Theta_\lambda-\delta_{2\lambda}\Theta_\alpha),\\
&\pi_{3\beta,\lambda}=r\varepsilon(\delta_{2\beta}\Theta_\lambda+r\Theta_\lambda\Theta_\beta-a_{2\lambda}\Theta_\beta),\\
&\pi_{33,\lambda}=-r\varepsilon^2\delta_{2\lambda},\\
&\pi_{\alpha\beta,3}=r\varepsilon(\Theta_\alpha\delta_{2\beta}+\Theta_\beta\delta_{2\alpha}),\quad \pi_{\alpha3,3}=0,\\
&\pi_{3\beta,3}=r\varepsilon^2(\delta_{2\beta}+r\Theta_\beta-r^2\Theta_2\Theta_\beta),\quad \pi_{33,3}=r\varepsilon^3.
\end{aligned}\tag{2.3.48}
$$

引理 2.3.7 设函数 Θ 充分光滑且满足

$$\sup_{\Omega}(|\nabla\Theta|, |\nabla\Theta|^2, |\nabla^2\Theta|) \leqslant \kappa_3. \tag{2.3.49}$$

那么三线性形式 $b(\cdot,\cdot,\cdot)$ 是一致连续

$$|b(w,u,v)| \leqslant C(\Omega)(1+\kappa_3)\|w\|_{\Omega}\|u\|_{\Omega}\|v\|_{\Omega}, \tag{2.3.50}$$

双线性形式 $C(\cdot,\cdot)$ 也是一致连续的

$$|C(w,v)| \leqslant C(\Omega)\omega(1+k_3)\|w\|_{0,2,\Omega}\|v\|_{0,2,\Omega}, \tag{2.3.51}$$

并且

$$C(w,w) = 0. \tag{2.3.52}$$

证明 实际上, 从 (2.3.47) 和 (2.3.48), 应用文献 [13, 16] 中的标准过程, 可以断定 (2.3.50) 成立. 类似, 从 (2.3.47) 可以推出 (2.3.5 1) 和 (2.3.52). 证毕.

2.4 混合边界条件的旋转 Navier-Stokes 方程解的存在性

叶轮机械内部流动是一个无界流动, 它有进出口, 2.3 节给出人工边界和人工边界条件也就是进口边界 Γ_{in} 和出口边界 Γ_{out}, 加上自然边界条件 (2.3.5). 我们同样可以强加压力条件

$$p|_{\Gamma_{\text{in}}} = p_{\text{in}}, \quad p|_{\Gamma_{\text{out}}} = p_{\text{out}},$$

不过, 在出口不能强加压力条件. 如果要加, 那么叶片边界几何形状必须特定. 由不可压缩性条件, 进出口流量必须平衡

$$\int_{\Gamma_{\text{in}}} \rho w\cdot n\mathrm{d}\Gamma = Q, \quad \int_{\Gamma_{\text{out}}} \rho w\cdot n\mathrm{d}\Gamma = Q.$$

下面考虑能量不等式. 由于

$$C(w,w) = 0 \tag{2.4.1}$$

和利用 $\nabla_j w^j = 0$, $\nabla_j g_{ik} = 0$, 则

$$\begin{aligned}
b(w,w,w) &= \int_{\Omega} w^j\nabla_j w^i g_{ik} w^k\sqrt{g}\mathrm{d}x\mathrm{d}\xi \\
&= \int_{\Omega} (\nabla_j(w^j w^i) - w^i\mathrm{div}w)g_{ik}w^k\sqrt{g}\mathrm{d}x\mathrm{d}\xi \\
&= \int_{\Omega} ((|w|^2 w) - g_{ik}w^i w^j\nabla_j w^k)\sqrt{g}\mathrm{d}x\mathrm{d}\xi
\end{aligned}$$

$$=\int_{\Gamma_1}|w|^2 w\cdot nd\Gamma - b(w,w,w),$$

$$b(w,w,w)=\frac{1}{2}\int_{\Gamma_1}|w|^2 w\cdot n\mathrm{d}\Gamma. \tag{2.4.2}$$

这里记

$$|w|^2=g_{ik}w^i w^k,\quad \Gamma_1=\Gamma_{\text{in}}\cup\Gamma_{\text{out}}. \tag{2.4.3}$$

而进出口动能

$$K_{\text{in}}(w)=\int_{\Gamma_{\text{in}}}|w|^2 w\cdot n\mathrm{d}\Gamma,\quad K_{\text{out}}(w)=\int_{\Gamma_{\text{out}}}|w|^2 w\cdot n\mathrm{d}\Gamma,$$

其中 $w\cdot n=g_{ij}w^i n^j$ 和 n 进出口边界的单位外法线. 所以

$$b(w,w,w)=K_{\text{out}}(w)+K_{\text{in}}(w). \tag{2.4.4}$$

从而有

$$b(\boldsymbol{w},\boldsymbol{w},\boldsymbol{w})-<g_{\text{in}},\boldsymbol{w}>-<g_{\text{out}},\boldsymbol{w}>=\int_{\Gamma_1}(P-2\nu e(\boldsymbol{w}))\boldsymbol{w}\boldsymbol{n}dS,$$

其中

$$\begin{aligned}&\int_{\Gamma_1}P\boldsymbol{w}\boldsymbol{n}dS=\text{进出口流动总动能之差},\\&-\int_{\Gamma_1}2\nu e(\boldsymbol{w})\boldsymbol{w}\boldsymbol{n}dS=\int_{\Gamma_1}\nu(g_{jk}\nabla_i w^k+g_{ik}\nabla_j w^k)w^i w^j dS=\int_{\Gamma_1}\nu\left(\frac{\partial \boldsymbol{w}}{\partial n}\boldsymbol{n}+\frac{\partial}{\partial n}|\boldsymbol{w}|^2\right)dS\\&\qquad=\text{进出口耗散能量之差},\end{aligned}$$

由 (2.3.14) 和 (2.4.1) 得

$$a(\boldsymbol{w},\boldsymbol{w})+b(\boldsymbol{w},\boldsymbol{w},\boldsymbol{w})-<g_{\text{in}},\boldsymbol{w}>-<G_{\text{out}},\boldsymbol{w}>=<\boldsymbol{f},\boldsymbol{w}>.$$

将前式代入上式后得

$$a(\boldsymbol{w},\boldsymbol{w})=<\boldsymbol{f},\boldsymbol{w}>-\int_{\Gamma_1}(P-2\nu e(\boldsymbol{w}))\boldsymbol{w}\boldsymbol{n}dS,$$

从而得

$$|\boldsymbol{w}|_1\leqslant\frac{1}{\nu}(\|\boldsymbol{f}\|_{-1}+C\|P-2\nu e(w)\|_{-1/2,\Gamma_1}).$$

但流动是无黏时, 由 Bernoulli 定理和能量守衡定定律

$$b(w,w,w)-<g_{\text{in}},w>-<g_{\text{out}},w>=0.$$

因此动量方程变为

$$a(w,w)=<f,w>,\quad |w|_{1,\Omega}\leqslant\frac{1}{\nu}|f|_{-1,\Omega}.$$

那么由标准的方法可以证明 Navier-Stokes 边值问题至少存在一个解. 如果进出口能量不平衡

$$b(w,w,w)-<g_{\rm in},w>-<g_{\rm out},w>\neq 0,$$

那么有

定理 2.4.1 设体积力 f 进出口边界 $\Gamma_1=\Gamma_{\rm in}\cup\Gamma_{\rm out}$ 的法应力 g 满足

$$\|F\|_*:=\|f\|_{0,\Omega}+\|g_{\rm in}\|_{-1/2,\Gamma_{\rm in}}+\|g_{\rm out}\|_{-1/2,\Gamma_{\rm out}}\leqslant\frac{\mu^2}{(C^2(\Omega)(1+\kappa_3^2))}\tag{2.4.5}$$

和函数 $\Theta\in C^2(D)$ 满足 (2.3.26) 和 (2.3.54). 那么变分问题 (2.3.14)

$$\begin{cases}\text{求}\,(w,p),w\in V(\Omega),p\in L^2(\Omega),\text{使得}\\ a(w,v)+2(\omega\times w,v)+b(w,w,v)-(p,{\rm div}v)=<F,v>,\quad\forall v\in V(\Omega),\\ (q,{\rm div}w)=0,\quad\forall q\in L^2(\Omega)\end{cases}$$

存在一个解, 满足

$$C(\Omega)|w|_{1,\Omega}\leqslant\|w\|_\Omega\leqslant\frac{\kappa_0}{2C(\Omega)(1+\kappa_3)}\left[1-\sqrt{1-\frac{4C^2(\Omega)(1+\kappa_3^2)\|F\|_*}{\kappa_0^2}}\right],\tag{2.4.6}$$

其中 $\|w\|_\Omega$ 是由 (2.3.23) 所定义, $C(\Omega)$ 是一个只依赖于 (Ω) 的常数, 它在不同的地方代表不同的意义.

证明 设 Hilbert 空间 $V(\omega)$ 是由 (2.3.45) 定义的, 并且赋予由 (2.3.23) 所定义的范数. $\phi_i(i=1,2,\cdots,m)$ 是它的基函数, Galerkin 逼近解是下列有限维变分问题的解:

$$\begin{aligned}&a(w,v)+2(\omega\times w,v)+b(w,w,v)=<F,v>,\\&\forall v\in V_m:={\rm span}\{\phi_1,\phi_2,\cdots,\phi_m\}\end{aligned}\tag{2.4.7}$$

显然, 它是一个有限维代数系统. 令 S_ρ 记 V_m 中满足不等式 (2.4.6) 的球. 令 $w_*\in S_\rho$. 求 w 使得

$$a(w,v)+2(\omega\times w,v)+b(w_*,w,v)=<F,v>,\quad\forall v\in V_m,\tag{2.4.8}$$

(2.4.8) 是唯一可解. 为此只需证明, 对任何 $w_*\in S_\rho$, $w=0$ 是 (2.4.8) 在条件 $(F=0)$ 下的唯一解. 由引理 2.3.6,

$$a(w,w)\geqslant\kappa_0\|w\|_\Omega^2,$$

并且应用 (2.3.53) 和 (2.4.2), 我们断定

$$\begin{aligned}\kappa_0\|w\|_\Omega^2 \leqslant & |b(w_*,w,w)| \leqslant C_6(\Omega)(1+\delta_3)\|w_*\|_\Omega\|w\|_\Omega^2 \\ < & C(\Omega)(1+\kappa_3)\frac{c(\Omega,\Theta)\mu}{(1+\delta_3)C(\Omega)}\|w\|_\Omega^2,\end{aligned} \tag{2.4.9}$$

这就推出 $w=0$. 为了应用 Brouwer 不动点定理, 我们必须证明, 映射 $w_* \Rightarrow w$ 是从球 S_ρ 到球内的. 由 w_* 满足 (2.4.7) 和

$$Fw = g_{ij}F^i w^j = (\delta_{\alpha\beta}+r^2\Theta_\alpha\Theta_\beta)F^\alpha w^\beta + \varepsilon\Theta_\alpha(F^\alpha w^3 + F^3 w^\alpha) + \varepsilon^2 r^2 F^3 w^3,$$

可以得到

$$\begin{aligned}\kappa_0\|\nabla w\|_\Omega^2 \leqslant & |b(w_*,w,w)| + |<F,w>| \\ \leqslant & (1+\kappa_3)[C(\Omega)\|w_*\|_\Omega\|w\|_\Omega^2 + C(\Omega)\|F\|_*\|w\|_\Omega], \\ \kappa_0\|w\|_\Omega \leqslant & (1+\kappa_3)[C(\Omega)\|w_*\|_\Omega\|w\|_\Omega + C(\Omega)\|F\|_*],\end{aligned} \tag{2.4.10}$$

为了简单, 令

$$X := 1 - \frac{C^2(\Omega)(1+\kappa_3)^2\|F\|_*}{\kappa_0^2}.$$

那么

$$\begin{aligned}\|w\|_\Omega \leqslant & \frac{C(\Omega)(1+\kappa_3)\|F\|_*}{\kappa_0 - C(\Omega)(1+\kappa_3)\|w^*\|_\Omega} \leqslant \frac{8C(\Omega)(1+\kappa_3)\|F\|_*}{\frac{\kappa_0}{2}(1+\sqrt{X})} = \frac{\kappa_0}{2C^2(\Omega)}\frac{1-X}{1+\sqrt{X}} \\ = & \frac{\kappa_0}{2C(\Omega)(1+\kappa_3)}[1-\sqrt{X}],\end{aligned}$$

这就是 (2.4.6). 所以可以应用 Brouwer 不动点定理, 从而证明了逼近解是存在的. 因此应用紧致方法, 存在一个逼近解子序列收敛于 (2.3.14) 的弱解 $w \in V(\Omega)$:

$$\begin{cases}\text{求}\,(w,p), w \in V(\Omega), p \in L^2(\Omega), \text{使得} \\ a(w,v) + 2(\omega\times w, v) + b(w,w,v) + -(p,\mathrm{div}v) = <F,v>, \quad \forall v \in V(\Omega), \\ (q,\mathrm{div}w) = 0, \quad \forall q \in L^2(\Omega).\end{cases}$$

为了证明解的光滑性, 在 (2.3.14) 中令 $v=-Aw$ 推出

$$\mu\|Aw\|_0^2 = -2(\omega\times w, Aw) - b(w,w,Aw) + <F,Aw>. \tag{2.4.11}$$

因为 Aw 无散度和如下估计

$$|2(\omega\times w, Aw)| \leqslant C(\Omega)\|w\|_0\|Aw\|_0,$$

$$|<F,Aw>|\leqslant c_3\|F\|_*\|Aw\|_0, \tag{2.4.12}$$

应用 Agmon 不等式

$$\|w\|_\infty\leqslant C(\Omega)\|\nabla w\|_0^{1/2}\|Aw\|_0^{1/2},\quad \forall w\in D(A), \tag{2.4.13}$$

得到

$$\mu\|Aw\|_0^2\leqslant C(\Omega)\|\nabla w\|_0^{3/2}\|Aw\|_0^{3/2}+C(\Omega)\|w\|_0\|Aw\|_0+c_3\|F\|_*\|Aw\|_0. \tag{2.4.14}$$

因此, 由 Young 不等式得到

$$\mu\|Aw\|_0\leqslant\frac{2C^2(\Omega)}{\mu^2}\|\nabla w\|_0^3+\frac{8C^2(\Omega)}{\mu}\|w\|_0^2+\frac{8C^2(\Omega)}{\mu}\|F\|_*^2. \tag{2.4.15}$$

这就证明了强解的存在. 由于定常 Stokes 解的 L^2- 理论. 这就完成了证明.

2.5 Gâteaux 导数及其方程

Navier-Stokes 问题 (2.3.14) 的解是依赖于流动区域的边界. 如果固定边界的其他部分, 而只改变叶片面这部分边界, 那么自然要问, 解对这部分边界是否有 Gâteaux 导数. 在现在的 R- 坐标系中, 也可以说, 是否存在解对函数 Θ 的 Gâteaux 导数.

定理 2.5.1 在 R-坐标系中, 叶轮流道中不可压缩的旋转 Navier-Stokes 算子 (2.3.14) 可以表示为关于 Θ 的形式:

$$\begin{cases}\dfrac{\partial w^\alpha}{\partial x^\alpha}+\dfrac{\partial w^3}{\partial\xi}+\dfrac{w^2}{r}=\dfrac{1}{r}\dfrac{\partial(rw^\alpha)}{\partial x^\alpha}+\dfrac{\partial w^3}{\partial\xi}=\widetilde{\mathrm{div}}_2 w+\dfrac{\partial w^3}{\partial\xi}=0,\\ \mathcal{N}^k(w,p,\Theta):=\mathcal{L}^k(w,p,\Theta)+N^k(w,w)=f^k,\quad\forall k=1,2,3,\end{cases} \tag{2.5.1}$$

$$\begin{cases}\mathcal{L}^k(w,p,\Theta):=-\nu\widetilde{\Delta}w^k-\nu(r\varepsilon)^{-2}a\dfrac{\partial^2 w^k}{\partial\xi^2}-\nu P_j^{k3}(\Theta)\dfrac{\partial w^j}{\partial\xi}\\ \qquad-2\nu\varepsilon^{-1}\Theta_\beta\dfrac{\partial^2 w^k}{\partial\xi\partial x^\beta}-\nu P_j^{k\beta}(\Theta)\dfrac{\partial w^j}{\partial x^\beta}-\nu q_j^k(\Theta)w^j\\ \qquad+g^{k\beta}(\Theta)\nabla_\beta p+g^{k3}(\Theta)\partial_\xi p+C^k(w,\omega),\\ N^k(w,w)=w^\beta\dfrac{\partial(w^k)}{\partial x^\beta}+w^3\dfrac{\partial(w^k)}{\partial\xi}+B^k(w,w)=\dfrac{\partial w^3w^k}{\partial\xi}+\pi_{ij}^k w^iw^j,\\ B^\alpha(w,w):=-r\delta_{2\alpha}\Pi(w,\Theta)\Pi(w,\Theta),\\ B^3(w,w):=\varepsilon^{-1}w^\lambda w^\sigma\Theta_{\lambda\sigma}+(r\varepsilon)^{-1}\Pi(w,\Theta)(2w^2+r^2\Theta_2\Pi(w,\Theta)),\end{cases} \tag{2.5.2}$$

其中 $C(w,\omega)$ 是 Coriolis 力,

$$\begin{cases} P_\alpha^{\lambda\beta}(\Theta) = \dfrac{1}{r}\delta_{\beta 2}\delta_\alpha^\lambda, \quad P_3^{\lambda\beta}(\Theta) = 0, \\ P_\alpha^{3\beta}(\Theta) = 2(r\varepsilon)^{-1}(\delta_{2\beta}\Theta_\alpha + r\Theta_{\alpha\beta}), \quad P_3^{3\beta} = \dfrac{3}{r}\delta_{\beta 2}, \\ P_\lambda^{\alpha 3}(\Theta) = -[(r\varepsilon)^{-1}(\delta_{\alpha\lambda}\Theta_2 + 2\delta_{2\alpha}\Theta_\lambda) + \varepsilon^{-1}\delta_{\alpha\lambda}\Delta\Theta], \\ P_3^{\alpha 3} = -2r^{-1}\delta_{2\alpha}, \quad P_\sigma^{33}(\Theta) = 2\varepsilon^{-2}(r^{-3}\delta_{2\sigma} - \Theta_\beta\Theta_{\beta\sigma}), \\ P_3^{33}(\Theta) = -(r\varepsilon)^{-1}(\Theta_2 + r\Delta\Theta), \end{cases} \tag{2.5.3}$$

$$\begin{cases} q_\sigma^\alpha(\Theta) = -r^{-2}\delta_{2\alpha}\delta_{2\sigma}, \quad q_3^\alpha(\Theta) = 0, \quad q_3^3(\Theta) = 0, \\ q_\sigma^3(\Theta) := (r\varepsilon)^{-1}[r^{-1}\delta_{2\sigma}\Theta_2 + 3\Theta_{2\sigma}] + \varepsilon^{-1}\partial_\sigma\Delta\Theta, \end{cases} \tag{2.5.4}$$

$$\begin{cases} \Theta_\alpha := \dfrac{\partial\Theta}{\partial x^\alpha}, \quad \Theta_{\alpha\beta} := \dfrac{\partial^2\Theta}{\partial x^\alpha \partial x^\beta}, \quad \Pi(w,\Theta) := \varepsilon w^3 + w^\lambda\Theta_\lambda, \\ \Delta\Theta := \Theta_{\alpha\alpha} = \Theta_{11} + \Theta_{22}, \quad |\nabla\Theta|^2 = \Theta_1^2 + \Theta_2^2, \end{cases} \tag{2.5.5}$$

$$\pi_{ij}^k = \Gamma_{ij}^k = r^{-1}\delta_{2i}\delta_{jk}. \tag{2.5.6}$$

证明 应用命题 1.9.2 和命题 1.9.3 不难得到这个定理. 证毕.

定理 2.5.2 设 Navier-Stokes 问题 (2.3.6) 的解 $(w(\Theta), p(\Theta))$ 定义一个从 $H_0^1(D)\cap H^2(D)$ 到 $H^{1,q}(\Omega)\times L^{2,q}(\Omega)$ 的映射 $\Theta \Rightarrow (w(\Theta), p(\Theta))$. 那么 (w,p) 在 $\Theta \in H_0^1(D)\cap H^2(D)$ 沿任一方向 $\eta \in H_0^1(D)\cap H^2(D)$ 的 Gâteaux 导数 $\hat{w}\eta \doteq \dfrac{\mathcal{D}w}{\mathcal{D}\Theta}\eta, \hat{p}\eta \doteq \dfrac{\mathcal{D}p}{\mathcal{D}\Theta}\eta$ 是存在的, 并且满足下列线性化的 Navier-Stokes 方程:

$$\begin{cases} \widetilde{\operatorname{div}} w := \dfrac{1}{r}\dfrac{\partial(r\widehat{w}^\alpha)}{\partial x^\alpha} + \dfrac{\partial \widehat{w}^3}{\partial\xi} = 0, \\ -\nu\Delta\widehat{w}^k - \nu(r\varepsilon)^{-2}a\dfrac{\partial^2\widehat{w}^k}{\partial\xi^2} - \nu P_j^{k3}(\Theta)\dfrac{\partial\widehat{w}^k}{\partial\xi} - 2\nu\varepsilon^{-1}\Theta_\beta\dfrac{\partial^2\widehat{w}^k}{\partial\xi\partial x^\beta} \\ \quad -\nu P_j^{k\beta}(\Theta)\dfrac{\partial\widehat{w}^j}{\partial x^\beta} - \nu q_j^k(\Theta)\widehat{w}^j + g^{k\beta}\partial_\beta\widehat{p} + g^{k3}\partial_\xi\widehat{p} + C^k(\widehat{w},\omega) \\ \quad +N^k(w,\widehat{w}) + N^k(\widehat{w},w) + R^k(w,p,\Theta) = 0, \end{cases} \tag{2.5.7}$$

$$\begin{cases} \widehat{w} = 0, \quad 在\ \Gamma_s \cap \{\xi = \xi_k\}\ 上, \\ \nu\dfrac{\partial\widehat{w}}{\partial n} - \widehat{p}n = 0, \quad 在\ \Gamma_{\text{in}} \cap \Gamma_{\text{out}}\ 上, \end{cases} \tag{2.5.8}$$

其中

$$
\left\{
\begin{aligned}
R^\alpha(w,p,\Theta) :=& -\frac{\partial}{\partial x^\beta}\Big\{-2\nu\varepsilon^{-1}r\Theta_\beta\frac{\partial^2 w^\alpha}{\partial \xi^2}+\nu(r\varepsilon)^{-1}\frac{\partial w^\lambda}{\partial \xi}(\delta_{\alpha\lambda}\delta_{\beta 2}+2\delta_{2\alpha}\delta_{\lambda\beta})\\
&-3\nu\varepsilon^{-1}\frac{\partial^2 w^\alpha}{\partial\xi\partial x^\beta}-\varepsilon^{-1}\partial_\xi p\delta_{\alpha\beta}-2r\delta_{2\alpha}\Pi(w,\Theta)w^\beta\Big\},\\
R^3(w,p,\Theta) =& -\frac{\partial}{\partial x^\beta}\Big\{\nu\varepsilon^{-1}\frac{\partial^2 w^\sigma}{\partial x^\beta\partial x^\sigma}+\nu\varepsilon^{-1}\frac{\partial}{\partial\xi}\left(\frac{\partial w^3}{\partial x^\beta}-2\frac{\partial w^\sigma}{\partial x^\sigma}\Theta_\beta\right)\\
&-2\nu c^{-1}r\Theta_\beta\frac{\partial^2 w^3}{\partial\xi^2}\\
&-2\nu(r\varepsilon)^{-1}\left(\left(\delta_{2\beta}+r\frac{\partial}{\partial x^\beta}\right)\frac{\partial w^3}{\partial\xi}+\frac{\partial w^\beta}{\partial r}+\frac{w^2}{r}\delta_{2\beta}\right)\\
&-\varepsilon^{-1}\frac{\partial p}{\partial x^\beta}+\varepsilon^{-2}\Theta_\beta\frac{\partial p}{\partial\xi}-\frac{\partial}{\partial x^\alpha}(\varepsilon^{-1}w^\alpha w^\beta)\\
&+(r\varepsilon)^{-1}(a_{2\alpha}\delta^\beta_\lambda+a_{2\lambda}\delta^\beta_\alpha+a_{\alpha\lambda}\delta^\beta_2-\delta_{\alpha\lambda}\delta^\beta_2)w^\lambda w^\alpha\\
&+2r(\Theta_2\delta_{\alpha\beta}+\Theta_\alpha\delta_{2\beta})w^3w^\alpha+r\varepsilon\delta_{2\beta}w^3w^3\Big\}.
\end{aligned}
\right.
\tag{2.5.9}
$$

(2.5.7) 和 (2.5.8) 对应的变分形式是

$$
\left\{
\begin{aligned}
&\text{求 } \widehat{w}\in V(\Omega),\quad \widehat{p}\in L^2_0(\Omega)\quad \text{使得}\,\forall v\in V(\Omega),\\
&a_0(\widehat{\boldsymbol{w}},\boldsymbol{v})+(\boldsymbol{C}(\widehat{w},\omega),\boldsymbol{v})+b(\widehat{w},w,v)+b(w,\widehat{w},v)\\
&\qquad-(\widehat{p},\partial_\alpha v^\alpha+\partial_\xi v^3)+(l(\widehat{w},\Theta),v)=(\boldsymbol{R}(w,p,\Theta),\boldsymbol{v}),\\
&\left(\frac{1}{r}\frac{\partial(r\widehat{w}^\alpha)}{\partial x^\alpha}+\frac{\widehat{w}^2}{r}+\frac{\partial\widehat{w}^3}{\partial\xi},q\right)=0,\quad \forall q\in L^2(\Omega),
\end{aligned}
\right.
\tag{2.5.10}
$$

这里

$$
\left\{
\begin{aligned}
&a_0(\widehat{w},v)=\int_\Omega \nu g_{ij}\left[\frac{\partial\widehat{w}^i}{\partial x^\alpha}\frac{\partial v^j}{\partial x^\alpha}+(r\varepsilon)^{-2}a\frac{\partial\widehat{w}^i}{\partial\xi}\frac{\partial v^j}{\partial\xi}\right]\mathrm{d}x\mathrm{d}\xi,\\
&(l(\widehat{w},\Theta),v)=\nu\int_\Omega\left[-\varepsilon^{-1}\Theta_\beta g_{ij}\frac{\partial\widehat{w}^i}{\partial x^\beta}\frac{\partial v^j}{\partial\xi}+d^k_{ij}(\Theta)\frac{\partial\widehat{w}^i}{\partial x^k}v^j+g_{ij}q^i_m\widehat{w}^m v^j\right]\mathrm{d}x\mathrm{d}\xi,\\
&d^k_{ij}(\Theta):=g_{mi}P^{km}_j(\Theta)-\delta^k_\beta\partial_\beta g_{ij},
\end{aligned}
\right.
\tag{2.5.11}
$$

$$
\begin{aligned}
(\boldsymbol{R}(w,p,\Theta),\boldsymbol{v})=&\int_\Omega\Bigg[\Bigg(-2\nu\varepsilon^{-1}r\Theta_\beta\frac{\partial^2 w^\alpha}{\partial\xi^2}+\nu(r\varepsilon)^{-1}\frac{\partial w^\lambda}{\partial\xi}(\delta_{\alpha\lambda}\delta_{\beta 2}+2\delta_{2\alpha}\delta_{\lambda\beta})\\
&-3\nu\varepsilon^{-1}\frac{\partial^2 w^\alpha}{\partial\xi\partial x^\beta}-\varepsilon^{-1}\partial_\xi p\delta_{\alpha\beta}-2r\delta_{2\alpha}\Pi(w,\Theta)w^\beta\Bigg)\\
&\cdot\partial_\beta(a_{\alpha\lambda}v^\lambda+\varepsilon r^2\Theta_\alpha v^3)+\Bigg(\nu\varepsilon^{-1}\frac{\partial^2 w^\sigma}{\partial x^\beta\partial x^\sigma}+\nu\varepsilon^{-1}\frac{\partial}{\partial\xi}\left(\frac{\partial w^3}{\partial x^\beta}-2\frac{\partial w^\sigma}{\partial x^\sigma}\Theta_\beta\right)\\
&-2\nu\varepsilon^{-1}r\Theta_\beta\frac{\partial^2 w^3}{\partial\xi^2}-2\nu(r\varepsilon)^{-1}\left(\left(\delta_{2\beta}+r\frac{\partial}{\partial x^\beta}\right)\frac{\partial w^3}{\partial\xi}+\frac{\partial w^\beta}{\partial r}+\frac{w^2}{r}\delta_{2\beta}\right)
\end{aligned}
$$

$$
\begin{aligned}
&-\varepsilon^{-1}\frac{\partial p}{\partial x^\beta}+\varepsilon^{-2}\Theta_\beta\frac{\partial p}{\partial \xi}-\frac{\partial}{\partial x^\alpha}(\varepsilon^{-1}w^\alpha w^\beta)\\
&+(r\varepsilon)^{-1}(a_{2\alpha}\delta^\beta_\lambda+a_{2\lambda}\delta^\beta_\alpha+a_{\alpha\lambda}\delta^\beta_2-\delta_{\alpha\lambda}\delta^\beta_2)w^\lambda w^\alpha\\
&+2r(\Theta_2\delta_{\alpha\beta}+\Theta_\alpha\delta_{2\beta})w^3w^\alpha+r\varepsilon\delta_{2\beta}w^3w^3\Big)\\
&\cdot\frac{\partial}{\partial x^\beta}(\varepsilon r^2\Theta_\lambda v^\lambda+\varepsilon^2r^2v^3)\Bigg]\sqrt{g}\mathrm{d}x\mathrm{d}\xi. \qquad (2.5.11')
\end{aligned}
$$

证明 旋转 Navier-Stokes 方程 (2.5.1) 可以写为

$$
\begin{aligned}
&\frac{\partial w^\alpha}{\partial x^\alpha}+\frac{w^2}{r}+\frac{\partial w^3}{\partial x^3}=0,\\
&\mathcal{N}^\alpha(w,p,\Theta)\vec{e}_\alpha+\mathcal{N}^3(w,p,\Theta)\vec{e}_3=f^\alpha\vec{e}_\alpha+f^3\vec{e}_3.
\end{aligned}\qquad (2.5.12)
$$

沿任一方向 $\eta\in\mathcal{W}:=H^2(D)\cap H^1_0(D)$ 在 Θ 的 Gâteaux 导数记为 $\frac{\mathcal{D}}{\mathcal{D}\Theta}\eta$. 由 (2.5.12) 得

$$
\begin{aligned}
&\frac{\mathcal{D}}{\mathcal{D}\Theta}\mathcal{N}^\alpha(w,p,\Theta)\vec{e}_\alpha\eta+\frac{\mathcal{D}}{\mathcal{D}\Theta}\mathcal{N}^3(w,p,\Theta)\vec{e}_3\eta\\
&+\mathcal{N}^\alpha(w,p,\Theta)\frac{\mathcal{D}\vec{e}_\alpha}{\mathcal{D}\Theta}\eta+\mathcal{N}^3(w,p,\Theta)\frac{\mathcal{D}\vec{e}_3}{\mathcal{D}\Theta}\eta\\
=&f^\alpha\frac{\mathcal{D}\vec{e}_\alpha}{\mathcal{D}\Theta}\eta+f^3\frac{\mathcal{D}\vec{e}_3}{\mathcal{D}\Theta}\eta,\ \frac{\mathcal{D}}{\mathcal{D}\Theta}\mathcal{N}^\alpha(w,p,\Theta)\vec{e}_\alpha\\
&+\frac{\mathcal{D}}{\mathcal{D}\Theta}\mathcal{N}^3(w,p,\Theta)\vec{e}_3+[\mathcal{N}^\alpha(w,p,\Theta)-f^\alpha]\frac{\mathcal{D}\vec{e}_\alpha}{\mathcal{D}\Theta}\\
&+[\mathcal{N}^3(w,p,\Theta)-f^3]\frac{\mathcal{D}\vec{e}_3}{\mathcal{D}\Theta}\vec{e}_3=0.
\end{aligned}
$$

将 (2.5.1) 代入上述方程得

$$
\frac{\mathcal{D}}{\mathcal{D}\Theta}\mathcal{N}^k(w,p,\Theta)\doteq\frac{\mathcal{D}}{\mathcal{D}\Theta}\mathcal{L}^k(w,p,\Theta)+\frac{\mathcal{D}}{\mathcal{D}\Theta}N^k(w,p,\Theta)=0,
$$

然而

$$
\begin{cases}
\dfrac{\mathcal{D}}{\mathcal{D}\Theta}\mathcal{L}^k(w,p,\Theta)\eta=\dfrac{\partial}{\partial w}\mathcal{L}^k(w,p,\Theta)\widehat{w}\eta+\dfrac{\partial}{\partial p}\mathcal{L}^k(w,p,\Theta)\widehat{p}\eta+\dfrac{\partial}{\partial\Theta}\mathcal{L}^k(w,p,\Theta)\eta,\\
\dfrac{\mathcal{D}}{\mathcal{D}\Theta}N^k(w,w,\Theta)\eta=\dfrac{\partial}{\partial w}N^k(w,w,\Theta)\widehat{w}\eta+\dfrac{\partial}{\partial\Theta}N^k(w,w,\Theta)\eta,
\end{cases}\qquad (2.5.13)
$$

由于 $\mathcal{L}$ 线性算子, N 是由 (2.5.2) 所定义的双线性算子, 我们断定

$$
\begin{cases}
\dfrac{\partial}{\partial w}\mathcal{L}^k(w,p,\Theta)\widehat{w}\eta+\dfrac{\partial}{\partial p}\mathcal{L}^k(w,p,\Theta)\widehat{p}\eta=\mathcal{L}^k(\widehat{w},\widehat{p},\Theta)\eta,\\
\dfrac{\partial}{\partial w}N^k(w,w,\Theta)\widehat{w}\eta=(N^k(\widehat{w},w,\Theta)+N^k(w,\widehat{w},\Theta))\eta,
\end{cases}
$$

所以有

$$\left\{\begin{aligned}&\frac{\mathcal{D}}{\mathcal{D}\Theta}\mathcal{N}^k(w,p,\Theta)\eta=\mathcal{L}^k(\widehat{w},\widehat{p},\Theta)\eta+N^k(w,\widehat{w})\eta+N^k(\widehat{w},w)\eta+R^k(w,p,\Theta)\eta=0,\\&R^k(w,p,\Theta)\eta=\frac{\partial}{\partial\Theta}\mathcal{L}^k(w,p,\Theta)\eta+\frac{\partial}{\partial\Theta}N^k(w,p,\Theta)\eta\\&\qquad=-2\nu\left[(r\varepsilon)^{-2}\Theta_\alpha\frac{\partial^2w^k}{\partial\xi^2}+\varepsilon^{-1}\frac{\partial^2w^k}{\partial\xi\partial x^\alpha}\right]\eta_\alpha\\&\qquad\quad+\left[-\nu\frac{\partial}{\partial\Theta}P^{k3}_i(\Theta)\frac{\partial w^j}{\partial\xi}-\nu\frac{\partial}{\partial\Theta}P^{k\beta}_j(\Theta)\frac{\partial w^j}{\partial x^\beta}-\nu\frac{\partial}{\partial\Theta}q^k_j(\Theta)w^j\right.\\&\qquad\quad\left.+\frac{\partial}{\partial\Theta}g^{k\beta}(\Theta)\partial_\beta p+\frac{\partial}{\partial\Theta}g^{k3}(\Theta)\partial_\xi p\right]\eta+\frac{\partial}{\partial\Theta}\pi^k_{ij}(\Theta)w^iw^j\eta\\&\qquad\quad+2\omega r[-w^\lambda\delta^k_2+\varepsilon^{-1}(\delta_{\lambda2}\Pi(w,\Theta)+\Theta_2w^\lambda)\delta^k_3]\eta_\lambda.\end{aligned}\right.\tag{2.5.14}$$

为了得到 $R^k(w,p,\Theta)$ 的表达式, 应用 (1.9.5), (1.9.6), (1.9.8), (1.9.29) 和 (2.5.6), 显而易见

$$\begin{aligned}&\frac{\partial a}{\partial\Theta}\eta=2r^2\Theta_\beta\eta_\beta,\quad\frac{\partial C^1}{\partial\Theta}\eta=o,\quad\frac{\partial C^2}{\partial\Theta}\eta=-2r\omega w^\beta\eta_\beta,\\&\frac{\partial C^3}{\partial\Theta}\eta=2\omega\varepsilon^{-1}(r\Pi(w,\Theta)\delta_{2\beta}+r\Theta_2w^\beta)\eta_\beta,\\&\frac{\partial\pi^\alpha_{\beta\gamma}}{\partial\Theta}\eta=-r\delta_{2\alpha}(\Theta_\beta\delta^\lambda_\gamma+\Theta_\gamma\delta^\lambda_\beta)\eta_\lambda,\quad\frac{\partial\pi^\alpha_{3\beta}}{\partial\Theta}\eta=\frac{\partial\pi^\alpha_{\beta3}}{\partial\Theta}\eta=-r\varepsilon\delta_{2\alpha}\eta_\beta,\quad\frac{\partial\pi^\alpha_{33}}{\partial\Theta}\eta=0,\\&\frac{\partial\pi^3_{\alpha\beta}}{\partial\Theta}\eta=(r\varepsilon)^{-1}(a_{2\alpha}\delta^\lambda_\beta+a_{2\beta}\delta^\lambda_\alpha+a_{\alpha\beta}\delta^\lambda_2-\delta_{\alpha\beta}\delta^\lambda_2)\eta_\lambda+\varepsilon^{-1}\eta_{\alpha\beta},\\&\frac{\partial\pi^3_{3\alpha}}{\partial\Theta}\eta==\frac{\partial\pi^3_{\alpha3}}{\partial\Theta}\eta=r(\Theta_2\delta_{\alpha\beta}+\Theta_\alpha\delta_{2\beta})\eta_\beta,\quad\frac{\partial\pi^3_{33}}{\partial\Theta}\eta=r\varepsilon\eta_2.\end{aligned}$$

利用上式以及 (2.5.1)~(2.5.4) 和 (2.5.6), 可以推出

$$\begin{aligned}\frac{\partial}{\partial\Theta}\mathcal{L}^\alpha(w,p,\Theta)\eta=&\nu(\varepsilon)^{-1}\frac{\partial w^\alpha}{\partial\xi}\widetilde{\Delta}\eta\\&+\left[-2\nu\varepsilon^{-1}r\Theta_\beta\frac{\partial^2w^\alpha}{\partial\xi^2}+\nu(r\varepsilon)^{-1}\frac{\partial w^\lambda}{\partial\xi}(\delta_{\alpha\lambda}\delta_{\beta2}+2\delta_{2\alpha}\delta_{\lambda\beta})\right.\\&\left.-2\nu\varepsilon^{-1}\frac{\partial^2w^\alpha}{\partial\xi\partial x^\beta}-\varepsilon^{-1}\partial_\xi p\delta_{\alpha\beta}\right]\eta_\beta,\\\frac{\partial}{\partial\Theta}\mathcal{L}^3(w,p,\Theta)\eta=&-\nu(\varepsilon)^{-1}\frac{\partial w^3}{\partial\xi}\widetilde{\Delta}\eta-\nu\varepsilon^{-1}w^\sigma\partial_\sigma\widetilde{\Delta}\eta\\&+2\nu\varepsilon^{-1}\left(\frac{\partial w^\sigma}{\partial\xi}\Theta_\beta-\frac{\partial w^\sigma}{\partial x^\beta}\right)\eta_{\beta\sigma}+\left[-2\nu\varepsilon^{-1}r\Theta_\beta\frac{\partial^2w^3}{\partial\xi^2}\right.\\&+2\nu(\varepsilon)^{-2}\frac{\partial w^\sigma}{\partial\xi}\Theta_{\beta\sigma}-(r\varepsilon)^{-1}\delta_{2\beta}\frac{\partial w^3}{\partial\xi}-2\nu\varepsilon^{-1}\frac{\partial^2w^3}{\partial\xi\partial x^\beta}\end{aligned}$$

$$
\left.- 2\nu(r\varepsilon)^{-1}\frac{\partial w^\beta}{\partial r} - \varepsilon^{-1} r w^2 \delta_{2\beta} - \varepsilon^{-1}\frac{\partial p}{\partial x^\beta} + \varepsilon^{-2}\Theta_\beta\frac{\partial p}{\partial \xi}\right]\eta_\beta,
$$

$$
\begin{aligned}
\frac{\partial}{\partial\Theta}N^\alpha(w,w,\Theta)\eta =& -[r\delta_{2\alpha}(\Theta_\beta\delta_\gamma^\lambda + \Theta_\gamma\delta_\beta^\lambda)w^\beta w^\gamma + 2r\varepsilon\delta_{2\alpha}w^3 w^\lambda]\eta_\lambda,\\
\frac{\partial}{\partial\Theta}N^3(w,w,\Theta)\eta =&\varepsilon^{-1}w^\alpha w^\beta\eta_{\alpha\beta}\\
&+[(r\varepsilon)^{-1}(a_{2\alpha}\delta_\beta^\lambda + a_{2\beta}\delta_\alpha^\lambda + a_{\alpha\beta}\delta_2^\lambda - \delta_{\alpha\beta}\delta_2^\lambda)w^\beta w^\alpha\\
&+2r(\Theta_2\delta_{\alpha\lambda} + \Theta_\alpha\delta_{2\lambda})w^3 w^\alpha + r\varepsilon\delta_{2\lambda}w^3 w^3]\eta_\lambda,
\end{aligned}
$$

因此, 由 (2.5.14) 推出

$$
\left\{
\begin{aligned}
R^\alpha(w,p,\Theta)\eta :=& \nu(\varepsilon)^{-1}\frac{\partial w^\alpha}{\partial\xi}\widetilde{\Delta}\eta + \bigg[-2\nu\varepsilon^{-1}r\Theta_\beta\frac{\partial^2 w^\alpha}{\partial\xi^2}\\
&+\nu(r\varepsilon)^{-1}\frac{\partial w^\lambda}{\partial\xi}(\delta_{\alpha\lambda}\delta_{\beta 2} + 2\delta_{2\alpha}\delta_{\lambda\beta}) - 2\nu\varepsilon^{-1}\frac{\partial^2 w^\alpha}{\partial\xi\partial x^\beta}\\
&-\varepsilon^{-1}\partial_\xi p\delta_{\alpha\beta}\bigg]\eta_\beta - [2r\delta_{2\alpha}\Theta_\lambda w^\lambda w^\beta + 2r\varepsilon\delta_{2\alpha}w^3 w^\beta]\eta_\beta,\\
R^3(w,p,\Theta)\eta =& -\nu\varepsilon^{-1}w^\sigma\partial_\sigma\widetilde{\Delta}\eta + \nu\varepsilon^{-1}\left(2\frac{\partial w^\sigma}{\partial\xi}\Theta_\beta - 2\frac{\partial w^\sigma}{\partial x^\beta} - \frac{\partial w^3}{\partial\xi}\delta_{\beta\sigma}\right)\eta_{\beta\sigma}\\
&+\bigg[-2\nu\varepsilon^{-1}r\Theta_\beta\frac{\partial^2 w^3}{\partial\xi^2} + 2\nu(\varepsilon)^{-2}\frac{\partial w^\sigma}{\partial\xi}\Theta_{\beta\sigma} - 2\nu(r\varepsilon)^{-1}\\
&\cdot\left(\left(\delta_{2\beta}+r\frac{\partial}{\partial x^\beta}\right)\frac{\partial w^3}{\partial\xi} + \frac{\partial w^\beta}{\partial r} + \frac{w^2}{r}\delta_{2\beta}\right) - \varepsilon^{-1}\frac{\partial p}{\partial x^\beta} + \varepsilon^{-2}\Theta_\beta\frac{\partial p}{\partial\xi}\bigg]\eta_\beta\\
&+\varepsilon^{-1}w^\alpha w^\beta\eta_{\alpha\beta} + [(r\varepsilon)^{-1}(a_{2\alpha}\delta_\lambda^\beta + a_{2\lambda}\delta_\alpha^\beta + a_{\alpha\lambda}\delta_2^\beta - \delta_{\alpha\lambda}\delta_2^\beta)w^\lambda w^\alpha\\
&+2r(\Theta_2\delta_{\alpha\beta} + \Theta_\alpha\delta_{2\beta})w^3 w^\alpha + r\varepsilon\delta_{2\beta}w^3 w^3]\eta_\beta,
\end{aligned}
\right.
$$

这就得到 (2.5.9). η 在 $V(\Omega)$ 中的任意性和满足齐次边界条件, (2.5.9) 能够表示为

$$
\left\{
\begin{aligned}
R^\alpha(w,p,\Theta) :=& -\frac{\partial}{\partial x^\beta}\bigg\{-2\nu\varepsilon^{-1}r\Theta_\beta\frac{\partial^2 w^\alpha}{\partial\xi^2} + \nu(r\varepsilon)^{-1}\frac{\partial w^\lambda}{\partial\xi}(\delta_{\alpha\lambda}\delta_{\beta 2} + 2\delta_{2\alpha}\delta_{\lambda\beta})\\
&-3\nu\varepsilon^{-1}\frac{\partial^2 w^\alpha}{\partial\xi\partial x^\beta} - \varepsilon^{-1}\partial_\xi p\delta_{\alpha\beta} - 2r\delta_{2\alpha}\Pi(w,\Theta)w^\beta\bigg\},\\
R^3(w,p,\Theta) =& -\frac{\partial}{\partial x^\beta}\bigg\{\nu\varepsilon^{-1}\frac{\partial^2 w^\sigma}{\partial x^\beta\partial x^\sigma} + \nu\varepsilon^{-1}\frac{\partial}{\partial\xi}\left(\frac{\partial w^3}{\partial x^\beta} - 2\frac{\partial w^\sigma}{\partial x^\sigma}\Theta_\beta\right) - 2\nu\varepsilon^{-1}r\Theta_\beta\frac{\partial^2 w^3}{\partial\xi^2}\\
&-2\nu(r\varepsilon)^{-1}\left(\left(\delta_{2\beta}+r\frac{\partial}{\partial x^\beta}\right)\frac{\partial w^3}{\partial\xi} + \frac{\partial w^\beta}{\partial r} + \frac{w^2}{r}\delta_{2\beta}\right) - \varepsilon^{-1}\frac{\partial p}{\partial x^\beta} + \varepsilon^{-2}\Theta_\beta\frac{\partial p}{\partial\xi}\\
&-\frac{\partial}{\partial x^\alpha}(\varepsilon^{-1}w^\alpha w^\beta) + (r\varepsilon)^{-1}(a_{2\alpha}\delta_\lambda^\beta + a_{2\lambda}\delta_\alpha^\beta + a_{\alpha\lambda}\delta_2^\beta - \delta_{\alpha\lambda}\delta_2^\beta)w^\lambda w^\alpha\\
&+2r(\Theta_2\delta_{\alpha\beta} + \Theta_\alpha\delta_{2\beta})w^3 w^\alpha + r\varepsilon\delta_{2\beta}w^3 w^3\bigg\}.
\end{aligned}
\right.
$$

下面考虑 Gâteaux 导数 $(\widehat{w},\widehat{p})$ 的变分问题. 先计算 $(\boldsymbol{R}(w,p,\Theta),\boldsymbol{v})$,

$$
\begin{aligned}
(\boldsymbol{R}(w,p,\Theta),\boldsymbol{v}) &= \int_\Omega g_{ij}R^iv^j\sqrt{g}\mathrm{d}x\mathrm{d}\xi \\
&= \int_\Omega [a_{\alpha\beta}R^\alpha v^\beta + \varepsilon r^2\Theta_\alpha(R^\alpha v^3 + R^3v^\alpha) + \varepsilon^2r^2R^3v^3]\sqrt{g}\mathrm{d}x\mathrm{d}\xi \\
&= \int_\Omega [R^\alpha(w,p,\Theta)(a_{\alpha\lambda}v^\lambda + \varepsilon r^2\Theta_\alpha v^3) \\
&\quad + R^3(w,p,\Theta)(\varepsilon r^2\Theta_\lambda v^\lambda + \varepsilon^2r^2v^3)]\sqrt{g}\mathrm{d}x\mathrm{d}\xi,
\end{aligned}
$$

从而有

$$
\begin{aligned}
(\boldsymbol{R}(w,p,\Theta),\boldsymbol{v}) = \int_\Omega \Bigg[&\Bigg(- 2\nu\varepsilon^{-1}r\Theta_\beta\frac{\partial^2w^\alpha}{\partial\xi^2} + \nu(r\varepsilon)^{-1}\frac{\partial w^\lambda}{\partial\xi}(\delta_{\alpha\lambda}\delta_{\beta2} + 2\delta_{2\alpha}\delta_{\lambda\beta}) \\
&- 3\nu\varepsilon^{-1}\frac{\partial^2w^\alpha}{\partial\xi\partial x^\beta} - \varepsilon^{-1}\partial_\xi p\delta_{\alpha\beta} - 2r\delta_{2\alpha}\Pi(w,\Theta)w^\beta\Bigg) \\
&\partial_\beta(a_{\alpha\lambda}v^\lambda+\varepsilon r^2\Theta_\alpha v^3)+\Bigg(\nu\varepsilon^{-1}\frac{\partial^2w^\sigma}{\partial x^\beta\partial x^\sigma}+\nu\varepsilon^{-1}\frac{\partial}{\partial\xi}\left(\frac{\partial w^3}{\partial x^\beta} - 2\frac{\partial w^\sigma}{\partial x^\sigma}\Theta_\beta\right) \\
&- 2\nu\varepsilon^{-1}r\Theta_\beta\frac{\partial^2w^3}{\partial\xi^2}-2\nu(r\varepsilon)^{-1}\left(\left(\delta_{2\beta}+r\frac{\partial}{\partial x^\beta}\right)\frac{\partial w^3}{\partial\xi}+\frac{\partial w^\beta}{\partial r} + \frac{w^2}{r}\delta_{2\beta}\right) \\
&- \varepsilon^{-1}\frac{\partial p}{\partial x^\beta} + \varepsilon^{-2}\Theta_\beta\frac{\partial p}{\partial\xi} - \frac{\partial}{\partial x^\alpha}(\varepsilon^{-1}w^\alpha w^\beta) + (r\varepsilon)^{-1}(a_{2\alpha}\delta^\beta_\lambda + a_{2\lambda}\delta^\beta_\alpha \\
&+ a_{\alpha\lambda}\delta^\beta_2 - \delta_{\alpha\lambda}\delta^\beta_2)w^\lambda w^\alpha + 2r(\Theta_2\delta_{\alpha\beta} + \Theta_\alpha\delta_{2\beta})w^3w^\alpha + r\varepsilon\delta_{2\beta}w^3w^3\Bigg) \\
&\frac{\partial}{\partial x^\beta}(\varepsilon r^2\Theta_\lambda v^\lambda + \varepsilon^2r^2v^3)\Bigg]\sqrt{g}\mathrm{d}x\mathrm{d}\xi,
\end{aligned}
$$

这就得到 (2.5.11′). 证毕.

推论 设 Θ 很小使得 (2.3.26) 和 (2.3.54) 成立, 另外解 $(w,p)\in H^2(\Omega)\times H^1(\Omega)$. 那么存在一个与 Θ 和 w 无关的常数 C_9 使得下列估计式成立:

$$
\|R(w,\Theta)\|_* \leqslant C(\Omega)(1+\kappa_3)(\|w\|^2_{2.\Omega} + \|p\|_{1,\Omega}). \tag{2.5.15}
$$

定理 2.5.3 设定理 2.4.1 的假设成立, $(w,p)\in V(\Omega)\cap H^3(\Omega)\times H^2(\Omega)$ 满足

$$
\|w\|_\Omega \leqslant \frac{1}{2}\frac{\kappa_0}{C(\Omega)(1+\kappa_3)},\quad \|w\|_{2,\Omega}+\|p\|_{1,\Omega}\leqslant\frac{\kappa_0}{2C^3(\Omega)(1+\kappa_3)(1+\kappa_3)^2}. \tag{2.5.16}
$$

那么 (2.5.10) 存在一个解 $(\widehat{w},\widehat{p})\in V(\Omega)\times L^2(\Omega)$, 且满足下列估计:

$$
\|\widehat{w}\|_\Omega \leqslant \frac{\kappa_0}{4C(\Omega)(1+\kappa_3)}\left[1-\sqrt{1-\frac{4C^2(\Omega)(1+\kappa_3^2)\|R(w,\Theta)\|_*}{\kappa_0^2}}\right]. \tag{2.5.17}
$$

证明 首先, 双线性形式

$$\widetilde{a}(\widehat{w}, v) := a(\widehat{w}, v) + b(w; \widehat{w}, v) + b(\widehat{w}; w, v) + 2(\omega \times \widehat{w}, v)$$

是从 $V(\Omega) \times L^2(\Omega)$ 到 R 的连续映射, 并且是强制的. 由引理 2.3.6 和 2.3.7, 有

$$\begin{aligned}\widetilde{a}(\widehat{w}, \widehat{w}) \geqslant & \kappa_0 \|\widehat{w}\|_\Omega^2 - 2C(\Omega)(1+\kappa_3)\|w\|_\Omega \|\widehat{w}\|_\Omega^2 \\ = & (\kappa_0 - 2C(\Omega)(1+\kappa_3)\|w\|_\Omega)\|\widehat{w}\|_\Omega^2.\end{aligned}$$

由于

$$\kappa_0 - 2C(\Omega)(1+\kappa_3)\|w\|_\Omega\| \geqslant \kappa_0 - 2C(\Omega)\kappa_3 \frac{\kappa_0}{2C(\Omega)(1+\kappa_3)} \geqslant \frac{1}{2}\kappa_0.$$

所以

$$\widetilde{a}(\widehat{w}, \widehat{w}) \geqslant \frac{\kappa_0}{2}\|\widehat{w}\|_\Omega^2.$$

联合 (2.5.13) 和 (2.5.14) 我们断定

$$\|R(w, \Theta)\|_* \leqslant \frac{\kappa_0}{2C^2(\Omega)(1+\kappa_3)^2}.$$

应用定理 2.4.1 中相类似的讨论, 存在变分问题 (2.5.10) 的一个解 $(\widehat{w}, \widehat{p})$, 满足

$$\|\widehat{w}\|_\Omega \leqslant \frac{\kappa_0}{4C(\Omega)(1+\kappa_3)}\left[1 - \sqrt{1 - \frac{4C^2(\Omega)(1+\kappa_3)^2\|R(w,\Theta)\|_*}{\kappa_0^2}}\right].$$

这就是 (2.5.15). 证毕.

对于可压缩情形,

$$\begin{cases}\operatorname{div}(\hat{w}\rho + w\widehat{\rho}) = 0, \\ \operatorname{div}(\rho\widehat{w}^i w + \rho w^i \widehat{w} + \widehat{\rho} w w^i) + 2\widehat{\rho}(\omega \times w)^i + 2\rho(\omega\omega \times \widehat{w})^i + a g^{ij}\nabla_j(\gamma\rho^{\gamma-1}\widehat{\rho}) \\ \quad -\nabla_j(A^{ijkm}e_{km}(\hat{w})) = S^i(w, \rho),\end{cases} \tag{2.5.18}$$

其中

$$S^i(w, p, \Theta) = -\partial_\beta S^{i;\beta}(w, p; \Theta) + \partial^2_{\lambda\sigma} S^{i;(\lambda,\sigma)}(w, p; \Theta), \tag{2.5.19}$$

$$\begin{aligned}S^{\alpha;\beta}(w, p, \Theta) = & \{r\delta_2^\alpha[(\delta_\lambda^\beta\Theta_\sigma + \delta_\sigma^\beta\Theta_\lambda)w^\lambda w^\sigma + 2\varepsilon w^3 w^\beta] \\ & + 2\rho r\omega\delta_{\alpha 2}w^\beta - \varepsilon^{-1}\delta_{\alpha\beta}\frac{\partial(a\rho^\gamma)}{\partial\xi} \\ & + 2\nu\varepsilon^{-1}[-\Theta_\alpha g^{jm}\nabla_j e_{3m}^\beta(w) - (\varepsilon^{-2}\Theta_\alpha\Theta_\beta + \delta_{\alpha\beta}g^{33})\nabla_3 e_{33}(w) \\ & + \varepsilon^{-1}(\Theta_\alpha\delta_{\beta\lambda} + \Theta_\lambda\delta_{\alpha\beta})\nabla_\lambda e_{33}(w) + \varepsilon^{-1}(\Theta_\alpha\delta_{\beta\lambda} + 2\Theta_\beta\delta_{\alpha\lambda} \\ & + \Theta_\lambda\delta_{\alpha\beta})\nabla_3 e_{3\lambda}(w)\end{aligned}$$

$$
\begin{aligned}
&- \delta_{\alpha\beta}\nabla_\lambda e_{3\lambda}(w) - \nabla_\beta e_{3\alpha}(w) - \nabla_3 e_{\alpha\beta}(w) \\
&- r^{-1}(\delta_{\alpha 2}\delta_{\beta\lambda} + 3\delta_{\alpha\lambda}\delta_{\beta 2})(e_{3\lambda}(w) - \varepsilon^{-1}\Theta_\lambda e_{33}(w))]\},
\end{aligned}
$$

$$
\begin{aligned}
S^{\alpha;(\lambda,\sigma)}(w,p,;\Theta) =& - 2\nu\varepsilon^{-1}[(\delta_{\alpha\beta}\delta_{\gamma\lambda} + \delta_{\alpha\gamma}\delta_{\beta\lambda})(e_{3\gamma}(w) \\
&- \varepsilon^{-1}\Theta_\gamma e_{33}(w)) + \Theta_\alpha g^{jm}(\nabla_j e^{\beta\lambda}_{3m}(w,\Theta)],
\end{aligned} \tag{2.5.20}
$$

$$
\begin{aligned}
S^{3;\beta}(w,p,\Theta) =& - [(r\varepsilon)^{-1}(\delta_{2\lambda}\delta^\beta_\sigma + \delta_{2\sigma}\delta^\beta_\lambda + r^2(\delta^\beta_2\Theta_\lambda\Theta_\sigma + \Theta_2\delta^\beta_\sigma\Theta_\lambda \\
&+ \Theta_2 O_\sigma\delta^\beta_\lambda))w^\lambda w^\sigma + 2r(\delta^\beta_\lambda\Theta_2 + \delta^\beta_2\Theta_\lambda)w^3 w^\lambda + r\varepsilon\delta^\beta_2 w^3 w^3] \\
&+ 2r\omega((w^3 + \varepsilon^{-1}w^\lambda\Theta_\lambda)\delta_{\beta 2} + \varepsilon^{-1}w^\beta\Theta_2) - \varepsilon^{-1}\nabla_\beta p + 2\varepsilon^{-2}\Theta_\beta\frac{\partial p}{\partial\xi} \\
&+ 2\nu g^{3k}g^{jm}\nabla_j e^\beta_{km}(w) + 2\nu\varepsilon^{-1}[g^{33}(4\varepsilon^{-1}\nabla_3 e_{33}(w) - \nabla_\beta e_{33}(w)) \\
&+ \nabla_\lambda e_{\beta\lambda}(w) + \varepsilon^{-1}(2\delta_{\beta\lambda}\nabla_\sigma e_{3\sigma}(w) - \nabla_\lambda e_{3\beta}(w) + \nabla_\beta e_{3\lambda}(w))\Theta_\lambda \\
&- 2\varepsilon^{-2}(2\nabla_3 e_{3\lambda}(w) + \nabla_\lambda e_{33}(w))] - 2\nu[-(r\varepsilon)^{-1}e_{2\beta}(w) \\
&+ e_{3\gamma}(w)[\varepsilon^{-2}r^{-1}(\delta_{\gamma 2}\Theta_\beta - 3\delta_{\beta 2}\Theta_\gamma) + r\varepsilon^{-2}(\delta_{\beta\gamma}\Theta_2 - \delta_{2\beta}\Theta_\gamma)|\nabla\Theta|^2] \\
&+ e_{33}(w)(r\varepsilon)^{-3}\delta_{2\beta}(4 + 3r^2|\nabla\Theta|^2)],
\end{aligned}
$$

$$
\begin{aligned}
S^{3;(\lambda,\sigma)}(w,p,;\Theta) =& 2\nu[\varepsilon^{-1}(\varepsilon^{-2}\Theta_\lambda\Theta_\sigma + \delta_{\lambda\sigma}g^{33})e_{33}(w) \\
&- \varepsilon^{-2}(\Theta_\lambda\delta_{\gamma\sigma} + \Theta_\gamma\delta_{\lambda\sigma})e_{3\gamma}(w)] \\
&- \varepsilon^{-2}w^\lambda w^\sigma + 2\nu g^{3k}g^{jm}\nabla_j e^{\lambda\sigma}_{km}(w,\Theta).
\end{aligned} \tag{2.5.21}
$$

2.6 边界形状控制问题

我们采用通常的 Sobolev 空间及其范数, 如 $L^2(D)$ 和 $H^m(D), m \geqslant 1$ 以及 $|\cdot|_{0,D}$ 和 $\|\cdot\|_{m,D}$ 等等.

这一节先考虑把全局耗散函数作为目标泛函, 那么边界形状控制问题是: 令

$$
\begin{cases}
\Phi(w,v) = A^{ijkl}e_{kl}(w)e_{ij}(v), \\
J(S) = 1/2\displaystyle\iiint_{\Omega_\varepsilon}\Phi(w(S),w(S))\mathrm{d}V \\
\quad = \displaystyle\iiint_{\Omega_\varepsilon}A^{ijkl}e_{kl}(w)e_{ij}(w)\sqrt{g}\mathrm{d}x\mathrm{d}\xi, \\
A^{ijkl} = \mu(g^{ik}g^{jl} + g^{il}g^{jk}), \quad \text{对于不可压黏性流体},
\end{cases} \tag{2.6.1}
$$

其中 $\Omega = D\times[-1,1]$ 和 Ω_ε 是由边界 $\Gamma_t\cup\Gamma_b\cup\Gamma_{\rm in}\cup\Gamma_{\rm out}\cup S_+\cup S_-$ 所围成的叶轮流道通道, 边界形状控制就是求一个预先展在空间 $\Re^3$ 中一条闭曲线上, 使得

$$
\begin{cases}
\text{求解一个曲面 } \Im\in\mathcal{F} \text{ 使得} \\
J(\Im) = \inf\limits_{S\in\mathcal{F}} J(S), \\
\mathcal{F} = \{\zeta\in H^2(D), \zeta = \Theta_0, \zeta = \Theta_*, \text{在 } \partial D \text{ 上}, \|\zeta\|_{2,D}\leqslant\kappa_0\},
\end{cases} \tag{2.6.2}
$$

其中 Θ_0 和 Θ_* 是 $H^2(D)$ 中的函数. 而达到全局耗散泛函达到极小的 $\Im$, 称为广义极小曲面. 换句话说, 从数学观点, 这个叶片几何的 "最佳" 形状是一个广义极小曲面.

(2.6.2) 也是一个分布参数的最优控制问题, 控制变量是叶片面的几何参数, Navier-Stokes 是最优控制问题的状态方程.

(2.6.2) 显示: 目标泛函是通过积分区域和 Navier-Stokes 方程的解而依赖于 "形状" Θ 的. 本节的方法是通过坐标变换, 把积分区域变到固定区域. 在 R- 坐标系下

$$\begin{cases} J(\Im) := \dfrac{1}{2}a(w,w) = \dfrac{1}{2}\displaystyle\int_\Omega \Phi(w)\sqrt{g}\mathrm{d}\xi\mathrm{d}x, \\ \Phi(w) := A^{ijkl}e_{kl}(w)e_{ij}(w) \\ \qquad = A^{ijkl}[\varphi_{kl}(w)\varphi_{ij}(w) + 2\varphi_{kl}(w)\psi_{ij}(w,\Theta) + \psi_{kl}(w,\Theta)\psi_{ij}(w,\Theta)]. \end{cases} \tag{2.6.3}$$

引理 2.6.1 设 (w,p) 是 Navier-Stokes 方程 (2.3.7) 的解, 定义了一个映射: $\forall\Theta \in H^1(D)$,

$$\Theta \in C^2(D) \to (w(\Theta), p(\Theta)) \in \boldsymbol{H}^1(\Omega) \times L^2(D).$$

那么速度场 w 的速度变形张量场 $e_{ij}(w)$ 在任何一点 $\Theta \in C^2(D)$ 沿任一个方向 $\eta \in W(D) := H_0^1(D) \cap H^2(D)$ 有 Gâteaux 导数 $\dfrac{\mathcal{D}}{\mathcal{D}\Theta}e_{ij}(w)\eta$, 且

$$\frac{\mathcal{D}}{\mathcal{D}\Theta}e_{ij}(w)\eta = e_{ij}(\widehat{w})\eta + e_{ij}^{\lambda}(w)\eta_\lambda + e_{ij}^{\lambda\sigma}(w)\eta_{\lambda\sigma}, \tag{2.6.4}$$

其中

$$\begin{cases} \widehat{w} = \dfrac{\mathcal{D}}{\mathcal{D}\Theta}w, \quad \eta_\lambda = \dfrac{\partial\eta}{\partial x^\lambda}, \quad \eta_{\lambda\sigma} = \dfrac{\partial^2\eta}{\partial x^\lambda\partial x^\sigma}, \\ e_{\alpha\beta}^{\lambda}(w) = \psi_{\alpha\beta}^{\lambda}(w) + (\psi_{\alpha\beta}^{\lambda\sigma}(w) + \psi_{\alpha\beta}^{\sigma\lambda}(w))\Theta_\sigma + \dfrac{1}{2}r^2w^\sigma(\delta_{\alpha\lambda}\Theta_{\sigma\beta} + \delta_{\beta\lambda}\Theta_{\alpha\sigma}), \\ e_{\alpha\beta}^{\lambda\sigma}(w) = \dfrac{1}{2}r^2w^\sigma(\delta_{\alpha\lambda}\Theta_\beta + \delta_{\beta\lambda}\Theta_\alpha), \\ e_{3\alpha}^{\lambda}(w) = \psi_{3\alpha}^{\lambda}(w) + (\psi_{3\alpha}^{\lambda\sigma}(w) + \psi_{3\alpha}^{\sigma\lambda}(w))\Theta_\sigma, \quad e_{3\alpha}^{\lambda\sigma}(w) = \dfrac{1}{2}\varepsilon r^2w^\sigma\delta_{\alpha\lambda}, \\ e_{33}^{\lambda}(w) = \psi_{33}^{\lambda}(w), \quad e_{33}^{\lambda\sigma}(w) = 0, \end{cases} \tag{2.6.5}$$

$\psi, \psi^\lambda, \psi^{\lambda\sigma}$ 由 (2.3.18) 和 (2.3.19) 所定义.

证明 由引理 2.3.1,

$$\begin{aligned} &\frac{\mathcal{D}}{\mathcal{D}\Theta}e_{ij}(w)\eta = \frac{\partial e_{ij}}{\partial w}\widehat{w}\eta + \frac{\partial e_{ij}}{\partial\Theta}\eta = e_{ij}(\widehat{w})\eta + \frac{\partial e_{ij}}{\partial\Theta}\eta, \\ &\frac{\partial e_{ij}}{\partial\Theta}\eta = \psi_{ij}^{\gamma}(w)\eta_\gamma + \psi_{ij}^{\lambda\sigma}(w)(\delta_{\lambda\gamma}\Theta_\sigma\delta_{\sigma\gamma}\Theta_\lambda)\eta_\gamma + \frac{\partial e_{ij}^*}{\partial\Theta}\eta, \end{aligned}$$

其中

$$\frac{\partial e^*_{\alpha\beta}}{\partial \Theta}\eta = \frac{1}{2}r^2 w^\sigma \partial_\sigma(\Theta_\alpha \delta_{\beta\gamma} + \Theta_\beta \delta_{\alpha\gamma})\eta_\gamma,$$

$$\frac{\partial e^*_{3\alpha}}{\partial \Theta}\eta = \frac{1}{2}\varepsilon r^2 w^\sigma \eta_{\alpha\sigma}, \quad \frac{\partial e^*_{33}}{\partial \Theta}\eta = 0.$$

从这里容易得到 (2.6.4) 和 (2.6.5). 证毕.

引理 2.6.2 由 (2.4.1) 所定义的耗散函数 $\Phi(w)$ 在点 $\Theta \in C^2(D)$ 沿任一方向 $\eta \in W$ 是 Gâteaux 可导的. Gâteaux 导数有下列表达式.

$$\frac{\mathcal{D}\Phi(w)}{\mathcal{D}\Theta}\eta = \Phi^0(\widehat{w}, w)\eta + \Phi^\lambda(w,\Theta)\eta_\lambda + \Phi^{\lambda\sigma}(w,\Theta)\eta_{\lambda\sigma}, \tag{2.6.6}$$

其中

$$\begin{aligned}
\Phi^0(\widehat{w}, w) =& 2A^{ijkl}e_{ij}(\widehat{w})e_{kl}(w)\\
=& 4\mu[e_{\alpha\beta}(\widehat{w})e_{\alpha\beta}(w) + g^{33}g^{33}e_{33}(\widehat{w})e_{33}(w)\\
&+ 2(\varepsilon^{-2}\Theta_\alpha\Theta_\beta + \delta^{\alpha\beta}g^{33})e_{3\alpha}(\widehat{w})e_{3\beta}(w)\\
&+ \varepsilon^{-2}\Theta_\alpha\Theta_\beta(e_{33}(\widehat{w})e_{\alpha\beta}(w) + e_{\alpha\beta}(w)e_{33}(\widehat{w}))\\
&- 2\varepsilon^{-1}\Theta_\beta(e_{\alpha\beta}(\widehat{w})e_{3\alpha}(w) + e_{3\alpha}(\widehat{w})e_{\alpha\beta}(w))\\
&- 2\varepsilon^{-1}\Theta_\alpha g^{33}(e_{33}(\widehat{w})e_{3\alpha}(v) + e_{3\alpha}(\widehat{w})e_{33}(v))],
\end{aligned}$$

$$\begin{aligned}
\Phi^\lambda(w,\Theta) =& 2A^{ijkl}e_{kl}(w)e^\lambda_{ij}(w) + \frac{\mathcal{D}A^{ijkl}}{\mathcal{D}\Theta}\eta e_{kl}(w)e_{ij}(w)\\
=& 4\mu[(e_{\alpha\beta}(w) + \varepsilon^{-2}\Theta_\alpha\Theta_\beta e_{33}(w) - 2\varepsilon^{-1}\Theta_\beta e_{3\alpha}(w))e^\lambda_{\alpha\beta}(w)\\
&+ (2(r\varepsilon)^{-2}(r^2\Theta_\alpha\Theta_\beta + a\delta_{\alpha\beta})e_{3\beta}(w) - 2\varepsilon^{-1}\Theta_\beta e_{\alpha\beta}(w)\\
&- 2\varepsilon^{-1}\Theta_\alpha g^{33}e_{33}(w))e^\lambda_{3\alpha}(w)\\
&+ (g^{33}g^{33}e_{33}(w) + \varepsilon^{-2}\Theta_\alpha\Theta_\beta e_{\alpha\beta}(w) - 2\varepsilon^{-1}\Theta_\alpha g^{33}e_{3\alpha}(w))e^\lambda_{33}(w)]\\
&+ 2\mu[4r^{-4}\varepsilon^{-4}a\Theta_\lambda e_{33}(w)e_{33}(w) + 4\varepsilon^{-2}(\Theta_\alpha\delta_{\beta\lambda} + \Theta_\lambda\delta_{\alpha\beta})e_{3\alpha}(w)e_{3\beta}(w)\\
&+ 4\varepsilon^{-2}\Theta_\alpha e_{33}(w)e_{\alpha\lambda}(w) - 4\varepsilon^{-1}e_{3\alpha}(w)e_{\alpha\lambda}(w)\\
&- 4\varepsilon^{-3}r^{-2}(a\delta_{\alpha\lambda} + 2r^2\Theta_\alpha\Theta_\lambda)e_{33}(w)e_{3\alpha}(w)],
\end{aligned}$$

$$\begin{aligned}
\Phi^{\lambda\sigma}(w,\Theta) =& 2A^{ijkl}e^{\lambda\sigma}_{ij}(w)e_{kl}(w) = 2\mu w^\sigma\left[\varepsilon^{-1}\left(\frac{\partial w^\lambda}{\partial \xi} + r^2\frac{\partial w^3}{\partial x^\lambda}\right)\right.\\
&\left.+ r^2\left(\frac{\partial w^\nu}{\partial x^\lambda} - \delta_{\lambda\nu}\frac{\partial w^3}{\partial \xi}\right)\Theta_\nu - \varepsilon^{-1}r^2\Theta_\lambda\Theta_\nu\frac{\partial w^\nu}{\partial \xi}\right] + 2\mu r^2 w^\nu w^\sigma\Theta_{\nu\lambda},
\end{aligned} \tag{2.6.7}$$

这里 $e_{ij}^{\lambda}(w), e_{ij}^{\lambda\sigma}(w)$ 由 (2.6.5) 所定义.

证明 首先,

$$\frac{\mathcal{D}\Phi(w,\Theta)}{\mathcal{D}\Theta}\eta = 2A^{ijkl}\frac{\mathcal{D}e_{kl}(w)}{\mathcal{D}\Theta}\eta e_{ij}(w) + \frac{\mathcal{D}A^{ijkl}}{\mathcal{D}\Theta}\eta e_{kl}(w)e_{ij}(w). \tag{2.6.8}$$

由 (2.6.4), 有

$$\begin{aligned}\frac{\mathcal{D}\Phi(w,\Theta)}{\mathcal{D}\Theta} =& \left[2A^{ijkl}(e_{kl}(\widehat{w})\eta + e_{kl}^{\lambda}(w)\eta_{\lambda} + e_{kl}^{\lambda\sigma}(w)\eta_{\lambda\sigma}) + \frac{\mathcal{D}A^{ijkl}}{\mathcal{D}\Theta}\eta e_{kl}(w)\right]e_{ij}(w)\\ =&\Phi^{0}(\widehat{w},w,\Theta)\eta + \Phi^{\lambda}(w,\Theta)\eta_{\lambda} + \Phi^{\lambda\sigma}(w,\Theta)\eta_{\lambda\sigma},\end{aligned} \tag{2.6.9}$$

注意

$$\begin{aligned}&\frac{\mathcal{D}A^{ijkl}}{\mathcal{D}\Theta}\eta = 2\mu\left(\frac{\mathcal{D}g^{ik}}{\mathcal{D}\Theta}\eta g^{jl} + g^{ik}\frac{\mathcal{D}g^{jl}}{\mathcal{D}\Theta}\eta\right),\\ &\frac{\mathcal{D}g^{\alpha\beta}}{\mathcal{D}\Theta}\eta = 0, \quad \frac{\mathcal{D}g^{3\alpha}}{\mathcal{D}\Theta}\eta = \frac{\mathcal{D}g^{\alpha 3}}{\mathcal{D}\Theta}\eta = -\varepsilon^{-1}\eta_{\alpha}, \quad \frac{\mathcal{D}g^{33}}{\mathcal{D}\Theta}\eta = 2\varepsilon^{-2}\Theta_{\alpha}\eta_{\alpha},\end{aligned}$$

容易推出

$$\begin{aligned}\frac{\mathcal{D}A^{ijkl}}{\mathcal{D}\Theta}\eta e_{kl}(w)e_{ij}(w) =& 2\mu[4r^{-4}\varepsilon^{-4}a\Theta_{\lambda}e_{33}(w)e_{33}(w)\\ &+ 4\varepsilon^{-2}(\Theta_{\alpha}\delta_{\beta\lambda} + \Theta_{\lambda}\delta_{\alpha\beta})e_{3\alpha}(w)e_{3\beta}(w)\\ &+ 4\varepsilon^{-2}\Theta_{\alpha}e_{33}(w)e_{\alpha\lambda}(w) - 4\varepsilon^{-1}e_{3\alpha}(w)e_{\alpha\lambda}(w)\\ &- 4\varepsilon^{-3}r^{-2}(a\delta_{\alpha\lambda} + 2r^{2}\Theta_{\alpha}\Theta_{\lambda})e_{33}(w)e_{3\alpha}(w)]\eta_{\lambda},\end{aligned} \tag{2.6.10}$$

$$\begin{aligned}2A^{ijkl}e_{kl}^{\lambda}(w)e_{ij}(w) =& 4\mu[(e_{\alpha\beta}(w) + \varepsilon^{-2}\Theta_{\alpha}\Theta_{\beta}e_{33}(w)\\ &- 2\varepsilon^{-1}\Theta_{\beta}e_{2\alpha}(w))e_{\alpha\beta}^{\lambda}(w) + (2(r\varepsilon)^{-2}(r^{2}\Theta_{\alpha}\Theta_{\beta} + a\delta_{\alpha\beta})e_{3\beta}(w)\\ &- 2\varepsilon^{-1}\Theta_{\beta}e_{\alpha\beta}(w) - 2\varepsilon^{-1}\Theta_{\alpha}g^{33}e_{33}(w))e_{3\alpha}^{\lambda}(w)\\ &+ (g^{33}g^{33}e_{33}(w) + \varepsilon^{-2}\Theta_{\alpha}\Theta_{\beta}e_{\alpha\beta}(w) - 2\varepsilon^{-1}\Theta_{\alpha}g^{33}e_{3\alpha}(w))e_{33}^{\lambda}(w)],\end{aligned} \tag{2.6.11}$$

特别是

$$\begin{aligned}\Phi^{\lambda\sigma}(w,\Theta) =& 2A^{ijkl}e_{ij}^{\lambda\sigma}(w)e_{kl}(w)\\ =& 4\mu[e_{\alpha\beta}(w)e_{\alpha\beta}^{\lambda\sigma}(w) + g^{33}g^{33}e_{33}(w)e_{33}^{\lambda\sigma}(w)\\ &+ 2(\varepsilon^{-2}\Theta_{\alpha}\Theta_{\beta} + \delta^{\alpha\beta}g^{33})e_{3\alpha}(w)e_{3\beta}^{\lambda\sigma}(w) + \varepsilon^{-2}\Theta_{\alpha}\Theta_{\beta}(e_{33}(w)e_{\alpha\beta}^{\lambda\sigma}(w)\\ &+ e_{\alpha\beta}(w)e_{33}^{\lambda\sigma}(w)) - 2\varepsilon^{-1}\Theta_{\beta}(e_{\alpha\beta}(w)e_{3\alpha}^{\lambda\sigma}(w) + e_{3\alpha}(w)e_{\alpha\beta}^{\lambda\sigma}(w))\\ &- 2\varepsilon^{-1}\Theta_{\alpha}g^{33}(e_{33}(w)e_{3\alpha}^{\lambda\sigma}(w) + e_{3\alpha}(w)e_{33}^{\lambda\sigma}(w))].\end{aligned}$$

利用 (2.6.5) 和 $e_{33}^{\lambda\sigma}(w)=0$, 简单计算得到

$$\begin{aligned}\Phi^{\lambda\sigma}(w,\Theta)=&4\mu[(e_{\alpha\beta}(w)+\varepsilon^{-2}\Theta_\alpha\Theta_\beta e_{33}(w)-2\varepsilon^{-1}\Theta_\beta e_{3\alpha}(w))e_{\alpha\beta}^{\lambda\sigma}(w)\\&+(2(r\varepsilon)^{-2}(r^2\Theta_\alpha\Theta_\beta+a\delta_{\alpha\beta})e_{3\beta}(w)-2\varepsilon^{-1}\Theta_\beta e_{\alpha\beta}(w)\\&-2\varepsilon^{-1}g^{33}\Theta_\alpha e_{33}(w))e_{3\alpha}^{\lambda\sigma}(w)]\\=&4\mu\frac{1}{2}r^2w^\sigma[-2(r\varepsilon)^{-2}\Theta_\lambda e_{33}(w)+2\varepsilon^{-1}r^{-2}e_{3\lambda}(w)]\\=&\varepsilon^{-2}w^\sigma[-\Theta_\lambda e_{33}(w)+\varepsilon e_{3\lambda}(w)],\end{aligned}$$

最后, 由引理 2.3.1, 有

$$\begin{aligned}\Phi^{\lambda\sigma}(w,\Theta)=&2\mu w^\sigma\left[\varepsilon^{-1}\left(\frac{\partial w^\lambda}{\partial\xi}+r^2\frac{\partial w^3}{\partial x^\lambda}\right)\right.\\&\left.+r^2\left(\frac{\partial w^\nu}{\partial x^\lambda}-\delta_{\lambda\nu}\frac{\partial w^3}{\partial\xi}\right)\Theta_\nu-\varepsilon^{-1}r^2\Theta_\lambda\Theta_\nu\frac{\partial w^\nu}{\partial\xi}\right]+2\mu r^2w^\nu w^\sigma\Theta_{\nu\lambda}.\end{aligned}\tag{2.6.12}$$

这就完成了 (2.6.7) 的证明.

定理 2.6.1 设 $\Theta\in C^2(D,R)$ 是一个单射映射, 由 (2.6.1) 定义目标函数 J 在任一点沿任一个方向 $\eta\in W:=H^2(D)\cap H_0^1(D)$ 都存在 Gâteaux 导数 $\operatorname{grad}_\Theta J\equiv\dfrac{\mathcal{D}J}{\mathcal{D}\Theta}$, 可以表示为

$$\begin{aligned}<\operatorname{grad}_\Theta(J(\Theta)),\eta>=&\iint_D[\hat\Phi^0(w;\hat w)\eta+\hat\Phi^\lambda(w,\Theta)\eta_\lambda+\hat\Phi^{\lambda\sigma}(w,\Theta)\eta_{\lambda\sigma}\\&+2\mu r^2W^{\nu\sigma}\Theta_{\lambda\nu}\eta_{\lambda\sigma}]\varepsilon r\mathrm{d}x^1\mathrm{d}x^2,\end{aligned}\tag{2.6.13}$$

其中

$$\left\{\begin{aligned}&\hat\Phi^0(w;\hat w)=\int_{-1}^1\Phi^0(w;\hat w)\mathrm{d}\xi,\qquad\widehat\Phi^\lambda(w,\Theta)=\int_{-1}^1\Phi^\lambda(w,\Theta)\mathrm{d}\xi,\\&\widehat\Phi^{\lambda\sigma}(w,\Theta)=\int_{-1}^1 2\mu w^\sigma\left[\varepsilon^{-1}\left(\frac{\partial w^\lambda}{\partial\xi}+r^2\frac{\partial w^3}{\partial x^\lambda}\right)+r^2\left(\frac{\partial w^\nu}{\partial x^\lambda}-\delta_{\lambda\nu}\frac{\partial w^3}{\partial\xi}\right)\Theta_\nu\right.\\&\qquad\left.-\varepsilon^{-1}r^2\Theta_\lambda\Theta_\nu\frac{\partial w^\nu}{\partial\xi}\right]\mathrm{d}\xi,\\&W^{\alpha\beta}=\int_{-1}^1 w^\alpha w^\beta\mathrm{d}\xi,\end{aligned}\right.\tag{2.6.14}$$

这里 $\hat w=\dfrac{\mathcal{D}w}{\mathcal{D}\Theta}$ 是 (2.3.14) 的解 (w) 关于 Θ 的 Gâteaux 导数, Φ^0,Φ^λ 是由 (2.6.5) 所定义的.

证明 实际上, 根据 (2.6.5) 和 (2.6.6) 以及 $\sqrt{g}=\varepsilon r$ 可以推出

$$
\begin{aligned}
< \mathrm{grad}_\Theta(J(\Theta)),\eta >= & \iint_D \int_{-1}^{1} \frac{\mathcal{D}\Phi(w,\Theta)}{\mathcal{D}\Theta}\eta\varepsilon r\mathrm{d}\xi\mathrm{d}x \\
= & \int_D \int_{-1}^{1} 2\mu[\Phi^0(\widehat{w},w)\eta + \Phi^\lambda(w,\Theta)\eta_\lambda + \Phi^{\lambda\sigma}(w,\Theta)\eta_{\lambda\sigma}]r\varepsilon\mathrm{d}\xi\mathrm{d}x.
\end{aligned}
\tag{2.6.15}
$$

利用 (2.6.6) 和 (2.6.7) 容易得到 (2.6.13). 证毕.

对 (2.6.13) 进行分部积分, $\eta \in W(D)$ 满足齐次边界条件, 从而有

$$
\begin{aligned}
< \mathrm{grad}_\Theta(J(\Theta)),\eta >= & \int_D \varepsilon[\partial_{\lambda\sigma}(2\mu r^3 W^{\sigma\nu}\Theta_{\nu\lambda}) + r\widehat{\Phi}^{\lambda\sigma}(w,\Theta)) \\
& - \partial_\lambda(r\widehat{\Phi}^\lambda(w,\Theta)) + r\widehat{\Phi}^0(w,\widehat{w})]\eta\mathrm{d}x.
\end{aligned}
$$

于是有

定理 2.6.2 最优控制问题 (2.6.2) 的解 Θ 必须满足下列 Euler-Lagrange 方程

$$
\left\{
\begin{aligned}
& \frac{\partial^2}{\partial x^\lambda \partial x^\sigma}\left(2\mu r^3 W^{\nu\sigma}\frac{\partial^2\Theta}{\partial x^\nu\partial x^\lambda}\right) + \frac{\partial^2}{\partial x^\lambda\partial x^\sigma}(r\hat{\Phi}^{\lambda\sigma}(w,\Theta)) \\
& \quad -\frac{\partial}{\partial x^\lambda}(r\hat{\Phi}^\lambda(w,\Theta)) + \hat{\Phi}^0(w,\widehat{w})r = 0, \\
& \Theta|_\gamma = \Theta_0, \quad \left.\frac{\partial\Theta}{\partial n}\right|_\gamma = \Theta_*,
\end{aligned}
\right.
\tag{2.6.16}
$$

对应于 (2.6.16) 的变分形式

$$
\left\{
\begin{aligned}
& \text{求 } \Theta \in V(D) = \left\{q | q \in H^2(D), q|_\gamma = \Theta_0, \left.\frac{\partial q}{\partial n}\right|_\gamma = \Theta_*\right\} \text{ 使得} \\
& \int_D \{(2\mu r^2 W^{\sigma\alpha}\Theta_{\alpha\lambda} + \hat{\Phi}^{\lambda\sigma}(w,\Theta))\eta_{\lambda\sigma} + \widehat{\Phi}^\lambda(w,\Theta)\eta_\lambda + \widehat{\Phi}^0(w,\widehat{w})\eta\}\varepsilon r^2\mathrm{d}x = 0, \\
& \quad \forall \eta \in H_0^2(D).
\end{aligned}
\right.
\tag{2.6.17}
$$

2.7 可 控 性

在本节, 对于不可压缩流动问题, 考虑目标泛函是全局耗散函数

$$
J(\Theta) = \frac{1}{2}\int_\Omega A^{ijkl}(\Theta)e_{ij}(w(\Theta))e_{kl}(w(\Theta))\sqrt{g}\mathrm{d}x\mathrm{d}\xi = \frac{1}{2}a(w(\Theta),w(\Theta)) \tag{2.7.1}
$$

的情形. 目标泛函通过 Navier-Stokes 方程的解 w、变形张量和 A^{ijkl} 而依赖于 Θ. 广义极小值问题是

$$
\left\{
\begin{aligned}
& \text{求解一个曲面 } \Im \text{ 使得} \\
& J(\Im) = \inf_{S\in\mathcal{F}} J(S), \\
& \mathcal{F} = \{\zeta \in H^2(D), \zeta = \Theta_0, \zeta = \Theta_*, \text{在 } \partial D \text{ 上}, \ \|\zeta\|_{2,D} \leqslant \kappa_0\}.
\end{aligned}
\right.
\tag{2.7.2}
$$

我们知道存在 $J(\Theta)$ 关于 Θ 的 Gâteaux 导数 $\dfrac{DJ}{D\Theta}$, 那么 (2.7.2) 的解如果存在, 它的梯度必为零, 即

$$\mathrm{grad}_{\Theta} J(\Theta) = 0. \tag{2.7.3}$$

众所周知, 变分学中, 广义 Weierstrass 定理[7,19] 给出了一个极小值问题解的存在性充分条件.

定理 2.7.1 假设 X 是一个自反的 Banach 空间, U 是 X 有界的弱闭子集. 如果泛函 J 在 U 上是弱下半连续. 那么 J 是下有界, 并且在 U 上达到它的极小值.

定义 Sobolev 空间

$$V(\Omega) := \{u | u \in H^{1,p}(\Omega), u|_{\Gamma_0} = 0, \partial\Omega = \Gamma_0 \cup \Gamma_1, \mathrm{meas}(\Gamma_0) \neq 0\}.$$

那么有

引理 2.7.1 令

$$\widetilde{J}(w) = \frac{1}{2} a(w, w),$$

那么它在 $\boldsymbol{H}^1(\Omega)$ 对 w 是弱下半连续.

证明 事实上, 设

$$w_k \rightharpoonup w_0(\text{弱}), \quad \text{在 } H^1(D) \text{ 内};$$

由

$$\begin{aligned}
0 \leqslant & a(w_k - w_0, w_k - w_0) = a(w_k, w_k) - 2(w_k, w_0) + a(w_0, w_0) \\
\Rightarrow & a(w_k, w_k) \geqslant 2a(w_k, w_0) - a(w_0, w_0),
\end{aligned}$$

有

$$\lim_{k\to\infty} \inf \widetilde{J}(w_k) \geqslant a(w_0, w_0) - \frac{1}{2} a(w_0, w_0) = \frac{1}{2} a(w_0, w_0) = \widetilde{J}(w_0).$$

由引理 2.7.1 可以直接得到

引理 2.7.2 假设 Navier-Stokes 方程的解 $w(\Theta)$ 满足假设

$$\Theta_n \rightharpoonup \Theta_0(\text{弱}) \Rightarrow w_n = w(\Theta_n) \rightharpoonup w_0 = w(\Theta_0)(\text{弱}),$$

那么由 (2.7.1) 定义的泛函 $J(\Theta)$ 对 Θ 是弱下半连续.

定理 2.7.2 假设 (w, p) 是 Navier-Stokes 问题 (2.3.14) 的解, 且满足

$$\inf_D \left\{ \int_{-1}^{1} w^1 w^1 \mathrm{d}\xi, \int_{-1}^{1} w^2 w^2 \mathrm{d}\xi, \int_{-1}^{1} \left[\left(\frac{\partial w^3}{\partial x^\alpha}\right)\left(\frac{\partial w^3}{\partial x^\alpha}\right) + \left(\frac{\partial w^3}{\partial \xi} + \frac{w^2}{r}\right)^2 \right] \mathrm{d}\xi \right\} > 0, \tag{2.7.4}$$

那么至少存在一个二维曲面 $\Im$,

$$\Theta : D \longrightarrow \mathcal{F} = \{\zeta \in H^2(D), \|\zeta\|_{2,D} \leqslant \kappa_0, \zeta|_{\partial D} = \Theta_0, \partial_\nu \zeta|_{\partial D} = \Theta_*\},$$

使得 $J(\Theta)$ 在 $\{\Theta\}$ 达到极小

$$\Theta \in \mathcal{F}, \quad J(\Theta) = \inf_{\zeta \in \mathcal{F}} J(\zeta). \tag{2.7.5}$$

Θ 同样也是一个驻点:

$$< \mathrm{grad} J(\Theta), \eta >= \int_\Omega \mathrm{grad}_\Theta \Phi(w, \Theta) \mathrm{d}V = 0.$$

证明 根据定理 2.7.1, 只要证明

(i) 流形 $\mathcal{F}(D)$ 是序列弱闭的, i.e.,

$$\forall \vec{\zeta_l} \in \mathcal{F}(D), l \geqslant 1 \quad 和 \quad \zeta_l \rightharpoonup \zeta \quad 在\, H^2(D) \text{ 内 } \Rightarrow \zeta \in \mathcal{F}(D).$$

(ii) 泛函 J 在流形 $\mathcal{W}(D)$ 上是序列弱下半连续, i.e.,

$$\begin{aligned} &\zeta_l \in \mathcal{W}(D), l \geqslant 1 \quad 和\, \zeta_l \rightharpoonup \zeta \in \mathcal{F}(D), \text{ 在 } H^2(D) \text{ 内} \\ &\quad \Rightarrow J(\eta) \leqslant \lim \inf_{l \to \infty} J(\eta_l). \end{aligned}$$

(iii) 泛函 J 下有界, i.e., 存在常数 C_1 和 C_2 使得

$$C_1 > 0, \quad J(\zeta) \geqslant C_1 \|\zeta\|_{2,D} + C_2, \quad \forall \zeta \in \mathcal{F}. \tag{2.7.6}$$

事实上, Hilbert 空间 $H^2(D)$ 是自反的 Banach 空间. 并且

(i) 令 $\zeta_l \in \mathcal{F}(D), l \geqslant 1$, 使得 $\zeta_l \rightharpoonup \zeta$, 在 $H^2(D)$ 内. 我们必须证明 $\zeta \in \mathcal{F}(D)$.

由于从 $H^2(D)$ 到 $L^2(D)$ 的迹算子 $\mathrm{tr}I$ 和 $\mathrm{tr}\dfrac{\partial}{\partial n}$ 在两个空间强拓扑下都是连续的, 它也是在弱拓扑下连续的. 因此在 $L^2(D)$ 内, $\zeta_l|_{\partial D} \rightharpoonup \zeta|_{\partial D}$ 和 $\partial_n \zeta_l|_{\partial D} \rightharpoonup \partial_n \zeta|_{\partial D}$ 且 $\zeta|_{\partial D} = \Theta_0, \partial_n \zeta|_{\partial D} = \Theta_*$, 因 $\mathrm{tr}\zeta_l = \Theta_0, \mathrm{tr}_n \zeta_l = \Theta_*, \forall l \geqslant 1$. 另外在 $H^2(D)$ 里弱收敛序列在 $H^2(D)$ 内是有解的. 因此 $\|\zeta\|_{2,D} \leqslant \kappa_0$ 和 $\zeta \in \mathcal{F}(D)$.

(ii) 根据引理 2.7.1 和 2.7.2, 现只要证明旋转 Navier-Stokes 问题 (3.15) 的解 $(w(\Theta), p(\Theta))$ 关于 Θ 是弱连续, 这就意味着, 对任一弱连续序列 $\Theta^k \in \mathcal{W}, k = 1, 2, \cdots$, 相应的解序列 $(w(\Theta^k), p(\Theta^k))$ 是弱连续的. 由定理 2.4.1, (2.4.6) 指出, 存在一个弱收敛子序列 $(w(\Theta^k))$ (为简单乃记 $(w(\Theta^k))$), i.e., 存在一个 $w_* \in V(D)$ 使得

$$w(\Theta^k) \rightharpoonup w_*, \quad 在\, V(D) \text{ 内}.$$

(iii) 我们乃需证明, 泛函 J 在流形 $\mathcal{F}$ 上是强制的, i.e., (2.7.6) 成立. 由 (2.3.30),

$$J(\Theta)=\int_\Omega \Phi(w,w)r\varepsilon \mathrm{d}\xi\mathrm{d}x \geqslant \int_\Omega \mu\left[\frac{1}{2}\|\psi(w,\Theta)\|^2-\|\varphi(w)\|^2\right]r\varepsilon\mathrm{d}\xi\mathrm{d}x. \tag{2.7.7}$$

由 (2.3.17),

$$\begin{aligned}\|\psi(w,\Theta)\|^2=&\|\psi^\lambda\Theta_\lambda+\psi^{\lambda\sigma}\Theta_\lambda\Theta_\sigma+e^*(w,\Theta)\|^2\\=&\|e^*(w,\Theta)\|^2+\|\psi^\lambda(w)\Theta_\lambda+\psi^{\lambda\sigma}(w)\Theta_\lambda\Theta_\sigma\|^2\\&+2(e^*(w),\psi^\lambda(w)\Theta_\lambda+\psi^{\lambda\sigma}(w)\Theta_\lambda\Theta_\sigma).\end{aligned}\tag{2.7.8}$$

下面对 (2.7.8) 的每一项做估计. 首先由 (2.3.20) 和 (2.3.23),

$$\begin{cases}\|e^*(w)\|^2=e^*_{\alpha\beta}(w)e^*_{\alpha\beta}(w)+(r\varepsilon)^{-2}e^*_{3\alpha}(w)e^*_{3\alpha}(w)+\dfrac{1}{2}(r\varepsilon)^{-4}e^*_{33}(w)e^*_{33}(w)\\ \qquad=\dfrac{1}{4}r^4w^\lambda w^\sigma\partial_\lambda(\Theta_\alpha\Theta_\beta)\partial_\sigma(\Theta_\alpha\Theta_\beta)+\dfrac{1}{4}r^2w^\lambda w^\sigma\Theta_{\lambda\alpha}\Theta_{\sigma\beta}\\ \qquad=\dfrac{1}{4}r^2w^\lambda w^\sigma(2r^2(\Theta_{\lambda\alpha}\Theta_{\sigma\alpha}|\nabla\Theta|^2+\Theta_{\lambda\alpha}\Theta_{\sigma\beta}\Theta_\alpha\Theta_\beta)+\Theta_{\lambda\alpha}\Theta_{\sigma\alpha})\\ \qquad=\dfrac{1}{2}r^4\displaystyle\sum_\alpha(w^\lambda\Theta_{\alpha\lambda})^2+\dfrac{1}{4}r^2(w^\lambda\Theta_\alpha\Theta_{\lambda\alpha})^2+\dfrac{1}{4}r^2w^\lambda w^\sigma\Theta_{\lambda\alpha}\Theta_{\sigma\alpha}\\ \qquad\geqslant\dfrac{1}{4}r^2w^\lambda w^\sigma\Theta_{\lambda\alpha}\Theta_{\sigma\alpha}\\ \qquad=\dfrac{1}{4}r^2(w^{11}\Theta_{11}^2+w^{22}\Theta_{22}^2+(w^{11}+w^{22})\Theta_{12}^2)+\dfrac{1}{2}r^2w^{12}(\Theta_{11}+\Theta_{22})\Theta_{12},\\ w^{\lambda\sigma}=w^\lambda w^\sigma,\end{cases}\tag{2.7.9}$$

这里 $a_{\alpha\beta}$ 和 a 是有 (2.2.3) 所定义. 其次

$$\begin{aligned}&\|\psi^\lambda(w)\Theta_\lambda+\psi^{\lambda\sigma}(w)\Theta_\lambda\Theta_\sigma\|^2\\=&(\psi^\lambda(w),\psi^\sigma(w))\Theta_\lambda\Theta_\sigma\\&+(\psi^{\lambda\sigma}(w),\psi^{\mu\nu}(w))\Theta_\lambda\Theta_\sigma\Theta_\nu\Theta_\mu+2(\psi^\lambda(w),\psi^{\nu\mu}(w))\Theta_\lambda\Theta_\nu\Theta_\mu,\end{aligned}$$

$$\begin{aligned}(\psi^\lambda(w),\psi^\sigma(w))\Theta_\lambda\Theta_\sigma=&\left[\frac{1}{2}\varepsilon^2r^4\left(\frac{\partial w^3}{\partial x^\alpha}\frac{\partial w^3}{\partial x^\alpha}\delta_{\lambda\sigma}+\frac{\partial w^3}{\partial x^\lambda}\frac{\partial w^3}{\partial x^\sigma}\right)+\varepsilon^{-2}\left(\frac{\partial w^\lambda}{\partial\xi}\frac{\partial w^\sigma}{\partial\xi}\right)\right.\\&+\frac{1}{4}r^2\left(\frac{\partial w^\lambda}{\partial x^\alpha}\frac{\partial w^\sigma}{\partial x^\alpha}+2\frac{\partial w^\lambda}{\partial x^\sigma}\left(\frac{\partial w^3}{\partial\xi}+\frac{2}{r}w^2\right)\right.\\&\left.\left.+\left(\frac{\partial w^3}{\partial\xi}+\frac{2}{r}w^2\right)^2\delta_{\lambda\sigma}\right)\right]\Theta_\lambda\Theta_\sigma\\=&\frac{1}{2}r^2\left[r^2\frac{\partial w^3}{\partial x^\alpha}\frac{\partial w^3}{\partial x^\alpha}+\frac{1}{2}\left(\frac{\partial w^3}{\partial\xi}+\frac{2}{r}w^2\right)^2\right]|\nabla\Theta|^2\end{aligned}$$

$$
\begin{aligned}
&+\frac{1}{2}\varepsilon^2 r^4\left(\frac{\partial w^3}{\partial x^\lambda}\Theta_\lambda\right)^2+\varepsilon^{-2}\left(\frac{\partial w^\lambda}{\partial \xi}\Theta_\lambda\right)^2\\
&+\frac{1}{4}r^2\left(\frac{\partial w^\lambda}{\partial x^\alpha}\Theta_\lambda\right)\left(\frac{\partial w^\sigma}{\partial x^\alpha}\Theta_\sigma\right)+\frac{1}{2}r^2\frac{\partial w^\lambda}{\partial x^\sigma}\left(\frac{\partial w^3}{\partial \xi}+\frac{2}{r}w^2\right)\Theta_\lambda\Theta_\sigma\\
\geqslant&\frac{1}{4}r^2\left[2r^2\frac{\partial w^3}{\partial x^\alpha}\frac{\partial w^3}{\partial x^\alpha}+\frac{1}{2}\left(\frac{\partial w^3}{\partial \xi}+\frac{w^2}{r}\right)^2\right]|\nabla\Theta|^2\\
&+\frac{1}{2}r^2\frac{\partial w^\lambda}{\partial x^\sigma}\left(\frac{\partial w^3}{\partial \xi}+\frac{2}{r}w^2\right)\Theta_\lambda\Theta_\sigma,
\end{aligned}
$$

$$
\begin{aligned}
&(\psi^{\lambda\sigma}(w),\psi^{\nu\mu}(w))\Theta_\lambda\Theta_\sigma\Theta_\nu\Theta_\mu\\
=&\left[\frac{1}{2}r^4\left(\left(\frac{\partial w^\lambda}{\partial x^\alpha}\Theta_\lambda\right)\left(\frac{\partial w^\sigma}{\partial x^\alpha}\Theta_\sigma\right)+\frac{1}{r}w^2\left(\frac{\partial w^\sigma}{\partial x^\lambda}+\frac{\partial w^\lambda}{\partial x^\sigma}\right)\Theta_\lambda\Theta_\sigma\right)\right.\\
&\left.+\frac{1}{4}\varepsilon^{-2}r^2\left(\frac{\partial w^\lambda}{\partial \xi}\Theta_\lambda\right)^2\right]|\nabla\Theta|^2+r^2w^2w^2|\nabla\Theta|^4\\
=&\left[\frac{1}{2}r^4\left(\left(\frac{\partial w^\lambda}{\partial x^\alpha}\Theta_\lambda\right)\left(\frac{\partial w^\sigma}{\partial x^\alpha}\Theta_\sigma\right)+2\frac{1}{r}w^2\left(\frac{\partial w^\lambda}{\partial x^\sigma}\right)\Theta_\lambda\Theta_\sigma\right)\right.\\
&\left.+\frac{1}{4}\varepsilon^{-2}r^2\left(\frac{\partial w^\lambda}{\partial \xi}\Theta_\lambda\right)^2\right]|\nabla\Theta|^2+r^2w^2w^2|\nabla\Theta|^4,
\end{aligned}
$$

$$
\begin{aligned}
(\psi^{\mu\nu}(w),\psi^\lambda(w))\Theta_\lambda\Theta_\nu\Theta_\mu=&\frac{1}{4}\varepsilon r^4\left[2\frac{\partial w^\lambda}{\partial x^\alpha}\frac{\partial w^3}{\partial x^\alpha}+\frac{2}{r}w^2\frac{\partial w^3}{\partial x^\lambda}\right.\\
&\left.+\varepsilon^{-2}\frac{\partial w^\lambda}{\partial \xi}\left(\frac{\partial w^3}{\partial \xi}+\frac{2}{r}w^2\right)\right]\Theta_\lambda|\nabla\Theta|^2+\left[\frac{1}{2}\varepsilon r^4\frac{\partial w^\lambda}{\partial x^\nu}\frac{\partial w^3}{\partial x^\mu}+\frac{1}{4}\varepsilon^{-1}r^2\frac{\partial w^\lambda}{\partial \xi}\frac{\partial w^\nu}{\partial x^\mu}\right]\Theta_\lambda\Theta_\mu\Theta_\nu.
\end{aligned}
$$

因此, 利用 $\left(\frac{\partial w^\sigma}{\partial x^\lambda}+\frac{\partial w^\lambda}{\partial x^\sigma}\right)\Theta_\lambda\Theta_\sigma=2\frac{\partial w^\sigma}{\partial x^\lambda}\Theta_\lambda\Theta_\sigma$, 有

$$
\begin{aligned}
\|\psi^\lambda(w)\Theta_\lambda+\psi^{\lambda\sigma}(w)\Theta_\lambda\Theta_\sigma\|^2\geqslant&\frac{1}{4}r^2\left[2r^2\frac{\partial w^3}{\partial x^\alpha}\frac{\partial w^3}{\partial x^\alpha}+\frac{1}{2}\left(\frac{\partial w^3}{\partial \xi}\right)^2\right]|\nabla\Theta|^2\\
&+\frac{1}{2}r^2\left[\frac{\partial w^\lambda}{\partial x^\sigma}\left(\frac{\partial w^3}{\partial \xi}+\frac{4}{r}w^2\right)-\frac{1}{2}w^2w^2\delta_{\lambda\sigma}\right]\Theta_\lambda\Theta_\sigma\\
&+\frac{1}{4}\varepsilon r^4\left[2\frac{\partial w^\lambda}{\partial x^\alpha}\frac{\partial w^3}{\partial x^\alpha}+\frac{2}{r}w^2\frac{\partial w^3}{\partial x^\lambda}\right.\\
&\left.+(r\varepsilon)^{-2}\frac{\partial w^\lambda}{\partial \xi}\left(\frac{\partial w^3}{\partial \xi}+\frac{2}{r}w^2\right)\right]\Theta_\lambda|\nabla\Theta|^2\\
&+\left[\frac{1}{2}\varepsilon r^4\frac{\partial w^\lambda}{\partial x^\nu}\frac{\partial w^3}{\partial x^\mu}+\frac{1}{4}\varepsilon^{-1}r^2\frac{\partial w^\lambda}{\partial \xi}\frac{\partial w^\nu}{\partial x^\mu}\right]\Theta_\lambda\Theta_\mu\Theta_\nu,
\end{aligned}
$$

最后

$$
2(e^*(w),\psi^\lambda(w)\Theta_\lambda+\psi^{\lambda\sigma}(w)\Theta_\lambda\Theta_\sigma)
$$

$$
\begin{aligned}
&=2(e^*(w),\psi^{\lambda}(w)\Theta_{\lambda})+2(e^*(w),\psi^{\lambda\sigma}(w)\Theta_{\lambda}\Theta_{\sigma})\\
&=\frac{1}{2}r^2w^{\nu}\Theta_{\alpha\nu}\left[2r^2\left(\varepsilon\frac{\partial w^3}{\partial x^{\alpha}}+\frac{\partial w^{\lambda}}{\partial x^{\alpha}}\Theta_{\lambda}+\frac{2}{r}w^2\Theta_{\alpha}\right)|\nabla\Theta|^2\right.\\
&\quad+2r^2\left(\frac{\partial w^{\lambda}}{\partial x^{\beta}}\Theta_{\lambda}+\varepsilon\frac{\partial w^3}{\partial x^{\beta}}\right)\Theta_{\beta}\Theta_{\alpha}\\
&\quad\left.+\frac{\partial w^{\lambda}}{\partial x^{\alpha}}\Theta_{\lambda}+\left(\frac{\partial w^3}{\partial\xi}+\frac{2}{r}w^2\right)\Theta_{\alpha}+\varepsilon^{-1}\frac{\partial w^{\lambda}}{\partial\xi}\Theta_{\lambda}\Theta_{\alpha}\right].
\end{aligned}
$$

综合以上估计, 得

$$
\begin{aligned}
\|\psi(w,\Theta)\|^2\geqslant&\frac{1}{4}r^2(w^{11}\Theta_{11}^2+w^{22}\Theta_{22}^2+(w^{11}+w^{22})\Theta_{12}^2)\\
&+\frac{1}{4}r^2\left[2r^2\frac{\partial w^3}{\partial x^{\alpha}}\frac{\partial w^3}{\partial x^{\alpha}}+\frac{1}{2}\left(\frac{\partial w^3}{\partial\xi}+\frac{w^2}{r}\right)^2\right]|\nabla\Theta|^2+T(w,\Theta),
\end{aligned}
$$

$$
\begin{aligned}
T(w,\Theta)=&\frac{1}{2}r^2w^{12}(\Theta_{11}+\Theta_{22})\Theta_{12}\\
&+\frac{1}{2}r^2\left[\frac{\partial w^{\lambda}}{\partial x^{\sigma}}\left(\frac{\partial w^3}{\partial\xi}+\frac{4}{r}w^2\right)-\frac{1}{2}w^2w^2\delta_{\lambda\sigma}\right]\Theta_{\lambda}\Theta_{\sigma}\\
&+\frac{1}{4}\varepsilon r^4\left[2\frac{\partial w^{\lambda}}{\partial x^{\alpha}}\frac{\partial w^3}{\partial x^{\alpha}}+\frac{2}{r}w^2\frac{\partial w^3}{\partial x^{\lambda}}+(r\varepsilon)^{-2}\frac{\partial w^{\lambda}}{\partial\xi}\left(\frac{\partial w^3}{\partial\xi}+\frac{2}{r}w^2\right)\right]\Theta_{\lambda}|\nabla\Theta|^2\\
&+\left[\frac{1}{2}\varepsilon r^4\frac{\partial w^{\lambda}}{\partial x^{\nu}}\frac{\partial w^3}{\partial x^{\mu}}+\frac{1}{4}\varepsilon^{-1}r^2\frac{\partial w^{\lambda}}{\partial\xi}\frac{\partial w^{\nu}}{\partial x^{\mu}}\right]\Theta_{\lambda}\Theta_{\mu}\Theta_{\nu}\\
&+\frac{1}{2}r^2w^{\nu}\Theta_{\alpha\nu}\left[2r^2\left(\varepsilon\frac{\partial w^3}{\partial x^{\alpha}}+\frac{\partial w^{\lambda}}{\partial x^{\alpha}}\Theta_{\lambda}+\frac{2}{r}w^2\Theta_{\alpha}\right)|\nabla\Theta|^2\right.\\
&+2r^2\left(\frac{\partial w^{\lambda}}{\partial x^{\beta}}\Theta_{\lambda}+\varepsilon\frac{\partial w^3}{\partial x^{\beta}}\right)\Theta_{\beta}\Theta_{\alpha}\\
&\left.+\frac{\partial w^{\lambda}}{\partial x^{\alpha}}\Theta_{\lambda}+\left(\frac{\partial w^3}{\partial\xi}+\frac{2}{r}w^2\right)\Theta_{\alpha}+\varepsilon^{-1}\frac{\partial w^{\lambda}}{\partial\xi}\Theta_{\lambda}\Theta_{\alpha}\right].
\end{aligned}\tag{2.7.10}
$$

因为由定理 2.5.3、w 在 $\boldsymbol{H}^1(\Omega)$ 内有界和 $\Theta\in\mathcal{F}$, 我们断定

$$
\|T\|_{0,\Omega}+\|\varphi(w)\|_{0,\Omega}^2\leqslant C,\tag{2.7.11}
$$

其中 C 是常数. 由 (2.9.7), (2.9.10) 和 (2.9.11), 得

$$
\begin{aligned}
J(\Theta)=&\int_{\Omega}\Phi(w,w)r\varepsilon\mathrm{d}\xi\mathrm{d}x\\
\geqslant&\int_{\Omega}\left\{\frac{1}{4}\mu r^2\left[(w^{11}\Theta_{11}^2+w^{22}\Theta_{22}^2\right.\right.\\
&\left.+(w^{11}+w^{22})\Theta_{12}^2)+\left(2r^2\frac{\partial w^3}{\partial x^{\alpha}}\frac{\partial w^3}{\partial x^{\alpha}}+\frac{1}{2}\left(\frac{\partial w^3}{\partial\xi}+\frac{w^2}{r}\right)^2\right)|\nabla\Theta|^2\right]
\end{aligned}
$$

$$
\begin{aligned}
&+\mu T(w,\Theta)-\mu\|\varphi(w)\|^2\Big\}\varepsilon r\mathrm{d}\xi\mathrm{d}x\\
&\geqslant\int_D\frac{1}{4}\mu r^2\bigg[\varepsilon\bigg((W^{11}\Theta_{11}^2+W^{22}\Theta_{22}^2+(W^{11}+W^{22})\Theta_{12}^2)\\
&\quad+\int_{-1}^1\bigg(2r^2\frac{\partial w^3}{\partial x^\alpha}\frac{\partial w^3}{\partial x^\alpha}+\frac{1}{2}\Big(\frac{\partial w^3}{\partial\xi}+\frac{w^2}{r}\Big)^2\bigg)\mathrm{d}\xi|\nabla\Theta|^2\bigg)\bigg]r\mathrm{d}x-C\\
&\geqslant\frac{\mu}{8}\varepsilon r_0^2\mu\inf_D\bigg\{W^{11},W^{22},\int_{-1}^1\bigg(\frac{\partial w^3}{\partial x^\alpha}\frac{\partial w^3}{\partial x^\alpha}+\Big(\frac{\partial w^3}{\partial\xi}+\frac{w^2}{r}\Big)^2\bigg)\mathrm{d}\xi\bigg\}\|\Theta\|_{2,D}^2-C\\
&\geqslant C_1\|\Theta\|_{2,D}^2+C_2,\qquad\forall\Theta\in\mathcal{F},
\end{aligned}\tag{2.7.12}
$$

这里

$$
\begin{aligned}
&W^{\lambda\sigma}=\int_{-1}^1 w^\lambda w^\sigma\mathrm{d}\xi,\\
&C_1=\frac{\mu}{8}\varepsilon r_0^2\inf_D\bigg\{W^{11},W^{22},\int_{-1}^1\bigg(\frac{\partial w^3}{\partial x^\alpha}\frac{\partial w^3}{\partial x^\alpha}+\Big(\frac{\partial w^3}{\partial\xi}+\frac{w^2}{r}\Big)^2\bigg)\mathrm{d}\xi\bigg\}.
\end{aligned}\tag{2.7.13}
$$

利用 (2.5.1) 的第一个方程, 有

$$
\frac{\partial w^\alpha}{\partial x^\alpha}=-\Big(\frac{\partial w^3}{\partial\xi}+\frac{1}{r}w^2\Big),
$$

所以

$$
C_1=\frac{\nu}{8}\varepsilon r_0^2\inf_D\bigg\{W^{11},W^{22},\int_{-1}^1\bigg[\frac{\partial w^3}{\partial x^\alpha}\frac{\partial w^3}{\partial x^\alpha}+\Big(\frac{\partial w^\alpha}{\partial x^\alpha}\Big)\Big(\frac{\partial w^\beta}{\partial x^\beta}\Big)\bigg]\mathrm{d}\xi\bigg\}>0.\tag{2.7.14}
$$

(2.7.6) 式成立. 证毕.

2.8 叶轮做功率和极小的泛函

考虑叶轮做功率, 如

$$
I(\Im)=\int_{\Im_-\cup\Im_+}\sigma(\boldsymbol{w},p)\cdot\boldsymbol{n}\cdot\boldsymbol{e}_\theta r\omega\mathrm{d}S,\tag{2.8.1}
$$

其中 $\boldsymbol{n}$ 是曲面 $\Im$ 的单位外法线向量, ω 是叶轮的旋转的角速度, $\mathrm{d}S=\sqrt{a}$ 是曲面 $\Im$ 的面元,

$$
\sigma(\boldsymbol{w},p)=(-p+\lambda)\mathrm{div}wg_{ij}+2\mu e_{ij}(\boldsymbol{w})
$$

是应力张量 ($\lambda=0$, 并不可压缩流) 和 (e_r,e_θ,k) 与叶轮一起旋转的圆柱坐标系的基向量. 我们的目标是求一个叶轮叶片表面 $\Im$ 使得

$$
J(\Im)=\inf_{\mathcal{S}\in\mathcal{F}}J(\mathcal{S}),\tag{2.8.2}
$$

其中

$$J(\Im) = \frac{W_0 - I(\Im)}{W_0},$$

$\mathcal{F}$ 是展在一条空间 Jordan 曲线 $C \in E^3$ 上的曲面全体. $J(\Im)$ 的意义是设定功率与叶轮的功率之差. (2.8.2) 是指: 求一个叶轮叶片表面 $\Im$ 使得这种差最小.

在 R-坐标系下, (2.8.1) 可以写成

$$\begin{aligned} I(\Im) = \int_D \{ & ((-p + \lambda \mathrm{div}\boldsymbol{w}) g_{ij} + 2\mu e_{ij}(\boldsymbol{w})) n^i (\boldsymbol{e}_\theta)^j r\omega\sqrt{a}|_{\xi=+1} \\ & - (-p + \lambda \mathrm{div}\boldsymbol{w}) g_{ij} + 2\mu e_{ij}(\boldsymbol{w})) n^i (\boldsymbol{e}_\theta)^j r\omega\sqrt{a}|_{\xi=-1} \} \mathrm{d}x, \end{aligned} \tag{2.8.3}$$

其中 $\boldsymbol{n}$ 和 $\boldsymbol{e}_\theta$ 在 R- 坐标系下的分量 (见 (1.9.10) 和 (1.9.20))

$$\begin{cases} \boldsymbol{n} = n^i \boldsymbol{e}_i, \quad n^\alpha = -r\Theta_\alpha/\sqrt{a}, \quad n^3 = (r\varepsilon)^{-1} \dfrac{1 + r^2\Theta_2^2}{\sqrt{a}}, \\ \boldsymbol{e}_\theta = e_\theta^i \boldsymbol{e}_i, \quad e_\theta^\alpha = 0, \quad e_\theta^3 = (r\varepsilon)^{-1}. \end{cases} \tag{2.8.4}$$

由 (1.2.5) 和 (1.3.17), 有

$$\begin{cases} g_{ij} n^i (e_\theta)^j = (r\varepsilon)^{-1} (g_{\alpha 3} n^\alpha + g_{33} n^3) = \dfrac{1 - r^2\Theta_1^2}{\sqrt{a}}, \\ e_{3\alpha}(\boldsymbol{w}) = \dfrac{1}{2}\left(a_{\alpha\beta} \dfrac{\partial w^\beta}{\partial \xi} + \varepsilon r^2 \Theta_\alpha \dfrac{\partial w^3}{\partial \xi} \right) + \dfrac{1}{2}\left(\Theta_\beta \dfrac{\partial w^\beta}{\partial x^\alpha} + \varepsilon \dfrac{\partial w^3}{\partial x^\alpha} \right) \\ \qquad + \left(\dfrac{1}{2} \varepsilon r^2 \Theta_{\alpha\sigma} + r\varepsilon \delta_{2\sigma} \Theta_\alpha \right) w^\sigma, \\ e_{33}(\boldsymbol{w}) = r^2 \varepsilon^2 \dfrac{\partial w^3}{\partial \xi} + r\varepsilon^2 w^2 + \varepsilon r^2 \Theta_\alpha \dfrac{\partial w^\alpha}{\partial \xi}, \\ e_{ij}(\boldsymbol{w}) n^i (\boldsymbol{e}_\theta)^j = \dfrac{1}{r^2\varepsilon^2\sqrt{a}} [r^2 \Theta_\alpha e_{3\alpha}(\boldsymbol{w}) + (1 + r^2\Theta_2^2) e_{33}(\boldsymbol{w})] \\ \qquad = \dfrac{1}{r\varepsilon\sqrt{a}} \left[\dfrac{1}{2} r\varepsilon \left(1 + \dfrac{1}{2} r^2 (\Theta_2^2 - \Theta_1^2) \right) \dfrac{\partial w^3}{\partial \xi} \right. \\ \qquad + \dfrac{1}{2} r\Theta_\alpha (1 + r^2(\Theta_2^2 - \Theta_1^2)) \dfrac{\partial w^\alpha}{\partial \xi} \\ \qquad - \dfrac{1}{2} r\Theta_\alpha \left(\dfrac{\partial w^\beta}{\partial x^\alpha} + \varepsilon \dfrac{\partial w^3}{\partial x^\alpha} \right) \\ \qquad \left. + \varepsilon \left((1 - r^2\Theta_1^2) \delta_{2\sigma} - \dfrac{1}{2} r^3 \Theta_\alpha \Theta_{\alpha\sigma} \right) w^\sigma \right], \end{cases} \tag{2.8.5}$$

那么 (2.8.3) 的被积表达式可以表示为关于 Θ 的显式形式

$$\left\{\begin{aligned} A_D(w,p,\Theta) &:= ((-p+\lambda\mathrm{div}\boldsymbol{w})g_{ij}+2\mu e_{ij}(\boldsymbol{w}))n^i(\boldsymbol{e}_\theta)^j r\omega\sqrt{a} \\ &= \left[\frac{1-r^2\Theta_1^2}{\sqrt{a}}(-p+\mathrm{div}\boldsymbol{w})+2\mu\left(\frac{1}{r\varepsilon\sqrt{a}}\left[\frac{1}{2}r\varepsilon\left(1+\frac{1}{2}r^2(\Theta_2^2-\Theta_1^2)\right)\right.\right.\right. \\ &\quad \cdot\frac{\partial w^3}{\partial\xi}+\frac{1}{2}r\Theta_\alpha(1+r^2(\Theta_2^2-\Theta_1^2))\frac{\partial w^\alpha}{\partial\xi}-\frac{1}{2}r\Theta_\alpha\left(\frac{\partial w^\beta}{\partial x^\alpha}\right. \\ &\quad \left.\left.\left.\left.+\varepsilon\frac{\partial w^3}{\partial x^\alpha}\right)+\varepsilon((1-r^2\Theta_1^2)\delta_{2\sigma}-\frac{1}{2}r^3\Theta_\alpha\Theta_{\alpha\sigma})w^\sigma\right]\right)\right]r\omega\sqrt{a}. \end{aligned}\right. \tag{2.8.6}$$

利用叶片面的边界条件

$$\boldsymbol{w}|_{\xi=\pm1}=0,\quad \left(\frac{\partial w^\beta}{\partial x^\alpha}+\varepsilon\frac{\partial w^3}{\partial x^\alpha}\right)|_{\xi=\pm1}=0, \tag{2.8.7}$$

与 (1.9.30) 和连续性方程 (2.3.7),

$$\mathrm{div}(\rho\boldsymbol{w})=\frac{\partial(\rho w^\alpha)}{\partial x^\alpha}+\frac{\partial(\rho w^3)}{\partial\xi}+\frac{(\rho w^2)}{r}=0,$$

以及 $\rho\neq0$, 一起推出

$$\left.\frac{\partial w^\alpha}{\partial x^\alpha}\right|_{\xi=\pm1}=0,\quad \left.\left(\frac{\partial w^3}{\partial\xi}\right)\right|_{\xi=\pm1}=0. \tag{2.8.8}$$

代入 (2.8.6) 得

$$A_D(w,p,\Theta)=\left[-(1-r^2\Theta_1^2)p+\mu\varepsilon^{-1}\Theta_\alpha(1+r^2(\Theta_2^2-\Theta_1^2))\frac{\partial w^\alpha}{\partial\xi}\right]r\omega, \tag{2.8.9}$$

最后

$$I(\Im)=\int_D[A_D(w,p,\Theta)|_{\xi=1}-A_D(w,p,\Theta)|_{\xi=-1}]r\omega\mathrm{d}x. \tag{2.8.10}$$

定理 2.8.1 假设 $\Theta\in C^2(D,R)$ 是一个单射映射. 那么由 (2.8.1) 定义的目标泛函 I 沿任一个方向是处处 Gâteaux 可导, $\mathrm{grad}_\Theta I\equiv\dfrac{\mathcal{D}I}{\mathcal{D}\Theta}$, 且

$$\begin{aligned} <\mathrm{grad}_\Theta(I(\Theta)),\eta>=&\iint_D[(E^\alpha(w,p,\Theta)\eta_\alpha+E_0(w,p,\Theta))|_{\xi=1} \\ &-(E^\alpha(w,p,\Theta)\eta_\alpha+E_0(w,p,\Theta))|_{\xi=-1}\eta]\omega r\mathrm{d}x, \end{aligned} \tag{2.8.11}$$

其中

$$\left\{\begin{aligned} E^\alpha(\boldsymbol{w};p)&=2r^2p\Theta_1\delta_{1\alpha}+\mu\varepsilon^{-1}[(2r^2\Theta_\beta(\Theta_2\delta_{2\alpha}-\Theta_1\delta_{1\alpha}) \\ &\qquad +(1+r^2(\Theta_2^2-\Theta_1^2))\delta_\beta^\alpha)]\frac{\partial w^\beta}{\partial\xi}, \\ E_0(\boldsymbol{w},p,\Theta)&=\mu\varepsilon^{-1}\Theta_\alpha(1+r^2(\Theta_2^2-\Theta_1^2))\frac{\partial\widehat{w}^\alpha}{\partial\xi}+(r^2\Theta_1^2-1)\widehat{p}, \end{aligned}\right. \tag{2.8.12}$$

这里 $\hat{w}=\dfrac{\mathcal{D}w}{\mathcal{D}\Theta}$ 和 $\hat{p}=\dfrac{\mathcal{D}p}{\mathcal{D}\Theta}$ 是流体速度 (w) 和压力在 Θ 沿 η 方向的 Gâteaux 导数.

证明 实际上, 由于 (2.8.10) 和 $\sqrt{g}=\varepsilon r$, 我们断定

$$< \mathrm{grad}_\Theta(I(\Theta)),\eta >=\iint_D\left[\left.\frac{\mathcal{D}A_D(\boldsymbol{w},p,\Theta)}{\mathcal{D}\Theta}\right|_{\xi=1}\eta-\left.\frac{\mathcal{D}A_D(\boldsymbol{w},p,\Theta)}{\mathcal{D}\Theta}\right|_{\xi=1}\eta\right]\omega r\mathrm{d}x,$$

$$\frac{\mathcal{D}A_D(\boldsymbol{w},p,\Theta)}{\mathcal{D}\Theta}\eta=\frac{\partial A_D(\boldsymbol{w},p,\Theta)}{\partial\Theta}\eta+\frac{\partial A_D(\boldsymbol{w},p,\Theta)}{\partial w}\widehat{w}\eta+\frac{\partial A_D(\boldsymbol{w},p,\Theta)}{\partial p}\widehat{p}\eta,\quad(2.8.13)$$

从 (2.8.9) 可以推出

$$\begin{aligned}&\frac{\partial A_D(\boldsymbol{w},p,\Theta)}{\partial\Theta}\eta=E^\alpha(\boldsymbol{w},p,\Theta)\eta_\alpha,\\&\frac{\partial A_D(\boldsymbol{w},p,\Theta)}{\partial\boldsymbol{w}}\widehat{\boldsymbol{w}}\eta=\left[\mu\varepsilon^{-1}\Theta_\beta(1+r^2(\Theta_2^2-\Theta_1^2))\frac{\partial\widehat{w}^\beta}{\partial\xi}\right]\eta,\\&\frac{\partial A_D(\boldsymbol{w},p,\Theta)}{\partial p}\widehat{p}\eta=(1-r^2\Theta_1^2)\widehat{p}\eta,\end{aligned}$$

其中

$$\begin{aligned}E^\alpha(\boldsymbol{w},p,\Theta):=&\mu\varepsilon^{-1}(2r^2\Theta_\beta(\Theta_2\delta_{2\alpha}-\Theta_1\delta_{1\alpha})\\&+(1+r^2(\Theta_2^2-\Theta_1^2))\delta_{\alpha\beta})\frac{\partial\boldsymbol{w}^\beta}{\partial\xi}+2r^2\Theta_1\delta_{1\alpha}p.\end{aligned}\quad(2.8.14)$$

将上述各式代入 (2.8.13) 就可以得到 (2.8.11) 和 (2.8.12). 证毕.

注意 $\eta\in W(D)$ 满足齐次边界条件, 对 (2.8.13) 分部积分

$$\begin{aligned}< \mathrm{grad}_\Theta(I(\Theta)),\eta >=\int_D&\{[-\partial_\alpha E^\alpha(\boldsymbol{w},p,\Theta)+rE_0(\widehat{\boldsymbol{w}},\widehat{p},\Theta)]|_{\xi=1}\\&-[-\partial_\alpha E^\alpha(\boldsymbol{w},p,\Theta)+rE_0(\widehat{\boldsymbol{w}},\widehat{p},\Theta)]|_{\xi=-1}\}\omega\eta\mathrm{d}x.\end{aligned}\quad(2.8.15)$$

由 (2.8.14) 我们断定

$$\begin{aligned}&\partial_\alpha E^\alpha(\boldsymbol{w},p,\Theta)=A^{\alpha\beta}(\boldsymbol{w},p,\Theta)\Theta_{\alpha\beta}+\Pi(\boldsymbol{w},p,\Theta),\\&A^{22}(\boldsymbol{w},p,\Theta)=\mu\varepsilon^{-1}2r^2\left(\Theta_\beta\frac{\partial\boldsymbol{w}^\beta}{\partial\xi}+2\Theta_2\frac{\partial\boldsymbol{w}^2}{\partial\xi}\right),\\&A^{12}(\boldsymbol{w},p,\Theta)=\mu\varepsilon^{-1}4r^2\left(\Theta_2\frac{\partial\boldsymbol{w}^1}{\partial\xi}-\Theta_1\frac{\partial\boldsymbol{w}^2}{\partial\xi}\right),\\&A^{11}(w,p,\Theta)=\mu\varepsilon^{-1}2r^2\left(p-\Theta_\beta\frac{\partial\boldsymbol{w}^\beta}{\partial\xi}-2\Theta_1\frac{\partial\boldsymbol{w}^1}{\partial\xi}\right),\\&\Pi(w,p,\Theta)=\left(2r^2\Theta_1\frac{\partial p}{\partial x^1}+\mu\varepsilon^{-1}2r\Theta_2\Theta_\beta+\delta_{2\beta}(\Theta_2^2-\Theta_1^2)\right)\frac{\partial\boldsymbol{w}^\beta}{\partial\xi}.\end{aligned}\quad(2.8.16)$$

引入记号

$$[A]^- = A|_{\xi=1} - A|_{\xi=-1}.$$

那么 (2.8.15) 变为

$$< \mathrm{grad}_\Theta(I(\Theta)), \eta > = \int_D ([A^{\alpha\beta}]^- \Theta_{\alpha\beta} + [\Pi]^- + r[E_0(\widehat{\boldsymbol{w}}, \widehat{p}, \Theta)]^-)\omega\eta \mathrm{d}x. \tag{2.8.17}$$

因此可以得到

定理 2.8.2 最优控制问题 (2.8.2) 的 Euler-Lagrange 方程是

$$\begin{cases} [A^{\alpha\beta}(\boldsymbol{w}, p, \Theta)]^- \Theta_{\alpha\beta} + [\Pi(\boldsymbol{w}, p, \Theta)]^- + r[E_0(\widehat{\boldsymbol{w}}, \widehat{p}, \Theta)]^- = 0, \\ \Theta|_\gamma = \Theta_0, \end{cases} \tag{2.8.18}$$

它的变分问题是

$$\begin{cases} \text{求 } \Theta \in V(D) = \left\{ q | q \in H^2(D), q|_\gamma = \Theta_0, \dfrac{\partial q}{\partial n}|_\gamma = \Theta_* \right\} \text{ 使得} \\ \displaystyle\int_D \{[E^\alpha(w, p, \Theta)]^- \eta_\alpha + [E_0(w, p, \Theta)]^- \eta\} \omega r \mathrm{d}x = 0, \qquad \forall \eta \in H_0^2(D). \end{cases} \tag{2.8.19}$$

(2.8.19) 是一个二阶椭圆边值问题. 它的解是存在的, 只要定理 2.4.1 条件成立.

定理 2.6.2 和定理 2.8.1 告诉我们, 求解 Euler-Lagrange 方程

$$\begin{cases} \dfrac{\partial^2}{\partial x^\lambda \partial x^\sigma}\left(2\mu r^3 W^{\nu\sigma} \dfrac{\partial^2 \Theta}{\partial x^\nu \partial x^\lambda}\right) + \dfrac{\partial^2}{\partial x^\lambda \partial x^\sigma}(r\hat{\Phi}^{\lambda\sigma}(w, \Theta)) \\ \qquad - \dfrac{\partial}{\partial x^\lambda}(r\hat{\Phi}^\lambda(w, \Theta)) + \hat{\Phi}^0(w, \widehat{w}) r = 0, \\ \Theta|_\gamma = \Theta_0, \quad \dfrac{\partial \Theta}{\partial n}|_\gamma = \Theta_*, \end{cases} \tag{2.8.20}$$

或

$$\begin{cases} [A^{\alpha\beta}(\boldsymbol{w}, p, \Theta)]^- \Theta_{\alpha\beta} + [\Pi(\boldsymbol{w}, p, \Theta)]^- + r[E_0(\widehat{\boldsymbol{w}}, \widehat{p}, \Theta)]^- = 0, \\ \Theta|_\gamma = \Theta_0, \end{cases} \tag{2.8.21}$$

如果这个解是唯一, 那么它就是变分问题 (2.7.2) 或 (2.8.2) 的解. 如果在这些参数下, (2.8.20) 或 (2.8.21) 解是奇异的, 我们将另行研究. 由于 (2.8.20) 或 (2.8.21), 不但依赖与 Θ, 而且也依赖于 Navier-Stokes 方程的解 $(\boldsymbol{w}, p)$ 及其 Gâteaux 导数 $(\widehat{\boldsymbol{w}}, \widehat{p})$. 这就决定了必须在解 (2.8.20) 或 (2.8.21) 时, 同时要求解 Navier-Stokes 方程和 Gâteaux $(\widehat{\boldsymbol{w}}, \widehat{p})$ 导数的方程.

用有限元解 (2.8.20) 或 (2.8.21), 可以采用协调元, 也可以采用非协调元. 得到非线性代数方程, 可以用简单迭代法, 或牛顿迭代法. 元素类型可以采用三角元或切四边形等参元.

注 叶片面上的 $\boldsymbol{w}_1 = \dfrac{\partial \boldsymbol{w}}{\partial \xi}$ 是边界层方程的解. 在第 4 章中将会讨论.

2.9 最优控制的数值算法

2.9.1 梯度方法

设目标泛函 J 是连续可微的, V 是一个 Banach 空间, $v \to J(v) \in \Re$, $\delta J(v) = J'_v(v) \in \mathcal{L}$ 是一个 $V \to \Re$ 的线性算子:

$$J(v+\delta v) = J(v) + J'_v(v)\delta v + o(\|\delta v\|),$$

$$J(v+tw) = J(v) + \lambda\langle \mathrm{grad}_v J, w\rangle + o(\lambda\|w\|), \quad v, w \in V, \forall\lambda \in \Re,$$

$$\langle \mathrm{grad}_v J, w\rangle = \delta J w, \quad w \in V.$$

令 $w = -\rho \mathrm{grad}_v J(v), 0 < \rho \ll 1$,

$$J(v+w) - J(v) = -\rho\|\mathrm{grad}_v J(v)\|^2 + o(\rho\|\mathrm{grad}_v J(v)\|).$$

如果 ρ 足够小使得右边的第一项能够控制余项, 那么右边之和为负

$$\rho\|\mathrm{grad}_v J(v)\|^2 > o(\rho\|\mathrm{grad}_v J(v)\|) \Rightarrow J(v+w) < J(v).$$

从而序列

$$v^{n+1} = v^n - \rho \mathrm{grad}_v J(v), \ n = 0, 1, 2, \cdots$$

单调减, 因而有下列结果:

定理 2.9.1 设 J 是连续可微和下有界,$J(v) \to \infty$, 当 $\|v\| \to \infty$ 时. 那么序列 v^n 的凝聚点 v^* 满足

$$\mathrm{grad}_v J(v^*) = 0.$$

如果 J 是凸的, 那么 v^* 是极小的; 如果 J 是严格凸的, 那么极小值是唯一的.

这就是所谓一阶最优性条件.

沿下降方向 $w^n = -\mathrm{grad}_v J(v^n)$ 取最佳 ρ,

$$\rho^n = \arg\min_\rho\{J(v^n + \rho w^n)\},$$

这就意味

$$J(v^n + \rho^n w^n) = \min_\rho\{J(v^n + \rho w^n)\},$$

这就是所谓具有最佳步长的最速下降法.

即使是一维极小化, 也很难精确得到. 可以应用 Armijo 法则

$\forall v^0, 0<\alpha<\beta<1;$
$\forall n, w=-\mathrm{grad}_v J(v^n),$
求解 ρ 使得
$-\rho\alpha\|w\|^2<J(v^n+\rho w)-J(v^n)<-\rho\alpha\|w\|^2,$
令 $v^{n+1}=v^n+\rho w,$
然后返回第一步.

2.9.2 共轭梯度 (CG) 算法

如果 J 是弱下半连续, 那么可以用 CG 方法.

给出 $v^0\in V$, 求梯度

$$<g^0,v>=<\delta J(v^0),v>,\quad \forall v\in V.$$

设 $w^0=g^0$, 令 (v^n,g^n,w^n) 已知, 那么下一步 $(v^{n+1},g^{n+1},w^{n+1})$ 由下列计算:

(a) 最速下降方向:

$$\begin{cases} \rho_n=\arg\min\limits_{\rho}\{J(v^n-\rho w^n)\}, \\ v^{n+1}=v^n-\rho_n w^n. \end{cases}$$

(b) 新的下降方向:

$$\begin{cases} \text{求 } g^{n+1} \text{ 使得} \\ <g^{n+1},v>=<\delta J(v^{n+1}),v>,\quad \forall V. \end{cases}$$

如果 $\|g^{n+1}\|/\|g^0\|\leqslant\varepsilon$, 取 $v^*=v^{n+1}$, 否则计算

$$\gamma_n=\|g^{n+1}\|^2/\|g^n\|^2\quad \text{(Fletcher-Reeves)}$$

或

$$\gamma_n=<g^{n+1}-g^n,g^{n+1}>/\|g^n\|^2\quad \text{(Polak-Ribiere)}.$$

$w^{n+1}=g^n+\gamma_n w^n$ 返回.

求解控制问题 (2.3.2) 的共轭梯度算法设 $\theta_m, \forall m\geqslant 0$ 是一个下降方向, Θ_m 和 θ_m 为已知. 步长 ρ_m 和下一个下降方向 Θ_{m+1} 如下给出:

$$\begin{aligned} &\rho^m=\arg\inf_{\rho\geqslant 0} J(\Theta_m-\rho\theta_m), \\ &\Theta_{m+1}=\Theta_m-\rho^m\theta_m, \end{aligned}\tag{2.9.1}$$

其中 θ_m 按下面给出

$$\begin{cases} \theta_0 = g^0, \quad \theta_m = g^m + \sigma^m \theta_{m-1}, \\ \sigma^m = \dfrac{(g^m - g^{m-1}, g^m)}{(g^{m-1}, g^m)}, \end{cases} \tag{2.9.2}$$

$g^m = \mathrm{grad}J(\Theta_m)$ 是极小化泛函在 Θ 的梯度. 由 (2.5.3)~(2.5.5), 有

$$\begin{aligned} < g^m, \eta > &= < \mathrm{grad}_\Theta(J(\Theta)), \eta > \\ &= \iint_D [\hat{\Phi}^0(w;\hat{w})\eta + \hat{\Phi}^\lambda(w)\eta_\lambda + \hat{\Phi}^{\lambda\sigma}(w)\eta_{\lambda\sigma}]\sqrt{a}\mathrm{d}x^1\mathrm{d}x^2, \\ g^m &= \mathrm{grad}J(\Theta_m) = \frac{1}{\sqrt{a}}\left(\frac{\partial^2}{\partial x^\lambda \partial x^\beta}(\sqrt{a}\hat{\Phi}^{\lambda\sigma}_m) - \frac{\partial}{\partial x^\lambda}(\sqrt{a}\hat{\Phi}^\lambda_m)\right) + \hat{\Phi}^0_m, \end{aligned} \tag{2.9.3}$$

这里 $\hat{\Phi}^{\lambda\sigma}_m = \hat{\Phi}^{\lambda\sigma}(w_m)$, $\hat{\Phi}^\lambda_m = \hat{\Phi}^\lambda(w_m)$, $\hat{\Phi}^0_m = \hat{\Phi}^0(w_m;\hat{w}_m)$, $w_m = w(\Theta_m)$, $p_m = p(\Theta_m)$, $\hat{w}_m = \hat{w}(\Theta_m), \hat{p}_m = \hat{p}(\Theta_m)$.

为了计算步长, 令

$$\varphi(\rho) = J(\Theta_m - \rho\theta_m) = \int_\Omega \Phi(\Theta_m - \rho\theta_m)\mathrm{d}V,$$

$w_m(\rho) \equiv w(\Theta_m - \rho\theta_m), p_m(\rho) \equiv p(\Theta_m - \rho\theta_m)$ 是 (2.4.1) 对应于 $\Theta_m - \rho\theta_m$ 的解, 也就是

$$\begin{cases} \mathrm{div}(w_m(\rho)) = 0, \\ \mathrm{div}(w_m(\rho)w_m(\rho)) + 2\omega \times w_m(\rho) - 2\mu\Delta e(w_m(\rho)) + \nabla(p_m(\rho)) = f, \\ w_m(\rho)|_{\Gamma_0} = 0, \quad \sigma^{ij}(w_m(\rho), p_m(\rho))n_j|_{\Gamma_1} = h^i, \end{cases} \tag{2.9.4}$$

ρ^m 下列方程第一个实根:

$$\begin{aligned} \frac{\mathrm{d}\varphi}{\mathrm{d}\rho}(\rho) =& \frac{\mathrm{d}J(\Theta_m - \rho\theta_m)}{\mathrm{d}\rho} \\ =& \int_D \Bigg[(\hat{\Phi}^{\lambda\sigma}(w_m(\rho)))\frac{\partial^2\theta_m}{\partial x^\lambda \partial x^\sigma} + (\hat{\Phi}^\lambda(w_m(\rho)))\frac{\partial\theta_m}{\partial x^\lambda} \\ &+ (\hat{\Phi}^0(w_m(\rho);\hat{w}_m(\rho)))\Bigg]\sqrt{a}\mathrm{d}x = 0, \end{aligned} \tag{2.9.5}$$

$$\begin{aligned} w_m(\rho) =& w_m(\Theta_m - \rho\theta_m) = w(\Theta_m) - \hat{w}(\Theta_m)\theta_m\,\rho + o(\rho^2), \\ \hat{w}_m(\rho) =& \hat{w}(\Theta_m - \rho\Theta_m) = \hat{w}(\Theta_m) + o(\rho), \end{aligned} \tag{2.9.6}$$

将 (2.9.6) 代入 (2.9.5) 得到一个 ρ 多项式方程:

$$\psi(\rho) = \int_D [(\hat{\Phi}^{\lambda\sigma}(w(\Theta_m) - \hat{w}(\Theta_m)\theta_m\,\rho))\frac{\partial^2\theta_m}{\partial x^\lambda \partial x^\sigma}$$

$$
\begin{aligned}
&+ (\hat{\Phi}^{\lambda}(w(\Theta_m) - \hat{w}(\Theta_m)\theta_m\,\rho))\frac{\partial \theta_m}{\partial x^{\lambda}} \\
&+ (\hat{\Phi}^{0}(w(\Theta_m) - \hat{w}(\Theta_m)\theta_m\,\rho; \hat{w}_m)]\sqrt{a}\mathrm{d}x = 0. \qquad (2.9.7)
\end{aligned}
$$

然后用割线法求解 (2.9.7) , 从而得到 ρ_m, 也就是

给定 ρ^1, ρ^2,

若对 $k \geqslant 2, \rho^k$, ρ^{k-1} 已知, 则

$$
\rho^{k+1} = \rho^k - \frac{\psi(\rho^k)}{\psi(\rho^k) - \psi(\rho^{k-1})}(\rho^k - \rho^{k-1}).
$$

2.9.3 Newton 方法

Newton 方法的主要过程是计算新方向

$$
\begin{aligned}
&< \delta^2 J w^n, v >= - < \mathrm{grad}_v J(v^n), v >, \quad \forall v \in V, \\
&\rho^n = \arg\min_{\rho}\{J(v^n + \rho w^n)\}, \\
&v^{n+1} = v^n + \rho^n w^n.
\end{aligned}
$$

由于要计算目标泛函的二阶导数, 通常用拟 Newton 方法来代替, $\forall\, 0 < \varepsilon \ll 1$, 由下式求 w:

$$
\frac{1}{\varepsilon}[\mathrm{grad}_v(v^n + \varepsilon w) - \mathrm{grad}_v J(v^n)] = -\mathrm{grad}_v J(v^n).
$$

第 3 章　航天航空飞行器形状控制问题

3.1　飞行器外形形状控制目标泛函

流动控制和形状优化是现代数学家、工程师和科学家所关注的问题, 它是飞行器阻力或升力的优化的关键问题.

一个沿着旋转体轴向匀速流动的流体, 一个怎样的回转曲面, 使得受到最小的阻力? 如图 3.1.1.

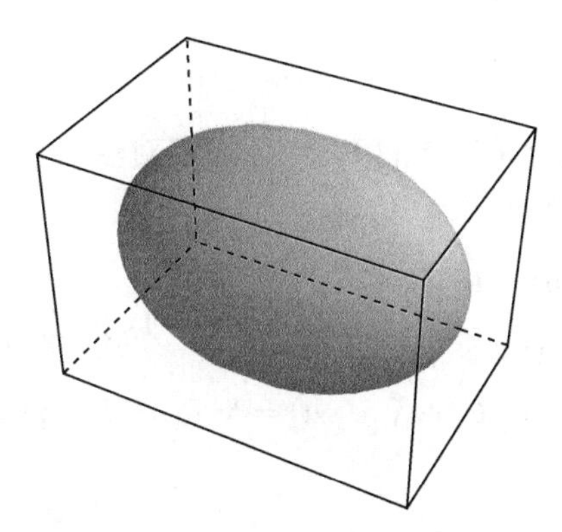

图 3.1.1　绕一个回转体 (如椭球) 流动

做一定假设后, 这个问题等价于: 求一个函数 $y(x), 0 \leqslant x \leqslant x_2$, 使得它是极值问题

$$J(y) = \inf_{z \in C^1([x_1, x_2])} \int_{x_1}^{x_2} \frac{z(x)(z'(x))^3}{1+(z'(x))^2} \mathrm{d}x \tag{3.1.1}$$

的解. 这个最优解可以表示为参数方程:

$$x = \frac{c}{p}(1+p^2)^2, \quad y = a + c\left(-\ln p + p^2 + \frac{3}{4}p^4\right). \tag{3.1.2}$$

考虑另一个在工业上的重要例子是减少机翼阻力的形状优化问题. 流体在机翼 $\Im$ 上的流动产生反向应力, 它是一个向量, 在飞行方向的分量就是阻力, 剩余部分就是升力. 只要减少很少的阻力, 在商用飞机上可以节约很大的费用. 以后假设无限远来流的速度 $\boldsymbol{v}_\infty$. 记流动中固壁边界的法向全应力

$$\Sigma_n = \left\{ \int_{\Im} \left[-pg^{ij} + 2\mu \boldsymbol{e}^{ij}(\boldsymbol{u}) - \frac{1}{3}\mu g^{ij} \mathrm{div}\boldsymbol{u} \right] n_i \mathrm{d}v,\ j = 1,2,3 \right\}, \tag{3.1.3}$$

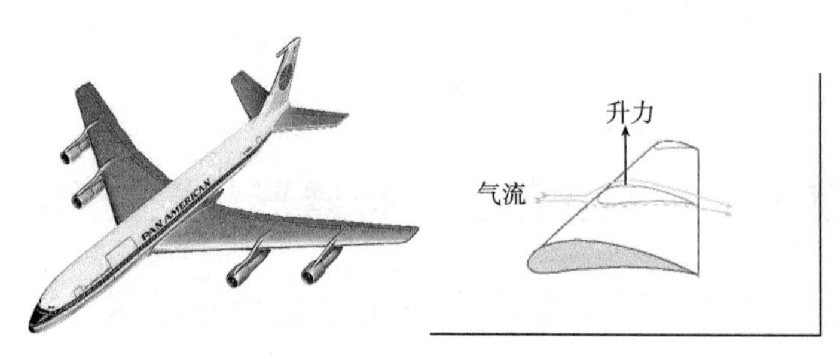

图 3.1.2

其中 g^{ij} 为在半测地坐标系 (y^1, y^2, y^3) 下的度量张量逆变分量, $\boldsymbol{n}$ 是机翼 $\Im$ 表面外法向单位法向量. 包含压力积分部分称为波阻力升力 {drag/lift}: I_w, 其余部分称为黏性阻力升力 {drag/lift} :I_ν,

$$\Sigma_n = \boldsymbol{I}_w + \boldsymbol{I}_\nu.$$

另外, $(\boldsymbol{u}, T, p, \rho, E, \mu)$ 分别是流体的流动速度、绝对温度、压强、密度、内能密度和黏性系数. 那么可压缩的 Navier-Stokes 方程是

$$\begin{cases} \partial_t \rho + \nabla \cdot (\rho \boldsymbol{u}) = 0, \\ \partial_t(\rho \boldsymbol{u}) + \nabla \cdot (\rho \boldsymbol{u} \otimes \boldsymbol{u}) + \nabla p - \mu \Delta \boldsymbol{u} - \dfrac{1}{3}\mu \nabla(\nabla \cdot \boldsymbol{u}) = 0, \\ \partial_t(\rho E) + \nabla \cdot [\boldsymbol{u}\rho E] + \nabla \cdot (p\boldsymbol{u}) = \nabla \cdot \{\kappa \nabla T + \tau(\boldsymbol{u})\boldsymbol{u}\}, \end{cases} \tag{3.1.4}$$

这里的边界条件是

$$\boldsymbol{u}|_{\Im} = 0, \quad \boldsymbol{u}|_\infty = \boldsymbol{v}_\infty, \tag{3.1.5}$$

以及

$$\begin{aligned} &E = \frac{1}{2}|\boldsymbol{u}|^2 + T, \quad P = (\gamma - 1)\rho T, \\ &\tau(\boldsymbol{u}) = \left\{2\mu e^{ij}(\boldsymbol{u}) - \frac{2}{3}\mu g^{ij} \nabla \cdot \boldsymbol{u}\right\}, \quad \text{黏性应力张量}. \end{aligned} \tag{3.1.6}$$

极小化泛函 (估值函数)

$$\begin{cases} J(\Im) = \dfrac{C_d}{C_d^0} + 0.05\dfrac{C_l - C_l^0}{C_l^0} + 0.1\dfrac{\mathrm{Vol} - \mathrm{Vol}^0}{\mathrm{Vol}^0}, \\ C_d := \Sigma_n \cdot \dfrac{\boldsymbol{v}_\infty}{v_\infty}, \quad \boldsymbol{C}_l = \Sigma_n - C_d, \end{cases} \tag{3.1.7}$$

其中上标 “0” 表示参考值. Vol 是飞行器表面所包含的体积, 系数 0.05,0.1 是权数, 可以改变.

形状最优控制问题是: 在一个恰当的允许设计空间中, 求一个闭曲面

$$J(\Im) = \inf_{S \in \mathcal{F}} J(S), \tag{3.1.8}$$

这里有两个约束:

(1) 几何约束: 闭曲面所包围的体积 V 必须大于一个确定的值, $V > V_0$;

(2) 空气动力学约束: 升力 $\boldsymbol{l}_l$ 必须大于一个确定的数值 $|\boldsymbol{l}_l| > l_0$.

问题的难点在于包含求解高 Reynolds 数下的无界区域内的可压缩的 Navier-Stokes 方程和目标泛函关于边界形状的梯度计算平台的建立.

下面将给出法线方向面应力具体计算公式.

3.2 控制问题的状态方程

热力学物理量 C_v, C_p 和 R 是流体的定容比热、定压比热和理想气体普适常数

$$e = C_v T, \quad E = e + \frac{1}{2}|\boldsymbol{u}|^2, \quad \frac{p}{\rho} = RT, \quad \text{理想气体}$$

以及

$$e = \frac{p}{(\gamma-1)\rho}, \quad \gamma = \frac{C_p}{C_v}.$$

那么对理想气体 (3.1.4) 中的能量方程可以改写为

$$\partial_t \left(\frac{1}{2}\rho\boldsymbol{u}^2 + \frac{p}{\gamma-1}\right) + \nabla\cdot\left[\boldsymbol{u}\left(\frac{1}{2}\rho\boldsymbol{u}^2 + \frac{\gamma}{\gamma-1}p\right)\right] = \nabla\cdot[\kappa\nabla T + (\tau(\boldsymbol{u})\boldsymbol{u})] + \boldsymbol{f}\cdot\boldsymbol{u}. \quad (3.2.1)$$

如果引用熵

$$s = \frac{R}{\gamma-1}\log\frac{p}{\rho^\gamma}, \quad (3.2.2)$$

那么能量方程又可改写为

$$\rho T(\partial_t s + \boldsymbol{u}\nabla s) = \tau^{ij}(\boldsymbol{u})e_{ij}(\boldsymbol{u}) + \kappa\Delta T. \quad (3.2.3)$$

如果略去黏性和激波, 则 (3.1.4) 变为

$$\begin{cases} \partial_t\rho + \nabla(\rho\boldsymbol{u}) = 0, \\ \partial_t\left(\frac{1}{2}\rho\boldsymbol{u}^2 + \frac{p}{\gamma-1}\right) + \nabla\cdot\left[\left(\frac{1}{2}\rho\boldsymbol{u}^2 + \frac{\gamma}{\gamma-1}p\right)\boldsymbol{u}\right] = \boldsymbol{f}\boldsymbol{u}, \\ \dfrac{\partial s}{\partial t} + \boldsymbol{u}\nabla s = 0. \end{cases} \quad (3.2.4)$$

如果流动是等熵的, 那么

$$\begin{cases} \partial_t \rho + \nabla(\rho \boldsymbol{u}) = 0, \\ \rho(\partial_t \boldsymbol{u} + \boldsymbol{u}\nabla \boldsymbol{u}) + \nabla p = \boldsymbol{f}, \\ p = \exp\left(\dfrac{\gamma - 1}{R} s^0\right) \rho^\gamma. \end{cases} \tag{3.2.5}$$

如果流动是不可压的, 那么

$$\begin{cases} \partial_t \rho + \nabla(\rho \boldsymbol{u}) = 0, \\ \partial_t \boldsymbol{u} + \boldsymbol{u}\nabla \boldsymbol{u} + \nabla p = \boldsymbol{f}/\rho, \\ C_v(\partial_t T + \boldsymbol{u}\nabla T) = \dfrac{\kappa}{\rho}\Delta T + \dfrac{2}{\nu} g^{ij} g^{km} e_{ik}(\boldsymbol{u}) e_{jm}(\boldsymbol{u}). \end{cases} \tag{3.2.6}$$

如果流动是无旋的, 即位势流 $\nabla \times \boldsymbol{u} = 0, \quad \boldsymbol{u} = \nabla\varphi$, 利用向量场分析公式

$$\Delta \boldsymbol{u} = \nabla(\nabla \cdot \boldsymbol{u}) - \nabla \times \nabla \times \boldsymbol{u}, \quad \boldsymbol{u}\nabla \boldsymbol{u} = \nabla\left(\frac{1}{2}\boldsymbol{u}^2\right) - \boldsymbol{u} \times (\nabla \times \boldsymbol{u}).$$

那么, 如果流动是不可压的, $f = 0$, φ 是 Laplace 方程的解

$$\Delta\varphi = 0,$$

由 Bernoulli 方程, 有

$$p = \kappa - \frac{1}{2}|\nabla\varphi|^2, \quad \rho = \rho^0\left(\kappa - \frac{1}{2}\boldsymbol{u}^2\right)^{\frac{1}{\gamma-1}}.$$

如果流动是非定常, 那么

$$\partial_t \rho + \nabla\varphi\nabla\rho + \rho^0 \Delta\varphi = 0,$$
$$\nabla\left(\partial_t \varphi + \frac{1}{2}|\nabla\varphi|^2 + \gamma C(\rho^0)^{\gamma-1}\rho\right) = 0,$$

略去运流项 $\nabla\varphi\nabla\rho$, 得到最简单的波动方程

$$\frac{\partial^2 \varphi}{\partial t^2} - c\Delta\varphi + \frac{1}{2}\partial_t|\nabla\varphi|^2 = d(t), \tag{3.2.7}$$

这里 $c = \gamma C(\rho^0)^\gamma, \quad p = C\rho^\gamma$, c 是流体的声速.

在大 Reynolds 数时,

$$Re = \frac{UL}{\nu} \gg 1,$$

可以应用 Reynolds 方程和 k-ε 模型

$$\begin{cases} \boldsymbol{u} = \overline{\boldsymbol{u}} + \overline{\boldsymbol{u}}', \quad R := -\overline{\boldsymbol{u}}' \otimes \overline{\boldsymbol{u}}', \\ \nabla \cdot \overline{\boldsymbol{u}} = 0, \\ \partial_t \overline{\boldsymbol{u}} + \nabla \cdot (\overline{\boldsymbol{u}} \otimes \overline{\boldsymbol{u}}) + \nabla \overline{p} - \nu\Delta\overline{\boldsymbol{u}} = \overline{\boldsymbol{f}} + \nabla \cdot R, \end{cases} \tag{3.2.8}$$

引用刻画均匀湍流的物理量：小涡动能 k 和黏性耗散率 ε,

$$k = \frac{1}{2}\overline{|\boldsymbol{u}'|^2}, \quad \varepsilon = \frac{\nu}{2}\overline{|\nabla \boldsymbol{u}' + \nabla \boldsymbol{u}'^{\mathrm{T}}|^2}.$$

k-ε 方程

$$\begin{cases} \partial_t k + \overline{\boldsymbol{u}}\nabla k - \dfrac{1}{2}c_\mu \dfrac{k^2}{\varepsilon}|\nabla \overline{\boldsymbol{u}} + \nabla \overline{\boldsymbol{u}}^{\mathrm{T}}|^2 - \nabla \cdot \left(c_\mu \dfrac{k^2}{\varepsilon}\nabla k\right) + \varepsilon = 0, \\ \partial_t \varepsilon + \overline{\boldsymbol{u}}\nabla \varepsilon - \dfrac{1}{2}c_1 k|\nabla \overline{\boldsymbol{u}} + \nabla \overline{\boldsymbol{u}}^{\mathrm{T}}|^2 - \nabla \cdot \left(c_\varepsilon \dfrac{k^2}{\varepsilon}\nabla \varepsilon\right) + c_2 \dfrac{\varepsilon}{k} = 0, \\ c_\mu = 0.09, \quad c_1 = 0.126, \quad c_2 = 1.92, \quad c_\varepsilon = 0.07, \end{cases} \tag{3.2.9}$$

边界条件是

$$\begin{cases} (\overline{\boldsymbol{u}}, k, \varepsilon)|_{\Gamma_{\mathrm{in}}} = \text{已知}, \forall t, \\ (\nu_T \partial_n \overline{\boldsymbol{u}}, \nu_T \partial_n k, \nu_T \partial_n \varepsilon)|_{\Gamma_{\mathrm{out}}} = \text{已知}, \forall t, \\ \overline{\boldsymbol{u}} \cdot n|_{\Gamma_\delta} = 0, \quad \dfrac{\overline{\boldsymbol{u}} \cdot s}{\sqrt{\nu|\partial_n \overline{\boldsymbol{u}}|}} - \dfrac{1}{\chi}\log\left(\delta\sqrt{\dfrac{1}{\nu}|\partial_n \overline{\boldsymbol{u}}|}\right) + \beta = 0, \text{ 在 } \Gamma_\delta \text{ 上}, \\ k = c_\mu^{1/2}|\nu \partial_n(\overline{\boldsymbol{u}} \cdot s)|, \quad \varepsilon = \chi^{-\delta}|\nu \partial_n(\overline{\boldsymbol{u}} \cdot \boldsymbol{s})|^{\frac{3}{2}}, \quad \text{在 } \Gamma_\delta \text{ 上}, \\ \chi = 0.41, \quad \beta = 5.5, \end{cases} \tag{3.2.10}$$

其中 $\boldsymbol{n}, \boldsymbol{s}$ 为固壁边界的单位外法线和切线向量, $\Gamma_{\mathrm{in}}, \Gamma_{\mathrm{on}}, \Gamma_\delta = \Gamma + \delta$ 为流入边界、流出边界和边界层上人工边界. 边界层厚度

$$10\sqrt{\frac{\nu}{|\partial_n(\overline{\boldsymbol{u}} \cdot \boldsymbol{s})|}} \leqslant \delta \leqslant 100\sqrt{\frac{\nu}{|\partial_n(\overline{\boldsymbol{u}} \cdot \boldsymbol{s})|}}.$$

K-ε 可以推广到可压缩流动：

$$\begin{cases} \partial_t \rho k + \nabla \cdot (\rho \boldsymbol{u} k) - \nabla[(\mu + \mu_t)\nabla k] = S_k, \\ \partial_t \rho \varepsilon + \nabla \cdot (\rho \boldsymbol{u} \varepsilon) - \nabla[(\mu + c_\varepsilon \mu_t)\nabla k] = S_\varepsilon, \\ S_k := \mu_t P - \dfrac{2}{3}\rho k \nabla \cdot \boldsymbol{u} - \rho \varepsilon, \\ S_\varepsilon := c_1 \rho k P - \dfrac{2c_1}{3c_\mu}\rho \varepsilon \nabla \cdot \boldsymbol{u} - c_2 \rho \dfrac{\varepsilon^2}{k}, \\ \mu_t = c_\mu \rho \dfrac{\varepsilon^2}{k}, \\ P = (\mu + \mu_t)\left(\nabla \boldsymbol{u} + \nabla \boldsymbol{u}^{\mathrm{T}} - \dfrac{2}{3}\nabla \cdot \boldsymbol{u}\boldsymbol{I}\right) : \nabla \boldsymbol{u}, \\ c_\mu = 0.09,\ c_1 = 0.1296,\ c_2 = 11/6,\ c_\varepsilon = \dfrac{1}{1.3}. \end{cases} \tag{3.2.11}$$

3.3 可压缩流动边界层上的变分问题

阻力泛函的计算依赖于边界法向应力, 因而需要计算速度的法向梯度. 在这一节里, 我们给出一个分析计算方法和一个新的边界层方程, 它的解就是边界上速度的法向梯度.

飞机作为边界, 是固壁, 物理边界条件是无滑动边界条件和绝热或等温, $u = 0, \partial_n T = 0, T = T_\Gamma$. 根据量纲分析, 边界层厚度

$$\frac{\delta}{l} \infty Re^{-1/2}, \tag{3.3.1}$$

l 是参考长度, 并且压力沿固壁法线方向的变化率为零

$$\partial_n p = 0.$$

压力只是固体表面切空间内的函数. 另外在边界层外侧可以略去黏性的影响, 令边界层外侧切向速度为 $\boldsymbol{u}_1$. 在边界层内速度由零变到边界层外侧的 "摩擦" 速度 $\boldsymbol{u}_\tau = \boldsymbol{u}_1$. 速度梯度非常大. 如果固体表面是平坦的, 采用 Descartes 坐标系, 令 (u, v, p) 为速度和压力, 那么

$$\begin{aligned}
&\frac{\partial u}{\partial x} + \frac{\partial v}{\partial y} = 0, \\
&\rho\left(u\frac{\partial u}{\partial x} + v\frac{\partial u}{\partial y}\right) = -\frac{\partial p}{\partial x} + \mu\left(\frac{\partial^2 u}{\partial x^2} + \frac{\partial^2 u}{\partial y^2}\right), \\
&\rho\left(u\frac{\partial v}{\partial x} + v\frac{\partial v}{\partial y}\right) = -\frac{\partial p}{\partial y} + \mu\left(\frac{\partial^2 v}{\partial x^2} + \frac{\partial^2 v}{\partial y^2}\right),
\end{aligned}$$

边界条件

$$u = v = 0, \quad \forall\, y = 0.$$

根据量纲分析, 可以得到 Prandtl 边界层方程

$$\rho\left(u\frac{\partial u}{\partial x} + v\frac{\partial u}{\partial y}\right) = -\frac{\partial p}{\partial x} + \mu\frac{\partial^2 u}{\partial y^2},$$

或

$$u\frac{\partial u}{\partial x} + v\frac{\partial u}{\partial y} = u_1\frac{\partial u_1}{\partial x} + \nu\frac{\partial^2 u}{\partial y^2}.$$

我们的思想是设法利用边界层方程, 近似地求出 "摩擦" 速度 $\boldsymbol{u}_\tau = \boldsymbol{u}_1$, 计算区域去掉边界层区域, 用滑动边界条件代替无滑动边界条件

$$\boldsymbol{u}|_\Gamma = \boldsymbol{u}_\tau.$$

下面考虑曲边界情形. 为此应用 1.8 节的 S-坐标系 (x^1,x^2,ξ), 边界面 $\Im$ 作为 S-坐标系中的基础曲面. 在 S-坐标系下在边界层附近, 定常可压缩理想气体动力学方程组 (3.1.4):

$$\begin{cases} \nabla\cdot(\rho\boldsymbol{u})=0, \\ \nabla\cdot(\rho\boldsymbol{u}\otimes\boldsymbol{u})+\nabla p-\nabla\cdot\tau(\boldsymbol{u})=0, \\ \rho T(\boldsymbol{u}\nabla s)=\tau^{ij}(\boldsymbol{u})e_{ij}(\boldsymbol{u})+\kappa\Delta T, \end{cases} \tag{3.3.2}$$

$$\begin{cases} \tau_{ij}(\boldsymbol{u})=2\mu e_{ij}(\boldsymbol{u})-\dfrac{1}{3}\mu g_{ij}\nabla\cdot\boldsymbol{u}, \quad \tau^{ij}(\boldsymbol{u})=g^{ik}g^{jm}\tau_{km}(\boldsymbol{u}), \\ p=\exp\left(\dfrac{(\gamma-1)s}{R}\right)\rho^\gamma, \quad T=\dfrac{p}{R\rho}=\dfrac{1}{R}\exp\left(\dfrac{(\gamma-1)s}{R}\right)\rho^{\gamma-1}, \end{cases} \tag{3.3.3}$$

这里 $\tau_{ij}(u),\tau^{ij}(u)$ 分别是黏性应力张量的协变分量和逆变分量.

定理 3.3.1 在边界层附近, 在 S-坐标系下 (3.3.2) 可以表示为

$$\begin{aligned} \mathrm{div}(\rho\boldsymbol{u})=&\overset{*}{\mathrm{div}}\,(\rho\boldsymbol{u})+\frac{\partial(\rho u^3)}{\partial\xi}+\theta^{-1}[-2H(\rho u^3)+2(K(\rho u^3)-\rho u^\alpha\overset{*}{\nabla}_\alpha H)\xi \\ &+\rho u^\alpha\overset{*}{\nabla}_\alpha K\xi^2]=0, \end{aligned} \tag{3.3.4}$$

$$\begin{aligned} &-\mu\Bigg[2g^{\alpha\beta}g^{\lambda\sigma}\sum_{k=0}^{2}(\overset{*}{\nabla}_\lambda\overset{k}{\gamma}_{\beta\sigma}(\boldsymbol{u})-2\Phi^\nu_{\lambda\beta}\overset{k}{\gamma}_{\nu\sigma}(\boldsymbol{u}))\xi^k \\ &+\frac{\partial^2u^\alpha}{\partial\xi^2}+4\theta^{-1}I^\alpha_\gamma\frac{\partial u^\gamma}{\partial\xi}+g^{\alpha\beta}\overset{*}{\nabla}_\beta\frac{\partial u^3}{\partial\xi}+2\theta^{-1}g^{\alpha\beta}I^\sigma_\beta\overset{*}{\nabla}_\sigma u^3\Bigg] \\ &+g^{\alpha\beta}\overset{*}{\nabla}_\beta\left(p+\frac{1}{3}\mu(\overset{*}{\mathrm{div}}\,(\boldsymbol{u}))+\frac{\partial u^3}{\partial\xi}+\theta^{-1}[-2Hu^3+2(Ku^3-u^\alpha\overset{*}{\nabla}_\alpha H)\xi\right. \\ &\left.+u^\alpha\overset{*}{\nabla}_\alpha K\xi^2]+\overset{*}{\nabla}_\lambda(\rho u^\alpha u^\lambda)+\frac{\partial(\rho u^\alpha u^3)}{\partial\xi}+\pi^\alpha_{ij}\rho u^iu^j=0, \right. \end{aligned} \tag{3.3.5}$$

$$\begin{aligned} &-\mu\Bigg[g^{\lambda\sigma}\overset{*}{\nabla}_\lambda\overset{*}{\nabla}_\sigma u^3-2\theta^{-1}g^{\lambda\sigma}I^\beta_\lambda(\gamma_{\beta\sigma}(\boldsymbol{u})+\overset{1}{\gamma}_{\beta\sigma}(\boldsymbol{u})\xi+\overset{2}{\gamma}_{\beta\sigma}(\boldsymbol{u})\xi^2) \\ &-g^{\lambda\sigma}\Phi^\beta_{\lambda\sigma}\overset{*}{\nabla}_\beta u^3+2\frac{\partial^2u^3}{\partial\xi^2}-2\theta^{-1}(H-K\xi)\frac{\partial u^3}{\partial\xi} \\ &+\overset{*}{\mathrm{div}}\,\frac{\partial\boldsymbol{u}}{\partial\xi}+g^{\lambda\sigma}(\overset{*}{\nabla}_\lambda g_{\beta\sigma}-g_{\beta\mu}\Phi^\mu_{\lambda\sigma})\frac{\partial u^\beta}{\partial\xi}\Bigg] \\ &+\partial_\xi\left(p+\frac{1}{3}\mu\mathrm{div}\boldsymbol{u}\right)+\overset{*}{\nabla}_\lambda(\rho u^3u^\lambda)+\frac{\partial(\rho u^3u^3)}{\partial\xi}+\pi^3_{ij}\rho u^iu^j=0, \end{aligned} \tag{3.3.6}$$

$$\begin{aligned} \rho T\left(u^\beta\overset{*}{\nabla}_\beta s+u^3\frac{\partial s}{\partial\xi}\right)=&\Phi(\boldsymbol{u})+\kappa\bigg(g^{\alpha\beta}\overset{*}{\nabla}_\alpha\overset{*}{\nabla}_\beta T \\ &+g^{\alpha\beta}\Phi^\lambda_{\alpha\beta}\overset{*}{\nabla}_\lambda T+\frac{\partial^2T}{\partial\xi^2}+2\theta^{-1}(K\xi-H)\frac{\partial T}{\partial\xi}\bigg), \end{aligned} \tag{3.3.7}$$

其中耗散函数

$$\begin{cases} \Phi(\boldsymbol{u}) = \tau^{ij}(\boldsymbol{u})e_{ij}(\boldsymbol{u}) = 2\mu e^{ij}(u)e_{ij}(u) + \lambda g^{ij}\mathrm{div}\boldsymbol{u}e_{ij}(\boldsymbol{u}) \\ \qquad = (2\mu g^{ik}g^{jm} + \lambda g^{ij}g^{km})e_{ij}(\boldsymbol{u})e_{km}(\boldsymbol{u}) = A^{ijkm}e_{ij}(\boldsymbol{u})e_{km}(\boldsymbol{u}), \\ A^{ijkm} = 2\mu g^{ik}g^{jm} + \lambda g^{ij}g^{km}. \end{cases}$$

记边界层区域 $\Omega_\delta = \Im \times \{0,\delta\} \subset \Re^3$, δ 是边界层的厚度. Ω_δ 的顶层与底层固壁是测地平行的, 它们之间的法线距离是 δ. 底层是固壁边界 $\Im$, 它是一个二维流形, 它由 N 片光滑曲面连续拼接而成, 每片的局部 Gauss 坐标 (参数) 记为 $x^\alpha, \alpha = 1,2$, 它的第一基本型 $a_{\alpha\beta}$ (度量张量)、第二基本型 $b_{\alpha\beta}$(曲率张量) 和第三基本型 $c_{\alpha\beta}$ 均充分光滑. 边界层的边界是由底层 $\Im \times \{0\}$ 和顶层 $\Im_\delta = (\Im + \boldsymbol{n}\delta) \times \delta$ 之并 $\partial\Omega_\delta = (\Im \times \{0\}) \cup (\Im_\delta \times \delta\})$. 边界条件是

$$\begin{cases} \boldsymbol{u} = \boldsymbol{u}_\infty, \quad \text{无限远来流速度}, \\ \boldsymbol{u}|_\Im = 0, \quad \text{无滑动固壁边界条件}, \\ \boldsymbol{u}\cdot\boldsymbol{n}|^+_{\Im+\boldsymbol{n}\delta} = \boldsymbol{u}\cdot\boldsymbol{n}|^-_{\Im+\boldsymbol{n}\delta}, \\ \sigma(\boldsymbol{u},p)\cdot\boldsymbol{n}|^+_{\Im+\boldsymbol{n}\delta} = \sigma(\boldsymbol{u},p)\cdot\boldsymbol{n}|^-_{\Im+\boldsymbol{n}\delta}, \end{cases} \tag{3.3.8}$$

其中上标 $+,-$ 表示交界面的左右侧. 在边界层的顶层满足交界面的连接条件. 顶层以外的流动满足 Navier-Stokes 方程, 需要与边界层内的方程耦合求解. (3.3.4)~(3.3.8) 把边界几何内蕴性质、边界曲面 $\Im$ 的平均曲率 H、Gauss 曲率 K、第一基本型 $a_{\alpha\beta}$、第二基本型 $b_{\alpha\beta}$ 等对流动的影响反映到方程的系数中. 这里

$$\begin{aligned} &\Phi^\beta_{\lambda\sigma} = \theta^{-1}((2H\xi^2 - \xi)a^{\beta\mu} - \xi^2 b^{\beta\mu}) \overset{*}{\nabla}_\mu b_{\lambda\sigma}, \\ &I^\alpha_\beta = -b^\alpha_\beta + K\delta^\alpha_\beta\xi, \quad \theta = 1 - 2H\xi + K\xi^2. \end{aligned} \tag{3.3.9}$$

g_{ij}, g^{ij} 是在 S-坐标系下 $\Re^3$ 的度量张量的协变分量和逆变分量 (见 (1.8.19), (1.8.21)). 在本书中, 凡是上顶带星号者, 均表示在流形上的几何量. 定理 1.8.4 显示空间变形张量是贯截变量 ξ 的二次多项式

$$\begin{aligned} e_{ij}(u) &= \gamma_{ij}(u) + \overset{1}{\gamma}_{ij}(u)\xi + \overset{2}{\gamma}_{ij}(u)\xi^2, \\ \gamma_{\alpha\beta}(u) &= \overset{*}{e}_{\alpha\beta}(u) - b_{\alpha\beta}u^3 = \frac{1}{2}[a_{\beta\lambda}\overset{0}{\nabla}_\alpha u^\lambda + a_{\alpha\lambda}\overset{0}{\nabla}_\beta u^\lambda], \\ \overset{1}{\gamma}_{\alpha\beta}(u) &= -(b_{\alpha\lambda}\overset{*}{\nabla}_\beta u^\lambda + b_{\beta\lambda}\overset{*}{\nabla}_\alpha u^\lambda) + c_{\alpha\beta}u^3 - \overset{*}{\nabla}_\lambda b_{\alpha\beta}u^\lambda \\ &= -[b_{\beta\lambda}\overset{0}{\nabla}_\alpha u^\lambda + b_{\alpha\lambda}\overset{0}{\nabla}_\beta u^\lambda] - c_{\alpha\beta}u^3 - \overset{*}{\nabla}_\lambda b_{\alpha\beta}u^\lambda; \end{aligned}$$

$$\begin{aligned}
\overset{2}{\gamma}_{\alpha\beta}(u) &= \frac{1}{2}(c_{\alpha\lambda}\overset{*}{\nabla}_\beta u^\lambda + c_{\beta\lambda}\overset{*}{\nabla}_\alpha u_\lambda + \overset{*}{\nabla}_\lambda c_{\alpha\beta}u^\lambda)\\
&= \frac{1}{2}[b_{\beta\lambda}\overset{*}{\nabla}_\alpha (b^\lambda_\sigma u^\sigma) + b_{\alpha\lambda}\overset{*}{\nabla}_\beta (b^\lambda_\sigma u^\sigma)];\\
\gamma_{\alpha3}(u) &= \frac{1}{2}(a_{\alpha\beta}\frac{\partial u^\beta}{\partial\xi} + \overset{*}{\nabla}_\alpha u^3),\quad \overset{1}{\gamma}_{\alpha3}(u) = -b_{\alpha\beta}\frac{\partial u^\beta}{\partial\xi},\\
\overset{2}{\gamma}_{\alpha3}(u) &= \frac{1}{2}c_{\alpha\beta}\frac{\partial u^\beta}{\partial\xi},\\
\gamma_{33}(u) &= \frac{\partial u^3}{\partial\xi},\quad \overset{1}{\gamma}_{33}(u) = \overset{2}{\gamma}_{33}(u) = 0,
\end{aligned}\tag{3.3.10}$$

其中

$$\begin{cases}
\overset{*}{e}_{\alpha\beta}(u) = \frac{1}{2}(a_{\alpha\lambda}\delta^\sigma_\beta + a_{\beta\lambda}\delta^\sigma_\alpha)\overset{*}{\nabla}_\sigma u^\lambda;\\
\overset{1}{e}_{\alpha\beta}(u) = -(b_{\alpha\lambda}\delta^\sigma_\beta + b_{\beta\lambda}\delta^\sigma_\alpha)\overset{*}{\nabla}_\sigma u^\lambda;\quad \overset{2}{e}_{\alpha\beta}(u) = \frac{1}{2}(c_{\alpha\sigma}\delta^\lambda_\beta + c_{\beta\sigma}\delta^\lambda_\sigma)\overset{*}{\nabla}_\lambda u^\sigma,\\
c_{\alpha\beta} = a^{\lambda\sigma}b_{\alpha\lambda}b_{\beta\sigma},\quad \Im \text{ 的第三基本型},
\end{cases}$$

$$\begin{cases}
\overset{0}{\nabla}_\alpha u^\beta := \overset{*}{\nabla}_\alpha u^\beta - b^\beta_\alpha u^3,\quad \overset{1}{\nabla}_\alpha u^\beta := -(c^\beta_\alpha u^3 + \overset{*}{\nabla}_\lambda b^\beta_\alpha u^\lambda),\\
\overset{2}{\nabla}_\alpha u^\beta := (Kb^\beta_\alpha - 2Hc^\beta_\alpha)u^3 - b^{\beta\lambda}\overset{*}{\nabla}_\sigma b_{\lambda_\alpha}u^\sigma,\\
\overset{0}{\nabla}_\alpha u^3 := \overset{*}{\nabla}_\alpha u^3 + b_{\beta\alpha}u^\beta,\quad \overset{1}{\nabla}_\alpha u^3 := -c_{\beta\alpha}u^\beta,\quad \overset{2}{\nabla}_\alpha u^3 := 0,\\
\overset{0}{\nabla}_3 u^\beta := \frac{\partial u^\beta}{\partial\xi} - b^\beta_\lambda u^\lambda,\quad \overset{1}{\nabla}_3 u^\beta := -c^\beta_\lambda u^\lambda,\\
\overset{2}{\nabla}_3 u^\beta := (Kb^\beta_\lambda - 2Hc^\beta_\lambda)u^\lambda,\\
\overset{0}{\nabla}_3 u^3 := \frac{\partial u^3}{\partial\xi},\quad \overset{1}{\nabla}_3 u^3 := 0,\quad \overset{2}{\nabla}_3 u^3 := 0,
\end{cases}$$

$$\begin{cases}
\pi^\alpha_{\lambda\sigma} = \Phi^\alpha_{\lambda\sigma},\quad \pi^\alpha_{3\beta} = \theta^{-1}(-(b^\alpha_\beta + H\delta^\alpha_\beta) + 2K\delta^\alpha_\beta\xi),\quad \pi^\alpha_{33} = 0,\\
\pi^3_{33} = \theta^{-1}((-2H + 2K\xi),\quad \pi^3_{3\lambda} = \theta^{-1}\left(-\overset{*}{\nabla}_\lambda H\xi + \frac{1}{2}\overset{*}{\nabla}_\lambda K\xi^2\right),\\
\pi^3_{\lambda\sigma} = J_{\lambda\sigma},
\end{cases}\tag{3.3.11}$$

耗散函数

$$\Phi(\boldsymbol{u}) = 2\mu g^{ik}g^{jm}e_{km}(\boldsymbol{u})e_{ij}(\boldsymbol{u}) - \frac{1}{3}\mu(\mathrm{div}\boldsymbol{u})^2.\tag{3.3.12}$$

连续性方程 (3.3.4) 由定理 1.8.3 可以得到. 动量方程 (3.3.5), (3.3.6) 中线性部分可以从定理 1.8.6 直接得到. 而能量方程从定理 1.8.8 得到. 下面证明动量方程中非线性部分的表达式. 实际上,

$$\nabla_j(\rho u^i u^j) = \partial_j(\rho u^i u^j) + \Gamma^i_{jk}\rho u^k u^j + \Gamma^j_{jk}\rho u^i u^k$$

$$
\begin{aligned}
&=\partial_j(\rho u^i u^j)+\Gamma^i_{\lambda\sigma}\rho u^\sigma u^\lambda+2\Gamma^i_{3\sigma}\rho u^\sigma u^3+\Gamma^i_{33}\rho u^3u^3+\partial_\kappa\log\sqrt{g}\rho u^i u^k,\\
\nabla_j(\rho u^\alpha u^j)&=\partial_j(\rho u^\alpha u^j)+\Gamma^\alpha_{\lambda\sigma}\rho u^\sigma u^\lambda+2\Gamma^\alpha_{3\sigma}\rho u^\sigma u^3+\Gamma^\alpha_{33}\rho u^3u^3+\partial_\kappa\log\sqrt{g}\rho u^\alpha u^k\\
&=\partial_\lambda(\rho u^\alpha u^\lambda)+\partial_\xi(\rho u^\alpha u^\lambda)+(\overset{*}{\Gamma}{}^\alpha{}_{\lambda\sigma}+\Phi^\alpha_{\lambda\sigma})\rho u^\lambda u^\sigma+2\Theta^{-1}I^\alpha_\lambda\rho u^3u^\lambda\\
&\quad+(\theta^{-1}\partial_k\theta+\partial_k\log\sqrt{a})\rho u^\alpha u^k\\
&=\partial_\lambda(\rho u^\alpha u^\lambda)+\overset{*}{\Gamma}{}^\alpha{}_{\lambda\sigma}\,\rho u^\lambda u^\sigma+\overset{*}{\Gamma}{}^\lambda{}_{\lambda\sigma}\,\rho u^\alpha u^\sigma-\partial_\sigma\log\sqrt{a}\rho u^\alpha u^\sigma+\partial_\xi(\rho u^\alpha u^3)\\
&\quad+\Phi^\alpha_{\lambda\sigma}\rho u^\sigma u^\lambda+2\theta^{-1}I^\alpha_\lambda\rho u^3u^\lambda+\theta^{-1}(-2H+2K\xi)\rho u^\alpha u^3+\partial_\sigma\log\sqrt{a}\rho u^\alpha u^\sigma.
\end{aligned}
$$

根据二维流形上的协变导数的定义, 有

$$
\begin{aligned}
\overset{*}{\nabla}_\lambda\,(\rho u^\alpha u^\lambda)&=\partial_\lambda(\rho u^\alpha u^\lambda)+\overset{*}{\Gamma}{}^\alpha{}_{\lambda\sigma}\,\rho u^\lambda u^\sigma+\overset{*}{\Gamma}{}^\lambda{}_{\lambda\sigma}\,u^\alpha u^\sigma,\\
\nabla_j(\rho u^\alpha u^j)&=\overset{*}{\nabla}_\lambda\,(\rho u^\alpha u^\lambda)+\partial_\xi(\rho u^\alpha u^3)\\
&\quad+\Phi^\alpha_{\lambda\sigma}\rho u^\sigma u^\lambda+2\theta^{-1}I^\alpha_\lambda\rho u^3u^\lambda+\theta^{-1}(-2H+2K\xi)\rho u^\alpha u^3\\
&=\overset{*}{\nabla}_\lambda\,(\rho u^\alpha u^\lambda)+\partial_\xi(\rho u^\alpha u^3)\\
&\quad+\Phi^\alpha_{\lambda\sigma}\rho u^\sigma u^\lambda+2\theta^{-1}(-(b^\alpha_\beta+H\delta^\alpha_\beta)+2K\delta^\alpha_\beta\xi)\rho u^\beta u^3.
\end{aligned}\tag{3.3.13}
$$

同理

$$
\begin{aligned}
\nabla_j(\rho u^3u^j)&=\partial_j(\rho u^3u^j)+\Gamma^3_{\lambda\sigma}\rho u^\lambda u^\sigma+2\Gamma^3_{3\sigma}\rho u^\sigma u^3+\Gamma^3_{33}\rho u^3u^3\\
&\quad+\partial_k\log\sqrt{g}\rho u^3u^k\quad(\text{由 }\log\sqrt{g}=\log\theta+\log\sqrt{a})\\
&=\partial_\lambda(\rho u^3u^\lambda)+\partial_\lambda(\log\sqrt{a}+\log\theta)\rho u^3u^\lambda+\partial_\xi(\rho u^3u^3)\\
&\quad+\partial_\xi\log\theta\rho u^3u^3+J_{\lambda\sigma}\rho u^\lambda u^\sigma\\
&=\overset{*}{\nabla}_\lambda\,(\rho u^3u^\lambda)+\frac{\partial(\rho u^3u^3)}{\partial\xi}+\theta^{-1}((-2H+2K\xi)\rho u^3u^3\\
&\quad+(-2\,\overset{*}{\nabla}_\lambda\,H\xi+\overset{*}{\nabla}_\lambda\,K\xi^2)\rho u^3u^\lambda)+J_{\lambda\sigma}\rho u^\lambda u^\sigma.
\end{aligned}\tag{3.3.14}
$$

综合 (3.3.13) 和 (3.3.14), 得

$$
\begin{aligned}
\nabla_j(\rho u^k u^j)&=\overset{*}{\nabla}_\lambda\,(\rho u^k u^\lambda)+\frac{\partial(\rho u^k u^3)}{\partial\xi}+\pi^k_{\lambda\sigma}\rho u^\lambda u^\sigma+\pi^k_{3\beta}\rho u^3u^\beta+\pi^k_{33}\rho u^3u^3,\\
\pi^\alpha_{\lambda\sigma}&=\Phi^\alpha_{\lambda\sigma},\quad\pi^\alpha_{3\beta}=\theta^{-1}(-(b^\alpha_\beta+H\delta^\alpha_\beta)+2K\delta^\alpha_\beta\xi),\quad\pi^\alpha_{33}=0,\\
\pi^3_{33}&=\theta^{-1}((-2H+2K\xi),\quad\pi^3_{3\lambda}=\theta^{-1}\left(-\,\overset{*}{\nabla}_\lambda\,H\xi+\frac{1}{2}\,\overset{*}{\nabla}_\lambda\,K\xi^2\right),\\
\pi^3_{\lambda\sigma}&=J_{\lambda\sigma},
\end{aligned}\tag{3.3.15}
$$

证毕.

改写 (3.3.5), (3.3.6) 为

$$\begin{cases} -\mu\left(\dfrac{\partial^2 u^\alpha}{\partial\xi^2}+4\theta^{-1}I^\alpha_\gamma\dfrac{\partial u^\gamma}{\partial\xi}\right)=F^\alpha(\boldsymbol{u},p,\xi), \\ -2\mu\left(\dfrac{\partial^2 u^3}{\partial\xi^2}-\theta^{-1}(H-K\xi)\dfrac{\partial u^3}{\partial\xi}\right)=F^3(\boldsymbol{u},p,\xi), \end{cases} \tag{3.3.16}$$

这里在边界层顶部 $\xi=\delta$ 满足连接性条件, 而 $\sigma^{ij}(\boldsymbol{u},p)=-pg^{ij}+\tau^{ij}(\boldsymbol{u})$ 为对应于 $(\boldsymbol{u},p)$ 的全应力, 其中

$$\begin{cases} F^\alpha(\boldsymbol{u},p,\xi)=\mu\Bigg[2g^{\alpha\beta}g^{\lambda\sigma}\displaystyle\sum_{k=0}^{2}(\overset{*}{\nabla}_\lambda\overset{k}{\gamma}_{\beta\sigma}(\boldsymbol{u})-2\Phi^\nu_{\lambda\beta}\overset{k}{\gamma}_{\nu\sigma}(\boldsymbol{u}))\xi^k \\ \qquad +g^{\alpha\beta}\overset{*}{\nabla}_\beta\dfrac{\partial u^3}{\partial\xi}+2\theta^{-1}g^{\alpha\beta}I^\sigma_\beta\overset{*}{\nabla}_\sigma u^3\Bigg]-g^{\alpha\beta}\overset{*}{\nabla}_\beta\left(p+\dfrac{1}{3}\mu(\overset{*}{\operatorname{div}}(\boldsymbol{u}))\right. \\ \qquad \left.+\dfrac{\partial u^3}{\partial\xi}+\theta^{-1}[-2Hu^3+2(Ku^3-u^\alpha\overset{*}{\nabla}_\alpha H)\xi+u^\alpha\overset{*}{\nabla}_\alpha K\xi^2]\right) \\ \qquad -\overset{*}{\nabla}_\lambda(\rho u^\alpha u^\lambda)+\dfrac{\partial(\rho u^\alpha u^3)}{\partial\xi}-\pi^\alpha_{ij}\rho u^i u^j, \\ F^3(\boldsymbol{u},p,\xi)=\mu\Bigg[g^{\lambda\sigma}\overset{*}{\nabla}_\lambda\overset{*}{\nabla}_\sigma u^3-2\theta^{-1}g^{\lambda\sigma}I^\beta_\lambda(\gamma_{\beta\sigma}(\boldsymbol{u}) \\ \qquad +\overset{1}{\gamma}_{\beta\sigma}(\boldsymbol{u})\xi+\overset{2}{\gamma}_{\beta\sigma}(\boldsymbol{u})\xi^2)-g^{\lambda\sigma}\Phi^\beta_{\lambda\sigma}\overset{*}{\nabla}_\beta u^3 \\ \qquad +\overset{*}{\operatorname{div}}\dfrac{\partial\boldsymbol{u}}{\partial\xi}+g^{\lambda\sigma}(\overset{*}{\nabla}_\lambda g_{\beta\sigma}-g_{\beta\mu}\Phi^\mu_{\lambda\sigma})\dfrac{\partial u^\beta}{\partial\xi}\Bigg] \\ \qquad -\partial_\xi\left(p+\dfrac{1}{3}\mu\operatorname{div}\boldsymbol{u}\right)+\overset{*}{\nabla}_\lambda(\rho u^3u^\lambda)-\dfrac{\partial(\rho u^3u^3)}{\partial\xi}-\pi^3_{ij}\rho u^iu^j=0, \end{cases} \tag{3.3.17}$$

假设 (3.3.2) 的解在边界层附近可以展成 Taylor 级数

$$\begin{cases} \boldsymbol{u}=\boldsymbol{u}_1\xi+\boldsymbol{u}_2\xi^2+\cdots, \quad \text{固壁边界条件} \\ p=p_0+p_1\xi+p_2\xi^2+\cdots, \quad p_1=0(\text{边界层方程}), \\ \rho=\rho_0+\rho_1\xi+\rho_2\xi^2+\cdots, \\ T=T_0+T_1\xi+T_2\xi^2+\cdots, \\ s=\dfrac{R}{\gamma-1}\log\dfrac{p}{\rho^\gamma}, \end{cases} \tag{3.3.18}$$

那么同样有

$$\boldsymbol{F}(\boldsymbol{u},p,\xi)=\boldsymbol{F}_0+\boldsymbol{F}_1\xi+\boldsymbol{F}_2\xi^2+\cdots.$$

下列几何量都是贯载变量 ξ 的函数, 它们也可以展成如下公式:

$$
\begin{aligned}
&\theta^{-1} = 1 + 2H\xi + (4H^2 - K)\xi^2 + (8H^3 - 4HK)\xi^3 + \cdots,\\
&\theta^{-2} = 1 + 4H\xi + (12H^2 - 2K)\xi^2 + (32H^3 - 12HK)\xi^3 + \cdots,\\
&K\delta^\alpha_\beta - 2Hb^\alpha_\beta + c^\alpha_\beta = 0,\\
&g^{\alpha\beta} = a^{\alpha\beta} + 2b^{\alpha\beta}\xi + 3c^{\alpha\beta}\xi^2 + \cdots,\\
&\Phi^\beta_{\lambda\sigma} = -(a^{\beta\mu}\xi + b^{\beta\mu}\xi^2)\overset{*}{\nabla}_\mu b_{\lambda\sigma},\\
&g^{\alpha\beta}I^\sigma_\beta = -b^{\alpha\sigma} + (Ka^{\alpha\sigma} - 2c^{\alpha\sigma})\xi + (5Kb^{\alpha\sigma} - 10Hc^{\alpha\sigma})\xi^2 + \cdots,\\
&\theta^{-1}g^{\alpha\beta}I^\sigma_\beta = -b^{\alpha\sigma} - 3c^{\beta\sigma}\xi + (6Kb^{\alpha\sigma} - 16Hc^{\alpha\sigma})\xi^2 + \cdots,\\
&\theta^{-1}I^\alpha_\beta = -b^\alpha_\beta - c^\alpha_\beta\xi - (2Hc^\alpha_\beta + Kb^\alpha_\beta)\xi^2\\
&\qquad + (2HKb^\alpha_\beta + (K - 4H^2)c^\alpha_\beta)\xi^3 + \cdots,\\
&\theta^{-1}(H - K\xi) = H + (2H^2 - K)\xi + (4H^3 - 3HK)\xi^2\\
&\qquad\qquad + (8H^4 - 8H^2K + K^2)\xi^3 + \cdots,\\
&g^{\lambda\sigma}\Phi^\beta_{\lambda\sigma} = -2[a^{\beta\mu}\overset{*}{\nabla}_\mu H\xi + (b^{\beta\mu}\overset{*}{\nabla}_\mu H + a^{\beta\mu}\overset{*}{\nabla}_\mu (2H^2 - K))\xi^2],\\
&g^{\lambda\sigma}(\overset{*}{\nabla}_\lambda g_{\beta\sigma} - g_{\beta\mu}\Phi^\mu_{\lambda\sigma}) = 6\overset{*}{\nabla}_\beta H\xi + (\overset{*}{\nabla}_\sigma c^\sigma_\beta - 2b^\sigma_\beta\overset{*}{\nabla}_\sigma H)\xi^2 + \cdots,
\end{aligned}
\tag{3.3.19}
$$

这里要用到定理 1.8.1, 尤其要用到

$$
\begin{cases}
g^{\alpha\beta}g^{\lambda\sigma} = a_0^{\alpha\beta\lambda\sigma} + a_1^{\alpha\beta\lambda\sigma}\xi + a_2^{\alpha\beta\lambda\sigma}\xi^2 + \cdots,\\
a_0^{\alpha\beta\lambda\sigma} = a^{\alpha\beta}a^{\lambda\sigma}, \quad a_1^{\alpha\beta\lambda\sigma} = 2(b^{\alpha\beta}a^{\lambda\sigma} + b^{\lambda\sigma}a^{\alpha\beta}),\\
a_2^{\alpha\beta\lambda\sigma} = 3(c^{\alpha\beta}a^{\lambda\sigma} + c^{\lambda\sigma}a^{\alpha\beta}) + 4b^{\alpha\beta}b^{\lambda\sigma},
\end{cases}
\tag{3.3.20}
$$

将 (3.3.18) 代入 (3.3.16), 并利用 (3.3.19), (3.3.20) 得到

$$F^\alpha(\boldsymbol{u}, p, \xi) = F^\alpha_0(\boldsymbol{u}, p) + F^\alpha_1(\boldsymbol{u}, p)\xi + F^\alpha_2(\boldsymbol{u}, p)\xi^2 + \cdots,$$

$$F^3(\boldsymbol{u}, p, \xi) = F^3_0(\boldsymbol{u}, p) + F^3_1(\boldsymbol{u}, p)\xi + F^3_2(\boldsymbol{u}, p)\xi^2 + \cdots,$$

考虑到下面连续性方程推出 $u^3_1 = 0$, 以及

$$
\begin{cases}
\gamma^{\alpha\beta}(\boldsymbol{u}_1) = \overset{*}{e^{\alpha\beta}}(\boldsymbol{u}_1) - b^{\alpha\beta}u^3_1 = \overset{*}{e^{\alpha\beta}}(\boldsymbol{u}_1),\\
\gamma_0(\boldsymbol{u}_1) = a^{\alpha\beta}\gamma_{\alpha\beta} = \overset{*}{\mathrm{div}}(\boldsymbol{u}_1) - 2Hu^3_1 = \overset{*}{\mathrm{div}}(\boldsymbol{u}_1),\\
-\mu\overset{*}{\nabla}_\beta \gamma^{\alpha\beta}(u_1) + \dfrac{\mu}{3}a^{\alpha\beta}\overset{*}{\nabla}_\beta \gamma_0(u_1) = \overset{*}{\nabla}_\beta (a_*^{\alpha\beta\lambda\sigma}\gamma_{\lambda\sigma}(u_1),\\
a_*^{\alpha\beta\lambda\sigma} = \mu a^{\alpha\lambda}a^{\beta\sigma} - \dfrac{\mu}{3}a^{\alpha\beta}a^{\lambda\sigma},
\end{cases}
\tag{3.3.21}
$$

它们的零阶项、一阶项和二阶项分别是

$$\left\{\begin{aligned}
F_0^\alpha(\boldsymbol{u},p) &= a^{\alpha\beta}\overset{*}{\nabla}_\beta\left(p_0+\frac{2}{3}\mu u_1^3\right)-\mu a^{\alpha\beta}\overset{*}{\nabla}_\beta u_1^3 = a^{\alpha\beta}\overset{*}{\nabla}_\beta p_0,\\
F_1^\alpha(\boldsymbol{u},p) &= -\overset{*}{\nabla}_\beta(a_*^{\alpha\beta\lambda\sigma}\gamma_{\lambda\sigma}(u_1))-\frac{4}{3}\mu a^{\alpha\beta}\overset{*}{\nabla}_\beta u_2^3+2b^{\alpha\beta}\overset{*}{\nabla}_\beta p_0,\\
F_2^\alpha(\boldsymbol{u},p) &= -[\overset{*}{\nabla}_\beta(a_*^{\alpha\beta\lambda\sigma}\gamma_{\lambda\sigma}(\boldsymbol{u}_2))+a_1^{\alpha\beta\lambda\sigma}\overset{*}{\nabla}_\beta\gamma_{\lambda\sigma}(\boldsymbol{u}_1)\\
&\quad +a_0^{\alpha\beta\lambda\sigma}\overset{*}{\nabla}_\beta\overset{1}{\gamma}_{\lambda\sigma}(\boldsymbol{u}_1)]-4\mu a^{\nu\mu}\overset{*}{\nabla}_\mu b^{\alpha\sigma}\gamma_{\nu\sigma}(\boldsymbol{u}_1)+2b^{\alpha\beta}\overset{*}{\nabla}_\beta p_1\\
&\quad +a^{\alpha\beta}\overset{*}{\nabla}_\beta\left(p_2-\frac{2}{3}\mu u_1^\sigma\overset{*}{\nabla}_\sigma H\right)+\frac{2}{3}\mu b^{\alpha\beta}\overset{*}{\nabla}_\beta\gamma_0(\boldsymbol{u}_1)\\
&\quad +3c^{\alpha\beta}\overset{*}{\nabla}_\beta p_0-\frac{2}{3}\mu b^{\alpha\sigma}\overset{*}{\nabla}_\sigma u_2^3+\overset{*}{\nabla}_\beta(\rho_0u_1^\alpha u_1^\beta)+3u_1^\alpha u_2^3,
\end{aligned}\right. \tag{3.3.22}$$

$$\left\{\begin{aligned}
F_0^3(\boldsymbol{u},p) &= -\frac{2}{3}\mu u_2^3-\frac{2\mu}{3}\gamma_0(\boldsymbol{u}_1)+p_1,\\
F_1^3(\boldsymbol{u},p) &= -\mu[\overset{*}{\Delta}u_1^3+2b^{\alpha\beta}\gamma_{\alpha\beta}(\boldsymbol{u}_1)]+2p_2\\
&\quad -\frac{4}{3}\mu(\gamma_0(\boldsymbol{u}_2)+u_1^\sigma\overset{*}{\nabla}_\sigma H)+6\mu\overset{*}{\nabla}_\beta Hu_1^\beta+2\rho_0u_1^3u_1^3,\\
F_2^3(\boldsymbol{u},p) &= -\mu[\overset{*}{\Delta}u_2^3+2b^{\alpha\beta}\gamma_{\alpha\beta}(\boldsymbol{u}_2)+2b^{\alpha\beta}\overset{*}{\nabla}_\alpha\overset{*}{\nabla}_\beta u_1^3\\
&\quad +2b^{\alpha\beta}\overset{1}{\gamma}_{\alpha\beta}(\boldsymbol{u}_1)+6c^{\alpha\beta}\gamma_{\alpha\beta}(\boldsymbol{u}_1)]+\mu[\overset{1}{\mathrm{div}}\,\boldsymbol{u}_2+\overset{2}{\mathrm{div}}\,\boldsymbol{u}_1]\\
&\quad +\mu[-2a^{\beta\sigma}\overset{*}{\nabla}_\beta H\overset{*}{\nabla}_\sigma u_1^3\\
&\quad +(12\overset{*}{\nabla}_\sigma Hu_2^\sigma+(\overset{*}{\nabla}_\lambda c_\beta^\lambda-2b_\beta^\sigma\overset{*}{\nabla}_\sigma H)u_1^\beta]\\
&\quad +2p_2+3\rho_1u_1^3u_1^3+6\rho_0u_2^3u_1^3+\overset{*}{\nabla}_\lambda(\rho_0u_1^\lambda u_1^3)+\pi_{ij}^3\rho_0u_1^iu_1^j,
\end{aligned}\right. \tag{3.3.23}$$

其中

$$\left\{\begin{aligned}
&a_*^{\alpha\beta\lambda\sigma} = \mu(a^{\alpha\lambda}a^{\beta\sigma}-\frac{1}{3}a^{\alpha\beta}a^{\lambda\sigma}),\\
&\mathrm{div}\boldsymbol{u} = \frac{\partial u^3}{\partial\xi}+\gamma_0(\boldsymbol{u})+\overset{1}{\mathrm{div}}\,\boldsymbol{u}\xi+\overset{2}{\mathrm{div}}\,\boldsymbol{u}\xi^2+\cdots,\\
&\gamma_0(\boldsymbol{u}) = \overset{*}{\mathrm{div}}\,\boldsymbol{u}-2Hu^3,\\
&\overset{1}{\mathrm{div}}\,\boldsymbol{u} = -[(4H^2-2K)u^3+2u^\alpha\overset{*}{\nabla}_\alpha H],\\
&\overset{2}{\mathrm{div}}\,\boldsymbol{u} = -[(8H^3-6HK)u^3+u^\alpha\overset{*}{\nabla}_\alpha(2H^2-K)].
\end{aligned}\right. \tag{3.3.24}$$

在这一节, 我们感兴趣的是 (3.3.2) 在边界层内的变分问题, 以及它在半测地坐标系下的表现形式. 因为边界层顶层 $\Im_\delta$ 把边界层 Ω_δ 和边界层外 $\widehat{\Omega}$ 分隔开来. 这就导致在边界层变分中, 出现顶层的面积分, 它正是体现了内外相互影响, 构成了一个耦合系统.

(1) 连续性方程的变分

首先考察连续性方程. 令检验函数 $q = q_0 + q_1\xi + q_2\xi^2 + \cdots$, 那么

$$
\begin{aligned}
&\int_{\Omega_\delta} q\mathrm{div}(\rho\boldsymbol{u})\sqrt{g}\mathrm{d}\xi\mathrm{d}x = \int_D\int_0^\delta [q\mathrm{div}(\rho\boldsymbol{u})\theta\sqrt{a}\mathrm{d}\xi\mathrm{d}x,\\
&q\mathrm{div}(\rho\boldsymbol{u})\theta = D_0(\rho_0,\boldsymbol{u}_0) + D_1(\rho,\boldsymbol{u})\xi + D_2(\rho,\boldsymbol{u})\xi^2 + \cdots,\\
&D_0(\rho,\boldsymbol{u},q) = q_0(\gamma_0(\rho_0,\boldsymbol{u}_0) + \rho_0 u_1^3 + \rho_1 u_0^3),\\
&D_1(\rho,\boldsymbol{u},q) = q_1\gamma_0(\rho_0\boldsymbol{u}_0) + q_0(\gamma_0(\rho_1\boldsymbol{u}_0 + \rho_0\boldsymbol{u}_1) + \overset{1}{\mathrm{div}}\,(\rho_0\boldsymbol{u}_0) - 2H\gamma_0(\rho_0\boldsymbol{u}_0))\\
&\qquad + 2q_0(\rho_0 u_2^3 + \rho_1 u_1^3 + \rho_2 u_0^3) + q_1(\rho_0 u_1^3 + \rho_1 u_0^3) - 2Hq_0(\rho_0 u_1^3 + \rho_1 u_0^3),\\
&D_2(\rho,\boldsymbol{u},q) = q_0[\gamma_0(\rho_2\boldsymbol{u}_0 + \rho_1\boldsymbol{u}_1 + \rho_0\boldsymbol{u}_2) + \overset{1}{\mathrm{div}}\,(\rho_0\boldsymbol{u}_1 + \rho_1\boldsymbol{u}_0) + \overset{2}{\mathrm{div}}\,(\rho_0\boldsymbol{u}_0)\\
&\qquad - 2H(\gamma_0(\rho_0\boldsymbol{u}_1 + \rho_1\boldsymbol{u}_0) + \overset{1}{\mathrm{div}}\,(\rho_0\boldsymbol{u}_0)) + K\gamma_0(\rho_0\boldsymbol{u}_0)]\\
&\qquad + q_1[\gamma_0(\rho_1\boldsymbol{u}_0 + \rho_0\boldsymbol{u}_1) + \overset{1}{\mathrm{div}}\,(\rho_0\boldsymbol{u}_0) - 2H\gamma_0(\rho_0\boldsymbol{u}_0)] + q_2\gamma_0(\rho_0\boldsymbol{u}_0)\\
&\qquad + q_2(\rho_0 u_1^3 + \rho_1 u_0^3) + 2q_1(\rho_0 u_2^3 + \rho_1 u_1^3 + \rho_2 u_0^3) + 3q_0(\rho_1 u_2^3 + \rho_2 u_1^3)\\
&\qquad - 2H[2q_0(\rho_0 u_2^3 + \rho_1 u_1^3 + \rho_2 u_0^3) + q_1(q_0 u_1^3 + \rho_1 u_0^3)] + Kq_0(\rho_0 u_1^3 + \rho_1 u_0^3),
\end{aligned}
$$

代入积分后

$$
\begin{aligned}
&\int_D\int_0^\delta [q\mathrm{div}(\rho\boldsymbol{u})\theta\sqrt{a}\mathrm{d}\xi\mathrm{d}x = \mathcal{D}(\rho,\boldsymbol{u},q)\delta + \mathcal{D}_1(\rho,\boldsymbol{u},q)\delta^2/2 + \mathcal{D}_2(\rho,\boldsymbol{u},q)\delta^3/3 + \cdots,\\
&\mathcal{D}_k = \int_D D_k(\rho,u,q)\sqrt{a}\mathrm{d}x, \quad k = 0,1,2,\cdots,
\end{aligned}
$$

由于 q_0, q_1, q_2 线性独立和任意性, 有

$$
\begin{aligned}
q_2 :\ & \delta^3/3(\gamma_0(\rho_0\boldsymbol{u}_0) + \rho_0 u_1^3 + \rho_1 u_0^3) = 0,\\
q_1 :\ & \delta^2/2(\gamma_0(\rho_0\boldsymbol{u}_0) + \rho_0 u_1^3 + \rho_1 u_0^3)\\
& + \delta^3/3(\gamma_0(\rho_1\boldsymbol{u}_0 + \rho_0\boldsymbol{u}_1) + \overset{1}{\mathrm{div}}\,(\rho_0\boldsymbol{u}_0) - 2H\gamma_0(\rho_0\boldsymbol{u}_0)\\
& + 2(\rho_0 u_2^3 + \rho_1 u_1^3 + \rho_2 u_0^3) - 2H(\rho_0 u_1^3 + \rho_1 u_0^3)) = 0,\\
q_0 :\ & \delta(\gamma_0(\rho_0\boldsymbol{u}_0) + \rho_0 u_1^3 + \rho_1 u_0^3) + \delta^2/2(\gamma_0(\rho_1\boldsymbol{u}_0 + \rho_0\boldsymbol{u}_1) + \overset{1}{\mathrm{div}}\,(\rho_0\boldsymbol{u}_0)\\
& + 2(\rho_0 u_2^3 + \rho_1 u_1^3 + \rho_2 u_0^3) - 2H(\gamma_0(\rho_0\boldsymbol{u}_0) + \rho_0 u_1^3 + \rho_1 u_0^3)\\
& + \delta^3/3[\gamma_0(\rho_2\boldsymbol{u}_0 + \rho_1\boldsymbol{u}_1 + \rho_0\boldsymbol{u}_2) + \overset{1}{\mathrm{div}}\,(\rho_0\boldsymbol{u}_1 + \rho_1\boldsymbol{u}_0)\\
& + \overset{2}{\mathrm{div}}\,(\rho_0\boldsymbol{u}_0) + 3(\rho_1 u_2^3 + \rho_2 u_1^3)\\
& - 2H(\gamma_0(\rho_0\boldsymbol{u}_1 + \rho_1\boldsymbol{u}_0) + \overset{1}{\mathrm{div}}\,(\rho_0\boldsymbol{u}_0) + 2(\rho_0 u_2^3 + \rho_1 u_1^3 + \rho_2 u_0^3))\\
& + K(\gamma_0(\rho_0\boldsymbol{u}_0) + \rho_0 u_1^3 + \rho_1 u_0^3)] = 0,
\end{aligned}
$$

由此推出

$$
\begin{cases}
\gamma_0(\rho_0\boldsymbol{u}_0)+\rho_0u_1^3+\rho_1u_0^3=0,\\
\gamma_0(\rho_1\boldsymbol{u}_0+\rho_0\boldsymbol{u}_1)+\overset{1}{\operatorname{div}}\,(\rho_0\boldsymbol{u}_0)+2(\rho_0u_2^3+\rho_1u_1^3+\rho_2u_0^3)=0,\\
\gamma_0(\rho_2\boldsymbol{u}_0+\rho_1\boldsymbol{u}_1+\rho_0\boldsymbol{u}_2)+\overset{1}{\operatorname{div}}\,(\rho_0\boldsymbol{u}_1+\rho_1\boldsymbol{u}_0)+\overset{2}{\operatorname{div}}\,(\rho_0\boldsymbol{u}_0)+3(\rho_1u_2^3+\rho_2u_1^3)=0,
\end{cases}
\tag{3.3.25}
$$

当 $\Im$ 是固壁时, $\boldsymbol{u}_0=0$, 另外 $\rho_0\neq 0$, 因此

$$
\begin{cases}
u_1^3=0,\\
\gamma_0(\rho_0\boldsymbol{u}_1)+2\rho_0u_2^3=0,\\
\overset{*}{\operatorname{div}}\,(\rho_1\boldsymbol{u}_1+\rho_0\boldsymbol{u}_2)+\overset{1}{\operatorname{div}}\,(\rho_0\boldsymbol{u}_1)+3\rho_1u_2^3=0,
\end{cases}
\tag{3.3.26}
$$

或者应用 (3.3.24),

$$
\begin{cases}
u_1^3=0,\\
\overset{*}{\operatorname{div}}\,(\rho_0\boldsymbol{u}_1)+2\rho_0u_2^3=0,\\
\overset{*}{\operatorname{div}}\,(\rho_1\boldsymbol{u}_1+\rho_0\boldsymbol{u}_2)+(3\rho_1-2H\rho_0)u_2^3-2\rho_1u_1^\alpha\overset{*}{\nabla}_\alpha H=0.
\end{cases}
\tag{3.3.27}
$$

(2) 动量方程的变分

对 (3.3.2) 第二式两边点乘检验函数 $\boldsymbol{v}$ 后并在 Ω_δ 上积分, 应用 Gauss 定理和边界条件后得

$$
\begin{aligned}
&\int_{\Omega_\delta}[\nabla\cdot(\rho\boldsymbol{u}\otimes\boldsymbol{u})+\nabla p-\nabla\cdot\tau(\boldsymbol{u})]\boldsymbol{v}\sqrt{g}\mathrm{d}x\mathrm{d}\xi\\
=&\int_{\Omega_\delta}[-\rho\boldsymbol{u}\otimes\boldsymbol{u}\nabla\boldsymbol{v}+\tau(\boldsymbol{u})\nabla\boldsymbol{v}-p\mathrm{div}\boldsymbol{v}]\sqrt{g}\mathrm{d}x\mathrm{d}\xi\\
&+\left(\int_{\Im}+\int_{\Im_\delta}\right)[\rho\boldsymbol{u}\otimes\boldsymbol{u}\cdot\boldsymbol{n}\cdot\boldsymbol{v}+p\boldsymbol{v}\cdot\boldsymbol{n}-\tau(\boldsymbol{u})\cdot\boldsymbol{n}\cdot\boldsymbol{v}]\mathrm{d}S,
\end{aligned}
\tag{3.3.28}
$$

这里 $\Im_\delta=\Im+\delta\boldsymbol{n}$ 是边界层的顶层, 它是由底层每一点位移一个向量 $\delta\boldsymbol{n}$ 后而得到. 所以

$$
\int_{\Im_\delta}\cdot\mathrm{d}S=\int_{\Im_\delta}\cdot\sqrt{a(\delta\boldsymbol{n})}\mathrm{d}x,\quad \int_{\Im}\cdot\mathrm{d}S=\int_{\Im}\cdot\sqrt{a}\mathrm{d}x,
$$

其中 a, $a(\delta\boldsymbol{n})$ 分别为 $\Im,\Im_\delta$ 上的度量张量行列式. 由定理 1.6.4 及其推论知

$$
\sqrt{a(\delta\boldsymbol{n})}=\left(1+\frac{1}{2}\gamma_0(\delta\boldsymbol{n})\right)\sqrt{a}.
$$

故有

引理 3.3.1 在边界层顶层上, 度量张量和法向量

$$\begin{cases} \gamma_0(\delta \boldsymbol{n}) = \overset{*}{\mathrm{div}}\,(\delta \boldsymbol{n}) - 2H\delta n^3 = -2\delta H, \\ \sqrt{a(\delta \boldsymbol{n})} = (1-\delta H)\sqrt{a}, \\ \boldsymbol{n}_\delta = (1-H\delta)\boldsymbol{n}, \end{cases} \tag{3.3.29}$$

但是, 在 S-坐标系下, $\boldsymbol{n}=(0,0,1)$, 另外, 由于在 $\Im$ 上边界条件 $\boldsymbol{u}=\boldsymbol{v}=0$, 所以面积分 $\int_{\Im}\sqrt{a}\mathrm{d}x=0$ 消失了. 顶层 $\Im_\delta$ 上的面积分

$$\begin{aligned} &\rho(\boldsymbol{u}\otimes\boldsymbol{u})\boldsymbol{n}_\delta\boldsymbol{v} = (1-\delta H)\rho(\boldsymbol{u}\cdot\boldsymbol{n})(\boldsymbol{u}\cdot\boldsymbol{v}), \\ &p\boldsymbol{v}\cdot\boldsymbol{n}_\delta - \tau(\boldsymbol{u})\cdot\boldsymbol{n}_\delta\cdot\boldsymbol{v} = (1-\delta H)[p\boldsymbol{v}\cdot\boldsymbol{n} - \tau(\boldsymbol{u})\cdot\boldsymbol{n}\cdot\boldsymbol{v}] \\ &\qquad = -(1-H\delta)\sigma(\boldsymbol{u})\boldsymbol{n}\boldsymbol{v} = -(1-H\delta)g_{ik}g_{jm}\sigma^{ij}(\boldsymbol{u},p)n^k v^m \\ &\qquad = -(1-H\delta)g_{jm}\sigma^{3j}(\boldsymbol{u},p)v^m, \end{aligned}$$

这是由于 $\boldsymbol{n}=(0,0,1)$ 以及 S- 坐标系下度量张量 $g_{33}=1, g_{3\alpha}=0$. 在 (3.3.28) 中,

$$\begin{aligned} &\int_{\Im+\boldsymbol{n}\delta}[\rho\boldsymbol{u}\otimes\boldsymbol{u}\cdot\boldsymbol{n}\cdot\boldsymbol{v} + p\boldsymbol{v}\cdot\boldsymbol{n} - \tau(\boldsymbol{u})\cdot\boldsymbol{n}\cdot\boldsymbol{v}]\mathrm{d}S \\ =& \int_D (1-\delta H)[\rho(u^3)(\boldsymbol{u}\cdot\boldsymbol{v}) - g_{jm}\sigma^{3j}(\boldsymbol{u},p)v^m]|_{\xi=\delta}(1-H\delta)\sqrt{a}\mathrm{d}x \\ =& \int_D (1-\delta H)^2[\rho u^3(\boldsymbol{u}\cdot\boldsymbol{v}) - (a_{\alpha\beta} - 2\delta b_{\alpha\beta} + \delta^2 c_{\alpha\beta})\sigma^{3\alpha}(\boldsymbol{u},p)v^\beta \\ & - \sigma^{33}(\boldsymbol{u},p)v^3]|_{\xi=\delta}\sqrt{a}\mathrm{d}x \\ :=& - F_\delta(\boldsymbol{v}) = \langle \boldsymbol{F}^+, \boldsymbol{v}\rangle, \end{aligned} \tag{3.3.30}$$

其中速度和法线面应力的连续性、$F_\delta(\boldsymbol{v}) =< \boldsymbol{F}^+, \boldsymbol{v} >$ 中相关的量由顶层外侧决定, 上标加号就是这个意思.

现在考察 (3.3.28) 中的体积分. 由于 $\tau(\boldsymbol{u})$ 关于指标的对称性

$$\begin{cases} \tau(\boldsymbol{u})\nabla\boldsymbol{v} = 2\mu e^{ij}(\boldsymbol{u})e_{ij}(\boldsymbol{v}) - \dfrac{1}{3}\mu g^{ij}e_{ij}(\boldsymbol{v})\mathrm{div}\boldsymbol{u} \\ \qquad\qquad = 2\mu g^{ik}g^{jm}e_{km}(u)e_{ij}(v) - \dfrac{1}{3}\mu\mathrm{div}\boldsymbol{u}\mathrm{div}\boldsymbol{v}, \\ \rho\boldsymbol{u}\otimes\boldsymbol{u}\nabla\boldsymbol{v} = \rho u^i u^j e_{ij}(\boldsymbol{v}), \end{cases} \tag{3.3.31}$$

最后 (3.3.28) 可以改写为

$$\begin{cases} \text{求 } u\in V(\Omega_\delta), p\in L^2(\Omega_\delta), \rho\in L^2(\Omega_\delta), \text{ 使得} \\ a(\boldsymbol{u},\boldsymbol{v}) + b(\rho;\boldsymbol{u},\boldsymbol{u},\boldsymbol{v}) - (p,\mathrm{div}\boldsymbol{v}) = F_\delta(\boldsymbol{v}), \forall\,\boldsymbol{v}\in V(\Omega_\delta), \end{cases} \tag{3.3.32}$$

其中双线性形式和三线性形式

$$a(u,v) = (\tau^{ij}(\boldsymbol{u}), e_{ij}(\boldsymbol{v})) = \int_{\Omega_\delta}\left[2\mu g^{ik}g^{jm}e_{km}(\boldsymbol{u})e_{ij}(\boldsymbol{v}) - \frac{1}{3}\mu\mathrm{div}\boldsymbol{u}\mathrm{div}\boldsymbol{v}\right]\theta\sqrt{a}\mathrm{d}x\mathrm{d}\xi,$$

$$b(\rho;\boldsymbol{u},\boldsymbol{u},\boldsymbol{v})=-(\rho u^i u^j,e_{ij}(\boldsymbol{v}))=-\int_{\Omega_\delta}\rho u^l u^j e_{ij}(\boldsymbol{v})\theta\sqrt{a}\mathrm{d}x\mathrm{d}\xi. \tag{3.3.33}$$

应用 S-坐标系下的度量张量 (见定理 1.32、(1.8.19)~(1.8.23)), 则

$$\begin{aligned}2\mu g^{ij}g^{km}e_{ik}(\boldsymbol{u})e_{jm}(\boldsymbol{v})=&2\mu g^{\alpha\beta}g^{\lambda\sigma}e_{\alpha\lambda}(\boldsymbol{u})e_{\beta\sigma}(\boldsymbol{v})+4\mu g^{\alpha\beta}e_{\alpha 3}(\boldsymbol{u})e_{\beta 3}(\boldsymbol{v})\\&+2\mu e_{33}(\boldsymbol{u})e_{33}(\boldsymbol{v}),\end{aligned} \tag{3.3.34}$$

双线性形式可以表示为膜算子和弯曲算子之和

$$\begin{aligned}&a(\boldsymbol{u},\boldsymbol{v})=a_m(\boldsymbol{u},\boldsymbol{v})+a_b(\boldsymbol{u},\boldsymbol{v}),\\&a_m(\boldsymbol{u},\boldsymbol{v})=\int_{\Omega_\delta}2\mu g^{\alpha\beta}g^{\lambda\sigma}e_{\alpha\lambda}(\boldsymbol{u})e_{\beta\sigma}(\boldsymbol{v})\theta\sqrt{a}\mathrm{d}x\mathrm{d}\xi,\\&a_b(\boldsymbol{u},\boldsymbol{v})=\int_{\Omega_\delta}[4\mu g^{\alpha\beta}e_{3\alpha}(\boldsymbol{u})e_{3\beta}(\boldsymbol{v})\\&\qquad\qquad+2\mu\frac{\partial u^3}{\partial\xi}\frac{\partial u^3}{\partial\xi}-\frac{1}{3}\mu\mathrm{div}\boldsymbol{u}\mathrm{div}\boldsymbol{v}]\theta\sqrt{a}\mathrm{d}x\mathrm{d}\xi,\end{aligned} \tag{3.3.35}$$

然而, 由 (3.3.10) 有

$$e_{3\alpha}(\boldsymbol{u})=\frac{1}{2}(g_{\alpha\lambda}\nabla_3 u^\lambda+\nabla_\alpha u^3)=\frac{1}{2}\left(g_{\alpha\lambda}\left(\frac{\partial u^\lambda}{\partial\xi}+\theta^{-1}I^\lambda_\nu u^\nu\right)+\overset{*}{\nabla}_\alpha u^3+J_{\alpha\nu}u^\nu\right),$$

但是 $g_{\alpha\lambda}\theta^{-1}I^\lambda_\nu+J_{\alpha\nu}=0$ (见 (1.8.44)), 于是有

$$\begin{aligned}e_{3\alpha}(\boldsymbol{u})=&\frac{1}{2}\left(g_{\alpha\lambda}\frac{\partial u^\lambda}{\partial\xi}+\overset{*}{\nabla}_\alpha u^3\right),\\g^{\alpha\beta}e_{3\alpha}(\boldsymbol{u})e_{3\beta}(\boldsymbol{v})=&\frac{1}{4}g^{\alpha\beta}\bigg(g_{\alpha\lambda}g_{\beta\sigma}\frac{\partial u^\lambda}{\partial\xi}\frac{\partial v^\sigma}{\partial\xi}+g_{\alpha\lambda}\frac{\partial u^\lambda}{\partial\xi}\overset{*}{\nabla}_\beta v^3\\&+g_{\beta\sigma}\frac{\partial v^\sigma}{\partial\xi}\overset{*}{\nabla}_\alpha u^3+\overset{*}{\nabla}_\alpha u^3\overset{*}{\nabla}_\beta v^3\bigg)\\=&\frac{1}{4}\left[g_{\lambda\sigma}\frac{\partial u^\lambda}{\partial\xi}\frac{\partial v^\sigma}{\partial\xi}+\frac{\partial u^\beta}{\partial\xi}\overset{*}{\nabla}_\beta v^3+\frac{\partial v^\beta}{\partial\xi}\overset{*}{\nabla}_\alpha u^3+g^{\alpha\beta}\overset{*}{\nabla}_\alpha u^3\overset{*}{\nabla}_\beta u^3\right],\end{aligned}$$

所以

$$\begin{aligned}a_b(\boldsymbol{u},\boldsymbol{v})=&\int_{\Omega_\delta}\bigg[\mu\bigg(g_{\lambda\sigma}\frac{\partial u^\lambda}{\partial\xi}\frac{\partial v^\sigma}{\partial\xi}+\frac{\partial u^\beta}{\partial\xi}\overset{*}{\nabla}_\beta v^3+\frac{\partial v^\beta}{\partial\xi}\overset{*}{\nabla}_\alpha u^3\\&+g^{\alpha\beta}\overset{*}{\nabla}_\alpha u^3\overset{*}{\nabla}_\beta u^3\bigg)+2\mu\frac{\partial u^3}{\partial\xi}\frac{\partial u^3}{\partial\xi}-\frac{1}{3}\mu\mathrm{div}\boldsymbol{u}\mathrm{div}\boldsymbol{v}\bigg]\theta\sqrt{a}\mathrm{d}x\mathrm{d}\xi\\=&\int_{\Omega_\delta}[I_0+I_1\xi+I_2\xi^3+I_R]\sqrt{a}\mathrm{d}x\mathrm{d}\xi,\end{aligned} \tag{3.3.36}$$

应用

$$\theta = 1 - 2H\xi + K\xi^2, \quad g^{\alpha\beta} = a^{\alpha\beta} + 2b^{\alpha\beta}\xi + 3c^{\alpha\beta}\xi^2 + \cdots ,$$

从而有

$$\begin{aligned}
I_0 =& \mu\left(a_{\lambda\sigma}\frac{\partial u^\lambda}{\partial\xi}\frac{\partial u^\sigma}{\partial\xi} + \frac{\partial u^\beta}{\partial\xi}\overset{*}{\nabla}_\beta v^3 + \frac{\partial v^\beta}{\partial\xi}\overset{*}{\nabla}_\beta u^3 + a^{\alpha\beta}\overset{*}{\nabla}_\alpha u^3 \overset{*}{\nabla}_\beta v^3\right) \\
&+ 2\mu\frac{\partial u^3}{\partial\xi}\frac{\partial v^3}{\partial\xi} + \lambda\left(\frac{\partial u^3}{\partial\xi} + \gamma_0(\boldsymbol{u})\right)\left(\frac{\partial v^3}{\partial\xi} + \gamma_0(\boldsymbol{v})\right), \\
I_1 =& -2\mu(b_{\lambda\sigma} + Ha_{\lambda\sigma})\frac{\partial u^\lambda}{\partial\xi}\frac{\partial v^\sigma}{\partial\xi} + 2\mu(b^{\alpha\beta} + Ha^{\alpha\beta})\overset{*}{\nabla}_\alpha u^3 \overset{*}{\nabla}_\beta v^3 \\
&- 2\mu H\left(\frac{\partial u^\beta}{\partial\xi}\overset{*}{\nabla}_\beta v^3 + \frac{\partial v^\beta}{\partial\xi}\overset{*}{\nabla}_\alpha u^3\right) - 2\mu H\frac{\partial u^3}{\partial\xi}\frac{\partial v^3}{\partial\xi} \\
&+ \lambda\left(\frac{\partial u^3}{\partial\xi} + \gamma_0(\boldsymbol{u})\right)\overset{1}{\operatorname{div}}\,\boldsymbol{v} + \lambda\left(\frac{\partial v^3}{\partial\xi} + \gamma_0(\boldsymbol{v})\right)\overset{1}{\operatorname{div}}\,\boldsymbol{u} \\
&- 2H\lambda\left(\frac{\partial u^3}{\partial\xi} + \gamma_0(\boldsymbol{u})\right)\left(\frac{\partial v^3}{\partial\xi} + \gamma_0(\boldsymbol{v})\right), \\
I_2 =& 6\mu Hb_{\lambda\sigma}\frac{\partial u^\lambda}{\partial\xi}\frac{\partial v^\sigma}{\partial\xi} + 2\mu(c^{\alpha\beta} - Hb^{\alpha\beta})\overset{*}{\nabla}_\alpha u^3 \overset{*}{\nabla}_\beta v^3 \\
&+ \mu K\left(\frac{\partial u^\beta}{\partial\xi}\overset{*}{\nabla}_\beta v^3 + \frac{\partial v^\beta}{\partial\xi}\overset{*}{\nabla}_\alpha u^3\right) + 2\mu K\frac{\partial u^3}{\partial\xi}\frac{\partial v^3}{\partial\xi} \\
&+ \lambda\left(\frac{\partial u^3}{\partial\xi} + \gamma_0(\boldsymbol{u})\right)(\overset{2}{\operatorname{div}}\,\boldsymbol{v} - 2H\overset{1}{\operatorname{div}}\,\boldsymbol{v}) \\
&+ \lambda\left(\frac{\partial v^3}{\partial\xi} + \gamma_0(\boldsymbol{v})\right)(\overset{2}{\operatorname{div}}\,\boldsymbol{u} - 2H\overset{1}{\operatorname{div}}\,\boldsymbol{u}) \\
&+ \lambda\overset{1}{\operatorname{div}}\,\boldsymbol{u}\overset{1}{\operatorname{div}}\,\boldsymbol{v} - \lambda K\left(\frac{\partial u^3}{\partial\xi} + \gamma_0(\boldsymbol{u})\right)\left(\frac{\partial v^3}{\partial\xi} + \gamma_0(\boldsymbol{v})\right),
\end{aligned} \tag{3.3.37}$$

其中 I_R 是 Taylor 余项, $\lambda = -\dfrac{1}{3}\mu$, 并且用到公式 $Ka^{\alpha\beta} - 2Hb^{\alpha\beta} + c^{\alpha\beta} = 0$.

下面讨论膜算子. 首先从 (1.8.21), (1.8.22), 得

$$\begin{aligned}
A^{\alpha\beta\lambda\sigma} &:= \theta g^{\alpha\beta}g^{\lambda\sigma} = \theta\theta^{-4}(p(\xi)a^{\alpha\beta} + q(\xi)b^{\alpha\beta})(p(\xi)a^{\lambda\sigma} + q(\xi)b^{\lambda\sigma}) \\
&= \theta^{-3}[p^2a^{\alpha\beta}a^{\lambda\sigma} + q^2b^{\alpha\beta}b^{\lambda\sigma} + pq(a^{\alpha\beta}b^{\lambda\sigma} + a^{\lambda\sigma}b^{\alpha\beta})], \\
p^2 &= 1 - 8H\xi + (24H^2 - 2K)\xi^2 - 8H(4H^2 - K)\xi^3 + (4H^2 - K)^2, \\
q^2 &= 4(1 - 2H\xi + H^2\xi^2)\xi^2, \\
pq &= 2\xi - 10H\xi^2 + (16H^2 - 2K)\xi^3 - (8H^3 - 2HK)\xi^4, \\
\theta^{-3} &= 1 + 6H\xi + (24H^2 - 3K)\xi^2 + \cdots , \\
A^{\alpha\beta\lambda\sigma} &= a^{\alpha\beta\lambda\sigma} + a_1^{\alpha\beta\lambda\sigma}\xi + a_2^{\alpha\beta\lambda\sigma}\xi^2 + \cdots ,
\end{aligned}$$

这里

$$\begin{cases} a^{\alpha\beta\lambda\sigma} = 2\mu a^{\alpha\beta}a^{\lambda\sigma}, \\ a_1^{\alpha\beta\lambda\sigma} = 2\mu[2(a^{\alpha\beta}b^{\lambda\sigma} + a^{\lambda\sigma}b^{\alpha\beta}) - 2Ha^{\alpha\beta}a^{\lambda\sigma}], \\ a_2^{\alpha\beta\lambda\sigma} = 2\mu[4b^{\alpha\beta}b^{\lambda\sigma} - 5Ka^{\alpha\beta}a^{\lambda\sigma} + 2H(a^{\alpha\beta}b^{\lambda\sigma} + a^{\lambda\sigma}b^{\alpha\beta})], \end{cases} \tag{3.3.38}$$

由 (3.3.10), 有

$$\begin{aligned} e_{\alpha\lambda}(u)e_{\beta\sigma}(v) =& (\gamma_{\alpha\lambda}(\boldsymbol{u}) + \overset{1}{\gamma}_{\beta\sigma}(\boldsymbol{u})\xi + \overset{2}{\gamma}_{\beta\sigma}(\boldsymbol{u})\xi^2)(\gamma_{\alpha\lambda}(\boldsymbol{v}) + \overset{1}{\gamma}_{\beta\sigma}(\boldsymbol{v})\xi + \overset{2}{\gamma}_{\beta\sigma}(\boldsymbol{v})\xi^2) \\ =& \gamma_{\alpha\lambda}(\boldsymbol{u})\gamma_{\beta\sigma}(\boldsymbol{v}) + (\overset{1}{\gamma}_{\alpha\lambda}(\boldsymbol{u})\overset{0}{\gamma}_{\beta\sigma}(\boldsymbol{v}) + \overset{0}{\gamma}_{\alpha\lambda}(\boldsymbol{u})\overset{1}{\gamma}_{\beta\sigma}(\boldsymbol{v}))\xi \\ &+ (\overset{2}{\gamma}_{\alpha\lambda}(\boldsymbol{u})\overset{0}{\gamma}_{\beta\sigma}(\boldsymbol{v}) + \overset{0}{\gamma}_{\alpha\lambda}(\boldsymbol{u})\overset{2}{\gamma}_{\beta\sigma}(\boldsymbol{v}) \\ &+ \overset{1}{\gamma}_{\beta\sigma}(\boldsymbol{u})\overset{1}{\gamma}_{\beta\sigma}(\boldsymbol{v}))\xi^2 + \cdots. \end{aligned}$$

因此可以得到

引理 3.3.2 双线性形式 $a(\cdot,\cdot)$ 可以表达为膜算子形式和弯曲算子形式之和

$$\begin{cases} a(\boldsymbol{u},\boldsymbol{v}) = a_m(\boldsymbol{u},\boldsymbol{v}) + a_b(\boldsymbol{u},\boldsymbol{v}), \\ a_m(\boldsymbol{u},\boldsymbol{v}) = \displaystyle\int_{\Omega_\delta}[J_0(u,v) + J_1(u,v)\xi + J_2(u,v)\xi^2 + J_R(u,v,\xi)]\sqrt{a}\mathrm{d}x\mathrm{d}\xi, \\ a_b(\boldsymbol{u},\boldsymbol{v}) = \displaystyle\int_{\Omega_\delta}[I_0(u,v) + I_1(u,v)\xi + I_2(u,v)\xi^2 + I_R(u,v,\xi)]\sqrt{a}\mathrm{d}x\mathrm{d}\xi, \end{cases} \tag{3.3.39}$$

其中

$$\begin{cases} J_0(\boldsymbol{u},\boldsymbol{v}) := a^{\alpha\beta\lambda\sigma}\gamma_{\alpha\lambda}(\boldsymbol{u})\gamma_{\beta\sigma}(\boldsymbol{v}), \\ J_1(\boldsymbol{u},\boldsymbol{v}) = a^{\alpha\beta\lambda\sigma}(\overset{1}{\gamma}_{\alpha\lambda}(\boldsymbol{u})\overset{0}{\gamma}_{\beta\sigma}(\boldsymbol{v}) + \overset{0}{\gamma}_{\alpha\lambda}(\boldsymbol{u})\overset{1}{\gamma}_{\beta\sigma}(\boldsymbol{v})) \\ \qquad\qquad + a_1^{\alpha\beta\lambda\sigma}\gamma_{\alpha\lambda}(\boldsymbol{u})\gamma_{\beta\sigma}(\boldsymbol{v}), \\ J_2(\boldsymbol{u},\boldsymbol{v}) := a^{\alpha\beta\lambda\sigma}(\overset{2}{\gamma}_{\alpha\lambda}(\boldsymbol{u})\overset{0}{\gamma}_{\beta\sigma}(\boldsymbol{v}) + \overset{0}{\gamma}_{\alpha\lambda}(\boldsymbol{u})\overset{2}{\gamma}_{\beta\sigma}(\boldsymbol{v}) \\ \qquad\qquad + \overset{1}{\gamma}_{\beta\sigma}(\boldsymbol{u})\overset{1}{\gamma}_{\beta\sigma}(\boldsymbol{v})) + a_2^{\alpha\beta\lambda\sigma}(\overset{0}{\gamma}_{\alpha\lambda}(\boldsymbol{u})\overset{0}{\gamma}_{\beta\sigma}(\boldsymbol{v})) \\ \qquad\qquad + a_1^{\alpha\beta\lambda\sigma}(\overset{1}{\gamma}_{\alpha\lambda}(\boldsymbol{u})\overset{0}{\gamma}_{\beta\sigma}(\boldsymbol{v}) + \overset{0}{\gamma}_{\alpha\lambda}(\boldsymbol{u})\overset{1}{\gamma}_{\beta\sigma}(\boldsymbol{v})), \end{cases} \tag{3.3.40}$$

$$\begin{aligned} I_0(u,v) =& \mu\left(a_{\lambda\sigma}\frac{\partial u^\lambda}{\partial\xi}\frac{\partial u^\sigma}{\partial\xi} + \frac{\partial u^\beta}{\partial\xi}\overset{*}{\nabla}_\beta v^3 + \frac{\partial v^\beta}{\partial\xi}\overset{*}{\nabla}_\beta u^3 + a^{\alpha\beta}\overset{*}{\nabla}_\alpha u^3\overset{*}{\nabla}_\beta v^3\right) \\ &+ 2\mu\frac{\partial u^3}{\partial\xi}\frac{\partial v^3}{\partial\xi} + \lambda\left(\frac{\partial u^3}{\partial\xi} + \gamma_0(\boldsymbol{u})\right)\left(\frac{\partial v^3}{\partial\xi} + \gamma_0(\boldsymbol{v})\right), \\ I_1(u,v) =& -2\mu(b_{\lambda\sigma} + Ha_{\lambda\sigma})\frac{\partial u^\lambda}{\partial\xi}\frac{\partial v^\sigma}{\partial\xi} + 2\mu(b^{\alpha\beta} + Ha^{\alpha\beta})\overset{*}{\nabla}_\alpha u^3\overset{*}{\nabla}_\beta v^3 \\ &- 2\mu H\left(\frac{\partial u^\beta}{\partial\xi}\overset{*}{\nabla}_\beta v^3 + \frac{\partial v^\beta}{\partial\xi}\overset{*}{\nabla}_\alpha u^3\right) - 2\mu H\frac{\partial u^3}{\partial\xi}\frac{\partial v^3}{\partial\xi} \end{aligned}$$

$$
\begin{aligned}
&+\lambda\left(\frac{\partial u^3}{\partial \xi}+\gamma_0(\boldsymbol{u})\right)\overset{1}{\operatorname{div}}\,\boldsymbol{v}+\lambda\left(\frac{\partial v^3}{\partial \xi}+\gamma_0(\boldsymbol{v})\right)\overset{1}{\operatorname{div}}\,\boldsymbol{u}\\
&-2H\lambda\left(\frac{\partial u^3}{\partial \xi}+\gamma_0(\boldsymbol{u})\right)\left(\frac{\partial v^3}{\partial \xi}+\gamma_0(\boldsymbol{v})\right),\\
I_2(u,v)=&6\mu H b_{\lambda\sigma}\frac{\partial u^\lambda}{\partial \xi}\frac{\partial v^\sigma}{\partial \xi}+2\mu(-Ka^{\alpha\beta}+Hb^{\alpha\beta})\overset{*}{\nabla}_\alpha u^3\overset{*}{\nabla}_\beta v^3\\
&+\mu K\left(\frac{\partial u^\beta}{\partial \xi}\overset{*}{\nabla}_\beta v^3+\frac{\partial v^\beta}{\partial \xi}\overset{*}{\nabla}_\alpha u^3\right)+2\mu K\frac{\partial u^3}{\partial \xi}\frac{\partial v^3}{\partial \xi}\\
&+\lambda\left(\frac{\partial u^3}{\partial \xi}+\gamma_0(\boldsymbol{u})\right)m_1(\boldsymbol{v})+\lambda\left(\frac{\partial v^3}{\partial \xi}+\gamma_0(\boldsymbol{v})\right)m_1(\boldsymbol{u})\\
&+\lambda\overset{1}{\operatorname{div}}\,\boldsymbol{u}\overset{1}{\operatorname{div}}\,\boldsymbol{v}-\lambda K\left(\frac{\partial u^3}{\partial \xi}+\gamma_0(\boldsymbol{u})\right)\left(\frac{\partial v^3}{\partial \xi}+\gamma_0(\boldsymbol{v})\right),
\end{aligned}\tag{3.3.41}
$$

这里 J_R, I_R 分别为对应的 Taylor 余项, 而

$$
m_1(\boldsymbol{u})=\overset{2}{\operatorname{div}}\,\boldsymbol{u}-2H\overset{1}{\operatorname{div}}\,\boldsymbol{u}.\tag{3.3.42}
$$

下面考虑非线性项. 类似有

引理 3.3.3 三线性形式 $b(\boldsymbol{u},\boldsymbol{u},\boldsymbol{v})$ 可以表示为膜算子和弯曲算子之和

$$
\begin{aligned}
&b(\rho;\boldsymbol{u},\boldsymbol{u},\boldsymbol{v})=b_m(\rho;\boldsymbol{u},\boldsymbol{u},\boldsymbol{v})+b_b(\rho;\boldsymbol{u},\boldsymbol{u},\boldsymbol{v}),\\
&b_m(\rho;u,u,v)=-\int_{\Omega_\delta}[\rho u^\alpha u^\beta(\gamma_{\alpha\beta}(\boldsymbol{v})+(\overset{1}{\gamma}_{\alpha\beta}(\boldsymbol{v})-2H\gamma_{\alpha\beta}(\boldsymbol{v}))\xi\\
&\qquad+(\overset{2}{\gamma}_{\alpha\beta}(\boldsymbol{v})-2H\overset{1}{\gamma}_{\alpha\beta}(\boldsymbol{v})+K\gamma_{\alpha\beta}(\boldsymbol{v}))\xi^2)+\cdots]\sqrt{a}\mathrm{d}x\mathrm{d}\xi,\\
&b_b(\rho;\boldsymbol{u},\boldsymbol{u},\boldsymbol{v})=\int_{\Omega_\delta}\rho u^3\left[u^\alpha g_{\alpha\lambda}\frac{\partial v^\lambda}{\partial \xi}+u^3\frac{\partial v^3}{\partial \xi}+u^\alpha\overset{*}{\nabla}_\alpha v^3\right]\theta\sqrt{a}\mathrm{d}x\mathrm{d}\xi.
\end{aligned}\tag{3.3.43}
$$

下面给出双线性形式

$$
(p,\operatorname{div}\boldsymbol{v})=\int_{\Omega_{ij}}p\operatorname{div}\boldsymbol{v}\theta\sqrt{a}\mathrm{d}x\mathrm{d}\xi,
$$

我们知道 (见 (1.8.44)),

$$
\begin{cases}
\operatorname{div}\boldsymbol{u}=\gamma_0(\boldsymbol{u})+\dfrac{\partial u^3}{\partial \xi}+\overset{1}{\operatorname{div}}\,\boldsymbol{u}\xi+\overset{2}{\operatorname{div}}\,\boldsymbol{u}\xi^2+\cdots,\\
e_{33}(\boldsymbol{u})=\dfrac{\partial u^3}{\partial \xi},\\
\gamma_0(\boldsymbol{u})=\overset{*}{\operatorname{div}}\,\boldsymbol{u}-2Hu^3,\\
\overset{1}{\operatorname{div}}\,\boldsymbol{u}=-2((2H^2-K)u^3+u^\alpha\overset{*}{\nabla}_\alpha H),\\
\overset{2}{\operatorname{div}}\,\boldsymbol{u}=-((8H^3-6HK)u^3+u^\alpha\overset{*}{\nabla}_\alpha(2H^2-K)),
\end{cases}\tag{3.3.44}
$$

所以

引理 3.3.4

$$
\begin{cases}
(p, \operatorname{div}\boldsymbol{v}) = \displaystyle\int_{\Omega_\delta} D(p,\boldsymbol{v})\theta\sqrt{a}\mathrm{d}x\mathrm{d}\xi \\
\qquad = \displaystyle\int_{\Omega_\delta} D_m(p,\boldsymbol{v})\theta\sqrt{a}\mathrm{d}x\mathrm{d}\xi + \int_{\Omega_\delta} D_b(p,\boldsymbol{v})\sqrt{a}\mathrm{d}x\mathrm{d}\xi \\
\qquad = \mathcal{D}_m(p,\boldsymbol{v}) + \mathcal{D}_b(p,\boldsymbol{v}), \\
D(p,\boldsymbol{v}) := \theta p\operatorname{div}\boldsymbol{v} = D_m(p,\boldsymbol{v}) + D_b(p,\boldsymbol{v}),
\end{cases}
\tag{3.3.45}
$$

$$
\begin{cases}
D_m(p,\boldsymbol{v}) = D_m^0(p,\boldsymbol{v}) + D_m^1(p,\boldsymbol{v})\xi + D_m^2(p,\boldsymbol{v})\xi^2 + \cdots, \\
D_b(p,\boldsymbol{v}) = \kappa p\dfrac{\partial u^3}{\partial \xi} = (1 - 2H\xi + K\xi^2)p\dfrac{\partial u^3}{\partial \xi} \\
\qquad = D_b^0(p,\boldsymbol{v}) + D_b^1(p,\boldsymbol{v})\xi + D_b^2(p,\boldsymbol{v})\xi^2,
\end{cases}
\tag{3.3.46}
$$

其中

$$
\begin{cases}
D_m^0(p,\boldsymbol{v}) = p\gamma_0(\boldsymbol{v}), \\
D_m^1(p,\boldsymbol{v}) = p(\overset{1}{\operatorname{div}}\ \boldsymbol{v} - 2H\gamma_0(\boldsymbol{v})), \\
D_m^2(p,\boldsymbol{v}) = p(\overset{2}{\operatorname{div}}\ \boldsymbol{v} - 2H\ \overset{1}{\operatorname{div}}\ \boldsymbol{v} + K\gamma_0(\boldsymbol{v})), \\
D_b^0(p,\boldsymbol{v}) = p\dfrac{\partial u^3}{\partial \xi}, \\
D_b^1(p,\boldsymbol{v}) = -2Hp\dfrac{\partial u^3}{\partial \xi}, \\
D_b^2(p,\boldsymbol{v}) = Kp\dfrac{\partial u^3}{\partial \xi}.
\end{cases}
\tag{3.3.47}
$$

下面考察能量方程 (3.3.7). 首先指出. 耗散函数

$$
\begin{aligned}
(\Phi(\boldsymbol{u}), T^*) &= \int_{\Omega_\delta} \Phi(\boldsymbol{u})T^*\sqrt{g}\mathrm{d}x\mathrm{d}\xi = (A^{ijkm}e_{ij}(\boldsymbol{u})e_{km}(\boldsymbol{u}), T^*) \\
&= \int_{\Omega} (\Phi_m(u) + \Phi_b(u))T^*\sqrt{a}\mathrm{d}\xi\mathrm{d}x, \\
\Phi_m(\boldsymbol{u}) &= \sum_{i=0}^{\infty} J_i(u)\xi^i, \quad \Phi_b(\boldsymbol{u}) = \sum_{k=0}^{\infty} I_k(\boldsymbol{u})\xi^k,
\end{aligned}
\tag{3.3.48}
$$

其中

$$
\begin{aligned}
J_0(\boldsymbol{u}) =& a^{\alpha\beta\sigma\tau}\gamma_{\sigma\tau}(\boldsymbol{u})\gamma_{\alpha\beta}(\boldsymbol{u}); \\
J_1(\boldsymbol{u}) =& a^{\alpha\beta\sigma\tau}(\gamma_{\sigma\tau}(\boldsymbol{u})\ \overset{1}{\gamma}_{\alpha\beta}(\boldsymbol{u}) + \overset{1}{\gamma}_{\sigma\tau}(\boldsymbol{u})\gamma_{\alpha\beta}(\boldsymbol{u})) + a_1^{\alpha\beta\sigma\tau}\gamma_{\sigma\tau}(\boldsymbol{u})\gamma_{\alpha\beta}(\boldsymbol{u}); \\
J_2(\boldsymbol{u}) =& a^{\alpha\beta\sigma\tau}(\gamma_{\sigma\tau}(\boldsymbol{u})\ \overset{2}{\gamma}_{\alpha\beta}(\boldsymbol{u}) + \overset{2}{\gamma}_{\sigma\tau}(\boldsymbol{u})\gamma_{\alpha\beta}(\boldsymbol{u}) + \overset{1}{\gamma}_{\sigma\tau}(\boldsymbol{u})\ \overset{1}{\gamma}_{\alpha\beta}(\boldsymbol{u}))
\end{aligned}
$$

$$
\begin{aligned}
&+ a_{*1}^{\alpha\beta\sigma\tau}(\gamma_{\sigma\tau}(\boldsymbol{u}) \overset{1}{\gamma}_{\sigma\tau}(\boldsymbol{u}) + \overset{1}{\gamma}_{\sigma\tau}(\boldsymbol{u})\gamma_{\alpha\beta}(\boldsymbol{u})) + a_{*2}^{\alpha\beta\sigma\tau}\gamma_{\sigma\tau}(\boldsymbol{u})\gamma_{\alpha\beta}(\boldsymbol{u}),\\
a_{*1}^{\alpha\beta\lambda\sigma} &= 2(-Ha^{\alpha\beta\sigma\tau} + c^{\alpha\beta\sigma\tau}),\\
a_{*2}^{\alpha\beta\lambda\sigma} &= (-5Ka^{\alpha\beta\sigma\tau} + 2Hc^{\alpha\beta\sigma\tau} + 4b^{\alpha\beta\sigma\tau}),
\end{aligned}
$$

$$
\begin{aligned}
I_0(\boldsymbol{u}) =& (\lambda+2\mu)\left[\left(\lambda_0\gamma_0(\boldsymbol{u}) + \frac{\partial u^3}{\partial\xi}\right)\frac{\partial v^3}{\partial\xi} + \left(\lambda_0\gamma_0(\boldsymbol{u}) + \frac{\partial u^3}{\partial\xi}\right)\frac{\partial u^3}{\partial\xi}\right]\\
&+ \mu a^{\alpha\beta}\gamma_{3\alpha}(\boldsymbol{u})\gamma_{3\beta}(\boldsymbol{u}),\\
I_1(\boldsymbol{u}) =& (\lambda+2\mu)\left[\lambda_0\left(m_1(\boldsymbol{u}) - H\frac{\partial u^3}{\partial\xi}\right)\frac{\partial u^3}{\partial\xi} + \left(\lambda_0 m_1(\boldsymbol{u}) - H\frac{\partial u^3}{\partial\xi}\right)\frac{\partial u^3}{\partial\xi}\right]\\
&+ 2\mu\left((b^{\alpha\beta} - 2Ha^{\alpha\beta})\gamma_{3\alpha}(\boldsymbol{u})\gamma_{3\beta}(\boldsymbol{u}) - b_\beta^\alpha\left(\gamma_{3\alpha}(\boldsymbol{u})\frac{\partial u^\beta}{\partial\xi} + \gamma_{3\alpha}(\boldsymbol{u})\frac{\partial u^\beta}{\partial\xi}\right)\right),\\
I_2(\boldsymbol{u}) =& (\lambda+2\mu)\left[\frac{\partial u^3}{\partial\xi}\left(\lambda_0 m_2(\boldsymbol{u}) + \frac{1}{2}K\frac{\partial u^3}{\partial\xi}\right) + \frac{\partial u^3}{\partial\xi}\left(\lambda_0 m_2(\boldsymbol{u}) + \frac{1}{2}K\frac{\partial u^\alpha}{\partial\xi}\right)\right]\\
&+ \mu\left(c^{\alpha\beta}\gamma_{3\alpha}(\boldsymbol{u})\gamma_{3\beta}(\boldsymbol{u}) + 4c_{\alpha\beta}\frac{\partial u^\beta}{\partial\xi}\frac{\partial \boldsymbol{u}^\alpha}{\partial\xi} + 3K\left(\gamma_{3\alpha}(\boldsymbol{u})\frac{\partial u^\alpha}{\partial\xi} + \gamma_{3\alpha}(\boldsymbol{u})\frac{\partial u^\alpha}{\partial\xi}\right)\right),
\end{aligned}
$$

$$
m_1(\boldsymbol{u}) := 2Ku^3 - \overset{*}{\operatorname{div}}(2H\boldsymbol{u}), \quad m_2(\boldsymbol{u}) := \overset{*}{\operatorname{div}}(K\boldsymbol{u}).
$$

这是由于应用定理 1.8.5, 有

$$
\begin{cases}
A^{\alpha\beta\sigma\tau} = \theta^{-4}\left[a^{\alpha\beta\sigma\tau} + \displaystyle\sum_{k=1}^{4} A_k^{\alpha\beta\sigma\tau}\xi^k\right],\\
A^{\alpha\beta 33} = A^{33\alpha\beta} = \lambda g^{\alpha\beta}, \quad A^{3333} = \lambda + 2\mu,\\
A^{\alpha 3\beta 3} = A^{3\alpha 3\beta} = A^{\alpha 33\beta} = A^{3\alpha\beta 3} = \mu g^{\alpha\beta},\\
A^{\alpha\beta\sigma 3} = A^{\alpha\beta 3\sigma} = A^{\alpha 3\beta\sigma} = A^{3\alpha\beta\sigma} = 0,\\
A^{\alpha 333} = A^{3\alpha 33} = A^{33\alpha 3} = A^{333\alpha} = 0,
\end{cases}
$$

这里

$$
\begin{cases}
A_1^{\alpha\beta\sigma\tau} = 2c^{\alpha\beta\sigma\tau} - 8Ha^{\alpha\beta\sigma\tau},\\
A_2^{\alpha\beta\sigma\tau} = 2(12H^2 - K)a^{\alpha\beta\sigma\tau} - 10Hc^{\alpha\beta\sigma\tau} + 4b^{\alpha\beta\sigma\tau},\\
A_3^{\alpha\beta\sigma\tau} = 8H(K - 4H^2)a^{\alpha\beta\sigma\tau} + (8H^2 - 2K)c^{\alpha\beta\sigma\tau} - 8Hb^{\alpha\beta\sigma\tau},\\
A_4^{\alpha\beta\sigma\tau} = (4H^2 - K)^2 a^{\alpha\beta\sigma\tau} + 2H(K - 4H^2)c^{\alpha\beta\sigma\tau} + 4H^2 b^{\alpha\beta\sigma\tau}.
\end{cases}
$$

曲面 $\Im$ 上的弹性张量

$$
\begin{cases}
a^{\alpha\beta\sigma\tau}(x) = \lambda a^{\alpha\beta}a^{\sigma\tau} + \mu(a^{\alpha\sigma}a^{\beta\tau} + a^{\alpha\tau}a^{\beta\sigma}),\\
b^{\alpha\beta\sigma\tau}(x) = \lambda b^{\alpha\beta}b^{\sigma\tau} + \mu(b^{\alpha\sigma}b^{\beta\tau} + b^{\alpha\tau}b^{\beta\sigma}),\\
c^{\alpha\beta\sigma\tau}(x) = \lambda(a^{\alpha\beta}b^{\sigma\tau} + a^{\alpha\tau}b^{\alpha\beta})\\
\qquad\qquad + \mu(a^{\alpha\sigma}b^{\beta\tau} + a^{\beta\tau}b^{\alpha\sigma} + a^{\alpha\tau}b^{\beta\sigma} + a^{\beta\sigma}b^{\sigma\tau}),
\end{cases}
$$

$$
\begin{aligned}
\Phi_m(\boldsymbol{u}) =&\theta A^{\alpha\beta\sigma\tau}e_{\sigma\tau}(u)e_{\alpha\beta}(u)\\
=&\theta^{-3}\sum_{k=0}^{16}\hat{J}_k(u)\xi^k=\sum_{i=0}^{\infty}J_i(u)\xi^i,\\
\Phi_b(\boldsymbol{u}) =&\theta\left[\lambda g^{\alpha\beta}\left(\frac{\partial u^3}{\partial\xi}e_{\alpha\beta}(u)+\frac{\partial u^3}{\partial\xi}e_{\alpha\beta}(u)\right)+(\lambda+2\mu)\frac{\partial u^3}{\partial\xi}\frac{\partial u^3}{\partial\xi}\right]\\
&+\mu 0 g^{\alpha\beta}\left(\overset{*}{\nabla}_\beta u^3+g_{\beta\lambda}\frac{\partial u^\lambda}{\partial\xi}\right)\left(\overset{*}{\nabla}_\alpha u^3+g_{\alpha\sigma}\frac{\partial u^\sigma}{\partial\zeta}\right)\\
=&(\lambda+2\mu)\sum_{k=0}^{2}\widehat{I}_k(\boldsymbol{u})\xi^k+\mu\theta^{-1}\sum_{k=0}^{8}II_k(\boldsymbol{u})\xi^k\\
=&\sum_{k=0}^{\infty}I_k(\boldsymbol{u})\xi^k,
\end{aligned}
$$

$$
\begin{aligned}
&\widehat{I}_0(\boldsymbol{u})=\lambda_0\left(\gamma_0(u)\frac{\partial v^3}{\partial\xi}+\gamma_0(v)\frac{\partial u^3}{\partial\xi}\right)+\frac{\partial v^3}{\partial\xi}\frac{\partial v^3}{\partial\xi},\\
&\widehat{I}_1(\boldsymbol{u})=\lambda_0\left(m_1(\boldsymbol{u})\frac{\partial u^3}{\partial\xi}+m_1(\boldsymbol{v})\frac{\partial u^3}{\partial\xi}\right)-2H\frac{\partial u^3}{\partial\xi}\frac{\partial u^3}{\partial\xi},\\
&\widehat{I}_2(\boldsymbol{u})=\lambda_0\left(m_2(\boldsymbol{u})\frac{\partial u^3}{\partial\xi}+m_2(\boldsymbol{u})\frac{\partial u^3}{\partial\xi}\right)+K\frac{\partial u^3}{\partial\xi}\frac{\partial u^3}{\partial\xi},\\
&II_0(\boldsymbol{u})=a^{\alpha\beta}\gamma_{3\alpha}(\boldsymbol{u})\gamma_{3\beta}(\boldsymbol{u}),\\
&II_1(\boldsymbol{u})=a^{\alpha\beta}(\overset{1}{\gamma}_{3\alpha}(\boldsymbol{u})\gamma_{3\beta}(\boldsymbol{v})+\overset{1}{\gamma}_{3\alpha}(\boldsymbol{u})\gamma_{3\beta}(\boldsymbol{u}))-2K\hat{b}^{\alpha\beta}\gamma_{3\alpha}(\boldsymbol{u})\gamma_{3\beta}(\boldsymbol{u}),\\
&II_2(\boldsymbol{u})=a^{\alpha\beta}(\overset{2}{\gamma}_{3\alpha}(\boldsymbol{u})\gamma_{3\beta}(\boldsymbol{u})+\overset{2}{\gamma}_{3\alpha}(\boldsymbol{u})\gamma_{3\beta}(\boldsymbol{u})+\overset{1}{\gamma}_{3\alpha}(\boldsymbol{u})\overset{1}{\gamma}_{3\alpha}(\boldsymbol{u}))\\
&\qquad -2K\hat{b}^{\alpha\beta}(\overset{1}{\gamma}_{3\alpha}(\boldsymbol{u})\gamma_{3\beta}(\boldsymbol{u})+\overset{1}{\gamma}_{3\alpha}(\boldsymbol{u})\gamma_{3\beta}(\boldsymbol{u}))+K^2\hat{c}^{\alpha\beta}\gamma_{2\alpha}(\boldsymbol{u})\gamma_{3\beta}(\boldsymbol{u}),\\
&\qquad\qquad\cdots\cdots
\end{aligned}
$$

这里用到

$$
\begin{aligned}
&\theta g^{\alpha\beta}e_{\alpha\beta}(\boldsymbol{u})=\theta\left(\mathrm{div}\boldsymbol{u}-\frac{\partial u^3}{\partial\xi}\right)=\gamma_0(\boldsymbol{u})+m_1(\boldsymbol{u})\xi+m_2(\boldsymbol{u})\xi^2,\\
&\theta^{-1}=1+2H\xi+(4H^2-K)\xi^2+\cdots,\\
&\theta^{-3}=1+6H\xi+(24H^2-3K)\xi^2+\cdots.
\end{aligned}
$$

其次, 将 $g^{\lambda\sigma}=\theta^{-2}(p(\xi)a^{\lambda\sigma}+q(\xi)b^{\lambda\sigma})$ 代入后, 则

$$
g^{\lambda\sigma}\Phi^\beta_{\lambda\sigma}=\theta^{-3}((2H\xi^2-\xi)a^{\beta\mu}-\xi^2b^{\beta\mu})(p(\xi)a^{\lambda\sigma}+q(\xi)b^{\lambda\sigma})\overset{*}{\nabla}_\mu b_{\lambda\sigma}.
$$

然而

$$
\begin{aligned}
&a^{\lambda\sigma}\overset{*}{\nabla}_\mu b_{\lambda\sigma}=\overset{*}{\nabla}_\mu(a^{\lambda\sigma}b_{\lambda\sigma})=\overset{*}{\nabla}_\mu(2H),\\
&b^{\lambda\sigma}\overset{*}{\nabla}_\mu b_{\lambda\sigma}=\frac{1}{2}\overset{*}{\nabla}_\mu(b^{\lambda\sigma}b_{\lambda\sigma})=\frac{1}{2}\overset{*}{\nabla}_\mu(4H^2-2K)=\overset{*}{\nabla}_\mu(2H^2-K),
\end{aligned}
$$

从而有

$$\begin{cases} \phi(\xi) \doteq g^{\lambda\sigma}\Phi^{\beta}_{\lambda\sigma} = \theta^{-3}((2H\xi^2 - \xi)a^{\beta\mu} - \xi^2 b^{\beta\mu})\cdot \\ \qquad \cdot(2p(\xi) \overset{*}{\nabla}_{\mu} H + q(\xi) \overset{*}{\nabla}_{\mu} (2H^2 - K)) = \phi^{\beta}_0 + \phi^{\beta}_1\xi + \phi^{\beta}_2\xi^2, \\ p(\xi) = 1 - 4H\xi + (4H^2 - K)\xi^2, \quad q(\xi) = 2\xi(1 - H\xi), \\ \phi^{\beta}_0 = 0, \quad \phi^{\beta}_1 = -2a^{\alpha\beta} \overset{*}{\nabla}_{\alpha} H, \\ \phi^{\beta}_2 = a^{\alpha\beta} \overset{*}{\nabla}_{\alpha} (4H^2 - 2K) - 3b^{\alpha\beta} \overset{*}{\nabla}_{\alpha} H. \end{cases} \tag{3.3.49}$$

我们还必须考察, 对任何检验函数

$$T^* \in V(\Omega_\delta) = \{\varphi \in H^1(\Omega_\delta), \varphi|_{\xi=0} = 0, \varphi|_{\partial D}\text{满足周期性边界条件}\},$$

那么 (3.3.2) 的能量方程的弱形式是

$$(\rho T\boldsymbol{u}\cdot\nabla s, T^*) = (\Phi(\boldsymbol{u}), T^*) + (\kappa\Delta T, T^*), \quad \forall T^* \in V(\Omega_\delta),$$

$$(\kappa\Delta T, T^*) = -(\kappa\nabla T, \nabla T^*) + \int_{\partial\Omega_\delta} \kappa\frac{\partial T}{\partial n}T^*\mathrm{d}S.$$

但是, 由于在 $\partial D \times [0, \delta]$ 满足周期性边界条件,

$$\begin{aligned} \int_{\partial\Omega_\delta} \kappa\frac{\partial T}{\partial n}T^*\mathrm{d}S &= \int_{\xi=0}(-\partial_\xi TT^*)\sqrt{g}\mathrm{d}x + \int_{\xi=\delta}(\partial_\xi TT^*)(1 - H\delta)\theta\sqrt{a}\mathrm{d}x \\ &= \int_{\xi=\delta}(\partial_\xi T|^{+}T^*)(1 - H\delta)\theta\sqrt{a}\mathrm{d}x, \end{aligned}$$

所以

$$(\kappa\nabla T, \nabla T^*) + (\rho T\boldsymbol{u}\cdot\nabla s, T^*) = (f_T(\boldsymbol{u}), T^*), \quad \forall T^* \in V(\Omega_\delta),$$

$$(f_T(\boldsymbol{u}), T^*) = (\Phi(\boldsymbol{u}), T^*) + \int_{\xi=\delta}(\partial_\xi T|^{+}T^*)(1 - H\delta)\theta\sqrt{a}\mathrm{d}x,$$

在 S-坐标系下

$$\begin{aligned} (\kappa\nabla T, \nabla T^*) =& (\kappa g^{\alpha\beta}\partial_\alpha T, \partial_\beta T^*) + (\kappa\partial_\xi T, \partial_\xi T^*) \\ =& \int_{\Omega_\delta} \kappa[\theta g^{\alpha\beta}\partial_\alpha T\partial_\beta T^* + \theta\partial_\xi T\partial_\xi]\sqrt{a}\mathrm{d}x\mathrm{d}\xi \\ =& \int_{\Omega_\delta} \kappa[(a^{\alpha\beta} + 2(b^{\alpha\beta} - Ha^{\alpha\beta})\xi + 2(Hb^{\alpha\beta} - Ka^{\alpha\beta})\xi^2 + \cdots) \\ & \cdot\partial_\alpha T\partial_\beta T^* + \theta\partial_\xi T\partial_\xi T^*]\sqrt{a}\mathrm{d}x\mathrm{d}\xi, \\ (\rho T\boldsymbol{u}\cdot\nabla s, T^*) =& \int_{\Omega_\delta} \theta\rho T(u^\beta\partial_\beta s + u^3\partial_\xi s)\sqrt{a}\mathrm{d}x\mathrm{d}\xi, \end{aligned} \tag{3.3.50}$$

令

$$a_T(T, T^*) = (\kappa\nabla T, \nabla T^*) + (\rho T\boldsymbol{u}\cdot\nabla s, T^*),$$

$$(f_T(\boldsymbol{u}),T^*)=(\Phi(\boldsymbol{u}),T^*)+\int_{\xi=\delta}(\partial_\xi T|^+)(1-H\delta)(1-2H\delta+K\delta^2)T^*\sqrt{a}\mathrm{d}x, \quad (3.3.51)$$

这里 $T_n|^+_{\xi=\delta}$ 为边界层外侧的值.

综合以上所述, 设

$$\begin{aligned}\boldsymbol{V}(\Omega_\delta)=\{&\boldsymbol{u}\in \boldsymbol{H}^1(\Omega_\delta),\boldsymbol{u}|_{\Im}=0,[\boldsymbol{u}\cdot\boldsymbol{n}]|_{\Im_\delta}=0,[\sigma(\boldsymbol{u},p)\boldsymbol{n}]|_{\Im_\delta}=0,\\&u|_{\partial D}\text{s.t. 满足周期性边界条件}\},\\ [\varphi]|_{\Im_\delta}:=\varphi|^+_{\Im_\delta}=\varphi|^-_{\Im_\delta},&V(\Omega_\delta)=\{\varphi\in H^1(\Omega_\delta),\varphi|_{\Im}=0,[\partial_\xi\varphi]=0,\\&\varphi|_{\partial D}\text{s.t. 满足周期性边界条件}\}.\end{aligned}$$

对于在 $\Im$ 和 $\Im_\delta$ 之间的边界层内, 可压缩 Navier-Stokes 方程的变分问题是

$$\begin{cases}\text{求}\quad \boldsymbol{u}\in\boldsymbol{V}(\Omega_\delta),p\in L^2(\Omega_\delta,T\in V(\Omega_\delta),\rho\in L^\gamma(\Omega_\delta),\\ a(\boldsymbol{u},\boldsymbol{v})+b(\rho:\boldsymbol{u},\boldsymbol{u},\boldsymbol{v})-\mathcal{D}(p,\boldsymbol{v})=<\boldsymbol{F},\boldsymbol{v}>,\quad\forall\boldsymbol{v}\in\boldsymbol{V}(\Omega_{ij}),\\ a_T(T,T^*)=(f_T(\boldsymbol{u}),T^*),\quad\forall T^*\in V(\Omega_\delta),\\ \mathcal{D}(q,\rho\boldsymbol{u})=0,\quad q\in L^2(\Omega_\delta).\end{cases} \quad (3.3.52)$$

由于 $\sigma_n|_{\Im_\delta}=\sigma_n|^+_{\Im_\delta}$ 是由边界层外确定, 在边界层内外交替迭代过程中当作已知. 因此, 若记

$$g_{\alpha\beta}(\delta)=a_{\alpha\beta}-2\delta b_{\alpha\beta}+\delta^2c_{\alpha\beta},$$

那么

$$\begin{aligned}<\boldsymbol{F},\boldsymbol{v}>&=\int_{\Im_\delta}g_{ij}\sigma^i_nv^j(1-H\delta)\sqrt{a}\mathrm{d}x=\int_{\Im}[g_{\alpha\beta}(\delta)\sigma^\alpha_nv^\beta+\sigma^3_nv^3](1-H\delta)\sqrt{a}\mathrm{d}x\\&=\int_{\Im}[g_{\alpha\beta}(\delta)\sigma^\alpha_n(v^\beta_0+v^\beta_1\delta+v^\beta_2\delta^2)+\sigma^3_n(v^3_0+v^3_1\delta+v^3_2\delta^2)](1-H\delta)\sqrt{a}\mathrm{d}x+\cdots\\&=<F^k_\beta,v^\beta_k>+<F^k_3,v^3_k>,\quad\forall k,\end{aligned} \quad (3.3.53)$$

其中

$$F^k_\beta=g_{\alpha\beta}(\delta)\sigma^\alpha_n(1-H\delta)\delta^k,\quad F^k_3=\sigma^3_n(1-H\delta)\delta^k.$$

3.4 一个新的边界层方程

现在来讨论方程 (3.3.2) 解可以展开为关于贯截变量 ξ 的 Taylor 级数 (3.3.18)

$$
\begin{cases}
\boldsymbol{u}=\boldsymbol{u}_0+\boldsymbol{u}_1\xi+\boldsymbol{u}_2\xi^2+\cdots,\\
\boldsymbol{u}=\boldsymbol{u}_1\xi+\boldsymbol{u}_2\xi^2+\cdots,\ \text{无滑动固壁边界条件},\\
p=p_0+p_1\xi+p_2\xi^2+\cdots,\\
\rho=\rho_0+\rho_1\xi+\rho_2\xi^2+\cdots,\\
T=T_0+T_1\xi+T_2\xi^2+\cdots,\\
s=\dfrac{R}{\gamma-1}\log\dfrac{p}{\rho^\gamma},
\end{cases}
\tag{3.4.1}
$$

检验函数同样有

$$
\begin{cases}
\boldsymbol{v}=\boldsymbol{v}_0+\boldsymbol{v}_1\xi+\boldsymbol{v}_2\xi^2+\cdots,\\
\boldsymbol{v}=\boldsymbol{v}_1\xi+\boldsymbol{v}_2\xi^2+\cdots,\text{无滑动固壁边界条件}.
\end{cases}
$$

3.4.1 连续性方程

利用引理 3.3.4,

$$
\begin{aligned}
(\operatorname{div}(\rho\boldsymbol{u}),q)&=\int_{\Omega_\delta}q\operatorname{div}(\rho\boldsymbol{u})\sqrt{g}\mathrm{d}\xi\mathrm{d}x=\int_D\int_0^\delta[q\operatorname{div}(\rho\boldsymbol{u})\theta\sqrt{a}\mathrm{d}\xi\mathrm{d}x\\
&=\mathcal{D}(\rho,\boldsymbol{u},q)\delta+\mathcal{D}_1(\rho,\boldsymbol{u},q)\delta^2/2+\mathcal{D}_2(\rho,\boldsymbol{u},q)\delta^3/3+\cdots=0,\\
\mathcal{D}_k&=\int_D D_k(\rho,u,q)\sqrt{a}\mathrm{d}x,\quad k=0,1,2,\cdots,\\
D_0(\rho,\boldsymbol{u},q)&=q_0(\gamma_0(\rho_0\boldsymbol{u}_0)+\rho_0u_1^3+\rho_1u_0^3),\\
D_1(\rho,\boldsymbol{u},q)&=q_1(\gamma_0(\rho_0\boldsymbol{u}_0)+\rho_0u_1^3+\rho_1u_0^3)\\
&\quad+q_0(\gamma_0(\rho_1\boldsymbol{u}_0+\rho_0\boldsymbol{u}_1)+\overset{1}{\operatorname{div}}(\rho_0\boldsymbol{u}_0)-2H\gamma_0(\rho_0\boldsymbol{u}_0))\\
&\quad+q_0(2(\rho_0u_2^3+\rho_1u_1^3+\rho_2u_0^3)-2H(\rho_0u_1^3+\rho_1u_0^3)),\\
D_2(\rho,\boldsymbol{u},q)&=q_2(\gamma_0(\rho_0\boldsymbol{u}_0)+\rho_0u_1^3+\rho_1u_0^3)\\
&\quad+q_1[\gamma_0(\rho_1\boldsymbol{u}_0+\rho_0\boldsymbol{u}_1)+\overset{1}{\operatorname{div}}(\rho_0\boldsymbol{u}_0)-2H\gamma_0(\rho_0\boldsymbol{u}_0)]\\
&\quad+q_1[2(\rho_0u_2^3+\rho_1u_1^3+\rho_2u_0^3)-2H(\rho_0u_1^3+\rho_1u_0^3)]\\
&\quad+q_0[\gamma_0(\rho_2\boldsymbol{u}_0+\rho_1\boldsymbol{u}_1+\rho_0\boldsymbol{u}_2)+\overset{1}{\operatorname{div}}(\rho_0\boldsymbol{u}_1+\rho_1\boldsymbol{u}_0)+\overset{2}{\operatorname{div}}(\rho_0\boldsymbol{u}_0)\\
&\quad-2H(\gamma_0(\rho_0\boldsymbol{u}_1+\rho_1\boldsymbol{u}_0)+\overset{1}{\operatorname{div}}(\rho_0\boldsymbol{u}_0))+K\gamma_0(\rho_0\boldsymbol{u}_0)]\\
&\quad+q_0[3(\rho_1u_2^3+\rho_2u_1^3)-4H(\rho_0u_2^3+\rho_1u_1^3+\rho_2u_0^3)\\
&\quad+K(\rho_0u_1^3+\rho_1u_0^3)],
\end{aligned}
\tag{3.4.2}
$$

如果令

$$
\begin{aligned}
&\Xi=\{\rho_0,\rho_1,\rho_2\},\quad U=\{\boldsymbol{u}_0,\boldsymbol{u}_1,\boldsymbol{u}_2\},\quad T=\{T_0,T_1,T_2\},\\
&R_0(\Xi,U)=\gamma_0(\rho_0\boldsymbol{u}_0)+\rho_0u_1^3+\rho_1u_0^3,
\end{aligned}
$$

$$
\begin{aligned}
R_1(\Xi,U) &= 2(\rho_0 u_2^3+\rho_1 u_1^3+\rho_2 u_0^3)+\gamma_0(\rho_1 u_0+\rho_0 u_1)+\overset{1}{\operatorname{div}}\,(\rho_0\boldsymbol{u}_0),\\
R_2(\Xi,U) &= 3(\rho_1 u_2^3+\rho_2 u_1^3)+\gamma_0(\rho_2 u_0+\rho_1 u_1+\rho_0 u_2)\\
&\quad+\overset{1}{\operatorname{div}}\,(\rho_0\boldsymbol{u}_1+\rho_1 u_0)+\overset{2}{\operatorname{div}}\,(\rho_0\boldsymbol{u}_0).
\end{aligned}\tag{3.4.3}
$$

那么连续性方程可以表示为

$$
\begin{aligned}
(\operatorname{div}(\rho\boldsymbol{u}),q) =&\delta^3/3((R_0(\Xi,U),q_2))\\
&+(((\delta^2/2-2H\delta^3/3)R_0(\Xi,U)+\delta^3/3R_1(\Xi,U)),q_1))\\
&+[\delta^2/2(R_1(\Xi,U)-2HR_0(\Xi,U))\\
&+\delta^3/3(R_2(\Xi,U)-2HR_1(\Xi,U)+KR_0(\Xi,U))q_0+\cdots=0,
\end{aligned}\tag{3.4.4}
$$

其中

$$
((\bullet,\bullet))=\int_{\Im}\bullet\cdot\bullet\sqrt{a}\mathrm{d}x.
$$

利用检验函数的线性独立, 推出

$$
\left\{\begin{aligned}
&R_0=\gamma_0(\rho_0\boldsymbol{u}_0)+\rho_0 u_1^3+\rho_1 u_0^3=0,\\
&R_1=\gamma_0(\rho_1\boldsymbol{u}_0+\rho_0\boldsymbol{u}_1)+\overset{1}{\operatorname{div}}\,(\rho_0\boldsymbol{u}_0)+2(\rho_0 u_2^3+\rho_1 u_1^3+\rho_2 u_0^3)=0,\\
&R_2=\gamma_0(\rho_2\boldsymbol{u}_0+\rho_1\boldsymbol{u}_1+\rho_0\boldsymbol{u}_2)+\overset{1}{\operatorname{div}}\,(\rho_0\boldsymbol{u}_1+\rho_1\boldsymbol{u}_0)+\overset{2}{\operatorname{div}}\,(\rho_0\boldsymbol{u}_0)\\
&\qquad+3(\rho_1 u_2^3+\rho_2 u_1^3)=0.
\end{aligned}\right.\tag{3.4.5}
$$

当 $\Im$ 是固壁时, $u_0=0$, 那么

$$
\left\{\begin{aligned}
&u_1^3=0,\\
&\overset{*}{\operatorname{div}}\,(\rho_0\boldsymbol{u}_1)+2\rho_0 u_2^3=0,\\
&\overset{*}{\operatorname{div}}\,(\rho_1\boldsymbol{u}_1+\rho_0\boldsymbol{u}_2)+(3\rho_1-2H\rho_0)u_2^3-2\rho_1 u_1^\alpha\overset{*}{\nabla}_\alpha H=0.
\end{aligned}\right.\tag{3.4.6}
$$

3.4.2 动量方程

如果取 (3.4.1) 的前三项, 并记

$$
\begin{aligned}
&U=(u_0,u_1,u_2),\quad V=(v_0,v_1,v_2),\quad P=(p_0,p_1,p_2),\quad Q=(q_0,q_1,q_2),\\
&\Xi=(\rho_0,\rho_1,\rho_2),\quad T=(T_0,T_1,T_2),
\end{aligned}
$$

取 (3.4.1) 中前三项代入 (3.3.39) 并对贯截变量 ξ 积分后, 取关于厚度 δ 的前三项得截断膜算子

$$
A_m(U,V)=a_m^0(U,V)+a_m^1(U,V)\delta+a_m^2(U,V)\delta^2,
$$

$$
\begin{aligned}
a_m^0(U,V) &:= \int_{\Im} J_0(\boldsymbol{u}_0,\boldsymbol{v}_0)\sqrt{a}\mathrm{d}x,\\
a_m^1(U,V) &:= \int_{\Im} (J_0(\boldsymbol{u}_1,\boldsymbol{v}_0)+J_0(\boldsymbol{u}_0,\boldsymbol{v}_1)+J_1(\boldsymbol{u}_0,\boldsymbol{v}_0))\sqrt{a}\mathrm{d}x,\\
a_m^2(U,V) &:= \int_{\Im} (J_0(\boldsymbol{u}_2,\boldsymbol{v}_0)+J_0(\boldsymbol{u}_0,\boldsymbol{v}_2)+J_0(\boldsymbol{u}_1,\boldsymbol{v}_1)\\
&\quad +J_1(\boldsymbol{u}_1,\boldsymbol{v}_0)+J_1(\boldsymbol{u}_0,\boldsymbol{v}_1)+J_2(\boldsymbol{u}_0,\boldsymbol{v}_0))\sqrt{a}\mathrm{d}x,
\end{aligned}\tag{3.4.7}
$$

$$
\begin{aligned}
A_b(U,V) =& a_b^0(U,V)+a_b^1(U,V)\delta+a_b^2(U,V)\delta^2,\\
a_b(\boldsymbol{u},\boldsymbol{v}) =& \int_{\Im}\int_0^{\delta} [I_0(u,v)+I_1(u,v)\xi+I_2(u,v)\xi^2+I_R]\mathrm{d}x\sqrt{a}\mathrm{d}x\\
=& \int_{\Im}\left[\Lambda_0\delta+\Lambda_1\frac{\delta^2}{2}+\Lambda_2\frac{\delta^3}{3}+\Lambda_R\right]\sqrt{a}\mathrm{d}x\\
=& a_b^0(U,V)\delta+a_b^1(U,V)\delta^2/2+a_b^2(U,V)\delta^3/3+a_b^R(\boldsymbol{u},\boldsymbol{v}),\\
a_b^0(U,V) =& \int_{\Im}\Lambda_0\sqrt{a}\mathrm{d}x,\quad a_b^1(U,V)=\int_{\Im}\Lambda_1\sqrt{a}\mathrm{d}x,\\
a_b^2(U,V) =& \int_{\Im}\Lambda_2\sqrt{a}\mathrm{d}x,
\end{aligned}\tag{3.4.8}
$$

其中

$$
\begin{aligned}
\Lambda_0(U,V) :=& \mu a^{\alpha\beta}\overset{*}{\nabla}_\alpha u_0^3\overset{*}{\nabla}_\beta v_0^3+\mu a_{\alpha\beta}u_1^\alpha v_1^\beta+2\mu u_1^3 v_1^3\\
&+\mu(\overset{*}{\nabla}_\alpha u_0^3 v_1^\alpha+\overset{*}{\nabla}_\beta v_0^3 u_1^\beta)+\lambda(\gamma_0(u_0)+u_1^3)(\gamma_0(v_0)+v_1^3),\\
\Lambda_1(U,V) :=& 2\mu(a_{\alpha\beta}u_1^\alpha+\overset{*}{\nabla}_\beta u_0^3)v_2^\beta+4\mu(u_2^3v_1^3+u_1^3v_2^3)\\
&+\mu(u_1^\beta+a^{\alpha\beta}\overset{*}{\nabla}_\alpha u_0^3)\overset{*}{\nabla}_\beta v_1^3+\mu(v_1^\beta+a^{\alpha\beta}\overset{*}{\nabla}_\alpha v_0^3)\overset{*}{\nabla}_\beta u_1^3\\
&-2\mu(Ha_{\alpha\beta}+b_{\alpha\beta})u_1^\alpha v_1^\beta-2\mu H u_1^3 v_1^3\\
&-2\mu H(u_1^\beta\overset{*}{\nabla}_\beta v_0^3+v_1^\beta\overset{*}{\nabla}_\beta u_0^3)\\
&+\lambda(2u_2^3-Hu_1^3+\gamma_0(\boldsymbol{u}_1)-H\gamma_0(\boldsymbol{u}_0)+\overset{1}{\mathrm{div}}\,\boldsymbol{u}_0)(v_1^3+\gamma_0(\boldsymbol{v}_0))\\
&+\lambda(2v_2^3-Hv_1^3+\gamma_0(\boldsymbol{v}_1)-H\gamma_0(\boldsymbol{v}_0)+\overset{1}{\mathrm{div}}\,\boldsymbol{v}_0)(u_1^3+\gamma_0(\boldsymbol{u}_0)),
\end{aligned}\tag{3.4.9}
$$

$$
\begin{aligned}
\Lambda_2(U,V) :=& 4\mu a_{\lambda\sigma}u_2^\lambda v_2^\sigma+2\mu(u_2^\beta\overset{*}{\nabla}_\beta v_1^3+v_2^\beta\overset{*}{\nabla}_\beta u_1^3)+8\mu u_2^3 v_2^3\\
&-4\mu H(u_2^3v_1^3+u_1^3v_2^3)+6\mu H b_{\lambda\sigma}u_1^\lambda v_1^\sigma+2\mu K u_1^3 v_1^3\\
&-4\mu(b_{\lambda\sigma}+Ha_{\lambda\sigma})(u_2^\lambda v_1^\sigma+u_1^\lambda v_2^\sigma)\\
&+\mu a^{\alpha\beta}(\overset{*}{\nabla}_\alpha u_2^3\overset{*}{\nabla}_\beta v_0^3+\overset{*}{\nabla}_\alpha u_1^3\overset{*}{\nabla}_\beta v_1^3+\overset{*}{\nabla}_\alpha u_0^3\overset{*}{\nabla}_\beta v_2^3)\\
&+2\mu(Ha^{\alpha\beta}+b^{\alpha\beta})(\overset{*}{\nabla}_\alpha u_1^3\overset{*}{\nabla}_\beta v_0^3+\overset{*}{\nabla}_\alpha u_0^3\overset{*}{\nabla}_\beta v_1^3)\\
&-2\mu H(u_1^\beta\overset{*}{\nabla}_\beta v_1^3+2u_2^\beta\overset{*}{\nabla}_\beta v_0^3+v_1^\beta\overset{*}{\nabla}_\beta u_1^3+2v_2^\beta\overset{*}{\nabla}_\beta u_0^3)
\end{aligned}
$$

$$
\begin{aligned}
&+2\mu(Hb^{\alpha\beta}-Ka^{\alpha\beta})\overset{*}{\nabla}_\alpha u_0^3\overset{*}{\nabla}_\beta v_0^3+\mu K(u_1^\beta\overset{*}{\nabla}_\beta v_0^3+v_1^\beta\overset{*}{\nabla}_\beta u_0^3)\\
&+\lambda(2u_2^3+\gamma_0(\boldsymbol{u}_1))(2v_2^3+\gamma_0(\boldsymbol{v}_1))\\
&+\lambda(u_1^3+\gamma_0(\boldsymbol{u}_0))(\gamma_0(\boldsymbol{v}_2)-2Hv_2^3-2H\gamma_0(\boldsymbol{v}_1)+m_1(\boldsymbol{v}_0)+\overset{1}{\operatorname{div}}\,\boldsymbol{v}_1)\\
&+\lambda(v_1^3+\gamma_0(\boldsymbol{v}_0))(\gamma_0(\boldsymbol{u}_2)-2Hu_2^3-2H\gamma_0(\boldsymbol{u}_1)+m_1(\boldsymbol{u}_0)+\overset{1}{\operatorname{div}}\,\boldsymbol{u}_1)\\
&+\lambda(2u_2^3+\gamma_0(\boldsymbol{u}_1))\overset{1}{\operatorname{div}}\,\boldsymbol{v}_0+\lambda(2v_2^3+\gamma_0(\boldsymbol{v}_1))\overset{1}{\operatorname{div}}\,\boldsymbol{u}_0\\
&+\lambda\overset{1}{\operatorname{div}}\,\boldsymbol{u}_0\overset{1}{\operatorname{div}}\,\boldsymbol{v}_0-\lambda K(u_1^3+\gamma_0(\boldsymbol{u}_0))(v_1^3+\gamma_0(\boldsymbol{v}_0)).
\end{aligned}\tag{3.4.10}
$$

下面给出三线性形式 (3.3.43)

$$
\begin{aligned}
b_m(\Xi;U,U,V)=&b_m^0(\Xi;U,U,V)\delta+b_m^1(\Xi;U,U,V)\delta^2/2+b_m^2(\Xi;U,U,V)\delta^3/3\\
&+b_m^3(\Xi,U,U,V)\delta^4/4,\\
b_m^\sigma(\Xi;U,U,V)=&\int_{\Im}\phi_m^\sigma(\Xi;U,U,V)\sqrt{a}\mathrm{d}x,\quad \sigma=0,1,2,3,\\
\phi_m^0(\Xi;U,U,V)=&\rho_0u_0^\alpha u_0^\beta\gamma_{\alpha\beta}(v_0),\\
\phi_m^1(\Xi;U,U,V)=&\rho_1u_0^\alpha u_0^\beta\gamma_{\alpha\beta}(v_0)+2\rho_0u_1^\alpha u_0^\beta\gamma_{\alpha\beta}(v_0)+\rho_0u_0^\alpha u_0^\beta\gamma_{\alpha\beta}(v_1)\\
&+\rho_0u_0^\alpha u_0^\beta(\overset{1}{\gamma}_{\alpha\beta}(v_0)-2H\gamma_{\alpha\beta}(v_0)),\\
\phi_m^2(\Xi;U,U,V)=&4\rho_0u_2^\alpha u_0^\beta\gamma_{\alpha\beta}(v_0)+\rho_2u_0^\alpha u_0^\beta\gamma_{\alpha\beta}(v_0)+\rho_0u_0^\alpha u_0^\beta\gamma_{\alpha\beta}(v_2)\\
&+2\rho_1u_1^\alpha u_0^\beta\gamma_{\alpha\beta}(v_0)+\rho_1u_0^\alpha u_0^\beta\gamma_{\alpha\beta}(v_1)+2\rho_0u_1^\alpha u_0^\beta\gamma_{\alpha\beta}(v_1)\\
&+2\rho_0u_1^\alpha u_0^\beta(\overset{1}{\gamma}_{\alpha\beta}(v_0)-2H\gamma_{\alpha\beta}(v_0))\\
&+\rho_1u_0^\alpha u_0^\beta(\overset{1}{\gamma}_{\alpha\beta}(v_0)-2H\gamma_{\alpha\beta}(v_0))\\
&+\rho_0u_0^\alpha u_0^\beta(\overset{1}{\gamma}_{\alpha\beta}(v_1)-2H\gamma_{\alpha\beta}(v_1))\\
&+\rho_0u_0^\alpha u_0^\beta(\overset{2}{\gamma}_{\alpha\beta}(v_0)-2H\overset{1}{\gamma}_{\alpha\beta}(v_0)+K\gamma_{\alpha\beta}(v_0)),\\
\phi_m^3(\Xi,U,U,V)=&\rho_0u_1^\alpha u_1^\beta\gamma_{\alpha\beta}(v_1).
\end{aligned}\tag{3.4.11}
$$

弯曲三线性形式

$$
\begin{aligned}
b_b(\rho;u,u,v)=&\int_{\Omega_\delta}\Bigg[\rho u^3\left(a_{\alpha\beta}u^\alpha\frac{\partial v^\beta}{\partial\xi}+u^3\frac{\partial v^3}{\partial\xi}+u^\alpha\overset{*}{\nabla}_\alpha v^3\right)\\
&-\left(2\rho b_{\alpha\beta}u^3u^\alpha\frac{\partial v^\beta}{\partial\xi}+2H\rho u^3\left(a_{\alpha\beta}u^\alpha\frac{\partial v^\beta}{\partial\xi}+u^3\frac{\partial v^3}{\partial\xi}+u^\alpha\overset{*}{\nabla}_\alpha v^3\right)\right)\xi\\
&+\rho u^3\left((c_{\alpha\beta}+4Hb_{\alpha\beta})u^\alpha\frac{\partial v^\beta}{\partial\xi}+K\left(a_{\alpha\beta}u^\alpha\frac{\partial v^\beta}{\partial\xi}+u^3\frac{\partial v^3}{\partial\xi}+u^\alpha\overset{*}{\nabla}_\alpha v^3\right)\right)\xi^2\\
&+\cdots\Bigg]\sqrt{a}\mathrm{d}x\mathrm{d}\xi,
\end{aligned}
$$

$$
\begin{aligned}
b_b(\Xi;U,U,V) =& b_b^0(\Xi;U,U,V)\delta + b_b^1(\Xi;U,U,V)\delta^2/2 + b_b^2(\Xi;U,U,V)\delta^3/3 \\
&+ b_b^3(\Xi,U,U,V)\delta^4/4, \\
b_b^\sigma(\Xi;U,U,V) =& \int_{\Im} \phi_b^\sigma(\Xi;U,U,V)\sqrt{a}\mathrm{d}x, \quad \sigma=0,1,2,3, \\
\phi_b^0(\Xi;U,U,V) =& \rho_0 u_0^3(a_{\alpha\beta}u_0^\alpha v_1^\beta + u_0^3 v_1^3 + u_0^\alpha \overset{*}{\nabla}_\alpha v_0^3), \\
\phi_b^1(\Xi;U,U,V) =& (\rho_0 u_1^3 + \rho_1 u_0^3)(a_{\alpha\beta}u_0^\alpha v_1^\beta + u_0^3 v_1^3 + u_0^\alpha \overset{*}{\nabla}_\alpha v_0^3) \\
&+ \rho_0 u_0^3(a_{\alpha\beta}(u_1^\alpha v_1^\beta + 2u_0^\alpha v_2^\beta) + u_1^3 v_1^3 + 2u_0^3 v_2^3 + u_1^\alpha \overset{*}{\nabla}_\alpha v_0^3 + u_0^\alpha \overset{*}{\nabla}_\alpha v_1^3) \\
&- [2\rho_0 b_{\alpha\beta}u_0^3 u_0^\alpha b_1^\beta + 2H\rho_0 u_0^3(a_{\alpha\beta}u_0^\alpha v_1^\beta + u_0^3 v_1^3 + u_0^\alpha \overset{*}{\nabla}_\alpha v_0^3)], \\
\phi_b^2(\Xi;U,U,V) =& (\rho_2 u_0^3 + \rho_1 u_1^3 + \rho_0 u_2^3)(a_{\alpha\beta}u_0^\alpha v_1^\beta + u_0^3 v_1^3 + u_0^\alpha \overset{*}{\nabla}_\alpha v_0^3) \\
&+ \rho_0 u_0^3(a_{\alpha\beta}(2u_1^\alpha v_2^\beta + u_2^\alpha v_1^\beta) + 2u_1^3 v_2^3 + u_2^3 v_1^3 u_2^\alpha \overset{*}{\nabla}_\alpha v_0^3 \\
&+ u_0^\alpha \overset{*}{\nabla}_\alpha v_2^3 + u_1^\alpha \overset{*}{\nabla}_\alpha v_1^3) \\
&- (2\rho_1 b_{\alpha\beta}u_0^3 u_0^\alpha v_1^\beta + 2\rho_0 b_{\alpha\beta}(u_1^3 u_0^\alpha v_1^\beta + u_0^3 u_1^\alpha v_1^\beta + 2u_0^3 u_0^\alpha v_2^\beta) \\
&- 2H(\rho_1 u_0^3 + \rho_0 u_1^3)(a_{\alpha\beta}u_0^\alpha v_1^\beta + u_0^3 v_1^3 + u_0^\alpha \overset{*}{\nabla}_\alpha v_0^3) \\
&- 2H\rho_0 u_0^3(a_{\alpha\beta}(2u_0^\alpha v_2^\beta + u_1^\alpha v_1^\beta) + 2u_0^3 v_2^3 + u_1^3 v_1^3 + u_1^\alpha \overset{*}{\nabla}_\alpha v_0^3 + u_0^\alpha \overset{*}{\nabla}_\alpha v_1^3) \\
&+ \rho_0 u_0^3((c_{\alpha\beta} + 4Hb_{\alpha\beta})u_0^\alpha v_1^\beta + K(a_{\alpha\beta}u_0^\alpha v_1^\beta + u_0^3 v_1^3 + u_0^\alpha \overset{*}{\nabla}_\alpha v_0^3), \\
\phi_b^3(\Xi,U,U,V) =& \rho_0 a_{\alpha\beta}u_1^\alpha u_2^3 v_1^\beta.
\end{aligned} \tag{3.4.12}
$$

关于压力项, 由引理 3.3.4 知

$$
\left\{
\begin{aligned}
&(p,\mathrm{div}\boldsymbol{v}) = \mathcal{D}_m(p,\boldsymbol{v}) + \mathcal{D}_b(p,\boldsymbol{v}) = \int_{\Omega_\delta} [D_m(p,\boldsymbol{v}) + D_b(p,\boldsymbol{v})]\sqrt{a}\mathrm{d}x\mathrm{d}\xi, \\
&D_m(p,\boldsymbol{v}) = D_m^0(p,\boldsymbol{v}) + D_m^1(p,\boldsymbol{v})\xi + D_m^2(p,\boldsymbol{v})\xi^2 + \cdots, \\
&D_b(p,\boldsymbol{v}) = D_b^0(p,\boldsymbol{v}) + D_b^1(p,\boldsymbol{v})\xi + D_b^2(p,\boldsymbol{v})\xi^2 + \cdots, \\
&D_m^0(p,\boldsymbol{v}) = p\gamma_0(\boldsymbol{v}), \\
&D_m^1(p,\boldsymbol{v}) = p(\overset{1}{\mathrm{div}}\ \boldsymbol{v} - 2H\gamma_0(\boldsymbol{v})), \\
&D_m^2(p,\boldsymbol{v}) = p(\overset{2}{\mathrm{div}}\ \boldsymbol{v} - 2H\ \overset{1}{\mathrm{div}}\ \boldsymbol{v} + K\gamma_0(\boldsymbol{v})), \\
&D_b^0(p,\boldsymbol{v}) = p\frac{\partial v^3}{\partial\xi}, \\
&D_b^1(p,\boldsymbol{v}) = -2Hp\frac{\partial v^3}{\partial\xi}, \\
&D_b^2(p,\boldsymbol{v}) = Kp\frac{\partial v^3}{\partial\xi},
\end{aligned}
\right. \tag{3.4.13}
$$

将 (3.4.1) 代入得

$$
\left\{\begin{aligned}
&\mathcal{D}(P,V)=\mathcal{D}_m(P,\boldsymbol{V})+\mathcal{D}_b(P,\boldsymbol{V})\\
&\qquad\quad=\int_{\Im}[D_m(P,\boldsymbol{V})+D_b(P,\boldsymbol{V})]\sqrt{a}\mathrm{d}x,\\
&D_m(P,\boldsymbol{V})=D_m^0(P,\boldsymbol{V})\delta+D_m^1(P,\boldsymbol{V})\delta^2/2+D_m^2(P,\boldsymbol{V})\delta^3/3,\\
&D_b(P,\boldsymbol{V})=D_b^0(P,\boldsymbol{V})\delta+D_b^1(P,\boldsymbol{V})\delta^2/2+D_b^2(P,\boldsymbol{V})\delta^3/3,\\
&D_m^0(P,\boldsymbol{V})=p_0\gamma_0(\boldsymbol{v}_0),\\
&D_m^1(P,\boldsymbol{V})=p_0\gamma_0(\boldsymbol{v}_1)+p_1\gamma_0(\boldsymbol{v}_0)+p_0(\overset{1}{\mathrm{div}}\ \boldsymbol{v}_0-2H\gamma_0(\boldsymbol{v}_0)),\\
&D_m^2(P,\boldsymbol{P})=p_0\gamma_0(\boldsymbol{v}_2)+p_1\gamma_0(\boldsymbol{v}_1)+p_2\gamma_0(\boldsymbol{v}_0)\\
&\qquad\qquad+p_0(\overset{1}{\mathrm{div}}\ \boldsymbol{v}_1-2H\gamma_0(\boldsymbol{v}_1))+p_1(\overset{1}{\mathrm{div}}\ \boldsymbol{v}_0-2H\gamma_0(\boldsymbol{v}_0))\\
&\qquad\qquad+p_0(\overset{2}{\mathrm{div}}\ \boldsymbol{v}_0-2H\overset{1}{\mathrm{div}}\ \boldsymbol{v}_0+K\gamma_0(\boldsymbol{v}_0)),\\
&D_b^0(P,\boldsymbol{V})=p_0v_1^3,\\
&D_b^1(P,\boldsymbol{V})=2p_0v_2^3+p_1v_1^3-2Hp_0v_1^3,\\
&D_b^2(P,\boldsymbol{V})=2p_1v_2^3+p_2v_1^3-4Hp_0v_2^3-2Hp_1v_1^3+Kp_0v_1^3.
\end{aligned}\right. \tag{3.4.14}
$$

现在可以得到 (3.3.52) 中的动量分程的截断方程

$$
A_m(U,U,V)+b_m(\Xi,U,U,V)+A_b(U,U,V)+b_b(\Xi,U,U,V)-\mathcal{D}(P,V)=<F,V>. \tag{3.4.15}
$$

3.4.3 能量方程

能量方程的右端项

$$
\begin{aligned}
&(F_T(\boldsymbol{u}),T^*)=(\Phi(\boldsymbol{u}),T^*)+<f_t,T^*>,\\
&<f_t,T^*>=\int_{\xi=\delta}\partial_\xi T|^+(1-H\delta)(1-2H\delta+K\delta^2)T^*\sqrt{a}\mathrm{d}x,
\end{aligned} \tag{3.4.16}
$$

能量方程是

$$
a_T(T,T^*)=(\Phi(u),T^*)+<f_t,T^*>, \tag{3.4.17}
$$

其中

$$
a_T(T,T^*)=(\kappa\nabla T,\nabla T^*)+(\rho T\boldsymbol{u}\cdot\nabla s,T^*).
$$

为了计算 (3.3.52) 中的能量方程, 由 $\Phi(u)=a(u,u)$ 以及 (3.3.52) 定义的双线性形式, 有

$$
\begin{aligned}
(\kappa\nabla T,\nabla T^*)=&(\kappa(a^{\alpha\beta}+2(b^{\alpha\beta}-Ha^{\alpha\beta})\xi+2(Hb^{\alpha\beta}-Ka^{\alpha\beta})\xi^2+\cdots)\\
&\cdot(\partial_\alpha(T_0+T_1\xi+T_2\xi^2+\cdots)).
\end{aligned}
$$

$$
\begin{aligned}
&\cdot\partial_\alpha(T_0^*+T_1^*\xi+T_2^*\xi^2+\cdots)+(\kappa(T_1+2T_2\xi+\text{c.s}),T_1^*+2T_2^*\xi),\\
(\rho T\boldsymbol{u}\cdot\nabla s,T^*)=&(\theta(\rho_0T_0+(\rho_0T_1+\rho_1T_0)\xi+(\rho_2T_0+\rho_1T_1+\rho_0T_2)\xi^2+\cdots)\\
&\cdot((u_0^\beta+u_1^\beta\xi+u_2^\beta\xi^2)\partial_\beta(s_0+s_1\xi+s_2\xi^2+\cdots)\\
&+(u_0^3+u_1^3\xi+u_2^3\xi^2+\cdots)(s_1+2s_2\xi+\cdots)),T_0^*+T_1^*\xi+T_2^*\xi^2+\cdots)\\
=&W_0T_0^*\delta+(W_0T_1^*+W_1T_0^*)\delta^2/2+(W_0T_2^*+W_1T_1^*+W_2T_0^*)\delta^3/3+\cdots,
\end{aligned}
$$

其中

$$
\begin{aligned}
W_0:=&\rho_0T_0(u_0^\beta\partial_\beta s_0+u_0^3s_1),\\
W_1:=&(\rho_0T_1+\rho_1T_0)(u_0^\beta\partial_\beta s_0+u_0^3s_1)\\
&+\rho_0T_0(2u_0^3s_2+u_1^3s_1+u_0^\beta\partial_\beta s_1+u_1^\beta\partial s_0)\\
&-2H\rho_0T_0(u_0^\beta\partial_\beta s_0+u_0^3s_1),\\
W_2:=&\rho_0T_0(u_2^3s_1+2u_1^3s_2+u_0^\beta\partial_\beta s_2+u_1^\beta\partial_\beta s_1+u_2^\beta\partial_\beta s_0)\\
&+(\rho_0T_1+\rho_1T_0)(2u_0^3s_2+u_1^3s_1+u_0^\beta\partial_\beta s_1+u_1^\beta\partial s_0)\\
&+(\rho_2T_0+\rho_1T_1+\rho_0T_2)(u_0^\beta\partial_\beta s_0+u_0^3s_1)\\
&-2H((u_0^\beta\partial_\beta s_0+u_0^3s_1)(\rho_0T_1+\rho_1T_0)\\
&+\rho_0T_0(2u_0^3s_2+u_1^3s_1+u_0^\beta\partial_\beta s_1+u_1^\beta\partial s_0))\\
&+K[\rho_0T_0(u_0^\beta\partial_\beta s_0+u_0^3s_1+u_0^\beta\partial_\beta s_2+u_1^\beta\partial_\beta s_1+u_2^\beta\partial_\beta s_0)\\
&+(\rho_0T_1+\rho_1T_0)(2u_0^3s_2+u_1^3s_1+u_0^\beta\partial_\beta s_1+u_1^\beta\partial s_0)\\
&+(u_0^\beta\partial_\beta s_0+u_0^3s_1)(\rho_2T_0+\rho_1T_1+\rho_0T_2)],
\end{aligned}
$$

从而有

$$
\begin{aligned}
a_T(T,T^*)=&(\kappa\nabla T,\nabla T^*)+(\rho Tu\nabla s,T^*)\\
=&A_0^t(T,T^*)\delta+A_1^t(T,T^*)\delta^2/2+A_2^t(T,T^*)\delta^3/3+\cdots,
\end{aligned}
$$

其中

$$
\begin{aligned}
A_0^t(T,T^*):=&((\kappa a^{\alpha\beta}\partial T_0,\partial_\beta T_0^*))+((\kappa T_1,T_1^*))+((W_0,T_0^*)),\\
A_1^t(T,T^*)=&((\kappa a^{\alpha\beta}(\partial_\alpha T_0,\partial_\alpha T_1^*))+((\kappa a^{\alpha\beta}\partial_\alpha T_1,\partial_\alpha T_0^*))\\
&+2((\kappa(b^{\alpha\beta}-Ha^{\alpha\beta})\partial_\alpha T_0,\partial_\alpha T_0^*))\\
&+[2\kappa((T_1,T_2^*))+2((\kappa T_2,T_1^*))-((\kappa 2HT_1,T_1^*))]\\
&+((W_0,T_1^*))+((W_1,T_0^*)),
\end{aligned}
$$

$$
\begin{aligned}
A_2^t(T,T^*)=&\int_D\kappa[a^{\alpha\beta}(\partial_\alpha T_0\partial_\beta T_2^*+\partial_\alpha T_1\partial_\beta T_1^*+\partial_\alpha T_2\partial_\beta T_0^*)\\
&+2(b^{\alpha\beta}-Ha^{\alpha\beta})(\partial_\alpha T_0\partial_\beta T_1^*+\partial_\alpha T_1\partial_\beta T_0^*)\\
&+2(Hb^{\alpha\beta}-Ka^{\alpha\beta})\partial_\alpha T_0\partial_\beta T_2^*]\sqrt{a}\mathrm{d}x\\
&+[((-2HT_1,T_2^*))+((-2HT_2,T_1^*))+((2(2K-4H^2)T_2,T_0^*))\\
&+(((2K-4H^2)T_1,T_1^*))+(((3HK-4H^3)T_1,T_0^*))]\\
&+((W_0,T_2^*))+((W_1,T_1^*))+((W_2,T_0^*)).
\end{aligned}\tag{3.4.18}
$$

下面需计算耗散函数积分. 由 (3.4.4)~(3.4.6), 并令

$$
\begin{aligned}
&\Sigma_0(U,U)=J_0(\boldsymbol{u}_0,\boldsymbol{u}_0),\quad \Sigma_1(U,U)=2J_0(\boldsymbol{u}_0,\boldsymbol{u}_1)+J_1(\boldsymbol{u}_0,\boldsymbol{u}_0),\\
&\Sigma_2(U,U)=2J_0(\boldsymbol{u}_0,\boldsymbol{u}_2)+J_0(\boldsymbol{u}_1,\boldsymbol{u}_1)+2J_1(\boldsymbol{u}_0,\boldsymbol{u}_1)+J_2(\boldsymbol{u}_0,\boldsymbol{u}_0).
\end{aligned}\tag{3.4.19}
$$

与 (3.4.9) 一起可以推出

$$
\begin{aligned}
(\Phi(\boldsymbol{u}),T^*)=&\int_{\Omega_\delta}[\Sigma_0(U,U)+\Lambda_0(U,U)+(\Sigma_1(U,U)+\Lambda_1(U,U))\xi\\
&+(\Sigma_2(U,U)+\Lambda_2(U,U))\xi^2+\cdots][T_0^*+T_1^*\xi+T_2^*\xi^2+\cdots]\\
=&((\Phi_0(U,U),T_0^*))\delta+((\Phi_1(U,U),T_1^*))\delta^2/2\\
&+((\Phi_2(U,U),T_2^*))\delta^3/3+\cdots,\\
\Phi_0(U,U):=&(\Sigma_0(U,U)+\Lambda_0(U,U))\delta+(\Sigma_1(U,U)+\Lambda_1(U,U))\delta^2/2\\
&+(\Sigma_2(U,U)+\Lambda_2(U,U))\delta^3/3,\\
\Phi_1(U,U):=&(\Sigma_0(U,U)+\Lambda_0(U,U))\delta^2/2+(\Sigma_1(U,U)+\Lambda_1(U,U))\delta^3/3,\\
\Phi_2(U,U):=&(\Sigma_0(U,U)+\Lambda_0(U,U))\delta^3/3,
\end{aligned}\tag{3.4.20}
$$

因此能量方程的裁断方程

$$
\begin{aligned}
&A_0^t(T,T^*)\delta+A_1^t(T,T^*)\delta^2/2+A_2^t(T,T^*)\delta^3/3\\
=&((\Phi_0(U,U),T_0^*))\delta+((\Phi_1(U,U),T_1^*))\delta^2/2+((\Phi_2(U,U),T_2^*))\delta^3/3\\
&+<f_t,T_0^*+T_1^*\delta+T_2^*\delta^2>.
\end{aligned}\tag{3.4.21}
$$

3.4.4 截断的 Navier-Stokes 方程

从以上的讨论可以得到边界层内,

$$
U=\{\boldsymbol{u}_0,\boldsymbol{u}_1,\boldsymbol{u}_2\},\quad \Xi=\{\rho_0,\rho_1,\rho_2\},\quad T=\{T_0,T_1,T_2\}
$$

满足一个称为 "截断的 Navier-Stokes 方程". 它的变分形式是

$$
\left\{
\begin{array}{l}
\text{求}\quad U\in \boldsymbol{V}(\Omega_\delta),\ \Xi\boldsymbol{L}^2(\Omega_\delta),\quad T\in \boldsymbol{H}^1_{DP}(\Omega_\delta),\ \text{使得}\\
A_m(U,U,V)+b_m(\Xi,U,U,V)+A_b(U,U,V)+b_b(\Xi,U,U,V)\\
\qquad -\mathcal{D}(P,V)=<F,V>,\\
A_0^t(T,T^*)\delta+A_1^t(T,T^*)\delta^2/2+A_2^t(T,T^*)\delta^3/3\\
\qquad =((\Phi_0(U,U),T_0^*))\delta+((\Phi_1(U,U),T_1^*))\delta^2/2\\
\qquad\quad +((\Phi_2(U,U),T_2^*))\delta^3/3+<f_t,T_0^*+T_1^*\delta+T_2^*\delta^2>,\\
\delta^3/3((R_0(\Xi,U),q_2))+((((\delta^2/2-2H\delta^3/3)R_0(\Xi,U)+\delta^3/3R_1(\Xi,U)),q_1))\\
\qquad +(\delta^2/2(R_1(\Xi,U)-2HR_0(\Xi,U))\\
\qquad +\delta^3/3(R_2(\Xi,U)-2HR_1(\Xi,U)+KR_0(\Xi,U)),q_0)=0,\\
p=\exp\dfrac{(\gamma-1)s}{R}\rho^\gamma,\quad p=R\rho T,\forall V,Q,T^*,
\end{array}
\right.
\tag{3.4.22}
$$

这里

$$
\begin{array}{l}
\boldsymbol{V}(\Omega_\delta)=V(\Omega_\delta)\times V(\Omega_\delta)\times V(\Omega_\delta),\quad \boldsymbol{L}^2(\Omega_\delta)=L^2(\Omega_\delta)\times L^2(\Omega_\delta)\times L^2(\Omega_\delta),\\
\boldsymbol{H}^1_{DP}(\Omega_\delta)=H^1_{DP}(\Omega_\delta)\times H^1_{DP}(\Omega_\delta)\times H^1_{DP}(\Omega_\delta).
\end{array}
$$

下面给出对应的边值问题.

(1) 二阶项方程

引理 3.4.1 变分问题 (3.4.22) 的解 U,Ξ,T, 那么 $\boldsymbol{u}_2,p_1,T_1,\rho_0$ 满足如下方程

$$
\left\{
\begin{array}{l}
4\mu\delta^3/3u_2^\alpha+a^{\alpha\beta}K_{2\beta}(\boldsymbol{u}_1)+a^{\alpha\beta}G_{2\beta}(\boldsymbol{u}_0)+\delta^3/3a^{\alpha\beta}\overset{*}{\nabla}_\beta p_0=a^{\alpha\beta}F_\beta^2,\\
4(\lambda+2\mu)\delta^3/3u_2^3+K_{23}(\boldsymbol{u}_1)+G_{23}(\boldsymbol{u}_0)\\
\qquad +(2\delta^2/2+6H\delta^3/3)p_0-2p_1\delta^3/3=F_3^2,\\
2\kappa(\delta^2/2-H\delta^3/3)T_1+[-\kappa(\overset{*}{\Delta}T_0+2\overset{*}{\nabla}_\beta((Hb^{\alpha\beta}-Ka^{\alpha\beta})\partial_\alpha T_0))\\
\qquad +\rho_0T_0(u_0^\beta\partial_\beta s_0+u_0^3s_1)]\delta^3/3=\Phi_2(U,U)\delta^3/3+\delta^2f_t,\\
\gamma_0(\rho_0\boldsymbol{u}_0)+\rho_0u_1^3+\rho_1u_0^3=0,\\
p=\exp\dfrac{(\gamma-1)s}{R}\rho^\gamma,\quad p=R\rho T,
\end{array}
\right.
\tag{3.4.23}
$$

p_0 满足下列椭圆边值问题:

$$
\left\{
\begin{array}{ll}
-\delta^3/3\overset{*}{\Delta}p_0=M_1(\boldsymbol{u}_1)+M_0(\boldsymbol{u}_0)+F_0, & \text{在 } D \text{ 内},\\
p_0|_{\partial D}=\text{满足周期性边界条件}.
\end{array}
\right.
\tag{3.4.24}
$$

其中

$$
K_{2\beta}(\boldsymbol{u}_1)=\delta^3/3(2\mu-\lambda)\overset{*}{\nabla}_\beta u_1^3
$$

$$
\begin{aligned}
&+2\mu[(\delta^2/2-2H\delta^3/3)a_{\alpha\beta}-2b_{\alpha\beta}\delta^3/3]u_1^\alpha,\\
G_{2\beta}(\boldsymbol{u}_0)=&-\delta^3/3\overset{*}{\nabla}_\alpha(2\mu a_{\lambda\beta}(\gamma^{\alpha\beta}(\boldsymbol{u}_0)+\rho_0u_0^\alpha u_0^\beta))\\
&+\delta^2/2[\overset{*}{\nabla}_\beta u_0^3+4\rho_0u_0^3a_{\alpha\beta}u_0^\alpha]\\
&+\delta^3/3[-4\mu H\overset{*}{\nabla}_\beta u_0^3-\lambda\overset{*}{\nabla}_\beta\gamma_0(\boldsymbol{u}_0)+\rho_0u_0^3(-4(Ha_{\alpha\beta}+b_{\alpha\beta})u_0^\alpha)],\\
K_{23}(\boldsymbol{u}_0)=&2\lambda\delta^3/3\overset{*}{\operatorname{div}}\boldsymbol{u}_1+[\delta^2/22(2\mu+\lambda)-4H\delta^3/3(\mu+2\lambda)+2\rho_0u_0^3\delta^3/3]u_1^3,\\
G_{23}(\boldsymbol{u}_0)=&-\delta^3/3[2\mu\beta_0(\boldsymbol{u}_0)+\rho_0b_{\alpha\beta}u_0^\alpha u_0^\beta+\overset{*}{\nabla}_\alpha(\rho_0u_0^\alpha u_0^3)\\
&+\mu\overset{*}{\Delta}u_0^3-4\lambda H\gamma_0(\boldsymbol{u}_0)]+\delta^2/24\lambda\gamma_0(\boldsymbol{u}_0)\\
&+2\rho_0u_0^3u_0^3(\delta^2/2-2H\delta^3/3)+\delta^3/32\lambda\overset{1}{\operatorname{div}}\boldsymbol{u}_0,\\
M_1(\boldsymbol{u}_1)=&a^{\alpha\beta}\overset{*}{\nabla}_\alpha(\rho_0K_{\alpha\beta}(\boldsymbol{u}_1))+4\mu\delta^3/3\bigg[-\overset{*}{\operatorname{div}}(\rho_1\boldsymbol{u}_1)-\overset{1}{\operatorname{div}}(\rho_0\boldsymbol{u}_1)\\
&-(3\rho_2-2H\rho_1)u_1^3+\left(\frac{3}{2}\rho_1\rho_0^{-1}-H\right)(2\rho_1u_1^3+\gamma_0(\rho_0\boldsymbol{u}_1))\bigg],\\
M_0(\boldsymbol{u}_0)=&a^{\alpha\beta}\overset{*}{\nabla}_\alpha(\rho_0G_{2\beta}(\boldsymbol{u}_0))+4\mu\delta^3/3\bigg[-\overset{*}{\operatorname{div}}(\rho_2\boldsymbol{u}_0)-\overset{1}{\operatorname{div}}(\rho_1\boldsymbol{u}_0)\\
&-\overset{2}{\operatorname{div}}(\rho_0\boldsymbol{u}_0)+\left(\frac{3}{2}\rho_1\rho_0^{-1}-H\right)(2\rho_1u_0^3+\gamma_0(\rho_1u_0)+\overset{1}{\operatorname{div}}(\rho_0\boldsymbol{u}_0))\bigg],\\
F_\beta^2=&g_{\alpha\beta}(\delta)\sigma^{3\alpha}(\delta)+\delta^2(1-H\delta),\\
F_3^2=&\sigma^{33}(\delta)\delta^2(1-H\delta),\\
F_0=&a^{\alpha\beta}\overset{*}{\nabla}_\alpha(\rho_0F_\beta^2).
\end{aligned}
\tag{3.4.25}
$$

证明 由于检验函数线性独立和任意性, 令 (3.4.22) 中, $v_2\neq0, v_0=0, v_1=0, q_2\neq0, q_i=0, i\neq2, T_2^*\neq0, T_i^*=0, i\neq2$, 并利用 (3.4.3), (3.4.5), (3.4.6) 得

$$
\begin{aligned}
&\int_{\Im}[J_0(\boldsymbol{u}_0,\boldsymbol{v}_2)\delta^3/3+(2\mu(a_{\alpha\beta}u_1^\alpha+\overset{*}{\nabla}_\beta u_0^3)v_2^\beta+4\mu u_1^3v_2^3\\
&+2\lambda(u_1^3+\gamma_0(\boldsymbol{u}_0))v_2^3)\delta^2/2+(2\mu(2a_{\alpha\beta}u_2^\alpha+\overset{*}{\nabla}_\beta u_1^3)v_2^\beta\\
&+4\mu(2u_2^3-Hu_1^3)v_2^3-4\mu(b_{\alpha\beta}+Ha_{\alpha\beta})u_1^\alpha v_2^\beta\\
&+\mu a^{\alpha\beta}\overset{*}{\nabla}_\alpha u_0^3\overset{*}{\nabla}_\beta v_2^3-4\mu H\overset{*}{\nabla}_\beta u_0^3v_2^\beta+2\lambda(2u_2^3+\gamma_0(\boldsymbol{u}_1))v_2^3\\
&+\lambda(u_1^3+\gamma_0(\boldsymbol{u}_0))(\gamma_0(\boldsymbol{v}_2)-2Hv_2^3)+2\lambda\overset{1}{\operatorname{div}}\boldsymbol{u}_0v_2^3)\delta^3/3\\
&+\rho_0u_0^\alpha u_0^\beta\gamma_{\alpha\beta}(\boldsymbol{v}_2)\delta^3/3+2\rho_0u_0^3(2a_{\alpha\beta}u_0^\alpha v_2^\beta+u_0^3v_2^3)\delta^2/2\\
&+(\rho_0u_0^3(2a_{\alpha\beta}u_1^\alpha v_2^\beta+2u_1^3v_2^3+u_0^\alpha\overset{*}{\nabla}_\alpha v_2^3)\\
&-4\rho_0u_0^3b_{\alpha\beta}u_0^\alpha v_2^\beta-4H\rho_0u_0^3a_{\alpha\beta}u_0^\alpha v_2^\beta-4H\rho_0u_0^3u_0^3v_2^3)\delta^3/3
\end{aligned}
$$

$$
\begin{aligned}
&- (p_0\gamma_0(\boldsymbol{v}_2) + (2p_1 - 4Hp_0)v_2^3)\delta^3/3 - 2p_0 v_2^3\delta^2/2]\sqrt{a}\mathrm{d}x \\
&= \int_D [g_{\alpha\beta}\sigma_n^\alpha|^+ v_2^\beta + \sigma_n^3|^+ v_2^3]\delta^2(1 - H\delta)\sqrt{a}\mathrm{d}x.
\end{aligned} \tag{3.4.26}
$$

在 (3.4.23) 中, 应该计算并利用 $\gamma^{\beta\sigma}$ 关于指标 “β,σ” 的对称性, 即

$$
\begin{aligned}
\gamma^{\beta\sigma}(u_0) \overset{*}{e}_{\beta\sigma}(v_2) &= \gamma^{\beta\sigma}(u_0)\frac{1}{2}(\overset{*}{\nabla}_\beta v_{2\sigma} + \overset{*}{\nabla}_\sigma v_{2\beta}) = \gamma^{\beta\sigma}(u_0) \overset{*}{\nabla}_\beta v_{2\sigma} \\
&= \gamma^{\beta\sigma}(\boldsymbol{u}_0) a_{\lambda\sigma} \overset{*}{\nabla}_\beta v_2^\lambda,
\end{aligned}
$$

由于 Gauss 定理和周期性边界条件, 有

$$
\begin{aligned}
&\int_{\Im} [J_0(u_0, v_2) + \rho_0 u_0^\alpha u_0^\beta]\gamma_{\alpha\beta}(v_2)\sqrt{a}\mathrm{d}x \\
&= ((a^{\lambda\alpha\sigma\beta}\gamma_{\lambda\sigma}(\boldsymbol{u}_0) + \rho_0 u_0^\alpha u_0^\beta, \gamma_{\beta\sigma}(\boldsymbol{v}_2))) \\
&= ((2\mu\gamma^{\alpha\beta}(\boldsymbol{u}_0) + \rho_0 u_0^\alpha u_0^\beta, a_{\beta\lambda} \overset{*}{\nabla}_\alpha v_2^\lambda - b_{\alpha\beta} v_2^3)) \\
&= -((\overset{*}{\nabla}_\alpha (a_{\beta\lambda}(\gamma^{\alpha\beta}(\boldsymbol{u}_0) + \rho_0 u_0^\alpha u_0^\beta), v_2^\lambda)) \\
&\quad - ((2\mu\beta_0(\boldsymbol{u}_0) + \rho_0 b_{\alpha\beta} u_0^\alpha u_0^\beta, v_2^3)), \\
&\delta^3/3 \int_D \rho_0 u_0^3 u_0^\alpha \overset{*}{\nabla}_\alpha v_2^3\sqrt{a}\mathrm{d}x = -\delta^3/3 \int_D \overset{*}{\nabla}_\alpha (\rho_0 u_0^3 u_0^\alpha) v_2^3\sqrt{a}\mathrm{d}x, \\
&\delta^3/3 \int_D \mu a^{\alpha\beta} \overset{*}{\nabla}_\alpha u_0^3 \overset{*}{\nabla}_\beta v_2^3\sqrt{a}\mathrm{d}x = -\delta^3/3\mu \int_D \overset{*}{\Delta} u_0^3 v_2^3\sqrt{a}\mathrm{d}x, \\
&\int_D \lambda(u_1^3 + \gamma_0(u_0))\gamma_0(v_2)\sqrt{a}\mathrm{d}x = -\int_D \overset{*}{\nabla}_\beta (\lambda(u_1^3 + \gamma_0(u_0))v_2^\beta\sqrt{a} \\
&\qquad - \int_D 2\lambda H(u_1^3 + \gamma_0(u_0))\sqrt{a}\mathrm{d}x,
\end{aligned} \tag{3.4.27}
$$

那么代入 (3.4.23) 后, 由于 v_2^β, v_2^3 是线性独立, 可以得到关于 u_2, p_1 的方程. 为了得到 (3.4.23), 对 (3.4.23) 第一个方程乘 ρ_0 后, 求协变导数 ∇_α, 在应用 (3.4.5) 的第三个方程和第二个方程, 就可以得到 (3.4.23).

从 (3.4.9), (3.4.19) 和 (3.4.20), 令 $\boldsymbol{v}_2 \neq 0, \boldsymbol{v}_k = 0$, $k \neq 2$, 可得到能量方程、连续性方程和状态方程

$$
\left\{
\begin{aligned}
&2\kappa(\delta^2/2 - H\delta^3/3)T_1 + [-\kappa(\overset{*}{\Delta} T_0 + 2 \overset{*}{\nabla}_\beta ((Hb^{\alpha\beta} - Ka^{\alpha\beta})\partial_\alpha T_0)) \\
&\qquad + \rho_0 T_0(u_0^\beta \partial_\beta s_0 + u_0^3 s_1)]\delta^3/3 = \Phi_2(U, U)\delta^3/3 + \delta^2 f_t, \\
&\gamma_0(\rho_0 \boldsymbol{u}_0) + \rho_0 u_1^3 + \rho_1 u_0^3 = 0, \quad p = \exp\frac{(\gamma - 1)s}{R}\rho^\gamma, \quad p = R\rho T,
\end{aligned}
\right. \tag{3.4.28}
$$

证毕.

(2) 一阶项方程

今后, 令 $\lambda_0 = \dfrac{\lambda}{\lambda+2\mu}$, $\lambda_* = \dfrac{2\mu}{\lambda+3\mu}$, $\lambda_0+\lambda_*=1$.

引理 3.4.2 变分问题 (3.4.22) 的解 U,Ξ,T, 那么 $\boldsymbol{u}_1,p_2,T_2$ 满足如下边值问题

$$
\begin{aligned}
&-\mu\delta^3/3\overset{*}{\Delta}u_1^\alpha-\delta^3/3\lambda_*\left(\frac{3}{2}\lambda+\mu\right)a^{\alpha\beta}\overset{*}{\nabla}_\beta\overset{*}{\mathrm{div}}\,\boldsymbol{u}_1-\frac{1}{2}\lambda_*\delta^3/3\rho_0u_0^\alpha\overset{*}{\mathrm{div}}\,\boldsymbol{u}_1\\
&+L^\alpha(\boldsymbol{u}_1)+a^{\alpha\beta}G_{1\beta}(u_0)+a^{\alpha\beta}D_{1\beta}(p_0,p_1)=a^{\alpha\beta}F_\beta^1,\\
&\lambda(\lambda_0-3/2)\delta^3/3\overset{*}{\Delta}u_1^3+L_3(\boldsymbol{u}_1)+G_{13}(u_0)+D_{13}(p_0,p_1,p_2)=F_3^1,\\
&\delta^3/3\{[\gamma_0(\rho_1\boldsymbol{u}_0+\rho_0\boldsymbol{u}_1)+\overset{1}{\mathrm{div}}\,(\rho_0\boldsymbol{u}_0)-2H\gamma_0(\rho_0\boldsymbol{u}_0)]\\
&+[2(\rho_0u_2^3+\rho_1u_1^3+\rho_2u_0^3)-2H(\rho_0u_1^3+\rho_1u_0^3)]\}=0,\\
&-\delta\kappa T_1+\delta^2/2[-\kappa\overset{*}{\Delta}T_0+2\kappa(T_2-HT_1)+W_0]\\
&+\delta^3/3[-\kappa\overset{*}{\Delta}T_1+2\kappa\partial_\beta((b^{\alpha\beta}-Ha^{\alpha\beta})\partial_\alpha T_0)\\
&+(-2HT_2+(2K-4H^2)T_1+W_1)]=\Phi_1(U,U)\delta^2/2+f_t\delta,
\end{aligned}
\tag{3.4.29}
$$

其中

$$
\begin{aligned}
L^\alpha(\boldsymbol{u}_1)=&\overset{*}{\nabla}_\beta\left((\delta^2/2\rho_0+\delta^3/3(\rho_1-2H\rho_0))u_0^\alpha u_0^\beta+\delta^3/3\rho_0(u_1^\alpha u_0^\beta+u_0^\alpha u_1^\beta)\right)\\
&+l^{\alpha\beta}\overset{*}{\nabla}_\beta u_1^3+l_\beta^\alpha u_1^\beta+l_3^\alpha u_1^3+\delta^4/4\overset{*}{\nabla}_\beta(\rho_0u_1^\alpha u_1^\beta),\\
L_3(\boldsymbol{u}_1)=&\delta^3/3\overset{*}{\nabla}_\beta((-\rho_0u_0^3\delta_\alpha^\beta+2\mu b_\alpha^\beta)u_1^\alpha)-\delta^3/3\rho_0b_{\beta\sigma}(u_1^\beta u_0^\sigma+u_0^\beta u_1^\sigma)\\
&-\delta^3/3(2\mu\beta_0(u_1)+2\lambda H\gamma_0(u_1))-\delta^4/4\rho_0b_{\alpha\beta}u_1^\alpha u_1^\beta),\\
l^{\alpha\beta}=&\lambda_*\delta^3/3a^{\alpha\beta}((-3\lambda H+\rho_0u_0^3)-2\mu\delta^3/3b^{\alpha\beta}\\
&+a^{\alpha\lambda}[(-\mu\delta^2/2\delta_\lambda^\beta+\delta^3/3((2\mu-\lambda)(\rho_0u_0^3\delta_\lambda^\beta-b_\lambda^\beta)-(4\mu-\lambda)H\delta_\lambda^\beta))],\\
l_\beta^\alpha=&a^{\alpha\lambda}[\mu(\delta a_{\beta\lambda}+\delta^3/3(16Hb_{\beta\lambda}+(4H^2-4K)a_{\beta\lambda}))\\
&+2\rho_0u_0^3a_{\beta\lambda}(\delta^2/2-2H\delta^3/3)]-\mu\delta^3/3K\delta_\beta^\alpha,\\
l_3^\alpha=&\lambda_*\delta^3/3a^{\alpha\lambda}\overset{*}{\nabla}_\lambda((-3\lambda H+\rho_0u_0^3))\\
&+a^{\alpha\lambda}\left[\frac{1}{2}a_{\beta\lambda}\rho_0u_0^\beta\delta^2/2+\delta^3/3\left(-\lambda\overset{*}{\nabla}_\lambda H+2b_{\beta\lambda}\rho_0u_0^\beta\right.\right.\\
&\left.\left.+a_{\beta\lambda}u_0^\beta\left(-\lambda_*H\rho_0+\rho_1-\frac{1}{2}\rho_0\frac{\rho u_0^3}{\lambda+2\mu}\right)\right)\right]-\mu\delta^3/3a^{\alpha\lambda}\overset{*}{\nabla}_\lambda H,\\
D_{1\beta}(p_0,p_1)=&(-(b_\beta^\alpha+H\delta_\beta^\alpha)+\delta_\beta^\alpha\rho_0u_0^3)\delta^3/3\overset{*}{\nabla}_\alpha p_0\\
&-\frac{\rho_0}{4(\lambda+2\mu)}a_{\alpha\beta}u_0^\alpha((2\delta^2/2+6H\delta^3/3)p_0-2\delta^3/3p_1)+2\delta^3/3\overset{*}{\nabla}_\beta Hp_0\\
&+\overset{*}{\nabla}_\beta(\delta^2/2(1+\lambda_0)p_0+\delta^3/3(\lambda_*p_1+(2+3\lambda_0)Hp_0)),
\end{aligned}
$$

$$
\begin{aligned}
D_{13}(p_0,p_1,p_2) =&\delta^3/3p_2-\frac{\lambda}{4\mu}\overset{*}{\nabla} p_0+d_0p_0+d_1p_1,\\
d_0 =&-7/4\delta+(\lambda_0-2\lambda_*)H\delta^2/2+(3k+(2\lambda_0+\frac{1}{2}\lambda_*)6H^2)\delta^3/3,\\
d_1 =&3\delta^2/2-(3\lambda_0+4+1/2\lambda_*)H\delta^3/3,
\end{aligned}
$$

$$
\begin{aligned}
G_{1\beta}(u_0) =& \overset{*}{\nabla}_\beta\left[\frac{1}{2}\lambda_0G_{23}(u_0)-(\delta^2/2-2H\delta^3/3)\gamma_0(u_0)-\delta^3/3\overset{1}{\operatorname{div}}\boldsymbol{u}_0\right]\\
&-a_{\beta\sigma}\overset{*}{\nabla}_\lambda\Gamma_0^{\lambda\sigma}(\boldsymbol{u}_0)-\delta^3/3[\overset{*}{\nabla}_\beta(4\mu\beta_0(u_0))+\overset{*}{\nabla}_\lambda(2b_{\beta\sigma}\rho_0u_0^\lambda u_0^\sigma)]\\
&+a_{\alpha\beta}u_0^\alpha(\delta\rho_0+(\rho_1-2H\rho_0)\delta^2/2+(\rho_2-2H\rho_1)\delta^3/3)u_0^3\\
&-2\delta^3/3b_{\alpha\beta}\rho_1u_0^3u_0^\alpha+2\rho_0u_0^3(3H\delta^3/3-\delta^3/2)b_{\alpha\beta}u_0^\alpha\\
&-\Bigg[\overset{*}{\nabla}_\beta b_{\nu\mu}\delta^3/3(2\mu\gamma^{\mu\nu}(u_0)+\rho_0u_0^\nu u_0^\mu)\\
&+(\delta_\beta^\alpha\rho_0u_0^3-(b_\beta^\alpha+H\delta_\beta^\alpha))G_{2\alpha}(\boldsymbol{u}_0)-\frac{1}{4}(\lambda+2\mu)^{-1}\rho_0a_{\alpha\beta}u_0^\alpha G_{23}(\boldsymbol{u}_0)\Bigg],\\
G_{13}(\boldsymbol{u}_0) =& +\frac{\mu}{2}\overset{*}{\nabla}_\beta(((\delta^2/2+2H\delta^3/3)a^{\alpha\beta}+2\delta^3/3b^{\alpha\beta})\overset{*}{\nabla}_\alpha u_0^3)\\
&+\overset{*}{\nabla}_\beta(\rho_0u_0^3(\delta^2/2-2H\delta^3/3)u_0^\beta)-\frac{1}{2}\overset{*}{\nabla}_\beta(a^{\alpha\beta}G_{2\alpha}(u_0))\\
&+(\delta^2/2\rho_0+\delta^3/3(\rho_1-2H\rho_0))b_{\beta\sigma}u_0^\beta u_0^\sigma,+b_{\beta\sigma}\Gamma_0^{\beta\sigma}(u_0)\\
&+\delta^3/3(2\mu(2H\beta_0(u_0)-k\delta_0(u_0))+\rho_0C_{\alpha\beta}u_0^\alpha u_0^\beta),\\
F_\beta^1 =&g_{\beta\alpha}(\delta)(1-H\delta)\sigma^{3\alpha}(\delta)-\frac{1}{2}\lambda_0\overset{*}{\nabla}_\beta F_3^2\\
&-\left[(b_\beta^\alpha+H\delta_\beta^\alpha-\delta_\beta^\alpha\rho_0u_0^3)F_\alpha^2+\frac{1}{4}(\lambda+2\mu)^{-1}\rho_0a_{\alpha\beta}u_0^\alpha F_3^2\right],\\
F_3^1 =&(1-H\delta)\sigma^{33}(\delta).
\end{aligned}\tag{3.4.30}
$$

证明　在 (3.4.22) 中, 令 $v_1\neq0,T_1^*\neq0,q_1\neq0,v_i=0,T_i^*=0,q_i=0,i\neq1$, (3.4.22) 变为

$$
\left\{
\begin{aligned}
&\int_\Im\{\delta^3/3J_0(\boldsymbol{u}_1,\boldsymbol{v}_1)+\delta^2/2J_0(\boldsymbol{u}_0,\boldsymbol{v}_1)+\delta^3/3J_1(\boldsymbol{u}_0,\boldsymbol{v}_1)\\
&+Y_0(U)\gamma_0(v_1)+Y_\beta(U)v_1^\beta+Y^\beta(U)\overset{*}{\nabla}_\beta v_1^3\\
&+Y_3(U)v_1^3+Y^{\alpha\beta}(U,\rho)\gamma_{\alpha\beta}(v_1)+Y_1^{\alpha\beta}(U,\rho)\overset{1}{\gamma}_{\alpha\beta}(v_1)\\
&-(\delta^2/2p_0+\delta^3/3(p_1+2Hp_0))\gamma_0(v_1)-\delta^3/3p_0\overset{1}{\operatorname{div}}v_1\\
&-(\delta p_0+\delta^2/2(p_1-2Hp_0)\\
&-\delta^3/3(p_2-2Hp_1+Kp_0))v_1^3\}\sqrt{a}\mathrm{d}x\\
&=\int_\Im[g_{\alpha\beta}(\delta)(1-H\delta)(\sigma_n^\alpha v_1^\beta+\sigma_n^3v_1^3)]\sqrt{a}\mathrm{d}x,
\end{aligned}
\right.\tag{3.4.31}
$$

其中

$$
\begin{aligned}
Y^{\alpha\beta}(U,\rho) :=&(\delta^2/2\rho_0+\delta^3/3(\rho_1-2H\rho_0))u_0^\alpha u_0^\beta+\delta^3/3\rho_0(u_1^\alpha u_0^\beta+u_0^\alpha u_1^\beta)+\delta^4/4\rho_0 u_1^\alpha u_1^\beta,\\
Y_1^{\alpha\beta}(U,\rho) :=&\delta^3/3\rho_0 u_0^\alpha u_0^\beta,\\
Y_0(U) =&\lambda[(\delta^2/2-2H\delta^3/3)(u_1^3+\gamma_0(u_0))+\delta^3/3(2u_2^3+\gamma_0(u_1)+\overset{1}{\operatorname{div}}\ u_0)]\\
=&\delta^3/3(2u_2^3+\overset{*}{\operatorname{div}}\ \boldsymbol{u}_1)+(\delta^2/2-4H\delta^3/3)u_1^3\\
&+(\delta^2/2-2H\delta^3/3)\gamma_0(u_0)+\delta^3/3\overset{1}{\operatorname{div}}\ u_0,\\
Y_\beta(U,\rho) :=&\mu[-4\delta^3/3(b_{\alpha\beta}+Ha_{\alpha\beta})u_2^\alpha\\
&+((\delta+2H\delta^2/2)a_{\alpha\beta}+2\delta^2/2b_{\alpha\beta})u_1^\alpha\\
&-\delta^3/3\lambda\overset{*}{\nabla}_\beta H(u_1^3+\gamma_0(u_0))\\
&-(\alpha^2/2+2H\delta^3/3)\overset{*}{\nabla}_\beta u_1^3+(\delta+2H\delta^2/2+K\delta^3/3)\overset{*}{\nabla}_\beta u_0^3]\\
&+a_{\alpha\beta}u_0^\alpha[\delta^3/3\rho_0 u_2^3+(\delta^2/2\rho_0+\delta^3/3(\rho_1-2H\rho_0))u_1^3\\
&+(\delta\rho_0+\delta^2/2(\rho_1-2H\rho_0)+\delta^3/3(\rho_2-2H\rho_1))u_0^3]\\
&+2\delta^3/3b_{\alpha\beta}u_0^\alpha(\rho_0 u_1^3-\rho_1 u_0^3)\\
&+\rho_0 u_0^3[\delta^3/3a_{\alpha\beta}u_2^\alpha+((\delta^2/2-2H\delta^3/3)a_{\alpha\beta}+2\delta^3/3b_{\alpha\beta})u_1^\alpha\\
&+2(3H\delta^3/3-\delta^2/2)b_{\alpha\beta}u_0^\alpha]+a_{\alpha\beta}\rho_0 u_1^\alpha u_2^3\delta^4/4,\\
Y^\beta(U,\rho) :=&\mu[2\delta^3/3u_2^\beta+(\delta^2/2-2H\delta^3/3)u_1^\beta+\delta^3/3a^{\alpha\beta}\overset{*}{\nabla}_\alpha u_1^3\\
&+(\delta^2/2a^{\alpha\beta}+2\delta^3/3(Ha^{\alpha\beta}+b^{\alpha\beta}))\overset{*}{\nabla}_\alpha u_0^3]\\
&+\rho_0 u_0^3((\delta^2/2-2H\delta^3/3)u_0^\beta+\delta^3/3u_1^\beta),\\
Y_3(U,\rho) :=&(\delta-2H\delta^2/2+K\delta^3/3)((\lambda+2\mu)u_1^3+\lambda\gamma_0(u_0))\\
&+(\lambda+2\mu)(2\delta^2/2-2H\delta^3/3)u_2^3\\
&+\lambda\delta^3/3\gamma_0(u_2)+\lambda(\delta^2/2-2H\delta^3/3)\gamma_0(u_1)\\
&+\lambda\delta^2/2\overset{1}{\operatorname{div}}\ u_0+\lambda\delta^3/3(m_1(u_0)+\overset{1}{\operatorname{div}}\ u_1)\\
&-\delta^3/3\lambda(4H^2-2K)(u_1^3+\gamma_0(u_0))\\
&+[(\delta\rho_0+\delta^2/2(\rho_1-2H\rho_0))u_0^3u_0^3+2\delta^2/2\rho_0 u_1^3u_0^3],
\end{aligned}
\tag{3.4.32}
$$

利用 (3.3.10) 和 (3.3.40), 有

$$
\begin{cases}
J_0(\boldsymbol{u},\boldsymbol{v}) := (a^{\alpha\beta\lambda\sigma}\gamma_{\alpha\lambda}(\boldsymbol{u}),\gamma_{\beta\sigma}(\boldsymbol{v})),\\
J_1(\boldsymbol{u},\boldsymbol{v}) = a^{\alpha\beta\lambda\sigma}(\overset{1}{\gamma}_{\alpha\lambda}(\boldsymbol{u})\overset{0}{\gamma}_{\beta\sigma}(\boldsymbol{v})+\overset{0}{\gamma}_{\alpha\lambda}(\boldsymbol{u})\overset{1}{\gamma}_{\beta\sigma}(\boldsymbol{v}))\\
\qquad +a_1^{\alpha\beta\lambda\sigma}\gamma_{\alpha\lambda}(\boldsymbol{u})\gamma_{\beta\sigma}(\boldsymbol{v}) = (\Gamma^{\beta\sigma}(\boldsymbol{u}),\gamma_0(\boldsymbol{v}))+(2\mu\gamma^{\beta\sigma}(\boldsymbol{u}),\overset{1}{\gamma}_{\beta\sigma}(\boldsymbol{v})),\\
J_2(\boldsymbol{u},\boldsymbol{v}) := a^{\alpha\beta\lambda\sigma}(\overset{2}{\gamma}_{\alpha\lambda}(\boldsymbol{u})\overset{0}{\gamma}_{\beta\sigma}(\boldsymbol{v})+\overset{0}{\gamma}_{\alpha\lambda}(\boldsymbol{u})\overset{2}{\gamma}_{\beta\sigma}(\boldsymbol{v})\\
\qquad +\overset{1}{\gamma}_{\beta\sigma}(\boldsymbol{u})\overset{1}{\gamma}_{\alpha\lambda}(\boldsymbol{v}))+a_2^{\alpha\beta\lambda\sigma}(\overset{0}{\gamma}_{\alpha\lambda}(\boldsymbol{u})\overset{0}{\gamma}_{\beta\sigma}(\boldsymbol{v}))\\
\qquad +a_1^{\alpha\beta\lambda\sigma}(\overset{1}{\gamma}_{\alpha\lambda}(\boldsymbol{u})\overset{0}{\gamma}_{\beta\sigma}(\boldsymbol{v})+\overset{0}{\gamma}_{\alpha\lambda}(\boldsymbol{u})\overset{1}{\gamma}_{\beta\sigma}(\boldsymbol{v}))\\
\qquad = (\Gamma_1^{\beta\sigma}(u),\gamma_{\beta\sigma}(v))+(\Gamma^{\beta\sigma}(u),\overset{1}{\gamma}_{\beta\sigma}(\boldsymbol{v}))+(2\mu\gamma^{\beta\sigma}(u),\overset{2}{\gamma}_{\beta\sigma}(\boldsymbol{v})),
\end{cases}
\tag{3.4.33}
$$

其中

$$
\begin{cases}
\gamma_{\alpha\beta}(u) = \dfrac{1}{2}[a_{\beta\lambda}\overset{*}{\nabla}_\alpha u^\lambda + a_{\alpha\lambda}\overset{*}{\nabla}_\beta u^\lambda] - b_{\alpha\beta}u^3,\\
\overset{1}{\gamma}_{\alpha\beta}(u) = -(b_{\alpha\lambda}\overset{*}{\nabla}_\beta u^\lambda + b_{\beta\lambda}\overset{*}{\nabla}_\alpha u^\lambda) + c_{\alpha\beta}u^3 - \overset{*}{\nabla}_\lambda b_{\alpha\beta}u^\lambda,\\
\overset{2}{\gamma}_{\alpha\beta}(u) = \dfrac{1}{2}(c_{\alpha\lambda}\overset{*}{\nabla}_\beta u^\lambda + c_{\beta\lambda}\overset{*}{\nabla}_\alpha u_\lambda + \overset{*}{\nabla}_\lambda c_{\alpha\beta}u^\lambda),
\end{cases}
$$

那么

$$
\begin{aligned}
&\delta^3/3J_0(\boldsymbol{u}_1,\boldsymbol{v}_1)+\delta^2/2J_0(\boldsymbol{u}_0,\boldsymbol{v}_1)+\delta^3/3J_1(\boldsymbol{u}_0,\boldsymbol{v}_1)\\
=&\Gamma_*^{\beta\sigma}(u_0,u_1)\gamma_{\beta\sigma}(v_1)+\delta^3/3a^{\alpha\beta\lambda\sigma}\gamma_{\alpha\lambda}(u_0)\overset{1}{\gamma}_{\beta\sigma}(v_1)\\
=&\Gamma_*^{\beta\sigma}(u_0,u_1)\gamma_{\beta\sigma}(v_1)+2\mu\delta^3/3\gamma^{\beta\sigma}(u_0)\overset{1}{\gamma}_{\beta\sigma}(v_1),
\end{aligned}
$$

其中

$$
\begin{aligned}
\Gamma_*^{\beta\sigma}(\boldsymbol{u}_0,\boldsymbol{u}_1) =& a^{\alpha\beta\lambda\sigma}(\delta^3/3\gamma_{\alpha\lambda}(u_1)+\delta^2/2\gamma_{\alpha\lambda}(\boldsymbol{u}_0)+\delta^3/3\overset{1}{\gamma}_{\alpha\lambda}(\boldsymbol{u}_0))\\
&+\delta^3/3a_1^{\alpha\beta\lambda\sigma}\gamma_{\alpha\lambda}(\boldsymbol{u}_0)\\
=&2\mu\delta^3/3\gamma^{\beta\sigma}(\boldsymbol{u}_1)+\Gamma_0^{\beta\sigma}(u_0)+\lambda a^{\beta\sigma}\delta_0(u_1),\\
\Gamma_0^{\beta\sigma}(u_0) :=& \delta^2/2\gamma_{\alpha\lambda}(\boldsymbol{u}_0)+\delta^3/3\overset{1}{\gamma}_{\alpha\lambda}(\boldsymbol{u}_0))+\delta^3/3a_1^{\alpha\beta\lambda\sigma}\gamma_{\alpha\lambda}(\boldsymbol{u}_0).
\end{aligned}
\tag{3.4.34}
$$

将 (3.4.32), (3.4.34) 代入 (3.4.31) 后, 设

$$
\begin{cases}
\psi_0^{\beta\sigma}(U) = \Gamma_*^{\beta\sigma}(U) + Y^{\beta\sigma}(U),\\
\psi_1^{\beta\sigma}(U) = \delta^3/32\mu\gamma^{\beta\sigma}(u_0) + Y_1^{\beta\sigma}(U),
\end{cases}
\tag{3.4.35}
$$

则 (3.4.31) 变为

$$
\begin{cases}
((\psi_0^{\beta\sigma}(U),\gamma_{\beta\sigma}(v_1)))+((\psi_1^{\beta\sigma}(U),\overset{1}{\gamma}_{\alpha\beta}(v_1)))\\
+((Y_0(U),\gamma_0(v_1)))+((Y_\beta(U),v_1^\beta))+((Y^\beta(U),\overset{*}{\nabla}_\beta v_1^3))\\
+((Y_3(U),v_1^3))-((\delta^2/2p_0+\delta^3/3(p_1+2Hp_0),\gamma_0(v_1)))\\
+((\delta^3/3p_0,(4H^2-2K)v_1^3+2\overset{*}{\nabla}_\lambda Hv_1^\lambda))\\
-((\delta p_0+\delta^2/2(p_1-2Hp_0)-\delta^3/3(p_2-2Hp_1+Kp_0),v_1^3))\\
=((g_{\alpha\beta}(\delta)(1-H\delta)\sigma_n^\alpha,v_1^\beta))+((\sigma_n^3,v_1^3)).
\end{cases}
\tag{3.4.36}
$$

利用 Gauss 定理和边界条件以及 (3.3.10), 有

$$
\begin{aligned}
((\psi_0^{\beta\sigma}(U),\gamma_{\beta\sigma}(v_1)))=&((\psi_0^{\beta\sigma}(U),e_{\beta\sigma}(v_1)-b_{\beta\sigma}v_1^3))\\
=&-((\overset{*}{\nabla}_\beta(a_{\sigma\lambda}\psi_0^{\beta\sigma}(U)),v_1^\lambda))-((b_{\beta\sigma}\psi_0^{\beta\sigma}(U),v_1^3)),\\
((\psi_1^{\beta\sigma}(U),\overset{1}{\gamma}_{\beta\sigma}(v_1)))=&((\overset{*}{\nabla}_\beta(2b_{\sigma\lambda}\psi_1^{\beta\sigma}(U)),v_1^\lambda))\\
&+((c_{\beta\sigma}\psi_1^{\beta\sigma}(U),v_1^3))-((\overset{*}{\nabla}_\lambda b_{\beta\sigma}\psi_1^{\beta\sigma}(U),v_1^\lambda)),\\
((Y_0(U),\gamma_0(v_1)))=&-((\overset{*}{\nabla}_\lambda Y_0(U),v_1^\beta))-((2HY_0(U),v_1^3)),\\
((Y^\beta(U),\overset{*}{\nabla}_\beta v_1^3))=&-((\overset{*}{\nabla}_\beta Y^\beta(U),v_1^3)),-((\delta^2/2p_0+\delta^3/3(p_1+2Hp_0),\gamma_0(v_1)))\\
=&((\overset{*}{\nabla}_\beta(\delta^2/2p_0+\delta^3/3(p_1+2Hp_0)),v_1^\beta))\\
&+((2H(\delta^2/2p_0+\delta^3/3(p_1+2Hp_0)),v_1^3)),
\end{aligned}
$$

代入 (3.4.36) 后, 以及 v_1^β 和 v_1^3 线性独立, 推出对应的动量方程

$$
\begin{cases}
-\overset{*}{\nabla}_\beta A_\lambda^\beta(U)-\overset{*}{\nabla}_\lambda b_{\beta\sigma}\psi_1^{\beta\sigma}(U)+Y_\lambda(U)+\delta^3/32\overset{*}{\nabla}_\lambda Hp_0\\
\qquad+\overset{*}{\nabla}_\beta(\delta^2/2p_0+\delta^3/3(p_1+2Hp_0))=g_{\alpha\lambda}(\delta)(1-H\delta)\sigma_n^\alpha,\\
-\overset{*}{\nabla}_\beta Y^\beta(U)-b_{\beta\sigma}\psi_0^{\beta\sigma}(U)+c_{\beta\sigma}\psi_1^{\beta\sigma}(U)+Y_3(U)-2HY_0(U)\\
+\delta^3/3(4H^2-2K)p_0-(\delta p_0+\delta^2/2(p_1-2Hp_0)\\
-\delta^3/3(p_2-2Hp_1+Kp_0))-2H(\delta^2/2p_0+\delta^3/3(p_1+2Hp_0))\\
=(1-H\delta)\sigma_n^3,
\end{cases}
\tag{3.4.37}
$$

其中

$$
\begin{aligned}
A_\lambda^\beta(U):=&a_{\sigma\lambda}\psi_0^{\beta\sigma}(U)+2b_{\sigma\lambda}\psi_1^{\beta\sigma}(U)+\delta_\lambda^\beta Y_0(U)\\
=&2\mu\delta^3/3a_{\lambda\sigma}\gamma^{\beta\sigma}(\boldsymbol{u}_1)\\
&+a_{\lambda\sigma}Y^{\beta\sigma}+a_{\lambda\sigma}\Gamma_0^{\beta\sigma}(u_0)+\delta^3/3(4\mu\beta_0(u_0)+2b_{\lambda\sigma}\rho_0u_0^\beta u_0^\sigma)+\delta_\lambda^\beta Y_0(U).
\end{aligned}
$$

为方便, 令

$$
\lambda_0=\frac{\lambda}{\lambda+2\mu},\quad \lambda_*=\frac{2\mu}{\lambda+2\mu},\quad \lambda_0+\lambda_*=1. \tag{3.4.38}
$$

利用 (3.4.23), 那么从 (3.4.32) 有

$$
\begin{aligned}
Y_0(U) =& 2\lambda\delta^3/3u_2^3 + \lambda\delta^3/3 \overset{*}{\operatorname{div}}\, \boldsymbol{u}_1 + \lambda(\delta^2/2 - 4H\delta^3/3)u_1^3 \\
& + \lambda\delta^3/3 \overset{1}{\operatorname{div}}\, \boldsymbol{u}_0 + \lambda(\delta^2/2 - 2H\delta^3/3)\gamma_0(u_0) \\
=& -\frac{1}{2}\lambda_0 K_{23}(u_0) + \lambda\delta^3/3 \overset{*}{\operatorname{div}}\, \boldsymbol{u}_1 + \lambda(\delta^2/2 - 4H\delta^3/3)u_1^3 \\
& - \frac{1}{2}\lambda_0(G_{23}(u_0) + (2\delta^2/2 + 6H\delta^3/3)p_0 - 2\delta^3/3p_1 + F_3^2) \\
& + (\delta^2/2 - 2H\delta^3/3)\gamma_0(u_0) + \delta^3/3 \overset{1}{\operatorname{div}}\, \boldsymbol{u}_0 \\
=& \delta^3/3\lambda\lambda_* \overset{*}{\operatorname{div}}\, \boldsymbol{u}_1 + \lambda_*[-3\lambda H + \rho_0 u_0^3]\delta^3/3u_1^3 + Y_0(P) + Y_0(\boldsymbol{u}_0) + Y_0(f), \\
Y_0(P) :=& -\frac{1}{2}\lambda_0[(2\delta^2/2 + 6H\delta^3/3)p_0 - 2\delta^3/3p_1], \\
Y_0(f) :=& -\frac{1}{2}\lambda_0(F_3^2), \\
Y_0(\boldsymbol{u}_0) :=& -\frac{1}{2}\lambda_0 G_{23}(u_0) + (\delta^2/2 - 2H\delta^3/3)\gamma_0(u_0) + \delta^3/3 \overset{1}{\operatorname{div}}\, \boldsymbol{u}_0,
\end{aligned}
\tag{3.4.39}
$$

$$
\begin{aligned}
Y_\beta(U) =& Y_\beta(u_1) + Y_\beta(u_0) + Y_\beta(p_0, p_1) + Y_\beta(f), \\
Y_\beta(\boldsymbol{u}_1) =& -\frac{1}{2}\lambda_*\delta^3/3a_{\alpha\beta}\rho_0 u_0^\alpha \overset{*}{\operatorname{div}}\, \boldsymbol{u}_1 + Y_\beta^\alpha \overset{*}{\nabla}_\alpha u_1^3 + Y_{\beta\alpha}^0 u_1^\alpha + Y_{\beta 3}^0 u_1^3 + Y_\beta^0, \\
Y_\beta^\alpha =& (-\mu\delta^2/2\delta_\beta^\alpha + \delta^3/3((2\mu - \lambda)(\rho_0 u_0^3\delta_\beta^\alpha - b_\beta^\alpha) - (4\mu - \lambda)H\delta_\beta^\alpha)), \\
Y_{\beta\alpha}^0 =& [\mu(\delta a_{\alpha\beta} + \delta^3/3(16Hb_{\alpha\beta} + (4H^2 - 4K)a_{\alpha\beta})) \\
& + 2\rho_0 u_0^3 a_{\alpha\beta}(\delta^2/2 - 2H\delta^3/3)] + \delta^4/4Q_{\alpha\beta}\rho_0 u_2^3, \\
Y_{\beta 3}^0 =& \left[\frac{1}{2}a_{\alpha\beta}\rho_0 u_0^\alpha\delta^2/2 + \delta^3/3\left(-\lambda \overset{*}{\nabla}_\beta H + 2b_{\alpha\beta}\rho_0 u_0^\alpha\right.\right. \\
& \left.\left. + a_{\alpha\beta}u_0^\alpha\left(-\lambda_* H\rho_0 + \rho_1 - \frac{1}{2}\rho_0\frac{\rho u_0^3}{\lambda + 2\mu}\right)\right)\right], \\
Y_\beta^0 =& a_{\alpha\beta}u_0^\alpha(\delta\rho_0 + (\rho_1 - 2H\rho_0)\delta^2/2 + (\rho_2 - 2H\rho_1)\delta^3/3)u_0^3 \\
& - 2\delta^3/3b_{\alpha\beta}\rho_1 u_0^3 u_0^\alpha + 2\rho_0 u_0^3(3H\delta^3/3 - \delta^3/2)b_{\alpha\beta}u_0^\alpha, \\
Y_\beta(\boldsymbol{u}_0) =& (\delta_\beta^\alpha\rho_0 u_0^3 - (b_\beta^\alpha + H\delta_\beta^\alpha))G_{2\alpha}(\boldsymbol{u}_0) - \frac{1}{4}(\lambda + 2\mu)^{-1}\rho_0 a_{\alpha\beta}u_0^\alpha G_{23}(\boldsymbol{u}_0), \\
Y_\beta(p_0, p_1) =& (-(b_\beta^\alpha + H\delta_\beta^\alpha) + \delta_\beta^\alpha\rho_0 u_0^3)\delta^3/3 \overset{*}{\nabla}_\alpha p_0 \\
& - \frac{\rho_0}{4(\lambda + 2\mu)}a_{\alpha\beta}u_0^\alpha((2\delta^2/2 + 6H\delta^3/3)p_0 - 2\delta^3/3p_1), \\
Y_\beta(f) =& (b_\beta^\alpha + H\delta_\beta^\alpha - \delta_\beta^\alpha\rho_0 u_0^3)F_\alpha^2 + \frac{1}{4}(\lambda + 2\mu)^{-1}\rho_0 a_{\alpha\beta}u_0^\alpha F_3^2,
\end{aligned}
\tag{3.4.40}
$$

$$
Y^\beta(U) = \delta^3/3(\rho_0 u_0^3\delta_\alpha^\beta - 2\mu b_\alpha^\beta)u_1^\alpha + \delta^3/3\frac{\lambda}{2}a^{\alpha\beta} \overset{*}{\nabla}_\alpha u_1^3
$$

$$
\begin{aligned}
&-\frac{1}{2}a^{\alpha\beta}G_{2\alpha}(\boldsymbol{u}_0)+\mu((\delta^2/2+2H\delta^3/3)a^{\alpha\beta}+2\delta^3/3b^{\alpha\beta})\overset{*}{\nabla}_\alpha u_0^3\\
&+\rho_0u_0^3(\delta^2/2-2H\delta^3/3)u_0^\beta,\\
\overset{*}{\nabla}_\beta Y^\beta(U)=&\frac{1}{2}\lambda\delta^3/3\overset{*}{\Delta}u_1^3+\delta^3/3\overset{*}{\nabla}_\beta((\rho_0u_0^3\delta_\alpha^\beta-2\mu b_\alpha^\beta)u_1^\alpha)\\
&-\frac{\mu}{2}\overset{*}{\nabla}_\beta(((\delta^2/2+2H\delta^3/3)a^{\alpha\beta}+2\delta^3/3b^{\alpha\beta})\overset{*}{\nabla}_\alpha u_0^3)\\
&+\overset{*}{\nabla}_\beta(\rho_0u_0^3(\delta^2/2-2H\delta^3/3)u_0^\beta)-\frac{1}{2}\overset{*}{\nabla}_\beta(a^{\alpha\beta}G_{2\alpha}(u_0)),
\end{aligned}\tag{3.4.41}
$$

$$
\begin{aligned}
Y_3(U)=&\left(-\frac{3}{4}\delta^{-1}+\frac{\lambda+\mu}{\lambda+2\mu}H\right)[K_{23}(\boldsymbol{u}_1)+G_{23}(\boldsymbol{u}_0)\\
&+(2\delta^2/2+6H\delta^3/3)p_0-2\delta^3/3p_1-F_3^2]\\
&+\lambda\delta^3/3\overset{*}{\operatorname{div}}\boldsymbol{u}_2+\lambda(\delta^2/2-2H\delta^3/3)\overset{*}{\operatorname{div}}\boldsymbol{u}_1-2\lambda H(\delta^2/2-2H\delta^3/3)u_1^3\\
&+(\delta-2H\delta^2/2+K\delta^3/3)((\lambda+2\mu)u_1^3+\lambda\gamma_0(\boldsymbol{u}_0))+\lambda\delta^3/3\overset{1}{\operatorname{div}}\boldsymbol{u}_1\\
&-\lambda\delta^3/3(4H^2-2K)(u_1^3+\gamma_0(\boldsymbol{u}_0))+2\delta^2/2\rho_0u_0^3u_1^3\\
&+(\delta\rho_0+\delta^2/2(\rho_1-2H\rho_0))u_0^3u_0^3+\lambda\delta^2/2\overset{1}{\operatorname{div}}\boldsymbol{u}_0+\lambda\delta^3/3m_1(\boldsymbol{u}_0)\\
=&\left(-\frac{3}{4\delta}+\frac{\lambda+\mu}{\lambda+2\mu}H\right)K_{23}(u_1)+\lambda\delta^3/3\overset{*}{\operatorname{div}}\boldsymbol{u}_2+\lambda(\delta^2/2-2H\delta^3/3)\overset{*}{\operatorname{div}}\boldsymbol{u}_1\\
&+l_0u_1^3-2\lambda\delta^3/3\overset{*}{\nabla}_\beta Hu_1^\beta\\
&+\left(-\frac{3}{4\delta}+\frac{\lambda+\mu}{\lambda+2\mu}H\right)(G_{23}(u_0)+(2\delta^2/2+6H\delta^3/3)p_0-2\delta^3/3p_1-F_3^2)\\
&+\lambda[\delta-2H\delta^2/2+(3K-4H^2)\delta^3/3]\gamma_0(u_0)+\lambda\delta^2/2\overset{1}{\operatorname{div}}\boldsymbol{u}_0\\
&+\lambda\delta^3/3m_0(u_0)+(\delta\rho_0+\delta^2/2(\rho_1-2H\rho_0))u_0^3u_0^3,\\
l_0=&(\lambda+2\mu)\delta+(2\rho_0u_0^3-4(\lambda+\mu)H)\delta^2/2+(-4\lambda H^2+(5\lambda+2\mu)K)\delta^3/3,
\end{aligned}\tag{3.4.42}
$$

应用 Godazzi 公式可推出 $\overset{*}{\nabla}_\alpha b_\beta^\alpha=2\overset{*}{\nabla}_\beta H$, 那么由 (3.4.23), 有

$$
\begin{aligned}
\lambda\delta^3/3\overset{*}{\operatorname{div}}\boldsymbol{u}_2=&\lambda\delta^3/3\overset{*}{\nabla}_\alpha u_2^\alpha\\
=&-\frac{\lambda}{4\mu}\overset{*}{\nabla}_\alpha(a^{\alpha\beta}K_{2\beta}(\boldsymbol{u}_1))\\
&-\frac{\lambda}{4\mu}\overset{*}{\nabla}_\alpha(a^{\alpha\beta}G_{2\beta}(u_0))-\frac{\lambda}{4\mu}\delta^3/3\overset{*}{\Delta}p_0+\frac{\lambda}{4\mu}\overset{*}{\nabla}_\alpha(a^{\alpha\beta}F_\beta^2),
\end{aligned}
$$

$$
\overset{*}{\nabla}_\alpha(a^{\alpha\beta}K_{2\beta}(\boldsymbol{u}_1))=(2\mu-\lambda)\delta^3/3\overset{*}{\Delta}u_1^3+2\mu(\delta^2/2-2H\delta^3/3)\overset{*}{\operatorname{div}}\boldsymbol{u}_1
$$

$$
\begin{aligned}
&- 4\mu\delta^3/3b^\alpha_\beta \overset{*}{\nabla}_\alpha u^\beta_1 - 12\mu\delta^3/3 \overset{*}{\nabla}_\beta Hu^\beta_1,\\
\lambda\delta^3/3 \overset{*}{\operatorname{div}} \boldsymbol{u}_2 =&\lambda\frac{\lambda-2\mu}{4\mu}\delta^3/3 \overset{*}{\Delta} u^3_1 + \frac{\lambda}{2}(-\delta^2/2+2H\delta^3/3) \overset{*}{\operatorname{div}} \boldsymbol{u}_1\\
&+ \lambda\delta^3/3b^\alpha_\beta \overset{*}{\nabla}_\alpha u^\beta_1 + 3\lambda\delta^3/3 \overset{*}{\nabla}_\beta Hu^\beta_1 - \frac{\lambda}{4\mu} \overset{*}{\nabla}_\alpha (a^{\alpha\beta\beta}G_{2\beta}(u_0))\\
&- \frac{\lambda}{4\mu}\delta^3/3 \overset{*}{\Delta} p_0 + \frac{\lambda}{4\mu} \overset{*}{\nabla}_\alpha (a^{\alpha\beta}F^2_\beta),
\end{aligned}
$$

$$
\begin{aligned}
&\left(-\frac{3}{4\delta}+\frac{\lambda+\mu}{\lambda+2\mu}H\right)K_{23}(\boldsymbol{u}_1) = \lambda\left(-\delta^2/2+2H\frac{\lambda+\mu}{\lambda+2\mu}\delta^3/3\right)\overset{*}{\operatorname{div}} \boldsymbol{u}_1 + l_1u^3_1,\\
&l_1 = -\frac{3}{4}(\lambda+2\mu)\delta + 2H(3\lambda+2\mu)\delta^2/2 - 4H^2(\mu+2\lambda)\frac{\lambda+\mu}{\lambda+2\mu}\delta^3/3\\
&\quad + \left(-\delta^2/2+2H\frac{\lambda+\mu}{\lambda+2\mu}\delta^3/3\right)\rho_0u^3_0,
\end{aligned}
$$

$$
\begin{aligned}
Y_3(U) =&\lambda\left(-\delta^2/2+2H\frac{\lambda+\mu}{\lambda+2\mu}\delta^3/3\right)\overset{*}{\operatorname{div}} \boldsymbol{u}_1 + l_1u^3_1\\
&+ \lambda\frac{\lambda-2\mu}{4\mu}\delta^3/3 \overset{*}{\Delta} u^3_1 + \frac{\lambda}{2}(-\delta^2/2+2H\delta^3/3)\overset{*}{\operatorname{div}} \boldsymbol{u}_1\\
&+ \lambda\delta^3/3b^\alpha_\beta \overset{*}{\nabla}_\alpha u^\beta_1 + 3\lambda\delta^3/3 \overset{*}{\nabla}_\beta Hu^\beta_1 - \frac{\lambda}{4\mu} \overset{*}{\nabla}_\alpha (a^{\alpha\beta}G_{2\beta}(u_0))\\
&- \frac{\lambda}{4\mu}\delta^3/3 \overset{*}{\Delta} p_0 + \frac{\lambda}{4\mu} \overset{*}{\nabla}_\alpha (a^{\alpha\beta}F^2_\beta)\\
&+ \lambda(\delta^2/2-2H\delta^3/3)\overset{*}{\operatorname{div}} \boldsymbol{u}_1 + l_0u^3_1 - 2\lambda\delta^3/3 \overset{*}{\nabla}_\beta Hu^\beta_1\\
&+ \left(-\frac{3}{4\delta}+\frac{\lambda+\mu}{\lambda+2\mu}H\right)(G_{23}(u_0) + (2\delta^2/2+6H\delta^3/3)p_0 - 2\delta^3/3p_1 - F^2_3)\\
&+ \lambda[\delta - 2H\delta^2/2 + (3K-4H^2)\delta^3/3]\gamma_0(u_0) + \lambda\delta^2/2 \overset{1}{\operatorname{div}} \boldsymbol{u}_0\\
&+ \lambda\delta^3/3m_0(u_0) + (\delta\rho_0 + \delta^2/2(\rho_1 - 2H\rho_0))u^3_0u^3_0,
\end{aligned}
$$

$$
\begin{aligned}
Y_3(U) =&\lambda\frac{\lambda-2\mu}{4\mu}\delta^3/3 \overset{*}{\Delta} u^3_1 + \lambda\lambda_0 \overset{*}{\operatorname{div}} \boldsymbol{u}_1 + \lambda\delta^3/3b^\alpha_\beta \overset{*}{\nabla}_\alpha u^\beta_1\\
&+ \lambda\delta^3/3 \overset{*}{\nabla}_\beta Hu^\beta_1 + q_0u^3_1 + Y_3(P) + Y_3(u_0) + Y_3(f),\\
Y_3(P) :=& - \frac{\lambda}{4\mu}\delta^3/3 \overset{*}{\Delta} p_0 + \left(-\frac{3}{4}\delta - H\frac{\lambda+4\mu}{\lambda+2\mu}\delta^2/2 + 6H^2\frac{\lambda+\mu}{\lambda+2\mu}\delta^3/3\right)p_0\\
&+ \left(4\delta^2/2 - H\frac{\lambda+\mu}{\lambda+2\mu}\delta^3/3\right)p_1,\\
Y_3(f) :=&\frac{\lambda}{4\mu} \overset{*}{\nabla}_\alpha (a^{\alpha\beta}F^2_\beta) + \left(-\frac{3}{4\delta}+\frac{\lambda+\mu}{\lambda+2\mu}H\right)F^2_3,
\end{aligned}
$$

$$
\begin{aligned}
Y_3(\boldsymbol{u}_0) =& -\frac{\lambda}{4\mu}\overset{*}{\nabla}_\alpha\,(a^{\alpha\beta}G_{2\beta}(u_0)) + \left(-\frac{3}{4\delta}+\frac{\lambda+\mu}{\lambda+2\mu}H\right)G_{23}(u_0)\\
&+\lambda[\delta-2H\delta^2/2+(3K-4H^2)\delta^3/3]\gamma_0(u_0)+\lambda\delta^2/2\overset{1}{\operatorname{div}}\,\boldsymbol{u}_0\\
&+\lambda\delta^3/3m_0(u_0)+(\delta\rho_0+\delta^2/2(\rho_1-2H\rho_0))u_0^3u_0^3,\\
q_0 =& \frac{1}{4}(\lambda+2\mu)\delta+2\lambda H\delta^2/2+\frac{\delta^3/3}{\lambda+2\mu}((5\lambda+2\mu)(\lambda+2\mu)K\\
&-4(3\lambda^3+5\lambda\mu+\mu^2)H^2)+\rho_0u_0^3\left(\frac{3}{2}\delta^2/2+2H\frac{\lambda+\mu}{\lambda+2\mu}\delta^3/3\right),
\end{aligned}\tag{3.4.43}
$$

于是有

$$
\begin{aligned}
A_\lambda^\beta =& 2\mu\delta^3/3a_{\lambda\sigma}\gamma^{\beta\sigma}(\boldsymbol{u}_1)+a_{\lambda\sigma}[((\delta^2/2\rho_0+\delta^3/3(\rho_1-2H\rho_0))u_0^\sigma u_0^\beta\\
&+\delta^3/3\rho_0(u_1^\sigma u_0^\beta+u_0^\sigma u_1^\beta)]+\delta^4/4a_{\lambda\sigma}\rho_0u_1^\sigma u_1^\beta\\
&+\delta_\lambda^\beta\delta^3/3\lambda\lambda_*\overset{*}{\operatorname{div}}\,\boldsymbol{u}_1+\delta_\lambda^\beta\lambda_*\delta^3/3[-3\lambda H+\rho_0u_0^3]u_1^3+A_\lambda^\beta(\boldsymbol{u}_0),\\
A_\lambda^\beta(\boldsymbol{u}_0) =& \delta_\lambda^\beta[Y_0(P)+Y_0(\boldsymbol{u}_0)+Y_0(f)]+a_{\lambda\sigma}\Gamma_0^{\beta\sigma}(u_0)\\
&+\delta^3/3(4\mu\delta_\lambda^\beta\beta_0(u_0)+2b_{\lambda\sigma}\rho_0u_0^\beta u_0^\sigma).
\end{aligned}
$$

将以上结果代入 (3.4.37) 和利用定理 1.8.9 证明中得到的公式有

$$
\begin{aligned}
\overset{*}{\nabla}_\beta\,\gamma^{\beta\sigma}(\boldsymbol{u}_1) =& \frac{1}{2}(\overset{*}{\Delta}\,u_1^\sigma+a^{\sigma\mu}\overset{*}{\nabla}_\mu\overset{*}{\operatorname{div}}\,\boldsymbol{u}_1+Ku_1^\sigma)+2a^{\lambda\sigma}\overset{*}{\nabla}_\lambda\,Hu_1^3+b^{\lambda\sigma}\overset{*}{\nabla}_\lambda\,u_1^3,\\
\overset{*}{\nabla}_\beta\,A_\lambda^\beta =& \mu\delta^3/3a_{\lambda\sigma}\overset{*}{\Delta}\,u_1^\sigma+\delta^3/3\lambda_*\left(\frac{3}{2}\lambda+\mu\right)\overset{*}{\nabla}_\lambda\overset{*}{\operatorname{div}}\,\boldsymbol{u}_1+\mu\delta^3/3a_{\lambda\sigma}Ku_1^\sigma\\
&+2\mu\delta^3/3[2\overset{*}{\nabla}_\lambda\,Hu_1^3+b_\lambda^\sigma\overset{*}{\nabla}_\sigma\,u_1^3]+\overset{*}{\nabla}_\beta\,(\rho_0a_{\lambda\sigma}u_1^\sigma u_1^\beta)\delta^4/4\\
&+a_{\lambda\sigma}\overset{*}{\nabla}_\beta\,((\delta^2/2\rho_0+\delta^3/3(\rho_1-2H\rho_0))u_0^\sigma u_0^\beta+\delta^3/3\rho_0(u_1^\sigma u_0^\beta+u_0^\sigma u_1^\beta))\\
&+\delta_\lambda^\beta\lambda_*\overset{*}{\nabla}_\beta\,((-3\lambda H+\rho_0u_0^3)\delta^3/3u_1^3)+\overset{*}{\nabla}_\beta\,A_\lambda^\beta(\boldsymbol{u}_0),
\end{aligned}\tag{3.4.44}
$$

于是得到 (3.4.37) 的第一式

$$
\begin{aligned}
&-\Big\{\mu\delta^3/3a_{\lambda\sigma}\overset{*}{\Delta}\,u_1^\sigma+\delta^3/3\lambda_*\left(\frac{3}{2}\lambda+\mu\right)\overset{*}{\nabla}_\lambda\overset{*}{\operatorname{div}}\,\boldsymbol{u}_1+\mu\delta^3/3a_{\lambda\sigma}Ku_1^\sigma\\
&+2\mu\delta^3/3[2\overset{*}{\nabla}_\lambda\,Hu_1^3+b_\lambda^\sigma\overset{*}{\nabla}_\sigma\,u_1^3]+\delta^4/4\overset{*}{\nabla}_\beta\,(\rho_0a_{\lambda\sigma}u_1^\sigma u_1^\beta)\\
&+a_{\lambda\sigma}\overset{*}{\nabla}_\beta\,((\delta^2/2\rho_0+\delta^3/3(\rho_1-2H\rho_0))u_0^\sigma u_0^\beta+\delta^3/3\rho_0(u_1^\sigma u_0^\beta+u_0^\sigma u_1^\beta))\\
&+\lambda_*\delta^3/3\overset{*}{\nabla}_\lambda\,((-3\lambda H+\rho_0u_0^3)u_1^3)+\overset{*}{\nabla}_\beta\,A_\lambda^\beta(\boldsymbol{u}_0)\Big\}\\
&-\frac{1}{2}\lambda_*\delta^3/3a_{\alpha\lambda}\rho_0u_0^\alpha\overset{*}{\operatorname{div}}\,\boldsymbol{u}_1+Y_\lambda^\alpha\overset{*}{\nabla}_\alpha\,u_1^3+Y_{\lambda\alpha}^0u_1^\alpha+Y_{\lambda3}^0u_1^3+Y_\lambda^0\\
&-\overset{*}{\nabla}_\lambda\,b_{\alpha\beta}\delta^3/3(2\mu\gamma^{\alpha\beta}(u_0)+\rho_0u_0^\alpha u_0^\beta)+Y_\lambda(u_0)
\end{aligned}
$$

$$
\begin{aligned}
&+ Y_\lambda(p_0,p_1) + 2\delta^3/3 \overset{*}{\nabla}_\lambda Hp_0 + \overset{*}{\nabla}_\beta (\delta^2/2p_0 + \delta^3/3(p_1+2Hp_0)) \\
=&g_{\lambda\alpha}(\delta)(1-H\delta)\sigma^{3\alpha}(\delta) - Y_\lambda(f),
\end{aligned}
$$

它可以改写为

$$
\begin{aligned}
&-\mu\delta^3/3 \overset{*}{\Delta} u_1^\alpha - \delta^3/3\lambda_*\left(\frac{3}{2}\lambda+\mu\right)a^{\alpha\beta}\overset{*}{\nabla}_\beta \overset{*}{\operatorname{div}} \boldsymbol{u}_1 - \frac{1}{2}\lambda_*\delta^3/3\rho_0 u_0^\alpha \overset{*}{\operatorname{div}} \boldsymbol{u}_1 \\
&+ L^\alpha(\boldsymbol{u}_1) + a^{\alpha\beta}G_{1\beta}(u_0) + a^{\alpha\beta}D_{1\beta}(p_0,p_1) = a^{\alpha\beta}F_\beta^1,
\end{aligned}
$$

其中

$$
\begin{aligned}
L^\alpha(\boldsymbol{u}_1) =& \overset{*}{\nabla}_\beta ((\delta^2/2\rho_0 + \delta^3/3(\rho_1 - 2H\rho_0))u_0^\alpha u_0^\beta + \delta^3/3\rho_0(u_1^\alpha u_0^\beta + u_0^\alpha u_1^\beta)) \\
&+ l^{\alpha\beta}\overset{*}{\nabla}_\beta u_1^3 + l_\beta^\alpha u_1^\beta + l_3^\alpha u_1^3 + \delta^4/4 \overset{*}{\nabla}_\beta (\rho_0 u_1^\alpha u_1^\beta), \\
l^{\alpha\beta} =& \lambda_*\delta^3/3a^{\alpha\beta}((-3\lambda H + \rho_0 u_0^3) - 2\mu\delta^3/3b^{\alpha\beta} \\
&+ a^{\alpha\lambda}[(-\mu\delta^2/2\delta_\lambda^\beta + \delta^3/3((2\mu-\lambda)(\rho_0 u_0^3\delta_\lambda^\beta - b_\lambda^\beta) - (4\mu-\lambda)H\delta_\lambda^\beta))], \\
l_\beta^\alpha =& a^{\alpha\lambda}[\mu(\delta a_{\beta\lambda} + \delta^3/3(16Hb_{\beta\lambda} + (4H^2-4K)a_{\beta\lambda})) \\
&+ 2\rho_0 u_0^3 a_{\beta\lambda}(\delta^2/2 - 2H\delta^3/3)] - \mu\delta^3/3K\delta_\beta^\alpha + \delta^4/4\rho_0 u_2^3\delta_\beta^\alpha,
\end{aligned}
\tag{3.4.45}
$$

$$
\begin{aligned}
l_3^\alpha =& \lambda_*\delta^3/3a^{\alpha\lambda}\overset{*}{\nabla}_\lambda ((-3\lambda H + \rho_0 u_0^3)) \\
&+ a^{\alpha\lambda}\left[\frac{1}{2}a_{\beta\lambda}\rho_0 u_0^\beta\delta^2/2 + \delta^3/3\left(-\lambda\overset{*}{\nabla}_\lambda H + 2b_{\beta\lambda}\rho_0 u_0^\beta\right.\right. \\
&\left.\left.+ a_{\beta\lambda}u_0^\beta\left(-\lambda_* H\rho_0 + \rho_1 - \frac{1}{2}\rho_0\frac{\rho u_0^3}{\lambda+2\mu}\right)\right)\right] - \mu\delta^3/3a^{\alpha\lambda}\overset{*}{\nabla}_\lambda H, \\
G_{1\beta}(u_0) =& \overset{*}{\nabla}_\beta \left[\frac{1}{2}\lambda_0 G_{23}(u_0) - (\delta^2/2 - 2H\delta^3/3)\gamma_0(u_0) - \delta^3/3 \overset{1}{\operatorname{div}} \boldsymbol{u}_0\right] \\
&- a_{\beta\sigma}\overset{*}{\nabla}_\lambda \Gamma_0^{\lambda\sigma}(\boldsymbol{u}_0) - \delta^3/3\left[\overset{*}{\nabla}_\beta (4\mu\beta_0(u_0)) + \overset{*}{\nabla}_\lambda (2b_{\beta\sigma}\rho_0 u_0^\lambda u_0^\sigma)\right] \\
&+ a_{\alpha\beta}u_0^\alpha(\delta\rho_0 + (\rho_1 - 2H\rho_0)\delta^2/2 + (\rho_2 - 2H\rho_1)\delta^3/3)u_0^3 \\
&- 2\delta^3/3b_{\alpha\beta}\rho_1 u_0^3 u_0^\alpha + 2\rho_0 u_0^3(3H\delta^3/3 - \delta^3/2)b_{\alpha\beta}u_0^\alpha \\
&- [\overset{*}{\nabla}_\beta b_{\nu\mu}\delta^3/3(2\mu\gamma^{\mu\nu}(u_0) + \rho_0 u_0^\nu u_0^\mu) \\
&+ (\delta_\beta^\alpha\rho_0 u_0^3 - (b_\beta^\alpha + H\delta_\beta^\alpha))G_{2\alpha}(\boldsymbol{u}_0) - \frac{1}{4}(\lambda+2\mu)^{-1}\rho_0 a_{\alpha\beta}u_0^\alpha G_{23}(\boldsymbol{u}_0)], \\
D_{1\beta}(p_0,p_1) =& (-(b_\beta^\alpha + H\delta_\beta^\alpha) + \delta_\beta^\alpha\rho_0 u_0^3)\delta^3/3 \overset{*}{\nabla}_\alpha p_0 \\
&- \frac{\rho_0}{4(\lambda+2\mu)}a_{\alpha\beta}u_0^\alpha((2\delta^2/2 + 6H\delta^3/3)p_0 - 2\delta^3/3p_1) + 2\delta^3/3 \overset{*}{\nabla}_\beta Hp_0 \\
&+ \overset{*}{\nabla}_\beta (\delta^2/2(1+\lambda_0)p_0 + \delta^3/3(\lambda_* p_1 + (2+3\lambda_0)Hp_0)),
\end{aligned}
$$

$$F_\beta^1 = g_{\beta\alpha}(\delta)(1-H\delta)\sigma^{3\alpha}(\delta) - \frac{1}{2}\lambda_0 \overset{*}{\nabla}_\beta F_3^2 - \left[(b_\beta^\alpha + H\delta_\beta^\alpha - \delta_\beta^\alpha \rho_0 u_0^3)F_\alpha^2 + \frac{1}{4}(\lambda+2\mu)^{-1}\rho_0 a_{\alpha\beta} u_0^\alpha F_3^2\right]. \tag{3.4.46}$$

利用 (3.3.39), (3.3.41) 和

$$\begin{aligned} b_{\beta\sigma}\psi_0^{\beta\sigma}(U) =& \delta^3/3(2\mu\beta_0(u_1) + 2\lambda H\gamma_0(u_1)) + \delta^4/4\rho_0 b_{\alpha\beta}u_1^\alpha u_1^\beta + 2\delta^3/3\rho_0 b_{\alpha\beta}u_0^\alpha u_1^\beta \\ &+ b_{\beta\sigma}\Gamma_0^{\beta\sigma}(u_0) + (\rho_0\delta^2/2 + (\rho_1 - 2H\rho_0)\delta^3/3)b_{\alpha\beta}u_0^\alpha u_0^\beta, \\ C_{\beta\sigma}\psi_1^{\beta\sigma}(U) =& 2\mu\delta^3/3(2H\beta_0(u_0) - k\gamma_0(u_0)) + \delta^3/3\rho_0 c_{\beta\sigma}u_0^\beta u_0^\sigma, \end{aligned} \tag{3.4.47}$$

代入 (3.4.37) 第二式, 得

$$\frac{1}{2}\lambda\delta^3/3 \overset{*}{\Delta} u_1^3 + L_3(\boldsymbol{u}_1) + G_{13}(\boldsymbol{u}_0) + D_{13}(p_0, p_1) = F_3^1, \tag{3.4.48}$$

这就是 (3.4.39) 的第二式.

由 (3.4.19) 中的能量方程, 令 $T_1^* \neq 0, T_i^* = 0, i \neq 0$, 利用 (3.4.17), (3.4.18) 得

$$\begin{aligned} &((\kappa T_1, T_1^*))\delta + \delta^2/2[((\kappa\nabla T_0, \nabla T_1^*)) + ((2\kappa(T_2 - HT_1), T_1^*)) + ((W_0, T_1^*))] \\ &+ \delta^3/3[((k\nabla T_1, \nabla T_1^*)) + ((2\kappa(b^{\alpha\beta} - Ha^{\alpha\beta})\partial_\alpha T_0, \partial_\beta T_1^*)) \\ &+ ((-2HT_2 + (2K - 4H^2)T_1, T_1^*)) + ((W_1, T_1^*))] \\ =& ((\Phi_1(U,U), T_1^*))\delta^2/2 + \langle f_t, T_1^*\rangle\delta, \end{aligned}$$

也就是

$$\begin{aligned} &-\delta\kappa T_1 + \delta^2/2[-\kappa \overset{*}{\Delta} T_0 + 2\kappa(T_2 - HT_1) + W_0] \\ &+ \delta^3/3[-\kappa \overset{*}{\Delta} T_1 + 2\kappa\partial_\beta((b^{\alpha\beta} - Ha^{\alpha\beta})\partial_\alpha T_0) \\ &+ (-2HT_2 + (2K - 4H^2)T_1 + W_1)] = \Phi_1(U,U)\delta^2/2 + f_t\delta, \end{aligned} \tag{3.4.49}$$

证毕.

(3) 零阶项方程

引理 3.4.3 变分问题 (3.4.22) 的解 U, Ξ, T, 那么 $\boldsymbol{u}_0, \rho_2, T_2$ 满足如下变分问题和边值问题

$$\begin{aligned} &\delta a(u_0, v_0) + a_\delta(u_0, v_0) + ((Z^{\alpha\beta}(u_0), \gamma_{\alpha\beta}(v_0))) \\ &+ ((Z_1^{\alpha\beta}(u_0), \overset{1}{\gamma}_{\alpha\beta}(v_0))) + ((Z_2^{\alpha\beta}(u_0), \overset{2}{\gamma}_{\alpha\beta}(v_0))) + ((X^\beta(u_0), \overset{*}{\nabla}_\beta v_0^3)) \\ &+ \delta^2/2a(u_1, v_0) + \delta^3/3(a(u_2, v_0) + a_1(u_1, v_0)) \end{aligned}$$

$$+(Z_*^{\alpha\beta}(u_1),\gamma_{\alpha\beta}(v_0))+(Z_{1*}^{\alpha\beta}(u_1),\overset{1}{\gamma}_{\alpha\beta}(v_0))+(X_*^{\beta}(u_1,u_2),\overset{*}{\nabla}_\beta v_0^3)$$
$$+(([\theta(\delta)p_0+(\delta^2/2p_1+\delta^3/3(p_2-2Hp_1))],\gamma_0(v_0)))$$
$$+((p_0(\delta v_1^3+(\delta^2/2-2H\delta^3/3),\overset{1}{\operatorname{div}}v_0)+\delta^3/3\overset{2}{\operatorname{div}}v_0))=(\boldsymbol{F}^0,\boldsymbol{v}),$$

$$\left\{\begin{aligned}&-\mu\delta(\overset{*}{\Delta}u_0^\alpha+a^{\alpha\mu}\overset{*}{\nabla}_\mu\overset{*}{\operatorname{div}}\boldsymbol{u}_0+Ku_0^\alpha)-\overset{*}{\nabla}_\beta K^{\alpha\beta}(\boldsymbol{u}_0)+K_0^\alpha(\boldsymbol{u}_0)\\&\quad-\overset{*}{\nabla}_\beta(K_1^{\alpha\beta}(\boldsymbol{u}_1,\boldsymbol{u}_2))-2\mu\delta^3/3\overset{*}{\nabla}_\nu b_{\beta\sigma}\gamma^{\beta\sigma}(\boldsymbol{u}_1)\\&\quad-a^{\alpha\nu}\overset{*}{\nabla}_\nu[\theta(\delta)p_0+(\delta^2/2p_1+\delta^3/3(p_2-2Hp_1))]\\&\quad+(2\delta^2/2H+\delta^3/3(H^2-K))a^{\alpha\nu}\overset{*}{\nabla}_\nu p_0=a^{\alpha\nu}F_\nu^0,\\&-2\mu\delta\beta_0(\boldsymbol{u}_0)-b_{\beta\sigma}\Gamma_{00}^{\beta\sigma}(\boldsymbol{u}_0)+c_{\beta\sigma}\Gamma_{10}^{\beta\sigma}(\boldsymbol{u}_0)\\&\quad-b_{\beta\sigma}\Psi_1^{\beta\sigma}(\boldsymbol{u}_1,\boldsymbol{u}_2)-2\mu\delta^3/3\beta_0(\boldsymbol{u}_1)\\&\quad-2H[\theta(\delta)p_0+(\delta^2/2p_1+\delta^3/3(p_2-2Hp_1))]\\&\quad+(\delta-\delta^2/2(4H^2-2K)-\delta^3/3(12H^3-10HK))p_0=F_3^0,\end{aligned}\right.\tag{3.4.50}$$

$$\delta^3/3\{[\gamma_0(\rho_2\boldsymbol{u}_0+\rho_1\boldsymbol{u}_1+\rho_0\boldsymbol{u}_2)+\overset{1}{\operatorname{div}}(\rho_0\boldsymbol{u}_1+\rho_1\boldsymbol{u}_0)+\overset{2}{\operatorname{div}}(\rho_0\boldsymbol{u}_0)$$
$$-2H(\gamma_0(\rho_0\boldsymbol{u}_1+\rho_1\boldsymbol{u}_0)+\overset{1}{\operatorname{div}}(\rho_0\boldsymbol{u}_0))+K\gamma_0(\rho_0\boldsymbol{u}_0)]$$
$$+[3(\rho_1u_2^3+\rho_2u_1^3)-4H(\rho_0u_2^3+\rho_1u_1^3+\rho_2u_0^3)$$
$$+K(\rho_0u_1^3+\rho_1u_0^3)]\}=0,$$
$$-\kappa[\delta\overset{*}{\Delta}T_0+\delta^2/2(\overset{*}{\Delta}T_1+2\overset{*}{\nabla}_\beta(b^{\alpha\beta}-Ha^{\alpha\beta})\overset{*}{\nabla}_\alpha T_0)$$
$$+\delta^3/3(\overset{*}{\Delta}T_2+2\overset{*}{\nabla}_\beta(b^{\alpha\beta}-Ha^{\alpha\beta})\overset{*}{\nabla}_\alpha T_1)$$
$$+(4K-8H^2)T_2+(3HK-4H^3)T_1)]$$
$$+\delta W_0+\delta^2/2W_1+\delta^3/3W_2=\Phi_0(U,U)+f_t,$$

$$\left\{\begin{aligned}&p=R\rho T,\\&s=\frac{R}{\gamma-1}\log\frac{p}{\rho^\gamma}=\frac{R}{\gamma-1}\log\frac{RT}{\rho^{\gamma-1}},\\&s_0=\frac{R}{\gamma-1}\log\frac{p_0}{\rho_0^\gamma},\quad s_1=(p_0\rho_0)^{-1}(p_1\rho_0-\gamma p_0\rho_1),\\&s_2=(p_0\rho_0)^{-2}(\rho_0^2(p_2^2-p_1^2)-\gamma p_0^2(\rho_2^2-\rho_1^2)),\end{aligned}\right.$$

其中

$$\left\{\begin{aligned}
&K^{\alpha\beta}(\boldsymbol{u}_0) := \Gamma_{00}^{\alpha\beta}(\boldsymbol{u}_0) - 2b_\sigma^\alpha \Gamma_{10}^{\beta\sigma}(\boldsymbol{u}_0) + c_\sigma^\alpha \Gamma_{20}^{\beta\sigma}(\boldsymbol{u}_0)\\
&\qquad = C^{\alpha\beta\nu\mu}\gamma_{\nu\mu}(\boldsymbol{u}_0) + \delta^3/3a^{\nu\alpha\mu\beta} \overset{2}{\gamma}_{\nu\mu}(\boldsymbol{u}_0) + C_1^{\alpha\beta\nu\mu} \overset{1}{\gamma}_{\nu\mu}(\boldsymbol{u}_0),\\
&K_1^{\alpha\beta}(\boldsymbol{u}_1,\boldsymbol{u}_2) = 2\mu[\delta^2/2\gamma^{\alpha\beta}(u_1) + \delta^3/3\gamma^{\alpha\beta}(u_2) + \delta^3/3b_\sigma^\alpha\gamma^{\beta\sigma}(\boldsymbol{u}_1)] + \Gamma_{11}^{\alpha\beta}(u_0),\\
&K_0^\alpha(\boldsymbol{u}_0) = -a^{\alpha\nu} \overset{*}{\nabla}_\nu b_{\beta\sigma}\Gamma_{10}^{\beta\sigma}(u_0) - \frac{1}{2}a^{\alpha\nu} \overset{*}{\nabla}_\nu c_{\beta\sigma}\Gamma_{20}^{\beta\sigma}(u_0)\\
&\qquad -4\mu\delta^3/3a^{\alpha\lambda} \overset{*}{\nabla}_\lambda Hu_0^3 - 2\mu\delta^3/3b^{\alpha\lambda} \overset{*}{\nabla}_\lambda u_0^3,\\
&C^{\alpha\beta\nu\mu} = [\delta^2/2a_1^{\nu\alpha\mu\beta} + \delta^3/4a_2^{\nu\alpha\mu\beta} - 2b_\sigma^\alpha(\delta^2/2a^{\nu\alpha\mu\beta} + \delta^3/3a_1^{\nu\alpha\mu\beta}) + c_\sigma^\alpha a_2^{\nu\alpha\mu\beta}],\\
&C_1^{\alpha\beta\nu\mu} = (\delta^2/2a^{\nu\alpha\mu\beta} + \delta^3/3a_1^{\nu\alpha\mu\beta} - 2b_\sigma^\alpha\delta^3/3a^{\nu\beta\mu\sigma}),
\end{aligned}\right. \tag{3.4.51}$$

$$\left\{\begin{aligned}
&\Gamma_{00}^{\beta\sigma}(\boldsymbol{u}_0) = \delta^2/2(a^{\alpha\beta\lambda\sigma} \overset{1}{\gamma}_{\alpha\lambda}(\boldsymbol{u}_0) + a_1^{\alpha\beta\lambda\sigma}\gamma_{\alpha\lambda}(\boldsymbol{u}_0))\\
&\qquad +\delta^3/3[a^{\alpha\beta\lambda\sigma} \overset{2}{\gamma}_{\alpha\lambda}(\boldsymbol{u}_0) + a_1^{\alpha\beta\lambda\sigma} \overset{1}{\gamma}_{\alpha\lambda}(\boldsymbol{u}_0) + a_2^{\alpha\beta\lambda\sigma}\gamma_{\alpha\lambda}(\boldsymbol{u}_0)],\\
&\Gamma_{10}^{\beta\sigma}(\boldsymbol{u}_0) = \delta^2/2a^{\alpha\beta\lambda\sigma}\gamma_{\alpha\lambda}(\boldsymbol{u}_0) + \delta^3/3[a_1^{\alpha\beta\lambda\sigma}\gamma_{\alpha\lambda}(\boldsymbol{u}_0) + a^{\alpha\beta\lambda\sigma} \overset{1}{\gamma}_{\alpha\lambda}(\boldsymbol{u}_0)],\\
&\Gamma_{20}^{\beta\sigma}(\boldsymbol{u}_0) = \delta^3/3a_2^{\alpha\beta\lambda\sigma}\gamma_{\alpha\lambda}(\boldsymbol{u}_0),\\
&\Gamma_{11}^{\beta\sigma}(\boldsymbol{u}_1) = \delta^3/3[a^{\alpha\beta\lambda\sigma} \overset{1}{\gamma}_{\alpha\lambda}(\boldsymbol{u}_1) + a_1^{\alpha\beta\lambda\sigma}\gamma_{\alpha\lambda}(\boldsymbol{u}_1)].
\end{aligned}\right.$$

证明 考察当 $v_0 \neq 0, T_0^* \neq 0, v_i = 0, T_i^* = 0, \forall i \neq 0$, 那么从 (3.4.19) 可以得到动量方程的变分问题

$$\begin{aligned}
A_0(\boldsymbol{u},\boldsymbol{v}) :=& A_{0m}(\boldsymbol{u},\boldsymbol{v}) + A_{0b}(\boldsymbol{u},\boldsymbol{v}) + D_0(P,\boldsymbol{v}) = (\boldsymbol{F}^0,\boldsymbol{v}),\\
A_{0m}(u,v) =& \int_D [\delta J_0(u_0,v_0) + \delta^2/2J_1(u_0,v_0) + \delta^3/3J_2(u_0,v_0)\\
&+ \delta^3/3J_1(u_1,v_0) + \delta^2/2J_0(u_1,v_0) + \delta^3/3J_0(u_2,v_0)]\sqrt{a}\mathrm{d}x,\\
A_{0b}(\boldsymbol{u},\boldsymbol{v}) =& A_{0b}(\boldsymbol{u}_0,\boldsymbol{v}) + A_{0b}(\boldsymbol{u}_1,\boldsymbol{u}_2;\boldsymbol{v}),\\
A_{0b}(\boldsymbol{u}_0,\boldsymbol{v}) =& (Z^{\alpha\beta}(\boldsymbol{u}_0),\gamma_{\alpha\beta}(\boldsymbol{v}_0)) + (Z_1^{\alpha\beta}(\boldsymbol{u}_0), \overset{1}{\gamma}_{\alpha\beta}(\boldsymbol{v}_0))\\
&+ (Z_2^{\alpha\beta}(\boldsymbol{u}_0), \overset{2}{\gamma}_{\alpha\beta}(\boldsymbol{v}_0)) + (X^\beta(\boldsymbol{u}_0), \overset{*}{\nabla}_\beta v_0^3),\\
A_{0b}(\boldsymbol{u}_1,\boldsymbol{u}_2,\boldsymbol{v}) =& (Z_*^{\alpha\beta}(\boldsymbol{u}_1),\gamma_{\alpha\beta}(\boldsymbol{v}_0)) + (Z_{1*}^{\alpha\beta}(\boldsymbol{u}_1), \overset{1}{\gamma}_{\alpha\beta}(\boldsymbol{v}_0)) + (X_*^\beta(\boldsymbol{u}_1,\boldsymbol{u}_2), \overset{*}{\nabla}_\beta v_0^3),\\
D_0(P,v) =& ((([\theta(\delta)p_0 + (\delta^2/2p_1 + \delta^3/3(p_2 - 2Hp_1))], \gamma_0(\boldsymbol{v}_0)))\\
&+ (p_0, (\delta v_1^3 + (\delta^2/2 - 2H\delta^3/3) \overset{1}{\mathrm{div}}\, \boldsymbol{v}_0) + \delta^3/3 \overset{2}{\mathrm{div}}\, \boldsymbol{v}_0),
\end{aligned} \tag{3.4.52}$$

其中

$$\begin{aligned}
\theta(\delta) :=& \delta - 2H\delta^2/2 + K\delta^3/3,\\
Z^{\alpha\beta}(\boldsymbol{u}_0) :=& \theta(\delta)\rho_0 u_0^\alpha u_0^\beta + (\delta^2/2(\rho_1 - 2H\rho_0) + \delta^3/3\rho_2)u_0^\alpha u_0^\beta
\end{aligned}$$

$$
\begin{aligned}
&\quad + a^{\alpha\beta}\lambda[\theta(\delta)(\gamma_0(u_0)) + \delta^2/2(-H\gamma_0(u_0) + \overset{1}{\operatorname{div}}\, u_0) + \delta^3/3m_1(u_0)],\\
Z_1^{\alpha\beta}(\boldsymbol{u}_0) &:= (\delta^2/2 - 2H\delta^3/3)\rho_0 u_0^\alpha u_0^\beta,\\
Z_2^{\alpha\beta}(\boldsymbol{u}_0) &= \delta^3/3\varrho_0 u_0^\alpha u_0^\beta,\\
X^\beta(\boldsymbol{u}_0) &= \mu(\delta a^{\alpha\beta} + 2\delta^3/3(Hb^{\alpha\beta} - Ka^{\alpha\beta}))\overset{*}{\nabla}_\alpha u_0^3 + \theta(\delta)\rho_0 u_0^\alpha u_0^\beta,\\
Z_*^{\alpha\beta}(\boldsymbol{u}_1, \boldsymbol{u}_2) &= ((\delta^2/2 - H\delta^3/3)u_1^\alpha + \delta^3/32u_2^\alpha)2\rho_0 u_0^\beta\\
&\quad + a^{\alpha\beta}\lambda[\theta(\delta)u_1^3 + \delta^2/2(2u_2^3 - 3Hu_1^3 + \overset{*}{\operatorname{div}}\, \boldsymbol{u}_1)\\
&\quad + \delta^3/3(\overset{*}{\operatorname{div}}\, \boldsymbol{u}_2) - 2H\overset{*}{\operatorname{div}}\, \boldsymbol{u}_1) + 4H(Hu_1^3 - u_2^3) + \overset{1}{\operatorname{div}}\, \boldsymbol{u}_1)],\\
Z_{1*}^{\alpha\beta}(\boldsymbol{u}_1) &= \delta^3/3(2\rho_0 u_1^\alpha u_0^\beta + \rho_1 u_0^\alpha u_0^\beta),\\
X_*^\beta(\boldsymbol{u}_1, \boldsymbol{u}_2) &= \mu[\delta u_1^\beta + \delta^2/2(a^{\alpha\beta}\overset{*}{\nabla}_\alpha u_1^3 - 2Hu_1^\beta)\\
&\quad + \delta^3/3(Ku_1^\beta - 4Hu_2^\beta + 2(Ha^{\alpha\beta} + b^{\alpha\beta})\overset{*}{\nabla}_\alpha u_1^3)]\\
&\quad + [(\delta^2/2 - 2H\delta^3/3)(\rho_0 u_1^3 + \rho_1 u_0^3)u_0^\beta\\
&\quad + ((\delta^2/2 - 2H\delta^3/3)u_1^\beta + \delta^3/3u_2^\beta)\rho_0 u_0^3].
\end{aligned}
\tag{3.4.53}
$$

定义双线性形式

$$
\left\{
\begin{aligned}
a(\boldsymbol{u}, \boldsymbol{v}) &= \int_{\Im} J_0(\boldsymbol{u}, \boldsymbol{v})\sqrt{a}\mathrm{d}x\\
&= (a^{\alpha\beta\lambda\sigma}\gamma_{\alpha\lambda}(\boldsymbol{u}), \gamma_{\beta\sigma}(\boldsymbol{v})) = 2\mu(\gamma^{\beta\sigma}(\boldsymbol{u}), \gamma_{\beta\sigma}(\boldsymbol{v})),\\
a_1(\boldsymbol{u}, \boldsymbol{v}) &= \int_{\Im} J_1(\boldsymbol{u}, \boldsymbol{v})\sqrt{a}\mathrm{d}x\\
&= (a^{\alpha\beta\lambda\sigma}\gamma_{\alpha\lambda}(\boldsymbol{u}), \overset{1}{\gamma}_{\beta\sigma}(\boldsymbol{v})) + (\Gamma_{11}^{\beta\sigma}(\boldsymbol{u}), \gamma_{\beta\sigma}(\boldsymbol{v}))\\
&= 2\mu(\gamma^{\beta\sigma}(\boldsymbol{u}), \overset{1}{\gamma}_{\beta\sigma}(\boldsymbol{v})) + (\Gamma_{11}^{\beta\sigma}(\boldsymbol{u}), \gamma_{\beta\sigma}(\boldsymbol{v})),\\
a_2(\boldsymbol{u}, \boldsymbol{v}) &= \int_{\Im} J_2(\boldsymbol{u}, \boldsymbol{v})\sqrt{a}\mathrm{d}x = (\Gamma_{22}^{\beta\sigma}(\boldsymbol{u}), \gamma_{\beta\sigma}(\boldsymbol{v}))\\
&\quad + (\Gamma_{11}^{\beta\sigma}(\boldsymbol{u}), \overset{1}{\gamma}_{\beta\sigma}(\boldsymbol{v})) + (a^{\alpha\beta\lambda\sigma}\gamma_{\alpha\lambda}(u), \overset{2}{\gamma}_{\beta\sigma}(\boldsymbol{v}))\\
&= (\Gamma_{22}^{\beta\sigma}(\boldsymbol{u}), \gamma_{\beta\sigma}(\boldsymbol{v})) + (\Gamma_{11}^{\beta\sigma}(\boldsymbol{u}), \overset{1}{\gamma}_{\beta\sigma}(\boldsymbol{v}))\\
&\quad + (2\mu\gamma^{\beta\sigma}(\boldsymbol{u}), \overset{2}{\gamma}_{\beta\sigma}(\boldsymbol{v})),
\end{aligned}
\right.
\tag{3.4.54}
$$

其中

$$
\begin{aligned}
\Gamma_{11}^{\beta\sigma}(\boldsymbol{u}) &= a_1^{\alpha\beta\lambda\sigma}\gamma_{\alpha\lambda}(\boldsymbol{u}) + a^{\alpha\beta\lambda\sigma}\overset{1}{\gamma}_{\beta\sigma}(\boldsymbol{u}),\\
\Gamma_{22}^{\beta\sigma}(\boldsymbol{u}) &= a^{\alpha\beta\lambda\sigma}\overset{2}{\gamma}_{\alpha\lambda}(\boldsymbol{u}) + a_1^{\alpha\beta\lambda\sigma}\overset{1}{\gamma}_{\alpha\lambda}(\boldsymbol{u}) + a_2^{\alpha\beta\lambda\sigma}\gamma_{\alpha\lambda}(\boldsymbol{u}),
\end{aligned}
$$

那么

$$
\delta a(\boldsymbol{u}_0, \boldsymbol{v}_0) = \int_{\Im_i} \delta J_0(\boldsymbol{u}_0, \boldsymbol{v}_0)\sqrt{a}\mathrm{d}x = \delta(a^{\alpha\beta\lambda\sigma}\gamma_{\alpha\lambda}(\boldsymbol{u}_0), \gamma_{\beta\sigma}(\boldsymbol{v}_0)),
$$

$$
\begin{aligned}
a_\delta(\boldsymbol{u}_0,\boldsymbol{v}_0) =& \int_{\Im_i}(\delta^2/2J_1(\boldsymbol{u}_0,\boldsymbol{v}_0)+\delta^3/3J_2(\boldsymbol{u}_0,\boldsymbol{v}_0))\sqrt{a}\mathrm{d}x\\
=&(\Gamma_{00}^{\beta\sigma}(\boldsymbol{u}_0),\gamma_{\beta\sigma}(\boldsymbol{v}_0))+(\Gamma_{10}^{\beta\sigma}(\boldsymbol{u}_0),\overset{1}{\gamma}_{\beta\sigma}(\boldsymbol{v}_0))+(\Gamma_{20}^{\beta\sigma}(\boldsymbol{u}_0),\overset{2}{\gamma}_{\beta\sigma}(\boldsymbol{v}_0)),\\
&\int_{\Im}\{\delta^2/2J_0(\boldsymbol{u}_1,\boldsymbol{v}_0)+\delta^3/3[J_0(u_2,v_0)+J_1(u_1,v_0)]\}\sqrt{a}\mathrm{d}x\\
=&\delta^2/2a(u_1,v_0)+\delta^3/3a(u_2,v_0)+\delta^3/3a_1(u_1,v_0),\\
a_1(\boldsymbol{u}_1,\boldsymbol{v}_0) =& \int_{\Im}\delta^3/3J_1(\boldsymbol{u}_1,\boldsymbol{v}_0)\sqrt{a}\mathrm{d}x\\
=&(\Gamma_{11}^{\beta\sigma}(\boldsymbol{u}_1),\gamma_{\beta\sigma}(\boldsymbol{v}_0))+\delta^3/3(a^{\alpha\beta\lambda\sigma}\gamma_{\alpha\lambda}(u_1),\overset{1}{\gamma}_{\beta\sigma}(\boldsymbol{v}_0)),
\end{aligned}\tag{3.4.55}
$$

所以有

$$
\begin{cases}
A_{0m}(u,v)=\delta a(u_0,v_0)+a_\delta(u_0,v_0)+\delta^2/2a(u_1,v_0)\\
\qquad\qquad +\delta^3/3(a(u_2,v_0)+a_1(u_1,v_0)),\\
a_\delta(\boldsymbol{u}_0,\boldsymbol{v}_0)=(\Gamma_{00}^{\beta\sigma}(\boldsymbol{u}_0),\gamma_{\beta\sigma}(\boldsymbol{v}_0))+(\Gamma_{10}^{\beta\sigma}(\boldsymbol{u}_0),\overset{1}{\gamma}_{\beta\sigma}(\boldsymbol{v}_0))\\
\qquad\qquad +(\Gamma_{20}^{\beta\sigma}(\boldsymbol{u}_0),\overset{2}{\gamma}_{\beta\sigma}(\boldsymbol{v}_0)),\\
a_1(\boldsymbol{u}_1,\boldsymbol{v}_0)=(\Gamma_{11}^{\beta\sigma}(\boldsymbol{u}_1),\gamma_{\beta\sigma}(\boldsymbol{v}_0))+\delta^3/32\mu(\gamma^{\beta\sigma}(\boldsymbol{u}_1),\overset{1}{\gamma}_{\beta\sigma}(\boldsymbol{v}_0)),\\
a(\boldsymbol{u}_0,\boldsymbol{v}_0)=2\mu(\gamma^{\beta\sigma}(\boldsymbol{u}_0),\gamma_{\beta\sigma}(\boldsymbol{v}_0)),\\
a(\boldsymbol{u}_2,\boldsymbol{v}_0)=2\mu(\gamma^{\beta\sigma}(\boldsymbol{u}_2),\gamma_{\beta\sigma}(\boldsymbol{v}_0)),
\end{cases}\tag{3.4.56}
$$

其中

$$
\begin{cases}
\Gamma_{00}^{\beta\sigma}(\boldsymbol{u}_0)=\delta^2/2(a^{\alpha\beta\lambda\sigma}\overset{1}{\gamma}_{\alpha\lambda}(\boldsymbol{u}_0)+a_1^{\alpha\beta\lambda\sigma}\gamma_{\alpha\lambda}(\boldsymbol{u}_0))\\
\qquad\qquad +\delta^3/3[a^{\alpha\beta\lambda\sigma}\overset{2}{\gamma}_{\alpha\lambda}(\boldsymbol{u}_0)+a_1^{\alpha\beta\lambda\sigma}\overset{1}{\gamma}_{\alpha\lambda}(\boldsymbol{u}_0)+a_2^{\alpha\beta\lambda\sigma}\gamma_{\alpha\lambda}(\boldsymbol{u}_0)],\\
\Gamma_{10}^{\beta\sigma}(\boldsymbol{u}_0)=\delta^2/2a^{\alpha\beta\lambda\sigma}\gamma_{\alpha\lambda}(\boldsymbol{u}_0)\\
\qquad\qquad +\delta^3/3[a_1^{\alpha\beta\lambda\sigma}\gamma_{\alpha\lambda}(\boldsymbol{u}_0)+a^{\alpha\beta\lambda\sigma}\overset{1}{\gamma}_{\alpha\lambda}(\boldsymbol{u}_0)],\\
\Gamma_{20}^{\beta\sigma}(\boldsymbol{u}_0)=\delta^3/3a_2^{\alpha\beta\lambda\sigma}\gamma_{\alpha\lambda}(\boldsymbol{u}_0),\\
\Gamma_{11}^{\beta\sigma}(\boldsymbol{u}_1)=\delta^3/3[a^{\alpha\beta\lambda\sigma}\overset{1}{\gamma}_{\alpha\lambda}(\boldsymbol{u}_1)+a_1^{\alpha\beta\lambda\sigma}\gamma_{\alpha\lambda}(\boldsymbol{u}_1)].
\end{cases}\tag{3.4.57}
$$

因此, A_{0m} 可以表示为

$$
\begin{cases}
A_{0m}(u,v)=A_{0m}(\boldsymbol{u}_0,\boldsymbol{v})+A_{0m}(\boldsymbol{u}_1,\boldsymbol{u}_2,\boldsymbol{v}),\\
A_{0m}(\boldsymbol{u}_0,\boldsymbol{v})=\delta a(u_0,v_0)+a_\delta(u_0,v_0)=(\Psi_0(\boldsymbol{u}_0),\gamma_{\beta\sigma}(\boldsymbol{v}))\\
\qquad\qquad +(\Gamma_{10}^{\beta\sigma}(\boldsymbol{u}_0),\overset{1}{\gamma}_{\beta\sigma}(\boldsymbol{v}_0))+(\Gamma_{20}^{\beta\sigma}(\boldsymbol{u}_0),\overset{2}{\gamma}_{\beta\sigma}(\boldsymbol{v}_0)),\\
A_{0m}(\boldsymbol{u}_1,\boldsymbol{u}_2,\boldsymbol{v})=\delta^2/2a(u_1,v_0)+\delta^3/3a(u_2,v_0)+\delta^3/3a_1(u_1,v_0)\\
\qquad\qquad =(\Psi_1(\boldsymbol{u}_1,\boldsymbol{u}_2),\gamma_{\beta\sigma}(\boldsymbol{v}))+(2\mu\delta^3/3\gamma^{\beta\sigma}(\boldsymbol{u}_1),\overset{1}{\gamma}_{\beta\sigma}(\boldsymbol{v}_0)),
\end{cases}\tag{3.4.58}
$$

其中

$$\begin{cases} \Psi_0^{\beta\sigma}(\boldsymbol{u}_0) := 2\mu\delta\gamma^{\beta\sigma}(\boldsymbol{u}_0) + \Gamma_{00}^{\beta\sigma}(\boldsymbol{u}_0), \\ \Psi_1^{\beta\sigma}(\boldsymbol{u}_1, \boldsymbol{u}_2) = 2\mu\delta^2/2\gamma^{\beta\sigma}(\boldsymbol{u}_1) + \Gamma_{11}^{\beta\sigma}(\boldsymbol{u}_1) + 2\mu\delta^3/3\gamma^{\beta\sigma}(\boldsymbol{u}_2). \end{cases} \tag{3.4.59}$$

由此得到动量方程的变分问题 (3.4.52) 的如下形式:

$$\begin{cases} (\Psi_0^{\beta\sigma}(\boldsymbol{u}_0), \gamma_{\beta\sigma}(\boldsymbol{v})) + (\Gamma_{10}^{\beta\sigma}(\boldsymbol{u}_0), \overset{1}{\gamma}_{\beta\sigma}(\boldsymbol{v}_0)) + (\Gamma_{20}^{\beta\sigma}(\boldsymbol{u}_0), \overset{2}{\gamma}_{\beta\sigma}(\boldsymbol{v}_0)) \\ \quad +(\Psi_1(\boldsymbol{u}_1, \boldsymbol{u}_2), \gamma_{\beta\sigma}(\boldsymbol{v})) + (2\mu\delta^3/3\gamma^{\beta\sigma}(\boldsymbol{u}_1), \overset{1}{\gamma}_{\beta\sigma}(\boldsymbol{v}_0)) \\ \quad +D_0(P, \boldsymbol{v}) = (\boldsymbol{F}^0, \boldsymbol{v}). \end{cases} \tag{3.4.60}$$

为了推出对应的边值问题, 应用 (3.3.10) 的定义和指标对称性得

$$\begin{cases} \gamma_{\alpha\beta}(u) = \dfrac{1}{2}[a_{\beta\lambda} \overset{*}{\nabla}_\alpha u^\lambda + a_{\alpha\lambda} \overset{*}{\nabla}_\beta u^\lambda] - b_{\alpha\beta}u_1^3, \\ \overset{1}{\gamma}_{\alpha\beta}(u) = -(b_{\alpha\lambda} \overset{*}{\nabla}_\beta u^\lambda + b_{\beta\lambda} \overset{*}{\nabla}_\alpha u^\lambda) + c_{\alpha\beta}u^3 - \overset{*}{\nabla}_\lambda b_{\alpha\beta}u^\lambda, \\ \overset{2}{\gamma}_{\alpha\beta}(u) = \dfrac{1}{2}(c_{\alpha\lambda} \overset{*}{\nabla}_\beta u^\lambda + c_{\beta\lambda} \overset{*}{\nabla}_\alpha u_\lambda + \overset{*}{\nabla}_\lambda c_{\alpha\beta}u^\lambda), \\ \gamma_{\alpha3}(u) = \dfrac{1}{2}\left(a_{\alpha\beta}\dfrac{\partial u^\beta}{\partial\xi} + \overset{*}{\nabla}_\alpha u^3\right), \quad \overset{1}{\gamma}_{\alpha3}(u) = -b_{\alpha\beta}\dfrac{\partial u^\beta}{\partial\xi}, \\ \overset{2}{\gamma}_{\alpha3}(u) = \dfrac{1}{2}c_{\alpha\beta}\dfrac{\partial u^\beta}{\partial\xi}, \\ \gamma_{33}(u) = \dfrac{\partial u^3}{\partial\xi}, \quad \overset{1}{\gamma}_{33}(u) = \overset{2}{\gamma}_{33}(u) = 0. \end{cases} \tag{3.4.61}$$

那么

$$\begin{aligned} (\Psi_0^{\beta\sigma}(\boldsymbol{u}_0), \gamma_{\beta\sigma}(\boldsymbol{v})) &= (\Psi_0^{\beta\sigma}(\boldsymbol{u}_0), a_{\sigma\nu} \overset{*}{\nabla}_\beta v^\nu - b_{\beta\sigma}v_1^3) \\ &= -(\overset{*}{\nabla}_\beta (a_{\sigma\nu}\Psi^{\beta\sigma}(\boldsymbol{u}_0), v^\nu) - (b_{\beta\sigma}\Psi^{\beta\sigma}(\boldsymbol{u}_0), v_0^3), \\ (\Gamma_{10}^{\beta\sigma}(\boldsymbol{u}_0), \overset{1}{\gamma}_{\beta\sigma}(\boldsymbol{v}_0)) &= 2(\overset{*}{\nabla}_\beta (b_{\sigma\nu}\Gamma_{10}^{\beta\sigma}(\boldsymbol{u}_0), v^\nu) + (c_{\beta\sigma}\Gamma_{10}^{\beta\sigma}(\boldsymbol{u}_0), v_0^3) \\ &\quad - (\overset{*}{\nabla}_\lambda b_{\beta\sigma}\Gamma_{10}^{\beta\sigma}(u_0), v^\lambda), \\ (\Gamma_{20}^{\beta\sigma}(\boldsymbol{u}_0), \overset{2}{\gamma}_{\beta\sigma}(\boldsymbol{v}_0)) &= -(\overset{*}{\nabla}_\beta (c_{\sigma\nu}\Gamma_{20}^{\beta\sigma}(\boldsymbol{u}_0), v^\nu) + \frac{1}{2}(\overset{*}{\nabla}_\lambda c_{\beta\sigma}\Gamma_{20}^{\beta\sigma}(u_0), v^\lambda), \\ (\Psi_1^{\beta\sigma}(\boldsymbol{u}_1, \boldsymbol{u}_2), \gamma_{\beta\sigma}(\boldsymbol{v})) &= -(\overset{*}{\nabla}_\beta (a_{\sigma\nu}\Psi_1^{\beta\sigma}(\boldsymbol{u}_1, \boldsymbol{u}_2), v^\nu) - (b_{\beta\sigma}\Psi_1^{\beta\sigma}(\boldsymbol{u}_1, \boldsymbol{u}_2), v_0^3), \\ (\gamma^{\beta\sigma}(\boldsymbol{u}_1), \overset{1}{\gamma}_{\beta\sigma}(\boldsymbol{v}_0)) &= 2(\overset{*}{\nabla}_\beta (b_{\sigma\nu}\gamma^{\beta\sigma}(\boldsymbol{u}_1), v^\nu) + (c_{\beta\sigma}\gamma^{\beta\sigma}(\boldsymbol{u}_1), v_0^3) \\ &\quad - (\overset{*}{\nabla}_\lambda b_{\beta\sigma}\gamma^{\beta\sigma}(u_1), v^\lambda), \end{aligned} \tag{3.4.62}$$

代入 (3.4.59) 后, 得

$$\left\{\begin{aligned}&-(\overset{*}{\nabla}_\beta (a_{\sigma\nu}\Psi_0^{\beta\sigma}(\boldsymbol{u}_0), v^\nu) - (b_{\beta\sigma}\Psi_0^{\beta\sigma}(\boldsymbol{u}_0), v_0^3)\\&\quad +2(\overset{*}{\nabla}_\beta (b_{\sigma\nu}\Gamma_{10}^{\beta\sigma}(\boldsymbol{u}_0), v^\nu) + (c_{\beta\sigma}\Gamma_{10}^{\beta\sigma}(\boldsymbol{u}_0), v_0^3)\\&\quad -(\overset{*}{\nabla}_\lambda b_{\beta\sigma}\Gamma_{10}^{\beta\sigma}(u_0), v^\lambda) - (\overset{*}{\nabla}_\beta (c_{\sigma\nu}\Gamma_{20}^{\beta\sigma}(\boldsymbol{u}_0), v^\nu)\\&\quad +\frac{1}{2}(\overset{*}{\nabla}_\lambda c_{\beta\sigma}\Gamma_{20}^{\beta\sigma}(u_0), v^\lambda)\\&\quad -(\overset{*}{\nabla}_\beta (a_{\sigma\nu}\Psi_1^{\beta\sigma}(\boldsymbol{u}_1,\boldsymbol{u}_2), v^\nu) - (b_{\beta\sigma}\Psi_1^{\beta\sigma}(\boldsymbol{u}_1,\boldsymbol{u}_2), v_0^3)\\&\quad +2\mu\delta^3/3[\overset{*}{\nabla}_\beta (2b_{\sigma\nu}\gamma^{\beta\sigma}(\boldsymbol{u}_1), v^\nu) + (c_{\beta\sigma}\gamma^{\beta\sigma}(\boldsymbol{u}_1), v_0^3)]\\&\quad -\overset{*}{\nabla}_\nu b_{\beta\sigma}2\mu\delta^3/3\gamma^{\beta\sigma}(\boldsymbol{u}_1) + D_0(P,\boldsymbol{v}) = (\boldsymbol{F}^0,\boldsymbol{v}),\end{aligned}\right. \tag{3.4.63}$$

下面计算 $D_0(P,v)$, 由于

$$\begin{aligned}&\gamma_0(v) = \overset{*}{\nabla}_\nu v^\nu - 2Hv^3,\\&\overset{1}{\operatorname{div}}\, v = -(4H^2-2K)v^3 - 2v^\nu \overset{*}{\nabla}_\nu H,\\&\overset{2}{\operatorname{div}}\, v = -(8H^3-6HK)v^3 - v^\nu \overset{*}{\nabla}_\nu (2H^2-K),\\&\delta v^3 - (\delta^2/2 - 2H\delta^3/3)\overset{1}{\operatorname{div}}\, v + \delta^3/3\overset{2}{\operatorname{div}}\, v\\=&(\delta - \delta^2/2(4H^2-2K) - \delta^3/3(12H^3-10HK))v^3\\&-\overset{*}{\nabla}_\nu (2\delta^2/2H + \delta^3/3(H^2-K)),\end{aligned}$$

所以有

$$\begin{aligned}D_0(P,v) =&(-\overset{*}{\nabla}_\nu [\theta(\delta)p_0 + (\delta^2/2p_1 + \delta^3/3(p_2-2Hp_1))], v^\nu)\\&-(2H[\theta(\delta)p_0 + (\delta^2/2p_1 + \delta^3/3(p_2-2Hp_1))], v^3)\\&+(p_0(\delta - \delta^2/2(4H^2-2K) - \delta^3/3(12H^3-10HK)), v^3)\\&+((2\delta^2/2H + \delta^3/3(H^2-K))\overset{*}{\nabla}_\nu p_0, v^\nu),\end{aligned}$$

将这个式子代入 (3.4.63), 从而得到边值问题

$$\left\{\begin{aligned}&-(\overset{*}{\nabla}_\beta (a_{\sigma\nu}\Psi_0^{\beta\sigma}(\boldsymbol{u}_0) - 2b_{\sigma\nu}\Gamma_{10}^{\beta\sigma}(u_0) + c_{\sigma\nu}\Gamma_{20}^{\beta\sigma}(u_0))\\&\quad -\overset{*}{\nabla}_\nu b_{\beta\sigma}\Gamma_{10}^{\beta\sigma}(u_0) + \frac{1}{2}\overset{*}{\nabla}_\nu c_{\beta\sigma}\Gamma_{20}^{\beta\sigma}(u_0)\\&\quad -\overset{*}{\nabla}_\beta (a_{\sigma\nu}\Psi_1^{\beta\sigma}(\boldsymbol{u}_1,\boldsymbol{u}_2) + 2\mu\delta^3/32b_{\sigma\nu}\gamma^{\beta\sigma}(u_1))\\&\quad -2\mu\delta^3/3\overset{*}{\nabla}_\nu b_{\beta\sigma}\gamma^{\beta\sigma}(\boldsymbol{u}_1)\\&\quad -\overset{*}{\nabla}_\nu [\theta(\delta)p_0 + (\delta^2/2p_1 + \delta^3/3(p_2-2Hp_1))]\\&\quad +(2\delta^2/2H + \delta^3/3(H^2-K))\overset{*}{\nabla}_\nu p_0 = F_\nu^0,\\&-b_{\beta\sigma}\Psi_0^{\beta\sigma}(\boldsymbol{u}_0) + c_{\beta\sigma}\Gamma_{10}^{\beta\sigma}(\boldsymbol{u}_0)\\&\quad -b_{\beta\sigma}\Psi_1^{\beta\sigma}(\boldsymbol{u}_1,\boldsymbol{u}_2) + 2\mu\delta^3/3c_{\beta\sigma}\gamma^{\beta\sigma}(\boldsymbol{u}_1)\\&\quad -2H[\theta(\delta)p_0 + (\delta^2/2p_1 + \delta^3/3(p_2-2Hp_1))]\\&\quad +(\delta - \delta^2/2(4H^2-2K) - \delta^3/3(12H^3-10HK))p_0 = F_3^0.\end{aligned}\right. \tag{3.4.64}$$

用 $a^{\alpha\nu}$ 乘以上式两端, 并利用

$$a^{\alpha\nu}a_{\nu\sigma}=\delta^{\alpha}_{\sigma},\quad a^{\alpha\nu}b_{\nu\sigma}=b^{\alpha}_{\sigma},\quad a^{\alpha\nu}c_{\nu\sigma}=c^{\alpha}_{\sigma},$$
$$\Psi^{\beta\sigma}_{0}(\boldsymbol{u}_0)=2\mu\delta\gamma^{\beta\sigma}(u_0)+\Gamma^{\beta\sigma}_{00}(\boldsymbol{u}_0),$$

并令

$$\begin{cases} K^{\alpha\beta}(\boldsymbol{u}_0):=\Gamma^{\alpha\beta}_{00}(\boldsymbol{u}_0)-2b^{\alpha}_{\sigma}\Gamma^{\beta\sigma}_{10}(\boldsymbol{u}_0)+c^{\alpha}_{\sigma}\Gamma^{\beta\sigma}_{20}(\boldsymbol{u}_0)\\ \qquad =C^{\alpha\beta\nu\mu}\gamma_{\nu\mu}(\boldsymbol{u}_0)+\delta^3/3a^{\nu\alpha\mu\beta}\overset{2}{\gamma}_{\nu\mu}(\boldsymbol{u}_0)+C^{\alpha\beta\nu\mu}_{1}\overset{1}{\gamma}_{\nu\mu}(\boldsymbol{u}_0),\\ K^{\alpha\beta}_{1}(\boldsymbol{u}_1,\boldsymbol{u}_2)=\Psi^{\beta\alpha}_{1}(\boldsymbol{u}_1,\boldsymbol{u}_2)+2\mu\delta^3/3b^{\alpha}_{\sigma}\gamma^{\beta\sigma}(\boldsymbol{u}_1),\\ K^{\alpha}_{0}(\boldsymbol{u}_0)=-a^{\alpha\nu}\overset{*}{\nabla}_{\nu}b_{\beta\sigma}\Gamma^{\beta\sigma}_{10}(u_0)-\dfrac{1}{2}a^{\alpha\nu}\overset{*}{\nabla}_{\nu}c_{\beta\sigma}\Gamma^{\beta\sigma}_{20}(u_0), \end{cases}\tag{3.4.65}$$

这里

$$C^{\alpha\beta\nu\mu}=[\delta^2/2a^{\nu\alpha\mu\beta}_{1}+\delta^3/4a^{\nu\alpha\mu\beta}_{2}-2b^{\alpha}_{\sigma}(\delta^2/2a^{\nu\alpha\mu\beta}+\delta^3/3a^{\nu\alpha\mu\beta}_{1})+c^{\alpha}_{\sigma}a^{\nu\alpha\mu\beta}_{2}],$$
$$C^{\alpha\beta\nu\mu}_{1}=(\delta^2/2a^{\nu\alpha\mu\beta}+\delta^3/3a^{\nu\alpha\mu\beta}_{1}-2b^{\alpha}_{\sigma}\delta^3/3a^{\nu\beta\mu\sigma}),$$

那么

$$\begin{cases} -2\mu\delta\overset{*}{\nabla}_{\beta}\gamma^{\alpha\beta}(\boldsymbol{u}_0)-\overset{*}{\nabla}_{\beta}K^{\alpha\beta}(\boldsymbol{u}_0)+K^{\alpha}_{0}(\boldsymbol{u}_0)\\ \quad -\overset{*}{\nabla}_{\beta}(K^{\alpha\beta}_{1}(\boldsymbol{u}_1,\boldsymbol{u}_2))-2\mu\delta^3/3a^{\alpha\nu}\overset{*}{\nabla}_{\nu}b_{\beta\sigma}\gamma^{\beta\sigma}(\boldsymbol{u}_1)\\ \quad -a^{\alpha\nu}\overset{*}{\nabla}_{\nu}[\theta(\delta)p_0+(\delta^2/2p_1+\delta^3/3(p_2-2Hp_1))]\\ \quad +(2\delta^2/2H+\delta^3/3(H^2-K))a^{\alpha\nu}\overset{*}{\nabla}_{\nu}p_0=a^{\alpha\nu}F^{0}_{\nu},\\ -2\mu\delta\beta_0(\boldsymbol{u}_0)-b_{\beta\sigma}\Gamma^{\beta\sigma}_{00}(\boldsymbol{u}_0)+c_{\beta\sigma}\Gamma^{\beta\sigma}_{10}(\boldsymbol{u}_0)\\ \quad -b_{\beta\sigma}\Psi^{\beta\sigma}_{1}(\boldsymbol{u}_1,\boldsymbol{u}_2)-2\mu\delta^3/3\beta_0(\boldsymbol{u}_1)\\ \quad -2H[\theta(\delta)p_0+(\delta^2/2p_1+\delta^3/3(p_2-2Hp_1))]\\ \quad +(\delta-\delta^2/2(4H^2-2K)-\delta^3/3(12H^3-10HK))p_0=F^{0}_{3}, \end{cases}\tag{3.4.66}$$

应用 (3.4.44) 的第一式

$$\delta\overset{*}{\nabla}_{\beta}\gamma^{\alpha\beta}(\boldsymbol{u}_0)=\frac{1}{2}(\overset{*}{\Delta}u^{\sigma}_{0}+a^{\sigma\mu}\overset{*}{\nabla}_{\mu}\overset{*}{\operatorname{div}}\,\boldsymbol{u}_0+Ku^{\sigma}_{0})+2a^{\lambda\sigma}\overset{*}{\nabla}_{\lambda}Hu^{3}_{0}+b^{\lambda\sigma}\overset{*}{\nabla}_{\lambda}u^{3}_{0},$$

最后得到动量方程

$$\begin{aligned} &-\mu\delta(\overset{*}{\Delta}u^{\alpha}_{0}+a^{\alpha\mu}\overset{*}{\nabla}_{\mu}\overset{*}{\operatorname{div}}\,\boldsymbol{u}_0+Ku^{\alpha}_{0})-\overset{*}{\nabla}_{\beta}K^{\alpha\beta}(\boldsymbol{u}_0)+K^{\alpha}_{0}(\boldsymbol{u}_0)\\ &\quad-\overset{*}{\nabla}_{\beta}(K^{\alpha\beta}_{1}(\boldsymbol{u}_1,\boldsymbol{u}_2))-2\mu\delta^3/3a^{\alpha\nu}\overset{*}{\nabla}_{\nu}b_{\beta\sigma}\gamma^{\beta\sigma}(\boldsymbol{u}_1)\\ &\quad-a^{\alpha\nu}\overset{*}{\nabla}_{\nu}[\theta(\delta)p_0+(\delta^2/2p_1+\delta^3/3(p_2-2Hp_1))]\\ &\quad+(2\delta^2/2H+\delta^3/3(H^2-K))a^{\alpha\nu}\overset{*}{\nabla}_{\nu}p_0=a^{\alpha\nu}F^{0}_{\nu}, \end{aligned}$$

$$
\begin{aligned}
&-2\mu\delta\beta_0(\boldsymbol{u}_0) - b_{\beta\sigma}\Gamma_{00}^{\beta\sigma}(\boldsymbol{u}_0) + c_{\beta\sigma}\Gamma_{10}^{\beta\sigma}(\boldsymbol{u}_0)\\
&\quad -b_{\beta\sigma}\Psi_1^{\beta\sigma}(\boldsymbol{u}_1, \boldsymbol{u}_2) - 2\mu\delta^3/3\beta_0(\boldsymbol{u}_1)\\
&\quad -2H[\theta(\delta)p_0 + (\delta^2/2p_1 + \delta^3/3(p_2 - 2Hp_1))]\\
&\quad +(\delta - \delta^2/2(4H^2 - 2K) - \delta^3/3(12H^3 - 10HK))p_0 = F_3^0,
\end{aligned} \tag{3.4.67}
$$

但是 $K_0^\alpha(\boldsymbol{u}_0)$ 变为

$$
\left\{
\begin{aligned}
&K^{\alpha\beta}(\boldsymbol{u}_0) := \Gamma_{00}^{\alpha\beta}(\boldsymbol{u}_0) - 2b_\sigma^\alpha\Gamma_{10}^{\beta\sigma}(\boldsymbol{u}_0) + c_\sigma^\alpha\Gamma_{20}^{\beta\sigma}(\boldsymbol{u}_0)\\
&\qquad = C^{\alpha\beta\nu\mu}\gamma_{\nu\mu}(\boldsymbol{u}_0) + \delta^3/3a^{\nu\alpha\mu\beta}\overset{2}{\gamma}_{\nu\mu}(\boldsymbol{u}_0) + C_1^{\alpha\beta\nu\mu}\overset{1}{\gamma}_{\nu\mu}(\boldsymbol{u}_0),\\
&K_1^{\alpha\beta}(\boldsymbol{u}_1, \boldsymbol{u}_2) = \Psi_1^{\beta\alpha}(\boldsymbol{u}_1, \boldsymbol{u}_2) + 2\mu\delta^3/3b_\sigma^\alpha\gamma^{\beta\sigma}(\boldsymbol{u}_1),\\
&K_0^\alpha(\boldsymbol{u}_0) = -a^{\alpha\nu}\overset{*}{\nabla}_\nu b_{\beta\sigma}\Gamma_{10}^{\beta\sigma}(u_0) - \frac{1}{2}a^{\alpha\nu}\overset{*}{\nabla}_\nu c_{\beta\sigma}\Gamma_{20}^{\beta\sigma}(u_0))\\
&\qquad -4\mu\delta^3/3a^{\alpha\lambda}\overset{*}{\nabla}_\lambda Hu_0^3 - 2\mu\delta^3/3b^{\alpha\lambda}\overset{*}{\nabla}_\lambda u_0^3,
\end{aligned}
\right. \tag{3.4.68}
$$

能量方程可以从 (3.4.18), (3.4.19) 得到对任意的 T_0^* 成立

$$
\begin{aligned}
&-\kappa[\delta\overset{*}{\Delta}T_0 + \delta^2/2(\overset{*}{\Delta}T_1 + 2\overset{*}{\nabla}_\beta(b^{\alpha\beta} - Ha^{\alpha\beta})\overset{*}{\nabla}_\alpha T_0)\\
&\quad + \delta^3/3(\overset{*}{\Delta}T_2 + 2\overset{*}{\nabla}_\beta(b^{\alpha\beta} - Ha^{\alpha\beta})\overset{*}{\nabla}_\alpha T_1)\\
&\quad + (4K - 8H^2)T_2 + (3HK - 4H^3)T_1)]\\
&\quad + \delta W_0 + \delta^2/2W_1 + \delta^3/3W_2 = \Phi_0(U, U) + f_t,
\end{aligned} \tag{3.4.69}
$$

连续性方程 (3.4.2):

$$
\begin{aligned}
&q_2\delta(\gamma_0(\rho_0\boldsymbol{u}_0) + \rho_0u_1^3 + \rho_1u_0^3) = 0,\\
&q_1[\delta^2/2q_1(\gamma_0(\rho_0\boldsymbol{u}_0) + \rho_0u_1^3 + \rho_1u_0^3)]\\
&\quad + \delta^3/3\{[\gamma_0(\rho_1\boldsymbol{u}_0 + \rho_0\boldsymbol{u}_1) + \overset{1}{\mathrm{div}}(\rho_0\boldsymbol{u}_0) - 2H\gamma_0(\rho_0\boldsymbol{u}_0)]\\
&\quad + [2(\rho_0u_2^3 + \rho_1u_1^3 + \rho_2u_0^3) - 2H(\rho_0u_1^3 + \rho_1u_0^3)]\} = 0,
\end{aligned}
$$

$$
\begin{aligned}
&q_0[\delta(\gamma_0(\rho_0\boldsymbol{u}_0) + \rho_0u_1^3 + \rho_1u_0^3)\\
&\quad + \delta^2/2[(\gamma_0(\rho_1\boldsymbol{u}_0 + \rho_0\boldsymbol{u}_1) + \overset{1}{\mathrm{div}}(\rho_0\boldsymbol{u}_0) - 2H\gamma_0(\rho_0\boldsymbol{u}_0))\\
&\quad + 2(\rho_0u_2^3 + \rho_1u_1^3 + \rho_2u_0^3) - 2H(\rho_0u_1^3 + \rho_1u_0^3)]\\
&\quad + \delta^3/3\{[\gamma_0(\rho_2\boldsymbol{u}_0 + \rho_1\boldsymbol{u}_1 + \rho_0\boldsymbol{u}_2) + \overset{1}{\mathrm{div}}(\rho_0\boldsymbol{u}_1 + \rho_1\boldsymbol{u}_0) + \overset{2}{\mathrm{div}}(\rho_0\boldsymbol{u}_0)\\
&\quad - 2H(\gamma_0(\rho_0\boldsymbol{u}_1 + \rho_1\boldsymbol{u}_0) + \overset{1}{\mathrm{div}}(\rho_0\boldsymbol{u}_0)) + K\gamma_0(\rho_0\boldsymbol{u}_0)]\\
&\quad + [3(\rho_1u_2^3 + \rho_2u_1^3) - 4H(\rho_0u_2^3 + \rho_1u_1^3 + \rho_2u_0^3)\\
&\quad + K(\rho_0u_1^3 + \rho_1u_0^3)]\} = 0,
\end{aligned}
$$

由此推出

$$
\begin{aligned}
&\gamma_0(\rho_0\boldsymbol{u}_0)+\rho_0u_1^3+\rho_1u_0^3=0,\\
&\delta^3/3\{[\gamma_0(\rho_1\boldsymbol{u}_0+\rho_0\boldsymbol{u}_1)+\overset{1}{\operatorname{div}}\,(\rho_0\boldsymbol{u}_0)-2H\gamma_0(\rho_0\boldsymbol{u}_0)]\\
&\qquad+[2(\rho_0u_2^3+\rho_1u_1^3+\rho_2u_0^3)-2H(\rho_0u_1^3+\rho_1u_0^3)]\}=0,\\
&\delta^3/3\{[\gamma_0(\rho_2\boldsymbol{u}_0+\rho_1\boldsymbol{u}_1+\rho_0\boldsymbol{u}_2)+\overset{1}{\operatorname{div}}\,(\rho_0\boldsymbol{u}_1+\rho_1\boldsymbol{u}_0)+\overset{2}{\operatorname{div}}\,(\rho_0\boldsymbol{u}_0)\\
&\qquad-2H(\gamma_0(\rho_0\boldsymbol{u}_1+\rho_1\boldsymbol{u}_0)+\overset{1}{\operatorname{div}}\,(\rho_0\boldsymbol{u}_0))+K\gamma_0(\rho_0\boldsymbol{u}_0)]\\
&\qquad+[3(\rho_1u_2^3+\rho_2u_1^3)-4H(\rho_0u_2^3+\rho_1u_1^3+\rho_2u_0^3)\\
&\qquad+K(\rho_0u_1^3+\rho_1u_0^3)]\}=0.
\end{aligned}\tag{3.4.70}
$$

我们还需考虑热力学方程

$$
\begin{aligned}
&p=R\rho T,\quad p_0=R\rho_0T_0,\quad p_1=R(\rho_1T_0+\rho_0T_1),\\
&p_2=R(\rho_0T_2+\rho_1T_1+\rho_2T_0),\\
&p=\exp\left(\frac{\gamma-1}{R}s\right)\rho^\gamma,\quad p_0=\exp\left(\frac{\gamma-1}{R}s_0\right)\rho_0^\gamma,\\
&p_1=\gamma\left(\exp\left(\frac{\gamma-1}{r}s_0\right)+\frac{\gamma-1}{R}\left(1+\frac{\gamma-1}{R}\right)s_1(1+s_0)\right)\rho_0^{\gamma_1},\\
&p_2=\frac{\gamma-1}{R}\left(\gamma\exp\left(\frac{\gamma-1}{r}s_0\right)+\gamma\left(1+\frac{\gamma-1}{R}\right)s_1(1+s_0)\right)\rho_0+\frac{1}{2}\frac{\gamma-1}{R}s_1^2\rho_0^2)\rho_0^{\gamma-2},
\end{aligned}
$$

或者, 如果 $p_0\neq 0,\rho_0\neq 0$, 那么

$$
\begin{cases}
p=R\rho T,\\
s=\dfrac{R}{\gamma-1}\log\dfrac{p}{\rho^\gamma}=\dfrac{R}{\gamma-1}\log\dfrac{RT}{\rho^{\gamma-1}},\\
s_0=\dfrac{R}{\gamma-1}\log\dfrac{p_0}{\rho_0^\gamma},\quad s_1=(p_0\rho_0)^{-1}(p_1\rho_0-\gamma p_0\rho_1),\\
s_2=(p_0\rho_0)^{-2}(\rho_0^2(p_2^2-p_1^2)-\gamma p_0^2(\rho_2^2-\rho_1^2)),
\end{cases}\tag{3.4.71}
$$

证毕.

3.4.5 边界层方程

当固壁边界是无滑动边界条件, 即 $\boldsymbol{u}_0=0$, 这在物理问题中和实践中是最常见的. 首先考察连续性方程 (3.4.23) 得到的 $\rho_0u_1^3=0$, 由于在固壁边界上 $\rho_0\neq 0$, 从而有

$$
\boldsymbol{u}_0=0,\quad u_1^3=0,\tag{3.4.72}
$$

另外假设在固壁边界上温度 T_0 已知. 由 (3.4.9), (3.4.19), (3.4.20) 可以推出

$$\Phi_2(U,V)=\mu a_{\alpha\beta}u_1^\alpha u_1^\beta,$$

因而 (3.4.23) 变为 $(\boldsymbol{u}_2,\rho_1,T_1,\rho_0)$ 的二阶项方程:

$$\left\{\begin{aligned}&4\mu\delta^3/3u_2^\alpha+2\mu[(\delta^2/2-2H\delta^3/3)\delta_\beta^\alpha-2b_\beta^\alpha\delta^3/3]u_1^\beta\\&\qquad+\delta^3/3a^{\alpha\beta}\overset{*}{\nabla}_\beta p_0=a^{\alpha\beta}F_\beta^2,\\&4(\lambda+2\mu)\delta^3/3u_2^3+2\lambda\delta^3/3\overset{*}{\operatorname{div}}\boldsymbol{u}_1\\&\qquad+(2\delta^2/2+6H\delta^3/3)p_0-2p_1\delta^3/3=F_3^2,\\&\quad 2\kappa(\delta^2/2-H\delta^3/3)T_1=\delta^3/3\kappa\overset{*}{\Delta}T_0\\&\quad-2\kappa\overset{*}{\nabla}_\beta((Hb^{\alpha\beta}-Ka^{\alpha\beta})\partial_\alpha T_0))\delta^3/3+\mu a_{\alpha\beta}u_1^\alpha u_1^\beta\delta^3/3+\delta^2f_t,\\&u_1^3=0,\end{aligned}\right.\tag{3.4.73}$$

p_0 满足下列椭圆边值问题

$$\left\{\begin{aligned}&-\delta^3/3(\overset{*}{\Delta}p_0+a^{\alpha\beta}\overset{*}{\nabla}_\alpha p_0\overset{*}{\nabla}_\beta\rho_0)+M_1(\boldsymbol{u}_1)\\&\qquad=a^{\alpha\beta}(\overset{*}{\nabla}_\alpha F_\beta^2-F_\beta^2\overset{*}{\nabla}_\alpha\rho_0),\quad \text{在}D\text{内},\\&p_0|_{\partial D}=\text{满足周期性边界条件},\end{aligned}\right.\tag{3.4.74}$$

其中

$$\begin{aligned}M_1(\boldsymbol{u}_1)=&4\mu\delta^3/3\rho_0^{-1}\overset{*}{\operatorname{div}}(\rho_1\boldsymbol{u}_1)-4\mu\left(\frac{3}{2}\rho_1\rho_0^{-2}-H\rho_0^{-1}\right)\overset{*}{\operatorname{div}}(\rho_0\boldsymbol{u}_1)\\&-2\mu((\delta^2/2-2H\delta^3/3)\delta_\beta^\alpha-2\delta^3/3b_\beta^\alpha)(\overset{*}{\nabla}_\beta u_1^\beta+u_1^\beta\overset{*}{\nabla}_\alpha\rho_0)\\&+4\mu\delta^3/3\overset{*}{\nabla}_\alpha Hu_1^\alpha,\\F_\beta^2=&g_{\alpha\beta}(\delta)\sigma^{3\alpha}(\delta)+\delta^2(1-H\delta),\\F_3^2=&\sigma^{33}(\delta)\delta^2(1-H\delta),\quad F_0=a^{\alpha\beta}\overset{*}{\nabla}_\alpha(\rho_0F_\beta^2),\end{aligned}\tag{3.4.75}$$

一阶项关于 $(\boldsymbol{u}_1,\rho_2,T_2)$ 方程:

$$\begin{aligned}&-\mu\delta^3/3\overset{*}{\Delta}u_1^\alpha-\delta^3/3\lambda_*\left(\frac{3}{2}\lambda+\mu\right)a^{\alpha\beta}\overset{*}{\nabla}_\beta\overset{*}{\operatorname{div}}\boldsymbol{u}_1\\&\quad+\mu((\delta+(4H^2-5K)\delta^3/3)\delta_\beta^\alpha+\delta^3/316Hb_\beta^\alpha)u_1^\beta+\delta^4/4[\rho_0u_2^3u_1^\alpha+\overset{*}{\Delta}_\beta(\rho_0u_1^\alpha u_1^\beta)]\\&\quad+(-(b^{\alpha\alpha}+Ha^{\alpha\beta})\delta^3/3\overset{*}{\nabla}_\beta p_0+2\delta^3/3a^{\alpha\beta}\overset{*}{\nabla}_\beta Hp_0)\\&\quad+a^{\alpha\beta}\overset{*}{\nabla}_\beta((\delta^2/2(1+\lambda_0)+\delta^3/3(2+3\lambda_0)H)p_0)\\&\quad+\delta^3/3\lambda_*a^{\alpha\beta}\overset{*}{\nabla}_\beta p_1=a^{\alpha\beta}F_\beta^1,\\&+\delta^3/3p_2-\frac{\lambda}{4\mu}\overset{*}{\Delta}p_0+d_0p_0+d_1p_1\\&\quad+2\mu\delta^3/3\overset{*}{\nabla}_\beta(b_\alpha^\beta u_1^\alpha)-\delta^3/3(3\mu\beta_0(u_1)+2\lambda H\gamma_0(u_1))-\delta^4/4\rho_0b_{\alpha\beta}u_1^\alpha u_1^\beta=F_3^1,\end{aligned}$$

$$
\begin{aligned}
&2\kappa(\delta^2/2 - H\delta^3/3)T_2 \\
&\quad - \kappa[(\delta + 2H\delta^2/2)T_1 + \delta^3/3 \overset{*}{\Delta} T_1 + \delta^3/3(4H^2 - 2K)T_1] \\
&\quad + \kappa[\delta^2/2 \overset{*}{\Delta} T_0 - 2\delta^3/3 \overset{*}{\nabla}_\beta ((b^{\alpha\beta} - Ha^{\alpha\beta}) \overset{*}{\nabla}_\alpha T_0)] \\
&\quad = -\delta^2/2W_0 - \delta^3/3W_1 + \delta f_t \\
&\qquad + \mu(\delta^2/2a_{\alpha\beta} - 2(b_{\alpha\beta} + Ha_{\alpha\beta}))u_1^\alpha u_1^\beta + \delta^3/32\mu a_{\alpha\beta}u_1^\alpha u_2^\beta,
\end{aligned} \tag{3.4.76}
$$

其中

$$
\begin{aligned}
F_\beta^1 =& g_{\beta\alpha}(\delta)(1 - H\delta)\sigma^{3\alpha}(\delta) - \frac{1}{2}\lambda_0 \overset{*}{\nabla}_\beta F_3^2 \\
&- [(b_\beta^\alpha + H\delta_\beta^\alpha - \delta_\beta^\alpha \rho_0 u_0^3)F_\alpha^2 + \frac{1}{4}(\lambda + 2\mu)^{-1}\rho_0 a_{\alpha\beta}u_0^\alpha F_3^2], \\
F_3^1 =& (1 - H\delta)\sigma^{33}(\delta).
\end{aligned}
$$

连续性方程:

$$
\begin{cases}
u_1^3 = 0, \\
\overset{*}{\mathrm{div}}\,(\rho_0 \boldsymbol{u}_1) + 2\rho_0 u_2^3 = 0, \\
\overset{*}{\mathrm{div}}\,(\rho_1 \boldsymbol{u}_1 + \rho_0 \boldsymbol{u}_2) + (3\rho_1 - 2H\rho_0)u_2^3 - 2\rho_1 u_1^\alpha \overset{*}{\nabla}_\alpha H = 0,
\end{cases} \tag{3.4.77}
$$

$$
\begin{cases}
p = R\rho T, \\
s = \dfrac{R}{\gamma - 1}\log\dfrac{p}{\rho^\gamma} = \dfrac{R}{\gamma - 1}\log\dfrac{RT}{\rho^{\gamma-1}}, \\
s_0 = \dfrac{R}{\gamma - 1}\log\dfrac{p_0}{\rho_0^\gamma}, \quad s_1 = (p_0\rho_0)^{-1}(p_1\rho_0 - \gamma p_0\rho_1), \\
s_2 = (p_0\rho_0)^{-2}(\rho_0^2(p_2^2 - p_1^2) - \gamma p_0^2(\rho_2^2 - \rho_1^2)).
\end{cases} \tag{3.4.78}
$$

归纳有下面定理:

定理 3.4.1 在边界层厚度为 $\delta > 0$ 的一个邻域内, 在 S- 坐标系下, 可压缩 Navier-Stokes 方程组 (3.3.4)~(3.3.7), 如果它的解可以展成 Taylor 级数 (3.4.1), 并且边界条件是无滑动 $\boldsymbol{u}_0 = 0$, 那么 (3.4.1) 变为

$$
\begin{cases}
\boldsymbol{u} = \boldsymbol{u}_1\xi + \boldsymbol{u}_2\xi^2 + \cdots, \quad \text{无滑动固壁边界条件} \\
p = p_0 + p_1\xi + p_2\xi^2 + \cdots, \quad p_1 = 0(\text{边界层方程}), \\
\rho = \rho_0 + \rho_1\xi + \rho_2\xi^2 + \cdots, \\
T = T_0 + T_1\xi + T_2\xi^2 + \cdots, \\
s = \dfrac{R}{\gamma - 1}\log\dfrac{p}{\rho^\gamma},
\end{cases}
$$

检验函数 $\boldsymbol{v}$ 的 Taylor 级数

$$
\boldsymbol{v} = \boldsymbol{v}_1\xi + \boldsymbol{v}_2\xi^2 + \cdots,
$$

那么边界层方程是连续性方程:

$$\begin{cases} u_1^3 = 0, \\ \overset{*}{\operatorname{div}}\, (\rho_0 \boldsymbol{u}_1) + 2\rho_0 u_2^3 = 0, \\ \overset{*}{\operatorname{div}}\, (\rho_1 \boldsymbol{u}_1 + \rho_0 \boldsymbol{u}_2) + (3\rho_1 - 2H\rho_0) u_2^3 - 2\rho_1 u_1^\alpha \overset{*}{\nabla}_\alpha H = 0, \end{cases} \tag{3.4.79}$$

动量方程:

$$\begin{cases} -\mu\delta^3/3 \overset{*}{\Delta} u_1^\alpha - \delta^3/3\lambda_* \left(\dfrac{3}{2}\lambda + \mu\right) a^{\alpha\beta} \overset{*}{\nabla}_\beta \overset{*}{\operatorname{div}}\, \boldsymbol{u}_1 \\ \quad +\mu((\delta + (4H^2 - 5K)\delta^3/3)\delta_\beta^\alpha + \delta^3/316Hb_\beta^\alpha) u_1^\beta \\ \quad +\delta^4/4(\rho_0 u_2^3 u_1^\alpha + \overset{*}{\nabla}_\beta (\rho_0 u_1^\alpha u_1^\beta)) \\ \quad +(-(b^{\alpha\alpha} + Ha^{\alpha\beta})\delta^3/3 \overset{*}{\nabla}_\beta p_0 + 2\delta^3/3a^{\alpha\beta} \overset{*}{\nabla}_\beta Hp_0 \\ \quad +a^{\alpha\beta} \overset{*}{\nabla}_\beta ((\delta^2/2(1+\lambda_0) + \delta^3/3(2+3\lambda_0)H)p_0) \\ \quad +\delta^3/3\lambda_* a^{\alpha\beta} \overset{*}{\nabla}_\beta p_1 = a^{\alpha\beta} F_\beta^1, \end{cases} \tag{3.4.80}$$

$$\begin{cases} -\delta^3/3(\overset{*}{\Delta} p_0 + a^{\alpha\beta} \overset{*}{\nabla}_\alpha p_0 \overset{*}{\nabla}_\beta \rho_0) + M_1(\boldsymbol{u}_1) \\ \quad = a^{\alpha\beta}(\overset{*}{\nabla}_\alpha F_\beta^2 - F_\beta^2 \overset{*}{\nabla}_\alpha \rho_0), \quad \text{在}D\text{内}, \\ p_0|_{\partial D} = \text{满足周期性边界条件}. \end{cases} \tag{3.4.81}$$

另外一组方程是 (3.4.78) 和 $(\boldsymbol{u}_2, p_1, p_2, T_1, T_2)$ 的方程:

$$\begin{cases} 4\mu\delta^3/3u_2^\alpha + 2\mu[(\delta^2/2 - 2H\delta^3/3)\delta_\beta^\alpha - 2b_\beta^\alpha\delta^3/3]u_1^\beta \\ \quad +\delta^3/3a^{\alpha\beta} \overset{*}{\nabla}_\beta p_0 = a^{\alpha\beta} F_\beta^2, \\ 4(\lambda + 2\mu)\delta^3/3u_2^3 + 2\lambda\delta^3/3 \overset{*}{\operatorname{div}}\, \boldsymbol{u}_1 \\ \quad +(2\delta^2/2 + 6H\delta^3/3)p_0 - 2p_1\delta^3/3 = F_3^2, \\ -\delta^3/3p_2 - \delta^2/2p_1 + (\delta - 4H\delta^2/2 - 3K\delta^3/3)p_0 \\ \quad -2\mu\delta^3/3 \overset{*}{\nabla}_\beta (b_\alpha^\beta u_1^\alpha) = F_3^1, \end{cases} \tag{3.4.82}$$

$$\begin{cases} 2\kappa(\delta^2/2 - H\delta^3/3)T_1 = \delta^3/3\kappa \overset{*}{\Delta} T_0 \\ \qquad -2\kappa \overset{*}{\nabla}_\beta ((Hb^{\alpha\beta} - Ka^{\alpha\beta})\partial_\alpha T_0))\delta^3/3 + \mu a_{\alpha\beta} u_1^\alpha u_1^\beta \delta^3/3 + \delta^2 f_t, \\ 2\kappa(\delta^2/2 - H\delta^3/3)T_2 \\ \quad -\kappa[(\delta + 2H\delta^2/2)T_1 + \delta^3/3 \overset{*}{\Delta} T_1 + \delta^3/3(4H^2 - 2K)T_1] \\ \quad +\kappa[\delta^2/2 \overset{*}{\Delta} T_0 - 2\delta^3/3 \overset{*}{\nabla}_\beta ((b^{\alpha\beta} - Ha^{\alpha\beta}) \overset{*}{\nabla}_\alpha T_0)] \\ \quad = -\delta^2/2W_0 - \delta^3/3W_1 + \delta f_t \\ \quad +\mu(\delta^2/2a_{\alpha\beta} - 2(b_{\alpha\beta} + Ha_{\alpha\beta}))u_1^\alpha u_1^\beta + \delta^3/32\mu a_{\alpha\beta} u_1^\alpha u_2^\beta. \end{cases} \tag{3.4.83}$$

注 下面证明 (3.4.81) 中 M_1 的计算形式 (3.4.75). 在 (3.4.82) 第一式两边作

用算子 $\overset{*}{\nabla}_\alpha$ 得到的等式与 (3.4.77) 第三式和第二联立, 得

$$\begin{cases} 4\mu\delta^3/3 \overset{*}{\mathrm{div}}\, \boldsymbol{u}_2 + 2\mu \overset{*}{\nabla}_\alpha (((\delta^2/2 - 2H\delta^3/3)\delta^\alpha_\beta - 2\delta^3/3b^\alpha_\beta)u_1^\beta) + \delta^3/3 \overset{*}{\Delta} p_0 \\ \qquad = a^{\alpha\beta} \overset{*}{\nabla}_\alpha F^2_\beta, \\ \overset{*}{\mathrm{div}}\, \boldsymbol{u}_2 + \rho_0^{-1} u_2^\alpha \overset{*}{\nabla}_\alpha \rho_0 + \rho_0^{-1} \overset{*}{\mathrm{div}}\, (\rho_1 \boldsymbol{u}_1) + \left(-\dfrac{3}{2}\rho_1\rho_0^{-1} + H\rho_0^{-1}\right) \overset{*}{\mathrm{div}}\, (\rho_0 \boldsymbol{u}_1) \\ \qquad -2u_1^\alpha \overset{*}{\nabla}_\alpha H = 0, \end{cases}$$

上述两式相减, 然后消去 $\overset{*}{\mathrm{div}}\boldsymbol{u}_2$, 经过整理, 就可以得到 (3.4.81) 和 (3.4.75).

我们要确定未知量 $\boldsymbol{u}_1, \boldsymbol{u}_2, p_0, p_1, p_2, T_1, T_2$, 共 11 个未知量, 有连续性方程 (3.4.79) 3 个、动量方程 (3.4.80)2 个、(3.4.82)3 个、(3.4.81)1 个和 (3.4.83)2 个, 再加上状态方程, 共 11+3 个构成一个完备的系统. 得到解以后, 由 (3.4.78) 可以计算熵 s, 从而由 4.3 小节中的 w 计算公式得到 w.

方程组可以通过迭代得到. 如果 U^k, P^k, T^K 已知, 那么 $U^{k+1}, P^{k+1}, T^{K+1}$ 可以这样得到:

(1) $u_1^\alpha, u_1^3 = 0$ 从解 (3.4.80) 和 (3.4.79) 第一式得到;

(2) p_0 由 (3.4.81) 求解;

(3) u_2^β 和 p_1, p_2 由 (3.4.82) 求得;

(4) u_2^3 由 (3.4.79) 第二式得;

(5) T_1, T_2 由 (3.4.83) 得;

(6) 密度和熵 ρ, s 由状态方程和热力学方程 (3.4.78) 得到.

边界曲面的内蕴性质 $H, K, a^{\alpha\beta}, b^{\alpha\beta}$, 深刻地决定边界层方程解的性质.

3.5 最优控制的梯度算法

以下两节研究形状控制问题. 飞行器外形严重地影响气动性能, 它的优化的目标泛函, 包含曲面上的积分, 不但积分区域依赖于曲面形状, 而且被积表达式是流动速度、压力以及它们关于法线的方向导数的函数, 它受到边界形状变化的影响. 控制问题的理论分析和数值方法的最基本问题之一, 就是要研究目标泛函关于形状的第一变分. 以下两节就是研究这个第一变分的表达形式和计算方法.

假设优化的目标泛函 J 是连续可微的. 令 V 是一个 Banach 空间, $v \to J(v) \in \Re$, 那么导算子 $J'_v(v)$ 是一个 $V \to \Re$ 的线性算子:

$$J(v + \delta v) = J(v) + J'_v(v)\delta v + o(\|\delta v\|).$$

3.5.1 梯度算法

作为梯度法基础的是 Taylor 展式

$$J(v+tw)=J(v)+\lambda\langle \text{grad}_v J, w\rangle + o(\lambda\|w\|), \quad v,w\in V, \forall\lambda\in\Re, \tag{3.5.1}$$

这里 V 是一个带有内积 $<\cdot>$ 的 Hilbert 空间, $\text{grad}_v J$ 是 V 的元素, 由 Ritz 表现定理

$$\langle \text{grad}_v J, w\rangle = J'_v w, \quad w\in V.$$

在 (3.5.1) 中, 取 $w=-\rho\,\text{grad}_v J(v), 0<\rho\ll 1$, 有

$$J(v+w)-J(v)=-\rho\|\text{grad}_v J(v)\|^2+o(\rho\|\text{grad}_v J(v)\|).$$

显然, 如果 ρ 充分小使得上式右边第一项能够控制右边, 使得

$$\rho\|\text{grad}_v J(v)\|^2 > o(\rho\|\text{grad}_v J(v)\|) \Rightarrow J(v+w)<J(v).$$

从而序列

$$v^{n+1}=v^n-\rho\,\text{grad}_v J(v), \quad n=0,1,2,\cdots \tag{3.5.2}$$

是单调下降的.

定理 3.5.1 假设 J 是连续可微, 下有界且 $v\to\infty\Rightarrow J(v)\to\infty$, 那么由 (3.5.2) 所定义的序列 v^n 的凝聚点 v^* 满足

$$\text{grad}_v J(v^*)=0.$$

这就是所谓优化问题的一阶的最优性条件. 如果 J 是凸的, 那么 v^* 是极值点; 如果 J 是严格凸的, 那么极值点是唯一的.

取 ρ 为下降方向, $w^n=-\text{grad}_v J(v^n)$ 的最佳步长

$$\rho^n=\arg\min_\rho\{J(v^n+\rho w^n)\},$$

即

$$J(v^n+\rho^n w^n)=\min_\rho\{J(v^n+\rho w^n)\},$$

如此得到一个最优步长的最速下降方法.

一般最优步长很难得到, 除非 J 是多项式函数. 为此可以采用 Armijo 法则, 取 $v^0, 0<\alpha<\beta<1; \forall n, w=-\text{grad}_v J(v^n)$,

求 ρ 使得
$-\rho\alpha\|w\|^2<J(v^n+\rho w)-J(v^n)<-\rho\alpha\|w\|^2$,
令 $v^{n+1}=v^n+\rho w$,
返回第一步.

3.5.2 共轭梯度方法

如果目标泛函 J 是弱下半连续, 那么可以用下列共轭梯度方法.

$v^0 \in V$ 给定, 求梯度

$$\langle g^0, v\rangle = \langle J_v'(v^0), v\rangle, \quad \forall v \in V.$$

令 $w^0 = g^0$. 设 (v^n, g^n, w^n) 已知, 用下列程序计算 $(v^{n+1}, g^{n+1}, w^{n+1})$:

(1) 最速下降方向

$$\begin{cases} \rho_n = \arg\ \min\limits_{\rho}\{J(v^n - \rho w^n)\}, \\ v^{n+1} = v^n - \rho_n w^n. \end{cases}$$

(2) 新的下降方向

$$\begin{cases} \text{求}\quad g^{n+1}\quad \text{使得} \\ \langle g^{n+1}, v\rangle = \langle J_v'(v^{n+1}), v\rangle \quad \forall V. \end{cases}$$

如果 $\|g^{n+1}\|/\|g^0\| \leqslant \varepsilon$, 取 $v^* = v^{n+1}$; 否则, 计算

$$\gamma_n = \|g^{n+1}\|^2/\|g^n\|^2 \quad \text{(Fletcher-Reeves)}$$

或

$$\gamma_n = \langle g^{n+1} - g^n, g^{n+1}\rangle/\|g^n\|^2 \quad \text{(Polak-Ribiere)},$$

$$w^{n+1} = g^n + \gamma_n w^n.$$

返回到 (1). 存在很多类型的共轭梯度方法, 它们的不同点在于共轭方法步长的选择.

3.5.3 Newton 方法

Newton 方法在于新方向的选择

$$\begin{aligned} &\langle J_{vv}'' w^n, v\rangle = -\langle \mathrm{grad}_v J(v^n), v\rangle, \quad \forall v \in V, \\ &\rho^n = \arg\min_{\rho}\{J(v^n + \rho w^n)\}, \\ &v^{n+1} = v^n + \rho^n w^n. \end{aligned} \tag{3.5.3}$$

由于目标泛函的二阶导算子计算的困难, 可以用拟 Newton 法, 即新方向 w 是下列方程的解:

$$\frac{1}{\varepsilon}[\mathrm{grad}_v(v^n + \varepsilon w) - \mathrm{grad}_v J(v^n)] = -\mathrm{grad}_v J(v^n). \tag{3.5.4}$$

显然, 无论是何种类型的梯度算法, 或是 Newton 方法, 都需要计算目标泛函的梯度, 也就是目标泛函的第一变分. 下面讨论第一变分问题.

3.6 阻力泛函关于边界形状的第一变分

假设飞机外形记为 $\Im$, 它是一个二维流形, 由 N 个光滑曲面拼接而成 $\Im = \bigcup_\alpha \Im_\alpha$, $\Im_\alpha$ 上任一点 p, 径向量记 $\boldsymbol{R}_p$. 曲面变形设想作一个位移 η. 变形后的 $\Im_\alpha$ 记为 $\Im(\eta)_\alpha$, p 点移到 $\boldsymbol{R}_p + \vec{\eta}$, 这就是曲面的任意变形. 我们考虑另一个在工业上重要例子是减少机翼阻力的形状优化问题. 流体在机翼 $\Im$ 上的流动产生反向应力, 它是一个向量, 在飞行相反方向的分量就是阻力, 剩余部分就是升力. 只要减少很少阻力, 在商用飞机上可以节约很大的费用. 以后假设无限远来流的速度 $\boldsymbol{v}_\infty$. 记流动中固壁边界的法向全应力

$$\varSigma_n = \left\{ \int_\Im \left[-pg^{ij} + 2\mu \boldsymbol{e}^{ij}(\boldsymbol{u}) - \frac{1}{3}\mu g^{ij}\mathrm{div}\boldsymbol{u} \right] n_i \mathrm{d}v,\ j = 1,2,3 \right\}, \tag{3.6.1}$$

其中 g^{ij} 为在附体坐标系 (y^1, y^2, y^3) 下的度量张量逆变分量, $\boldsymbol{n}$ 是机翼 $\Im$ 表面外法向单位法向量. 包含压力积分部分称为波阻力升力 {drag/lift}:I_w, 其余部分称为黏性阻力升力 {drag/lift} :I_ν,

$$\varSigma_n = \boldsymbol{l}_w + \boldsymbol{l}_\nu.$$

另外, (u, T, p, ρ, E, μ) 分别是流体的流动速度、绝对温度、压强、密度、内能密度和黏性系数. 阻力泛函

$$J(\Im) := \int_\Im \sigma^{ij}(u,p) n_i v_{\infty j}\sqrt{a}\mathrm{d}x,$$

其中,

$$\begin{aligned}
\sigma^{ij} &= -pg^{ij} + 2\mu \boldsymbol{e}^{ij}(\boldsymbol{u}) - \frac{1}{3}\mu g^{ij}\mathrm{div}\boldsymbol{u},\ i,j = 1,2,3,\\
e^{ij}(\boldsymbol{u}) &= \frac{1}{2}(\nabla^i u^j + \nabla^j u^i) = \frac{1}{2}(g^{ik}\nabla_k u^j + g^{jk}\nabla_k u^i),\\
\nabla_k u^j &= \frac{\partial u^j}{\partial x^k} + \Gamma^j_{km} u^m
\end{aligned} \tag{3.6.2}$$

分别是应力张量的逆变分量、变形张量的逆变分量和向量的一阶协变分量, 其中 g^{ij} 为三维曲线坐标系 (y^1, y^2, y^3) 下的度量张量逆变分量, $\boldsymbol{n}$ 是机翼 $\Im$ 表面外法向单位法向量.

$$\vec{\sigma_n} = \{\sigma^j_n, j = 1,2,3\} = \{\sigma^{ij}(\boldsymbol{u},p)n_i, j = 1,2,3\}$$

为法向应力向量, 它与无限远来流的速度 $\boldsymbol{v}_\infty$ 点积 $\vec{\sigma_n} \cdot \boldsymbol{v}_\infty$ 就是当地阻力, 在固壁边界上积分

$$J(\Im) = -\int_\Im \vec{\sigma_n} \cdot \boldsymbol{v}_\infty \sqrt{a}\mathrm{d}x = -\int_\Im \sigma^{ij}(\boldsymbol{u},p) n_i v_{\infty j}\sqrt{a}\mathrm{d}x$$

就是飞行阻力. 这里 $x=\{x^1,x^2\}$ 是曲面的局部参数坐标, 即 Gauss 坐标. a 是曲面度量张量行列式. 飞行器表面可以看作一个无边界的闭流形. 显然, 阻力泛函 $J(\Im)$, 当曲面 $\Im$ 发生变化时, 通过两个因素而依赖于曲面 $\Im$:

(1) 积分区域的变化;

(2) 边界几何形状变化是它的状态方程, 即 Navier-Stokes 方程解的变化, 从而 $J(\Im)$ 的被积表达式也发生变化, 也就是法向应力发生变化.

下面研究这种变化的数学分析.

3.6.1 曲面上相关几何量的变化

当曲面变化时, 曲面的第一、第二和第三基本型系数 $a_{\alpha\beta}, b_{\alpha\beta}, c_{\alpha\beta}$、平均曲率 H、Gauss K、度量张量行列式 a、单位外法向量 $\boldsymbol{n}$ 等均发生变化.

$\Im_\alpha$ 变形意味着它上面每一点作一个位移 $\vec{\eta}$, 变形后的曲面记为 $\Im(\eta)$, 它的第一、第二基本型, 度量张量行列式和法向量, 变形后分别为 $a_{\alpha\beta}(\eta), b_{\alpha\beta}(\eta), c_{\alpha\beta}, a(\eta)$, $\boldsymbol{n}(\eta)$, 由定理 1.6.4 的推论, 有

$$\begin{cases} a_{\alpha\beta}(\eta)-a_{\alpha\beta}=\delta a_{\alpha\beta}+o(\|\delta a_{\alpha\beta}\|), \quad \delta a_{\alpha\beta}=2\gamma_{\alpha\beta}(\eta), \\ b_{\alpha\beta}(\eta)-b_{\alpha\beta}=\delta b_{\alpha\beta}+o(\|\delta b_{\alpha\beta}\|), \quad \delta b_{\alpha\beta}=\rho_{\alpha\beta}(\eta), \\ a(\eta)-a=\delta a+o(|\delta a|), \quad \delta a=\gamma_0(\eta)a=a^{\alpha\beta}\gamma_{\alpha\beta}(\eta)a, \\ \sqrt{\dfrac{a}{a(\eta)}}=1-\dfrac{1}{2}\gamma_0(\eta), \quad \sqrt{a(\eta)}=(1+\dfrac{1}{2}\gamma_0(\eta))\sqrt{a}, \\ \boldsymbol{n}(\eta)-\boldsymbol{n}=\delta\boldsymbol{n}+o(|\boldsymbol{n}|), \quad \delta\boldsymbol{n}=\dfrac{1}{2}\gamma_0(\eta)\boldsymbol{n}, \\ \boldsymbol{n}(\eta)=\left(1+\dfrac{1}{2}\gamma_0(\eta)\right)\boldsymbol{n}+o(|\boldsymbol{n}|), \end{cases} \tag{3.6.3}$$

其中 δ 为第一变分记号,

$$\rho_{\alpha\beta}=\frac{1}{2}[\overset{*}{\nabla}_\alpha\overset{*}{\nabla}_\beta+\overset{*}{\nabla}_\beta\overset{*}{\nabla}_\alpha]\eta^3+b_{\alpha\sigma}\overset{*}{\nabla}_\beta\,\eta^\sigma+b_{\beta\sigma}\overset{*}{\nabla}_\alpha\,\eta^\sigma-c_{\alpha\beta}\eta^3+\overset{*}{\nabla}_\sigma\,b_{\alpha\beta}\eta^\sigma.$$

以后, 三维欧氏空间曲线坐标系均采用半测地坐标系, g_{ij}, g^{ij} 为其度量张量的协变分量和逆变分量. 另外记

$$\widehat{b}^{\alpha\beta}b_{\beta\lambda}=\delta^\alpha_\lambda, \quad \widehat{c}^{\alpha\beta}c_{\beta\lambda}=\delta^\alpha_\lambda, \quad \theta=1-2H\xi+K\xi^2, \quad \theta(\eta)=1-2H(\eta)\xi+K(\eta)\xi^2.$$

那么有下列第一变分公式:

引理 3.6.1 在曲面 $\Im_\alpha(\eta)$ 上, 成立下列第一变分公式:

$$a^{\alpha\beta}(\eta)-a^{\alpha\beta}=2a^{\alpha\beta}\gamma_0(\eta)+o(\|\eta\|),$$
$$b(\eta)-b=b\rho_b(\eta)+o(\|\eta\|),$$

$$\begin{aligned}
&K(\eta)-K=K(\rho_b(\eta)-\gamma_0(\eta))+o(\|\eta\|),\\
&H(\eta)-H=(4H\gamma_0(\eta)+\rho_0(\eta))+o(\|\eta\|),\\
&c_{\alpha\beta}(\eta)-c_{\alpha\beta}=2c_{\alpha\beta}\gamma_0(\eta)+c_\alpha^\lambda\rho_{\beta\lambda}(\eta)+c_\beta^\lambda\rho_{\alpha\lambda}+o(\|\eta\|),\\
&\widehat{b}^{\alpha\beta}(\eta)-\widehat{b}^{\alpha\beta}=\frac{1}{b}\rho_{\alpha\beta}(\eta)+o(\|\eta\|),\text{如果}b\neq 0,\\
&\widehat{c}^{\alpha\beta}(\eta)-\widehat{c}^{\alpha\beta}=2\widehat{c}^{\alpha\beta}\gamma_0(\eta)+o(\|\eta\|),\text{如果}b\neq 0,\\
&\Theta(\eta)-\Theta=\xi(-2(\rho_0(\eta)+4H\gamma_0(\eta))+K(\rho_b(\eta)-\gamma_0(\eta))\xi)+o(\|\eta\|),\\
&g^{\alpha\beta}(\eta)=g^{\alpha\beta}+\widetilde{G}^{\alpha\beta}(\eta)+o(\|\eta\|),
\end{aligned}\tag{3.6.4}$$

其中

$$\begin{aligned}
\rho_b(\eta)=&b^{\alpha\gamma}\rho_{\alpha\beta}(\eta),\quad \rho_0(\eta)=a^{\alpha\beta}\rho_{\alpha\beta}(\eta),\\
\widetilde{\Theta}(\eta)=&-2\xi(\rho_0(\eta)+4H\gamma_0(\eta))+\xi^2K(\rho_b(\eta)-\gamma_0(\eta)),\\
\widetilde{G}^{\alpha\beta}=&[2\xi\Theta^{-1}(2\rho_0(\eta)+8H\gamma_0(\eta)+K(\gamma_0(\eta)-\rho_b(\eta))\xi)]G^{\alpha\beta}\\
&+\Theta^{-2}(2a^{\alpha\beta}\gamma_0(\eta)-2\xi(a^{-1}\rho_{\alpha\beta}(\eta)+K\widehat{b}^{\alpha\beta}(\rho_0(\eta)-\gamma_0(\eta))\\
&+2\xi^2K^2\widehat{c}^{\alpha\beta}(\rho_b(\eta)-2\gamma_0(\eta)))).
\end{aligned}\tag{3.6.5}$$

证明 应用 (3.6.3) 和张量运算, 立即可得 $\varepsilon^{\alpha\beta}(\eta)=\dfrac{\varepsilon^{\alpha\beta}}{\sqrt{1+\gamma_0(\eta)}}$, 故有

$$\begin{aligned}
a^{\alpha\beta}(\eta)=&\varepsilon^{\alpha\lambda}(\eta)\varepsilon^{\beta\sigma}(\eta)a_{\lambda\sigma}(\eta)=\varepsilon^{\alpha\lambda}\varepsilon^{\beta\sigma}a_{\lambda\sigma}\left(1+\frac{2\gamma_0(\eta)}{(1+\gamma_0(\eta))}\right)\\
=&a^{\alpha\beta}+a^{\alpha\beta}\cdot 2\gamma_0(\eta)+o(\|\eta\|),\\
b(\eta)=&b_{22}(\eta)b_{11}(\eta)-(b_{12}(\eta))^2=b+b_{22}\rho_{11}(\eta)+b_{11}\rho_{22}(\eta)+2b_{12}\rho_{12}(\eta)\\
=&b+bb^{\alpha\beta}\rho_{\alpha\beta}(\eta),\\
c_{\alpha\beta}(\eta)-c_{\alpha\beta}=&a^{\lambda\sigma}(\eta)(b_{\alpha\lambda}+\rho_{\alpha\lambda}(\eta))(b_{\beta\sigma}+\rho_{\beta\sigma}(\eta))-c_{\alpha\beta}\\
=&2c_{\alpha\beta}\gamma_0(\eta)+c_\alpha^\lambda\rho_{\beta\lambda}(\eta)+c_\beta^\lambda\rho_{\alpha\lambda}(\eta)+o(\|\eta\|),\\
K(\eta)-K=&\frac{b(\eta)}{a(\eta)}-\frac{b}{a}=\frac{b}{a}(b^{\alpha\beta}\rho_{\alpha\beta}(\eta)-\gamma_0(\eta))=K(b^{\alpha\beta}\rho_{\alpha\beta}(\eta)-\gamma_0(\eta))+o(\|\eta\|),\\
H(\eta)-H=&a^{\alpha\beta}(\eta)b_{\alpha\beta}(\eta)-a^{\alpha\beta}b_{\alpha\beta}\\
=&a^{\alpha\beta}\rho_{\alpha\beta}(\eta)+2a^{\alpha\beta}b_{\alpha\beta}\gamma_0(\eta)+2a^{\alpha\beta}\rho_{\alpha\beta}(\eta)\gamma_0(\eta)+o(\|\eta\|)\\
=&\rho_0(\eta)+4H\gamma_0(\eta)+o(\|\eta\|).
\end{aligned}$$

用同样的方法, 可以推出其他公式.

3.6.2 法向应力的第一变分

我们的研究仅限于边界面上.

定义 曲面 $\Im$ 忍受一个微小变换之后, 变为 $\Im(\eta)$, 那么曲面上的法向应力 $\sigma^{ij}(\boldsymbol{u},p)n_i$ 关于形状的第一变分 $\delta(\sigma^{ij}(\boldsymbol{u},p)n_i)$ 是下面差式之线性部分

$$[\sigma^{ij}(\boldsymbol{u},p)n_i]|_{\Im(\eta)}-[\sigma^{ij}(\boldsymbol{u},p)n_i]|_{\Im}=\delta(\sigma^{ij}(\boldsymbol{u},p)n_i)(\eta)+o(|\eta|^2). \tag{3.6.6}$$

引理 3.6.2 在以 $\Im$ 为基础的半测地坐标系下, 如果在曲面 $\Im$ 的邻域内, 可压缩 Navier-Stokes 方程组 (3.3.4)~(3.3.7), 如果它的解可以展成 Taylor 级数 (3.4.1). 那么对 $\forall\vec{\eta}$, 对只要充分光滑, 曲面 $\Im$ 和它的变形曲面 $\Im(\eta)$ 上的法向应力分别为

$$(\sigma^{i3}(\boldsymbol{u},p)n_i)|_{\Im}=-p_0,\quad (\sigma^{i\alpha}(\boldsymbol{u},p)n_i)|_{\Im}=\mu u_1^\alpha, \tag{3.6.7}$$

$$\begin{aligned}
(\sigma^{i3}(\boldsymbol{u},p)n_i)|_{\Im(\eta)}=&(1+\frac{1}{2}\gamma_0(\eta))\Bigg[-p_0+\left(-\left(p_1+\frac{1}{3}\mu\overset{*}{\operatorname{div}}\,\boldsymbol{u}_1\right)+\frac{10}{3}\mu u_2^3\right)t\\
&+\left(-p_2-\frac{1}{3}\mu(\overset{*}{\operatorname{div}}\,\boldsymbol{u}_2-2Hu_2^3-2u_1^\beta\overset{*}{\nabla}_\beta H)\right)t^2\Bigg],\\
(\sigma^{i\alpha}(\boldsymbol{u},p)n_i)|_{\Im(\eta)}=&\left(1+\frac{1}{2}\gamma_0(\eta)\right)[\mu u_1^\alpha+\mu 2u_2^\alpha t+\mu a^{\alpha\beta}\overset{*}{\nabla}_\beta u_2^3t^2],
\end{aligned} \tag{3.6.8}$$

其中 $t=\vec{\eta}\cdot\boldsymbol{n}=\eta^3$. 那么法向应力关于任意方向的第一变分是

$$\begin{cases}
\delta(\sigma^{i3}(\boldsymbol{u},p)n_i)=-\dfrac{1}{2}p_0\gamma_0(\eta)+\left(-\left(\boldsymbol{p_1}+\dfrac{1}{3}\mu\overset{*}{\operatorname{div}}\,\boldsymbol{u}_1\right)+\dfrac{10}{3}\mu\boldsymbol{u_2^3}\right)\boldsymbol{n}\cdot\eta,\\
\delta(\sigma^{i\alpha}(\boldsymbol{u},p)n_i)=\dfrac{1}{2}\mu u_1^\alpha\gamma_0(\eta)+2\mu\boldsymbol{u}_2^\alpha\boldsymbol{n}\cdot\eta.
\end{cases} \tag{3.6.9}$$

证明 在半测坐标系下, 曲面 $\Im$ 的法向量 $\boldsymbol{n}=(0,0,1)$, 那么法向应力

$$\begin{aligned}
&\sigma^{ij}(\boldsymbol{u},p)n_i|_{\Im}=\sigma^{3j}(\boldsymbol{u},p)=\{\sigma^{33}(\boldsymbol{u},p),\sigma^{3\alpha}(\boldsymbol{u},p)\}|_{\Im},\\
&\sigma^{33}(\boldsymbol{u},p)|_{\Im}=\left[g^{33}\left(-p-\frac{1}{3}\mu\operatorname{div}u\right)+2\mu e^{33}(\boldsymbol{u})\right]\Bigg|_{\xi=0},\\
&\sigma^{3\alpha}(\boldsymbol{u},p)|_{\Im}=[g^{33}g^{\alpha\beta}e_{3\beta}(\boldsymbol{u})]|_{\Im}=[g^{\alpha\beta}e_{3\beta}(\boldsymbol{u})]|_{\Im}.
\end{aligned}$$

但是, 由于 $u|_{\xi=0}=0, u_1^3=\dfrac{\partial u^3}{\partial\xi}|_{\xi=0}=0$ (见 (3.4.73)) 和

$$\begin{aligned}
&\operatorname{div}\boldsymbol{u}=\overset{*}{\operatorname{div}}\,\boldsymbol{u}+\frac{\partial u^3}{\partial\xi}+\theta^{-1}[-2Hu^3+2(Ku^3-u^\alpha\overset{*}{\nabla}_\alpha H)\xi+u^\alpha\overset{*}{\nabla}_\alpha K\xi^2],\\
&\theta^{-1}=1-2H\xi+K\xi^2,
\end{aligned} \tag{3.6.10}$$

所以有

$$\operatorname{div}\boldsymbol{u}|_{\xi=0}=\overset{*}{\operatorname{div}}\,\boldsymbol{u}_0-2Hu_0^3+u_1^3,\quad e^{33}(\boldsymbol{u})=\frac{\partial u^3}{\partial\xi}=u_1^3,$$

于是得

$$\sigma^{33}(\boldsymbol{u},p)|_{\Im}=-p_0-\frac{1}{3}\mu(\overset{*}{\text{div}}\ \boldsymbol{u}_0-2Hu_0^3)+\frac{4}{3}\mu u_1^3,$$

下面考察

$$\sigma^{3\alpha}(\boldsymbol{u},p)|_{\Im}=2\mu e^{3\alpha}(\boldsymbol{u})=2\mu g^{\alpha\beta}e_{3\beta}(\boldsymbol{u})|_{\xi=0}.$$

应用 (1.8.48) 和 (1.8.49),

$$\begin{aligned}
e_{3\alpha}(\boldsymbol{u})|_{\xi=0}=&[\gamma_{3\beta}(\boldsymbol{u})+\overset{1}{\gamma}_{3\beta}(\boldsymbol{u})\xi+\overset{1}{\gamma}_{3\beta}(\boldsymbol{u})\xi^2]|_{\xi=0}=\gamma_{3\beta}(\boldsymbol{u}_0)\\
=&\frac{1}{2}(a_{\beta\lambda}u_1^\lambda+\overset{*}{\nabla}_\beta\ u_0^3),\\
\sigma^{3\alpha}(\boldsymbol{u},p)|_{\Im}=&\mu(u_1^\alpha+a^{\alpha\beta}\overset{*}{\nabla}_\beta\ u_0^3),
\end{aligned}$$

将 $\boldsymbol{u}_0=0$ 代入后, 从而 (3.6.7) 得到证明.

下面证明 (3.6.8). 在以 $\Im$ 为基础的半测地坐标系下, $\Im(\eta)$ 的位置是在

$$\xi=\vec{\eta}\cdot\boldsymbol{n}=\eta^3:=t, \tag{3.6.11}$$

应用 (3.6.3), $\boldsymbol{n}(\eta)=\left(0,0,\left(1+\frac{1}{2}\gamma_0(\eta)\right)\right)$, 有

$$(\sigma^{ij}(\boldsymbol{u},p)n_i)|_{\Im(\eta)}=\left(1+\frac{1}{2}\gamma_0(\eta)\right)\sigma^{3j}(\boldsymbol{u},p)|_{\Im(\eta)}, \tag{3.6.12}$$

然而

$$\begin{aligned}
\sigma^{3j}(\boldsymbol{u},p)=&\{\sigma^{33}(\boldsymbol{u},p),\sigma^{3\alpha}(\boldsymbol{u},p)\},\\
\sigma^{33}(\boldsymbol{u},p)|_{\Im(\eta)}=&\left(g^{33}\left(-p-\frac{1}{3}\mu\text{div}\boldsymbol{u}\right)+2\mu e^{33}(\boldsymbol{u})\right)\Big|_{\Im(\eta)}\\
=&\left[-p-\frac{1}{3}\mu\text{div}\boldsymbol{u}+2\mu\frac{\partial u^3}{\partial\xi}\right]\Big|_{\Im(\eta)},\\
\sigma^{3\alpha}(\boldsymbol{u},p)|_{\Im(\eta)}=&2\mu e^{3\alpha}(\boldsymbol{u})|_{\Im(\eta)}=2\mu(g^{\alpha\beta}e_{3\beta}(u))|_{\Im(\eta)}\\
=&2\mu g^{\alpha\beta}(t)\frac{1}{2}(g_{\beta\lambda}(t)\nabla_3u^\lambda+g_{33}\nabla_\beta u^3)\quad(\text{应用 (1.8.37)}\\
=&\mu\left(\delta_\lambda^\alpha\left(\frac{\partial u^\lambda}{\partial\xi}+\theta^{-1}I_\sigma^\lambda u^\sigma\right)+g^{\alpha\beta}(\overset{*}{\nabla}_\beta\ u^3+J_{\beta\sigma}u^\sigma)\right),
\end{aligned}$$

应用 (1.8.44), 有

$$g^{\alpha\beta}J_{\beta\lambda}=-\theta^{-1}I_\lambda^\alpha,\qquad g^{\alpha\beta}g_{\beta\lambda}=\delta_\lambda^\alpha,$$

那么

$$\left\{\begin{aligned}
&\sigma^{3\alpha}(\boldsymbol{u},p)|_{\Im(\eta)}=\mu\left(\frac{\partial u^\alpha}{\partial\xi}+g^{\alpha\beta}\overset{*}{\nabla}_\beta\ u^3\right)\Big|_{\Im(\eta)},\\
&\sigma^{33}(\boldsymbol{u},p)|_{\Im(\eta)}=\left[-p-\frac{1}{3}\mu\text{div}\boldsymbol{u}+2\mu\frac{\partial u^3}{\partial\xi}\right]\Big|_{\Im(\eta)},
\end{aligned}\right. \tag{3.6.13}$$

由 (1.8.23), (1.8.28), (1.8.40) 和引理条件, $(p,\boldsymbol{u})$ 可展成 (3.4.1), 保留到 t^2 项, 并应用 $\boldsymbol{u}_0=0, u_1^3=0$, 则

$$
\begin{aligned}
&\mathrm{div}\boldsymbol{u}=\overset{0}{\mathrm{div}}\ \boldsymbol{u}+\overset{1}{\mathrm{div}}\ \boldsymbol{u}t+\overset{2}{\mathrm{div}}\ \boldsymbol{u}t^2,\quad \overset{0}{\mathrm{div}}\ \boldsymbol{u}=\overset{*}{\mathrm{div}}\ \boldsymbol{u}-2Hu^3+\frac{\partial u^3}{\partial\xi},\\
&\overset{1}{\mathrm{div}}\ \boldsymbol{u}=-(4H^2-2K)u^3-2u^\beta\overset{*}{\nabla}_\beta H,\\
&\overset{2}{\mathrm{div}}\ \boldsymbol{u}=-(8H^2-6HK)u^3-u^\beta\overset{*}{\nabla}_\beta(2H^2-K),\\
&\mathrm{div}\boldsymbol{u}=\overset{*}{\mathrm{div}}\ \boldsymbol{u}_0-2Hu_0^3+u_1^3\\
&\qquad+(\overset{*}{\mathrm{div}}\ \boldsymbol{u}_1-2Hu_1^3+2u_2^3-(4H^2-2K)u_0^3-2u_0^\beta\overset{*}{\nabla}_\beta H)t\\
&\qquad+(\overset{*}{\mathrm{div}}\ \boldsymbol{u}_2-2Hu_2^3-(4H^2-2K)u_1^3-2u_1^\beta\overset{*}{\nabla}_\beta H\\
&\qquad-(8H^3-6HK)u_0^3-u_0^\beta\overset{*}{\nabla}_\beta(2H^2-K))t^2,
\end{aligned}\tag{3.6.14}
$$

那么法向应力

$$
\begin{aligned}
\sigma^{33}(\boldsymbol{u},p)|_{\Im(\eta)}=&\left[-p_0-\frac{1}{3}\mu(\overset{*}{\mathrm{div}}\ \boldsymbol{u}_0-2Hu_0^3)+\frac{5}{3}\mu u_1^3\right]\\
&+\left[\left(-p_1-\frac{1}{3}\mu(\overset{*}{\mathrm{div}}\ \boldsymbol{u}_1-2Hu_1^3-(4H^2-2K)u_0^3-2u_0^\beta\overset{*}{\nabla}_\beta H)\right)\right.\\
&\left.+\frac{10}{3}\mu u_2^3\right]t+\left(-p_2-\frac{1}{3}\mu(\overset{*}{\mathrm{div}}\ \boldsymbol{u}_2-2Hu_2^3-(4H^2-2K)u_1^3\right.\\
&\left.-2u_1^\beta\overset{*}{\nabla}_\beta H-(8H^3-6HK)u_0^3-u_0^\beta\overset{*}{\nabla}_\beta(2H^2-K))\right)t^2.
\end{aligned}
$$

另一方面

$$
\begin{aligned}
g^{\alpha\beta}(t)=&a^{\alpha\beta}+2tb^{\alpha\beta}+3t^2c^{\alpha\beta}+o(t^3),\\
g^{\alpha\beta}\overset{*}{\nabla}_\beta u^3=&a^{\alpha\beta}\overset{*}{\nabla}_\beta u_0^3+(a^{\alpha\beta}\overset{*}{\nabla}_\beta u_1^3+2b^{\alpha\beta}\overset{*}{\nabla}_\beta u_0^3)t\\
&+(a^{\alpha\beta}\overset{*}{\nabla}_\beta u_2^3+2b^{\alpha\beta}\overset{*}{\nabla}_\beta u_1^3+3c^{\alpha\beta}\overset{*}{\nabla}_\beta u_0^3)t^2+\cdots,
\end{aligned}
$$

那么

$$
\begin{aligned}
\sigma^{3\alpha}(\boldsymbol{u},p)|_{\Im(\eta)}=&\mu(u_1^\alpha+a^{\alpha\beta}\overset{*}{\nabla}_\beta u_0^3)\\
&+\mu(2u_2^\alpha+a^{\alpha\beta}\overset{*}{\nabla}_\beta u_1^3+2b^{\alpha\beta}\overset{*}{\nabla}_\beta u_0^3)t\\
&+\mu(a^{\alpha\beta}\overset{*}{\nabla}_\beta u_2^3+2b^{\alpha\beta}\overset{*}{\nabla}_\beta u_1^3+3c^{\alpha\beta}\overset{*}{\nabla}_\beta u_0^3)t^2,
\end{aligned}
$$

从而推出 (3.6.8), 并且可直接推出 (3.6.9). 证毕.

引理 3.6.3 设运动边界曲面 $\Im$ 忍受一个微小变换之后, 曲面上的法向应力 $\sigma^{ij}(\boldsymbol{u},p)n_i$ 关于形状的第一变分

$$\left\{\begin{aligned}\delta(\sigma^{i3}(u,p)n_i)\eta=&\bigg(-\boldsymbol{p_1}-\frac{1}{3}\mu(\overset{*}{\mathrm{div}}\,\boldsymbol{u}_1-\boldsymbol{2Hu_1^3}\\&-(4H^2-2K)u_0^3-2u_0^\beta\overset{*}{\nabla}_\beta H)+\frac{10}{3}\mu u_2^3\bigg)\boldsymbol{n}\cdot\eta\\&+\frac{1}{2}\gamma_0(\eta)\Big[-\boldsymbol{p_0}-\frac{1}{3}\mu(\overset{*}{\mathrm{div}}\,\boldsymbol{u}_0-\boldsymbol{2Hu_0^3})+\frac{5}{3}\mu\boldsymbol{u_1^3}\Big],\\\delta(\sigma^{i\alpha}(u,p)n_i)\eta=&2\mu\bigg(\boldsymbol{u_2^\alpha}+\frac{1}{2}\boldsymbol{a}^{\alpha\beta}\overset{*}{\nabla}_\beta\,\boldsymbol{u_1^3}+\boldsymbol{b}^{\alpha\beta}\overset{*}{\nabla}_\beta\,\boldsymbol{u_0^3}\bigg)\boldsymbol{n}\cdot\eta\\&+\frac{1}{2}\gamma_0(\eta)[\mu(\boldsymbol{u_1^\alpha}+\boldsymbol{a}^{\alpha\beta}\overset{*}{\nabla}_\beta\,\boldsymbol{u_0^3})].\end{aligned}\right.\tag{3.6.15}$$

证明 首先考察应力张量 $\sigma^{ij}(\boldsymbol{u},p)$ 沿任意方向 η 的第一变分 $\delta(\sigma^{ij}(\boldsymbol{u},p))$. 为此, 考察

$$\begin{aligned}\sigma^{33}(\boldsymbol{u},p)|_{\Im(\eta)}-\sigma^{33}(\boldsymbol{u},p)|_{\Im}=&\left(-p(\eta)-\frac{1}{2}\mu\mathrm{div}\boldsymbol{u}(\eta)\right)+2\mu e_{33}(\boldsymbol{u}(\eta))\\&-\left(-p_0-\frac{1}{3}\mu\mathrm{div}u_0\right)-2\mu e_{33}(u_0),\\\sigma^{3\alpha}(\boldsymbol{u},p)|_{\Im(\eta)}-\sigma^{3\alpha}(\boldsymbol{u},p)|_{\Im}=&2\mu g^{\alpha\beta}(t)e_{3\beta}(\boldsymbol{u}(\eta))-2\mu g^{\alpha\beta}e_{3\beta}(u_0),\end{aligned}$$

其中 $t=\boldsymbol{n}\cdot\eta=\eta^{\boldsymbol{3}}$, $e_{33}(u(\eta))=\dfrac{\partial u^3(\eta)}{\partial\xi}$, 应用 (1.8.38), (1.8.40) 和 Taylor 速度的展式, 计算表明

$$\begin{aligned}\mathrm{div}u_0=&\overset{*}{\mathrm{div}}\,\boldsymbol{u}_0-2Hu_0^3+u_1^3,\\\mathrm{div}\boldsymbol{u}|_{\Im(\eta)}=&\overset{*}{\mathrm{div}}\,\boldsymbol{u}_0-2Hu_0^3+u_1^3\\&+(\overset{*}{\mathrm{div}}\,\boldsymbol{u}_1-2Hu_1^3+2u_2^3-(4H^2-2K)u_0^3-2u_0^\beta\overset{*}{\nabla}_\beta H)t\\&+(\overset{*}{\mathrm{div}}\,\boldsymbol{u}_2-2Hu_2^3-(4H^2-2K)u_1^3-2u_1^\beta\overset{*}{\nabla}_\beta H\\&-(8H^3-6HK)u_0^3-u_0^\beta\overset{*}{\nabla}_\beta(2H^2-K))t^2,\end{aligned}$$

$$\begin{aligned}\left(-p(\eta)-\frac{1}{3}\mu\mathrm{div}\boldsymbol{u}(\eta)\right)+2\mu e_{33}(\boldsymbol{u}(\eta))=&(-p_0-\frac{1}{3}\mu(\overset{*}{\mathrm{div}}\,\boldsymbol{u}_0-2Hu_0^3+u_1^3+2\mu u_1^3)\\&+\bigg(-p_1-\frac{1}{3}\mu(\overset{*}{\mathrm{div}}\,\boldsymbol{u}_1-2Hu_1^3+2u_2^3\\&-(4H^2-2K)u_0^3-2u_0^\beta\overset{*}{\nabla}_\beta H)+4\mu u_2^3\bigg)t+o(t^2).\end{aligned}$$

代入前式

$$
\begin{aligned}
&\sigma^{33}(\boldsymbol{u},p)|_{\Im(\eta)}-\sigma^{33}(\boldsymbol{u},p)|_{\Im}=\delta(\sigma^{33}(\boldsymbol{u},p))\eta+o(|\eta|^2),\\
&\delta(\sigma^{33}(\boldsymbol{u},p))\eta=\bigg(-p_1-\frac{1}{3}\mu(\overset{*}{\operatorname{div}}\ \boldsymbol{u}_1-2Hu_1^3+2u_2^3-(4H^2-2K)u_0^3\\
&\qquad -2u_0^\beta\overset{*}{\nabla}_\beta H)+4\mu u_2^3\bigg)\boldsymbol{n}\cdot\eta,
\end{aligned}
$$

由 (3.6.9), 有

$$
\sigma^{3\alpha}(\boldsymbol{u},p)|_{\Im(\eta)}-\sigma^{3\alpha}(\boldsymbol{u},p)|_{\Im}=2\mu g^{\alpha\beta}(t)e_{3\beta}(\boldsymbol{u}(\eta))-2\mu a^{\alpha\beta}e_{3\beta}(u),
$$

应用 (1.8.48), (1.8.49), 有

$$
\begin{aligned}
&2\mu g^{\alpha\beta}e_{3\beta}(u)|_{t=0}=2\mu a^{\alpha\beta}\gamma_{3\beta}(u_0),\\
&e_{3\beta}(\boldsymbol{u}(\eta))=\gamma_{3\beta}(u(\eta))+\overset{1}{\gamma}_{3\beta}(u(\eta))t+\overset{2}{\gamma}_{3\beta}(u(\eta))t^2\\
&\qquad=\gamma_{3\beta}(u_0)+(\gamma_{3\beta}(u_1)+\overset{1}{\gamma}_{3\beta}(u_0))t+(\gamma_{3\beta}(u_2)+\overset{1}{\gamma}_{3\beta}(u_1)+\overset{2}{\gamma}_{3\beta}(u_0))t^2+\cdots,\\
&g^{\alpha\beta}(t)=a^{\alpha\beta}+2b^{\alpha\beta}t+3c^{\alpha\beta}t^2cs,\\
&2\mu g^{\alpha\beta}(t)e_{3\beta}(u(\eta))=2\mu a^{\alpha\beta}\gamma_{3\beta}(u_0)+2\mu(a^{\alpha\beta}(\gamma_{3\beta}(u_1)+\overset{1}{\gamma}_{3\beta}(u_0))\\
&\qquad+2b^{\alpha\beta}\gamma_{3\beta}(u_0))t+o(t^2).
\end{aligned}
$$

所以

$$
\begin{aligned}
&\sigma^{3\alpha}(\boldsymbol{u},p)|_{\Im(\eta)}-\sigma^{3\alpha}(\boldsymbol{u},p)|_{\Im}=\delta(\sigma^{3\alpha}(\boldsymbol{u},p))\eta+o(|\eta|^2),\\
&\delta(\sigma^{3\alpha}(\boldsymbol{u},p))=2\mu(a^{\alpha\beta}(\gamma_{3\beta}(u_1)+\overset{1}{\gamma}_{3\beta}(u_0))+2b^{\alpha\beta}\gamma_{3\beta}(u_0))\boldsymbol{n}\cdot\eta\\
&\qquad=2\mu\bigg[a^{\alpha\beta}\frac{1}{2}(2a_{\beta\lambda}u_2^\lambda+\overset{*}{\nabla}_\beta u_1^3)+a^{\alpha\beta}(-b_{\beta\lambda}u_1^\lambda)+2b^{\alpha\beta}\left(\frac{1}{2}\right)(a_{\beta\lambda}u_1^\lambda\\
&\qquad+\overset{*}{\nabla}_\beta u_0^3)\bigg]\boldsymbol{n}\cdot\eta\\
&\qquad=2\mu\left(u_2^\alpha+\frac{1}{2}a^{\alpha\beta}\overset{*}{\nabla}_\beta u_1^3+b^{\alpha\beta}\overset{*}{\nabla}_\beta u_0^3\right)\boldsymbol{n}\cdot\eta,
\end{aligned}
$$

从而得到

$$
\left\{
\begin{aligned}
&\delta(\sigma^{33}(\boldsymbol{u},p))\eta=\bigg(-p_1-\frac{1}{3}\mu(\overset{*}{\operatorname{div}}\ \boldsymbol{u}_1-2Hu_1^3+2u_2^3\\
&\qquad-(4H^2-2K)u_0^3-2u_0^\beta\overset{*}{\nabla}_\beta H)+4\mu u_2^3\bigg)\boldsymbol{n}\cdot\eta,\\
&\delta(\sigma^{3\alpha}(\boldsymbol{u},p))=2\mu\left(u_2^\alpha+\frac{1}{2}a^{\alpha\beta}\overset{*}{\nabla}_\beta u_1^3+b^{\alpha\beta}\overset{*}{\nabla}_\beta u_0^3\right)\boldsymbol{n}\cdot\eta.
\end{aligned}
\right.
\tag{3.6.16}
$$

对于法向应力, 应用 (3.6.3)

$$
\sigma^{ij}(u,p)n_i|_{\Im(\eta)}-\sigma^{ij}(u,p)n_i|_{\Im}=\left[(1+\frac{1}{2}\gamma_0(\eta)\sigma^{ij}(u,p)|_{\Im(\eta)}-\sigma^{ij}(u,p)|_{\Im}\right]n_i
$$

$$
\begin{aligned}
&=[\sigma^{3j}(u,p)|_{\Im(\eta)}-\sigma^{3j}(u,p)|_{\Im}]+\frac{1}{2}\gamma_0(\eta)\sigma^{3j}(u,p)|_{\Im(\eta)}\\
&=\delta(\sigma^{3j}(u,p))+\frac{1}{2}\gamma_0(\eta)\sigma^{3j}(u,p)|_{\Im}+(|\eta|^2),
\end{aligned}
$$

$$
\left\{\begin{aligned}
&\sigma^{33}(\boldsymbol{u},p)|_{\Im}=-p_0-\frac{1}{3}\mu(\overset{*}{\mathrm{div}}\ \boldsymbol{u}_0-2Hu_0^3)+\frac{5}{3}\mu u_1^3,\\
&\sigma^{3\alpha}(\boldsymbol{u},p)|_{\Im}=\mu(u_1^3+a^{\alpha\beta}\overset{*}{\nabla}_\beta\ u_0^3),
\end{aligned}\right. \tag{3.6.17}
$$

综合上述两式, 得

$$
\begin{aligned}
\delta(\sigma^{i3}(u,p)n_i)\eta=&\Big(-p_1-\frac{1}{3}\mu(\overset{*}{\mathrm{div}}\ \boldsymbol{u}_1-2Hu_1^3+2u_2^3\\
&-(4H^2-2K)u_0^3-2u_0^\beta\overset{*}{\nabla}_\beta\ H)+4\mu u_2^3\Big)\boldsymbol{n}\cdot\eta\\
&+\frac{1}{2}\gamma_0(\eta)\Big[-p_0-\frac{1}{3}\mu(\overset{*}{\mathrm{div}}\ \boldsymbol{u}_0-2Hu_0^3)+\frac{5}{3}\mu u_1^3\Big],\\
\delta(\sigma^{i\alpha}(u,p)n_i)\eta=&2\mu\Big(u_2^\alpha+\frac{1}{2}a^{\alpha\beta}\overset{*}{\nabla}_\beta\ u_1^3+b^{\alpha\beta}\overset{*}{\nabla}_\beta\ u_0^3\Big)\boldsymbol{n}\cdot\eta\\
&+\frac{1}{2}\gamma_0(\eta)[\mu(u_1^3+a^{\alpha\beta}\overset{*}{\nabla}_\beta\ u_0^3)].
\end{aligned}
$$

这就推出 (3.6.15). 证毕.

定义 3.6.1 一个区域函数, 如阻力泛函 $J(\Im)$, 由流动区域边界 $\Im$ 决定的 Navier-Stokes 方程的解 $\boldsymbol{u}(\Im),p(\Im)$ 等, 对求解空间 $\boldsymbol{V}$ 中任意方向 η, 极限

$$
\delta J(\Im)\eta=\lim_{t\to0}\frac{1}{t}(J(\Im(t\eta))-J(\Im))
$$

称为 J 沿方向 η 的第一变分, 也就是变换前后泛函之差的线性部分

$$
\delta J(\Im)\eta=\mathcal{L}(J(\Im(\eta))-J(\Im))(\eta)+o(|\eta|^2).
$$

如果 (1) 对所有的方向 η, 第一变分存在, (2) 映射 $\eta\to\delta J(\Im)\eta:V\to R$ 是连续的, 那么称 J 是形状可微的. 如果存在一广义函数 $\mathrm{grad}J(\Im)\in V^*$(对偶空间), 使得

$$
\delta J(\Im)\eta=<\mathrm{grad}J(\Im),\eta>,\quad\forall\eta\in V. \tag{3.6.18}
$$

称 $\mathrm{grad}J(\Im)$ 为 $\Im$ 的形状梯度.

为简单, 下面流体速度 $\boldsymbol{u}$ 和压力 p 等关于形状沿 η 的 Gâteaux 导数记为

$$
\widehat{\boldsymbol{u}}\eta=\frac{\mathcal{D}\boldsymbol{u}}{\mathcal{D}\eta},\quad\widehat{p}\eta=\frac{\mathcal{D}p}{\mathcal{D}\eta}, \tag{3.6.19}
$$

以及, 如果关于 t 是可导的, 则

$$
<\delta J(\Im),\eta>=\frac{\mathrm{d}}{\mathrm{d}t}(J(\Im(t\eta))).
$$

定理 3.6.1　假设 Navier-Stokes 方程的解在边界层邻域内, 允许展成关于惯载变量 ξ 的 Taylor 级数

$$
\begin{aligned}
&\boldsymbol{u}(x,\xi)=\boldsymbol{u}_0(x)+\boldsymbol{u}_1(x)\xi+\boldsymbol{u}_2(x)\xi^2+\cdots,\\
&p_0(x,\xi)=p_0(x)+p_1(x)\xi+p_2(x)+\cdots,\\
&\boldsymbol{u}(\eta;x,\xi)=\boldsymbol{u}_0(\eta;x)+\boldsymbol{u}_1(\eta;x)\xi+\boldsymbol{u}_2(\eta;x)\xi^2+\cdots,\\
&p_0(\eta;x,\xi)=p_0(\eta;x)+p_1(\eta;x)\xi+p_2(\eta;x)+\cdots,
\end{aligned}
$$

曲面 $\Im=\bigcup\limits_{\alpha}\Im_\alpha$ 分片光滑. 那么阻力泛函

$$
\begin{aligned}
J(\Im)&=-\sum_\alpha\int_{\Im_\alpha}\sigma\cdot\boldsymbol{n}\cdot\boldsymbol{v}_\infty\mathrm{d}S\\
&=-\sum_\alpha\int_{D_\alpha}[-pg^{ij}+A_*^{ijkm}e_{km}(\boldsymbol{u})]n_iv_{\infty j}\sqrt{a}\mathrm{d}x,\\
A_*^{ijkm}&=2\mu g^{ik}g^{jm}-\frac{1}{3}\mu g^{ij}g^{km},
\end{aligned}\tag{3.6.20}
$$

关于曲面 $\Im$ 的第一变分

$$
\begin{aligned}
\delta J(\Im)\eta=&-\sum_\alpha\int_D\left\{\left[-p_0\gamma_0(\eta)+\left[-\left(p_1+\frac{1}{3}\mu\overset{*}{\operatorname{div}}\,\boldsymbol{u}_1\right)+\frac{10}{3}\mu u_2^3\right](\boldsymbol{n}\cdot\eta)\right]\boldsymbol{v}_{\infty3}\right.\\
&\left.+[\boldsymbol{\mu u_1^\alpha\gamma_0}(\eta)+\boldsymbol{2\mu u_2^\alpha}(\boldsymbol{n}\cdot\eta)]\boldsymbol{v}_\infty\right\}\sqrt{\boldsymbol{a}}\mathrm{d}\boldsymbol{x},
\end{aligned}\tag{3.6.21}
$$

它的梯度

$$
\begin{aligned}
<\operatorname{grad}J(\Im),\eta>=&-((\overset{*}{\nabla}_\beta\,p_0v_{\infty3}-2\mu\,\overset{*}{\nabla}_\beta\,u_1^\alpha v_\infty),\eta^\beta)\\
&-\left(\left(2Hp_0-\left(p_1+\frac{1}{3}\mu\overset{*}{\operatorname{div}}\,\boldsymbol{u}_1\right)+\frac{10}{3}\mu u_2^3\right)v_{\infty3}+(2H\mu u_1^\alpha+2\mu u_2^\alpha)v_\infty,\eta^3\right),
\end{aligned}
$$

其中 u_1,u_2,p_0,p_1 由定理 3.4.1 所确定.

证明　在边界面 $\Im$ 和变形后的边界面 $\Im(\eta)$ 上的阻力泛函

$$
\begin{aligned}
J(\Im)&=-\sum_\lambda\int_{\Im_\lambda}\sigma(\boldsymbol{u},\boldsymbol{p})\cdot\boldsymbol{n}\cdot\boldsymbol{v}_\infty\mathrm{d}\boldsymbol{S},\\
J(\Im(n))&=-\sum_\lambda\int_{\Im_\lambda(\eta)}\sigma(\boldsymbol{u},\boldsymbol{p})\cdot\boldsymbol{n}\cdot\boldsymbol{v}_\infty\mathrm{d}\boldsymbol{S}_\eta,
\end{aligned}
$$

参数化后, 两个之差

$$
J(\Im(\eta))-J(\Im)=-\left(\sum_\lambda\int_D\sigma^{ij}(\boldsymbol{u}(\eta),p(\eta))n_i(\eta)v_\infty\sqrt{a(\eta)}\mathrm{d}x\right.
$$

$$
\begin{aligned}
&-\sum_{\lambda}\int_D \sigma^{ij}(\boldsymbol{u},p)n_i v_\infty \sqrt{a}\mathrm{d}x\Big)\\
&=-\sum_{\lambda}\int_D (\sigma^{ij}(\boldsymbol{u}(\eta),p(\eta))n_i(\eta)\sqrt{a(\eta)}-\sigma^{ij}(\boldsymbol{u},p)n_i\sqrt{a})v_\infty \mathrm{d}x,
\end{aligned}
$$

应用 (3.6.3) 有

$$
\sqrt{a(\eta)}=\left(1+\frac{1}{2}\gamma_0(\eta)\right)\sqrt{a},\quad \boldsymbol{n}(\eta)=\left(1+\frac{1}{2}\gamma_0(\eta)\right),
$$

而

$$
\gamma_0(\eta)=a^{\alpha\beta}\gamma_{\alpha\beta}(\eta)=\overset{*}{\mathrm{div}}\,\eta-2H\eta^3
$$

是 η 的线性函数. 于是

$$
\begin{aligned}
J(\Im(\eta))-J(\Im)=&-\sum_{\lambda}\int_D[\sigma^{ij}(\boldsymbol{u}(\eta),p(\eta))n_i(\eta)(1+\frac{1}{2}\gamma_0(\eta))\\
&-\sigma^{ij}(\boldsymbol{u},p)n_i]\sqrt{a}v_\infty\mathrm{d}x\\
=&-\sum_{\lambda}\int_D[(\sigma^{ij}(\boldsymbol{u}(\eta),p(\eta))n_i(\eta)-\sigma^{ij}(\boldsymbol{u},p)n_i)\\
&+\frac{1}{2}\gamma_0(\eta)\sigma^{ij}(\boldsymbol{u}(\eta),p(\eta))n_i(\eta)]\sqrt{a}v_\infty\mathrm{d}x\\
=&-\sum_{\lambda}\int_D\left[\delta(\sigma^{ij}(\boldsymbol{u},p)n_i)+\frac{1}{2}\gamma_0(\eta)\sigma^{ij}(\boldsymbol{u},p)n_i\right]\sqrt{a}v_\infty\mathrm{d}x+o(|\eta|^2)\\
=&-\left[\sum_{\lambda}\int_D[\delta(\sigma^{ij}(\boldsymbol{u},p)n_i)\sqrt{a}v_\infty\mathrm{d}x\right.\\
&\left.+\sum_{\lambda}\int_D\frac{1}{2}\gamma_0(\eta)\sigma^{3j}(\boldsymbol{u},p)\sqrt{a}v_\infty\mathrm{d}x\right]+o(|\eta|^2),
\end{aligned}
$$

从而得到阻力泛函关于任意方向 η 的第一变分

$$
\begin{aligned}
\delta J(\Im)=&-\int_{\Im}[\delta(\sigma^{ij}(\boldsymbol{u},p)n_i)v_\infty\mathrm{d}S-\int_{\Im}\frac{1}{2}\sigma^{3j}(\boldsymbol{u},p)\gamma_0(\eta)v_\infty\mathrm{d}S\\
=&-\int_{\Im}\left\{[-p_0\gamma_0(\eta)+\left(-\left(p_1+\frac{1}{3}\mu\,\overset{*}{\mathrm{div}}\,\boldsymbol{u}_1\right)+\frac{10}{3}\mu u_2^3\right)(\boldsymbol{n}\cdot\eta)\boldsymbol{v}_{\infty 3}\right.\\
&\left.+a_{\alpha\beta}\left[\frac{1}{2}\mu u_1^\alpha\gamma_0(\eta)+2\mu u_2^\alpha(\boldsymbol{n}\cdot\eta)\right]\boldsymbol{v}_\infty\right\}\mathrm{d}S.
\end{aligned}\tag{3.6.22}
$$

对上式应用 Gauss 公式和 $\gamma_0(\eta)=\overset{*}{\nabla}_\beta\,\eta^\beta-2H\eta^3$, 得

$$
\delta J(\Im)=<\mathrm{grad}J(\Im),\eta>
$$

$$
\begin{aligned}
&= -\int_{\Im}\left\{\left[\left(-p_0 v_{\infty 3}+\frac{1}{2}\mu u_1^\alpha v_{\infty\alpha}\right)\gamma_0(\eta)\right.\right.\\
&\quad\left.+\left(\left(2Hp_0-\left(p_1+\frac{1}{3}\mu\overset{*}{\operatorname{div}}\,\boldsymbol{u}_1\right)+\frac{10}{3}\mu u_2^3\right)v_{\infty 3}+2\mu u_2^\alpha v_\infty\right)\eta^3\right]\sqrt{a}\mathrm{d}x\\
&= -(\overset{*}{\nabla}_\beta\, p_0 v_{\infty 3}-2\mu\,\overset{*}{\nabla}_\beta\, u_1^\alpha v_{\infty\alpha}),\eta^\beta)\\
&\quad-\left(\left(2Hp_0-\left(p_1+\frac{1}{3}\mu\overset{*}{\operatorname{div}}\,\boldsymbol{u}_1\right)+\frac{10}{3}\mu u_2^3\right)v_{\infty 3}+(2H\mu u_1^\alpha+2\mu u_2^\alpha)v_\infty,\eta^3\right).
\end{aligned}
\tag{3.6.23}
$$

注　$v_{\infty\alpha}=a_{\alpha\lambda}v_\alpha^\lambda$.

定理 3.6.2　假设 Navier-Stokes 方程的解在边界层邻域内, 允许展成关于惯载变量 ξ Taylor 级数

$$
\begin{aligned}
&\boldsymbol{u}(x,\xi)=\boldsymbol{u}_0(x)+\boldsymbol{u}_1(x)\xi+\boldsymbol{u}_2(x)\xi^2+\cdots,\\
&p_0(x,\xi)=p_0(x)+p_1(x)\xi+p_2(x)+\cdots,\\
&\boldsymbol{u}(\eta;x,\xi)=\boldsymbol{u}_0(\eta;x)+\boldsymbol{u}_1(\eta;x)\xi+\boldsymbol{u}_2(\eta;x)\xi^2+\cdots,\\
&p_0(\eta;x,\xi)=p_0(\eta;x)+p_1(\eta;x)\xi+p_2(\eta;x)+\cdots,
\end{aligned}
$$

曲面 $\Im=\bigcup\limits_\alpha \Im_\alpha$ 分片光滑, 且是运动的. 那么阻力泛函

$$
\begin{aligned}
J(\Im)&=-\sum_\alpha\int_{\Im_\alpha}\sigma\cdot\boldsymbol{n}\cdot\boldsymbol{v}_\infty\mathrm{d}S\\
&=-\sum_\alpha\int_{D_\alpha}[-pg^{ij}+A_*^{ijkm}e_{km}(\boldsymbol{u})]n_i v_{\infty j}\sqrt{a}\mathrm{d}x,\\
A_*^{ijkm}&=2\mu g^{ik}g^{jm}-\frac{1}{3}\mu g^{ij}g^{km}
\end{aligned}
$$

关于曲面 $\Im$ 的第一变分

$$
\delta J(\Im)\eta=-\sum_\alpha\int_D\{N^{33}(\boldsymbol{u},\boldsymbol{p},\eta)\boldsymbol{v}_{\infty 3}+\boldsymbol{N}^{3\alpha}(\boldsymbol{u},\boldsymbol{p},\eta)\boldsymbol{v}_{\infty\alpha}\}\sqrt{\boldsymbol{a}}\mathrm{d}\boldsymbol{x},\tag{3.6.24}
$$

$$
\begin{aligned}
N^{33}(\boldsymbol{u},\boldsymbol{p},\eta)=&\left(-\boldsymbol{p}_1-\frac{1}{3}\mu(\overset{*}{\operatorname{div}}\,\boldsymbol{u}_1-2\boldsymbol{H}\boldsymbol{u}_1^3\right.\\
&\left.-(4H^2-2K)u_0^3-2u_0^\beta\,\overset{*}{\nabla}_\beta\, H)+\frac{10}{3}\mu u_2^3\right)\boldsymbol{n}\cdot\eta\\
&+\frac{1}{2}\gamma_0(\eta)\left[-\boldsymbol{p}_0-\frac{1}{3}\mu(\overset{*}{\operatorname{div}}\,\boldsymbol{u}_0-2\boldsymbol{H}\boldsymbol{u}_0^3)+\frac{5}{3}\mu\boldsymbol{u}_1^3\right]\\
&+\frac{1}{2}\gamma_0(\eta)\left[-\boldsymbol{p}_0-\frac{1}{3}\mu(\overset{*}{\operatorname{div}}\,\boldsymbol{u}_0-2\boldsymbol{H}\boldsymbol{u}_0^3)+\frac{5}{2}\mu\boldsymbol{u}_2^3\right],
\end{aligned}
$$

$$
\left\{
\begin{aligned}
N^{3\alpha}(\boldsymbol{u},\boldsymbol{p},\eta) &= 2\boldsymbol{\mu}(u_2^\alpha + \frac{1}{2}\boldsymbol{a}^{\alpha\beta} \overset{*}{\nabla}_\beta \boldsymbol{u}_1^3 + \boldsymbol{b}^{\alpha\beta} \overset{*}{\nabla}_\beta \boldsymbol{u}_0^3)\boldsymbol{n}\cdot\eta \\
&\quad + \frac{1}{2}\gamma_0(\eta)[\mu(u_1^\alpha + a^{\alpha\beta} \overset{*}{\nabla}_\beta u_0^3)] \\
&\quad + \frac{1}{2}\gamma_0(\eta)(u_1^\alpha + a^{\alpha\beta} \overset{*}{\nabla}_\beta u_0^3),
\end{aligned}
\right.
\tag{3.6.25}
$$

其中 $p_0, p_1, \boldsymbol{u}_0, \boldsymbol{u}_1, \boldsymbol{u}_2$ 由定理 3.4.1 确定.

证明 应用证明定理 3.6.3 类似方法和 (3.6.14), (3.6.16), 就可以得到证明.

3.7 阻力泛函的共轭梯度算法

下面研究如果控制曲面形状, 以便减小阻力. 设曲面从 $\Im$ 到 $\Im(\eta)$, 其中 η 是变形向量. 那么我们的目标是搜索 η. 使得阻力泛函达到极小, 下面给出共轭梯度算法来求最优变形向量.

设 $\eta^0 \in V$ 给定, 求梯度

$$
(g^0, v) =< \mathrm{grad} J(\eta^0), v >, \quad \forall v \in V. \tag{3.7.1}
$$

令 $\zeta^0 = g^0$. 设 (η^n, g^n, ζ^n) 已知, 用下列程序计算 $(\eta^{n+1}, g^{n+1}, \zeta^{n+1})$:

(1) 最速下降方向

$$
\left\{
\begin{aligned}
&\rho_n = \arg\min_{\rho}\{J(\eta^n - \rho\zeta^n)\}, \\
&\eta^{n+1} = \eta^n - \rho_n \zeta^n.
\end{aligned}
\right.
\tag{3.7.2}
$$

(2) 新的下降方向

$$
\left\{
\begin{aligned}
&\text{求} \quad g^{n+1} \quad \text{使得} \\
&(g^{n+1}, v) =< \mathrm{grad} J(\eta^{n+1}), v >, \quad \forall V.
\end{aligned}
\right.
\tag{3.7.3}
$$

如果 $\|g^{n+1}\|/\|g^0\| \leqslant \varepsilon$, 取 $\eta^* = \eta^{n+1}$; 否则, 计算

$$
\gamma_n = \|g^{n+1}\|^2/\|g^n\|^2 \quad \text{(Fletcher-Reeves)}
$$

或

$$
\gamma_n =< g^{n+1} - g^n, g^{n+1} > /\|g^n\|^2 \quad \text{(Polak-Ribiere)},
$$

$$
\zeta^{n+1} = g^n + \gamma_n \zeta^n.
$$

返回到 (1). 存在很多类型的共轭梯度方法, 它们的不同点在于共轭方法步长的选择.

下面给出具体计算 $\mathrm{grad}J, J(\eta)$ 和下降步长. 由定理 3.6.1, 给出了在 $\eta=0$ 时的梯度, 下面要给出任何的变形向量 η 下梯度计算公式

引理 3.7.1　$\forall \zeta, \eta$ 阻力泛函的梯度计算公式如下:

$$
\begin{aligned}
<\mathrm{grad}J(\eta),\zeta>=&-\left[\left(\left(1+\frac{1}{2}\gamma_0(\eta)\right)(\pi_3-H\pi_0)\right.\right.\\
&-\frac{1}{3}\mu(u_1^\beta+2u_2^\beta\eta^3)\overset{*}{\nabla}_\beta\left(1+\frac{1}{2}\gamma_0(\eta)\right)^2,\zeta^3\Bigg)\\
&\left.-\frac{1}{2}\left(\overset{*}{\nabla}_\beta\left(1+\frac{1}{2}\gamma_0(\eta)\right)\pi_0,\zeta^\beta\right)\right]v_{\infty 3}\\
&+\left[\left((1+\gamma_0(\eta))(\pi_2^\alpha-H\pi_0^\alpha)\right.\right.\\
&-2\mu u_2^3\eta^3\overset{*}{\nabla}_\beta\left(\left(1+\frac{1}{2}\gamma_0(\eta)\right)^2g^{\alpha\beta}(\eta^3)\right),\zeta^3\Bigg)\\
&\left.-\frac{1}{2}\left(\overset{*}{\nabla}_\beta\left(\left(1+\frac{1}{2}\gamma_0(\eta)\right)\pi_0^\alpha\right),\zeta^\beta\right)\right]v_{\infty\alpha}.
\end{aligned}\tag{3.7.4}
$$

证明

$$
\begin{aligned}
<\mathrm{grad}J(\eta),\zeta>=&(J(\Im(\eta+t\zeta)))'|_{t=0}\\
=&-\int_D(\sigma^{ij}(u(\eta+t\zeta),p(\eta+t\zeta))n_i(\eta+t\zeta)\sqrt{a(\eta+t\zeta)})'|_{t=0}\mathrm{d}xv_{\infty j}\\
=&-\int_D[(\sigma^{ij}(u(\eta+t\zeta),p(\eta+t\zeta)))'|_{t=0}n_i(\eta)\sqrt{a(\eta)}\\
&+\sigma^{ij}(u(\eta),p(\eta))\left(n_i(\eta+t\zeta)\sqrt{a(\eta+t\zeta)}\right)'|_{t=0}]\mathrm{d}xv_{\infty j},
\end{aligned}
$$

$$
(n_i(\eta+t\zeta))'=\frac{1}{2}\gamma_0(\zeta)n_i,\qquad \left(\sqrt{a(\eta+t\zeta)}\right)'=\frac{1}{2}\gamma_0(\zeta)\sqrt{a}.\tag{3.7.5}
$$

实际上

$$
\begin{aligned}
(n_i(\eta+t\zeta))'=&\frac{1}{2}\gamma_0(\zeta)n_i=\lim_{t\to 0}\frac{n_i(\eta+t\zeta)-n_i(\eta)}{t}\\
=&\lim_{t\to 0}\frac{n_i(\eta+t\zeta)-n_i-(-n_i+n_i(\eta))}{t}\\
=&((3.6.1))\lim_{t\to 0}\frac{\frac{1}{2}\gamma_0(\eta+t\zeta)n_i-\frac{1}{2}\gamma_0(\eta)n_i}{t}=\frac{1}{2}\gamma_0(\zeta)n_i.
\end{aligned}
$$

(3.7.5) 的第二式可以同样证明. 所以

$$
(n_i(\eta+t\zeta)\sqrt{a(\eta+t\zeta)})'|_{t=0}=\frac{1}{2}\gamma_0(\zeta)\left(1+\frac{1}{2}\gamma_0(\eta)\right)n_1\sqrt{a},
$$

$$n_i(\eta)\sqrt{a(\eta)}=\left(1+\frac{1}{2}\gamma_0(\eta)\right)^2 n_i\sqrt{a}, \tag{3.7.6}$$

于是

$$\begin{aligned}<\mathrm{grad}J(\eta),\zeta>=&(J(\Im(\eta+t\zeta)))'|_{t=0}\\ =&-\int_D\left(1+\frac{1}{2}\gamma_0(\eta)\right)\left[\left(1+\frac{1}{2}\gamma_0(\eta)\right)(\sigma^{ij}(u(\eta+t\zeta),p(\eta+t\zeta)))'|_{t=0}\right.\\ &\left.+\frac{1}{2}\gamma_0(\zeta)\sigma^{ij}(u(\eta),p(\eta))\right]n_i\sqrt{a}\mathrm{d}xv_{\infty j}\\ =&-\int_D\left(1+\frac{1}{2}\gamma_0(\eta)\right)\left[\left(1+\frac{1}{2}\gamma_0(\eta)\right)(\sigma^{3j}(u(\eta+t\zeta),p(\eta+t\zeta)))'|_{t=0}\right.\\ &\left.+\frac{1}{2}\gamma_0(\zeta)\sigma^{3j}(u(\eta),p(\eta))\right]\sqrt{a}\mathrm{d}xv_{\infty j}.\end{aligned} \tag{3.7.7}$$

然而

$$\begin{aligned}(\sigma^{33}(\boldsymbol{u}(\eta+t\zeta),p(\eta+t\zeta))'_t|_{t=0}=&\lim_{t\to 0}\frac{1}{t}\left[-p(\eta+t\zeta)-\frac{1}{3}\mu\mathrm{div}\boldsymbol{u}(\eta+t\zeta)+2\mu u_1^3(\eta+t\zeta)\right.\\ &\left.-\left(-p(\eta)-\frac{1}{3}\mu\mathrm{div}u(\eta)+2\mu u_1^3(\eta)\right)\right],\end{aligned}$$

$$\begin{aligned}&(\eta+\boldsymbol{t}\zeta)\boldsymbol{n}=\eta^3+\boldsymbol{t}\zeta^3,\\ &p(\eta+t\zeta)-p(\eta)=p_0+p_1(\eta^3+t\zeta^3)+p_2(\eta^3+t\zeta^3)^2-(p_0+p_1\eta^3+p_2(\eta^3)^2)+\cdots\\ &\qquad\qquad=(p_1+2p_2\eta^3)\zeta^3t+o(t^2),\\ &\boldsymbol{u}(\eta+t\zeta)-\boldsymbol{u}(\eta)=(\boldsymbol{u}_1+2\boldsymbol{u}_2\eta^3)\zeta^3t+o(t^2),\\ &u_1^3(\eta+t\zeta)-u_1^3(\eta)=(u_1^3+u_2^3(\eta^3+t\zeta^3)-(u_1^3+u_2^3\eta^3)+\cdots=u_2^3\zeta^3t+o(t^2),\end{aligned}$$

也就是

$$\begin{aligned}&\delta(p(\eta))\zeta=(p(\eta+t\zeta))'_t|_{t=0}=(p_1+2p_2\eta^3)\zeta^3,\\ &\delta(\boldsymbol{u}(\eta))=(\boldsymbol{u}(\eta+t\zeta))'_t|_{t=0}=(\boldsymbol{u}_1+2\boldsymbol{u}_2\eta^3)\zeta^3,\\ &\delta(u_1^3(\eta))=(u_1^3(\eta+t\zeta))'_t|_{t=0}=u_2^3\zeta^3.\end{aligned} \tag{3.7.8}$$

代入前式得

$$\begin{aligned}&(\sigma^{33}(\boldsymbol{u}(\eta+t\zeta),p(\eta+t\zeta))'_t|_{t=0}\\ =&-(p_1+2p_2\eta^3)\zeta^3-\frac{1}{3}\mu\mathrm{div}((\boldsymbol{u}_1+2\boldsymbol{u}_2\eta^3)\zeta^3)+2\mu u_2^3\zeta^3,\\ &\mathrm{div}((\boldsymbol{u}_1+2\boldsymbol{u}_2\eta^3)\zeta^3)=\overset{*}{\mathrm{div}}((\boldsymbol{u}_1+2\boldsymbol{u}_2\eta^3)\zeta^3)-2H(u_1^3+2u_2^3\eta^3)\zeta^3+u_2^3\zeta^3,\end{aligned}$$

最后得到

$$
\begin{aligned}
(\sigma^{33}(\boldsymbol{u}(\eta+t\zeta),p(\eta+t\zeta)))'_t|_{t=0}=&-(p_1+2p_2\eta^3)\zeta^3\\
&-\frac{1}{3}\mu[\overset{*}{\mathrm{div}}\,((\boldsymbol{u}_1+2\boldsymbol{u}_2\eta^3)\zeta^3)\\
&-2H(u_1^3+2u_2^3\eta^3)\zeta^3]+\frac{5}{3}\mu u_2^3\zeta^3.
\end{aligned}\tag{3.7.9}
$$

下面计算

$$
\begin{aligned}
&(\sigma^{3\alpha}(\boldsymbol{u}(\eta+t\zeta),p(\eta+t\zeta)))'_t|_{t=0}\\
=&(\mu(u_1^\alpha(\eta+t\zeta)+g^{\alpha\beta}(\eta^3+t\zeta^3)\overset{*}{\nabla}_\beta\,u^3(\eta+t\zeta)))'_t|_{t=0}\\
=&\mu((u_1^\alpha(\eta+t\zeta))'_t|_{t=0}+[g^{\alpha\beta}(\eta^3+t\zeta^3)(\overset{*}{\nabla}_\beta\,u^3(\eta+t\zeta))'_t]|_{t=0}\\
&+[(g^{\alpha\beta}(\eta^3+t\zeta^3))'_t\overset{*}{\nabla}_\beta\,u^3(\eta+t\zeta)]|_{t=0}.
\end{aligned}
$$

应用 (3.7.8)

$$
\begin{aligned}
&(\sigma^{3\alpha}(\boldsymbol{u}(\eta+t\zeta),p(\eta+t\zeta)))'_t|_{t=0}\\
=&\mu(u_2^\alpha\zeta^3+g^{\alpha\beta}(\eta^3)(\overset{*}{\nabla}_\beta\,((u_1^3+2u_2^3\eta^3)\zeta^3)\\
&+[(g^{\alpha\beta}(\eta^3+t\zeta^3))'_t\overset{*}{\nabla}_\beta\,(u_0^3+u_1^3(\eta^3+t\zeta^3)+u_2^3(\eta^3+t\zeta^3)^2)]|_{t=0},
\end{aligned}
$$

应用 (1.8.23)

$$
\begin{aligned}
&g^{\alpha\beta}(\xi)=a^{\alpha\beta}+2b^{\alpha\beta}\xi+3c^{\alpha\beta}\xi^2,\\
&g^{\alpha\beta}(\eta^3)=a^{\alpha\beta}+2b^{\alpha\beta}(\eta^3)+3c^{\alpha\beta}(\eta^3)^2,\\
&(g^{\alpha\beta}(\eta^3+t\zeta^3))'_t|_{t=0}=(2b^{\alpha\beta}+6c^{\alpha\beta}\eta^3)\zeta^3.
\end{aligned}\tag{3.7.10}
$$

因此有

$$
\begin{aligned}
&(\sigma^{3\alpha}(\boldsymbol{u}(\eta+t\zeta),p(\eta+t\zeta)))'_t|_{t=0}\\
=&\mu(u_2^\alpha\zeta^3+(a^{\alpha\beta}+2b^{\alpha\beta}(\eta^3)+3c^{\alpha\beta}(\eta^3)^2)\overset{*}{\nabla}_\beta\,((u_1^3+2u_2^3\eta^3)\zeta^3)\\
&+((2b^{\alpha\beta}+6c^{\alpha\beta}\eta^3)\zeta^3)\overset{*}{\nabla}_\beta\,(u_0^3+u_1^3(\eta^3)+u_2^3(\eta^3)^2).
\end{aligned}\tag{3.7.11}
$$

我们还需计算 $\sigma^{3j}(\boldsymbol{u}(\eta),p(\eta))$,

$$
\begin{aligned}
&\sigma^{33}(\boldsymbol{u}(\eta),p(\eta))=-p(\eta)-\frac{1}{3}\mu\mathrm{div}\boldsymbol{u}(\eta)+2\mu u_1^3(\eta),\\
&\sigma^{3\alpha}(\boldsymbol{u}(\eta),p(\eta))=\mu(u_1^\alpha(\eta)+g^{\alpha\beta}(\eta\boldsymbol{n})\overset{*}{\nabla}_\beta\,\boldsymbol{u}^3(\eta),
\end{aligned}
$$

$\Im(\eta)$ 与 $\Im$ 之间的距离为 $t=\boldsymbol{n}\eta=\eta^3$, 那么

$$
p(\eta)=p_0+p_1\eta^3+p_2(\eta^3)^2+\cdots,
$$

$$\begin{aligned}
u_1^3(\eta) =& u_1^3 + u_2^3\eta^3,\\
u^3(\eta) =& u_0^3 + u_1^3\eta^3 + u_2^3(\eta^3)^2,\\
u_1^\alpha(\eta) =& u_1^\alpha + u_2^\alpha\eta^3,\\
\mathrm{div}\boldsymbol{u}(\eta) =& \overset{*}{\mathrm{div}}\ \boldsymbol{u}_0 - 2Hu_0^3 + u_1^3\\
&+ (\overset{*}{\mathrm{div}}\ \boldsymbol{u}_1 - 2Hu_1^3 + 2u_2^3 - (4H^2-2K)u_0^3 - 2u_0^\beta \overset{*}{\nabla}_\beta H)t\\
&+ (\overset{*}{\mathrm{div}}\ \boldsymbol{u}_2 - 2Hu_2^3 - (4H^2-2K)u_1^3 - 2u_1^\beta \overset{*}{\nabla}_\beta H\\
&- (8H^3 - 6HK)u_0^3 - u_0^\beta \overset{*}{\nabla}_\beta (2H^2-K))t^2,\\
\sigma^{33}(\boldsymbol{u}(\eta),p(\eta)) =& \left(-p_0 - \frac{1}{3}\mu(\overset{*}{\mathrm{div}}\ \boldsymbol{u}_0 - 2Hu_0^3 + u_1^3) + 2\mu u_1^3\right)\\
&+ \left(-p_1 - \frac{1}{3}\mu(\overset{*}{\mathrm{div}}\ \boldsymbol{u}_1 - 2Hu_1^3 + 2u_2^3\right.\\
&\left. - (4H^2-2K)u_0^3 - 2u_0^\beta \overset{*}{\nabla}_\beta H) + 4\mu u_2^3\right)t\\
&+ \left(-p_2 - \frac{1}{3}\mu((\overset{*}{\mathrm{div}}\ \boldsymbol{u}_2 - 2Hu_2^3 - (4H^2-2K)u_1^3 - 2u_1^\beta \overset{*}{\nabla}_\beta H\right.\\
&\left. - (8H^3-6HK)u_0^3 - u_0^\beta \overset{*}{\nabla}_\beta (2H^2-K))\right)t^2,
\end{aligned} \tag{3.7.12}$$

$$\begin{aligned}
g^{\alpha\beta}(t) \overset{*}{\nabla}_\beta u^3(\eta) =& a^{\alpha\beta} \overset{*}{\nabla}_\beta u_0^3 + (a^{\alpha\beta} \overset{*}{\nabla}_\beta u_1^3 + 2b^{\alpha\beta} \overset{*}{\nabla}_\beta u_0^3)t\\
&+ (a^{\alpha\beta} \overset{*}{\nabla}_\beta u_2^3 + 2b^{\alpha\beta} \overset{*}{\nabla}_\beta u_1^3 + 3c^{\alpha\beta} \overset{*}{\nabla}_\beta u_0^3)t^2,\\
\sigma^{3\alpha}(u(\eta),p(\eta)) =& \mu[u_1^\alpha + a^{\alpha\beta} \overset{*}{\nabla}_\beta u_0^3] + [u_2^\alpha + (a^{\alpha\beta} \overset{*}{\nabla}_\beta u_1^3 + 2b^{\alpha\beta} \overset{*}{\nabla}_\beta u_0^3)]t\\
&+ [(a^{\alpha\beta} \overset{*}{\nabla}_\beta u_2^3 + 2b^{\alpha\beta} \overset{*}{\nabla}_\beta u_1^3 + 3c^{\alpha\beta} \overset{*}{\nabla}_\beta u_0^3)]t^2 + o(t^3).
\end{aligned} \tag{3.7.13}$$

最后得到在 $\Im(\eta)$ 的梯度

$$\begin{aligned}
<\mathrm{grad}J(\eta),\zeta> =& (J(\Im(\eta+t\zeta)))'|_{t=0}\\
=& -\int_D \left(1+\frac{1}{2}\gamma_0(\eta)\right)\left[\left(1+\frac{1}{2}\gamma_0(\eta)\right)(\sigma^{3j}(u(\eta+t\zeta),p(\eta+t\zeta)))'|_{t=0}\right.\\
&\left. + \frac{1}{2}\gamma_0(\zeta)\sigma^{3j}(u(\eta),p(\eta))\right]\sqrt{a}\mathrm{d}x v_{\infty j}\\
=& -\int_D \left(1+\frac{1}{2}\gamma_0(\eta)\right) W^{33}\sqrt{a}\mathrm{d}x v_{\infty 3}\\
&+ \int_D \left(1+\frac{1}{2}\gamma_0(\eta)\right) W^{3\alpha}\sqrt{a}\mathrm{d}x v_{\infty\alpha}\\
=& G^{33}v_{\infty 3} + G^{3\alpha}v_{\infty\alpha},
\end{aligned} \tag{3.7.14}$$

$$
\begin{aligned}
W^{33} =&\left(1+\frac{1}{2}\gamma_0(\eta)\right)(\sigma^{33}(u(\eta+t\zeta),p(\eta+t\zeta)))'|_{t=0}+\frac{1}{2}\gamma_0(\zeta)\sigma^{33}(u(\eta),p(\eta))\\
=&(1+\gamma_0(\eta))\bigg[-(p_1+2p_2\eta^3)\zeta^3\\
&-\frac{1}{3}\mu[\overset{*}{\mathrm{div}}\,((\boldsymbol{u}_1+2\boldsymbol{u}_2\eta^3)\zeta^3)-2H(u_1^3+2u_2^3\eta^3)\zeta^3]+\frac{5}{3}\mu u_2^3\zeta^3\bigg]\\
&+\frac{1}{2}\gamma_0(\zeta)\bigg[(-p_0-\frac{1}{3}\mu(\overset{*}{\mathrm{div}}\,\boldsymbol{u}_0-2Hu_0^3+u_1^3)+2\mu u_1^3)\\
&+\bigg(-p_1-\frac{1}{3}\mu(\overset{*}{\mathrm{div}}\,\boldsymbol{u}_1-2Hu_1^3+2u_2^3-(4H^2-2K)u_0^3-2u_0^\beta\overset{*}{\nabla}_\beta H)\\
&+4\mu u_2^3\bigg)\eta^3+(-p_2-\frac{1}{3}\mu((\overset{*}{\mathrm{div}}\,\boldsymbol{u}_2-2Hu_2^3-(4H^2-2K)u_1^3-2u_1^\beta\overset{*}{\nabla}_\beta H\\
&-(8H^3-6HK)u_0^3-u_0^\beta\overset{*}{\nabla}_\beta(2H^2-K))(\eta^3)^2\bigg],\\
W^{33} =&\pi_0\frac{1}{2}\gamma_0(\zeta)+\pi_3\zeta^3-\frac{1}{3}\mu(1+\gamma_0(\eta))\,\overset{*}{\mathrm{div}}\,((\boldsymbol{u}_1+2\boldsymbol{u}_2\eta^3)\zeta^3),\\
\pi_3 =&(1+\gamma_0(\eta))\bigg[-(p_1+2p_2\eta^3)+\frac{2}{3}\mu(u_1^3+2u_2^3\eta^3)+\frac{5}{3}\mu u_2^3\bigg],\\
\pi_0 =&\bigg[(-p_0-\frac{1}{3}\mu(\overset{*}{\mathrm{div}}\,\boldsymbol{u}_0-2Hu_0^3+u_1^3)+2\mu u_1^3)\\
&+\bigg(-p_1-\frac{1}{3}\mu(\overset{*}{\mathrm{div}}\,\boldsymbol{u}_1-2Hu_1^3+2u_2^3-(4H^2-2K)u_0^3-2u_0^\beta\overset{*}{\nabla}_\beta H)\\
&+4\mu u_2^3\bigg)\eta^3+(-p_2-\frac{1}{3}\mu((\overset{*}{\mathrm{div}}\,\boldsymbol{u}_2-2Hu_2^3-(4H^2-2K)u_1^3-2u_1^\beta\overset{*}{\nabla}_\beta H\\
&-(8H^3-6HK)u_0^3-u_0^\beta\overset{*}{\nabla}_\beta(2H^2-K))(\eta^3)^2\bigg].
\end{aligned}\tag{3.7.15}
$$

因为边界是不动的固壁, $\boldsymbol{u}_0=0, u_1^3=0$, 所以

$$
\begin{aligned}
\pi_0 =&\bigg[-p_0-p_1\eta^3-p_2(\eta^3)^2-\bigg(\frac{1}{3}\mu(\overset{*}{\mathrm{div}}\,\boldsymbol{u}_1+2u_2^3)+4\mu u_2^3\bigg)\eta^3\\
&+(\overset{*}{\mathrm{div}}\,\boldsymbol{u}_2-2Hu_2^3-2u_1^\beta\overset{*}{\nabla}_\beta H)(\eta^3)^2\bigg],
\end{aligned}\tag{3.7.16}
$$

$$
\begin{aligned}
W^{3\alpha} =&\left(1+\frac{1}{2}\gamma_0(\eta)\right)(\sigma^{3\alpha}(u(\eta+t\zeta),p(\eta+t\zeta)))'|_{t=0}+\frac{1}{2}\gamma_0(\zeta)\sigma^{3\alpha}(u(\eta),p(\eta))\\
=&\left(1+\frac{1}{2}\gamma_0(\eta)\right)[\mu(u_2^\alpha\zeta^3\\
&+(a^{\alpha\beta}+2b^{\alpha\beta}(\eta^3)+3c^{\alpha\beta}(\eta^3)^2)\overset{*}{\nabla}_\beta((u_1^3+2u_2^3\eta^3)\zeta^3)\\
&+((2b^{\alpha\beta}+6c^{\alpha\beta}\eta^3)\zeta^3)\overset{*}{\nabla}_\beta(u_0^3+u_1^3(\eta^3)+u_2^3(\eta^3)^2)]
\end{aligned}
$$

$$
\begin{aligned}
&+\frac{1}{2}\gamma_0(\zeta)[\mu[u_1^\alpha+a^{\alpha\beta}\overset{*}{\nabla}_\beta u_0^3+[u_2^\alpha+(a^{\alpha\beta}\overset{*}{\nabla}_\beta u_1^3+2b^{\alpha\beta}\overset{*}{\nabla}_\beta u_0^3)]\eta^3 \\
&+[(a^{\alpha\beta}\overset{*}{\nabla}_\beta u_2^3+2b^{\alpha\beta}\overset{*}{\nabla}_\beta u_1^3+3c^{\alpha\beta}\overset{*}{\nabla}_\beta u_0^3)](\eta^3)^2]], \\
W^{3\alpha}=&\pi_0^\alpha\frac{1}{2}\gamma_0(\zeta)+\pi_3^\alpha\zeta^3+\mu\left(1+\frac{1}{2}\gamma_0(\eta)\right)[g^{\alpha\beta}(\eta^3)\overset{*}{\nabla}_\beta((u_1^3+2u_2^3\eta^3)\zeta^3)], \\
\pi_3^\alpha=&\left(1+\frac{1}{2}\gamma_0(\eta)\right)[\mu u_2^\alpha+\mu((2b^{\alpha\beta}+6c^{\alpha\beta}\eta^3)\overset{*}{\nabla}_\beta(u_0^3+u_1^3(\eta^3)+u_2^3(\eta^3)^2))] \\
=&\left(1+\frac{1}{2}\gamma_0(\eta)\right)[\mu u_2^\alpha+\mu((2b^{\alpha\beta}+6c^{\alpha\beta}\eta^3)\overset{*}{\nabla}_\beta(u_2^3(\eta^3)^2))] \\
\pi_0^\alpha=&\mu[u_1^\alpha+a^{\alpha\beta}\overset{*}{\nabla}_\beta u_0^3+[u_2^\alpha+(a^{\alpha\beta}\overset{*}{\nabla}_\beta u_1^3+2b^{\alpha\beta}\overset{*}{\nabla}_\beta u_0^3)]\eta^3 \\
&+[(a^{\alpha\beta}\overset{*}{\nabla}_\beta u_2^3+2b^{\alpha\beta}\overset{*}{\nabla}_\beta u_1^3+3c^{\alpha\beta}\overset{*}{\nabla}_\beta u_0^3)](\eta^3)^2] \\
=&\mu[u_1^\alpha+u_2^\alpha\eta^3+a^{\alpha\beta}\overset{*}{\nabla}_\beta u_2^3(\eta^3)^2].
\end{aligned}
\tag{3.7.17}
$$

最后

$$
\begin{aligned}
\langle \mathrm{grad}J(\eta),\zeta\rangle=&(J(\Im(\eta+t\zeta)))'|_{t=0} \\
=&-\int_D\left(1+\frac{1}{2}\gamma_0(\eta)\right)[W^{33}v_{\infty 3}+W^{3\alpha}v_{\infty\alpha}]\sqrt{a}\mathrm{d}x,
\end{aligned}
\tag{3.7.18}
$$

$W^{33},W^{3\alpha}$ 也可以表示为

$$
\begin{aligned}
\left(1+\frac{1}{2}\gamma_0(\eta)\right)W^{33}=&\left(1+\frac{1}{2}\gamma_0(\eta)\right)(\pi_3-H\pi_0)\zeta^3+\frac{1}{2}\left(1+\frac{1}{2}\gamma_0(\eta)\right)\pi_0\overset{*}{\nabla}_\beta\zeta^\beta \\
&+\frac{1}{3}\mu\left(1+\frac{1}{2}\gamma_0(\eta)\right)^2\overset{*}{\nabla}_\beta((u_1^\beta+2u_2^\beta\eta^3)\zeta^3), \\
\left(1+\frac{1}{2}\gamma_0(\eta)\right)W^{3\alpha}=&\left(1+\frac{1}{2}\gamma_0(\eta)\right)(\pi_2^\alpha-H\pi_0^\alpha)\zeta^3+\frac{1}{2}\left(1+\frac{1}{2}\gamma_0(\eta)\right)\pi_0^\alpha\overset{*}{\nabla}_\beta\zeta^\beta \\
&+\mu\left(1+\frac{1}{2}\gamma_0(\eta)\right)^2g^{\alpha\beta}(\eta^3)\overset{*}{\nabla}_\beta(2u_2^3\eta^3\zeta^3).
\end{aligned}
$$

应用 Green 公式, 有

$$
\begin{aligned}
<\mathrm{grad}J(\eta),\zeta>=&-\left[\left(\left(1+\frac{1}{2}\gamma_0(\eta)\right)(\pi_3-H\pi_0)\right.\right. \\
&-\frac{1}{3}\mu(u_1^\beta+2u_2^\beta\eta^3)\overset{*}{\nabla}_\beta\left(1+\frac{1}{2}\gamma_0(\eta)\right)^2,\zeta^3\Bigg) \\
&-\frac{1}{2}\left(\overset{*}{\nabla}_\beta\left(1+\frac{1}{2}\gamma_0(\eta)\right)\pi_0,\zeta^\beta\right)\Bigg]v_{\infty 3} \\
&+\Bigg[\Big((1+\gamma_0(\eta))(\pi_2^\alpha-H\pi_0^\alpha)
\end{aligned}
$$

$$
\begin{aligned}
&- 2\mu u_2^3\eta^3 \overset{*}{\nabla}_\beta \left(\left(1+\frac{1}{2}\gamma_0(\eta)\right)^2 g^{\alpha\beta}(\eta^3)\right), \zeta^3\right) \\
&- \frac{1}{2}\left(\overset{*}{\nabla}_\beta \left(\left(1+\frac{1}{2}\gamma_0(\eta)\right)\pi_0^\alpha\right), \zeta^\beta\right)\Bigg] v_{\infty\alpha},
\end{aligned}
\tag{3.7.19}
$$

这就推出 (3.7.4). 证毕.

引理 3.7.2　最优的下降步长由下面方法计算

$$
\begin{aligned}
&J(\eta+\rho\zeta) = \varphi_0 + \varphi_1\rho + \varphi_2\rho^2, \\
&\varphi_0 = \int_D [Y_0^\alpha v_{\infty\alpha} + X_0 v_{\infty 3} + (Y_1^\alpha v_{\infty\alpha} + X_1 v_{\infty 3})\eta^3 + (Y_2^\alpha v_{\infty\alpha} + X_2 v_{\infty 3})(\eta^3)^2]\sqrt{a}\mathrm{d}x, \\
&\varphi_1 = \int_D [(Y_1^\alpha v_{\infty\alpha} + X_1 v_{\infty 3})\zeta^3 + 2\eta^3\zeta^3(Y_2^\alpha v_{\infty\alpha} + X_2 v_{\infty 3})]\sqrt{a}\mathrm{d}x, \\
&\varphi_2 = \int_D [Y_2^\alpha v_{\infty\alpha} + X_2 v_{\infty 3}]\sqrt{a}\mathrm{d}x,
\end{aligned}
$$

极小值的解

$$
\rho_* = -2\varphi_2/\varphi_1.
$$

证明　为了计算最优下降步长, 必须首先计算

$$
\begin{aligned}
J(\eta+\rho\zeta) &= -\int_D \sigma^{ij}(u(\eta+\rho\zeta), p(\eta+\rho\zeta)) n_i(\eta+\rho\zeta)\sqrt{a(\eta+\rho\zeta)}\mathrm{d}x v_{\infty j} \\
&= -\int_D [\sigma^{ij}(u(\eta+\rho\zeta), p(\eta+\rho\zeta))\left(1+\frac{1}{2}\gamma_0(\eta+\rho\zeta)\right)^2 n_i\sqrt{a}\mathrm{d}x v_\infty \\
&= -\int_D \sigma^{3j}(u(\eta+\rho\zeta), p(\eta+\rho\zeta))\left(1+\frac{1}{2}\gamma_0(\eta+\rho\zeta)\right)^2 \sqrt{a}\mathrm{d}x v_{\infty j}.
\end{aligned}
$$

令 $t = \boldsymbol{n}\cdot(\eta+\rho\zeta) = \eta^{\mathbf{3}} + \rho\zeta^{\mathbf{3}}$,

$$
\begin{aligned}
&\sigma^{33}(u(\eta+\rho\zeta), p(\eta+\rho\zeta)) = -p(\eta+\rho\zeta) - \frac{1}{3}\mu \mathrm{div} u(\eta+\rho\zeta) + 2\mu u_1^3(\eta+\rho\zeta), \\
&p(\eta+\rho\zeta)) = p_0 + p_1 t + p_2 t^2, \\
&u_1^3(\eta+\rho\zeta) = u_1^3 + u_2^3 t, \\
&\boldsymbol{u}(\eta+\rho\zeta) = \boldsymbol{u}_0 + \boldsymbol{u}_1 t + \boldsymbol{u}_2 t^2, \\
&\mathrm{div}\boldsymbol{u}(\eta+\rho\zeta) = \overset{*}{\mathrm{div}}\, \boldsymbol{u}_0 - 2Hu_0^3 + u_1^3 \\
&\qquad + (\overset{*}{\mathrm{div}}\, \boldsymbol{u}_1 - 2Hu_1^3 + 2u_2^3 - (4H^2-2K)u_0^3 - 2u_0^\beta \overset{*}{\nabla}_\beta H)t \\
&\qquad + (\overset{*}{\mathrm{div}}\, \boldsymbol{u}_2 - 2Hu_2^3 - (4H^2-2K)u_1^3 - 2u_1^\beta \overset{*}{\nabla}_\beta H \\
&\qquad - (8H^3-6HK)u_0^3 - u_0^\beta \overset{*}{\nabla}_\beta (2H^2-K))t^2, \\
&\sigma^{33}(\boldsymbol{u}(\eta), p(\eta)) = -p_0 - \frac{3}{1}\mu(\overset{*}{\mathrm{div}}\, \boldsymbol{u}_0 - 2Hu_0^3 + u_1^3 + 2\mu u_1^3)
\end{aligned}
$$

$$+\left(-p_1-\frac{1}{3}\mu(\overset{*}{\text{div}}\,\boldsymbol{u}_1-2Hu_1^3+2u_2^3-(4H^2-2K)u_0^3-2u_0^\beta\overset{*}{\nabla}_\beta H)\right.$$
$$\left.+4\mu u_2^3\right)t+\left(-p_2-\frac{1}{3}\mu\left((\overset{*}{\text{div}}\,\boldsymbol{u}_2-2Hu_2^3-(4H^2-2K)u_1^3\right.\right.$$
$$\left.\left.-2u_1^\beta\overset{*}{\nabla}_\beta H-(8H^3-6HK)u_0^3-u_0^\beta\overset{*}{\nabla}_\beta(2H^2-K)\right)\right)t^2,$$

所以

$$\begin{aligned}
&\sigma^{33}(\boldsymbol{u}(\eta+\rho\zeta),p(\eta+\rho\zeta))=X_0+X_1t+X_2t^2,\\
&X_0=\left(-p_0-\frac{1}{3}\mu(\overset{*}{\text{div}}\,\boldsymbol{u}_0-2Hu_0^3+u_1^3)+2\mu u_1^3\right),\\
&X_1=\left(-p_1-\frac{1}{3}\mu(\overset{*}{\text{div}}\,\boldsymbol{u}_1-2Hu_1^3+2u_2^3-(4H^2-2K)u_0^3-2u_0^\beta\overset{*}{\nabla}_\beta H)+4\mu u_2^3\right),\\
&X_2=\left(-p_2-\frac{1}{3}\mu((\overset{*}{\text{div}}\,\boldsymbol{u}_2-2Hu_2^3-(4H^2-2K)u_1^3-2u_1^\beta\overset{*}{\nabla}_\beta H\right.\\
&\qquad\left.-(8H^3-6HK)u_0^3-u_0^\beta\overset{*}{\nabla}_\beta(2H^2-K))\right),
\end{aligned}\tag{3.7.20}$$

同理

$$\begin{aligned}
&\sigma^{3\alpha}(u(\eta+\rho\zeta),p(\eta+\rho\zeta))=\mu(u_1^\alpha(\eta+\rho\zeta)+g^{\alpha\beta}(t)\overset{*}{\nabla}_\beta u^3(\eta+\rho\zeta),\\
&u_1^\alpha(\eta+\rho\zeta)=u_1^\alpha+u_2^\alpha t,\\
&u^3(\eta+\rho\zeta)=u_0^3+u_1^3t+u_2^3t^2=u_2^3t^2,\\
&g^{\alpha\beta}(t)=a^{\alpha\beta}+2b^{\alpha\beta}t+3c^{\alpha\beta}t^2.
\end{aligned}$$

所以

$$\begin{aligned}
&\sigma^{3\alpha}(\boldsymbol{u}(\eta+\rho\zeta),p(\eta+\rho\zeta))=Y_0^\alpha+Y_1^\alpha t+Y_2^\alpha t^2,\\
&y_0=\mu u_1^\alpha,\quad Y_1=\mu u_2^\alpha,\\
&Y_2=a^{\alpha\beta}\overset{*}{\nabla}_\beta u_2^3,
\end{aligned}\tag{3.7.21}$$

$$\begin{aligned}
\varphi(\rho):=&J(\eta+\rho\zeta)=\int_D\sigma^{ij}(u(\eta+\rho\zeta),p(\eta+\rho\zeta))n_i(\eta+\rho\zeta)\sqrt{a(\eta+\rho\zeta)}\mathrm{d}xv_{\infty j}\\
=&-\int_D[(Y_0^\alpha+Y_1^\alpha t+Y_2^\alpha t^2)v_{\infty 3}+(X_0+X_1t+X_2t^2)]\sqrt{a}\mathrm{d}x\\
=&-(\varphi_0+\varphi_1\rho+\varphi_2\rho^2)
\end{aligned}$$

$$\varphi_0=\int_D[Y_0^\alpha v_{\infty\alpha}+X_0v_{\infty 3}+(Y_1^\alpha v_{\infty\alpha}+X_1v_{\infty 3})\eta^3+(Y_2^\alpha v_{\infty\alpha}+X_2v_{\infty 3})(\eta^3)^2]\sqrt{a}\mathrm{d}x$$

$$\varphi_1=\int_D[(Y_1^\alpha v_{\infty\alpha}+X_1v_{\infty 3})\zeta^3+2\eta^3\zeta^3(Y_2^\alpha v_{\infty\alpha}+X_2v_{\infty 3})]\sqrt{a}\mathrm{d}x,$$

$$\varphi_2 = \int_D [Y_2^\alpha v_{\infty\alpha} + X_2 v_{\infty 3}]\sqrt{a}\mathrm{d}x,$$

证毕.

3.8 计算实例

以下算例是陈浩博士提供.

假设关于曲面 S 上的升阻比函数为 $J(S)$, 我们的目标是优化 S 使得 $J(S)$ 到达最大, 图 3.8.1 表示整体飞机外形, 其中红色曲面表示需要优化的部分.

图 3.8.1　机身曲面 (红色部分)

3.8.1　计算网格和优化工况

如图 3.8.2, 在飞机表面大量采用结构化体网格, 外部采用非结构化网格, 这样便于优化设计时几何面发生变化不大情况下的网格自动生成, 这是本项目优化设计过程中对网格自动生成所设计的特殊混合网格策略, 其中计算网格参数如下：

- 总节点数：1616101.
- 六面体单元：935132.
- 三棱柱单元：98993.
- 金字塔单元：37448.
- 四面体单元：517853.

优化工况如下：

- 来流攻角 $\alpha = 0$.
- 远场压力 $p = 12219.74\text{pa}$.
- 来流速度 $U = 260.39\text{m/s}$.
- 来流温度 $T = 300\text{K}$.

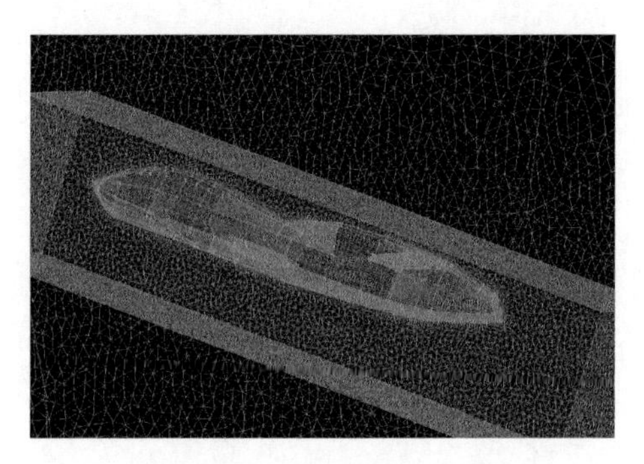

图 3.8.2 空间网格剖分图

3.8.2 优化后曲面比较

图 3.8.3～ 图 3.8.5 表示各步优化后曲面和原始曲面的比较, 其中红色代表原始曲面, 黄色代表优化曲面.

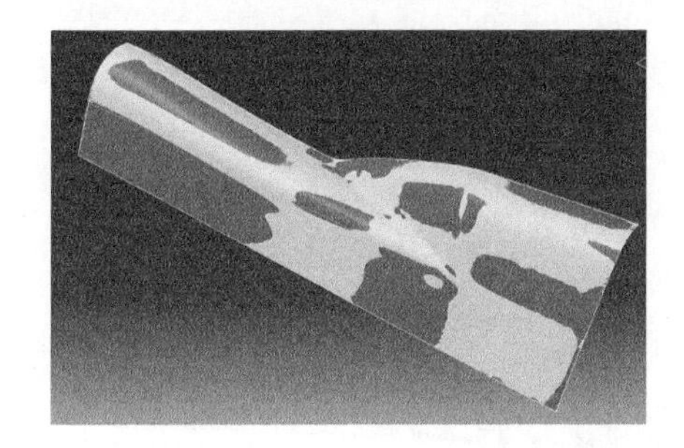

图 3.8.3 1 次优化后曲面

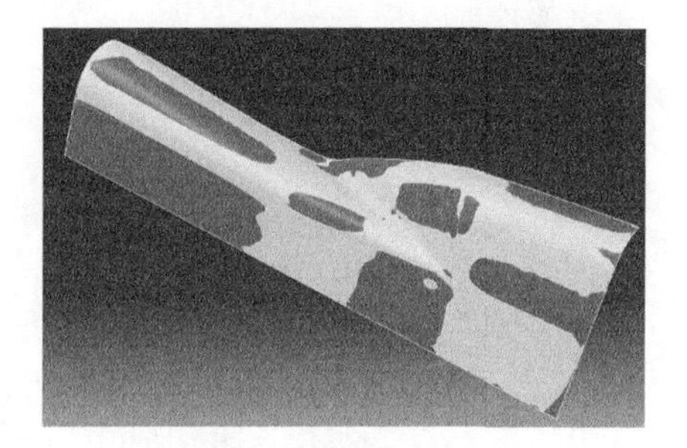

图 3.8.4 2 次优化后曲面

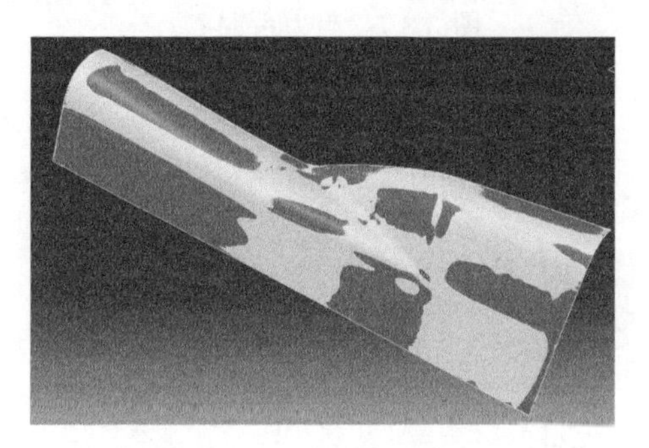

图 3.8.5 3 次优化后曲面

3.8.3 升阻力系数

图 3.8.6～ 图 3.8.8 分别表示各步优化后生力系数、阻力系数和升阻比.

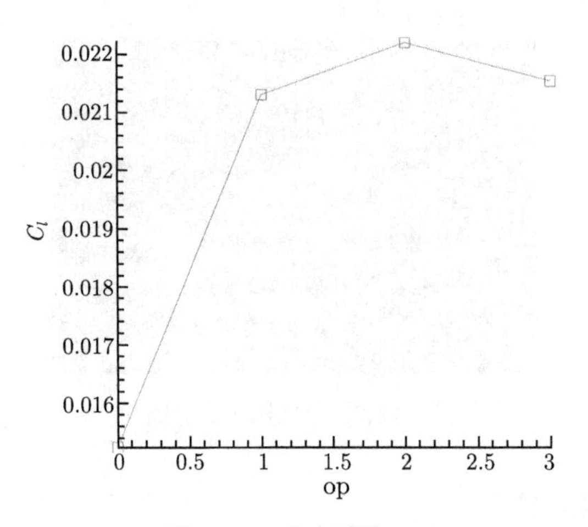

图 3.8.6　升力系数 C_l

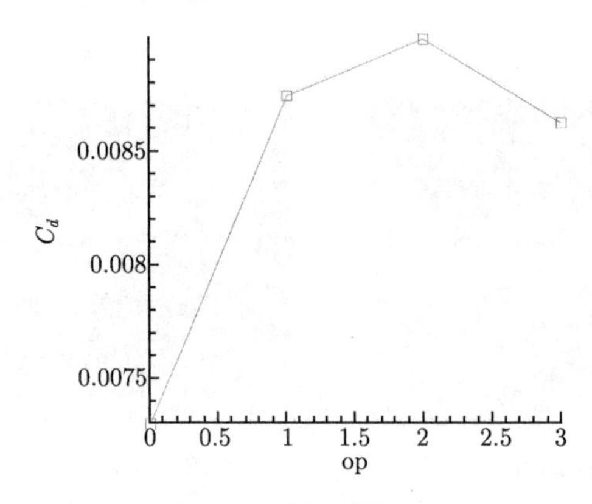

图 3.8.7　阻力系数 C_d

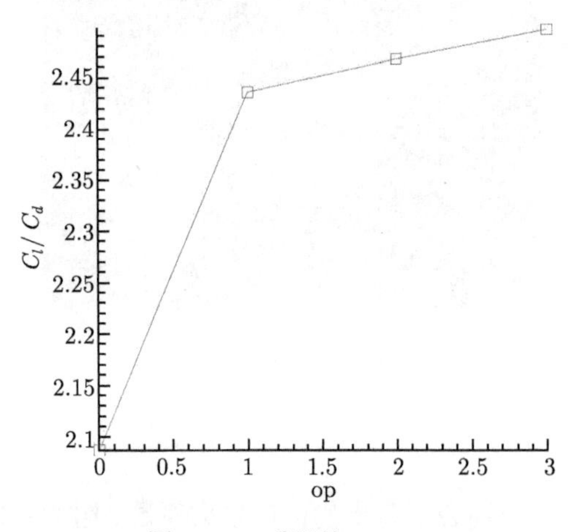

图 3.8.8　升阻比 C_l/C_d

3.8.4 压力分布

从图 3.8.9 中可以看出, 在后翼上表面内侧存在较大压力梯度, 经过 1 次优化后 (图 3.8.10) 此区域有明显改善.

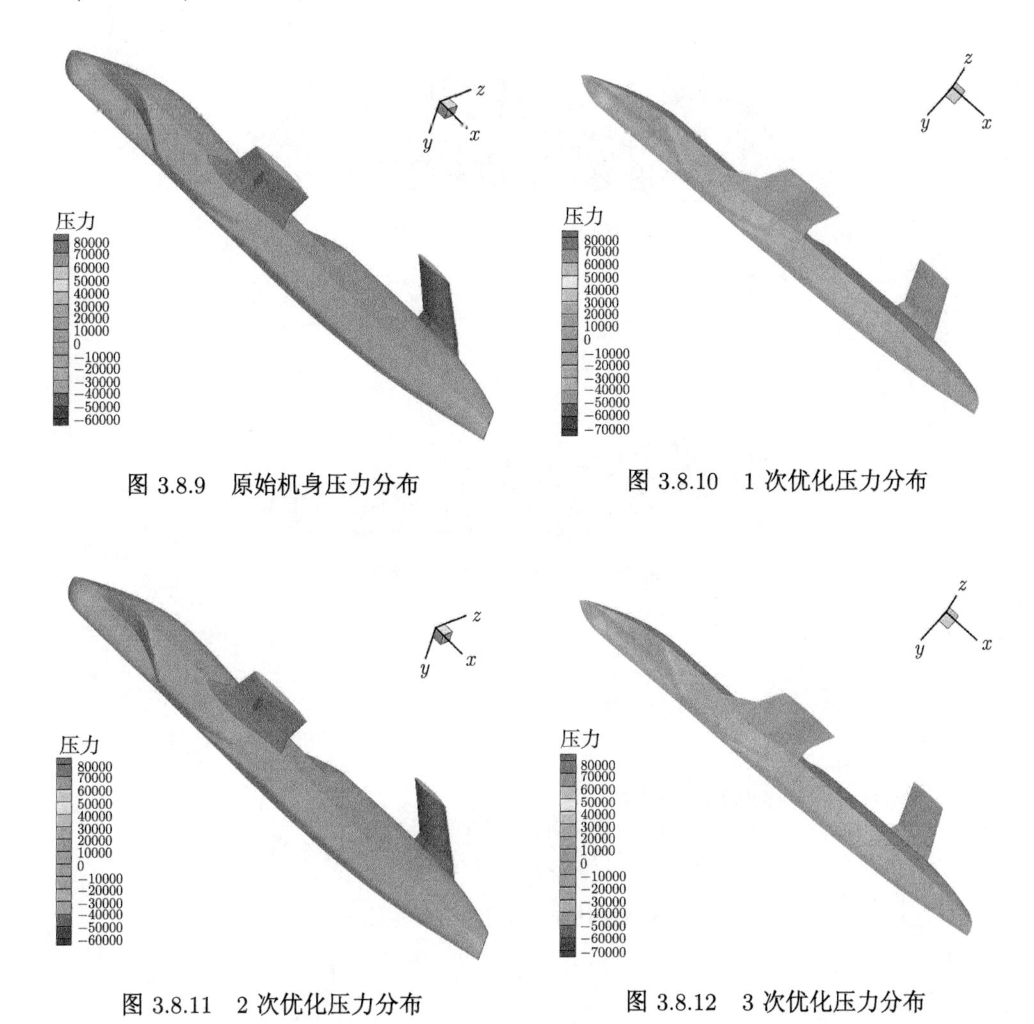

图 3.8.9 原始机身压力分布

图 3.8.10 1 次优化压力分布

图 3.8.11 2 次优化压力分布

图 3.8.12 3 次优化压力分布

3.8.5 表面流线分布

表面流线分析没有发现优化前后有明显的分离现象, 如图 3.8.13~ 图 3.8.16.

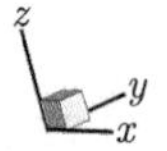

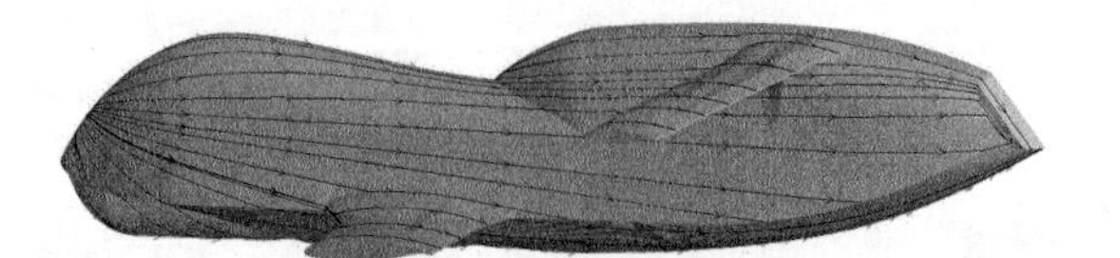

图 3.8.13　原始机身表面流线

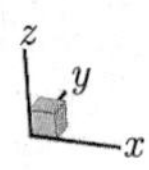

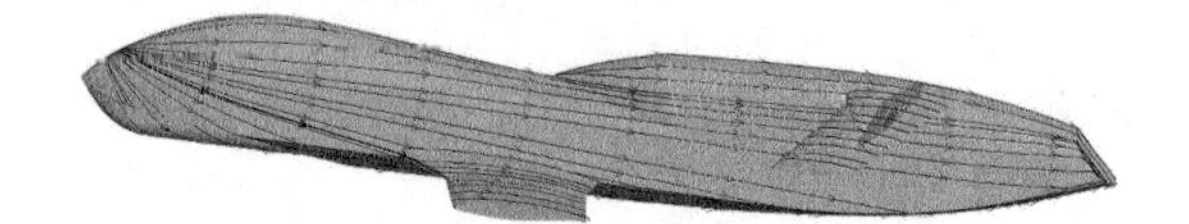

图 3.8.14　1 次优化表面流线

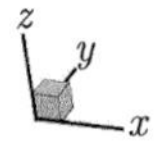

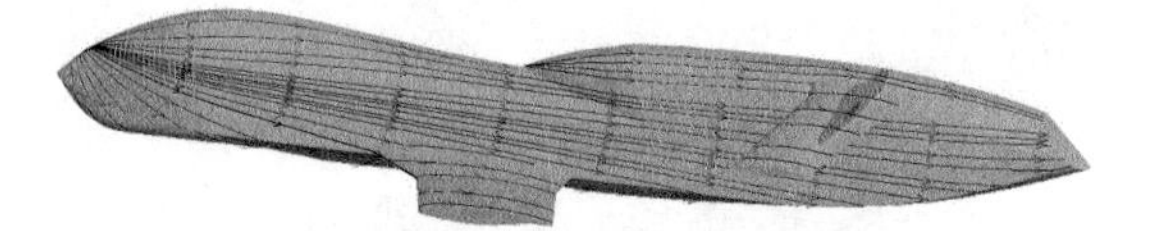

图 3.8.15　2 次优化表面流线

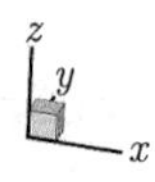

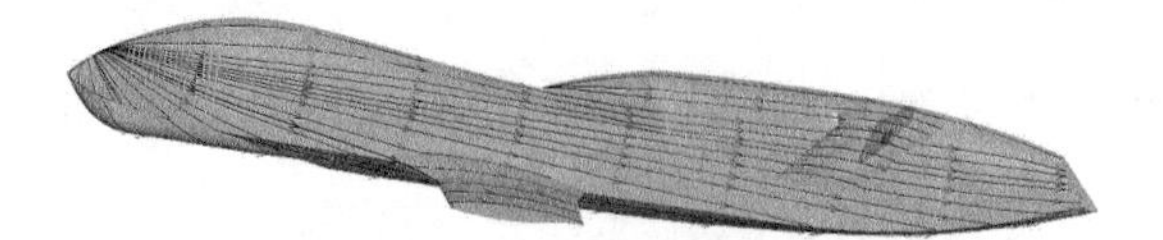

图 3.8.16　3 次优化表面流线

第 4 章　三维 Navier-Stokes 方程维数分裂方法

4.1　Poisson 方程维数分裂方法

三维 Poisson 方程 Dirichlet 边值问题, 应用 Cartesian 坐标系时, 关于 "z" 的导数应用差分逼近, 从而在任一平面 $z =$ 常数上得到一个二维 Poisson 方程边值问题. 对这个二维问题, 可以应用任一种数值方法进行数值求解. 显然, 对 z 方向和 x-y 平面的网格尺度采用不同的数量级, 这对非线性和各向异性问题尤为合适.

4.1.1　方法构造

为简单, 考察一个柱形域上的带有齐次 Dirichlet 边界条件的 Poisson 方程

$$\begin{cases} -\partial_{zz}u - \Delta u = f, & (x, y, z) \in \Omega = \omega \times (0, 1) \subset R^3, \\ u = 0, & (x_1, x_2, z) \in \partial\Omega, \end{cases} \tag{4.1.1}$$

其中

$$\Delta = \frac{\partial^2}{\partial x^2} + \frac{\partial^2}{\partial y^2}, \qquad \omega \subset R^2,$$

ω 是二维平面上一个有界的 Lipschitz 区域 $\omega \subset R^2$. 今后, 为了方便, 用 $\phi(z)$ 记 $\phi(x, y, z)$ 和 $\nabla = (\partial_x, \partial_y)^{\mathrm{T}}$.

这里假设成立正则性的估计

$$\|u\|_{2,\Omega} \leqslant c\|f\|_{0,\Omega}, \quad \forall f \in L^2(\Omega). \tag{4.1.2}$$

首先, 考虑 (4.1.1) 半离散化问题. 令区间 $[0, 1]$ 分为 $N + 1$ 个子区间 $0 = z_0 < z_1 < \cdots < z_{N+1} = 1$, 记 $z_n = n\tau$ 和 $\tau = \dfrac{1}{N+1}$, 在 $z = z_n$ 平面上定义函数 $u_n(x, y)$ 使得 $u_n \in H_0^1(\omega)$ 满足

$$\begin{cases} -\dfrac{1}{\tau^2}(u_{n+1} - 2u_n + u_{n-1}) - \Delta u_n = f_n(x, y) \\ \qquad = \dfrac{1}{\tau}\displaystyle\int_{z_{n-1}}^{z_n} f(x, y, z)\mathrm{d}z, \quad 在\,\omega\,内, \\ u^n|_{\partial\phi} = 0, \end{cases} \tag{4.1.3}$$

$$n = 1, \cdots, N, \quad u^0(x, y) = u^{N+1}(x, y) = 0, \quad \forall (x, y) \in \omega.$$

然后利用 (4.1.3) 的解 $u_n(x,y)$, 定义半离散化函数

$$u_n^\tau(x,y,z)=\alpha(z)u_{n-1}(x,y)+\beta(z)u_n(x,y),$$
$$\forall(x,y)\in[z_{n-1},z_n],\quad n=1,\cdots,N+1,\tag{4.1.4}$$

其中

$$\alpha(z)=\frac{z_n-z}{\tau},\quad \beta(z)=\frac{z-z_{n-1}}{\tau}.$$

引理 4.1.1　令

$$f_n(x,y)=\frac{1}{\tau}\int_{z_{n-1}}^{z_n}f(x,y,z)\mathrm{d}z.\tag{4.1.5}$$

若 $f\in L^2(\Omega)$, 则

$$\tau\sum_{m=1}^{N}\|f_n\|_{0,\omega}^2\leqslant\|f(z)\|_{0,\Omega}^2.\tag{4.1.6}$$

证明　由 Schwartz 不等式, 有

$$\|f_n\|_{0,\omega}^2=\left\|\frac{1}{\tau}\int_{z_{n-1}}^{z_n}f(x,y,z)\mathrm{d}z\right\|_{0,\omega}\leqslant\frac{1}{\tau}\int_{z_{n-1}}^{z_n}\|f(z)\|_{0,\omega}^2\mathrm{d}z,$$

即

$$\|f_n\|_{0,\omega}^2\leqslant\frac{1}{\tau}\int_{z_{n-1}}^{z_n}\|f(z)\|_{0,\omega}^2\mathrm{d}z,$$

令 $n=1,2,\cdots,N$, 然后相加后, 即可得 (4.1.6). 证毕.

注　如果 $f\in H_0^{-1}(\Omega)$ 并且 f_n 是 $H_0^{-1}(\omega)$ 的元素, 那么 (4.1.6) 对范数 $\|\cdot\|_{-1,\omega}$ 依然成立.

引理 4.1.2　设 $u_n\in L^2(\omega)$ 以及令阶梯函数

$$\overline{u}_\tau(z)=u_n,\quad\forall\,z\in[z_{n-1},z_n],\quad n=1,2,\cdots,N.$$

那么

$$\int_0^1\|u_\tau(z)-\overline{u}_\tau(z)\|_{0,\omega}^2\mathrm{d}z\leqslant\frac{\tau}{3}\sum_{n=1}^{N}\|u_n-u_{n-1}\|_{0,\omega}^2.\tag{4.1.7}$$

证明　由

$$I\doteq\int_0^1\|u_\tau(z)-\overline{u}_\tau(z)\|_{0,\omega}^2\mathrm{d}z=\sum_{n=1}^{N}\int_{z_{n-1}}^{z_n}\|u_\tau(z)-\overline{u}_\tau(z)\|_{0,\omega}^2\mathrm{d}z.$$

因为 $\forall\,z\in[z_{n-1},z_n]$ 和 $1-\alpha_n(z)=\dfrac{z_n-z}{\tau}$, 有

$$u_\tau(z)-\overline{u}_\tau(z)=(1-\alpha_n(z))u_n-\beta_n(z)u_{n-1}=\frac{z_n-z}{\tau}(u_n-u_{n_1}).$$

因此

$$I=\sum_{n=1}^{N}\int_{z_{n-1}}^{z_n}\frac{(z_n-z)^2}{\tau^2}\mathrm{d}z\|u_n-u_{n-1}\|_{0,\omega}^2=\frac{\tau}{3}\sum_{n=1}^{N}\|u_n-u_{n-1}\|_{0,\omega}^2.$$

这就推出 (4.1.7).

定理 4.1.1 由 (4.1.4) 定义的序列 $u_n\in L^2(\omega)$ 满足下列能量不等式:

$$\begin{cases}\tau\sum\limits_{n=1}^{N-1}\|\nabla u_n\|_{0,\omega}^2\leqslant K_0, \quad \dfrac{1}{\tau}\sum\limits_{n=1}^{N-1}\|u_n-u_{n-1}\|_{0,\omega}^2\leqslant K_0,\\ 2\sum\limits_{n=1}^{N-1}\left\|\nabla\left(\dfrac{u_n-u_{n-1}}{\tau}\right)\right\|_{0,\omega}^2+\|\Delta u_n\|_{0,\omega}^2\leqslant\dfrac{1}{2\tau}K_1,\\ \|u_m\|_{0,\omega}^2\leqslant\dfrac{1}{2}K_0, \quad \dfrac{1}{\tau}\|\nabla u_m\|_{0,\omega}^2\leqslant\dfrac{1}{2}K_1,\end{cases}\tag{4.1.8}$$

其中

$$K_0=\lambda_1^{-1}\|f\|_{0,\Omega}^2, \quad K_1=\|f\|_{0,\Omega}^2.\tag{4.1.9}$$

证明 (4.1.4) 和 u_n 做 $L^2(\omega)$ 内积, 并分部积分得

$$-\frac{1}{\tau^2}((u_{n-1},u_n)+(u_{n+1},u_n)-2\|u_n\|_{0,\omega}^2)+\|\nabla u_n\|_{0,\omega}=(f_n,u_n), \quad n=1,\cdots,N-1,\tag{4.1.10}$$

令 $n=1,2,\cdots,N-1$, 然后相加, 注意 $u_N=0, u_0=0$, 故推出

$$-\frac{1}{\tau^2}\left(\sum_{n=1}^{N-1}((u_{n-1}+u_{n+1}),u_n)\right)+\frac{2}{\tau^2}\sum_{n=1}^{N-1}\|u_n\|_{0,\omega}^2+\sum_{n=1}^{N-1}\|\nabla u_n\|_{0,\omega}^2=\sum_{n=1}^{N-1}(f_n,u_n).$$

由于

$$\sum_{n=1}^{N-1}(u_{n+1},u_n)=\sum_{n=1}^{N-1}(u_{n-1},u_n) \quad (\text{由 } u_0=u_N=0),$$

可得

$$\begin{aligned}\sum_{n=1}^{N-1}\left(\frac{2}{\tau^2}\|u_n\|_{0,\omega}^2+\|\nabla u_n\|_{0,\omega}^2\right)&=\sum_{n=1}^{N-1}\left((f_n,u_n)+\frac{2}{\tau^2}(u_n,u_{n-1})\right)\\&\leqslant\sum_{n=1}^{N-1}\left(\|f_n\|_{0,\omega}\|u_n\|_{0,\omega}+\frac{2}{\tau^2}\|u_n\|_{0,\omega}\|u_{n-1}\|_{0,\omega}\right).\end{aligned}$$

因为

$$2\sum_{n=1}^{N-1}\|u_n\|_{0,\omega}\|u_{n-1}\|_{0,\omega}\leqslant\sum_{n=1}^{N-1}(\|u_n\|_{0,\omega}^2+\|u_{n-1}\|_{0,\omega}^2)=2\sum_{n=1}^{N-1}\|u_n\|_{0,\omega}^2-\|u_{N-1}\|_{0,\omega}^2,$$

有

$$\frac{1}{\tau}\|u_{N-1}\|_{0,\omega}^2+\sum_{n=1}^{N-1}\|\nabla u_n\|_{0,\omega}^2\leqslant\sum_{n=1}^{N-1}\|f_n\|_{0,\omega}\|u_n\|_{0,\omega}.$$

利用 Poincaré 不等式得

$$\lambda_1\|\varphi\|_{0,\omega}\leqslant\|\nabla\varphi\|_{0,\omega},\quad\forall\varphi\in H_0^1(\omega),$$

这里 λ_1 是 $\omega\in R^2$ 上 Laplace 算子的第一本征值, 由 Young 不等式, 推出

$$\begin{cases}\dfrac{2}{\tau^2}\|u_{N-1}\|_{0,\omega}^2+\displaystyle\sum_{n=1}^{N-1}\|\nabla u_n\|_{0,\omega}^2\leqslant\dfrac{1}{\lambda_1}\displaystyle\sum_{n=1}^{N-1}\|f_n\|_{0,\omega}\leqslant\dfrac{1}{\tau\lambda_1}\|f\|_{0,\Omega}=\dfrac{1}{\tau}K_0,\\ \tau\displaystyle\sum_{n=1}^{N-1}\|\nabla u_n\|_{0,\omega}^2\leqslant K_0,\end{cases}\tag{4.1.11}$$

其中

$$K_0=\frac{1}{\lambda_1}\|f\|_{0,\Omega}.$$

令 $n=1,\cdots,m$, 然后对 (4.1.11) 相加, 其中 $1\leqslant m\leqslant N$. 略去一些不必要的项, 有

$$2\|u_m\|_{0,\omega}^2\leqslant K_0,\tag{4.1.12}$$

另外, 由于

$$\begin{cases}(u_{n+1}-2u_n+u_{n-1},u_n)=(u_{n+1}-u_n,u_n)+(u_{n-1}-u_n,u_n),\\ \displaystyle\sum_{n=1}^{N-1}(u_{n+1}-u_n,u_n)=\displaystyle\sum_{n=1}^{N-1}(u_n-u_{n-1},u_{n-1})\\ \qquad\qquad\qquad\qquad -\|u_1\|_{0,\omega}^2-\|u_{N-1}\|_{0,\omega}^2\quad(\text{由}u_0=0,u_N=0),\\ -\dfrac{1}{\tau^2}\displaystyle\sum_{n=1}^{N-1}(u_{n+1}-2u_n+u_{n-1},u_n)\\ \quad=\dfrac{1}{\tau^2}\left(\displaystyle\sum_{n=1}^{N-1}\|u_n-u_{n-1}\|_{0,\omega}^2+\|u_1\|_{0,\omega}^2+\|u_{N-1}\|_{0,\omega}^2\right).\end{cases}\tag{4.1.13}$$

类似于 (4.1.11), 由 (4.1.4) 可断定

$$\begin{cases}\dfrac{1}{\tau^2}\left(\displaystyle\sum_{n=1}^{N-1}\|u_n-u_{n-1}\|_{0,\omega}^2+\|u_1\|_{0,\omega}^2+\|u_{N-1}\|_{0,\omega}^2\right)+\|\nabla u_n\|_{0,\omega}^2\leqslant\dfrac{1}{\tau}K_0,\\ \dfrac{1}{\tau}\displaystyle\sum_{n=1}^{N-1}\|u_n-u_{n-1}\|_{0,\omega}^2\leqslant K_0,\end{cases}$$

因此 $(4.1.8_1)$ 成立. 类似 (1.13) 可断定

$$\begin{cases} (u_{n+1}-2u_n+u_{n-1},(-\Delta u_n)) = (\nabla(u_{n+1}-u_n),\nabla u_n) \\ \qquad\qquad +(\nabla(u_{n-1}-u_n),\nabla u_n), \\ \displaystyle\sum_{n=1}^{N-1}(\nabla(u_{n+1}-u_n),\nabla u_n) = \sum_{n=1}^{N-1}(\nabla(u_n-u_{n-1}),\nabla u_{n-1}) \\ \qquad\qquad -\|\nabla u_1\|_{0,\omega}^2-\|\nabla u_{N-1}\|_{0,\omega}^2 \\ \qquad\qquad (\text{由}\quad u_0=0,u_N=0), \\ \displaystyle -\frac{1}{\tau^2}\sum_{n=1}^{N-1}(u_{n+1}-2u_n+u_{n-1},(-\Delta u_n)) = \frac{1}{\tau^2}\left(\sum_{n=1}^{N-1}\|\nabla(u_n-u_{n-1})\|_{0,\omega}^2\right. \\ \qquad\qquad \left.+\|\nabla u_1\|_{0,\omega}^2+\|\nabla u_{N-1}\|_{0,\omega}^2\right). \end{cases} \tag{4.1.14}$$

将 (4.1.4) 和 $(-\Delta)u^n$ 做 $L^2(\omega)$ 内积, 分部积分并利用 (4.1.14) 推出

$$\frac{1}{\tau^2}\left(\sum_{n=1}^{N-1}\|\nabla(u_n-u_{n-1})\|_{0,\omega}^2+\|\nabla u_1\|_{0,\omega}^2+\|\nabla u_{N-1}\|_{0,\omega}^2\right)+\|\Delta u_n\|_{0,\omega}^2$$
$$\leqslant\sum_{n=1}^{N-1}\|f_n\|_{0,\omega}\|\Delta u_n\|_{0,\omega}\leqslant\frac{1}{2}\sum_{n-1}^{N-1}\|f_n\|_{0,\omega}^2+\frac{1}{2}\sum_{n-1}^{N-1}\|\Delta u_n\|_{0,\omega}^2.$$

因此

$$2\sum_{n=1}^{N-1}\|\nabla\left(\frac{u_n-u_{n-1}}{\tau}\right)\|_{0,\omega}^2+\|\Delta u_n\|_{0,\omega}^2\leqslant\frac{1}{2}\sum_{n-1}^{N-1}\|f_n\|_{0,\omega}^2\leqslant\frac{1}{2\tau}\|f\|_{0,\Omega}^2,$$

类似于 (4.1.12),

$$\frac{1}{\tau}\|\nabla u_m\|^2\leqslant\frac{1}{2}\|f\|_{0,\Omega}^2.$$

这就完成了证明.

定理 4.1.2 设 (4.1.1) 和 (4.1.2) 的解 $u\in H^2(\Omega)$, 那么下列不等式成立

$$\sum_{n=1}^{N}\left(2\tau\left\|\frac{u_n-u_{n-1}}{\tau}\right\|_{0,\omega}^2+\tau\|\nabla e_n\|_{0,\omega}^2\right)\leqslant c\tau^2K_1, \tag{4.1.15}$$

其中 $e_n=u(z_n)-u_n$ 和常数 K_1 是 (4.2.9) 所定义的.

证明 首先,

$$\frac{\partial u}{\partial z}(z_n)-\frac{1}{\tau}(u(z_n)-u(z_{n-1}))=R_n, \tag{4.1.16}$$

其中余项 R_n 的积分表达式

$$R_n(u)=\frac{1}{\tau}\int_{z_{n-1}}^{z_n}(z-z_{n-1})\frac{\partial^2 u}{\partial z\partial z}\mathrm{d}z. \tag{4.1.17}$$

所以

$$
\begin{aligned}
-\frac{\partial_z u(z_n)-\partial_z u(z_{n-1})}{\tau} = & -\frac{u(z_{n+1})-2u(z_n)+u(z_{n-1})}{\tau^2} \\
& +\frac{1}{\tau}\left[\int_{z_n}^{z_{n+1}}(z_{n+1}-z)\partial_{zz}^2 u(z)\mathrm{d}z\right. \\
& \left.-\int_{z_n}^{z_{n-1}}(z_n-z)\partial_{zz}^2 u(z)\mathrm{d}z\right].
\end{aligned} \tag{4.1.18}
$$

(4.1.1) 两边在区间 $[z_{n-1},z_n]$ 上积分并利用 (4.1.18) 得

$$
\begin{aligned}
& -\frac{1}{\tau^2}(u(z_{n+1})-2u(z_n)+u(z_{n-1}))-\Delta u(z_n) \\
= & f_n+\frac{1}{\tau}\int_{z_{n-1}}^{z_n}(\Delta(u(z)-u(z_n)))\mathrm{d}z \\
& -\frac{1}{\tau}\int_{z_n}^{z_{n+1}}(z_{n+1}-z)\partial_{zz}u(z)\mathrm{d}z+\frac{1}{\tau}\int_{z_{n-1}}^{z_n}(z_n-z)\partial_{zz}u(z)\mathrm{d}z.
\end{aligned} \tag{4.1.19}
$$

将 (4.1.4) 和 (4.1.19) 相减, 并令 $e_n=u(z_n)-u_n$, 得到误差函数的方程

$$
\begin{aligned}
-\frac{1}{\tau^2}(e_{n+1}-2e_n+e_{n-1})-\Delta e_n = & \frac{1}{\tau}\int_{z_{n-1}}^{z_n}\Delta(u(z)-u(z_n))\mathrm{d}z \\
& -\frac{1}{\tau}\int_{z_n}^{z_{n+1}}(z_{n+1}-z)\partial_{zz}u(z)\mathrm{d}z \\
& +\frac{1}{\tau}\int_{z_{n-1}}^{z_n}(z_n-z)\partial_{zz}u(z)\mathrm{d}z.
\end{aligned} \tag{4.1.20}
$$

(4.1.20) 与 τe_n 做 $L^2(\omega)$ 内积, 利用 Schwartz 和 Poincaré 以及 Young 不等式推出

$$
\left\{
\begin{aligned}
& \frac{1}{\tau}[(e_n-e_{n+1},e_{n+1})+(e_n-e_{n-1},e_{n-1})+\|e_n-e_{n+1}\|_{0,\omega}^2 \\
& \qquad +\|e_n-e_{n-1}\|_{0,\omega}^2]+\frac{1}{2}\tau\|\nabla e_n\|_{0,\omega}^2=\frac{1}{\tau}(I_1+\lambda_1 I_2), \\
& I_1=\left\|\int_{z_{n-1}}^{z_n}(\nabla u(z)-\nabla u(z_n))\mathrm{d}z\right\|_{0,\omega}^2, \\
& I_2=\left\|\int_{z_n}^{z_{n+1}}(z-z_{n+1})\partial_{zz}u(z)\mathrm{d}z+\int_{z_{n-1}}^{z_n}(z_n-z)\partial_{zz}u(z)\mathrm{d}z\right\|_{0,\omega}^2.
\end{aligned}
\right. \tag{4.1.21}
$$

由 Hölder 不等式有

$$
\begin{aligned}
I_2 \leqslant & \left[\left\|\int_{z_n}^{z_{n+1}}(z_{n+1}-z)\partial_{zz}u(z)\mathrm{d}z\right\|_{0,\omega}^2+\left\|\int_{z_{n-1}}^{z_n}(z_n-z)\partial_{zz}u(z)\mathrm{d}z\|_{0,\omega}^2\right\|_{0,\omega}^2\right] \\
\leqslant & \left(\frac{\tau^3}{3}\int_{z_n}^{z_{n+1}}\|u_{zz}\|_{0,\omega}^2\mathrm{d}z+\int_{z_{n-1}}^{z_n}\frac{\tau^3}{3}\|u_{zz}\|_{0\omega}^2\right)\mathrm{d}z
\end{aligned}
$$

$$= \frac{\tau^3}{3}\int_{z_{n-1}}^{z_{n+1}} \|u_{zz}\|_{0,\omega}^2 \mathrm{d}z. \tag{4.1.22}$$

因为

$$\begin{aligned}
\left|\int_{z_{n-1}}^{z_n} (\nabla u(z) - \nabla u(z_n))\mathrm{d}z\right| &= \left|\nabla\left(\int_{z_{n-1}}^{z_n}\int_{z_n}^{z} \partial_z u(t)\mathrm{d}t\mathrm{d}z\right)\right| \\
&= \left|-\nabla\left(\int_{z_{n-1}}^{z_n}\int_{z}^{z_n} \partial_z u(t)\mathrm{d}t\mathrm{d}z\right)\right| \\
&= \left|\nabla\left(\int_{z_{n-1}}^{z_n} (\partial_z u(t)\int_{z}^{z_{n-1}} \mathrm{d}z)\mathrm{d}t\right)\right| \\
&= \left|\nabla\left(\int_{z_{n-1}}^{z_n} (z_n - t)\partial_t u(t)\mathrm{d}t\right)\right| \\
&\leqslant \sqrt{\int_{z_{n-1}}^{z_n} |(z_n - t)|^2\mathrm{d}t}\sqrt{\int_{z_{n-1}}^{z_n} |\nabla\partial_t u(t)|^2\mathrm{d}t} \\
&= \sqrt{\frac{\tau^3}{3}}\sqrt{\int_{z_{n-1}}^{z_n} |\nabla\partial_t u(t)|^2\mathrm{d}t},
\end{aligned}$$

从而得到

$$I_1 \leqslant \frac{\tau^3}{3}\int_{z_{n-1}}^{z_n} \|\nabla\partial_t u(t)\|_{0,\omega}^2 \mathrm{d}t. \tag{4.1.23}$$

从 $n=1$ 到 $n=N$ 对 $(4.1.21_1)$ 求和, 利用 $e_0 = e_N = 0$ 和 Young 不等式以及

$$\left\{\begin{aligned}
&\sum_{n=1}^{N-1}(e_n - e_{n+1}, e_{n+1}) = \sum_{m=2}^{N}(e_{m-1} - e_m, e_m) \\
&\qquad = \sum_{m=1}^{N-1}(e_{m-1} - e_m, e_m) + (e_{N-1} - e_N, e_N) - (e_0 - e_1, e_1) \\
&\qquad = \sum_{m=1}^{N-1}(e_{m-1} - e_m, e_m) + \|e_1\|_{0,\omega}^2, \\
&\sum_{n=1}^{N-1}(e_n - e_{n+1}, e_{n+1}) + (e_n - e_{n-1}, e_{n-1}) = \|e_1\|_{0,\omega}^2 - \sum_{n=1}^{N-1}\|e_n - e_{n-1}\|_{0,\omega}^2, \\
&\sum_{n=1}^{N-1}\|e_n - e_{n+1}\|_{0,\omega}^2 = \sum_{m=2}^{N}\|e_{m-1} - e_m\|_{0,\omega}^2 \\
&\qquad = \sum_{m=21}^{N-1}\|e_{m-1} - e_m\|_{0,\omega}^2 + \|e_{N-1}\|_{0,\omega}^2 - \|e_1\|_{0,\omega}^2,
\end{aligned}\right. \tag{4.1.24}$$

可得

$$
\begin{aligned}
&\frac{1}{\tau}\left[\|e_{N-1}\|_{0,\omega}^2+\sum_{n=1}^{N-1}\left[\|e_n-e_{n-1}\|_{0,\varnothing}^2+\frac{1}{2}\tau\|\nabla e_n\|_{0,\varnothing}^2\right]\right.\\
\leqslant&\frac{\tau^2}{3}\sum_{n=1}^{N-1}\left[\int_{z_{n-1}}^{z_{n+1}}\|u_{zz}\|_{0,\omega}^2\mathrm{d}z+\int_{z_{n-1}}^{z_n}\|\nabla\partial_t u(t)\|_{0,\omega}^2\mathrm{d}t\right],
\end{aligned}
$$

即

$$
\begin{aligned}
2\tau\sum_{n=1}^{N-1}\left[\left\|\frac{e_n-e_{n-1}}{\tau}\right\|_{0,\varnothing}^2+\tau\|\nabla e_n\|_{0,\varnothing}^2\right]&\leqslant\frac{2}{3}\tau^2[2\|u_{zz}\|_{0,\Omega}^2\mathrm{d}z+\|\nabla\partial_t u(t)\|_{0,\Omega}^2\mathrm{d}t]\\
&\leqslant C\tau^2\|f\|_{0,\Omega}^2,
\end{aligned}
$$

这就完成了定理的证明.

定理 4.1.3 设 $u\in H^2(\Omega)$ 是 (4.1.1) 的解, u_τ 是 (4.1.1) 由 (4.1.4) 所定义的逼近解. 那么成立:

$$
\begin{cases}
|u-u_\tau|_{1,\Omega}\leqslant C\tau\|f\|_{0,\Omega},\\
\|u-u_\tau\|_{0,\Omega}\leqslant C\tau\|f\|_{0,\Omega}.
\end{cases}
\tag{4.1.25}
$$

证明 实际上, 由于 $\alpha(z)+\beta(z)=1$ 和 $u(z)-u_n=\int_{z_n}^{z}\partial_t u(t)\mathrm{d}t+e_n$,

$$
\begin{aligned}
u(z)-u_\tau(z)=&\alpha(z)(u(z)-u_{n-1})+\beta(z)(u(z)-u_n)\\
=&\alpha(z)\left(\int_{z_{n-1}}^{z}\partial_t u(t)\mathrm{d}t+e_{n-1}\right)+\beta(z)\left(\int_{z_n}^{z}\partial_t u(t)\mathrm{d}t+e_n\right)\\
=&\left(\alpha\int_{z_{n-1}}^{z}+\beta\int_{z_n}^{z}\right)\partial_t u(t)\mathrm{d}t+\alpha e_{n-1}+\beta e_n,\quad\forall z\in[z_{n-1},z_n],
\end{aligned}
$$

有

$$
\begin{aligned}
\|\nabla(u-u_\tau)\|_{0,\Omega}^2=&\sum_{n=1}^{N}\int_{z_{n-1}}^{z_n}\|\nabla(u-u_\tau)\|_{0,\omega}^2\mathrm{d}z\\
\leqslant&2\sum_{n=1}^{N}\int_{z_{n-1}}^{z_n}\|\nabla((\alpha\int_{z_{n-1}}^{z}+\beta\int_{z_n}^{z})\partial_t u(t)dt)\|_{0,\omega}^2\mathrm{d}z\\
&+2\sum_{n=1}^{N}\int_{z_{n-1}}^{z_n}\|\alpha\nabla e_n+\beta\nabla e_{n-1}\|_{0,\omega}^2\mathrm{d}z\\
\leqslant&4\sum_{n=1}^{N}\int_{z_{n-1}}^{z_n}[\alpha^2\|\int_{z_{n-1}}^{z}\nabla\partial_t u(t)\mathrm{d}t\|_{0,\omega}^2\\
&+\beta^2\|\int_{z_n}^{z}\nabla\partial_t u(t)dt)\|_{0,\omega}^2\mathrm{d}z
\end{aligned}
$$

$$+4\sum_{n=1}^{N}\int_{z_{n-1}}^{z_n}[\alpha^2\|\nabla e_n\|_{0,\omega}^2+\beta^2\|\nabla e_{n-1}\|_{0,\omega}^2]\mathrm{d}z:=I_1+I_2, \tag{4.1.26}$$

其中

$$\begin{aligned}I_2&=4\sum_{n=1}^{N}\int_{z_{n-1}}^{z_n}(\alpha^2\|\nabla e_n\|_{0,\omega}^2+\beta^2\|\nabla e_{n-1}\|_{0,\varnothing}^2)\mathrm{d}z\\&\leqslant 4\sum_{n=1}^{N}\left[\left\|\nabla e_n\|_{0,\omega}^2\int_{z_{n-1}}^{z_n}\alpha^2\mathrm{d}z+\right\|\nabla e_{n-1}\|_{0,\varnothing}^2\int_{z_{n-1}}^{z_n}\beta^2\mathrm{d}z\right]\\&\leqslant\frac{4}{3}\tau\sum_{n=1}^{N}[\|\nabla e_n\|_{0,\omega}^2+\|\nabla e_{n-1}\|_{0,\varnothing}^2]\leqslant\frac{8}{3}\tau\sum_{n=1}^{N}\|\nabla e_n\|_{0,\omega}^2,\end{aligned} \tag{4.1.27}$$

这里用到了 $e_0=e_N=0$,

$$I_1=4\sum_{n=1}^{N}\int_{z_{n-1}}^{z_n}\left[\alpha^2\left\|\int_{z_{n-1}}^{z}\nabla\partial_t u(t)\mathrm{d}t\right\|_{0,\omega}^2+\beta^2\left\|\int_{z_n}^{z}\nabla\partial_t u(t)\mathrm{d}t\right\|_{0,\omega}^2\right]\mathrm{d}z=I_{11}+I_{12},$$

由 Hölder 不等式

$$\int_{z_{n-1}}^{z}\nabla\partial_t u(t)\mathrm{d}t\leqslant\sqrt{z-z_{n-1}}\sqrt{\int_{z_{n-1}}^{z}|\nabla\partial_t u(t)|^2\mathrm{d}t},$$

$$\begin{aligned}I_{11}&=4\sum_{n=1}^{N}\int_{z_{n-1}}^{z_n}\alpha^2\left\|\left(\int_{z_{n-1}}^{z}\nabla\partial_t u(t)\mathrm{d}t\right)\right\|_{0,\omega}^2\mathrm{d}z\\&\leqslant 4\sum_{n=1}^{N}\int_{z_{n-1}}^{z_n}(\alpha^2(z-z_{n-1})\int_{z_{n-1}}^{z}\|\nabla(\partial_t u(t))\|_{0,\omega}^2dt)\mathrm{d}z\\&=4\sum_{n=1}^{N}\int_{z_{n-1}}^{z_n}\left(\|\nabla(\partial_t u(t))\|_{0,\omega}^2\int_{z_n}^{t}(z-z_{n-1})\alpha^2\mathrm{d}z\right)\mathrm{d}t\\&=\frac{1}{\tau^2}\sum_{n=1}^{N}\int_{z_{n-1}}^{z_n}((t-z_{n-1})^4\|\nabla(\partial_t u(t))\|_{0,\omega}^2)\mathrm{d}t\\&\leqslant\tau^2\|\nabla(\partial_z u)\|_{0,\Omega}^2,\end{aligned} \tag{4.1.28}$$

同样有

$$I_{12}\leqslant\tau^2\|\nabla(\partial_z u)\|_{0,\Omega}^2.$$

下面考察

$$\|\partial_z(u-u_\tau)\|_{0,\Omega}^2=\sum_{n=1}^{N}\int_{z_{n-1}}^{z_n}\|\partial_z(u-u_\tau)\|_{0,\omega}^2\mathrm{d}z,$$

事实上

$$
\begin{aligned}
\|\partial_z(u-u_\tau)\|_{0,\omega}^2 &= \|\partial_z u - \frac{u_{n-1}-u_n}{\tau}\|_{0,\omega}^2 \\
&= \left\| \int_{z_{n-1}}^{z} \partial_t\partial_z u \mathrm{d}t + \partial_z u(z_{n-1}) - \frac{u_{n-1}-u_n}{\tau} \right\|_{0,\omega}^2 \\
&\leqslant 2\left\| \int_{z_{n-1}}^{z} \partial_t\partial_z u \mathrm{d}t \right\|_{0,\omega}^2 + k_0\tau^2,
\end{aligned} \tag{4.1.29}
$$

其中 k_0 依赖于 $\|u\|_{2,\Omega}$ 的常数. 另一方面, 由 Hölder 不等式可以推出

$$
\int_\omega \left(\int_{z_{n-1}}^{z} \partial_t^2 u(t) \mathrm{d}t \right)^2 \mathrm{d}x\mathrm{d}y \leqslant \int_\omega \left((z-z_{n-1}) \int_{z_{n-1}}^{z} |\partial_t^2 u|^2 \right) \mathrm{d}t\mathrm{d}x\mathrm{d}y,
$$

$$
\begin{aligned}
\int_{z_{n-1}}^{z_n} \left\| \int_{z_{n-1}}^{z} \partial_t\partial_z u \mathrm{d}t \right\|_{0,\omega}^2 \mathrm{d}z &\leqslant \int_{z_{n-1}}^{z_n} \int_\omega \left((z-z_{n-1}) \int_{z_{n-1}}^{z} |\partial_t^2 u|^2 \right) \mathrm{d}t\mathrm{d}x\mathrm{d}y\mathrm{d}z \\
&= \int_{z_{n-1}}^{z_n} \left((z-z_{n-1}) \int_{z_{n-1}}^{z} \|\partial_t^2 u\|_{0,\omega}^2 \right) \mathrm{d}t\mathrm{d}z \\
&= \int_{z_{n-1}}^{z_n} \int_{z_{n-1}}^{z} (z-z_{n-1}) \|\partial_t^2 u\|_{0,\omega}^2 \mathrm{d}t\mathrm{d}z \\
&= \int_{z_{n-1}}^{z_n} \|\partial_t^2 u\|_{0,\omega}^2 \int_t^{z_n} (z-z_{n-1}) \mathrm{d}z\mathrm{d}t \\
&= \frac{1}{2} \int_{z_{n-1}}^{z_n} (\tau^2 - (t-z_{n-1})^2) \|\partial_t^2 u\|_{0,\omega}^2 \mathrm{d}t \\
&\leqslant \tau^2 \int_{z_{n-1}}^{z_n} \|\partial_t^2 u\|_{0,\omega}^2 \mathrm{d}t.
\end{aligned}
$$

有

$$
\|\partial_z(u-u_\tau)\|_{0,\Omega}^2 \leqslant \tau^2(2\|\partial^2 u\|_{0,\Omega}^2 + k_0) \leqslant k_0\tau^2,
$$

其中 k_0 是依赖于 $\|u\|_{0,\Omega}$ 的常数. 综上所述有

$$
\|\nabla(u-u_\tau)\|_{0,\Omega}^2 \leqslant \frac{8}{3}\tau \sum_{n=1}^{N} \|\nabla e_n\|_{0,\omega}^2 + k_0\tau^2.
$$

由定理 4.1.2, 有

$$
\|\nabla(u-u_\tau)\|_{0,\Omega}^2 \leqslant c\tau K_1 + k_0\tau^2.
$$

从而得到 $(4.1.25_1)$. 类似可得 $(4.1.25_2)$. 证毕.

(4.1.4) 是一个带有 $N-1$ 个线性问题的系统. 求解过程如下：假设 u_n^i, $n=1,2,\cdots,N-1$ 已知, $u_0^i=u_n^i=0$, 那么 u_n^{i+1} 是下列方程组的解：

$$
\begin{aligned}
&2\tau^{-2}(u_n^{i+1},v)+(\nabla u_n^{i+1},\nabla v)=(f_n,v)+\tau^{-2}(u_{n+1}^i+u_{n-1}^i,v),\\
&\forall v\in H_0^1(\omega),\quad i=0,1,\cdots,\quad n=1,2,\cdots,N-1.
\end{aligned}\tag{4.1.30}
$$

因 $u_N^i=u_0^i=0$, 令 $v=u_n^i$ 从 $n=1$ 到 $n=N-1$ 求和, 我们断定

$$
\begin{aligned}
&\sum_{n=1}^{N-1}\left[\frac{2}{\tau^2}\|u_n^{i+1}\|_{0,\omega}^2+\frac{1}{2}\|\nabla u_n^i\|_{0,\omega}^2\right]\\
\leqslant&\frac{\lambda_1}{2}\tau^{-1}\|f\|_{0,\Omega}^2+\frac{1}{2\tau^2}\sum_{n=1}^{N-1}(\|u_{n+1}^i\|_{0,\omega}^2+\|u_{n-1}^i\|_{0,\omega}^2)\\
\leqslant&\frac{\lambda_1}{2}\tau^{-1}\|f\|_{0,\Omega}^2+\tau^{-2}\sum_{n=1}^{N-1}\|u_n^i\|_{0,\omega}^2,
\end{aligned}\tag{4.1.31}
$$

换句话说,

$$
\left\{
\begin{aligned}
&2\sum_{n=1}^{N-1}\|u_n^{i+1}\|_{0,\omega}^2\leqslant\frac{\lambda_1\tau}{2}\|f\|_{0,\Omega}^2+\sum_{n=1}^{N-1}\|u_n^i\|_{0,\omega}^2,\\
&\sum_{n=1}^{N-1}\|\nabla u_n^i\|_{0,\omega}^2\leqslant\frac{\lambda_1}{\tau}\|f\|_{0,\Omega}^2+2\tau^{-2}\sum_{n=1}^{N-1}\|u_n^i\|_{0,\omega}^2,
\end{aligned}
\right.\tag{4.1.32}
$$

考虑到

$$
\begin{aligned}
&(1+\alpha)\xi^i\leqslant\xi^{i-1}+\beta,\quad\forall\text{ 序列 }\xi^i\geqslant 0,\\
&\text{则}\quad \xi^i\leqslant(1+\alpha)^{-i}\xi^0+\frac{\beta}{\alpha},\\
&\xi\leqslant 2\frac{\beta}{\alpha},\quad\text{只要 }\xi^0\leqslant R,\quad i\geqslant\frac{\log(R\alpha/\beta)}{\log(1+\alpha)},
\end{aligned}
$$

由 (4.1.31) 推出

$$
\left\{
\begin{aligned}
&\sum_{n=1}^{N-1}\|u_n^i\|_{0,\omega}^2\leqslant 2^{-i}\sum_{n=1}^{N-1}\|u_n^0\|_{0,\omega}^2+\frac{\tau\lambda_1}{4}\|f\|_{0,\Omega}^2,\qquad\forall i=1,2,\cdots,\\
&\sum_{n=1}^{N-1}\|\nabla u_n^i\|_{0,\omega}^2\leqslant\frac{3}{2}\frac{\lambda_1}{\tau}\|f\|_{0,\Omega}^2+2^{1-i}\tau^{-2}\sum_{n=1}^{N-1}\|u_n^0\|_{0,\omega}^2.
\end{aligned}
\right.\tag{4.1.33}
$$

因此证明了

定理 4.1.4 当 $i\to\infty$ 时, 序列 u_n^i 在 $L^2(\omega)$ 和 $H_0^1(\omega)$ 上均有界. 因此存在一个子序列, 记为 u_n^i, 当 $i\to\infty$ 时, 有

$$
u_n^i\to U_n\text{ 在 }L^2(\omega)\text{内},\quad u^i\rightharpoonup U_n\text{ 在 }H_0^1(\omega)\text{内},
$$

这里利用 $H_0^1(\omega)\subset L^2(\omega)$ 在 $L^2(\omega)$ 里弱极限唯一. 特别, 对函数

$$u_\tau^i(z)=\sum_{n=1}^{N-1}(u_{n-1}^i\alpha_n(z)+\beta_n(z)u_n^i),\quad \forall\, z\in[z_{n-1},z_n]$$

成立,

$$u_\tau^i\to U_\tau \text{ 在 } L^2(\omega)\text{内},\quad u_\tau^i\rightharpoonup U_\tau \quad \text{在 } H_0^1(\omega)\text{内}$$

也成立, 因此我们断定 U_n 满足 (4.1.30), 且

$$U_\tau=\sum_{n=1}^{N-1}(U_{n-1}\alpha_n(z)+\beta_n(z)U_n),\quad \forall\, z\in[z_{n-1},z_n].$$

定理 4.1.5　设 (4.1.1) 的解 u 满足 $u\in H^2(\Omega)$, u_n^i 是 (4.1.30) 的迭代解. 那么下列误差估计成立:

$$\|\nabla(u_\tau^i-u)\|_{0,\omega}^2\leqslant\frac{8}{3}\tau\sum_{n=1}^{N-1}\|\nabla e_n^o\|_{0,\omega}^2+k_0\tau^2,\tag{4.1.34}$$

其中 $u_\tau^i=\alpha_n(z)u_{n-1}^i+\beta_n(z)u_n^i$.

证明　首先, 令 $e_n^i=u(z_n)-u_n^i$. 因而

$$u(z)-u_n^i=\int_{z_n}^z\partial_t u(t)\mathrm{d}t+e_n^i.$$

类似在定理 4.1.3 中所证, 利用 $\alpha(z)+\beta(z)=1$, 有

$$\begin{aligned}u(z)-u_\tau^i(z)&=\alpha(z)(u(z)-u_{n-1}^i)+\beta(z)(u(z)-u_n^i)\\&=\left(\alpha\int_{z_{n-1}}^z+\beta\int_{z_n}^z\right)\partial_t u(t)\mathrm{d}t+\alpha e_{n-1}^i+\beta e_n^i,\quad \forall\, z\in,[z_{n-1},z_n],\end{aligned}$$

所以

$$\begin{aligned}\|\nabla(u-u_\tau^i)\|_{0,\Omega}^2&=\sum_{n=1}^N\int_{z_{n-1}}^{z_n}\|\nabla(u-u_\tau^i)\|_{0,\omega}^2\mathrm{d}z\\&\leqslant 4\sum_{n=1}^N\int_{z_{n-1}}^{z_n}[\alpha^2\|\int_{z_{n-1}}^z\nabla\partial_t u(t)\mathrm{d}t\|_{0,\omega}^2+\beta^2\|\int_{z_n}^z\nabla\partial_t u(t)\mathrm{d}t)\|_{0,\omega}^2\mathrm{d}z\\&\quad+4\sum_{n=1}^N\int_{z_{n-1}}^{z_n}[\alpha^2\|\nabla e_n^i\|_{0,\omega}^2+\beta^2\|\nabla e_{n-1}^i\|_{0,\omega}^2]\mathrm{d}z\coloneqq I_1+I_2,\end{aligned}\tag{4.1.35}$$

其中

$$I_2=4\sum_{n=1}^N\int_{z_{n-1}}^{z_n}(\alpha^2\|\nabla e_n^i\|_{0,\omega}^2+\beta^2\|\nabla e_{n-1}^i\|_{0,\omega}^2)\mathrm{d}z$$

$$
\begin{aligned}
&\leqslant \frac{4}{3}\tau\sum_{n=1}^{N}[\|\nabla e_n^i\|_{0,\omega}^2+\|\nabla e_{n-1}^i\|_{0,\omega}^2] \\
&\leqslant \frac{8}{3}\tau\sum_{n=1}^{N}\|\nabla e_n^i\|_{0,\omega}^2 \quad (\text{因 } e_0^i=e_N^i=0)
\end{aligned} \tag{4.1.36}
$$

和

$$
I_1=4\sum_{n=1}^{N}\int_{z_{n-1}}^{z_n}\left[\alpha^2\left\|\int_{z_{n-1}}^{z}\nabla\partial_t u(t)\mathrm{d}t\right\|_{0,\omega}^2+\beta^2\left\|\int_{z_n}^{z}\nabla\partial_t u(t)\mathrm{d}t\right\|_{0,\omega}^2\right]\mathrm{d}z\leqslant k_0\tau^2,
$$

总之

$$
\|\nabla(u-u_\tau^i)\|_{0,\Omega}^2\leqslant\frac{8}{3}\tau\sum_{n=1}^{N}\|\nabla e_n^i\|_{0,\omega}^2+k_0\tau^2. \tag{4.1.37}
$$

下面估计 $\sum_{n=1}^{N}\|\nabla e_n^i\|_{0,\omega}^2$. 由于

$$
\begin{cases}
-[\tau^{-2}(u_{n+1}-2u_n+u_{n-1})+\Delta u_n]=f_n,\\
-[\tau^{-2}(u_{n+1}^i-2u_n^{i+1}+u_{n-1}^i)+\Delta u_n^{i+1}]=f_n,
\end{cases} \tag{4.1.38}
$$

$(4.1.38_1)$ 和 $(4.1.38_2)$ 相减, 记 $e_n^i=u_n^i-u_n$, 得到

$$
-[\tau^{-2}(e_{n+1}^i-2e_n^{i+1}+e_{n-1}^i)+\Delta e_n^{i+1}]=0,
$$

与 Δe_n^{i+1} 做 $L^2(\omega)$ 内积并利用 Green 公式得

$$
\begin{aligned}
2\tau^{-2}\|\nabla e_n^{i+1}\|_{0,\omega}^2+\|\Delta e_n^{i+1}\|_{0,\omega}^2&=\tau^{-2}(\nabla(e_{n+1}^i+e_{n-1}^i),\nabla e_n^{i+1})\\
&\leqslant\tau^{-2}\|\nabla e_n^{i+1}\|_{0,\omega}+\frac{\tau^{-2}}{2}(\|\nabla e_{n+1}^i\|_{0,\omega}^2+\|\nabla e_{n-1}^i\|_{0,\omega}^2).
\end{aligned}
$$

因此

$$
\|\nabla e_n^{i+1}\|_{0,\omega}^2\leqslant\frac{1}{2}(\|\nabla e_{n+1}^i\|_{0,\omega}^2+\|\nabla e_{n-1}^i\|_{0,\omega}^2), \tag{4.1.39}
$$

(4.1.39) 从 $n=1$ 到 $n=N-1$ 对 (4.1.39) 求和, 推出

$$
\sum_{n=1}^{N-1}\|\nabla e_n^{i+1}\|_{0,\omega}^2\leqslant\sum_{n=1}^{N-1}\|\nabla e_n^i\|_{0,\omega}^2\leqslant\cdots\leqslant\sum_{n=1}^{N-1}\|\nabla e_n^0\|_{0,\omega}^2. \tag{4.1.40}
$$

从 (4.1.40) 和 (4.1.37) 可得到 (4.1.34). 证毕.

4.1.2 二维问题有限元逼近

设 $\mathcal{T}_h=\{K\}$ 是一个正则三角剖分, $\omega=\bigcup_{i=i}^{N}K$, 网格参数 h:$h=\max\{h_K:K\in\mathcal{T}_h\}$ 和 $h_K=\mathrm{diam}K$. 有限元子空间

$$X_h=\{v\in H_0^1(\omega):v|_K\in P_1(K),\forall K\in\mathcal{T}_h\},$$

其中 $P_1(K)$ 是所有 K 上的次数不大于 1 的多项式的全体. $\phi_1(x_1,x_2),\cdots,\phi_m(x_1,x_2)$ 是有限元子空间的基函数,

$$X_h=\mathrm{span}\{\phi_1,\cdots,\phi_m\}.$$

有限元逼近问题是: $u_h^n=\sum_{j=1}^{m}a_j^n\phi_j(x_1,x_2)$ 使得

$$-\frac{1}{\tau^2}(u_h^{n+1}-2u_h^n+u_h^{n-1},v_h)+(\nabla u_h^n,\nabla v_h)=(f^n,v_h),\quad \forall v_h\in X_h. \tag{4.1.41}$$

对应的关于 a_j^n, $j=1,\cdots,m;n=1,\cdots,N$ 的代数方程组是

$$\boldsymbol{A}\boldsymbol{U}=\boldsymbol{F}, \tag{4.1.42}$$

其中

$$\begin{gathered}\boldsymbol{U}=(U^1,U^2,\cdots,U^N)^{\mathrm{T}},\quad U^n=(a_1^n,\cdots,a_m^n)^{\mathrm{T}},\\ \boldsymbol{F}=(F^1,F^2,\cdots,F^N)^{\mathrm{T}},\quad F^n=((f^n,\phi_1),\cdots,(f^n,\phi_m))^{\mathrm{T}},\\ B=(b_{ij})_{m\times m},\quad b_{ij}=(\nabla\phi_j,\nabla\phi_i)_\omega,\\ C=(c_{ij})_{m\times m},\quad c_{ij}=\frac{1}{\tau^2}(\phi_j,\phi_i)_\omega,\end{gathered}$$

以及

$$\boldsymbol{A}=\begin{pmatrix} B+2C & -C & 0 & 0 & \cdots & 0 & 0 & 0\\ -C & B+2C & -C & 0 & \cdots & 0 & 0 & 0\\ 0 & -C & B+2C & -C & \cdots & 0 & 0 & 0\\ \vdots & \vdots & \vdots & \vdots & & \vdots & \vdots & \vdots\\ 0 & 0 & 0 & 0 & \cdots & -C & B+2C & -C\\ 0 & 0 & 0 & 0 & \cdots & 0 & -C & B+2C \end{pmatrix}_{N\times N},$$

$\forall v\in L^2(\omega)$, 定义 L^2 投影 $P_h:L^2(\omega)\to X_h$:

$$(P_hv,w_h)=(v,w_h),\quad \forall w_h\in X_h,$$

投影算子 P_h 满足: $\forall v \in H^2(\omega) \cap H_0^1(\omega)$,

$$\begin{aligned}&\|v - P_h v\|_{0,\omega} \leqslant \mathrm{ch}\|\nabla v\|_{0,\omega},\\&\|v - P_h v\|_{0,\omega} + h\|\nabla(v - P_h v)\|_{0,\omega} \leqslant \mathrm{ch}^2\|\Delta v\|_{0,\omega}.\end{aligned} \tag{4.1.43}$$

设 $e_h^n = P_h u^n - u_h^n$, 从 (4.1.4)

$$\begin{aligned}&-\frac{1}{\tau^2}(e_h^{n+1} - 2e_h^n + e_h^{n-1}, v_h) + (\nabla e_h^n, \nabla v_h)\\=&(\nabla(P_h u^n - u^n), \nabla v_h), \quad \forall v_h \in X_h.\end{aligned} \tag{4.1.44}$$

令 $v_h = 2\tau e_h^n$,

$$\begin{aligned}&\frac{1}{\tau}[2\|e_h^n\|_{0,\omega}^2 - \|e_h^{n+1}\|_{0,\omega}^2 - \|e_h^{n-1}\|_{0,\omega}^2 + \|e_h^n - e_h^{n+1}\|_{0,\omega}^2\\&+ \|e_h^n - e_h^{n-1}\|_{0,\omega}^2] + 2\tau\|\nabla e_h^n\|_{0,\omega}^2\\\leqslant&2\tau\|\nabla(P_h u^n - u^n)\|_{0,\omega}\|\nabla e_h^n\|_{0,\omega}\\\leqslant&\tau\|\nabla e_h^n\|_{0,\omega}^2 + \tau\|\nabla(P_h u^n - u^n)\|_{0,\omega}^2.\end{aligned} \tag{4.1.45}$$

求和后, 注意 $e_h^0 = e_h^{N+1} = 0$, 得

$$\begin{aligned}&2\tau\sum_{n=1}^{N+1}\|d_t e_h^n\|_{0,\omega}^2 + \tau\sum_{n=1}^{N+1}\|\nabla e_h^n\|_{0,\omega}^2\\\leqslant&\tau\sum_{n=1}^{N}\|\nabla(P_h u^n - u^n)\|_{0,\omega}^2 \leqslant \mathrm{ch}^2\tau\sum_{n=1}^{N}\|\Delta u^n\|_{0,\omega}^2,\end{aligned} \tag{4.1.46}$$

$$\begin{aligned}&\tau\sum_{n=1}^{N+1}\|d_t(u^n - u_h^n)\|_{0,\omega}^2 + \tau\sum_{n=1}^{N+1}\|\nabla(u^n - u_h^n)\|_{0,\omega}^2\\\leqslant&2\tau\sum_{n=1}^{N+1}\|d_t(u^n - P_h u^n)\|_{0,\varnothing}^2 + 2\tau\sum_{n=1}^{N+1}\|\nabla(u^n - P_h u^n)\|_{0,\omega}^2\\&+ 2\tau\sum_{n=1}^{N+1}\|d_t e^n\|_{0,\varnothing}^2 + 2\tau\sum_{n=1}^{N+1}\|\nabla e^n\|_{0,\omega}^2\\\leqslant&\mathrm{ch}^2\tau\sum_{n=1}^{N+1}\|\nabla d_t u^n\|_{0,\omega}^2 + \mathrm{ch}^2\tau\sum_{n=1}^{N+1}\|\Delta u^n\|_{0,\omega}^2\\\leqslant&\mathrm{ch}^2\tau\sum_{n=1}^{N+1}\|f^n\|_{0,\omega}^2 = \mathrm{ch}^2\|f\|_{0,\Omega}^2.\end{aligned} \tag{4.1.47}$$

定义逼近解 u_h 使得

$$u_h(x_1, x_2, t) = \alpha(t)u_h^{n-1}(x_1, x_2) + \beta(t)u_h^n(x_1, x_2),$$

$$\forall (x_1, x_2) \in \omega, \forall t \in [t_{n-1}, t_n], n = 1, \cdots, N+1,$$

$$\begin{aligned}
|u_\tau - u_h|_{1,\Omega}^2 =& \|\partial_z (u_\tau - u_h)\|_{0,\Omega}^2 + \|\nabla (u_\tau - u_h)\|_{0,\Omega}^2 \\
=& \tau \sum_{n=1}^{N+1} \|d_t (u^n - u_h^n)\|_{0,\omega}^2 \\
&+ \tau \sum_{n=1}^{N+1} \|\alpha(t) \nabla (u^{n-1} - u_h^{n-1}) + \beta(t) \nabla (u^n - u_h)\|_{0,\omega}^2 \\
\leqslant & \mathrm{ch}^2 \|f\|_{0,\Omega}^2.
\end{aligned} \tag{4.1.48}$$

定理 4.1.6　设 u 和 u_h^n 是 (4.1.1), (4.1.2) 和 (4.1.42) 的解. 那么有

$$|u - u_h|_{1,\Omega} \leqslant |u - u_\tau|_{1,\Omega} + |u_\tau - u_h|_{1,\Omega} \leqslant c(h+\tau)\|f\|_{0,\Omega}. \tag{4.1.49}$$

注 1　Poisson 方程边值问题的维数分裂 (WSFL) 方法的收敛速率和有限元 (FEM) 逼近解具有同样的速率. 然而,

(i) 矩阵系数的计算, WSFL 比 FEM 简单, 因为只需在 $d-1$ 维区域 ω 上计算

$$\frac{1}{\tau^2}(\phi_j, \phi_i)_\omega \text{和} (\nabla \phi_j, \nabla \phi_i)_\omega, \quad i, j = 1, \cdots, m.$$

(ii) 代数方程 (4.1.42) 的系数矩阵是一个三对角块, 可以用追赶法求解, 不但速度快, 而且由于三对角块, 可以应用双向并行算法.

迭代过程　第一步. 给初值 $\{u_{h,0}^n\}_{n=1}^N$.

第二步. $\forall i \geqslant 1$, 和 $1 \leqslant n \leqslant N$, 计算 $u_{h,i}^n \in X_h$, 使得

$$(\nabla u_{h,i}^n, \nabla v_h) + \frac{2}{\tau^2}(u_{h,i}^n, v_h) = (f^n, v_h) + \frac{1}{\tau^2}(u_{h,i-1}^{n+1} + u_{h,i-1}^{n-1}, v_h), \quad \forall v_h \in X_h.$$

第三步. 如果

$$|||u_{h,i}^n - u_{h,i-1}^n|||_{0,\Omega} := \left\{ \sum_{n=1}^{N+1} \tau \|u_{h,i}^n - u_{h,i-1}^n\|_{0,\omega}^2 \right\}^{1/2} < \varepsilon,$$

停止, 否则, $i = i+1$, 返回第一步.

注 2　判定迭代收敛准则用的是离散 L^2 范数. 实际上. 也可以用其他的范数, 如

$$E_{L^2} := |||u_{h,I}^n - u|||_{0,\Omega} = \left\{ \sum_{1 \leqslant n \leqslant N+1} \tau \|u_{h,I}^n - u\|_{0,\omega}^2 \right\}^{1/2},$$

$$E_{\max} = \sup_{1 \leqslant n \leqslant N=1} \max_{(x,y) \in V(\tau_h)} |u_{h,I}^n - u|,$$

$$E_{H^1} := |||u_{h,I}^n - u|||_{1,\Omega} = \left\{ \sum_{1\leqslant n\leqslant N+1} \tau\|\nabla u_{h,I}^n - \nabla u\|_{0,\omega}^2 + \|d_t u_{h,I}^n - \frac{\partial u}{\partial t}\|_{0,\omega}^2 \right\}^{1/2},$$

其中 $\{u_{h,I}^n\}_{k=1}^N$ 是最后结果, u 是精确解. $V(\tau_h)$ 记网格 τ_h 顶点.

注 3 在第二步中, 在任一迭代中, $u_{h,i}^n$ 可以并行求解, 即如果有 np 处理器,

$$1+(l-1)P \leqslant n \leqslant lP, 1 \leqslant l \leqslant np, \text{若} N \bmod np = 0,$$
$$1+(l-1)P \leqslant n \leqslant lP, 1 \leqslant l \leqslant np-1, 1+(np-1)P \leqslant n \leqslant N, l = np,$$

其中 $P = (N+1)/np$, 若 $N \bmod np = 0$, 否则, $[(N+1)/np]+1$.

4.2 叶轮通道内 Navier-Stokes 方程的维数分裂方法

4.2.1 引言

在 4.1 节中, 我们给出了 Poisson 方程的维数分裂方法. 这个方法对于具有高度扭曲的边界特别有用. 因为如采用传统的有限元方法直接求解三维问题, 这时在边界附近网格将受到极大的限制, 元素扭曲非常严重, 将导致计算失败.

众所周知, 数值模拟透平机械内部三维黏性流动和飞行器外部绕流将面临三个困难: 非线性、三维网格和边界层效应. 为了克服后面两个困难, 我们提出一种微分几何方法, 称为维数分裂方法, 并在此基础上建立了二度并行算法.

经典的区域分解算法是将三维求解区域剖分为多个重叠或不重叠的三维子区域, 通过求解这些子区域上的问题得到三维求解区域上的逼近解[2,4,19,24]. 这里提出的 "维数分裂方法" 的基本思想是: 根据边界几何特征, 选择一系列二维曲面 $\Im_i, i=1,2,\cdots,m$, 将流动区域 Ω 分割为一系列子区域 $\Omega_{i-1}^i, i=1,2,\cdots,m$, 称作 "流层", 其中 Ω_{i-1}^i 是由 $\Im_{i-1}$, $\Im_i$ 以及流动区域本来边界的部分所围成的区域. 通过在 $\Im_i$ 附近建立特殊的坐标系, 从而将在流层 $\Omega_{i-1}^i \cup \Omega_i^{i+1}$ 内的流动控制方程分解为在曲面 $\Im_i$ 的切空间上的 "膜算子" 和沿着曲面 $\Im_i$ 的法向的 "挠曲算子" 的和. 通过采用 Euler 差分逼近挠曲算子并将控制方程限制在曲面 $\Im_i$ 上, 我们得到曲面 $\Im_i$ 上的 "2D-3C"N-S 方程. 关于不同的指标 i, 这些方程耦合在一起, 通过解得到的耦合系统可将不同指标 i 对应的方程并行求解, 经过反复迭代可以得到三维流动问题的逼近解.

显然, 这里提出的 "维数分裂方法" 不同于经典的区域分解算法. 这里对应于每一个指标 i, 只需要求解一个 "2D-3C" 的二维问题. 另一方面, 这里提出的算法具有如下优点:

(1) 对于复杂的边界几何, 例如透平机械内部叶轮叶片的复杂外形、地球物理流动中地球的表面以及飞行器的外形, 在数值模拟时, 80% 左右的网格自由度集中

在靠近几何边界的很薄的区域, 即便使用有限差分法或者有限元法, 仍然存在很大的困难甚至是对精度的严重影响. 在我们的方法中, 两个相邻曲面 $\Im_i$ 可以任意接近. 由于曲面 $\Im_i$ 可以参数化表示, 由此得到的曲面 $\Im_i$ 上 2D-3C 问题是 R^2 中有界区域上子问题.

(2) 这里曲面 $\Im_i$ 的选择尽量满足如下准则: 即沿着曲面流动的流量尽可能远大于透过曲面的流量. 因此, 这样选定的曲面非常符合物理特性. 在两个相邻的曲面之间 (即流层内), 沿曲面方向的流量远大于穿透曲面的流量.

(3) 这个方法能很好地处理边界层现象. 在 4.6 节中将给出边界层方程.

4.2.2 叶轮通道内的 Navier-Stokes 方程

叶轮通道和叶片如图 4.2.1 和图 4.2.2 所示. 今后, 用希腊字母 $\alpha, \beta, \cdots$ 和拉丁字母 $i, j, \cdots$ 表示的上下标分别遍历 $\{1,2\}$ 与 $\{1,2,3\}$, 在表达式中出现的重复指标表示对应指标的求和. Euclid 空间 $R^m, m=2,3$ 的数量积与外积分别表示为 $\boldsymbol{a}\cdot\boldsymbol{b}$ 与 $\boldsymbol{a}\times\boldsymbol{b}$, 以及由数量积诱导的 Euclid 范数 $|\boldsymbol{a}|=\sqrt{\boldsymbol{a}\cdot\boldsymbol{a}}$.

图 4.2.1 叶片

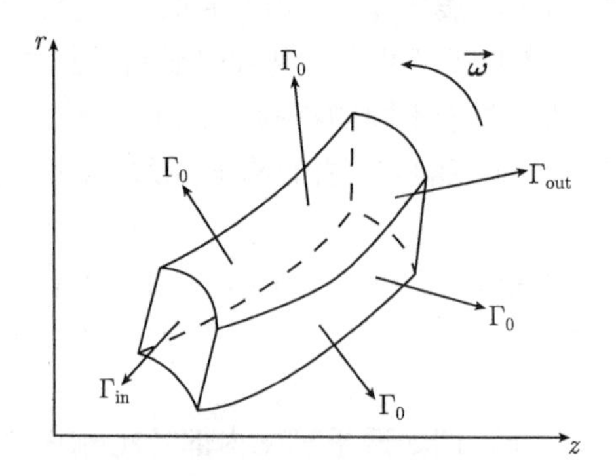

图 4.2.2 叶轮通道

当叶轮机械的叶片面 $\Im$ 足够薄时, 可以将其视为 Euclid 空间 R^3 中的一个二维曲面, 它是一个定义在 Euclid 空间 R^2 中的连通子集 D 上 (例如叶片面在子午面上的投影区域) 一个浸入 $\Re$, 其值域记 $\Re(D)$. 如果假定 $\Re$ 足够光滑, 则可以建立 $\Im$ 上的 Gauss 坐标系 $x=(x^1,x^2)\in D$, 两个向量 $e_\alpha(x)=\partial_\alpha\Re(x)$ 在所有点 $x=(x^1,x^2)\in\overline{D}$ 线性独立. 由此这两个向量张成的平面是曲面 $\Im$ 在 $\Re(x)$ 处的切平面, 同时这一点的单位法向量为

$$\boldsymbol{n}=\frac{\boldsymbol{e}_1\times\boldsymbol{e}_2}{|\boldsymbol{e}_1\times\boldsymbol{e}_2|}.$$

三个向量 $(\boldsymbol{e}_\alpha,\boldsymbol{n})$ 构成点 $\Re(x)$ 处的协变基向量, 同时定义的逆变基向量 $(\boldsymbol{e}^\alpha,\boldsymbol{n})$:

$$\boldsymbol{e}^\alpha\cdot\boldsymbol{e}_\beta=\delta^\alpha_\beta,\quad \boldsymbol{e}^\alpha\cdot\boldsymbol{n}=0,\quad \boldsymbol{n}\cdot\boldsymbol{n}=1,$$

这里 δ^α_β 是 Kronecker 符号, 则 $(\boldsymbol{e}^\alpha,\boldsymbol{n})$ 构成点 $\Re(x)$ 处逆变基向量. 并且向量 $\boldsymbol{e}^\alpha$ 也在曲面 $\Im$ 上点 $\Re(x)$ 处的切空间中.

曲面 $\Im$ 上度量张量的协变和逆变分量 $a_{\alpha\beta},a^{\alpha\beta}$、Christoffel 符号 $\overset{*}{\Gamma}{}^\alpha_{\beta\lambda}$, 以及曲率张量的协变与混合张量 $b_{\alpha\beta}$, b^β_α 分别为

$$\begin{aligned}&a_{\alpha\beta}:=\boldsymbol{e}_\alpha\cdot\boldsymbol{e}_\beta,\quad a^{\alpha\beta}=\boldsymbol{e}^\alpha\cdot\boldsymbol{e}^\beta,\quad \overset{*}{\Gamma}{}^\alpha_{\beta\lambda}:=\boldsymbol{e}^\alpha\cdot\partial_\beta e_\lambda,\\&b_{\alpha\beta}:=\boldsymbol{n}\cdot\partial_\beta\boldsymbol{e}_\alpha,\quad b^\beta_\alpha=a^{\beta\sigma}b_{\alpha\sigma}.\end{aligned}$$

曲面 $\Im$ 的面积微元 $\sqrt{a}\mathrm{d}x$, 其中 $a=\det(a_{\alpha\beta}),\sqrt{a}=|\boldsymbol{e}_1\times\boldsymbol{e}_2|$.

另一方面, 假定轮盘以角速度 $\omega=(0,0,\omega)$ 绕 z 轴旋转, 并且 $(\boldsymbol{e}_r,\boldsymbol{e}_\theta,\boldsymbol{k})$ 是建立在轮盘上绕轴旋转的圆柱坐标系基向量. 记 N 为叶片数量, $\varepsilon=\pi/N$, 则通过旋转 $\dfrac{2\pi}{N}$ 角度可由一个叶片旋转到下一个叶片. 从而流道 Ω_ε 是由边界 $\partial\Omega_\varepsilon=\Gamma_{\text{in}}\cup\Gamma_{\text{out}}\cup\Gamma_t\cup\Gamma_b\cup\Im_+\cup\Im_-$ 所围成的区域, 其中

$\Gamma_{\text{in}},\Gamma_{\text{out}}$ 为流道进出口的人工边界;

Γ_t,Γ_b 为流道上下底边界面, 即叶轮的轮盖和轮盘与流道的交界面;

$\Im_+,\Im_-$ 为相邻的叶片面.

今后, 叶片面记为 $\Im=\Re(D)$, 叶片面上任意一点 $\Re(x)$ 可以表示为

$$\Re(x)=x^2\boldsymbol{e}_r+x^2\Theta(x)\boldsymbol{e}_\theta+x^1\boldsymbol{k},\quad\forall\, x=(x^1,x^2)\in\bar{D},\tag{4.2.1}$$

这里 $\Theta\in C^2(D,R)$ 是光滑函数. 容易证明存在一族单参数曲面族 $\Im_\xi$, 通过映射 $\Re(x^\alpha;\xi):\ D\to\Im_\xi$ 覆盖流道 Ω_ε, 这里

$$\Re(x;\xi)=x^2\boldsymbol{e}_r+x^2(\varepsilon\xi+\Theta(x))\boldsymbol{e}_\theta+x^1\boldsymbol{k}.\tag{4.2.2}$$

容易证明曲面 $\Im_\xi$ 的度量张量 $a_{\alpha\beta}$ 是非奇异且与 ξ 无关, 并有

$$\begin{cases} a_{\alpha\beta} = \dfrac{\partial\Re(x;\xi)}{\partial x^\alpha}\dfrac{\partial\Re(x;\xi)}{\partial x^\beta} = \delta_{\alpha\beta} + r^2\Theta_\alpha\Theta_\beta, \quad a^{\alpha\beta}a_{\beta\lambda} = \delta^\alpha_\lambda, \\ a = \det(a_{\alpha\beta}) = 1 + r^2(\Theta_1^2 + \Theta_2^2) > 0. \end{cases} \tag{4.2.3}$$

这样就建立了 R^3 中新的曲线坐标系 $(x,\xi) = (x^1, x^2, \xi)$,

$$(r,\theta,z) \to (x,\xi) : x^1 = z, \quad x^2 = r, \quad \xi = \varepsilon^{-1}(\theta - \Theta(x)). \tag{4.2.4}$$

在此坐标系下, 固定区域

$$\Omega = \{(x,\xi)|\, x \in D, -1 \leqslant \xi \leqslant 1\}$$

被映射到流道 Ω_ε,

$$\Omega_\varepsilon = \{\Re(x;\xi) = x^2\boldsymbol{e}_r + x^2(\varepsilon\xi + \Theta(x^1,x^2))\boldsymbol{e}_\theta + x^1\boldsymbol{k},\ \forall(x,\xi)\in\Omega\},$$

并且坐标变换的 Jacobi 是非奇异的, 即

$$J\left(\frac{\partial(r,\theta,z)}{\partial(x^1,x^2,\xi)}\right) = \varepsilon.$$

记 $(x^{1'}, x^{2'}, x^{3'}) = (r,\theta,z)$, 对应的 R^3 中的度量张量为 $g_{1'1'} = 1, g_{2'2'} = r^2, g_{3'3'} = 1, g_{i'j'} = 0, \forall i' \neq j'$. 由坐标变换时张量的变换规律可得下面的计算公式[3]:

$$g_{ij} = g_{i'j'}\frac{\partial x^{i'}}{\partial x^i}\frac{\partial x^{j'}}{\partial x^j}.$$

将 (4.2.3) 代入上面的公式, 可以得到在新的曲线坐标系下 R^3 中度量张量的协变和逆变分量分别为 (见 (1.9.6) 式)

$$\begin{cases} g_{\alpha\beta} = a_{\alpha\beta}, \quad g_{3\beta} = g_{\beta 3} = \varepsilon r^2\Theta_\beta, \quad g_{33} = \varepsilon^2 r^2, \\ g^{\alpha\beta} = \delta^{\alpha\beta},\ g^{3\beta} = g^{\beta 3} = -\varepsilon^{-1}\Theta_\beta, \\ g^{33} = \varepsilon^{-2}r^{-2}(1 + r^2|\nabla\Theta|^2) = (r\varepsilon)^{-2}a, \quad g = \det(g_{ij}) = \varepsilon^2 r^2, \end{cases} \tag{4.2.5}$$

这里 $|\nabla\Theta|^2 = \Theta_1^2 + \Theta_2^2$, 其中 $\Theta_\alpha = \dfrac{\partial\Theta}{\partial x^\alpha}$.

张量计算可以得到关于角速度向量 $\vec{\omega}$、Coriolis 力 $\boldsymbol{f}$、曲面 $\Im$ 的法向量 $\boldsymbol{n}$、第二基本型张量 $b_{\alpha\beta}$ 和曲面的平均曲率 H 及 Gauss 曲率 K 等在新坐标系下计算公式 (见 (1.9.7)~(1.9.13)). 由微分几何的基本定理 (定理 1.6.1 和 1.6.2) 可知, 对于 ξ 为常数, 对应的曲面 $\Im_\xi$ 与曲面 $\Im$ 具有同样的几何, 而曲面 $\Im$ 的几何完全由 $(a_{\alpha\beta})$, $(b_{\alpha\beta})$ 决定.

由于曲面 $\Im_\xi$ 是通过将曲面 $\Im$ 旋转 $\xi\varepsilon$ 角度后得到的, 因此应用上述定理可以得到它们具有相同的几何, 即 $\forall\xi\in[-1,1]$, $\Im_\xi$ 存在同样的几何 $a_{\alpha\beta}, b_{\alpha\beta}, K, H, \cdots$.

4.2.3 新坐标系下的旋转 Navier-Stokes 方程

首先给出以角速度 $\omega=(0,0,\omega)$ 绕叶轮机械轴旋转坐标系下叶轮机械内部流动的控制方程, 它是旋转 Navier-Stokes 方程

$$\begin{cases} \dfrac{\partial\rho}{\partial t}+\mathrm{div}(\rho\boldsymbol{w})=0, \\ \rho\boldsymbol{a}=\mathrm{div}\sigma+\boldsymbol{f}, \\ \rho c_v\left(\dfrac{\partial T}{\partial t}+w^j\nabla_j T\right)-\mathrm{div}(\kappa\mathrm{grad}T)+p\mathrm{div}\boldsymbol{w}-\Phi=h, \\ p=p(\rho,T), \end{cases} \tag{4.2.6}$$

这里 ρ 是流体的密度, $\boldsymbol{w}$ 是流体的速度, h 是热源, T 是温度, k 是热传导系数, C_v 是比热系数, μ 是流体的黏性. 进一步, 应变张量、应力张量以及耗散函数和黏性张量分别为

$$\begin{aligned} &e_{ij}(\boldsymbol{w})=\frac{1}{2}(\nabla_i w_j+\nabla_j w_i), \\ &e^{ij}(\boldsymbol{w})=g^{ik}g^{jm}e_{km}(w)=\frac{1}{2}(\nabla^i w^j+\nabla^j w^i), \\ &\sigma^{ij}(\boldsymbol{w},p)=A^{ijkm}e_{km}(\boldsymbol{w})-g^{ij}p, \\ &A^{ijkm}=\lambda g^{ij}g^{km}+\mu(g^{ik}g^{jm}+g^{im}g^{jk}), \\ &\Phi=A^{ijkm}e_{ij}(\boldsymbol{w})e_{ij}(\boldsymbol{w}), \\ &\lambda=-\frac{2}{3}\mu, \end{aligned} \tag{4.2.7}$$

这里 g_{ij} 和 g^{ij} 分别是在由 (4.2.4) 定义的曲线坐标系 (x^1,x^2,ξ) 下三维度量空间中的度量张量的协变和逆变分量, 则速度向量的协变导数和 Christoffel 符号分别是

$$\begin{aligned} &\nabla_i w^j=\frac{\partial w^j}{\partial x^i}+\Gamma^j_{ik}w^k, \quad \nabla_i w_j=\frac{\partial w_j}{\partial x^i}-\Gamma^k_{ij}w_k, \\ &\Gamma^i_{jk}=g^{il}\left(\frac{\partial g_{kl}}{\partial x^j}+\frac{\partial g_{jl}}{\partial x^k}-\frac{\partial g_{jk}}{\partial x^l}\right). \end{aligned} \tag{4.2.8}$$

流体的绝对加速度

$$\begin{aligned} &\boldsymbol{a}=\frac{\partial\boldsymbol{w}}{\partial t}+(\boldsymbol{w}\nabla)\boldsymbol{w}+2\vec{\omega}\times\boldsymbol{w}+\vec{\omega}\times(\vec{\omega}\times\boldsymbol{R}), \\ &a^i=\frac{\partial w^i}{\partial t}+w^j\nabla_j w^i+2\varepsilon^{ijk}\vec{\omega}_j w_k-\omega^2 r^i, \end{aligned} \tag{4.2.9}$$

这里 $\boldsymbol{R}$ 是任一点的向径向量. 在叶轮机械流道中流动区域为 Ω_ε, 其边界 $\partial\Omega_\varepsilon$ 由进口边界 Γ_{in}、出口边界 Γ_{out}、正叶片面 $\Im_+$、负叶片面 $\Im_-$ 以及轮盖 Γ_t 和轮毂 Γ_b 构成, 即 (见图 4.2.2)

$$\partial\Omega_\varepsilon=\Gamma=\Gamma_{\mathrm{in}}\cup\Gamma_{\mathrm{out}}\cup\Im_-\cup\Im_+\cup\Gamma_t\cup\Gamma_b. \tag{4.2.10}$$

边界条件为

$$\begin{cases} \boldsymbol{w}|_{\Im_-\cup\Im_+}=0, & \boldsymbol{w}|_{\Gamma_b}=0, & \boldsymbol{w}|_{\Gamma_t}=0, \\ \sigma^{ij}(\boldsymbol{w},p)n_j|_{\Gamma_{\text{in}}}=g^i_{\text{in}}, & \sigma^{ij}(\boldsymbol{w},p)n_j|_{\Gamma_{\text{out}}}=g^i_{\text{out}}, & \text{自然边界条件}, \\ \dfrac{\partial T}{\partial n}+\lambda(T-T_0)=0, & \lambda\geqslant 0 \text{ 为常数}. \end{cases} \tag{4.2.11}$$

除此之外, 还假定流动速度满足如下的初值条件:

$$\boldsymbol{w}|_{t=0}=\boldsymbol{w}_0(x).$$

另外, 如果流动是定常不可压的, 则流动的控制方程及边界条件为

$$\begin{cases} \text{div}\boldsymbol{w}=0, \\ (\boldsymbol{w}\nabla)\boldsymbol{w}+2\vec{\omega}\times\boldsymbol{w}+\nabla p-\nu\text{div}(e(\boldsymbol{w}))=-(\omega)^2\mathcal{R}+\boldsymbol{f}, \\ \boldsymbol{w}|_{\Gamma_0}=0, \\ (-p\boldsymbol{n}+2\nu e(\boldsymbol{w}))|_{\Gamma_{\text{in}}}=\boldsymbol{g}_{\text{in}}, \\ (-pn+2\nu e(\boldsymbol{w}))|_{\Gamma_{\text{out}}}=\boldsymbol{g}_{\text{out}}, \end{cases} \tag{4.2.12}$$

这里 $\Gamma_0=\Im_+\cup\Im_-\cup\Gamma_t\cup\Gamma_b$. 对于定常的多方气体流动, (4.2.6) 可改写为如下的守恒形式:

$$\begin{cases} \text{div}(\rho\boldsymbol{w})=0, \\ \text{div}(\rho\boldsymbol{w}\otimes\boldsymbol{w})+2\rho\omega\times\boldsymbol{w}+R\nabla(\rho T) \\ \qquad =\mu\Delta\boldsymbol{w}+(\lambda+\mu)\nabla\text{div}\boldsymbol{w}-\rho(\omega)^2\mathcal{R}, \\ \text{div}\left[\rho\left(\dfrac{|\boldsymbol{w}|^2}{2}+c_vT+RT\right)\boldsymbol{w}\right] \\ \qquad =\kappa\Delta T+\lambda\text{div}(\boldsymbol{w}\text{div}\boldsymbol{w})+\mu\text{div}[\boldsymbol{w}\nabla\boldsymbol{w}]+\dfrac{\mu}{2}\Delta|\boldsymbol{w}|^2. \end{cases} \tag{4.2.13}$$

同时, 对于等熵理想气体, 控制方程为

$$\begin{cases} \text{div}(\rho\boldsymbol{w})=0, \\ \text{div}(\rho\boldsymbol{w}\otimes\boldsymbol{w})+2\rho\omega\times\boldsymbol{w}+\alpha\nabla(\rho^\gamma) \\ \qquad =2\mu\text{div}(\boldsymbol{e})+\lambda\nabla\text{div}\boldsymbol{w}-\rho(\omega)^2\mathcal{R}, \end{cases} \tag{4.2.14}$$

这里 $\gamma>1$ 是绝热指标, α 是正常数

另外, 流体做功率 $I(\Im,\boldsymbol{w}(\Im))$ 和全局耗散能量 $J(\Im,\boldsymbol{w}(\Im))$ 分别为

$$\begin{aligned} I(\Im,\boldsymbol{w}(\Im)) &= \iint_{\Im_-\cup\Im_+}\sigma\cdot\boldsymbol{n}\cdot\boldsymbol{e}_\theta\omega r\text{d}S, \\ J(\Im,\boldsymbol{w}(\Im)) &= \iiint_{\Omega_\varepsilon}\Phi(\boldsymbol{w})\text{d}V. \end{aligned} \tag{4.2.15}$$

由 4.2 节的讨论知道, 在 (4.2.2) 定义的新坐标系下, 流动区域 Ω_ε 与固定区域 $\Omega = D\times[-1,1]$ 存在映射关系. 下面的讨论中假定 D 是由四条边界 $\widehat{AB},\widehat{CD},\widehat{CB},\widehat{DA}$ 围成的 R^2 中的区域, (见图 4.2.3 和图 4.2.4) 满足

$$\partial D=\gamma_0\cup\gamma_1,\quad \gamma_0=\widehat{AB}\cup\widehat{CD},\quad \gamma_1=\widehat{AC}\cup\widehat{BD},$$

并且这里存在四个正函数 $\gamma_0(z),\widetilde{\gamma}_0(z),\gamma_1(z),\widetilde{\gamma}_1(z)$ 使得

$$\begin{aligned}
&r:=x^2=\gamma_0(x^1)=\gamma_0(z),\quad 在,\widehat{AB}上,\quad x^2=\widetilde{\gamma}_0(x^1),\quad 在\widehat{CD}上,\\
&r:=x^2=\gamma_1(x^1)=\gamma_1(z),\quad 在\widehat{DA}上,\quad x^2=\widetilde{\gamma}_1(x^1),\quad 在\widehat{BC}上,\\
&r_0\leqslant\gamma_0(z)\leqslant r_1,\quad 在\widehat{AB}上,\quad r_0\leqslant\widetilde{\gamma}_0(z)\leqslant r_1,\quad 在\widehat{CD}上,\\
&r_0\leqslant\gamma_1(z)\leqslant r_1,\quad 在\widehat{DA}上,\quad r_0\leqslant\widetilde{\gamma}_1(z)\leqslant r_1,\quad 在\widehat{BC}上.
\end{aligned}\tag{4.2.16}$$

$$\begin{aligned}
&\partial\Omega=\widetilde{\Gamma}_0\cup\widetilde{\Gamma}_1,\quad \widetilde{\Gamma}_1=\widetilde{\Gamma}_{\rm out}\cup\widetilde{\Gamma}_{\rm in},\\
&\widetilde{\Gamma}_0=\widetilde{\Gamma}_b\cup\widetilde{\Gamma}_t\cup\{\xi=1\}\cup\{\xi=-1\},\\
&\widetilde{\Gamma}_{\rm in}=\Re(\Gamma_{\rm in}),\quad \widetilde{\Gamma}_{\rm out}=\Re(\Gamma_{\rm out}),\\
&\widetilde{\Gamma}_b=\Re(\Gamma_b),\quad \widetilde{\Gamma}_t=\Re(\Gamma_t),
\end{aligned}\tag{4.2.17}$$

$$\begin{aligned}
&\partial D=\gamma_0\cup\gamma_1,\quad \gamma_0=(D\cap\widetilde{\Gamma}_b)\cup(D\cap\widetilde{\Gamma}_t),\\
&\gamma_1=(D\cup\widetilde{\Gamma}_{\rm out})\cup(D\cup\widetilde{\Gamma}_{\rm in}),
\end{aligned}\tag{4.2.18}$$

这里 $\Re$ 由 (4.2.1) 给出.

另外给出 Sobolev 空间

$$\begin{aligned}
&V(\Omega)=\{\boldsymbol{v}|\boldsymbol{v}\in H^1(\Omega)^3,\ \boldsymbol{v}|_{\widetilde{\Gamma}_0}=0\},\\
&H^1_\Gamma(\Omega)=\{q|,q\in H^1(\Omega),\ q|_{\widetilde{\Gamma}_0}=0\}.
\end{aligned}\tag{4.2.19}$$

装备通常的 Sobolev 空间范数, 边界上 $\boldsymbol{v}=0$ 表示通常的迹.

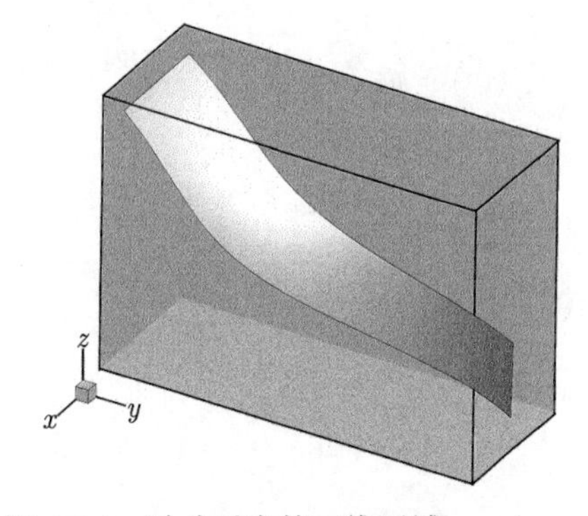

图 4.2.3 叶片对应的三维区域

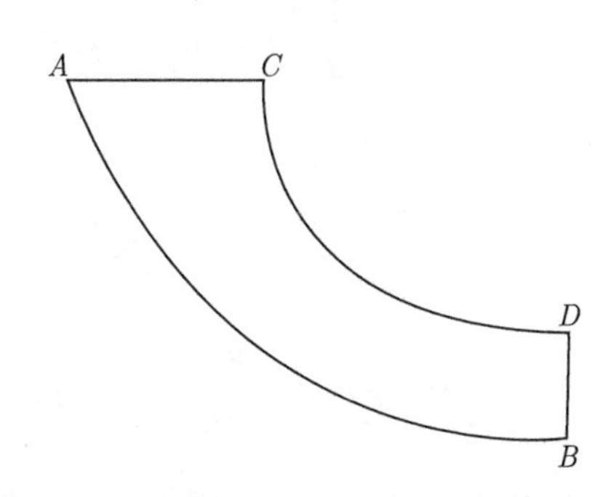

图 4.2.4 叶片在流道中子午平面上的投影

为简单, 今后只考察不可压缩流动, 则问题 (4.2.12) 与 (4.2.14) 的变分形式分别为

$$\begin{cases} \text{求}\boldsymbol{w} \in V(\Omega), p \in L^2(\Omega), \text{使得} \\ a(\boldsymbol{w},\boldsymbol{v}) + 2(\vec{\omega} \times \boldsymbol{w},\boldsymbol{v}) + b(\boldsymbol{w},\boldsymbol{w},\boldsymbol{v}) - (p, \mathrm{div}\boldsymbol{v}) = <\boldsymbol{F},\boldsymbol{v}>, \forall \mathbf{v} \in V(\Omega), \\ (q, \mathrm{div}\boldsymbol{w}) = 0, \quad \forall q \in L^2(\Omega) \end{cases} \tag{4.2.20}$$

和

$$\begin{cases} \text{求 } \boldsymbol{w} \in V(\Omega), \rho \in L^\gamma(\Omega), \text{使得} \\ a(\boldsymbol{w},\boldsymbol{v}) + 2(\omega \times \boldsymbol{w},\boldsymbol{v}) + b(\rho\boldsymbol{w},\boldsymbol{w},\boldsymbol{v}) + (-p + \lambda\mathrm{div}\boldsymbol{w}, \mathrm{div}\boldsymbol{v}) = <\boldsymbol{F},\boldsymbol{v}>, \\ \qquad \forall \boldsymbol{v} \in V(\Omega), \\ (\nabla q, \rho\boldsymbol{w})) = <\rho\boldsymbol{w}\cdot\boldsymbol{n}, q>|_{\Gamma_1}, \quad \forall q \in H^1_\Gamma(\Omega), \end{cases} \tag{4.2.21}$$

这里

$$\begin{aligned} &<\boldsymbol{F},\boldsymbol{v}> = <\boldsymbol{f},\boldsymbol{v}> + <\widetilde{\boldsymbol{g}},\boldsymbol{v}>_{\widetilde{\Gamma}_1}, \\ &<\widetilde{\boldsymbol{g}},\boldsymbol{v}> = <\boldsymbol{g}_{\mathrm{in}},\boldsymbol{v}>|_{\widetilde{\Gamma}_{\mathrm{in}}} + <\boldsymbol{g}_{\mathrm{out}},\boldsymbol{v}>|_{\widetilde{\Gamma}_{\mathrm{out}}}, \\ &a(\boldsymbol{w},\boldsymbol{v}) = \int_\Omega A^{ijkm} e_{ij}(\boldsymbol{w}) e_{km}(\boldsymbol{v}) \sqrt{g}\mathrm{d}x\mathrm{d}\xi, \\ &b(\boldsymbol{w},\boldsymbol{w},\boldsymbol{v}) = \int_\Omega g_{km} w^j \nabla_j w^k v^m \sqrt{g}\mathrm{d}x\mathrm{d}\xi. \end{aligned} \tag{4.2.22}$$

为了在新坐标系下给出 (4.2.12), (4.2.14) 的形式, 下面考虑速度场的协变导数, 为此需要考虑新坐标系下关于 Θ 的第二类 Christoffel 符号和协变导数的表达式, 它由公式 (1.9.29) 和 (1.9.20) 以及由此推出的变形张量可以表示为分裂形式

$$e_{ij}(\boldsymbol{w}) = \frac{1}{2}(g_{ik}\nabla_j w^k + g_{jk}\nabla_i w^k) = \phi_{ij}(\boldsymbol{w}) + \psi_{ij}(\boldsymbol{w},\Theta), \tag{4.2.23}$$

其中第一项与 Θ 无关,

$$\begin{aligned} &\phi_{\alpha\beta}(\boldsymbol{w}) = \frac{1}{2}\left(\frac{\partial w^\alpha}{\partial x^\beta} + \frac{\partial w^\beta}{\partial x^\alpha}\right), \quad \phi_{3\alpha}(\boldsymbol{w}) = \frac{1}{2}\left(\frac{\partial w^\alpha}{\partial \xi} + \varepsilon^2 r^2 \frac{\partial w^3}{\partial x^\alpha}\right), \\ &\phi_{33}(\boldsymbol{w}) = \varepsilon^2 r^2 \left(\frac{\partial w^3}{\partial \xi} + \frac{w^2}{r}\right), \end{aligned} \tag{4.2.24}$$

而第二项包含 Θ, 即 $\psi_{ij}(\boldsymbol{w},\Theta) = \psi_{ij}^\lambda(\boldsymbol{w})\Theta_\lambda + \psi_{ij}^{\lambda\sigma}(\boldsymbol{w})\Theta_\lambda\Theta_\sigma + e^*_{ij}(\boldsymbol{w},\Theta)$, 其中

$$
\begin{cases}
\psi_{\alpha\beta}^{\lambda}(\boldsymbol{w}) = \dfrac{1}{2}\varepsilon r^2\left(\dfrac{\partial w^3}{\partial x^\alpha}\delta_\beta^\lambda + \dfrac{\partial w^3}{\partial x^\beta}\delta_\alpha^\lambda\right),\\
\psi_{3\alpha}^{\lambda}(\boldsymbol{w}) = \dfrac{1}{2}\varepsilon r^2\left(\dfrac{\partial w^\lambda}{\partial x^\alpha} + \delta_\alpha^\lambda\left(\dfrac{\partial w^3}{\partial \xi} + \dfrac{2}{r}w^2\right)\right),\\
\psi_{33}^{\lambda}(\boldsymbol{w}) = \varepsilon r^2\dfrac{\partial w^\lambda}{\partial \xi},\\
\psi_{\alpha\beta}^{\lambda\sigma}(\boldsymbol{w}) = \dfrac{1}{2}r^2\left(\dfrac{\partial w^\lambda}{\partial x^\alpha}\delta_{\beta\sigma} + \dfrac{\partial w^\lambda}{\partial x^\beta}\delta_{\sigma\alpha} + \dfrac{2}{r}w^2\delta_{\alpha\lambda}\delta_{\sigma\beta}\right),\\
\psi_{3\alpha}^{\lambda\sigma}(\boldsymbol{w}) = \dfrac{1}{2}r^2\dfrac{\partial w^\lambda}{\partial \xi}\delta_{\alpha\sigma}, \quad \psi_{33}^{\lambda\sigma}(\boldsymbol{w}) = 0,
\end{cases}
\tag{4.2.25}
$$

$$
\begin{aligned}
&e_{\alpha\beta}^*(\boldsymbol{w},\Theta) = \frac{1}{2}r^2 w^\sigma\partial_\sigma(\Theta_\alpha\Theta_\beta),\\
&e_{3\alpha}^*(\boldsymbol{w}) = \frac{1}{2}\varepsilon r^2 w^\sigma\Theta_{\sigma\alpha}, \quad e_{33}^*(\boldsymbol{w}) = 0.
\end{aligned}
\tag{4.2.26}
$$

引入如下符号:

$$
\widetilde{\Delta} = \frac{\partial^2}{\partial(x^1)^2} + \frac{\partial^2}{\partial(x^2)^2}, \quad \widetilde{\nabla}_\alpha = \partial_\alpha = \frac{\partial}{\partial x^\alpha}, \quad \widetilde{\operatorname{div}}_2 w = \frac{1}{r}\frac{\partial(rw^\alpha)}{\partial x^\alpha}.
$$

在新坐标系下, 利用命题 1.9.1 和 1.9.3 可以推出不可压 N-S 方程的如下形式:

定理 4.2.1 假设叶片面足够光滑, 例如 $\Theta \in C^3(D,R)$, 则在新坐标系下旋转 N-S 算子可以分裂为 “膜 N-S 算子” 和 “弯曲 N-S 算子” 之和:

$$
\begin{cases}
\mathcal{N}(\boldsymbol{w},p,\Theta) := \mathcal{L}(\boldsymbol{w},p,\Theta) + \boldsymbol{N}(\boldsymbol{w},\boldsymbol{w}) = \mathcal{L}_m(\boldsymbol{w},p,\Theta)\\
\qquad + \boldsymbol{N}_m(\boldsymbol{w},\boldsymbol{w}) + \mathcal{L}_b(\boldsymbol{w},p,\Theta) + \boldsymbol{N}_b(\boldsymbol{w},\boldsymbol{w}) = \boldsymbol{f},\\
\dfrac{\partial w^\alpha}{\partial x^\alpha} + \dfrac{\partial w^3}{\partial \xi} + \dfrac{w^2}{r} = \dfrac{1}{r}\dfrac{\partial(rw^\alpha)}{\partial x^\alpha} + \dfrac{\partial w^3}{\partial \xi} = \widetilde{\operatorname{div}}_2 w + \dfrac{\partial w^3}{\partial \xi} = 0,
\end{cases}
\tag{4.2.27}
$$

其中

$$
\begin{cases}
\mathcal{L}(\boldsymbol{w},p,\Theta) = -\nu\widetilde{\Delta}\boldsymbol{w} - \nu(r\varepsilon)^{-2}a\dfrac{\partial^2\boldsymbol{w}}{\partial\xi^2} + \boldsymbol{l}(\boldsymbol{w},\Theta) + \nabla p\\
\qquad = \mathcal{L}_m(\boldsymbol{w},p,\Theta) + \mathcal{L}_b(\boldsymbol{w},p,\Theta),\\
\mathcal{L}_m^k(\boldsymbol{w},p,\Theta) := -\nu\widetilde{\Delta}w^k + l_m^k(\boldsymbol{w},\Theta) + g^{k\beta}(\Theta)\nabla_\beta p,\\
\mathcal{L}_b^k(\boldsymbol{w},p,\Theta) := -\nu(r\varepsilon)^{-2}a\dfrac{\partial^2 w^k}{\partial\xi^2} + l_b^k(\boldsymbol{w},\Theta) + g^{k3}(\Theta)\partial_\xi p,\\
N(\boldsymbol{w},\boldsymbol{w}) = N_m(\boldsymbol{w},\boldsymbol{w}) + N_b(\boldsymbol{w},\boldsymbol{w}),\\
N_m^k(\boldsymbol{w},\boldsymbol{w}) = \partial_\beta(w^k w^\beta) + \pi_{ij}^k w^i w^j, \quad k=1,2,3,\\
N_b^k(\boldsymbol{w},\boldsymbol{w}) = \dfrac{\partial(w^3 w^k)}{\partial\xi}, \quad k=1,2,3,
\end{cases}
\tag{4.2.28}
$$

这里 $\boldsymbol{C}(\boldsymbol{w},\vec{\omega})$ 是由 (1.9.7) 和 (1.9.8) 给出的柯氏力, 以及

$$\begin{cases} l_m^k(\boldsymbol{w},\Theta) := C^k(\boldsymbol{w},\vec{\omega}) - \nu P_j^{k\beta}(\Theta)\dfrac{\partial w^j}{\partial x^\beta} - \nu q_j^k(\Theta)w^j, \\ l_b^k(\boldsymbol{w},\Theta) := -\nu P_j^{k3}(\Theta)\dfrac{\partial w^j}{\partial \xi} - 2\nu\varepsilon^{-1}\Theta_\beta\dfrac{\partial^2 w^k}{\partial\xi\partial x^\beta}, \end{cases} \tag{4.2.29}$$

其中

$$\begin{cases} P_\alpha^{\lambda\beta}(\Theta) = \dfrac{1}{r}\delta_{\beta 2}\delta_{\alpha\lambda}, \quad P_3^{\lambda\beta}(\Theta) = 0, \\ \quad P_3^{\alpha 3} = -2r^{-1}\delta_{2\alpha}, \quad P_3^{3\beta} = \dfrac{2}{r}\delta_{\beta 2}, \\ P_\alpha^{3\beta}(\Theta) = 2(r\varepsilon)^{-1}(\delta_{2\beta}\Theta_\alpha + r\Theta_{\alpha\beta}), \\ P_\lambda^{\alpha 3}(\Theta) = -[(r\varepsilon)^{-1}(\delta_{\alpha\lambda}\Theta_2 + 2\delta_{2\alpha}\Theta_\lambda) + \varepsilon^{-1}\delta_{\alpha\lambda}\widetilde{\Delta}\Theta], \\ P_\sigma^{33}(\Theta) = 2\varepsilon^{-2}(r^{-3}\delta_{2\sigma} - \Theta_\beta\Theta_{\beta\sigma}), \\ P_3^{33}(\Theta) = -(r\varepsilon)^{-1}(\Theta_2 + r\widetilde{\Delta}\Theta), \\ \quad q_\sigma^\alpha(\Theta) = -r^{-2}\delta_{2\sigma}\delta_{2\alpha}, \quad q_3^\alpha(\Theta) = 0, \quad q_3^3(\Theta) = 0, \\ \quad q_\sigma^3(\Theta) = (r\varepsilon)^{-1}[r^{-1}\delta_{2\sigma}\Theta_2 + 3\Theta_{2\sigma}] + \varepsilon^{-1}\partial_\sigma\widetilde{\Delta}\Theta, \end{cases} \tag{4.2.30}$$

$$\begin{cases} \Theta_\alpha = \dfrac{\partial\Theta}{\partial x^\alpha}, \quad \Theta_{\alpha\beta} = \dfrac{\partial^2\Theta}{\partial x^\alpha\partial x^\beta}, \quad \Pi(\boldsymbol{w},\Theta) = \varepsilon w^3 + w^\lambda\Theta_\lambda, \\ \widetilde{\Delta}\Theta = \Theta_{\alpha\alpha} = \Theta_{11} + \Theta_{22}, \quad |\widetilde{\nabla}\Theta|^2 = \Theta_1^2 + \Theta_2^2, \end{cases} \tag{4.2.31}$$

以及 $\pi_{ij}^k = \Gamma_{ij}^k + r^{-1}\delta_{2i}\delta_{jk}$, 由 (1.9.29) 有

$$\begin{cases} \pi_{\lambda\sigma}^\alpha(\Theta) = -r\delta_{\alpha 2}\Theta_\lambda\Theta_\sigma + r^{-1}\delta_{\lambda 2}\delta_{\alpha\sigma}, \\ \pi_{\lambda 3}^\alpha(\Theta) = \pi_{3\lambda}^\alpha(\Theta) = -r\varepsilon\delta_{2\alpha}\Theta_\lambda, \quad \pi_{33}^\alpha = -r\varepsilon^2\delta_{2\alpha}, \\ \pi_{\lambda\sigma}^3(\Theta) = \varepsilon^{-1}\Theta_{\lambda\sigma} + (r\varepsilon)^{-1}\Theta_\lambda(\delta_{2\sigma} + a_{2\sigma}), \\ \pi_{3\lambda}^3(\Theta) = \pi_{\lambda 3}^3(\Theta) = r^{-1}a_{2\lambda} + r^{-1}\delta_{2\lambda}, \quad \pi_{33}^3 = r\varepsilon\Theta_2. \end{cases} \tag{4.2.32}$$

证明　利用命题 1.9.3, 有了迹 Lapalce 算子在这个坐标系下的表达式, 加上命题 1.9.1, 经过张量演算, 即可得到定理的证明.

引理 4.2.1　$\forall\eta^i,\zeta^i, i=1,2,3,$

$$\begin{aligned} g_{ij}\eta^i\zeta^j &= \delta_{\alpha\beta}\eta^\alpha\zeta^\beta + (r\Theta_\alpha\eta^\alpha + r\varepsilon\eta^3)(r\Theta_\alpha\zeta^\alpha + r\varepsilon\zeta^3) \\ &= \delta_{\alpha\beta}\eta^\alpha\zeta^\beta + (\Pi(r\vec{\eta},\Theta),\Pi(r\vec{\zeta},\Theta)), \end{aligned} \tag{4.2.33}$$

$$g_{ij}\eta^i\eta^j = \delta_{\alpha\beta}\eta^\alpha\eta^\beta + (r\Theta_\alpha\eta^\alpha + r\varepsilon\eta^3)^2 \geqslant \delta_{\alpha\beta}\eta^\alpha\eta^\beta. \tag{4.2.34}$$

证明　由于

$$g_{\alpha\beta} = a_{\alpha\beta} = \delta_{\alpha\beta} + r^2\Theta_\alpha\Theta_\beta,$$

所以 $\forall\varphi^i,\psi^i,i=i,2,3$, 成立

$$
\begin{aligned}
g_{ij}\varphi^i\psi^j &= a_{\alpha\beta}\varphi^\alpha\psi^\beta+\varepsilon r^2\Theta_\alpha(\varphi^\alpha\psi^3+\varphi^3\psi^\alpha)+\varepsilon^2r^2\varphi^3\psi^3\\
&=\delta_{\alpha\beta}\varphi^\alpha\psi^\beta+(r\Theta_\alpha\varphi^\alpha+\varepsilon r\varphi^3)(r\Theta_\alpha\psi^\alpha+\varepsilon r\psi^3),
\end{aligned}
$$

证毕.

以后无特别声明, 总记 Sobolev 空间 $V(\Omega)$ 和 $V(D)$ 的内积为

$$
\left\{
\begin{aligned}
((\boldsymbol{w},\boldsymbol{v}))&=\int_\Omega[g_{ij}w^iv^j\sqrt{g}\mathrm{d}x\mathrm{d}\xi\\
&=\int_\Omega[\delta_{\alpha\beta}w^\alpha v^\beta+(r\Theta_\beta w^\beta+\varepsilon rw^3)(r\Theta_\beta v^\beta+\varepsilon rv^3)]\varepsilon r\mathrm{d}x\mathrm{d}\xi,\\
(\boldsymbol{w},\boldsymbol{v})_D&=\int_D[a_{\alpha\beta}w^\alpha v^\beta+r^2\varepsilon\Theta_\beta(w^3v^\beta+w^\beta v^3)+r^2\varepsilon^2w^3v^3]\mathrm{d}x\\
&=\int_D[\delta_{\alpha\beta}w^\alpha v^\beta+(r\Theta_\beta w^\beta+\varepsilon rw^3)(r\Theta_\beta v^\beta+\varepsilon rv^3)]\mathrm{d}x.
\end{aligned}
\right.
\tag{4.2.35}
$$

在不引起混淆的情况下, 常常省去下标 “D”. 有时候, 采用张量的指标缩并、上升及下降, 应用协变分量较为方便, 如

$$
\begin{aligned}
&g_{mk}g^{k\beta}=\delta_m^\beta,\quad g_{mk}g^{k3}=\delta_m^3,\quad C_m(\boldsymbol{w},\vec{\omega})=g_{mk}C^k(\boldsymbol{w},\vec{\omega}),\\
&P_{mj}^l(\Theta)=g_{mk}P_j^{kl}(\Theta),\quad q_{mj}(\Theta)=g_{mk}q_j^k(\Theta),\\
&B_m(\boldsymbol{w},\boldsymbol{w})=g_{mk}B^k(\boldsymbol{w},\boldsymbol{w}).
\end{aligned}
$$

在新坐标系下, (4.2.27) 对应的变分问题是

$$
\left\{
\begin{aligned}
&\text{求}\boldsymbol{w}\in V(\Omega),p\in L^2(\Omega),\text{使得}\\
&((\mathcal{N},\boldsymbol{v})):=((\mathcal{L}(\boldsymbol{w},p,\Theta),\boldsymbol{v}))+b(\boldsymbol{w},\boldsymbol{w},\boldsymbol{v})\\
&\qquad=((\boldsymbol{F},\boldsymbol{v})),\quad\forall\boldsymbol{v}\in\boldsymbol{V}(\Omega),\\
&\left(\widetilde{\mathrm{div}}_2\boldsymbol{w}+\frac{\partial w^3}{\partial\xi},q\right)=0,\quad\forall q\in L^2(\Omega),
\end{aligned}
\right.
\tag{4.2.36}
$$

其中 $\boldsymbol{F}=\boldsymbol{f}+\boldsymbol{g}$ 是离心力和进出口处的法线应力之和. 由 (4.3.40) 和 (4.2.36) 有

$$
g_{ij}\mathcal{L}^i(\boldsymbol{w},p,\Theta)v^j=-\nu g_{ij}\left(\widetilde{\Delta}w^iv^j+(r\varepsilon)^2a\frac{\partial^2w^i}{\partial\xi^2}v^j\right)+g_{ij}l^i(\boldsymbol{w},\Theta)v^j+g_{ij}g^{ik}\nabla_kpv^j.
$$

应用分部积分和边界条件 $(\boldsymbol{w},\boldsymbol{v})\in\boldsymbol{V}(\Omega),(\boldsymbol{w},\boldsymbol{v})|_{\Gamma_s\cup(\xi=\pm1)}=0$,

$$
\int_\Omega g_{ij}(\widetilde{\Delta}w^iv^j+(r\varepsilon)^{-2}a\frac{\partial^2w^i}{\partial\xi^2}v^j)r\varepsilon\mathrm{d}x\mathrm{d}\xi
$$

$$
\begin{aligned}
&= \int_{-1}^{1} \mathrm{d}\xi \int_{\partial D} g_{ij} \frac{\partial w^i}{\partial n} v^j \varepsilon r \mathrm{d}l + \int_D g_{ij} \partial_\xi w^j v^j r\varepsilon |_{\xi=-1}^{\xi=1} r\varepsilon \mathrm{d}x \\
&\quad - \int_\Omega [g_{ij}(\partial_\lambda w^i \partial_\lambda v^j + (r\varepsilon)^{-2} a \partial_\xi w^i \partial_\xi v^j + \frac{1}{r}\frac{\partial w^i}{\partial r} v^j) + \partial_\lambda g_{ij} \partial_\lambda w^i v^j] r\varepsilon \mathrm{d}x\mathrm{d}\xi \\
&= \int_{\widetilde{\Gamma}_1} g_{ij} \partial_n w^i v^j r\varepsilon \mathrm{d}S \\
&\quad - \int_\Omega \left[g_{ij} \left(\partial_\lambda w^i \partial_\lambda v^j + (r\varepsilon)^{-2} a \partial_\xi w^i \partial_\xi v^j + \frac{1}{r}\frac{\partial w^i}{\partial r} v^j \right) + \partial_\lambda g_{ij} \partial_\lambda w^i v^j \right] r\varepsilon \mathrm{d}x\mathrm{d}\xi,
\end{aligned}
$$

由 (4.2.29) 和 P_k^{i3}, q_k^i 与 ξ 无关及边界条件,

$$
\begin{aligned}
&\int_\Omega g_{ij} l^i(\boldsymbol{w}, \Theta) v^j r\varepsilon \mathrm{d}x\mathrm{d}\xi \\
&= \int_\Omega g_{ij} l_m^i(\boldsymbol{w}, \Theta) v^j r\varepsilon \mathrm{d}x\mathrm{d}\xi \\
&\quad - \int_D \int_{-1}^{1} \frac{\partial}{\partial \xi} (\nu P_k^{i3} w^k + 2\nu\varepsilon^{-1} \Theta_\beta \partial_\beta w^i) v^j r\varepsilon \\
&= \int_\Omega g_{ij} l_m^i(\boldsymbol{w}, \Theta) v^j r\varepsilon \mathrm{d}x\mathrm{d}\xi \\
&= \int_\Omega [g_{ij} l_m^i(\boldsymbol{w}, \Theta) v^j + (\nu P_k^{i3} w^k + 2\nu\varepsilon^{-1} \Theta_\beta \partial_\beta w^i) \partial_\xi v^j] r\varepsilon \mathrm{d}x\mathrm{d}\xi,
\end{aligned}
$$

$$
\begin{aligned}
\int_\Omega g_{ij} g^{ik} \nabla_k p v^j \varepsilon r \mathrm{d}x\mathrm{d}\xi &= \int_\Omega [\partial_\lambda p v^\lambda + \partial_\xi p v^3] \varepsilon r \mathrm{d}x\mathrm{d}\xi \\
&= \int_{\widetilde{\Gamma}_1} p(v^\lambda n_\lambda + v^3 n_3) \varepsilon r \mathrm{d}S - \int_\Omega p(\widetilde{\mathrm{div}}_2 \boldsymbol{v} + \partial_\xi v^3) r\varepsilon \mathrm{d}x\mathrm{d}\xi \\
&= \int_{\widetilde{\Gamma}_1} p\boldsymbol{v} \cdot \boldsymbol{n} \varepsilon r \mathrm{d}S - \int_\Omega p \mathrm{div} v r\varepsilon \mathrm{d}x\mathrm{d}\xi,
\end{aligned}
$$

综合以上所述,

$$
\begin{aligned}
((\mathcal{L}(\boldsymbol{w}, p, \Theta), \boldsymbol{v})) &= \int_\Omega g_{ij} \mathcal{L}^i(\boldsymbol{w}, p, \Theta) v^j r\varepsilon \mathrm{d}x\mathrm{d}\xi \\
&= \int_{\widetilde{\Gamma}_1} [-\nu g_{ij} \partial_n w^i v^j + p\boldsymbol{v}\boldsymbol{n}] r\varepsilon \mathrm{d}S \\
&\quad + \int_\Omega \left[g_{ij} \left(\nu \partial_\lambda w^i \partial_\lambda v^j + \nu (r\varepsilon)^{-2} a \partial_\xi w^i \partial_\xi v^j + \nu \frac{1}{r}\frac{\partial w^i}{\partial r} v^j \right) \right. \\
&\quad \left. + \nu \partial_\lambda g_{ij} \partial_\lambda w^i v^j \right] r\varepsilon \mathrm{d}x\mathrm{d}\xi \\
&\quad + \int_\Omega g_{ij} l_m^i(\boldsymbol{w}, \Theta) v^j r\varepsilon \mathrm{d}x\mathrm{d}\xi - \int_\Omega p(\widetilde{\Delta}_2 \boldsymbol{v} + \partial_\xi v^3) r\varepsilon \mathrm{d}x\mathrm{d}\xi \\
&= a(\boldsymbol{w}, \boldsymbol{v}) + (\boldsymbol{L}(\boldsymbol{w}, \Theta), \boldsymbol{v})
\end{aligned}
$$

$$-\int_{\Omega} p(\widetilde{\mathrm{div}}_2 \boldsymbol{v} + \partial_\xi v^3) r\varepsilon \mathrm{d}x\mathrm{d}\xi + < \boldsymbol{h}, \boldsymbol{v} >_{\widetilde{\Gamma}_1}, \tag{4.2.37}$$

其中

$$\begin{aligned}
a(\boldsymbol{w},\boldsymbol{v}) &= \int_{\Omega} \nu g_{ij}(\partial_\lambda w^i \partial_\lambda v^j + (r\varepsilon)^{-2} a \partial_\xi w^i \partial_\xi v^j) r\varepsilon \mathrm{d}x\mathrm{d}\xi \\
&= a_m(\boldsymbol{w},\boldsymbol{v}) + a_b(\boldsymbol{w},\boldsymbol{v}), \\
(\boldsymbol{L}(\boldsymbol{w},\Theta),\boldsymbol{v}) &= \int_{\Omega} \left\{ \left[g_{ij} \left(l_m^i(\boldsymbol{w},\Theta) + \nu \frac{1}{r}\frac{\partial w^i}{\partial r} \right) v^j + \nu \partial_\lambda g_{ij} \partial_\lambda w^i v^j \right] \right. \\
&\quad \left. + g_{ij}(\nu P_k^{i3} w^k + 2\nu\varepsilon^{-1}\Theta_\beta \partial_\beta w^i)\partial_\xi v^j \right\} r\varepsilon \mathrm{d}x\mathrm{d}\xi \\
&= (\boldsymbol{l}_m,\boldsymbol{v}) + (\boldsymbol{l}_b,\boldsymbol{v}), \\
&\int_{\widetilde{\Gamma}_1} [-g_{ij}\partial_n w^i v^j + p\boldsymbol{v}\boldsymbol{n}] r\varepsilon \mathrm{d}S = < \boldsymbol{h},\boldsymbol{v} >,
\end{aligned} \tag{4.2.38}$$

$$\begin{aligned}
b(\boldsymbol{w},\boldsymbol{w},\boldsymbol{v}) =& b_m(\boldsymbol{w},\boldsymbol{w},\boldsymbol{v}) + b_b(\boldsymbol{w},\boldsymbol{w},\boldsymbol{v}), \\
b_m(\boldsymbol{w},\boldsymbol{w},\boldsymbol{v}) =& (a_{\alpha\beta}N_m^\alpha + \varepsilon r^2\Theta_\beta N_m^3, v^\beta) + (\varepsilon r^2 \Theta_\beta N_m^\beta + \varepsilon^2 r^2 N_m^3, v^3) \\
=& (a_{\alpha\beta}\partial_\lambda(w^\alpha w^\lambda) + \varepsilon r^2 \Theta_\beta \partial_\lambda(w^3 w^\lambda) \\
& + (a_{\alpha\beta}\pi_{ij}^\alpha + \varepsilon r^2 \Theta_\beta \pi_{ij}^3) w^i w^j, v^\beta) \\
& + (\varepsilon r^2 [\Theta_\beta \partial_\lambda(w^\beta w^\lambda) + \varepsilon\partial_\lambda(w^3 w^\lambda) + (\Theta_\beta \pi_{ij}^\beta + \varepsilon \pi_{ij}^3) w^i w^j], v^3), \\
b_b(\boldsymbol{w},\boldsymbol{w},\boldsymbol{v}) =& (a_{\alpha\beta}N_b^\alpha + \varepsilon r^2 \Theta_\beta N_b^3, v^\beta) + (\varepsilon r^2 \Theta_\beta N_b^\beta + \varepsilon^2 r^2 N_b^3, v^3) \\
=& (a_{\alpha\beta}\partial_\xi(w^\alpha w^3) + \varepsilon r^2 \Theta_\beta \partial_\xi(w^3 w^3), v^\beta) \\
& + (\varepsilon r^2 [\Theta_\beta \partial_\xi(w^\beta w^3) + \varepsilon \partial_\xi(w^3 w^3)], v^3),
\end{aligned} \tag{4.2.39}$$

那么, 对应于 (4.2.27) 的变分问题是

$$\left\{ \begin{array}{l}
\text{求}\boldsymbol{w} \in \boldsymbol{V}(\Omega), p \in L^2(\Omega), \text{使得} \\
a(\boldsymbol{w},\boldsymbol{v}) + (L(\boldsymbol{w},\Theta),\boldsymbol{v}) - (p, \widetilde{\Delta}_2(\boldsymbol{v}) + \partial_\xi v^3) + b(\boldsymbol{w},\boldsymbol{w},\boldsymbol{v}) \\
= (\boldsymbol{F},\boldsymbol{v}) - < \boldsymbol{h},\boldsymbol{v} >, \quad \forall \boldsymbol{v} \in \boldsymbol{V}(\Omega), \\
\left(\widetilde{\mathrm{div}}_2 \boldsymbol{w} + \dfrac{\partial w^3}{\partial \xi}, q \right) = 0, \quad \forall q \in L^2(\Omega).
\end{array} \right. \tag{4.2.40}$$

注 容易验证

$$\begin{aligned}
(\boldsymbol{C}(\boldsymbol{w},\vec{\omega}),\boldsymbol{w}) &= C_\beta(\boldsymbol{w},\vec{\omega}) w^\beta + C_3(\boldsymbol{w},\vec{\omega}) w^3 \\
&= 2r\omega(w^2\Theta_\beta - \delta_{2\beta}\Pi(w,\Theta)) w^\beta + 2r\varepsilon\omega w^2 w^3 \\
&= 2r\omega(w^2 w^\beta \Theta_\beta - w^2(\varepsilon w^3 + w^\lambda \Theta_\lambda)) + 2r\varepsilon\omega w^2 w^3 = 0,
\end{aligned} \tag{4.2.41}$$

它与 $2\vec{\omega}\times\boldsymbol{w}\cdot\boldsymbol{w}=0$ 相一致.

$$\begin{aligned}
m^\beta(\boldsymbol{w},\Theta)&=l_m^\beta(\boldsymbol{w},\Theta)+\nu\frac{1}{r}\frac{\partial w^\beta}{\partial r}=C^\beta(\boldsymbol{w},\omega)+\frac{\nu}{r}\beta_{\beta 2}w^2,\\
m^3(\boldsymbol{w},\Theta)&=l_m^3(\boldsymbol{w},\Theta)+\nu\frac{1}{r}\frac{\partial w^3}{\partial r}\\
&=C^3(\boldsymbol{w},\omega)-2\nu(\varepsilon r)^{-1}(\delta_{2\lambda}\Theta_\sigma+r\Theta_{\lambda\sigma})\partial_\sigma w^\lambda-\nu q_\sigma^3 w^\sigma.
\end{aligned}$$

应用引理 4.2.1, 可得

引理 4.2.2 $\forall\boldsymbol{w}\in\boldsymbol{V}(\Omega),\boldsymbol{v}\in\boldsymbol{V}(\Omega)$,

$$\begin{aligned}
a_m(\boldsymbol{w},\boldsymbol{v})=&\nu\int_\Omega[\delta_{\alpha\beta}\partial_\lambda w^\alpha\partial_\lambda v^\beta\\
&+(r\Theta_\alpha\partial_\lambda w^\alpha+r\varepsilon\partial_\lambda w^3)(r\Theta_\alpha\partial_\lambda v^\alpha+r\varepsilon\partial_\lambda v^3)]r\varepsilon\mathrm{d}x\mathrm{d}\xi,\\
a_m(\boldsymbol{w},\boldsymbol{w})\geqslant&\nu\int_\Omega[\delta_{\alpha\beta}\partial_\lambda w^\alpha\partial_\lambda w^\beta]r\varepsilon\mathrm{d}x\mathrm{d}\xi,\\
a_b(\boldsymbol{w},\boldsymbol{v})=&\nu\int_\Omega[(r\varepsilon)^{-2}a(\delta_{\alpha\beta}\partial_\xi w^\alpha\partial_\xi v^\beta\\
&+(r\Theta_\alpha\partial_\xi w^\alpha+r\varepsilon\partial_\xi w^3)(r\Theta_\alpha\partial_\xi v^\alpha+r\varepsilon\partial_\xi v^3))]r\varepsilon\mathrm{d}x\mathrm{d}\xi,\\
a_b(\boldsymbol{w},\boldsymbol{w})\geqslant&\nu\int_\Omega(r\varepsilon)^{-1}a\delta_{\alpha\beta}\partial_\xi w^\alpha\partial_\xi v^\beta\mathrm{d}x\mathrm{d}\xi.
\end{aligned}$$

流动区域 $\Omega_\varepsilon=\{r,\theta,z)|(r,z)\in D,|\theta|\leqslant|\xi+\Theta|\varepsilon\leqslant 2\varepsilon$, 其中 $\varepsilon=\dfrac{\pi}{N}$, 如果 N 充分大, ε 是一个趋于零的数. 区域 Ω_ε 是一个薄区域. 那么, 流道内的流动特征可以用速度沿旋转方向的平均值来刻画. 假设在区域 $\Omega=D\times[-1,1]\in R^3$ 中定义函数 $\varphi(x^1,x^2,\xi)$ 沿旋转方向的平均函数为

$$M(\varphi)=\frac{1}{2}\int_{-1}^1\varphi(x,\xi)\mathrm{d}\xi:=\overline{\varphi},\quad\forall\,\varphi(x,\xi)\in L^2(\Omega).\tag{4.2.42}$$

在坐标系 (x^1,x^2,ξ) 下, 向量场 $\boldsymbol{w}$ 的散度表示为

$$\mathrm{div}\boldsymbol{w}=\frac{\partial w^\alpha}{\partial x^\alpha}+\frac{w^2}{r}+\frac{\partial w^3}{\partial\xi}=\frac{1}{r}\frac{\partial(rw^\alpha)}{\partial x^\alpha}+\frac{\partial w^3}{\partial\xi},$$

从而得到

$$M(\mathrm{div}\boldsymbol{w})=\frac{1}{2}\int_{-1}^1\left[\frac{1}{r}\frac{\partial(rw^\alpha)}{\partial x^\alpha}+\frac{\partial w^3}{\partial\xi}\right]\mathrm{d}\xi,$$

由边界条件可得

$$\begin{aligned}
&\frac{1}{2}\int_{-1}^1\frac{\partial w^3}{\partial\xi}\mathrm{d}\xi=\frac{1}{2}(w^3|_{\xi=1}-w^3|_{\xi=-1})=0,\forall\,w\in V(\Omega),\\
&\int_{-1}^1\frac{1}{r}\frac{\partial(rw^\alpha)}{\partial x^\alpha}\mathrm{d}\xi=\frac{1}{r}\frac{\partial}{\partial x^\alpha}(r\overline{w}^\alpha)=\frac{\partial\overline{w}^\alpha}{\partial x^\alpha}+\frac{\overline{w}^2}{r}:=\widetilde{\mathrm{div}}_2(\overline{w}),
\end{aligned}$$

其中

$$\widetilde{\mathrm{div}}_2(\boldsymbol{w})=\frac{\partial w^\alpha}{\partial x^\alpha}+\frac{w^2}{r}=\frac{1}{r}\frac{\partial}{\partial x^\alpha}(rw^\alpha). \tag{4.2.43}$$

由此得到

$$M(\mathrm{div}\boldsymbol{w})=\widetilde{\mathrm{div}}_2(\overline{\boldsymbol{w}}). \tag{4.2.44}$$

从而不可压性为

$$\widetilde{\mathrm{div}}_2(\overline{w})=0, \tag{4.2.45}$$

考虑到边界条件,

$$\boldsymbol{w}|_{\Im_+\cup\Im_-\cup\gamma_t\cup\gamma_b}=0,\quad \frac{\partial w^3}{\partial\xi}|_{\xi=\pm1}=-\widetilde{\mathrm{div}}_2\boldsymbol{w}|_{\xi=\pm1}=0. \tag{4.2.46}$$

从而

$$M(\partial_\xi\Phi(\boldsymbol{w},\Theta))=0. \tag{4.2.47}$$

给出符号 $[\boldsymbol{w}]=\boldsymbol{w}|_{\xi=1}-\boldsymbol{w}|_{\xi=-1}$ 和 $\overline{\boldsymbol{w}}=M\boldsymbol{w}$. 从 (4.2.27)~(4.2.30) 可知, 它们的系数均与 ξ 无关, 从而流动沿旋转方向的平均速度和压力满足的方程为

$$\begin{cases}\widetilde{\mathrm{div}}_2\overline{\boldsymbol{w}}=0,\\ -\nu g_{mk}\widetilde{\Delta}\overline{\boldsymbol{w}}^k-\nu P^\beta_{mj}(\Theta)\dfrac{\partial\overline{\boldsymbol{w}}^j}{\partial x^\beta}-\nu q_{mj}(\Theta)\overline{\boldsymbol{w}}^j+\delta^\beta_m\nabla_\beta\overline{p}\\ \quad+C_m(\overline{\boldsymbol{w}},\omega)+M(B_m(\boldsymbol{w},\boldsymbol{w}))\\ \quad=M(\boldsymbol{f})_m+\nu(r\varepsilon)^{-2}ag_{m\alpha}\left[\dfrac{\partial w^\alpha}{\partial\xi}\right]-\delta^3_m[p],\end{cases} \tag{4.2.48}$$

为了简明, 记两个向量的点积 $\boldsymbol{w}\cdot\boldsymbol{v}=a_{\lambda\sigma}w^\lambda v^\sigma+w^3v^3$, 另外记 $\widetilde{\boldsymbol{w}}=\boldsymbol{w}-\overline{\boldsymbol{w}}$, 则显然有

$$M(w^\lambda-\overline{w}^\lambda)=M\widetilde{\boldsymbol{w}}=0,\quad M(\widetilde{\boldsymbol{w}}\overline{\boldsymbol{w}})=0, \tag{4.2.49}$$

因此

$$\begin{cases}M(w^\lambda w^\sigma)=\overline{w}^\lambda\overline{w}^\sigma+M((\widetilde{w}^\lambda)w^\sigma),\\ M\left(w^\lambda\dfrac{\partial w^k}{\partial x^\lambda}\right)=\overline{w}^\lambda\dfrac{\partial\overline{w}^k}{\partial x^\lambda}+M\left((\widetilde{w}^\lambda)\dfrac{\partial w^k}{\partial x^\lambda}\right),\end{cases} \tag{4.2.50}$$

从而得到

$$M(B_m(\boldsymbol{w},\boldsymbol{w}))=M(g_{mk}\left(\frac{\partial w^\lambda w^k}{\partial x^\lambda}+\pi^k_{ij}(w^iw^j)\right),$$

$$M(B_m(\boldsymbol{w},\boldsymbol{w}))=B_m(\overline{\boldsymbol{w}},\overline{\boldsymbol{w}})+g_{mk}M(\partial_\lambda((\widetilde{w}^\lambda)w^k)+\pi^k_{ij}(\widetilde{w}^i)w^j). \tag{4.2.51}$$

最后, 考虑到

$$M(\widetilde{\boldsymbol{w}}\boldsymbol{w})=M(\widetilde{\boldsymbol{w}}(\widetilde{\boldsymbol{w}}+\overline{\boldsymbol{w}}))=M(\widetilde{\boldsymbol{w}}\widetilde{\boldsymbol{w}}).$$

从而得到平均速度 $\overline{\boldsymbol{w}}$ 和平均压力 $\overline{p}$ 的 N-S 方程为

$$\left\{\begin{array}{l}\widetilde{\mathrm{div}}_2\overline{\boldsymbol{w}}=0,\\ \quad -\nu g_{mk}\widetilde{\Delta}\overline{\boldsymbol{w}}^k-\nu P^{\beta}_{mj}(\Theta)\dfrac{\partial\overline{w}^j}{\partial x^{\beta}}-\nu q_{mj}(\Theta)\overline{\boldsymbol{w}}^j+\delta^{\beta}_m\nabla_{\beta}\overline{p}\\ \quad +C_m(\overline{\boldsymbol{w}},\omega)+(B_m(\overline{\boldsymbol{w}},\overline{\boldsymbol{w}}))\\ =M(\boldsymbol{f})_m+\nu(r\varepsilon)^{-2}ag_{m\alpha}\left[\dfrac{\partial w^{\alpha}}{\partial\xi}\right]-\delta^3_m[p]\\ \quad -g_{mk}M(\partial_{\lambda}((\widetilde{w}^{\lambda})\widetilde{w}^k)+\pi^k_{ij}(\widetilde{w}^i)\widetilde{w}^j),\end{array}\right. \tag{4.2.52}$$

下面定义 Sobolev 空间

$$\begin{aligned}&V(\Omega)=\{\boldsymbol{u}\in\boldsymbol{H}^1(\Omega),\ \boldsymbol{u}=0,\ 在\Gamma_t\Gamma_b\cup\Gamma_+\Gamma_-\}上,\\&V(D)=\{\boldsymbol{u}\in\boldsymbol{H}^1,\boldsymbol{u}=0,在\gamma_0,见(4.2.8)\},\end{aligned}$$

那么, 圆周方向平均速度的二维 N-S 方程 (4.2.52) 的变分形式为

$$\left\{\begin{array}{l}求\overline{\boldsymbol{w}}\in V(D),\overline{p}\in L^2(D),使得\\ a_0(\overline{\boldsymbol{w}},\boldsymbol{v})+(\boldsymbol{C}(\overline{\boldsymbol{w}},\omega),\boldsymbol{v})-\nu(\widetilde{P}^{\beta}_{mj}(\Theta)\partial_{\beta}\overline{w}^j+q_{mj}\overline{w}^j,v^m)+b(\overline{\boldsymbol{w}},\overline{\boldsymbol{w}},\boldsymbol{v})-(\overline{p},\partial_{\alpha}v^{\alpha})\\ \quad =(-g_{mk}M(\partial_{\lambda}(\widetilde{w}\widetilde{w}^k)+\pi_{k,ij}(\widetilde{w}^i\widetilde{w}^j)),v^m)\\ \qquad +\left(\nu(r\varepsilon)^{-2}ag_{m\alpha}\left[\dfrac{\partial w^{\alpha}}{\partial\xi}\right]-\delta_{3m}[p],v^m\right)+(Mf_m,v^m),\qquad\forall\boldsymbol{v}\in\boldsymbol{V}(D),\\ (\widetilde{\mathrm{div}}_2\overline{\boldsymbol{w}},q)=0,\quad\forall q\in L^2(D),\end{array}\right. \tag{4.2.53}$$

这里

$$\left\{\begin{array}{l}a_0(\boldsymbol{u},\boldsymbol{v})=(\nu g_{mk}\partial_{\lambda}u^k,\partial_{\lambda}v^m)=\displaystyle\int_D\nu g_{mk}\partial_{\lambda}u^k\partial_{\lambda}v^m\mathrm{d}x,\\ b(\boldsymbol{u},\boldsymbol{w},\boldsymbol{v})=(g_{mk}(\partial_{\lambda}(u^{\lambda}w^k)+\pi^k_{ij}(\Theta)u^iw^j),v^m).\end{array}\right. \tag{4.2.54}$$

4.2.4 二维流形 $\Im_\xi$ 上 2D-3C N-S 方程

如前所述, 在新坐标系 (x^1,x^2,ξ) 中, 对于任意 ξ 为常数, 存在一个二维曲面 $\Im_\xi$. 另一方面, (x^1,x^2,ξ) 的三个坐标表示不同的意义. 前两个分量 x^α 表示在曲面 $\Im$ 的切平面上, 它刻画了流道内流动的方向, 同时第三个分量 ξ 表示透过曲面 $\Im$ 的流动方向. 从而 N-S 方程 (4.3.24) 可以分解为两部分: 其一是在曲面 $\Im$ 的切空间上, 称作 "膜算子", 其二是沿着透流方向, 称作 "挠曲算子". 为此, 改写 N-S 方程 (4.3.24) 为

$$\left\{\begin{array}{l}\dfrac{\partial w^{\alpha}}{\partial x^{\alpha}}+\dfrac{\partial w^3}{\partial\xi}+\dfrac{w^2}{r}=\dfrac{1}{r}\dfrac{\partial(rw^{\alpha})}{\partial x^{\alpha}}+\dfrac{\partial w^3}{\partial\xi}=\widetilde{\mathrm{div}}_2w+\dfrac{\partial w^3}{\partial\xi}=0,\\ \mathcal{L}^i_m(\boldsymbol{w},p,\Theta)+N^i_m(\boldsymbol{w},\boldsymbol{w})+\mathcal{L}^i_b(\boldsymbol{w},p,\Theta)+N^i_b(\boldsymbol{w},\boldsymbol{w})=f^i,\qquad i=1,2,3,\end{array}\right. \tag{4.2.55}$$

其中 $\mathcal{L}^i(\boldsymbol{w},p,\Theta), N^i(\boldsymbol{w},\boldsymbol{w})$ 由 (4.2.38) 所定义. 将 N-S 方程 (4.2.55) 限制在曲面 $\Im_{\xi_k}$ 上, 并采用 Euler 中心差分或 Euler 向后差分代替出现在挠曲算子 $\mathcal{L}_\xi, N_b$ 中关于 ξ 的导数. 并记如下的跳跃算子和一阶二阶有限差分算子:

$$\begin{cases} \boldsymbol{w}(k) := \boldsymbol{w}|_{\xi=\xi_k}, \quad [\boldsymbol{w}]_k := \boldsymbol{w}(k+1) - \boldsymbol{w}(k-1), \\ \overline{\boldsymbol{w}}(k-1,k+1) := \dfrac{1}{2}(\boldsymbol{w}(k+1) + \boldsymbol{w}(k-1)), \\ (\text{或})[\boldsymbol{w}]_k := \boldsymbol{w}(k+1) - \boldsymbol{w}(k), (\text{或})[\boldsymbol{w}]_k := \boldsymbol{w}(k) - \boldsymbol{w}(k-1), \\ d_k^1(\boldsymbol{w}) := \dfrac{[\boldsymbol{w}]_k}{2\tau}, \quad d_k^2(\boldsymbol{w}) := -\dfrac{2\boldsymbol{w}(k)}{\tau^2} + \dfrac{2}{\tau^2}\overline{\boldsymbol{w}}(k-1,k+1), \\ \tau = \xi_{k+1} - \xi_k, \end{cases} \tag{4.2.56}$$

关于 ξ 的微分算子可用差分算子来逼近

$$\begin{cases} \dfrac{\partial w^\alpha}{\partial \xi}|_{\xi_k} \cong d_k^1(w^\alpha), \quad \dfrac{\partial w^\alpha}{\partial \xi}|_{\xi_k} \cong \dfrac{1}{\tau}(w^\alpha(k) - w^\alpha(k-1)), \\ \dfrac{\partial^2 w^\alpha}{\partial \xi^2}|_{\xi_k} \cong \dfrac{2}{\tau^2}(-w^\alpha|_{\xi=\xi_k} + \overline{w}^\alpha(k-1,k+1)). \end{cases} \tag{4.2.57}$$

弯曲的 N-S 算子用差分逼近后, 速度的一阶导数用 Euler 向后差分, 二阶导数用 Euler 中心差分, 压力的一阶导数用 Euler 向前差分

$$\begin{aligned} \mathcal{N}_b(\boldsymbol{w},p,\Theta) =& \mathcal{L}_b(\boldsymbol{w}p,\Theta) + N_b(\boldsymbol{w},\boldsymbol{w}) \\ \cong& \frac{2\nu a}{r^2\varepsilon^2\tau^2} w^i(k) - \frac{2\nu a}{r^2\varepsilon^2\tau^2}\overline{w}^i(k-1,k+1) \\ & - \frac{\nu}{\tau}P_j^{i3}(\Theta)w^j(k) - 2\frac{\nu}{\tau}\varepsilon^{-1}\Theta_\beta\partial_\beta w^i(k) - \frac{1}{\tau}g^{i3}p(k) + \frac{1}{\tau}(w^3w^i)(k) \\ & - \Big[-\frac{\nu}{\tau}P_j^{i3}(\Theta)w^j k - 1\frac{\nu}{\tau}\varepsilon^{-1}\Theta_\beta\partial_\beta w^i(k-1) \\ & + \frac{1}{\tau}g^{i3}p(k-1) + \frac{1}{\tau}w^3w^i(k-1)\Big] \\ =& \frac{2\nu a}{r^2\varepsilon^2\tau^2} w^i(k) + \widehat{l}_b(k) + \frac{1}{\tau}g^{i3}p(k) + \frac{1}{\tau}(w^3w^i)(k) - F_b(k-1), \end{aligned}$$

其中

$$\begin{cases} \widehat{l}_b^i(k) := -\dfrac{\nu}{\tau}P_j^{i3}(\Theta)w^j(k) - 2\frac{\nu}{\tau}\varepsilon^{-1}\Theta_\beta\partial_\beta w^i(k), \\ F_b(k-1) := \alpha_\tau^2\overline{w}(k-1,k+1) - \dfrac{\nu}{\tau}P_j^{i3}(\Theta)w^j(k-1) \\ \qquad\qquad -2\dfrac{\nu}{\tau}\varepsilon^{-1}\Theta_\beta\partial_\beta w^i(k-1) - \dfrac{1}{\tau}g^{i3}p(k-1) + \dfrac{1}{\tau}(w^3w^i)(k-1), \\ \alpha_\tau^2 = \dfrac{2\nu a}{(\tau\varepsilon r)^2}, \quad a = 1 + r^2|\nabla\Theta|^2. \end{cases} \tag{4.2.58}$$

我们得到 N-S 方程在 $\Im$ 上的限制所得到的 2D-3C N-S 方程.

定理 4.2.2 限制在二维流形 $\Im_{\xi_k}$ 上的 N-S 方程, 称为 2D-3C N-S 方程, 它们是

$$\left\{\begin{array}{l}\alpha_\tau^2 w^i(k)-\nu\widetilde{\Delta}w^k+L^k(\boldsymbol{w},\Theta)+g^{k\beta}(\Theta)\nabla_\beta p-\dfrac{1}{\tau}g^{i3}p(k)+B_0^i(\boldsymbol{w},\boldsymbol{w})\\ \qquad =F_b^i(k-1)+f^i,\quad i=1,2,3,\\ \mathrm{div}_2(\boldsymbol{w}(k))+\dfrac{1}{\tau}w^3(k)=-\dfrac{1}{\tau}w^3(k-1),\end{array}\right. \tag{4.2.59}$$

其中

$$\left\{\begin{array}{l}\boldsymbol{L}(\boldsymbol{w},\Theta):=\boldsymbol{l}_m(\boldsymbol{w},\Theta)+\widehat{\boldsymbol{l}}_b(\boldsymbol{w},\Theta),\\ l_m^k(\boldsymbol{w},\Theta):=C^k(\boldsymbol{w},\omega)-\nu P_j^{k\beta}(\Theta)\dfrac{\partial w^j}{\partial x^\beta}-\nu q_j^k(\Theta)w^j,\\ B_0^i(\boldsymbol{w},\boldsymbol{w}):=\partial_\beta(w^iw^\beta)+\pi_{kj}^iw^kw^j+\dfrac{1}{\tau}(w^3w^i)(k).\end{array}\right.$$

对应的边界条件为

$$\left\{\begin{array}{ll}w|_{\gamma_s}=0, & \gamma_s=\Gamma_S\cap\{\xi=\pm1\},\\ \sigma_{\boldsymbol{n}}(\boldsymbol{w},p)|_{\gamma_{\mathrm{in}}}=\boldsymbol{h}_{\mathrm{in}}, & \gamma_{\mathrm{in}}=\Gamma_{\mathrm{in}}\cup\{\xi=\xi_k\},\\ \sigma_{\boldsymbol{n}}(\boldsymbol{w},p)|_{\gamma_{\mathrm{out}}}=\boldsymbol{h}_{\mathrm{out}}, & \gamma_{\mathrm{out}}=\Gamma_{\mathrm{out}}\cup\{\xi=\xi_k\},\end{array}\right. \tag{4.2.60}$$

其中

$$\left\{\sigma_{\boldsymbol{n}}(\boldsymbol{w},p)=-\left(\nu\frac{\partial w^\alpha}{\partial\boldsymbol{n}}-pn^\alpha\right)e_\alpha-\left(\nu\frac{\partial w^3}{\partial\boldsymbol{n}}\right)e_3.\right. \tag{4.2.61}$$

下面讨论对应的变分形式, $\forall v\in V(D)$, 类似于 (4.2.22), 利用 $g_{ij}g^{i\beta}=\delta_{j\beta},g=\varepsilon^2r^2$, 有

$$\left\{\begin{array}{rl}(-\nu\widetilde{\Delta}\boldsymbol{w}+\widetilde{\nabla}p,\boldsymbol{v})=&\displaystyle\int_D(g_{ij}(-\nu\widetilde{\Delta}w^i+g^{i\beta}\partial_\beta p)v^j\sqrt{g})\mathrm{d}x\\ =&\displaystyle\int_D[\nu g_{ij}(\partial_\lambda w^i\partial_\lambda v^j+\frac{1}{r}\frac{\partial w^i}{\partial r})-p\widetilde{\mathrm{div}}_2(\boldsymbol{v})\\ &+\nu\partial_\lambda g_{ij}\partial_\lambda w^iv^j]r\varepsilon\mathrm{d}x+<\boldsymbol{h},\boldsymbol{v}>|_{\gamma_1},\end{array}\right. \tag{4.2.62}$$

因此与 (4.2.59) 和 (4.2.60) 的变分形式, 简称 2D-3C N-S 变分问题, 为

$$\left\{\begin{array}{l}\text{求}\boldsymbol{w}(k)\in\boldsymbol{V}(D),\ p(k)\in L^2(D),\ \text{使得}\\ a_0(\boldsymbol{w},\boldsymbol{v})+(\boldsymbol{L}(k),\boldsymbol{v})-(p,\widetilde{\mathrm{div}}_2(\boldsymbol{v})+\dfrac{1}{\tau}v^3)+b_0(\boldsymbol{w},\boldsymbol{w},\boldsymbol{v})\\ \qquad=(G_\tau(k),\boldsymbol{v}),\quad\forall\boldsymbol{v}\in\boldsymbol{V}(D),\\ (\widetilde{\mathrm{div}}_2\boldsymbol{w}+\dfrac{1}{\tau}w^3(k),q)=\left(\dfrac{1}{\tau}w^3(k-1),q\right),\quad\forall q\in L^2(D),\end{array}\right. \tag{4.2.63}$$

这里 $g_{ij}g^{i3}\dfrac{1}{\tau}p(k)=\delta_{j3}\dfrac{1}{\tau}p(k)$, 经过运算后得

$$\left\{\begin{aligned}a_0(\boldsymbol{w},\boldsymbol{v})=&\nu(\partial_\lambda w^\alpha,\partial_\lambda v^\alpha)+(\alpha_\tau\omega^\alpha,\alpha_\tau v^\alpha)\\&+(\Pi(r\partial_\lambda(\boldsymbol{w}),\Theta),\Pi(r\partial_\lambda(\boldsymbol{v}),\Theta)\\&+(\Pi(r\alpha_\tau\boldsymbol{w},\Theta),\Pi(r\alpha_\tau\boldsymbol{v},\Theta)),\\(\boldsymbol{L}(\boldsymbol{w},\Theta),\boldsymbol{v})=&\int_D[g_{ij}C(\boldsymbol{w},\omega)v^j+g_{ij}l_0^i(\boldsymbol{w},\Theta)v^j+\nu\partial_\lambda g_{ij}\partial_\lambda w^iv^j]r\varepsilon\mathrm{d}x\mathrm{d}\xi,\\b_0(\boldsymbol{w},\boldsymbol{w},\boldsymbol{v})=&\int_D g_{ij}B_0^i(\boldsymbol{w},\boldsymbol{w})v^jr\varepsilon\mathrm{d}x,\\(\boldsymbol{G}_\tau(k),\boldsymbol{v})=&(\boldsymbol{F}_\tau(k-1)+\boldsymbol{f},\boldsymbol{v})+<\boldsymbol{h},\boldsymbol{v}>|_{\tilde{\Gamma}_1},\end{aligned}\right.\tag{4.2.64}$$

其中

$$\left\{\begin{aligned}&l_0^\alpha(\boldsymbol{w},\Theta)=-\frac{\nu}{r}(\delta_{\beta2}+2\varepsilon^{-1}r\Theta_\beta)\partial_\beta w^\alpha-\nu\left(q_j^\alpha+\frac{1}{\tau}P_j^{\alpha3}(\Theta)\right)w^j,\\&l_0^3(\boldsymbol{w},\Theta)=-\nu P_\sigma^{3\beta}(\Theta)\partial_\beta w^\sigma-2\frac{\nu}{r}(\delta_{\beta2}+\varepsilon^{-1}r\Theta_\beta)\partial_\beta w^3-\nu\left(q_j^3+\frac{1}{\tau}P_j^{33}(\Theta)\right)w^j,\end{aligned}\right.\tag{4.2.65}$$

显然

$$a_0(\boldsymbol{w},\boldsymbol{v})\geqslant\nu\|\partial_\lambda\boldsymbol{w}\|^2+\|\alpha_\tau\boldsymbol{w}\|^2.\tag{4.2.66}$$

4.2.5　曲面上的压力校正方程

通常求解 N-S 方程时, 压力逼近精度差, 尤其是在 Dirichlet 边界条件中, 只给出边界上的速度, 边界上的压力需要求解. 对 2D-3C N-S 方程也有同样的问题. 因此需要修正压力. 也就是说, 求解 (4.2.58) 以后, 有了 (w,p), 再修正压力. 为此我们改写 (4.2.59). 首先令

$$\left\{\begin{aligned}A^\alpha(\boldsymbol{w},\Theta):=&\alpha_\tau^2w^\alpha(k)-\nu\Delta w^\alpha+L^\alpha(\boldsymbol{w},\Theta)(k)\\&+B_0^\alpha(\boldsymbol{w},\boldsymbol{w})(k)-G_\tau^\alpha(k-1),\\A^3(\boldsymbol{w},\Theta):=&\alpha_\tau^2w^3(k)-\nu\Delta w^3+L^3(\boldsymbol{w},\Theta)(k)\\&+B_0^3(\boldsymbol{w},\boldsymbol{w})(k)-G_\tau^3(k-1),\end{aligned}\right.\tag{4.2.67}$$

那么, 利用 (4.2.5), 则 (4.2.59) 可以写成

$$\left\{\begin{aligned}&A^\alpha(\boldsymbol{w},\Theta)+\nabla_\alpha p+\varepsilon^{-1}\Theta_\alpha p=0,\\&A^3(\boldsymbol{w},\Theta)-\varepsilon^{-1}\Theta_\beta\nabla_\beta p-(r\varepsilon)^{-2}ap=0,\\&\mathrm{div}_2(\boldsymbol{w}(k))+\frac{1}{\tau}w^3(k)=-\frac{1}{\tau}w^3(k-1),\end{aligned}\right.\tag{4.2.68}$$

这里, 利用 (4.2.59), 经过简单计算, 得

$$\left\{\begin{aligned}&L^\alpha(\boldsymbol{w},\Theta)=C^\alpha(\boldsymbol{w},\omega)-\frac{\nu}{r}(\delta_{\beta2}+2\varepsilon^{-1}r\Theta_\beta)\partial_\beta w^\alpha-\nu\left(q_j^\alpha+\frac{1}{\tau}P_j^{\alpha3}\right)w^j,\\&L^3(\boldsymbol{w},\Theta)=C^3(\boldsymbol{w},\omega)-2\frac{\nu}{r}(\delta_{\beta2}+\varepsilon^{-1}r\Theta_\beta)\partial_\beta w^3\end{aligned}\right.$$

$$\begin{cases} \qquad\qquad -\nu P_{\sigma}^{3\beta}\partial_{\beta}w^{\sigma} - \nu\left(q_j^3 + \dfrac{1}{\tau}P_j^{33}\right)w^j, \\ B_0^i(\boldsymbol{w},\boldsymbol{w}) = \dfrac{1}{\tau}(w^3 w^i) + \partial_{\lambda}(w^i w^{\lambda}) + \pi_{kj}^i w^k w^j, \\ G_{\tau}^i(k-1) = F^i(k-1) + f^i. \end{cases}$$

$\varepsilon^{-1}\Theta_{\alpha} \times$ (4.2.68)第一式 + (4.2.68) 第二式得到

$$\Pi(\boldsymbol{A},\Theta) + \varepsilon((r\varepsilon)^{-2}a - \varepsilon^{-2}|\nabla\Theta|^2)p = 0,$$

其中对任何向量 $\boldsymbol{v}$,$\Pi(\boldsymbol{v},\Theta) = \Theta_{\alpha}v^{\alpha} + \varepsilon v^3$. 由于 $a = 1 + r^2|\nabla\Theta|^2$, 从而有

$$p(k) = -\varepsilon^{-1}r^2\Pi(\boldsymbol{A},\Theta), \tag{4.2.69}$$

另一方面, ∂_{α} 作用在 (4.2.68) 第一式并利用 (4.3.68) 第二式, 可以得到关于 p 的椭圆边值问题

$$\begin{cases} 求\, p(k) \in H^1(D), 使得 \\ \Delta p(k) + (\varepsilon^{-1}\Delta\Theta - (r\varepsilon)^{-2}a)p(k) \\ \qquad = -(\partial_{\alpha}A^{\alpha}(\boldsymbol{w},\Theta) + A^3(\boldsymbol{w},\Theta)), \\ \partial_n p|_{\partial D} = 0. \end{cases} \tag{4.2.70}$$

令由 (4.2.69) 和 (4.2.70) 所得的解分别记为 $p_1(k), p_2(k)$, 那么

$$p(k) = \frac{1}{2}(p_1(k) + p_2(k))$$

就是所要求的压力修正解.

对于正、负叶片面 $\Im_{\pm}$, 由于在它们上面速度是零, $\boldsymbol{w} = 0$, 并且 $\boldsymbol{A}|_{\Im_{\pm}} = -\boldsymbol{G}_{\tau}(k-1)$.

利用定理 4.2.1 进行叶片面上压力校正. 为了验证方法的可靠性, 采用 NASA

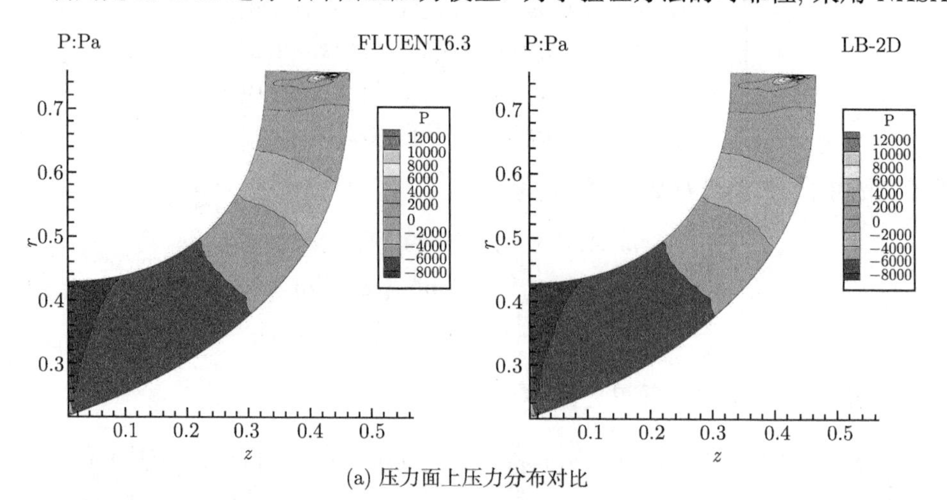

(a) 压力面上压力分布对比

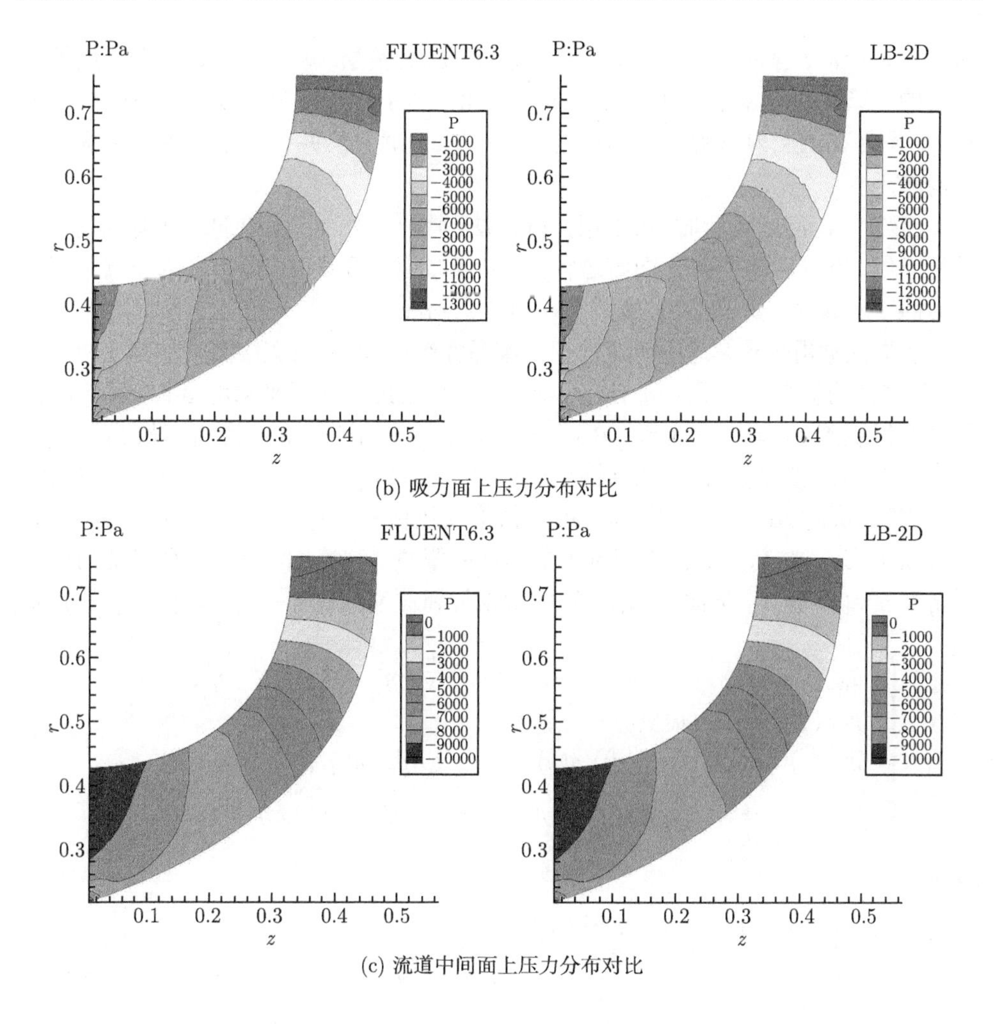

(b) 吸力面上压力分布对比

(c) 流道中间面上压力分布对比

图 4.2.5 Fluent 与压力校正方法的数值计算比较

数值结果由西安交通大学能源与动力工程学院陈浩完成

低速大尺度离心叶轮作为算例[22], 并将压力校正方法与 Fluent 的计算结果进行了比较, 结果如图 4.2.5 所示.

图中右侧的 LB-2D 是按照压力校正方法开发的计算程序. 流体对叶片做的功率, Fluent 的计算结果为 13973 瓦, 而本方法为 13975 瓦.

4.2.6 区域分解中的流层和二度并行算法

考虑区域 Ω 的分解

$$\Omega = D \times \{-1, 1\} = \sum_k \{D \times [\xi_k, \xi_{k+1}]\} = \sum_k \Omega_k,$$

这里 $-1 = \xi_0 < \xi_1 < \cdots < \xi_m = 1$. 称子区域 Ω_k 为流层. 新方法是在两个流层的交界面的二维流形上求解关于 (w, p) 的二维 3C N-S 问题和关于校正压力的校正方程, 而不是在流层内求解三维的问题. 另一方面, 通常的并行算法可用来求解这两个问题.

在 2D-3C 问题求解时, 可以用并行算法, 另一方面, 沿 ξ_i 方向迭代时也是一个并行求解, 所以这两个并行同时进行, 就形成二度并行算法, 即如果每个方向都用 10 CPU, 那么两个方向共用 $10 \times 10 = 100$ 个 cpu.

新方法被用来求解透平机械内部 3 维黏性流动, 所有的交接面 $\Im_{\xi_k}$ 具有相同的几何, 同样的基本型张量 $(a_{\alpha\beta}, b_{\alpha\beta})$. 另一方面, 当此方法用来求解 3 维问题时, 例如飞行器绕流、地球物理流动, 在这些情形, $\Im_{\xi_k}$ 具有不同的几何. 假设曲面 $\Im_{\xi_{k+1}}$ 通过曲面 $\Im_{\xi_k}$ 做位移 η 得到, 则新的基本型 $(a_{\alpha\beta}(\eta), b_{\alpha\beta}(\eta))$ 可如下计算: 我们知道, 定理 1.6.4 给出了曲面变形后, 度量张量以及相关几何量的改变: 设 $\Im$ 是一 R^3 中光滑曲面, $a_{\alpha\beta}, b_{\alpha\beta}$ 是它的度量张量和曲率张量. 在它上面给定一个光滑的位移场 $\eta = \eta^\alpha \boldsymbol{e}_\alpha + \eta^3 \boldsymbol{n}$, 记曲面 $\Im(\eta)$ 的度量张量和曲率张量分别为 $a_{\alpha\beta}(\eta), b_{\alpha\beta}(\eta)$, 则

$$\left\{\begin{aligned} a_{\alpha\beta}(\eta) &= a_{\alpha\beta} + 2\gamma_{\gamma\beta}(\eta) + a_{\lambda\sigma} \overset{0}{\nabla}_\alpha \eta^\lambda \overset{0}{\nabla}_\beta \eta^\sigma + \overset{0}{\nabla}_\beta \eta^3 \overset{0}{\nabla}_\beta \eta^3, \\ b_{\alpha\beta}(\eta) &= b_{\alpha\beta} + \rho_{\alpha\beta}(\eta) + Q^2_{\alpha\beta}(\eta), \\ Q^2_{\alpha\beta}(\eta) &= (b_{\alpha\beta} + \rho_{\alpha\beta}(\eta))(q(\eta) - 1) + q(\eta)[\phi_{\alpha\beta}(\eta) d(\eta) \\ &\quad + \phi^\sigma_{\alpha\beta}(\eta) m_\sigma(\eta) - (\rho^\sigma_{\alpha\beta}(\eta) + \overset{*}{\Gamma}{}^\lambda_{\alpha\beta} \overset{0}{\nabla}_\lambda \eta^\sigma) \overset{0}{\nabla}_\sigma \eta^3], \end{aligned}\right. \tag{4.2.71}$$

这里

$$\left\{\begin{aligned} \rho_{\alpha\beta}(\eta) &= \overset{*}{\nabla}_\alpha \overset{0}{\nabla}_\beta \eta^3 + b_{\alpha\sigma} \overset{0}{\nabla}_\beta \eta^\sigma, \\ \gamma_{\alpha\beta}(\eta) &= \frac{1}{2}(a_{\beta\lambda} \overset{0}{\nabla}_\alpha \eta^\lambda + a_{\alpha\lambda} \overset{0}{\nabla}_\beta \eta^\lambda), \\ \overset{0}{\nabla}_\beta \eta^\sigma &= \overset{*}{\nabla}_\beta \eta^\sigma - b^\sigma_\beta \eta^3, \quad \overset{*}{\nabla}_\beta \eta^\sigma = \partial_\beta \eta^\sigma - \overset{*}{\Gamma}{}^\sigma_{\alpha\beta} \eta^\alpha, \end{aligned}\right. \tag{4.2.72}$$

$$\left\{\begin{aligned} \rho^\sigma_{\alpha\beta}(\eta) &= \overset{*}{\nabla}_\alpha \overset{0}{\nabla}_\beta \eta^\sigma - b^\sigma_\alpha \overset{0}{\nabla}_\beta \eta^3, \\ \phi_{\alpha\beta}(\eta) &= b_{\alpha\beta} + \rho_{\alpha\beta}(\eta) + \overset{*}{\Gamma}{}^\lambda_{\alpha\beta} \overset{0}{\nabla}_\lambda \eta^3, \\ \phi^\sigma_{\alpha\beta}(\eta) &= \rho^\sigma_{\alpha\beta}(\eta) + (\overset{0}{\nabla}_\lambda \eta^\sigma + \delta^\sigma_\lambda) \overset{*}{\Gamma}{}^\lambda{}_{\alpha\beta}, \end{aligned}\right. \tag{4.2.73}$$

$$\left\{\begin{aligned} d_\sigma(\eta) &= m_\sigma(\eta) - \overset{0}{\nabla}_\sigma \eta^3, \quad d_0(\eta) = 1 + d(\eta), \\ d(\eta) &= \gamma_0(\eta) + \det(\overset{0}{\nabla}_\alpha \eta^\beta), \\ m_\sigma(\eta) &= \varepsilon^{\nu\mu} \varepsilon_{\sigma\lambda} \overset{0}{\nabla}_\nu \eta^\lambda \overset{0}{\nabla}_\mu \eta^3, \end{aligned}\right. \tag{4.2.74}$$

其中 $Q^2_{\alpha\beta}(\eta)$ 是二阶以上的高阶项.

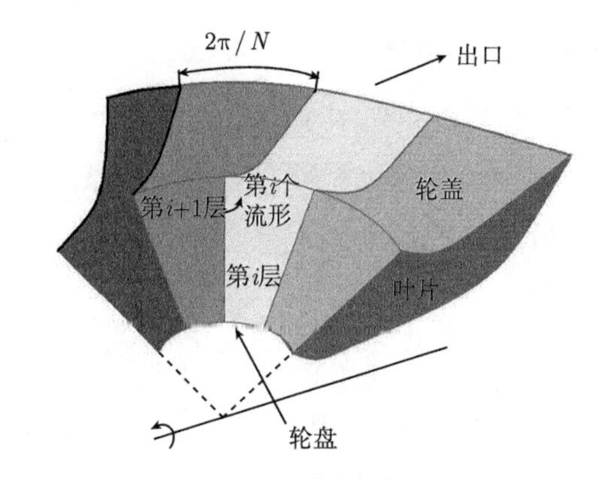

图 4.2.6 通道剖分图

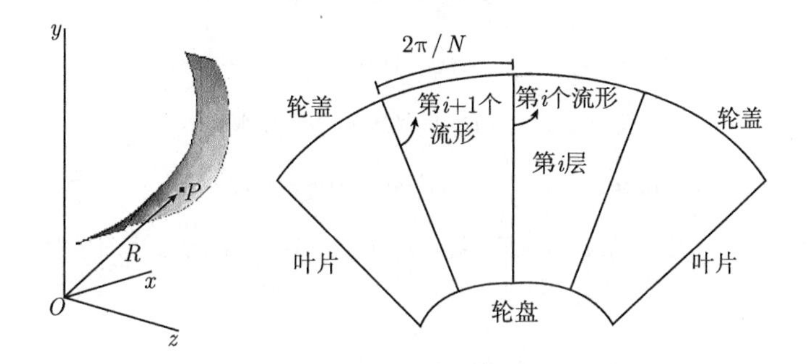

图 4.2.7 流道分割和张角展开图

4.2.7 2D-3C N-S 方程变分问题解的存在性

这一节研究曲面 $\Im_\xi$ 上的 2D-3C 变分问题 (4.2.10). 记 $\partial D = \gamma_s \cup \gamma_0$, 引入 Sobolev 空间 $V(D)$,

$$V(D) = \{\boldsymbol{w} |, \boldsymbol{w} = (w^\alpha, w^3) \in H^1(D) \times H^1(D) \times H^1(D), \boldsymbol{w}|_{\gamma_s} = 0\}, \tag{4.2.75}$$

装备 Sobolev 范数

$$\begin{cases} |\boldsymbol{w}|_{1,D}^2 = \sum\limits_\alpha \sum\limits_j \|\partial_\alpha w^j\|_{0,D}^2, \\ \|\boldsymbol{w}\|_{0,D}^2 = \sum\limits_i \|w^i\|_{0,D}^2 = \sum\limits_i \int_D |w^i|^2 \mathrm{d}x, \\ \|\boldsymbol{w}\|_{1,D}^2 = |\boldsymbol{w}|_{1,D}^2 + \|\boldsymbol{w}\|_{0,D}^2. \end{cases} \tag{4.2.76}$$

显然变分问题 (4.2.63) 为鞍点问题, 故采用如下的人工黏性正则化方法:

$$
\left\{\begin{array}{l}
\text{求}\boldsymbol{w} \in \boldsymbol{V}(D), p \in L^2(D), \text{使得} \\
a_0(\boldsymbol{w},\boldsymbol{v}) + (\boldsymbol{L}(\boldsymbol{w},\Theta),\boldsymbol{v}) + b_0(\boldsymbol{w},\boldsymbol{w},\boldsymbol{v}) - \left(p, \widetilde{\operatorname{div}}_2\boldsymbol{v} + \dfrac{1}{\tau}v^3\right) =< \boldsymbol{G}_\tau, \boldsymbol{v} >, \\
\qquad\qquad\qquad\qquad \forall \boldsymbol{v} \in \boldsymbol{V}(D), \\
\eta(p,q) + (\widetilde{\operatorname{div}}_2\boldsymbol{w}(k) + \dfrac{1}{\tau}w^3(k), q) = \left(\dfrac{1}{\tau}w^3(k-1), q\right), \quad \forall q \in L^2(D),
\end{array}\right.
\tag{4.2.77}
$$

其中

$$
\begin{aligned}
a_0(\boldsymbol{w},\boldsymbol{v}) =& \nu(\partial_\lambda w^\alpha, \partial_\lambda v^\alpha) + (\alpha_\tau w^\alpha, \alpha_\tau v^\alpha) \\
&+ \nu(\Pi(r\partial_\lambda(\boldsymbol{w}),\Theta), \Pi(r\partial_\lambda(\boldsymbol{v}),\Theta)) \\
&+ \nu(\Pi(r\alpha_\tau \boldsymbol{w},\Theta), \Pi(r\alpha_\tau \boldsymbol{v},\Theta)), \\
(\boldsymbol{L}(\boldsymbol{w},\Theta),\boldsymbol{v}) =& \int_D [g_{ij}(C^i(\boldsymbol{w},\omega) + l_0^i(\boldsymbol{w},\Theta))v^j \\
&+ \nu\partial_\lambda g_{ij}\partial_\lambda w^i v^j] r\varepsilon \mathrm{d}x\mathrm{d}\xi, \\
b_0(\boldsymbol{w},\boldsymbol{w},\boldsymbol{v}) =& \int_D g_{ij}B_0^i(\boldsymbol{w},\boldsymbol{w})v^j r\varepsilon\mathrm{d}x, \\
(\boldsymbol{G}_\tau(k),\boldsymbol{v}) =& (\boldsymbol{F}_\tau(k-1) + \boldsymbol{f}, \boldsymbol{v}) + < \boldsymbol{h}, \boldsymbol{v} > |_{\widetilde{\Gamma}_1},
\end{aligned}
\tag{4.2.78}
$$

它等价于

$$
\left\{\begin{array}{l}
\text{求}\boldsymbol{w} \in \boldsymbol{V}(D), \text{使得} \\
A(\boldsymbol{w},\boldsymbol{v}) + b_0(\boldsymbol{w},\boldsymbol{w},\boldsymbol{v}) =< \boldsymbol{G}, \boldsymbol{v} >, \quad \forall \boldsymbol{v} \in V(D), \\
p = -\eta^{-1}[\operatorname{div}_2\boldsymbol{v} + \dfrac{1}{\tau}(w^3(k) - w^3(k-1))],
\end{array}\right.
\tag{4.2.79}
$$

其中

$$
\left\{\begin{array}{l}
A(\boldsymbol{w},\boldsymbol{v}) = a_0(\boldsymbol{w},\boldsymbol{v}) + (\boldsymbol{L}(\boldsymbol{w},\Theta),\boldsymbol{v}) \\
\qquad\qquad + \eta^{-1}\left(\widetilde{\operatorname{div}}_2\boldsymbol{w} + \dfrac{1}{\tau}w^3, \widetilde{\operatorname{div}}_2\boldsymbol{v} + \dfrac{1}{\tau}v^3\right), \\
< \boldsymbol{G}, \boldsymbol{v} >= (\boldsymbol{G}_\tau(k-1) + (\eta^{-1}\left(\dfrac{1}{\tau}w^3(k-1), \widetilde{\operatorname{div}}_2\boldsymbol{v} + \dfrac{1}{\tau}v^3\right),
\end{array}\right.
\tag{4.2.80}
$$

其中 $L(w,\Theta)$ 由 (4.2.78) 给出.

首先证明 (4.2.80) 给出的双线性形式 $A_0(\cdot,\cdot)$ 是 $V(D)$- 椭圆的.

引理 4.2.3 设 D 是 R^2 中有界区域, 由 (4.2.1) 给出的单射 $\Re(x)$ 满足

$$
\Re \in C^3(\bar{D}), \quad |D^i\Re|_{\infty,D} \leqslant k_0,
$$

并且两个向量 $e_\alpha = \partial_\alpha \Re$ 在 $\bar{D}$ 中任意点都是线性独立的. γ_0 是 $\gamma = \partial D$ 的 dγ- 可

测子集, 并且其测度大于零. 则存在不依赖于 x 的常数 C 和 $1>\beta_0>0$,

$$\begin{cases} \text{(i)} \quad |A(\boldsymbol{w},\boldsymbol{v})| \leqslant C(k_0)\|\boldsymbol{w}\|_{1,D}\|\boldsymbol{v}\|_{0,D}, \quad \forall\, \boldsymbol{w},\boldsymbol{v} \in \boldsymbol{V}(D), \\ \text{(ii)} \quad A(\boldsymbol{w},\boldsymbol{w}) \geqslant \nu\beta_0\|\boldsymbol{w}\|_{1,D}^2, \qquad \forall\, \boldsymbol{w} \in \boldsymbol{V}(D), \end{cases} \tag{4.2.81}$$

只要 η, k_0 适当小使得如果 k_0, η 适当小, 使得存在一个正数 β_0 满足

$$\begin{cases} 0<\beta_0<\min\left(1, \alpha_0(1+r_0)^2\right), \\ -\nu+\eta^{-1}>0, \ \text{即}\eta\nu<1, \\ Ck_0 \leqslant \min\left\{1-\beta_0, \alpha_0(1+r_0)^2-\beta_0\right\}. \end{cases}$$

证明 实际上, 我们只要证明 (4.2.81) 的第二式就可以了. 由 (4.2.78) 第一式有

$$\begin{aligned} a_0(\boldsymbol{w},\boldsymbol{w}) =& \nu\|\nabla \boldsymbol{w}\|_{0,D}^2 + \nu\|\alpha_\tau \boldsymbol{w}\|_{0,D}^2 \\ &+\nu\sum_\lambda \|\Pi(r\partial_\lambda \boldsymbol{w},\Theta)\|_{0,D}^2 + \nu\|\Pi(r\alpha_\tau\boldsymbol{w},\Theta)\|_{0,D}^2 \\ \geqslant& \nu\|\nabla \boldsymbol{w}\|_{0,D}^2 + \nu\alpha_0^2(1+r_0^2)\|\boldsymbol{w}\|_{0,D}^2 + \nu r_0^2\sum_\lambda \|\Pi(\partial_\lambda \boldsymbol{w},\Theta)\|_{0,D}^2 \\ \geqslant& \nu\|\nabla \boldsymbol{w}\|_{0,D}^2 + \nu\alpha_0^2(1+r_0^2)\|\boldsymbol{w}\|_{0,D}^2, \end{aligned}$$

这里用到 $\alpha_\tau^2 = \dfrac{2\nu a}{r\varepsilon\tau} \geqslant \dfrac{2\nu}{r_1\varepsilon\tau} = \alpha_0$.

为了估计双线性形式 $(\boldsymbol{L}(\boldsymbol{w},\Theta),\boldsymbol{v})$, 由 (4.2.7) 有

$$g_{ij}C^i(\boldsymbol{w},\omega)w^j = (\boldsymbol{w}\times\omega)\cdot\boldsymbol{w} = 0.$$

由 (4.2.80), 可以得到

$$\begin{aligned} A(\boldsymbol{w},\boldsymbol{w}) =& a_0(\boldsymbol{w},\boldsymbol{w}) + (\boldsymbol{L}(\boldsymbol{w},\Theta),\boldsymbol{w}) \\ &+\eta^{-1}\left(\widetilde{\operatorname{div}}_2\boldsymbol{w} + \frac{1}{\tau}w^3, \widetilde{\operatorname{div}}_2\boldsymbol{w} + \frac{1}{\tau}w^3\right) \\ =& a_0(\boldsymbol{w},\boldsymbol{w}) + \eta^{-1}\left(\|\widetilde{\operatorname{div}}_2\boldsymbol{w}\|_{0,D}^2 + \left(\frac{1}{\tau}\right)^2\|w^3\|_{0,D}^2\right) \\ &+\int_D [g_{ij}l_0^i(\boldsymbol{w},\Theta) + \partial_\lambda g_{ij}\partial_\lambda w^i]w^j r\varepsilon \mathrm{d}x\mathrm{d}\xi \\ \geqslant& \nu\|\nabla\boldsymbol{w}\|_{0,D}^2 + \eta^{-1}\|\widetilde{\operatorname{div}}_2\boldsymbol{w}\|_{0,D}^2 \\ &+\nu\alpha_0^2(1+r_0^2)\|\boldsymbol{w}\|_{0,D}^2 + \eta^{-1}\left(\frac{1}{\tau}\right)^2\|w^3\|_{0,D}^2 + \int_D Ir\varepsilon\mathrm{d}x. \end{aligned} \tag{4.2.82}$$

应用 (4.2.65), (4.2.5),

$$
\begin{aligned}
I :=& [g_{ij}l_0^i(\boldsymbol{w},\Theta) + \partial_\lambda g_{ij}\partial_\lambda w^i]w^j \\
=& a_{\alpha\beta}l_0 w^\beta + g_{32}(\ell_0^\alpha w^3 + \ell_0^3 w^\alpha) + g_{33}\ell_0^3 w^3 \\
& +\nu\partial_\lambda a_{\alpha\beta}\partial_\lambda w^\alpha w^\beta + \nu\partial_\lambda g_{3\alpha}(\partial_\lambda w^\alpha w^3 + w^\alpha\partial_\lambda w^3) + \nu\partial_\lambda g_{33}\partial_\lambda w^3 w^3 \\
=& \delta_{\alpha\beta}l_0^\alpha w^\beta + r^2\Theta_\alpha\Theta_\beta l_0^\alpha w^\beta + r^2\varepsilon^2 l_0^3 w^3 + \varepsilon r^2\Theta_\lambda(l_0^\lambda w^3 + l_0^3 w^\lambda) \\
& +\nu\partial_\lambda a_{\alpha\beta}\partial_\lambda w^\alpha w^\beta + \nu\partial_\lambda g_{3\alpha}(\partial_\lambda w^\alpha w^3 + w^\alpha\partial_\lambda w^3) + \nu\partial_\lambda g_{33}\partial_\lambda w^3 w^3,
\end{aligned}
$$

$$
\begin{aligned}
&\delta_{\alpha\beta}l_0^\alpha w^\beta + r^2\Theta_\alpha\Theta_\beta l_0^\alpha w^\beta \\
&\quad= -\frac{\nu}{\tau}(\delta_{\lambda 2} + 2r\varepsilon^{-1}\Theta_\lambda)a_{\alpha\beta}\partial_\lambda w^\alpha w^\beta - \nu a_{\alpha\beta}\left(q_j^\alpha + \frac{1}{\tau}P_j^{\alpha 3}\right)w^j w^\beta, \\
r^2\varepsilon^2 l_0^3 w^3 &= -\nu r^2\varepsilon^2 P_\alpha^{3\lambda}\partial_\lambda w^\alpha w^3 - 2\frac{\nu}{r}\varepsilon^2 r^2(\delta_{\lambda 2} + \varepsilon^{-1}r\Theta_\lambda)\partial_\lambda w^3 w^3 \\
&\quad -\nu r^2\varepsilon^2\left(q_j^3 + \frac{1}{\tau}P_j^{33}\right)w^j w^3, \\
\varepsilon r^2\Theta_\lambda l_0^\lambda w^3 &= -\frac{\nu}{\tau}\varepsilon r^2\Theta_\alpha(\delta_{2\lambda} + 2r\varepsilon^{-1}\Theta_\lambda)\partial_\lambda w^\alpha w^3 - \nu\varepsilon r^2\Theta_\lambda\left(q_j^\lambda + \frac{1}{\tau}P_j^{\lambda 3}\right)w^j w^3, \\
\varepsilon r^2\Theta_\lambda l_0^3 w^\lambda &= -\nu\varepsilon r^2\Theta_\beta P_\alpha^{3\lambda}\partial_\lambda w^\alpha w^\beta - 2\frac{\nu}{r}\varepsilon r^2\Theta_\lambda(\delta_{2\beta} + r\varepsilon^{-1}\Theta_\beta)\partial_\beta w^3 w^\lambda \\
&\quad -\nu\varepsilon r^2\Theta_\lambda\left(q_j^3 + \frac{1}{\tau}P_j^{33}\right)w^j w^\lambda,
\end{aligned}
$$

所以, 综合以上两式, 有

$$
\begin{aligned}
I =& \nu\left[-\frac{\nu}{r}(\delta_{\lambda 2} + 2r\varepsilon^{-1}\Theta_\lambda)a_{\alpha\beta} - \nu\varepsilon r^2\Theta_\beta P_\alpha^{3\lambda} + \nu\partial_\lambda a_{\alpha\beta}\right]\partial_\lambda w^\alpha w^\beta \\
& +\nu\left[-\nu r^2\varepsilon^2 P_\alpha^{3\lambda} - \frac{\nu}{r}\varepsilon r^2\Theta_\alpha(\delta_{2\lambda} + 2r\varepsilon^{-1}\Theta_\lambda) + \nu\partial_\lambda g_{3\alpha}\right]\partial_\lambda w^\alpha w^3 \\
& +\nu\left[\nu\partial_\lambda g_{3\alpha} - 2\frac{\nu}{r}\varepsilon r^2\Theta_\alpha(\delta_{2\lambda} + r\varepsilon^{-1}\Theta_\lambda)\right]\partial_\lambda w^3 w^\alpha \\
& +\nu\left[\nu\partial_\lambda g_{33} - 2\frac{\nu}{r}\varepsilon^2 r^2(\delta_{\lambda 2} + \varepsilon^{-1}r\Theta_\lambda)\right]\partial_\lambda w^3 w^3 \\
& -\nu\left[\nu a_{\alpha\beta}\left(q_\sigma^\alpha + \frac{1}{\tau}P_\sigma^{\alpha 3}\right) + \nu\varepsilon r^2\Theta_\beta\left(q_\sigma^3 + \frac{1}{\tau}P_\sigma^{33}\right)\right]w^\sigma w^\beta \\
& -\nu\left[\nu\varepsilon r^2\Theta_\lambda\left(q_3^\lambda + \frac{1}{\tau}P_3^{\lambda 3}\right) + \nu r^2\varepsilon^2\left(q_3^3 + \frac{1}{\tau}P_3^{33}\right)\right]w^3 w^3 \\
& -\nu\left[\nu a_{\alpha\beta}\left(q_3^\alpha + \frac{1}{\tau}P_3^{\alpha 3}\right) + \nu\varepsilon r^2\Theta_\beta\left(q_3^3 + \frac{1}{\tau}P_3^{33}\right)\right. \\
& \left. +\nu\varepsilon r^2\Theta_\lambda\left(q_\beta^\lambda + \frac{1}{\tau}P_\beta^{\lambda 3}\right) + \nu r^2\varepsilon^2\left(q_\beta^3 + \frac{1}{\tau}P_\beta^{33}\right)\right]w^\beta w^3.
\end{aligned}
$$

将 (4.2.25) 代入上式, 经过运算得

$$
I = -\nu r^{-1}\frac{\partial w^\alpha w^\alpha}{\partial r} + \nu r^{-2}w^2 w^2 - 2\nu(r\tau)^{-1}w^2 w^3
$$

$$
\begin{aligned}
&+E^{\lambda}_{\alpha\beta}(\Theta)\partial_\lambda w^\alpha w^\beta+E^{\lambda}_{\alpha}(\Theta)\partial_\lambda w^\alpha w^3+\widehat{E}^{\lambda}_{\alpha}(\Theta)\partial_\lambda w^3 w^\alpha\\
&+E^{\lambda}(\Theta)\partial_\lambda w^3w^3+F_{\beta\sigma}(\Theta)w^\beta w^\sigma\\
&+F_{33}w^3w^3+F_{3\beta}(\Theta)w^3w^\beta,
\end{aligned}\tag{4.2.83}
$$

其中

$$
\left\{\begin{aligned}
&F^{\lambda}_{\alpha\beta}(\Theta):=[-2\nu r\delta_{\lambda2}\Theta_\alpha\Theta_\beta-4\nu\varepsilon^{-1}\Theta_\lambda a_{\alpha\beta}+\nu r^2(\Theta_\alpha\Theta_{\beta\lambda}-\Theta_\beta\Theta_{\alpha\lambda})],\\
&E^{\lambda}_{\alpha}(\Theta):=[-\nu r^2\varepsilon^2\Theta_{\alpha\lambda}-\nu r\varepsilon(\delta_{2\lambda}+2r\varepsilon^{-1}\Theta_\lambda)\Theta_\alpha],\\
&\widehat{E}^{\lambda}_{\alpha}(\Theta):=[\nu\varepsilon r^2\Theta_{\alpha\lambda}-2\nu r^2\Theta_\alpha\Theta_\lambda],\quad E^{\lambda}(\Theta):=[-2\nu\varepsilon r^2\Theta_\lambda],\\
&F_{\beta\sigma}(\Theta):=-\nu\left[\frac{a_{\alpha\beta}}{r\varepsilon\tau}(\Theta_2\delta_{\alpha\sigma}+2\Theta_\sigma\delta_{2\alpha})+\nu\varepsilon r^2\Theta_\beta\left(q^3_\sigma+\frac{1}{\tau}P^{33}_\sigma\right)\right]w^\sigma w^\beta,\\
&F_{33}(\Theta):=-\left[\nu\varepsilon r^2\Theta_\lambda\left(q^\lambda_3+\frac{1}{\tau}P^{\lambda3}_3\right)-\nu r\varepsilon(\Theta_2+r\Delta\Theta)\right],\\
&F_{3\beta}(\Theta):=-\nu[2r\tau^{-1}\Theta_2\Theta_\beta+3r\varepsilon\Theta_{2\beta}+\varepsilon r^2\partial_\beta\Delta\Theta].
\end{aligned}\right.\tag{4.2.84}
$$

由假设可以断定, 存在常数 C 使得

$$
|E^{\lambda}_{\alpha\beta}|\leqslant Ck_0,\cdots
$$

由 (4.2.11) 可知边界 $\partial D=\gamma_0\cup\gamma_1,\gamma_0$ 是在轮盘和轮盖上, 是固壁边界, 在它上面 $\boldsymbol{w}=0$,

$$
\int_{\gamma_b}^{\gamma_t}\frac{1}{r}\partial_\lambda(w^3w^3)r\varepsilon\mathrm{d}r=(w^3)^2|_{\gamma_b}^{\gamma_t}=0.
$$

另外

$$
r^2w^2w^2-2(r\tau)^{-1}w^2w^3=\left(\frac{w^2}{r}-\frac{w^3}{\tau}\right)^2-\frac{w^3}{\tau}\frac{w^3}{\tau}.
$$

综合以上讨论, 由 Hölder 和 Young 不等式有

$$
\left|\int_D I\varepsilon r\mathrm{d}x\right|\geqslant\nu\left\|\frac{w^2}{r}-\frac{w^3}{\tau}\right\|^2_{0,D}-\nu\left\|\frac{w^3}{\tau}\right\|^2_{0,D}-\nu Ck_0\left(\|\nabla\boldsymbol{w}\|^2_{0,D}+\|\boldsymbol{w}\|^2_{0,D}\right).
$$

代入 (4.2.8) 得

$$
\begin{aligned}
A(\boldsymbol{w},\boldsymbol{w})\geqslant&(\nu\alpha_0(1+r_0)^2-\nu Ck_0)\|\boldsymbol{w}\|^2_{0,D}+(\nu-\nu Ck_0)\|\nabla\boldsymbol{w}\|^2_{0,D}\\
&+\eta^{-1}\|\widetilde{\mathrm{div}}_2\boldsymbol{w}\|^2+\left\|\left(\frac{w^2}{r}-\frac{w^3}{\tau}\right)\right\|^2_{0,D}+(-\nu+\eta^{-1})\left\|\frac{w^3}{\tau}\right\|^2_{0,D}.
\end{aligned}
$$

显然, 如果 k_0,η 适当小, 使得存在一个正数 $\beta_0>0$ 满足

$$
\left\{\begin{aligned}
&-\nu+\eta^{-1}>0,\ \text{即}\eta\nu<1,\\
&Ck_0\leqslant\min\{1-\beta_0,\alpha_0(1+r_0)^2-\beta_0\},\quad \nu>\beta_0>0.
\end{aligned}\right.
$$

那么

$$A(\boldsymbol{w},\boldsymbol{w}) \geqslant \nu\beta_0(\|\nabla w\|_{0,D}^2 + \|w\|_{0,D}^2).$$

证毕.

引理 4.2.4 在引理 4.2.3 的假设下, 三线性形式 $b_0(\cdot,\cdot,\cdot)$ 是连续的, 即存在常数 $M(\Theta,D)$ 满足 $\boldsymbol{w},\boldsymbol{u},\boldsymbol{v}$, 有

$$|b(\boldsymbol{w},\boldsymbol{u},\boldsymbol{v})| \leqslant M\|\boldsymbol{w}\|_{H^{\frac{5}{6}}(D)}\|\boldsymbol{v}\|_{H^{\frac{5}{6}}(D)}\|\boldsymbol{u}\|_{1,D}, \quad \forall \boldsymbol{w},\boldsymbol{u},\boldsymbol{v} \in \boldsymbol{V}(D). \tag{4.2.85}$$

证明 由 Hölder 不等式

$$\int_D |w^\lambda \widetilde{\nabla}_\lambda u^\alpha v^\beta|\sqrt{a}\mathrm{d}x \leqslant \|\boldsymbol{w}\|_{L^4(D)}\|v^\beta\|_{L^4(D)}\|\widetilde{\nabla}u^\alpha\|_{0,D}$$

和 Sobolev 嵌入定理

$$\|\boldsymbol{u}\|_{L^4(D)} \leqslant C\|\boldsymbol{u}\|_{H^{\frac{5}{6}}(D)}, \quad \|\boldsymbol{u}\|_{L^3(\gamma_1)} \leqslant C\|\boldsymbol{u}\|_{H^{\frac{5}{6}}(D)}, \tag{4.2.86}$$

进一步通过 Cauchy 不等式易证结果成立.

注 显然

$$\begin{aligned} a_{\alpha\beta}w^\lambda \overset{*}{\nabla}_\lambda w^\alpha w^\beta &= \overset{*}{\nabla}_\lambda (a_{\alpha\beta}w^\lambda u^\alpha v^\beta) - a_{\alpha\beta}w^\alpha \overset{*}{\nabla}_\lambda (w^\lambda w^\beta) \\ &= \overset{*}{\mathrm{div}} (|\boldsymbol{w}|\boldsymbol{w}) - |\boldsymbol{w}| \overset{*}{\mathrm{div}}\, \boldsymbol{w} - a_{\alpha\beta}w^\beta w^\lambda \overset{*}{\nabla}_\lambda w^\alpha, \end{aligned}$$

因此

$$a_{\alpha\beta}w^\lambda \overset{*}{\nabla}_\lambda w^\alpha w^\beta = \frac{1}{2}\overset{*}{\mathrm{div}} (|\boldsymbol{w}|\boldsymbol{w}) - \frac{1}{2}|\boldsymbol{w}| \overset{*}{\mathrm{div}}\, \boldsymbol{w}.$$

考虑到 (4.3.6) 和空间 $V(D)$ 中函数的边界条件, 应用 Gauss 定理得到

$$|b_0(\boldsymbol{w}_0,\boldsymbol{w}_0,\boldsymbol{w}_0)| \leqslant C(\|\boldsymbol{w}_0\|_{L^4(D)}^2\|\overset{*}{\mathrm{div}}\, \boldsymbol{w}\|_{0,D}^2 + \|\boldsymbol{w}_0\|_{L^3(\gamma_1)}^3). \tag{4.2.87}$$

定理 4.2.3 在引理 4.2.3 的假设下, 对于给定的 $(G,d_0^3) \in V^*(D) \times H^{-1}(D)$, 如果 F 满足

$$\|\boldsymbol{F}\|_* \leqslant \frac{\nu^2\lambda^2}{MC^2}, <\boldsymbol{F},\boldsymbol{v}>=<\boldsymbol{G},\boldsymbol{v}> -\eta^{-1}(d_0^3, \overset{*}{\mathrm{div}}\, \boldsymbol{v}), \tag{4.2.88}$$

则 2D-3C 变分问题 (4.2.77) 存在唯一解 $\boldsymbol{w}_*$, 满足

$$\|\boldsymbol{w}_*\|_{1,D} \leqslant \rho := \frac{\nu\lambda}{MC} - \sqrt{\left(\frac{\nu\lambda}{MC}\right)^2 - \frac{\|\boldsymbol{F}\|_*}{M}}. \tag{4.2.89}$$

进一步, 如果

$$\|\boldsymbol{F}\|_* < \frac{\nu^2\lambda^2}{MC^2},$$

则问题 (4.2.89) 在 $V(D)$ 中存在唯一解.

证明 下面通过 Galerkin 方法予以证明. 由于空间 $V(D)$ 是可分的, 故存在 $V(D)$ 中的序列 $(\varphi_m, m \geqslant 1)$ 满足如下关系: (1) $\forall m \geqslant 1$, 函数 $\varphi_1, \cdots, \varphi_m$ 是线性独立的; (2) 任意有限项的组合 $\sum\limits_i c_i\varphi_i$ 在 $V(D)$ 中稠密. 这样的序列成为空间 $V(D)$ 的基函数序列. 用 V_m 表示由 $\varphi_1, \cdots, \varphi_m$ 所张成的 $V(D)$ 的字空间. 则构造逼近问题如下:

$$\begin{cases} 求\, w_m \in V_m\, 使得 \\ A(\boldsymbol{w}_m, \boldsymbol{v}) + b_0(\boldsymbol{w}_m, \boldsymbol{w}_m, \boldsymbol{v}) =< \boldsymbol{F}, \boldsymbol{v} >, \quad \forall \quad \boldsymbol{v} \in \boldsymbol{V}_m. \end{cases} \tag{4.2.90}$$

如果假定

$$\boldsymbol{w}_m = \sum_{i=1}^{m} c_i\varphi_i,$$

则 (4.2.90) 归结为求解 m 个未知量 c_i 的非线性代数方程组. 对于每个 i, 问题 (4.2.90) 至少存在一个解. 事实上, 引入映射 $\mathcal{M}_m : V_m \to V_m$,

$$(\mathcal{M}_m(\boldsymbol{u}), \varphi_i) = A(\boldsymbol{u}, \varphi_i) + b_0(\boldsymbol{u}, \boldsymbol{u}, \varphi_i) - < \boldsymbol{F}, \varphi_i >, \quad 1 \leqslant i \leqslant m,$$

这里 $(\cdot,\cdot)$ 是空间 V 中的内积. 因此, $\boldsymbol{w}_m \in \boldsymbol{V}_m$ 是问题 (4.2.90) 的一个解, 当且仅当 $\mathcal{M}_m(w_m) = 0$. 由于

$$(\mathcal{M}_m(\boldsymbol{u}), \boldsymbol{u}) = A(\boldsymbol{u}, \boldsymbol{u}) + b_0(\boldsymbol{u}, \boldsymbol{u}, \boldsymbol{u}) - < \boldsymbol{F}, \boldsymbol{u} >, \quad \forall \boldsymbol{u} \in \boldsymbol{V}_m,$$

从而得到

$$(\mathcal{M}_m(\boldsymbol{u}), \boldsymbol{u}) \geqslant \left(\frac{2\nu\lambda}{C} \|\boldsymbol{u}\|_{1,D} - M\|\boldsymbol{u}\|_{1,D}^2 - \|\boldsymbol{F}\|_* \right) \|\boldsymbol{u}\|_{1,D}. \tag{4.2.91}$$

由此, 如果选择

$$\rho = \frac{\nu\lambda}{MC} - \sqrt{\left(\frac{\nu\lambda}{MC}\right)^2 - \frac{\|\boldsymbol{F}\|_*}{M}},$$

则得到对所有的 $\boldsymbol{u} \in \boldsymbol{V}_m$ 且 $\|\boldsymbol{u}\|_{1,D} = \rho$, 有

$$(\mathcal{M}_m(\boldsymbol{u}), \boldsymbol{u}) \geqslant 0.$$

进一步, $\mathcal{M}_m$ 在空间 V_m 上是连续的, 从而由文献 [17] 中的推论 1.1 可得问题 (4.2.90) 至少存在一个解 $\boldsymbol{w}_m \in \boldsymbol{V}_m$. 进一步, 对于问题 (4.2.90) 的任意解 $\boldsymbol{w}_m$ 有

$$0 = (\mathcal{M}_m(\boldsymbol{w}_m), \boldsymbol{w}_m) \geqslant \left(\frac{2\nu\lambda}{C} \|\boldsymbol{w}_m\|_{1,D} - M\|\boldsymbol{w}_m\|_{1,D}^2 - \|\boldsymbol{F}\|_* \right) \|\boldsymbol{w}_m\|_{1,D},$$

因此

$$\frac{2\nu\lambda}{C}\|\boldsymbol{w}_m\|_{1,D} - M\|\boldsymbol{w}_m\|_{1,D}^2 - \|\boldsymbol{F}\|_* \leqslant 0.$$

如果记 $y = \|\boldsymbol{w}_m\|_{1,D}$, 则得到

$$\left(y - \frac{\nu\lambda}{MC}\right)^2 \geqslant \left(\frac{\nu\lambda}{MC}\right)^2 - \frac{\|\boldsymbol{F}\|_*}{M} \Rightarrow y - \frac{\nu\lambda}{MC} \leqslant -\sqrt{\left(\frac{\nu\lambda}{MC}\right)^2 - \frac{\|\boldsymbol{F}\|_*}{M}},$$

即

$$\|\boldsymbol{w}_m\|_{1,D} \leqslant \frac{\nu\lambda}{MC} - \sqrt{\left(\frac{\nu\lambda}{MC}\right)^2 - \frac{\|\boldsymbol{F}\|_*}{M}}. \tag{4.2.92}$$

这就是说解序列 $(\boldsymbol{w}_m)$ 在 V 中是一致有界的. 因此可以抽取子序列仍然记作 $(\boldsymbol{w}_m)$ 满足

$$\boldsymbol{w}_m \rightharpoonup (弱)\, \boldsymbol{w}_* \text{ 在 } V(D) \text{中}, \quad \text{当 } m \to +\infty.$$

由空间 $V(D)$ 紧嵌入空间 $L^2(D)^3$ 中得

$$\boldsymbol{w}_m \to (强)\, \boldsymbol{w}_* \text{ 在 } L^2(D)^3 \text{中}, \quad \text{当 } m \to +\infty.$$

下面证明 $b(\cdot,\cdot,\cdot)$ 是序列弱连续的, 即

$$b_0(\boldsymbol{w}_m, \boldsymbol{w}_m, \boldsymbol{v}) \to b_0(\boldsymbol{w}_*, \boldsymbol{w}_*, \boldsymbol{v}).$$

注意到

$$\mathcal{V} = \{\boldsymbol{u} \in \boldsymbol{C}^\infty(D) \text{ 满足边界条件} (u|_{\gamma_s} = 0)\}$$

在空间 $\boldsymbol{V}(D)$ 中稠密, 并且

$$b_0(\boldsymbol{w}_m, \boldsymbol{w}_m, \boldsymbol{v}) = \int_{\gamma_1} a_{\alpha\beta} w_m^\alpha v^\beta a_{\lambda\sigma} w_m^\lambda n^\sigma \mathrm{d}l - b_0(\boldsymbol{w}_m, \boldsymbol{v}, \boldsymbol{w}_m).$$

对于 $\boldsymbol{v} \in \boldsymbol{V}$, 则 $\boldsymbol{v} \in \boldsymbol{L}^\infty(D)\, \boldsymbol{L}^\infty(\gamma_1)$, 且 $\partial_{x^\alpha} v^\beta \in \boldsymbol{L}^\infty(D)$, 收敛关系 $\lim\limits_{m\to\infty} w_m^\lambda w_m^\sigma = w_*^\lambda w_*^\sigma$ 分别在 $L^1(D)$ 和 $L^1(\gamma_1)$ 中成立, 从而

$$\begin{aligned}\lim_{m\to\infty} b_0(\boldsymbol{w}_m, \boldsymbol{w}_m, \boldsymbol{v}) &= \int_{\gamma_1} a_{\alpha\beta} w_*^\alpha v^\beta a_{\lambda\sigma} w_*^\lambda n^\sigma \mathrm{d}l - b_0(\boldsymbol{w}_* \boldsymbol{v}, \boldsymbol{w}_*) \\ &= b_0(\boldsymbol{w}_*, \boldsymbol{w}_*, \boldsymbol{v}), \quad \forall \boldsymbol{v} \in \mathcal{V}.\end{aligned}$$

由稠密性可知对任意 $\boldsymbol{v} \in V(D)$, 上述极限关系仍然成立.

在 (4.2.90) 两端同时取极限可得

$$A(\boldsymbol{w}_*, \boldsymbol{v}) + b_0(\boldsymbol{w}_*, \boldsymbol{w}_*, \boldsymbol{v}) = <\boldsymbol{F}, \boldsymbol{v}>, \quad \forall \boldsymbol{v} \in \boldsymbol{V}(D). \tag{4.2.93}$$

即 $\boldsymbol{w}_*$ 是问题 (4.2.79) 的解.

为了证明 (4.2.89), 采用相似的方式得到

$$\left|\|\boldsymbol{w}_*\|_{1,D}-\frac{\nu\lambda}{MC}\right|\geqslant\sqrt{\left(\frac{\nu\lambda}{MC}\right)^2-\frac{\|\boldsymbol{F}\|_*}{M}},$$

因此

$$\|\boldsymbol{w}_*\|_{1,D}\geqslant\frac{\nu\lambda}{MC}+\sqrt{\left(\frac{\nu\lambda}{MC}\right)^2-\frac{\|\boldsymbol{F}\|_*}{M}},\text{ 或}$$

$$\|\boldsymbol{w}_*\|_{1,D}\leqslant\frac{\nu\lambda}{MC}-\sqrt{\left(\frac{\nu\lambda}{MC}\right)^2-\frac{\|\boldsymbol{F}\|_*}{M}}.$$

显然, 上式第一式与 (4.2.92) 矛盾, 故只有第二式成立, 即 (4.2.89).

下面证明问题解的唯一性. 事实上, 对于 (4.2.88) 的任意两个解 $\boldsymbol{w}_*$ 和 $\widetilde{\boldsymbol{w}}_*$. 记 $\boldsymbol{e}_*=\boldsymbol{w}_*-\widetilde{\boldsymbol{w}}_*$, 则

$$A_0(\boldsymbol{e}_*,\boldsymbol{e}_*)+b_0(\boldsymbol{e}_*,\boldsymbol{w}_*,\boldsymbol{e}_*)+b_0(\widetilde{\boldsymbol{w}}_*,\boldsymbol{e}_*,\boldsymbol{e}_*)=0.$$

由边界条件和 (4.2.89) 可得

$$0\geqslant\left(\frac{2\nu\lambda}{C}-2M\left(\frac{\nu\lambda}{MC}-\sqrt{\left(\frac{\nu\lambda}{MC}\right)^2-\frac{\|\boldsymbol{F}\|_*}{M}}\right)\right)\|\boldsymbol{e}_*\|_{1,D}^2.$$

从而得到 $\|\boldsymbol{e}_*\|_{1,D}=0$, 因此问题的解是唯一的. 问题证毕.

定理 4.2.4 设 $(\boldsymbol{w}_0,p_0)$ 和 $(\boldsymbol{w}_\eta,p_\eta)$ 是 (4.2.79) 的解. 如果 $\boldsymbol{F}$ 满足

$$C_0-2M\rho\geqslant C_2>0, \tag{4.2.94}$$

则下面的估计成立

$$\|\boldsymbol{w}_0-\boldsymbol{w}_\eta\|_{1,D}+\|p_0-p_\eta\|_{0,D}\leqslant\max(C_3,C_4)\eta, \tag{4.2.95}$$

其中

$$C_3=\frac{C+2M\rho}{C_2\beta_0}\|p_0\|_{0,D},\quad C_4=\frac{(C+2M\rho)^2}{C_2\beta_0^2}\|p_0\|_{0,D}. \tag{4.2.96}$$

β_0 是 inf-sup 条件中的常数.

证明 由 (4.2.63) 可得

$$\begin{cases}\text{求}\boldsymbol{w}_0\in\boldsymbol{V}(D),p_0\in L^2(D),\text{ 使得}\\ a_0(\boldsymbol{w}_0,\boldsymbol{v})-\left(p_0,\widetilde{\operatorname{div}}_2\boldsymbol{v}+\dfrac{1}{\tau}v^3\right)+b_0(\boldsymbol{w}_0,\boldsymbol{w}_0,\boldsymbol{v})\\ \qquad+(L(\boldsymbol{w}_0),\boldsymbol{v})=<\boldsymbol{G}_\tau,\boldsymbol{v}>,\quad\forall\boldsymbol{v}\in\boldsymbol{V}(D),\\ \left(\widetilde{\operatorname{div}}_2\boldsymbol{w}_0+\dfrac{1}{\tau}w_0^3+d_0^3,q\right)=0,\quad\forall q\in L^2(D)\end{cases} \tag{4.2.97}$$

和

$$\begin{cases} \text{求}\boldsymbol{w}_\eta \in V(D), p_\eta \in L^2(D), \text{ 使得} \\ a_0(\boldsymbol{w}_\eta, \boldsymbol{v}) - \left(p_\eta, \widetilde{\mathrm{div}}_2 \boldsymbol{v} + \dfrac{1}{\tau} v^3\right) + b_0(\boldsymbol{w}_\eta, \boldsymbol{w}_\eta, \boldsymbol{v}) + (L(\boldsymbol{w}_\eta), \boldsymbol{v}) \\ =< \boldsymbol{G}_\tau, \boldsymbol{v} >, \quad \forall \boldsymbol{v} \in \boldsymbol{V}(D), \\ \eta(p_\eta, q) + \left(\widetilde{\mathrm{div}}_2 \boldsymbol{w}_\eta + \dfrac{1}{\tau} w_\eta^3 + d_0^3, q\right) = 0, \quad \forall q \in L^2(D), \end{cases} \tag{4.2.98}$$

分别记 $\boldsymbol{e}_* = \boldsymbol{w}_0 - \boldsymbol{w}_\eta, s_* = p_0 - p_\eta$. 将 (4.2.97) 和 (4.2.98) 相减可得

$$\begin{cases} a_0(\boldsymbol{e}_*, \boldsymbol{v}) + b_0(\boldsymbol{e}_*, \boldsymbol{w}_0, \boldsymbol{v}) + b_0(\boldsymbol{w}_\eta, \boldsymbol{e}_*, \boldsymbol{v}) \\ \qquad - \left(s_*, \widetilde{\mathrm{div}}_2 \boldsymbol{v} + \dfrac{1}{\tau} v^3\right) = 0, \quad \forall \boldsymbol{v} \in \boldsymbol{V}(D), \\ (\widetilde{\mathrm{div}}_2 \boldsymbol{e}_*, q) + \left(\dfrac{1}{\tau} e_*^3, q\right) + \eta(s_*, q) - \eta(p_0, q) = 0, \quad \forall q \in L^2(D). \end{cases} \tag{4.2.99}$$

在 (4.2.99) 中选取 $\boldsymbol{v} = \boldsymbol{e}_*, q = s_*$, 并将两方程相加可得

$$a_0(\boldsymbol{e}_*, \boldsymbol{e}_*) + b_0(\boldsymbol{e}_*, \boldsymbol{w}_0, \boldsymbol{e}_*) + b_0(\boldsymbol{w}_\eta, \boldsymbol{e}_*, \boldsymbol{e}_*) + \eta(s_*, s_*) - \eta(p_0, s_*) = 0. \tag{4.2.100}$$

注意到 (4.2.81), (4.2.82) 和 (4.2.86),

$$(C_0 - 2M\rho)\|e_*\|_{1,D}^2 + \eta\|s_*\|_{0,D}^2 \leqslant \eta\|p_0\|_{0,D}\|s_*\|_{0,D}.$$

因此

$$(C_0 - 2M\rho)\|\boldsymbol{e}_*\|_{1,D}^2 + \frac{1}{2}\eta\|s_*\|_{0,D}^2 \leqslant \eta\|p_0\|_{0,D}\|s_*\|_{0,D},$$

如果条件 (4.2.94) 成立, 则

$$\|\boldsymbol{e}_*\|_{1,D}^2 \leqslant \eta\frac{\|p_0\|_{0,D}}{C_2}\|s_*\|_{0,D}.$$

另一方面, inf-sup 表明

$$\begin{aligned} \beta_0\|s_*\|_{0,D} &\leqslant \sup_{\boldsymbol{v}\in V(D)} \frac{|(s_*, \Delta\boldsymbol{v})|}{\|\boldsymbol{v}\|_{1,D}} \\ &\leqslant \sup_{\boldsymbol{v}\in V(D)} (\|\boldsymbol{v}\|_{1,D}^{-1}|[a_0(\boldsymbol{e}_*, \boldsymbol{v}) + b_0(\boldsymbol{e}_*, \boldsymbol{w}_0, \boldsymbol{v}) + b_0(\boldsymbol{w}_\eta, \boldsymbol{e}_*, \boldsymbol{v})]| \\ &\leqslant (C + 2M\rho)\|\boldsymbol{e}_*\|_{1,D}. \end{aligned}$$

从而得到

$$\|\boldsymbol{e}_*\|_{1,D} \leqslant C_3\eta, \quad \|s_*\|_{0,D} \leqslant C_4\eta,$$

其中

$$C_3 = \frac{C + 2M\rho}{C_2\beta_0}\|p_0\|_{0,D}, \quad C_4 = \frac{(C + 2M\rho)^2}{C_2\beta_0^2}\|p_0\|_{0,D}.$$

证毕.

4.2.8 建立在近似惯性流形基础上的有限元逼近

这一节考虑 2D-3C 变分问题 (4.2.77),

$$\begin{cases} \text{求}\boldsymbol{w}_0 \in V(D), \text{ 使得} \\ A_0(\boldsymbol{w}_0, \boldsymbol{v}) + b_0(\boldsymbol{w}_0, \boldsymbol{w}_0, \boldsymbol{v}) = <\boldsymbol{G}_\eta, \boldsymbol{v}>, \quad \forall \boldsymbol{v} \in \boldsymbol{V}(D), \end{cases} \tag{4.2.101}$$

其中

$$A_0(\boldsymbol{w}_0, \boldsymbol{v}) = a_0(\boldsymbol{w}_0, \boldsymbol{v}) + \eta^{-1}\left(\widetilde{\operatorname{div}}_2 \boldsymbol{w}_0 + \frac{1}{\tau} w_0^3, \widetilde{\operatorname{div}}_2 \boldsymbol{v} + \frac{1}{\tau} v^3\right) + (L(\boldsymbol{w}_0), \boldsymbol{v}). \tag{4.2.102}$$

下面考虑问题 (4.2.101) 的有限元逼近. 设 V_h 和 M_h 分别是空间 $V(D)$ 和 $L^2(D)$ 对应的有限元子空间, 引入乘积空间 $Y_h = V_h \times M_h$, 显然它是 $Y = V(D) \times L^2(D)$ 的子空间. 则变分问题 (4.2.101) 的标准的 Gakerkin 有限元逼近为

$$\begin{cases} \text{求}\boldsymbol{w}_h \in \boldsymbol{V}_h, \text{ 使得} \\ A_0(\boldsymbol{w}_h, \boldsymbol{v}) + b_0(\boldsymbol{w}_h, \boldsymbol{w}_h, \boldsymbol{v}) = (\boldsymbol{G}_h, \boldsymbol{v}), \quad \forall \boldsymbol{v} \in \boldsymbol{V}_h. \end{cases} \tag{4.2.103}$$

如常所述, 对有限元空间 Y_h 引入如下标准的假设:

(H1) 逼近性. 对于任意 $(\boldsymbol{u}, p) \in Y \cap (H^{k+1}(\Omega)^d \times H^k(\Omega)), 1 \leqslant k \leqslant l$,

$$\begin{aligned} &\inf_{(\boldsymbol{v}_h, q_h) \in Y_h} \{h\|\boldsymbol{u} - \boldsymbol{v}_h\|_{1,D} + \|\boldsymbol{u} - \boldsymbol{v}_h\|_{0,D} + h\|p - q_h\|_{0,D}\} \\ &\leqslant C h^{k+1}\{\|\boldsymbol{u}\|_{k+1,D} + \|p\|_{k,D}\}. \end{aligned}$$

(H2) 插值性质. 对于任意 $(\boldsymbol{v}, q) \in Y \cap (H^{k+1}(\Omega)^d \times H^k(\Omega)), 1 \leqslant k \leqslant l$, 这里 I_h 和 J_h 分别是由 $V(D)$ 与 $L^2(D)$ 到 X_h 与 M_h 的插值算子,

$$\|\boldsymbol{v} - I_h \boldsymbol{v}\|_{1,D} + \|q - J_h q\|_{0,D} \leqslant C h^k (\|\boldsymbol{v}\|_{k+1,D} + \|q\|_{k,D}).$$

(H3) 逆不等式.

$$\|\boldsymbol{v}_h\|_{1,D} \leqslant C h^{-1} \|\boldsymbol{v}_h\|_{0,D}, \quad \forall \boldsymbol{v}_h \in \boldsymbol{V}_h.$$

(H4) LBB 条件.

$$\inf_{q \in M_h} \sup_{\boldsymbol{v} \in X_h} \frac{(q, \operatorname{div} \boldsymbol{v})}{\|q\|_{0,D} \|\boldsymbol{v}\|_{1,D}} \geqslant \beta > 0,$$

这里 β 是不依赖于 h 的常数.

下面的 Galerkin 有限元逼近的最优误差估计是众所周知的 [17].

定理 4.2.5 设$\boldsymbol{w}_0 \in \boldsymbol{V}(D) \cap H^{k+1}(D)^3$ 是问题 (4.0.101) 的非奇异解, 并且有限元空间 V_h 满足假设(H1)~(H4). 则问题 (4.2.103) 存在唯一解 $\boldsymbol{w}_h$, 并且满足如下误差估计:

$$h\|\boldsymbol{w}_0-\boldsymbol{w}_h\|_{1,D}+\|\boldsymbol{w}_0-\boldsymbol{w}_h\|_{0,D}\leqslant C\,h^{k+1}\|\boldsymbol{w}_0\|_{k+1,D}. \tag{4.2.104}$$

下面进一步改进误差估计, 为此将 (4.2.101) 改写为算子形式. 将流形 $\Im$ 上的二维 3C Navier-Stokes 算子记为映射 $\mathcal{F}:\ V(D)\longrightarrow V^*(D)$, 即

$$<\mathcal{F}(\boldsymbol{w}_0),\boldsymbol{v}>:=A_0(\boldsymbol{w}_0,\boldsymbol{v})+b_0(\boldsymbol{w}_0,\boldsymbol{w}_0,\boldsymbol{v})-<\boldsymbol{G}_\eta,\boldsymbol{v}>,\quad \forall\,\boldsymbol{v}\in\boldsymbol{V}(D).$$

显然, (4.2.103) 等价于算子方程 $\mathcal{F}(\boldsymbol{w}_0)=0$. 对应地, 可以得到有限元逼近问题 (4.2.103) 的算子形式如下:

$$<\mathcal{F}_h(\boldsymbol{w}_h),\boldsymbol{v}>:=A_0(\boldsymbol{w}_h,\boldsymbol{v})+b_0(\boldsymbol{w}_h,\boldsymbol{w}_h,\boldsymbol{v})-<\boldsymbol{G}_\eta,\boldsymbol{v}>,\quad \forall\,\boldsymbol{v}\in V_h(D).$$

简单计算表明, 映射 $\mathcal{F}(\boldsymbol{w}_0)$ 和 $\mathcal{F}_h(\boldsymbol{w}_h)$ 是可微的, 并且对应的 Fréchet 导数分别如下:

$$\begin{aligned}\mathcal{A}_{\boldsymbol{w}_0}(\boldsymbol{u},\boldsymbol{v}):=&(D\mathcal{F}(\boldsymbol{w}_0)\boldsymbol{u},\boldsymbol{v})\\=&A_0(\boldsymbol{u},\boldsymbol{v})+b_0(\boldsymbol{u},\boldsymbol{w}_0,\boldsymbol{v})+b_0(\boldsymbol{w}_0,\boldsymbol{u},\boldsymbol{v}),\quad\forall\,\boldsymbol{u},\boldsymbol{v}\in\boldsymbol{V}(D),\\\mathcal{A}_{\boldsymbol{w}_h}(\boldsymbol{u},\boldsymbol{v}):=&(D\mathcal{F}_h(\boldsymbol{w}_h)\boldsymbol{u},\boldsymbol{v})\\=&A_0(\boldsymbol{u},\boldsymbol{v})+b_0(\boldsymbol{u},\boldsymbol{w}_h,\boldsymbol{v})+b_0(\boldsymbol{w}_h,\boldsymbol{u},\boldsymbol{v}),\quad\forall\,\boldsymbol{u},\boldsymbol{v}\in\boldsymbol{V}_h(D).\end{aligned}$$

众所周知, $\boldsymbol{w}_0$ 是问题 (4.2.101) 的非奇异解当且仅当 $D\mathcal{F}(\boldsymbol{w}_0)$ 是 $V(D)$ 上的同构, 进一步又等价于 $\mathcal{A}_{\boldsymbol{w}_0}(\cdot,\cdot)$ 满足 inf-sup 条件, 即

$$\begin{aligned}&\inf_{\boldsymbol{u}\in V(D)}\sup_{\boldsymbol{v}\in V(D)}\frac{\mathcal{A}_{\boldsymbol{w}_0}(\boldsymbol{u},\boldsymbol{v})}{\|\boldsymbol{u}\|_{1,D}\|\boldsymbol{v}\|_{1,D}}\geqslant\alpha_0>0,\\&\inf_{\boldsymbol{v}\in V(D)}\sup_{\boldsymbol{u}\in \boldsymbol{V}(D)}\frac{\mathcal{A}_{\boldsymbol{w}_0}(\boldsymbol{u},\boldsymbol{v})}{\|\boldsymbol{u}\|_{1,D}\|\boldsymbol{v}\|_{1,D}}\geqslant\alpha_0>0.\end{aligned} \tag{4.2.105}$$

此时, 对于任何 $\boldsymbol{f}\in V^*(D)$, 如下变分问题具有唯一解:

$$\begin{cases}\text{求 }\boldsymbol{u}\in V(D)\text{ 使得}\\\mathcal{A}_{\boldsymbol{w}_0}(\boldsymbol{u},\boldsymbol{v})=<\boldsymbol{f},\boldsymbol{v}>,\quad\forall\,\boldsymbol{v}\in\boldsymbol{V}(D).\end{cases} \tag{4.2.106}$$

类似得到, 当且仅当 $\mathcal{A}_{\boldsymbol{w}_h}(\cdot,\cdot)$ 满足如下的 inf-sup 条件:

$$\begin{aligned}&\inf_{\boldsymbol{u}\in V_h(D)}\sup_{\boldsymbol{v}\in \boldsymbol{V}_h(D)}\frac{\mathcal{A}_{\boldsymbol{w}_h}(\boldsymbol{u},\boldsymbol{v})}{\|\boldsymbol{u}\|_{1,D}\|\boldsymbol{v}\|_{1,D}}\geqslant\alpha_h>0,\\&\inf_{\boldsymbol{v}\in \boldsymbol{V}_h(D)}\sup_{\boldsymbol{u}\in \boldsymbol{V}_h(D)}\frac{\mathcal{A}_{\boldsymbol{w}_h}(\boldsymbol{u},\boldsymbol{v})}{\|\boldsymbol{u}\|_{1,D}\|\boldsymbol{v}\|_{1,D}}\geqslant\alpha_h>0,\end{aligned} \tag{4.2.107}$$

$\boldsymbol{w}_h$ 是如下变分问题的唯一解:

$$\begin{cases}\text{求 }\boldsymbol{u}_h\in V_h(D)\text{ 使得}\\\mathcal{A}_{\boldsymbol{w}_h}(\boldsymbol{u}_h,\boldsymbol{v})=<\boldsymbol{f},\boldsymbol{v}>,\quad\forall\,\boldsymbol{v}_h\in\boldsymbol{V}_h(D),\end{cases} \tag{4.2.108}$$

其中 $\boldsymbol{f} \in V_h^*(D)$. 条件 (4.2.106) 等价于

$$\|D\mathcal{F}(\boldsymbol{w}_0)\|_{\mathcal{L}(V,V)} \leqslant \alpha_0^{-1}. \tag{4.3.109}$$

下面的定理给出有限元逼近问题 (4.2.103) 的解 $\boldsymbol{w}_h$ 的唯一性条件.

定理 4.2.6 设条件 (H1)~(H4) 满足, $\boldsymbol{w}_0$ 是 (4.2.101) 的非奇异解. 如果有限元网格 h 足够小, 例如满足

$$2MC\alpha_0^{-1}\|\boldsymbol{w}_0\|_{2,D}h < 1. \tag{4.2.110}$$

那么 $\boldsymbol{w}_h$ 是有限元逼近问题 (4.2.103) 的非奇异解.

证明 事实上, 只需要证明

$$\|D\mathcal{F}_h(\boldsymbol{w}_h)\|_{\mathcal{L}(V_h,V_h)} \leqslant \beta_0^{-1}. \tag{4.2.111}$$

为此, 注意到

$$\begin{aligned}
\varepsilon := &\|D\mathcal{F}(\boldsymbol{w}_0) - D\mathcal{F}_h(\boldsymbol{w}_h)\|_{\mathcal{L}(V,V)} \\
= &\sup_{\boldsymbol{u},\boldsymbol{v}\in \boldsymbol{V}_h} \frac{((D\mathcal{F}(\boldsymbol{w}_0) - D\mathcal{F}_h(\boldsymbol{w}_h))\boldsymbol{u},\boldsymbol{v})}{\|\boldsymbol{u}\|_{1,D}\|\boldsymbol{v}\|_{1,D}} \\
= &\sup_{\boldsymbol{u},\boldsymbol{v}\in V} \frac{b_0(\boldsymbol{w}_0 - \boldsymbol{w}_h,\boldsymbol{u},\boldsymbol{v}) + b_0(\boldsymbol{u},\boldsymbol{w}_0 - \boldsymbol{w}_h,\boldsymbol{v})}{\|\boldsymbol{u}\|_{1,D}\|\boldsymbol{v}\|_{1,D}} \\
\leqslant &2M\|\boldsymbol{w}_0 - \boldsymbol{w}_h\|_{1,D} \leqslant 2MC\|\boldsymbol{w}_0\|_{2,D}h.
\end{aligned} \tag{4.2.112}$$

记

$$B := \{D_w\mathcal{F}(\boldsymbol{w}_0)\}^{-1}\{D_w\mathcal{F}(\boldsymbol{w}_0) - D_w\mathcal{F}_h(\boldsymbol{w}_h)\}.$$

则由 (4.2.121) 和 (4.2.122) 可得

$$\begin{aligned}
&D_w\mathcal{F}_h(\boldsymbol{w}_h) = D_w\mathcal{F}(\boldsymbol{w}_0)(I - B), \\
&\|B\|_{\mathcal{L}(V,V)} \leqslant \alpha_0^{-1}2MC\|\boldsymbol{w}_0\|_{2,D}h, \quad \|(I-B)^{-1}\|_{\mathcal{L}(V,V)} \leqslant \frac{1}{1 - 2MC\alpha_0^{-1}\|\boldsymbol{w}_0\|_{2,D}h}, \\
&\|D_w\mathcal{F}_h(\boldsymbol{w}_h)\|_{\mathcal{L}(V,V)} \leqslant \frac{1}{\alpha_0}\frac{1}{1 - 2MC\alpha_0^{-1}\|w_0\|_{2,D}h}.
\end{aligned}$$

(4.2.100) 表明 $D\mathcal{F}_h(\boldsymbol{w}_h)$ 是 V_h 上的同构, 因此 $\boldsymbol{w}_h$ 问题 (4.2.103) 的非奇异解.

定理 4.2.6 表明, 当网格尺寸 h 充分小时, 由 (4.2.103) 可以断言

$$\begin{aligned}
&\inf_{\boldsymbol{u}\in V_h(D)} \sup_{\boldsymbol{v}\in V_h(D)} \frac{\mathcal{A}\boldsymbol{w}_h(\boldsymbol{u},\boldsymbol{v})}{\|\boldsymbol{u}\|_{1,D}\|\boldsymbol{v}\|_{1,D}} \geqslant \frac{1}{2}\alpha_0 > 0, \\
&\inf_{\boldsymbol{v}\in V_h(D)} \sup_{\boldsymbol{u}\in V_h(D)} \frac{\mathcal{A}\boldsymbol{w}_h(\boldsymbol{u},\boldsymbol{v})}{\|\boldsymbol{u}\|_{1,D}\|\boldsymbol{v}\|_{1,D}} \geqslant \frac{1}{2}\alpha_0 > 0.
\end{aligned} \tag{4.2.113}$$

接下来设 $\boldsymbol{w}_h$ 是问题 (4.2.103) 的非奇异解. 定义投影算子 $P_h: V(D) \to V_h(D)$, $\forall \boldsymbol{w} \in V(D)$, 满足 $P_h\boldsymbol{w}$:

$$\mathcal{A}_{\boldsymbol{w}_h}(\boldsymbol{w} - P_h\boldsymbol{w}, \boldsymbol{v}) = 0, \quad \forall \boldsymbol{v} \in \boldsymbol{V}_h(D), \tag{4.2.114}$$

由于 $\boldsymbol{w}_h$ 是唯一解, 故 (4.2.114) 存在唯一解, 从而空间 V 可以分解为两个空间之和, 即

$$V(D) = V_h(D) + \widehat{V}_h(D).$$

所以对于任意 $\boldsymbol{w} \in V(D)$, 有

$$\boldsymbol{w} = P_h\boldsymbol{w} + \boldsymbol{w}_q = \boldsymbol{w}_p + \boldsymbol{w}_q, \quad \boldsymbol{w}_p \in V_h(D), \quad \boldsymbol{w}_q \in \widehat{V}_h(D).$$

由通常的结果可得下面的结果成立:

$$\begin{cases} \mathcal{A}_{\boldsymbol{w}_h}(\boldsymbol{w}_q, \boldsymbol{v}_p) = 0, \quad \forall \boldsymbol{v}_p \in V_h(D), \\ \mathcal{A}_{\boldsymbol{w}_h}(\boldsymbol{w}, \boldsymbol{v}_p) = \mathcal{A}_{\boldsymbol{w}_h}(\boldsymbol{w}_p, \boldsymbol{v}_p), \\ \|\boldsymbol{w}_q\|_{1,D} \leqslant Ch^k \|\boldsymbol{w}\|_{k+1,D}, \quad \forall \boldsymbol{w} \in V \cap H^{k+1}(D)^2. \end{cases} \tag{4.2.115}$$

引理 4.2.5　存在独立于 $\boldsymbol{u}, \boldsymbol{v}, \boldsymbol{w}$ 的常数使得

$$|b_0(\boldsymbol{u}, \boldsymbol{w}, \boldsymbol{v})| \leqslant C\|\boldsymbol{u}\|_{0,D}^{\frac{1}{2}} \|\boldsymbol{u}\|_{1,D}^{\frac{1}{2}} \|\boldsymbol{w}\|_{1,D} \|v\|_{0,D}^{\frac{1}{2}} \|\boldsymbol{v}\|_{1,D}^{\frac{1}{2}}, \qquad \forall \boldsymbol{u}, \boldsymbol{w}, \boldsymbol{v} \in V(D). \tag{4.2.116}$$

证明　由 Hölder 不等式可得

$$|b_0(\boldsymbol{u}, \boldsymbol{w}, \boldsymbol{v})| \leqslant C\|\boldsymbol{u}\|_{0,4,D} \|\boldsymbol{w}\|_{1,D} \|\boldsymbol{v}\|_{0,4,D},$$

进一步利用 Ladyzhenskaya 不等式

$$\|\boldsymbol{u}\|_{0,4,D} \leqslant C\|\boldsymbol{u}\|_{0,2,D}^{\frac{1}{2}} \|\boldsymbol{u}\|_{1,2,D}^{\frac{1}{2}},$$

可得引理成立.

由于 $\boldsymbol{w}_0 \in \boldsymbol{V}(D)$, 从而有 $\boldsymbol{w}_0 = \boldsymbol{w}_{0p} + \boldsymbol{w}_{0q}$, 其中 $\boldsymbol{w}_{0p} \in \boldsymbol{V}_h(D)$, $\boldsymbol{w}_{0q} \in \widehat{V}_h(D)$.

引理 4.2.6　下面的估计式成立:

$$\begin{cases} \|\boldsymbol{w}_{0p} - \boldsymbol{w}_h\|_{1,D} \leqslant \dfrac{2M}{\alpha_0} \|\boldsymbol{w}_0 - \boldsymbol{w}_h\|_{1,D}^{\varepsilon_1} \|\boldsymbol{w}_0 - \boldsymbol{w}_h\|_{0,D}^{\varepsilon_0}, \\ \varepsilon_1 = \begin{cases} 1, & \text{齐次 Dirichelet 边界条件B.C.I}, \\ \dfrac{3}{2}, & \text{混合边界条件B.C.II}, \end{cases} \\ \varepsilon_0 = \begin{cases} 1, & \text{齐次 Dirichelet 边界条件B.C.I}, \\ \dfrac{1}{2}, & \text{混合边界条件B.C.II}. \end{cases} \end{cases} \tag{4.2.117}$$

证明 方程 (4.2.101) 可改写为

$$\mathcal{A}_{\boldsymbol{w}_h}(\boldsymbol{w}_{0q},\boldsymbol{v})+\mathcal{A}_{\boldsymbol{w}_h}(\boldsymbol{w}_{0p},\boldsymbol{v})+b_0(\boldsymbol{w}_0-\boldsymbol{w}_h,\boldsymbol{w}_0-\boldsymbol{w}_h,\boldsymbol{v})-b_0(\boldsymbol{w}_h,\boldsymbol{w}_h,\boldsymbol{v})$$
$$=<\boldsymbol{G}_\eta,\boldsymbol{v}>,\quad \forall \boldsymbol{v}\in \boldsymbol{V}(D), \tag{4.2.118}$$

同时, 方程 (4.2.103) 也可改写为

$$\mathcal{A}_{\boldsymbol{w}_h}(\boldsymbol{w}_h,\boldsymbol{v})-b_0(\boldsymbol{w}_h,\boldsymbol{w}_h,\boldsymbol{v})=<\boldsymbol{G}_\eta,\boldsymbol{v}>,\forall \boldsymbol{v}\in \boldsymbol{V}_h(D). \tag{4.2.119}$$

取 $\boldsymbol{v}\in\boldsymbol{V}_h$, 将 (4.2.113) 与 (4.2.114) 相减, 并利用 (4.2.115), 进一步选取 $\boldsymbol{w}=\boldsymbol{w}_0$, 则可得

$$\mathcal{A}_{\boldsymbol{w}_h}(\boldsymbol{w}_{0p}-\boldsymbol{w}_h,v)=-b_0(\boldsymbol{w}_0-\boldsymbol{w}_h,\boldsymbol{w}_0-\boldsymbol{w}_h,\boldsymbol{v}). \tag{4.2.120}$$

由于 $\boldsymbol{w}_h$ 是非奇异的, 故 (4.2.113) 表明

$$\begin{aligned}\frac{1}{2}\alpha_0 &\leqslant \frac{1}{\|\boldsymbol{w}_{0p}-\boldsymbol{w}_h\|_{1,D}}\sup_{\boldsymbol{v}\in\boldsymbol{V}_h(D)}\frac{\mathcal{A}_{\boldsymbol{w}_h}(\boldsymbol{w}_{0p}-\boldsymbol{w}_h,v)}{\|\boldsymbol{v}\|_{1,D}}\\ &=\frac{1}{\|\boldsymbol{w}_{0p}-\boldsymbol{w}_h\|_{1,D}}\sup_{\boldsymbol{v}\in\boldsymbol{V}_h(D)}\frac{-b_0(\boldsymbol{w}_0-\boldsymbol{w}_h,\boldsymbol{w}_0-\boldsymbol{w}_h,v)}{\|\boldsymbol{v}\|_{1,D}},\end{aligned}$$

即

$$\frac{1}{2}\alpha_0\|\boldsymbol{w}_p-\boldsymbol{w}_h\|_{1,D}\leqslant \sup_{\boldsymbol{v}\in\boldsymbol{V}_h(D)}\frac{|b_0(\boldsymbol{w}_0-\boldsymbol{w}_h,\boldsymbol{w}_0-\boldsymbol{w}_h,\boldsymbol{v})|}{\|\boldsymbol{v}\|_{1,D}}.$$

对任意 $\boldsymbol{v}\in\boldsymbol{V}_h(D)$, 利用三线性项的估计可得

$$\begin{aligned}|b_0(\boldsymbol{w}_0-\boldsymbol{w}_h,\boldsymbol{w}_0-\boldsymbol{w}_h,\boldsymbol{v})| &=|b_0(\boldsymbol{w}_0-\boldsymbol{w}_h,\boldsymbol{v},\boldsymbol{w}_0-\boldsymbol{w}_h)|\\ &\leqslant M\|\boldsymbol{w}_0-\boldsymbol{w}_h\|_{0,D}\|\boldsymbol{w}_0-\boldsymbol{w}_h\|_{1,D}\|\boldsymbol{v}\|_{1,D},\quad \text{B.C.I},\\ |b_0(\boldsymbol{w}_0-\boldsymbol{w}_h,\boldsymbol{w}_0-\boldsymbol{w}_h,\boldsymbol{v})| &=|b_0(\boldsymbol{w}_0-\boldsymbol{w}_h,\boldsymbol{v},\boldsymbol{w}_0-\boldsymbol{w}_h)|\\ &\leqslant M\|\boldsymbol{w}_0-\boldsymbol{w}_h\|_{0,D}^{\frac{1}{2}}\|\boldsymbol{w}_0-\boldsymbol{w}_h\|_{1,D}^{\frac{3}{2}}\|\boldsymbol{v}\|_{1,D},\quad \text{B.C.II},\end{aligned} \tag{4.2.121}$$

由此得到 (4.2.117).

记映射 $\phi:\boldsymbol{V}_h(D)\to\widehat{\boldsymbol{V}}_h(D)$, 并定义流形 $\mathcal{M}=\text{Graph}\phi$. 问题 (4.2.101) 可以表示为

$$\begin{cases}\text{求}\phi(w)\in\widehat{\boldsymbol{V}}_h(D),\ \text{使得}\\ \mathcal{A}_{\boldsymbol{w}_h}(\phi(\boldsymbol{w}),\boldsymbol{v})=b_0(\boldsymbol{w},\boldsymbol{w},\boldsymbol{v})-\mathcal{A}_{\boldsymbol{w}_h}(\boldsymbol{w},\boldsymbol{v})\\ \qquad\qquad -\mathcal{A}_{\boldsymbol{w}_h}(\boldsymbol{v},\boldsymbol{w})+<\boldsymbol{G}_\eta,\boldsymbol{v}>,\quad \forall\boldsymbol{v}\in\widehat{\boldsymbol{V}}_h.\end{cases} \tag{4.2.122}$$

则有如下定理成立:

定理 4.2.7　设有限元空间 V_h 满足假设 (H1)~(H4). 则由问题 (4.2.122) 可以定义 Lipschitz 映射 ϕ, 它吸引 (4.2.100) 的解 $\boldsymbol{w}_0$, 并且满足

(H5) $\|\phi(\boldsymbol{w}_1)-\phi(\boldsymbol{w}_2)\|_{1,D}\leqslant l(\rho)\|\boldsymbol{w}_1-\boldsymbol{w}_2\|_{1,D},\quad \forall \boldsymbol{w}_1,\boldsymbol{w}_2\in \boldsymbol{V}_h(D)\cap B_\rho$,
$B_\rho=\{\boldsymbol{w}|\boldsymbol{w}\in \boldsymbol{V}(D),\|\boldsymbol{w}\|_{1,D}\leqslant\rho\}$.

(H6) $\operatorname{dist}(\boldsymbol{w}_0,\mathcal{M})\leqslant\delta=C(1+\|\boldsymbol{w}_{0p}\|_{1,D}+\|\boldsymbol{w}_h\|_{1,D})\|\boldsymbol{w}_0\|_{1,D}h^{2k+\frac{1}{2}}$.

证明　首先证明 (H5), 为此记 $\boldsymbol{w}_i\in\boldsymbol{V}_h$, $\phi_i=\phi(w_i)$, $\phi=\phi_1-\phi_2$, $i=1,2$, 在 (4.2.122) 中选取 $\boldsymbol{w}=\boldsymbol{w}_i$, 则得到

$$\left\{\begin{aligned}\mathcal{A}_{\boldsymbol{w}_h}(\phi,\boldsymbol{v})=&b_0(\boldsymbol{w}_1-\boldsymbol{w}_2,\boldsymbol{w}_1,\boldsymbol{v})+b_0(\boldsymbol{w}_2,\boldsymbol{w}_1-\boldsymbol{w}_2,\boldsymbol{v})\\&-\mathcal{A}_{\boldsymbol{w}_h}(\boldsymbol{w}_1-\boldsymbol{w}_2,\boldsymbol{v})-\mathcal{A}_{\boldsymbol{w}_h}(\boldsymbol{v},\boldsymbol{w}_1-\boldsymbol{w}_2),\quad\forall\boldsymbol{v}\in\widehat{\boldsymbol{V}}_h.\end{aligned}\right.\tag{4.2.123}$$

注意到 $\boldsymbol{w}_h$ 是非奇异的, 并由 (4.2.124) 得

$$\begin{aligned}\frac{1}{2}\alpha_0\|\phi\|_{1,D}\leqslant&\sup_{\boldsymbol{v}\in\boldsymbol{V}_h(D)}\frac{\mathcal{A}_{\boldsymbol{w}_h}(\phi,\boldsymbol{v})}{\|\boldsymbol{v}\|_{1,D}}\leqslant\sup_{\boldsymbol{v}\in\boldsymbol{V}(D)}\frac{\mathcal{A}_{\boldsymbol{w}_h}(\phi,\boldsymbol{v})}{\|\boldsymbol{v}\|_{1,D}}\\\leqslant&M(\|\boldsymbol{w}_1\|_{1,D}+\|\boldsymbol{w}_2\|_{1,D}+\|\boldsymbol{w}_h\|_{1,D}+1)\|\boldsymbol{w}_1-\boldsymbol{w}_2\|_{1,D}.\end{aligned}$$

进一步利用三角不等式 $\|\boldsymbol{w}_h\|_{1,D}\leqslant\|\boldsymbol{w}_0-\boldsymbol{w}_h\|_{1,D}+\|\boldsymbol{w}_0\|_{1,D}$, 可得 (H5) 成立.

下面证明 (H5). 首先有

$$\begin{aligned}\operatorname{dist}(\boldsymbol{w}_0,\mathcal{M})=&\inf_{\boldsymbol{w}\in\mathcal{M}}\|\boldsymbol{w}_0-\boldsymbol{w}\|_{1,D}\leqslant\|\boldsymbol{w}_0-(\boldsymbol{w}_{0p}+\phi(\boldsymbol{w}_{0p}))\|_{1,D}\\=&\|\boldsymbol{w}_0-\boldsymbol{w}_{0p}-\phi(\boldsymbol{w}_{0p})\|_{1,D}=\|\boldsymbol{w}_{0q}-\phi(\boldsymbol{w}_{0p})\|_{1,D}.\end{aligned}$$

对于任意 $\boldsymbol{v}\in\boldsymbol{V}(D)$, 方程 (4.3.113) 可改写为

$$\mathcal{A}_{\boldsymbol{w}_h}(\boldsymbol{w}_{0q},\boldsymbol{v})+\mathcal{A}_{\boldsymbol{w}_h}(\boldsymbol{w}_{0p},\boldsymbol{v})+b_0(\boldsymbol{w}_0-\boldsymbol{w}_h,\boldsymbol{w}_0-\boldsymbol{w}_h,\boldsymbol{v})-b_0(\boldsymbol{w}_h,\boldsymbol{w}_h,\boldsymbol{v})=<\boldsymbol{G}_\eta,\boldsymbol{v}>.\tag{4.2.124}$$

进一步, 在 (4.2.122) 中选取 $\boldsymbol{w}=\boldsymbol{w}_{0p}$ 得到

$$\begin{aligned}\mathcal{A}_{\boldsymbol{w}_h}(\phi(\boldsymbol{w}_{0p}),\boldsymbol{v})=&b_0(\boldsymbol{w}_{0p},\boldsymbol{w}_{0p},\boldsymbol{v})-\mathcal{A}_{\boldsymbol{w}_h}(\boldsymbol{w}_{0p},\boldsymbol{v})\\&-\mathcal{A}_{\boldsymbol{w}_h}(\boldsymbol{v},\boldsymbol{w}_{0p})+<\boldsymbol{G}_\eta,\boldsymbol{v}>,\quad\forall\boldsymbol{v}\in\widehat{\boldsymbol{V}}_h(D).\end{aligned}\tag{4.2.125}$$

在 (4.2.123) 中选取 $\boldsymbol{v}\in\widehat{\boldsymbol{V}}_h(D)$ 并与 (4.2.125) 相减, 注意到 (4.2.115) 可得

$$\begin{aligned}\mathcal{A}_{\boldsymbol{w}_h}(\boldsymbol{w}_{0q}-\phi(\boldsymbol{w}_{0p}),\boldsymbol{v})=&-b_0(\boldsymbol{w}_0-\boldsymbol{w}_h,\boldsymbol{w}_0-\boldsymbol{w}_h,\boldsymbol{v})\\&+b_0(\boldsymbol{w}_h,\boldsymbol{w}_h,\boldsymbol{v})-b_0(\boldsymbol{w}_{0p},\boldsymbol{w}_{0p},\boldsymbol{v})\\=&-b_0(\boldsymbol{w}_0-\boldsymbol{w}_h,\boldsymbol{w}_0-\boldsymbol{w}_h,\boldsymbol{v})\\&+b_0(\boldsymbol{w}_h-\boldsymbol{w}_{0p},\boldsymbol{w}_h,\boldsymbol{v})+b_0(\boldsymbol{w}_{0p},\boldsymbol{w}_h-\boldsymbol{w}_{0p},\boldsymbol{v}).\end{aligned}$$

由于 $\boldsymbol{w}_0$ 是非奇异的, 并利用 (4.2.105) 和 (4.2.115) 可得

$$\alpha_0\|\boldsymbol{w}_{0q}-\phi(\boldsymbol{w}_{0p})\|_{1,D}\leqslant\sup_{\boldsymbol{v}\in\boldsymbol{V}(D)}\frac{\mathcal{A}_{\boldsymbol{w}_0}(\boldsymbol{w}_{0q}-\phi(\boldsymbol{w}_{0p}),\boldsymbol{v})}{\|\boldsymbol{v}\|_{1,D}}\leqslant I+II,$$

下面分别估计 I, II.

$$\begin{aligned}
I=&\sup_{\boldsymbol{v}\in\boldsymbol{V}(D)}\frac{\mathcal{A}_{\boldsymbol{w}_h}(\boldsymbol{w}_{0q}-\phi(\boldsymbol{w}_{0p}),\boldsymbol{v})}{\|\boldsymbol{v}\|_{1,D}}\\
=&\sup_{(\boldsymbol{v}_{0p}+\boldsymbol{v}_{0q})\in\boldsymbol{V}(D)}\frac{\mathcal{A}_{\boldsymbol{w}_h}(\boldsymbol{w}_{0q}-\phi(\boldsymbol{w}_{0p}),\boldsymbol{v}_{0p}+\boldsymbol{v}_{0q})}{\|\boldsymbol{v}_{0p}+\boldsymbol{v}_{0q}\|_{1,D}}\\
\leqslant&\sup_{\boldsymbol{v}_{0q}\in\widehat{\boldsymbol{V}}_h(D)}\frac{\mathcal{A}_{\boldsymbol{w}_h}(\boldsymbol{w}_{0q}-\phi(\boldsymbol{w}_{0p}),\boldsymbol{v}_{0q})}{\|\boldsymbol{v}_{0q}\|_{1,D}}\\
=&\sup_{\boldsymbol{v}_{0q}\in\widehat{\boldsymbol{V}}_h(D)}\frac{-b_0(\boldsymbol{w}_0-\boldsymbol{w}_h,\boldsymbol{w}_0-\boldsymbol{w}_h,\boldsymbol{v}_{0q})}{\|\boldsymbol{v}_{0q}\|_{1,D}}\\
&\frac{+b_0(\boldsymbol{w}_h-\boldsymbol{w}_{0p},\boldsymbol{w}_h,\boldsymbol{v}_{0q})+b_0(\boldsymbol{w}_p,\boldsymbol{w}_h-\boldsymbol{w}_{0p},\boldsymbol{v}_{0q})}{\|\boldsymbol{v}_{0q}\|_{1,D}}\\
\leqslant& M(\|\boldsymbol{w}_0-\boldsymbol{w}_h\|_{0,D}^{\frac{1}{2}}\|\boldsymbol{w}_0-\boldsymbol{w}_h\|_{1,D}^{\frac{3}{2}}\\
&+(\|\boldsymbol{w}_p\|_{1,D}+\|\boldsymbol{w}_h\|_{1,D})\|\boldsymbol{w}_{0p}-\boldsymbol{w}_h\|_{1,D})\\
\leqslant& M(1+\|\boldsymbol{w}_{0p}\|_{1,D}+\|\boldsymbol{w}_h\|_{1,D})\|\boldsymbol{w}_0-\boldsymbol{w}_h\|_{0,D}^{\frac{1}{2}}\|\boldsymbol{w}_0-\boldsymbol{w}_h\|_{1,D}^{\frac{3}{2}},\\
II=&\sup_{\boldsymbol{v}\in\boldsymbol{V}(D)}\frac{\mathcal{A}\boldsymbol{w}_0(\boldsymbol{w}_{0q}-\phi(\boldsymbol{w}_{0p}),\boldsymbol{v})-\mathcal{A}\boldsymbol{w}_h(\boldsymbol{w}_{0q}-\phi(\boldsymbol{w}_{0p}),\boldsymbol{v})}{\|\boldsymbol{v}\|_{1,D}}\\
=&\sup_{\boldsymbol{v}\in\boldsymbol{V}(D)}\frac{b_0(\boldsymbol{w}_0-\boldsymbol{w}_h,\boldsymbol{w}_{0q}-\phi(\boldsymbol{w}_{0p}),\boldsymbol{v})+b_0(\boldsymbol{w}_{0q}-\phi(\boldsymbol{w}_{0p}),\boldsymbol{w}_0-\boldsymbol{w}_h,\boldsymbol{v})}{\|\boldsymbol{v}\|_{1,D}}\\
\leqslant& 2M\|\boldsymbol{w}_0-\boldsymbol{w}_h\|_{1,D}\|\boldsymbol{w}_{0q}-\phi(\boldsymbol{w}_{0p})\|_{1,D}\leqslant 2MCh^k\|\boldsymbol{w}_{0q}-\phi(\boldsymbol{w}_{0p})\|_{1,D}.
\end{aligned}$$

因此

$$\begin{aligned}
\|\boldsymbol{w}_{0q}-\phi(\boldsymbol{w}_{0p})\|_{1,D}\leqslant&\frac{M(1+\|\boldsymbol{w}_{0p}\|_{1,D}+\|\boldsymbol{w}_h\|_{1,D})}{\alpha_0-2MCh^k}\|\boldsymbol{w}_0-\boldsymbol{w}_h\|_{0,D}^{\frac{1}{2}}\|\boldsymbol{w}_0-\boldsymbol{w}_h\|_{1,D}^{\frac{3}{2}}\\
\leqslant& Ch^{2k+\frac{1}{2}}(\text{由(H1)}).
\end{aligned}$$

从而得到 (H6) 成立.

定理 4.2.8 设有限元空间 V_h 满足假设 (H1)~(H4), $\boldsymbol{w}_h$ 是问题 (4.2.103) 的非奇异解. 则一步牛顿迭代法的变分问题

$$\left\{\begin{array}{ll}\text{求 }\boldsymbol{w}_*\in\boldsymbol{V}(D)\text{使得}&\\ \mathcal{A}\boldsymbol{w}_h(\boldsymbol{w}_*,\boldsymbol{v})=<\boldsymbol{G}_\eta,\boldsymbol{v}>+b_0(\boldsymbol{w}_h,\boldsymbol{w}_h,\boldsymbol{v}),&\forall\boldsymbol{v}\in\boldsymbol{V}(D),\end{array}\right.\tag{4.2.126}$$

存在唯一解 $\boldsymbol{w}_*$, 并满足如下估计;

$$\|\boldsymbol{w}-\boldsymbol{w}_*\|_{1.D}\leqslant Ch^{2k+\varepsilon},\tag{4.2.127}$$

其中

$$\varepsilon = \begin{cases} 1, & \text{B.C.I.} \\ \dfrac{1}{2}, & \text{B.C.II.} \end{cases}$$

证明　N-S 方程可改写为

$$\mathcal{A}_{\boldsymbol{w}_h}(\boldsymbol{w}_0, \boldsymbol{v}) + b_0(\boldsymbol{w}_0 - \boldsymbol{w}_h, \boldsymbol{w}_0 - \boldsymbol{w}_h, \boldsymbol{v}) - b_0(\boldsymbol{w}_h, \boldsymbol{w}_h, \boldsymbol{v}) = < \boldsymbol{G}_\eta, \boldsymbol{v} >, \quad \forall \boldsymbol{v} \in \boldsymbol{V}(D). \tag{4.2.128}$$

将 (4.2.128) 与 (4.2.126) 相减得到

$$\mathcal{A}_{\boldsymbol{w}_h}(\boldsymbol{w}_0 - \boldsymbol{w}_*, \boldsymbol{v}) + b_0(\boldsymbol{w}_0 - \boldsymbol{w}_h, \boldsymbol{w}_0 - \boldsymbol{w}_h, \boldsymbol{v}) = 0, \quad \forall \boldsymbol{v} \in \boldsymbol{V}(D). \tag{4.2.129}$$

由 (4.2.113) 及引理 4.2.4 可得

$$\begin{aligned} \frac{1}{2}\alpha_0 \|\boldsymbol{w}_0 - \boldsymbol{w}_*\|_{1,D} &\leqslant \sup_{\boldsymbol{v} \in \boldsymbol{V}_h(D)} \frac{\mathcal{A}_{\boldsymbol{w}_h}(\boldsymbol{w}_0 - \boldsymbol{w}_*, \boldsymbol{v})}{\|\boldsymbol{v}\|_{1,D}} \\ &\leqslant \sup_{\boldsymbol{v} \in \boldsymbol{V}(D)} \frac{\mathcal{A}_{\boldsymbol{w}_h}(\boldsymbol{w}_0 - \boldsymbol{w}_*, \boldsymbol{v})}{\|\boldsymbol{v}\|_{1,D}} \\ &\leqslant \sup_{\boldsymbol{v} \in \boldsymbol{V}_h(D)} \frac{-b_0(\boldsymbol{w}_0 - \boldsymbol{w}_h, \boldsymbol{w}_0 - \boldsymbol{w}_*, \boldsymbol{v})}{\|\boldsymbol{v}\|_{1,D}}. \end{aligned}$$

对于 B.C. I.,

$$\begin{aligned} |b_0(\boldsymbol{w}_0 - \boldsymbol{w}_h, \boldsymbol{w}_0 - \boldsymbol{w}_*, \boldsymbol{v})| &= |-b_0(\boldsymbol{w}_0 - \boldsymbol{w}_h, \boldsymbol{v}, \boldsymbol{w}_0 - \boldsymbol{w}_*)| \\ &\leqslant M\|\boldsymbol{w}_0 - \boldsymbol{w}_h\|_{0,D}\|\boldsymbol{w}_0 - \boldsymbol{w}_h\|_{1,D} \\ &\leqslant \|\boldsymbol{v}\|_{1,D} MC \|\boldsymbol{w}_0\|_{k+1,D}^2 h^{2k+1}. \end{aligned}$$

对于 B.C. II.,

$$\begin{aligned} |b_0(\boldsymbol{w}_0 - \boldsymbol{w}_h, \boldsymbol{w}_0 - \boldsymbol{w}_*, \boldsymbol{v})| &\leqslant M\|\boldsymbol{v}\|_{1,D}\|\boldsymbol{w}_0 - \boldsymbol{w}_h\|_{0,D}^{\frac{1}{2}}\|\boldsymbol{w}_0 - \boldsymbol{w}_h\|_{1,D}^{\frac{3}{2}} \\ &\leqslant MC\|\boldsymbol{v}\|_{1,D}\|\boldsymbol{w}_0\|_{k+1,D}^2 h^{2k+\frac{1}{2}}. \end{aligned}$$

由此问题得证.

注　事实上, 容易证明 $\boldsymbol{w}_* = \boldsymbol{w}_h + \phi(\boldsymbol{w}_h)$.

下面给出问题 (4.2.126) 的 Galerkin 有限元逼近问题的误差估计.

定理 4.2.9　设定理 4.2.8 中的条件满足, 网格参数 h 满足 $h^* \leqslant h$, 并且有限元空间 V_{h^*} 对任意 $m \leqslant k$ 满足假设 (H1)~(H4). 问题 (4.2.126) 的 Galerkin 有限元逼近解 $(\boldsymbol{w}_{h^*})$ 满足方程

$$\begin{cases} \text{求}(\boldsymbol{w}_{h^*}) \in \boldsymbol{V}_{h^*}\text{使得} \\ \mathcal{A}_{\boldsymbol{w}_h}(\boldsymbol{w}_{h^*}, \boldsymbol{v}) = (\boldsymbol{G}_\eta, \boldsymbol{v}) + b_0(\boldsymbol{w}_h, \boldsymbol{w}_h, \boldsymbol{v}) \quad \forall \boldsymbol{v} \in \boldsymbol{V}_{h^*}. \end{cases} \tag{4.2.130}$$

则有下面的误差估计成立

$$\|\boldsymbol{w}_* - \boldsymbol{w}_{h^*}\|_{1,D} \leqslant Ch^{*(m+1)}(\|\boldsymbol{w}_*\|_{m+1}). \tag{4.2.131}$$

综合定理 4.2.8 和 4.2.9 可以得到最终的结论：

定理 4.2.10 设定理 4.2.8 和 4.2.9 中的条件满足，则有下面的估计成立：

$$\|(\boldsymbol{w}_0 - \boldsymbol{w}_{h^*})\|_{1,D} \leqslant C(h^{2k+\varepsilon} + h^{*(m+1)}).$$

特别地，如果选取 $h^* = h^{(2k+1)/(m+1)}$，则可得到

$$\|(\boldsymbol{w}_0 - \boldsymbol{w}_{h^*})\|_{1,D} \leqslant C(h^{2k+\varepsilon}).$$

算法 (1) 在粗网格 h 上求解非线性问题 (4.2.100);

(2) 在细网格 h^* 上求解线性问题 (4.2.130).

注 如果在问题 (4.2.103) 和 (4.2.130) 中选取线性有限元，则在二维情况得到如下的误差估计：

$$\|(\boldsymbol{w}_0 - \boldsymbol{w}_{h^*})\|_{1,D} \leqslant \mathrm{ch}^3 \approx \mathrm{ch}^{*^2},$$

其中 $h^* \approx h^{\frac{3}{2}}$. 同时，如果按照 Layton 的结论[19] 有

$$\|(\boldsymbol{w}_0 - \boldsymbol{w}_{h^*})\|_{1,D} \leqslant \mathrm{ch}^2 \approx \mathrm{ch}^*,$$

其中 $h^* \approx h^2$. 这表明我们的结果较文献 [19] 更优.

4.3 外部流动的维数分裂方法

这一节给出一个物体三维外部绕流的维数分裂方法，以及必须要研究的边界层问题. 利用维数分裂方法，对边界层方程进行分析，得到一个新的边界层方程. 它是一个 2D-3C Navier-Stokes 方程，与外部绕流偶合求解，不但可以得到边界层内的流场，而且可以得到流体速度的法向梯度，从而可以求出固体边界上的法向应力. 这对飞行体的外型优化设计至关重要. 这就是新的边界层方程的将有重要的理论和应用价值.

4.3.1 Navier-Stokes 方程与边界积分方程耦合方法

典型的外部流动是流体绕固壁物体流动，流动区域是无界的. 外部流动是一个无界区域的流动问题. 例如飞行器在空中飞行、深海潜行体 (如潜艇) 在海中航行等. 统治飞机绕流的方程是无限区域上的 Navier-Stokes 方程 (可压或不可压).

通常用一个人工边界 Γ_∞ 将流动区域 Ω 分割为有界部分 Ω_0 和无界部分 Ω_c, $\Omega = \Omega_0 \cup \Omega_c$, 在有界部分 Ω_0, 边界 $\partial\Omega_0 = \Gamma_s \cup \Gamma_\infty$, 其中 Γ_s 为物体的固壁. 在 Ω_c 内

用 Stokes 流或且 Oseen 流来逼近, 应用其基本解把外部的解用基本解表示, 把外部与内部连接条件化为边界积分方程. 在 Ω_0 内, 用维数分裂方法进行求解. 以物体固壁外形为分界面, 把物体, 如飞机, 用一层一层相似的二维闭流形包起来, 从而把飞机的外部区域分割为 m 个流层见图 4.3.1, 任何一个分界面的几何都可以用定理 1.6.4, 由前一个分界面的几何生成, 最外层则是人工边界面. 然后以分界面的二维流形为基础建立一个半测地坐标系, 在这一流形的邻域内, 将三维 N-S 方程分裂为两个算子之和, 它们分别是在二维流形切空间上的膜算子和法线方向的弯曲算子, 然后用 Euler 中心差分算子和 Euler 向前、向后差分算子逼近弯曲算子, 将 N-S 方程限制在二维流形上, 得到广义 N-S 方程, 它是一个二维但有三个分量的偏微分方程, 称为 2D-3C N-S 方程. 在 m 个分界面上同时求解这些方程, 通过反复迭代, 可以构造三维的 N-S 方程的近似解.

这个方法可以构造一个高效并行算法, 称为二度并行算法. 因为在 m 个分界面上可以同时求解 m 个 2D-3C 的 N-S 方程, 且这些方程只是右端不同, 而左端相同, 它也可以用并行算法.

这个方法与通常的区域分裂算法不同. 通常分裂法每个子区域仍然是三维的, 子问题也是三维的, 没有降低维数. 这个方法要充分应用微分几何知识, 使得构造出来的方法具有高效和高精度, 子问题是二维的.

应用贴体坐标系 —— 半侧地坐标系, 因为物理分界面为二维流形, 应用我们提出的维数分裂方法求解, 解二维问题的迭代可以得到三维问题的近似解, 并且能分析稳定性问题, 在研究地球内部和地球大气层中磁流体可以得到结果.

1. Stokes 和 Oseen 方程的基本解

对任何一个已知的定义在 Ω 上的充分光滑的函数 $\boldsymbol{b}$, Oseen 方程外部问题是

$$
\begin{cases}
-\Delta \boldsymbol{u} + \boldsymbol{b}\cdot\nabla \boldsymbol{u} + \nabla p = f, & \text{在 } \Omega \text{ 内},\\
\operatorname{div}\boldsymbol{u} = 0, & \text{在 } \Omega \text{ 内},\\
\boldsymbol{u} = 0, & \text{在 } \partial\,\Omega,\\
\boldsymbol{u} = \boldsymbol{u}_\infty, & \text{在 } x = \infty.
\end{cases}
\tag{4.3.1}
$$

$\boldsymbol{u}$ 为已知. 当 $\boldsymbol{b} = 0$ 时, (4.3.1) 是 Stokes 方程的外部问题

$$
\begin{cases}
-\Delta \boldsymbol{u} + \nabla p = f, & \text{在 } \Omega \text{ 内},\\
\operatorname{div}\boldsymbol{u} = 0, & \text{在 } \Omega \text{ 内},\\
\boldsymbol{u} = 0, & \text{在 } \partial\,\Omega,\\
\boldsymbol{u} = \boldsymbol{u}_\infty, & \text{在 } x = \infty.
\end{cases}
\tag{4.3.2}
$$

为了给出 Stokes 方程的基本解, 我们引入一个二阶和一个一阶对称张量

$$\begin{cases} U_{ij}(x-y) = \left(\delta_{ij} - \dfrac{\partial}{\partial y_i \partial y_j}\right)\Phi(x-y), \\ q_j(x-y) = -\dfrac{\partial}{\partial y_j}\Delta\Phi(x-y), \end{cases} \tag{4.3.3}$$

其中 $x, y \in \Re^n, \delta_{ij}$ 为 Kroncckor 记号, Φ 是一个任意函数. 显然, 对任何 $x \neq y$, $i, j, = 1, 2, \cdots, n$, 有

$$\begin{cases} \Delta U_{ij}(x-y) + \dfrac{\partial}{\partial x_i} q_j(x-y) = \delta_{ij}\Delta\Phi(x-y), \\ \dfrac{\partial}{\partial x_i} U_{ij}(x-y) = 0. \end{cases} \tag{4.3.4}$$

当取 Φ 为双调和方程的基本解时,

$$\begin{cases} \Phi(|x-y|) = -\dfrac{|x-y|}{8\pi}, \quad n=3, \\ \Phi(|x-y|) = |x-y|^2 \log(|x-y|)/(8\pi), \quad n=2, \end{cases} \tag{4.3.5}$$

可以得到 Stokes 方程的基本解. 对 $n=3$,

$$\begin{cases} U_{ij}(x-y) = -\dfrac{1}{8\pi}\left[\dfrac{\delta_{ij}}{|x-y|} + \dfrac{(x_i-y_i)(x_j-y_j)}{|x-y|^2}\right], \\ q_j(x-y) = \dfrac{1}{4\pi}\dfrac{x_j-y_j}{|x-y|^3}. \end{cases} \tag{4.3.6}$$

而对 $n=2$,

$$\begin{cases} U_{ij}(x-y) = -\dfrac{1}{4\pi}\left[\delta_{ij}\log\dfrac{1}{|x-y|} + \dfrac{(x_i-y_i)(x_j-y_j)}{|x-y|^2}\right], \\ q_j(x-y) = \dfrac{1}{2\pi}\dfrac{x_j-y_j}{|x-y|^2}. \end{cases} \tag{4.3.7}$$

它们均满足

$$\begin{cases} \Delta U_{ij}(x-y) + \dfrac{\partial}{\partial x_i} q = \delta_{ij}(x-y), \\ \dfrac{\partial}{\partial_{x_i}} U_{ij}(x-y) = 0. \end{cases} \tag{4.3.8}$$

对 $n \leqslant 4$ 的情形,

$$\Phi = \begin{cases} -\dfrac{1}{8\pi^2}\log|x-y|, & n=4, \\ \dfrac{\Gamma(n/2-2)}{16\pi^{n/2}}|x-y|^{4-n}, & n \geqslant 4, \end{cases} \tag{4.3.9}$$

$$\begin{cases} U_{ij}(x-y) = -\dfrac{1}{2n(n-2)\omega_n}\left[\dfrac{\delta_{ij}}{|x-y|^{n-2}} + (n-2)\dfrac{(x_i-y_i)(x_j-y_j)}{|x-y|^n}\right], \\ q_j(x-y) = \dfrac{1}{n\omega_n}\dfrac{x_j-y_j}{|x-y|^n}. \end{cases} \tag{4.3.10}$$

基本解的渐近行为：当 $|x|\to\infty$ 时,

$$\begin{aligned} &U(x) = O(\log|x|), \quad n=2, \\ &U(x) = O(|x|^{-n+2}), \quad n>2, \\ &D^\alpha U(x) = O(|x|^{-n-|\alpha|+2}), \quad |\alpha|\geqslant 1, n\geqslant 2, \\ &D^\alpha q(x) = O(|x|^{-n-|\alpha|+1}), \quad |\alpha|\geqslant 0, n\geqslant 2. \end{aligned} \tag{4.3.11}$$

在 Ω_0 的外部 Ω_c, Stokes 方程的解可表示为：$\forall x\in\Omega_c$,

$$\begin{cases} u_j(x) = \displaystyle\int_{\Omega_c} U_{ij}(x-y)f_i(y)\mathrm{d}y \\ \qquad - \displaystyle\int_{\partial_c} [U_{ij}(x-y)T_{il}(\boldsymbol{u},p)(y) - u_i(y)T_{il}(\boldsymbol{U}_j,q_j)(x-y)]n_l\mathrm{d}S_y, \\ p(x) = -\displaystyle\int_{\Omega_c} q_i(x-y)f_i\mathrm{d}y \\ \qquad + \displaystyle\int_{\partial\Omega_c}\left[q_j(x-y)T_{il}(\boldsymbol{u},p)(y) - u_i(y)\dfrac{q_i(x-y)}{\partial x_i}n_l(y)\right]\mathrm{d}S_y. \end{cases}$$

记 Laplace 方程的基本解

$$\varepsilon(x-y) = \begin{cases} \dfrac{1}{2\pi}\log|x-y|, & n=2, \\ \dfrac{1}{n(2-n)\omega_n}\dfrac{1}{|x-y|^{2-n}}, & n\geqslant 3, \end{cases}$$

其中 ω_n 是 n 维球面面积.

令 $\mathcal{U}_{ki},\mathcal{P}_k$ 是 (4.3.1) 的基本解, 即满足

$$\begin{cases} -\Delta\mathcal{U}_{ki} + \dfrac{\partial\mathcal{P}_k}{\partial y_i} + \boldsymbol{b}\cdot\nabla\mathcal{U}_{ki} = -\delta_{ki}\delta(\boldsymbol{y}-\boldsymbol{x}), \\ \dfrac{\partial\mathcal{U}_{ki}}{\partial y_i} = -c\mathcal{P}_k. \end{cases} \tag{4.3.12}$$

那么 $(\mathcal{U}_{ki},\ \mathcal{P}_k)$ 可以得到如下表达式:

$$\begin{cases} \mathcal{U}_{ki} = \delta_{ki}[(1+c)\Delta + cb\cdot\nabla]\Phi - \dfrac{\partial^2\Phi}{\partial y_k\partial y_i}, \\ \mathcal{P}_k = -\dfrac{\partial}{\partial y_k}(\Delta + \boldsymbol{b}\cdot\nabla)\Phi, \end{cases} \tag{4.3.13}$$

这里 Φ 为如下方程的基本解:

$$
(\Delta+\boldsymbol{b}\cdot\nabla)[(1+c)\Delta+c\boldsymbol{b}\cdot\nabla]\Phi=\delta(\boldsymbol{y}-\boldsymbol{x}),
$$

$$
\Phi=\frac{1}{|\boldsymbol{b}|}\int_0^{\frac{\mathbf{b}\cdot(\boldsymbol{y}-\boldsymbol{x})}{|\boldsymbol{b}|}}[(1+c)\Phi_2-\Phi_1]\mathrm{d}t,
$$

当 $\boldsymbol{b}\neq\mathbf{0}$ 时,

$$
\Phi_1=-\frac{1}{2\pi}\left(\frac{|\boldsymbol{b}|}{4\pi|y-x|}\right)^{\frac{n-2}{2}}K_{\frac{n-2}{2}}\left(\frac{|\boldsymbol{b}||\boldsymbol{y}-\boldsymbol{x}|}{2}\right)\exp^{-\frac{1}{2}\boldsymbol{b}\cdot(\boldsymbol{y}-\boldsymbol{x})},
$$

$$
\Phi_2=\begin{cases}-\dfrac{1}{2\pi(1+c)}\left(\dfrac{|c\boldsymbol{b}|}{4\pi|1+c||\boldsymbol{y}-\boldsymbol{x}|}\right)^{\frac{n-2}{2}} \\ K_{\frac{n-2}{2}}\left(\dfrac{|c\boldsymbol{b}||\boldsymbol{y}-\boldsymbol{x}|}{2\pi|1+c|}\right)\exp^{-\frac{c\boldsymbol{b}\cdot(\boldsymbol{y}-\boldsymbol{x})}{2|1+c|}}, c\neq0, \\ \begin{cases}\dfrac{1}{2\pi}\ln|\boldsymbol{y}-\boldsymbol{x}|, & n=2, \\ -\dfrac{\Gamma\left(\dfrac{n}{2}\right)}{2\pi^{\frac{n}{2}}}(n-2)|\boldsymbol{y}-\boldsymbol{x}|^{n-2}, & n\geqslant3,\end{cases} \qquad c=0,\end{cases}
$$

当 $\boldsymbol{b}=0$ 时, Φ 即是双调和方程的基本解, 这时 $\mathcal{U},\mathcal{P}$ 为 Stokes 方程的基本解.

K_α 是第二类改进 Bessel 函数.

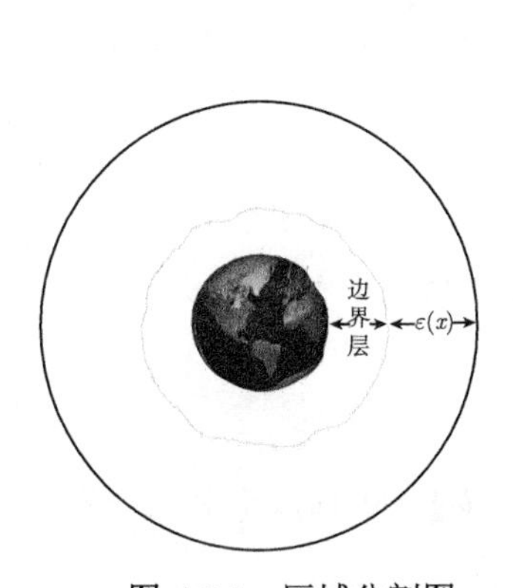

图 4.3.1 区域分割图

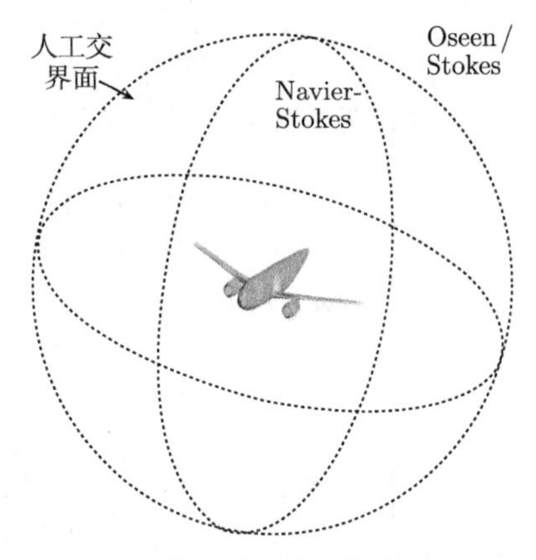

图 4.3.2 人工交界面

2. Oseen 问题解的边界积分表示

取 $\boldsymbol{b}=\boldsymbol{w}_\infty, c=0$, 则得到 Oseen 问题解的积分表示

$$
\begin{cases}\alpha(x)\boldsymbol{w}(x)=\boldsymbol{w}_\infty-\displaystyle\int_{\Gamma_{\mathrm{Art}}}[\mathcal{U}\cdot T\boldsymbol{w}-\boldsymbol{w}\cdot T\mathcal{U}]\mathrm{d}s, \\ \alpha(x)p(x)=p_\infty-\displaystyle\int_{\Gamma_{\mathrm{Art}}}[\mathcal{P}\cdot T\boldsymbol{w}-\boldsymbol{w}\cdot T\mathcal{P}]\mathrm{d}s,\end{cases} \tag{4.3.14}
$$

这里 T 表示应力张量, 如

$$T\boldsymbol{w} = \{-\delta_{ij}p + \mu(\partial_i w^j + \partial_j w^i)\}.$$

$\alpha(x)$ 如下:

$$\alpha(x) = \begin{cases} 1, & x \in \text{Oseen 区域}, \\ \dfrac{1}{2}, & x \in \text{人工交界面}. \end{cases}$$

3. 耦合方程的变分形式

有限区域上的 N-S 方程与边界上的边界积分方程耦合问题的变分形式:

$$\begin{cases} \text{求}(\boldsymbol{w}, p, \lambda) \in (\boldsymbol{H}^1_{0,\Gamma}(\Omega) \times L^2_0(\Omega) \times (\overset{\circ}{H})^{-\frac{1}{2}}(\Gamma_{\rm Art})), \text{满足} \\ a(\boldsymbol{w}, \boldsymbol{v}) + b(\boldsymbol{w}, \boldsymbol{w}, \boldsymbol{v}) - (p, \operatorname{div} \boldsymbol{v}) + < \boldsymbol{v}, \lambda >_{\rm Art} = (\boldsymbol{f}, \boldsymbol{v}), \quad \text{在}\,\Omega\text{上}, \\ (q, \operatorname{div}\boldsymbol{v}) = 0, \quad \text{在}\ \Omega\ \text{上}, \\ 2c(\lambda, \nu)_{\rm Art} - < \boldsymbol{w}, \nu >_{\rm Art} + 2 < \mathcal{K}\boldsymbol{w}, \nu >_{\rm Art} = 0, \text{在}\ \Gamma_{\rm Art}\ \text{上}, \\ \qquad \forall (\boldsymbol{v}, q, \nu) \in (\boldsymbol{H}^1_{0,\Gamma}(\Omega) \times L^2_0(\Omega) \times (\overset{\circ}{\mathbf{H}})^{-\frac{1}{2}}(\Gamma_{\rm Art})), \end{cases} \tag{4.3.15}$$

这里 $a(\cdot,\cdot)$, $b(\cdot,\cdot,\cdot)$, $(\cdot, \operatorname{div}\cdot)$ 是有界区域上的对应于 Navier-Stokes 方程的双线性形式, 而 $(\cdot,\cdot)_{\rm Art}, < \cdot, \cdot >_{\rm Art}$ 代表人工边界上的对应积分形式,

$$\begin{cases} a(\boldsymbol{u}, \boldsymbol{v}) = \displaystyle\int_\Omega \nabla \boldsymbol{u} : \nabla \boldsymbol{v} \mathrm{d}x, \\ b(\boldsymbol{u}, \boldsymbol{v}, \boldsymbol{w}) = \displaystyle\int_\Omega u_i v_{j,i} w_j \mathrm{d}x, \\ (p, \operatorname{div}\boldsymbol{v}) = \displaystyle\int_\Omega p v_{i,i} \mathrm{d}x, \\ c(\lambda, \nu)_{\rm Art} = \displaystyle\int_{\Gamma_{\rm Art}} \int_{\Gamma_{\rm Art}} \lambda_i \mathcal{U}_{ik} \nu_k \mathrm{d}s(y) \mathrm{d}s(x), \\ < \boldsymbol{u}, \nu >_{\rm Art} = \displaystyle\int_{\Gamma_{Art}} u_i \nu_i \mathrm{d}s(x), \\ < \mathcal{K}\boldsymbol{u}, \nu >_{\rm Art} = \displaystyle\int_{\Gamma_{\rm Art}} \int_{\Gamma_{\rm Art}} (\boldsymbol{u} \cdot T\mathcal{U}) \cdot \nu \mathrm{d}s(y) \mathrm{d}s(x). \end{cases} \tag{4.3.16}$$

4.3.2 区域分割和交界面上的 2D-3C N-S 方程

假设 $\partial\Omega$ 是分片光滑的闭曲面, 记 $\Im = \partial\Omega$. 令 D 是 R^2 的开子集, $\Re : D \to \boldsymbol{E}^3$(Euclid 空间) 是一个连续映射. 在曲面上取参数 $x^\alpha, \alpha = 1, 2$, 则曲面上的点可以表示 $\Re = \Re(x)$, 如果两个导数 $\dfrac{\partial \Re}{\partial x^\alpha} \equiv \partial_\alpha \Re$ 是线性独立的, 那么称参数 x 为 Gauss 坐标系. 而称曲面在这点是正则的, 如果 $\Re$ 是三次可微, 并且是处处正则, 称这样的曲面为正则曲面. 显然,

$$\boldsymbol{e}_\alpha = \partial_\alpha \Re$$

是曲面切平面上线性独立的基向量, 且

$$|\boldsymbol{e}_1\times\boldsymbol{e}_2|\neq 0,\quad \boldsymbol{n}=\frac{\boldsymbol{e}_1\times\boldsymbol{e}_2}{|\boldsymbol{e}_1\times\boldsymbol{e}_2|},$$

$\boldsymbol{n}$ 是曲面上的单位法线向量. 曲面的度量张量的协变分量

$$a_{\alpha\beta}=\boldsymbol{e}_\alpha\cdot\boldsymbol{e}_\beta,\quad a=\det(a_{\alpha\beta})=|\boldsymbol{e}_1\times\boldsymbol{e}_2|\neq 0,$$

而曲面的第二、第三基本型系数张量

$$b_{\alpha\beta}=\partial^2_{\alpha\beta}\Re\cdot\boldsymbol{n},\quad c_{\alpha\beta}=\boldsymbol{n}_\alpha\cdot\boldsymbol{n}_\beta=a^{\lambda\sigma}b_{\alpha\lambda}b_{\beta\sigma},$$

其中 $a^{\alpha\beta}$ 是度量张量的逆变分量

$$a^{\alpha\beta}a_{\beta\lambda}=\delta^\alpha_\beta,$$

δ^α_β 是单位向量, 即 Kronecker 记号. $2H=a^{\alpha\beta}a_{\alpha\beta},K=\dfrac{b}{a},a=\det(a_{\alpha\beta}),b=\det(b_{\alpha\beta})$ 是曲面 $\Im$ 平均曲率和 Gauss 曲率, 第三基本型系数 $c_{\alpha\beta}=a^{\lambda\sigma}b_{\alpha\lambda}b_{\beta\sigma}$, 它的逆矩阵 $\widehat{c}^{\alpha\beta},\widehat{c}^{\alpha\beta}c_{\beta\sigma}=\delta^\alpha_\sigma$, 同理 $\widehat{b}^{\alpha\beta}\widehat{b}^{\alpha\beta}b_{\beta\sigma}=\delta^\alpha_\sigma$, 它们与逆变分量不一样, 逆变分量

$$b^{\alpha\beta}=a^{\alpha\lambda}a^{\beta\sigma}b_{\lambda\sigma},\quad c^{\alpha\beta}=a^{\alpha\lambda}a^{\beta\sigma}c_{\lambda\sigma}$$

是协变分量的指标的提升. $\widehat{b}^{\alpha\beta},\widehat{b}^{\alpha\beta}$ 在以后研究中将扮演非常重要的作用.

变形张量是 ξ 的二次多项式 (参看 (1.8.48))

$$\begin{aligned}\overset{*}{e}_{\alpha\beta}(u)&=\frac{1}{2}(a_{\beta\lambda}\overset{*}{\nabla}_\alpha u^\lambda+a_{\alpha\lambda}\overset{*}{\nabla}_\beta u^\lambda),\\ e^{\overset{*}{\alpha\beta}}(u)&=a^{\alpha\lambda}a^{\beta\sigma}\overset{*}{e}_{\lambda\sigma}(u),\\ e_{ij}(u)&=\gamma_{ij}(u)+\overset{1}{\gamma}_{ij}(u)\xi+\overset{2}{\gamma}_{ij}(u)\xi^2,\end{aligned}\tag{4.3.17}$$

其中

$$\begin{cases}\gamma_{\alpha\beta}(u)=\overset{*}{e}_{\alpha\beta}(u)-b_{\alpha\beta}u^3,\\ \overset{1}{\gamma}_{\alpha\beta}(u)=\overset{1}{e}_{\alpha\beta}(u)+c_{\alpha\beta}u^3-\overset{*}{\nabla}_\lambda b_{\alpha\beta}u^\lambda,\\ \overset{2}{\gamma}_{\alpha\beta}(u)=\overset{2}{e}_{\alpha\beta}(u)+\dfrac{1}{2}\overset{*}{\nabla}_\lambda c_{\alpha\beta}u^\lambda,\\ \gamma_{3\alpha}(u)=\dfrac{1}{2}\left(a_{\alpha\beta}\dfrac{\partial u^\beta}{\partial\xi}+\overset{*}{\nabla}_\alpha u^3\right),\\ \overset{1}{\gamma}_{\alpha3}(u)=-b_{\alpha\beta}\dfrac{\partial u^\beta}{\partial\xi},\quad \overset{2}{\gamma}_{\alpha3}(u)=\dfrac{1}{2}c_{\alpha\beta}\dfrac{\partial u^\beta}{\partial\xi},\\ \gamma_{33}(u)=\dfrac{\partial u^3}{\partial\xi},\quad \overset{1}{\gamma}_{33}(u)=\overset{2}{\gamma}_{33}(u)=0,\end{cases}\tag{4.3.18}$$

$$\begin{cases} \overset{*}{e}_{\alpha\beta}(u) = \dfrac{1}{2}(a_{\alpha\lambda}\delta^{\sigma}_{\beta} + a_{\beta\lambda}\delta^{\sigma}_{\alpha}) \overset{*}{\nabla}_{\sigma} u^{\lambda}, \\ \overset{1}{e}_{\alpha\beta}(u) = -(b_{\alpha\lambda}\delta^{\sigma}_{\beta} + b_{\beta\lambda}\delta^{\sigma}_{\alpha}) \overset{*}{\nabla}_{\sigma} u^{\lambda}, \\ \overset{2}{e}_{\alpha\beta}(u) = \dfrac{1}{2}(c_{\alpha\sigma}\delta^{\lambda}_{\beta} + c_{\beta\sigma}\delta^{\lambda}_{\sigma}) \overset{*}{\nabla}_{\lambda} u^{\sigma}. \end{cases}$$

对非线性项, 即运流项, 在 S 坐标系下, 有

$$\begin{cases} w^j\nabla_j w^{\alpha} = w^{\beta}\nabla_{\beta}w^{\alpha} + w^3\nabla_3 w^{\alpha} \\ \qquad = w^{\beta} \overset{*}{\nabla}_{\beta} w^{\alpha} + w^3\dfrac{\partial w^{\alpha}}{\partial \xi} + 2\kappa^{-1}I^{\alpha}_{\beta}w^3w^{\beta} + \kappa^{-1}R^{\alpha}_{\beta\sigma}w^{\sigma}w^{\beta}, \\ w^j\nabla_j w^3 = w^{\beta} \overset{*}{\nabla}_{\beta} w^3 + w^3\dfrac{\partial w^3}{\partial\xi} + J_{\beta\sigma}w^{\beta}w^{\sigma}, \end{cases} \tag{4.3.19}$$

其中 $I^{\alpha}_{\beta}, J_{\alpha\beta}, R^{\lambda}_{\alpha\beta} = \Phi^{\lambda}_{\alpha\beta}$ 由 (1.8.31) 所定义.

下面讨论在交界面 $\Im_i$ 和 $\Im_{i+1}$ 之间所夹的区域, 即称为 "流层", 记为 Ω_{ij}, 流层内的黏性不可压定常 Navier-Stokes 方程及边界条件

$$\begin{cases} -2\nu\nabla_j e^{ij}(\boldsymbol{u}) + g^{ij}\nabla_j p + u^j\nabla_j u^i = f^i, \quad 在\,\Omega_{ij}, \\ \nabla_j u^j = 0, \quad 在\,\Omega_{ij}, \\ u|_{\Im_0} = 0, \\ \sigma(\boldsymbol{u},p)\boldsymbol{n}|^{+}_{\Im_i} = \sigma(\boldsymbol{u},p)\boldsymbol{n}|^{-}_{\Im_i}, \quad (\boldsymbol{u},p)^{+} = (\boldsymbol{u},p)^{-}, \quad i = 1,2,\cdots, \\ \quad 在其他方向上满足周期性边界条件, \end{cases} \tag{4.3.20}$$

这里法向应力向量

$$\sigma(\boldsymbol{u},p)\boldsymbol{n} = \sigma^{ij}(\boldsymbol{u},p)n_i = 2\mu e^{ij}(\boldsymbol{u})n_i - pn^j, \quad 在交界面上.$$

上述边界条件表明, 在交接面上, 法向应力向量和速度压力是连续的. 在以 $\Im_i$ 为基础的 S 坐标系下, 它可表示为定理 1.8.9, 即有

$$\begin{cases} \dfrac{\partial u^k}{\partial t} + \mathcal{L}^k(\boldsymbol{u},p,\xi) + g^{kj}\nabla_j p + \mathcal{N}^k(u,u,\xi) = f^k, \\ \operatorname{div} u = \overset{*}{\operatorname{div}}\, u + \dfrac{\partial u^3}{\partial \xi} + \theta^{-1}[-2Hu^3 + 2(Ku^3 - u^{\alpha} \overset{*}{\nabla}_{\alpha} H)\xi + u^{\alpha} \overset{*}{\nabla}_{\alpha} K\xi^2] = 0, \end{cases} \tag{4.3.21}$$

其中

$$\begin{cases} \mathcal{L}^{\alpha}(\boldsymbol{u},,\xi) := -2\mu\Bigg[g^{\alpha\beta}g^{\lambda\sigma}\displaystyle\sum_{k=0}^{2}(\overset{*}{\nabla}_{\lambda}\overset{k}{\gamma}_{\beta\sigma}(\boldsymbol{u}) - 2\Phi^{\nu}_{\lambda\beta}\overset{k}{\gamma}_{\nu\sigma}(\boldsymbol{u}))\xi^k \\ \qquad + \dfrac{1}{2}\dfrac{\partial^2 u^{\alpha}}{\partial \xi^2} + 2\theta^{-1}I^{\alpha}_{\gamma}\dfrac{\partial u^{\gamma}}{\partial\xi} + \dfrac{1}{2}g^{\alpha\beta}\overset{*}{\nabla}_{\beta}\dfrac{\partial u^3}{\partial\xi} + \theta^{-1}g^{\alpha\beta}I^{\sigma}_{\beta}\overset{*}{\nabla}_{\sigma} u^3\Bigg] \\ \qquad + g^{\alpha\beta}\overset{*}{\nabla}_{\beta} p, \end{cases}$$

$$\begin{cases} \mathcal{L}^3(\boldsymbol{u},p,\xi) := -2\mu\left[\dfrac{1}{2}g^{\lambda\sigma}\overset{*}{\nabla}_\lambda\overset{*}{\nabla}_\sigma u^3\right.\\ \qquad -\theta^{-1}g^{\lambda\sigma}I^\beta_\lambda(\gamma_{\beta\sigma}(\boldsymbol{u})+\overset{1}{\gamma}_{\beta\sigma}(\boldsymbol{u})\xi+\overset{2}{\gamma}_{\beta\sigma}(\boldsymbol{u})\xi^2)\\ \qquad -\dfrac{1}{2}g^{\lambda\sigma}\Phi^\beta_{\lambda\sigma}\overset{*}{\nabla}_\beta u^3+\dfrac{\partial^2u^3}{\partial\xi^2}-2\theta^{-1}(H-K\xi)\dfrac{\partial u^3}{\partial\xi}\\ \qquad \left.+\dfrac{1}{2}\overset{*}{\operatorname{div}}\dfrac{\partial\boldsymbol{u}}{\partial\xi}+\dfrac{1}{2}g^{\lambda\sigma}(\overset{*}{\nabla}_\lambda g_{\beta\sigma}-g_{\beta\mu}\Phi^\mu_{\lambda\sigma})\dfrac{\partial u^\beta}{\partial\xi}\right]+\dfrac{\partial p}{\partial\xi}, \end{cases} \tag{4.3.22}$$

$$\begin{cases} \mathcal{N}^k(u,u,\xi)=u^j\nabla_ju^k=u^\beta\nabla_\beta u^k+u^3\nabla_3u^k,\\ \mathcal{N}^\alpha(u,u,\xi)=u^\beta\overset{*}{\nabla}_\beta u^\alpha+u^3\dfrac{\partial u^\alpha}{\partial\xi}+2\theta^{-1}I^\alpha_\beta u^3u^\beta+\Phi^\alpha_{\beta\lambda}u^\beta u^\lambda,\\ \mathcal{N}^3(u,u,\xi)=u^\beta\overset{*}{\nabla}_\beta u^3+u^3\dfrac{\partial u^3}{\partial\xi}+J_{\beta\lambda}u^\lambda u^\beta. \end{cases} \tag{4.3.23}$$

尤其是线性算子在流形 $\Im$ 上的限制

$$\begin{cases} \mathcal{L}^\alpha(\boldsymbol{u},\xi)|_{\xi=0} := -2\mu\left[\overset{*}{\nabla}_\beta\gamma^{\alpha\beta}(\boldsymbol{u})-b^{\alpha\sigma}\overset{*}{\nabla}_\sigma u^3\right.\\ \qquad \left.+\dfrac{1}{2}\dfrac{\partial^2u^\alpha}{\partial\xi^2}-2b^\alpha_\gamma\dfrac{\partial u^\gamma}{\partial\xi}+\dfrac{1}{2}a^{\alpha\beta}\overset{*}{\nabla}_\beta\dfrac{\partial u^3}{\partial\xi}\right]+a^{\alpha\beta}\overset{*}{\nabla}_\beta p,\\ \mathcal{L}^3(\boldsymbol{u},p,\xi)_{\xi=0} := -2\mu\left[\dfrac{1}{2}\overset{*}{\Delta}u^3+b^{\alpha\beta}\gamma_{\alpha\beta}(\boldsymbol{u})+\dfrac{\partial^2u^3}{\partial\xi^2}-2H\dfrac{\partial u^3}{\partial\xi}\right.\\ \qquad \left.+\dfrac{1}{2}\overset{*}{\operatorname{div}}\dfrac{\partial\boldsymbol{u}}{\partial\xi}\right]+\dfrac{\partial p}{\partial\xi}, \end{cases} \tag{4.3.24}$$

由 (1.8.79) 得

$$\overset{*}{\nabla}_\lambda\gamma^{\alpha\lambda}(\boldsymbol{u})=\frac{1}{2}(\overset{*}{\Delta}u^\alpha+a^{\alpha\beta}\overset{*}{\nabla}_\beta\overset{*}{\operatorname{div}}\boldsymbol{u}+Ku^\alpha)$$
$$+2a^{\alpha\beta}\overset{*}{\nabla}_\beta Hu^3+b^{\alpha\lambda}\overset{*}{\nabla}_\lambda u^3,$$

有

$$\begin{cases} \mathcal{L}^\alpha(\boldsymbol{u},\xi)|_{\xi=0} := -\mu\left[\overset{*}{\Delta}u^\alpha+a^{\alpha\beta}\overset{*}{\nabla}_\beta\overset{*}{\operatorname{div}}\boldsymbol{u}+Ku^\alpha+4\overset{*}{\nabla}^\alpha Hu^3\right.\\ \qquad \left.+\dfrac{\partial^2u^\alpha}{\partial\xi^2}-4b^\alpha_\gamma\dfrac{\partial u^\gamma}{\partial\xi}+a^{\alpha\beta}\overset{*}{\nabla}_\beta\dfrac{\partial u^3}{\partial\xi}\right]+2a^{\alpha\beta}\overset{*}{\nabla}_\beta p,\\ \mathcal{N}^\alpha(u,u,\xi)|_{\xi=0}=u^\beta\overset{*}{\nabla}_\beta u^\alpha+u^3\dfrac{\partial u^\alpha}{\partial\xi}-2b^\alpha_\beta u^3u^\beta,\\ \mathcal{N}^3(u,u,\xi)|_{\xi=0}=u^\beta\overset{*}{\nabla}_\beta u^3+u^3\dfrac{\partial u^3}{\partial\xi}+b_{\beta\lambda}u^\lambda u^\beta,\\ \mathcal{L}^3(\boldsymbol{u},p,\xi)_{\xi=0} := -\mu\left[\overset{*}{\Delta}u^3+2b^{\alpha\beta}\gamma_{\alpha\beta}(\boldsymbol{u})+\dfrac{\partial^2u^3}{\partial\xi^2}-4H\dfrac{\partial u^3}{\partial\xi}+\overset{*}{\operatorname{div}}\dfrac{\partial\boldsymbol{u}}{\partial\xi}\right]+\dfrac{\partial p}{\partial\xi}, \end{cases} \tag{4.3.25}$$

那么不可压缩定常 Navier-Stokes 方程在二维流形 $\Im$ 上的限制

$$\left\{\begin{array}{l}-\mu\left[\overset{*}{\Delta} u^\alpha + a^{\alpha\beta}\overset{*}{\nabla}_\beta \overset{*}{\mathrm{div}}\,\boldsymbol{u} + Ku^\alpha + 4a^{\alpha\beta}\overset{*}{\nabla}_\beta Hu^3\right] \\ \qquad -\mu\left[\dfrac{\partial^2 u^\alpha}{\partial\xi^2} - 4b_\gamma^\alpha\dfrac{\partial u^\gamma}{\partial\xi} + a^{\alpha\beta}\overset{*}{\nabla}_\beta\dfrac{\partial u^3}{\partial\xi}\right] + a^{\alpha\beta}\overset{*}{\nabla}_\beta p \\ \qquad +u^\beta\overset{*}{\nabla}_\beta u^\alpha + u^3\dfrac{\partial u^\alpha}{\partial\xi} - 2b_\beta^\alpha u^3u^\beta = f^\alpha, \\ -\mu\left[\overset{*}{\Delta} u^3 + 2\beta_0(\boldsymbol{u}) + \dfrac{\partial^2 u^3}{\partial\xi^2} - 4H\dfrac{\partial u^3}{\partial\xi} + \overset{*}{\mathrm{div}}\,\dfrac{\partial\boldsymbol{u}}{\partial\xi}\right] \\ +\dfrac{\partial p}{\partial\xi} + u^\beta\overset{*}{\nabla}_\beta u^3 + u^3\dfrac{\partial u^3}{\partial\xi} + b_{\beta\lambda}u^\lambda u^\beta = f^3, \\ \overset{*}{\mathrm{div}}\,u + \dfrac{\partial u^3}{\partial\xi} - 2Hu^3 = 0,\end{array}\right. \tag{4.3.26}$$

这里 $\beta_0(\boldsymbol{u}) = b^{\alpha\beta}\gamma_{\alpha\beta}(\boldsymbol{u})$. 和 4.3 节一样, 用差分代替关于 ξ 的导数

$$\frac{\partial u}{\partial\xi} = \frac{1}{\tau}(u - u(-)), \quad \frac{\partial^2 u}{\partial\xi^2} = -2\frac{1}{\tau^2}u + \frac{2}{\tau^2}(u(+) + u(-)),$$

这里 $u(+), u(-)$ 表示在流形 $\Im$ 前后 $\Im_+, \Im_-$ 上取值. 在 $\Im$ 上得到方程

$$\left\{\begin{array}{l}\mu\left[\left(\dfrac{2}{\tau^2}\delta_\beta^\alpha + \dfrac{4}{\tau}b_\beta^\alpha\right)u^\beta - a^{\alpha\beta}\overset{*}{\nabla}_\beta u^3\right] - \mu[\overset{*}{\Delta} u^\alpha \\ \qquad +a^{\alpha\beta}\overset{*}{\nabla}_\beta\overset{*}{\mathrm{div}}\,\boldsymbol{u} + Ku^\alpha + 4a^{\alpha\beta}\overset{*}{\nabla}_\beta Hu^3] + a^{\alpha\beta}\overset{*}{\nabla}_\beta p \\ \qquad +u^\beta\overset{*}{\nabla}_\beta u^\alpha + \dfrac{1}{\tau}u^3(u^\alpha - u^\alpha(-)) - 2b_\beta^\alpha u^3u^\beta = f^\alpha + r^\alpha(\tau), \\ \mu\left[\left(\dfrac{2}{\tau^2} + \dfrac{4}{\tau}H\right)u^3 - \dfrac{1}{\tau}\overset{*}{\mathrm{div}}\,\boldsymbol{u}\right] - \mu[\overset{*}{\Delta} u^3 + 2\beta_0(\boldsymbol{u})] + \dfrac{1}{\tau}p \\ \qquad +u^\beta\overset{*}{\nabla}_\beta u^3 + \dfrac{1}{\tau}u^3(u^3 - u^3(-)) + b_{\beta\lambda}u^\lambda u^\beta = f^3 + r^3(\tau), \\ \overset{*}{\mathrm{div}}\,u + \dfrac{1}{\tau}u^3 - 2Hu^3 = \dfrac{1}{\tau}u^3(-), \\ (u,p)|_{\partial D}\text{周期性条件},\end{array}\right. \tag{4.3.27}$$

其中

$$r^\alpha(\tau) = \mu\left[\frac{2}{\tau^2}(u^\alpha(+) + u^\alpha(-)) + \frac{4}{\tau}b_\beta^\alpha u^\beta(-) - \frac{1}{\tau}a^{\alpha\beta}\overset{*}{\nabla}_\beta u^3(-)\right],$$

$$r^3(\tau) = \mu\left[\frac{2}{\tau^2}(u^3(+) + u^3(-)) + \frac{4}{\tau}u^3(-) + \frac{1}{\tau}\overset{*}{\mathrm{div}}\,u(-)\right] + \frac{1}{\tau}p(-).$$

在每个分割流形上解 (4.3.27), 只是几何量不一样, 右端不一样. 起始的 $\Im$ 是固壁而末端的 $\Im$ 是人工边界. 那里需要解边界积分方程. 下面给出 (4.3.27) 的变分

形式. 为此令

$$
\begin{aligned}
a(\boldsymbol{u},\boldsymbol{v}) =& \mu(\overset{*}{\nabla}\boldsymbol{u},\overset{*}{\nabla}\boldsymbol{v})+\mu(\overset{*}{\operatorname{div}}\boldsymbol{u},\overset{*}{\operatorname{div}}\boldsymbol{v})+\mu(\overset{*}{\nabla}u^3,\overset{*}{\nabla}v^3)\\
=& \mu(a_{\alpha\beta}a^{\lambda\sigma}\overset{*}{\nabla}_\lambda u^\alpha,\overset{*}{\nabla}_\sigma v^\beta)+\mu(\overset{*}{\operatorname{div}}\boldsymbol{u},\overset{*}{\operatorname{div}}\boldsymbol{v})+\mu(a^{\alpha\beta}\overset{*}{\nabla}_\alpha u^3,\overset{*}{\nabla}_\beta v^3),\\
l(\boldsymbol{u},\boldsymbol{v}) =& \mu\left(\left(\left(\frac{2}{\tau^2}-K\right)a_{\alpha\beta}+\frac{4}{\tau}b_{\alpha\beta}\right)u^\alpha-4\overset{*}{\nabla}_\beta Hu^3,v^\beta\right)\\
&+\mu\left(-2\beta_0(\boldsymbol{u})+\left(\frac{2}{\tau^2}+\frac{4}{\tau}H\right)u^3,v^3\right),\\
b_\tau(u,u,v) =& \left(u^\beta\overset{*}{\nabla}_\beta u^\alpha+\frac{1}{\tau}u^3(u^\alpha-u^\alpha(-))-2b^\alpha_\beta u^3u^\beta,a_{\alpha\lambda}v^\lambda\right)\\
&+\left(u^\beta\overset{*}{\nabla}_\beta u^3+\frac{1}{\tau}u^3(u^3-u^3(-))+b_{\beta\lambda}u^\lambda u^\beta,v^3\right),\\
(F_\tau,\boldsymbol{v}) =& (a_{\alpha\beta}(f^\alpha+r^\alpha(\tau),v^\beta)+(f^3+r^3(\tau),v^3)).
\end{aligned}
\tag{4.3.28}
$$

对应于 (4.3.27) 的变分问题

$$
\left\{
\begin{array}{l}
\text{求}(\boldsymbol{u},p)\in\boldsymbol{V}(D)\times L^2(D)\text{使得}\\
a(\boldsymbol{u},\boldsymbol{v})+l(\boldsymbol{u},\boldsymbol{v})-(p,\overset{*}{\operatorname{div}})-\dfrac{1}{\tau}(p,v^3)+b_\tau(u,u,v)=(F_\tau,\boldsymbol{v}),\\
\qquad\forall\boldsymbol{v}\in\boldsymbol{V}(D),\\
\left(\overset{*}{\operatorname{div}}\,u+\dfrac{1}{\tau}u^3-2Hu^3,q\right)=\left(\dfrac{1}{\tau}u^3(-),q\right),\quad\forall q\in L^2(D).
\end{array}
\right.
\tag{4.3.29}
$$

注　容易证明, 如果 τ 足够小, H,K 在 $C^0(\overline{D})$ 中是有界的, 那么 $l(\boldsymbol{u},\boldsymbol{u})\geqslant c_0\|\boldsymbol{u}\|^2_{1,D},\forall\boldsymbol{u}\in\boldsymbol{V}(D)$, 它在 $\boldsymbol{V}(D)\times\boldsymbol{V}(D)$ 中是连续和强制的. 而我们知道, $a(\cdot,\cdot)$ 在 $\boldsymbol{V}(D)\times\boldsymbol{V}(D)$ 中是连续和强制的.

第 5 章 建立在变分基础上的三维 Navier-Stokes 方程维数分裂方法和一个新的边界层方程

本章研究建立在变分基础上的维数分裂方法, 并且由此可以得到边界层新的方程. 主要思想是在一个分层内, 运用变分方法和贯截方向作 Taylor 展开.

5.1 流层中的变分方法

本节研究在两个相邻分割流形 $\Im$ 和 $\Im_\delta$ 之间的空间 Ω_δ 上的变分问题, 这里参数 δ 是两个相邻流形之间的测地距离. 仍取以 $\Im$ 作为基础曲面的半测地坐标系, 见图 5.1.1, 考察下列边值问题:

$$\begin{cases} -2\mu\nabla_j e^{ij}(u) + g^{ij}\nabla_j p + u^j\nabla_j u^i = f^i, & \text{在}\,\Omega_\delta\,\text{内}, \\ \nabla_j u^j = 0, \\ \sigma(u,p)n|_{\Im_\delta}^{+} = \sigma(u,p)n|_{\Im_\delta}^{-}, & \text{在}\,\Im\,\text{上自由}, \\ \text{在其他方向上满足周期性边界条件}, \end{cases} \tag{5.1.1}$$

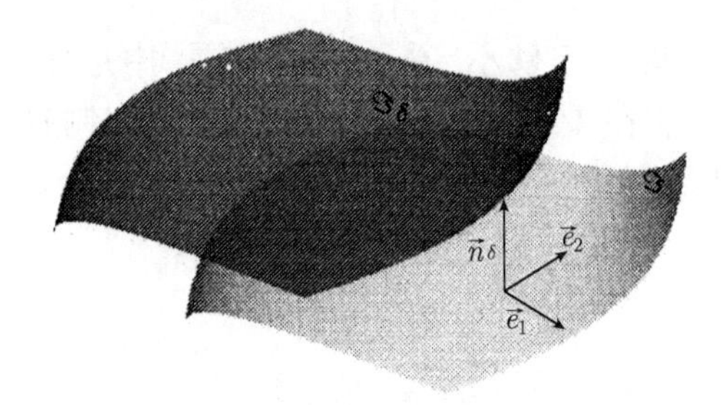

图 5.1.1 一个分层内的半测地坐标系

(5.1.1) 的变分问题是

$$\begin{cases} \text{求}(\boldsymbol{u}) \in \boldsymbol{V}(\Omega_\delta) = \{\boldsymbol{u} \in \boldsymbol{H}^1(\Omega_\delta), \boldsymbol{u}(x,\xi) = \boldsymbol{u}(x+\pi,\xi)\}, p \in L^2(\Omega_\delta), \\ a(\boldsymbol{u},\boldsymbol{v}) + b(\boldsymbol{u},\boldsymbol{u},\boldsymbol{v}) - (p, \mathrm{div}\boldsymbol{v}) - \displaystyle\int_{\Im} \{(2\mu e^{ij}(\boldsymbol{u}) - g^{ij}p)n_j g_{ik} v^k\}\sqrt{a}\mathrm{d}x \\ \qquad =< \boldsymbol{F}, \boldsymbol{v} >, \quad \forall \boldsymbol{v} \in \boldsymbol{V}(\Omega_\delta), \\ (\mathrm{div}\boldsymbol{u}, q) = 0, \quad q \in L^2(\Omega_\delta), \end{cases} \tag{5.1.2}$$

π 为 x 方向上的周期, 其中

$$\begin{cases} a(\boldsymbol{u},\boldsymbol{v})=\displaystyle\int_{\Omega_\delta} 2\mu e^{ij}(\boldsymbol{u})e_{ij}(\boldsymbol{v})\sqrt{g}\mathrm{d}x\mathrm{d}\xi \\ \qquad\qquad =\displaystyle\int_{\Omega_\delta} 2\mu g^{ik}g^{jm}e_{km}(u)e_{ij}(v)\theta\sqrt{a}\mathrm{d}x\mathrm{d}\xi, \\ b(u,u,v)=\displaystyle\int_{\Omega_\delta} u^j\nabla_j u^i g_{ik}v^k\theta\sqrt{a}\mathrm{d}x\mathrm{d}\xi, \\ <\boldsymbol{F},\boldsymbol{v}>=(\boldsymbol{f},\boldsymbol{v})+<\sigma\cdot\boldsymbol{n},\boldsymbol{v}>|_{\Im_\delta} \end{cases} \tag{5.1.3}$$

下面我们采用建立在 $\Im$ 基础上的 S 坐标系 (x^α,ξ), 变形张量及度量张量的形式 (4.3.17) 和 (4.3.18) 以及 (1.8.19), 黏性张量 $A^{ijkm}=2\mu g^{ik}g^{jm}$, 由定理 1.36 给出 Taylor 展式, 我们有下列结论:

引理 5.1.1 双线性形式 $a(\cdot,\cdot)$ 在半测地坐标系下可以表达为膜算子形式和弯曲算子形式之和

$$\begin{cases} a(\boldsymbol{u},\boldsymbol{v})=a_m(\boldsymbol{u},\boldsymbol{v})+a_b(\boldsymbol{u},\boldsymbol{v}), \\ a_m(\boldsymbol{u},\boldsymbol{v})=\displaystyle\int_{\Omega_{ij}}[J_0(u,v)+J_1(u,v)\xi+J_2(u,v)\xi^2+J_R(u,v,\xi)]\sqrt{a}\mathrm{d}x\mathrm{d}\xi, \\ a_b(\boldsymbol{u},\boldsymbol{v})=\displaystyle\int_{\Omega_{ij}}[I_0(u,v)+I_1(u,v)\xi+I_2(u,v)\xi^2+I_R(u,v,\xi)]\sqrt{a}\mathrm{d}x\mathrm{d}\xi, \end{cases} \tag{5.1.4}$$

其中

$$\begin{cases} J_0(\boldsymbol{u},\boldsymbol{v}):=a_0^{\alpha\beta\lambda\sigma}\gamma_{\alpha\lambda}(\boldsymbol{u})\gamma_{\beta\sigma}(\boldsymbol{v}), \\ J_1(\boldsymbol{u},\boldsymbol{v})=a_0^{\alpha\beta\lambda\sigma}(\overset{1}{\gamma}_{\alpha\lambda}(\boldsymbol{u})\overset{0}{\gamma}_{\beta\sigma}(\boldsymbol{v})+\overset{0}{\gamma}_{\alpha\lambda}(\boldsymbol{u})\overset{1}{\gamma}_{\beta\sigma}(\boldsymbol{v}))+a_1^{\alpha\beta\lambda\sigma}\gamma_{\alpha\lambda}(\boldsymbol{u})\gamma_{\beta\sigma}(\boldsymbol{v}), \\ J_2(\boldsymbol{u},\boldsymbol{v}):=a_0^{\alpha\beta\lambda\sigma}(\overset{2}{\gamma}_{\alpha\lambda}(\boldsymbol{u})\overset{0}{\gamma}_{\beta\sigma}(\boldsymbol{v})+\overset{0}{\gamma}_{\alpha\lambda}(\boldsymbol{u})\overset{2}{\gamma}_{\beta\sigma}(\boldsymbol{v}) \\ \qquad +\overset{1}{\gamma}_{\beta\sigma}(\boldsymbol{u})\overset{1}{\gamma}_{\beta\sigma}(\boldsymbol{v}))+a_2^{\alpha\beta\lambda\sigma}(\overset{0}{\gamma}_{\alpha\lambda}(\boldsymbol{u})\overset{0}{\gamma}_{\beta\sigma}(\boldsymbol{v})) \\ \qquad +a_1^{\alpha\beta\lambda\sigma}(\overset{1}{\gamma}_{\alpha\lambda}(\boldsymbol{u})\overset{0}{\gamma}_{\beta\sigma}(\boldsymbol{v})+\overset{0}{\gamma}_{\alpha\lambda}(\boldsymbol{u})\overset{1}{\gamma}_{\beta\sigma}(\boldsymbol{v})), \end{cases}$$

$$\begin{cases} I_0(\boldsymbol{u},\boldsymbol{v}):=\mu a^{\alpha\beta}\overset{*}{\nabla}_\alpha u^3\overset{*}{\nabla}_\beta v^3+\mu a_{\alpha\beta}\dfrac{\partial u^\alpha}{\partial\xi}\dfrac{\partial v^\beta}{\partial\xi}+2\mu\dfrac{\partial u^3}{\partial\xi}\dfrac{\partial v^3}{\partial\xi} \\ \qquad +\mu\left[\overset{*}{\nabla}_\alpha u^3\dfrac{\partial v^\alpha}{\partial\xi}+\overset{*}{\nabla}_\alpha v^3\dfrac{\partial u^\alpha}{\partial\xi}\right]+2\mu\left[\gamma_0(\boldsymbol{u})\dfrac{\partial v^3}{\partial\xi}+\gamma_0(\boldsymbol{v})\dfrac{\partial u^3}{\partial\xi}\right], \\ I_1(\boldsymbol{u},\boldsymbol{v})=2\mu(b^{\alpha\beta}-Ha^{\alpha\beta})\overset{*}{\nabla}_\alpha u^3\overset{*}{\nabla}_\beta v^3-4\mu H\dfrac{\partial u^3}{\partial\xi}\dfrac{\partial v^3}{\partial\xi} \\ \qquad +2\mu(-b_{\alpha\beta}+Ha^{\alpha\beta})\dfrac{\partial u^\alpha}{\partial\xi}\dfrac{\partial v^\beta}{\partial\xi}-2\mu H\left[\overset{*}{\nabla}_\alpha u^3\dfrac{\partial v^\alpha}{\partial\xi}+\overset{*}{\nabla}_\alpha v^3\dfrac{\partial u^\alpha}{\partial\xi}\right] \\ \qquad +2\mu\left[m_1(\boldsymbol{u})\dfrac{\partial v^3}{\partial\xi}+m_1(\boldsymbol{v})\dfrac{\partial u^3}{\partial\xi}\right], \end{cases} \tag{5.1.5}$$

$$\begin{cases} I_2(\boldsymbol{u},\boldsymbol{v}) := \mu c^{\alpha\beta} \overset{*}{\nabla}_\alpha u^3 \overset{*}{\nabla}_\beta v^3 + 2\mu K \dfrac{\partial u^3}{\partial \xi}\dfrac{\partial v^3}{\partial \xi} \\ \qquad + 6\mu H b_{\lambda\sigma}\dfrac{\partial u^\lambda}{\partial \xi}\dfrac{\partial v^\sigma}{\partial \xi} + \mu K \left(\dfrac{\partial u^\beta}{\partial \xi}\overset{*}{\nabla}_\beta v^3 + \dfrac{\partial v^\beta}{\partial \xi}\overset{*}{\nabla}_\beta u^3\right) \\ \qquad + 2\mu\left(m_2(\boldsymbol{u})\dfrac{\partial v^3}{\partial \xi} + m_2(\boldsymbol{v})\dfrac{\partial u^3}{\partial \xi}\right), \end{cases} \tag{5.1.6}$$

这里 J_R, I_R 分别为对应的 Taylor 余项, 而

$$m_1(\boldsymbol{u}) = \overset{1}{\text{div}}\, \boldsymbol{u} - 2H\gamma_0(\boldsymbol{u}), \quad m_2(\boldsymbol{u}) = \overset{2}{\text{div}}\, \boldsymbol{u} - 2H \overset{1}{\text{div}}\, \boldsymbol{u} + K\gamma_0(\boldsymbol{u}). \tag{5.1.7}$$

证明 由 (5.1.3) 可知, 利用 (1.4.24) 和 (4.3.17),$a(\boldsymbol{u},\boldsymbol{v})$ 的被积表达式可以表示为膜双线性算子和弯曲双线性算子之和, 即

$$\begin{aligned} A &= \theta\Big[\sum_{k=0} A_k^{\alpha\beta\lambda\sigma}\xi^k \sum_{k=0} \overset{k}{\gamma}_{\alpha\lambda}(\boldsymbol{u})\xi^k \sum_{k=0} \overset{k}{\gamma}_{\beta\sigma}(\boldsymbol{v})\xi^k \\ &\quad + 2\mu g^{\alpha\beta}(e_{\alpha\beta}(\boldsymbol{u})e_{33}(\boldsymbol{v}) + e_{33}(\boldsymbol{u})e_{\alpha\beta}(\boldsymbol{v})) \\ &\quad + 4\mu g^{\alpha\beta}e_{3\alpha}(\boldsymbol{u})e_{3\beta}(\boldsymbol{v}) + 2\mu e_{33}(\boldsymbol{u})e_{33}(\boldsymbol{v})\Big] \\ &= A_m(\boldsymbol{u},\boldsymbol{v}) + A_b(\boldsymbol{u},\boldsymbol{v}), \end{aligned}$$

$$\begin{aligned} A_m(\boldsymbol{u},\boldsymbol{v}) &= \theta\left[\sum_{k=0} A_k^{\alpha\beta\lambda\sigma}\xi^k \sum_{k=0} \overset{k}{\gamma}_{\alpha\lambda}(\boldsymbol{u})\xi^k \sum_{k=0} \overset{k}{\gamma}_{\beta\sigma}(\boldsymbol{v})\xi^k\right], \\ A_b(\boldsymbol{u},\boldsymbol{v}) &= \theta[2\mu g^{\alpha\beta}(e_{\alpha\beta}(\boldsymbol{u})e_{33}(\boldsymbol{v}) + e_{33}(\boldsymbol{u})e_{\alpha\beta}(\boldsymbol{v})) \\ &\quad + 4\mu g^{\alpha\beta}e_{3\alpha}(\boldsymbol{u})e_{3\beta}(\boldsymbol{v}) + 2\mu e_{33}(\boldsymbol{u})e_{33}(\boldsymbol{v})]. \end{aligned}$$

在命题 1.9.4 中令 $\lambda = 0$, 可以得到

$$\begin{aligned} &A^{ijkm} = 2\mu g^{ik}g^{jm}, \\ &A^{\alpha\beta\lambda\sigma} = A_0^{\alpha\beta\lambda\sigma} + A_1^{\alpha\beta\lambda\sigma}\xi + A_2^{\alpha\beta\lambda\sigma}\xi^2 + \cdots, \\ &A^{3333} = 2\mu, \quad A^{\alpha 3\beta 3} = A^{3\alpha 3\beta} = A^{\alpha 33\beta} = A^{3\alpha\beta 3} = \mu g^{\alpha\beta}, \\ &A^{\alpha\beta 33} = A^{33\alpha\beta} = A^{\alpha\beta\sigma 3} = A^{\alpha\beta 3\sigma} = A^{\alpha 3\beta\sigma} = A^{3\alpha\beta\sigma} = 0, \\ &A^{\alpha 333} = A^{3\alpha 33\sigma} = A^{33\alpha 33} = A^{333\alpha} = 0, \\ &A_0^{\alpha\beta\lambda\sigma} = a^{\alpha\beta\lambda\sigma}, \quad A_1^{\alpha\beta\lambda\sigma} = 2c^{\alpha\beta\lambda\sigma}, \\ &A_2^{\alpha\beta\lambda\sigma} = -6Ka^{\alpha\beta\lambda\sigma} + 6Hc^{\alpha\beta\lambda\sigma} - 4b^{\alpha\beta\lambda\sigma}, \\ &a^{\alpha\beta\lambda\sigma} = \mu(a^{\alpha\lambda}a^{\beta\sigma} + a^{\alpha\sigma}a^{\beta\lambda}), \quad b^{\alpha\beta\lambda\sigma} = \mu(b^{\alpha\lambda}b^{\beta\sigma} + b^{\alpha\sigma}b^{\beta\lambda}), \\ &c^{\alpha\beta\lambda\sigma} = \mu(a^{\alpha\lambda}b^{\beta\sigma} + a^{\alpha\sigma}b^{\beta\lambda} + b^{\alpha\lambda}a^{\beta\sigma} + b^{\alpha\sigma}a^{\beta\lambda}), \end{aligned}$$

$$\begin{aligned} &\theta A^{\alpha\beta\lambda\sigma} = a^{\alpha\beta\lambda\sigma} + a_1^{\alpha\beta\lambda\sigma}\xi + a_2^{\alpha\beta\lambda\sigma}\xi^2 + \cdots, \\ &a_1^{\alpha\beta\lambda\sigma} = 2c^{\alpha\beta\lambda\sigma} - 2Ha^{\alpha\beta\lambda\sigma}, \quad a_2^{\alpha\beta\lambda\sigma} = -5Ka^{\alpha\beta\lambda\sigma} + 2Hc^{\alpha\beta\lambda\sigma} - 4b^{\alpha\beta\lambda\sigma}, \end{aligned}$$

从而有

$$A_m(u,v) = J_0(u,v) + J_1(u,v)\xi + J_2(u,v)\xi^2 + J_R(u,v,\xi).$$

这就推出 (5.1.4) 和 (5.1.5).

下面研究弯曲双线性形式. 实际上,

$$\begin{aligned}
&\mathrm{div}\boldsymbol{u} = \gamma_0(\boldsymbol{u}) + \frac{\partial u^3}{\partial \xi} + \overset{1}{\mathrm{div}}\ \boldsymbol{u}\xi + \overset{2}{\mathrm{div}}\ \boldsymbol{u}\xi^2 + \cdots, \quad e_{33}(\boldsymbol{u}) = \frac{\partial u^3}{\partial \xi},\\
&\gamma_0(\boldsymbol{u}) = \overset{*}{\mathrm{div}}\ \boldsymbol{u} - 2Hu^3,\\
&\overset{1}{\mathrm{div}}\ \boldsymbol{u} = -2((2H^2 - K)u^3 + u^\alpha \overset{*}{\nabla}_\alpha H),\\
&\overset{2}{\mathrm{div}}\ \boldsymbol{u} = -((8H^3 - 6HK)u^3 + u^\alpha \overset{*}{\nabla}_\alpha (2H^2 - K)).
\end{aligned}$$

另一方面

$$\begin{aligned}
&\mathrm{div}\boldsymbol{u} = g^{ij}e_{ij}(\boldsymbol{u}) = g^{\alpha\beta}e_{\alpha\beta}(\boldsymbol{u}) + e_{33}(\boldsymbol{u}),\\
&g^{\alpha\beta}e_{\alpha\beta}(\boldsymbol{u}) = \mathrm{div}\boldsymbol{u} - e_{33}(\boldsymbol{u}) = \gamma_0(\boldsymbol{u}) + \overset{1}{\mathrm{div}}\ \boldsymbol{u}\xi + \overset{2}{\mathrm{div}}\ \boldsymbol{u}\xi^2 + \cdots.
\end{aligned}$$

于是有

$$\begin{aligned}
&2\mu g^{\alpha\beta}(e_{\alpha\beta}(\boldsymbol{u})e_{33}(\boldsymbol{v}) + e_{33}(\boldsymbol{u})e_{\alpha\beta}(\boldsymbol{v}))\\
=&2\mu\left[\gamma_0(\boldsymbol{u})\frac{\partial v^3}{\partial \xi} + \gamma_0(\boldsymbol{v})\frac{\partial u^3}{\partial \xi} + \left(\frac{\partial u^3}{\partial \xi}\overset{1}{\mathrm{div}}\ \boldsymbol{v} + \frac{\partial v^3}{\partial \xi}\overset{1}{\mathrm{div}}\ \boldsymbol{u}\right)\xi\right.\\
&\left. + \left(\frac{\partial u^3}{\partial \xi}\overset{2}{\mathrm{div}}\ \boldsymbol{v} + \frac{\partial v^3}{\partial \xi}\overset{2}{\mathrm{div}}\ \boldsymbol{u}\right)\xi^2\right] + \cdots.
\end{aligned}$$

下面计算

$$e_{3\alpha}(\boldsymbol{u}) = \frac{1}{2}(g_{\alpha\lambda}\nabla_3 u^\lambda + \nabla_\alpha u^3) = \frac{1}{2}\left(g_{\alpha\lambda}\left(\frac{\partial u^\lambda}{\partial \xi} + \theta^{-1}I^\lambda_\nu u^\nu\right) + \overset{*}{\nabla}_\alpha u^3 + J_{\alpha\nu}u^\nu\right),$$

但是 $g_{\alpha\lambda}\theta^{-1}I^\lambda_\nu + J_{\alpha\nu} = 0$(见 (1.8.44)), 于是有

$$\begin{aligned}
e_{3\alpha}(\boldsymbol{u}) =& \frac{1}{2}\left(g_{\alpha\lambda}\frac{\partial u^\lambda}{\partial \xi} + \overset{*}{\nabla}_\alpha u^3\right),\\
g^{\alpha\beta}e_{3\alpha}(\boldsymbol{u})e_{3\beta}(\boldsymbol{v}) =& \frac{1}{4}g^{\alpha\beta}\left(g_{\alpha\lambda}g_{\beta\sigma}\frac{\partial u^\lambda}{\partial \xi}\frac{\partial v^\sigma}{\partial \xi} + g_{\alpha\lambda}\frac{\partial u^\lambda}{\partial \xi}\overset{*}{\nabla}_\beta v^3\right.\\
&\left. + g_{\beta\sigma}\frac{\partial v^\sigma}{\partial \xi}\overset{*}{\nabla}_\alpha u^3 + \overset{*}{\nabla}_\alpha u^3\overset{*}{\nabla}_\beta v^3\right)\\
=& \frac{1}{4}\left[g_{\lambda\sigma}\frac{\partial u^\lambda}{\partial \xi}\frac{\partial v^\sigma}{\partial \xi} + \frac{\partial u^\beta}{\partial \xi}\overset{*}{\nabla}_\beta v^3 + \frac{\partial v^\beta}{\partial \xi}\overset{*}{\nabla}_\alpha u^3 + g^{\alpha\beta}\overset{*}{\nabla}_\alpha u^3\overset{*}{\nabla}_\beta u^3\right].
\end{aligned}$$

最后将上面式子代入到 A_b 得

$$
\begin{aligned}
&A_b(\boldsymbol{u},\boldsymbol{v})\\
=&\theta\left\{2\mu\left(\frac{\partial u^3}{\partial\xi}\frac{\partial v^3}{\partial\xi}+\gamma_0(\boldsymbol{u})\frac{\partial v^3}{\partial\xi}+\gamma_0(\boldsymbol{v})\frac{\partial u^3}{\partial\xi}\right)\right.\\
&+\mu\left(a_{\lambda\sigma}\frac{\partial u^\lambda}{\partial\xi}\frac{\partial v^\sigma}{\partial\xi}+\frac{\partial u^\beta}{\partial\xi}\overset{*}{\nabla}_\beta v^3+\frac{\partial v^\beta}{\partial\xi}\overset{*}{\nabla}_\beta u^3+a^{\alpha\beta}\overset{*}{\nabla}_\alpha u^3\overset{*}{\nabla}_\beta v^3\right)\\
&+\left[2\mu\left(\frac{\partial u^3}{\partial\xi}\overset{1}{\operatorname{div}}\boldsymbol{v}+\frac{\partial v^3}{\partial\xi}\overset{1}{\operatorname{div}}\boldsymbol{u}\right)+2\mu\left(b^{\alpha\beta}\overset{*}{\nabla}_\alpha u^3\overset{*}{\nabla}_\beta v^3-b_{\lambda\sigma}\frac{\partial u^\lambda}{\partial\xi}\frac{\partial v^\sigma}{\partial\xi}\right)\right]\xi\\
&\left.+\left[2\mu\left(\frac{\partial u^3}{\partial\xi}\overset{2}{\operatorname{div}}\boldsymbol{v}+\frac{\partial v^3}{\partial\xi}\overset{2}{\operatorname{div}}\boldsymbol{u}\right)+\mu\left(c_{\lambda\sigma}\frac{\partial u^\lambda}{\partial\xi}\frac{\partial v^\sigma}{\partial\xi}+3c^{\alpha\beta}\overset{*}{\nabla}_\alpha u^3\overset{*}{\nabla}_\beta v^3\right)\right]\xi^2+\cdots\right\}\\
=&\left[2\mu\left(\frac{\partial u^3}{\partial\xi}\frac{\partial v^3}{\partial\xi}+\gamma_0(\boldsymbol{u})\frac{\partial v^3}{\partial\xi}+\gamma_0(\boldsymbol{v})\frac{\partial u^3}{\partial\xi}\right)\right.\\
&\left.+\mu\left(a_{\lambda\sigma}\frac{\partial u^\lambda}{\partial\xi}\frac{\partial v^\sigma}{\partial\xi}+\frac{\partial u^\beta}{\partial\xi}\overset{*}{\nabla}_\beta v^3+\frac{\partial v^\beta}{\partial\xi}\overset{*}{\nabla}_\beta u^3+a^{\alpha\beta}\overset{*}{\nabla}_\alpha u^3\overset{*}{\nabla}_\beta v^3\right)\right]\\
&+\left\{2\mu\left(\frac{\partial u^3}{\partial\xi}\overset{1}{\operatorname{div}}\boldsymbol{v}+\frac{\partial v^3}{\partial\xi}\overset{1}{\operatorname{div}}\boldsymbol{u}\right)+2\mu\left(b^{\alpha\beta}\overset{*}{\nabla}_\alpha u^3\overset{*}{\nabla}_\beta v^3-b_{\lambda\sigma}\frac{\partial u^\lambda}{\partial\xi}\frac{\partial v^\sigma}{\partial\xi}\right)\right.\\
&-2H\left[2\mu\left(\frac{\partial u^3}{\partial\xi}\frac{\partial v^3}{\partial\xi}+\gamma_0(\boldsymbol{u})\frac{\partial v^3}{\partial\xi}+\gamma_0(\boldsymbol{v})\frac{\partial u^3}{\partial\xi}\right)\right.\\
&\left.\left.+\mu\left(a_{\lambda\sigma}\frac{\partial u^\lambda}{\partial\xi}\frac{\partial v^\sigma}{\partial\xi}+\frac{\partial u^\beta}{\partial\xi}\overset{*}{\nabla}_\beta v^3+\frac{\partial v^\beta}{\partial\xi}\overset{*}{\nabla}_\beta u^3+a^{\alpha\beta}\overset{*}{\nabla}_\alpha u^3\overset{*}{\nabla}_\beta v^3\right)\right]\right\}\xi\\
&+\left\{K\left[2\mu\left(\frac{\partial u^3}{\partial\xi}\frac{\partial v^3}{\partial\xi}+\gamma_0(\boldsymbol{u})\frac{\partial v^3}{\partial\xi}+\gamma_0(\boldsymbol{v})\frac{\partial u^3}{\partial\xi}\right)\right.\right.\\
&\left.+\mu\left(a_{\lambda\sigma}\frac{\partial u^\lambda}{\partial\xi}\frac{\partial v^\sigma}{\partial\xi}+\frac{\partial u^\beta}{\partial\xi}\overset{*}{\nabla}_\beta v^3+\frac{\partial v^\beta}{\partial\xi}\overset{*}{\nabla}_\beta u^3+a^{\alpha\beta}\overset{*}{\nabla}_\alpha u^3\overset{*}{\nabla}_\beta v^3\right)\right]\\
&-2H\left[2\mu\left(\frac{\partial u^3}{\partial\xi}\overset{1}{\operatorname{div}}\boldsymbol{v}+\frac{\partial v^3}{\partial\xi}\overset{1}{\operatorname{div}}\boldsymbol{u}\right)+2\mu(b^{\alpha\beta}\overset{*}{\nabla}_\alpha u^3\overset{*}{\nabla}_\beta v^3-b_{\lambda\sigma}\frac{\partial u^\lambda}{\partial\xi}\frac{\partial v^\sigma}{\partial\xi})\right]\\
&\left.+\left[2\mu\left(\frac{\partial u^3}{\partial\xi}\overset{2}{\operatorname{div}}\boldsymbol{v}+\frac{\partial v^3}{\partial\xi}\overset{2}{\operatorname{div}}\boldsymbol{u}\right)+\mu\left(c_{\lambda\sigma}\frac{\partial u^\lambda}{\partial\xi}\frac{\partial v^\sigma}{\partial\xi}+3c^{\alpha\beta}\overset{*}{\nabla}_\alpha u^3\overset{*}{\nabla}_\beta v^3\right)\right]\right\}\xi^2+\cdots\\
=&I_0(\boldsymbol{u},\boldsymbol{v})+I_1(\boldsymbol{u},\boldsymbol{v})\xi+I_2(\boldsymbol{u},\boldsymbol{v})\xi^2+\cdots,
\end{aligned}
$$

这里

$$
\begin{aligned}
I_0(\boldsymbol{u},\boldsymbol{v})=&\mu a^{\alpha\beta}\overset{*}{\nabla}_\alpha u^3\overset{*}{\nabla}_\beta v^3+2\mu\frac{\partial u^3}{\partial\xi}\frac{\partial v^3}{\partial\xi}+2\mu\left(\gamma_0(\boldsymbol{u})\frac{\partial v^3}{\partial\xi}+\gamma_0(\boldsymbol{v})\frac{\partial u^3}{\partial\xi}\right)\\
&+\mu\left(a_{\lambda\sigma}\frac{\partial u^\lambda}{\partial\xi}\frac{\partial v^\sigma}{\partial\xi}\right)+\mu\left(\frac{\partial u^\beta}{\partial\xi}\overset{*}{\nabla}_\beta v^3+\frac{\partial v^\beta}{\partial\xi}\overset{*}{\nabla}_\beta u^3\right),
\end{aligned}
$$

$$
\begin{aligned}
I_1(\boldsymbol{u},\boldsymbol{v}) =& 2\mu\left(\frac{\partial u^3}{\partial\xi}\overset{1}{\operatorname{div}}\,\boldsymbol{v}+\frac{\partial v^3}{\partial\xi}\overset{1}{\operatorname{div}}\,\boldsymbol{u}\right)+2\mu\left(b^{\alpha\beta}\overset{*}{\nabla}_\alpha u^3\overset{*}{\nabla}_\beta v^3-b_{\lambda\sigma}\frac{\partial u^\lambda}{\partial\xi}\frac{\partial v^\sigma}{\partial\xi}\right)\\
&-2H\left[2\mu\left(\frac{\partial u^3}{\partial\xi}\frac{\partial v^3}{\partial\xi}+\gamma_0(\boldsymbol{u})\frac{\partial v^3}{\partial\xi}+\gamma_0(\boldsymbol{v})\frac{\partial u^3}{\partial\xi}\right)\right.\\
&\left.+\mu\left(a_{\lambda\sigma}\frac{\partial u^\lambda}{\partial\xi}\frac{\partial v^\sigma}{\partial\xi}+\frac{\partial u^\beta}{\partial\xi}\overset{*}{\nabla}_\beta v^3+\frac{\partial v^\beta}{\partial\xi}\overset{*}{\nabla}_\beta u^3+a^{\alpha\beta}\overset{*}{\nabla}_\alpha u^3\overset{*}{\nabla}_\beta v^3\right)\right]\\
=&2\mu(b^{\alpha\beta}-Ha^{\alpha\beta})\overset{*}{\nabla}_\alpha u^3\overset{*}{\nabla}_\beta v^3+2\mu(Ha_{\lambda\sigma}-b_{\lambda\sigma})\frac{\partial u^\lambda}{\partial\xi}\frac{\partial v^\sigma}{\partial\xi}\\
&-2\mu H\left(\frac{\partial u^\beta}{\partial\xi}\overset{*}{\nabla}_\beta v^3+\frac{\partial v^\beta}{\partial\xi}\overset{*}{\nabla}_\beta u^3\right)-4\mu H\frac{\partial u^3}{\partial\xi}\frac{\partial v^3}{\partial\xi}\\
&+2\mu\left(\frac{\partial u^3}{\partial\xi}(\overset{1}{\operatorname{div}}\,\boldsymbol{v}-2H\gamma_0(\boldsymbol{v}))+\frac{\partial v^3}{\partial\xi}(\overset{1}{\operatorname{div}}\,\boldsymbol{u}-2H\gamma_0(\boldsymbol{u}))\right),
\end{aligned}
$$

$$
\begin{aligned}
I_2(\boldsymbol{u},\boldsymbol{v}) =& K\left[2\mu\left(\frac{\partial u^3}{\partial\xi}\frac{\partial v^3}{\partial\xi}+\gamma_0(\boldsymbol{u})\frac{\partial v^3}{\partial\xi}+\gamma_0(\boldsymbol{v})\frac{\partial u^3}{\partial\xi}\right)\right.\\
&\left.+\mu(a_{\lambda\sigma}\frac{\partial u^\lambda}{\partial\xi}\frac{\partial v^\sigma}{\partial\xi}+\frac{\partial u^\beta}{\partial\xi}\overset{*}{\nabla}_\beta v^3+\frac{\partial v^\beta}{\partial\xi}\overset{*}{\nabla}_\beta u^3+a^{\alpha\beta}\overset{*}{\nabla}_\alpha u^3\overset{*}{\nabla}_\beta v^3)\right]\\
&-2H\left[2\mu\left(\frac{\partial u^3}{\partial\xi}\overset{1}{\operatorname{div}}\,\boldsymbol{v}+\frac{\partial v^3}{\partial\xi}\overset{1}{\operatorname{div}}\,\boldsymbol{u}\right)+2\mu\left(b^{\alpha\beta}\overset{*}{\nabla}_\alpha u^3\overset{*}{\nabla}_\beta v^3-b_{\lambda\sigma}\frac{\partial u^\lambda}{\partial\xi}\frac{\partial v^\sigma}{\partial\xi}\right)\right]\\
&+\left[2\mu\left(\frac{\partial u^3}{\partial\xi}\overset{2}{\operatorname{div}}\,\boldsymbol{v}+\frac{\partial v^3}{\partial\xi}\overset{2}{\operatorname{div}}\,\boldsymbol{u}\right)+\mu\left(c_{\lambda\sigma}\frac{\partial u^\lambda}{\partial\xi}\frac{\partial v^\sigma}{\partial\xi}+3c^{\alpha\beta}\overset{*}{\nabla}_\alpha u^3\overset{*}{\nabla}_\beta v^3\right)\right]\\
=&\mu(2Ka^{\alpha\beta}-4Hb^{\alpha\beta}+3c^{\alpha\beta})\overset{*}{\nabla}_\alpha u^3\overset{*}{\nabla}_\beta v^3+2\mu K\frac{\partial u^3}{\partial\xi}\frac{\partial v^3}{\partial\xi}\\
&+\mu(c_{\lambda\sigma}+4Hb_{\lambda\sigma}+Ka_{\lambda\sigma})\frac{\partial u^\lambda}{\partial\xi}\frac{\partial v^\sigma}{\partial\xi}+\mu K\left(\frac{\partial u^\beta}{\partial\xi}\overset{*}{\nabla}_\beta v^3+\frac{\partial v^\beta}{\partial\xi}\overset{*}{\nabla}_\beta u^3\right)\\
&+2\mu\left(\left(K\gamma_0(\boldsymbol{u})-2H\overset{1}{\operatorname{div}}\,\boldsymbol{u}+\overset{2}{\operatorname{div}}\,\boldsymbol{u}\right)\frac{\partial v^3}{\partial\xi}+(K\gamma_0(\boldsymbol{v})-2H\overset{1}{\operatorname{div}}\,\boldsymbol{v}+\overset{2}{\operatorname{div}}\,\boldsymbol{v})\frac{\partial u^3}{\partial\xi}\right).
\end{aligned}
$$

由于 (1.4.30) 和

$$
2Ka^{\alpha\beta}-4Hb^{\alpha\beta}+3c^{\alpha\beta}=c^{\alpha\beta},\quad c_{\lambda\sigma}+4Hb_{\lambda\sigma}+Ka_{\lambda\sigma}=6Hb_{\lambda\sigma}.
$$

从而得到 (5.1.4) 和 (5.1.6). 证毕.

下面考虑非线性项.

引理 5.1.2 三线性形式 $b(\boldsymbol{u},\boldsymbol{u},\boldsymbol{v})$ 可以表示为膜算子和弯曲算子之和

$$
\begin{aligned}
b(\boldsymbol{u},\boldsymbol{u},\boldsymbol{v})&=\int_{\Omega_{ij}}(\boldsymbol{u}\nabla)\boldsymbol{u}\boldsymbol{v})\theta\sqrt{a}\mathrm{d}x\mathrm{d}\xi=b_m(\boldsymbol{u},\boldsymbol{u},\boldsymbol{v})+b_b(\boldsymbol{u},\boldsymbol{u},\boldsymbol{v}),\\
b_m(\boldsymbol{u},\boldsymbol{u},\boldsymbol{v})&=\int_{\Omega_{ij}}[\varphi_m^0(\boldsymbol{u},\boldsymbol{u},\boldsymbol{v})+\varphi_m^1(\boldsymbol{u},\boldsymbol{u},\boldsymbol{v})\xi+\varphi_m^2(\boldsymbol{u},\boldsymbol{u},\boldsymbol{v})\xi^2+\varphi_m^R(\boldsymbol{u},\boldsymbol{u},\boldsymbol{v})]\sqrt{a}\mathrm{d}x\mathrm{d}\xi,
\end{aligned}
$$

$$b_b(\boldsymbol{u},\boldsymbol{u},\boldsymbol{v})=\int_{\Omega_{ij}}[\varphi_b^0(\boldsymbol{u},\boldsymbol{u},\boldsymbol{v})+\varphi_b^1(\boldsymbol{u},\boldsymbol{u},\boldsymbol{v})\xi+\varphi_b^2(\boldsymbol{u},\boldsymbol{u},\boldsymbol{v})\xi^2+\varphi_b^R(\boldsymbol{u},\boldsymbol{u},\boldsymbol{v})]\sqrt{a}\mathrm{d}x\mathrm{d}\xi, \tag{5.1.8}$$

其中

$$\begin{aligned}
\varphi_m^0(\boldsymbol{u},\boldsymbol{u},\boldsymbol{v}):=&(a_{\lambda\sigma}\overset{*}{\nabla}_\beta u^\lambda u^\beta-2b_{\beta\sigma}u^\beta u^3)v^\sigma+(u^\beta\overset{*}{\nabla}_\beta u^3+b_{\beta\lambda}u^\beta u^\lambda)v^3,\\
\varphi_m^1(\boldsymbol{u},\boldsymbol{u},\boldsymbol{v}):=&(-2(b_{\lambda\sigma}+Ha_{\lambda\sigma})\overset{*}{\nabla}_\beta u^\lambda u^\beta\\
&+2(c_{\beta\sigma}+2Hb_{\beta\sigma})u^\beta u^3-\overset{*}{\nabla}_\sigma b_{\beta\gamma}u^\beta u^\gamma)v^\sigma\\
&-((c_{\beta\lambda}+2Hb_{\beta\lambda})u^\beta u^\lambda+2Hu^\beta\overset{*}{\nabla}_\beta u^3)v^3,\\
\varphi_m^2(\boldsymbol{u},\boldsymbol{u},\boldsymbol{v}):=&[6Hb_{\lambda\sigma}\overset{*}{\nabla}_\beta u^\lambda u^\beta-2(Kb_{\beta\sigma}+2Hc_{\beta\sigma})u^\beta u^3\\
&+(b_\sigma^\mu\overset{*}{\nabla}_\mu b_{\beta\gamma}+2H\overset{*}{\nabla}_\sigma b_{\beta\gamma})u^\beta u^\gamma]v^\sigma\\
&+[Ku^\beta\overset{*}{\nabla}_\beta u^3+(Kb_{\beta\lambda}+2Hc_{\beta\lambda})u^\beta u^\lambda]v^3,\\
\varphi_b^0(\boldsymbol{u},\boldsymbol{u},\boldsymbol{v}):=&a_{\lambda\sigma}\frac{\partial u^\lambda}{\partial\xi}u^3v^\sigma+u^3\frac{\partial u^3}{\partial\xi}v^3,\\
\varphi_b^1(\boldsymbol{u},\boldsymbol{u},\boldsymbol{v}):=&-2(b_{\lambda\sigma}+Ha_{\lambda\sigma})\frac{\partial u^\lambda}{\partial\xi}u^3v^\sigma-2Hu^3\frac{\partial u^3}{\partial\xi}v^3,\\
\varphi_b^2(\boldsymbol{u},\boldsymbol{u},\boldsymbol{v}):=&6Hb_{\lambda\sigma}\frac{\partial u^\lambda}{\partial\xi}u^3v^\sigma+Ku^3\frac{\partial u^3}{\partial\xi}v^3.
\end{aligned}\tag{5.1.9}$$

证明 实际上, 三线性形式的被积表达式

$$\begin{aligned}
\varphi(\boldsymbol{u},\boldsymbol{u},\boldsymbol{v}):=&g_{ik}u^j\nabla_j u^i v^k\kappa\\
=&\theta[g_{\lambda\sigma}(u^\beta\nabla_\beta u^\lambda+u^3\nabla_3u^\lambda)v^\sigma+(u^\beta\nabla_\beta u^3+u^3\nabla_3u^3)v^3],
\end{aligned}$$

应用 (1.8.37) 得

$$\begin{aligned}
\varphi(\boldsymbol{u},\boldsymbol{u},\boldsymbol{v}):=&\theta\Bigg[g_{\lambda\sigma}(\overset{*}{\nabla}_\beta u^\lambda+\kappa^{-1}I_\beta^\lambda u^3+\Phi_{\beta\gamma}^\lambda u^\gamma)u^\beta v^\sigma\\
&+g_{\lambda\sigma}\left(\frac{\partial u^\lambda}{\partial\xi}+\kappa^{-1}I_\beta^\lambda u^\beta\right)u^3v^\sigma+u^\beta(\overset{*}{\nabla}_\beta u^3+J_{\beta\lambda}u^\lambda)v^3+u^3d\frac{\partial u^3}{\partial\xi}u^3v^3\Bigg]\\
=&\varphi_m(\boldsymbol{u},\boldsymbol{u},\boldsymbol{v})+\varphi_b(\boldsymbol{u},\boldsymbol{u},\boldsymbol{v}),
\end{aligned}$$

利用 (1.8.44) 有

$$g_{\lambda\sigma}I_\beta^\lambda=-\theta J_{\beta\sigma},\quad g_{\lambda\sigma}\Phi_{\beta\gamma}^\lambda=-\overset{*}{\nabla}_\sigma b_{\beta\gamma}\xi+b_\sigma^\mu\overset{*}{\nabla}_\mu b_{\beta\gamma}\xi^2,$$

$$\begin{aligned}
\varphi(\boldsymbol{u},\boldsymbol{u},\boldsymbol{v}):=&\theta[(g_{\lambda\sigma}\overset{*}{\nabla}_\beta u^\lambda u^\beta-2J_{\beta\sigma}u^3u^\beta\\
&+(-\overset{*}{\nabla}_\sigma b_{\beta\gamma}\xi+b_\sigma^\mu\overset{*}{\nabla}_\mu b_{\beta\gamma}\xi^2)u^\beta u^\gamma)v^\sigma\\
&+(u^\beta\overset{*}{\nabla}_\beta u^3+J_{\beta\lambda}u^\beta u^\lambda)v^3]+\theta\left[g_{\lambda\sigma}\frac{\partial u^\lambda}{\partial\xi}u^3v^\sigma+u^3\frac{\partial u^3}{\partial\xi}u^3v^3\right]
\end{aligned}$$

$$=\varphi_m(\boldsymbol{u},\boldsymbol{v})+\varphi_b(\boldsymbol{u},\boldsymbol{v}),$$

这里

$$\begin{aligned}\varphi_m(\boldsymbol{u},\boldsymbol{u},\boldsymbol{v}):=&\theta[(g_{\lambda\sigma}\overset{*}{\nabla}_\beta u^\lambda u^\beta+2J_{\beta\sigma}u^3u^\beta\\&+(-\overset{*}{\nabla}_\sigma b_{\beta\gamma}\xi+b_\sigma^\mu\overset{*}{\nabla}_\mu b_{\beta\gamma}\xi^2)u^\beta u^\gamma)v^\sigma+(u^\beta\overset{*}{\nabla}_\beta u^3+J_{\beta\gamma}u^\beta u^\gamma)v^3]\\=&\varphi_m^0(\boldsymbol{u},\boldsymbol{v})+\varphi_m^1(\boldsymbol{u},\boldsymbol{v})\xi+\varphi_m^2(\boldsymbol{u},\boldsymbol{v})\xi^2+\cdots,\end{aligned}$$

$$\begin{aligned}\varphi_b(\boldsymbol{u},\boldsymbol{v})=&\theta\left[g_{\lambda\sigma}\frac{\partial u^\lambda}{\partial\xi}u^3v^\sigma+u^3\frac{\partial u^3}{\partial\xi}v^3\right]\\=&\varphi_b^0(\boldsymbol{u},\boldsymbol{v})+\varphi_b^1(\boldsymbol{u},\boldsymbol{v})\xi+\varphi_b^2(\boldsymbol{u},\boldsymbol{v})\xi^2+\cdots,\end{aligned}$$

利用等式

$$\begin{aligned}&\theta=1-2H\xi+K\xi^2,\quad g_{\lambda\sigma}=a_{\lambda\sigma}-2b_{\lambda\sigma}\xi+c_{\lambda\sigma}\xi^2,\\&J_{\lambda\sigma}=b_{\lambda\sigma}-c_{\lambda\sigma}\xi,\end{aligned}$$

推出

$$\begin{aligned}\varphi_m^0(\boldsymbol{u},\boldsymbol{u},\boldsymbol{v}):=&[(a_{\lambda\sigma}\overset{*}{\nabla}_\beta u^\lambda u^\beta-2b_{\beta\sigma}u^\beta u^3)v^\sigma\\&+(u^\beta\overset{*}{\nabla}_\beta u^3+b_{\beta\lambda}u^\beta u^\lambda)v^3],\\\varphi_m^1(\boldsymbol{u},\boldsymbol{u},\boldsymbol{v}):=&[(-2(b_{\lambda\sigma}+Ha_{\lambda\sigma})\overset{*}{\nabla}_\beta u^\lambda u^\beta+2(c_{\beta\sigma}+2Hb_{\beta\sigma})u^\beta u^3\\&-\overset{*}{\nabla}_\sigma b_{\beta\gamma}u^\beta u^\gamma)v^\sigma-((c_{\beta\lambda}+2Hb_{\beta\lambda})u^\beta u^\lambda+2Hu^\beta\overset{*}{\nabla}_\beta u^3)v^3],\end{aligned}$$

$$\begin{aligned}\varphi_m^2(\boldsymbol{u},\boldsymbol{u},\boldsymbol{v}):=&[(c_{\lambda\sigma}+4Hb_{\lambda\sigma}+Ka_{\lambda\sigma})\overset{*}{\nabla}_\beta u^\lambda u^\beta\\&-2(Kb_{\beta\sigma}+2Hc_{\beta\sigma})u^\beta u^3+(b_\sigma^\mu\overset{*}{\nabla}_\mu b_{\beta\gamma}+2H\overset{*}{\nabla}_\sigma b_{\beta\gamma})u^\beta u^\gamma]v^\sigma\\&+[Ku^\beta\overset{*}{\nabla}_\beta u^3+(Kb_{\beta\lambda}+2Hc_{\beta\lambda})u^\beta u^\lambda]v^3\\=&[6Hb_{\lambda\sigma}\overset{*}{\nabla}_\beta u^\lambda u^\beta-2(Kb_{\beta\sigma}+2Hc_{\beta\sigma})u^\beta u^3\\&+(b_\sigma^\mu\overset{*}{\nabla}_\mu b_{\beta\gamma}+2H\overset{*}{\nabla}_\sigma b_{\beta\gamma})u^\beta u^\gamma]v^\sigma\\&+[Ku^\beta\overset{*}{\nabla}_\beta u^3+(Kb_{\beta\lambda}+2Hc_{\beta\lambda})u^\beta u^\lambda]v^3,\end{aligned}$$

$$\varphi_b^0(\boldsymbol{u},\boldsymbol{u},\boldsymbol{v}):=a_{\lambda\sigma}\frac{\partial u^\lambda}{\partial\xi}u^3v^\sigma+u^3\frac{\partial u^3}{\partial\xi}v^3,$$

$$\varphi_b^1(\boldsymbol{u},\boldsymbol{u},\boldsymbol{v}):=-2(b_{\lambda\sigma}+Ha_{\lambda\sigma})\frac{\partial u^\lambda}{\partial\xi}u^3v^\sigma-2Hu^3\frac{\partial u^3}{\partial\xi}v^3,$$

$$\varphi_b^2(\boldsymbol{u},\boldsymbol{u},\boldsymbol{v}):=6Hb_{\lambda\sigma}\frac{\partial u^\lambda}{\partial\xi}u^3v^\sigma+Ku^3\frac{\partial u^3}{\partial\xi}v^3,$$

这就证明了 (5.1.8), (5.1.9). 证毕.

下面给出双线性形式

$$(p,\mathrm{div}\boldsymbol{v})=\int_{\Omega_{ij}}p\mathrm{div}\boldsymbol{v}\theta\sqrt{a}\mathrm{d}x\mathrm{d}\xi.$$

我们知道 (见 (1.8.44)),

$$\begin{cases} \operatorname{div}\boldsymbol{u} = \gamma_0(\boldsymbol{u}) + \dfrac{\partial u^3}{\partial \xi} + \overset{1}{\operatorname{div}}\ \boldsymbol{u}\xi + \overset{2}{\operatorname{div}}\ \boldsymbol{u}\xi^2 + \cdots, \\ e_{33}(\boldsymbol{u}) = \dfrac{\partial u^3}{\partial \xi}, \\ \gamma_0(\boldsymbol{u}) = \overset{*}{\operatorname{div}}\ \boldsymbol{u} - 2Hu^3, \\ \overset{1}{\operatorname{div}}\ \boldsymbol{u} = -2((2H^2 - K)u^3 + u^\alpha \overset{*}{\nabla}_\alpha H), \\ \overset{2}{\operatorname{div}}\ \boldsymbol{u} = -((8H^3 - 6HK)u^3 + u^\alpha \overset{*}{\nabla}_\alpha (2H^2 - K)), \end{cases} \tag{5.1.10}$$

所以有

引理 5.1.3

$$\begin{cases} (p, \operatorname{div}\boldsymbol{v}) = \displaystyle\int_{\Omega_{ij}} D(p, \boldsymbol{v})\theta\sqrt{a}\mathrm{d}x\mathrm{d}\xi \\ \qquad = \displaystyle\int_{\Omega_{ij}} D_m(p, \boldsymbol{v})\theta\sqrt{a}\mathrm{d}x\mathrm{d}\xi + \int_{\Omega_{ij}} D_b(p, \boldsymbol{v})\sqrt{a}\mathrm{d}x\mathrm{d}\xi \\ \qquad = \mathcal{D}_m(p, \boldsymbol{v}) + \mathcal{D}_b(p, \boldsymbol{v}), \\ D(p, \boldsymbol{v}) := p\operatorname{div}\boldsymbol{v}\theta = D_m(p, \boldsymbol{v}) + D_b(p, \boldsymbol{v}), \end{cases} \tag{5.1.11}$$

$$\begin{cases} D_m(p, \boldsymbol{v}) = D_m^0(p, \boldsymbol{v}) + D_m^1(p, \boldsymbol{v})\xi + D_m^2(p, \boldsymbol{v})\xi^2 + \cdots, \\ D_b(p, \boldsymbol{v}) = \theta p \dfrac{\partial u^3}{\partial \xi} = (1 - 2H\xi + K\xi^2) p \dfrac{\partial u^3}{\partial \xi} \\ \qquad = D_b^0(p, \boldsymbol{v}) + D_b^1(p, \boldsymbol{v})\xi + D_b^2(p, \boldsymbol{v})\xi^2, \end{cases} \tag{5.1.12}$$

其中

$$\begin{cases} D_m^0(p, \boldsymbol{v}) = p\gamma_0(\boldsymbol{v}), \quad D_m^1(p, \boldsymbol{v}) = p(\overset{1}{\operatorname{div}}\ \boldsymbol{v} - 2H\gamma_0(\boldsymbol{v})), \\ D_m^2(p, \boldsymbol{v}) = p(\overset{2}{\operatorname{div}}\ \boldsymbol{v} - 2H\ \overset{1}{\operatorname{div}}\ \boldsymbol{v} + K\gamma_0(\boldsymbol{v})), \\ D_b^0(p, \boldsymbol{v}) = p\dfrac{\partial u^3}{\partial \xi}, \quad D_b^1(p, \boldsymbol{v}) = -2Hp\dfrac{\partial u^3}{\partial \xi}, \\ D_b^2(p, \boldsymbol{v}) = Kp\dfrac{\partial u^3}{\partial \xi}. \end{cases} \tag{5.1.13}$$

下面计算法向应力的积分. 由于在 $\Im$ 上 $\xi = 0$,

$$\boldsymbol{n} = (0, 0, 1), \quad g_{ij} = \{a_{\alpha\beta}, 0, 1\}, \quad e_{3\beta}(u) = \frac{1}{2}\left(a_{\beta\lambda}\frac{\partial u^\lambda}{\partial \xi} + \overset{*}{\nabla}_\beta\ u^3\right),$$

$$\begin{aligned} \sigma^{ij}(\boldsymbol{u}, p)n_i g_{jl} v^l|_{\xi=0} &= \sigma^{33}(\boldsymbol{u}, p)v^3 + \sigma^{3\alpha}a_{\alpha\beta}v^\beta \\ &= (2\mu e^{33}(u) - p)v^3 + 2\mu a_{\alpha\beta}e^{3\alpha}(u)v^\beta \end{aligned}$$

$$
\begin{aligned}
&= \left(2\mu\frac{\partial u^3}{\partial \xi} - p\right)v^3 + 2\mu e_{3\beta}(u)v^\beta \\
&\quad + \left(2\mu\frac{\partial u^3}{\partial \xi} - p\right)v^3 + \mu\left(a_{\beta\lambda}\frac{\partial u^\lambda}{\partial \xi} + \overset{*}{\nabla}_\beta u^3\right)v^\beta.
\end{aligned}
$$

综合以上所述, 对于在 $\Im$ 和 $\Im_\delta$ 之间的流层内的变分问题 (5.1.2) 可以表述为

$$
\left\{
\begin{aligned}
&\text{求}(\boldsymbol{u}) \in \boldsymbol{v}(\Omega_\delta) = \{\boldsymbol{u} \in \boldsymbol{H}^1(\Omega_\delta), \text{在 } x \text{ 方向满足周期性条件}\}, \quad p \in L^2(\Omega_\delta), \\
&a_m(\boldsymbol{u},\boldsymbol{v}) + b_m(\boldsymbol{u},\boldsymbol{u},\boldsymbol{v}) - \mathcal{D}_m(p,\boldsymbol{v}) + a_b(\boldsymbol{u},\boldsymbol{v}) + b_b(\boldsymbol{u},\boldsymbol{u},\boldsymbol{v}) \\
&\qquad -\mathcal{D}_b(p,\boldsymbol{v}) + \int_{\xi=0}\left[\left(2\mu\frac{\partial u^3}{\partial \xi} - p\right)v^3 + \mu\left(a_{\beta\lambda}\frac{\partial u^\lambda}{\partial \xi} + \overset{*}{\nabla}_\beta u^3\right)v^\beta\right]\sqrt{a}\mathrm{d}x \\
&\qquad =< \boldsymbol{F},\boldsymbol{v} >, \qquad \forall \boldsymbol{v} \in \boldsymbol{V}(\Omega_\delta), \\
&\mathcal{D}_m(q,\boldsymbol{u}) + \mathcal{D}_b(q,\boldsymbol{u}) = 0, \quad q \in L^2(\Omega_{ij}),
\end{aligned}
\right.
\tag{5.1.14}
$$

其中

$$
< \boldsymbol{F},\boldsymbol{v} >= (\boldsymbol{f},\boldsymbol{v}) + < \sigma \cdot \boldsymbol{n},\boldsymbol{v} > |_{\Im_\delta \cup \Im}.
$$

下面计算曲面上的法向应力. 在 S 坐标系中, 在 $\Im$ 上,

$$
\xi = 0, \quad \boldsymbol{n} = (0,0,1), \quad g_{ij} = \{a_{\alpha\beta}, g_{3\alpha} = 0, g_{33} = 1\}, \quad \mathrm{d}S = \sqrt{a}\mathrm{d}x,
$$

在 $\Im_\delta$ 上,

$$
\begin{aligned}
&\xi = \delta, \quad \boldsymbol{n} = \boldsymbol{n}(\delta), \quad \mathrm{d}S = \sqrt{a(\delta)}\mathrm{d}x \\
&g_{ij}(\delta) = \{a_{\alpha\beta} - 2b_{\alpha\beta}\delta + c_{\alpha\beta}\delta^2, g_{3\alpha}(\delta) = 0, g_{33}(\delta) = 1\},
\end{aligned}
$$

$$
\begin{aligned}
&(2\mu e^{ij}(\boldsymbol{u}) - g^{ij}p)n_j g_{ik} v^k|_{\xi=0} \\
&= (2\mu\gamma^{\alpha\beta}(u) - a^{\alpha\beta}p)n_\beta a_{\alpha\lambda}v^\lambda \\
&\quad + (2\mu\gamma^{3\alpha}(u)(n_\alpha v^3 + n_3 a_{\alpha\beta}v^\beta) + (2\mu\gamma^{33}n_3 - p)v^3 \\
&= \left[2\mu\gamma_{3\beta}(u)v^\beta + \left(2\mu\frac{\partial u^3}{\partial \xi} - p\right)v^3\right]\bigg|_{\xi=0} \\
&= \left[\mu\left(a_{\alpha\beta}\frac{\partial u^\alpha}{\partial \xi} + \overset{*}{\nabla}_\beta u^3\right) + \left(2\mu\frac{\partial u^3}{\partial \xi} - p\right)v^3\right]\bigg|_{\xi=0},
\end{aligned}
$$

$$
(\sigma^{ij}(u,p)n_j g_{ik} v^k)|_{\xi=\delta} = [(2\mu g^{jm}e_{mk}(u) - \delta^j_k p)n_j(\delta)v^k]|_{\xi=\delta}, \tag{5.1.15}
$$

为了计算 $\Im_\delta$ 上法向应力的面积分, 给出下列定理:

定理 5.1.1 在 $\Im$ 上面元和法向量关于曲面沿任何方向 η 的第一变分以及法向应力为

$$
\begin{cases}
\delta\sqrt{a(\eta)} = \dfrac{1}{2}\gamma_0(\eta)\sqrt{a}, \quad \delta \boldsymbol{n}(\eta) = \dfrac{1}{2}\gamma_0(\eta)\boldsymbol{n}, \\
\sqrt{a(\eta)} \cong \left(1+\dfrac{1}{2}\gamma_0(\eta)\right)\sqrt{a}, \quad \boldsymbol{n}(\eta) \cong \left(1+\dfrac{1}{2}\gamma_0(\eta)\right)\boldsymbol{n}, \\
\forall \eta = \boldsymbol{n}\delta = (0,0,\delta), \gamma_0(\eta) = -2H\delta, \\
<\boldsymbol{F},\boldsymbol{v}>=(\boldsymbol{f},\boldsymbol{v})+<\sigma\cdot\boldsymbol{n},\boldsymbol{v}>|_{\Im_\delta}, \\
<\sigma\cdot\boldsymbol{n},\boldsymbol{v}>|_{\Im_\delta} = \displaystyle\int_{\Im_\delta}[\sigma_{3\beta}(\delta)v^\beta + \sigma_{33}(\delta)v^3]\sqrt{a}\mathrm{d}x, \\
<\sigma\cdot\boldsymbol{n},\boldsymbol{v}>|_{\Im} = \displaystyle\int_{\Im_\delta}[\sigma_{3\beta}(0)v^\beta + \sigma_{33}(0)v^3]\sqrt{a}\mathrm{d}x, \\
\sigma_{3\beta}(0) = \mu\left(a_{\alpha\beta}\dfrac{\partial u^\alpha}{\partial\xi} + \overset{*}{\nabla}_\beta u^3\right)\Bigg|_{\xi=0} = \mu(a_{\alpha\beta}u_1^\beta + \overset{*}{\nabla}_\beta u_0^3)|, \\
\sigma_{33}(0) = (2\mu u_1^3 - p)|_{\xi=0}, \\
\sigma_{3\beta}(\delta) = \mu(1-H)^2\left[\left(g_{\alpha\beta}(\delta)\dfrac{\partial u^\alpha}{\partial\xi} + \overset{*}{\nabla}_\beta u^3\right)\right]|_{\xi=\delta}, \\
\sigma_{33}(\delta) = (1-H)^2\left(2\mu\dfrac{\partial u^3}{\partial\xi} - p\right)|_{\xi=\delta}, \\
g_{\alpha\beta}(\delta) = a_{\alpha\beta} - 2\delta b_{\alpha\beta} + \delta^2 c_{\alpha\beta}.
\end{cases}
\tag{5.1.16}
$$

证明 第一和第二结论参看定理 1.6.4 及其推论. 因为曲面 $\Im_\delta$ 是曲面 $\Im$ 在每一点沿该点的法线位移 δ 而得到. 所以 $\eta = \delta\boldsymbol{n}, \boldsymbol{n} = (0,0,1)$, 那么

$$
\gamma_0(\eta) = \frac{1}{2}a^{\alpha\beta}(\overset{*}{\nabla}_\alpha \eta_\beta + \overset{*}{\nabla}_\beta \eta_\alpha) - b_{\alpha\beta}\eta_3 = (-2H) = -2H,
$$

因此有

$$
\sqrt{a(\eta)} = (1-H)\sqrt{a}, \quad \boldsymbol{n}(\eta) = (1-H)\boldsymbol{n},
$$

由此和 (5.1.15) 可得

$$
\begin{aligned}
<\sigma\cdot\boldsymbol{n},\boldsymbol{v}>|_{\Im_\delta} &= \int_D \sigma^{ij}(u,p)n(\eta)_i v_j\sqrt{a(\eta)}\mathrm{d}x \\
&= \int_D [(2\mu g^{jm}e_{mk}(u) - \delta_k^j p)]n_j v^k (1-H)^2\sqrt{a}\mathrm{d}x \\
&= \int_D [2\mu g^{33}e_{3\beta}(u)v^\beta + (2\mu e_{33} - p)v^3]|_{\xi=x}(1-H)^2\sqrt{a}\mathrm{d}x.
\end{aligned}
$$

利用 (1.8.19)

$$
\begin{aligned}
e_{3\beta}(u)|_{\xi=\delta} &= \gamma_{3\beta}(u) + \overset{1}{\gamma}_{3\beta}(u)\delta + \overset{2}{\gamma}_{3\beta}(u)\delta^2 \\
&= \frac{1}{2}\left(a_{\alpha\beta}\frac{\partial u^\alpha}{\partial\xi} + \overset{*}{\nabla}_\beta u^3\right) - b_{\alpha\beta}\frac{\partial u^\alpha}{\partial\xi}\delta + \frac{1}{2}c_{\alpha\beta}\frac{\partial u^\alpha}{\partial\xi}\delta^2
\end{aligned}
$$

$$
\begin{aligned}
&= \frac{1}{2}(a_{\alpha\beta} - 2b_{\alpha\beta}\delta + c_{\alpha\beta}\delta^2)\frac{\partial u^\alpha}{\partial \xi} = \frac{1}{2}g_{\alpha\beta}(\delta)\frac{\partial u^\alpha}{\partial \xi},\\
e_{33}(u) &= \frac{\partial u^3}{\partial \xi}.
\end{aligned}
\tag{5.1.17}
$$

所以有

$$
\begin{aligned}
< \sigma \cdot \boldsymbol{n}, \boldsymbol{v} > |_{\Im_\delta} &= \int_D \sigma^{ij}(u,p)n(\eta)_i v_j \sqrt{a(\eta)}\mathrm{d}x\\
&= \int_D \left[\mu\left(g_{\alpha\beta}(\delta)\frac{\partial u^\alpha}{\partial \xi} + \overset{*}{\nabla}_\beta\ \mu^3\right)v^\beta + \left(2\mu\frac{\partial u^3}{\partial \xi} - p\right)v^3\right](1-H)^2\sqrt{a}\mathrm{d}x,
\end{aligned}
$$

证毕.

下面假设在流层内 Navier-Stokes 方程的解和外力可以展成关于 ξ 的 Taylor 级数

$$
\begin{cases}
\boldsymbol{u}(x,\xi) = \boldsymbol{u}_0(x) + \boldsymbol{u}_1(x)\xi + \boldsymbol{u}_2(x)\xi^2 + \cdots,\\
p(x,\xi) = p_0(x) + p_1(x)\xi + p_2(x)\xi^2 + \cdots,\\
\boldsymbol{f}(x,\xi) = \boldsymbol{f}_0(x) + \boldsymbol{f}_1(x)\xi + \boldsymbol{f}_2(x)\xi^2 + \cdots.
\end{cases}
\tag{5.1.18}
$$

为了简单, 记

$$
U = \{\boldsymbol{u}_0, \boldsymbol{u}_1, \boldsymbol{u}_2\}, \quad V = \{\boldsymbol{v}_0, \boldsymbol{v}_1, \boldsymbol{v}_2\}, \quad P = \{p_0, p_1, p_2\}.
$$

那么膜算子的级数形式

$$
\begin{aligned}
a_m(\boldsymbol{u}, \boldsymbol{v}) &= \sum_{k,m}\int_\Im\int_0^\delta A_m(\boldsymbol{u}_k, \boldsymbol{v}_m)\xi^{k+m}\mathrm{d}\xi\sqrt{a}\mathrm{d}x\\
&= \sum_{k,m}\int_\Im [J_0(\boldsymbol{u}_k, \boldsymbol{v}_m) + J_1(\boldsymbol{u}_k, \boldsymbol{v}_m)\frac{m+k+1}{m+k+2}\delta\\
&\quad + J_2(\boldsymbol{u}_k, \boldsymbol{v}_m)\frac{m+k+1}{m+k+3}\delta^2]\frac{\delta^{k+m+1}}{k+m+1} + \cdots\\
&= a_m^0(U,V)\delta + a_m^1(U,V)\delta^2/2 + a_m^2(U,V)\delta^3/3 + \cdots,\\
b_m(\boldsymbol{u}, \boldsymbol{u}, \boldsymbol{v}) &= \sum_{k,m,l}\int_\Im\int_0^\delta \varphi_m(\boldsymbol{u}_k, \boldsymbol{u}_m, \boldsymbol{v}_l)\xi^{k+m+l}\mathrm{d}\xi\sqrt{a}\mathrm{d}x\\
&= \sum_{k,m,l} B_m(\boldsymbol{u}_k, \boldsymbol{u}_m, \boldsymbol{v}_l)\frac{\delta^{k+m+l+1}}{k+m+l+1}\\
&= b_m^0(U,U,V)\delta + b_m^0(U,U,V)\delta^2/2 + b_m^2(U,U,V)\delta/3\\
&\quad + b_m^\beta(U,U,r)\delta^4/4 + \cdots,
\end{aligned}
\tag{5.1.19}
$$

其中

$$
\begin{aligned}
a_m^0(U,V) &:= \int_{\Im_i} J_0(\boldsymbol{u}_0,\boldsymbol{v}_0)\sqrt{a}\mathrm{d}x,\\
a_m^1(U,V) &:= \int_{\Im_i} (J_0(\boldsymbol{u}_1,\boldsymbol{v}_0)+J_0(\boldsymbol{u}_0,\boldsymbol{v}_1)+J_1(\boldsymbol{u}_0,\boldsymbol{v}_0))\sqrt{a}\mathrm{d}x,\\
a_m^2(U,V) &:= \int_{\Im_i} (J_0(\boldsymbol{u}_2,\boldsymbol{v}_0)+J_0(\boldsymbol{u}_0,\boldsymbol{v}_2)+J_0(\boldsymbol{u}_1,\boldsymbol{v}_1)\\
&\quad +J_1(\boldsymbol{u}_1,\boldsymbol{v}_0)+J_1(\boldsymbol{u}_0,\boldsymbol{v}_1)+J_2(\boldsymbol{u}_0,\boldsymbol{v}_0))\sqrt{a}\mathrm{d}x,
\end{aligned}
$$

$$
\begin{aligned}
b_m^0(U,U,V) &:= \int_{\Im_i} \varphi_m^0(\boldsymbol{u}_0,\boldsymbol{u}_0,\boldsymbol{v}_0)\sqrt{a}\mathrm{d}x,\\
b_m^1(U,U,V) &:= \int_{\Im_i} (\varphi_m^0(\boldsymbol{u}_1,\boldsymbol{u}_0,\boldsymbol{v}_0)+\varphi_m^0(\boldsymbol{u}_0,\boldsymbol{u}_1,\boldsymbol{v}_0)\\
&\quad +\varphi_m^0(\boldsymbol{u}_0,\boldsymbol{u}_0,\boldsymbol{v}_1)+\varphi_m^1(\boldsymbol{u}_0,\boldsymbol{u}_0,\boldsymbol{v}_0))\sqrt{a}\mathrm{d}x,\\
b_m^2(U,U,V) &:= \int_{\Im_i} (\varphi_m^0(\boldsymbol{u}_2,\boldsymbol{u}_0,\boldsymbol{v}_0)+\varphi_m^0(\boldsymbol{u}_1,\boldsymbol{u}_1,\boldsymbol{v}_0)\\
&\quad +\varphi_m^0(\boldsymbol{u}_0,\boldsymbol{u}_2,\boldsymbol{v}_0)+\varphi_m^0(\boldsymbol{u}_0,\boldsymbol{u}_0,\boldsymbol{v}_2)+\varphi_m^0(\boldsymbol{u}_1,\boldsymbol{u}_0,\boldsymbol{v}_1)\\
&\quad +\varphi_m^0(\boldsymbol{u}_0,\boldsymbol{u}_1,\boldsymbol{v}_1)+\varphi_m^1(\boldsymbol{u}_1,\boldsymbol{u}_0,\boldsymbol{v}_0)+\varphi_m^1(\boldsymbol{u}_0,\boldsymbol{u}_1,\boldsymbol{v}_0)\\
&\quad +\varphi_m^1(\boldsymbol{u}_0,\boldsymbol{u}_0,\boldsymbol{v}_1)+\varphi_m^2(\boldsymbol{u}_0,\boldsymbol{u}_0,\boldsymbol{v}_0))\sqrt{a}\mathrm{d}x,\\
b_m^3(U,U,V) &=(a_{\alpha\beta}u_1^\lambda \overset{*}{D}_\lambda u_1^\alpha, u_1^\beta)+(b_{\alpha\beta}u_1^\alpha u_1^\beta, u_1^3).
\end{aligned} \tag{5.1.20}
$$

关于压力项, 由 (5.1.13), (5.1.14) 和 (5.1.16) 得

$$
\begin{aligned}
(p,\mathrm{div}\boldsymbol{v}) &=\mathcal{D}_m(p,\boldsymbol{v})+\mathcal{D}_b(p,\boldsymbol{v}),\\
\mathcal{D}_m(p,\boldsymbol{v}) &= \int_{\Omega_{ij}} D_m(p,\boldsymbol{v})\sqrt{a}\mathrm{d}x\mathrm{d}\xi\\
&=\mathcal{D}_m^0(P,V)\delta+\mathcal{D}_m^1(P,V)\delta^2/2+\mathcal{D}_m^0(P,V)\delta^3/3+\mathcal{D}_m^R(p,\boldsymbol{v}),\\
\mathcal{D}_b(p,\boldsymbol{v}) &= \int_{\Omega_{ij}} D_b(p,\boldsymbol{v})\sqrt{a}\mathrm{d}x\mathrm{d}\xi = \int_{\Omega_{ij}} \theta p\frac{\partial u^3}{\partial\xi}\sqrt{a}\mathrm{d}x\mathrm{d}\xi\\
&=\mathcal{D}_b^0(P,V)\delta+\mathcal{D}_b^1(P,V)\delta^2/2+\mathcal{D}_b^2(P,V)\delta^3/3+\mathcal{D}_b^R(p,\boldsymbol{v}),
\end{aligned} \tag{5.1.21}
$$

$$
\begin{aligned}
\mathcal{D}_m^0(P,V) &= \int_{\Im_i} p_0\gamma_0(\boldsymbol{v}_0)\sqrt{a}\mathrm{d}x,\\
\mathcal{D}_m^1(P,V) &= \int_{\Im_i} [D_m^0(p_1,\boldsymbol{v}_0)+D_m^0(p_0,\boldsymbol{v}_1)+D_m^1(p_0,\boldsymbol{v}_0)]\sqrt{a}\mathrm{d}x\\
&= \int_{\Im_i} [(p_1-2Hp_0)\gamma_0(\boldsymbol{v}_0)+p_0(\gamma_0(\boldsymbol{v}_1)+\overset{1}{\mathrm{div}}\ \boldsymbol{v}_0)]\sqrt{a}\mathrm{d}x,\\
\mathcal{D}_m^2(P,V) &= \int_{\Im_i} [D_m^0(p_2,\boldsymbol{v}_0)+D_m^0(p_0,\boldsymbol{v}_2)+D_m^0(p_1,\boldsymbol{v}_1)\\
&\quad +D_m^1(p_1,\boldsymbol{v}_0)+D_m^1(p_0,\boldsymbol{v}_1)+D_m^2(p_0,\boldsymbol{v}_0)]\sqrt{a}\mathrm{d}x
\end{aligned}
$$

$$
\begin{aligned}
&= \int_{\Im_i} [(p_2 - 2Hp_1 + Kp_0)\gamma_0(\boldsymbol{v}_0) + (p_1 - 2Hp_0)(\gamma_0(\boldsymbol{v}_1) + \overset{1}{\operatorname{div}}\ \boldsymbol{v}_0) \\
&\quad + p_0(\gamma_0(u_2) + \overset{1}{\operatorname{div}}\ \boldsymbol{v}_1 + \overset{2}{\operatorname{div}}\ \boldsymbol{v}_0)]\sqrt{a}\mathrm{d}x,
\end{aligned}
$$

$$
\begin{aligned}
\mathcal{D}_b^0(P,V) &= \int_{\Im_i} p_0 v_1^3 \sqrt{a}\mathrm{d}x, \\
\mathcal{D}_b^1(P,V) &= \int_{\Im_i} [p_1 v_1^3 + 2p_0(v_2^3 - Hv_1^3)]\sqrt{a}\mathrm{d}x, \\
\mathcal{D}_b^2(P,V) &= \int_{\Im_i} [p_2 v_1^3 + 2p_1(v_2^3 - Hv_1^3) + p_0(Kv_1^3 - 4Hv_2^3)]\sqrt{a}\mathrm{d}x.
\end{aligned} \tag{5.1.22}
$$

同样可以得到弯曲算子的级数形式

$$
\begin{aligned}
a_b(\boldsymbol{u},\boldsymbol{v}) &= \int_{\Omega_\delta} A_b(\boldsymbol{u},\boldsymbol{v})\sqrt{a}\mathrm{d}x\mathrm{d}\xi \\
&= \int_{\Im}\int_0^\delta [I_0(u,v) + I_1(u,v)\xi + I_2(u,v)\xi^2 + I_R]\mathrm{d}x\sqrt{a}\mathrm{d}x \\
&= \int \Psi\left[\Lambda_0\delta + \Lambda_1\frac{\delta^2}{2} + \Lambda_2\frac{\delta^3}{3} + \Lambda_R\right]\sqrt{a}\mathrm{d}x \\
&= a_b^0(U,V)\delta + a_b^1(U,V)\delta^2/2 + a_b^2(U,V)\delta^3/3 + a_b^R(\boldsymbol{u},\boldsymbol{v}),
\end{aligned} \tag{5.1.23}
$$

其中

$$
\begin{aligned}
\Lambda_0(U,V) :=& \mu a^{\alpha\beta} \overset{*}{\nabla}_\alpha u_0^3 \overset{*}{\nabla}_\beta v_0^3 + \mu a_{\alpha\beta} u_1^\alpha v_1^\beta + 2\mu u_1^3 v_1^3 \\
&+ \mu(\overset{*}{\nabla}_\alpha u_0^3 v_1^\alpha + \overset{*}{\nabla}_\beta v_0^3 u_1^\beta) + 2\mu(\gamma_0(u_0)v_1^3 + \gamma_0(v_0)u_1^3) \\
=& \mu(a^{\alpha\beta} \overset{*}{\nabla}_\alpha u_0^3 + u_1^\beta) \overset{*}{\nabla}_\beta v_0^3 + 2\mu(u_1^3 + \gamma_0(\boldsymbol{u}_0))v_1^3 \\
&+ \mu a_{\alpha\beta}(u_1^\alpha + a^{\alpha\lambda} \overset{*}{\nabla}_\lambda u_0^3)v_1^\beta + 2\mu u_1^3\gamma_0(\boldsymbol{v}_0),
\end{aligned}
$$

$$
\begin{aligned}
\Lambda_1(U,V) :=& 2\mu(a_{\alpha\beta}u_1^\alpha + \overset{*}{\nabla}_\beta u_0^3)v_2^\beta + 4\mu(u_1^3 + \gamma_0(u_0))v_2^3 \\
&+ \mu(a^{\alpha\beta} \overset{*}{\nabla}_\alpha u_0^3 + u_1^\beta) \overset{*}{\nabla}_\beta v_1^3 + 2\mu u_1^3(m_1(v_0) + \gamma_0(v_1)) \\
&+ 2\mu u_2^3\gamma_0(v_0) + \mu(2a_{\alpha\beta}u_2^\alpha + \overset{*}{\nabla}_\beta u_1^3 - 2d_{\alpha\beta}u_1^\alpha)v_1^\beta \\
&+ 2\mu(2u_2^3 + \gamma_0(u_1) - 2Hu_1^3 + m_1(u_0))v_1^3 \\
&+ \mu(a^{\alpha\beta} \overset{*}{\nabla}_\alpha u_1^3 + 2d^{\alpha\beta} \overset{*}{\nabla}_\alpha u_0^3 + 2u_2^\beta) \overset{*}{\nabla}_\beta v_0^3,
\end{aligned} \tag{5.1.24}
$$

其中

$$
d_{\alpha\beta} = b_{\alpha\beta} - Ha_{\alpha\beta}, \quad d^{\alpha\beta} = b^{\alpha\beta} - Ha^{\alpha\beta},
$$

$$
\begin{aligned}
\Lambda_2(U,V) :=& \mu(a^{\alpha\beta} \overset{*}{\nabla}_\alpha u_0^3 + u_1^\beta) \overset{*}{\nabla}_\beta v_2^3 + 2\mu u_1^3\gamma_0(\boldsymbol{v}_2) \\
&+ 2\mu(2a_{\alpha\beta}u_2^\alpha - d_{\alpha\beta}u_1^\alpha + \overset{*}{\nabla}_\beta u_1^3 - 2H \overset{*}{\nabla}_\beta u_0^3)v_2^\beta
\end{aligned}
$$

$$
\begin{aligned}
&+ 4\mu(u_2^3 - Hu_1^3 + \gamma_0(\boldsymbol{u}_1) + m_1(\boldsymbol{u}_0))v_2^3 \\
&+ \mu(a^{\alpha\beta} \overset{*}{\nabla}_\alpha u_1^3 + u_2^\beta - 2Hu_1^\beta + d^{\alpha\beta} \overset{*}{\nabla}_\alpha u_0^3) \overset{*}{\nabla}_\beta v_1^3 \\
&+ 4\mu u_2^3\gamma_0(\boldsymbol{v}_1) + 2\mu u_1^3 m_1(\boldsymbol{v}_1) + \mu[\overset{*}{\nabla}_\beta u_2^3 - 2H \overset{*}{\nabla}_\beta u_1^3 \\
&+ K \overset{*}{\nabla}_\beta u_0^3 - 4d_{\alpha\beta}u_2^\alpha + 6Hb_{\alpha\beta}u_1^\alpha]v_1^\beta \\
&+ 2\mu(Ku_1^3 - 4Hu_2^3 - m_1(\boldsymbol{u}_1) + m_2(\boldsymbol{u}_0))v_1^3 \\
&+ \mu(a^{\alpha\beta} \overset{*}{\nabla}_\alpha u_2^3 + 2d^{\alpha\beta} \overset{*}{\nabla}_\alpha u_1^3 + c^{\alpha\beta} \overset{*}{\nabla}_\alpha u_0^3 \\
&+ 4Hu_2^\beta + Ku_1^\beta) \overset{*}{\nabla}_\beta v_0^3 - 2\mu u_1^3 m_1(\boldsymbol{v}_0),
\end{aligned} \tag{5.1.25}
$$

$$
\begin{aligned}
b_b(\boldsymbol{u},\boldsymbol{u},\boldsymbol{v}) &= \int_{\Omega_\delta} \varphi_b(\boldsymbol{u},\boldsymbol{u},\boldsymbol{v})\sqrt{a}\mathrm{d}x\mathrm{d}\xi \\
&= \int_{\Im_i}\int_0^\delta [\varphi_b^0 + \varphi_b^1\xi + \varphi_b^2\xi^2 + \cdots]\mathrm{d}\xi\sqrt{a}\mathrm{d}x \\
&= \int_{\Im_i}\left[\Phi_0\delta + \Phi_1\frac{\delta^2}{2} + \Phi_2\frac{\delta^3}{3}\right]\sqrt{a}\mathrm{d}x + \cdots \\
&= b_b^0(U,U,V)\delta + b_b^1(U,U,V)\delta/2 + b_b^2(U,U,V)\delta^3/3 + \cdots, \\
b_b^k(U,U,V) &= \int_{\Im_i}\Phi_k\sqrt{a}\mathrm{d}x, \quad k=0,1,2,3,
\end{aligned} \tag{5.1.26}
$$

其中

$$
\begin{aligned}
\Phi_0(U,U,V) :=& a_{\lambda\sigma}u_1^\lambda u_0^3 v_0^\sigma + u_0^\lambda u_1^3 v_0^3, \\
\Phi_1(U,U,V) :=& a_{\alpha\beta}(2u_2^\alpha u_0^3 + u_1^\alpha u_1^3 - 2d_{\alpha\beta}^+ u_1^\alpha u_0^3)v_0^\beta \\
&+ (u_1^3u_1^3 - 2Hu_0^3u_1^3 + 2u_2^3u_0^3)v_0^3 + a_{\alpha\beta}u_1^\alpha u_0^3 v_1^\beta + u_0^3u_1^3v_1^3, \\
\Phi_2(U,U,V) :=& a_{\alpha\beta}[u_1^\alpha u_0^3 v_2^\beta] + u_1^3u_0^3v_2^3 \\
&+ a_{\alpha\beta}(2u_2^\alpha u_o^3 + u_1^\alpha u_1^3)v_1^\beta + (u_1^3u_1^3 + 2u_2^3u_0^3)v_1^3 \\
&+ [2a_{\alpha\beta}u_2^\alpha u_1^3 - 4d_{\alpha\beta}^+(u_2^\alpha u_0^3 + u_0^\alpha u_2^3) + 6Hb_{\alpha\beta}u_1^\alpha u_0^3]v_0^\beta \\
&+ (a_{\alpha\beta}u_1^\alpha u_2^\beta + 4u_1^3u_2^3 - 6Hu_1^3u_1^3 + Ku_0^3u_1^3)v_0^3, \\
\Phi_3 =& 2a_{\alpha\beta}u_1^\alpha u_2^3 v_1^\beta, \\
d_{\alpha\beta}^+ =& b_{\alpha\beta} + Ha_{\alpha\beta}.
\end{aligned} \tag{5.1.27}
$$

现在回到 Navier-Stokes 方程 (5.1.14),

$$
\left\{
\begin{aligned}
&a_m(\boldsymbol{u},\boldsymbol{v}) + b_m(\boldsymbol{u},\boldsymbol{u},\boldsymbol{v}) - \mathcal{D}_m(p,\boldsymbol{v}) + a_b(\boldsymbol{u},\boldsymbol{v}) + b_b(\boldsymbol{u},\boldsymbol{u},\boldsymbol{v}) \\
&\qquad -\mathcal{D}_b(p,\boldsymbol{v}) + <\sigma_{3\beta}(0), v^\beta> + <\sigma_{33}(0), v^3> = <\boldsymbol{F}_\delta, \boldsymbol{v})>, \\
&\mathcal{D}_m(q,\boldsymbol{u}) + \mathcal{D}_b(q,\boldsymbol{u}) = 0,
\end{aligned}
\right. \tag{5.1.28}
$$

将 (5.1.18) 代入上式, 保留到 δ^3, 并记

$$
\begin{aligned}
& a_m(U,V) := a_m^0(U,V)\delta + a_m^1(U,V)\delta^2/2 + a_m^2(U,V)\delta^3/3, \\
& b_m(U,U,V) = b_m^0(U,U,V)\delta + b_m^0(U,U,V)\delta^2/2 + b_m^2(U,U,V)\delta/3, \\
& \mathcal{D}_m(p,\boldsymbol{v}) = \mathcal{D}_m^0(P,V)\delta + \mathcal{D}_m^1(P,V)\delta^2/2 + \mathcal{D}_m^2(P,V)\delta^3/3, \\
& a_b(U,V) := a_b^0(U,V)\delta + a_b^1(U,V)\delta^2/2 + a_b^2(U,V)\delta^3/3, \\
& b_b(U,U,V) = b_b^0(U,U,V)\delta + b_b^0(U,U,V)\delta^2/2 + b_b^2(U,U,V)\delta/3, \\
& \mathcal{D}_h(p,\boldsymbol{v}) = \mathcal{D}_h^0(P,V)\delta + \mathcal{D}_b^1(P,V)\delta^2/2 + \mathcal{D}_b^2(P,V)\delta^3/3, \\
& < \boldsymbol{F}_\delta, \boldsymbol{v}) >=< F_i^k, v_k^i > .
\end{aligned}
$$

利用 (5.1.16) 的记号, 有

$$
\begin{aligned}
& F_\beta^0 = \widetilde{f}_\beta^0 + g_{\alpha\beta}\sigma^{3\alpha}(\delta)(1-H)^2, \quad F_\beta^1 = \widetilde{f}_\beta^1 + g_{\alpha\beta}\sigma^{3\alpha}(\delta)(1-H)^2\delta, \\
& F_\beta^2 = \widetilde{f}_\beta^2 + g_{\alpha\beta}\sigma^{3\alpha}(\delta)(1-H)^2\delta^2 \quad F_3^0 = \widetilde{f}_3^0 + \sigma^{33}(1-H)^2(\delta) \\
& F_3^1 = \widetilde{f}_3^1 + \sigma^{33}(\delta)(1-H)^2\delta, \quad F_3^2 = \widetilde{f}_3^2 + \sigma^{33}(\delta)(1-H)^2\delta^2,
\end{aligned}
$$

$$
\begin{aligned}
\widetilde{f}_\beta^0 :=& a_{\alpha\beta}f_0^\alpha\delta + (a_{\alpha\beta}f_1^\alpha - 2b_{\alpha\beta}f_0^\alpha)\delta^2/2 \\
& + (a_{\alpha\beta}f_2^\alpha - 2b_{\alpha\beta}f_1^\alpha + c_{\alpha\beta}f_0^\alpha)\delta^3/3, \\
\widetilde{f}_\beta^1 :=& a_{\alpha\beta}f_0^\alpha\delta^2/2 + (a_{\alpha\beta}f_1^\alpha - 2b_{\alpha\beta}f_0^\alpha)\delta^3/3, \\
\widetilde{f}_\beta^2 :=& a_{\alpha\beta}f_0^\alpha\delta^3/3, \\
\widetilde{f}_3^0 =& f_0^3\delta + f_1^3\delta^2/2 + f_2^3\delta^3/3, \\
\widetilde{f}_3^1 =& f_0^3\delta^2/2 + f_1^3\delta^3/3, \quad \widetilde{f}_3^2 = f_0^3\delta^3/3,
\end{aligned}
$$

$$
V(\Im_i) = \{\boldsymbol{v}|\boldsymbol{v} \in H^1(\Im_i) \times H^1(\Im_i) \times H^1(\Im_i)\}, \tag{5.1.29}
$$

其中 $\Im_i$ 是一个无边界的光滑的二维流形, 而向量 v 是一个有三个分量的向量, 第一、第二分量在 $\Im_i$ 的切空间上, 而第三分量在法线方向上.

必须指出, $\boldsymbol{F}_\delta$ 中的应力 $\sigma^{3\alpha}(\delta), \sigma^{33}(\delta)$ 是在边界层顶层上外侧上的值, 可根据定理 5.1.1 计算.

引理 5.1.4 假设 Navier-Stokes 分程的解及外力可以展成 Taylor 级数 (5.1.17). 那么 $U = \{\boldsymbol{u}_1, \boldsymbol{u}_2, \boldsymbol{u}_3\}$ 和 $P = \{p_0, p_1, p_2\}$ 满足下列 Naiver-Stoke 方程的近似变分问题

$$
\left\{
\begin{aligned}
& \text{求} U = \{\boldsymbol{u}_0, \boldsymbol{u}_1, \boldsymbol{u}_2\} \in V(\Im_i) \times V(\Im_i) \times V(\Im_i), \\
& \quad P = \{p_0, p_1, p_2\} \in L^2(\Im_i) \times L^2(\Im_i) \times L^2(\Im_i), \text{使得} \\
& (\mathcal{L}_0(U,V) + \mathcal{B}_0(U,U,V) - \mathcal{D}_0(P,V))\delta \\
& \quad +(\mathcal{L}_1(U,V) + \mathcal{B}_1(U,U,V) - \mathcal{D}_1(P,V))\delta^2/2 \\
& \quad +(\mathcal{L}_2(U,V) + \mathcal{B}_2(U,U,V) - \mathcal{D}_2(P,V))\delta^3/3 + \mathcal{B}_3(U,U,V)\delta^4/4 \\
& \quad +\mu(a_{\alpha\beta}u_1^\alpha + \overset{*}{\nabla}_\beta u_0^3, v_0^\beta) + (2\mu u_1^3 - p_0, v_0^3) =< F_\delta, V >, \\
& \mathcal{D}_0(Q,U)\delta + \mathcal{D}_1(Q,U)\delta^2/2 + \mathcal{D}_2(Q,U)\delta^3/3 = 0,
\end{aligned}
\right. \tag{5.1.30}
$$

其中

$$
\begin{aligned}
\mathcal{L}_0(U,V):=&\int_{\Im}[J_0(\boldsymbol{u}_0,\boldsymbol{v}_0)+\Lambda_0(U,V)]\sqrt{a}\mathrm{d}x,\\
\mathcal{L}_1(U,V):=&\int_{\Im}[J_0(\boldsymbol{u}_1,\boldsymbol{v}_0)+J_0(\boldsymbol{u}_0,\boldsymbol{v}_1)+J_1(\boldsymbol{u}_0,\boldsymbol{v}_0)+\Lambda_1(U,V)]\sqrt{a}\mathrm{d}x,\\
\mathcal{L}_2(U,V):=&\int_{\Im}[J_0(\boldsymbol{u}_2,\boldsymbol{v}_0)+J_0(\boldsymbol{u}_0,\boldsymbol{v}_2)+J_0(\boldsymbol{u}_1,\boldsymbol{v}_1)\\
&+J_1(\boldsymbol{u}_1,\boldsymbol{v}_0)+J_1(\boldsymbol{u}_0,\boldsymbol{v}_1)+J_2(\boldsymbol{u}_0,\boldsymbol{v}_0)+\Lambda_2(U,V)]\sqrt{a}\mathrm{d}x,
\end{aligned}\tag{5.1.31}
$$

$$
\begin{aligned}
\mathcal{B}_0(U,U,V):=&\int_{\Im}[\varphi_m^0(\boldsymbol{u}_0,\boldsymbol{u}_0,\boldsymbol{v}_0)+\Phi_0(U,U,V)]\sqrt{a}\mathrm{d}x,\\
\mathcal{B}_1(U,U,V):=&\int_{\Im}[\varphi_m^0(\boldsymbol{u}_1,\boldsymbol{u}_0,\boldsymbol{v}_0)+\varphi_m^0(\boldsymbol{u}_0,\boldsymbol{u}_1,\boldsymbol{v}_0)\\
&+\varphi_m^0(\boldsymbol{u}_0,\boldsymbol{u}_0,\boldsymbol{v}_1)+\varphi_m^1(\boldsymbol{u}_0,\boldsymbol{u}_0,\boldsymbol{v}_0)+\Phi_1(U,U,V)]\sqrt{a}\mathrm{d}x,\\
\mathcal{B}_2(U,U,V):=&\int_{\Im}[\varphi_m^0(\boldsymbol{u}_2,\boldsymbol{u}_0,\boldsymbol{v}_0)+\varphi_m^0(\boldsymbol{u}_1,\boldsymbol{u}_1,\boldsymbol{v}_0)\\
&+\varphi_m^0(\boldsymbol{u}_0,\boldsymbol{u}_2,\boldsymbol{v}_0)+\varphi_m^0(\boldsymbol{u}_0,\boldsymbol{u}_0,\boldsymbol{v}_2)+\varphi_m^0(\boldsymbol{u}_1,\boldsymbol{u}_0,\boldsymbol{v}_1)\\
&+\varphi_m^0(\boldsymbol{u}_0,\boldsymbol{u}_1,\boldsymbol{v}_1)+\varphi_m^1(\boldsymbol{u}_1,\boldsymbol{u}_0,\boldsymbol{v}_0)+\varphi_m^1(\boldsymbol{u}_0,\boldsymbol{u}_1,\boldsymbol{v}_0)\\
&+\varphi_m^1(\boldsymbol{u}_0,\boldsymbol{u}_0,\boldsymbol{v}_1)+\varphi_m^2(\boldsymbol{u}_0,\boldsymbol{u}_0,\boldsymbol{v}_0)+\Phi_2(U,U,V)]\sqrt{a}\mathrm{d}x,
\end{aligned}\tag{5.1.32}
$$

$$
\mathcal{B}_3(U,U,V)=(a_{\alpha\beta}u_1^\lambda\overset{*}{\nabla}_\lambda u_1^\alpha+2a_{\alpha\beta}u_1^\alpha u_2^3,u_1^\beta)+(b_{\alpha\beta}u^\alpha,v_1^\beta,v_1^3)
$$

$$
\begin{aligned}
\mathcal{D}_0(P,V)=&(p_0,(v_1^3+\gamma_0(\boldsymbol{v}_0))),\\
\mathcal{D}_1(P,V)=&(p_0,2v_2^3-2H(v_1^3+\gamma_0(\boldsymbol{v}_0))+\gamma_0(\boldsymbol{v}_1)+\overset{1}{\operatorname{div}}\,\boldsymbol{v}_0)\\
&+(p_1,v_1^3+\gamma_0(\boldsymbol{v}_0)),\\
\mathcal{D}_2(q,U)=&(p_0,K(v_1^3+\gamma_0(\boldsymbol{v}_0))-2H(2v_2^3+\gamma_0(\boldsymbol{v}_1)+\overset{1}{\operatorname{div}}\,\boldsymbol{v}_0)\\
&+\gamma_0(\boldsymbol{v}_2)+\overset{1}{\operatorname{div}}\,\boldsymbol{v}_1+\overset{2}{\operatorname{div}}\,\boldsymbol{v}_0)+(p_2,v_1^3+\gamma_0(\boldsymbol{v}_0))\\
&+(p_1,-2H(v_1^3+\gamma_0(\boldsymbol{v}_0))+2v_2^3+\gamma_0(\boldsymbol{v}_1)+\overset{1}{\operatorname{div}}\,\boldsymbol{v}_0).
\end{aligned}\tag{5.1.33}
$$

证明　Naiver-Stoke 方程的近似到三阶的变分问题

$$
\left\{
\begin{aligned}
&\text{求}U=\{\boldsymbol{u}_0,\boldsymbol{u}_1,\boldsymbol{u}_2\}\in V(\Im_i)\times V(\Im_i)\times V(\Im_i),\\
&\quad P=\{p_0,p_1,p_2\}\in L^2(\Im_i)\times L^2(\Im_i)\times L^2(\Im_i),\text{使得}\\
&a_m(U,V)+b_m(U,U,V)-\mathcal{D}_m(P,V)+a_b(U,V)+b_b(U,U,V)\\
&\quad -\mathcal{D}_b(P,V)+<\sigma_{3\beta}(0),v_0^\beta>+<\sigma_{33}(0),v_0^3>=<\boldsymbol{F}_\delta,V>,\\
&\quad \forall V\in V(\Im_i)^3,\\
&\mathcal{D}_m(Q,U)+\mathcal{D}_b(Q,U)=0,\quad\forall Q\in L^2(\Im_i)^3,
\end{aligned}
\right.\tag{5.1.34}
$$

将 (5.1.16), (5.1.20), (5.1.29) 代入 (5.1.34), 可以断定 (5.1.30) 成立. 证毕.

引理 5.1.5 U 的三个分量满足如下方程

$$\begin{cases} u_1^3+\gamma_0(\boldsymbol{u}_0)=0, \\ 2u_2^3+\gamma_0(\boldsymbol{u}_1)+\overset{1}{\operatorname{div}}\,\boldsymbol{u}_0=0, \\ \gamma_0(\boldsymbol{u}_2)+\overset{1}{\operatorname{div}}\,\boldsymbol{u}_1+\overset{2}{\operatorname{div}}\,\boldsymbol{u}_0=0, \end{cases} \tag{5.1.35}$$

其中第三个方程可以表示为

$$\overset{*}{\operatorname{div}}\,\boldsymbol{u}_2+\overset{1}{\operatorname{div}}\,\boldsymbol{u}_1+H\gamma_0(\boldsymbol{u}_1)+\overset{2}{\operatorname{div}}\,\boldsymbol{u}_0+H\overset{1}{\operatorname{div}}\,\boldsymbol{u}_0=0.$$

注 第三个方程也可表示为

$$\begin{aligned}&\overset{*}{\operatorname{div}}\,\boldsymbol{u}_2+3H\overset{*}{\operatorname{div}}\,(\boldsymbol{u}_1)-\overset{*}{\operatorname{div}}\,(2H\boldsymbol{u}_1)+(6H^2-2K)\overset{*}{\operatorname{div}}\,\boldsymbol{u}_0\\&\quad+12H(K-3H^2)u_0^3+u_0^\beta\overset{*}{\nabla}_\beta\,(K-3H^2)=0.\end{aligned}$$

证明 应用 (5.1.21) 和 (5.1.22), 那么 (5.1.34) 的第二个方程可写成

$$\begin{aligned}&\int_{\Im_i}\{q_0\gamma_0(\boldsymbol{u}_0)\delta+[q_1\gamma_0(\boldsymbol{u}_0)+q_0(\gamma_0(\boldsymbol{u}_1)-2H\gamma_0(\boldsymbol{u}_0)+\overset{1}{\operatorname{div}}\,\boldsymbol{u}_0)]\\
&\quad\delta^2/2+[q_2\gamma_0(\boldsymbol{u}_0)+q_1(\gamma_0(\boldsymbol{u}_1)+\overset{1}{\operatorname{div}}\,\boldsymbol{u}_0-2H\gamma_0(\boldsymbol{u}_0))\\
&\quad+q_0(K\gamma_0(\boldsymbol{u}_0)-2H(\gamma_0(\boldsymbol{u}_1)+\overset{1}{\operatorname{div}}\,\boldsymbol{u}_0)\\
&\quad+\gamma_0(\boldsymbol{u}_2)+\overset{1}{\operatorname{div}}\,\boldsymbol{u}_1+\overset{2}{\operatorname{div}}\,\boldsymbol{u}_0)]\delta^3/3\}\sqrt{a}\mathrm{d}x\\
&\quad+\int_{\Im_i}\{q_0u_1^3\delta+[q_1u_1^3+2q_0(u_2^3-Hu_1^3)]\delta^2/2\\
&\quad+[q_2u_1^3+2q_1(u_2^3-Hu_1^3)+q_0(Ku_1^3-4Hu_2^3)]\delta^3/3\}\sqrt{a}\mathrm{d}x=0,\end{aligned} \tag{5.1.36}$$

由于 Q 的任意性, 如果令 $q_2\neq 0, q_i=0, i\neq 2$, 那么

$$\int_{\Im_i}[q_2(\gamma_0(\boldsymbol{u}_0)+u_1^3)]\delta^3/3\sqrt{a}\mathrm{d}x=0,$$

0 这就推出

$$u_1^3+\gamma_0(u_0)=0. \tag{5.1.37}$$

同样, 当 $q_1\neq 0, q_i=0, i\neq 1$, 那么

$$\begin{aligned}&\int_{\Im_i}\{[q_1\gamma_0(\boldsymbol{u}_0+u_1^3)]\delta^2/2\\
&\quad+[q_1(\gamma_0(\boldsymbol{u}_1)+\overset{1}{\operatorname{div}}\,\boldsymbol{u}_0-2H\gamma_0(\boldsymbol{u}_0)+2u_2^3-2Hu_1^3)]\delta^3/3\}\sqrt{a}\mathrm{d}x=0,\end{aligned}$$

考虑到 (5.1.37), 由上式得出

$$\gamma_0(\boldsymbol{u}_1)+\overset{1}{\mathrm{div}}\,\boldsymbol{u}_0+2u_2^3=0, \tag{5.1.38}$$

由 $q_0\neq 0, q_i=0, i\neq 0$, 得到

$$\begin{aligned}&\int_{\Im_i}\{q_0\gamma_0(\boldsymbol{u}_0+u_1^3)\delta+[q_0(\gamma_0(\boldsymbol{u}_1)-2H\gamma_0(\boldsymbol{u}_0)+\overset{1}{\mathrm{div}}\,\boldsymbol{u}_0+2u_2^3-2Hu_1^3)]\delta^2/2\\&\quad+[q_0(K\gamma_0(\boldsymbol{u}_0)-2H(\gamma_0(\boldsymbol{u}_1)+\overset{1}{\mathrm{div}}\,\boldsymbol{u}_0)\\&\quad+\gamma_0(\boldsymbol{u}_2)+\overset{1}{\mathrm{div}}\,\boldsymbol{u}_1+\overset{2}{\mathrm{div}}\,\boldsymbol{u}_0+Ku_1^3-4Hu_2^3)]\delta^3/3\}\sqrt{a}\mathrm{d}x,\end{aligned}$$

将 (5.1.37), (5.1.38) 代入后推出

$$\begin{aligned}&\int_{\Im_i}\{[q_0(-2H(\gamma_0(\boldsymbol{u}_1)+\overset{1}{\mathrm{div}}\,\boldsymbol{u}_0)\\&\quad+\gamma_0(\boldsymbol{u}_2)+\overset{1}{\mathrm{div}}\,\boldsymbol{u}_1+\overset{2}{\mathrm{div}}\,\boldsymbol{u}_0-4Hu_2^3)]\delta^3/3\}\sqrt{a}\mathrm{d}x=0,\end{aligned}$$

即

$$\gamma_0(\boldsymbol{u}_2)+\overset{1}{\mathrm{div}}\,\boldsymbol{u}_1+\overset{2}{\mathrm{div}}\,\boldsymbol{u}_0=0, \tag{5.1.39}$$

也就是说, 从连续性方程得到 (5.1.35). 证毕.

定理 5.1.2 $\boldsymbol{u}_2, p_1$ 是 $(\boldsymbol{u}_0,\boldsymbol{u}_1,p_0)$ 的函数,

$$\left\{\begin{array}{l}\text{求}\,\boldsymbol{u}_2\in\boldsymbol{V}(D)=H_p^1(D)\times H_p^1(D)\times H_p^2(D),\\\quad p_1\in L^2(D)\quad\forall\boldsymbol{v}_2\in\boldsymbol{V}(D),\ \text{使得}\\u_2^\alpha=K_\beta^\alpha u_1^\beta-\dfrac{a^{\alpha\beta}}{4\mu}\overset{*}{\nabla}_\beta\,p_0+\dfrac{a^{\alpha\beta}}{4\mu\delta^3/3}(-G_{2\beta}(\boldsymbol{u}_0)+F_\beta^2),\\p_1+\left(\dfrac{3}{2}\delta^{-1}-6H\right)p_0-\mu\,\overset{*}{\mathrm{div}}\,\boldsymbol{u}_1+(2\delta^3/3)^{-1}(-G_{23}(u_0)+F_3^2)=0,\\u_1^3+\gamma_0(\boldsymbol{u}_0)=0,\end{array}\right. \tag{5.1.40}$$

其中

$$\left\{\begin{aligned}K_\beta^\alpha&=\left(\left(-\frac{3}{4}\delta^{-1}-H/2+\frac{u_0^3}{4\mu}\right)\delta_\beta^\alpha+\tfrac{1}{2}b_\beta^\alpha\right),\\G_{2\nu}(\boldsymbol{u}_0)&=-\delta^3/3[a_{\alpha\nu}\overset{*}{\Delta}u_0^\alpha+\overset{*}{\nabla}_\nu\overset{*}{\mathrm{div}}\,\boldsymbol{u}_0+Ka_{\alpha\nu}u_0^\alpha]\\&\quad-4\mu\delta^3/3\overset{*}{\nabla}_\nu Hu_0^3+2\mu\overset{*}{\nabla}_\nu u_0^3\delta^2/2\\&\quad-\delta^3/32\mu(2\overset{*}{\nabla}_\nu\gamma_0(\boldsymbol{u}_0)+(2H\delta_\nu^\lambda+b_\nu^\lambda)\overset{*}{\nabla}_\lambda u_0^3)\\&\quad+\delta^3/3[a_{\alpha\nu}u_0^\lambda\overset{*}{\nabla}_\mu u_0^\alpha-2b_{\alpha\nu}u_0^3u_0^\alpha],\\G_{23}(u_0)&=\delta^3/3[2\mu\overset{1}{\mathrm{div}}\,\boldsymbol{u}_0-\mu\overset{*}{\Delta}u_0^3+4\mu H\gamma_0(\boldsymbol{u}_0)]\\&\quad+\delta^3/3[-2\nu(\beta_0(\boldsymbol{u}_0)-\gamma_0(\boldsymbol{u}_0))\\&\quad+(u_0^\lambda\overset{*}{\nabla}_\lambda u_0^3+b_{\lambda\sigma}u_0^\lambda u_0^\sigma-u_0^3\gamma_0(\boldsymbol{u}_0))].\end{aligned}\right. \tag{5.1.41}$$

证明 由于检验函数 v 的任意性, 令 $v_2 \neq 0, v_i = 0, i = 1, 3, \cdots$, 那么实际上, 在 (4.4.34) 中令 $v_2 \neq 0, v_i = 0, i = 1, 3, \cdots$, 有

$$
\begin{aligned}
&(a_m(U,V) + b_m(U,U,V))|_{v_2\neq 0, v_i=0, i\neq 2} \\
=&\int_{\Im_i} [J_0(\boldsymbol{u}_0, \boldsymbol{v}_2) + \varphi_m^0(\boldsymbol{u}_0, \boldsymbol{u}_0, \boldsymbol{v}_2)]\delta^3/3\sqrt{a}\mathrm{d}x \\
=&\delta^3/3[(a^{\alpha\beta\lambda\sigma}\gamma_{\alpha\lambda}(\boldsymbol{u}_0), \gamma_{\beta\sigma}(\boldsymbol{v}_2)) \\
&+ (a_{\alpha\beta}u_0^\lambda \overset{*}{\nabla}_\lambda u_0^\alpha - 2b_{\alpha\beta}u_0^3 u_0^\alpha, v_2^\beta) + (u_0^\lambda \overset{*}{\nabla}_\lambda u_0^3 + b_{\lambda\sigma}u_0^\lambda u_0^\sigma, v_2^3)],
\end{aligned}
$$

$$
b_b(U,U,V)|_{v_2\neq 0, v_i=0, i\neq 2} = [(a_{\alpha\beta}u_0^3 u_1^\alpha, v_2^\beta) + (u_0^3 u_1^3, v_2^3)]\delta^3/3,
$$

$$
\begin{aligned}
a_b(U,V)|_{v_2\neq 0, v_i=0, i\neq 2} =&[(Y^\beta(\boldsymbol{u}), \overset{*}{\nabla}_\beta v_2^3) + 2\mu(u_1^3, \gamma_0(\boldsymbol{v}_2))]\delta^3/3 \\
&+ 2(Y_\beta(\boldsymbol{u}), v_2^\beta)\delta^2/2 + (Z_\beta(\boldsymbol{u}), v_2^\beta)\delta^3/3 \\
&+ 2(Y_3(\boldsymbol{u}), v_2^3)\delta^2/2 + (Z_3(\boldsymbol{u}), v_2^3)\delta^3/3, \\
\mathcal{D}(P,V)|_{v_2\neq 0, v_i=0, i\neq 2} =&(2p_0\delta^2/2 + 2(p_1 - 2Hp_0)\delta^3/3, v_2^3) + (p_0\delta^3/3, \gamma_0(\boldsymbol{v}_2)) \\
=&\delta^3/3(p_0, \overset{*}{\mathrm{div}}\, \boldsymbol{v}_2) + (2p_0\delta^2/2 + 2(p_1 - 3Hp_0)\delta^3/3, v_2^3),
\end{aligned}
$$

其中

$$
\begin{cases}
Y_\beta(\boldsymbol{u}) = \mu(a_{\alpha\beta}u_1^\alpha + \overset{*}{\nabla}_\beta u_0^3), \quad Y_3(\boldsymbol{u}) = 2\mu(u_1^3 + \gamma_0(\boldsymbol{u}_0)), \\
Z_\beta(\boldsymbol{u}) = 2\mu(2a_{\alpha\beta}u_2^\alpha - d_{\alpha\beta}u_1^\alpha + \overset{*}{\nabla}_\beta u_1^3 - 2H \overset{*}{\nabla}_\beta u_0^3), \\
Z_3(\boldsymbol{u}) = 4\mu(u_2^3 - Hu_1^3 + \gamma_0(\boldsymbol{u}_1) + m_1(\boldsymbol{u}_0)), \\
Y^\beta(\boldsymbol{u}) = a^{\alpha\beta}Y_\alpha(\boldsymbol{u}) = \mu(a^{\alpha\beta} \overset{*}{\nabla}_\alpha u_0^3 + u_1^\beta).
\end{cases}
$$

应用引理 5.1.2 和 $m_1(\boldsymbol{u}_0) = \overset{1}{\mathrm{div}}\, \boldsymbol{u}_0 - 2H\gamma_0(\boldsymbol{u}_0)$, 得到

$$
\begin{aligned}
&Y_3(\boldsymbol{u}) = 2\mu(u_1^3 + \gamma_0(\boldsymbol{u}_0)) = 0, \\
&Z_3(\boldsymbol{u}) = 4\mu(u_2^3 - Hu_1^3 + \gamma_0(\boldsymbol{u}_1) + m_1(\boldsymbol{u}_0)) = 2\mu(\gamma_0(\boldsymbol{u}_1) + \overset{1}{\mathrm{div}}\, \boldsymbol{u}_0).
\end{aligned}
$$

利用

$$
\begin{aligned}
&(a^{\alpha\beta\lambda\sigma}\gamma_{\alpha\lambda}(u_0), \gamma_{\beta\sigma}(v_2) + 2\mu(u_1^3, \gamma_0(\boldsymbol{v}_2))) = (a_*^{\alpha\beta\lambda\sigma}\gamma_{\alpha\lambda}(u_0), \gamma_{\beta\sigma}(\boldsymbol{v}_2)), \\
&a_*^{\alpha\beta\lambda\sigma} = a^{\alpha\beta\lambda\sigma} - 2\mu a^{\alpha\lambda}a^{\beta\sigma} = 2\mu(a^{\alpha\beta}a^{\lambda\sigma} - a^{\alpha\lambda}a^{\beta\sigma})
\end{aligned}
$$

和 Green 公式和指标对称性以及

$$
b_{\beta\sigma}a_*^{\alpha\beta\lambda\sigma} = 2\mu(a^{\alpha\beta}a^{\lambda\sigma}b_{\beta\sigma} - a^{\alpha\lambda}a^{\beta\sigma}b_{\beta\sigma}) = 2\mu(b^{\alpha\lambda} - 2Ha^{\alpha\lambda}).
$$

我们得到

$$
(a_*^{\alpha\beta\lambda\sigma}\gamma_{\alpha\lambda}(u_0), \gamma_{\beta\sigma}(v_2))
$$

$$
\begin{aligned}
&=(\overset{*}{\nabla}_\beta\ (a_*^{\alpha\beta\lambda\sigma}\gamma_{\alpha\lambda}(u_0)a_{\sigma\nu}v_2^\nu),1)\\
&\quad -(\overset{*}{\nabla}_\beta\ (a_*^{\alpha\beta\lambda\sigma}\gamma_{\alpha\lambda}(u_0)a_{\sigma\nu}),v_2^\nu)-(a_*^{\alpha\beta\lambda\sigma}b_{\beta\sigma}\gamma_{\alpha\lambda}(\boldsymbol{u}_0),v_2^3)\\
&=-(\overset{*}{\nabla}_\beta\ (a_*^{\alpha\beta\lambda\sigma}\gamma_{\alpha\lambda}(u_0)a_{\sigma\nu}),v_2^\nu)-2\mu(\beta_0(u_0)-2H\gamma_0(u_0),v_2^3),
\end{aligned}\tag{5.1.42}
$$

综合以上结果得

$$
\begin{aligned}
&\{a_m(U,V)+b_m(U,U,V)+a_b(U,V)+b_b(U,U,V)-\mathcal{D}_m(U,P)\\
&\quad -\mathcal{D}_b(U,P)\}|_{v_2\neq 0,v_i=o,i\neq 2}\\
&=(2Y_\nu\delta^2/2+Z_\nu\delta^3/3-\overset{*}{\nabla}_\beta\ (a_*^{\alpha\beta\lambda\sigma}\gamma_{\alpha\lambda}(u_0)a_{\sigma\nu})\delta^3/3,v_2^\nu)\\
&\quad +\delta^3/3(a_{\alpha\beta}u_0^\lambda\overset{*}{\nabla}_\lambda\ u_0^\alpha-2b_{\alpha\beta}u_0^3u_0^\alpha+a_{\alpha\beta}u_0^3u_1^\alpha+\overset{*}{\nabla}_\beta\ p_0,v_2^\beta)\\
&\quad +\delta^3/3(Z_3-\overset{*}{\nabla}_\beta\ Y^\beta-2\nu(\beta_0(\boldsymbol{u}_0)-\gamma_0(\boldsymbol{u}_0)),v_2^3)\\
&\quad +(u_0^\lambda\overset{*}{\nabla}_\lambda\ u_0^3+b_{\lambda\sigma}u_0^\lambda u_0^\sigma+u_0^3u_1^3,v_2^3)\delta^3/3\\
&\quad +(2p_0\delta^2/2+2(p_1-3Hp_0)\delta^3/3,v_2^3).
\end{aligned}
$$

代入 (5.1.34) 得

$$
\left\{
\begin{aligned}
&\delta^3/34\mu a_{\alpha\nu}u_2^\alpha+(2\mu a_{\alpha\nu}\delta^2/2-\delta^3/3(a_{\alpha\nu}u_0^3+2\mu d_{\alpha\nu}))u_1^\alpha+G_{2\nu}(\boldsymbol{u}_0,p_0)=\overline{F}_{2\nu},\\
&\delta^3/3(Z_3-\overset{*}{\nabla}_\beta\ Y^\beta-2\nu(\beta_0(\boldsymbol{u}_0)-\gamma_0(\boldsymbol{u}_0))\\
&\quad +(u_0^\lambda\overset{*}{\nabla}_\lambda\ u_0^3+b_{\lambda\sigma}u_0^\lambda u_0^\sigma-u_0^3\gamma_0(\boldsymbol{u}_0))\delta^3/3\\
&\quad -2p_0\delta^2/2-2(p_1-3Hp_0)\delta^3/3)=\overline{F}_{23},
\end{aligned}
\right.
$$

其中

$$
\begin{aligned}
G_{2\nu}(\boldsymbol{u}_0,p_0)=&-\delta^3/3\overset{*}{\nabla}_\beta\ (a_*^{\alpha\beta\lambda\sigma}\gamma_{\alpha\lambda}(\boldsymbol{u}_0)a_{\sigma\nu})\\
&+2\mu\overset{*}{\nabla}_\nu\ u_0^3\delta^2/2-\delta^3/32\mu(\overset{*}{\nabla}_\nu\ \gamma_0(\boldsymbol{u}_0)+2H\overset{*}{\nabla}_\nu\ u_0^3)\\
&+\delta^3/3[a_{\alpha\nu}u_0^\lambda\overset{*}{\nabla}_\mu\ u_0^\alpha-2b_{\alpha\nu}u_0^3u_0^\alpha+\overset{*}{\nabla}_\nu\ p_0],
\end{aligned}
$$

但是

$$
\begin{aligned}
&\overset{*}{\nabla}_\beta\ Y^\beta=\mu(\overset{*}{\Delta}\ u_0^3+\overset{*}{\nabla}_\beta\ u_1^\beta)=\mu(\overset{*}{\Delta}\ u_0^3+\overset{*}{\operatorname{div}}\ \boldsymbol{u}_1),\\
&Z_3-\overset{*}{\nabla}_\beta\ Y^\beta=\mu\overset{*}{\operatorname{div}}\ \boldsymbol{u}_1+2\mu\overset{1}{\operatorname{div}}\ \boldsymbol{u}_0-\mu\overset{*}{\Delta}\ u_0^3+4\mu H\gamma_0(\boldsymbol{u}_0),
\end{aligned}
$$

最后

$$
\left\{
\begin{aligned}
&\delta^3/34\mu a_{\alpha\nu}u_2^\alpha+(2\mu a_{\alpha\nu}\delta^2/2-\delta^3/3(a_{\alpha\nu}u_0^3+2\mu d_{\alpha\nu}))u_1^\alpha\\
&\quad +\delta^3/3\overset{*}{\nabla}_\nu\ p_0+G_{2\nu}(\boldsymbol{u}_0)=F_\nu^2,\\
&2p_1\delta^3/3-\mu\delta^3/3\overset{*}{\operatorname{div}}\ \boldsymbol{u}_1+(2\delta^2/2-6H\delta^3/3)p_0-G_{23}(u_0)=-F_3^2,
\end{aligned}
\right.
$$

其中

$$
G_{2\nu}(\boldsymbol{u}_0,p_0)=-\delta^3/3\overset{*}{\nabla}_\beta\ (a_*^{\alpha\beta\lambda\sigma}\gamma_{\alpha\lambda}(\boldsymbol{u}_0)a_{\sigma\nu})
$$

$$
\begin{aligned}
&+ 2\mu \overset{*}{\nabla}_\nu u_0^3\delta^2/2 - \delta^3/32\mu(\overset{*}{\nabla}_\nu \gamma_0(\boldsymbol{u}_0) + 2H \overset{*}{\nabla}_\nu u_0^3) \\
&+ \delta^3/3[a_{\alpha\nu}u_0^\beta \overset{*}{\nabla}_\beta u_0^\alpha - 2b_{\alpha\nu}u_0^3u_0^\alpha], \\
G_{23}(u_0,p_0) =&\delta^3/3[2\mu \overset{1}{\operatorname{div}} \boldsymbol{u}_0 - \mu \overset{*}{\Delta} u_0^3 + 4\mu H\gamma_0(\boldsymbol{u}_0)] \\
&+ \delta^3/3[-2\nu(\beta_0(\boldsymbol{u}_0) - \gamma_0(\boldsymbol{u}_0)) + (u_0^\lambda \overset{*}{\nabla}_\lambda u_0^3 + b_{\lambda\sigma}u_0^\lambda u_0^\sigma - u_0^3\gamma_0(\boldsymbol{u}_0))].
\end{aligned}
$$

由于

$$
a_{\sigma\nu} \overset{*}{\nabla}_\beta (a_*^{\alpha\beta\lambda\sigma}\gamma_{\alpha\lambda}(u_0)) = a_{\sigma\nu} \overset{*}{\nabla}_\beta (2\mu(\gamma^{\beta\sigma}(\boldsymbol{u}_0) + a^{\beta\sigma}\gamma_0(\boldsymbol{u}_0))),
$$

再应用 (1.8.79) 公式, 可以直接推出 (5.1.40) 和 (5.1.41). 证毕

推论 p_0 是下列边值问题的解:

$$
\begin{cases}
-\overset{*}{\Delta} p_0 + M_1(\boldsymbol{u}_1) + M_0(\boldsymbol{u}_0) = -\dfrac{a^{\alpha\beta}}{\delta^3/3} \overset{*}{\nabla}_\alpha F_\beta^2, \\
M_1(\boldsymbol{u}_1) = \overset{*}{\operatorname{div}} ((-3\mu\delta^{-1} + 2\mu H + u_0^3)\boldsymbol{u}_1) - 12\mu \overset{*}{\nabla}_\beta Hu_1^\beta, \\
M_0(\boldsymbol{u}_0) = -\dfrac{a^{\alpha\beta}}{\delta^3/3} \overset{*}{\nabla}_\alpha G_{2\beta}(\boldsymbol{u}_0) + 16\mu(3H^2 - K) \overset{*}{\operatorname{div}} (H\boldsymbol{u}_0) \\
\qquad -48\mu(2H^3 - HK)u_0^3 - 4\mu u_0^\alpha \overset{*}{\nabla}_\alpha (3H^2 - K), \\
p_0, \quad \text{s.t.周期性边界条件, 或无边界}.
\end{cases}
$$

证明 对 (5.1.40) 的第一式作用导算子 $\overset{*}{\nabla}_\alpha$,

$$
\overset{*}{\nabla}_\alpha u_2^\alpha = \overset{*}{\nabla}_\alpha (K_\beta^\alpha u_1^\beta) - \frac{1}{4\mu} \overset{*}{\Delta} p_0 - \frac{a^{\alpha\beta}}{4\mu\delta^3/3} \overset{*}{\nabla}_\alpha G_{2\beta}(\boldsymbol{u}_0) + \frac{a^{\alpha\beta}}{4\mu\delta^3/3} \overset{*}{\nabla}_\alpha F_\beta^2,
$$

由引理 5.1.5 第三式可以推出

$$
\begin{aligned}
&\overset{*}{\operatorname{div}} \boldsymbol{u}_2 + 3H \overset{*}{\operatorname{div}} \boldsymbol{u}_1 - \overset{*}{\operatorname{div}} (2H\boldsymbol{u}_1) + (6H^2 - 2K) \overset{*}{\operatorname{div}} (2H\boldsymbol{u}_0) \\
&\quad -(24H^3 - 12HK)u_0^3 - u_0^\alpha \overset{*}{\nabla}_\alpha (3H^2 - K) = 0.
\end{aligned}
$$

联立以上两式得

$$
\begin{aligned}
&\overset{*}{\nabla}_\alpha (K_\beta^\alpha u_1^\beta) - \frac{1}{4\mu} \overset{*}{\Delta} p_0 - \frac{a^{\alpha\beta}}{4\mu\delta^3/3} \overset{*}{\nabla}_\alpha G_{2\beta}(\boldsymbol{u}_0) + \frac{a^{\alpha\beta}}{4\mu\delta^3/3} \overset{*}{\nabla}_\alpha F_\beta^2 \\
&\quad +3H \overset{*}{\operatorname{div}} \boldsymbol{u}_1 - \overset{*}{\operatorname{div}} (2H\boldsymbol{u}_1) + (6H^2 - 2K) \overset{*}{\operatorname{div}} (2H\boldsymbol{u}_0) \\
&\quad -(24H^3 - 12HK)u_0^3 - u_0^\alpha \overset{*}{\nabla}_\alpha (3H^2 - K) = 0.
\end{aligned}
$$

但是, 由 (5.1.41) 第一式得

$$
\begin{aligned}
\overset{*}{\nabla}_\alpha (K_\beta^\alpha u_1^\beta) =& K_\beta^\alpha \overset{*}{\nabla}_\alpha (u_1^\beta) + \overset{*}{\nabla}_\alpha K_\beta^\alpha u_1^\beta \\
=& \left(-\frac{3}{4}\delta^{-1} - \frac{H}{2} + \frac{u_0^3}{4\mu}\right) \delta_\beta^\alpha \overset{*}{\nabla}_\alpha u_1^\beta
\end{aligned}
$$

$$+\frac{1}{2}b_\beta^\alpha \overset{*}{\nabla}_\alpha u_1^\beta + \overset{*}{\nabla}_\alpha \left(-\frac{H}{2}+\frac{u_0^3}{4\mu}\right)u_1^\alpha + \frac{1}{2}\overset{*}{\nabla}_\alpha b_\beta^\alpha u_1^\beta,$$

然而

$$b_\beta^\alpha \overset{*}{\nabla}_\alpha u_1^\beta + \overset{*}{\nabla}_\alpha b_\beta^\alpha u_1^\beta = \overset{*}{\nabla}_\alpha (b_\beta^\alpha u_1^\beta),$$

所以

$$\overset{*}{\nabla}_\alpha (K_\beta^\alpha u_1^\beta) = \left(-\frac{3}{4}\delta^{-1} - \frac{H}{2} + \frac{u_0^3}{4\mu}\right)\overset{*}{\operatorname{div}}\, \boldsymbol{u}_1 + \left(-\frac{1}{2}\overset{*}{\nabla}_\alpha H + \frac{1}{4\mu}\overset{*}{\nabla}_\alpha u_0^3\right)u_1^\alpha.$$

代入联立等式得

$$\begin{aligned}&\left(-\frac{3}{4}\delta^{-1} - \frac{H}{2} + \frac{u_0^3}{4\mu}\right)\overset{*}{\operatorname{div}}\, \boldsymbol{u}_1 + \left(-\frac{1}{2}\overset{*}{\nabla}_\alpha H + \frac{1}{4\mu}\overset{*}{\nabla}_\alpha u_0^3\right)u_1^\alpha \\ &-\frac{1}{4\mu}\overset{*}{\Delta} p_0 - \frac{a^{\alpha\beta}}{4\mu\delta^3/3}\overset{*}{\nabla}_\alpha G_{2\beta}(\boldsymbol{u}_0) + \frac{a^{\alpha\beta}}{4\mu\delta^3/3}\overset{*}{\nabla}_\alpha F_\beta^2 \\ &+3H\overset{*}{\operatorname{div}}\, \boldsymbol{u}_1 - \overset{*}{\operatorname{div}}\,(2H\boldsymbol{u}_1) + (6H^2-2K)\overset{*}{\operatorname{div}}\,(2H\boldsymbol{u}_0) \\ &-(24H^3-12HK)u_0^3 - u_0^\alpha \overset{*}{\nabla}_\alpha (3H^2-K) = 0.\end{aligned}$$

也就是

$$\begin{aligned}&-\overset{*}{\Delta} p_0 + M_1(\boldsymbol{u}_1) + M_0(\boldsymbol{u}_0) = -\frac{a^{\alpha\beta}}{\delta^3/3}\overset{*}{\nabla}_\alpha F_\beta^2, \\ &M_1(\boldsymbol{u}_1) = (-3\mu\delta^{-1} + 10\mu H + u_0^3)\overset{*}{\operatorname{div}}\, \boldsymbol{u}_1 + (-2\mu \overset{*}{\nabla}_\alpha H + \overset{*}{\nabla}_\alpha u_0^3)u_1^\alpha \\ &\qquad -8\mu \overset{*}{\operatorname{div}}\,(H\boldsymbol{u}_1) \\ &\qquad = \overset{*}{\operatorname{div}}\,((-3\mu\delta^{-1} + 2\mu H + u_0^3)\boldsymbol{u}_1) - 12\mu \overset{*}{\nabla}_\beta H u_1^\beta, \\ &M_0(\boldsymbol{u}_0) = -\frac{a^{\alpha\beta}}{\delta^3/3}\overset{*}{\nabla}_\alpha G_{2\beta}(\boldsymbol{u}_0) + 16\mu(3H^2-K)\overset{*}{\operatorname{div}}\,(H\boldsymbol{u}_0) \\ &\qquad -48\mu(2H^3-HK)u_0^3 - 4\mu u_0^\alpha \overset{*}{\nabla}_\alpha (3H^2-K).\end{aligned}$$

证毕.

定理 5.1.3 $(\boldsymbol{u}_1, p_1)$ 满足变分问题:

$$\begin{cases} \text{求}(\boldsymbol{u}_1, p_2) \in \boldsymbol{V}(D)\times L^2(D), \forall \boldsymbol{v}_1 \in \boldsymbol{V}(D), \text{使得} \\ \delta^3/3[a(\boldsymbol{u}_1,\boldsymbol{v}_1) + b(\boldsymbol{u}_1,\boldsymbol{u}_0,\boldsymbol{v}_1) + b(\boldsymbol{u}_0,\boldsymbol{u}_1,\boldsymbol{v}_1) \\ \qquad + a_1(\boldsymbol{u}_0,\boldsymbol{v}_1) + b_1(u_0,u_0,v_1) + \delta^2/2[a(\boldsymbol{u}_0,\boldsymbol{v}_1) + b(\boldsymbol{u}_0,\boldsymbol{u}_0,\boldsymbol{v}_1) \\ \qquad + \delta^4/4b_3(u_1,u_1,v_1)] \\ \qquad + (L_{\alpha\beta}u_1^\alpha, v_1^\beta) + (L_3(\boldsymbol{u}_1), v_1^3) + (D_{1\beta}(p_0), v_1^\beta) + (\delta^3/3p_2 + D_{13}(p_0), v_1^3) \\ \qquad + (G_{1\beta}(\boldsymbol{u}_0), v_1^\beta) + (G_{13}(\boldsymbol{u}_0), v_1^3) = (\widetilde{F}_\beta^1, v_1^\beta) + (\widetilde{F}_3^1, v_1^3), \\ \delta^3/3(q_1, 2u_2^3 + \gamma_0(\boldsymbol{u}_1) + \overset{1}{\operatorname{div}}\, \boldsymbol{u}_0) = 0, \end{cases} \tag{5.1.43}$$

其中

$$
\begin{aligned}
&a(\boldsymbol{u}_1,\boldsymbol{v}_1)=(a^{\alpha\beta\lambda\sigma}\gamma_{\alpha\lambda}(\boldsymbol{u}_1),\gamma_{\beta\sigma}(\boldsymbol{v}_1))=(A_{0\beta}(\boldsymbol{u}_1),v_1^\beta)+(A_{03}(\boldsymbol{u}_1),v_1^3),\\
&a(\boldsymbol{u}_0,\boldsymbol{v}_1)=(a^{\alpha\beta\lambda\sigma}\gamma_{\alpha\lambda}(\boldsymbol{u}_0),\gamma_{\beta\sigma}(\boldsymbol{v}_1))=(A_{0\beta}(\boldsymbol{u}_0),v_1^\beta)+(A_{03}(\boldsymbol{u}_0),v_1^3),\\
&a_1(\boldsymbol{u}_0,\boldsymbol{v}_1)=\int_{\Im_i}(J_1(\boldsymbol{u}_0,\boldsymbol{v}_1)\sqrt{a}\mathrm{d}x\\
&\qquad=(a^{\alpha\beta\lambda\sigma}\gamma_{\alpha\lambda}(u_0),\overset{1}{\gamma}_{\beta\sigma}(\boldsymbol{v}_1))+(\Gamma_{10}^{\beta\sigma}(\boldsymbol{u}_0),\gamma_{\beta\sigma}(\boldsymbol{v}_1))\\
&\qquad=(A_{1\beta}(\boldsymbol{u}_1),v_1^\beta)+(A_{13}(\boldsymbol{u}_1),v_1^3),\\
&b(\boldsymbol{u}_1,\boldsymbol{u}_0,\boldsymbol{v}_1)+b(\boldsymbol{u}_0,\boldsymbol{u}_1,\boldsymbol{v}_1)=(B_\beta(\boldsymbol{u}_1,\boldsymbol{u}_0)+B_\beta(\boldsymbol{u}_1,\boldsymbol{u}_0).v_1^\beta)\\
&\qquad\qquad+(B_3(\boldsymbol{u}_1,\boldsymbol{u}_0)+B_3(\boldsymbol{u}_1,\boldsymbol{u}_0),v_1^3),\\
&b(\boldsymbol{u}_0,\boldsymbol{u}_0,\boldsymbol{v}_1)=(B_\beta(\boldsymbol{u}_0,\boldsymbol{u}_0),v_1)+(B_3(\boldsymbol{u}_0,\boldsymbol{u}_0),v_1^3),\\
&b_1(\boldsymbol{u}_0,\boldsymbol{u}_0,\boldsymbol{v}_1)=\int_{\Im_i}[\varphi_m^1(\boldsymbol{u}_0,\boldsymbol{u}_0,\boldsymbol{v}_1)]\sqrt{a}\mathrm{d}x=(B_1(\boldsymbol{u}_0,\boldsymbol{u}_0),\boldsymbol{v}_1)\\
&\qquad=(B_{1\beta}(\boldsymbol{u}_0,\boldsymbol{u}_0),v_1^\beta)+(B_{13}(\boldsymbol{u}_0,\boldsymbol{u}_0)),\\
&b_3(u_1,u_1,v_1)=(B_{3\beta}(u_1,u_1),v_1^\beta)+(B_{33}(u_1,u_1),v_1),
\end{aligned}
\tag{5.1.44}
$$

$$
\begin{aligned}
L_{\alpha\beta}=&\mu\left[\left(\frac{1}{2}\delta+(u_0^3-2H)\delta^2/2+4((K-H^2)/2\right.\right.\\
&\left.\left.+\left(\frac{u_0^3}{2\mu}\right)^2/2)\delta^3/3\right)a_{\beta\alpha}+(6\delta^2/2+10H\delta^3/3)b_{\beta\alpha}\right],\\
L_3(\boldsymbol{u}_1)=&\delta^3/3((11\mu H-u_0^3)\overset{*}{\mathrm{div}}\,\boldsymbol{u}_1-8\mu\overset{*}{\nabla}_\alpha Hu_1^\alpha),\\
D_{1\beta}(p_0)=&\widetilde{D}_{1\beta}(p_0)+\left[\left(\delta^2/2+\left(H+\frac{u_0^3}{2\mu}\right)\delta^3/3\right)\delta_\beta^\alpha-\delta^3/3b_\beta^\alpha\right]\overset{*}{\nabla}_\alpha p_0\\
=&-2\delta^3/3(\overset{*}{\nabla}_\beta Hp_0+2H\overset{*}{\nabla}_\beta p_0)\\
&+\left[\left(\delta^2/2+\left(H+\frac{u_0^3}{2\mu}\right)\delta^3/3\right)\delta_\beta^\alpha-\delta^3/3b_\beta^\alpha\right]\overset{*}{\nabla}_\alpha p_0,\\
D_{13}(p_0)=&\left(\frac{\delta}{4}+5H\delta^2/2+(3K-16H^2)\delta^3/3\right)p_0,\\
G_{1\beta}(\boldsymbol{u}_0)=&\Phi_\beta(\boldsymbol{u}_0)-\left[\left(\frac{3}{2}\delta^{-1}+\left(H+\frac{u_0^3}{2\mu}\right)\right)\delta_\beta^\alpha-b_\beta^\alpha\right]G_{2\alpha}(\boldsymbol{u}_0)),\\
G_{13}(\boldsymbol{u}_0)=&\Phi_3(\boldsymbol{u}_0)+\left(-\frac{3}{4}\delta^{-1}+H\right)G_{23}(\boldsymbol{u}_0),\\
\widetilde{F}_\beta^1=&F_\beta^1-\left[\left(\frac{3}{2}\delta^{-1}+\left(H+\frac{u_0^3}{2\mu}\right)\right)\delta_\beta^\alpha-b_\beta^\alpha\right]F_\alpha^2-\frac{1}{2}(\overset{*}{\nabla}_\beta(F_3^2),\\
\widetilde{F}_3^1=&F_3^1+\left(-\frac{3}{4}\delta^{-1}+H\right)F_3^2,
\end{aligned}
$$

$$
\begin{aligned}
F_\beta^0 =& \widetilde{f}_\beta^0 + \sigma_{3\beta}(\delta), \quad F_\beta^1 = \widetilde{f}_\beta^1 + \sigma_{3\beta}(\delta)\delta,\\
F_\beta^2 =& \widetilde{f}_\beta^2 + \sigma_{3\beta}(\delta)\delta^2 \quad F_3^0 = \widetilde{f}_3^0 + \sigma^{33}(\delta)\\
F_3^1 =& \widetilde{f}_3^1 + \sigma^{33}(\delta)\delta, \quad F_3^2 = \widetilde{f}_3^2 + \sigma^{33}(\delta)\delta^2,
\end{aligned}
$$

$$
\begin{aligned}
\widetilde{F}_\beta^1 =& \widetilde{f}_\beta^1 - d_\beta^\alpha \widetilde{f}_\alpha^2 + \frac{1}{2}\overset{*}{\nabla}_\beta (\widetilde{f}_3^2)\\
&+ g_{\alpha\lambda}(\delta)\sigma^{3\lambda}(\delta)(1-H)^2\delta h_\beta^\alpha + \frac{1}{2}\overset{*}{\nabla}_\beta (\sigma^{33}(\delta)(1-H)^2\delta^2),\\
\widetilde{F}_3^1 =& \widetilde{f}_3^1 + \left(-\frac{3}{4}\delta^{-1} + H\right)\widetilde{f}_3^2 + \sigma^{33}(\delta)(1-H)^2\delta(-1+H\delta),\\
h_\beta^\alpha =& -\frac{1}{2}\delta_\beta^\alpha - \left[\left(H + \frac{u_0^3}{2\mu}\right)\delta_\beta^\alpha + b_\beta^\alpha\right]\delta,\\
d_\beta^\alpha =& \left(\frac{3}{2}\delta^{-1} + \left(H + \frac{u_0^3}{2\mu}\right)\right)\delta_\beta^\alpha - b_\beta^\alpha.
\end{aligned}
\tag{5.1.45}
$$

B_0, B_1, B_2, B_3 由 (5.1.32) 所定义.

对应的边值问题是

$$
\begin{cases}
\delta^3/3\Big[\dfrac{1}{2}(\overset{*}{\Delta} u_1^\alpha + a^{\alpha\beta}\overset{*}{\nabla}_\beta \overset{*}{\operatorname{div}} \boldsymbol{u}_1 + K u_1^\alpha)\\
\quad +a^{\alpha\beta}(B_\beta(\boldsymbol{u}_1,\boldsymbol{u}_0) + B_\beta(\boldsymbol{u}_0,\boldsymbol{u}_1))\\
\quad -4\mu a^{\alpha\beta}\overset{*}{\nabla}_\beta H\gamma_0(\boldsymbol{u}_0) - 2\mu b^{\alpha\beta}\overset{*}{\nabla}_\beta \gamma_0(\boldsymbol{u}_0)\Big]\\
\quad +L_\beta^\alpha u_1^\beta + a^{\alpha\beta}(D_{1\beta}(p_0) + G_{1\beta}(\boldsymbol{u}_0))\\
\quad +\delta^3/3a^{\alpha\beta}[A_{1\beta}(\boldsymbol{u}_0) + B_{1\beta}(\boldsymbol{u}_0,\boldsymbol{u}_0)]\\
\quad +\delta^2/2a^{\alpha\beta}[A_{0\beta}(\boldsymbol{u}_0) + B_{0\beta}(\boldsymbol{u}_0,\boldsymbol{u}_0)] = a^{\alpha\beta}\widetilde{F}_\beta^1,\\
\delta^3/3(p_2 - 2\mu\beta_0(\boldsymbol{u}_1) + B_3(\boldsymbol{u}_1,\boldsymbol{u}_0) + B_3(\boldsymbol{u}_0,\boldsymbol{u}_1))\\
\quad +L_3(\boldsymbol{u}_1) + D_{13}(p_0) + G_{13}(\boldsymbol{u}_0)\\
\quad +\delta^2/2[A_{13}(\boldsymbol{u}_0) + B_{13}(\boldsymbol{u}_0,\boldsymbol{u}_0)] = \widetilde{F}_3^1,\\
2u_2^3 + \gamma_0(\boldsymbol{u}_1) + \overset{1}{\operatorname{div}}\, \boldsymbol{u}_0 = 0,
\end{cases}
\tag{5.1.46}
$$

其中

$$
\begin{aligned}
A_{0\beta}(\boldsymbol{u}_1) =& -\mu(a_{\alpha\beta}\overset{*}{\Delta} u_1^\alpha + \overset{*}{\nabla}_\beta \overset{*}{\operatorname{div}} \boldsymbol{u}_1 + a_{\alpha\beta}K u_1^\sigma)\\
&- (4\mu\overset{*}{\nabla}_\beta H\gamma_0(\boldsymbol{u}_0) + 2\mu b_\beta^\alpha \overset{*}{\nabla}_\alpha \gamma_0(\boldsymbol{u}_0)),\\
A_{03}(\boldsymbol{u}_1) =& -(2\mu\beta_0(\boldsymbol{u}_1)), \quad A_{03}(\boldsymbol{u}_0) = -(2\mu\beta_0(\boldsymbol{u}_0)),\\
A_{0\beta}(\boldsymbol{u}_0) =& \mu[-a_{\alpha\beta}(\overset{*}{\Delta} u_0^\alpha + K u_0^\alpha) + \overset{*}{\nabla}_\beta \overset{*}{\operatorname{div}} \boldsymbol{u}_0\\
&+ 4\overset{*}{\nabla}_\beta H u_0^3 + 2b_\beta^\alpha \overset{*}{\nabla}_\alpha u_0^3],
\end{aligned}
$$

$$\begin{aligned}
A_{1\nu}(\boldsymbol{u}_0) &= \overset{*}{\nabla}_\beta\,(4\mu b_{\nu\sigma}\gamma^{\beta\sigma}(\boldsymbol{u}_0) - a_{\nu\sigma}\Gamma_{11}^{\beta\sigma}(\boldsymbol{u}_0)) - 2\mu\gamma^{\beta\sigma}(\boldsymbol{u}_0)\,\overset{*}{\nabla}_\nu\, b_{\beta\sigma},\\
A_{13}(\boldsymbol{u}_0) &=2\mu(K-4H^2)\gamma_0(\boldsymbol{u}_0) + 20\mu H\beta_0(\boldsymbol{u}_0)\\
&\quad - 4\mu H(4H^2-K)u_0^3 - 2\mu\,\overset{*}{\nabla}_\beta\,(2H^2-K)u_0^\beta],
\end{aligned}\tag{5.1.47}$$

$$\begin{cases}
B_\beta(\boldsymbol{u}_1,\boldsymbol{u}_0) + B_\beta(\boldsymbol{u}_0,\boldsymbol{u}_1) = a_{\lambda\beta}(u_0^\sigma\,\overset{*}{\nabla}_\sigma\, u_1^\lambda + u_1^\sigma\,\overset{*}{\nabla}_\sigma\, u_0^\lambda)\\
\qquad\qquad -2b_{\beta\sigma}(u_0^3u_1^\sigma + u_1^3u_0^\sigma),\\
B_3(\boldsymbol{u}_1,\boldsymbol{u}_0) + B_\beta(\boldsymbol{u}_0,\boldsymbol{u}_1) = (u_0^\sigma\,\overset{*}{\nabla}_\sigma\, u_1^3 + u_1^\sigma\,\overset{*}{\nabla}_\sigma\, u_0^3) + 2b_{\beta\sigma}u_0^\lambda u_1^\sigma,\\
B_\beta(u_0,u_0) = a_{\lambda\beta}u_0^\sigma\,\overset{*}{\nabla}_\sigma\, u_0^\lambda - 2b_{\beta\lambda}u_0^\lambda u_0^3,\\
B_3(u_0,u_0) = u_1^\beta\,\overset{*}{\nabla}_\beta\, u_0^3 + u_0^\beta\,\overset{*}{\nabla}_\beta\, u_1^3 + 2b_{\beta\lambda}u_1^\lambda u_0^\beta,\\
B_{1\beta}(u_0,u_0) = [-2(b_{\lambda\beta} + Ha_{\lambda\beta})\,\overset{*}{\nabla}_\sigma\, u_0^\lambda u_0^\sigma\\
\qquad +2(c_{\beta\sigma} + 2Hb_{\beta\sigma})u_0^\sigma u_0^3 - \overset{*}{\nabla}_\beta\, b_{\sigma\gamma}u_0^\sigma u_0^\gamma],\\
B_{13}(u_0,u_0) = [-(c_{\beta\lambda} + 2Hb_{\beta\lambda})u_0^\sigma u_0^\lambda + 2Hu_0^\sigma\,\overset{*}{\nabla}_\sigma\, u_0^3],\\
B_{3\beta}(u_1,u_2) = a_{\alpha\beta}u_1^\lambda\,\overset{*}{\nabla}_\lambda\, u_1^\alpha + 2a_{\alpha\beta}u_1^\alpha u_2^3,\\
B_{33}(u_1,u_2) = b_{\alpha\beta}u_1^\alpha u_1^\beta,
\end{cases}\tag{5.1.48}$$

$$\begin{aligned}
\Phi_3(u_0) =& - 2\mu\delta^3/3((8H^3-6HK)u_0^3 + u_0^\beta\,\overset{*}{\nabla}_\beta\, H^2)\\
& - \delta^2/2u_0^3\gamma_0(\boldsymbol{u}_0) + \delta^3/3(\gamma_0(\boldsymbol{u}_0))^2 + \mu\delta^3/3[(22H^2-2K)\gamma_0(u_0)\\
& - (12H^3-8HK)u_0^3 - u_0^\alpha\,\overset{*}{\nabla}_\alpha\,(3H^2-K)]\\
& + u_0^3\delta^3/3((-2H\gamma_0(\boldsymbol{u}_0) + (4H^2-2K)u_0^3 + 2u_0^\alpha\,\overset{*}{\nabla}_\alpha\, H)\\
& + \overset{1}{\operatorname{div}}\,\boldsymbol{u}_0) + 2\mu H(\delta^2/2 - 2H\delta^3/3)\gamma_0(\boldsymbol{u}_0))\\
& + \mu\delta^3/3\,\overset{*}{\Delta}\, u_0^3 + \mu\delta^3/3[-\overset{*}{\Delta}\,\gamma_0(u_0) + \overset{*}{\nabla}_\beta\,(d^{\alpha\beta}\,\overset{*}{\nabla}_\alpha\, u_0^3)]),
\end{aligned}\tag{5.1.49}$$

$$\begin{aligned}
\Phi_\beta(u_0) =&\mu(\delta\,\overset{*}{\nabla}_\beta\, u_0^3 - \delta^2/2\,\overset{*}{\nabla}_\beta\,\gamma_0(\boldsymbol{u}_0)\\
& + \delta^3/3(2H\,\overset{*}{\nabla}_\beta\,\gamma_0(\boldsymbol{u}_0) + 4\gamma_0(\boldsymbol{u}_0)\,\overset{*}{\nabla}_\beta\, H + K\,\overset{*}{\nabla}_\beta\, u_0^3))\\
& + 2\mu\,\overset{*}{\nabla}_\beta\,(\delta^3/3\,\overset{1}{\operatorname{div}}\,\boldsymbol{u}_0 + (\delta^2/2 - H\delta^3/3)\gamma_0(\boldsymbol{u}_0))\\
& + \mu\delta^3/3\,\overset{*}{\nabla}_\beta\,((4H^2-2K)u_0^3 + 2u_0^\alpha\,\overset{*}{\nabla}_\alpha\, H),
\end{aligned}$$

$G_{2\nu}(u_0), G_{23}(u_0)$ 由 (5.1.41) 定义.

证明 在 (5.1.34) 中, 令 $v_1 \neq 0, q_1 \neq 0$, 其他 $v_i = 0, q_i = 0, i \neq 1$,

$$\begin{aligned}
&(a_m(U,V) + b_m(U,U,V))|_{v_1\neq 0, v_i=0, i\neq 1}\\
=& \int_{\Im_i} [(J_0(\boldsymbol{u}_1,\boldsymbol{v}_1) + \varphi_m^0(\boldsymbol{u}_1,\boldsymbol{u}_0,\boldsymbol{v}_1) + \varphi_m^0(\boldsymbol{u}_0,\boldsymbol{u}_1,\boldsymbol{v}_1))\delta^3/3\\
& + (J_0(\boldsymbol{u}_0,\boldsymbol{v}_1)\delta^2/2 + J_1(\boldsymbol{u}_0,\boldsymbol{v}_1)\delta^3/3
\end{aligned}$$

$$
\begin{aligned}
&+\varphi_m^0(\boldsymbol{u}_0,\boldsymbol{u}_0,\boldsymbol{v}_1)\delta^2/2+\varphi_m^1(\boldsymbol{u}_0,\boldsymbol{u}_0,\boldsymbol{v}_1)\delta^3/3]\sqrt{a}\mathrm{d}x\\
=&\delta^3/3[a(\boldsymbol{u}_1,\boldsymbol{v}_1)+b(\boldsymbol{u}_1,\boldsymbol{u}_0,\boldsymbol{v}_1)+b(\boldsymbol{u}_0,\boldsymbol{u}_1,\boldsymbol{v}_1)\\
&+a_1(\boldsymbol{u}_0,\boldsymbol{v}_1)+b_1(u_0,u_0,v_1)]+\delta^2/2[a(\boldsymbol{u}_0,\boldsymbol{v}_1)+b(\boldsymbol{u}_0,\boldsymbol{u}_0,\boldsymbol{v}_1)],
\end{aligned}\tag{5.1.50}
$$

其中, 由 Korn 不等式可知

$$
\begin{cases}
a(\boldsymbol{u}_1,\boldsymbol{v}_1)=(a^{\alpha\beta\lambda\sigma}\gamma_{\alpha\lambda}(\boldsymbol{u}_1),\gamma_{\beta\sigma}(\boldsymbol{v}_1))=2\mu(\gamma^{\beta\sigma}(\boldsymbol{u}_1),\gamma_{\beta\sigma}(\boldsymbol{v}_1))\\
\quad \text{在 } \boldsymbol{V}(D)\times\boldsymbol{V}(D) \text{ 上的正定对称和连续的双线性形式},\\
b(\boldsymbol{u}_1,\boldsymbol{u}_0,\boldsymbol{v}_1)+b(\boldsymbol{u}_0,\boldsymbol{u}_1,\boldsymbol{v}_1)\\
=(B_0(\boldsymbol{u}_1,\boldsymbol{u}_0),\boldsymbol{v}_1)+(B_0(\boldsymbol{u}_0,\boldsymbol{u}_1),\boldsymbol{v}_1)\\
=(a_{\lambda\sigma}(u_1^\beta\overset{*}{\nabla}_\beta u_0^\lambda+u_0^\lambda\overset{*}{\nabla}_\beta u_1^\lambda)-2b_{\beta\sigma}(u_1^\beta u_0^3-u_0^\beta\gamma_0(u_0)),v_1^\sigma)\\
\quad+(u_1^\beta\overset{*}{\nabla}_\beta u_0^3-u_0^\beta\overset{*}{\nabla}_\beta\gamma_0(u_0))+2b_{\beta\lambda}u_1^\beta u_0^\lambda,v_1^3),\\
\quad \text{在 } \boldsymbol{V}(D)\times\boldsymbol{V}(D)\times\boldsymbol{V}(D) \text{ 上连续的三线性形式},
\end{cases}\tag{5.1.51}
$$

$$
\begin{cases}
a(\boldsymbol{u}_1,\boldsymbol{v}_1)+b(\boldsymbol{u}_1,\boldsymbol{u}_0,\boldsymbol{v}_1)+b(\boldsymbol{u}_0,\boldsymbol{u}_1,\boldsymbol{v}_1)=(D_uN(\boldsymbol{u}_0)\boldsymbol{u}_1,\boldsymbol{v}_1),\\
\quad \text{二维流形 } \Im \text{ 上 Navier-Stokes 算子的 Fréchlet 导算子},
\end{cases}
$$

$$
\begin{cases}
a_1(\boldsymbol{u}_0,\boldsymbol{v}_1)=\displaystyle\int_{\Im_i}J_1(\boldsymbol{u}_0,\boldsymbol{v}_1)\sqrt{a}\mathrm{d}x\\
\qquad\qquad\quad=(a^{\alpha\beta\lambda\sigma}\gamma_{\alpha\lambda}(u_0),\overset{1}{\gamma}_{\beta\sigma}(\boldsymbol{v}_1))\\
\qquad\qquad\qquad+(\Gamma_{10}^{\beta\sigma}(\boldsymbol{u}_0),\gamma_{\beta\sigma}(\boldsymbol{v}_1)),\\
\Gamma_{11}^{\beta\sigma}(\boldsymbol{u}_0)=a_1^{\alpha\beta\lambda\sigma}\gamma_{\alpha\lambda}(\boldsymbol{u}_0)+a^{\alpha\beta\lambda\sigma}\overset{1}{\gamma}_{\beta\sigma}(\boldsymbol{u}_0),\\
b_1(\boldsymbol{u}_0,\boldsymbol{u}_0,\boldsymbol{v}_1)=\displaystyle\int_{\Im_i}[\varphi_m^1(\boldsymbol{u}_0,\boldsymbol{u}_0,\boldsymbol{v}_1)]\sqrt{a}\mathrm{d}x=(B_1(\boldsymbol{u}_0,\boldsymbol{u}_0),\boldsymbol{v}_1),
\end{cases}\tag{5.1.52}
$$

其中 $B_1(\cdot,\cdot)$ 由 (4.4.49) 所定义. 另外, 与压力有关的项, 由 (5.1.21) 可以得到

$$
\begin{aligned}
(D_1(P),\boldsymbol{v})=&\mathcal{D}(P,V)|_{v_1\neq0,v_i=0,i\neq1}\\
=&(\delta p_0+\delta^2/2(p_1-2Hp_0)\\
&+\delta^3/3(p_2-2Hp_1+Kp_0),v_1^3)+\delta^3/3(p_0,\overset{1}{\mathrm{div}}\,(\boldsymbol{v}_1)\\
&+(\delta^2/2p_0+\delta^3/3(p_1-2Hp_0),\gamma_0(\boldsymbol{v}_1))),
\end{aligned}\tag{5.1.53}
$$

$$
\begin{aligned}
\mathcal{D}(Q,U)|_{q_1\neq0,q_i=0,i\neq1}=&(q_1,u_1^3+\gamma_0(\boldsymbol{u}_0))\delta^2/2\\
&+\delta^3/3(q_1,2u_2^3-2Hu_1^3+\gamma_0(\boldsymbol{u}_1)-2H\gamma_0(\boldsymbol{u}_0)+\overset{1}{\mathrm{div}}\,\boldsymbol{u}_0)\\
=&\delta^3/3(q_1,2u_2^3+\gamma_0(\boldsymbol{u}_1)+\overset{1}{\mathrm{div}}\,\boldsymbol{u}_0)=0,
\end{aligned}\tag{5.1.54}
$$

由 (5.1.40) 可以求出

$$p_1=\left(6H-\frac{3}{2}\delta^{-1}\right)p_0=\mu\overset{*}{\operatorname{div}}(\boldsymbol{u}_1)-(2\delta^3/3)^{-1}(-G_{23}(u_0)+F_3^2),$$

那么

$$\begin{aligned}p_1-2Hp_0&=\left(4H-\frac{3}{2}\delta^{-1}\right)p_0+\mu\overset{*}{\operatorname{div}}(\boldsymbol{u}_1)-(2\delta^3/3)^{-1}(-G_{23}(u_0)+F_3^2),\\Kp_0-2Hp_1&=\left((K-12H^2)+\frac{3}{2}H\delta^{-1}\right)p_0-2\mu H\overset{*}{\operatorname{div}}(\boldsymbol{u}_1)\\&\quad+2H(2\delta^3/3)^{-1}(-G_{23}(u_0)+F_3^2),\end{aligned}$$

$$\begin{aligned}\delta^2/2p_0+\delta^3/3(p_1-2Hp_0)&=4H\delta^3/3p_0+\mu\delta^3/3\overset{*}{\operatorname{div}}(\boldsymbol{u}_1)\\&\quad-\frac{1}{2}(-G_{23}(u_0)+F_3^2),\\\delta^3/3(Kp_0-2Hp_1)&=((K-12H^2)\delta^3/3+H\delta^2/2)p_0\\&\quad+2\mu H\overset{*}{\operatorname{div}}(\boldsymbol{u}_1)+H(G_{23}(u_0)-F_3^2),\end{aligned}$$

代入 (5.1.53) 得

$$\left\{\begin{aligned}&(D_1(U),v)=(\widetilde{D}_{1\beta}(p_0),v_1^\beta)+(\delta^3/3p_2+\widetilde{D}_{13}(p_0),v_1^3)\\&\qquad-\mu\delta^3/3\left(\overset{*}{\nabla}_\beta\overset{*}{\operatorname{div}}\,\boldsymbol{u}_1,v_1^\beta\right)+\frac{1}{2}(\overset{*}{\nabla}_\beta\,(-G_{23}(\boldsymbol{u}_0)+F_3^2),v_1^\beta)\\&\qquad-((-\delta^2/2+2H\delta^3/3)\mu\overset{*}{\operatorname{div}}\,\boldsymbol{u}_1\\&\qquad+\left(-\frac{3}{4}\delta^{-1}+H\right)(-G_{23}(\boldsymbol{u}_0)+F_3^2),v_1^3),\\&\widetilde{D}_{1\beta}(p_0)=-2\delta^3/3(\overset{*}{\nabla}_\beta\,Hp_0+2H\overset{*}{\nabla}_\beta\,p_0),\\&\widetilde{D}_{13}(p_0)=\left(\frac{\delta}{4}+5H\delta^2/2+(3K-16H^2)\delta^3/3\right)p_0,\end{aligned}\right.\tag{5.1.55}$$

如此得到膜算子的表达式

$$\begin{aligned}\mathcal{A}_m(U,P;V,q)=&\delta^3/3[a(\boldsymbol{u}_1,\boldsymbol{v}_1)+b(\boldsymbol{u}_1,\boldsymbol{u}_0,\boldsymbol{v}_1)+b(\boldsymbol{u}_0,\boldsymbol{u}_1,\boldsymbol{v}_1)\\&+a_1(\boldsymbol{u}_0,\boldsymbol{v}_1)+b_1(u_0,u_0,v_1)]+\delta^2/2[a(\boldsymbol{u}_0,\boldsymbol{v}_1)+b(\boldsymbol{u}_0,\boldsymbol{u}_0,\boldsymbol{v}_1)]\\&+(\widetilde{D}_{1\beta}(p_0),v_1^\beta)+(\delta^3/3p_2+\widetilde{D}_{13}(p_0),v_1^3)\\&-\mu\delta^3/3(\overset{*}{\nabla}_\beta\overset{*}{\operatorname{div}}\,\boldsymbol{u}_1,v_1^\beta)+\frac{1}{2}(\overset{*}{\nabla}_\beta\,(-G_{23}(\boldsymbol{u}_0)+F_3^2),v_1^\beta)\\&-((-\delta^2/2+2H\delta^3/3)\mu\overset{*}{\operatorname{div}}\,\boldsymbol{u}_1\\&+\left(-\frac{3}{4}\delta^{-1}+H\right)(G_{23}(\boldsymbol{u}_0)-F_3^2),v_1^3).\end{aligned}$$

我们还需要计算弯曲算子. 由 (5.1.26), (5.1.27) 和 (5.1.29), 有

$$\begin{aligned}\mathcal{A}_b(U,V) =&[a_b(U,U,V)+b_b(U,U,V)]|_{v_1\neq 0, v_i=0, i\neq 1}\\ =&\delta[\mu(a_{\alpha\beta}u_1^\alpha+\overset{*}{\nabla}_\beta u_0^3, v_1^\beta)+2\mu(u_1^3+\gamma_0(u_0),v_1^3)]\\ &+\delta^2/2[\mu(u_1^\beta+a^{\alpha\beta}\overset{*}{\nabla}_\alpha u_0^3,\overset{*}{\nabla}_\beta v_1^3)\\ &+2\mu(u_1^3,\gamma_0(v_1))+\mu(2a_{\alpha\beta}u_2^\alpha+\overset{*}{\nabla}_\beta u_1^3-2d_{\alpha\beta}u_1^\alpha,v_1^\beta)\\ &+2\mu(2u_2^3+\gamma_0(u_1)-2Hu_1^3+m_1(u_0),v_1^3)]\\ &+\delta^3/3[\mu(a^{\alpha\beta}\overset{*}{\nabla}_\alpha u_1^3+u_2^\beta-2Hu_1^\beta+d^{\alpha\beta}\overset{*}{\nabla}_\alpha u_0^3,\overset{*}{\nabla}_\beta v_1^3)\\ &+4\mu(u_2^3,\gamma_0(v_1))+2\mu(u_1^3,m_1(v_1))\\ &+\mu(\overset{*}{\nabla}_\beta u_2^3-2H\overset{*}{\nabla}_\beta u_1^3+K\overset{*}{\nabla}_\beta u_0^3-4d_{\alpha\beta}u_2^\alpha+6Hb_{\alpha\beta}u_1^\alpha,v_1^\beta)\\ &+2\mu(Ku_1^3-4Hu_2^3-m_1(u_1)+m_2(u_0),v_1^3)]\\ &+\delta^2/2[(a_{\alpha\beta}u_0^3u_1^\alpha,v_1^\beta)+(u_0^3u_1^3,v_1^3)]\\ &+\delta^3/3[(a_{\alpha\beta}(2u_2^\alpha u_0^3+u_1^\alpha u_1^3),v_1^\beta)+(u_1^3u_1^3+2u_2^3u_0^3,v_1^3)]. \end{aligned}\tag{5.1.56}$$

由于

$$\begin{aligned}m_1(v_1)&=-2H\gamma_0(v_1)+\overset{1}{\operatorname{div}}\,\boldsymbol{v}_1\\ &=-2H\gamma_0(v_1)-(4H^2-2K)v_1^3-2v_1^\beta\overset{*}{\nabla}_\beta H,\end{aligned}$$

$$2u_2^3+\gamma_0(u_1)-2Hu_1^3+m_1(u_0)=0,\quad \gamma_0(\boldsymbol{v}_1)=\overset{*}{\operatorname{div}}\,\boldsymbol{v}_1-2Hv_1^3,$$

$$2u_2^3+\gamma_0(u_1)+\overset{1}{\operatorname{div}}\,\boldsymbol{u}_0=0,\quad u_1^3+\gamma_0(u_0)=0,$$

于是有

$$\begin{aligned}&(4\mu u_2^3,\gamma_0(\boldsymbol{v}_1))+2\mu(u_1^3,m_1(\boldsymbol{v}_1))\\ =&2\mu(-\gamma_0(\boldsymbol{u}_1)-\overset{1}{\operatorname{div}}\,\boldsymbol{u}_0,\gamma_0(\boldsymbol{v}_1))\\ &+2\mu(-\gamma_0(\boldsymbol{u}_0),-2H\gamma_0(\boldsymbol{v}_1)-(4H^2-2K)v_1^3-2v_1^\beta\overset{*}{\nabla}_\beta H)\\ =&2\mu(-\gamma_0(\boldsymbol{u}_1)+2H\gamma_0(u_0)-\overset{1}{\operatorname{div}}\,\boldsymbol{u}_0,\gamma_0(\boldsymbol{v}_1))\\ &-2\mu((2K+4H^2)\gamma_0(\boldsymbol{u}_0),v_1^3)+4\mu(\gamma_0(\boldsymbol{u}_0)\overset{*}{\nabla}_\beta H,v_1^\beta),\\ &Ku_1^3-4Hu_2^3-m_1(\boldsymbol{u}_1)+m_2(\boldsymbol{u}_0)\\ =&4H\gamma_0(u_1)-(4H^2-2K)\gamma_0(\boldsymbol{u}_0)\\ &-2u_1^\beta\overset{*}{\nabla}_\beta H-(8H^3-6HK)u_0^3-u_0^\beta\overset{*}{\nabla}_\beta H^2,\end{aligned}$$

所以 (4.4.53) 可以改写为

$$\begin{aligned}\mathcal{A}_b(U,V)=&\delta\mu(a_{\alpha\beta}u_1^\alpha+\overset{*}{\nabla}_\beta u_0^3,v_1^\beta)+2\mu((4H\delta^3/3-\delta^2/2)\gamma_0(\boldsymbol{u}_0)\\ &-\delta^3/3(\gamma_0(\boldsymbol{u}_1)+\overset{1}{\operatorname{div}}\,\boldsymbol{u}_0),\gamma_0(\boldsymbol{v}_1))+(\mu\delta^2/2(u_1^\beta+a^{\alpha\beta}\overset{*}{\nabla}_\alpha u_0^3)\end{aligned}$$

$$
\begin{aligned}
&+\mu\delta^3/3[a^{\alpha\beta}\overset{*}{\nabla}_\alpha u_1^3+u_2^\beta-2Hu_1^\beta+d^{\alpha\beta}\overset{*}{\nabla}_\alpha u_0^3)],\overset{*}{\nabla}_\beta v_1^3)\\
&+\delta^2/2\mu((2a_{\alpha\beta}u_2^\alpha-\overset{*}{\nabla}_\beta\gamma_0(\boldsymbol{u}_0)-2d_{\alpha\beta}u_1^\alpha,v_1^\beta)\\
&+\delta^3/3\mu(\overset{*}{\nabla}_\beta u_2^3+2H\overset{*}{\nabla}_\beta\gamma_0(\boldsymbol{u}_0)+4\gamma_0(\boldsymbol{u}_0)\overset{*}{\nabla}_\beta H\\
&+K\overset{*}{\nabla}_\beta u_0^3-4d_{\alpha\beta}u_2^\alpha+6Hb_{\alpha\beta}u_1^\alpha,v_1^\beta)\\
&+2\mu\delta^3/3(4H\gamma_0(u_1)-2u_1^\beta\overset{*}{\nabla}_\beta H-(8H^3-6HK)u_0^3\\
&-u_0^\beta\overset{*}{\nabla}_\beta H^2,v_1^3)]+\delta^2/2[a_{\alpha\beta}u_0^3u_1^\alpha,v_1^\beta)+(u_0^3u_1^3,v_1^3)]\\
&+\delta^3/3[(a_{\alpha\beta}(2u_2^\alpha u_0^3+u_1^\alpha u_1^3),v_1^\beta)+(u_1^3u_1^3+2u_2^3u_0^3,v_1^3)]. \qquad (5.1.57)
\end{aligned}
$$

在上式中包含 (u_2^α,u_2^3) 项, 用

$$
\begin{aligned}
&u_2^\alpha=K_\beta^\alpha u_1^\beta-\frac{a^{\alpha\beta}}{4\mu}\overset{*}{\nabla}_\beta p_0+\frac{a^{\alpha\beta}}{4\mu\delta^3/3}(-G_{2\beta}(u_0)+F_\beta^2),\\
&2u_2^3=-\overset{*}{\operatorname{div}}\,\boldsymbol{u}_1-2H\gamma_0(\boldsymbol{u}_0)+(4H^2-2K)u_0^3+2u_0^\alpha\overset{*}{\nabla}_\alpha H
\end{aligned}
$$

代替, 那么

$$
\begin{aligned}
&4\mu[\delta^2/2a_{\alpha\beta}-\delta^3/3d_{\alpha\beta}+\frac{u_0^3}{2\mu}\delta^3/3]u_2^\alpha\\
=&4\mu\left[\left(\delta^2/2+\left(H+\frac{u_0^3}{2\mu}\right)\delta^3/3\right)a_{\alpha\beta}-\delta^3/3b_{\alpha\beta}\right]\\
&\cdot\left[K_\lambda^\alpha u_1^\lambda-\frac{a^{\alpha\lambda}}{4\mu}\overset{*}{\nabla}_\lambda p_0+\frac{a^{\alpha\lambda}}{4\mu\delta^3/3}(-G_{2\lambda}(u_0)+F_\lambda^2)\right]\\
=&4\mu\left[\left(-\frac{3}{8}\delta-H\delta^2/2+\left((K-H^2)/2+\left(\frac{u_0^3}{2\mu}\right)^2/2\right)\delta^3/3\right)a_{\beta\lambda}\right.\\
&\left.+(2\delta^2/2+H\delta^3/3)b_{\beta\lambda}\right]u_1^\lambda\\
&+\left[\left(\delta^2/2+\left(H+\frac{u_0^3}{2\mu}\right)\delta^3/3\right)\delta_\beta^\alpha-\delta^3/3b_\beta^\alpha\right]\overset{*}{\nabla}_\alpha p_0\\
&+\left[\left(\frac{3}{2}\delta-1+\left(H+\frac{u_0^3}{2\mu}\right)\right)\delta_\beta^\alpha-b_\beta^\alpha\right](-G_{2\alpha}(\boldsymbol{u}_0)+F_\alpha^2),
\end{aligned}
$$

$$
\begin{aligned}
(\mu\beta^3/3u_2^\alpha,\overset{*}{\nabla}_\beta v_1^3)=&-(\mu\delta^3/3\overset{*}{\operatorname{div}}\,\boldsymbol{u}_2,v_1^3)\\
=&(\mu\delta^3/3[H\overset{*}{\operatorname{div}}\,\boldsymbol{u}_1-2u_1^\alpha\overset{*}{\nabla}_\alpha H+(6H^2-2K)\gamma_0(u_0)\\
&-(12H^3-8HK)u_0^3-u_0^\alpha\overset{*}{\nabla}_\alpha(3H^2-K)],v_1^3),
\end{aligned}
$$

$$
\begin{aligned}
(\mu\delta^3/3\overset{*}{\nabla}_\beta u_2^3,v_1^\beta)=&(-\mu\delta^3/3\overset{*}{\nabla}_\beta\overset{*}{\operatorname{div}}\,\boldsymbol{u}_1-2\mu\delta^3/3\overset{*}{\nabla}_\beta(H\gamma_0(u_0))\\
&+\mu\delta^3/3\overset{*}{\nabla}_\beta((4H^2-2K)u_0^3+2u^\alpha\overset{*}{\nabla}_\alpha H),v_1^\beta),
\end{aligned}
$$

$$
\begin{aligned}
(\delta^3/3u_0^3 2u_2^3, v_1^3) =& (u_0^3\delta^3/3(-\overset{*}{\operatorname{div}}\, \boldsymbol{u}_1 - 2H\gamma_0(u_0) \\
&+ (4H^2-2K)u_0^3 + 2u_0^\alpha \overset{*}{\nabla}_\alpha H), v_1^3).
\end{aligned}
$$

另外, 应用 $\gamma_0(v_1) = \overset{*}{\nabla}_\beta v_1^\beta - 2Hv_1^3$ 和 Green 公式,

$$
\begin{aligned}
&-\delta^3/3((\gamma_0(\boldsymbol{u}_1) + \overset{1}{\operatorname{div}}\, \boldsymbol{u}_0), \gamma_0(\boldsymbol{v}_1)) \\
=& 2\mu\delta^3/3(\overset{*}{\nabla}_\beta \overset{*}{\operatorname{div}}\, \boldsymbol{u}_1, v_1^\beta) \\
&+ 2\mu(\overset{*}{\nabla}_\beta (\delta^3/3 \overset{1}{\operatorname{div}}\, u_0 + (\delta^2/2 - 2H\delta^3/3)\gamma_0(u_0)), v_1^\beta) \\
&+ (2\mu H(\delta^3/3(\overset{*}{\operatorname{div}}\, \boldsymbol{u}_1 + \overset{1}{\operatorname{div}}\, \boldsymbol{u}_0) + (\delta^2/2 - 2H\delta^3/3)\gamma_0(u_0)), v_1^3), \\
&(\mu\delta^2/2(u_1^\beta + a^{\alpha\beta} \overset{*}{\nabla}_\alpha u_0^3) \\
&+ \mu\delta^3/3[a^{\alpha\beta} \overset{*}{\nabla}_\alpha u_1^3 + u_2^\beta - 2Hu_1^\beta + d^{\alpha\beta} \overset{*}{\nabla}_\alpha u_0^3], \overset{*}{\nabla}_\beta v_1^3) \\
=& -(\mu(\delta^2/2 - 2H\delta^3/3) \overset{*}{\operatorname{div}}\, \boldsymbol{u}_1 + 2\mu\delta^3/3u_1^\alpha \overset{*}{\nabla}_\alpha H \\
&+ \mu\delta^3/3 \overset{*}{\Delta} u_0^3 + \mu\delta^3/3[-\overset{*}{\Delta} \gamma_0(u_0) + \overset{*}{\nabla}_\beta (d^{\alpha\beta} \overset{*}{\nabla}_\alpha u_0^3)], v_1^3), \qquad (5.1.58)
\end{aligned}
$$

以上几项之和

$$
\begin{aligned}
S :=& (S_\beta, v_1^\beta) + (S_3, v_1^3), \\
S_\beta :=& S_{\alpha\beta}u_1^\alpha + \mu\delta^3/3 \overset{*}{\nabla}_\beta \overset{*}{\operatorname{div}}\, \boldsymbol{u}_1 + S_{\beta 0}(\boldsymbol{u}_0) \\
&+ \left[\left(\delta^2/2 + \left(H + \frac{u_0^3}{2\mu}\right)\delta^3/3\right)\delta_\beta^\alpha - \delta^3/3b_\beta^\alpha\right] \overset{*}{\nabla}_\alpha p_0 \\
&+ \left[\left(\frac{3}{2}\delta^{-1} + \left(H + \frac{u_0^3}{2\mu}\right)\right)\delta_\beta^\alpha - b_\beta^\alpha\right](-G_{2\alpha}(\boldsymbol{u}_0) + F_\alpha^2), \\
S_3 =& (5\mu\delta^3/3H - \mu\delta^2/2 - \delta^3/3u_0^3) \overset{*}{\operatorname{div}}\, \boldsymbol{u}_1 + S_{30}(\boldsymbol{u}_0), \\
S_{\beta 0}(\boldsymbol{u}_0) =& 2\mu \overset{*}{\nabla}_\beta (\delta^3/3 \overset{1}{\operatorname{div}}\, \boldsymbol{u}_0 + (\delta^2/2 - 2H\delta^3/3)\gamma_0(\boldsymbol{u}_0)) \\
&+ 2\mu\delta^3/3 \overset{*}{\nabla}_\beta (H\gamma_0(\boldsymbol{u}_0)) \\
&+ \mu\delta^3/3 \overset{*}{\nabla}_\beta ((4H^2-2K)u_0^3 + 2u_0^\alpha \overset{*}{\nabla}_\alpha H), \\
S_{\beta\alpha} =& 4\mu\left[\left(-\frac{3}{8}\delta - H\delta^2/2 + \left((K-H^2)/2 + \left(\frac{u_0^3}{2\mu}\right)^2/2\right)\delta^3/3\right)a_{\beta\alpha}\right. \\
&\left. + (2\delta^2/2 + H\delta^3/3)b_{\beta\alpha}\right], \\
S_{30}(\boldsymbol{u}_0) =& \mu\delta^3/3[(6H^2-2K)\gamma_0(u_0) \\
&- (12H^3 - 8HK)u_0^3 - u_0^\alpha \overset{*}{\nabla}_\alpha (3H^2 - K)] \\
&+ u_0^3\delta^3/3(-2H\gamma_0(\boldsymbol{u}_0) + (4H^2-2K)u_0^3 + 2u_0^\alpha \overset{*}{\nabla}_\alpha H)
\end{aligned}
$$

$$
\begin{aligned}
&+ \overset{1}{\mathrm{div}}\, \boldsymbol{u}_0 + 2\mu H(\delta^2/2 - 2H\delta^3/3)\gamma_0(\boldsymbol{u}_0) \\
&+ \mu\delta^3/3 \overset{*}{\Delta} u_0^3 + \mu\delta^3/3[- \overset{*}{\Delta} \gamma_0(u_0) + \overset{*}{\nabla}_\beta (d^{\alpha\beta} \overset{*}{\nabla}_\alpha u_0^3)]), \qquad (5.1.59)
\end{aligned}
$$

这是由于

$$
\begin{aligned}
S_3 =& \mu\delta^3/3[H \overset{*}{\mathrm{div}}\, \boldsymbol{u}_1 - 2u_1^\alpha \overset{*}{\nabla}_\alpha H + (6H^2 - 2K)\gamma_0(u_0) \\
&- (12H^3 - 8HK)u_0^3 - u_0^\alpha \overset{*}{\nabla}_\alpha (3H^2 - K)] \\
&+ u_0^3\delta^3/3(- \overset{*}{\mathrm{div}}\, \boldsymbol{u}_1 - 2H\gamma_0(u_0) + (4H^2 - 2K)u_0^3 + 2u_0^\alpha \overset{*}{\nabla}_\alpha H) \\
&+ 2\mu H(\delta^3/3(\overset{*}{\mathrm{div}}\, \boldsymbol{u}_1 + \overset{1}{\mathrm{div}}\, \boldsymbol{u}_0) + (\delta^2/2 - 2H\delta^3/3)\gamma_0(u_0)) \\
&- \mu(\delta^2/2 - 2H\delta^3/3) \overset{*}{\mathrm{div}}\, \boldsymbol{u}_1 + 2\mu\delta^3/3u_1^\alpha \overset{*}{\nabla}_\alpha H \\
&+ \mu\delta^3/3 \overset{*}{\Delta} u_0^3 + \mu\delta^3/3[- \overset{*}{\Delta} \gamma_0(u_0) + \overset{*}{\nabla}_\beta (d^{\alpha\beta} \overset{*}{\nabla}_\alpha u_0^3)]),
\end{aligned}
$$

整理后, 就可以得到 (5.1.59).

下面回到 (5.1.57), 有

$$
\begin{aligned}
\mathcal{A}_b(U, V) =& S + \mu(((\delta + \delta^2/2(2H + u_0^3))a_{\alpha\beta} \\
&+ 2\mu(3H\delta^3/3 - \delta^2/2)b_{\alpha\beta})u_1^\alpha, v_1^\beta) \\
&+ 4\mu\delta^3/3((2H\gamma_0(\boldsymbol{u}_1) - \overset{*}{\nabla}_\alpha Hu_1^\alpha), v_1^3) \\
&+ \mu(\delta \overset{*}{\nabla}_\beta u_0^3 - \delta^2/2 \overset{*}{\nabla}_\beta \gamma_0(\boldsymbol{u}_0) \\
&+ \delta^3/3(2H \overset{*}{\nabla}_\beta \gamma_0(\boldsymbol{u}_0) + 4\gamma_0(\boldsymbol{u}_0) \overset{*}{\nabla}_\beta H + K \overset{*}{\nabla}_\beta u_0^3), v_1^\beta) \\
&+ (-2\mu\delta^3/3((8H^3 - 6HK)u_0^3 + u_0^\beta \overset{*}{\nabla}_\beta H^2) \\
&- \delta^2/2u_0^3\gamma_0(\boldsymbol{u}_0) + \delta^3/3(\gamma_0(\boldsymbol{u}_0))^2, v_1^3),
\end{aligned}
$$

利用 $\gamma_0(\boldsymbol{u}_1) = \overset{*}{\mathrm{div}}\, \boldsymbol{u}_1 + 2H\gamma_0(u_0)$, 上式可以表示为

$$
\begin{aligned}
\mathcal{A}_b(U, V) =& (\mu\delta^3/3 \overset{*}{\nabla}_\beta \overset{*}{\mathrm{div}}\, \boldsymbol{u}_1 + X_{\alpha\beta}u_1^\alpha, v_1^\beta) \\
&+ ((13\mu\delta^3/3H - \mu\delta^2/2 - \delta^3/3u_0^3) \overset{*}{\mathrm{div}}\, \boldsymbol{u}_1 - 8\mu\delta^3/3 \overset{*}{\nabla}_\alpha Hu_1^\alpha, v_1^3) \\
&+ (S_{\beta 0}(\boldsymbol{u}_0), v_1^\beta) + (S_{30}(\boldsymbol{u}_0), v_1^3) \\
&+ \mu(\delta \overset{*}{\nabla}_\beta u_0^3 - \delta^2/2 \overset{*}{\nabla}_\beta \gamma_0(\boldsymbol{u}_0) \\
&+ \delta^3/3(2H \overset{*}{\nabla}_\beta \gamma_0(\boldsymbol{u}_0) + 4\gamma_0(\boldsymbol{u}_0) \overset{*}{\nabla}_\beta H + K \overset{*}{\nabla}_\beta u_0^3), v_1^\beta) \\
&+ (-2\mu\delta^3/3((8H^3 - 6HK)u_0^3 + u_0^\beta \overset{*}{\nabla}_\beta H^2) \\
&+ 16\mu\delta^3/3H^2\gamma_0(\boldsymbol{u}_0) - \delta^2/2u_0^3\gamma_0(\boldsymbol{u}_0) + \delta^3/3(\gamma_0(\boldsymbol{u}_0))^2, v_1^3), \\
&+ \left[\left(\delta^2/2 + \left(H + \frac{u_0^3}{2\mu}\right)\delta^3/3\right)\delta_\beta^\alpha - \delta^3/3b_\beta^\alpha\right] \overset{*}{\nabla}_\alpha p_0
\end{aligned}
$$

$$
+\left[\left(\frac{3}{2}\delta^{-1}+\left(H+\frac{u_0^3}{2\mu}\right)\right)\delta_\beta^\alpha-b_\beta^\alpha\right](-G_{2\alpha}(\boldsymbol{u}_0)+F_\alpha^2),
$$

$$
\begin{aligned}
\mathcal{A}_b(U,V)=&(\mu\delta^3/3\overset{*}{\nabla}_\beta\overset{*}{\mathrm{div}}\,\boldsymbol{u}_1+L_{\alpha\beta}u_1^\alpha,v_1^\beta)\\
&+((13\mu\delta^3/3H-\mu\delta^2/2-\delta^3/3u_0^3)\overset{*}{\mathrm{div}}\,\boldsymbol{u}_1\\
&-8\mu\delta^3/3\overset{*}{\nabla}_\alpha Hu_1^\alpha,v_1^3)\\
&+(\Phi_\beta(u_0),v_1^\beta)+(\Phi_3(u_0),v_1^3)\\
&+\left[\left(\delta^2/2+\left(H+\frac{u_0^3}{2\mu}\right)\delta^3/3\right)\delta_\beta^\alpha-\delta^3/3b_\beta^\alpha\right]\overset{*}{\nabla}_\alpha p_0\\
&+\left[\left(\frac{3}{2}\delta^{-1}+\left(H+\frac{u_0^3}{2\mu}\right)\right)\delta_\beta^\alpha-b_\beta^\alpha\right](-G_{2\alpha}(\boldsymbol{u}_0)+F_\alpha^2),
\end{aligned}
$$

$$
\begin{aligned}
L_{\alpha\beta}=&S_{\alpha\beta}+\mu((\delta+\delta^2/2(2H+u_0^3))a_{\alpha\beta}\\
&+2\mu(3H\delta^3/3-\delta^2/2)b_{\alpha\beta})\\
=&\mu\Bigg[\left(-\frac{3}{2}\delta-4H\delta^2/2+4\left((K-H^2)/2+\left(\frac{u_0^3}{2\mu}\right)^2/2\right)\delta^3/3\right)a_{\beta\alpha}\\
&+(8\delta^2/2+4H\delta^3/3)b_{\beta\alpha}\Bigg]\\
&+\mu((\delta+\delta^2/2(2H+u_0^3))a_{\alpha\beta}+2\mu(3H\delta^3/3-\delta^2/2)b_{\alpha\beta}),\\
L_{\alpha\beta}=&\mu\Bigg[\left(-\frac{1}{2}\delta+(u_0^3-2H)\delta^2/2+4\left((K-H^2)/2+\left(\frac{u_0^3}{2\mu}\right)^2/2\right)\delta^3/3\right)a_{\beta\alpha}\\
&+(6\delta^2/2+10H\delta^3/3)b_{\beta\alpha}\Bigg],
\end{aligned}
\tag{5.1.60}
$$

其中

$$
\begin{aligned}
\Phi_\beta(u_0)=&\mu(\delta\overset{*}{\nabla}_\beta u_0^3-\delta^2/2\overset{*}{\nabla}_\beta\gamma_0(\boldsymbol{u}_0)\\
&+\delta^3/3(2H\overset{*}{\nabla}_\beta\gamma_0(\boldsymbol{u}_0)+4\gamma_0(\boldsymbol{u}_0)\overset{*}{\nabla}_\beta H+K\overset{*}{\nabla}_\beta u_0^3))\\
&+2\mu\overset{*}{\nabla}_\beta(\delta^3/3\overset{1}{\mathrm{div}}\,\boldsymbol{u}_0+(\delta^2/2-H\delta^3/3)\gamma_0(\boldsymbol{u}_0))\\
&+\mu\delta^3/3\overset{*}{\nabla}_\beta((4H^2-2K)u_0^3+2u_0^\alpha\overset{*}{\nabla}_\alpha H),
\end{aligned}
$$

$$
\begin{aligned}
\Phi_3(u_0)=&-2\mu\delta^3/3((8H^3-6HK)u_0^3+u_0^\beta\overset{*}{\nabla}_\beta H^2)\\
&-\delta^2/2u_0^3\gamma_0(\boldsymbol{u}_0)+\delta^3/3(\gamma_0(\boldsymbol{u}_0))^2+\mu\delta^3/3[(22H^2-2K)\gamma_0(u_0)\\
&-(12H^3-8HK)u_0^3-u_0^\alpha\overset{*}{\nabla}_\alpha(3H^2-K)]\\
&+u_0^3\delta^3/3(-2H\gamma_0(\boldsymbol{u}_0)+(4H^2-2K)u_0^3+2u_0^\alpha\overset{*}{\nabla}_\alpha H)
\end{aligned}
$$

$$
\begin{aligned}
&+ \overset{1}{\operatorname{div}}\, \boldsymbol{u}_0 + 2\mu H(\delta^2/2 - 2H\delta^3/3)\gamma_0(\boldsymbol{u}_0) \\
&+ \mu\delta^3/3 \overset{*}{\Delta} u_0^3 + \mu\delta^3/3[- \overset{*}{\Delta} \gamma_0(u_0) + \overset{*}{\nabla}_\beta (d^{\alpha\beta} \overset{*}{\nabla}_\alpha u_0^3)],
\end{aligned}
$$

那么, 最后的弯曲算子

$$
\begin{aligned}
\mathcal{A}_b(U,V) =& (\mu\delta^3/3 \overset{*}{\nabla}_\beta \overset{*}{\operatorname{div}}\, \boldsymbol{u}_1 + L_{\alpha\beta}u_1^\alpha, v_1^\beta) \\
&+((13\mu\delta^3/3H - \mu\delta^2/2 - \delta^3/3u_0^3) \overset{*}{\operatorname{div}}\, \boldsymbol{u}_1 \\
&-8\mu\delta^3/3 \overset{*}{\nabla}_\alpha Hu_1^\alpha, v_1^3) + (\Phi_\beta(u_0), v_1^\beta) + (\Phi_3(u_0), v_1^3) \\
&+ \left[\left(\delta^2/2 + \left(H + \frac{u_0^3}{2\mu}\right)\delta^3/3\right)\delta_\beta^\alpha - \delta^3/3b_\beta^\alpha\right] \overset{*}{\nabla}_\alpha p_0 \\
&+ \left[\left(\frac{3}{2}\delta^{-1} + \left(H + \frac{u_0^3}{2\mu}\right)\right)\delta_\beta^\alpha - b_\beta^\alpha\right](-G_{2\alpha}(\boldsymbol{u}_0) + F_\alpha^2),
\end{aligned}
$$

而膜算子是

$$
\begin{aligned}
\mathcal{A}_m(U,P;V,q) =& \delta^3/3[a(\boldsymbol{u}_1,\boldsymbol{v}_1) + b(\boldsymbol{u}_1,\boldsymbol{u}_0,\boldsymbol{v}_1) + b(\boldsymbol{u}_0,\boldsymbol{u}_1,\boldsymbol{v}_1) \\
&+ a_1(\boldsymbol{u}_0,\boldsymbol{v}_1) + b_1(u_0,u_0,v_1)] + \delta^2/2[a(\boldsymbol{u}_0,\boldsymbol{v}_1) + b(\boldsymbol{u}_0,\boldsymbol{u}_0,\boldsymbol{v}_1)] \\
&+ (\widetilde{D}_{1\beta}(p_0), v_1^\beta) + (\delta^3/3p_2 + \widetilde{D}_{13}(p_0), v_1^3) \\
&- \mu\delta^3/3(\overset{*}{\nabla}_\beta \overset{*}{\operatorname{div}}\, \boldsymbol{u}_1, v_1^\beta) + \frac{1}{2}(\overset{*}{\nabla}_\beta (-G_{23}(\boldsymbol{u}_0) + F_3^2), v_1^\beta) \\
&- \Bigg((-\delta^2/2 + 2H\delta^3/3)\mu \overset{*}{\operatorname{div}}\, \boldsymbol{u}_1 \\
&+ \left(-\frac{3}{4}\delta^{-1} + H\right)(G_{23}(\boldsymbol{u}_0) - F_3^2), v_1^3\Bigg).
\end{aligned}
$$

联立得到 $\boldsymbol{u}_1, p_1$ 所应满足的变分问题 (5.1.43) 为

$$
\begin{aligned}
&\text{求}\,(\boldsymbol{u}_1, p_2) \in \boldsymbol{V}(D) \times L^2(D), \text{使得}\forall\,(\boldsymbol{v}_1, q_1) \in \boldsymbol{V}(D) \times L^2(D), \\
&\mathcal{A}_m(U,P;V,q) + \mathcal{A}_b(U,V) = <\boldsymbol{F}_\delta, \boldsymbol{v}_1>, \text{即} \\
&\delta^3/3[a(\boldsymbol{u}_1,\boldsymbol{v}_1) + b(\boldsymbol{u}_1,\boldsymbol{u}_0,\boldsymbol{v}_1) + b(\boldsymbol{u}_0,\boldsymbol{u}_1,\boldsymbol{v}_1) \\
&\quad +a_1(\boldsymbol{u}_0,\boldsymbol{v}_1) + b_1(u_0,u_0,v_1)] + \delta^2/2[a(\boldsymbol{u}_0,\boldsymbol{v}_1) + b(\boldsymbol{u}_0,\boldsymbol{u}_0,\boldsymbol{v}_1)] \\
&\quad +(\widetilde{D}_{1\beta}(p_0), v_1^\beta) + (\delta^3/3p_2 + \widetilde{D}_{13}(p_0), v_1^3) + \delta^4/4b_3(u_1,u_1,v_1) \\
&\quad + \left(\left[\left(\delta^2/2 + \left(H + \frac{u_0^3}{2\mu}\right)\delta^3/3\right)\delta_\beta^\alpha - \delta^3/3b_\beta^\alpha\right] \overset{*}{\nabla}_\alpha p_0, v_1^\beta\right) \\
&\quad +(L_{\alpha\beta}u_1^\alpha, v_1^\beta) + \delta^3/3((11\mu H - u_0^3) \overset{*}{\operatorname{div}}\, \boldsymbol{u}_1 - 8\mu \overset{*}{\nabla}_\alpha Hu_1^\alpha, v_1^3) \\
&\quad +(\Phi_\beta(u_0), v_1^\beta) + (\Phi_3(u_0), v_1^3)
\end{aligned}
$$

$$
\begin{aligned}
&-\left(\left[\left(\frac{3}{2}\delta^{-1}+\left(H+\frac{u_0^3}{2\mu}\right)\right)\delta_\beta^\alpha-b_\beta^\alpha\right](G_{2\alpha}(\boldsymbol{u}_0)),v_1^\beta\right)\\
&+\frac{1}{2}(\overset{*}{\nabla}_\beta(-G_{23}(\boldsymbol{u}_0)),v_1^\beta)+\left(\left(-\frac{3}{4}\delta^{-1}+H\right)G_{23}(\boldsymbol{u}_0),v_1^3\right)\\
=&\left(\left(-\frac{3}{4}\delta^{-1}+H\right)(F_3^2),v_1^3\right)-\left(\left[\left(\frac{3}{2}\delta^{-1}+\left(H+\frac{u_0^3}{2\mu}\right)\right)\delta_\beta^\alpha-b_\beta^\alpha\right]F_\alpha^2,v_1^\beta\right)\\
&-\frac{1}{2}(\overset{*}{\nabla}_\beta(F_3^2),v_1^\beta)+<\boldsymbol{F}_\delta,\boldsymbol{v}_1>,
\end{aligned}
$$

经过重新整理后, 可以得到

$$
\begin{cases}
\delta^3/3[a(\boldsymbol{u}_1,\boldsymbol{v}_1)+b(\boldsymbol{u}_1,\boldsymbol{u}_0,\boldsymbol{v}_1)+b(\boldsymbol{u}_0,\boldsymbol{u}_1,\boldsymbol{v}_1)\\
\qquad +a_1(\boldsymbol{u}_0,\boldsymbol{v}_1)+b_1(u_0,u_0,v_1)]\\
\qquad +\delta^2/2[a(\boldsymbol{u}_0,\boldsymbol{v}_1)+b(\boldsymbol{u}_0,\boldsymbol{u}_0,\boldsymbol{v}_1)]+\delta^4/4b_3(u_1,u_1,v_1)\\
\qquad +(L_{\alpha\beta}u_1^\alpha,v_1^\beta)+(L_3(\boldsymbol{u}_1),v_1^3)\\
\qquad +(D_{1\beta}(p_0),v_1^\beta)+(\delta^3/3p_2+D_{13}(p_0),v_1^3)\\
\qquad +(G_{1\beta}(\boldsymbol{u}_0),v_1^\beta)+(G_{13}(\boldsymbol{u}_0),v_1^3)=(\widetilde{F}_\beta^1,v_1^\beta)+(\widetilde{F}_3^1,v_1^3),\\
\delta^3/3(q_1,2u_2^3+\gamma_0(\boldsymbol{u}_1)+\overset{1}{\operatorname{div}}\,\boldsymbol{u}_0)=0,
\end{cases}
\tag{5.1.61}
$$

其中

$$
\begin{aligned}
L_{\alpha\beta}=&\mu\left[\left(-\frac{1}{2}\delta+(u_0^3-2H)\delta^2/2+4\left((K-H^2)/2+\left(\frac{u_0^3}{2\mu}\right)^2/2\right)\delta^3/3\right)a_{\beta\alpha}\right.\\
&\left.+(6\delta^2/2+10H\delta^3/3)b_{\beta\alpha}\right],\\
L_3(\boldsymbol{u}_1)=&\delta^3/3(11\mu H-u_0^3)\overset{*}{\operatorname{div}}\,\boldsymbol{u}_1-8\mu\overset{*}{\nabla}_\alpha Hu_1^\alpha),\\
D_{1\beta}(p_0)=&\widetilde{D}_{1\beta}(p_0)+\left[\left(\delta^2/2+\left(H+\frac{u_0^3}{2\mu}\right)\delta^3/3\right)\delta_\beta^\alpha-\delta^3/3b_\beta^\alpha\right]\overset{*}{\nabla}_\alpha p_0\\
=&-2\delta^3/3(\overset{*}{\nabla}_\beta Hp_0+2H\overset{*}{\nabla}_\beta p_0)\\
&+\left[\left(\delta^2/2+\left(H+\frac{u_0^3}{2\mu}\right)\delta^3/3\right)\delta_\beta^\alpha-\delta^3/3b_\beta^\alpha\right]\overset{*}{\nabla}_\alpha p_0,\\
D_{13}(p_0)=&\left(\frac{\delta}{4}+5H\delta^2/2+(3K-16H^2)\delta^3/3\right)p_0,\\
G_{1\beta}(\boldsymbol{u}_0)=&\Phi_\beta(\boldsymbol{u}_0)-\left[\left(\frac{3}{2}\delta^{-1}+\left(H+\frac{u_0^3}{2\mu}\right)\right)\delta_\beta^\alpha-b_\beta^\alpha\right]G_{2\alpha}(\boldsymbol{u}_0)),\\
G_{13}(\boldsymbol{u}_0)=&\Phi_3(\boldsymbol{u}_0)+\left(-\frac{3}{4}\delta^{-1}+H\right)G_{23}(\boldsymbol{u}_0),\\
\widetilde{F}_\beta^1=&F_\beta^1-\left[\left(\frac{3}{2}\delta^{-1}+\left(H+\frac{u_0^3}{2\mu}\right)\right)\delta_\beta^\alpha-b_\beta^\alpha\right]F_\alpha^2-\frac{1}{2}\overset{*}{\nabla}_\beta(F_3^2)),
\end{aligned}
$$

$$\widetilde{F}_3^1 = F_3^1 + \left(-\frac{3}{4}\delta^{-1} + H\right) F_3^2, \tag{5.1.62}$$

这就推出 (5.1.43)(5.1.44).

下面给出对应于变分问题 (5.1.43) 的边值问题.

引理 5.1.6 双线性形式 $V(D) \times V(D) \to \Re : a(\cdot, c\cdot), a_1(\cdot, c\cdot)$ 对应的线性算子 $A, A_1 : V(D) \Rightarrow V'(D)$ 的形式算子是

$$\begin{aligned}
a(\boldsymbol{u}, \boldsymbol{v}) &= (A_0(\boldsymbol{u}), \boldsymbol{v}) = (A_{0\beta}(\boldsymbol{u}), v^\beta) + (A_{03}(\boldsymbol{u}), v^3), \\
a_1(\boldsymbol{u}, \boldsymbol{v}) &= (A_1(\boldsymbol{u}), \boldsymbol{v}) = (A_{1\beta}(\boldsymbol{u}), v^\beta) + (A_{13}(\boldsymbol{u}), v^3),
\end{aligned}$$

其中

$$\begin{aligned}
A_{0\beta}(\boldsymbol{u}) =& -\mu(a_{\alpha\beta} \overset{*}{\Delta} u^\alpha + \overset{*}{\nabla}_\beta \overset{*}{\mathrm{div}}\, \boldsymbol{u} + a_{\alpha\beta} K u^\sigma) \\
& + (4\mu \overset{*}{\nabla}_\beta H u^3 + 2\mu b_\beta^\alpha \overset{*}{\nabla}_\alpha u^3), \\
A_{03}(\boldsymbol{u}) =& -2\mu\beta_0(\boldsymbol{u}), \\
A_{1\beta}(\boldsymbol{u}) =& \overset{*}{\nabla}_\beta (4\mu b_{\nu\sigma}\gamma^{\beta\sigma}(\boldsymbol{u}) - a_{\nu\sigma}\Gamma_{11}^{\beta\sigma}(\boldsymbol{u})) - 2\mu\gamma^{\beta\sigma}(\boldsymbol{u}) \overset{*}{\nabla}_\nu b_{\beta\sigma}, \\
A_{13}(\boldsymbol{u}) =& 2\mu(K - 4H^2)\gamma_0(\boldsymbol{u}) + 20\mu H \beta_0(\boldsymbol{u}) \\
& - 4\mu H(4H^2 - K)u^3 - 2\mu \overset{*}{\nabla}_\beta (2H^2 - K)u^\beta.
\end{aligned} \tag{5.1.63}$$

证明 为此, 先考察 (5.1.43) 的第一式. 利用 Gauss 公式和分部积分, 并应用周期性边界条件或齐次 Dirichlet 边界条件,

$$\begin{aligned}
a(\boldsymbol{u}_0, \boldsymbol{v}_1) &= (a^{\alpha\beta\lambda\sigma}\gamma_{\alpha\lambda}(u_0), \gamma_{\beta\sigma}(v_1)) \\
&= 2\mu(\gamma^{\beta\sigma}(u_0), a_{\lambda\sigma} \overset{*}{\nabla}_\beta v_1^\lambda - b_{\beta\sigma} v_1^3) \\
&= -2\mu(\overset{*}{\nabla}_\beta (a_{\lambda\sigma}\gamma^{\beta\sigma}(\boldsymbol{u}_0)), v_1^\lambda) - (2\mu\beta_0(u_0), v_1^3), \\
2\mu(\gamma_0(u_0), \gamma_0(v_1)) &= -2\mu(\overset{*}{\nabla}_\beta \gamma_0(\boldsymbol{u}_0), v_1^\beta) - (4\mu H\gamma_0(\boldsymbol{u}_0), v_1^3), \\
\mu(u_1^\beta + a^{\alpha\beta} \overset{*}{\nabla}_\alpha u_0^3, \overset{*}{\nabla}_\beta v_1^3) &= -\mu(\overset{*}{\mathrm{div}}\, \boldsymbol{u}_1 + \overset{*}{\Delta} u_0^3, v_1^3).
\end{aligned}$$

同样有

$$\begin{aligned}
a(\boldsymbol{u}_1, \boldsymbol{v}_1) &= (a^{\alpha\beta\lambda\sigma}\gamma_{\alpha\lambda}(u_1), \gamma_{\beta\sigma}(v_1)) \\
&= -2\mu(\overset{*}{\nabla}_\beta (a_{\lambda\sigma}\gamma^{\beta\sigma}(\boldsymbol{u}_1)), v_1^\lambda) - (2\mu\beta_0(u_1), v_1^3),
\end{aligned}$$

由公式 (1.8.79) 有

$$\begin{aligned}
\overset{*}{\nabla}_\beta (\gamma^{\beta\sigma}(u)) =& \frac{1}{2}(\overset{*}{\Delta} u^\sigma + a^{\beta\sigma} \overset{*}{\nabla}_\beta \overset{*}{\mathrm{div}}\, \boldsymbol{u} + K u^\sigma) \\
& + 2a^{\beta\sigma} \overset{*}{\nabla}_\beta H u^3 + b^{\beta\sigma} \overset{*}{\nabla}_\beta u^3.
\end{aligned} \tag{5.1.64}$$

如果设 $\boldsymbol{u}=\boldsymbol{u}_1$, 因为 $u_1^3=-\gamma_0(\boldsymbol{u}_0)$, 那么有

$$\begin{aligned}\overset{*}{\nabla}_\beta\left(\gamma^{\beta\sigma}(\boldsymbol{u}_1)\right)=&\frac{1}{2}(\overset{*}{\Delta}u_1^\sigma+a^{\beta\sigma}\overset{*}{\nabla}_\beta\overset{*}{\operatorname{div}}\boldsymbol{u}_1+Ku_1^\sigma)\\&-2a^{\beta\sigma}\overset{*}{\nabla}_\beta H\gamma_0(\boldsymbol{u}_0)-b^{\beta\sigma}\overset{*}{\nabla}_\beta\gamma_0(\boldsymbol{u}_0),\end{aligned}$$

于是有

$$\begin{aligned}a(\boldsymbol{u}_1,\boldsymbol{v}_1)=&(A_{0\beta}(\boldsymbol{u}_1),v_1^\beta)+(A_{03}(\boldsymbol{u}_1),v_1^3),\\a(\boldsymbol{u}_0,\boldsymbol{v}_1)=&(A_{0\beta}(\boldsymbol{u}_0),v_1^\beta)+(A_{03}(\boldsymbol{u}_0),v_1^3),\\A_{0\beta}(\boldsymbol{u}_1)=&-\mu(a_{\alpha\beta}\overset{*}{\Delta}u_1^\alpha+\overset{*}{\nabla}_\beta\overset{*}{\operatorname{div}}\boldsymbol{u}_1+a_{\alpha\beta}Ku_1^\sigma)\\&-(4\mu\overset{*}{\nabla}_\beta H\gamma_0(\boldsymbol{u}_0)+2\mu b_\beta^\alpha\overset{*}{\nabla}_\alpha\gamma_0(\boldsymbol{u}_0)),\\A_{03}(\boldsymbol{u}_1)=&-(2\mu\beta_0(\boldsymbol{u}_1)),\\A_{0\beta}(\boldsymbol{u}_0)=&-\mu(a_{\alpha\beta}\overset{*}{\Delta}u_0^\alpha+\overset{*}{\nabla}_\beta\overset{*}{\operatorname{div}}\boldsymbol{u}_0+a_{\alpha\beta}Ku_0^\sigma)\\&+(4\mu\overset{*}{\nabla}_\beta Hu_0^3+2\mu b_\beta^\alpha\overset{*}{\nabla}_\alpha u_0^3),\\A_{03}(\boldsymbol{u}_0)=&-(2\mu\beta_0(\boldsymbol{u}_0)).\end{aligned}$$

下面考察如下双线性形式, 由 (5.1.5) 得

$$\begin{aligned}&\delta^3/3a_1(\boldsymbol{u}_0,\boldsymbol{v}_1)=\delta^3/3(J_1(\boldsymbol{u}_0,\boldsymbol{v}_1),1)\\&\qquad=\delta^3/3(a^{\alpha\beta\lambda\sigma}\gamma_{\alpha\lambda}(u_0),\overset{1}{\gamma}_{\beta\sigma}(\boldsymbol{v}_1))+(\Gamma_{11}^{\beta\sigma}(\boldsymbol{u}_0),\gamma_{\beta\sigma}(\boldsymbol{v}_1)),\\&\Gamma_{11}^{\beta\sigma}(\boldsymbol{u}_0)=a_1^{\alpha\beta\lambda\sigma}\gamma_{\alpha\lambda}(\boldsymbol{u}_0)+a^{\alpha\beta\lambda\sigma}\overset{1}{\gamma}_{\beta\sigma}(\boldsymbol{u}_0),\\&(a^{\alpha\beta\lambda\sigma}\gamma_{\alpha\lambda}(\boldsymbol{u}_0),\overset{1}{\gamma}_{\beta\sigma}(\boldsymbol{v}_1))=2\mu(\gamma^{\beta\sigma}(\boldsymbol{u}_0),-2b_{\sigma\nu}\overset{*}{\nabla}_\beta v_1^\nu+c_{\beta\sigma}v_1^3-\overset{*}{\nabla}_\nu b_{\beta\sigma}v_1^\nu)\\&\qquad=(\overset{*}{\nabla}_\beta(4\mu b_{\nu\sigma}\gamma^{\beta\sigma}(\boldsymbol{u}_0)),v_1^\nu)\\&\qquad\quad+2\mu(\gamma^{\beta\sigma}(\boldsymbol{u}_0)c_{\beta\sigma},v_1^3)-(2\mu\gamma^{\beta\sigma}(\boldsymbol{u}_0)\overset{*}{\nabla}_\nu b_{\beta\sigma},v_1^\nu),\\&(\Gamma_{11}^{\beta\sigma}(\boldsymbol{u}_0),\gamma_{\beta\sigma}(\boldsymbol{v}_1))=-(\overset{*}{\nabla}_\beta(a_{\sigma\lambda}\Gamma_{11}^{\beta\sigma}(\boldsymbol{u}_0)),v_1^\lambda)-(b_{\beta\sigma}\Gamma_{11}^{\beta\sigma}(\boldsymbol{u}_0),v_1^3).\end{aligned}$$

利用引理 5.1.1 证明中的公式, 进一步计算

$$\begin{aligned}&\gamma^{\beta\sigma}(\boldsymbol{u}_0)c_{\beta\sigma}=(-Ka_{\beta\sigma}+2Hb_{\beta\sigma})\gamma^{\beta\sigma}(\boldsymbol{u}_0)=-K\gamma_0(\boldsymbol{u}_0)+2H\beta_0(\boldsymbol{u}_0),\\&b_{\beta\sigma}\Gamma_{11}^{\beta\sigma}(\boldsymbol{u}_0)=b_{\beta\sigma}[a_1^{\alpha\beta\lambda\sigma}\gamma_{\alpha\lambda}(\boldsymbol{u}_0)+a^{\alpha\beta\lambda\sigma}\overset{1}{\gamma}_{\beta\sigma}(\boldsymbol{u}_0)],\\&b_{\beta\sigma}a^{\alpha\beta\lambda\sigma}=\mu b_{\beta\sigma}(a^{\alpha\lambda}a^{\beta\sigma}+a^{\alpha\sigma}a^{\beta\lambda})=\mu(b^{\alpha\lambda}+2Ha^{\alpha\lambda}),\\&b_{\beta\sigma}a_1^{\alpha\beta\lambda\sigma}=b_{\beta\sigma}(2c^{\alpha\beta\lambda\sigma}-2Ha^{\alpha\beta\lambda\sigma})\\&\qquad=2\mu b_{\beta\sigma}(a^{\alpha\lambda}b^{\beta\sigma}+a^{\alpha\sigma}b^{\beta\lambda}+b^{\alpha\lambda}a^{\beta\sigma}+b^{\alpha\sigma}a^{\beta\lambda})-2\mu H(b^{\alpha\lambda}+2Ha^{\alpha\lambda})\\&\qquad=2\mu(a^{\alpha\lambda}b_{\beta\sigma}b^{\beta\sigma}+c^{\alpha\lambda}+2Hb^{\alpha\lambda}+c^{\alpha\lambda})-2\mu(b^\alpha+2Ha^{\alpha\lambda})\\&\qquad=\mu[(2H^2-4K)a^{\alpha\lambda}+5Hb^{\alpha\lambda}],\end{aligned}$$

这里用到 (1.4.50) 的公式 $b_{\beta\sigma}b^{\beta\sigma} = 4H^2 - 2K$ 和 $c^{\alpha\lambda} = -Ka^{\alpha\lambda} + 2Hb^{\alpha\lambda}$. 由此得到

$$
\begin{aligned}
&b_{\beta\sigma}\alpha_1^{\alpha\beta\lambda\sigma}\gamma_{\alpha\lambda}(\boldsymbol{u}_0) = 2\mu(H^2 - 2K)\gamma_0(\boldsymbol{u}_0) + 5\mu H\beta_0(\boldsymbol{u}_0),\\
&b_{\beta\sigma}a^{\alpha\beta\lambda\sigma}\overset{1}{\gamma}_{\beta\sigma}(\boldsymbol{u}_0) = \mu(b^{\alpha\lambda} + 2Ha^{\alpha\lambda})(-2b_{\alpha\nu}\overset{*}{\nabla}_\lambda u_0^\nu + c_{\alpha\lambda}u_0^3 - \overset{*}{\nabla}_\nu b_{\alpha\lambda}u_0^\nu)\\
&\qquad = \mu[(4Hb_\beta^\alpha - 2c_\beta^\alpha)\overset{*}{\nabla}_\alpha u_0^\beta + (b^{\alpha\lambda}c_{\alpha\lambda} + 2Hc_\alpha^\alpha)u_0^3\\
&\qquad\quad -(b^{\alpha\lambda} + 2Ha^{\alpha\lambda})\overset{*}{\nabla}_\nu b_{\alpha\lambda}u_0^\nu],
\end{aligned}
$$

利用 (1.4.54) 和 Godazzi 公式有

$$
b^{\alpha\lambda}c_{\alpha\lambda} = 8H^3 - 6HK, \quad b^{\alpha\lambda}\overset{*}{\nabla}_\nu b_{\alpha\lambda} = \frac{1}{2}\overset{*}{\nabla}_\nu (b^{\alpha\lambda}b_{\alpha\lambda}) = \overset{*}{\nabla}_\nu (2H^2 - K).
$$

注意 $c_\beta^\alpha = -K\delta_\beta^\alpha + 2Hb_\beta^\alpha$, 得

$$
\begin{aligned}
b_{\beta\sigma}a^{\alpha\beta\lambda\sigma}\overset{1}{\gamma}_{\alpha\lambda}(\boldsymbol{u}_0) &= 2\mu K\,\overset{*}{\operatorname{div}}\,\boldsymbol{u}_0 + 2H(8H^2 - 5K)u_0^3 - \mu\overset{*}{\nabla}_\beta (AH^2 - K)u_0^\beta\\
&= 2\mu(H^2 - K)\gamma_0(\boldsymbol{u}_0) + 5\mu H\beta_0(\boldsymbol{u}_0) + 2\mu H(8H^2 - 3K)u_0^3\\
&\quad -\mu\overset{*}{\nabla}_\beta (4H^2 - K)u_0^\beta,\\
b_{\beta\sigma}\Gamma_{11}^{\beta\sigma}(\boldsymbol{u}_0) &= 2\mu(H^2 - 2K)\gamma_0(\boldsymbol{u}_0) + 5\mu H\beta_0(\boldsymbol{u}_0) + 2\mu K\,\overset{*}{\operatorname{div}}\,\boldsymbol{u}_0\\
&\quad +2\mu H(8H^2 - 5K)u_0^3 - \mu\overset{*}{\nabla}_\beta (4H^2 - K)u_0^\beta\\
&= 4\mu(2H^2 - K)\operatorname{div}\boldsymbol{u}_0 - 8\mu Hb_\beta^\alpha\overset{*}{\nabla}_\alpha u_0^\beta + 4\mu HKu_0^3\\
&\quad +16\mu H\beta_0(\boldsymbol{u}_0) - 2\mu\overset{*}{\nabla}_\beta (2H^2 - K)u_0^\beta.
\end{aligned}
$$

由于 $\overset{*}{\operatorname{div}}\,\boldsymbol{u}_0 = \gamma_0(u_0) + \partial Hu_0^3$, 故

$$
\begin{aligned}
b_{\beta\sigma}a^{\alpha\beta\lambda\alpha}\overset{1}{\gamma}_{\alpha\lambda}(u_0) =& 2\mu(H^2 - K)\gamma_0(u_0) + 5\mu N\beta_0(u_0) + 2\mu H(8H^2 - 3K)u_0^3\\
&- \mu\overset{*}{\nabla}_\beta (4H^2 - K)u_0^\beta,
\end{aligned}
$$

综上可得

$$
\begin{aligned}
&\delta^3/3a_1(\boldsymbol{u}_0, \boldsymbol{v}_1) = \delta^3/3[(A_{1\nu}(\boldsymbol{u}_0), v_1^\nu) + (A_{13}(\boldsymbol{u}_0), v_1^3)],\\
&A_{1\nu}(\boldsymbol{u}_0) = \overset{*}{\nabla}_\beta (4\mu b_{\nu\sigma}\gamma^{\beta\sigma}(\boldsymbol{u}_0) - a_{\nu\sigma}\Gamma_{11}^{\beta\sigma}(\boldsymbol{u}_0)) - 2\mu\gamma^{\beta\sigma}(\boldsymbol{u}_0)\overset{*}{\nabla}_\nu b_{\beta\sigma},\\
&A_{13}(\boldsymbol{u}_0) = 2\mu(-K\gamma_0(\boldsymbol{u}_0) + 2H\beta_0(\boldsymbol{u}_0))\\
&\qquad -[4\mu(2H^2 - K)\,\overset{*}{\operatorname{div}}\,\boldsymbol{u}_0 - 8\mu Hb_\beta^\alpha\overset{*}{\nabla}_\alpha u_0^\beta + 4\mu HKu_0^3\\
&\qquad +16\mu H\beta_0(\boldsymbol{u}_0) - 2\mu\overset{*}{\nabla}_\beta (2H^2 - K)u_0^\beta].
\end{aligned}
$$

进一步利用公式

$$
\begin{aligned}
b_\beta^\alpha\overset{*}{\nabla}_\alpha u^\beta &= b^{\alpha\beta}\overset{*}{\nabla}_\alpha u_\beta = b^{\alpha\beta}\overset{*}{e}_{\alpha\beta}(\boldsymbol{u}) = b^{\alpha\beta}\gamma_{\alpha\beta}(\boldsymbol{u}) + b^{\alpha\beta}b_{\alpha\beta}u^3\\
&= \beta_0(\boldsymbol{u}) + (4H^2 - 2K)u^3,
\end{aligned}
$$

$$\overset{*}{\text{div}}\ \boldsymbol{u}_0 = \gamma_0(\boldsymbol{u}_0) + 2Hu_0^3,$$

于是, A_{13} 变为

$$\begin{aligned}A_{13}(\boldsymbol{u}_0) =& 2\mu(K-4H^2)\gamma_0(\boldsymbol{u}_0) + 20\mu H\beta_0(\boldsymbol{u}_0)\\&- 4\mu H(4H^2-K)u_0^3 - 2\mu \overset{*}{\nabla}_\beta (2H^2-K)u_0^\beta],\end{aligned}$$

证毕.

利用以上结果, 推出对应的边值问题

$$\left\{\begin{aligned}&\delta^3/3\left[\frac{1}{2}(\overset{*}{\Delta}\ u_1^\alpha + a^{\alpha\beta}\overset{*}{\nabla}_\beta\overset{*}{\text{div}}\ \boldsymbol{u}_1 + Ku_1^\alpha) - 4\mu a^{\alpha\beta}\overset{*}{\nabla}_\beta\ H\gamma_0(\boldsymbol{u}_0)\right.\\&\left.-2\mu b^{\alpha\beta}\overset{*}{\nabla}_\beta\ \gamma_0(\boldsymbol{u}_0) + a^{\alpha\beta}(B_\beta(\boldsymbol{u}_1,\boldsymbol{u}_0) + B_\beta(\boldsymbol{u}_0,\boldsymbol{u}_1))\right]\\&+L_\beta^\alpha u_1^\beta + a^{\alpha\beta}(D_{1\beta}(p_0) + G_{1\beta}(\boldsymbol{u}_0)) + \delta^2/2a^{\alpha\beta}[A_{1\beta}(\boldsymbol{u}_0) + B_{1\beta}(\boldsymbol{u}_0,\boldsymbol{u}_0)]\\&\qquad\qquad = a^{\alpha\beta}\widetilde{F}_\beta^1,\\&\delta^3/3(p_2 - 2\mu\beta_0(\boldsymbol{u}_1) + B_3(\boldsymbol{u}_1,\boldsymbol{u}_0) + B_3(\boldsymbol{u}_0,\boldsymbol{u}_1))\\&+L_3(\boldsymbol{u}_1) + D_{13}(p_0) + G_{13}(\boldsymbol{u}_0) + \delta^2/2[A_{13}(\boldsymbol{u}_0) + B_{13}(\boldsymbol{u}_0,\boldsymbol{u}_0)] = \widetilde{F}_3^1,\\&2u_2^3 + \gamma_0(\boldsymbol{u}_1) + \overset{1}{\text{div}}\ \boldsymbol{u}_0 = 0.\end{aligned}\right. \tag{5.1.65}$$

下面给出的公式, 有助于简化计算.

$$\begin{aligned}&(1)\ c_{\beta\sigma}\gamma^{\beta\sigma}(\boldsymbol{u}_0) = 2H\gamma_0(\boldsymbol{u}_0) - K\beta_0(\boldsymbol{u}_0);\\&(2)\ b_{\beta\sigma}\Gamma_{11}^{\beta\sigma}(\boldsymbol{u}_0) = 12\mu H\beta_0(\boldsymbol{u}_0) - 4\mu K\gamma_0(\boldsymbol{u}_0) - 16\mu Hb_\beta^\alpha\overset{*}{\nabla}_\alpha\ u_0^\beta\\&\qquad\qquad +4\mu H(4H^2-K)u_0^3 - 2\mu u_0^\beta\overset{*}{\nabla}_\beta\ (2H^2-K);\\&(3)\ \overset{*}{\nabla}_\beta\ \Gamma_{11}^{\beta\sigma}(\boldsymbol{u}_0) = 2\mu(b^{\alpha\beta}\overset{*}{\nabla}_\alpha\overset{*}{\nabla}_\beta\ u_0^\sigma - H\overset{*}{\Delta}\ u_0^\sigma\\&\qquad\qquad +(b^{\lambda\sigma} - 2Ha^{\lambda\sigma})\overset{*}{\nabla}_\lambda\overset{*}{\text{div}}\ \boldsymbol{u}_0 + K(b_\lambda^\sigma - 2H\delta_\lambda^\sigma)u_0^\lambda)\\&\qquad\qquad -4\mu\overset{*}{\nabla}_\lambda\ (b^{\beta\sigma} + Ha^{\beta\sigma})\overset{*}{\nabla}_\beta\ u_0^\lambda - 2\mu\overset{*}{\Delta}\ b_\lambda^\sigma u_0^\lambda\\&\qquad\qquad +2\mu(2Hb^{\beta\sigma} - 3c^{\beta\sigma})\overset{*}{\nabla}_\beta\ u_0^3 + 2\mu a^{\lambda\sigma}\overset{*}{\nabla}_\lambda\ (2K-2H^2)u_0^3.\end{aligned} \tag{5.1.66}$$

首先, 应用 $a^{\alpha\beta}$ 的协变导数为零和 $a^{\alpha\beta\lambda\sigma} = 2\mu a^{\alpha\beta}a^{\lambda\sigma}$, 以及

$$\begin{aligned}&a^{\alpha\beta\lambda\sigma}c_{\beta\sigma} = 2\mu c^{\alpha\lambda},\\&a^{\alpha\beta\lambda\sigma}\overset{*}{\nabla}_\lambda\ b_{\beta\sigma} = 2\mu\overset{*}{\nabla}_\lambda\ b^{\alpha\lambda} = 2\mu a^{\alpha\beta}\overset{*}{\nabla}_\beta\ (b_\lambda^\lambda) = 4\mu a^{\alpha\beta}\overset{*}{\nabla}_\beta\ H,\\&Ka_{\beta\sigma} - 2Hb_{\beta\sigma} + c_{\beta\sigma} = 0,\\&c_{\beta\sigma}\gamma^{\beta\sigma}(\boldsymbol{u}_0) = 2H\beta_0(\boldsymbol{u}_0) - K\gamma_0(\boldsymbol{u}_0),\end{aligned}$$

这就证明了 (1). 下面证明 (2). 实际上, 由 (5.1.44) 得

$$\Gamma_{11}^{\beta\sigma}(\boldsymbol{u}_0)b_{\beta\sigma} = b_{\beta\sigma}a^{\alpha\beta\lambda\sigma}\overset{1}{\gamma}_{\alpha\lambda}(\boldsymbol{u}_0) + b_{\beta\sigma}a_1^{\alpha\beta\lambda\sigma}\gamma_{\alpha\lambda}(u_0),$$

但是

$$\begin{aligned}
a^{\alpha\beta\lambda\sigma}b_{\beta\sigma} &= 2\mu a^{\alpha\beta}a^{\lambda\sigma}b_{\beta\sigma} = 2\mu b^{\alpha\lambda},\\
a_1^{\alpha\beta\lambda\sigma}b_{\beta\sigma} &= 2c^{\alpha\beta\lambda\sigma}b_{\beta\sigma} - 2Ha^{\alpha\beta\lambda\sigma}b_{\beta\sigma}\\
&= 4\mu(a^{\alpha\beta}b^{\lambda\sigma}b_{\beta\sigma} + a^{\lambda\sigma}b^{\alpha\beta}b_{\beta\sigma}) - 4\mu Hb^{\alpha\lambda}\\
&= 8\mu c^{\alpha\lambda} - 4\mu Hb^{\alpha\lambda} = 8\mu(-Ka^{\alpha\lambda} + 2Hb^{\alpha\lambda}) - 4\mu Hb^{\alpha\lambda}\\
&= -8K\mu a^{\alpha\lambda} + 12H\mu b^{\alpha\lambda},
\end{aligned}$$

同时

$$\begin{aligned}
b^{\alpha\lambda}\overset{1}{\gamma}_{\alpha\lambda}(\boldsymbol{u}_0) &= b^{\alpha\lambda}(-b_{\alpha\nu}\overset{*}{\nabla}_\lambda u_0^\nu - b_{\lambda\nu}\overset{*}{\nabla}_\alpha u_0^\nu + c_{\alpha\lambda}u_0^3 - \overset{*}{\nabla}_\mu b_{\alpha\lambda}u_0^\mu)\\
&= -2c_\nu^\alpha \overset{*}{\nabla}_\alpha u_0^\nu + b^{\alpha\lambda}c_{\alpha\lambda}u_0^3 - b^{\alpha\lambda}\overset{*}{\nabla}_\mu b_{\alpha\lambda}u_0^\mu,
\end{aligned}$$

另外

$$\begin{aligned}
&b^{\alpha\lambda}c_{\alpha\lambda} = 8H^3 - 6HK,\quad b^{\alpha\lambda}\overset{*}{\nabla}_\mu b_{\alpha\lambda} = \overset{*}{\nabla}_\mu(2H^2 - K),\\
&-2c_\nu^\alpha\overset{*}{\nabla}_\alpha u_0^\nu = (2K\delta_\nu^\alpha - 8Hb_\nu^\alpha)\overset{*}{\nabla}_\alpha u_0^\nu = 2K\overset{*}{\mathrm{div}}\,\boldsymbol{u}_0 - 8Hb_\nu^\alpha\overset{*}{\nabla}_\alpha u_0^\nu\\
&\qquad = 2K\gamma_0(\boldsymbol{u}_0) + 4HKu_0^3 - 8Hb_\nu^\alpha\overset{*}{\nabla}_\alpha u_0^\nu,
\end{aligned}$$

所以

$$\begin{aligned}
b^{\alpha\lambda}\overset{1}{\gamma}_{\alpha\lambda}(\boldsymbol{u}_0) =& 2K\gamma_0(\boldsymbol{u}_0) - 8\mu b_\nu^\alpha\overset{*}{\nabla}_\alpha u_0^\nu\\
&+ 2H(4H^2 - K)u_0^3 - \overset{*}{\nabla}_\mu(2H^2 - K)u_0^\mu,
\end{aligned}$$

$$\begin{aligned}
\Gamma_{11}^{\beta\sigma}(\boldsymbol{u}_0)b_{\beta\sigma} =& 12\mu H\beta_0(\boldsymbol{u}_0) - 4\mu K\gamma_0(\boldsymbol{u}_0) - 16\mu Hb_\beta^\alpha\overset{*}{\nabla}_\alpha u_0^\beta\\
&+ 4\mu H(4H^2 - K)u_0^3 - 2\mu u_0^\beta\overset{*}{\nabla}_\beta(2H^2 - K),
\end{aligned}$$

这就证明了 (2).

下面证明 (3). 实际上

$$\overset{*}{\nabla}_\beta\Gamma_{11}^{\beta\sigma}(\boldsymbol{u}_0) = \overset{*}{\nabla}_\beta(a^{\alpha\beta\lambda\sigma}\overset{1}{\gamma}_{\alpha\lambda}(\boldsymbol{u}_0)) + \overset{*}{\nabla}_\beta(a_1^{\alpha\beta\lambda\sigma}\gamma_{\alpha\lambda}(\boldsymbol{u}_0)).$$

首先证明

$$\begin{aligned}
\overset{*}{\nabla}_\beta(a^{\alpha\beta\lambda\sigma}\overset{1}{\gamma}_{\alpha\lambda}(\boldsymbol{u}_0)) =& -2\mu[b_\lambda^\beta a^{\sigma\nu}\overset{*}{\nabla}_\beta\overset{*}{\nabla}_\nu u_0^\lambda + b_\lambda^\sigma\overset{*}{\Delta}u_0^\lambda\\
&+ 2a^{\lambda\sigma}\overset{*}{\nabla}_\nu H\overset{*}{\nabla}_\lambda u_0^\nu + a^{\alpha\beta}\overset{*}{\nabla}_\beta b_\nu^\sigma\overset{*}{\nabla}_\alpha u_0^\nu]\\
&+ 2\mu\overset{*}{\nabla}_\beta(c^{\beta\sigma}u_0^3) - 2\nu\overset{*}{\Delta}b_\lambda^\sigma u_0^\lambda - 2\mu\overset{*}{\nabla}_\lambda b^{\beta\sigma}\overset{*}{\nabla}_\beta u_0^\lambda,
\end{aligned}\tag{5.1.67}$$

然后证明

$$
\begin{aligned}
\overset{*}{\nabla}_\beta\,(a_1^{\alpha\beta\lambda\sigma}\gamma_{\alpha\lambda}(\boldsymbol{u}_0)) =& 2\mu(b_\lambda^\alpha\,\overset{*}{\Delta}\,u_0^\lambda + b^{\alpha\beta}\,\overset{*}{\nabla}_\alpha\overset{*}{\nabla}_\beta\,u_0^\sigma) \\
&+2\mu b^{\lambda\sigma}\,\overset{*}{\nabla}_\lambda\overset{*}{\mathrm{div}}\,\boldsymbol{u}_0 + Kb_\lambda^\sigma u_0^\lambda + 2\mu b_\nu^\beta a^{\lambda\sigma}\,\overset{*}{\nabla}_\beta\overset{*}{\nabla}_\lambda\,u_0^\nu \\
&-8\mu b^{\lambda\sigma}\,\overset{*}{\nabla}_\lambda\,Hu_0^3 - 4\mu c^{\beta\sigma}\,\overset{*}{\nabla}_\beta\,u_0^3 - 4\mu b^{\alpha\beta}\,\overset{*}{\nabla}_\beta\,(b_\alpha^\sigma u_0^3) \\
&+2\mu a^{\alpha\beta}\,\overset{*}{\nabla}_\beta\,b^{\lambda\sigma}\gamma_{\alpha\lambda}(\boldsymbol{u}_0) - 4\mu\,\overset{*}{\nabla}_\beta\,H\gamma^{\beta\sigma}(\boldsymbol{u}_0) \\
&-4\mu H\,\overset{*}{\nabla}_\beta\,\gamma^{\beta\sigma}(\boldsymbol{u}_0).
\end{aligned}
\tag{5.1.68}
$$

根据定义

$$
\begin{aligned}
&a_1^{\alpha\beta\lambda\sigma} = 4\mu(a^{\alpha\beta}b^{\lambda\sigma} + a^{\lambda\sigma}b^{\alpha\beta}) - 4\mu Ha^{\alpha\beta}a^{\lambda\sigma}, \\
&\overset{1}{\gamma}_{\alpha\lambda}\,(u_0) = -b_{\lambda\nu}\,\overset{*}{\nabla}_\alpha\,u_0^\nu - b_{\alpha\nu}\,\overset{*}{\nabla}_\lambda\,u_0^\nu + c_{\alpha\lambda}u_0^3 - \overset{*}{\nabla}_\nu\,b_{\alpha\lambda}u_0^\lambda,
\end{aligned}
$$

以及

$$
\overset{*}{\nabla}_\beta\,a^{\lambda\sigma} = \overset{*}{\nabla}_\beta\,a_{\lambda\sigma} = 0, \quad 2H = a^{\lambda\sigma}b_{\lambda\sigma}
$$

和 Godazzi 公式及其推论

$$
\begin{aligned}
&\overset{*}{\nabla}_\alpha\,b_{\beta\sigma} = \overset{*}{\nabla}_\beta\,b_{\alpha\sigma}, \quad \overset{*}{\nabla}_\beta\,b_\lambda^\beta = 2\,\overset{*}{\nabla}_\lambda\,H, \\
&b^{\alpha\beta}\,\overset{*}{\nabla}_\sigma\,b_{\alpha\beta} = b_{\alpha\beta}\,\overset{*}{\nabla}_\sigma\,b^{\alpha\beta} = \overset{*}{\nabla}_\sigma\,(2H^2 - K), \quad c_\alpha^\alpha = b_{\alpha\beta}^{\alpha\beta} = 4H^2 - 2K,
\end{aligned}
$$

从 (5.1.58) 出发, 利用以上公式, 即得 (3). 证毕.

定理 5.1.4 $(\boldsymbol{u}_0, p_0)$ 满足下列变分问题

$$
\left\{
\begin{aligned}
&\text{求}(\boldsymbol{u}_0, p_0) \in V(D) \times L^2(D), \text{使得} \\
&\delta[a(\boldsymbol{u}_0, \boldsymbol{v}_0) + 2\mu(\nabla u_0^3, \nabla v_0^3) + b(\boldsymbol{u}_0, \boldsymbol{u}_0, \boldsymbol{v}_0)] \\
&\qquad +D_0(P, \boldsymbol{v}_0) + G_0(U, \boldsymbol{v}_0) = (\boldsymbol{F}^O, \boldsymbol{v}_0), \quad \forall \boldsymbol{v} \in \boldsymbol{V}(D), \\
&\delta^3/3(q_0, \gamma_0(\boldsymbol{u}_2) + \overset{1}{\mathrm{div}}\,\boldsymbol{u}_1 + \overset{2}{\mathrm{div}}\,\boldsymbol{u}_0) = 0,
\end{aligned}
\right.
\tag{5.1.69}
$$

对应于 (5.1.69) 的边值问题是

$$
\left\{
\begin{aligned}
&\delta\{-\mu(\overset{*}{\Delta}\,u_0^\alpha + a^{\alpha\lambda}\,\overset{*}{\nabla}_\lambda\overset{*}{\mathrm{div}}\,\boldsymbol{u}_0 + Ku_0^\alpha) - 4\mu a^{\alpha\beta}\,\overset{*}{\nabla}_\beta\,Hu_0^3 \\
&\qquad -2\mu b^{\alpha\beta}\,\overset{*}{\nabla}_\beta\,u_0^3 + a^{\alpha\beta}B_\beta(\boldsymbol{u}_0, \boldsymbol{u}_0)\} \\
&\qquad +D_{0\beta}(P) + G_{0\beta}(U) = F_\beta^0, \\
&\delta\{-\mu\,\overset{*}{\Delta}\,u_0^3 - 2\mu\beta_0(\boldsymbol{u}_0) + B_3(\boldsymbol{u}_0, \boldsymbol{u}_0)\} \\
&\qquad +D_{03}(P) + G_{03}(U) = F_3^0, \\
&\overset{*}{\mathrm{div}}\,\boldsymbol{u}_2 + 3H\,\overset{*}{\mathrm{div}}\,\boldsymbol{u}_1 - \overset{*}{\mathrm{div}}\,(2H\boldsymbol{u}_1) + (6H^2 - 2K)\,\overset{*}{\mathrm{div}}\,(2H\boldsymbol{u}_0) \\
&\qquad -(24H^3 - 12HK)u_0^3 - u_0^\alpha\,\overset{*}{\nabla}_\alpha\,(3H^2 - K) = 0.
\end{aligned}
\right.
\tag{5.1.70}
$$

p_0 是下列边值问题的解

$$
\begin{aligned}
&-\overset{*}{\Delta} p_0 + M_1(\boldsymbol{u}_1) + M_0(\boldsymbol{u}_0) = -\frac{a^{\alpha\beta}}{\delta^3/3}\overset{*}{\nabla}_\alpha F^2_\beta,\\
&M_1(\boldsymbol{u}_1) = (-3\mu\delta^{-1} + 10\mu H + u^3_0)\overset{*}{\operatorname{div}}\,\boldsymbol{u}_1 + (-2\mu\overset{*}{\nabla}_\alpha H + \overset{*}{\nabla}_\alpha u^3_0)u^\alpha_1\\
&\qquad -8\mu\overset{*}{\operatorname{div}}\,(H\boldsymbol{u}_1),\\
&M_0(\boldsymbol{u}_0) = -\frac{a^{\alpha\beta}}{\delta^3/3}\overset{*}{\nabla}_\alpha G_{2\beta}(\boldsymbol{u}_0) + 10\mu(3H^2 - K)\overset{*}{\operatorname{div}}\,(H\boldsymbol{u}_0)\\
&\qquad -48\mu(2H^3 - HK)u^3_0 - 4\mu u^\alpha_0\overset{*}{\nabla}_\alpha (3H^2 - K),
\end{aligned}
$$

而

$$
\begin{aligned}
&a(\boldsymbol{u}_0,\boldsymbol{v}_0) = (a^{\alpha\beta\lambda\sigma}\gamma_{\alpha\lambda}(\boldsymbol{u}_0),\gamma_{\beta\sigma}(\boldsymbol{v}_0)) = 2\mu(\gamma^{\beta\sigma}(\boldsymbol{u}_0),\gamma_{\beta\sigma}(\boldsymbol{v}_0)),\\
&b(\boldsymbol{u}_0,\boldsymbol{u}_0,\boldsymbol{v}_0) := (B(\boldsymbol{u}_0,\boldsymbol{u}_0),\boldsymbol{v}_0) = (B_\beta(\boldsymbol{u}_0),v^\beta_0) + (B_3(\boldsymbol{u}_0),v^3_0),\\
&B_\beta(\boldsymbol{u}_0,\boldsymbol{u}_0) = a_{\lambda\beta}u^\sigma_0\overset{*}{\nabla}_\sigma u^\lambda_0 - 2b_{\lambda\beta}u^\lambda_0 u^3_0,\\
&B_3(\boldsymbol{u}_0,\boldsymbol{u}_0) = u^\sigma_0\overset{*}{\nabla}_\sigma u^3_0 + b_{\lambda\sigma}u^\lambda_0 u^\sigma_0,
\end{aligned}
\tag{5.1.71}
$$

$$
\begin{aligned}
G_{0k}(U) =& A_{0k}(U) + \delta^2/2B_{2k}(U) + \delta^3/3B_{3k}(U)\\
&+ \Pi_{0k}(U) + \phi_{0k}(U),\quad k=1,2,3.\\
A_{0\nu}(U) =& \overset{*}{\nabla}_\beta\,(c_{\sigma\nu}\Gamma^{\beta\sigma}_{20}(u_0) + 2b_{\sigma\nu}\Gamma^{\beta\sigma}_{10}(u_0) - a_{\sigma\nu}\Gamma^{\beta\sigma}_{00}(u_0))\\
&- \overset{*}{\nabla}_\nu\, b_{\beta\sigma}\Gamma^{\beta\sigma}_{10}(u_0) + \frac{1}{2}\overset{*}{\nabla}_\nu\, c_{\beta\sigma}\Gamma^{\beta\sigma}_{20}(u_0)\\
&- \overset{*}{\nabla}_\beta\,(2\mu a_{\sigma\nu}(\delta^2/2\gamma^{\beta\sigma}(\boldsymbol{u}_1) + \delta^3/3\gamma^{\beta\sigma}(\boldsymbol{u}_2)))\\
&+ (\overset{*}{\nabla}_\beta\,(4\mu\delta^3/3b_{\sigma\nu}\gamma^{\beta\sigma}(\boldsymbol{u}_1) - a_{\sigma\nu}\Gamma^{\beta\sigma}_{11}(\boldsymbol{u}_1))\\
&+ 2\mu\delta^3/3\overset{*}{\nabla}_\nu\, b_{\beta\sigma}\gamma^{\beta\sigma}(\boldsymbol{u}_1) + 2\mu(a_{\alpha\nu}u^\alpha_1 + \overset{*}{\nabla}_\nu u^3_0),\\
A_{03}(U) =& c_{\beta\sigma}\Gamma^{\beta\sigma}_{10}(u_0) - b_{\beta\sigma}\Gamma^{\beta\sigma}_{00}(u_0) - b_{\beta\sigma}\Gamma^{\beta\sigma}_{11}(\boldsymbol{u}_1) - 2\mu\gamma_0(u_0)\\
&- 2\mu(\delta^2/2\beta_0(\boldsymbol{u}_1) + \delta^3/3\beta_0(\boldsymbol{u}_2)) + 2\mu\delta^3/3c_{\beta\sigma}\gamma^{\beta\sigma}(\boldsymbol{u}_1).\\
D_{0\beta}(P) =& \overset{*}{\nabla}_\beta\,[(\delta - 2H\delta^2/2 + K\delta^3/3)p_0 + (\delta^2/2 - 2H\delta^3/3)p_1 + \delta^3/3p_2]\\
&+ (-2\overset{*}{\nabla}_\beta H\delta^/2 + \overset{*}{\nabla}_\beta K\delta^3/3)p_0 - 2\overset{*}{\nabla}_\beta H\delta^3/3p_1,\\
D_{03}(P) =& -((1 + 2H\delta - 2K\delta^2/2)p_0 + (2H\delta^2/2 - 2K\delta^3/3)p_1 + 2H\delta^3/3p_2),
\end{aligned}
$$

$$
\begin{aligned}
&b_2(\boldsymbol{u}_0,\boldsymbol{u}_1,\boldsymbol{v}_0) = (B_{2\beta}(\boldsymbol{u}_1,\boldsymbol{u}_0),v^\beta_0) + (B_{23}(\boldsymbol{u}_0,\boldsymbol{u}_1),v^3_0),\\
&b_3(U,\boldsymbol{v}_0) = (B_{3\beta}(U,v^\beta_0) + (B_{33}(U,v^3_0),\\
&B_{2\sigma}(\boldsymbol{u}_1,\boldsymbol{u}_0) = a_{\lambda\sigma}(u^\beta_0\overset{*}{\nabla}_\beta u^\lambda_1 + u^\beta_1\overset{*}{\nabla}_\beta u^\lambda_0)\\
&\qquad - 2b_{\beta\sigma}(u^3_0 u^\beta_1 - u^\beta_0\gamma_0(\boldsymbol{u}_0)) + (-2(b_{\lambda\sigma} + Ha_{\lambda\sigma})\overset{*}{\nabla}_\beta u^\lambda_0 u^\beta_0
\end{aligned}
$$

$$+2(c_{\beta\sigma}+2Hb_{\beta\sigma})u_0^\beta u_0^3-\overset{*}{\nabla}_\sigma b_{\beta\gamma}u_0^\beta u_0^\gamma, \tag{5.1.72}$$

$$\begin{aligned}B_{23}(\boldsymbol{u}_1,\boldsymbol{u}_0)=&(u_1^\beta\overset{*}{\nabla}_\beta u_0^3-u_0^\beta\overset{*}{\nabla}_\beta\gamma_0(\boldsymbol{u}_0)+2b_{\beta\lambda}u_0^\lambda u_1^\beta\\&-((c_{\beta\lambda}+2Hb_{\beta\lambda})u_0^\beta u_0^\lambda+2Hu_0^\beta\overset{*}{\nabla}_\beta u_0^3),\end{aligned}$$

$$\begin{aligned}B_{3\sigma}(\boldsymbol{u}_2,\boldsymbol{u}_1,\boldsymbol{u}_0)=&a_{\lambda\sigma}(u_0^\beta\overset{*}{\nabla}_\beta u_2^\lambda+u_2^\beta\overset{*}{\nabla}_\beta u_0^\lambda)+b_{\beta\sigma}(-2u_0^3u_2^\beta\\&+u_0^\beta(\gamma_0(\boldsymbol{u}_1)+\overset{1}{\operatorname{div}}\boldsymbol{u}_0))+a_{\lambda\beta}u_1^\sigma\overset{*}{\nabla}_\sigma u_1^\lambda+2b_{\lambda\beta}u_1^\lambda\gamma_0(u_0)\\&+(-2(b_{\lambda\sigma}+Ha_{\lambda\sigma})(\overset{*}{\nabla}_\beta u_1^\lambda u_0^\beta+\overset{*}{\nabla}_\beta u_0^\lambda u_1^\beta)\\&+2(c_{\beta\sigma}+2Hb_{\beta\sigma})(u_1^\beta u_0^3-u_0^\beta\gamma_0(\boldsymbol{u}_0))\\&-\overset{*}{\nabla}_\sigma b_{\beta\gamma}(u_1^\beta u_0^\gamma+u_0^\beta u_1^\gamma)-2(Kb_{\lambda\sigma}+2Hc_{\lambda\sigma})u_0^\lambda u_0^3\\&+6Hb_{\lambda\sigma}u_0^\beta\overset{*}{\nabla}_\beta u_0^\lambda+(b_\sigma^\mu\overset{*}{\nabla}_\mu b_{\lambda\beta}+2H\overset{*}{\nabla}_\sigma b_{\lambda\beta})u_0^\lambda u_0^\beta,\end{aligned}\tag{5.1.73}$$

$$\begin{aligned}B_{33}(\boldsymbol{u}_2,\boldsymbol{u}_1,\boldsymbol{u}_0)=&(u_2^\beta\overset{*}{\nabla}_\beta u_0^3-\frac{1}{2}u_0^\beta\overset{*}{\nabla}_\beta(\gamma_0(\boldsymbol{u}_1)+\overset{1}{\operatorname{div}}\boldsymbol{u}_0))\\&+2b_{\beta\lambda}u_0^\lambda u_2^\beta-u_1^\sigma\overset{*}{\nabla}_\sigma\gamma_0(\boldsymbol{u}_0)-2(c_{\beta\lambda}+2Hb_{\beta\lambda})u_0^\beta u_1^\lambda\\&+b_{\lambda\sigma}u_1^\lambda u_1^\sigma+2Hu_0^\beta\overset{*}{\nabla}_\beta\gamma_0(\boldsymbol{u}_0)-u_1^\beta\overset{*}{\nabla}_\beta u_0^3\\&+Ku_0^\sigma\overset{*}{\nabla}_\sigma u_0^3+(Kb_{\lambda\sigma}+2Hc_{\lambda\sigma})u_0^\lambda u_0^\sigma,\end{aligned}\tag{5.1.74}$$

$$F_\beta^0=\widetilde{f}_\beta^0+g_{\alpha\beta}(\delta)\sigma^{3\alpha}(1-H)^2,\quad F_3^0=\widetilde{f}_3^0+g_{\alpha\beta}(\delta)\sigma^{33}(1-H)^2,$$

$$\begin{aligned}\Pi_{03}(U)=&\delta[4\mu H\gamma_0(\boldsymbol{u}_0)-\mu\overset{*}{\operatorname{div}}\boldsymbol{u}_1]+\delta^2/2[2\mu H(\gamma_0(\boldsymbol{u}_1)+\overset{1}{\operatorname{div}}\boldsymbol{u}_0)\\&+\mu(2\overset{*}{\operatorname{div}}\boldsymbol{u}_2-\overset{*}{\Delta}\gamma_0(\boldsymbol{u}_0)+2\overset{*}{\nabla}_\beta(d^{\alpha\beta}\overset{*}{\nabla}_\alpha u_0^3))]\\&+\delta^3/3[-6\mu HK\gamma_0(\boldsymbol{u}_0)+\frac{1}{2}\mu(\overset{*}{\Delta}(\gamma_0(\boldsymbol{u}_0)+\overset{1}{\operatorname{div}}\boldsymbol{u}_0)\\&-2\overset{*}{\nabla}_\beta(d^{\alpha\beta}\overset{*}{\nabla}_\alpha\gamma_0(\boldsymbol{u}_0))+\overset{*}{\nabla}_\beta(c^{\alpha\beta}\overset{*}{\nabla}_\alpha u_0^3+4Hu_2^\beta+Ku_1^\beta))],\end{aligned}\tag{5.1.75}$$

$$\begin{aligned}\Pi_{0\beta}(U)=&2\mu\delta\overset{*}{\nabla}_\beta\gamma_0(\boldsymbol{u}_0)+\delta^2/2[\mu\overset{*}{\nabla}_\beta(\gamma_0(\boldsymbol{u}_1)+\overset{1}{\operatorname{div}}\boldsymbol{u}_0)]\\&+\delta^3/3[-\mu\overset{*}{\nabla}_\beta K\gamma_0(\boldsymbol{u}_0)-2\mu\overset{*}{\nabla}_\beta(K\gamma_0(\boldsymbol{u}_0))],\end{aligned}$$

$$\begin{aligned}\phi_{0\beta}(U)=&[(\delta a_{\alpha\beta}-2\delta^2/2(b_{\alpha\beta}+Ha_{\alpha\beta})+\delta^3/36Hb_{\alpha\beta})u_0^3\\&-\delta^2/2a_{\alpha\beta}\gamma_0(u_0)]u_1^\alpha+[(2\delta^2/2a_{\alpha\beta}-4\delta^3/3(b_{\alpha\beta}+Ha_{\alpha\beta}))u_0^3\\&-2\delta^3/3a_{\alpha\beta}\gamma_0(u_0)]u_1^\alpha+2(b_{\alpha\beta}+Ha_{\alpha\beta})u_0^\alpha(\gamma_0(u_1)+\overset{1}{\operatorname{div}}\boldsymbol{u}_0)),\end{aligned}\tag{5.1.76}$$

$$\begin{aligned}\phi_{03}(U)=&\delta^2/2[((\gamma_0(u_0))^2+2Hu_0^3\gamma_0(u_0)+2u_2^3u_0^3)]\\&+\delta^3/3[a_{\alpha\beta}u_1^\alpha u_2^\beta+2\gamma_0(\boldsymbol{u}_0)(\gamma_0(\boldsymbol{u}_1)+\overset{1}{\operatorname{div}}\boldsymbol{u}_0))\end{aligned}$$

$$
\begin{aligned}
&\quad + (6H\gamma_0(u_0) - Ku_0^3)\gamma_0(u_0)] - \delta u_0^3\gamma_0(u_0),\\
&(A_0(U,\boldsymbol{v}_0) = a_\delta(\boldsymbol{u}_0,\boldsymbol{v}_0) + \delta^2/2a(\boldsymbol{u}_1,\boldsymbol{v}_0) + \delta^3/3(a(\boldsymbol{u}_2,\boldsymbol{v}_0) + a_1(\boldsymbol{u}_1,\boldsymbol{v}_0)),\\
&a_\delta(\boldsymbol{u}_0,\boldsymbol{v}_0) = (\Gamma_{00}^{\beta\sigma}(\boldsymbol{u}_0),\gamma_{\beta\sigma}(\boldsymbol{v}_0)) + (\Gamma_{10}^{\beta\sigma}(\boldsymbol{u}_0),\overset{1}{\gamma}_{\beta\sigma}(\boldsymbol{v}_0))\\
&\qquad +(\Gamma_{20}^{\beta\sigma}(\boldsymbol{u}_0),\overset{2}{\gamma}_{\beta\sigma}(\boldsymbol{v}_0)),\\
&a_1(\boldsymbol{u}_1,\boldsymbol{v}_0) = (\Gamma_{11}^{\beta\sigma}(\boldsymbol{u}_1),\gamma_{\beta\sigma}(\boldsymbol{v}_0)) + (a^{\alpha\beta\lambda\sigma}\gamma_{\alpha\lambda}(u_1),\overset{1}{\gamma}_{\beta\sigma}(\boldsymbol{v}_0)),\\
&\Gamma_{00}^{\beta\sigma}(\boldsymbol{u}_0) = \delta^2/2(a^{\alpha\beta\lambda\sigma}\overset{1}{\gamma}_{\alpha\lambda}(\boldsymbol{u}_0) + a_1^{\alpha\beta\lambda\sigma}\gamma_{\alpha\lambda}(\boldsymbol{u}_0))\\
&\qquad +\delta^3/3[a^{\alpha\beta\lambda\sigma}\overset{2}{\gamma}_{\alpha\lambda}(\boldsymbol{u}_0) + a_1^{\alpha\beta\lambda\sigma}\overset{1}{\gamma}_{\alpha\lambda}(\boldsymbol{u}_0) + a_2^{\alpha\beta\lambda\sigma}\gamma_{\alpha\lambda}(\boldsymbol{u}_0)],\\
&\Gamma_{10}^{\beta\sigma}(\boldsymbol{u}_0) = \delta^2/2a^{\alpha\beta\lambda\sigma}\gamma_{\alpha\lambda}(\boldsymbol{u}_0) + \delta^3/3[a_1^{\alpha\beta\lambda\sigma}\gamma_{\alpha\lambda}(\boldsymbol{u}_0) + a^{\alpha\beta\lambda\sigma}\overset{1}{\gamma}_{\alpha\lambda}(\boldsymbol{u}_0)],\\
&\Gamma_{20}^{\beta\sigma}(\boldsymbol{u}_0) = a_2^{\alpha\beta\lambda\sigma}\gamma_{\alpha\lambda}(\boldsymbol{u}_0),\quad \Gamma_{11}^{\beta\sigma}(\boldsymbol{u}_1) = a^{\alpha\beta\lambda\sigma}\overset{1}{\gamma}_{\alpha\lambda}(\boldsymbol{u}_1) + a_1^{\alpha\beta\lambda\sigma}\gamma_{\alpha\lambda}(\boldsymbol{u}_1).
\end{aligned}
\tag{5.1.77}
$$

证明 首先, 定义双线性形式

$$
\begin{aligned}
a_0(\boldsymbol{u},\boldsymbol{v}) &= \int_\Im J_0(\boldsymbol{u},\boldsymbol{v})\sqrt{a}\mathrm{d}x\\
&= (a^{\alpha\beta\lambda\sigma}\gamma_{\alpha\lambda}(\boldsymbol{u}),\gamma_{\beta\sigma}(\boldsymbol{v})) = 2\mu(\gamma^{\beta\sigma}(\boldsymbol{u}),\gamma_{\beta\sigma}(\boldsymbol{v})),\\
a_1(\boldsymbol{u},\boldsymbol{v}) &= \int_\Im J_1(\boldsymbol{u},\boldsymbol{v})\sqrt{a}\mathrm{d}x\\
&= (a^{\alpha\beta\lambda\sigma}\gamma_{\alpha\lambda}(\boldsymbol{u}),\overset{1}{\gamma}_{\beta\sigma}(\boldsymbol{v})) + (\Gamma_{11}^{\beta\sigma}(\boldsymbol{u}),\gamma_{\beta\sigma}(\boldsymbol{v}))\\
&= 2\mu(\gamma^{\beta\sigma}(\boldsymbol{u}),\overset{1}{\gamma}_{\beta\sigma}(\boldsymbol{v})) + (\Gamma_{11}^{\beta\sigma}(\boldsymbol{u}),\gamma_{\beta\sigma}(\boldsymbol{v})),\\
a_2(\boldsymbol{u},\boldsymbol{v}) &= \int_\Im J_2(\boldsymbol{u},\boldsymbol{v})\sqrt{a}\mathrm{d}x = (\Gamma_{22}^{\beta\sigma}(\boldsymbol{u}),\gamma_{\beta\sigma}(\boldsymbol{v}))\\
&\quad +(\Gamma_{11}^{\beta\sigma}(\boldsymbol{u}),\overset{1}{\gamma}_{\beta\sigma}(\boldsymbol{v})) + (a^{\alpha\beta\lambda\sigma}\gamma_{\alpha\lambda}(u),\overset{2}{\gamma}_{\beta\sigma}(\boldsymbol{v}))\\
&= (\Gamma_{22}^{\beta\sigma}(\boldsymbol{u}),\gamma_{\beta\sigma}(\boldsymbol{v})) + (\Gamma_{11}^{\beta\sigma}(\boldsymbol{u}),\overset{1}{\gamma}_{\beta\sigma}(\boldsymbol{v}))\\
&\quad +(2\mu\gamma^{\beta\sigma}(\boldsymbol{u}),\overset{2}{\gamma}_{\beta\sigma}(\boldsymbol{v})),
\end{aligned}
$$

其中

$$
\begin{aligned}
&\Gamma_{11}^{\beta\sigma}(\boldsymbol{u}) = a_1^{\alpha\beta\lambda\sigma}\gamma_{\alpha\lambda}(\boldsymbol{u}) + a^{\alpha\beta\lambda\sigma}\overset{1}{\gamma}_{\beta\sigma}(\boldsymbol{u}),\\
&\Gamma_{22}^{\beta\sigma}(\boldsymbol{u}) = a^{\alpha\beta\lambda\sigma}\overset{2}{\gamma}_{\alpha\lambda}(\boldsymbol{u}) + a_1^{\alpha\beta\lambda\sigma}\overset{1}{\gamma}_{\alpha\lambda}(\boldsymbol{u}) + a_2^{\alpha\beta\lambda\sigma}\gamma_{\alpha\lambda}(\boldsymbol{u}),
\end{aligned}
$$

$$
\begin{aligned}
b(\boldsymbol{u},\boldsymbol{v},\boldsymbol{w}) &= \int_\Im \varphi_m^0(\boldsymbol{u},\boldsymbol{v},\boldsymbol{w})\sqrt{a}\mathrm{d}x = (B_\beta(\boldsymbol{u},\boldsymbol{v}),w^\beta) + (B_3(\boldsymbol{u},\boldsymbol{v}),w^3),\\
b_1(\boldsymbol{u},\boldsymbol{v},\boldsymbol{w}) &= \int_\Im \varphi_m^1(\boldsymbol{u},\boldsymbol{v},\boldsymbol{w})\sqrt{a}\mathrm{d}x = (B_{1\beta}(\boldsymbol{u},\boldsymbol{v}),w^\beta) + (B_{13}(\boldsymbol{u},\boldsymbol{v}),w^3),\\
b_2(\boldsymbol{u},\boldsymbol{v},\boldsymbol{w}) &= \int_\Im \varphi_m^2(\boldsymbol{u},\boldsymbol{v},\boldsymbol{w})\sqrt{a}\mathrm{d}x = (B_{2\beta}(\boldsymbol{u},\boldsymbol{v}),w^\beta) + (B_{23}(\boldsymbol{u},\boldsymbol{v}),w^3).
\end{aligned}
$$

在 (5.1.34) 中, 由于 v,q 的任意性, 令 $v_0\neq 0, q_0\neq 0; v_i = 0(i\neq 0)$, 那么 (5.1.19),(5.1.20) 显示

$$
\mathcal{A}_m(U,V) = (a_m(U,V) + b_m(U,U,V))|_{v_0\neq 0, v_i=0, i\neq 0}
$$

$$
\begin{aligned}
&= \int_{\Im_i} [J_0(\boldsymbol{u}_0, \boldsymbol{v}_0)\delta + (J_0(\boldsymbol{u}_1, \boldsymbol{v}_0) + J_1(\boldsymbol{u}_0, \boldsymbol{v}_0))\delta^2/2 \\
&\quad + (J_0(\boldsymbol{u}_2, \boldsymbol{v}_0) + J_1(\boldsymbol{u}_1, \boldsymbol{v}_0) + J_2(\boldsymbol{u}_0, \boldsymbol{v}_0))\delta^3/3 \\
&\quad + \delta\varphi_m^0(\boldsymbol{u}_0, \boldsymbol{u}_0, \boldsymbol{v}_0) + (\varphi_m^0(\boldsymbol{u}_1, \boldsymbol{u}_0, \boldsymbol{v}_0) + \varphi_m^0(\boldsymbol{u}_0, \boldsymbol{u}_1, \boldsymbol{v}_0) \\
&\quad + \varphi_m^1(\boldsymbol{u}_0, \boldsymbol{u}_0, \boldsymbol{v}_0))\delta^2/2 + (\varphi_m^0(\boldsymbol{u}_2, \boldsymbol{u}_0, \boldsymbol{v}_0) + \varphi_m^0(\boldsymbol{u}_0, \boldsymbol{u}_2, \boldsymbol{v}_0) \\
&\quad + \varphi_m^0(\boldsymbol{u}_1, \boldsymbol{u}_1, \boldsymbol{v}_0) + \varphi_m^1(\boldsymbol{u}_1, \boldsymbol{u}_0, \boldsymbol{v}_0) + \varphi_m^1(\boldsymbol{u}_0, \boldsymbol{u}_1, \boldsymbol{v}_0) \\
&\quad + \varphi_m^2(\boldsymbol{u}_0, \boldsymbol{u}_0, \boldsymbol{v}_0))\delta^3/3]\sqrt{a}\mathrm{d}x,
\end{aligned}
$$

$$
\begin{aligned}
\mathcal{A}_m(U,V) =& \delta a_0(\boldsymbol{u}_0, \boldsymbol{v}_0) + [a_0(\boldsymbol{u}_1, \boldsymbol{v}_0) + a_1(\boldsymbol{u}_0, \boldsymbol{v}_0)]\delta^2/2 \\
&+ [a_0(\boldsymbol{u}_2, \boldsymbol{v}_0) + a_1(\boldsymbol{u}_1, \boldsymbol{v}_0) + a_2(\boldsymbol{u}_0, \boldsymbol{v}_0)]\delta^3/3 + b(\boldsymbol{u}_0, \boldsymbol{u}_0, \boldsymbol{v}_0)\delta \\
&+ [b(\boldsymbol{u}_1, \boldsymbol{u}_0, \boldsymbol{v}_0) + b(\boldsymbol{u}_0, \boldsymbol{u}_1, \boldsymbol{v}_0) + b_1(\boldsymbol{u}_0, \boldsymbol{u}_0, \boldsymbol{v}_0)]\delta^2/2 \\
&+ [b(\boldsymbol{u}_2, \boldsymbol{u}_0, \boldsymbol{v}_0) + b(\boldsymbol{u}_0, \boldsymbol{u}_2, \boldsymbol{v}_0) + b(\boldsymbol{u}_1, \boldsymbol{u}_1, \boldsymbol{v}_0) \\
&+ b_1(\boldsymbol{u}_1, \boldsymbol{u}_0, \boldsymbol{v}_0) + b_1(\boldsymbol{u}_0, \boldsymbol{u}_1, \boldsymbol{v}_0) + b_2(\boldsymbol{u}_0, \boldsymbol{u}_0, \boldsymbol{v}_0)]\delta^3/3,
\end{aligned}
$$

$$
\begin{aligned}
\mathcal{A}_m(U,V) =& \delta L(\boldsymbol{u}_0, \boldsymbol{v}_0) + \delta^2/2L_1(\boldsymbol{u}_1, \boldsymbol{u}_0, \boldsymbol{v}_0) + \delta^3/3L_2(U, v_0) \\
&+ \delta b(u_0, u_0, v_0) + \delta^2/2b_2(\boldsymbol{u}_0, \boldsymbol{u}_1; \boldsymbol{v}_0) + \delta^3/3b_3(\boldsymbol{u}_0, \boldsymbol{u}_1; \boldsymbol{v}_0),
\end{aligned}
$$

其中

$$
\begin{aligned}
b_2(\boldsymbol{u}_0, \boldsymbol{u}_1, \boldsymbol{v}_0) =& b(\boldsymbol{u}_1, \boldsymbol{u}_0, \boldsymbol{v}_0) + b(\boldsymbol{u}_0, \boldsymbol{u}_1, \boldsymbol{v}_0) + b_1(\boldsymbol{u}_0, \boldsymbol{u}_0, \boldsymbol{v}_0), \\
b_3(\boldsymbol{u}_0, \boldsymbol{u}_1, \boldsymbol{v}_0) =& b(\boldsymbol{u}_0, \boldsymbol{u}_2, \boldsymbol{v}_0) + b(\boldsymbol{u}_2, \boldsymbol{u}_0, \boldsymbol{v}_0) + b(\boldsymbol{u}_1, \boldsymbol{u}_1, \boldsymbol{v}_0) \\
&+ b_1(\boldsymbol{u}_0, \boldsymbol{u}_1, \boldsymbol{v}_0) + b_1(\boldsymbol{u}_1, \boldsymbol{u}_0.\boldsymbol{v}_0) + b_2(\boldsymbol{u}_0, \boldsymbol{u}_0, \boldsymbol{v}_0)
\end{aligned}
$$

$$
\begin{aligned}
&\int_{\Im_i} \delta J_0(\boldsymbol{u}_0, \boldsymbol{v}_0)\sqrt{a}\mathrm{d}x = \delta(a^{\alpha\beta\lambda\sigma}\gamma_{\alpha\lambda}(\boldsymbol{u}_0), \gamma_{\beta\sigma}(\boldsymbol{v}_0)) = \delta a(\boldsymbol{u}_0, \boldsymbol{v}_0), \\
&\int_{\Im_i} (\delta^2/2J_1(\boldsymbol{u}_0, \boldsymbol{v}_0) + \delta^3/3J_2(\boldsymbol{u}_0, \boldsymbol{v}_0))\sqrt{a}\mathrm{d}x \\
&\quad := a_\delta(\boldsymbol{u}_0, \boldsymbol{v}_0) \\
&\quad = (\Gamma_{00}^{\beta\sigma}(\boldsymbol{u}_0), \gamma_{\beta\sigma}(\boldsymbol{v}_0)) + (\Gamma_{10}^{\beta\sigma}(\boldsymbol{u}_0), \overset{1}{\gamma}_{\beta\sigma}(\boldsymbol{v}_0)) + (\Gamma_{20}^{\beta\sigma}(\boldsymbol{u}_0), \overset{2}{\gamma}_{\beta\sigma}(\boldsymbol{v}_0)), \\
&\Gamma_{00}^{\beta\sigma}(\boldsymbol{u}_0) = \delta^2/2(a^{\alpha\beta\lambda\sigma}\overset{1}{\gamma}_{\alpha\lambda}(\boldsymbol{u}_0) + a_1^{\alpha\beta\lambda\sigma}\gamma_{\alpha\lambda}(\boldsymbol{u}_0)) \\
&\qquad + \delta^3/3[a^{\alpha\beta\lambda\sigma}\overset{2}{\gamma}_{\alpha\lambda}(\boldsymbol{u}_0) + a_1^{\alpha\beta\lambda\sigma}\overset{1}{\gamma}_{\alpha\lambda}(\boldsymbol{u}_0) + a_2^{\alpha\beta\lambda\sigma}\gamma_{\alpha\lambda}(\boldsymbol{u}_0)], \\
&\Gamma_{10}^{\beta\sigma}(\boldsymbol{u}_0) = \delta^2/2a^{\alpha\beta\lambda\sigma}\gamma_{\alpha\lambda}(\boldsymbol{u}_0) + \delta^3/3[a_1^{\alpha\beta\lambda\sigma}\gamma_{\alpha\lambda}(\boldsymbol{u}_0) + a^{\alpha\beta\lambda\sigma}\overset{1}{\gamma}_{\alpha\lambda}(\boldsymbol{u}_0)], \\
&\Gamma_{20}^{\beta\sigma}(\boldsymbol{u}_0) = \delta^3/3a_2^{\alpha\beta\lambda\sigma}\gamma_{\alpha\lambda}(\boldsymbol{u}_0),
\end{aligned}
$$

$$
\begin{aligned}
&\int_{\Im} \{\delta^2/2J_0(\boldsymbol{u}_1, \boldsymbol{v}_0) + \delta^3/3[J_0(u_2, v_0) + J_1(u_1, v_0)]\}\sqrt{a}\mathrm{d}x \\
&= \delta^2/2a(u_1, v_0) + \delta^3/3a(u_2, v_0) + \delta^3/3a_1(u_1, v_0),
\end{aligned}
$$

$$
\begin{aligned}
a_1(\boldsymbol{u}_1,\boldsymbol{v}_0) &= \int_{\Im} \delta^3/3 J_1(\boldsymbol{u}_1,\boldsymbol{v}_0)\sqrt{a}\mathrm{d}x \\
&= (\Gamma_{11}^{\beta\sigma}(\boldsymbol{u}_1),\gamma_{\beta\sigma}(\boldsymbol{v}_0)) + \delta^3/3(a^{\alpha\beta\lambda\sigma}\gamma_{\alpha\lambda}(u_1),\overset{1}{\gamma}_{\beta\sigma}(\boldsymbol{v}_0)), \\
\Gamma_{11}^{\beta\sigma}(\boldsymbol{u}_1) &= \delta^3/3a^{\alpha\beta\lambda\sigma}\overset{1}{\gamma}_{\alpha\lambda}(\boldsymbol{u}_1) + \delta^3/3\underset{1}{a}^{\alpha\beta\lambda\sigma}\gamma_{\alpha\lambda}(\boldsymbol{u}_1),
\end{aligned}
$$

也就是

$$
\begin{aligned}
(a_m(U,V))|_{v_0\neq 0,v_i=0,i\neq 0} &= \delta a(u_0,v_0) + a_\delta(u_0,v_0) \\
&\quad +\delta^2/2a(u_1,v_0) + \delta^3/3a(u_2,v_0) + \delta^3/3a_1(u_1,v_0), \\
a_\delta(\boldsymbol{u}_0,\boldsymbol{v}_0) &= (\Gamma_{00}^{\beta\sigma}(\boldsymbol{u}_0),\gamma_{\beta\sigma}(\boldsymbol{v}_0)) + (\Gamma_{10}^{\beta\sigma}(\boldsymbol{u}_0),\overset{1}{\gamma}_{\beta\sigma}(\boldsymbol{v}_0)) \\
&\quad +(\Gamma_{20}^{\beta\sigma}(\boldsymbol{u}_0),\overset{2}{\gamma}_{\beta\sigma}(\boldsymbol{v}_0)),
\end{aligned}
$$

$$
\begin{aligned}
a_1(\boldsymbol{u}_1,\boldsymbol{v}_0) &= (\Gamma_{11}^{\beta\sigma}(\boldsymbol{u}_1),\gamma_{\beta\sigma}(\boldsymbol{v}_0)) + \delta^3/3(a^{\alpha\beta\lambda\sigma}\gamma_{\alpha\lambda}(u_1),\overset{1}{\gamma}_{\beta\sigma}(\boldsymbol{v}_0)), \\
\Gamma_{00}^{\beta\sigma}(\boldsymbol{u}_0) &= \delta^2/2(a^{\alpha\beta\lambda\sigma}\overset{1}{\gamma}_{\alpha\lambda}(\boldsymbol{u}_0) + \underset{1}{a}^{\alpha\beta\lambda\sigma}\gamma_{\alpha\lambda}(\boldsymbol{u}_0)) \\
&\quad +\delta^3/3[a^{\alpha\beta\lambda\sigma}\overset{2}{\gamma}_{\alpha\lambda}(\boldsymbol{u}_0) + \underset{1}{a}^{\alpha\beta\lambda\sigma}\overset{1}{\gamma}_{\alpha\lambda}(\boldsymbol{u}_0) + \underset{2}{a}^{\alpha\beta\lambda\sigma}\gamma_{\alpha\lambda}(\boldsymbol{u}_0)], \\
\Gamma_{10}^{\beta\sigma}(\boldsymbol{u}_0) &= \delta^2/2a^{\alpha\beta\lambda\sigma}\gamma_{\alpha\lambda}(\boldsymbol{u}_0) + \delta^3/3[\underset{1}{a}^{\alpha\beta\lambda\sigma}\gamma_{\alpha\lambda}(\boldsymbol{u}_0) + a^{\alpha\beta\lambda\sigma}\overset{1}{\gamma}_{\alpha\lambda}(\boldsymbol{u}_0)], \\
\Gamma_{20}^{\beta\sigma}(\boldsymbol{u}_0) &= \delta^3/3\underset{2}{a}^{\alpha\beta\lambda\sigma}\gamma_{\alpha\lambda}(\boldsymbol{u}_0),
\end{aligned}
$$

$$
\Gamma_{11}^{\beta\sigma}(\boldsymbol{u}_1) = \delta^3/3[a^{\alpha\beta\lambda\sigma}\overset{1}{\gamma}_{\alpha\lambda}(\boldsymbol{u}_1) + \underset{1}{a}^{\alpha\beta\lambda\sigma}\gamma_{\alpha\lambda}(\boldsymbol{u}_1)], \tag{5.1.78}
$$

类似地有

$$
\begin{aligned}
\{a_b(U,V)\}_{v_1\neq 0,v_i=0,i\neq 1} =& \delta[(\mu Y^\beta(U),\overset{*}{\nabla}_\beta v_0^3) - (2\mu\gamma_0(\boldsymbol{u}_0),\gamma_0(\boldsymbol{v}_0))] \\
&+ \delta^2/2[(2\mu u_2^3,\gamma_0(\boldsymbol{v}_0)) + (\mu(2u_2^\beta - a^{\alpha\beta}\overset{*}{\nabla}_\alpha\gamma_0(\boldsymbol{u}_0) \\
&+ 2d^{\alpha\beta}\overset{*}{\nabla}_\alpha u_0^3),\overset{*}{\nabla}_\beta v_0^3)] \\
&+ \delta^3/3[(\mu(a^{\alpha\beta}\overset{*}{\nabla}_\alpha u_2^3 + 2d^{\alpha\beta}\overset{*}{\nabla}_\alpha u_1^3 + c^{\alpha\beta}\overset{*}{\nabla}_\alpha u_0^3 \\
&+ 4Hu_2^\beta + Ku_1^\beta),\overset{*}{\nabla}_\beta v_0^3) + 2\mu(u_1^3,m_2(v_0))].
\end{aligned}
$$

因为由 (5.1.29) 和 (5.1.27),

$$
\begin{aligned}
m_2(\boldsymbol{v}_0) =& \overset{2}{\mathrm{div}}\,\boldsymbol{v}_0 - 2H\overset{1}{\mathrm{div}}\,\boldsymbol{v}_0 + K\gamma_0(\boldsymbol{v}_0) \\
&= 2HKv_0^3 + \overset{*}{\nabla}_\beta Kv_0^\beta + K\gamma_0(\boldsymbol{v}_0), \\
2\mu u_1^3 m_2(\boldsymbol{v}_0) &= -2\mu\gamma_0(\boldsymbol{u}_0)m_2(\boldsymbol{v}_0) \\
&= K\gamma_0(\boldsymbol{u}_0)\gamma_0(\boldsymbol{v}_0) - 2\mu\gamma_0(\boldsymbol{u}_0)(2HKv_0^3 + \overset{*}{\nabla}_\beta Kv_0^\beta), \\
2\mu u_2^3\gamma_0(\boldsymbol{v}_0) &= -\mu(\gamma_0(\boldsymbol{u}_1) + \overset{1}{\mathrm{div}}\,\boldsymbol{u}_0)\gamma_0(\boldsymbol{v}_0), \\
2u_2^3 &= -(\gamma_0(\boldsymbol{u}_1) + \overset{1}{\mathrm{div}}\,\boldsymbol{u}_0).
\end{aligned}
$$

记

$$\{a_b(U,V)\}_{v_1\neq 0, v_i=0, i\neq 1} = \Pi_0(U, \boldsymbol{v}_0),$$

其中

$$\begin{aligned}
\Pi_0(U,\boldsymbol{v}_0) =&(-2\mu\delta\gamma_0(\boldsymbol{u}_0) - \delta^2/2\mu(\gamma_0(\boldsymbol{u}_1) + \overset{1}{\mathrm{div}}\ \boldsymbol{u}_0)\\
&+ \delta^3/3\mu K\gamma_0(\boldsymbol{u}_0), \gamma_0(\boldsymbol{v}_0)) + \delta\mu(a^{\alpha\beta}\overset{*}{\nabla}_\alpha u_0^3, \overset{*}{\nabla}_\beta v_0^3)\\
&+ \delta^2/2[\mu(2u_2^\beta - a^{\alpha\beta}\overset{*}{\nabla}_\alpha \gamma_0(\boldsymbol{u}_0) + 2d^{\alpha\beta}\overset{*}{\nabla}_\alpha u_0^3, \overset{*}{\nabla}_\beta v_0^3)]\\
&+ \delta^3/3[-\frac{1}{2}\mu(a^{\alpha\beta}\overset{*}{\nabla}_\alpha (\gamma_0(u_1) + \overset{1}{\mathrm{div}}\ \boldsymbol{u}_0)\\
&- 2d^{\alpha\beta}\overset{*}{\nabla}_\alpha \gamma_0(\boldsymbol{u}_0) + c^{\alpha\beta}\overset{*}{\nabla}_\alpha u_0^3 + 4Hu_2^\beta + Ku_1^\beta, \overset{*}{\nabla}_\beta v_0^3)]\\
&+ \delta[-\mu(\overset{*}{\mathrm{div}}\ \boldsymbol{u}_1, v_0^3) + \delta^3/3[-2\mu(2HK\gamma_0(\boldsymbol{u}_0), v_0^3)\\
&- 2\mu(\gamma_0(\boldsymbol{u}_0)\overset{*}{\nabla}_\beta K, v_0^\beta)].
\end{aligned} \tag{5.1.79}$$

下面考虑非线性弯曲算子. 由 (5.1.27) 和 (5.1.29),

$$\begin{aligned}
&\{b_b(U,U,V)\}_{v_1\neq 0, v_i=0, i\neq 1}\\
=&\delta[(a_{\lambda\sigma}u_1^\lambda u_0^3, v_0^\sigma) + (u_0^3u_1^3, v_0^3)] + \delta^2/2\{([a_{\alpha\beta}(u_1^\alpha u_1^3 + 2u_2^\alpha u_0^3) - 2(b_{\alpha\beta} + Ha_{\alpha\beta}u_1^\alpha u_0^3], v_0^\beta)\\
&+ (u_1^3u_1^3 - 2Hu_0^3u_1^3 + 2u_2^3u_0^3, v_0^3)\}\delta^3/3\{([2a_{\alpha\beta}u_2^\alpha u_1^3 - 4(b_{\alpha\beta} + Hb_{\alpha\beta})(u_2^\alpha u_0^3 + u_0^\alpha u_2^3)\\
&+ 6Hb_{\alpha\beta}u_1^\alpha u_0^3], v_0^\beta) + [a_{\alpha\beta}u_1^\alpha u_2^\beta + 4u_1^3u_2^3 - 6Hu_1^3u_1^3 + Ku_0^3u_1^3], v_0^3)\}\\
=&(\phi_0, \boldsymbol{v}_0) = (\phi_{0\beta}, v_0^\beta) + (\phi_{o3}, \boldsymbol{v}_0^3),
\end{aligned} \tag{5.1.80}$$

其中

$$\begin{aligned}
\phi_{0\beta}(U) =&\delta[a_{\lambda\beta}u_1^\lambda u_0^3] + \delta^2/2[a_{\alpha\beta}(-u_1^\alpha\gamma_0(u_0) + 2u_2^\alpha u_0^3)\\
&- 2(b_{\alpha\beta} + Ha_{\alpha\beta})u_1^\alpha u_0^3]\\
&+ \delta^3/3[-2a_{\alpha\beta}u_2^\alpha\gamma_0(u_0) + 6Hb_{\alpha\beta}u_1^\alpha u_0^3\\
&- 4(b_{\alpha\beta} + Hb_{\alpha\beta})(u_2^\alpha u_0^3 - \frac{1}{2}u_0^\alpha(\gamma_0(\boldsymbol{u}_1 + \overset{1}{\mathrm{div}}\ \boldsymbol{u}_0))],\\
\phi_{03}(U) =&\delta[-u_0^3\gamma_0(u_0)] + \delta^2/2[((\gamma_0(u_0))^2 + 2Hu_0^3\gamma_0(u_0) + 2u_2^3u_0^3)]\\
&+ \delta^3/3[a_{\alpha\beta}u_1^\alpha u_2^\beta + 2\gamma_0(\boldsymbol{u}_0)(\gamma_0(\boldsymbol{u}_1) + \overset{1}{\mathrm{div}}\ \boldsymbol{u}_0))\\
&+ (6H\gamma_0(u_0) - Ku_0^3)\gamma_0(u_0)],
\end{aligned} \tag{5.1.81}$$

$$\begin{aligned}
&b(\boldsymbol{u}_0, \boldsymbol{u}_0, \boldsymbol{v}_0) := (B(\boldsymbol{u}_0, \boldsymbol{u}_0), \boldsymbol{v}_0),\\
&B_\beta(\boldsymbol{u}_0, \boldsymbol{u}_0) = a_{\lambda\beta}u_0^\sigma\overset{*}{\nabla}_\sigma u_0^\lambda - 2b_{\lambda\beta}u_0^\lambda u_0^3,\\
&B_3(\boldsymbol{u}_0, \boldsymbol{u}_0) = u_0^\sigma\overset{*}{\nabla}_\sigma u_0^3 + b_{\lambda\sigma}u_0^\lambda u_0^\sigma,
\end{aligned} \tag{5.1.82}$$

$$b_2(\boldsymbol{u}_0,\boldsymbol{u}_1,\boldsymbol{v}_0)=(B_{2\beta}(\boldsymbol{u}_1,\boldsymbol{u}_0),v_0^\beta)+(B_{23}(\boldsymbol{u}_0,\boldsymbol{u}_1),v_0^3),$$
$$b_3(\boldsymbol{u}_0,\boldsymbol{u}_1,\boldsymbol{u}_2,\boldsymbol{v}_0)=(B_{3\beta}(\boldsymbol{u}_1,\boldsymbol{u}_2,\boldsymbol{u}_0),v_0^\beta)+(B_{33}(\boldsymbol{u}_0,\boldsymbol{u}_1,\boldsymbol{u}_2,v_0^3), \tag{5.1.83}$$

$$\begin{aligned}B_{2\sigma}(\boldsymbol{u}_1,\boldsymbol{u}_0)=&a_{\lambda\sigma}(u_0^\beta \overset{*}{\nabla}_\beta u_1^\lambda+u_1^\beta \overset{*}{\nabla}_\beta u_0^\lambda)\\&-2b_{\beta\sigma}(u_0^3u_1^\beta-u_0^\beta\gamma_0(\boldsymbol{u}_0)-2(b_{\lambda\sigma}+Ha_{\lambda\sigma})\overset{*}{\nabla}_\beta u_0^\lambda u_0^\beta\\&+2(c_{\beta\sigma}+2Hb_{\beta\sigma})u_0^\beta u_0^3-\overset{*}{\nabla}_\sigma b_{\beta\gamma}u_0^\beta u_0^\gamma,\\B_{23}(\boldsymbol{u}_1,\boldsymbol{u}_0)=&u_1^\beta \overset{*}{\nabla}_\beta u_0^3-u_0^\beta\overset{*}{\nabla}_\beta\gamma_0(\boldsymbol{u}_0)+2b_{\beta\lambda}u_0^\lambda u_1^\beta\\&-(c_{\beta\lambda}+2Hb_{\beta\lambda})u_0^\beta u_0^\lambda+2Hu_0^\beta\overset{*}{\nabla}_\beta u_0^3,\end{aligned} \tag{5.1.84}$$

$$\begin{aligned}B_{3\sigma}(\boldsymbol{u}_2,\boldsymbol{u}_1,\boldsymbol{u}_0)=&a_{\lambda\sigma}(u_0^\beta\overset{*}{\nabla}_\beta u_2^\lambda+u_2^\beta\overset{*}{\nabla}_\beta u_0^\lambda)+b_{\beta\sigma}(-2u_0^3u_2^\beta\\&+u_0^\beta(\gamma_0(\boldsymbol{u}_1)+\overset{1}{\mathrm{div}}\,\boldsymbol{u}_0))+a_{\lambda\beta}u_1^\sigma\overset{*}{\nabla}_\sigma u_1^\lambda+2b_{\lambda\beta}u_1^\lambda\gamma_0(u_0)\\&+(-2(b_{\lambda\sigma}+Ha_{\lambda\sigma})(\overset{*}{\nabla}_\beta u_1^\lambda u_0^\beta+\overset{*}{\nabla}_\beta u_0^\lambda u_1^\beta)\\&+2(c_{\beta\sigma}+2Hb_{\beta\sigma})(u_1^\beta u_0^3-u_0^\beta\gamma_0(\boldsymbol{u}_0))-\overset{*}{\nabla}_\sigma b_{\beta\gamma}(u_1^\beta u_0^\gamma+u_0^\beta u_1^\gamma)\\&+6Hb_{\lambda\sigma}u_0^\beta\overset{*}{\nabla}_\beta u_0^\lambda-2(Kb_{\lambda\sigma}+2Hc_{\lambda\sigma})u_0^\lambda u_0^3\\&+(b_\sigma^\mu\overset{*}{\nabla}_\mu b_{\lambda\beta}+2H\overset{*}{\nabla}_\sigma b_{\lambda\beta})u_0^\lambda u_0^\beta,\\B_{33}(\boldsymbol{u}_2,\boldsymbol{u}_1,\boldsymbol{u}_0)=&(u_2^\beta\overset{*}{\nabla}_\beta u_0^3-\frac{1}{2}u_0^\beta\overset{*}{\nabla}_\beta(\gamma_0(\boldsymbol{u}_1)+\overset{1}{\mathrm{div}}\,\boldsymbol{u}_0))\\&+2b_{\beta\lambda}u_0^\lambda u_2^\beta-u_1^\sigma\overset{*}{\nabla}_\sigma\gamma_0(\boldsymbol{u}_0)\\&+b_{\lambda\sigma}u_1^\lambda u_1^\sigma-2(c_{\beta\lambda}+2Hb_{\beta\lambda})u_0^\beta u_1^\lambda\\&-2H(u_0^\beta\overset{*}{\nabla}_\beta(\gamma_0(\boldsymbol{u}_0))+u_1^\beta\overset{*}{\nabla}_\beta u_0^3)\\&+Ku_0^\sigma\overset{*}{\nabla}_\sigma u_0^3+(Kb_{\lambda\sigma}+2Hc_{\lambda\sigma})u_0^\lambda u_0^\sigma.\end{aligned} \tag{5.1.85}$$

现在回到 (5.1.21), (5.1.22), 那么

$$\begin{aligned}\mathcal{D}_0(P,\boldsymbol{v}_0):=&\mathcal{D}(P,V)|_{v_0\neq0,v_i=0,i\neq0}=\delta(p_0,\gamma_0(\boldsymbol{v}_0))\\&+\delta^2/2[(p_1-2Hp_0,\gamma_0(v_0))+(p_0,\overset{1}{\mathrm{div}}\,\boldsymbol{v}_0)]\\&+\delta^3/3[(p_2-2Hp_1+Kp_0,\gamma_0(v_0))+(p_1-2Hp_0,\overset{1}{\mathrm{div}}\,\boldsymbol{v}_0)\\&+(p_0,\overset{2}{\mathrm{div}}\,\boldsymbol{v}_0)],\end{aligned}$$

如果将

$$\gamma_0(\boldsymbol{v}_0)=\overset{*}{\mathrm{div}}\,\boldsymbol{v}_0-2Hv_0^3,\quad \overset{1}{\mathrm{div}}\,\boldsymbol{v}_0=-(4H^2-2K)v_0^3-2v_0^\beta\overset{*}{\nabla}_\beta H,$$
$$\overset{2}{\mathrm{div}}\,\boldsymbol{v}_0=-(8H^3-6HK)v_0^3-v_0^\beta\overset{*}{\nabla}_\beta(2H^2-K)$$

代入, 注意, 简单计算后得

$$D_0(P,\boldsymbol{v}_0)=(\delta p_0+\delta^2/2(p_1-2Hp_0)+\delta^3/3(p_2-2Hp_1+Kp_0),\gamma_0(\boldsymbol{v}_0))$$

$$+ (\delta^2/2p_0 + \delta^3/3(p_1 - 2Hp_0), \overset{1}{\operatorname{div}}\, \boldsymbol{v}_0) + (\delta^3/3p_0, \overset{2}{\operatorname{div}}\, \boldsymbol{v}_0),$$

从而有

$$\begin{aligned}
&\mathcal{D}_0(P, \boldsymbol{v}_0)\\
=&(\overset{*}{\nabla}_\beta\ [(\delta - 2H\delta^2/2 + K\delta^3/3)p_0 + (\delta^2/2 - 2H\delta^3/3)p_1 + \delta^3/3p_2]\\
&+ (-2\ \overset{*}{\nabla}_\beta\ H\delta^/2 + \overset{*}{\nabla}_\beta\ K\delta^3/3)p_0 - 2\ \overset{*}{\nabla}_\beta\ H\delta^3/3p_1, v_0^\beta)\\
&- ((2H\delta - 2K\delta^2/2)p_0 + (2H\delta^2/2 - 2K\delta^3/3)p_1 + 2H\delta^3/3p_2, v_0^3),
\end{aligned}\tag{5.1.86}$$

即

$$\begin{aligned}
D_{0\beta}(P) =& \overset{*}{\nabla}_\beta\ [(\delta - 2H\delta^2/2 + K\delta^3/3)p_0 + (\delta^2/2 - 2H\delta^3/3)p_1 + \delta^3/3p_2]\\
&+ (-2\ \overset{*}{\nabla}_\beta\ H\delta/2 + \overset{*}{\nabla}_\beta\ K\delta^3/3)p_0 - 2\ \overset{*}{\nabla}_\beta\ H\delta^3/3p_1,\\
D_{03}(P) =& -[(2H\delta - 2K\delta^2/2)p_0 + (2H\delta^2/2 - 2K\delta^3/3)p_1 + 2H\delta^3/3p_2].
\end{aligned}$$

另外, 从 (5.1.21)(5.1.29) 可以得到

$$\begin{aligned}
\mathcal{D}(U, q_0)|_{q_0\neq 0, q_i=0, i\neq 0} =&\delta(q_0, u_1^3 + \gamma_0(\boldsymbol{u}_0))\\
&+ \delta^2/2(q_0, -2H(u_1^3 + \gamma_0(\boldsymbol{u}_0)) + 2u_2^3 + \gamma_0(\boldsymbol{u}_1) + \overset{1}{\operatorname{div}}\, \boldsymbol{u}_0)\\
&+ \delta^3/3(q_0, K(u_1^3 + \gamma_0(\boldsymbol{u}_0)) - 2H(2u_2^3 + \gamma_0(\boldsymbol{u}_1) + \overset{1}{\operatorname{div}}\, \boldsymbol{u}_0)\\
&+ \gamma_0(\boldsymbol{u}_2) + \overset{1}{\operatorname{div}}\, \boldsymbol{u}_1 + \overset{2}{\operatorname{div}}\, \boldsymbol{u}_0),
\end{aligned}$$

应用 (5.1.35),

$$D_0(U, q_0) = \delta^3/3(q_0, \gamma_0(\boldsymbol{u}_2) + \overset{1}{\operatorname{div}}\, \boldsymbol{u}_1 + \overset{2}{\operatorname{div}}\, \boldsymbol{u}_0),\tag{5.1.87}$$

将以上相关各式代入 (5.1.34), 得

$$\begin{aligned}
&\delta a(u_0, v_0) + a_\delta(u_0, v_0) + \delta^2/2a(u_1, v_0) + \delta^3/3(a(u_2, v_0) + a_1(u_1, v_0))\\
&\quad +\delta(b(\boldsymbol{u}_0, \boldsymbol{u}_0, \boldsymbol{v}_0) + \Pi_0(U, \boldsymbol{v}_0) + (\phi_0(U), \boldsymbol{v}_0))\\
&\quad +\delta^2/2(b_2(\boldsymbol{u}_0, \boldsymbol{u}_1, \boldsymbol{v}_0) + \Pi_1(U, \boldsymbol{v}_0) + (\phi_1(U), \boldsymbol{v}_0))\\
&\quad +\delta^3/3(b_3(\boldsymbol{u}_0, \boldsymbol{u}_1, \boldsymbol{u}_2, \boldsymbol{v}_0) + \Pi_2(U, \boldsymbol{v}_0) + (\phi_2(U), \boldsymbol{v}_0))\\
&\quad +\delta(p_0, \gamma_0(\boldsymbol{v}_0)) + \delta^2/2[(p_1 - 2Hp_0, \overset{*}{\operatorname{div}}\, \boldsymbol{v}_0)\\
&\quad +(2Kp_0 - 2Hp_1, v_0^3) - (p_0\ \overset{*}{\nabla}_\beta\ H, v_0^\beta)]\\
&\quad +\delta^3/3[(p_2 - 2Hp_1 + Kp_0, \overset{*}{\operatorname{div}}\, \boldsymbol{v}_0) + (2Kp_1 - 2Hp_2, v_0^3)\\
&\quad +(p_0\ \overset{*}{\nabla}_\beta\ K - 2p_1\ \overset{*}{\nabla}_\beta\ H, v_0^\beta)] = (\boldsymbol{F}_s, \boldsymbol{v}_0)\delta,\\
&\delta^3/3(q_0, \gamma_0(\boldsymbol{u}_2) + \overset{1}{\operatorname{div}}\, \boldsymbol{u}_1 + \overset{2}{\operatorname{div}}\, \boldsymbol{u}_0) = 0,
\end{aligned}$$

把 Π_0 中 $\delta\mu(\nabla u_0^3, \nabla v_0^3) = \mu(a^{\alpha\beta} \overset{*}{\nabla}_\alpha u_0^3, \overset{*}{\nabla}_\beta v_0^3)$ 这一项放到前面, 去掉这一项的 Π_0, 记号不变, 于是

$$\begin{cases} \delta[a(\boldsymbol{u}_0, \boldsymbol{v}_0) + \mu(\nabla u_0^3, \nabla v_0^3) + b(\boldsymbol{u}_0, \boldsymbol{u}_0, \boldsymbol{v}_0)] \\ \qquad + D_0(P, \boldsymbol{v}_0) + G_0(U; \boldsymbol{v}_0) = (\boldsymbol{F}_s, \boldsymbol{v}_0), \quad \forall \boldsymbol{v} \in \boldsymbol{V}(D), \\ \delta^3/3(q_0, \gamma_0(\boldsymbol{u}_2)) + \overset{1}{\operatorname{div}} \boldsymbol{u}_1 + \overset{2}{\operatorname{div}} \boldsymbol{u}_0) = 0, \end{cases} \tag{5.1.88}$$

其中

$$\begin{aligned} &G_0(U; \boldsymbol{v}) = (A_0(U), \boldsymbol{v}_0) + \delta^2/2b_2(\boldsymbol{u}_0, \boldsymbol{u}_1, \boldsymbol{v}_0) + \delta^3/3b_3(\boldsymbol{u}_0, \boldsymbol{u}_1, \boldsymbol{u}_2, \boldsymbol{v}_0) \\ &\quad + \delta(\Pi_0(U, \boldsymbol{v}_0) + (\phi_0(U), \boldsymbol{v}_0)), \\ &(A_0(U), \boldsymbol{v}_0) = a_\delta(\boldsymbol{u}_0, \boldsymbol{v}_0) + \delta^2/2a(\boldsymbol{u}_1, \boldsymbol{v}_0) + \delta^3/3(a(\boldsymbol{u}_2, \boldsymbol{v}_0) + a_1(\boldsymbol{u}_1, \boldsymbol{v}_0)), \end{aligned} \tag{5.1.89}$$

从这里可以推出变分问题 (5.1.69).

下面考虑对应于 (5.1.69) 的边值问题. 为此, 进行逐项分部积分, 并利用周期性边界条件和公式

$$\begin{aligned} &\gamma_{\alpha\beta}(\boldsymbol{u}) = \frac{1}{2}(a_{\alpha\lambda} \overset{*}{\nabla}_\beta u^\lambda + a_{\beta\lambda} \overset{*}{\nabla}_\alpha u^\lambda) - b_{\alpha\beta} u^3, \\ &\overset{1}{\gamma}_{\alpha\beta}(\boldsymbol{u}) = -(b_{\alpha\lambda} \overset{*}{\nabla}_\beta u^\lambda + b_{\beta\lambda} \overset{*}{\nabla}_\alpha u^\lambda) + c_{\alpha\beta} u^3 - \overset{*}{\nabla}_\lambda b_{\alpha\beta} u^\lambda \\ &\overset{2}{\gamma}_{\alpha\beta}(\boldsymbol{u}) = \frac{1}{2}(c_{\alpha\lambda} \overset{*}{\nabla}_\beta u^\lambda + c_{\beta\lambda} \overset{*}{\nabla}_\alpha u^\lambda + \overset{*}{\nabla}_\lambda c_{\alpha\beta} u^\lambda), \end{aligned}$$

又由指标的对称性, 注意

$$a^{\alpha\beta\lambda\sigma}\gamma_{\alpha\lambda}(\boldsymbol{u}_0) = 2\mu\gamma^{\beta\sigma}(\boldsymbol{u}_0), \quad a^{\alpha\beta\lambda\sigma} b_{\alpha\lambda} = 2\mu b^{\beta\sigma},$$

有

$$\begin{aligned} &(a^{\alpha\beta\lambda\sigma}\gamma_{\alpha\lambda}(\boldsymbol{u}_0), \gamma_{\beta\sigma}(\boldsymbol{v}_0)) \\ =&(a_{\sigma\nu} a^{\alpha\beta\lambda\sigma}\gamma_{\alpha\lambda}(\boldsymbol{u}_0), \overset{*}{\nabla}_\beta v_0^\nu) - (b_{\beta\sigma} a^{\alpha\beta\lambda\sigma}\gamma_{\alpha\lambda}(u_0), v_0^3) \\ =&-2\mu(\overset{*}{\nabla}_\beta (a_{\sigma\nu}\gamma^{\beta\sigma}(\boldsymbol{u}_0)), v_0^\nu) - 2\mu(b^{\alpha\lambda}\gamma_{\alpha\lambda}(\boldsymbol{u}_0), v_0^3) \\ =&-2\mu(a_{\sigma\nu} \overset{*}{\nabla}_\beta \gamma^{\beta\sigma}(\boldsymbol{u}_0), v_0^\nu) - (2\mu\beta_0(\boldsymbol{u}_0), v_0^3), \end{aligned}$$

应用 (1.8.84),

$$\begin{aligned} \overset{*}{\nabla}_\beta \gamma^{\alpha\beta}(\boldsymbol{u}_0) =& \frac{1}{2}(\overset{*}{\Delta} u_0^\alpha + a^{\alpha\beta} \overset{*}{\nabla}_\beta \overset{*}{\operatorname{div}} \boldsymbol{u}_0 + K u^\alpha) \\ &+ 2a^{\alpha\beta} \overset{*}{\nabla}_\beta H u_0^3 + b^{\alpha\beta} \overset{*}{\nabla}_\beta u_0^3, \end{aligned} \tag{5.1.90}$$

得到一个后面多处用到的公式

$$a(\boldsymbol{u}_0, \boldsymbol{v}_0) = (a^{\alpha\beta\lambda\sigma}\gamma_{\alpha\lambda}(\boldsymbol{u}_0), \gamma_{\beta\sigma}(\boldsymbol{v}_0)) = -2\mu(\beta_0(\boldsymbol{u}_0), v_0^3)$$

$$+(-\mu a_{\nu\sigma}(\overset{*}{\Delta}\, u_0^\sigma + a^{\lambda\sigma}\,\overset{*}{\nabla}_\lambda \overset{*}{\operatorname{div}}\, \boldsymbol{u}_0 + K u_0^\sigma) \tag{5.1.91}$$
$$+4\mu\,\overset{*}{\nabla}_\nu\, H u_0^3 + 2\mu b_\nu^\lambda\,\overset{*}{\nabla}_\lambda\, u_0^3, v_0^\nu).$$

类似, 注意指标对称性, 有

$$\begin{aligned}
(\Gamma_{00}^{\beta\sigma}(u_0), \gamma_{\beta\sigma}(v_0)) &= -(a_{\sigma\nu}\,\overset{*}{\nabla}_\beta\,\Gamma_{00}^{\beta\sigma}(u_0), v_0^\nu) - (b_{\beta\sigma}\Gamma_{00}^{\beta\sigma}(u_0), v_0^3),\\
(\Gamma_{10}^{\beta\sigma}(u_0), \overset{1}{\gamma}_{\beta\sigma}\,(v_0)) &= (2\,\overset{*}{\nabla}_\beta\,(b_{\sigma\nu}\Gamma_{10}^{\beta\sigma}(u_0)), v_0^\nu) + (c_{\beta\sigma}\Gamma_{10}^{\beta\sigma}(u_0), v_0^3)\\
&\quad -(\overset{*}{\nabla}_\nu\, b_{\beta\sigma}\Gamma_{10}^{\beta\sigma}(u_0), v_0^\nu),\\
(\Gamma_{20}^{\beta\sigma}(u_0), \overset{2}{\gamma}_{\beta\sigma}\,(v_0)) &= (\overset{*}{\nabla}_\beta\,(c_{\sigma\nu}\Gamma_{20}^{\beta\sigma}(u_0)), v_0^\nu) + \tfrac{1}{2}(\overset{*}{\nabla}_\nu\, c_{\beta\sigma}\Gamma_{20}^{\beta\sigma}(u_0), v_0^\nu),\\
(\Gamma_{11}^{\beta\sigma}(\boldsymbol{u}_1), \gamma_{\beta\sigma}(\boldsymbol{v}_0)) &= -(a_{\sigma\nu}\,\overset{*}{\nabla}_\beta\,\Gamma_{11}^{\beta\sigma}(\boldsymbol{u}_1), v_0^\nu) - (b_{\beta\sigma}\Gamma_{11}^{\beta\sigma}(\boldsymbol{u}_1), v_0^3),
\end{aligned}$$

$$\begin{aligned}
(2\mu\gamma^{\beta\sigma}(\boldsymbol{u}_1), \overset{1}{\gamma}_{\beta\sigma}\,(\boldsymbol{v}_0)) =&(4\mu\,\overset{*}{\nabla}_\beta\,(b_{\sigma\nu}\gamma^{\beta\sigma}(\boldsymbol{u}_1)), v_0^\nu) + (2\mu c_{\beta\sigma}\gamma^{\beta\sigma}(\boldsymbol{u}_1), v_0^3)\\
&+(2\mu\,\overset{*}{\nabla}_\nu\, b_{\beta\sigma}\gamma^{\beta\sigma}(\boldsymbol{u}_1), v^\nu),
\end{aligned}$$

从 (5.1.69) 得

$$\begin{aligned}
a_\delta(u_0, v_0) =& (\overset{*}{\nabla}_\beta\,(c_{\sigma\nu}\Gamma_{20}^{\beta\sigma}(u_0) + 2b_{\sigma\nu}\Gamma_{10}^{\beta\sigma}(u_0) - a_{\sigma\nu}\Gamma_{00}^{\beta\sigma}(u_0))\\
&-\overset{*}{\nabla}_\nu\, b_{\beta\sigma}\Gamma_{10}^{\beta\sigma}(u_0) + \frac{1}{2}\,\overset{*}{\nabla}_\nu\, c_{\beta\sigma}\Gamma_{20}^{\beta\sigma}(u_0), v_0^\nu)\\
&+(c_{\beta\sigma}\Gamma_{10}^{\beta\sigma}(u_0) - b_{\beta\sigma}\Gamma_{00}^{\beta\sigma}(u_0), v_0^3),\\
\delta^3/3a_1(\boldsymbol{u}_1, \boldsymbol{v}_0) =& (\overset{*}{\nabla}_\beta\,(4\mu\delta^3/3b_{\sigma\nu}\gamma^{\beta\sigma}(\boldsymbol{u}_1) - a_{\sigma\nu}\Gamma_{11}^{\beta\sigma}(\boldsymbol{u}_1))\\
&+2\mu\delta^3/3\,\overset{*}{\nabla}_\nu\, b_{\beta\sigma}\gamma^{\beta\sigma}(\boldsymbol{u}_1), v^\nu)\\
&+(2\mu\delta^3/3c_{\beta\sigma}\gamma^{\beta\sigma}(\boldsymbol{u}_1) - b_{\beta\sigma}\Gamma_{11}^{\beta\sigma}(\boldsymbol{u}_1), v_0^3).
\end{aligned}$$

另外

$$\begin{aligned}
&\delta^2/2a(\boldsymbol{u}_1, \boldsymbol{v}_0) + \delta^3/3a(\boldsymbol{u}_2, \boldsymbol{v}_0)\\
=&-(\overset{*}{\nabla}_\beta\,(2\mu a_{\sigma\nu}(\delta^2/2\gamma^{\beta\sigma}(\boldsymbol{u}_1) + \delta^3/3\gamma^{\beta\sigma}(\boldsymbol{u}_2))), v_0^\nu)\\
&-2\mu(\delta^2/2\beta_0(\boldsymbol{u}_1) + \delta^3/3\beta_0(\boldsymbol{u}_2), v_0^3),
\end{aligned}$$

$$a_\delta(\boldsymbol{u}_0, \boldsymbol{v}_0) + \delta^2/2a(\boldsymbol{u}_1, \boldsymbol{v}_0) + \delta^3/3a(\boldsymbol{u}_2, \boldsymbol{v}_0) + \delta^3/3a_1(\boldsymbol{u}_1, \boldsymbol{v}_0) = (A_0(U), \boldsymbol{v}_0),$$

$$\begin{aligned}
A_{03}(U) =& c_{\beta\sigma}\Gamma_{10}^{\beta\sigma}(u_0) - b_{\beta\sigma}\Gamma_{00}^{\beta\sigma}(u_0) - b_{\beta\sigma}\Gamma_{11}^{\beta\sigma}(\boldsymbol{u}_1)\\
&-2\mu(\delta^2/2\beta_0(\boldsymbol{u}_1) + \delta^3/3\beta_0(\boldsymbol{u}_2)) + 2\mu\delta^3/3c_{\beta\sigma}\gamma^{\beta\sigma}(\boldsymbol{u}_1).
\end{aligned}$$

最后有

$$A_{0\nu}(U) = \overset{*}{\nabla}_\beta\,(c_{\sigma\nu}\Gamma_{20}^{\beta\sigma}(u_0) + 2b_{\sigma\nu}\Gamma_{10}^{\beta\sigma}(u_0) - a_{\sigma\nu}\Gamma_{00}^{\beta\sigma}(u_0))$$

$$
\begin{aligned}
&-\overset{*}{\nabla}_{\nu} b_{\beta\sigma}\Gamma_{10}^{\beta\sigma}(u_0)+\frac{1}{2}\overset{*}{\nabla}_{\nu} c_{\beta\sigma}\Gamma_{20}^{\beta\sigma}(u_0)\\
&-\overset{*}{\nabla}_{\beta}(2\mu a_{\sigma\nu}(\delta^2/2\gamma^{\beta\sigma}(\boldsymbol{u}_1)+\delta^3/3\gamma^{\beta\sigma}(\boldsymbol{u}_2)))\\
&+(\overset{*}{\nabla}_{\beta}(4\mu\delta^3/3b_{\sigma\nu}\gamma^{\beta\sigma}(\boldsymbol{u}_1)-a_{\sigma\nu}\Gamma_{11}^{\beta\sigma}(\boldsymbol{u}_1))\\
&+2\mu\delta^3/3\overset{*}{\nabla}_{\nu} b_{\beta\sigma}\gamma^{\beta\sigma}(\boldsymbol{u}_1),
\end{aligned}\tag{5.1.92}
$$

定理证毕.

注 应用

$$
Ka_{\beta\sigma}-2Hb_{\beta\sigma}+c_{\beta\sigma}=0,
$$

有

$$
c_{\beta\sigma}\gamma^{\beta\sigma}(\boldsymbol{u}_0)=2H\beta_0(\boldsymbol{u}_0)-K\gamma_0(\boldsymbol{u}_0)\tag{5.1.93}
$$

和等式

$$
\begin{aligned}
2\mu\overset{*}{\nabla}_{\lambda} b_{\beta\sigma}\gamma^{\beta\sigma}(u_1)&=2\mu\overset{*}{\nabla}_{\lambda} b_{\beta\sigma}a^{\alpha\beta}a^{\gamma\sigma}\gamma_{\alpha\gamma}(\boldsymbol{u}_1)\\
&=2\mu\overset{*}{\nabla}_{\lambda} b^{\alpha\gamma}(a_{\gamma\nu}\overset{*}{\nabla}_{\alpha} u_1^{\nu}-b_{\alpha\gamma}u_1^3)\\
&=2\mu\overset{*}{\nabla}_{\lambda} b_{\nu}^{\alpha}\overset{*}{\nabla}_{\alpha} u_1^{\nu}-2\mu\overset{*}{\nabla}_{\lambda} b^{\alpha\gamma}b_{\alpha\gamma}u_1^3.
\end{aligned}
$$

因为

$$
\overset{*}{\nabla}_{\lambda} b^{\alpha\gamma}b_{\alpha\gamma}=\overset{*}{\nabla}_{\lambda}(2H^2-K)
$$

和 Godazzi 公式

$$
\overset{*}{\nabla}_{\lambda} b_{\beta}^{\alpha}=\overset{*}{\nabla}_{\beta} b_{\lambda}^{\alpha},
$$

所以

$$
2\mu\overset{*}{\nabla}_{\lambda} b_{\beta\sigma}\gamma^{\beta\sigma}(\boldsymbol{u}_1)=2\mu\overset{*}{\nabla}_{\beta} b_{\lambda}^{\alpha}\overset{*}{\nabla}_{\alpha} u_1^{\beta}+2\mu\overset{*}{\nabla}_{\lambda}(2H^2-K)\gamma_0(\boldsymbol{u}_0).
$$

类似, 应用第 1 章的有关公式可以计算 $b_{\beta\sigma}\Gamma_{ij}^{\beta\sigma},c_{\beta\sigma}\Gamma_{ij}^{\beta\sigma}$.

5.2 建立在变分基础上的维数分裂方法

维数分裂方法, 是三维区域 Ω 被一系列二维曲面分割成一系列流层 Ω_k(见图 4.2.3 和图 4.2.4), 在流层内, 通过 2D-3C 方程组 (5.2.1)~(5.2.4), 求解层内的速度和压力按分割面法向变量, 即贯截变量 ξ 的 Taylor 展开前三项 $(\boldsymbol{u}_0,\boldsymbol{u}_1,\boldsymbol{u}_2,p_0,p_1,p_2)$,

$$
\begin{cases}
\boldsymbol{u}(x,\xi)=\boldsymbol{u}_0(x)+\boldsymbol{u}_1(x)\xi+\boldsymbol{u}_2(x)\xi^2+\cdots,\\
p(x,\xi)=p_1(x)+p_2(x)\xi+p_2(x)\xi^2+\cdots,\\
\boldsymbol{f}(x,\xi)=\boldsymbol{f}_0(x)+\boldsymbol{f}_1(x)\xi+\boldsymbol{f}_2(x)\xi^2+\cdots,
\end{cases}
$$

方程的右端包含顶层交界面的法向应力, 且与下一层关联. 整个过程需要迭代求解.

根据 5.1 节的结果, $\boldsymbol{u}_0,\boldsymbol{u}_1,\boldsymbol{u}_2,p_0,p_1,p_2$ 12 个未知量, 满足下列 12 个方程

$$\begin{cases}\delta[a(\boldsymbol{u}_0,\boldsymbol{v}_0)+2\mu(\nabla u_0^3,\nabla v_0^3)+b(\boldsymbol{u}_0,\boldsymbol{u}_0,\boldsymbol{v}_0)]\\ \qquad +(\boldsymbol{D}_0(P),\boldsymbol{v}_0)+G_0(U;\boldsymbol{v}_0)=(F^{(0)},\boldsymbol{v}_0)\delta,\quad \forall \boldsymbol{v}\in \boldsymbol{V}(D),\\ (\overset{*}{\nabla}\, p_0,\overset{*}{\nabla}\, q)+(M_1(u_1)+M_0(u_0),q)=-\left(\dfrac{a^{\alpha\beta}}{\delta^3/3}\overset{*}{\nabla}_\alpha\, F_\beta^2,q\right),\\ \delta^3/3(q_0,\gamma_0(\boldsymbol{u}_2)+\overset{1}{\operatorname{div}}\,\boldsymbol{u}_1+\overset{2}{\operatorname{div}}\,\boldsymbol{u}_0)=0,\end{cases}\tag{5.2.1}$$

$$\begin{cases}\text{求}(\boldsymbol{u}_1,p_2)\in \boldsymbol{V}(D)\times L^2(D),\forall \boldsymbol{v}_1\in \boldsymbol{V}(D),\text{使得}\\ \delta^3/3[a(\boldsymbol{u}_1,\boldsymbol{v}_1)+b(\boldsymbol{u}_1,\boldsymbol{u}_0,\boldsymbol{v}_1)+b(\boldsymbol{u}_0,\boldsymbol{u}_1,\boldsymbol{v}_1)\\ \qquad +a_1(\boldsymbol{u}_0,\boldsymbol{v}_1)+b_1(u_0,u_0,v_1)]\\ \qquad +\delta^2/2[a(\boldsymbol{u}_0,\boldsymbol{v}_1)+b(\boldsymbol{u}_0,\boldsymbol{u}_0,\boldsymbol{v}_1)]\\ \qquad +(L_{\alpha\beta}u_1^\alpha,v_1^\beta)+(L_3(\boldsymbol{u}_1),v_1^3)\\ \qquad +(D_{1\beta}(p_0),v_1^\beta)+(\delta^3/3p_2+D_{13}(p_0),v_1^3)\\ \qquad +(G_{1\beta}(\boldsymbol{u}_0),v_1^\beta)+(G_{13}(\boldsymbol{u}_0),v_1^3)=(\widetilde{F}_\beta^1,v_1^\beta)+(\widetilde{F}_3^1,v_1^3),\\ \delta^3/3(q_1,2u_2^3+\gamma_0(\boldsymbol{u}_1)+\overset{1}{\operatorname{div}}\,\boldsymbol{u}_0)=0,\end{cases}\tag{5.2.2}$$

$$\begin{cases}u_2^\alpha=K_\beta^\alpha u_1^\beta-\dfrac{a^{\alpha\beta}}{4\mu}\overset{*}{\nabla}_\beta\, p_0+\dfrac{a^{\alpha\beta}}{4\mu\delta^3/3}(-G_{2\beta}(\boldsymbol{u}_0)+F_\beta^2),\\ p_1-\mu\overset{*}{\operatorname{div}}\,\boldsymbol{u}_1+\left(\dfrac{3}{2}\delta^{-1}-6H\right)p_0+(2\delta^3/3)^{-1}(-G_{23}(\boldsymbol{u}_0)+F_3^2)=0,\\ u_1^3+\gamma_0(\boldsymbol{u}_0)=0,\end{cases}\tag{5.2.3}$$

其中

$$\begin{aligned}b(\boldsymbol{u}_0,\boldsymbol{u}_0,\boldsymbol{v})&=(u_0^\beta\overset{*}{\nabla}_\beta\, u_0^\alpha,a_{\alpha\lambda}v^\lambda)-(2b_{\alpha\beta}u_0^\alpha u_0^3,v_0^\beta)\\ &\quad +(u_0^\beta\overset{*}{\nabla}_\beta\, u_0^3,v_0^3)+(b_{\alpha\beta}u_0^\alpha u_0^\beta,v_0^3),\\ b(\boldsymbol{u}_0,\boldsymbol{u}_1,\boldsymbol{v})+b(\boldsymbol{u}_1,\boldsymbol{u}_0,\boldsymbol{v})&=(u_1^\beta\overset{*}{\nabla}_\beta\, u_0^\alpha+u_0^\beta\overset{*}{\nabla}_\beta\, u_1^\alpha,a_{\alpha\lambda}v^\lambda)\\ &\quad -2(b_{\alpha\beta}(u_0^\alpha u_1^3+u_1^\alpha u_0^3,v_1^\beta)\\ &\quad +(u_1^\beta\overset{*}{\nabla}_\beta\, u_0^3+u_0^\beta\overset{*}{\nabla}_\beta\, u_1^3,v_1^3)+(2b_{\alpha\beta}u_1^\alpha u_0^\beta,v_1^3)),\end{aligned}$$

对应的边值问题是

$$\begin{cases}\delta\{-\mu(\overset{*}{\Delta}\, u_0^\alpha+a^{\alpha\lambda}\overset{*}{\nabla}_\lambda\overset{*}{\operatorname{div}}\,\boldsymbol{u}_0+Ku_0^\alpha)+a^{\alpha\beta}B_\beta(\boldsymbol{u}_0,\boldsymbol{u}_0)\}\\ \qquad +a^{\alpha\beta}(D_{0\beta}(P)+G_{0\beta}(U))=a^{\alpha\beta}F_\beta^0,\\ \delta\{-\mu\overset{*}{\Delta}\, u_0^3-2\mu\beta_0(\boldsymbol{u}_0)+B_3(\boldsymbol{u}_0,\boldsymbol{u}_0)\}\\ \qquad +D_{03}(P)+G_{03}(u_0)=F_3^0,\\ \overset{*}{\operatorname{div}}\,\boldsymbol{u}_2+3H\overset{*}{\operatorname{div}}\,\boldsymbol{u}_1-\overset{*}{\operatorname{div}}\,(2H\boldsymbol{u}_1)+(6H^2-2K)\overset{*}{\operatorname{div}}\,\boldsymbol{u}_0\\ \qquad -12H(2H^2-K)u_0^3-u_0^\alpha\overset{*}{\nabla}_\alpha\,(3H^2-K)=0.\end{cases}\tag{5.2.4}$$

p_0 是下列边值问题的解

$$
\left\{\begin{aligned}
& -\overset{*}{\Delta} p_0 + M_1(\boldsymbol{u}_1) + M_0(\boldsymbol{u}_0) = -\frac{a^{\alpha\beta}}{\delta^3/3}\overset{*}{\nabla}_\alpha F^2_\beta,\\
& M_1(\boldsymbol{u}_1) = \overset{*}{\operatorname{div}}\,((-3\mu\delta^{-1} + 2\mu H + u^3_0)\boldsymbol{u}_1) - 12\mu\overset{*}{\nabla}_\beta u^\beta_1,\\
& M_0(\boldsymbol{u}_0) = -\frac{a^{\alpha\beta}}{\delta^3/3}\overset{*}{\nabla}_\alpha G_{2\beta}(\boldsymbol{u}_0) + 16\mu(3H^2 - K)\overset{*}{\operatorname{div}}\,(H\boldsymbol{u}_0)\\
& \qquad -48\mu(2H^3 - HK)u^3_0 - 4\mu u^\alpha_0\overset{*}{\nabla}_\alpha (3H^2 - K),\\
& p_0 \quad \text{s.t.周期性边界条件, 或无边界},
\end{aligned}\right.
\tag{5.2.5}
$$

$$
\left\{\begin{aligned}
& u^\alpha_2 = K^\alpha_\beta u^\beta_1 - \frac{a^{\alpha\beta}}{4\mu}\overset{*}{\nabla}_\beta p_0 + \frac{a^{\alpha\beta}}{4\mu\delta^3/3}(-G_{2\beta}(\boldsymbol{u}_0) + F^2_\beta),\\
& p_1 + \left(\frac{3}{2}\delta^{-1} - 6H\right)p_0 - \mu\overset{*}{\operatorname{div}}\,\boldsymbol{u}_1\\
& \qquad +(2\delta^3/3)^{-1}(-G_{23}(u_0) + F^2_3) = 0,\\
& u^3_1 + \gamma_0(\boldsymbol{u}_0) = 0,
\end{aligned}\right.
\tag{5.2.6}
$$

$$
\left\{\begin{aligned}
& \delta^3/3\Big[\frac{1}{2}(\overset{*}{\Delta} u^\alpha_1 + a^{\alpha\beta}\overset{*}{\nabla}_\beta\overset{*}{\operatorname{div}}\,\boldsymbol{u}_1 + K u^\alpha_1)\\
& \qquad +a^{\alpha\beta}(B_\beta(\boldsymbol{u}_1,\boldsymbol{u}_0) + B_\beta(\boldsymbol{u}_0,\boldsymbol{u}_1))\\
& \qquad -4\mu a^{\alpha\beta}\overset{*}{\nabla}_\beta H\gamma_0(\boldsymbol{u}_0) - 2\mu b^{\alpha\beta}\overset{*}{\nabla}_\beta \gamma_0(\boldsymbol{u}_0)\Big]\\
& \qquad +a^{\alpha\lambda}L_{\lambda\beta}u^\beta_1 + a^{\alpha\beta}(D_{1\beta}(p_0) + G_{1\beta}(\boldsymbol{u}_0))\\
& \qquad +\delta^3/3a^{\alpha\beta}[A_{1\beta}(\boldsymbol{u}_0) + B_{1\beta}(\boldsymbol{u}_0,\boldsymbol{u}_0)] + \delta^4/4a^{\alpha\beta}B_{2\beta}(u_1,u_1)\\
& \qquad +\delta^2/2a^{\alpha\beta}[A_{0\beta}(\boldsymbol{u}_0) + B_{0\beta}(\boldsymbol{u}_0,\boldsymbol{u}_0)] = a^{\alpha\beta}\widetilde{F}^1_\beta,\\
& \delta^3/3(p_2 - 2\mu\beta_0(\boldsymbol{u}_1) + B_3(\boldsymbol{u}_1,\boldsymbol{u}_0) + B_3(\boldsymbol{u}_0,\boldsymbol{u}_1))\\
& \qquad +L_3(\boldsymbol{u}_1) + D_{13}(p_0) + G_{13}(\boldsymbol{u}_0) + \delta^4/4B_{23}(u_1,u_1)\\
& \qquad +\delta^2/2[A_{13}(\boldsymbol{u}_0) + B_{13}(\boldsymbol{u}_0,\boldsymbol{u}_0)] = \widetilde{F}^1_3,\\
& 2u^3_2 + \gamma_0(\boldsymbol{u}_1) + \overset{1}{\operatorname{div}}\,\boldsymbol{u}_0 = 0,
\end{aligned}\right.
\tag{5.2.7}
$$

其中有关的量参见 (5.1.45)~(5.1.49)：

$$
\begin{aligned}
L_{\alpha\beta} = \mu\bigg[&\bigg(\tfrac{1}{2}\delta + (u^3_0 - 2H)\delta^2/2 + 4((K - H^2)/2\\
&+ \left(\frac{u^3_0}{2\mu}\right)^2/2)\delta^3/3\bigg)a_{\beta\alpha} + (6\delta^2/2 + 10H\delta^3/3)b_{\beta\alpha}\bigg],
\end{aligned}
$$

$$
L_3(\boldsymbol{u}_1) = \delta^3/3((11\mu H - u^3_0)\overset{*}{\operatorname{div}}\,\boldsymbol{u}_1 - 8\mu\overset{*}{\nabla}_\alpha H u^\alpha_1),
$$

$$
D_{1\beta}(p_0) = -2\delta^3/3(\overset{*}{\nabla}_\beta H p_0 + 2H\overset{*}{\nabla}_\beta p_0)
$$

$$+\left[\left(\delta^2/2+\left(H+\frac{u_0^3}{2\mu}\right)\delta^3/3\right)\delta_\beta^\alpha-\delta^3/3b_\beta^\alpha\right]\overset{*}{\nabla}_\alpha\, p_0,$$

$$D_{13}(p_0)=\left(\frac{\delta}{4}+5H\delta^2/2+(3K-16H^2)\delta^3/3\right)p_0,$$

$$G_{1\beta}(\boldsymbol{u}_0)=\Phi_\beta(\boldsymbol{u}_0)-\left[\left(\tfrac{3}{2}\delta^{-1}+\left(H+\frac{u_0^3}{2\mu}\right)\right)\delta_\beta^\alpha-b_\beta^\alpha\right]G_{2\alpha}(\boldsymbol{u}_0),$$

$$G_{13}(\boldsymbol{u}_0)=\Phi_3(\boldsymbol{u}_0)+\left(-\frac{3}{4}\delta^{-1}+H\right)G_{23}(\boldsymbol{u}_0),$$

$$\widetilde{F}_\beta^1=F_\beta^1-\left[\left(\frac{3}{2}\delta^{-1}+\left(H+\frac{u_0^3}{2\mu}\right)\right)\delta_\beta^\alpha-b_\beta^\alpha\right]F_\alpha^2-\frac{1}{2}\overset{*}{\nabla}_\beta\,(F_3^2),$$

$$\widetilde{F}_3^1=F_3^1+\left(-\frac{3}{4}\delta^{-1}+H\right)F_3^2, \tag{5.2.8}$$

$$F_\beta^0=\widetilde{f}_\beta^0+\sigma_{3\beta}(\delta),\quad F_\beta^1=\widetilde{f}_\beta^1+\sigma_{3\beta}(\delta)\delta,\quad F_\beta^2=\widetilde{f}_\beta^2+\sigma_{3\beta}(\delta)\delta^2,$$

$$F_3^0=\widetilde{f}_3^0+\sigma^{33}(\delta),\quad F_3^1=\widetilde{f}_3^1+\sigma^{33}(\delta)\delta,\quad F_3^2=\widetilde{f}_3^2+\sigma^{33}(\delta)\delta^2,$$

$$\widetilde{F}_\beta^1=\widetilde{f}_\beta^1-d_\beta^\alpha\widetilde{f}_\alpha^2+\frac{1}{2}\overset{*}{\nabla}_\beta\,(\widetilde{f}_3^2)$$

$$+g_{\alpha\lambda}(\delta)\sigma^{3\lambda}(\delta)(1-H)^2\delta h_\beta^\alpha+\frac{1}{2}\overset{*}{\nabla}_\beta\,(\sigma^{33}(\delta)(1-H)^2\delta^2),$$

$$\widetilde{F}_3^1=\widetilde{f}_3^1+(-\frac{3}{4}\delta^{-1}+H)\widetilde{f}_3^2+\sigma^{33}(\delta)(1-H)^2\delta(-1+H\delta),$$

$$h_\beta^\alpha=-\frac{1}{2}\delta_\beta^\alpha-[(H+\frac{u_0^3}{2\mu})\delta_\beta^\alpha+b_\beta^\alpha]\delta,$$

$$d_\beta^\alpha=\left(\frac{3}{2}\delta^{-1}+\left(H+\frac{u_0^3}{2\mu}\right)\right)\delta_\beta^\alpha-b_\beta^\alpha; \tag{5.2.9}$$

$$A_{0\beta}(\boldsymbol{u}_1)=-\mu(a_{\alpha\beta}\overset{*}{\Delta}u_1^\alpha+\overset{*}{\nabla}_\beta\overset{*}{\operatorname{div}}\,\boldsymbol{u}_1+a_{\alpha\beta}Ku_1^\sigma)$$

$$-(4\mu\overset{*}{\nabla}_\beta\,H\gamma_0(\boldsymbol{u}_0)+2\mu b_\beta^\alpha\overset{*}{\nabla}_\alpha\,\gamma_0(\boldsymbol{u}_0)),$$

$$A_{03}(\boldsymbol{u}_1)=-(2\mu\beta_0(\boldsymbol{u}_1)),\quad A_{03}(\boldsymbol{u}_0)=-(2\mu\beta_0(\boldsymbol{u}_0)),$$

$$A_{0\beta}(\boldsymbol{u}_0)=\mu[-a_{\alpha\beta}(\overset{*}{\Delta}u_0^\alpha+Ku_0^\alpha)+\overset{*}{\nabla}_\beta\overset{*}{\operatorname{div}}\,\boldsymbol{u}_0$$

$$+4\overset{*}{\nabla}_\beta\,Hu_0^3+2b_\beta^\alpha\overset{*}{\nabla}_\alpha\,u_0^3],$$

$$A_{1\nu}(\boldsymbol{u}_0)=\overset{*}{\nabla}_\beta\,(4\mu b_{\nu\sigma}\gamma^{\beta\sigma}(\boldsymbol{u}_0)-a_{\nu\sigma}\Gamma_{11}^{\beta\sigma}(\boldsymbol{u}_0))$$

$$-2\mu\gamma^{\beta\sigma}(\boldsymbol{u}_0)\overset{*}{\nabla}_\nu\,b_{\beta\sigma},$$

$$A_{13}(\boldsymbol{u}_0)=2\mu(K-4H^2)\gamma_0(\boldsymbol{u}_0)+20\mu H\beta_0(\boldsymbol{u}_0)$$

$$-4\mu H(4H^2-K)u_0^3-2\mu\overset{*}{\nabla}_\beta\,(2H^2-K)u_0^\beta,$$

$$B_\beta(\boldsymbol{u}_1,\boldsymbol{u}_0)+B_\beta(\boldsymbol{u}_0,\boldsymbol{u}_1)=a_{\lambda\beta}(u_0^\sigma\overset{*}{\nabla}_\sigma\,u_1^\lambda+u_1^\sigma\overset{*}{\nabla}_\sigma\,u_0^\lambda)$$

$$
\begin{aligned}
&- 2b_{\beta\sigma}(u_0^3 u_1^\sigma + u_1^3 u_0^\sigma),\\
B_3(\boldsymbol{u}_1, \boldsymbol{u}_0) + B_\beta(\boldsymbol{u}_0, \boldsymbol{u}_1) =&(u_0^\sigma \overset{*}{\nabla}_\sigma u_1^3 + u_1^\sigma \overset{*}{\nabla}_\sigma u_0^3) + 2b_{\beta\sigma} u_0^\lambda u_1^\sigma,\\
B_\beta(u_0, u_0) =&a_{\lambda\beta} u_0^\sigma \overset{*}{\nabla}_\sigma u_0^\lambda - 2b_{\beta\lambda} u_0^\lambda u_0^3,\\
B_3(u_0, u_0) =&u_1^\beta \overset{*}{\nabla}_\beta u_0^3 + u_0^\beta \overset{*}{\nabla}_\beta u_1^3 + 2b_{\beta\lambda} u_1^\lambda u_0^\beta,\\
B_{1\beta}(u_0, u_0) =&[-2(b_{\lambda\beta} + Ha_{\lambda\beta}) \overset{*}{\nabla}_\sigma u_0^\lambda u_0^\sigma\\
&+ 2(c_{\beta\sigma} + 2Hb_{\beta\sigma}) u_0^\sigma u_0^3 - \overset{*}{\nabla}_\beta b_{\sigma\gamma} u_0^\sigma u_0^\gamma],\\
B_{13}(u_0, u_0) =&[-(c_{\beta\lambda} + 2Hb_{\beta\lambda}) u_0^\sigma u_0^\lambda + 2Hu_0^\sigma \overset{*}{\nabla}_\sigma u_0^3],
\end{aligned}
$$

$$
\begin{aligned}
B_{2\beta} =&a_{\alpha\beta} u_1^\lambda \overset{*}{\nabla}_\lambda u_1^\alpha - 2a_{\alpha\beta} u_1^\alpha u_2^3,\\
B_{23} =&6_{\alpha\beta} u_1^\alpha u_1^B,
\end{aligned}
$$

$$
\begin{aligned}
\Phi_\beta(u_0) =&\mu(\delta \overset{*}{\nabla}_\beta u_0^3 - \delta^2/2 \overset{*}{\nabla}_\beta \gamma_0(\boldsymbol{u}_0)\\
&+ \delta^3/3(2H \overset{*}{\nabla}_\beta \gamma_0(\boldsymbol{u}_0) + 4\gamma_0(\boldsymbol{u}_0) \overset{*}{\nabla}_\beta H + K \overset{*}{\nabla}_\beta u_0^3))\\
&+ 2\mu \overset{*}{\nabla}_\beta (\delta^3/3 \overset{1}{\mathrm{div}}\, \boldsymbol{u}_0 + (\delta^2/2 - H\delta^3/3)\gamma_0(\boldsymbol{u}_0))\\
&+ \mu\delta^3/3 \overset{*}{\nabla}_\beta ((4H^2 - 2K)u_0^3 + 2u_0^\alpha \overset{*}{\nabla}_\alpha H),\\
\Phi_3(u_0) =& - 2\mu\delta^3/3((8H^3 - 6HK)u_0^3 + u_0^\beta \overset{*}{\nabla}_\beta H^2)\\
&- \delta^2/2u_0^3\gamma_0(\boldsymbol{u}_0) + \delta^3/3(\gamma_0(\boldsymbol{u}_0))^2 + \mu\delta^3/3[(22H^2 - 2K)\gamma_0(u_0)\\
&- (12H^3 - 8HK)u_0^3 - u_0^\alpha \overset{*}{\nabla}_\alpha (3H^2 - K)]\\
&+ u_0^3\delta^3/3(-2H\gamma_0(\boldsymbol{u}_0) + (4H^2 - 2K)u_0^3 + 2u_0^\alpha \overset{*}{\nabla}_\alpha H)\\
&+ \overset{1}{\mathrm{div}}\, \boldsymbol{u}_0) + 2\mu H(\delta^2/2 - 2H\delta^3/3)\gamma_0(\boldsymbol{u}_0))\\
&+ \mu\delta^3/3 \overset{*}{\Delta} u_0^3 + \mu\delta^3/3[- \overset{*}{\Delta} \gamma_0(u_0) + \overset{*}{\nabla}_\beta (d^{\alpha\beta} \overset{*}{\nabla}_\alpha u_0^3)]),
\end{aligned}
$$

$$
\begin{aligned}
K_\beta^\alpha =& \left(\left(-\frac{3}{4}\delta^{-1} - H/2 + \frac{u_0^3}{4\mu}\right) \delta_\beta^\alpha + \frac{1}{2} b_\beta^\alpha\right),\\
M_1(\boldsymbol{u}_1) =&\overset{*}{\mathrm{div}}\, ((-3\mu\delta^{-1} + 2\mu H + u_0^3)\boldsymbol{u}_1) - 12\mu \overset{*}{\nabla}_\beta H u_1^\beta,\\
M_0(\boldsymbol{u}_0) =& -\frac{a^{\alpha\beta}}{\delta^3/3} \overset{*}{\nabla}_\alpha G_{2\beta}(\boldsymbol{u}_0) + 16\mu(3H^2 - K)\, \overset{*}{\mathrm{div}}\, (H\boldsymbol{u}_0)\\
&-48\mu(2H^3 - HK)u_0^3 - 4\mu u_0^\alpha \overset{*}{\nabla}_\alpha (3H^2 - K),\\
G_{2\nu}(\boldsymbol{u}_0) =& -\delta^3/3[a_{\alpha\nu} \overset{*}{\Delta} u_0^\alpha + \overset{*}{\nabla}_\nu \overset{*}{\mathrm{div}}\, \boldsymbol{u}_0 + Ka_{\alpha\nu} u_0^\alpha]\\
&-4\mu\delta^3/3 \overset{*}{\nabla}_\nu H u_0^3 + 2\mu \overset{*}{\nabla}_\nu u_0^3\delta^2/2\\
&-\delta^3/32\mu(2 \overset{*}{\nabla}_\nu \gamma_0(\boldsymbol{u}_0) + (2H\delta_\nu^\lambda + b_\nu^\lambda) \overset{*}{\nabla}_\lambda u_0^3)
\end{aligned}
$$

$$
\begin{aligned}
&+\delta^3/3[a_{\alpha\nu}u_0^\lambda \overset{*}{\nabla}_\mu u_0^\alpha - 2b_{\alpha\nu}u_0^3u_0^\alpha],\\
G_{23}(u_0) &= \delta^3/3[2\mu \overset{1}{\operatorname{div}}\, \boldsymbol{u}_0 - \mu \overset{*}{\Delta} u_0^3 + 4\mu H\gamma_0(\boldsymbol{u}_0)]\\
&+\delta^3/3[-2\nu(\beta_0(\boldsymbol{u}_0) - \gamma_0(\boldsymbol{u}_0)) + (u_0^\lambda \overset{*}{\nabla}_\lambda u_0^3 + b_{\lambda\sigma}u_0^\lambda u_0^\sigma - u_0^3\gamma_0(\boldsymbol{u}_0))],
\end{aligned}
\tag{5.2.10}
$$

$$
\begin{aligned}
G_{0k}(U,P) =& A_{0k}(U) + \delta^2/2B_{2k}(U) + \delta^3/3B_{3k}(U) + \Pi_{0k}(U) + \phi_{0k}(U),\\
D_{0\beta}(P) =& \overset{*}{\nabla}_\beta [(\delta - 2H\delta^2/2 + K\delta^3/3)p_0 + (\delta^2/2 - 2H\delta^3/3)p_1 + \delta^3/3p_2]\\
&+ (-2 \overset{*}{\nabla}_\beta H\delta/2 + \overset{*}{\nabla}_\beta K\delta^3/3)p_0 - 2 \overset{*}{\nabla}_\beta H\delta^3/3p_1,\\
D_{03}(P) =& -((2H\delta - 2K\delta^2/2)p_0 + (2H\delta^2/2 - 2K\delta^3/3)p_1 + 2H\delta^3/3p_2),\\
A_{0\nu}(U) =& \overset{*}{\nabla}_\beta (c_{\sigma\nu}\Gamma_{20}^{\beta\sigma}(u_0) + 2b_{\sigma\nu}\Gamma_{10}^{\beta\sigma}(u_0) - a_{\sigma\nu}\Gamma_{00}^{\beta\sigma}(u_0)) - \overset{*}{\nabla}_\nu b_{\beta\sigma}\Gamma_{10}^{\beta\sigma}(u_0)\\
&+ \frac{1}{2} \overset{*}{\nabla}_\nu c_{\beta\sigma}\Gamma_{20}^{\beta\sigma}(u_0) - \overset{*}{\nabla}_\beta (2\mu a_{\sigma\nu}(\delta^2/2\gamma^{\beta\sigma}(\boldsymbol{u}_1) + \delta^3/3\gamma^{\beta\sigma}(\boldsymbol{u}_2)))\\
&+ (\overset{*}{\nabla}_\beta (4\mu\delta^3/3b_{\sigma\nu}\gamma^{\beta\sigma}(\boldsymbol{u}_1) - a_{\sigma\nu}\Gamma_{11}^{\beta\sigma}(\boldsymbol{u}_1)) + 2\mu\delta^3/3 \overset{*}{\nabla}_\nu b_{\beta\sigma}\gamma^{\beta\sigma}(\boldsymbol{u}_1),\\
A_{03}(U) -& c_{\beta\sigma}\Gamma_{10}^{\beta\sigma}(u_0) - b_{\beta\sigma}\Gamma_{00}^{\beta\sigma}(u_0) - b_{\beta\sigma}\Gamma_{11}^{\beta\sigma}(\boldsymbol{u}_1)\\
&- 2\mu(\delta^2/2\beta_0(\boldsymbol{u}_1) + \delta^3/3\beta_0(\boldsymbol{u}_2)) + 2\mu\delta^3/3c_{\beta\sigma}\gamma^{\beta\sigma}(\boldsymbol{u}_1),\\
\Pi_{0\beta}(U) =& 2\mu\delta \overset{*}{\nabla}_\beta \gamma_0(\boldsymbol{u}_0) + \delta^2/2[\mu \overset{*}{\nabla}_\beta (\gamma_0(\boldsymbol{u}_1) + \overset{1}{\operatorname{div}}\, \boldsymbol{u}_0)]\\
&+ \delta^3/3[-\mu \overset{*}{\nabla}_\beta K\gamma_0(\boldsymbol{u}_0) - 2\mu \overset{*}{\nabla}_\beta K\gamma_0(\boldsymbol{u}_0)],
\end{aligned}
$$

$$
\begin{aligned}
\Pi_{03}(U) =& \delta[4\mu H\gamma_0(\boldsymbol{u}_0) - \mu \overset{*}{\operatorname{div}}\, \boldsymbol{u}_1] + \delta^2/2[2\mu H(\gamma_0(\boldsymbol{u}_1) + \overset{1}{\operatorname{div}}\, \boldsymbol{u}_0)\\
&+ \mu(2 \overset{*}{\operatorname{div}}\, \boldsymbol{u}_2 - \overset{*}{\Delta} \gamma_0(\boldsymbol{u}_0) + 2 \overset{*}{\nabla}_\beta (d^{\alpha\beta} \overset{*}{\nabla}_\alpha u_0^3))]\\
&+ \delta^3/3[-6\mu HK\gamma_0(\boldsymbol{u}_0) + \frac{1}{2}\mu(\overset{*}{\Delta} (\gamma_0(\boldsymbol{u}_0) + \overset{1}{\operatorname{div}}\, \boldsymbol{u}_0)\\
&- 2 \overset{*}{\nabla}_\beta (d^{\alpha\beta} \overset{*}{\nabla}_\alpha \gamma_0(\boldsymbol{u}_0)) + \overset{*}{\nabla}_\beta (c^{\alpha\beta} \overset{*}{\nabla}_\alpha u_0^3 + 4Hu_2^\beta + Ku_1^\beta))],
\end{aligned}
\tag{5.2.11}
$$

$$
\begin{aligned}
\phi_{0\beta}(U) =& \delta a_{\lambda\beta}u_1^\lambda u_0^3 + \delta^2/2[a_{\alpha\beta}(-u_1^\alpha\gamma_0(u_0) + 2u_2^\alpha u_0^3)\\
&- 2(b_{\alpha\beta} + Ha_{\alpha\beta})u_1^\alpha u_0^3] + \delta^3/3[-2a_{\alpha\beta}u_2^\alpha\gamma_0(u_0) + 6Hb_{\alpha\beta}u_1^\alpha u_0^3\\
&- 4(b_{\alpha\beta} + Hb_{\alpha\beta})(u_2^\alpha u_0^3 - \frac{1}{2}u_0^\alpha(\gamma_0(\boldsymbol{u}_1 + \overset{1}{\operatorname{div}}\, \boldsymbol{u}_0))],\\
\phi_{03}(U) =& \delta[-u_0^3\gamma_0(u_0)] + \delta^2/2[((\gamma_0(u_0))^2 + 2Hu_0^3\gamma_0(u_0) + 2u_2^3u_0^3)]\\
&+ \delta^3/3[a_{\alpha\beta}u_1^\alpha u_2^\beta + 2\gamma_0(\boldsymbol{u}_0)(\gamma_0(\boldsymbol{u}_1) + \overset{1}{\operatorname{div}}\, \boldsymbol{u}_0)\\
&+ (6H\gamma_0(u_0) - Ku_0^3)\gamma_0(u_0)],
\end{aligned}
\tag{5.2.12}
$$

$$
B_\beta(u_0,u_0) = a_{\lambda\beta}(u_0^\sigma \overset{*}{\nabla}_\sigma u_0^\lambda) - 2b_{\beta\sigma}u_0^3u_0^\sigma,
$$

$$
\begin{aligned}
B_3(u_0,u_0)=&u_0^\beta \overset{*}{\nabla}_\beta u_0^3 + b_{\beta\lambda}u_0^\lambda u_0^\beta,\\
B_{1\beta}(u_0,u_0)=&[-2(b_{\lambda\beta}+Ha_{\lambda\beta})\overset{*}{\nabla}_\sigma u_0^\lambda u_0^\sigma\\
&+2(c_{\beta\sigma}+2Hb_{\beta\sigma})u_0^\sigma u_0^3 - \overset{*}{\nabla}_\beta b_{\sigma\gamma}u_0^\sigma u_0^\gamma],\\
B_{13}(u_0,u_0)=&[-(c_{\sigma\lambda}+2Hb_{\beta\lambda})u_0^\sigma u_0^\lambda + 2Hu_0^\sigma \overset{*}{\nabla}_\sigma u_0^3],\\
B_{2\sigma}(\boldsymbol{u}_1,\boldsymbol{u}_0)=&a_{\lambda\sigma}(u_0^\beta \overset{*}{\nabla}_\beta u_1^\lambda + u_1^\beta \overset{*}{\nabla}_\beta u_0^\lambda)\\
&-2b_{\beta\sigma}(u_0^3u_1^\beta - u_0^\beta\gamma_0(\boldsymbol{u}_0)) + -2(b_{\lambda\sigma}+Ha_{\lambda\sigma})\overset{*}{\nabla}_\beta u_0^\lambda u_0^\beta\\
&+2(c_{\beta\sigma}+2Hb_{\beta\sigma})u_0^\beta u_0^3 - \overset{*}{\nabla}_\sigma b_{\beta\gamma}u_0^\beta u_0^\gamma,\\
B_{23}(\boldsymbol{u}_1,\boldsymbol{u}_0)=&u_1^\beta \overset{*}{\nabla}_\beta u_0^3 - u_0^\beta \overset{*}{\nabla}_\beta \gamma_0(\boldsymbol{u}_0) + 2b_{\beta\lambda}u_0^\lambda u_1^\beta\\
&-(c_{\beta\lambda}+2Hb_{\beta\lambda})u_0^\beta u_0^\lambda + 2Hu_0^\beta \overset{*}{\nabla}_\beta u_0^3,
\end{aligned}
$$

$$
\begin{aligned}
&B_{3\sigma}(\boldsymbol{u}_2,\boldsymbol{u}_1,\boldsymbol{u}_0)\\
=&a_{\lambda\sigma}(u_0^\beta \overset{*}{\nabla}_\beta u_2^\lambda + u_2^\beta \overset{*}{\nabla}_\beta u_0^\lambda) + b_{\beta\sigma}(-2u_0^3u_2^\beta\\
&+u_0^\beta(\gamma_0(\boldsymbol{u}_1) + \overset{1}{\operatorname{div}}\,\boldsymbol{u}_0)) + a_{\lambda\beta}u_1^\sigma \overset{*}{\nabla}_\sigma u_1^\lambda + 2b_{\lambda\beta}u_1^\lambda\gamma_0(u_0)\\
&+(-2(b_{\lambda\sigma}+Ha_{\lambda\sigma})(\overset{*}{\nabla}_\beta u_1^\lambda u_0^\beta + \overset{*}{\nabla}_\beta u_0^\lambda u_1^\beta)\\
&+2(c_{\beta\sigma}+2Hb_{\beta\sigma})(u_1^\beta u_0^3 - u_0^\beta\gamma_0(\boldsymbol{u}_0))\\
&-\overset{*}{\nabla}_\sigma b_{\beta\gamma}(u_1^\beta u_0^\gamma + u_0^\beta u_1^\gamma) + 6Hb_{\lambda\sigma}u_0^\beta \overset{*}{\nabla}_\beta u_0^\lambda\\
&-2(Kb_{\lambda\sigma}+2Hc_{\lambda\sigma})u_0^\lambda u_0^3 + (b_\sigma^\mu \overset{*}{\nabla}_\mu b_{\lambda\beta} + 2H\overset{*}{\nabla}_\sigma b_{\lambda\beta})u_0^\lambda u_0^\beta,
\end{aligned}
$$

$$
\begin{aligned}
B_{33}(\boldsymbol{u}_2,\boldsymbol{u}_1,\boldsymbol{u}_0)=&\left(u_2^\beta \overset{*}{\nabla}_\beta u_0^3 - \frac{1}{2}u_0^\beta \overset{*}{\nabla}_\beta(\gamma_0(\boldsymbol{u}_1) + \overset{1}{\operatorname{div}}\,\boldsymbol{u}_0)\right)\\
&+2b_{\beta\lambda}u_0^\lambda u_2^\beta - u_1^\sigma \overset{*}{\nabla}_\sigma \gamma_0(\boldsymbol{u}_0) + b_{\lambda\sigma}u_1^\lambda u_1^\sigma\\
&-2(c_{\beta\lambda}+2Hb_{\beta\lambda})u_0^\beta u_1^\lambda - 2H(u_0^\beta \overset{*}{\nabla}_\beta(\gamma_0(\boldsymbol{u}_0)) + u_1^\beta \overset{*}{\nabla}_\beta u_0^3)\\
&+Ku_0^\sigma \overset{*}{\nabla}_\sigma u_0^3 + (Kb_{\lambda\sigma}+2Hc_{\lambda\sigma})u_0^\lambda u_0^\sigma,
\end{aligned}
\tag{5.2.13}
$$

假设 U,P 已经知道, 那么从 (5.2.4) 求出 $\boldsymbol{u}_0$, 从 (5.2.5) 求出 p_0, 从 (5.2.7) 求出 $\boldsymbol{u}_1,p_2$, 从 (5.2.6) 求出 $\boldsymbol{u}_2,p_1$. 而 $u_1^3=-\gamma_0(\boldsymbol{u}_0)$, $u_2^3=-\dfrac{1}{2}(\gamma_0(\boldsymbol{u}_1)+\overset{1}{\operatorname{div}}\,\boldsymbol{u}_0)$. 这样可以反复迭代, 直到收敛.

引理 5.2.1 双线性形式 $\boldsymbol{H}_p^1(D)\times\boldsymbol{H}_p^1(D)\Rightarrow\Re$:

$$
\begin{aligned}
\mathcal{L}(\boldsymbol{u}_0,\boldsymbol{v})&=a(\boldsymbol{u}_0,\boldsymbol{v})+\mu(\overset{*}{\nabla} u_0^3,\overset{*}{\nabla} v^3)\\
&=2\mu(\gamma^{\beta\sigma}(\boldsymbol{u}_0),\gamma_{\beta\sigma}(\boldsymbol{v}))+\mu(\overset{*}{\nabla} u_0^3,\overset{*}{\nabla} v^3)\\
&=2\mu(a^{\alpha\lambda}a^{\beta\sigma}\gamma_{\alpha\lambda}(\boldsymbol{u}_0),\gamma_{\beta\sigma}(\boldsymbol{v}))+\mu(a_{\alpha\beta}a^{\lambda\sigma}\overset{*}{\nabla}_\lambda u_0^\alpha,\overset{*}{\nabla}_\sigma v^\beta)
\end{aligned}
$$

满足:

(i)对称性: $\mathcal{L}(\boldsymbol{u}_0,\boldsymbol{v})=\mathcal{L}(\boldsymbol{v},\boldsymbol{u}_0),\forall\,\boldsymbol{u}_0,\boldsymbol{v}\in\boldsymbol{H}^1_{\mathrm{p}}(D)$;

(ii)连续性: $\exists M>0,|\mathcal{L}(\boldsymbol{u}_0,\boldsymbol{v})|\leqslant M\|\boldsymbol{u}_0\|_{1,D}\|\boldsymbol{v}\|_{1,D},\forall\,\boldsymbol{u}_0,\boldsymbol{v}\in\boldsymbol{H}^1_{\mathrm{p}}(D)$;

(iii)强制性: $\exists c\geqslant 0,|\mathcal{L}(\boldsymbol{u}_0,\boldsymbol{u}_0)|\geqslant c\|\boldsymbol{u}_0\|^2_{1,D},\forall\,\boldsymbol{u}_0\in\boldsymbol{H}^1_p(D)$;

(iv)三线性形式: $\boldsymbol{H}^1_p(D)\times\boldsymbol{H}^1_p(D)\times\boldsymbol{H}^1_p(D)\Rightarrow\Re$是连续的:

$|b(\boldsymbol{u},\boldsymbol{w},\boldsymbol{v})|\leqslant M\|\boldsymbol{u}\|_{1,D}\|\boldsymbol{w}\|_{1,D}\|\boldsymbol{v}\|_{1,D},\forall\,\boldsymbol{u},\boldsymbol{v},\boldsymbol{w}\in\boldsymbol{H}^1_p(D)$,

$b(\boldsymbol{u},\boldsymbol{v},\boldsymbol{v})=-(\overset{*}{\mathrm{div}}\,\boldsymbol{u},|\boldsymbol{v}|^2),\forall\,u,v\in\boldsymbol{H}^1_p(D)$.

证明 应用定理 1.1.22 和定理 1.1.31 的 Korn 不等式, 可以断定强制性条件 (iii) 成立. 定理的其他结论容易证明.

双线性形式

$$\mathcal{A}(\boldsymbol{u}_1,\boldsymbol{v}_1)=a(\boldsymbol{u}_1,\boldsymbol{v}_1)+b(\boldsymbol{u}_0,\boldsymbol{u}_1,\boldsymbol{v}_1)+b(\boldsymbol{u}_1,\boldsymbol{u}_0,\boldsymbol{v}_1)$$

是 $\boldsymbol{H}^1_p(D)$ 强制的, 如果 $\boldsymbol{u}_0$ 是二维流形上 Navier-Stokes 算子的非奇异点, 并且满足一定的条件.

维数分裂方法就是, 三维区域 Ω 被一系列二维曲面分割成一系列流层 Ω_k, 在流层内, 通过 2D-3C 方程组 (5.2.4)~(5.2.7), 求解层内的速度和压力按分割面法向变量, 即贯截变量 ξ 的 Taylor 展开前三项 $(\boldsymbol{u}_0,\boldsymbol{u}_1,\boldsymbol{u}_2,p_0,p_1,p_2)$. 方程的右端包含顶层交界面的法向应力, 而与下一层关联. 整个过程需要迭代求解. 在每一层内不但求出速度 u_0, 而且还求出速度法向导数 u_1 以及压力 (p_0,p_1,p_2) 等. 我们知道在求解 Navier-Stokes 时由于鞍点问题的存在压力求解精度不高, 而在我们的方法中压力是通过一个 Poisson 方程的边值问题而得到.

5.3 一个新的边界层方程

5.3.1 引言

在本节应用维数分裂方法, 建立了一个新的边界层方程, 它是一个二维流形上的 Navier-Stokes 方程, 同时它必须与外部流动方程耦合求解. 它不但可以得到边界层内流场分布, 而且可得到法向速度梯度和边界上的法向应力, 为飞行器外型优化计算, 提供高精度的计算方法. 它的重要优点在于速度梯度不是通过速度的数值微分得到, 而是作为一个变量, 满足一组微分方程, 从微分方程中得到.

假设边界层的厚度为 $\delta\preceq 1$, 边界层记为 Ω_δ, 其边界 $\partial\Omega_\delta=\Gamma_t\cup\Gamma_b\cup\Gamma_l$ 由下底 Γ_b, 上底 $\Gamma_t=\Gamma_b+\boldsymbol{n}\delta$ 和侧边 Γ_l 组成, 这里

$$\Gamma_t=D\times\{\delta\},\quad \Gamma_b=D\times\{0\},\quad \Gamma_l=\partial D\times(0,\delta).$$

在有界物体外部绕流的情形, 无 Γ_l.

(i)Dirichlet 边界条件 (DD):

$$\boldsymbol{u}|_{\Gamma_b} = \boldsymbol{u}_0, \quad \boldsymbol{u}|_{\Gamma_t} = \widetilde{\boldsymbol{u}}_0, \quad \boldsymbol{u}|_{\Gamma_l} = 0. \tag{5.3.1}$$

(ii) 自由面边界问题 (或人工交界面边界条件)(FF):

$$\begin{aligned}
&(\boldsymbol{u}\cdot\boldsymbol{n})|_{\Gamma_t^+} = (\boldsymbol{u}\cdot\boldsymbol{n})|_{\Gamma_t^-}, \quad (\sigma(\boldsymbol{u})\cdot\boldsymbol{n})|_{\Gamma_t^+} = (\sigma(\boldsymbol{u})\cdot\boldsymbol{n})|_{\Gamma_t^-},\\
&(\boldsymbol{u}\cdot\boldsymbol{n})|_{\Gamma_b^+} = (\boldsymbol{u}\cdot\boldsymbol{n})|_{\Gamma_b^-}, \quad (\sigma(\boldsymbol{u})\cdot\boldsymbol{n})|_{\Gamma_b^+} = (\sigma(\boldsymbol{u})\cdot\boldsymbol{n})|_{\Gamma_b^-}\\
&(\text{在人工交界面上法向应力连续, 法向速度连续}),\\
&\boldsymbol{u}\cdot\boldsymbol{n} = u_0^3 = 0 \quad \frac{\partial u_{0\alpha}}{\partial\xi} = 0, \text{在自由面边界上}\Gamma_t, \Gamma_b,\\
&\boldsymbol{u}|_{\Gamma_l} = 0, \quad \text{或周期性边界条件}.
\end{aligned} \tag{5.3.2}$$

(iii) Dirichlet 边界条件和自由面边界问题 (或人工交界面边界条件)(DF):

$$\begin{aligned}
&\boldsymbol{u}|_{\Gamma_b} = \boldsymbol{u}_0, \quad \boldsymbol{u}|_{\Gamma_l} = 0(\text{或周期性边界条件}),\\
&(\boldsymbol{u}\cdot\boldsymbol{n})|_{\Gamma_t^+} = (\boldsymbol{u}\cdot\boldsymbol{n})|_{\Gamma_t^-}, \quad (\sigma(\boldsymbol{u})\cdot\boldsymbol{n})|_{\Gamma_t^+} = (\sigma(\boldsymbol{u})\cdot\boldsymbol{n})|_{\Gamma_t^-},\\
&(\text{在人工交界面上法向应力连续, 法向速度连续}),\\
&\boldsymbol{u}\cdot\boldsymbol{n}|_{\Gamma_t} = u_0^3 = 0, \quad \frac{\partial u_{0\alpha}}{\partial\xi}|_{\Gamma_t} = 0, \text{在自由面边界上}\,\Gamma_t.
\end{aligned} \tag{5.3.3}$$

5.3.2 带 (DF) 边界条件的边界层方程

首先, 假设物体边界是无滑动边界条件. 这时在 Γ_b 上满足 $\boldsymbol{u}_0 = 0$, 于是 (U, P) 中未知量 $(\boldsymbol{u}_1, \boldsymbol{u}_2, p_0, p_1, p_2)$ 共有 9 个, 满足方程 (5.2.4), (5.2.6) 和 (5.2.7). 如果将 $\boldsymbol{u}_0$ 代入后, 得

压力 p_0

$$\begin{cases}
-\overset{*}{\Delta}\, p_0 + M_1(u_1) + (\delta^3/3)^{-1} a^{\alpha\beta}\, \overset{*}{\nabla}_\alpha\, F_\beta^2 = 0,\\
p_0 \quad \text{s.t.周期性边界条件, 或无边界}.
\end{cases} \tag{5.3.4}$$

关于 $\boldsymbol{u}_1$ 和 p_2 方程

$$\begin{cases}
\delta^3/3[-\mu\, \overset{*}{\Delta}\, u_1^\alpha - \mu a^{\alpha\beta}\, \overset{*}{\nabla}_\beta \overset{*}{\operatorname{div}}\, \boldsymbol{u}_1 + K u_1^\alpha] + \delta^4/4 a^{\alpha\beta} B_{2\beta}(u_1, u_1)\\
\qquad + L_\beta^\alpha u_1^\beta + a^{\alpha\beta} D_{1\beta}(p_0) = a^{\alpha\beta} \widetilde{F}_\beta^{(1)},\\
\delta^3/3(p_2 - 2\mu\beta_0(u_1) + L_3(\boldsymbol{u}_1) + D_{13}(p_0) + \delta^4/4 B_{23}(u_1, u_1) = \widetilde{F}_3^1.
\end{cases} \tag{5.3.5}$$

关于 $\boldsymbol{u}_2$ 和 p_1 方程

$$\begin{cases}
u_2^\alpha = K_\beta^\alpha(H) u_1^\beta - \dfrac{a^{\alpha\beta}}{4\mu}\, \overset{*}{\nabla}_\beta\, p_0 + \dfrac{a^{\alpha\beta}}{4\mu\delta^3/3}\, \overset{*}{\nabla}_\beta\, F_\beta^2,\\
p_1 + \left(\dfrac{3}{2}\delta^{-1} - 6H\right) p_0 - \mu\, \overset{*}{\operatorname{div}}\, \boldsymbol{u}_1 + (2\delta^3/3)^{-1} F_3^2 = 0,\\
u_1^3 = 0.
\end{cases} \tag{5.3.6}$$

然后, 有

$$\begin{cases} u_1^3 = 0, \quad u_2^3 = -\dfrac{1}{2} \overset{*}{\operatorname{div}} (\boldsymbol{u}_1), \\ u_2^\alpha = K_\beta^\alpha(H) u_1^\beta - \dfrac{a^{\alpha\beta}}{4\mu} p_0 + \dfrac{a^{\alpha\beta}}{4\mu\delta^3/3} \overset{*}{\nabla}_\beta F_\beta^2, \\ p_1 + \left(\dfrac{3}{2}\delta^{-1} - 6H\right) p_0 - \mu \overset{*}{\operatorname{div}} \boldsymbol{u}_1 + (2\delta^3/3)^{-1}(F_3^2) = 0, \\ \delta^3/3(p_2 - 2\mu\beta_0(u_1)) + \mu\delta^3/3(11\mu H \overset{*}{\operatorname{div}} \boldsymbol{u}_1 - 8\mu \overset{*}{\nabla}_\beta H u_1^\beta) + \delta^4/4 b_{\alpha\beta} u_1^\alpha u_1^\beta \\ \quad + \left(\dfrac{1}{4}\delta + 5H\delta^2/2 + (3K - 16H^2)\delta^3/3\right) p_0 = \widetilde{F}_3^1, \end{cases} \tag{5.3.7}$$

$$\begin{cases} (\widetilde{F}^{(1)}, \boldsymbol{v}) = (\widetilde{F}_\beta^{(1)}, v_1^\beta) + (\widetilde{F}_3^{(1)}, v_1^3), \\ \widetilde{F}_\beta^{(1)} = F_\beta^1 - \dfrac{1}{2} \overset{*}{\nabla}_\beta F_3^2 - \left(\left(\frac{3}{2}\delta^{-1} + H\right)\delta_\beta^\lambda - b_\beta^\lambda\right) F_\lambda^2, \\ \widetilde{F}_3^{(1)} = F_3^1 + \left(H - \dfrac{3}{4}\delta^{-1}\right) F_3^2, \end{cases} \tag{5.3.8}$$

$$K_\beta^\alpha = \left(\left(-\frac{3}{4}\delta^{-1} - H/2 + \frac{u_0^3}{4\mu}\right)\delta_\beta^\alpha + \frac{1}{2} b_\beta^\alpha\right),$$

$$\begin{aligned} G_{2\nu}(\boldsymbol{u}_0) = & -\delta^3/3[a_{\alpha\nu} \overset{*}{\Delta} u_0^\alpha + \overset{*}{\nabla}_\nu \overset{*}{\operatorname{div}} \boldsymbol{u}_0 + K a_{\alpha\nu} u_0^\alpha] \\ & - 4\mu\delta^3/3 \overset{*}{\nabla}_\nu H u_0^3 + 2\mu \overset{*}{\nabla}_\nu u_0^3 \delta^2/2 \\ & - \delta^3/32\mu(2 \overset{*}{\nabla}_\nu \gamma_0(\boldsymbol{u}_0) + (2H\delta_\nu^\lambda + b_\nu^\lambda) \overset{*}{\nabla}_\lambda u_0^3) \\ & + \delta^3/3[a_{\alpha\nu} u_0^\lambda \overset{*}{\nabla}_\mu u_0^\alpha - 2b_{\alpha\nu} u_0^3 u_0^\alpha], \\ G_{23}(u_0) = & \delta^3/3[2\mu \overset{1}{\operatorname{div}} \boldsymbol{u}_0 - \mu \overset{*}{\Delta} u_0^3 + 4\mu H \gamma_0(\boldsymbol{u}_0)] \\ & + \delta^3/3[-2\nu(\beta_0(\boldsymbol{u}_0) - \gamma_0(\boldsymbol{u}_0)) \\ & + (u_0^\lambda \overset{*}{\nabla}_\lambda u_0^3 + b_{\lambda\sigma} u_0^\lambda u_0^\sigma - u_0^3 \gamma_0(\boldsymbol{u}_0))], \end{aligned} \tag{5.3.9}$$

$$\begin{aligned} G_{0k}(U, P) = & A_{0k}(U) + \delta^2/2 B_{2k}(U) + \delta^3/3 B_{3k}(U) \\ & + \Pi_{0k}(U) + \phi_{0k}(U). \end{aligned} \tag{5.3.10}$$

下面给出 $\widetilde{F}_k^1$ 的表达式. 从

$$\begin{aligned} & F_\beta^0 = \widetilde{f}_\beta^0 + g_{\alpha\beta}(\delta)\sigma^{3\alpha}(1-H)^2, \quad F_\beta^1 = \widetilde{f}_\beta^1 + g_{\alpha\beta}(\delta)\sigma^{3\alpha}(1-H)^2\delta, \\ & F_\beta^2 = \widetilde{f}_\beta^2 + g_{\alpha\beta}(\delta)\sigma^{3\alpha}(1-H)^2\delta^2, \quad F_3^0 = \widetilde{f}_3^0 + \sigma^{33}(1-H)^2, \\ & F_3^1 = \widetilde{f}_3^1 + \sigma^{33}(1-H)^2\delta, \quad F_3^2 = \widetilde{f}_3^2 + \sigma^{33}(1-H)^2\delta^2, \end{aligned}$$

可以推出

$$\left\{\begin{array}{l}\widetilde{F}_\beta^{(1)}=\widetilde{f}_\beta^1-\left(\left(\dfrac{3}{2}\delta^{-1}+H\right)\delta_\beta^\lambda-b_\beta^\lambda\right)\widetilde{f}_\lambda^2-\dfrac{1}{2}\overset{*}{\nabla}_\beta\,\widetilde{f}_3^2\\ \qquad\qquad+g_{\alpha\lambda}(\delta)\sigma^{3\lambda}(1-H)^2\delta\left[-\dfrac{1}{2}\delta_\beta^\alpha-\left(\left(H+\dfrac{u_0^3}{2\mu}\right)\delta_\beta^\alpha-b_\beta^\alpha\right)\delta\right]\\ \qquad\qquad-\dfrac{1}{2}\overset{*}{\nabla}_\beta\,(\sigma^{33}(1-H)^2\delta^2),\\ \widetilde{F}_3^{(1)}=\widetilde{f}_3^1+\left(H-\dfrac{3}{4}\delta^{-1}\right)\widetilde{f}_3^2+\sigma^{33}(1-H)^2\delta\left[-\dfrac{1}{2}+H\delta\right].\end{array}\right.$$

下列边值问题就是边界层方程

$$\left\{\begin{array}{l}\delta^3/3[-\mu\overset{*}{\Delta}u_1^\alpha-\mu a^{\alpha\beta}\overset{*}{\nabla}_\beta\overset{*}{\mathrm{div}}\,\boldsymbol{u}_1+Ku_1^\alpha]+\delta^4/4a^{\alpha\beta}B_{2\beta}(u_1,u_1)\\ \qquad+L_\beta^\alpha u_1^\beta-a^{\alpha\beta}D_{1\beta}(p_0)=a^{\alpha\beta}\widetilde{F}_\beta^{(1)},\\ -\delta^3/3\overset{*}{\Delta}p_0+\delta^3/3M_1(u_1)+a^{\alpha\beta}\overset{*}{\nabla}_\alpha F_\beta^2=0,\\ p_0\quad\text{s.t.周期性边界条件, 或无边界.}\end{array}\right.\tag{5.3.11}$$

记

$$\begin{aligned}A_0((\boldsymbol{u}_1,p_0);(\boldsymbol{v},q))=&\delta^3/3[a(\boldsymbol{u}_1,\boldsymbol{v}_0)+a(p_0,q)],\\ \mathcal{M}((\boldsymbol{u}_1,p_0);(\boldsymbol{v},q)):=&\delta^3/3[\mu(\overset{*}{\mathrm{div}}\,\boldsymbol{u}_1,\overset{*}{\mathrm{div}}\,\boldsymbol{v})-\mu(a_{\alpha\beta}Ku_1^\alpha,v^\beta)]\\ &+(L_{\alpha\beta}u_1^\alpha,v_1^\beta)-\delta^3/3(M_1(\boldsymbol{u}_1),q)-(D_{1\beta}(p_0),v^\beta),\end{aligned}\tag{5.3.12}$$

(4.6.11) 的变分问题是

$$\left\{\begin{array}{l}\text{求}\,(\boldsymbol{u}_1,p_0)\in\boldsymbol{H}_p^1(D)\times H_p^1(D)\text{使得}\\ A_0((\boldsymbol{u}_1,p_0);(\boldsymbol{v},q))+\mathcal{M}((\boldsymbol{u}_1,p_0);(\boldsymbol{v},q))=\mathcal{F}(\boldsymbol{v},q),\\ \forall\,(\boldsymbol{v},q)\in\boldsymbol{H}_p^1(D)\times H_p^1(D),\end{array}\right.\tag{5.3.13}$$

其中 $\mathcal{F}(\boldsymbol{v},q)=(\widetilde{F}_\beta^{(1)},v^\beta)-(a^{\alpha\beta}\overset{*}{\nabla}_\alpha F_\beta^2,q)$.

引理 5.3.1 假设 $\Im$ 的度量张量 $a_{\alpha\beta}\in C^1(\overline{D})$, 曲率张量 $b_{\alpha\beta}\in C^1(\boldsymbol{D})$, 那么 $\Im$ 上的黏性张量 $a^{\alpha\beta\lambda\sigma}=\mu(a^{\alpha\lambda}a^{\beta\sigma}+a^{\alpha\sigma}a^{\beta\lambda})$ 是正定的, 即对任意一个对称矩阵 $(t_{\alpha\beta})$, 存在与 $(t_{\alpha\beta})$ 无关的常数 $c(D,\Im,\mu)$, 成立

$$a^{\alpha\beta\lambda\sigma}t_{\alpha\lambda}t_{\beta\sigma}\geqslant c\sum_{\alpha,\beta}|t_{\alpha\beta}|^2.\tag{5.3.14}$$

证明 容易验算, $\forall x\in D,\forall\,(t_{\alpha\beta})$,

$$(a^{\alpha\lambda}a^{\beta\sigma}+a^{\alpha\sigma}a^{\beta\lambda})t_{\alpha\lambda}t_{\beta\sigma}=2\boldsymbol{t}^T\boldsymbol{A}(x)\boldsymbol{t},$$

其中矩阵

$$\boldsymbol{A}(x)=\left(\begin{array}{c} a^{11}a^{11}2a^{11}a^{12}a^{12}a^{12} \\ 2a^{11}a^{12}2(a^{12}a^{12}+a^{11}a^{22})2a^{12}a^{22} \\ a^{12}a^{12}2a^{12}a^{22}a^{22}a^{22} \end{array}\right),$$

$$\boldsymbol{t}=\left(\begin{array}{c} t_{11} \\ t_{12} \\ t_{22} \end{array}\right).$$

我们观察这个矩阵的主子矩阵

$$a^{11}a^{11}>0,\quad 在\, D\, 内,$$

$$\det\left(\begin{array}{c} a^{11}a^{11}2a^{11}a^{12} \\ 2a^{11}a^{12}2(a^{12}a^{12}+a^{11}a^{22} \end{array}\right)=2\frac{a^{11}a^{11}}{a}>0,\quad 在\, D\, 内,$$

$$\det\boldsymbol{A}=\frac{2}{a^3}>0,\quad 在\, D\, 内,$$

这里 $a=\det(a_{\alpha\beta})$. 由矩阵正定性定理, 推出 $\boldsymbol{A}$ 是正定的. 从而引理得证.

引理 5.3.2 假设 $\Im$ 的度量张量 $a_{\alpha\beta}\in C^1(\overline{D})$, 那么双线性形式 $A_0(\cdot,\cdot):\boldsymbol{H}_p^1(D)\times H_p^1(D)\Rightarrow\Re$ 是对称、连续的和强制的:

$$\begin{aligned}
&A_0((\boldsymbol{u}_1,p_0),(\boldsymbol{v},q))=A_0((\boldsymbol{v},q),(\boldsymbol{u}_1,p_0)),\\
&\qquad\forall(u_1,p_0),(v,q)\in\boldsymbol{H}_p^1(D)\times H_p^1(D),\\
&A_0((\boldsymbol{u}_1,p_0),(\boldsymbol{v},q))\leqslant C|||(\boldsymbol{u}_1,p_0)|||_{1,D}|||(\boldsymbol{v},q)|||_{1,D},\\
&\qquad\forall(u_1,p_0),(v,q)\in\boldsymbol{H}_p^1(D)\times H_p^1(D),\\
&A_0((\boldsymbol{u}_1,p_0),(\boldsymbol{u}_1,p_0))\geqslant C|||(\boldsymbol{u}_1,p_0)|||_{1,D}^2,\\
&\qquad\forall(u_1,p_0),\in\boldsymbol{H}_p^1(D)\times H_p^1(D),
\end{aligned}\tag{5.3.15}$$

其中

$$|||(\boldsymbol{u}_1,p_0)|||_{1,D}^2=\|\boldsymbol{u}_1\|_{1,D}^2+\|p_0\|_{1,D}^2.$$

证明 实际上, 连续性和对称性是显然. 只需证强制性即可. 由引理 5.3.1, 以及在 $H_p^1(D)$ 中半范和全范的等价性, 可推出强制性.

引理 5.3.3 假设流形 $\Im$ 满足 $a_{\alpha\beta},b_{\alpha\beta},H,K\in C^1(\overline{D})$, 边界层厚度足够小, 那么由 (4.6.10) 所定义的双线性形式 $\mathcal{M}_0(\cdot,\cdot):\boldsymbol{H}_p^1(D)\times H_p^1(D)\Rightarrow\Re$ 是连续的, 满足

$$\begin{aligned}
&\mathcal{M}((\boldsymbol{u}_1,p_0),(\boldsymbol{v},q))\leqslant C\mu\delta^3/3|||(\boldsymbol{u}_1,p_0)|||_{1,D}|||(\boldsymbol{v},q)|||_{1,D},\\
&\qquad\forall(u_1,p_0),(v,q)\in\boldsymbol{H}_p^1(D)\times H_p^1(D),\\
&\mathcal{M}((\boldsymbol{u}_1,p_0),(\boldsymbol{u}_1,p_0))\geqslant\frac{1}{2}\mu\delta^3/3(\overset{*}{\operatorname{div}}\,\boldsymbol{u}_1,\overset{*}{\operatorname{div}}\,\boldsymbol{u}_1)\\
&\qquad+\tau\delta\|\boldsymbol{u}_1\|_{0,D}^2-\frac{1}{2}\delta^2/3\|p_0\|_{1,D}^2,\forall(u_1,p_0)\in\boldsymbol{H}_p^1(D)\times H_p^1(D),
\end{aligned}\tag{5.3.16}$$

如果 $\tau = \frac{\mu}{4}\lambda_1 - \left(2\mu + \frac{1}{2}\right)^2 > 0$, 那么双线性形式 $A(\cdot,\cdot) + \mathcal{M}(\cdot,\cdot)$ 是强制的:

$$
\begin{aligned}
&A_0((\boldsymbol{u}_1, p_0), (\boldsymbol{u}_1, p_0)) + \mathcal{M}((\boldsymbol{u}_1, p_0), (\boldsymbol{v}, q)) \geqslant C|||(u_1, p_0)|||^2, \\
&\quad \forall (u_1, p_0) \in \boldsymbol{H}_p^1(D) \times H_p^1(D),
\end{aligned}
\tag{5.3.17}
$$

其中 λ_1 是度量张量 $a_{\alpha\beta}$ 的最小特征值. 如果 $\tau = \frac{\mu}{4}\lambda_1 - \left(2\mu + \frac{1}{2}\right)^2 < 0$, 那么变分问题

$$
\begin{cases}
\text{求}\,(\boldsymbol{u}_1, p_0) \in \boldsymbol{H}_p^1(D) \times H_p^1(D)\text{使得} \\
A_0((\boldsymbol{u}_1, p_0); (\boldsymbol{v}, q)) + \mathcal{M}((\boldsymbol{u}_1, p_0); (\boldsymbol{v}, q)) - (\tau \boldsymbol{u}_1, \boldsymbol{v}) = \mathcal{F}(\boldsymbol{v}, q), \\
\forall (\boldsymbol{v}, q) \in \boldsymbol{H}_p^1(D) \times H_p^1(D)
\end{cases}
\tag{5.3.18}
$$

有唯一可解, 只要适当选取 δ. 其中 $b_2(u_1, u_1, v) = (B_{\alpha,\beta}(u_1^\lambda \overset{*}{\nabla}_\lambda u_1^\alpha - u_1^\alpha \overset{*}{\operatorname{div}}\, u_1), u^\beta)$.

证明 (5.3.16) 第一式容易证明. 下面证明第二式. 由于 $u_1^3 = 0$, 分部积分后, 从 (5.3.12) 和 (5.3.8),

$$
\begin{aligned}
\mathcal{M}((\boldsymbol{u}_1, p_0), (\boldsymbol{u}_1, p_0)) =& \mu\delta^3/3(\overset{*}{\operatorname{div}}\, \boldsymbol{u}_1, \overset{*}{\operatorname{div}}\, \boldsymbol{u}_1) - \mu\delta^3/3(a_{\alpha\beta} K u_1^\alpha, u_1^\beta) \\
&+ (L_{\alpha\beta} u_1^\alpha, u_1^\beta) + \delta^3/3(M(\boldsymbol{u}_1), p_0) - (D_{1\beta}(p_0), u_1^\beta),
\end{aligned}
$$

逐项计算得

$$
\begin{aligned}
&(L_{\alpha\beta} u_1^\alpha, u_1^\beta) - \mu\delta^3/3(a_{\alpha\beta} K u_1^\alpha, u_1^\beta) \\
=&\left(\mu\left[\left(\frac{1}{2}\delta + (-2H)\delta^2/2 + ((3K - 4H^2)/2)\delta^3/3\right) a_{\beta\alpha}\right.\right. \\
&\left.\left. + (6\delta^2/2 + 10H\delta^3/3) b_{\beta\alpha}\right] u_1^\alpha, u_1^\beta\right) \\
=&\delta\mu\frac{1}{2}(a_{\alpha\beta} u_1^\alpha, v_1^\beta) \\
&+ \mu\delta^2/2\left(\left(\left(-2H + (3K - 4H^2)\frac{2}{3}\delta\right) a_{\alpha\beta} + \left(6 + 10H\frac{2}{3}\delta\right) b_{\alpha\beta}\right) u_1^\alpha, u_1^\beta\right).
\end{aligned}
$$

由于 $a_{\alpha\beta}$ 的正定性, 引理 1.7.3 指出, 存在正常数 λ_1, λ_2, $\forall (t^\alpha) \in E^2$ 成立

$$
\lambda_1 |t|^2 \leqslant a_{\alpha\beta} t^\alpha t^\beta \leqslant \lambda_2 |t|^2,
$$

其中 $|t|^2 = (t^1)^2 + (t^2)^2$, 因此

$$
\lambda_1 \|\boldsymbol{u}_1\|_{0,D}^2 \leqslant (a_{\alpha\beta} u_1^\alpha, u_1^\beta) \leqslant \lambda_2 \|\boldsymbol{u}_1\|_{0,D}^2. \tag{5.3.19}
$$

由此, 利用 Hölder 不等式, 推出

$$
(L_{\alpha\beta} u_1^\alpha, u_1^\beta) - \mu\delta^3/3(a_{\alpha\beta} K u_1^\alpha, u_1^\beta)
$$

$$
\begin{aligned}
&\geqslant \frac{\mu}{2}\lambda_1\delta\|\boldsymbol{u}_1\|_{0,D}^2 - C\delta^2\|\boldsymbol{u}_1\|_{0,D}^2 \geqslant \frac{\mu}{2}\delta(1-C\delta)\|\boldsymbol{u}_1\|_{0,D}^2\\
&\geqslant \frac{\mu}{4}\delta\|\boldsymbol{u}_1\|_{0,D}^2,
\end{aligned}\tag{5.3.20}
$$

只要选取的 δ 足够小, 使得 $(1-C\delta)\geqslant\frac{1}{2}$. 另一方面, 由 (5.1.45) 和 (5.2.8) 有

$$
\begin{aligned}
I=&-\delta^3/3(M_1(\boldsymbol{u}_1),p_0)-(D_{1\beta}(p_0),u_1^\beta)\\
=&-\delta^3/3(\overset{*}{\text{div}}\,((-3\mu\delta^{-1}+2\mu H)\boldsymbol{u}_1)-D\mu\,\overset{*}{\text{div}}\,u_1,p_0)+(2\delta^3/3\overset{*}{\nabla}_\beta Hp_0\\
&-(2\delta^2/2\delta_\beta^\alpha-(H\delta_\beta^\alpha+b_\beta^\alpha)\delta^3/3)\overset{*}{\nabla}_\beta\,p_0,u_1^\beta).
\end{aligned}
$$

应用 Gauss 定理

$$
\begin{aligned}
&((-2\mu\delta^{-1}+(2\mu H)\overset{*}{\text{div}}\,\mu_1-10\mu\overset{\alpha}{\text{div}}\,(Hu_1),p_0)\\
=&(2\mu\delta^{-1}(1-H\delta)\overset{\alpha}{\nabla}_\beta\,p_0-12\mu\overset{\alpha}{\nabla}_\beta\,Hp_0,u_1^\beta)\\
=&((\delta^3/3(\ \ 3\mu\delta^{-1}+2\mu H)\delta_\beta^\alpha)\overset{*}{\nabla}_\alpha\,p_0,u_1^\beta),
\end{aligned}
$$

代入后得

$$
I=(T_\beta(p_0),u_1^\beta),
$$

其中

$$
T_\beta(p_0)=((4/3)\mu(1-H\delta)+2)\delta^2/2\delta_\beta^\alpha-\delta^3/3(3H\delta_\beta^\alpha+b_\beta^\alpha)\nabla_\alpha p_0-(3\mu+2)\delta^3/3\overset{*}{\nabla}Hp_0.
$$

于是, 应用 Cauchy, Hölder, Young 以及 Poincaré 不等式

$$
\begin{aligned}
|(T_\beta(p_0),u_1^\beta)|&\leqslant\|\boldsymbol{T}\|_{0.D}\|\boldsymbol{u}_1\|_{0,D}\leqslant\delta^2C|p_0|_{1,D}\|u_1\|_{0,D}\\
&\leqslant\frac{1}{2}\delta^3/2|p_0|_{1,D}^2+\delta C_1\|u_1\|_{0,D}^2,
\end{aligned}\tag{5.3.21}
$$

综合以上结果

$$
\begin{aligned}
\mathcal{M}((\boldsymbol{u}_1,p_0),(\boldsymbol{u}_1,p_0))\geqslant&\mu\delta^3/3\|\overset{*}{\text{div}}\,\boldsymbol{u}_1\|_{0,D}^2-\frac{1}{2}\delta^3/3|p_0|_{1,D}\\
&+\delta\left(\frac{1}{2}\mu-C_1\right)\|\boldsymbol{u}_1\|_{0,D}^2,
\end{aligned}\tag{5.3.22}
$$

那么从 (5.3.21) 和 (5.3.12) 得

$$
\begin{aligned}
&\mathcal{A}((\boldsymbol{u}_1,p_0),(\boldsymbol{u}_1,p_0))+\mathcal{M}((\boldsymbol{u}_1,p_0),(\boldsymbol{u}_1,p_0))\\
\geqslant&C\delta^3\|\boldsymbol{u}_1\|_{1,D}^2+\frac{1}{2}\delta^2/3|p_0|_{1,D}^2+\mu\delta^3/3\|\overset{*}{\text{div}}\,\boldsymbol{u}_1\|_{0,D}^2+\delta\left(\frac{1}{2}\mu-C_1\right)\|\boldsymbol{u}_1\|_{0,D}^2,
\end{aligned}
$$

如果 $\frac{1}{2}\mu - C_1 \geqslant 0$, 那么可以断定

$$\begin{aligned}&\mathcal{A}((\boldsymbol{u}_1, p_0), (\boldsymbol{u}_1, p_0)) + \mathcal{M}((\boldsymbol{u}_1, p_0), (\boldsymbol{u}_1, p_0)) \geqslant C\|||(\boldsymbol{u}_1, p_0)\|||, \\ &\quad \forall (\boldsymbol{u}_1, p_0) \in \boldsymbol{V}(D) = \boldsymbol{H}_p^1(D) \times H_p^1(D).\end{aligned}$$

如果 $\frac{1}{2}\mu - C_1 < 0$, 那么

$$\begin{aligned}&\mathcal{A}((\boldsymbol{u}_1, p_0), (\boldsymbol{u}_1, p_0)) + \mathcal{M}((\boldsymbol{u}_1, p_0), (\boldsymbol{u}_1, p_0)) \\ \geqslant & C\|||(\boldsymbol{u}_1, p_0)\||| - C_2\delta\|u_1\|_{0,D}^2, \quad \forall (\boldsymbol{u}_1, p_0) \in \boldsymbol{H}_p^1(D) \times H_p^1(D).\end{aligned}$$

双线性形式 $\mathcal{A}((\boldsymbol{u}_1, p_0), (\boldsymbol{u}_1, p_0)) + \mathcal{M}((\boldsymbol{u}_1, p_0), (\boldsymbol{u}_1, p_0))$ 是 $\boldsymbol{V}(D) - \boldsymbol{L}^2(D)$ 强制的. 嵌入 $\boldsymbol{V}(D) \curvearrowright \boldsymbol{L}^2(D) \times L^2(D)$ 是紧嵌入. 根据椭圆系统的正则性理论, 双线性形式 $\mathcal{A}((\boldsymbol{u}_1, p_0), (\boldsymbol{u}_1, p_0)) + \mathcal{M}((\boldsymbol{u}_1, p_0), (\boldsymbol{u}_1, p_0))$ 的对应形式算子 A_M 是 $(\boldsymbol{V}(D), \boldsymbol{L}^2(D))$ 强制的, 当 $C_2\delta$ 属于 A_M 的豫解集时, $A_M + C_2\delta$ 是 $\boldsymbol{V}(D)$ 到 $\boldsymbol{V}'(D)$ 的同构. 可以调整 δ 使得 $C_2\delta$ 属于 A_M 的豫解集. 由于非线性项 $\|\delta^4/4B_2(u_1, u_2)\|_0 \leqslant \delta^4/4 < \|u_1\|_1^2$. 纯性算子的摸 $\leqslant \delta^3/3$, 选取适量小的 δ 可以使得到的迭代序列是收敛的. 证毕.

5.3.3 运动边界的边界层方程

用同样的方法考虑如果在边界层底部 $\Im$ 上 $\boldsymbol{u}_0$ 已知, 但 $u_0 \neq 0$. 从 (5.2.2),(5.2.7), $\boldsymbol{u}_1, p_0$ 是下列边值问题的解

$$\left\{\begin{aligned}&\delta^3/3[-\mu \overset{*}{\Delta} u_1^\alpha - \mu a^{\alpha\beta} \overset{*}{\nabla}_\beta \overset{*}{\operatorname{div}} \boldsymbol{u}_1 - K u_1^\alpha] \\ &\qquad + \delta^3/3 a^{\alpha\beta}[B_\beta(\boldsymbol{u}_1, \boldsymbol{u}_0) + B_\beta(\boldsymbol{u}_0, \boldsymbol{u}_1)]\delta^4/4 a^{\alpha\beta} B_{2\beta}(u_1, u_1) + L_\beta^\alpha u_1^\beta \\ &\qquad - a^{\alpha\beta} D_{1\beta}(p_0) + a^{\alpha\beta} G_{1\beta}(\boldsymbol{u}_0) = a^{\alpha\beta} \widetilde{F}_\beta^{(1)}, \\ &- \overset{*}{\Delta} p_0 + M_1(\boldsymbol{u}_1) + M_0(\boldsymbol{u}_0) = -\frac{a^{\alpha\beta}}{\delta^3/3} \overset{*}{\nabla}_\alpha F_\beta^2, \\ &p_0 \quad \boldsymbol{u}_1 \quad \text{s.t.周期性边界条件, 或无边界,}\end{aligned}\right. \tag{5.3.23}$$

$$\left\{\begin{aligned}&u_2^\alpha = K_\beta^\alpha u_1^\beta - \frac{a^{\alpha\beta}}{4\mu} \overset{*}{\nabla}_\beta p_0 + \frac{a^{\alpha\beta}}{4\mu\delta^3/3}(-G_{2\beta}(\boldsymbol{u}_0) + F_\beta^2), \\ &p_1 + \left(\frac{3}{2}\delta^{-1} - 6H\right) p_0 - \mu \overset{*}{\operatorname{div}} \boldsymbol{u}_1 + (2\delta^3/3)^{-1}(G_{23}(u_0) - F_3^2) = 0, \\ &\delta^3/3(p_2 - 2\mu\beta_0(u_1) + B_3(u_1, u_0) + B_3(u_0, u_1)) + \delta^4/4 b_{\alpha\beta} u_1^\alpha u_1^\beta + L_3(\boldsymbol{u}_1) \\ &\qquad + D_{13}(p_0) + G_{13}(\boldsymbol{u}_0) = F_3^1, \\ &2u_2^3 + \gamma_0(\boldsymbol{u}_1) + \overset{1}{\operatorname{div}} \boldsymbol{u}_0 = 0, \\ &u_1^3 + \gamma_0(\boldsymbol{u}_0) = 0,\end{aligned}\right. \tag{5.3.24}$$

其中

$$\begin{aligned}
L_\beta^\alpha =&\mu\left[\left(\frac{1}{2}\delta+(u_0^3-2H)\delta^2/2+4((K-H^2)/2+\frac{u_0^3}{2\mu})\delta^3/3\right)\delta_\beta^\alpha\right.\\
&\left.+(6\delta^2/2+10H\delta^3/3)b_\beta^\alpha\right],\\
L_3(\boldsymbol{u}_1) =&\delta^3/3[(11\mu H-u_0^3)\overset{*}{\operatorname{div}}\,\boldsymbol{u}_1-8\mu\overset{*}{\nabla}_\alpha Hu_1^\alpha],\\
M_1(\boldsymbol{u}_1) =&\overset{*}{\operatorname{div}}\,((-3\mu\delta^{-1}+2\mu H+u_0^3)\boldsymbol{u}_1)-12\mu\overset{*}{\nabla}_\beta Hu_1^\beta,\\
M_0(\boldsymbol{u}_0) =&-\frac{a^{\alpha\beta}}{\delta^3/3}\overset{*}{\nabla}_\alpha G_{2\beta}(\boldsymbol{u}_0)+16\mu(3H^2-K)\overset{*}{\operatorname{div}}\,(H\boldsymbol{u}_0)\\
&-48\mu(2H^3-HK)u_0^3-4\mu u_0^\alpha\overset{*}{\nabla}_\alpha(3H^2-K),\\
D_{1\beta}(p_0) =&-2\delta^3/3(\overset{*}{\nabla}_\beta Hp_0+2H\overset{*}{\nabla}_\beta p_0)\\
&+\left[(\delta^2/2+\left(H+\frac{u_0^3}{2\mu}\right)\delta^3/3)\delta_\beta^\alpha-\delta^3/3b_\beta^\alpha\right]\overset{*}{\nabla}_\alpha p_0,\\
D_{13}(p_0) =&\left(\frac{\delta}{4}+5H\delta^2/2+(3K-16H^2)\delta^3/3\right)p_0,\\
G_{1\beta} =&\Phi_\beta(\boldsymbol{u}_0)-\left[\left(-\frac{3}{2}\delta^{-1}+\left(H+\frac{u_0^3}{2\mu}\right)\right)\delta_\beta^\alpha-b_\beta^\alpha\right]G_{2\alpha}(u_0)],\\
G_{13}(u_0) =&\Phi_3(\boldsymbol{u}_0)+\left(-\frac{3}{4}\delta^{-1}+H\right)G_{23}(\boldsymbol{u}_0),
\end{aligned}$$

$$\begin{aligned}
b(\boldsymbol{u}_1,\boldsymbol{u}_0,\boldsymbol{v}_1)+b(\boldsymbol{u}_0,\boldsymbol{u}_1,\boldsymbol{v}_1) =&(B_\beta(\boldsymbol{u}_1,\boldsymbol{u}_0)+B_\beta(\boldsymbol{u}_1,\boldsymbol{u}_0).v_1^\beta)\\
&+(B_3(\boldsymbol{u}_1,\boldsymbol{u}_0)+B_3(\boldsymbol{u}_1,\boldsymbol{u}_0),v_1^3),
\end{aligned}\tag{5.3.25}$$

$$\left\{\begin{aligned}
\widetilde{F}_\beta^{(1)} =& \widetilde{f}_\beta^1-\left(\left(\frac{3}{2}\delta^{-1}+H\right)\delta_\beta^\lambda-b_\beta^\lambda\right)\widetilde{f}_\lambda^2-\frac{1}{2}\overset{*}{\nabla}_\beta\widetilde{f}_3^2\\
&+g_{\alpha\lambda}(\delta)\sigma^{3\lambda}(1-H)^2\delta\left[-\frac{1}{2}\delta_\beta^\alpha-\left(\left(H+\frac{u_0^3}{2\mu}\right)\delta_\beta^\alpha-b_\beta^\alpha\right)\delta\right]\\
&-\frac{1}{2}\overset{*}{\nabla}_\beta(\sigma^{33}(1-H)^2\delta^2),\\
\widetilde{F}_3^{(1)} =& \widetilde{f}_3^1+\left(H-\frac{3}{4}\delta^{-1}\right)\widetilde{f}_3^2+\sigma^{33}(1-H)^2\delta\left[-\frac{1}{2}+H\delta\right].
\end{aligned}\right.\tag{5.3.26}$$

5.3.4 解的存在性

当研究边界层方程时, 如果固壁边界是相对运动的, 采用惯性坐标系, 相对运动速度为 $\boldsymbol{u}_0$, 边界层厚度为 δ; 如果固壁边界是固定, 则 $\boldsymbol{u}_0=0$. $\boldsymbol{u}_1=\dfrac{\partial\boldsymbol{u}}{\partial n}$ 为边界上速度的法向导数.

引入 Sobolev 空间

$$
\begin{aligned}
&H_p^1(D)=\{\varphi\in C^\infty(D),\varphi|_{\partial_D}\text{满足周期性边界条件}\},\\
&\boldsymbol{H}_p^1(D)=H_p^1(D)\times H_p^1(D),
\end{aligned}
$$

定义在二维流形上的数性函数 φ 和切向量 $\widetilde{\boldsymbol{u}}=\{u^\alpha,\alpha=1,2\}$ 的 Sobolev 范数

$$
\begin{aligned}
\|\varphi\|_{1,D}^2&=\iint\limits_D[|\varphi|^2+a^{\alpha\beta}\overset{*}{\nabla}_\alpha\varphi\overset{*}{\nabla}_\beta\varphi\sqrt{a}\mathrm{d}x,\\
\|\widetilde{\boldsymbol{u}}\|_{1,D}^2&=\iint\limits_D a_{\alpha\beta}a^{\lambda\sigma}\overset{*}{\nabla}_\lambda u^\alpha\overset{*}{\nabla}_\sigma u^\beta\sqrt{a}\mathrm{d}x,\\
\|\widetilde{\boldsymbol{u}}\|_{0,D}^2&=\iint\limits_D a_{\alpha\beta}u^\alpha u^\beta\sqrt{a}\mathrm{d}x.
\end{aligned}
$$

根据引理 5.1.5 和引理 5.3.3, 上述范数与经典 Sobolev 范数是等价的.

定义双线性形式 $H_p^1(D)\times H_p^1(D)\Rightarrow\Re$ 和 $\boldsymbol{H}_p^1(D)\times\boldsymbol{H}_p^1(D)\Rightarrow\Re$:

$$
\begin{aligned}
&a(\varphi,\psi)=(\nabla\phi,\nabla\psi)=\iint\limits_D a^{\alpha\beta}\nabla_\alpha\phi\nabla_\beta\psi\sqrt{a}\mathrm{d}x,\\
&a(\widetilde{\boldsymbol{u}},\widetilde{\boldsymbol{v}})=(\nabla\widetilde{\boldsymbol{u}},\nabla\widetilde{\boldsymbol{v}})=\iint\limits_D a_{\alpha\beta}a^{\lambda\sigma}\overset{*}{\nabla}_\mu u^\alpha\overset{*}{\nabla}_\sigma v^\beta\sqrt{a}\mathrm{d}x,\\
&\mathcal{M}((\widetilde{\boldsymbol{u}}_1,p_0);(\boldsymbol{v},q))=L(\boldsymbol{u}_1,\boldsymbol{v}_1)+\delta^3/3[(M_1(\boldsymbol{u}_1),q)\\
&\qquad+\mu(\overset{*}{\mathrm{div}}\,\boldsymbol{u}_1,\overset{*}{\mathrm{div}}\,\boldsymbol{v}_1)-(a_{\alpha\beta}Ku_1^\alpha,v_1^\beta)]-(D_{1\beta}(p_0),v^\beta)
\end{aligned}\tag{5.3.27}
$$

和三线性形式 $\boldsymbol{H}_p^1(D)\times\boldsymbol{H}_p^1(D)\times\boldsymbol{H}_p^1(D)\Rightarrow\Re$:

$$
\begin{aligned}
b(\boldsymbol{u}_1,\boldsymbol{u}_0,\boldsymbol{v})+b(\boldsymbol{u}_0,\boldsymbol{u}_1,\boldsymbol{v})&=(B_\beta(\boldsymbol{u}_1,\boldsymbol{u}_0),v^\beta)+(B_\beta(\boldsymbol{u}_0,\boldsymbol{u}_1),v^\beta)\\
&=(a_{\lambda\beta}(u_0^\sigma\overset{*}{\nabla}_\sigma u_1^\lambda+u_1^\sigma\overset{*}{\nabla}_\sigma u_0^\lambda)\\
&\quad-2b_{\beta\sigma}(u_0^3u_1^\sigma-u_0^\sigma\gamma_0(u_0)),v^\beta),
\end{aligned}\tag{5.3.28}
$$

那么对应于 (5.3.21) 的变分问题是

$$
\begin{cases}
\text{求}\,\widetilde{\boldsymbol{u}}_1\subset\boldsymbol{H}_p^1(D),p_0\in H_p^1(D),\text{使得}\\
\delta^3/3(a(\widetilde{\boldsymbol{u}}_1,\boldsymbol{v}_1)+a(p_0,q)+b(\widetilde{\boldsymbol{u}}_1,\boldsymbol{u}_0,\boldsymbol{v})+\delta^4/4b_2(u_1,u_1,v)\\
\qquad+b(\boldsymbol{u}_0,\widetilde{\boldsymbol{u}}_1,\boldsymbol{v}))+\mathcal{M}((\widetilde{\boldsymbol{u}}_1,p_0),(\boldsymbol{v},q))=(\boldsymbol{F}_1,(\boldsymbol{v},q)),\\
\qquad\forall\boldsymbol{v}\in\boldsymbol{H}_p^1(D),\quad\forall q\in H_p^1(D),
\end{cases}\tag{5.3.29}
$$

其中

$$
(\boldsymbol{F}_1,(\boldsymbol{v},q))=(\mathcal{F}_\beta,v^\beta))-\delta^3/3(M_0(\boldsymbol{u}_0),q).\tag{5.3.30}
$$

下面定义 Sobolev 空间及其范数

$$\boldsymbol{V}(D) := \boldsymbol{H}_p^1(D) \times H_p^1(D), \quad U = (\widetilde{\boldsymbol{u}}_1, p_0),$$
$$\forall U \in \boldsymbol{V}(D), \quad |||U|||_{1,D}^2 = \|\widetilde{\boldsymbol{u}}_1\|_{1,D}^2 + \|p_0\|_{1,D}^2,$$

定义双线性泛函: $\boldsymbol{V}(D) \times \boldsymbol{V}(D) \Rightarrow R$:

$$\begin{aligned}\mathcal{A}((\boldsymbol{u}_1, p_0), (\boldsymbol{v}, q)) =& \delta^3/3(a(\widetilde{\boldsymbol{u}}_1, \boldsymbol{v}_1) + a(p_0, q)) + b(\widetilde{\boldsymbol{u}}_1, \boldsymbol{u}_0, \boldsymbol{v}) \\ &+ b(\boldsymbol{u}_0, \widetilde{\boldsymbol{u}}_1, \boldsymbol{v})) + \mathcal{M}((\widetilde{\boldsymbol{u}}_1, p_0), (\boldsymbol{v}, q)),\end{aligned} \tag{5.3.31}$$

这里 $U = (\widetilde{\boldsymbol{u}}_1, p_0), V(\boldsymbol{v}, q)$ 于是, 变分问题 (5.3.28) 可以表示为

$$\begin{cases} 求 U \in \boldsymbol{V}(D), 使得 \\ \mathcal{A}(U, V) + \delta^4/4b_2(u_1, u_1, v) = (\boldsymbol{F}_1, \boldsymbol{v}), \quad \forall U \in \boldsymbol{V}(D). \end{cases} \tag{5.3.32}$$

引理 5.3.4 假设二维曲面 $\Im_i$ 满足引理 5.3.1 假设. 那么下列结论成立

(i) 双线性形式 $\mathcal{A}(\cdot, \cdot)$ 是连续的

$$|\mathcal{A}((\boldsymbol{u}_1, p_0), (\boldsymbol{v}, q))| \leqslant C|||(\boldsymbol{u}_1, p_0)|||\,|||(\boldsymbol{v}, q)|||,$$
$$\forall \boldsymbol{u}, \boldsymbol{v}, \in \boldsymbol{H}_p^1(D), \quad p_0, q \in H_p^1(D).$$

(ii) 存在一个常数 $C > 0$, 使得

$$|b(\boldsymbol{u}_1, \boldsymbol{u}_0, \boldsymbol{v})| + |b(\boldsymbol{u}_0, \boldsymbol{u}_1, \boldsymbol{v})| \leqslant C\mu\|\boldsymbol{u}_1\|_{1,D}\|\boldsymbol{u}_0\|_{1,D}\|\boldsymbol{v}\|_{1,D},$$
$$\forall \boldsymbol{u}, \boldsymbol{v}, \in \boldsymbol{H}_p^1(D),$$

这里 C 是依赖于 $H, K, b_{\alpha\beta}, c_b$ 的常数.

(iii) 如果 $\boldsymbol{u}_0$ 是 Navier-Stokes 算子的一个非奇异点, 即孤立点, 那么存在一个正常数 $c > 0$, 使得

$$\inf_{\boldsymbol{u}_1, \boldsymbol{v} \in H^1(D)} \frac{a(\boldsymbol{u}_1, \boldsymbol{v}) + b(\boldsymbol{u}_0, \boldsymbol{u}_1, \boldsymbol{v}) + b(\boldsymbol{u}_1, \boldsymbol{u}_0, \boldsymbol{v})}{\|\boldsymbol{u}_1\|_{1,D}\|\boldsymbol{v}\|_{1,D}} \geqslant c, \tag{5.3.33}$$

那么成立

$$\inf_{(\boldsymbol{u}_1, p_0), (\boldsymbol{v}, q) \in \boldsymbol{H}^1(D) \times H_p^1(D)} \frac{\mathcal{A}((\boldsymbol{u}_1, p_0), (\boldsymbol{v}, q))}{|||(\boldsymbol{u}_1, p_0)|||\,|||(\boldsymbol{v}, q)|||} \geqslant c, \tag{5.3.34}$$

从而可以推出, 双线性形式 $\mathcal{A}((\boldsymbol{u}_1, p_0), (\boldsymbol{v}, q))$ 是弱强制的.

证明 实际上, 用类似的方法, 仍然成立

$$\begin{aligned}\mathcal{M}((\boldsymbol{u}_1, p_0), (\boldsymbol{u}_1, p_0)) \geqslant& \frac{1}{2}\mu\delta^3/3(\overset{*}{\mathrm{div}}\,\boldsymbol{u}_1, \overset{*}{\mathrm{div}}\,\boldsymbol{u}_1) + C\delta\|\boldsymbol{u}_1\|_{0,D}^2 \\ &- \frac{1}{2}\delta^2/3\|p_0\|_{1,D}^2, \quad \forall (u_1, p_0), \in \boldsymbol{H}_p^1(D) \times H_p^1(D), \\ \delta^3/3a(p_0, p_0) + \mathcal{M}((\boldsymbol{u}_1, p_0), (\boldsymbol{u}_1, p_0)) \geqslant& \frac{1}{2}\mu\delta^3/3(\overset{*}{\mathrm{div}}\,\boldsymbol{u}_1, \overset{*}{\mathrm{div}}\,\boldsymbol{u}_1) \\ &+ C\delta\|\boldsymbol{u}_1\|_{0,D}^2 + \frac{1}{2}\delta^2/3\|p_0\|_{1,D}^2,\end{aligned} \tag{5.3.35}$$

由 (5.3.35), (5.3.33) 可以断定 (5.3.34) 成立.

从引理 5.3.3 和定常 N-S 方程解的存在性标准方法, 并利用 δ 充分小, 可以证明如下定理.

定理 5.3.1 假设二维曲面 $\Im_i$ 满足引理 5.3.1 的假设, 同时 δ 充分小. 那么变分问题 (5.3.32) 存在唯一解, 且有估计

$$|||(\boldsymbol{u}_1, p_0)||| \leqslant \|F_1\|_{0,D}. \tag{5.3.36}$$

5.4 两个旋转球之间和叶轮通道的边界层方程以及球和椭球的外部绕流

本节给出边界层方程应用的一些例子. 第一个例子考虑不同速度的同心旋转球之间的定常轴对称不可压流动.

5.4.1 两个旋转球之间的边界层方程

首先引入如下记号: .

(r, ϕ, θ) 球坐标, R_1, R_2 内球和外球直径

ω_1, ω_2 内球和外球转动的角速度, $\omega_2 = 0$ 外球固定不转

$\omega_2 > 0$ 同向旋转, $\omega_2 < 0$ 反向旋转

$\omega = \omega_2/\omega_1, \epsilon = 1 - \omega = \dfrac{\omega_1 - \omega_2}{\omega_1},$ $\eta = R_2/R_1, \eta = 1 + \sigma, \sigma = (R_2 - R_1)/R_1$

$Re = \omega_1 R_1^2/\nu$ Reynolds 数$\lambda = Re^{-1}$

$u = (u_r, u_\phi, u_\theta), p$ 速度和压力的物理分量

边界条件:

$$u|_{r=R_1} = R_1\omega_1 \sin\theta \vec{e}_\phi, \quad u|_{r=R_2} = \omega_2 R_2 \sin\theta \vec{e}_\phi. \tag{5.4.1}$$

其中局部球坐标标架

$$\begin{aligned}
\boldsymbol{e}_1 &= \frac{\partial \boldsymbol{R}}{\partial r} = \cos\varphi \sin\theta \boldsymbol{i} + \sin\varphi \sin\theta \boldsymbol{j} + \cos\theta \boldsymbol{k},\\
\boldsymbol{e}_2 &= \frac{\partial \boldsymbol{R}}{\partial \theta} = r\cos\varphi \cos\theta \boldsymbol{i} + r\sin\varphi \cos\theta \boldsymbol{j} - r\sin\theta \boldsymbol{k},\\
\boldsymbol{e}_3 &= \frac{\partial \boldsymbol{R}}{\partial \varphi} = -r\sin\varphi \sin\theta \boldsymbol{i} + r\cos\varphi \sin\theta \boldsymbol{j},
\end{aligned}$$

这里向径

$$\begin{aligned}
&\boldsymbol{R} = x\boldsymbol{i} + y\boldsymbol{j} + z\boldsymbol{k},\\
&x = r\cos\varphi \sin\theta, \quad y = r\sin\varphi \sin\theta, \quad z = r\cos\theta,
\end{aligned}$$

而球坐标系单位基向量

$$\boldsymbol{e}_r = \boldsymbol{e}_1/|\boldsymbol{e}_1| = \boldsymbol{e}_1, \quad \boldsymbol{e}_\varphi = \boldsymbol{e}_2/|\boldsymbol{e}_2| = \boldsymbol{e}_2/r, \quad \boldsymbol{e}_\theta = \boldsymbol{e}_3/|\boldsymbol{e}_3| = \boldsymbol{e}_3/(r\sin\theta),$$

向量的协变分量和物理分量

$$\boldsymbol{u} = u^i\boldsymbol{e}_i = u_i\boldsymbol{e}^i = u_r\boldsymbol{e}_r + u_\varphi\boldsymbol{e}_\varphi + u_\theta\boldsymbol{e}_\theta,$$

u^i, u_i 之间的关系有如下形式,

$$u_r = u^1 = u_1, \quad u_\phi = u^2 r\sin\theta = u_2/r\sin\theta, \quad u_\theta = ru^3 = u_3/r. \tag{5.4.2}$$

求坐标系下的 $\Re^3$ 度量张量

$$\begin{aligned}
&g_{11} = 1, \quad g_{22} = r^2\sin^2\theta, \quad g_{33} = r^2, \quad g_{ij} = 0, \quad i \neq j,\\
&g = \det(g_{ij}) = r^4\sin^2\theta,\\
&g^{11} = 1, \quad g^{22} = \frac{1}{r^2\sin^2\theta}, \quad g^{33} = r^{-2}, \quad g^{ij} = 0, \quad i \neq j.
\end{aligned} \tag{5.4.3}$$

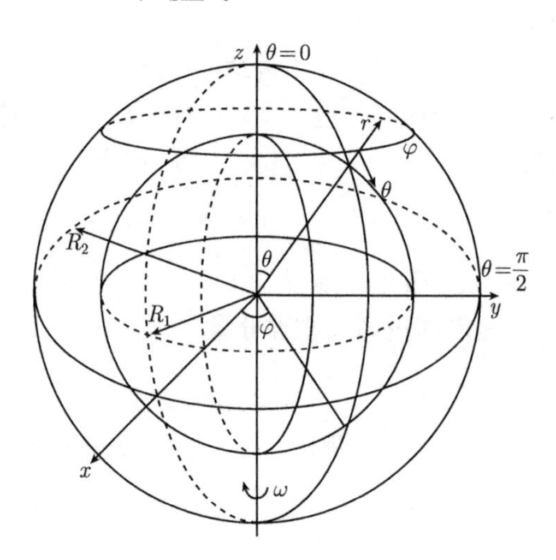

图 5.4.1 球坐标系

在球坐标系下, $\Re^3$ Christoffel 记号是

$$\begin{aligned}
&\Gamma_{11}^1 = -r\sin^2\theta, \quad \Gamma_{33}^1 = -r, \quad \Gamma_{12}^2 = \Gamma_{21}^2 = \frac{1}{r},\\
&\Gamma_{22}^3 = -\sin\theta\cos\theta,\\
&\Gamma_{13}^3 = \Gamma_{31}^3 = \frac{1}{r}, \quad \Gamma_{23}^2 = \Gamma_{32}^2 = \cot\theta, \quad \Gamma_{jk}^i = 0, \quad \text{其他情形}.
\end{aligned}$$

协变导数 (用物理分量表示)

$$\nabla_1 u^1 = \frac{\partial u_r}{\partial r}, \quad \nabla_1 u^2 = \frac{1}{r\sin\theta}\frac{\partial u_\varphi}{\partial r}, \quad \nabla_1 u^3 = \frac{1}{r}\frac{\partial u_\theta}{\partial r},$$
$$\nabla_2 u^1 = \frac{\partial u_r}{\partial \varphi} - \sin\theta u_\varphi, \quad \nabla_2 u^2 = \frac{1}{r\sin\theta}\frac{\partial u_\varphi}{\partial \varphi}, \quad \nabla_2 u^3 = \frac{\partial u_\theta}{\partial \varphi}\frac{\cos\theta}{r}u_\varphi,$$
$$\nabla_3 u^1 = \frac{\partial u_r}{\partial \theta} - u_\theta, \quad \nabla_3 u^2 = \frac{\partial}{\partial \theta}\left(\frac{u_\varphi}{r\sin\theta}\right) + cot\theta\frac{u_\varphi}{r\sin\theta},$$
$$\nabla_3 u^3 - \frac{1}{r}\frac{\partial u_\theta}{\partial \theta} + \frac{u_r}{R}.$$

散度算子

$$\text{div}\boldsymbol{u} = \frac{\partial u_r}{\partial r} + \frac{2}{r}u_r + \frac{1}{r}\frac{\partial u_\theta}{\partial \theta} + \frac{\cot\theta}{r}u_\theta + \frac{1}{r^2\sin^2\theta}\frac{\partial u_\varphi}{\partial \varphi}.$$

Laplace-Betrami 算子

$$\Delta f = \frac{\partial^2 f}{\partial r^2} + \frac{2}{r}\frac{\partial f}{\partial r} + \frac{1}{r^2}\frac{\partial^2 f}{\partial \theta^2} + \frac{\cot\theta}{r^2}\frac{\partial f}{\partial \theta} + \frac{1}{r^2\sin^2\theta}\frac{\partial^2 f}{\partial \varphi^2}.$$

迹 Laplace 算子

$$\Delta u^i = g^{km}\nabla_k\nabla_m u^i,$$
$$\Delta u^1 = \nabla^2 u_r - \frac{2}{r^2}\frac{\partial u_\theta}{\partial \theta} - \frac{2}{r^2\sin^2\theta}\frac{\partial u_\varphi}{\partial \varphi} - \frac{2}{r^2}u_r,$$
$$\Delta u^2 = \nabla^2 u_\varphi + \frac{2}{r^2}\frac{\partial u_r}{\partial \varphi} + 2\frac{2\cot\theta}{r^2\sin\theta}\frac{\partial u_\theta}{\partial \varphi} - \frac{u_\varphi}{r^2\sin^2\theta},$$
$$\Delta u^3 = \nabla^2 u_\theta + \frac{2}{r^2\sin\theta}\frac{\partial u_r}{\partial \theta} + \frac{2\cot\theta}{r^2\sin^2\theta}\frac{\partial u_\theta}{\partial \varphi} - \frac{u_\theta}{r^2\sin^2\theta},$$

其中

$$\nabla^2 = \frac{\partial^2}{\partial r^2} + \frac{2}{r}\frac{\partial}{\partial r} + \frac{1}{r^2}\frac{\partial^2}{\partial \theta^2} + \frac{\cot\theta}{r^2}\frac{\partial}{\partial \theta} + \frac{1}{r^2\sin^2\theta}\frac{\partial^2}{\partial \varphi^2} - \frac{1}{r^2\sin^2\theta}.$$

下面假设 $x^1 = \varphi, x^2 = \theta$ 为球面 $S_r(r = \text{常数})$ 的 Gauss 坐标系, $(x^1, x^2, \xi = r - R_1)$ 为建立在以球面 S_r(半径为r) 为基础的 S-坐标系, 速度向量和基本向量

$$\boldsymbol{e}_1 = \frac{\partial \boldsymbol{R}}{\partial \varphi}, \quad \boldsymbol{e}_2 = \frac{\partial \boldsymbol{R}}{\partial \theta}, \quad \boldsymbol{n} = \boldsymbol{e}_r,$$
$$\boldsymbol{u} = u^\alpha \boldsymbol{e}_\alpha + u^3\boldsymbol{n},$$

这时物理分量 (在球坐标系中) 表示为

$$u_\varphi = r\sin\theta u^1, \quad u_\theta = ru^2, \quad u_r = u^3. \tag{5.4.4}$$

S_r(二维流形) 的度量张量

$$\begin{cases} a_{\alpha\beta} = \dfrac{\partial \boldsymbol{R}}{\partial x^\alpha}\dfrac{\partial \boldsymbol{R}}{\partial x^\beta}, \\ a_{11} = r^2\sin^2\theta, \quad a_{22} = r^2, \quad a_{\alpha\beta} = 0, \alpha \neq \beta, \\ a = \det(a_{\alpha\beta}) = r^4\sin^2\theta, \\ a^{11} = (r\sin\theta)^{-2}, \quad a^{22} = \dfrac{1}{r^2}, \quad a^{\alpha\beta} = 0, \alpha \neq \beta. \end{cases} \tag{5.4.5}$$

球面的第二基本型为

$$b_{\alpha\beta} = \boldsymbol{n}\frac{\partial^2 R}{\partial x^\alpha \partial x^\beta} = \boldsymbol{e}_r \cdot (x_{\alpha\beta}\boldsymbol{i} + y_{\alpha\beta}\boldsymbol{j} + z_{\alpha\beta}\boldsymbol{k}).$$

简单计算得出

$$\begin{cases} b_{11} = -r\sin^2\theta, \quad b_{22} = -r, \quad b_{12} = b_{21} = 0, \\ b = \det(b_{\alpha\beta}) = r^2\sin^2\theta. \end{cases} \tag{5.4.6}$$

平均曲率和 Gauss 曲率

$$H = \frac{1}{2}a^{\alpha\beta}b_{\alpha\beta} = -\frac{1}{r}, \quad K = \frac{b}{a} = \frac{1}{r^2}. \tag{5.4.7}$$

S_r 的 Christoffel 记号是

$$\begin{cases} \overset{*}{\Gamma}{}^2{}_{11} = -\sin\theta\cos\theta, \quad \overset{*}{\Gamma}{}^1{}_{12} = \overset{*}{\Gamma}{}^1{}_{21} = \cot\theta, \\ \overset{*}{\Gamma}{}^\alpha{}_{\lambda\sigma} = 0, \quad \text{其他情形}. \end{cases} \tag{5.4.8}$$

协变导数 (用物理分量表示) 和散度算子的定义为

$$\begin{cases} \overset{*}{\nabla}_\beta u^\alpha = \dfrac{\partial u^\alpha}{\partial x^\beta} + \overset{*}{\Gamma}{}^\alpha{}_{\beta\lambda} u^\lambda, \\ \overset{*}{\nabla}_1 u^1 = \dfrac{1}{r\sin\theta}\dfrac{\partial u_\varphi}{\partial \varphi} + \dfrac{\cot\theta}{r}u_\theta, \quad \overset{*}{\nabla}_1 u^2 = \dfrac{1}{r}\dfrac{\partial u_\varphi}{\partial\theta} - \dfrac{\cos\theta}{r}u_\varphi, \\ \overset{*}{\nabla}_2 u^1 = \dfrac{1}{r\sin\theta}\dfrac{\partial u_\varphi}{\partial\theta}, \quad \overset{*}{\nabla}_2 u^2 = \dfrac{1}{r}\dfrac{\partial u_\theta}{\partial\theta}, \\ \overset{*}{\operatorname{div}}\, \boldsymbol{u} = \overset{*}{\nabla}_\alpha u^\alpha = \dfrac{1}{r\sin\theta}\dfrac{\partial u_\varphi}{\partial\varphi} + \dfrac{\cot\theta}{r}u_\theta + \dfrac{1}{r}\dfrac{\partial u_\theta}{\partial\theta}. \end{cases} \tag{5.4.9}$$

Laplace-Betrami 算子

$$\overset{*}{\Delta} f = a^{\alpha\beta}\,\overset{*}{\nabla}_\alpha\overset{*}{\nabla}_\beta f = \frac{1}{r^2\sin^2\theta}\,\overset{*}{\nabla}_1\overset{*}{\nabla}_1 f + \frac{1}{r^2}\,\overset{*}{\nabla}_2\overset{*}{\nabla}_2 f.$$

容易计算

$$\overset{*}{\nabla}_1\overset{*}{\nabla}_1 f = \frac{\partial}{\partial\varphi}(\overset{*}{\nabla}_1 f) + \overset{*}{\Gamma}{}^\lambda{}_{11}\overset{*}{\nabla}_\lambda = \frac{\partial^2 f}{\partial\varphi^2} - \sin\theta\cos\theta\frac{\partial f}{\partial\theta},$$

$$\overset{*}{\nabla}_2\overset{*}{\nabla}_2 f = \frac{\partial}{\partial\theta}(\overset{*}{\nabla}_2 f) + \overset{*}{\Gamma}{}^\lambda{}_{22}\overset{*}{\nabla}_\lambda f = \frac{\partial^2 f}{\partial\theta^2},$$

所以 Laplace-Betrami 算子

$$\overset{*}{\Delta} f = \frac{1}{r^2 \sin^2\theta}\frac{\partial^2 f}{\partial\varphi^2} + \frac{1}{r^2}\frac{\partial^2 f}{\partial\theta^2} - \frac{\cot\theta}{r^2}\frac{\partial f}{\partial\theta}. \tag{5.4.10}$$

同理, 迹 Laplace 算子

$$\begin{aligned}
&\overset{*}{\Delta} u^\alpha = u^{\lambda\sigma} \overset{*}{\nabla}_\lambda \overset{*}{\nabla}_\sigma u^\alpha - \frac{1}{r^2 \sin^2\theta} \overset{*}{\nabla}_1 \overset{*}{\nabla}_1 u^\lambda + \frac{1}{r^2} \overset{*}{\nabla}_2 \overset{*}{\nabla}_2 u^\alpha,\\
&\overset{*}{\nabla}_1 \overset{*}{\nabla}_1 u^\alpha = \frac{\partial}{\partial\varphi}(\overset{*}{\nabla}_1 u^\alpha) + \overset{*}{\Gamma}{}^\alpha{}_{1\sigma} \overset{*}{\nabla}_1 u^\sigma - \overset{*}{\Gamma}{}^\sigma{}_{11} \overset{*}{\nabla}_\sigma u^\alpha,\\
&\overset{*}{\nabla}_2 \overset{*}{\nabla}_2 u^\alpha = \frac{\partial}{\partial\theta}(\overset{*}{\nabla}_2 u^\alpha) + \overset{*}{\Gamma}{}^\alpha{}_{2\sigma} \overset{*}{\nabla}_2 u^\sigma - \overset{*}{\Gamma}{}^\sigma{}_{22} \overset{*}{\nabla}_\sigma u^\alpha.
\end{aligned}$$

根据协变导数的定义, 利用 (5.4.8), (5.4.9), 简单计算得出

$$\begin{aligned}
\overset{*}{\nabla}_1 \overset{*}{\nabla}_1 u^1 =& \frac{1}{r\sin\theta}\frac{\partial^2 u_\varphi}{\partial\varphi^2} + \frac{\cot\theta}{r}\left(\frac{\partial u_\theta}{\partial\varphi} + \frac{\partial u_\varphi}{\partial\theta}\right) - \frac{\cos^2\theta}{r\sin\theta}u_\varphi\\
&+\frac{cos\theta}{r}\frac{\partial u_\varphi}{\partial\varphi} + \frac{\cos^2\theta}{r}u_\theta,\\
\overset{*}{\nabla}_2 \overset{*}{\nabla}_2 u^1 =& \frac{1}{r\sin\theta}\frac{\partial^2 u_\varphi}{\partial\varphi\partial\theta} + \frac{\cot\theta}{r\sin\theta}\frac{\partial u_\varphi}{\partial\theta},\\
\overset{*}{\Delta} u^1 =& \frac{1}{r^3\sin^3\theta}\frac{\partial^2 u_\varphi}{\partial\varphi^2} + \frac{1}{r^3\sin\theta}\frac{\partial^2 u_\varphi}{\partial\varphi\partial\theta} + \frac{\cos\theta}{r^3\sin^3\theta}\left(\frac{\partial u_\theta}{\partial\varphi} + \frac{\partial u_\varphi}{\partial\theta}\right)\\
&+\frac{\cos\theta}{r^3\sin^2\theta}\left(\frac{\partial u_\varphi}{\partial\varphi} + \frac{\partial u_\varphi}{\partial\theta}\right) + \frac{\cot^2\theta}{r^3}(u_\theta - u_\varphi),\\
\overset{*}{\nabla}_1 \overset{*}{\nabla}_1 u^2 =& \frac{1}{r}\frac{\partial^2 u_\varphi}{\partial\varphi\partial\theta} - 2\frac{\cos\theta}{r}\frac{\partial u_\varphi}{\partial\varphi} - \frac{\sin\theta\cos\theta}{r}\frac{\partial u_\varphi}{\partial\theta} - \frac{\cos^2\theta}{r}u_\theta,\\
\overset{*}{\nabla}_2 \overset{*}{\nabla}_2 u^2 =& \frac{1}{r}\frac{\partial^2 u_\theta}{\partial\theta^2},\\
\overset{*}{\Delta} u^2 =& \frac{1}{r^3}\frac{\partial^2 u_\theta}{\partial\theta^2} + \frac{1}{r^3\sin^2\theta}\frac{\partial^2 u_\varphi}{\partial\varphi\partial\theta} - \frac{\cot\theta}{r^3\sin\theta}\left(\sin\theta\frac{\partial u_\varphi}{\partial\theta} + 2\frac{\partial u_\varphi}{\partial\varphi}\right) - \frac{\cot^2\theta}{r^3}u_\theta,
\end{aligned}$$

即

$$\left\{\begin{aligned}
\overset{*}{\Delta} u^1 =& \frac{1}{r^3\sin^3\theta}\frac{\partial^2 u_\varphi}{\partial\varphi^2} + \frac{1}{r^3\sin\theta}\frac{\partial^2 u_\varphi}{\partial\varphi\partial\theta} + \frac{\cos\theta}{r^3\sin^3\theta}\left(\frac{\partial u_\theta}{\partial\varphi} + \frac{\partial u_\varphi}{\partial\theta}\right)\\
&+\frac{\cos\theta}{r^3\sin^2\theta}\left(\frac{\partial u_\varphi}{\partial\varphi} + \frac{\partial u_\varphi}{\partial\theta}\right) + \frac{\cot^2\theta}{r^3}(u_\theta - u_\varphi),\\
\overset{*}{\Delta} u^2 =& \frac{1}{r^3}\frac{\partial^2 u_\theta}{\partial\theta^2} + \frac{1}{r^3\sin^2\theta}\frac{\partial^2 u_\varphi}{\partial\varphi\partial\theta} - \frac{\cot\theta}{r^3\sin\theta}\left(\sin\theta\frac{\partial u_\varphi}{\partial\theta} + 2\frac{\partial u_\varphi}{\partial\varphi}\right)\\
&-\frac{\cot^2\theta}{r^3}u_\theta.
\end{aligned}\right. \tag{5.4.11}$$

下面给出两个以不同角速度旋转的同心球之间流动的边界层方程. 边界 (内球表面) 的速度记为

$$\boldsymbol{u}_0 = (u_r^0 = u_0^3 = 0, u_\varphi^0 = r\sin\theta u_0^1 = R_1\omega_1\sin\theta, u_\theta^0 = ru_0^2 = 0), \tag{5.4.12}$$

即

$$u_0^1 = \frac{R_1}{r}\omega_1, \quad u_0^2 = u_0^3 = 0.$$

记

$$\boldsymbol{u}_1 = \left(u_1^1 = \frac{u_\varphi}{r\sin\theta}, u_1^2 = \frac{u_\theta}{r}, u_1^3 = u_r\right),$$

$$\boldsymbol{u}_2 = \left(u_2^1 = \frac{\widetilde{u}_\varphi}{r\sin\theta}, u_2^2 = \frac{\widetilde{u}_\theta}{r}, u_2^3 = \widetilde{u}_r\right).$$

为了不混淆记号, 令

$$U_\varphi = (\boldsymbol{u}_1)_\varphi, \quad U_\theta = (\boldsymbol{u}_1)_\theta, \quad U_r = (\boldsymbol{u}_1)_3, \quad U^\alpha = u_1^\alpha, U^3 = u_1^3.$$

于是内球 $r = R_1$ 的边界层方程 (5.3.23) 可以表示为

$$\begin{aligned}
&-\delta^3/3\mu\left[\frac{1}{r^3\sin^3\theta}\frac{\partial^2 U_\varphi}{\partial\varphi^2} + \frac{1}{r^3\sin\theta}\frac{\partial^2 U_\varphi}{\partial\varphi\partial\theta} + \frac{\cos\theta}{r^3\sin^3\theta}\left(\frac{\partial U_\theta}{\partial\varphi} + \frac{\partial U_\varphi}{\partial\theta}\right)\right.\\
&\qquad + \frac{\cos\theta}{r^3\sin^2\theta}\left(\frac{\partial U_\varphi}{\partial\varphi} + \frac{\partial U_\varphi}{\partial\theta}\right) + \frac{\cot^2\theta}{r^3}(U_\theta - U_\varphi)\\
&\qquad \left. + a^{11}\partial_\varphi\left(\frac{1}{r\sin\theta}\frac{\partial U_\varphi}{\partial\varphi} + \frac{\cot\theta}{r}U_\theta + \frac{1}{r}\frac{\partial U_\theta}{\partial\theta}\right) + K\frac{U_\varphi}{r\sin\theta}\right]\\
&\qquad + L_1^1\frac{U_\varphi}{r\sin\theta} + \delta^3/3a^{11}(B_1(\boldsymbol{u}_0, \boldsymbol{u}_1) + B_1(\boldsymbol{u}_1, \boldsymbol{u}_0))\\
&\qquad + \delta^4/4a^{11}B_{21}(u_1, u_1) + a^{11}D_{11}(p_0) = a^{11}\widetilde{F}_1^{(1)},\\
&-\delta^3/3\mu\left[\frac{1}{r^3}\frac{\partial^2 U_\theta}{\partial\theta^2} + \frac{1}{r^3\sin^2\theta}\frac{\partial^2 U_\varphi}{\partial\varphi\partial\theta} - \frac{\cot\theta}{r^3\sin\theta}\left(\sin\theta\frac{\partial U_\varphi}{\partial\theta} + 2\frac{\partial U_\varphi}{\partial\varphi}\right) - \frac{\cot^2\theta}{r^3}U_\theta\right.\\
&\qquad \left. + a^{22}\partial_\theta\left(\frac{1}{r\sin\theta}\frac{\partial U_\varphi}{\partial\varphi} + \frac{\cot\theta}{r}U_\theta + \frac{1}{r}\frac{\partial U_\theta}{\partial\theta}\right) + K\frac{U_\theta}{r}\right] + L_2^2\frac{U_\varphi}{r}\\
&\qquad + \delta^3/3a^{22}(B_2(\boldsymbol{u}_0, \boldsymbol{u}_1) + B_2(\boldsymbol{u}_1, \boldsymbol{u}_0)) + \delta^4/4a^{22}B_{22}(\boldsymbol{u}_1, \boldsymbol{u}_1)\\
&\qquad + a^{22}D_{12}(p_0) = a^{22}\widetilde{F}_2^{(1)},\\
&\delta^3/3\left[\frac{1}{r^2\sin^2\theta}\frac{\partial^2 p_0}{\partial\varphi^2} + \frac{1}{r^2}\frac{\partial^2 p_0}{\partial\theta^2} - \frac{\cot\theta}{r^2}\frac{\partial p_0}{\partial\theta} + M_1(U) + M_0(\boldsymbol{u}_0)\right] = 0,
\end{aligned} \tag{5.4.13}$$

这里必须计算如下

$$
\begin{cases}
B_\beta(\boldsymbol{u}_1,\boldsymbol{u}_0)+B_\beta(\boldsymbol{u}_0,\boldsymbol{u}_1)=a_{\lambda\beta}(u_0^\sigma \overset{*}{\nabla}_\sigma U^\lambda+U^\sigma \overset{*}{\nabla}_\sigma u_0^\lambda)\\
\qquad\qquad -2b_{\beta\sigma}(u_0^3U^\sigma+U_r u_0^\sigma),\\
B_3(\boldsymbol{u}_1,\boldsymbol{u}_0)+B_3(\boldsymbol{u}_0,\boldsymbol{u}_1)=U^\beta \overset{*}{\nabla}_\beta u_0^3+u_0^\beta \overset{*}{\nabla}_\beta U_r+2b_{\beta\lambda}U^\lambda u_0^\beta\\
\qquad\qquad =\dfrac{R_1\omega_1}{r}\left(\dfrac{\partial U_r}{\partial\varphi}-2\sin\theta U_\varphi\right),\\
B_1(\boldsymbol{u}_1,\boldsymbol{u}_0)+B_1(\boldsymbol{u}_0,\boldsymbol{u}_1)=a_{11}\left[u_0^1\left(\dfrac{1}{r\sin\theta}\dfrac{\partial U_\varphi}{\partial\varphi}+\dfrac{\cot\theta}{r}U_\theta\right)\right]-2b_{11}u_rR_1\omega_1/r\\
\qquad\qquad =R_1\omega_1\sin\theta\left[\dfrac{\partial U_\varphi}{\partial\varphi}+\cos\theta U_\theta+2\sin\theta U_r\right],\\
B_2(\boldsymbol{u}_1,\boldsymbol{u}_0)+B_2(\boldsymbol{u}_0,\boldsymbol{u}_1)=0,\\
B_{2\beta}(u_1,u_1)=\alpha_{\alpha\beta}(u_1^\lambda \overset{*}{\nabla}_\lambda u_1^\alpha-\partial U_1^\alpha \mathrm{div}u_1),\\
B_{23}(u_1,u_1)=-r\sin^2\theta(U_r)^2-(r\sin^2\theta)^{-1}(U_\varphi)^2.
\end{cases}
$$

由 (5.1.44) 和 (5.4.5)~(5.4.7) 得

$$
\begin{aligned}
L_1^1&=\mu\left(\frac{1}{2}\delta-H\delta^2+\frac{2}{3}(K-H^2)\delta^3+(3\delta^2+10H\delta^3/3)b_1^1\right)\\
&=\mu\left(2\delta-\frac{2}{r}\delta^2+\frac{10}{r^2}\delta^3/3\right),\\
L_2^2&=L_1^1=\mu\left(2\delta-\frac{2}{r}\delta^2+\frac{10}{r^2}\delta^3/3\right),\\
D_{1\beta}(p_0)&=-2\delta^3/3\overset{*}{\nabla}_\beta Hp_0+\left[\left(\delta^2/2+\left(H+\frac{u_0^3}{2\mu}\right)\delta^3/3\right)\delta_\beta^\alpha-\delta^3/3b_\beta^\alpha\right]\overset{*}{\nabla}_\alpha p_0\\
&=\left[\left(\delta^2/2-\frac{1}{r}\delta^3/3\right)\delta_\beta^\alpha-\delta^3/3b_\beta^\alpha\right]\overset{*}{\nabla}_\alpha p_0,\\
D_{11}(p_0)&=\left[\left(\delta^2/2-\frac{1}{r}\delta^3/3\right)+\frac{1}{r}\delta^3/3\right]\partial_\varphi p_0=\delta^2/2\partial_\varphi p_0,\\
D_{12}(p_0)&=\delta^2/2\partial_\theta p_0,\\
M_1(U)&=\overset{*}{\mathrm{div}}\,((-3\mu\delta^{-1}+2\mu H)U)-12\mu\overset{*}{\nabla}_\beta HU^\beta,\\
M_0(\boldsymbol{u}_0)&=0,
\end{aligned}
$$

$$
\begin{cases}
\widetilde{F}^1_\beta = g_{\alpha\lambda}(\delta)\sigma^{3\lambda}(\delta)(1-H)^2\delta h^\alpha_\beta + \dfrac{1}{2}\overset{*}{\nabla}_\beta\,(\sigma^{33}(\delta)(1-H)^2\delta^2),\\
\widetilde{F}^1_1 = \left(1+\dfrac{1}{r}\right)^2\left[(r+\delta)^2\sin^2\theta\delta\left(-\dfrac{1}{2}+\dfrac{2}{r}\delta\right)+\dfrac{1}{2}\delta^2\partial_\varphi\sigma^{33}(\delta)\right]\\
\widetilde{F}^1_2 = \left(1+\dfrac{1}{r}\right)^2\left[(r+\delta)^2\delta\left(-\dfrac{1}{2}+\dfrac{2}{r}\delta\right)+\dfrac{1}{2}\delta^2\partial_\theta\sigma^{33}(\delta)\right],\\
\widetilde{F}^1_3 = \sigma^{33}(\delta)(1-H)^2\delta(-1+H\delta) = -\left(1+\dfrac{\delta}{r}\right)\delta\left(1+\dfrac{1}{r}\right)^2\sigma^{33}(\delta),\\
g_{\alpha\beta}(\delta) = (1-K\delta^2)a_{\alpha\beta}+(2H\delta^2-2\delta)b_{22},\\
g_{11}(\delta) = (r+\delta)^2\sin^2\theta,\quad q_{22}(\delta) = (r+\delta)^2,\quad g_{12}(\delta)=g_{21}(\delta)=0,\\
h^\alpha_\beta = -\dfrac{1}{2}\delta^\alpha_\beta - \left[-\dfrac{1}{r}\delta^\alpha_\beta + b^\alpha_\beta\right]\delta,\quad h^1_1 = h^2_2 = -\dfrac{1}{2}+\dfrac{2}{r}\delta,\quad h^1_1 = h^1_2 = 0,\\
d^\alpha_\beta = \left(\dfrac{3}{2}\delta^{-1}-\dfrac{1}{r}\right)\delta^\alpha_\beta - b^\alpha_\beta,\quad d^1_1 = d^2_2 = \dfrac{3}{2}\delta^{-1},\quad d^2_1 = d^1_2 = 0,
\end{cases}
$$

其中 $\sigma^{i3}(\delta)$ 是在边界层顶层的交接面上的法向应力. 计算公式由定理 5.1.1 确定.

$$
\begin{aligned}
&\sigma_{3\beta}(0) = \mu\left(a_{\alpha\beta}\frac{\partial u^\alpha}{\partial\xi}+\overset{*}{\nabla}_\beta\,u^3\right)|_{\xi=0} = \mu(a_{\alpha\beta}u^\beta_1+\overset{*}{\nabla}_\beta\,u^3_0)|,\\
&\sigma_{33}(0) = (2\mu u^3_1 - p)|_{\xi=0},\\
&\sigma_{3\beta}(\delta) = \mu(1-H)^2\left[\left(g_{\alpha\beta}(\delta)\frac{\partial u^\alpha}{\partial\xi}+\overset{*}{\nabla}_\beta\,u^3\right)\right]\Bigg|_{\xi=\delta},\\
&\sigma_{33}(\delta) = (1-H)^2\left(2\mu\frac{\partial u^3}{\partial\xi}-p\right)|_{\xi=\delta},\\
&g_{\alpha\beta}(\delta) = a_{\alpha\beta}-2\delta b_{\alpha\beta}+\delta^2 c_{\alpha\beta}.
\end{aligned}
$$

将以上各式代入后, 记

$$
\begin{aligned}
\delta^4/4a^{11}B_{21}(U,U) =&\delta^4/4\frac{1}{R^21\sin^2\theta}\bigg[\sin\theta U_\theta\frac{\partial U_\varphi}{\partial\theta}-U_\varphi\frac{\partial U_\varphi}{\partial\varphi}\\
&-2\sin\theta U_\varphi\frac{\partial U_\theta}{\partial\theta}-\cos\theta U_\theta U_\varphi\bigg],\\
\delta^4/4a^{22}B_{22}(U,U) =&\delta^4/4\frac{1}{R_1^2\sin^2\theta}\bigg[\sin\theta U_\varphi\frac{\partial U_\varphi}{\partial\theta}-\sin^2\theta U_\theta\frac{\partial U_\theta}{\partial U}-2U_\theta\frac{\partial U_\varphi}{\partial\varphi}\\
&-\sin\theta\omega s\theta(2U_\theta U_\theta+U_\varphi U_\varphi)\bigg].
\end{aligned}
$$

注意

$$
L^1_1-\mu\delta^3/3K = \mu[2\delta-2r^{-1}\delta^2+9r^{-2}\delta^3/3],
$$

并且将 $H=-r^{-1}, K=r^{-2}$ 代入, (5.4.13) 变为

$$
\left\{
\begin{aligned}
&-\delta^3/3\mu\left[\frac{2}{r^3\sin^3\theta}\frac{\partial^2 U_\varphi}{\partial\varphi^2}+\frac{1}{r^3\sin\theta}\frac{\partial^2 U_\varphi}{\partial\varphi\partial\theta}+\frac{\cos\theta}{r^3\sin^3\theta}\left(2\frac{\partial U_\theta}{\partial\varphi}+\frac{\partial U_\varphi}{\partial\theta}\right)\right.\\
&\quad\left.+\frac{\cos\theta}{r^3\sin^2\theta}\left(\frac{\partial U_\varphi}{\partial\varphi}+\frac{\partial U_\varphi}{\partial\theta}\right)+\frac{\cot^2\theta}{r^3}(U_\theta-U_\varphi)+\frac{1}{2r^3\sin^2\theta}\frac{\partial^2 U_\theta}{\partial\varphi\partial\theta}\right]\\
&\quad+\mu[2\delta-2r^{-1}\delta^2+9r^{-2}\delta^3/3]\frac{U_\varphi}{r\sin\theta}\\
&\quad+\delta^3/3\frac{R_1\omega_1}{r^2\sin\theta}\left[\frac{\partial U_\varphi}{\partial\varphi}+\cos\theta U_\theta+2\sin\theta U_r\right]+\delta^4/4a^{11}B_{21}(U,U)\\
&\quad+\frac{1}{r^2\sin^2\theta}\delta^2/2\partial_\varphi p_0=\frac{1}{r^2\sin^2\theta}\widetilde{F}_1^1,\\
&\quad-\delta^3/3\mu\left[\frac{1}{r^3}\frac{\partial^2 U_\theta}{\partial\theta^2}+\frac{3}{2r^3\sin^2\theta}\frac{\partial^2 U_\varphi}{\partial\varphi\partial\theta}-\frac{\cot\theta}{r^3\sin\theta}\left(\sin\theta\frac{\partial U_\varphi}{\partial\theta}+2\frac{\partial U_\varphi}{\partial\varphi}\right)\right.\\
&\quad\left.-\frac{1+\cos^2\theta}{r^3\sin^2\theta}U_\theta+\frac{1+\cot\theta}{2r^3}\frac{\partial U_\theta}{\partial\theta}\right]+\delta^4/4a^{22}B_{22}(U,U)\\
&\quad+\mu[2\delta-2r^{-1}\delta^2+9r^{-2}\delta^3/3]\frac{U_\theta}{r}+\frac{1}{r^2}\delta^2/2\partial_\theta p_0=\frac{1}{r^2}\widetilde{F}_2^1,\\
&\quad-\delta^3/3\left[\frac{1}{r^2\sin^2\theta}\frac{\partial^2 p_0}{\partial\varphi^2}+\frac{1}{r^2}\frac{\partial^2 p_0}{\partial\theta^2}-\frac{\cot\theta}{r^2}\frac{\partial p_0}{\partial\theta}\right]\\
&\quad+\delta^3/3[\overset{*}{\mathrm{div}}\,((-3\mu\delta^{-1}+2\mu H)U)-12\mu\overset{*}{\nabla}_\beta HU^\beta]\\
&=a^{\alpha\beta}\overset{*}{\nabla}_\alpha(g_{\beta\lambda}(\delta)\sigma^{3\lambda}(\delta)(1-H)^2\delta^2).
\end{aligned}
\right.
\tag{5.4.14}
$$

假设流动是轴对称的, 那么 $\partial_\varphi \boldsymbol{U}=\partial_\varphi p_0=0$,

$$
\left\{
\begin{aligned}
&\quad-\delta^3/3\mu\left[\frac{\cos\theta}{r^3\sin^3\theta}\left(\frac{\partial U_\varphi}{\partial\theta}\right)+\frac{\cos\theta}{r^3\sin^2\theta}\left(\frac{\partial U_\varphi}{\partial\theta}\right)+\frac{\cot^2\theta}{r^3}(U_\theta-U_\varphi)\right]\\
&\quad+\mu[2\delta-2r^{-1}\delta^2+9r^{-2}\delta^3/3]\frac{U_\varphi}{r\sin\theta}+\delta^4/4a^{11}B_{21}(U,U)\\
&\quad+\delta^3/3\frac{R_1\omega_1}{r^2\sin\theta}[\cos\theta U_\theta+2\sin\theta U_r]+\frac{1}{r^2\sin^2\theta}\delta^2/2\partial_\varphi p_0\\
&=\frac{1}{r^2\sin^2\theta}\widetilde{F}_1^1,\\
&-\delta^3/3\mu\left[\frac{1}{r^3}\frac{\partial^2 U_\theta}{\partial\theta^2}-\frac{\cot\theta}{r^3\sin\theta}\left(\sin\theta\frac{\partial U_\varphi}{\partial\theta}\right)-\frac{1+\cos^2\theta}{r^3\sin^2\theta}U_\theta+\frac{1+\cot\theta}{2r^3}\frac{\partial U_\theta}{\partial\theta}\right]\\
&\quad+\mu[2\delta-2r^{-1}\delta^2+9r^{-2}\delta^3/3]\frac{U_\theta}{r}+\frac{1}{r^2}\delta^2/2\partial_\theta p_0=\frac{1}{r^2}\widetilde{F}_2^1+\delta^4/4a^{22}B_{22}(U,U),\\
&-\delta^3/3\left[\frac{1}{r^2}\frac{\partial^2 p_0}{\partial\theta^2}-\frac{\cot\theta}{r^2}\frac{\partial p_0}{\partial\theta}\right]-\frac{\mu}{r}(3\delta^{-1}+10H)\frac{\partial U_\theta}{\partial\theta}\\
&\quad-2\frac{\mu}{r^2}\frac{\partial U_\varphi}{\partial\theta}-\mu\frac{\cot\theta}{r}((3\delta^{-1}+10H)U_\varphi+\frac{2}{r}U_\theta)=0.
\end{aligned}
\right.
\tag{5.4.15}
$$

下面要计算

$$\begin{cases} u_2^\alpha = K_\beta^\alpha U^\beta - \dfrac{a^{\alpha\beta}}{4\mu} \overset{*}{\nabla}_\beta\, p_0 + \dfrac{a^{\alpha\beta}}{4\mu\delta^3/3}(-G_{2\beta}(\boldsymbol{u}_0) + F_\beta^2) \\ \quad = K_\beta^\alpha U_1^\beta + \dfrac{a^{\alpha\alpha}}{4\mu} \overset{*}{\nabla}_\alpha\, p_0 + \dfrac{a^{\alpha\alpha}}{4\mu\delta^3/3}(-G_{2\alpha}(\boldsymbol{u}_0) + F_\alpha^2), \\ p_1 + \left(\dfrac{3}{2}\delta^{-1} - 6H\right) p_0 - \mu \overset{*}{\operatorname{div}}\, \boldsymbol{U}_1 + (2\delta^3/3)^{-1}(G_{23}(u_0) - F_3^2) = 0, \\ \delta^3/3(p_2 - 2\mu\beta_0(U_1) + B_3(u_1,u_0) + B_3(u_0,u_1)) + L_3(\boldsymbol{u}_1) + \delta^4/4b_{\alpha\beta}u_1^\gamma u_1^\beta \\ \quad +D_{13}(p_0) + G_{13}(\boldsymbol{u}_0) + \delta^2/2(A_{13}(\boldsymbol{u}_0) + B_{13}(\boldsymbol{u}_0)) = \widetilde{F}_3^1, \\ 2u_2^3 + \gamma_0(U) + \overset{1}{\operatorname{div}}\, \boldsymbol{u}_0 = 0, \\ U^3 + \gamma_0(\boldsymbol{u}_0) = 0, \end{cases} \tag{5.4.16}$$

其中

$$\begin{cases} K_\beta^\alpha = \left(\left(-\dfrac{3}{4}\delta^{-1} - H/2 + \dfrac{u_0^3}{4\mu}\right)\delta_\beta^\alpha + \dfrac{1}{2}b_\beta^\alpha\right), \\ G_{2\nu}(\boldsymbol{u}_0) = -\delta^3/3[a_{\alpha\nu} \overset{*}{\Delta}\, u_0^\alpha + \overset{*}{\nabla}_\nu \overset{*}{\operatorname{div}}\, \boldsymbol{u}_0 + Ka_{\alpha\nu}u_0^\alpha] \\ \qquad -4\mu\delta^3/3\, \overset{*}{\nabla}_\nu\, Hu_0^3 + 2\mu\, \overset{*}{\nabla}_\nu\, u_0^3\delta^2/2 \\ \qquad -\delta^3/32\mu(2\, \overset{*}{\nabla}_\nu\, \gamma_0(\boldsymbol{u}_0) + (2H\delta_\nu^\lambda + b_\nu^\lambda)\, \overset{*}{\nabla}_\lambda\, u_0^3) \\ \qquad +\delta^3/3[a_{\alpha\nu}u_0^\lambda\, \overset{*}{\nabla}_\mu\, u_0^\alpha - 2b_{\alpha\nu}u_0^3u_0^\alpha], \\ G_{23}(u_0) = \delta^3/3[2\mu \overset{1}{\operatorname{div}}\, \boldsymbol{u}_0 - \mu\, \overset{*}{\Delta}\, u_0^3 + 4\mu H\gamma_0(\boldsymbol{u}_0)] \\ \qquad +\delta^3/3[-2\nu(\beta_0(\boldsymbol{u}_0) - \gamma_0(\boldsymbol{u}_0)) \\ \qquad +(u_0^\lambda\, \overset{*}{\nabla}_\lambda\, u_0^3 + b_{\lambda\sigma}u_0^\lambda u_0^\sigma - u_0^3\gamma_0(\boldsymbol{u}_0))], \end{cases} \tag{5.4.17}$$

$$\begin{aligned} &F_\beta^0 = \widetilde{f}_\beta^0 + g_{\alpha\beta}(\delta)\sigma^{3\alpha}(1-H)^2, \\ &F_\beta^1 = \widetilde{f}_\beta^1 + g_{\alpha\beta}(\delta)\sigma^{3\alpha}(1-H)^2\delta, \\ &F_\beta^2 = \widetilde{f}_\beta^2 + g_{\alpha\beta}(\delta)\sigma^{3\alpha}(1-H)^2\delta^2, \quad F_3^0 = \widetilde{f}_3^0 + \sigma^{33}(1-H)^2, \\ &F_3^1 = \widetilde{f}_3^1 + \sigma^{33}(1-H)^2\delta, \quad F_3^2 = \widetilde{f}_3^2 + \sigma^{33}(1-H)^2\delta^2. \end{aligned} \tag{5.4.18}$$

尤其是

$$\begin{aligned} &F_1^2 = [(1-K\delta^2)r - (2H\delta^2 - 2\delta)]r\sin^2\theta(1-H)^2\delta^2\sigma^{31}(\delta), \\ &F_2^2 = [(1-K\delta^2)r - (2H\delta^2 - 2\delta)]r(1-H)^2\delta^2\sigma^{32}(\delta). \end{aligned}$$

首先, 由 (5.4.12) 推出

$$\overset{*}{\operatorname{div}}\, \boldsymbol{u}_0 = \frac{1}{r\sin\theta}\frac{\partial u_\varphi}{\partial\varphi} + \frac{\cot\theta}{r}u_\theta + \frac{1}{r}\frac{\partial u_\theta}{\partial\theta} = 0,$$

$$
\begin{aligned}
&\gamma_0(\boldsymbol{u}_0) = \overset{*}{\mathrm{div}}\, \boldsymbol{u}_0 - 2Hu_0^3 = 0,\\
&\beta_0(u_0) = b^{\alpha\beta}\gamma_{\alpha\beta}(u_0) = b^{\alpha\beta}(\overset{*}{e}_{\alpha\beta} - b_{\alpha\beta}u_0^3) = b^{11}\, \overset{*}{e}_{11}\, (\boldsymbol{u}_0) + b^{22}\, \overset{*}{e}_{22}\, (\boldsymbol{u}_0),\\
&\beta_0(\boldsymbol{u}_0) = 0, \quad \gamma_{\alpha\beta}(\boldsymbol{u}_0) = \overset{*}{e}_{\alpha\beta}\, (\boldsymbol{u}_0) - b_{\alpha\beta}u_0^3,\\
&\gamma_{11}(u_0) = \gamma_{22}(u_0) = 0,
\end{aligned}
$$

但是由 (5.4.12),

$$
\begin{aligned}
\overset{*}{e}_{11}\, (\boldsymbol{u}_0) &= a_{11}\, \overset{*}{\nabla}_1\, u_0^1 = a_{11}\left(\frac{1}{r\sin\theta}\frac{\partial u_\varphi^0}{\partial\varphi} + \frac{\cot\theta}{r}u_\theta^0\right) = 0,\\
\overset{*}{e}_{22}\, (\boldsymbol{u}_0) &= a_{22}\, \overset{*}{\nabla}_2\, u_0^2 = a_{22}\left(\frac{1}{r}\frac{\partial u_\theta^0}{\partial\theta}\right) = 0,\\
\overset{*}{e}_{12}\, (\boldsymbol{u}_0) &= \frac{1}{2}[a_{22}\, \overset{*}{\nabla}_1\, u_0^2 + a_{11}\, \overset{*}{\nabla}_2\, u_0^1]\\
&= \frac{1}{2}\left[a_{22}\left(\frac{1}{r}\partial_\theta u_\varphi^0 - \frac{1}{r}\cos\theta u_\varphi^0\right) + a_{11}\left(\frac{1}{r\sin\theta}\frac{\partial u_\varphi^0}{\partial\theta}\right)\right] = \frac{1}{2}rR_1\omega_1\cos\theta,\\
\gamma_{12}(u_0) &= \frac{1}{2}rR_1\omega_1\cos\theta,
\end{aligned}
$$

那么

$$
\begin{aligned}
\Gamma^{\beta\sigma}(\boldsymbol{u}_0) &= a_*^{\alpha\beta\lambda\sigma}\gamma_{\alpha\lambda}(\boldsymbol{u}_0) = 2\mu(a^{\alpha\beta}a^{\lambda\sigma} - a^{\alpha\lambda}a^{\beta\sigma})\gamma_{\alpha\lambda}(\boldsymbol{u}_0)\\
&= 2\mu a^{\alpha\beta}a^{\lambda\sigma}\gamma_{\alpha\lambda}(\boldsymbol{u}_0) - 2\mu a^{\beta\sigma}\gamma_0(\boldsymbol{u}_0) = 2\mu a^{\alpha\beta}a^{\lambda\sigma}\gamma_{\alpha\lambda}(\boldsymbol{u}_0),\\
\Gamma^{11}(u_0) &= 2\mu a^{11}a^{11}\gamma_{11}(u_0) = 0,\\
\Gamma^{22}(u_0) &= 2\mu a^{22}a^{22}\gamma_{22}(u_0) = 0,\\
\Gamma^{12}(u_0) &= \Gamma^{21}(u_0) = 2\mu a^{11}a^{22}\gamma_{12}(u_0) = \frac{\cot\theta}{2r^3\sin\theta}.
\end{aligned}
$$

下面计算协变导数, 注意它的定义和 $a^{12} = 0$,

$$
\begin{aligned}
X^\sigma(u_0) :&= \overset{*}{\nabla}_\beta\, (a_*^{\alpha\beta\lambda\sigma}\gamma_{\alpha\lambda}(u_0)) = \overset{*}{\nabla}_\beta\, \Gamma^{\beta\sigma}\\
&= \partial_\beta\Gamma^{\beta\sigma}(u_0) + \overset{*}{\Gamma}{}^{\beta}{}_{\beta\lambda}\, \Gamma^{\lambda\sigma}(u_0) + \overset{*}{\Gamma}{}^{\sigma}{}_{\beta\lambda}\, \Gamma^{\beta\lambda}(u_0),
\end{aligned}
$$

由于 $\Gamma^{\alpha\beta}(u_0)$ 与 φ 无关以及

$$
\overset{*}{\Gamma}{}^{\beta}{}_{\beta\lambda} = \frac{\partial\ln\sqrt{a}}{\partial x^\lambda} = \frac{\partial(\ln(r^2\sin\theta))}{\partial x^\lambda} = \frac{\partial(\ln(\sin\theta))}{\partial x^\lambda},
$$

所以, 利用 (5.4.8) 有

$$
X^\sigma(u_0) = \partial_\theta\Gamma^{2\sigma}(u_0) + \frac{\partial(\ln\sin\theta)}{\partial x^\lambda}\Gamma^{\lambda\sigma}(u_0) + \overset{*}{\Gamma}{}^{\sigma}{}_{\beta\lambda}\, \Gamma^{\beta\lambda}(u_0),
$$

$$
\begin{aligned}
X^1(u_0) &= \partial_\theta\left(\frac{\cot\theta}{2r^3\sin\theta}\right) + \frac{\partial(\ln\sin\theta)}{\partial\theta}\left(\frac{\cot\theta}{2r^3\sin\theta}\right) + 2\overset{*}{\Gamma}{}^1{}_{12}\left(\frac{\cot\theta}{2r^3\sin\theta}\right)\\
&= -\frac{1+\cos^2\theta}{2r^3\sin^3\theta} + (\cot\theta + 2\cot\theta)\left(\frac{\cot\theta}{2r^3\sin\theta}\right)\\
&= \frac{1}{2r^3\sin^3\theta}(2\cos^2\theta - 1),\\
X^2(u_0) &= 0 + 0 + \overset{*}{\Gamma}{}^2{}_{\beta\lambda}\,\Gamma^{\beta\lambda}(u_0) = 0.
\end{aligned}
$$

另一方面,

$$
\begin{aligned}
a_{\alpha\beta}u_0^\lambda \overset{*}{\nabla}_\lambda u_0^\alpha &= a_{\alpha\beta}u_0^1 \overset{*}{\nabla}_1 u_0^\alpha,\\
a_{\alpha 1}u_0^\lambda \overset{*}{\nabla}_\lambda u_0^\alpha &= a_{11}u_0^1 \overset{*}{\nabla}_1 u_0^1 = 0,\\
a_{\alpha 2}u_0^\lambda \overset{*}{\nabla}_\lambda u_0^\alpha &= a_{22}u_0^1 \overset{*}{\nabla}_1 u_0^2 = r^2\frac{R_1\omega_1}{r}\left(\frac{1}{r}\partial_\theta(R_1\omega_1\sin\theta) - r^{-1}\cos\theta(R_1\omega_1)\sin\theta\right)\\
&= (R_1\omega_1)^2\cos\theta(1-\sin\theta),
\end{aligned}
$$

由 (5.4.18), 得

$$
\begin{aligned}
G_{2\nu} &= -\delta^3/3a_{\nu\sigma}X^\sigma + \delta^3/3a_{\alpha\nu}u_0^\lambda \overset{*}{\nabla}_\lambda u_0^\alpha\\
&= \delta_{1\nu}\delta^3/3\left[\frac{1}{2r^3\sin^3\theta}(2\cos^2\theta - 1) + (R_1\omega_1)^2\cos\theta(1-\sin\theta)\right].
\end{aligned}
$$

由于 u_0^3 看作数性函数, 从 (5.4.10) 可得 $\overset{*}{\Delta} u_0^3 = 0$. 因为 $H = \text{constant}$, 故

$$
\overset{1}{\operatorname{div}}\, \boldsymbol{u}_0 = -(4H^2 - 2K)u_0^3 - 2u^\lambda \overset{*}{\nabla}_\lambda H = 0.
$$

由 (5.4.17), (5.4.12) 有

$$
G_{23}(u_0) = \delta^3/3b_{\lambda\sigma}u_0^\lambda u_0^\sigma = \delta^3/3b_{11}u_0^1u_0^1 = -\delta^3/3\frac{(R_1\omega_1)^2}{r}\sin^2\theta.
$$

由 (5.3.25) 有

$$
\left\{
\begin{aligned}
L_3(\boldsymbol{u}_1) &= \delta^3/3[(11\mu H - u_0^3)\overset{*}{\operatorname{div}}\,\boldsymbol{U} - 8\mu\overset{*}{\nabla}_\alpha HU^\alpha]\\
&= \delta^3/311\mu H\overset{*}{\operatorname{div}}\,\boldsymbol{U},\\
D_{13}(p_0) &= \left(\left(\frac{\delta}{4} + 5H\right)\delta^2/2 + (3K - 16H^2)\delta^3/3\right)p_0,\\
G_{13}(\boldsymbol{u}_0) &= \Phi_3(\boldsymbol{u}_0) + \left(H - \frac{3}{4}\delta^{-1}\right)G_{23}(\boldsymbol{u}_0).
\end{aligned}
\right. \tag{5.4.19}
$$

由于

$$
U^3 = -\gamma_0(u_0) = 0,
$$

$$
\begin{aligned}
2u_2^3 &= -\gamma_0(U) - \overset{1}{\operatorname{div}}\ \boldsymbol{u}_0 \\
&= \overset{*}{\operatorname{div}}\ \boldsymbol{U} - 2Hu_1^3 + (4H^2 - 2K)u_0^3 - u_0^\beta \partial_\beta H = \overset{*}{\operatorname{div}}\ \boldsymbol{U}.,
\end{aligned}
$$

所以

$$
2u_2^3 = \overset{*}{\operatorname{div}}\ \boldsymbol{U}, \quad U^3 = 0. \tag{5.4.20}
$$

下面计算

$$
\begin{aligned}
B_3(\boldsymbol{u}_1, \boldsymbol{u}_0) + B_3(\boldsymbol{u}_0, \boldsymbol{u}_1) &= U^\beta \overset{*}{\nabla}_\beta u_0^3 + u_0^\beta \overset{*}{\nabla}_\beta u_0^3 + 2b_{\lambda\sigma} u_0^\lambda u_0^\sigma \\
&= 2b_{11}(u_0^1)^2 = -2\frac{(R_1\omega_1)^2}{r}\sin\theta,
\end{aligned}
$$

$$
\begin{aligned}
B_3(\boldsymbol{u}_0, \boldsymbol{u}_0) &= -\frac{(R_1\omega_1)^2}{r}\sin\theta, \\
B_{13}(\boldsymbol{u}_0, \boldsymbol{u}_0) &= [-(-Ka_{\sigma\lambda} + 4Hb_{\beta\lambda})u_0^\sigma u_0^\lambda + 2Hu_0^\sigma \overset{*}{\nabla}_\sigma u_0^3] \\
&= \frac{1}{r^2} r^2 \sin^2\theta - 4\left(-\frac{1}{r}\right)(-r\sin^2\theta) = -3\sin^2\theta.
\end{aligned} \tag{5.4.21}
$$

从 (5.1.48) 得

$$
A_{13}(u_0) = -2\mu\delta^2/2\beta_0(u_0) + 2\mu\delta^3/3c_{\beta\sigma}\gamma^{\beta\sigma}(u_0) - b_{\beta\sigma}\Gamma_{11}^{\beta\sigma}(u_0).
$$

下面证明

$$
A_{13}(u_0) = 0. \tag{5.4.22}
$$

实际上, 由于 $c_{\beta\sigma} = -Ka_{\beta\sigma} + 2Hb_{\beta\sigma}$, 所以

$$
\begin{aligned}
&- 2\mu\delta^2/2\beta_0(u_0) + 2\mu\delta^3/3c_{\beta\sigma}\gamma^{\beta\sigma}(u_0) \\
=&(-2\mu\delta^2/2 + 4\mu H\delta^3/3)\beta_0(u_0) - 2\mu K\delta^3/3\gamma_0(u_0) = 0.
\end{aligned}
$$

应用 (5.1.46), 有

$$
A_{13}(u_0) = -b_{\beta\sigma}\Gamma_{11}^{\beta\sigma}(u_0) = -b_{\beta\sigma}a_1^{\alpha\beta\lambda\sigma}\gamma_{\alpha\lambda}(u_0) - b_{\beta\sigma}a^{\alpha\beta\lambda\sigma} \overset{1}{\gamma}_{\alpha\lambda}(u_0),
$$

$$
b_{\beta\sigma}a^{\alpha\beta\lambda\sigma} \overset{1}{\gamma}_{\alpha\lambda}(u_0) = b^{\alpha\lambda}[-b_{\alpha\nu} \overset{*}{\nabla}_\lambda u_0^\nu - b_{\lambda\nu} \overset{*}{\nabla}_\alpha u_0^\nu + c_{\alpha\lambda}u_0^3 - \overset{*}{\nabla}_\nu b_{\alpha\lambda}u_0^\nu].
$$

注意

$$
\begin{aligned}
&b^{\alpha\lambda}b_{\alpha\nu} = c_\nu^\lambda = -K\delta_\nu^\lambda + 2Hb_\nu^\lambda, \quad u_0^3 = 0, \\
&b^{\alpha\mu} \overset{*}{\nabla}_\nu b_{\alpha\lambda} = \frac{1}{2} \overset{*}{\nabla}_\nu (4H^2 - 2K) = 0, \\
&\delta_\nu^\lambda \overset{*}{\nabla}_\lambda u_0^\nu = \overset{*}{\operatorname{div}}\ u_0 = 0, \\
&b_2^1 = b_1^2 = 0, \quad \overset{*}{\nabla}_1 u_0^1 = 0, \quad b_2^2 \overset{*}{\nabla}_2 u_0^2 = 0, \\
b_{\beta\sigma}a^{\alpha\beta\lambda\sigma} \overset{1}{\gamma}_{\alpha\lambda}(u_0) &= K \overset{*}{\operatorname{div}}\ u_0 - 4Hb_\nu^\alpha \overset{*}{\nabla}_\alpha u_0^\nu \\
&= -4H(b_1^1 \overset{*}{\nabla}_1 u_0^1 + b_2^2 \overset{*}{\nabla}_2 u_0^2) = 0,
\end{aligned} \tag{5.4.23}
$$

另外

$$\begin{aligned}
b_{\beta\sigma}a_1^{\alpha\beta\lambda\sigma} &= 2\mu b_{\beta\sigma}(a^{\alpha\beta}b^{\lambda\sigma} + a^{\lambda\sigma}b^{\alpha\beta}) \\
&= 2\mu(a^{\alpha\beta}c_\beta^\lambda + a^{\lambda\sigma}c_\sigma^\alpha) = 4\mu c^{\alpha\lambda} = 4\mu(-Ka^{\alpha\lambda} + 2Hb^{\alpha\lambda}), \\
b_{\beta\sigma}a_1^{\alpha\beta\lambda\sigma}\gamma_{\alpha\lambda}(u_0) &= -4\mu K\gamma_0(u_0) + 8\mu H\beta_0(u_0) = 0,
\end{aligned} \tag{5.4.24}$$

将 (5.4.22), (5.4.23) 代入后得 (5.4.21). 将以上各式代入 (5.1.49) 推出

$$\begin{aligned}
\Phi_3(u_0) =& -2\mu\delta^3/3((8H^3 - 6HK)u_0^3 + u_0^\beta \overset{*}{\nabla}_\beta H^2) \\
& - \delta^2/2u_0^3\gamma_0(\boldsymbol{u}_0) + \delta^3/3(\gamma_0(\boldsymbol{u}_0))^2 + \mu\delta^3/3[(22H^2 - 2K)\gamma_0(u_0) \\
& - (12H^3 - 8HK)u_0^3 - u_0^\alpha \overset{*}{\nabla}_\alpha (3H^2 - K)] \\
& + u_0^3\delta^3/3(-2H\gamma_0(\boldsymbol{u}_0) + (4H^2 - 2K)u_0^3 + 2u_0^\alpha \overset{*}{\nabla}_\alpha H) \\
& + \overset{1}{\operatorname{div}}\, \boldsymbol{u}_0 + 2\mu H(\delta^2/2 - 2H\delta^3/3)\gamma_0(\boldsymbol{u}_0) \\
& + \mu\delta^3/3 \overset{*}{\Delta} u_0^3 + \mu\delta^3/3[- \overset{*}{\Delta} \gamma_0(u_0) + \overset{*}{\nabla}_\beta (d^{\alpha\beta} \overset{*}{\nabla}_\alpha u_0^3)] \\
=& 0.
\end{aligned} \tag{5.4.25}$$

最后由 (5.4.18) 得

$$G_{13}(u_0) = \left(H - \frac{3}{4}\delta^{-1}\right) G_{23}(u)(\boldsymbol{u}_0) = \delta^3/3\left(H + \frac{3}{4}\delta^{-1}\right)\frac{(R_1\omega_1)^2}{r}\sin\theta. \tag{5.4.26}$$

综上得到 $\boldsymbol{u}_2, p_1, p_2$ 的计算公式

$$\left\{\begin{aligned}
& u_2^\alpha = K_\beta^\alpha U^\beta - \frac{a^{\alpha\beta}}{4\mu}\overset{*}{\nabla}_\beta p_0 - (12\mu r^5\sin^5\theta)^{-1}(2cos^2\theta - 1 \\
&\qquad +((R_1\omega_1)^2\cos\theta(1 - 2cos\theta))) + (2\mu r\delta^3/3)^{-1}[(1 - K\delta^2)r \\
&\qquad -2\delta(H\delta - 1)](1 - H)^2\delta^2(r\sin\theta\sigma^{31}(\delta) + r\sigma^{32}(\sigma)), \\
& p_1 + \left(\frac{3}{2}\delta^{-1} - 6H\right)p_0 - \mu \overset{*}{\operatorname{div}}\, U - \frac{1}{2\delta^3/3}(1 - H)^2\delta^2\sigma^{33}(\delta) \\
&\qquad -\frac{1}{2}\left[\frac{(R_1\omega_1)^2}{r}\sin^2\theta\right] = 0, \\
&\qquad \delta^3/3(p_2 - 2\mu\beta_0(U) - 2\tfrac{(R_1\omega_1)^2}{r}\sin\theta) + \delta^3/311\mu H \overset{*}{\operatorname{div}}\, \boldsymbol{U} \\
&\qquad + \left(\left(\frac{\delta}{4} + 5H\right)\delta^2/2 + (3K - 16H^2)\delta^3/3\right)p_0 + b_{\alpha\beta}U^\alpha U^\beta\delta^4/4 \\
&\qquad -\delta^3/3\left(H - \frac{3}{4}\delta^{-1}\right)\frac{(R_1\omega_1)^2}{r}\sin^2\theta 3\delta^2/2\sin^2\theta \\
&\qquad = (1 - H)^2\delta(-1 + H\delta)\sigma^{33}(\delta), \\
& 2u_2^3 + \overset{*}{\operatorname{div}}\, \boldsymbol{U} = 0, \quad u_1^3 = 0, \quad \gamma_0(\boldsymbol{u}_0) = 0.
\end{aligned}\right. \tag{5.4.27}$$

外球边界层方程

这时 $\boldsymbol{u}_0 = 0, r = R_2, \omega_1 = 0, H = \dfrac{1}{r}$, 仍然设流动是非线性的, 从而外球边界层方程

$$
\begin{cases}
-\delta^3/3\mu\left[\dfrac{\cos\theta}{r^3\sin^3\theta}\left(\dfrac{\partial U_\varphi}{\partial\theta}\right)+\dfrac{\cos\theta}{r^3\sin^2\theta}\left(\dfrac{\partial U_\varphi}{\partial\theta}\right)+\dfrac{\cot^2\theta}{r^3}(U_\theta-U_\varphi)\right]\\
\quad+\mu[2\delta-2r^{-1}\delta^2+9r^{-2}\delta^3/3]\dfrac{U_\varphi}{r\sin\theta}+\delta^4/4a^{11}B_{21}(u,u)\\
\quad+\dfrac{1}{r^2\sin^2\theta}\delta^2/2\partial_\varphi p_0=\dfrac{1}{r^2\sin^2\theta}\widetilde{F}_1^1,\\
-\delta^3/3\mu\left[\dfrac{1}{r^3}\dfrac{\partial^2U_\theta}{\partial\theta^2}-\dfrac{\cot\theta}{r^3\sin\theta}\left(\sin\theta\dfrac{\partial U_\varphi}{\partial\theta}\right)-\dfrac{1+\cos^2\theta}{r^3\sin^2\theta}U_\theta+\dfrac{1+\cot\theta}{2r^3}\dfrac{\partial U_\theta}{\partial\theta}\right]\\
\quad+\delta^4/4a^{22}B_{22}(u,u)\\
\quad+\mu[2\delta-2r^{-1}\delta^2+9r^{-2}\delta^3/3]\dfrac{U_\theta}{r}+\dfrac{1}{r^2}\delta^2/2\partial_\theta p_0=\dfrac{1}{r^2}\widetilde{F}_2^1,\\
\quad-\delta^3/3\left[\dfrac{1}{r^2}\dfrac{\partial^2p_0}{\partial\theta^2}-\dfrac{\cot\theta}{r^2}\dfrac{\partial p_0}{\partial\theta}\right]+(-2\mu\delta^2/2+2\mu H\delta^3/3)\left(\dfrac{cot\theta}{r}U+\dfrac{1}{r}\dfrac{\partial U}{\partial\theta}\right)\\
\quad=\dfrac{1}{r^2}\partial_\theta(g_{2\lambda}(\delta)\sigma^{3\lambda}(\delta)(1-H)^2\delta^2).
\end{cases}
\tag{5.4.28}
$$

(5.4.27) 是一样的, 只要令 $H = \dfrac{1}{r}$.

扭矩计算

旋转内圆作用在流体上的转矩

$$
\begin{aligned}
m_i &= \frac{1}{Re}\int_{\Im_i} r\sin\theta\left(\frac{\partial U_\varphi}{\partial r}-\frac{U_\theta}{r}\right)\sqrt{a}\mathrm{d}\varphi\mathrm{d}\theta\\
&= \frac{1}{Re}\int_{\Im_i} r\sin\theta\left(\sum_{k=0}(\frac{\partial U_\varphi}{\partial r}-\frac{U_\theta}{r})_k\xi^k\right)\sqrt{a}\mathrm{d}\varphi\mathrm{d}\theta.
\end{aligned}
$$

流体作用在静止的外圆上的转矩

$$
\begin{aligned}
m_0 &= \frac{1}{Re}\int_{\Im_0} r\sin\theta\left(\frac{\partial U_\varphi}{\partial r}-\frac{U_\theta}{r}\right)\sqrt{a}\mathrm{d}\varphi\mathrm{d}\theta\\
&= \frac{1}{Re}\int_{\Im_0} r\sin\theta\left(\sum_{k=0}(\frac{\partial U_\varphi}{\partial r}-\frac{U_\theta}{r})_k\xi^k\right)\sqrt{a}\mathrm{d}\varphi\mathrm{d}\theta,
\end{aligned}
$$

这里 $(u_\varphi, u_\theta) = \boldsymbol{u}_1$ 是

$$
\boldsymbol{u}_1 = \frac{\partial \boldsymbol{u}}{\partial \xi},
$$

就是速度按半径方向的 Taylor 展式第二项, 即速度关于半径方向的一阶导数, 是方程 (5.4.26) 和 (5.4.27) 的解. 所以, 上述积分表达式应取 $k=0$, 那么

$$\begin{cases} m_i = \dfrac{1}{Re}\displaystyle\int_{\Im_i} R_1 \sin\theta U_\varphi \sqrt{a}\mathrm{d}\varphi\mathrm{d}\theta, \\ m_0 = \dfrac{1}{Re}\displaystyle\int_{\Im_o} R_2 \sin\theta U_\varphi \sqrt{a}\mathrm{d}\varphi\mathrm{d}\theta, \\ U_\varphi|_{\Im_i}, U_\varphi|_{\Im_o}\text{分别是边界层方程 (5.4.18), (5.4.28) 的解}. \end{cases} \tag{5.4.29}$$

角动量的改变量

$$\Delta(A) = \Delta\left(\int_{\Omega_\delta} r\sin\theta U_\varphi \mathrm{d}V\right) = m_0 - m_i.$$

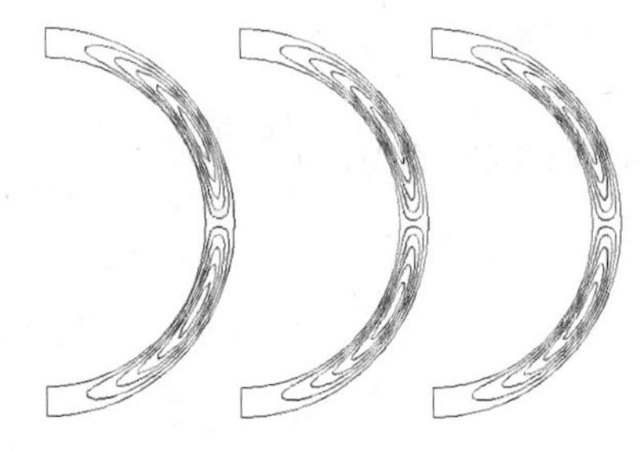

图 5.4.2 子午面上的流线, $Re=600$

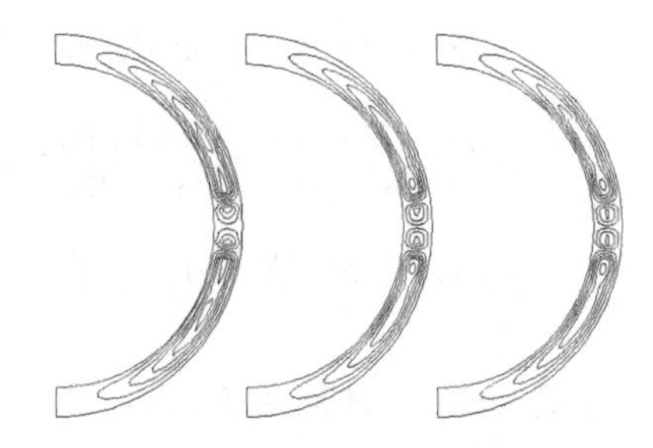

图 5.4.3 子午面上的流线, $Re=700$

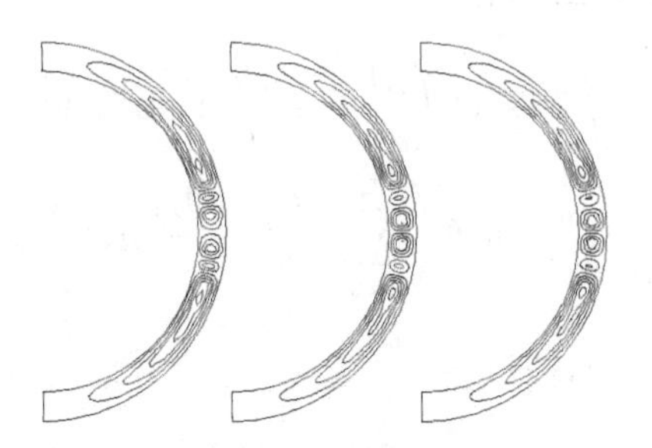

图 5.4.4 子午面上的流线, $Re=800$

5.4.2 球体外部绕流的边界层方程

设球半径为 r, 这时球表面的边界条件 $\boldsymbol{u}=0, \omega_1=0$,

$$B_\alpha(\boldsymbol{u}_0, \boldsymbol{u}_1) = B_\alpha(\boldsymbol{u}_1, \boldsymbol{u}_0) = 0, \quad M_0(u_0) = 0.$$

那么球体外部绕流的边界层方程依然是 (5.4.14).

$$
\left\{
\begin{aligned}
&-\delta^3/3\mu\left[\frac{2}{r^3\sin^3\theta}\frac{\partial^2 U_\varphi}{\partial\varphi^2}+\frac{1}{r^3\sin\theta}\frac{\partial^2 U_\varphi}{\partial\varphi\partial\theta}+\frac{\cos\theta}{r^3\sin^3\theta}\left(2\frac{\partial U_\theta}{\partial\varphi}+\frac{\partial U_\varphi}{\partial\theta}\right)\right.\\
&\qquad\left.+\frac{\cos\theta}{r^3\sin^2\theta}\left(\frac{\partial U_\varphi}{\partial\varphi}+\frac{\partial U_\varphi}{\partial\theta}\right)+\frac{\cot^2\theta}{r^3}(U_\theta-U_\varphi)+\frac{1}{2r^3\sin^2\theta}\frac{\partial^2 U_\theta}{\partial\varphi\partial\theta}\right]\\
&\qquad+\mu[2\delta-2r^{-1}\delta^2+9r^{-2}\delta^3/3]\frac{U_\varphi}{r\sin\theta}+\delta^4/4a^{11}A_1\\
&\qquad+\frac{1}{r^2\sin^2\theta}\delta^2/2\partial_\varphi p_0=\frac{1}{r^2\sin^2\theta}\widetilde{F}^1_1,\\
&-\delta^3/3\mu\left[\frac{1}{r^3}\frac{\partial^2 U_\theta}{\partial\theta^2}+\frac{3}{2r^3\sin^2\theta}\frac{\partial^2 U_\varphi}{\partial\varphi\partial\theta}-\frac{\cot\theta}{r^3\sin\theta}\left(\sin\theta\frac{\partial U_\varphi}{\partial\theta}+2\frac{\partial U_\varphi}{\partial\varphi}\right)\right.\\
&\qquad\left.-\frac{1+\cos^2\theta}{r^3\sin^2\theta}U_\theta+\frac{1+\cot\theta}{2r^3}\frac{\partial U_\theta}{\partial\theta}\right]+\delta^4/4a^{22}A_2\\
&\qquad+\mu[2\delta-2r^{-1}\delta^2+9r^{-2}\delta^3/3]\frac{U_\theta}{r}+\frac{1}{r^2}\delta^2/2\partial_\theta p_0=\frac{1}{r^2}\widetilde{F}^1_2,\\
&\qquad-\delta^3/3\left[\frac{1}{r^2\sin^2\theta}\frac{\partial^2 p_0}{\partial\varphi^2}+\frac{1}{r^2}\frac{\partial^2 p_0}{\partial\theta^2}-\frac{\cot\theta}{r^2}\frac{\partial p_0}{\partial\theta}\right]\\
&\qquad+\frac{2\mu(-\delta^2/2+H\delta^3/3)}{r\sin\theta}\frac{\partial U_\varphi}{\partial\varphi}+\delta^3/3\left(\frac{1}{r}\frac{\partial U_\theta}{\partial\theta}+\frac{\cot\theta}{r}U_\theta\right)\\
&\qquad=-\frac{1}{4\mu}a^{\alpha\beta}\overset{*}{\nabla}_\alpha\,(\delta^2_\beta\delta^3/3r(\omega)^2+g_{\beta\lambda}(\delta)\sigma^{3\lambda}(\delta)(1-H)^2\delta^2),
\end{aligned}
\right.
\tag{5.4.30}
$$

其中

$$
\left\{
\begin{aligned}
&\widetilde{F}^1_\beta=\widetilde{f}^1_\beta-d^\alpha_\beta\widetilde{f}^2_\alpha+\frac{1}{2}\overset{*}{\nabla}_\beta\,(\widetilde{f}^2_3)+g_{\alpha\lambda}(\delta)\sigma^{3\lambda}(\delta)(1-H)^2\delta h^\alpha_\beta\\
&\qquad+\frac{1}{2}\overset{*}{\nabla}_\beta\,(\sigma^{33}(\delta)(1-H)^2\delta^2),\\
&\widetilde{F}^1_3=\widetilde{f}^1_3+\left(-\frac{3}{4}\delta^{-1}+H\right)\widetilde{f}^2_3+\sigma^{33}(\delta)(1-H)^2\delta(-1+H\delta),\\
&h^\alpha_\beta=-\frac{1}{2}\delta^\alpha_\beta-\left[\left(H+\frac{u^3_0}{2\mu}\right)\delta^\alpha_\beta+b^\alpha_\beta\right]\delta,\\
&d^\alpha_\beta=\left(\frac{3}{2}\delta^{-1}+\left(H+\frac{u^3_0}{2\mu}\right)\right)\delta^\alpha_\beta-b^\alpha_\beta.g_{\alpha\beta}(\delta)=a_{\alpha\beta}-2\delta b_{\alpha\beta}+\delta^2c_{\alpha\beta},\\
&A_1=-U_\varphi\frac{\partial U_\varphi}{\partial\varphi}-\cos\theta U_\theta U_\varphi+U_\theta\frac{\partial U_\varphi}{\partial\theta}+2\sin\theta U_\varphi\frac{\partial_\varphi}{\partial\theta},\\
&A_2=\frac{U_\varphi}{\sin\theta}\frac{\partial U_\varphi}{\partial\theta}-\cot\theta U_\varphi U_\varphi-U_\theta\frac{\partial U_\theta}{\partial\theta}-\frac{\partial U_\theta}{\sin\theta}\frac{\partial U_\varphi}{\partial\varphi}+2\cot\theta U_\theta U_\theta.
\end{aligned}
\right.
\tag{5.4.31}
$$

而 $\boldsymbol{u}_2,p_1,p_2$ 的计算由下列公式给出

$$
\left\{
\begin{array}{l}
u_2^\alpha = K_\beta^\alpha U^\beta - \dfrac{a^{\alpha\beta}}{4\mu} \overset{*}{\nabla}_\beta p_0 - (12\mu r^5 \sin^5\theta)^{-1} 2\cos^2\theta - 1 \\
\qquad +(2\mu r \delta^3/3)^{-1}[(1-K\delta^2)r \\
\qquad -2\delta(H\delta - 1)](1-H)^2\delta^2(r\sin\theta\sigma^{31}(\delta) + r\sigma^{32}(\sigma)), \\
p_1 + \left(\dfrac{3}{2}\delta^{-1} - 6H\right) p_0 - \mu \overset{*}{\operatorname{div}} U - \dfrac{1}{2\delta^3/3}(1-H)^2\delta^2\sigma^{33}(\delta) = 0, \\
\qquad \delta^3/3(p_2 - 2\mu\beta_0(U)) + \delta^3/311\mu H \overset{*}{\operatorname{div}} \boldsymbol{U} + \delta^4/4 b_{\alpha\beta} U^\alpha U^\beta \\
\qquad + \left(\left(\dfrac{\delta}{4} + 5H\right)\delta^2/2 + (3K - 16H^2)\delta^3/3\right) p_0 \\
\qquad = (1-H)^2\delta(-1+H\delta)\sigma^{33}(\delta), \\
2u_2^3 + \overset{*}{\operatorname{div}} \boldsymbol{U} = 0, \quad u_1^3 = 0, \quad \gamma_0(\boldsymbol{u}_0) = 0.
\end{array}
\right. \tag{5.4.32}
$$

阻力计算

设无穷远来流的速度为 $\boldsymbol{u}_\infty$, 记半径为 r, 球面为 $\Im$,

$$
\begin{aligned}
F_d &= -\int_0^\pi \int_0^{2\pi} \sigma^{ij}(u,p) n_j u_{\infty i} \sqrt{a} \mathrm{d}\varphi \mathrm{d}\theta \\
&= -\int_0^\pi \int_0^{2\pi} (\sigma_{rr} n_r u_{\infty r} + \sigma_{\varphi\varphi} n_\varphi u_{\infty\varphi} + \sigma_{\theta\theta} n_\theta u_{\infty\theta} \\
&\quad + 2\sigma_{r\varphi} n_r u_{\infty\varphi} + 2\sigma_{r\theta} n_r u_{\infty\theta} + 2\sigma_{\theta\varphi} n_\theta u_{\infty\varphi}) \sqrt{a} \mathrm{d}\varphi \mathrm{d}\theta,
\end{aligned} \tag{5.4.33}
$$

其中 $\sigma_{rr}, \cdots, n_r, \cdots$ 是应力和单位法向量的物理分量. 因为在物体表面

$$
n_r = 1, \quad n_\varphi = 0, \quad n_\theta = 0,
$$

$$
\begin{aligned}
&\sigma_{rr} = -p + 2\mu e_{rr}, \quad \sigma_{\phi\phi} = -p + 2\mu e_{\varphi\varphi}, \quad \sigma_{\theta\theta} = -p + 2\mu e_{\theta\theta}, \\
&\sigma_{r\varphi} = 2\mu e_{r\varphi}, \quad \sigma_{r\theta} = 2\mu e_{r\theta}, \quad \sigma_{\theta\varphi} = 2\mu e_{\theta\varphi}, \\
&e_{rr} = U_r, \\
&e_{\varphi\varphi} = \frac{1}{\sin\theta}\left(\frac{\partial u_\varphi}{\partial\varphi} + u_r \sin\theta + u_\theta \cos\theta\right), \\
&e_{\theta\theta} = \frac{1}{r}\left(\frac{\partial u_\theta}{\partial\theta} + u_r\right), \\
&e_{r\varphi} = e_{\varphi r} = \frac{1}{2r\sin\theta}\left(\frac{\partial u_r}{\partial\varphi} + r\sin\theta\frac{\partial u_\varphi}{\partial r} - u_\varphi\sin\theta\right), \\
&e_{r\theta} = e_{\theta r} = \frac{1}{2r}\left(r\frac{\partial u_\theta}{\partial r} + \frac{\partial u_r}{\partial\theta} - u_\theta\right), \\
&e_{\theta\varphi} = e_{\varphi\theta} = \frac{1}{2r\sin\theta}\left(\sin\theta\frac{\partial u_\varphi}{\partial\theta} + \frac{\partial u_\theta}{\partial\varphi} - u_\varphi\cos\theta\right),
\end{aligned}
$$

所以

$$
F_d = -\int_0^\pi \int_0^{2\pi} \sigma^{ij}(u,p) n_j u_{\infty i} \sqrt{a} \mathrm{d}\varphi \mathrm{d}\theta
$$

$$
\begin{aligned}
&= -\int_0^\pi \int_0^{2\pi} (\sigma_{rr} n_r u_{\infty r} + 2\sigma_{r\varphi} n_r u_{\infty\varphi} + 2\sigma_{r\theta} n_r u_{\infty\theta})\sqrt{a}\mathrm{d}\varphi\mathrm{d}\theta \\
&= -\int_0^\pi \int_0^{2\pi} (\sigma_{rr} u_{\infty r} + 2\sigma_{r\varphi} u_{\infty\varphi} + 2\sigma_{r\theta} u_{\infty\theta})\sqrt{a}\mathrm{d}\varphi\mathrm{d}\theta,
\end{aligned}
$$

$$
\boldsymbol{u} = 0, \quad u_r = u_3 = 0, \quad u_\theta = u_\varphi = 0,
$$

因此在球面上 $\partial_\varphi \boldsymbol{u} = \partial_\theta \boldsymbol{u} = 0$. 所以

$$
\begin{aligned}
e_{rr} &= \frac{\partial u_r}{\partial r} = u_1^3 = -\gamma_0(\boldsymbol{u}_0) = -\overset{*}{\nabla}_\alpha u^\alpha + 2Hu_0^3 = -\overset{*}{\nabla}_\alpha u^\alpha \\
&= \frac{1}{r\sin\theta}\frac{\partial u_\varphi}{\partial \varphi} + \frac{\cot\theta}{r}u_\theta + \frac{1}{r}\frac{\partial u_\theta}{\partial\theta} = 0, \\
e_{r\varphi} &= \frac{1}{2r\sin\theta}\left(\frac{\partial u_r}{\partial\varphi} + r\sin\theta\frac{\partial u_\varphi}{\partial r} - u_\varphi\sin\theta\right) = \frac{1}{2}U_\varphi, \\
e_{r\theta} &= \frac{1}{2r}\left(r\frac{\partial u_\theta}{\partial r} + \frac{\partial u_r}{\partial\theta} - u_\theta\right) = \frac{1}{2}U_\theta,
\end{aligned}
$$

有

$$
\begin{aligned}
F_d &= -\int_0^\pi \int_0^{2\pi} (\sigma_{rr} u_{\infty r} + 2\sigma_{r\varphi} u_{\infty\varphi} + 2\sigma_{r\theta} u_{\infty\theta})\sqrt{a}\mathrm{d}\varphi\mathrm{d}\theta \\
&= -\int_0^\pi \int_0^{2\pi} (-p_0 u_{\infty r} + 2\mu U_\varphi u_{\infty\varphi} + 2\mu U_\theta u_{\infty\theta})\sqrt{a}\mathrm{d}\varphi\mathrm{d}\theta.
\end{aligned}
$$

然而

$$
u_{\infty r} = \boldsymbol{u}_\infty \boldsymbol{e}_r, \quad u_{\infty\varphi} = \boldsymbol{u}_\infty \boldsymbol{e}_\varphi, \quad u_{\infty\theta} = \boldsymbol{u}_\infty \boldsymbol{e}_\theta.
$$

设 $\boldsymbol{u}_\infty = u_\infty \boldsymbol{i}$, 那么

$$
u_{\infty r} = u_\infty \boldsymbol{i}\boldsymbol{e}_r, \quad u_{\infty\varphi} = u_\infty \boldsymbol{i}\boldsymbol{e}_\varphi, \quad u_{\infty\theta} = u_\infty \boldsymbol{i}\boldsymbol{e}_\theta,
$$

$$
F_d = -\int_0^\pi \int_0^{2\pi} u_\infty(-p_0 \boldsymbol{i}\boldsymbol{e}_r + 2\mu U_\varphi \boldsymbol{i}\boldsymbol{e}_\varphi + 2\mu U_\theta \boldsymbol{i}\boldsymbol{e}_\theta)\sqrt{a}\mathrm{d}\varphi\mathrm{d}\theta.
$$

进而

$$
\begin{aligned}
&\boldsymbol{R} = r\sin\theta\cos\varphi\boldsymbol{i} + r\sin\theta\sin\varphi\boldsymbol{j} + r\cos\theta\boldsymbol{k}, \\
&\boldsymbol{e}_r = \frac{1}{\sqrt{g_{11}}}\frac{\partial R}{\partial r} = \sin\theta\cos\varphi\boldsymbol{i} + \sin\theta\sin\varphi\boldsymbol{j} + \cos\theta\boldsymbol{k}, \\
&\boldsymbol{e}_\varphi = \frac{1}{\sqrt{g_{22}}}\frac{\partial R}{\partial\varphi} = \frac{1}{r\sin\theta}(-r\sin\theta\sin\varphi\boldsymbol{i} + r\sin\theta\cos\varphi\boldsymbol{j}), \\
&\boldsymbol{e}_\theta = \frac{1}{\sqrt{g_{33}}}\frac{\partial R}{\partial\theta} = \frac{1}{r}(r\cos\theta\cos\varphi\boldsymbol{i} + r\cos\theta\sin\varphi\boldsymbol{j} - r\sin\theta\boldsymbol{k}), \\
&\boldsymbol{i}\boldsymbol{e}_r = \sin\theta\cos\varphi, \quad \boldsymbol{i}\boldsymbol{e}_\varphi = -\sin\varphi, \\
&\boldsymbol{i}\boldsymbol{e}_\theta = \cos\theta\cos\varphi,
\end{aligned}
$$

最后得到阻力计算公式

$$
\begin{aligned}
F_d = &-\int_0^{\pi}\int_0^{2\pi} u_\infty(-p_0\sin\theta\cos\varphi - 2\mu U_\varphi\sin\varphi \\
&+ 2\mu U_\theta\cos\theta\cos\varphi)\sqrt{a}\mathrm{d}\varphi\mathrm{d}\theta.
\end{aligned}
\tag{5.4.34}
$$

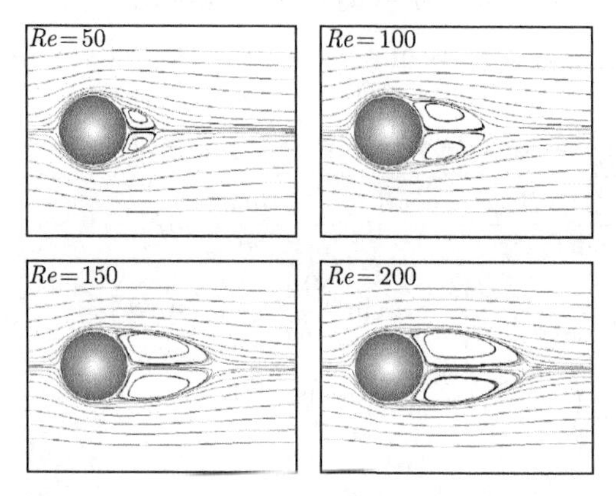

图 5.4.5 不同 Reynolds 数下球绕流的流线图

5.4.3 椭球体外部绕流的边界层方程

椭球面参数方程

$$
\begin{aligned}
&\boldsymbol{r} = x\boldsymbol{i} + y\boldsymbol{j} + z\boldsymbol{k},\\
&x = a\cos\varphi\sin\theta, \quad y = b\sin\varphi\sin\theta, \quad z = c\cos\theta,
\end{aligned}
$$

(φ,θ) 是参数, 椭球面上的 Gauss 坐标系 $x^1=\varphi, x^2=\theta$. 椭球面上的基向量

$$
\begin{aligned}
&\boldsymbol{e}_1 = \partial_\varphi\boldsymbol{r} = -a\sin\varphi\sin\theta\boldsymbol{i} + b\cos\varphi\sin\theta\boldsymbol{j},\\
&\boldsymbol{e}_2 = \partial_\theta\boldsymbol{r} = a\cos\varphi\cos\theta\boldsymbol{i} + b\sin\varphi\cos\theta\boldsymbol{j} - c\sin\theta\boldsymbol{k},\\
&\boldsymbol{n} = \frac{1}{\sqrt{a_0}}\boldsymbol{e}_1\times\boldsymbol{e}_2 = \frac{1}{\sqrt{a_0}}[bc\cos\varphi\sin^2\theta\boldsymbol{i} - ac\sin\varphi\sin^2\theta\boldsymbol{j} - ab\sin\theta\cos\theta\boldsymbol{k}].
\end{aligned}
$$

椭球面的度量张量

$$
\begin{cases}
a_{\alpha\beta} = \boldsymbol{e}_\alpha\boldsymbol{e}_\beta,\\
a_{11} = \sin^2\theta(a^2\sin^2\varphi + b^2\cos^2\varphi),\\
a_{22} = \cos^2\theta(a^2\cos^2\varphi + b^2\sin^2\varphi) + c^2\sin^2\theta,\\
a_{12} = 0,\\
a_0 = \det(a_{\alpha\beta})\\
\quad = \sin^2\theta(a^2\sin^2\varphi + b^2\cos^2\varphi)\cdot[\cos^2\theta(a^2\cos^2\varphi + b^2\sin^2\varphi) + c^2\sin^2\theta],\\
a^{11} = a_{22}/a = a_{11}^{-1}, \quad a^{22} = a_{11}/a = a_{22}^{-1}, \quad a^{12} = a^{21} = 0.
\end{cases}
\tag{5.4.35}
$$

因为

$$\partial_\varphi\partial_\varphi \boldsymbol{r} = -a\cos\varphi\sin\theta\boldsymbol{i} - b\sin\varphi\sin\theta\boldsymbol{j},$$
$$\partial_\varphi\partial_\theta \boldsymbol{r} = -a\sin\varphi\cos\theta\boldsymbol{i} + b\cos\varphi\cos\theta\boldsymbol{j},$$
$$\partial_\theta\partial_\theta \boldsymbol{r} = -a\cos\varphi\sin\theta\boldsymbol{i} - b\sin\varphi\sin\theta\boldsymbol{j} - c\cos\theta\boldsymbol{k},$$

第二基本型系数, 即曲率张量

$$b_{11} = \frac{1}{\sqrt{a}}\begin{vmatrix} x_{\varphi\varphi} & y_{\varphi\varphi} & z_{\varphi\varphi} \\ x_\varphi & y_\varphi & z_\varphi \\ x_\theta & y_\theta & z_\theta \end{vmatrix}$$
$$= \frac{abc\sin^2\theta}{\sqrt{(a^2\sin^2\varphi + b^2\cos^2\varphi)[\cos^2\theta(a^2\cos^2\varphi + b^2\sin^2\varphi) + c^2\sin^2\theta]}},$$

$$b_{12} = b_{21} = \frac{1}{\sqrt{a_0}}\begin{vmatrix} x_{\varphi\theta} & y_{\varphi\theta} & z_{\varphi\theta} \\ x_\varphi & y_\varphi & z_\varphi \\ x_\theta & y_\theta & z_\theta \end{vmatrix} = 0,$$

$$b_{22} = \frac{1}{\sqrt{a_0}}\begin{vmatrix} x_{\theta\theta} & y_{\theta\theta} & z_{\theta\theta} \\ x_\varphi & y_\varphi & z_\varphi \\ x_\theta & y_\theta & z_\theta \end{vmatrix}$$
$$= \frac{abc}{\sqrt{(a^2\sin^2\varphi + b^2\cos^2\varphi)[\cos^2\theta(a^2\cos^2\varphi + b^2\sin^2\varphi) + c^2\sin^2\theta]}},$$

所以, 曲率张量和椭圆的平均曲率及 Gauss 曲率为

$$b_{11} = \frac{abc\sin^3\theta}{\sqrt{a_0}}, \quad b_{22} = \frac{abc\sin\theta}{\sqrt{a_0}}, \quad b_{12} = 0,$$
$$b_0 = \det(b_{\alpha\beta}) = \frac{a^2b^2c^2\sin^4\theta}{a_0},$$
$$K = \frac{b_0}{a_0} = a^2b^2c^2(a^2\sin^2\varphi + b^2\cos^2\varphi)^{-2}(a_{22})^{-2},$$
$$H = a^{\alpha\beta}b_{\alpha\beta} = \frac{abc\sin\theta}{\sqrt{a_0}}\left(\frac{\sin^2\theta}{a_{11}} + \frac{1}{a_{22}}\right). \tag{5.4.36}$$

建立在椭球面上的半测地坐标系

建立在椭球面上的半测地坐标系

$$x^1 = \varphi, \quad x^2 = \theta, \quad x^3 = \xi,$$

空间任意点的向径

$$\boldsymbol{R} = \boldsymbol{r} + \xi\boldsymbol{n},$$

$$n = e_1 \times e_2 / \sqrt{|e_1 \times e_2|} = \frac{e_1 \times e_2}{\sqrt{a_0}},$$

$$n = \frac{1}{2}\varepsilon^{\alpha\beta} e_\alpha \times e_\beta,$$

那么空间 $\Re^3$ 的度量张量由定理 1.8.1 所确定. 为了计算椭球外的边界层方程 (5.3.11), 我们必须计算椭球面上的协变导数, Laplace-Betrami 算子和迹 Laplace 算子. 为此

$$\begin{aligned}
\overset{*}{\Gamma}_{11,1} &= \frac{a^2 - b^2}{2}\sin^2\theta\sin 2\varphi,\\
\overset{*}{\Gamma}_{11,2} &= -\sin 2\theta(a^2\sin^2\varphi + b^2\cos^2\varphi),\\
\overset{*}{\Gamma}_{22,2} &= \frac{1}{2}\sin 2\theta(c^2 - a^2\cos^2\varphi - b^2\sin^2\varphi),\\
\overset{*}{\Gamma}_{22,1} &= \frac{b^2 - a^2}{2}\sin 2\varphi\cos^2\theta,\\
\overset{*}{\Gamma}_{12,1} &= \frac{1}{2}\sin 2\theta(a^2\sin^2\varphi + b^2\cos^2\varphi),\\
\overset{*}{\Gamma}_{12,2} &= \frac{b^2 - a^2}{2}\cos^2\theta\sin 2\varphi,
\end{aligned}$$

$$\begin{aligned}
&\overset{*}{\Gamma}{}^1{}_{11} = \frac{a^2 - b^2}{2}\sin^2\theta\sin 2\varphi / a_{11}, \quad \overset{*}{\Gamma}{}^1{}_{12} = \cot\theta,\\
&\overset{*}{\Gamma}{}^1{}_{22} = \frac{b^2 - a^2}{2}\sin 2\varphi\cos^2\theta / a_{11},\\
&\overset{*}{\Gamma}{}^2{}_{11} = -\frac{1}{2}\sin 2\theta(a^2\sin^2\varphi + b^2\cos^2\varphi)/a_{22},\\
&\overset{*}{\Gamma}{}^2{}_{22} = \frac{1}{2}\sin 2\theta(c^2 - a^2\cos^2\varphi - b^2\sin^2\varphi)/a_{22},\\
&\overset{*}{\Gamma}{}^2{}_{12} = \frac{a^2 - b^2}{2}\cos^2\theta\sin 2\varphi / a_{22}.
\end{aligned}$$

由于度量张量比较复杂, 因此仍然用张量分量, 不用物理分量.

$$\begin{aligned}
\overset{*}{\nabla}_1 u^1 &= \partial_\varphi u^1 + \overset{*}{\Gamma}{}^1{}_{1\lambda} u^\lambda = \partial_\varphi u^1 + \frac{a^2 - b^2}{2}\sin^2\theta\sin 2\varphi / a_{11} u^1 + \cot\theta u^2,\\
\overset{*}{\nabla}_2 u^1 &= \partial_\theta u^1 + \overset{*}{\Gamma}{}^1{}_{2\lambda} u^\lambda\\
&= \partial_\theta u^1 + \cot\theta u^1 + \frac{b^2 - a^2}{2}\sin 2\theta\cos^2\theta / a_{11} u^2,\\
\overset{*}{\nabla}_1 u^2 &= \partial_\varphi u^2 + \left(-\frac{1}{2}\sin 2\theta(a^2\sin^2\varphi + b^2\cos^2\varphi)/a_{22}\right) u^1\\
&\quad + \frac{a^2 - b^2}{2}\cos^2\theta\sin 2\varphi / a_{22} u^2,
\end{aligned}$$

$$
\begin{aligned}
\overset{*}{\nabla}_2 u^2 &= \partial_\theta u^2 + \frac{a^2-b^2}{2}\cos^2\theta\sin 2\varphi/a_{22}u^1 \\
&\quad + \left(\frac{1}{2}\sin 2\theta(c^2-a^2\cos^2\varphi-b^2\sin^2\varphi)/a_{22}\right)u^2, \\
\overset{*}{\operatorname{div}}\,\boldsymbol{u} &= \overset{*}{\nabla}_\lambda u^\lambda = \partial_\varphi u^1 + \partial_\theta u^2 \\
&\quad + \frac{a^2-b^2}{2}\sin 2\varphi\left[\frac{\sin^2\theta}{a_{11}} + \frac{\cos^2\theta}{a_{22}}\right]u^1 \\
&\quad + \left[\cot\theta + \frac{1}{2a_{22}}\sin 2\theta(c^2-a^2\cos^2\varphi-b^2\sin^2\varphi)\right]u^2.
\end{aligned}
$$

下面考察 Laplace 算子

$$
\begin{aligned}
\overset{*}{\Delta} p_0 &= \frac{1}{\sqrt{a_0}}\left[\frac{\partial}{\partial\varphi}\left(\sqrt{a_0}a^{11}\frac{\partial p_0}{\partial\varphi}\right) + \frac{\partial}{\partial\theta}\left(\sqrt{a_0}a^{22}\frac{\partial p_0}{\partial\theta}\right)\right. \\
&= a^{11}\frac{\partial^2 p_0}{\partial\varphi^2} + a^{22}\frac{\partial^2 p_0}{\partial\theta^2} + \left(\frac{\partial a^{11}}{\partial\varphi} + a^{11}\frac{\partial\ln\sqrt{a_0}}{\partial\varphi}\right)\frac{\partial p_0}{\partial\varphi} \\
&\quad + \left(\frac{\partial a^{22}}{\partial\theta} + a^{22}\frac{\partial\ln\sqrt{a_0}}{\partial\theta}\right)\frac{\partial p_0}{\partial\theta},
\end{aligned}
$$

但是

$$
\begin{aligned}
& a^{11}\frac{\partial\ln\sqrt{a_0}}{\partial\varphi} = \frac{1}{2a_{11}}\frac{\partial\ln a_0}{\partial\varphi} = \frac{1}{2}\left(\frac{1}{a_{11}^2}\frac{\partial a_{11}}{\partial\varphi} + \frac{1}{a_{11}a_{22}}\frac{\partial a_{22}}{\partial\varphi}\right), \\
& \frac{\partial a^{11}}{\partial\varphi} = \frac{-1}{a_{11}^2}\frac{\partial a_{11}}{\partial\varphi}, \\
& \frac{\partial a^{11}}{\partial\varphi} + a^{11}\frac{\partial\ln\sqrt{a_0}}{\partial\varphi} = \frac{1}{2}\left(-\frac{1}{a_{11}^2}\frac{\partial a_{11}}{\partial\varphi} + \frac{1}{a_{11}a_{22}}\frac{\partial a_{22}}{\partial\varphi}\right) \\
& \qquad = \frac{1}{2a_{11}}\left(\frac{\partial\ln a_{22}}{\partial\varphi} - \frac{\partial\ln a_{11}}{\partial\varphi}\right) = \frac{1}{2a_{11}}\frac{\partial\ln(a_{22}/a_{11})}{\partial\varphi}, \\
& \frac{\partial a^{22}}{\partial\theta} + a^{22}\frac{\partial\ln\sqrt{a_0}}{\partial\theta} = \frac{1}{2a_{22}}\frac{\partial\ln(a_{11}/a_{22})}{\partial\varphi},
\end{aligned}
$$

从而有

$$
\begin{aligned}
\overset{*}{\Delta} p_0 &= \frac{1}{a_{11}}\frac{\partial^2 p_0}{\partial\varphi^2} + \frac{1}{a_{22}}\frac{\partial^2 p_0}{\partial\theta^2} + \frac{1}{2a_{11}}\frac{\partial\ln(a_{22}/a_{11})}{\partial\varphi}\frac{\partial p_0}{\partial\varphi} + \frac{1}{2a_{22}}\frac{\partial\ln(a_{11}/a_{22})}{\partial\varphi}\frac{\partial p_0}{\partial\theta} \\
&= a^{11}\frac{\partial^2 p_0}{\partial\varphi^2} + a^{22}\frac{\partial^2 p_0}{\partial\theta^2} + \frac{\partial\ln\sqrt{(a_{22}/a_{11})}}{\partial\varphi}\left[\frac{1}{a_{11}}\frac{\partial p_0}{\partial\varphi} - \frac{1}{a_{22}}\frac{\partial p_0}{\partial\theta}\right].
\end{aligned} \tag{5.4.37}
$$

迹 Laplace 算子

$$
\begin{aligned}
\overset{*}{\Delta} u^\alpha &= a^{\lambda\sigma}\overset{*}{\nabla}_\lambda\overset{*}{\nabla}_\sigma u^\alpha = a^{\lambda\sigma}[\partial_\lambda\overset{*}{\nabla}_\sigma u^\alpha + \overset{*}{\Gamma}{}^\alpha{}_{\lambda\nu}\overset{*}{\nabla}_\sigma u^\nu - \overset{*}{\Gamma}{}^\nu{}_{\lambda\sigma}\overset{*}{\nabla}_\nu u^\alpha], \\
\overset{*}{\Delta} u^\alpha &= a^{\lambda\sigma}\frac{\partial^2 u^\alpha}{\partial x^\lambda\partial x^\sigma} + (2a^{\lambda\nu}\overset{*}{\Gamma}{}^\alpha{}_{\lambda\mu} - a^{\lambda\sigma}\overset{*}{\Gamma}{}^\nu{}_{\lambda\sigma}\delta^\alpha_\mu)\frac{\partial u^\mu}{\partial x^\nu}
\end{aligned}
$$

$$+ a^{\lambda\sigma}(\overset{*}{\Gamma}{}^{\alpha}{}_{\lambda\nu}\overset{*}{\Gamma}{}^{\mu}{}_{\sigma\mu} - \overset{*}{\Gamma}{}^{\nu}{}_{\lambda\sigma}\overset{*}{\Gamma}{}^{\alpha}{}_{\nu\mu} + \partial_\lambda \overset{*}{\Gamma}{}^{\alpha}{}_{\sigma\mu})u^\mu,$$

也就是

$$\begin{cases} \overset{*}{\Delta} u^\alpha = a^{\lambda\sigma}\dfrac{\partial^2 u^\alpha}{\partial x^\lambda \partial x^\sigma} + D^{\alpha\nu}_{\mu}\dfrac{\partial u^\mu}{\partial x^\nu} + E^\alpha_\mu u^\mu, \\ D^{\alpha\nu}_{\mu} = 2a^{\lambda\nu}\overset{*}{\Gamma}{}^{\alpha}{}_{\lambda\mu} - a^{\lambda\sigma}\overset{*}{\Gamma}{}^{\nu}{}_{\lambda\sigma}\delta^\alpha_\mu, \\ E^\alpha_\mu = a^{\lambda\sigma}(\overset{*}{\Gamma}{}^{\alpha}{}_{\lambda\nu}\overset{*}{\Gamma}{}^{\nu}{}_{\sigma\mu} - \overset{*}{\Gamma}{}^{\nu}{}_{\lambda\sigma}\overset{*}{\Gamma}{}^{\alpha}{}_{\nu\mu} + \partial_\lambda \overset{*}{\Gamma}{}^{\alpha}{}_{\sigma\mu}). \end{cases} \tag{5.4.38}$$

简单计算得

$$\begin{aligned}
D^{11}_1 &= \frac{a^2-b^2}{2}\frac{\sin 2\varphi}{a_{11}}\left(\frac{\sin^2\theta}{a_{11}} - \frac{\cos^2\theta}{a_{22}}\right),\\
D^{11}_2 &= 2a^{11}\cot\theta,\\
D^{12}_1 &= -\frac{1}{2}\frac{\sin 2\theta}{a_0}(c^2 - a^2\cos^2\varphi - b^2\sin^2\varphi),\\
D^{12}_2 &= \frac{b^2-a^2}{a_0}\sin 2\varphi\cos^2\theta,\\
D^{21}_1 &= -\frac{\sin 2\theta}{a_0}(a^2\sin^2\varphi + b^2\cos^2\varphi)\\
D^{21}_2 &= \frac{a^2-b^2}{2}\frac{\sin 2\varphi}{a_{11}}\left(\frac{\cos^2\varphi}{a_{22}} - \frac{\sin^2\varphi}{a_{11}}\right) = -D^{11}_1,\\
D^{22}_1 &= 2\frac{a^2-b^2}{2}\sin 2\varphi\cos^2\theta,\\
D^{22}_2 &= \frac{\sin 2\theta}{2}\left(c^2 - a^2 cos^2\varphi - b^2\sin^2\varphi + \frac{a^2\sin^2\varphi + b^2\cos^2\varphi}{a_0}\right),
\end{aligned}$$

$$\begin{aligned}
E^1_1 &= \frac{a^2-b^2}{a_0}\tan\theta\sin 2\varphi,\\
E^1_2 &= (a^2-b^2)\frac{a_{11}+a_{22}}{a_0 a_{11}}2\sin 2\varphi\cot\theta(1+\sin^2\theta),\\
E^2_1 &= \frac{a^2-b^2}{2}\frac{\sin 2\theta\sin 2\varphi}{a_{22}^2}\left[\frac{c^2}{a_{22}} - \frac{a_{22}+\cos^2\theta}{a_{11}}\right],\\
E^2_2 &= \frac{1}{a_0}\left\{\left(\frac{(a^2-b^2)}{2}\right)^2\sin^2 2\varphi\cos^2\theta\left(\frac{\cos^2\theta}{a_{22}} - \frac{\sin^2\theta}{a_{11}}\right)\right.\\
&\quad - \frac{\sin 2\theta}{2a_{22}}(a^2\sin^2\varphi + b^2\cos^2\varphi)a_{22}\cot\theta\\
&\quad - \frac{1}{2}\sin 2\theta(c^2 - a^2\cos^2\varphi - b^2\sin^2\varphi)\\
&\quad \left. - \frac{a^2-b^2}{2}\cos^2\theta\left(2\cos 2\varphi + (b^2-a^2)\frac{\sin 2\varphi}{a_{22}}\cos^2\theta\sin 2\theta\right)\right\}
\end{aligned}$$

$$+\frac{c^2-a^2\cos^2\varphi-b^2\sin^2\theta}{a_{22}^3}\left(a_{22}\cos 2\theta-\frac{1}{2}\sin^2 2\theta(c^2-a^2\cos\varphi-b^2\sin\varphi)\right).$$

椭球体外部绕流的边界层方程 (5.3.11), 若令 $\boldsymbol{U}=\boldsymbol{u}_1$, 则

$$\begin{cases}\delta^3/3[-\mu\overset{*}{\Delta}U^\alpha-\mu a^{\alpha\beta}\overset{*}{\nabla}_\beta\overset{*}{\operatorname{div}}\boldsymbol{U}-KU^\alpha]+\delta^4/4(u^\sigma\overset{*}{\nabla}_\sigma u^\alpha-u^\alpha\overset{*}{\operatorname{div}}u)\\ +\left[\mu\left(\left(\frac{1}{2}\delta-2H\delta^2/2+2\mu(K-H^2)\delta^3/3\right)\delta_\beta^\alpha\right.\right.\\ \left.\left.+(6\delta^2/2+10H\delta^3/3)b_\beta^\alpha\right)\right]U^\beta+a^{\alpha\beta}\left[2\delta^3/3\overset{*}{\nabla}_\beta Hp_0\right.\\ \left.+\left(\left(-\frac{1}{2}\delta^2/2+3H\delta^3/3\right)\delta_\beta^\lambda+\delta^3/3b_\beta^\lambda\right)\overset{*}{\nabla}_\lambda p_0\right]\\ =a^{\alpha\beta}\left[\delta(1-H)^2\delta g_{\alpha\beta}\sigma^{3\alpha}(\delta)h_\beta^\alpha+\frac{1}{2}\overset{*}{\nabla}_\beta((1-H)^2\sigma^{33}(\delta))\delta\right],\end{cases}\tag{5.4.39}$$

$$\begin{cases}-\delta^3/3\overset{*}{\Delta}p_0+\delta^3/3[\overset{*}{\operatorname{div}}((-3\mu\delta^{-1}-10\mu H)\boldsymbol{U})+\overset{*}{\nabla}_\alpha(2\mu b_\beta^\alpha U^\beta)\\ +12\mu H\overset{*}{\operatorname{div}}\boldsymbol{U}]+a^{\alpha\beta}\overset{*}{\nabla}_\alpha[g_{\alpha\beta}\sigma^{3\alpha}(\delta)(1-H)^2\delta^2]=0,\\ p_0\quad \text{s.t.周期性边界条件, 或无边界.}\end{cases}\tag{5.4.40}$$

Taylor 展式的其他系数满足 (5.3.24),

$$\begin{cases}u_2^\alpha=K_\beta^\alpha U-\frac{a^{\alpha\beta}}{4\mu}\overset{*}{\nabla}_\beta p_0+\frac{a^{\alpha\beta}}{4\mu\delta^3/3}(g_{\alpha\beta}(\delta)\sigma^{3\alpha}(\delta)(1-H)^2\delta^2),\\ p_1+\left(\frac{3}{2}\delta^{-1}-6H\right)p_0-\mu\overset{*}{\operatorname{div}}U=(2\delta^3/3)^{-1}(\sigma^{33}(\delta)(1-H)^2\delta^2),\\ \qquad\delta^3/3(p_2-2\mu\beta_0(U)+\delta^3/3[(11\mu H)\overset{*}{\operatorname{div}}U-8\mu\overset{*}{\nabla}_\alpha HU]\\ \qquad+\left(\frac{\delta}{4}+5H\delta^2/2+(3K-16H^2)\delta^3/3\right)p_0+\delta^4/4b_{\alpha\beta}U^\alpha U^\beta\\ \quad=\sigma^{33}(\delta)(1-H)^2\delta(-1+H\delta),\\ 2u_2^3+\gamma_0(U)=0,\\ U^3=0.\end{cases}\tag{5.3.41}$$

阻力计算

假设无穷远来流是均匀的, 方向沿 $x,\boldsymbol{u}_\infty=u_{\text{infty}}\boldsymbol{i}$, 由于在半测地坐标系中, 在椭圆面上, 其单位法向量 $\boldsymbol{n}=(0,0,1)$, 所以法向应力做功率

$$F_d=-\int_0^\pi\int_0^\pi\sigma^{ij}(\boldsymbol{u},p)n_ju_{\infty j}\sqrt{a_0}\mathrm{d}\theta=-\int_0^\pi\int_0^\pi\sigma^{i3}(\boldsymbol{u},p)u_{\infty j}\sqrt{a_0}\mathrm{d}\theta\mathrm{d}\varphi,$$

在椭圆面上, $\xi=0$, 应用 (1.8.49),

$$\sigma^{3i}=g^{33}g^{ik}e_{3k}(u)-pg^{3i},$$
$$\sigma^{33}=e_{33}(u)-p=\frac{\partial u^3}{\partial\xi}-p_0=U^3-p_0,$$

$$\sigma^{3\alpha}(u,p) = a^{\alpha\beta}e_{3\beta}(u) = a^{\alpha\beta}\gamma_{3\beta}(u) = \frac{1}{2}a^{\alpha\beta}\left(a_{\beta\lambda}\frac{\partial u^\lambda}{\partial \xi} + \overset{*}{\nabla}_\beta\, u^3\right)$$
$$= \frac{1}{2}a^{\alpha\beta}(a_{\beta\lambda}U^\lambda) = \frac{1}{2}U^\alpha,$$

因此有

$$F_d = -\int_0^\pi\int_0^\pi \left((U^3 - p_0)u_{\infty 3} + \frac{1}{2}U^\alpha u_{\infty\alpha}\sqrt{a_0}\right)\mathrm{d}\theta\mathrm{d}\varphi, \tag{5.4.42}$$

然而

$$\begin{aligned}
&u_{\infty\alpha} = \boldsymbol{u}_\infty\cdot\boldsymbol{e}_\alpha = u_\infty\boldsymbol{i}\cdot\boldsymbol{e}_\alpha,\\
&u_{\infty 1} = \boldsymbol{u}_\infty\cdot\boldsymbol{e}_1 = u_\infty\boldsymbol{i}\boldsymbol{e}_1 = -u_\infty a\sin\varphi\sin\theta,\\
&u_{\infty 2} = \boldsymbol{u}_\infty\cdot\boldsymbol{e}_2 = u_\infty\boldsymbol{i}\boldsymbol{e}_1 = -u_\infty a\cos\varphi\cos\theta,\\
&u_{\infty 3} = \boldsymbol{u}_\infty\cdot\boldsymbol{n} = u_\infty\boldsymbol{i}\boldsymbol{n} = u_\infty\frac{bc}{\sqrt{a_0}}\cos\varphi\sin^2\theta,
\end{aligned}$$

最后得到椭球表面阻力计算公式

$$\begin{aligned}
F_d = -\int_0^\pi\int_0^\pi u_\infty\Bigg[&(U^3 - p_0)\frac{bc}{\sqrt{a_0}}\cos\varphi\sin^2\theta - \frac{1}{2}aU^1\sin\varphi\sin\theta\\
&+\frac{1}{2}aU^2\cos\varphi\cos\theta\Bigg]\sqrt{a_0}d\theta d\varphi.
\end{aligned}\tag{5.4.43}$$

旋转椭球情形

假设椭球以角速度 ω 绕 y 轴旋转. 记椭球面上任一点的旋转线速度为 $\boldsymbol{u}_0$, 那么

$$\boldsymbol{u}_0 = \omega c\cos\theta\cos\varphi\boldsymbol{i} - \omega c\cos\theta\sin\varphi\boldsymbol{k},$$

在椭球坐标系中

$$\begin{aligned}
&\boldsymbol{u}_0 = u_0^\alpha\boldsymbol{e}_\alpha + u_0^3\boldsymbol{n},\\
&u_0^1 = \boldsymbol{u}_0\cdot\boldsymbol{e}_1 = \frac{1}{2}ac\sin 2\theta\sin 2\varphi,\\
&u_0^2 = \boldsymbol{u}_0\cdot\boldsymbol{e}_2 = \omega\left[ac\cos^2\theta\cos^2\varphi + \frac{1}{2}c^2\sin 2\theta\sin\varphi\right],\\
&u_0^3 = \boldsymbol{u}_0\cdot\boldsymbol{n} = \frac{\omega}{2\sqrt{a_0}}[bc^2\sin 2\theta\sin\theta\cos^2\varphi + abc\sin 2\theta\sin\varphi],
\end{aligned}\tag{5.4.44}$$

$$\begin{aligned}
\overset{*}{\mathrm{div}}\,\boldsymbol{u}_0 &= \frac{1}{\sqrt{a_0}}\left(\frac{\partial(\sqrt{a_0}u_0^1)}{\partial\varphi} + \frac{\partial(\sqrt{a_0}u_0^2)}{\partial\theta}\right)\\
&= \frac{\partial(u_0^1)}{\partial\varphi} + \frac{\partial(u_0^2)}{\partial\theta} + \frac{\partial(\ln\sqrt{a_0})}{\partial\varphi}u_0^1 + \frac{\partial(\ln\sqrt{a_0})}{\partial\theta}u_0^2,\\
\gamma_0(u_0) &= \overset{*}{\mathrm{div}}\,\boldsymbol{u}_0 - 2Hu_0^3.
\end{aligned}\tag{5.4.45}$$

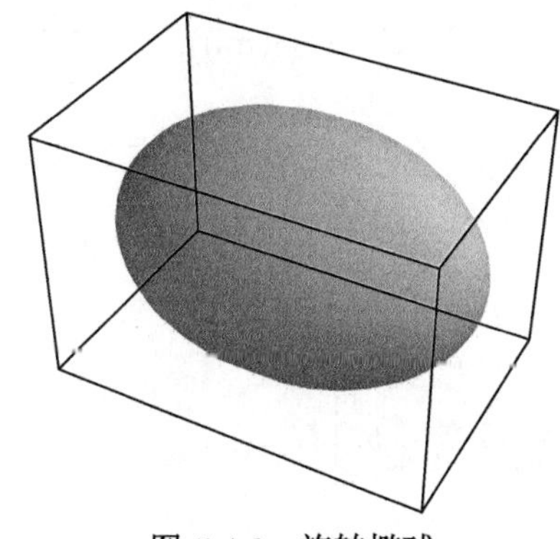
图 5.4.6 旋转椭球

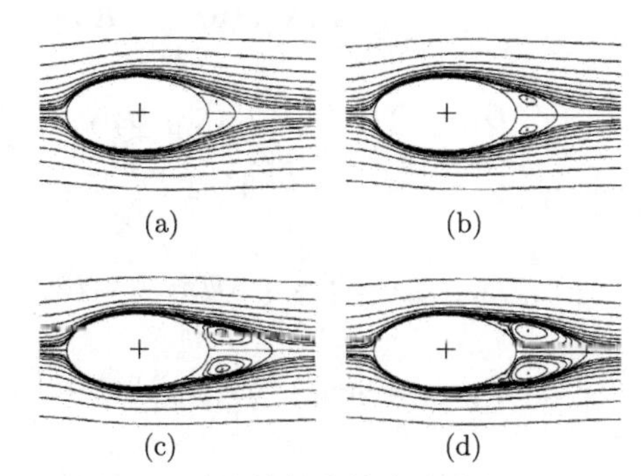

图 5.4.7 旋转椭球绕流流线图

这时边界层方程

$$\left\{\begin{array}{l}\delta^3/3[-\mu \overset{*}{\Delta} u_1^\alpha - \mu a^{\alpha\beta} \overset{*}{\nabla}_\beta \overset{*}{\text{div}}\, \boldsymbol{u}_1 - K u_1^\alpha] \\ \qquad +\delta^3/3 a^{\alpha\beta}[B_\beta(\boldsymbol{u}_1, \boldsymbol{u}_0) + B_\beta(\boldsymbol{u}_0, \boldsymbol{u}_1)] + L_\beta^\alpha u_1^\beta \\ \qquad -a^{\alpha\beta} D_{1\beta}(p_0) + a^{\alpha\beta} G_{1\beta}(\boldsymbol{u}_0) = a^{\alpha\beta} \widetilde{F}_\beta^{(1)}, \\ -\overset{*}{\Delta} p_0 + M_1(\boldsymbol{u}_1) + M_0(\boldsymbol{u}_0) = -(\delta^3/3)^{-1} a^{\alpha\beta} \overset{*}{\nabla}_\alpha F_\beta^2, \\ p_0,\ \boldsymbol{u}_1,\ \text{s.t.周期性边界条件, 或无边界,}\end{array}\right. \tag{5.4.46}$$

$$\left\{\begin{array}{l}u_2^\alpha = K_\beta^\alpha u_1^\beta - \dfrac{a^{\alpha\beta}}{4\mu} \overset{*}{\nabla}_\beta p_0 + \dfrac{a^{\alpha\beta}}{4\mu\delta^3/3}(-G_{2\beta}(\boldsymbol{u}_0) + F_\beta^2), \\ p_1 + \left(\dfrac{3}{2}\delta^{-1} - 6H\right) p_0 - \mu \overset{*}{\text{div}}\, \boldsymbol{u}_1 \\ \qquad +(2\delta^3/3)^{-1}(G_{23}(u_0) - F_3^2) = 0, \\ \delta^3/3(p_2 - 2\mu\beta_0(u_1) + B_3(u_1, u_0) + B_3(u_0, u_1)) + L_3(\boldsymbol{u}_1) \\ \qquad +D_{13}(p_0) + G_{13}(\boldsymbol{u}_0) = F_3^1, \\ 2u_2^3 + \gamma_0(\boldsymbol{u}_1) + \overset{1}{\text{div}}\, \boldsymbol{u}_0 = 0, \\ u_1^3 + \gamma_0(\boldsymbol{u}_0) = 0,\end{array}\right. \tag{5.4.47}$$

其中

$$\begin{aligned}K_\beta^\alpha &= \left(\left(-\frac{3}{4}\delta^{-1} - H/2 + \frac{u_0^3}{4\mu}\right)\delta_\beta^\alpha + \frac{1}{2} b_\beta^\alpha\right), \\ L_\beta^\alpha &= \mu\left[\left(\frac{1}{2}\delta - 2H\delta^2/2 + 2(K - H^2)\delta^3/3\right)\delta_\beta^\alpha\right. \\ &\qquad \left. +(6\delta^2/2 + 10H\delta^3/3) b_\beta^\alpha\right] + (\mu\delta^2/2 + 2\delta^3/3) u_0^3, \\ L_3(\boldsymbol{u}_1) &= \delta^3/3[(11\mu H - u_0^3)\overset{*}{\text{div}}\, \boldsymbol{u}_1 - 8\mu \overset{*}{\nabla}_\alpha H u_1^\alpha], \\ M_1(\boldsymbol{u}_1) &= \overset{*}{\text{div}}\,((-3\mu\delta^{-1} + 2\mu H + u_0^3)\boldsymbol{u}_1) - 12\mu \overset{*}{\nabla}_\beta H u_1^\beta, \\ M_0(\boldsymbol{u}_0) &= 16\mu(H^2 - K)\overset{*}{\text{div}}\,(H\boldsymbol{u}_0) + 46\mu(2H^3 - K)u_0^3\end{aligned}$$

$$-4\mu \overset{*}{\nabla}_\beta (3H^2 - K)u_0^\beta - (\delta^3/3)^{-1} a^{\alpha\beta} \overset{*}{\nabla}_\alpha (G_{2\beta}(\boldsymbol{u}_0)), \tag{5.4.48}$$

$$\begin{aligned}
D_{1\beta}(p_0) &= -2\delta^3/3(\overset{*}{\nabla}_\beta Hp_0 + 2H \overset{*}{\nabla}_\beta p_0) \\
&\quad + \left[\left(\delta^2/2 + \left(H + \frac{u_0^3}{2\mu}\right)\delta^3/3\right)\delta_\beta^\alpha - \delta^3/3b_\beta^\alpha\right] \overset{*}{\nabla}_\alpha p_0, \\
D_{13}(p_0) &= \left(\frac{\delta}{4} + 5H\delta^2/2 + (3K - 16H^2)\delta^3/3\right) p_0, \\
G_{1\beta} &= \Phi_\beta(\boldsymbol{u}_0) - \left[\left(-\frac{3}{2}\delta^{-1} + \left(H + \frac{u_0^3}{2\mu}\right)\right)\delta_\beta^\alpha - b_\beta^\alpha\right] G_{2\alpha}(u_0)], \\
G_{13}(u_0) &= \Phi_3(\boldsymbol{u}_0) + \left(-\frac{3}{4}\delta^{-1} + H\right) G_{23}(\boldsymbol{u}_0),
\end{aligned}$$

$$\begin{aligned}
G_{23}(u_0) &= \delta^3/3[2\mu \overset{1}{\operatorname{div}} \boldsymbol{u}_0 - \mu \overset{*}{\Delta} u_0^3 + 4\mu H\gamma_0(\boldsymbol{u}_0)] \\
&\quad + \delta^3/3[-2\nu(\beta_0(\boldsymbol{u}_0) - \gamma_0(\boldsymbol{u}_0)) \\
&\quad + (u_0^\lambda \overset{*}{\nabla}_\lambda u_0^3 + b_{\lambda\sigma}u_0^\lambda u_0^\sigma - u_0^3\gamma_0(\boldsymbol{u}_0))] \\
G_{2\nu}(\boldsymbol{u}_0) &= -\delta^3/3[a_{\alpha\nu} \overset{*}{\Delta} u_0^\alpha + \overset{*}{\nabla}_\nu \overset{*}{\operatorname{div}} \boldsymbol{u}_0 + K a_{\alpha\nu} u_0^\alpha] \\
&\quad - 4\mu\delta^3/3 \overset{*}{\nabla}_\nu Hu_0^3 + 2\mu \overset{*}{\nabla}_\nu u_0^3\delta^2/2 \\
&\quad - \delta^3/32\mu(2 \overset{*}{\nabla}_\nu \gamma_0(\boldsymbol{u}_0) + (2H\delta_\nu^\lambda + b_\nu^\lambda) \overset{*}{\nabla}_\lambda u_0^3) \\
&\quad + \delta^3/3[a_{\alpha\nu}u_0^\lambda \overset{*}{\nabla}_\mu u_0^\alpha - 2b_{\alpha\nu}u_0^3u_0^\alpha],
\end{aligned} \tag{5.4.49}$$

$$\left\{\begin{aligned}
& F_\beta^0 = \widetilde{f}_\beta^0 + g_{\alpha\beta}(\delta)\sigma^{3\alpha}(1-H)^2, \\
& F_\beta^1 = \widetilde{f}_\beta^1 + g_{\alpha\beta}(\delta)\sigma^{3\alpha}(1-H)^2\delta, \\
& F_\beta^2 = \widetilde{f}_\beta^2 + g_{\alpha\beta}(\delta)\sigma^{3\alpha}(1-H)^2\delta^2 \quad F_3^0 = \widetilde{f}_3^0 + \sigma^{33}(1-H)^2 \\
& F_3^1 = \widetilde{f}_3^1 + \sigma^{33}(1-H)^2\delta, \quad F_3^2 = \widetilde{f}_3^2 + \sigma^{33}(1-H)^2\delta^2. \\
& \widetilde{F}_\beta^1 = \widetilde{f}_\beta^1 - d_\beta^\alpha \widetilde{f}_\alpha^2 + \frac{1}{2} \overset{*}{\nabla}_\beta (\widetilde{f}_3^2) + g_{\alpha\lambda}(\delta)\sigma^{3\lambda}(\delta)(1-H)^2\delta h_\beta^\alpha \\
& \qquad + \frac{1}{2} \overset{*}{\nabla}_\beta (\sigma^{33}(\delta)(1-H)^2\delta^2), \\
& \widetilde{F}_3^1 = \widetilde{f}_3^1 + \left(-\frac{3}{4}\delta^{-1} + H\right) \widetilde{f}_3^2 + \sigma^{33}(\delta)(1-H)^2\delta(-1 + H\delta), \\
& h_\beta^\alpha = -\frac{1}{2}\delta_\beta^\alpha - \left[\left(H + \frac{u_0^3}{2\mu}\right)\delta_\beta^\alpha + b_\beta^\alpha\right]\delta, \\
& d_\beta^\alpha = \left(\frac{3}{2}\delta^{-1} + \left(H + \frac{u_0^3}{2\mu}\right)\right)\delta_\beta^\alpha - b_\beta^\alpha.
\end{aligned}\right. \tag{5.4.50}$$

5.4.4 叶轮叶片面的边界层方程

下面的例子为透平机械内部流动. 首先假设叶片面 $\Im$ 可以表示为如下的参数形式:

$$
\begin{aligned}
&x^1 = z, \quad x^2 = r, \quad \theta = \Theta(x^1, x^2),\\
&(r, \theta, z)\text{—— 与叶轮一起旋转的非惯性圆柱坐标系},\\
&\boldsymbol{R}(x^\alpha) = r\boldsymbol{e}_r + z\boldsymbol{k} + \Theta(x^\alpha)\boldsymbol{e}_\theta = r\cos\Theta(x^\alpha)\boldsymbol{i} + r\sin\Theta(x^\alpha)\boldsymbol{j} + z\boldsymbol{k},\\
&(\boldsymbol{e}_r, \boldsymbol{e}_\theta, \boldsymbol{k})\text{—— 圆柱坐标系的基向量},
\end{aligned}
$$

其中$\boldsymbol{R}(x^\alpha)$ 为叶片面上的任一点的向径, $\Theta(x^\alpha)$ 是一个充分光滑的函数. 叶片面的基向量

$$
\begin{aligned}
\boldsymbol{e}_\alpha &= \frac{\partial \boldsymbol{R}}{\partial x^\alpha},\\
\boldsymbol{e}_1 &= \frac{\partial \boldsymbol{R}}{\partial x^1} = -r\sin\Theta\Theta_1\boldsymbol{i} + r\cos\Theta\Theta_1\boldsymbol{j} + \boldsymbol{k},\\
\boldsymbol{e}_2 &= \frac{\partial \boldsymbol{R}}{\partial x^2} = (\cos\Theta - r\sin\theta\Theta_2)\boldsymbol{i} + (\sin\Theta + r\cos\theta\Theta_2)\boldsymbol{j},
\end{aligned}
$$

其中 $\Theta_\alpha = \dfrac{\partial\Theta}{\partial x^\alpha}$. $\Im$ 的度量张量

$$
\begin{aligned}
&a_{\alpha\beta} = \boldsymbol{e}_\alpha \cdot \boldsymbol{e}_\beta = \delta_{\alpha\beta} + r^2\Theta_\alpha\Theta_\beta,\\
&a_{11} = 1 + r^2\Theta_1^2, \quad a_{22} = 1 + r^2\Theta_2^2, \quad a_{12} = r^2\Theta_1\Theta_2,\\
&a = \det(a_{\alpha\beta}) = 1 + r^2(\Theta_1^2 + \Theta_2^2) = 1 + r^2|\nabla\Theta|^2,
\end{aligned}
\tag{5.4.51}
$$

$\Im$ 的单位法向量 (见 (1.9.23))

$$
\begin{aligned}
\boldsymbol{n} &= \frac{1}{\sqrt{a}}\boldsymbol{e}_1 \times \boldsymbol{e}_2\\
&= \frac{1}{\sqrt{a}}((\sin\Theta + r\cos\Theta\Theta_2)\boldsymbol{i} + (\cos\Theta - r\sin\Theta\Theta_2)\boldsymbol{j} - r\Theta_1\boldsymbol{k}),
\end{aligned}
$$

应用命题 1.9.1 的公式 (1.9.11) 和 (1.9.28) 知, $\Im$ 的曲率张量、平均张量和 Gauss 张量为

$$
\begin{aligned}
b_{11} =& \frac{1}{\sqrt{a}}(r^2\Theta_2\Theta_1^2 + r\Theta_{11}),\\
b_{12} =& b_{21} = \frac{1}{\sqrt{a}}(\Theta_1(1 + r^2\Theta_2^2) + r\Theta_{12}),\\
b_{22} =& \frac{1}{\sqrt{a}}(\Theta_2(r^2\Theta_2^2 + 2) + r\Theta_{22}),\\
b =& \det(b_{\alpha\beta}) = b_{11}b_{22} - b_{12}^2\\
=& \frac{1}{a}[-\Theta_1^2 + r\Theta_1(\Theta_{11} - \Theta_{12})\\
&+ r^2(\Theta_{12}(\Theta_{11} - \Theta_{12}) + \Theta_1^2\Theta_2(\Theta_1 - 2\Theta_2))\\
&+ r^3\Theta_1\Theta_2((\Theta_1 - 2\Theta_2)\Theta_{12} + \Theta_2\Theta_{11}) + r^4\Theta_1^2\Theta_2^3(\Theta_1 - \Theta_2)],
\end{aligned}
\tag{5.4.52}
$$

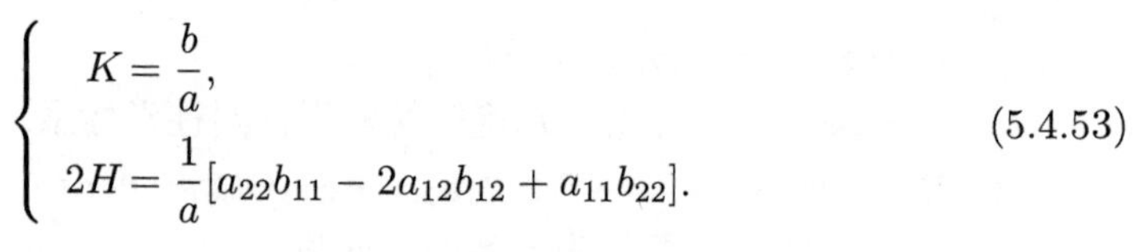

$$\begin{cases} K = \dfrac{b}{a}, \\ 2H = \dfrac{1}{a}[a_{22}b_{11} - 2a_{12}b_{12} + a_{11}b_{22}]. \end{cases} \tag{5.4.53}$$

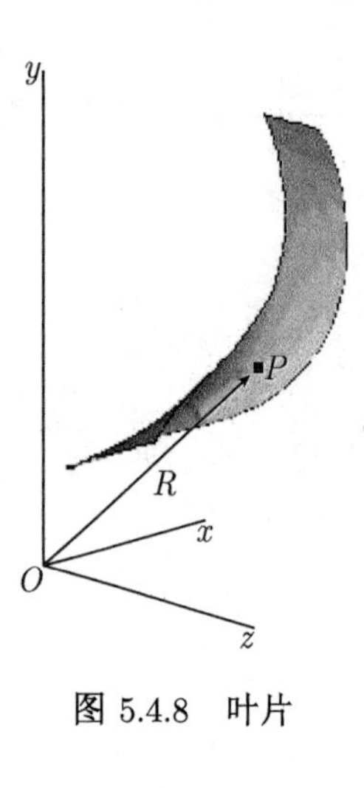

图 5.4.8　叶片

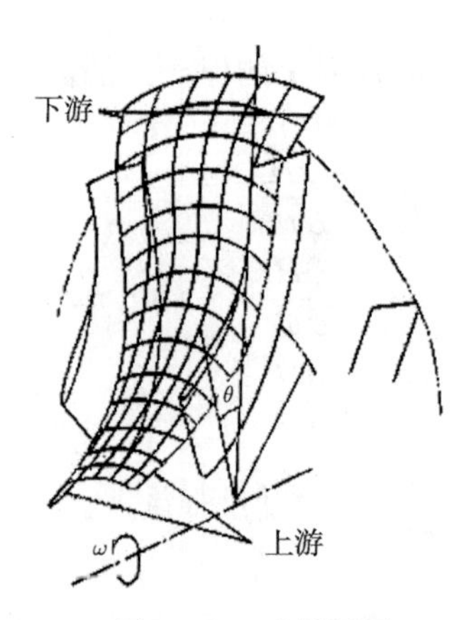

图 5.4.9　叶轮通道

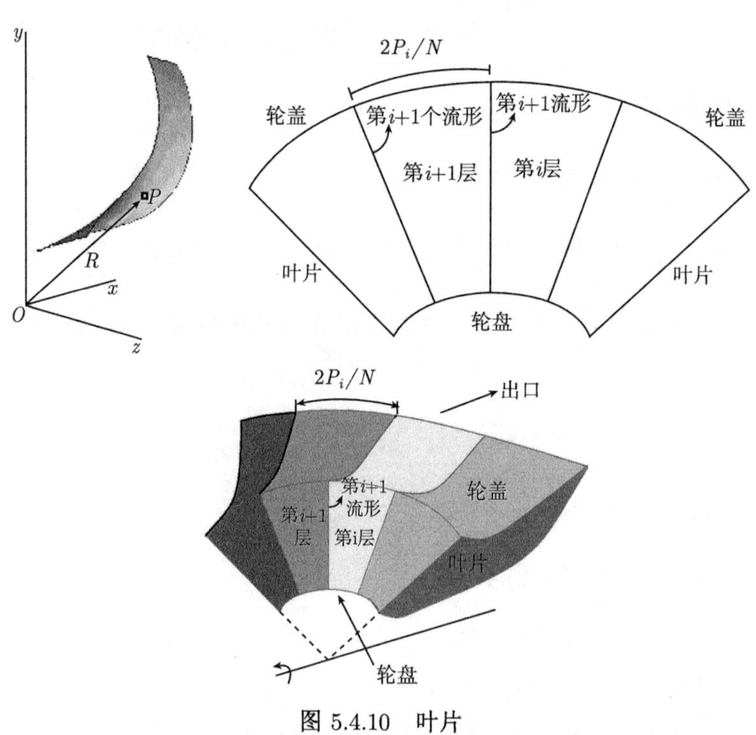

图 5.4.10　叶片

有些叶片面, 上述参数化不能满足, 因为这时 $\Theta(x)$ 可能是多值函数. 但是可以

如下参数化：$\Im$ 可以由参数方程

$$r=r(x^1,x^2),\quad \theta=\theta(x^1,x^2),\quad z=z(x^1,x^2)$$

来描述, 其中 (r,θ,z) 为旋转柱坐标系, 角速度为 ω, (x^1,x^2,ξ) 为 S-坐标系,

$$\vec{\omega}=\omega^\alpha\vec{e}_\alpha+\omega^3\vec{n},\quad \omega^3=r\omega\varepsilon^{\alpha\beta}\overset{*}{\nabla}_\alpha r\overset{*}{\nabla}_\beta\theta,$$

度量张量为

$$a_{\alpha\beta}=\frac{\partial r}{\partial x^\alpha}\frac{\partial r}{\partial x^\beta}+r^2\frac{\partial\theta}{\partial x^\alpha}\frac{\partial\theta}{\partial x^\beta}+\frac{\partial z}{\partial x^\alpha}\frac{\partial z}{\partial x^\beta},\quad a=\det(a_{\alpha\beta}),$$

$$b_{\alpha\beta}=\frac{1}{\sqrt{a}}\begin{vmatrix}X_{\alpha\beta} & Y_{\alpha\beta} & Z_{\alpha\beta}\\ X_1 & Y_1 & Z_1\\ X_2 & Y_2 & Z_2\end{vmatrix},$$

$$X=r\cos\theta,\quad Y=r\sin\theta,\quad Z=z,\quad X_\alpha=\frac{\partial X}{\partial x^\alpha},\quad X_{\alpha\beta}=\frac{\partial^2X}{\partial x^\alpha\partial x^\beta},$$

$$\begin{aligned}&X_\alpha=r_\alpha\cos\theta-r\sin\theta\theta_\alpha,\quad Y_\beta=r_\beta\sin\theta+r\cos\theta\theta_\beta,\quad Z_\alpha=z_\alpha,\\&X_{\alpha\beta}=r_{\alpha\beta}\cos\theta-\sin\theta(r_\alpha\theta_\beta+r_\beta\theta_\alpha)-r\cos\theta\theta_\alpha\theta_\beta-r\sin\theta\theta_{\alpha\beta},\\&Y_{\alpha\beta}=r_{\alpha\beta}\sin\theta+\cos\theta(r_\alpha\theta_\beta+r_\beta\theta_\alpha)-r\sin\theta\theta_\alpha\theta_\beta+r\cos\theta\theta_{\alpha\beta},\\&Z_{\alpha\beta}=z_{\alpha\beta},\end{aligned}$$

简单计算得

$$\begin{aligned}b_{\alpha\beta}=&\frac{1}{\sqrt{a}}[((r_1z_2-r_2z_1)(\sin\theta X_{\alpha\beta}-\cos\theta Y_{\alpha\beta})+r(z_2\theta_1-z_1\theta_2)\\&\cdot(\cos\theta X_{\alpha\beta}+\sin\theta Y_{\alpha\beta}))+r(r_1\theta_2-r_2\theta_1)z_{\alpha\beta}],\\b=\det b_{\alpha\beta},&\quad K=\frac{b}{a},\quad 2H=\frac{1}{\sqrt{a}}(a_{22}b_{11}-2a_{12}b_{12}+a_{11}b_{22}).\end{aligned}\tag{5.4.54}$$

设叶轮旋转的角速度为 $\vec{\omega}=\omega\boldsymbol{k}$, 那么它的控制方程是

$$\begin{cases}\operatorname{div}\boldsymbol{w}=0,\\(\boldsymbol{w}\nabla)\boldsymbol{w}+2\vec{\omega}\times\boldsymbol{w}+\nabla p-\nu\operatorname{div}(e(\boldsymbol{w}))=-\overrightarrow{\omega}\times(\overrightarrow{\omega}\times\boldsymbol{R})+\boldsymbol{f},\\\boldsymbol{w}|_{\Gamma_0}=0,\\(-p\boldsymbol{n}+2\nu e(\boldsymbol{w}))|_{\Gamma_{\rm in}}=\boldsymbol{g}_{\rm in},\\(-pn+2\nu e(\boldsymbol{w}))|_{\Gamma_{\rm out}}=\boldsymbol{g}_{\rm out},\end{cases}$$

这里多了一项 Colioli 力. 右也多了一项离心力. 变分形式是

$$\begin{cases}\text{求}\,\boldsymbol{w}\in V(\Omega),p\in L^2(\Omega),\text{使得}\\a(\boldsymbol{w},\boldsymbol{v})+2(\vec{\omega}\times\boldsymbol{w},\boldsymbol{v})+b(\boldsymbol{w},\boldsymbol{w},\boldsymbol{v})-(p,\operatorname{div}\boldsymbol{v})\\\qquad=<\boldsymbol{F},\boldsymbol{v}>,\quad\forall\boldsymbol{v}\in V(\Omega),\\(q,\operatorname{div}\boldsymbol{w})=0,\quad\forall q\in L^2(\Omega),\end{cases}$$

这里

$$
\begin{aligned}
&< \boldsymbol{F}, \boldsymbol{v} >=< -\omega^2 \boldsymbol{r}, \boldsymbol{v} > + < \widetilde{\boldsymbol{g}}, \boldsymbol{v} >_{\widetilde{\Gamma}_1},\\
&< \widetilde{\boldsymbol{g}}, \boldsymbol{v} >=< (\sigma\cdot\boldsymbol{n})_{\rm in}, \boldsymbol{v} > |_{\widetilde{\Gamma}_{\rm in}} + < (\sigma\cdot\boldsymbol{n})_{\rm out}, \boldsymbol{v} > |_{\widetilde{\Gamma}_{\rm out}}.
\end{aligned}
$$

下面计算柯氏力

$$
\begin{aligned}
C(\boldsymbol{w},\boldsymbol{v}) &= 2(\vec{\omega}\times\boldsymbol{w},\boldsymbol{v}) = 2(\varepsilon_{ijk}\omega^j w^k, v^i)\\
&= 2(\varepsilon_{\alpha3\beta}(\omega^3 w^\beta - \omega^\beta w^3), v^\alpha) + (2\varepsilon_{3\alpha\beta}\omega^\alpha w^\beta, v^3)\\
&= 2[(\varepsilon_{3\alpha\beta}(\omega^\beta w^3 - \omega^3 w^\beta), v^\alpha) + (\varepsilon_{3\alpha\beta}\omega^\alpha w^\beta, v^3)].
\end{aligned}
$$

但是, 由于 (1.8.19), 故有

$$
\begin{aligned}
&\varepsilon_{3\alpha\beta} = \sqrt{\frac{g}{a}}\varepsilon_{\alpha\beta} = \theta(\xi)\varepsilon_{\alpha\beta}, \quad \theta(\xi) = 1 - 2H\xi + K\xi^2,\\
&\varepsilon_{12} = -\varepsilon_{21} = \sqrt{a}, \quad \varepsilon_{11} = \varepsilon_{22} = 0,
\end{aligned}
$$

$$
C(\boldsymbol{w},\boldsymbol{v}) = 2[(\theta(\xi)\varepsilon_{\alpha\beta}(\omega^\beta w^3 - \omega^3 w^\beta), v^\alpha) + (\theta(\xi)\varepsilon_{\alpha\beta}\omega^\alpha w^\beta, v^3)].
$$

另一方面

$$
\begin{aligned}
&\omega^\alpha = g^{\alpha\beta}\omega_\beta, \quad \omega^3 = \omega_3, \quad \omega_\beta = \vec{\omega}\cdot\boldsymbol{e}_\beta = \omega\boldsymbol{k}\boldsymbol{e}_\beta,\\
&\omega_1 = \omega, \quad \omega_2 = 0, \quad \omega_3 = \vec{\omega}\cdot\boldsymbol{n} = \omega\boldsymbol{k}\boldsymbol{n} = -r\omega\frac{\Theta_1}{\sqrt{a}},\\
&\omega^1 = \omega g^{11}, \quad \omega^2 = g^{21}\omega, \quad \omega^3 = -r\omega\frac{\Theta_1}{\sqrt{a}},
\end{aligned}
$$

从而有

$$
C(\boldsymbol{w},\boldsymbol{v}) = 2\omega[\theta(\xi)\varepsilon_{\alpha\beta}\left(g^{\beta1}w^3 + \frac{r\Theta_1}{\sqrt{a}}w^\beta, v^\alpha\right) + (\theta(\xi)\varepsilon_{\alpha\beta}g^{\alpha1}w^\beta, v^3)]. \tag{5.4.55}
$$

如果 $\boldsymbol{w},\boldsymbol{v}$ 取 Taylor 展式 (5.1.18) 前三项, 应用 (1.8.23) 有

$$
\begin{aligned}
g^{\alpha\beta} &= a^{\alpha\beta} + 2\xi b^{\alpha\beta} + 3\xi^2 c^{\alpha\beta}, \quad \theta(\xi) = 1 - 2H\xi + K\xi^2,\\
\theta(\xi)g^{\alpha\beta} &= a^{\alpha\beta} + (2b^{\alpha\beta} - 2Ha^{\alpha\beta})\xi + (Ka^{\alpha\beta} - 4Hb^{\alpha\beta} + 3c^{\alpha\beta})\xi^2 + \cdots\\
&= a^{\alpha\beta} + 2(b^{\alpha\beta} - Ha^{\alpha\beta})\xi + 2(c^{\alpha\beta} - Hb^{\alpha\beta})\xi^2 + \cdots,
\end{aligned}
$$

这里用到 $Ka^{\alpha\beta} - 2Hb^{\alpha\beta} + c^{\alpha\beta} = 0$. 代入 (5.4.47) 然后关于 ξ 积分, 并记

$$
(\cdot,\cdot) = \int_{\Im} \bullet\sqrt{a}\mathrm{d}x, \quad W = (\boldsymbol{w}_1, \boldsymbol{w}_2, \boldsymbol{w}_3), \quad V = (\boldsymbol{v}_1, \boldsymbol{v}_2, \boldsymbol{v}_3),
$$

那么得

$$\begin{aligned}\theta(\xi)g^{\beta 1}w^3v^\alpha =& a^{\beta 1}w_0^3v_0^\alpha + (a^{\beta 1}w_0^3v_1^\alpha + (a^{\beta 1}w_1^3 + 2(b^{\beta 1} - Ha^{\beta 1})w_0^3)v_0^\alpha)\xi \\ &+(a^{\beta 1}w_0^3v_2^\alpha + (a^{\beta 1}w_1^3 + 2(b^{\beta 1} - Ha^{\beta 1})w_0^3)v_1^\alpha \\ &+(2(c^{\beta 1} - Hb^{\beta 1})w_0^3 + 2(b^{\beta 1} - Ha^{\beta 1})w_1^3 + a^{\beta 1}w_2^3)v_0^\alpha)\xi^2 + \cdots, \\ \theta(\xi)w^\beta v^\alpha =& w_0^\beta v_0^\alpha + (w_0^\beta v_1^\alpha + (w_1^\beta - 2Hw_0^\beta)v_0^\alpha)\xi \\ &+(w_0^\beta v_2^\alpha + (w_1^\beta - 2Hw_0^\beta)v_1^\alpha + (w_2^\beta - 2Hw_1^\beta + Kw_0^\beta)v_0^\alpha)\xi^2 + \cdots, \\ \theta(\xi)g^{\alpha 1}w^\beta v^3 =& a^{\alpha 1}w_0^\beta v_0^3 + [a^{\alpha 1}w_0^\beta v_1^3 + (a^{\alpha 1}w_1^\beta + 2(b^{\alpha 1} - Ha^{\alpha 1})w_0^\beta)v_0^3]\xi \\ &+[a^{\alpha 1}w_0^\beta v_2^3 + (a^{\alpha 1}w_1^\beta + 2(b^{\beta 1} - Ha^{\beta 1})w_0^\beta)v_1^3 \\ &+(2(c^{\beta 1} - Hb^{\beta 1})w_0^\beta + 2(b^{\beta 1} - Ha^{\beta 1})w_1^\beta + a^{\alpha 1}w_2^\beta)v_0^3]\xi^2 + \cdots,\end{aligned} \tag{5.4.56}$$

$$\begin{aligned}C(\boldsymbol{w},\boldsymbol{v}) =&(C_\alpha^k(U), v_k^\alpha) + (C_3^k(U), v_k^3), \\ C_\alpha^0(U) :=&2\omega\varepsilon_{\alpha\beta}\Bigg[\left(a^{\beta 1}w_0^3 + \frac{r\Theta_1}{\sqrt{a}}w_0^\beta\right)\delta \\ &+ (a^{\beta 1}w_1^3 + (2(b^{\beta 1} - Ha^{\beta 1})w_0^3) + \frac{r\Theta_1}{\sqrt{a}}(w_1^\beta - 2Hw_0^\beta))\delta^2/2 \\ &+ (2(c^{\beta 1} - Hb^{\beta 1})w_0^3 + 2(b^{\beta 1} - Ha^{\beta 1})w_1^3 + a^{\beta 1}w_2^3 \\ &+ \frac{r\Theta_1}{\sqrt{a}}(w_2^\beta - 2Hw_1^\beta + Kw_0^\beta))\delta^3/3\Bigg], \\ C_\alpha^1(U) :=&2\omega\varepsilon_{\alpha\beta}\Bigg[\left(a^{\beta 1}w_0^3 + \frac{r\Theta_1}{\sqrt{a}}w_0^\beta\right)\delta^2/2 \\ &+ (a^{\beta 1}w_1^3 + (2(b^{\beta 1} - Ha^{\beta 1})w_0^3) + \frac{r\Theta_1}{\sqrt{a}}(w_1^\beta - 2Hw_0^\beta))\delta^3/3, \\ C_\alpha^2(U) =&2\omega\varepsilon_{\alpha\beta}\left(a^{\beta 1}w_0^3 + \frac{r\Theta_1}{\sqrt{a}}w_0^\beta\right)\delta^3/3,\end{aligned} \tag{5.4.57}$$

$$\begin{aligned}C_3^0(U) =&2\omega\varepsilon_{\alpha\beta}[a^{\alpha 1}w_0^\beta\delta + (a^{\alpha 1}w_1^\beta + 2(b^{\alpha 1} - Ha^{\alpha 1})w_0^\beta)\delta^2/2 \\ &+ (2(c^{\beta 1} - Hb^{\beta 1})w_0^\beta + 2(b^{\beta 1} - Ha^{\beta 1})w_1^\beta + a^{\alpha 1}w_2^\beta)\delta^3/3], \\ C_3^1(U) =&2\omega\varepsilon_{\alpha\beta}[a^{\alpha 1}w_0^\beta\delta^2/2 + (a^{\alpha 1}w_1^\beta + 2(b^{\beta 1} - Ha^{\beta 1})w_0^\beta)\delta^3/3], \\ C_3^2(U) =&2\omega\varepsilon_{\alpha\beta}[a^{\alpha 1}w_0^\beta]\delta^3/3.\end{aligned} \tag{5.4.58}$$

由于方程右端中, 体积力不为零, 它是离心力

$$\boldsymbol{f} = -\vec{\omega}\times(\vec{\omega}\times\boldsymbol{r}) = r(\omega)^2\boldsymbol{e}_r,$$

因为 $\boldsymbol{e}_r = \cos\theta\boldsymbol{i} + \sin\theta\boldsymbol{j}$, 应用 (5.4.43) 有

$$\begin{aligned}&f_\alpha = \boldsymbol{f}\cdot\boldsymbol{e}_\alpha, \quad f_3 = \boldsymbol{f}\cdot\boldsymbol{n}, \\ &f_1 = r(\omega)^2[\cos\theta(-r\sin\theta\Theta_1) + \sin\theta(r\cos\theta\Theta_1) + 0] = 0, \\ &f_2 = r(\omega)^2[\cos\theta(\cos\theta - r\sin\theta\Theta_2) + \sin\theta(\sin\theta + r\cos\theta\Theta_2) + 0] = r(\omega)^2,\end{aligned}$$

$$\begin{aligned}f_3 &= r(\omega)^2\left[\cos\theta\frac{1}{\sqrt{a}}(\sin\theta + r\cos\theta\Theta_2) + \sin\theta\frac{1}{\sqrt{a}}(\cos\theta - r\sin\theta\Theta_2) + 0\right]\\ &= \frac{r}{\sqrt{a}}(\omega)^2[\sin 2\theta + r\Theta_2\cos 2\theta],\end{aligned}$$

显然, 离心力与 ξ 无关, 即

$$\boldsymbol{f}_0 = \boldsymbol{f}., \quad f_1 = \boldsymbol{f}_2 = 0,$$

$$\begin{aligned}f^\alpha = f_0^\alpha = g^{\alpha\beta}f_\beta = g^{\alpha 2}r(\omega)^2,\\ f^3 = f_0^3 = \frac{r}{\sqrt{a}}(\omega)^2[\sin 2\theta + r\Theta_2\cos 2\theta].\end{aligned}$$

根据 (5.1.29) 有

$$\begin{aligned}\widetilde{f}_\beta^0 &= (a_{\alpha\beta}\delta - 2b_{\alpha\beta}\delta^2/2 + c_{\alpha\beta}\delta^3/3)f_0^\alpha\\ &= (a_{\alpha\beta}\delta - 2b_{\alpha\beta}\delta^2/2 + c_{\alpha\beta}\delta^3/3)g^{\alpha 2}r(\omega)^2,\\ \widetilde{f}_\beta^1 &= (a_{\alpha\beta}\delta^2/2 - 2b_{\alpha\beta}\delta^3/3)f_0^\alpha\\ &= (a_{\alpha\beta}\delta^2/2 - 2b_{\alpha\beta}\delta^3/3)g^{\alpha 2}r(\omega)^2,\\ \widetilde{f}_\beta^2 &= a_{\alpha\beta}\delta^3/3g^{\alpha 2}r(\omega)^2,\\ \widetilde{f}_3^0 &= f_0^3\delta = \frac{r}{\sqrt{a}}(\omega)^2[\sin 2\theta + r\Theta_2\cos 2\theta]\delta,\\ \widetilde{f}_3^1 &= f_0^3\delta^2/2 = \frac{r}{\sqrt{a}}(\omega)^2[\sin 2\theta + r\Theta_2\cos 2\theta]\delta^2/2,\\ \widetilde{f}_3^2 &= f_0^3\delta^3/3 = \frac{r}{\sqrt{a}}(\omega)^2[\sin 2\theta + r\Theta_2\cos 2\theta]\delta^3/3,\end{aligned}$$

$$\left\{\begin{aligned}F_\beta^0 &= (a_{\alpha\beta}\delta - 2b_{\alpha\beta}\delta^2/2 + c_{\alpha\beta}\delta^3/3)a^{\alpha 2}r(\omega)^2\\ &\quad + g_{\alpha\beta}(\delta)\sigma^{3\alpha}(\delta)(1-H)^2,\\ F_\beta^1 &= (a_{\alpha\beta}\delta^2/2 - 2b_{\alpha\beta}\delta^3/3)a^{\alpha 2}r(\omega)^2 + g_{\alpha\beta}(\delta)\sigma^{3\alpha}(\delta)(1-H)^2\delta,\\ F_\beta^2 &= a_{\alpha\beta}\delta^3/3a^{\alpha 2}r(\omega)^2 + g_{\alpha\beta}(\delta)\sigma^{3\alpha}(\delta)(1-H)^2\delta^2,\\ F_3^0 &= \frac{r}{\sqrt{a}}(\omega)^2[\sin 2\theta + r\Theta_2\cos 2\theta]\delta + \sigma^{33}(\delta)(1-H)^2(\delta)\\ F_3^1 &= \frac{r}{\sqrt{a}}(\omega)^2[\sin 2\theta + r\Theta_2\cos 2\theta]\delta^2/2 + \sigma^{33}(\delta)(1-H)^2\delta,\\ F_3^2 &= \frac{r}{\sqrt{a}}(\omega)^2[\sin 2\theta + r\Theta_2\cos 2\theta]\delta^3/3 + \sigma^{33}(\delta)(1-H)^2\delta^2,\\ \widetilde{F}_\beta^{(1)} &= -\delta^3/3g^{\alpha 2}r(\omega)^2\left(\left(H + \frac{u_0^3}{2\mu}\right)a_{\alpha\beta} + b_{\alpha\beta}\right)\\ &\quad - \delta^3/3\frac{r\omega^2}{2}\overset{*}{\nabla}_\beta\left[\frac{1}{\sqrt{a}}(\sin 2\theta + r\Theta_2\cos 2\theta)\right]\\ &\quad + g_{\alpha\lambda}(\delta)\sigma^{3\lambda}(1-H)^2\delta\left[-\frac{1}{2}\delta_\beta^\alpha - \left(\left(H + \frac{u_0^3}{2\mu}\right)\delta_\beta^\alpha - b_\beta^\alpha\right)\delta\right]\end{aligned}\right.$$

$$\begin{cases} \quad -\dfrac{1}{2}\overset{*}{\nabla}_\beta\ (\sigma^{33}(1-H)^2\delta^2), \\ \widetilde{F}_3^{(1)} = \delta^2/2\dfrac{2r(\omega)^2}{3\sqrt{a}}(1+H\delta)[\sin 2\theta + r\Theta_2\cos 2\theta] \\ \quad +\sigma^{33}(\delta)(1-H)^2\delta\left[-\dfrac{1}{2}+H\delta\right]. \end{cases} \tag{5.4.59}$$

当考虑不可压缩流动时, 在现在的坐标系下, 连续性方程

$$\text{div}w = \frac{\partial w^\alpha}{\partial x^\alpha}\cdot t\frac{w^2}{\gamma} + \frac{\partial w^3}{\partial \xi},$$

所以

$$(\text{div}w, q) = 0.$$

令 $q = q_0 + q_1 q + q_2\xi^2 + \cdots$, 可得

$$\begin{aligned} & w_1^3 = 0, \\ & \frac{\partial w_1^\alpha}{\partial \gamma^2} + \frac{1}{r}w_1^2 + 2w_2^3 = 0, \\ & \frac{\partial w_2^\alpha}{\partial \gamma^\alpha} + \frac{1}{r}w_2^2 = 0. \end{aligned}$$

令

$$\overset{*}{\text{div}}\ w_1^\alpha = \frac{\partial}{\partial \lambda^\alpha}(rw_1^\alpha),$$

那么

$$w_2^3 = -\frac{1}{2}\overset{*}{\text{div}}\ w_1.$$

加入 $C(U,V)$ 后, 注意 $\boldsymbol{u}_0 = 0$, 所以定理 5.1.2 应改写为

$$\begin{cases} u_2^\alpha = K_\beta^\alpha u_1^\beta - \dfrac{a^{\alpha\beta}}{4\mu}\overset{*}{\nabla}_\beta\ p_0 + \dfrac{a^{\alpha\beta}}{4\mu\delta^3/3}[a_{\alpha\beta}\delta^3/3g^{\alpha 2}r(\omega)^2 \\ \qquad +g_{\alpha\beta}(\delta)\sigma^{3\alpha}(\delta)(1-H)^2\delta^2], \\ p_1 + \left(\dfrac{3}{2}\delta^{-1} - 6H\right)p_0 - \mu\overset{*}{\text{div}}\ \boldsymbol{u}_1 + \dfrac{2r(\omega)^2}{\sqrt{a}}[\sin 2\theta + r\Theta_2\cos 2\theta] \\ \qquad +(2\delta^3/3)^{-1}\sigma^{33}(\delta)(1-H)^2\delta^2 = 0, \\ u_1^3 = 0, \\ -\overset{*}{\Delta}\ p_0 + M_1(\boldsymbol{u}_1) = -\dfrac{a^{\alpha\beta}}{4\mu\delta^3/3}\overset{*}{\nabla}_\alpha\ F_\beta^2, \end{cases} \tag{5.4.60}$$

而下式中 $G_{2\nu}, G_{23}$ 改写为

$$\left\{\begin{aligned}
&K^\alpha_\beta = \left(\left(-\frac{3}{4}\delta^{-1} - H/2 + \frac{u^3_0}{4\mu}\right)\delta^\alpha_\beta + \tfrac{1}{2}b^\alpha_\beta\right),\\
&M_1(\boldsymbol{u}_1) = \overset{*}{\operatorname{div}}\,((-3\mu\delta^{-1} + 2\mu H)\boldsymbol{u}_1) - 12\mu\overset{*}{\nabla}_\beta Hu^\beta_1,\\
&G_{2\nu}(\boldsymbol{u}_0) = -\delta^3/3[a_{\alpha\nu}\overset{*}{\Delta}u^\alpha_0 + \overset{*}{\nabla}_\nu\overset{*}{\operatorname{div}}\,\boldsymbol{u}_0 + Ka_{\alpha\nu}u^\alpha_0]\\
&\qquad -4\mu\delta^3/3\overset{*}{\nabla}_\nu Hu^3_0 + 2\mu\overset{*}{\nabla}_\nu u^3_0\delta^2/2\\
&\qquad -\delta^3/32\mu(2\overset{*}{\nabla}_\nu\gamma_0(\boldsymbol{u}_0) + (2H\delta^\lambda_\nu + b^\lambda_\nu)\overset{*}{\nabla}_\lambda u^3_0)\\
&\qquad +\delta^3/3\Big[a_{\alpha\nu}u^\lambda_0\overset{*}{\nabla}_\mu u^\alpha_0 - 2b_{\alpha\nu}u^3_0u^\alpha_0\\
&\qquad +\frac{2\omega}{\sqrt{a}}(-a_{12}u^3_0 + r\sqrt{a}\Theta_1u^2_0)\delta_{\nu1} - \frac{2\omega}{\sqrt{a}}(a_{22}u^3_0 + r\sqrt{a}\Theta_1u^1_0)\delta_{\nu2}\Big] = 0,\\
&G_{23}(u_0) = \delta^3/3[2\mu\overset{1}{\operatorname{div}}\,\boldsymbol{u}_0 - \mu\overset{*}{\Delta}u^3_0 + 4\mu H\gamma_0(\boldsymbol{u}_0)]\\
&\qquad +\delta^3/3[-2\nu(\beta_0(\boldsymbol{u}_0) - \gamma_0(\boldsymbol{u}_0))\\
&\qquad +(u^\lambda_0\overset{*}{\nabla}_\lambda u^3_0 + b_{\lambda\sigma}u^\lambda_0u^\sigma_0 - u^3_0\gamma_0(\boldsymbol{u}_0))\\
&\qquad +\frac{2\omega}{\sqrt{a}}(a_{22}u^2_0 - a_{12}u^1_0)] = 0.
\end{aligned}\right.$$

下面修改定理 5.1.3, 为此在 (5.4.49) 和 (5.4.50) 中, 令 $v_1 \doteq 0, v_i = 0 (i \neq 1)$,

$$\begin{aligned}
&C(W,V)|_{v_1\neq0,v_2=v_0=0} = (C^1_\alpha(U), v^\alpha_1) + (C^1_3(U), v^3_1)\\
=&\Bigg(2\omega\varepsilon_{\alpha\beta}\Bigg[\left(a^{\beta1}w^3_0 + \frac{r\Theta_1}{\sqrt{a}}w^\beta_0\right)\delta^2/2\\
&+ (a^{\beta1}w^3_1 + (2(b^{\beta1} - Ha^{\beta1})w^3_0) + \frac{r\Theta_1}{\sqrt{a}}(w^\beta_1 - 2Hw^\beta_0))\delta^3/3\Bigg], v^\alpha_1\Bigg)\\
&+ (2\omega\varepsilon_{\alpha\beta}[a^{\alpha1}w^\beta_0\delta^2/2 + (a^{\alpha1}w^\beta_1 + 2(b^{\beta1} - Ha^{\beta1})w^\beta_0)\delta^3/3], v^3_1).
\end{aligned}\tag{5.4.61}$$

将 (5.4.61) 加到 (5.3.11), 得到边界层方程

$$\left\{\begin{aligned}
&\delta^3/3[-\mu\overset{*}{\Delta}u^\alpha_1 - \mu a^{\alpha\beta}\overset{*}{\nabla}_\beta\overset{*}{\operatorname{div}}\,\boldsymbol{u}_1 + Ku^\alpha_1] + L^\alpha_\beta u^\beta_1\\
&\qquad +a^{\alpha\beta}\varepsilon_{\beta\lambda}u^\lambda_1\frac{2\omega r\Theta_1}{\sqrt{a}}\delta^3/3 - 2\delta^3/3a^{\alpha\beta}\overset{*}{\nabla}_\beta Hp_0\\
&\qquad +[(\delta^2/2 - 3H)\delta^3/3a^{\alpha\beta} - \delta^3/3b^{\alpha\beta}]\overset{*}{\nabla}_\beta p_0 = a^{\alpha\beta}\widetilde{F}^{(1)}_\beta,\\
&\delta^3/3(p_2 - 2\mu\beta_0(u_1)) + \delta^3/311\mu H\overset{*}{\operatorname{div}}\,\boldsymbol{u}_1\\
&\qquad +(2\omega\varepsilon_{\alpha\beta}a^{\alpha1} - 8\mu\overset{*}{\nabla}_\beta H)u^\beta_1\delta^3/3\\
&\qquad +\left(\left(\frac{\delta}{4} + 5H\right)\delta^2/2 + (3K - 16H^2)\delta^3/3\right)p_0 = \widetilde{F}^1_3,\\
&-\delta^3/3\overset{*}{\Delta}p_0 + 2\mu\overset{*}{\operatorname{div}}\,((-\delta^2/2 + H\delta^3/3)\boldsymbol{u}_1) - 12\mu\delta^3/3\overset{*}{\nabla}_\alpha Hu^\alpha_1\\
&\qquad +a^{\alpha\beta}\overset{*}{\nabla}_\alpha[\delta^2_\beta\delta^3/3r(\omega)^2 + g_{\alpha\beta}(\delta)\sigma^{3\alpha}(\delta)(1-H)^2\delta^2] = 0,\\
&p_0\quad \text{s.t.周期性边界条件, 或无边界,}
\end{aligned}\right.\tag{5.4.62}$$

其中

$$L_\beta^\alpha = \mu[(\tfrac{1}{2}\delta - 2H\delta^2/2 + 4(K-H^2)\delta^3/3)\delta_\beta^\alpha + (6\delta^2/2 + 10H\delta^3/3)b_\beta^\alpha], \tag{5.4.63}$$

$\widetilde{F}^{(1)}, \widetilde{F}_3^{(1)}$ 由 (5.4.59) 所确定.

对应于边值问题 (5.4.37) 的变分问题是

$$\begin{cases} \text{求} \boldsymbol{U} \in V(D) \text{ 使得} \\ \delta^3/3\mu(\nabla U, \nabla v) + \dfrac{1}{2}\mu(\overset{*}{\mathrm{div}}\, \boldsymbol{U}, \overset{*}{\mathrm{div}}\, \boldsymbol{v}) + ((L_\beta^\alpha - K\delta_\beta^\alpha\delta^3/3)U^\beta, a_{\alpha\lambda}v^\lambda) \\ \quad +(D_{1\beta}(p_0), v^\beta) = (\widetilde{F}_\beta^1, v^\beta), \quad \forall \boldsymbol{v} \in V(D), \\ -\delta^3/3(\nabla p_0, \nabla q) + \delta^3/3(M_1(\boldsymbol{U}), q) + (F_\beta^2, a^{\alpha\beta}\nabla_\alpha q) = 0, \quad q \in L^2(D). \end{cases} \tag{5.4.64}$$

叶片功率计算

假设无穷远来流是均匀的, 方向沿 x,$\boldsymbol{u}_\infty = u_{\text{infty}}\boldsymbol{i}$, 由于在半测地坐标系中, 在椭圆面上, 其单位法向量 $\boldsymbol{n} = (0,0,1)$, 叶片面上的圆周速度 $\boldsymbol{u} = r\omega\boldsymbol{e}_\theta$, 所以法向应力做功率

$$W = \int_{\Im} \sigma^{ij}(\boldsymbol{u},p)n_j r\omega(e_\theta)_i\sqrt{a}\mathrm{d}x^1\mathrm{d}x^2 = \int_D \sigma^{i3}(\boldsymbol{u},p)r\omega(e_\theta)_i\sqrt{a}\mathrm{d}x, \tag{5.4.65}$$

在叶片面上, 由公式 (1.9.17)~(1.9.19) 推出

$$\begin{aligned} &(e_\theta)_i = \boldsymbol{e}_\theta \cdot e_i, \\ &(e_\theta)_1 = \boldsymbol{e}_\theta \cdot e_1 = \boldsymbol{e}_\theta \cdot (x^2\Theta_1\boldsymbol{e}_\theta + \boldsymbol{k}) = x^2\Theta_1, \\ &(e_\theta)_2 = \boldsymbol{e}_\theta \cdot e_2 = \boldsymbol{e}_\theta \cdot (x^2\Theta_2\boldsymbol{e}_\theta + \boldsymbol{e}_r) = x^2\Theta_2, \\ &(e_\theta)_3 = \boldsymbol{e}_\theta \cdot \boldsymbol{n} = (-\sin\theta\boldsymbol{i} + \cos\theta\boldsymbol{j}) \cdot \frac{1}{\sqrt{a}}(-(\sin\theta + x^2\cos\theta\Theta_2)\boldsymbol{i} \\ &\qquad + (\cos\theta - x^2\sin\theta\Theta_2)\boldsymbol{j} - x^2\Theta_1\boldsymbol{k}) \\ &\qquad = \frac{1}{\sqrt{a}}(\sin\theta(\sin\theta + x^2\cos\theta\Theta_2) + \cos\theta(\cos\theta - x^2\sin\theta\Theta_2)) \\ &\qquad = \frac{1}{\sqrt{a}}, \end{aligned}$$

将以上结果代入 (5.4.50), 并注意 $r = x^2$, 有

$$\begin{aligned} W &= \int_{\Im} \sigma^{ij}(\boldsymbol{u},p)n_j r\omega(e_\theta)_i\sqrt{a}\mathrm{d}x^1\mathrm{d}x^2 \\ &= \int_D \left[x^2(\sigma^{3\alpha}(\boldsymbol{u},p)\Theta_\alpha + \sigma^{33}(\boldsymbol{u},p)\frac{1}{\sqrt{a}}\right]x^2\omega\sqrt{a}\mathrm{d}x. \end{aligned} \tag{5.4.66}$$

另一方面,

$$\begin{aligned} &\sigma^{3i} = g^{33}g^{ik}e_{3k}(u) - pg^{3i}, \\ &\sigma^{33} = e_{33}(u) - p = \frac{\partial u^3}{\partial\xi} - p_0 = U^3 - p_0, \end{aligned}$$

$$\sigma^{3\alpha}(u,p) = a^{\alpha\beta}e_{3\beta}(u) = a^{\alpha\beta}\gamma_{3\beta}(u) = \frac{1}{2}a^{\alpha\beta}\left(a_{\beta\lambda}\frac{\partial u^\lambda}{\partial\xi} + \overset{*}{\nabla}_\beta\, u^3\right)$$
$$= \frac{1}{2}a^{\alpha\beta}(a_{\beta\lambda}U^\lambda) = \frac{1}{2}U^\alpha,$$

因此有

$$F_d = \int_0^\pi\int_0^\pi \left(\frac{(U^3 - p_0)}{\sqrt{a}} + \frac{1}{2}U^\alpha\Theta_\alpha\right) x^2\omega\sqrt{a}\mathrm{d}\theta\mathrm{d}\varphi. \tag{5.4.67}$$

现在考察 $\boldsymbol{u}_0 \neq 0$ 情形, 也就是 $\Im$ 是交接面情形. 根据 5.3 节的结果, $\boldsymbol{u}_0, \boldsymbol{u}_1, \boldsymbol{u}_2, p_0, p_1, p_2$ 12 个未知量满足下列 12 个方程, 但需要加上 Colioli 力 (5.4.49) 和 (5.4.50),

$$\left\{\begin{aligned}
&\delta[a(\boldsymbol{u}_0,\boldsymbol{v}_0) + 2\mu(\nabla u_0^3, \nabla v_0^3) + b(\boldsymbol{u}_0,\boldsymbol{u}_0,\boldsymbol{v}_0)]\\
&+(\boldsymbol{D}_0(P),\boldsymbol{v}_0) + G_0(U;\boldsymbol{v}_0) + (2\omega\varepsilon_{\alpha\beta}\left[\left(a^{\beta1}u_0^3 + \frac{r\Theta_1}{\sqrt{a}}u_0^\beta\right)\delta\right.\\
&+(a^{\beta1}u_1^3 + (2(b^{\beta1} - Ha^{\beta1})u_0^3) + \frac{r\Theta_1}{\sqrt{a}}(u_1^\beta - 2Hu_0^\beta))\delta^2/2\\
&+(2(c^{\beta1} - Hb^{\beta1})u_0^3 + 2(b^{\beta1} - Ha^{\beta1})u_1^3 + a^{\beta1}u_2^3\\
&\left.+\frac{r\Theta_1}{\sqrt{a}}(u_2^\beta - 2Hu_1^\beta + Ku_0^\beta))\delta^3/3\right], v_0^\alpha)\\
&+(2\omega\varepsilon_{\alpha\beta}[a^{\alpha1}u_0^\beta\delta + (a^{\alpha1}u_1^\beta + 2(b^{\alpha1} - Ha^{\alpha1})u_0^\beta)\delta^2/2\\
&+(2(c^{\beta1} - Hb^{\beta1})u_0^\beta + 2(b^{\beta1} - Ha^{\beta1})u_1^\beta + a^{\alpha1}u_2^\beta)\delta^3/3], v_0^3)\\
&= (F^{(0)},\boldsymbol{v}_0)\delta, \quad \forall \boldsymbol{v} \in \boldsymbol{V}(D),\\
&\delta^3/3(q_0, \gamma_0(\boldsymbol{u}_2) + \overset{1}{\mathrm{div}}\,\boldsymbol{u}_1 + \overset{2}{\mathrm{div}}\,\boldsymbol{u}_0) = 0,
\end{aligned}\right. \tag{5.4.68}$$

$$\left\{\begin{aligned}
&\text{求}(\boldsymbol{u}_1, p_2) \in \boldsymbol{V}(D)\times L^2(D), \forall \boldsymbol{v}_1 \in \boldsymbol{V}(D), \text{使得}\\
&\delta^3/3[a(\boldsymbol{u}_1,\boldsymbol{v}_1) + b(\boldsymbol{u}_1,\boldsymbol{u}_0,\boldsymbol{v}_1) + b(\boldsymbol{u}_0,\boldsymbol{u}_1,\boldsymbol{v}_1)\\
&+a_1(\boldsymbol{u}_0,\boldsymbol{v}_1) + b_1(u_0,u_0,v_1)]\\
&+\delta^2/2[a(\boldsymbol{u}_0,\boldsymbol{v}_1) + b(\boldsymbol{u}_0,\boldsymbol{u}_0,\boldsymbol{v}_1)] + (L_{\alpha\beta}u_1^\alpha, v_1^\beta) + (L_3(\boldsymbol{u}_1), v_1^3)\\
&+(D_{1\beta}(p_0), v_1^\beta) + (\delta^3/3p_2 + D_{13}(p_0), v_1^3)\\
&+(G_{1\beta}(\boldsymbol{u}_0), v_1^\beta) + (G_{13}(\boldsymbol{u}_0), v_1^3) + (2\omega\varepsilon_{\alpha\beta}\left[\left(a^{\beta1}u_0^3 + \frac{r\Theta_1}{\sqrt{a}}u_0^\beta\right)\delta^2/2\right.\\
&\left.+(a^{\beta1}u_1^3 + (2(b^{\beta1} - Ha^{\beta1})u_0^3) + \frac{r\Theta_1}{\sqrt{a}}(u_1^\beta - 2Hu_0^\beta))\delta^3/3\right], v_1^\alpha)\\
&+(2\omega\varepsilon_{\alpha\beta}[a^{\alpha1}u_0^\beta\delta^2/2 + (a^{\alpha1}u_1^\beta + 2(b^{\beta1} - Ha^{\beta1})u_0^\beta)\delta^3/3], v_1^3)\\
&= (\widetilde{F}_\beta^1, v_1^\beta) + (\widetilde{F}_3^1, v_1^3),\\
&\delta^3/3(q_1, 2u_2^3 + \gamma_0(\boldsymbol{u}_1) + \overset{1}{\mathrm{div}}\,\boldsymbol{u}_0) = 0,
\end{aligned}\right.$$

(5.4.69)

$$
\begin{cases}
u_2^\alpha = K_\beta^\alpha u_1^\beta - \dfrac{2\omega}{4\mu\delta^3/3} a^{\alpha\beta}\varepsilon_{\lambda\beta}(a^{\lambda 1}u_0^3 + \dfrac{r\Theta_1}{\sqrt{a}}u_0^\lambda)\delta^3/3 \\
\qquad -\dfrac{a^{\alpha\beta}}{4\mu}\overset{*}{\nabla}_\beta\, p_0 + \dfrac{a^{\alpha\beta}}{4\mu\delta^3/3}(-G_{2\beta}(\boldsymbol{u}_0) + F_\beta^2), \\
p_1 - \mu\, \overset{*}{\mathrm{div}}\, \boldsymbol{u}_1 + \omega\varepsilon_{\alpha\beta}a^{\alpha 1}u_0^\beta + \left(\dfrac{3}{2}\delta^{-1} - 6H\right)p_0 \\
\qquad +(2\delta^3/3)^{-1}(-G_{23}(\boldsymbol{u}_0) + F_3^2) = 0, \\
u_1^3 + \gamma_0(\boldsymbol{u}_0) = 0,
\end{cases}
\tag{5.4.70}
$$

其中

$$
\begin{aligned}
b(\boldsymbol{u}_0, \boldsymbol{u}_0, \boldsymbol{v}) = {} & (u_0^\beta\, \overset{*}{\nabla}_\beta\, u_0^\alpha, a_{\alpha\lambda}v^\lambda) - (2b_{\alpha\beta}u_0^\alpha u_0^3, v_0^\beta) \\
& +(u_0^\beta\, \overset{*}{\nabla}_\beta\, u_0^3, v_0^3) + (b_{\alpha\beta}u_0^\alpha u_0^\beta, v_0^3),
\end{aligned}
$$

$$
\begin{aligned}
& b(\boldsymbol{u}_0, \boldsymbol{u}_1, \boldsymbol{v}) + b(\boldsymbol{u}_1, \boldsymbol{u}_0, \boldsymbol{v}) \\
= {} & (u_1^\beta\, \overset{*}{\nabla}_\beta\, u_0^\alpha + u_0^\beta\, \overset{*}{\nabla}_\beta\, u_1^\alpha, a_{\alpha\lambda}v^\lambda) - 2(b_{\alpha\beta}(u_0^\alpha u_1^3 + u_1^\alpha u_0^3, v_1^\beta)) \\
& +(u_1^\beta\, \overset{*}{\nabla}_\beta\, u_0^3 + u_0^\beta\, \overset{*}{\nabla}_\beta\, u_1^3, v_1^3) + (2b_{\alpha\beta}u_1^\alpha u_0^\beta, v_1^3),
\end{aligned}
$$

对应的边值问题是

$$
\begin{cases}
\delta\{-\mu(\overset{*}{\Delta}\, u_0^\alpha + a^{\alpha\lambda}\, \overset{*}{\nabla}_\lambda \overset{*}{\mathrm{div}}\, \boldsymbol{u}_0 + Ku_0^\alpha) + a^{\alpha\beta}B_\beta(\boldsymbol{u}_0, \boldsymbol{u}_0)\} \\
\qquad +a^{\alpha\beta}(D_{0\beta}(P) + G_{0\beta}(U)) + 2\omega\varepsilon_{\alpha\beta}\Bigg[\left(a^{\beta 1}u_0^3 + \dfrac{r\Theta_1}{\sqrt{a}}u_0^\beta\right)\delta \\
\qquad + \left(a^{\beta 1}u_1^3 + (2(b^{\beta 1} - Ha^{\beta 1})u_0^3) + \dfrac{r\Theta_1}{\sqrt{a}}(u_1^\beta - 2Hu_0^\beta)\right)\delta^2/2 \\
\qquad +(2(c^{\beta 1} - Hb^{\beta 1})u_0^3 + 2(b^{\beta 1} - Ha^{\beta 1})u_1^3 + a^{\beta 1}u_2^3 \\
\qquad +\dfrac{r\Theta_1}{\sqrt{a}}(u_2^\beta - 2Hu_1^\beta + Ku_0^\beta))\delta^3/3\Bigg] = a^{\alpha\beta}F_\beta^0, \\
\delta\{-\mu\, \overset{*}{\Delta}\, u_0^3 - 2\mu\beta_0(\boldsymbol{u}_0) + B_3(\boldsymbol{u}_0, \boldsymbol{u}_0)\} + D_{03}(P) + G_{03}(u_0) \\
\qquad +2\omega\varepsilon_{\alpha\beta}[a^{\alpha 1}u_0^\beta\delta + (a^{\alpha 1}w_1^\beta + 2(b^{\alpha 1} - Ha^{\alpha 1})u_0^\beta)\delta^2/2 \\
\qquad +(2(c^{\beta 1} - Hb^{\beta 1})u_0^\beta + 2(b^{\beta 1} - Ha^{\beta 1})u_1^\beta + a^{\alpha 1}u_2^\beta)\delta^3/3] = F_3^0, \\
\overset{*}{\mathrm{div}}\, \boldsymbol{u}_2 + 3H\, \overset{*}{\mathrm{div}}\, \boldsymbol{u}_1 - \overset{*}{\mathrm{div}}\, (2H\boldsymbol{u}_1) + (6H^2 - 2K)\, \overset{*}{\mathrm{div}}\, \boldsymbol{u}_0 \\
\qquad -12H(2H^2 - K)u_0^3 - u_0^\alpha\, \overset{*}{\nabla}_\alpha\, (3H^2 - K) = 0.
\end{cases}
\tag{5.4.71}
$$

p_0 是下列边值问题的解

$$
\begin{cases}
-\overset{*}{\Delta} p_0 + M_1(\boldsymbol{u}_1) + M_0(\boldsymbol{u}_0) = -\dfrac{a^{\alpha\beta}}{\delta^3/3} \overset{*}{\nabla}_\alpha F_\beta^2, \\
M_1(\boldsymbol{u}_1) = \overset{*}{\operatorname{div}} \left((-3\mu\delta^{-1} + 2\mu H + u_0^3)\boldsymbol{u}_1\right) - 12\mu \overset{*}{\nabla}_\beta u_1^\beta, \\
M_0(\boldsymbol{u}_0) = -\dfrac{a^{\alpha\beta}}{\delta^3/3} \overset{*}{\nabla}_\alpha G_{2\beta}(\boldsymbol{u}_0) + 16\mu(3H^2 - K) \overset{*}{\operatorname{div}} (H\boldsymbol{u}_0) \\
\qquad -48\mu(2H^3 - HK)u_0^3 - 4\mu u_0^\alpha \overset{*}{\nabla}_\alpha (3H^2 - K), \\
p_0 \quad \text{s.t.周期性边界条件, 或无边界},
\end{cases}
\tag{5.4.72}
$$

$$
\begin{cases}
\qquad \delta^3/3\Big[\dfrac{1}{2}(\overset{*}{\Delta} u_1^\alpha + a^{\alpha\beta} \overset{*}{\nabla}_\beta \overset{*}{\operatorname{div}}\, \boldsymbol{u}_1 + K u_1^\alpha) \\
\qquad +a^{\alpha\beta}(B_\beta(\boldsymbol{u}_1, \boldsymbol{u}_0) + B_\beta(\boldsymbol{u}_0, \boldsymbol{u}_1)) - 4\mu a^{\alpha\beta} \overset{*}{\nabla}_\beta H\gamma_0(\boldsymbol{u}_0) \\
\qquad -2\mu b^{\alpha\beta} \overset{*}{\nabla}_\beta \gamma_0(\boldsymbol{u}_0)\Big] + L_\beta^\alpha u_1^\beta + a^{\alpha\beta} D_{1\beta}(p_0) \\
\qquad +a^{\alpha\beta} G_{1\beta}(\boldsymbol{u}_0) + \delta^3/3 a^{\alpha\beta}[A_{1\beta}(\boldsymbol{u}_0) + B_{1\beta}(\boldsymbol{u}_0, \boldsymbol{u}_0)] \\
\qquad +\delta^2/2 a^{\alpha\beta}[A_{0\beta}(\boldsymbol{u}_0) + B_{0\beta}(\boldsymbol{u}_0, \boldsymbol{u}_0)] + 2\omega\varepsilon_{\alpha\beta}[(a^{\beta 1} u_0^3 + \frac{r\Theta_1}{\sqrt{a}} u_0^\beta)\delta^2/2 \\
\qquad +(a^{\beta 1} u_1^3 + (2(b^{\beta 1} - H a^{\beta 1}) u_0^3) + \frac{r\Theta_1}{\sqrt{a}} (u_1^\beta - 2H u_0^\beta))\delta^3/3] \\
\quad = a^{\alpha\beta} \widetilde{F}_\beta^1, \\
\delta^3/3(p_2 - 2\mu\beta_0(\boldsymbol{u}_1) + B_3(\boldsymbol{u}_1, \boldsymbol{u}_0) + B_3(\boldsymbol{u}_0, \boldsymbol{u}_1)) \\
\quad +L_3(\boldsymbol{u}_1) + D_{13}(p_0) + G_{13}(\boldsymbol{u}_0) + \delta^2/2[A_{13}(\boldsymbol{u}_0) + B_{13}(\boldsymbol{u}_0, \boldsymbol{u}_0)] \\
\quad +2\omega\varepsilon_{\alpha\beta}[a^{\alpha 1} u_0^\beta \delta^2/2 + (a^{\alpha 1} u_1^\beta + 2(b^{\beta 1} - H a^{\beta 1}) u_0^\beta)\delta^3/3] \\
\quad = \widetilde{F}_3^1, \\
2u_2^3 + \gamma_0(\boldsymbol{u}_1) + \overset{1}{\operatorname{div}}\, \boldsymbol{u}_0 = 0.
\end{cases}
\tag{5.4.73}
$$

以上所有的系数计算多按 (5.4.59) 和 (5.2.8)~(5.2.13).

参考文献

[1] 李开泰, 黄艾香. 张量分析及其应用. 北京: 科学出版社, 2004.

[2] 李开泰, 黄艾香. 黄庆怀有限元方法及其应用. 北京: 科学出版社, 2006.

[3] 李开泰, 马逸尘. 数学物理方程 Hilbert 空间方法. 北京: 科学出版社, 2008.

[4] 李开泰. 重大装备中问题驱动的应用数学理论和方法. 西安: 西安交通大学出版社, 2008.

[5] Li Kaitai, Su Jian, Huang Aixiang. Boundary Shape Control of the Navier-Stokes Equations and Applications. Chinese Annals Mathematics, 2010 Ser.B, 31(6): 879–920.

[6] Li Kaitai, Huang Aixiang, Zhang Wenling. A Dimension Split Method for the 3-D Compressible Navier-Stokes Equations in Turbomachine. Comm. Numer. Meth. Eng., 2002,18(1): 1–14.

[7] Li Kaitai, Su Jian, Gao Limin. Optimal Shape Design for Blade's Surface of an Impeller Via the Navier-Stokes Equations. Comm. Numer. Meth. Eng., 2006,22: 657–679.

[8] Li Kaitai, Zhang Wenling, Huang Aixiang. An Asymptotic Analysis Method for the Linearly Shell Theory. Science in China Series A-Mathematics, 2006, 49(8): 1009–1047.

[9] Li Kaitai, Shen Xiaoqin. A Dimensional Splitting Method for Linearly Elastic Shell. Int. J. Comput. Math., 2007, 84(6): 807–824.

[10] Li Kaitai, Jia Huilian. The Navier-Stokes Equations in Stream Layer or On Stream Surface and a Dimension Split Method(in Chinese). Acta Math. Sci., 2008, 28(2): 264–283.

[11] Li Kaitai, Hou Yanren. An AIM and One Step Newton Method for the Navier-Stokes Equations Comput. Methods Appl. Mech. Engrg., 2001, 190: 198–317.

[12] Mohammadi B, Pironeau O. Applied Shape Optimization for Fluids. Oxford: Clarendon Press. 2001.

[13] Max D. Gunzburger , Perspectives in Flow Control and Optimization. SIAM Siciety for Industrial and Applied Mathematics, Philadelphia, 2003.

[14] Pirounneau O. On Optimal Shape for Stokes Flow. Springer-Verlag, 1973.

[15] Pirounneau O. Optimal Shape Design for Elliptic Systems. Springer-Verlag, 1984.

[16] Jameson A. Optimum aerodynamics design via boundary control. AGard Report 803. Von Karman Institute Courses, 1994.

[17] Temam R, Ziane M. The Navier-Stokes Equations in Three-Dimensinal Thin Domains with Various Boundary Conditions Adv. Differential Equations, 1996, 1(4): 499–546.

[18] Ciarlet P G. Mathematical Elasticity Vol. III: Theory of Shells. North-Holland, 2000.

[19] Ciarlet P G. An Introduction to Differential Geometry with Applications to Elasticity. Netherland: Springer, 2005.

[20] Il' in A A. The Navier-Stokes and Euler Equations on Two-Dimensional Closed Manifolds. Math. USSR Sbornik, 1991, 69(2): 559–579.

[21] Ebin D G, Marsden J. Groups of diffeomorphisms and the motion of an incompressible fluid. Ann. of Math., 1970, 92(2): 102–163.

[22] Chen Wenyi, Jost J. A Riemannian Version of Korn's Inequality. Calc. Var., 2002, 14: 517–530.

[23] Girault V, Raviart P A. Finite Element Methods for Navier-Stokes Equations: Theory and Algorithms. Berlin, Heidelberg: Springer-Verlag, 1986.

索　引